새로운 출제기준에 맞춘 이거면 딱!

기계설계산업기사 실기(INVENTOR 활용편)

배장일·윤양희 지음

머_리_말

　산업현장의 기술혁신은 많은 기업에게 기회를 주고 다른 관점에서 도태된 기술만 고집하는 기업의 생명을 앗아갑니다. 기술혁신은 어느덧 우리에게 고부가 가치 창출을 위한 선택이 아닌 '존재'를 위한 필수의 과정이 되었습니다.

　산업의 중추를 담당하는 기계설계, 가공산업의 기술혁신은 다른 어떤 산업보다 빠르고 경쟁적입니다. 저렴한 가격으로 양질의 품질의 제품을 획기적인 속도로 단축하기 위하여 각 현장에서는 피나는 노력이 진행 중이고 이러한 현장의 땀내는 좀처럼 쉽게 사그라지지 않을 것 입니다.

　기술혁신의 뿌리는 단연 인력입니다. 모든 자원중 가장 핵심적인 역할을 담당하며 존망의 위기에 휩싸인 기업을 살리기도, 때론 벼랑 끝으로 몰기도 합니다. 때문에 기계설계, 가공인력의 질은 노동현장과 밀접한 연관성을 가지며 교육훈련과도 직접적인 관계를 가지고 있습니다.

　이 교재는 기계설계, 가공분야 교육훈련에 전념하는 훈련생이 목표로 삼는 '기계설계', '전산응용기계제도', '일반기계', '건설기계', '생산자동화' 등의 기능장, 기사, 산업기사, 기능사 자격취득을 염두에 두어두고 집필한 교재입니다.

　아직도 많은 현장의 사람들이 훈련기관을 통해 양성된 인력이 '실무적 감각'을 갖지 못한다는 목소리를 내는 경우가 흔합니다. 이번 교재는 그러한 '실무적 감각'에 탁월한 교재라고 말할 수는 없습니다. 교재는 그러한 '실무적 감각'을 얻기 위해 초석이 되는 개념과 지식을 함축적으로 담고 있으며 배움의 요소 중 간과 할 수없는 흥미의 고리를 끊어지지 않게 하기 위해서 노력한 교재라고는 말할 수 있습니다.

교재의 특징을 제시하면

- AUTOCAD 등의 2차원 소프트웨어 없이 오직 INVENTOR 하나만으로 실기 시험에서 요구하는 모든 결과물의 제출이 가능하도록 구성하였습니다

- 도면지급 후 최초의 측정에서부터 출력까지 실기시험의 처음 응시자를 위해 다양한 이미지를 이용하여 개념습득이 되도록 구성하였습니다

- 실기시험에 맞추어 각 단계별 따라하기식으로 설명하되 주요기능을 포함하여 설명, 프로그램의 기능을 자연스럽게 습득하도록 유도하였습니다

- 다양한 출제 예상 문제를 첨부하여 문제해결능력을 돕도록 구성하였습니다

끝으로, 교재를 집필하며 오랜 시간 동안 희생을 감내하고 성공적인 출판을 마치게 해준 동료 선생님들과 그리고 제자 동신, 기현군에게 아낌없는 감사를 표합니다.

차_례

감사의 글 _ 2
목 차 _ 4
교재의 난이도 및 선수학습사항 _ 6
출제경향분석과 실기응시 전 사전숙지사항 _ 7
소프트웨어 소개 및 설치(INVENTOR) _ 20

Chapter 01 **슬라이드 _ 29**
  01 과제 지급도면과 제출도면 _ 31
  02 도면해독 및 측정 _ 35
  03 인벤터 환경 설정 _ 61
  04 모델링 _ 63
  05 템플릿 작성 _ 114
  06 3차원 도면 뷰 작성 및 인쇄 _ 143
  07 2차원 도면뷰(View)작성 _ 159

Chapter 02 **동력전달장치 _ 207**
  01 과제 지급도면과 제출도면 _ 208
  02 도면해독 _ 212
  03 측정 및 모델링 _ 216
  04 3차원 도면뷰(View) 작성 _ 316
  05 2차원 도면뷰(View)작성 _ 317

Chapter 03 **탁상클램프** _ 393

01 과제 지급도면과 제출도면 _ 394

02 도면해독 _ 398

03 측정 및 모델링 _ 403

04 3차원 도면뷰(View) _ 512

05 2차원 도면뷰(View)작성 _ 513

Chapter 04 **기출문제와 모범답안** _ 531

01 동력전달장치 _ 532

02 동력변환장치 _ 558

03 드릴 지그 _ 576

04 리밍 지그 _ 582

05 탁상 클램프 _ 588

06 실린더 펌프 _ 594

07 레버 에어 척 _ 602

08 기어 풀리 장치 _ 608

09 벨트 긴장 장치 _ 614

10 잠김 장치 _ 620

11 누름 장치 _ 626

12 위치고정 지그 _ 632

부록 KS 기계제도 규격(한국산업인력공단제공) _ 638

_ 교재의 난이도 및 선수학습사항

이 책은 초보자들도 쉽게 볼 수 있는 난이도로 제작되었습니다. 컴퓨터의 응용프로그램에 익숙한 사람이라면 문제없이 학습 할 수 있을 것입니다. 그러나 '기계설계', '전산응용기계제도', '일반기계', '건설기계', '생산자동화' 등은 무턱대고 혼자서 독학으로만 취득할 수 있는 자격이 아닙니다. 그러므로 다음과 같은 선행학습이 바람직합니다.

이 책을 읽기 전 다음과 같은 교과목을 수강했다면 쉽게 이해 될 것입니다.
- 기계가공   - 기계설계   - 정밀측정
- 도면해독   - 공업도학   - 기하공차
- 2D Drafting   - 3D 모델링   - 기계제도
- 기계재료   - 금형설계가공
- AUTOCAD, CATIA, NX, PRO-E, SOLIDWORKS, SOLIDEDGE, INVENTOR, MDT 등의 기계공학용 응용프로그램

위와 같은 교과목을 수강하지 않았어도 다음에 해당하는 분들이라면 학습에 쉽게 접근 할 수 있을 것입니다.
- 공업고등학교 기계과를 졸업한 사람
- 현재 기계가공관련 직무를 수행하고 있는 사람
- 현재 폴리텍(예전의 기능대학) 기계 관련학과에 재학 중인 사람
- 2년제나 4년제 대학의 기계 관련학과에 재학 중인 사람
- 노동부에서 시행하는 국비지원 훈련 중 기계관련 직종에 재학, 수강중인 사람
- 다듬질, 기계조립, 밀링, 선반, 연삭 등의 종목에 관한 기능사 및 기능사보 등의 자격을 취득 하였거나 실기시험에 응시한 경험을 가진 사람

또한 다음과 같은 기초기능 및 지식을 가지고 있다면 보다 쉽게 교재의 내용을 따라 할 수 있을 것입니다.
- 한글 타자 능력이 분당 200타에 상응하거나 이상인 사람
- 영문 타자 능력이 분당 100타에 상응하거나 이상인 사람
- WINDOWS 윈도우 운영체계를 사용 중이거나 경험해 본 사람
- 한글워드프로세서, 엑셀 등 OA관련 응용프로그램을 사용 중이거나 경험해 본 사람
- 인터넷을 통하여 원하는 정보검색 및 쇼핑, 게임 등을 사용 중이거나 경험해 본 사람

위의 조건을 만족하지 못하더라도 조금의 시간을 더 투자하고, 더욱 집중하여 정독하고, 뜻대로 되지 않는 부분은 반복하여 실습해보고, 자주 묻는다면 아무런 문제가 되지 않습니다.

_출제경향분석과 응시 전 사전숙지사항

출제기준(필기)

직무분야 : 기계	자격종목 : 기계설계산업기사	적용기간 : 2011.1.1. ~ 2015. 12. 31
직무내용 : 주로 CAD시스템을 이용하여 기계도면을 작성하거나 수정, 출도를 하며 부품도를 도면이 형식에 맞게 배열하고, 단면 형상의 표시 및 치수 노트를 작성 또한 컴퓨터를 이용한 부품의 전개도, 조립도, 구조도 등을 설계하며, 생산관리, 품질관리, 설비관리 등의 직무를 수행		
필기검정방법 : 객관식	문제수 : 80	시험시간 : 2시간

필기과목명	출제문제수	주요항목	세부항목	세세항목
기계가공법 및 안전관리	20	1. 기계가공	1. 공작기계 및 절삭제	1. 공작기계의 종류 및 용도 2. 절삭제, 윤활제 및 절삭공구재료 등
			2. 기계가공	1. 선반가공 2. 밀링가공 3. 연삭가공 4. 드릴링가공 및 보링가공 5. 브로칭가공 및 기어가공 6. 정밀입자가공 및 특수가공 7. NC(수치제어) 공작기계 및 기타 기계가공법
		2. 측정, 손다듬질 가공 및 안전	1. 측정 및 손다듬질 가공	1. 길이 및 각도측정 2. 표면거칠기와 형상위치정도 측정 3. 윤곽측정, 나사 및 기어측정 4. 손다듬질가공법 등
			2. 기계안전작업	1. 기계가공과 관련되는 안전수칙
기계제도	20	1. 제도 개요	1. 기계제도일반	1. 일반사항 2. 투상법 및 도형표시법 3. 치수기입법 4. 표면거칠기 5. 공차와 끼워맞춤 6. 기하공차 7. 가공기호 및 약호
		2. 기계제도	1. 기계요소제도	1. 운동용 기계요소 2. 체결용 기계요소 3. 제어용 기계요소
			2. 도면해독	1. 기계가공도면 2. 재료기호 및 중량산출
기계설계 및 기계재료	20	1. 기계설계	1. 기계요소설계의 기초	1. 단위 2. 물리량 3. 표준화 등

필기과목명	출제문제수	주요항목	세부항목	세세항목
			2. 재료의 강도 및 변형	1. 응력 2. 변형률 3. 안전율 등
			3. 체결용 기계요소	1. 나사(볼트, 너트) 2. 키, 핀, 스플라인, 코터 3. 리벳, 용접
			4. 동력 전달용 기계요소	1. 축, 축이음, 베어링 2. 기어, 벨트, 로프, 체인전동 등
			5. 완충 및 제동용 기계요소	1. 스프링 2. 플라이 휠 3. 제동장치(브레이크, 댐퍼 등)
		2. 기계재료	1. 기계재료의 성질과 분류	1. 기계재료의 개요 2. 기계재료의 물성변화 재료시험
			2. 철강재료의 기본특성과 용도	1. 탄소강 2. 주철 및 주강 3. 구조용강 4. 특수강
			3. 비철금속재료의 기본특성과 용도	1. 동과 동합금 2. 알루미늄과 그 합금 3. 마그네슘과 그 합금 4. 티타늄과 그 합금 5. 기타 비철금속재료와 그 합금
			4. 비금속 기계재료	1. 유기재료(범용 플라스틱 등) 2. 무기재료(파인세라믹스 등)
			5. 열처리와 신소재	1. 열처리 및 표면처리 2. 신소재
컴퓨터 응용설계	20	1. 컴퓨터응용설계 관련 기초	1. CAD용 H/W	1. 그래픽 입력장치 2. 그래픽 출력장치 3. CAD 시스템의 구성방식 등

			2. CAD용 S/W	1. 소프트웨어의 종류와 구성
				2. CAD 시스템에 의한 도형처리
				  - 원, 타원, 스플라인 등
				  - 곡선 및 곡면 표현 등
				3. 기하학적 도형 정의
				  (와이어프레임, 서피스, 솔리드 등)

		2. 컴퓨터 응용설계 관련 응용	1. 그래픽과 관련된 수학 및 용어	1. 모델링을 위한 기초 수학 2. 2D / 3D 좌표변환 (DXF, IGES, STEP, STL 등) 3. CAD에서 사용하는 컴퓨터그래픽스 관련 용어의 정의

※ 필기시험 출제기준 정리

- 시험의 접수, 결재, 수험표교부, 합격자발표 등 수험에 필요한 모든 절차는 한국산업인력공단 인터넷(www.q-net.or.kr)을 통하여 회원 가입 후 본인이 직접 진행하여야 합니다.
- 현행은 1년에 총 3번의 필기시험이 실시되고 주로 토요일이나 일요일을 이용합니다.
- 필기시험은 누구나 응시할 수 있지만 필기시험 합격 후 응시 자격 조건 관련 서류를 제출하지 못하거나 한국산업인력공단으로부터 인정받지 못하면 합격은 무효 처리됩니다.
- 필기합격자에 한하여 실기시험의 접수 후 응시의 자격이 주어집니다.
- 필기응시자의 준비물은 컴퓨터용 사인펜 등을 포함한 필기구, 계산기, 수험표, 사진이 부착된 주민등록증과 같은 신분증입니다.
- 시험시간은 과목당 30분이며 4과목 총 120분, 즉 2시간의 시험시간이 주어집니다.
- 필기시험은 100점 만점에 60점 이상을 득점해야만 합격이 가능합니다.
- 응시과목은 총 4과목으로 각 과목당 20문항, 총 80문항을 풀어야합니다
- 각 과목당 40점(8문항)을 반드시 득점해야하며 한 과목이라도 40점을 득점하지 못하면 전체 득점의 합이 60점(48문항)이상이라 할지라도 불합격 처리됩니다.
- 근래 수년간 필기시험의 합격률은 40-50%(10명응시중 4-5명)이 합격되는 통계가 있습니다.

※ 필기시험 출제경향 정리 및 사전숙지사항

- 1과목인 기계가공법 및 안전관리는 기계가공법과 산업안전 등 두 과목이 합쳐진 교과목으로 비중은 기계가공법이80-90%(16-18문항), 산업안전이 10-20%(2-6문항)의 출제 비중을 가지고 있습니다. 기계가공법은 대체적으로 공작기계와 기계가공에 대한 종합정보를 묻는 문항이 많으며 대체적으로 공작기계의 개념을 선 이해한 후 세세한 내용을 암기한다면 좋은 득점을 받을 수 있습니다. 또한 선반, 밀링, 정밀측정 등의 내용에서 기어 잇수변환, 분할, 볼(ball)및 핀(pin)을 활용한 측정 등 계산문항이 20% 내외로 포함되어있으니 관련 문항이나 기출 문제를 통하여 직접 풀어보는 연습이 필요합니다.
- 2과목인 기계제도는 투상법, 단면법 등을 그림으로 제시한 후 묻는 문항이 많으며 기계요소의 제도에 관하여 묻거나 끼워맞춤공차, 기하공차, 표면거칠기 등에 대하여 고르게 출제됩니다. 다양한 입체도(등각투상도, 부등각투상도, 사투상도 등)를 보고 모눈종이 등의 평면에 펼치는 연습이 효과적입니다. 아울러 공차에 대한 이해를 위해선 절삭에 대한 기본 개념이 필요하기도 합니다.

- 3과목인 기계설계 및 기계재료는 기계요소설계와 기계(금속)재료 등 두 과목이 합쳐진 교과목으로 비중은 각각 50%(10문항)내외의 출제 비중을 가지고 있습니다. 기계설계는 특정 기계요소의 기능과 특징에 대하여 묻는 문항이 많으며 30-40%가량 볼트, 키, 축, 스프링, 리벳 등의 간단한 공학공식을 활용한 계산문항이 포함되어 있습니다. 기계재료는 단순한 암기식 과목으로 많이 오해되나 범위가 넓고 용이가 생소하여 많은 어려움을 겪는 과목으로 서둘러 외우려는 방법보다는 여가를 활용해 기계재료 교재의 정독 또는 인터넷이나 동영상등의 강좌를 활용하는 것도 효과적인 방법입니다.

- 4과목인 컴퓨터응용설계(CAD)과목은 CAD의 하드웨어, CAD의 소프트웨어 등의 이론적 지식에 대하여 묻습니다. 실기시험에서도 이 과목에서 학습한 용어를 많이 만나볼 수 있습니다. 문항의 구성은 컴퓨터의 구조에서 CAD/CAM을 구성하는 하드웨어와 소프트웨어의 특징에 대하여 묻고 있으며 과거에 사용되었던 장치, 장비에 대해서 묻는 경우가 많아 단순히 외우려 하나 먼저 인터넷 등을 통하여 관련 그림 등의 이미지를 찾아본다면 쉽게 암기가 될 것입니다. 또한 형상모델링에서는 좌표변환 등의 수학적 내용과 더불어 곡선, 곡면의 종류와 특징으로 구성된 문항이 많고 그림을 제시한 후 모델링의 종류와 특성에 대해서 묻는 문항도 많습니다. 또한 CAD용어를 비롯하여 그래픽데이터의 규격 및 수학 문항으로 구성되어있습니다. 계산문항이 20%이상 포함되어있는 만큼 관련문제 등을 풀어보거나 책꽂이 한구석의 먼지 쌓인 '수학의 정석'을 다시 보는 방법도 추천 드리고 싶습니다.

출제기준(실기)

직무분야 : 기계	자격종목 : 기계설계산업기사	적용기간 : 2011.1.1. ~ 2015. 12. 31

직무내용 : 주로 CAD시스템을 이용하여 기계도면을 작성하거나 수정, 출도를 하며 부품도를 도면이 형식에 맞게 배열하고, 단면 형상의 표시 및 치수 노트를 작성 또한 컴퓨터를 이용한 부품의 전개도, 조립도, 구조도 등을 설계하며, 생산관리, 품질관리, 설비관리 등의 직무를 수행

수행준거 : 1) CAD 소프트웨어를 이용하여 산업규격에 적합하고 도면의 형식에 맞는 부품도를 작성하고 출력할 수 있다.
2) CAD 소프트웨어를 이용하여 모델링 작업 및 설계 검증(질량해석 등)을 할 수 있다.
3) 제시된 기계의 특성에 맞는 부품의 제작 및 조립에 필요한 내용(치수, 공차, 가공 기호 등)을 표기할 수 있다.

실기검정방법 : 작업형	시험시간 : 5시간 정도

실기과목명	주요항목	세부항목	세세항목
기계설계 실무	1. 설계관련 정보 수집 및 분석	1. 정보 수집하기	1. 설계에 관련된 다양한 정보 원천을 확보할 수 있어야 한다.
		2. 정보 분석하기	1. 설계관련 정보들을 체계적으로 해석, 또는 분석하고 적용할 수 있어야 한다.
	2. 설계관련 표준화 제공	1. 소요자재목록 및 부품목록 관리하기	1. 주어진 도면으로부터 정확한 소요자재목록 및 부품목록을 작성할 수 있어야 한다.
	3. 도면해독	1. 도면 해독하기	1. 부품의 전체적인 조립관계와 각 부품별 조립관계를 파악할 수 있어야 한다. 2. 도면에서 해당부품의 주요 가공부위를 선정하고, 주요 가공치수를 결정할 수 있어야 한다. 3. 가공공차에 대한 가공정밀도를 파악하고, 그에 맞는 가공설비 및 치공구를 결정할 수 있어야 한다. 4. 도면에서 해당부품에 대한 재질특성을 파악하여 가공 가능성을 결정할 수 있어야 한다.
	4. 형상(3D/2D) 모델링	1. 모델링 작업 준비하기	1. 사용할 CAD 프로그램의 환경을 효율적으로 설정할 수 있어야 한다.
		2. 모델링작업하기	1. 이용 가능한 CAD 프로그램의 기능을 사용하여 요구되는 형상을 설계로 완벽하게 구현할 수 있어야 한다.
	5. 모델링 종합평가	1. 모델링 데이터 확인하기	1. 부품 간 상호 결합 상태를 검증할 수 있어야 한다.

실기과목명	주요항목	세부항목	세세항목
		2. 단품의 어셈블리하기 (ASSEMBLY)	1. 모든 단품을 누락 없이 정확한 위치에 조립할 수 있어야 한다.
	6. 설계도면 작성	1. 설계사양과 구성요소 확인하기	1. 설계 입력서를 검토하여 주요 치수가 정확히 선정이 되었는지 확인할 수 있어야 한다.
		2. 도면 작성하기	1. 부품 상호간 기구학적 간섭을 확인하여 오류발생 시 수정할 수 있어야 한다. 2. 레이아웃도, 부품도, 조립도, 각종 상세도 등 일반 도면을 작성할 수 있어야 한다.
		3. 도면 출력하기	1. 표준 운영절차에 의하여 요구되는 설계 데이터 형식의 파일로 저장하거나 출력할 수 있어야 한다.
	7. 요소부품 재질 검토 (재료열처리)	1. 강도 및 열처리 방안 선정하기	1. 소재별 부품의 강도, 경도, 변형중요도 등을 결정할 수 있어야 한다. 2. 소재의 특성에 따라 열처리방안을 선정할 수 있어야 한다.
	8. 설계검증	1. 설계검증 준비하기	1. 조립에 필요한 단품의 데이터의 오류를 확인하고, 수정할 수 있어야 한다.
		2. 공학적 검증하기	1. 구성품의 질량, 응력, 변위량 등을 CAD 소프트웨어 등을 이용하여 계산하고 검증할 수 있어야 한다.

국가기술자격 실기시험문제

자격종목	기계설계산업기사	과제명	도면참조

비번호 :

*시험시간 : [○ 표준시간 : 4시간30분, ○ 연장시간 : 30분]

1. 요구사항

※ 다음의 요구사항을 시험시간 내에 완성하시오.

가. 2차원 부품도 작업

① 지급된 조립 도면에서 부품 ①, ②, ③, ④, ⑤ 번 부품 제작도를 CAD 프로그램을 이용하여 제도하시오. (모델링도는 대상 부품이 틀릴 수 있음)

② 제도는 제3각법에 의해 A2 크기 도면의 윤곽선(아래 그림 참조) 영역 내에 1:1로 제도합니다.

③ 부품제작도는 과제의 기능과 동작을 정확히 이해하여 투상도, 치수, 치수공차와 끼워맞춤 공차 기호, 기하공차 기호, 표면거칠기 기호 등 부품제작에 필요한 모든 사항을 기입합니다.

④ 제도는 지급한 KS데이터를 참고하여 제도하고, 규정되지 아니한 내용은 과제 도면을 기준으로 하여 통상적인 KS규격 및 ISO규격과 관례에 따르시기 바랍니다.

⑤ 도면에 아래 양식에 맞추어 좌측상단 A부에 수험번호, 성명을 먼저 작성하고, 오른쪽 하단 B부에는 표제란과 부품란을 작성한 후 부품 제작도를 제도합니다.

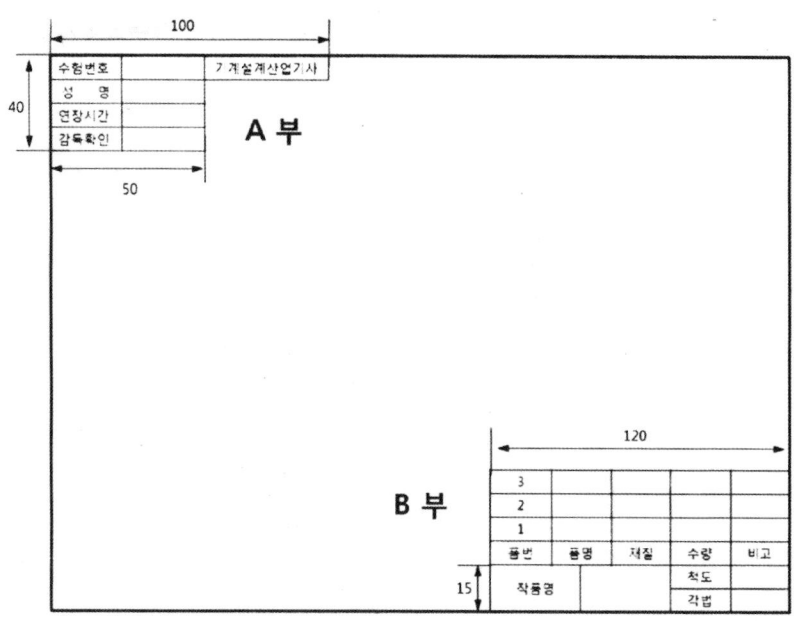

⑥ 출력은 지급된 용지(A3 용지)에 본인이 직접 흑백으로 출력하여 제출합니다.

나. 3차원 모델링도 작업

① 지급된 조립 도면에서 부품 ①, ②, ③, ④, ⑤ 번 부품을 솔리드 모델링 후 흑백으로 출력 시 형상이 잘 나타나도록 등각투상도로 나타내시오.
   - 등각투상도를 렌더링 처리하여 나타내어도 무방합니다.
     (단, 출력 시 형상이 잘 나타나도록 색상 및 그 외 사항을 적절히 지정하며, 렌더링 시에는 단면부 해칭 처리는 하지 않습니다)

② 도면의 크기는 A2로 하며 윤곽선 영역 내에 적절히 배치하도록 합니다.

③ 척도는 NS로 A3로 출력시 형상이 잘 나타나도록 실물의 형상과 배치를 고려하여 임의로 합니다.

④ 부품마다 실물의 특징이 가장 잘 나타나는 등각축을 2개 선택하여 등각 이미지를 2개씩 나타내시기 바랍니다.

⑤ 좌측상단 A부에 수험번호, 성명을 작성하고, 오른쪽 하단 B부에는 표제란과 부품란을 작성한 후 모델링도 작업을 합니다.

⑥ 부품란 "비고" 에는 모델링한 모든 부품의 질량을 g 단위로 소수점 첫째자리에서 반올림하여 기입하시기 바랍니다.

  ㉠ 질량 계산 시 한쪽단면(1/4 단면) 처리한 상태에서 질량을 계산하지 않도록 주의하시기 바랍니다.(모델이 완전한 형상에서 질량을 계산해야 함.)

  ㉡ 질량은 3차원 모델링도 비고란에 기입하며, 재질과 상관없이 비중을 7.85 로 하여 계산하시기 바랍니다.

[3차원 모델링도 작업 예시]

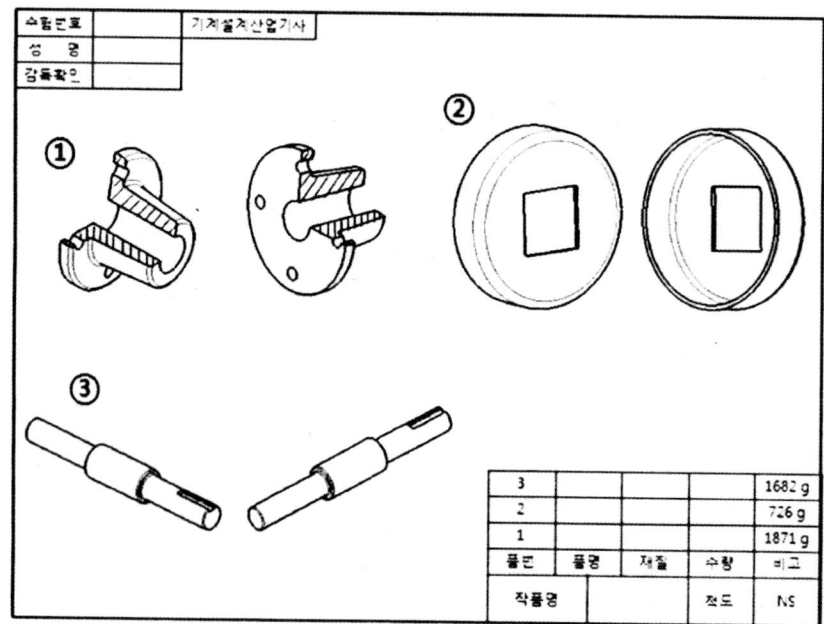

⑦ 출력은 등각투상도로 나타낸 도면을 지급된 용지에 본인이 직접 흑백으로 출력하여 제출합니다.

2. 수험자 유의사항

① 미리 작성된 Part program 또는 Block은 일체 사용할 수 없습니다.

② 시작 전 바탕화면에 본인 비번호로 폴더를 생성한 후 이 폴더에 비번호를 파일명으로 하여 작업내용을 저장하고, 시험을 종료한 후 하드디스크의 작업내용은 삭제하시기 바랍니다.

③ 출력물을 확인하여 다른 수험자와 동일 작품이 발견될 경우 모두 부정행위로 처리됩니다.

④ 정전 또는 기계고장으로 인한 자료손실을 방지하기 위하여 10분에 1회 이상 저장(SAVE)하시기 바랍니다.

⑤ 제도 작업에 필요한 KS 데이터는 지급한 KS 데이터 파일을 참조하시고, 지참한 KS 규격집이나, 투상도가 수록되어 있는 노트 및 서적 등은 열람하지 못합니다.

⑥ 도면의 한계와 선의 굵기와 문자의 크기를 구분하기 위한 색상을 다음과 같이 정합니다.

  ㉠ 도면의 한계설정(Limits) : a와 b의 도면의 한계선(도면의 가장자리 선)은 출력되지 않도록 함

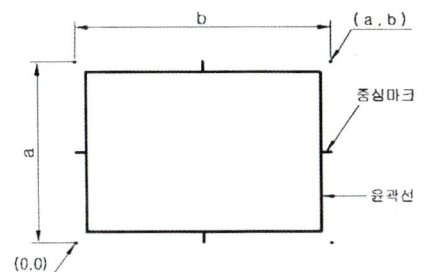

구분	도면의 한계		중심마크
	a	b	c
도면 Size (A2 용지)	420	594	10

  ㉡ 선 굵기와 문자, 숫자 크기 구분을 위한 색상지정

출력시 선굵기	색상(color)	용도
0.35mm	초록색(Green)	윤곽선, 부품번호, 외형선, 개별주서 등
0.25mm	노란색(Yellow)	숨은선, 치수문자, 일반주서 등
0.18mm	흰색(White), 빨강(Red)	해칭, 치수선, 치수보조선, 중심선 등

  ㉢ 사용 문자의 크기는 7.0 , 5.0 , 3.5 , 2.5 중 적절한 것을 사용함

⑦ 과제에 표시되지 않은 표준부품은 지급한 KS 데이터에서 적당한 것을 선정하여 해당규격으로 제도하고, 도면의 치수와 규격이 일치하지 않을 때에도 해당규격으로 제도합니다.

⑧ 연장시간 사용 시 허용 연장시간 범위 내에서 매 10분까지 마다 3점씩을 감점처리합니다.

⑨ 좌측상단 A부에 감독위원 확인을 받아야하며, 안전수칙을 준수해야 합니다.

⑩ 표제란 위에 있는 부품란에는 각 도면에서 제도하는 해당 부품만 기재합니다.

⑪ 작업이 끝나면 제공된 USB에 바탕화면의 비번호 폴더 전체를 저장하고, 출력시는 시험 위원이 USB를 삽입한 후 수험자 본인이 시험위원 입회하에 직접 출력하며, 출력 소요시간은 시험시간에서 제외합니다.

⑫ 장비 조작 미숙으로 인해 파손 및 고장을 일으킬 염려가 있거나 출력시간이 20분을 초과할 경우 시험위원 합의 하에 실격 처리합니다. (단, 출력 횟수는 2회로 제한합니다)

⑬ 다음 사항에 해당하는 작품은 채점대상에서 제외됩니다.
　㉠ 시험시간 내에 1개의 부품(2D, 3D)이라도 제도되지 않은 작품
　　- 2차원 부품도 작업과 3차원 모델링도 작업에서 지시한 모든 부품이 설계, 제도 되어야 하며, 하나라도 누락되면 채점대상에서 제외
　㉡ 요구한 각법을 지키지 않고 제도한 작품
　㉢ 요구한 척도를 지키지 않고 제도한 작품
　㉣ 요구한 도면 크기에 제도되지않아 제시한 출력용지와 크기가 맞지 않은 작품
　㉤ 지급된 용지에 출력되지 않은 작품
　㉥ 끼워맞춤 공차 기호를 기입하지 않았거나 아무 위치에 기입하여 제도한 작품
　㉦ 기하공차 기호를 기입하지 않았거나 아무 위치에 기입하여 제도한 작품
　㉧ 표면거칠기 기호가 기입되지 않았거나 아무 위치에 기입하여 제도한 작품
　㉨ 2D 부품도나 3D 등각도 중 하나라도 제출하지 않은 작품
　㉩ KS제도 통칙을 준수하지 않고 제도한 작품
⑭ 지급된 시험 문제는 비번호 기해 후 반드시 제출합니다.
⑮ 출력은 사용하는 CAD 프로그램 상에서 출력하는 것이 원칙이나, 출력에 애로사항이 발생할 경우 pdf 파일로 변환하여 출력하는 것도 무방합니다.
　- 이 경우 폰트 깨짐 등의 현상이 발생될 수 있으니 이점 유의하여 CAD 사용환경을 적절히 설정하여 주시기 바랍니다.

※ **주의사항**
- 기계설계산업기사의 실기문제입니다
- 전산응용기계제도, 일반기계, 건설기계, 생산자동화 등은 일부 상이한 부분이 있으나 큰 차이는 없습니다.
- ☐ 박스는 변경이 가능한 부분을 의미합니다.

※ 실기시험 출제경향 정리 및 사전숙지사항

- 실기시험은 접수일 기준으로 필기합격자에게 2년간의 기회가 주어집니다.
- 실기시험의 준비물은 필기구, 계산기, 기계제도기초용구, 스케일 등의 측정기와 사무용품입니다. 또한 본인이 희망하는 응용프로그램이 시험 장소에 설치되어있지 않다면 컴퓨터시스템 본체 또는 노트북등이 지참될 수 있으며 프로그램이 CD형태라면 정품으로 준비가 되어야합니다. 이는 시험장소별 상이한 부분이 있으니 꼭 실기 응시전 수험표에 기재된 기관에 미리 연락을 통하여 확인 해보는 것이 좋습니다.
- 다음은 한국산업인력공단에서 요구하는 '기계설계산업기사' 실기 수험자의 지참준비물 목록과 장비 등에 관한 안내입니다.

■ 지참준비물 목록

번호	재료명	규격	단위	수량	비고
1	기계제도기초용구	삼각자, 디바이더 등	조	1	조립도면 해독용
2	흑색볼펜	사무용	조	1	
3	삼각스케일	300mm	EA	1	조립도면 해독용
4	2차원설계S/W		EA	1	단, 검정장의 시설을 이용하는 수검자는 제외
5	3차원설계S/W		EA	1	단, 검정장의 시설을 이용하는 수검자는 제외
6	계산기	공학용	EA	1	계산용

※ 상기 수검자 지참공구는 CAD 제도 작업시에 지참하는 공구임.

※ 확인해야할 검정에 사용될 시설 및 장비 안내
　[시설 및 장비명] : [수검자가 확인해야 할 시설 및 장비의 상세한 규격]
　1. 컴퓨터 : 제작회사 및 모델명, OS
　2. 2차원설계 및 3차원설계 프로그램용 소프트웨어 : 제품명 및 버전(2차원 S/W와 3차원 S/W 등의 생산현장에 사용되는 S/W 중 임차한 검정장소에 설치 되어 있는 S/W)
　3. 프린터 : 제작회사 및 모델명

■ 기타 사전 공지하는 유의사항
　※ 응시 예정자는 검정장비로 사용이 될 상기 시설 및 장비의 상세한 규격(제작회사, 모델명 등)을 원서를 접수한 산업인력공단 해당 지방사무소에서 검정인원이 확정된 후 검정일정 확정 후 검정장으로 임차한 시설에 설치된 S/W와 버전을 확인하여 동 장비의 사용에 무리가 없도록 준비하여 검정에 임하여야 합니다.
　※ 만약 수험자가 검정용 장비(H/W, S/W)의 지참 사용을 원할 경우, 이를 허용(설치 소요시간은 시험시간에 포함하지 않음)합니다.
　　단, 수험자가 사용하려는 S/W가 해당 검정장에 설치되어 있는 경우 에는 그러하지 않으며 검정장의 장비로 작업하도록 합니다.

- 수험자가 지참한 H/W, S/W(정품)를 사용하고자 하는 경우에는 설치 등 모든 관련 사항(설치시간, 프린터 호환성, 네트워크 및 인증, 하드디스크 용량 등)을 시험위원 및 본부요원과 협의 하여야 하며 호환성 및 설치 등으로 인해 발생되는 모든 문제는 수험자의 책임입니다.
- 시험 시작 전 부정행위에 이용될 수 있는 하드디스크 상의 모든 정보를 소거하여야 합니다.

※ 2012년부터 KS 데이터북 지참은 금지하며, 파일 형태(PDF)로 KS 데이터 자료가 제공됩니다.
※ 허용된 정품 프로그램 이외의 기 작성된 실행 화일이나 BLOCK은 일체 사용을 금합니다.
※ 데이타 저장용 USB가 구비되어 있으므로 USB나 디스켓 등 저장 매체의 지참을 금하며 만일 시험 중 사용이 적발될 경우 부정행위로 간주되오니 이점 참고하시기 바랍니다.
※ 설계 종료후 지급된 USB에 작성한 파일을 저장하여 시험위원에 제출하시길 바라며, 수험자 관리 프로그램을 사용하여 작업한 도면을 출력하시기 바랍니다. 단, 네트워크 문제나 기타 사유에 의해 수험자 관리 프로그램을 사용하지 못할 경우 USB에 저장된 파일을 사용하여 출력하시기 바랍니다. 단, 모든 출력 과정은 수험자가 직접 하셔야 하오니 이점 양지하시기 바랍니다.
※ 점심시간이 없이 작업을 5시간동안 진행하므로, 작업시 공복을 대비하여 빵 등의 간단한 식사류를 준비하여 실기시험 중에 먹으면서 작업할 수 있도록 바랍니다.

- 실기시험은 과거 2차원과제와 3차원과제로 분리되었던것이 현재는 통합되어 순서 관계없이 어떤 것을 먼저해도 무관하게 운영되고 있습니다. 2차원과제는 생산될 제품의 수치정보를 보여주는 부품도를 제도하며 3차원과제는 생산될 제품의 형상정보를 보여주는 부품도를 제도하는 것입니다.
- 두 개의 과제는 통상 3-5개의 부품을 제도 할 것으로 지시하며 2차원과제와 3차원과제는 같을수도 또는 다를수도 있으므로 유의하여야합니다.
- 프로그램에는 제한이 없으며 가급적 AUTOCAD와 같은 비매개변수 프로그램보다는 INVENTOR 등의 매개변수(Parametric)기능을 가진 프로그램을 사용하는것이 수월하며 실무 현장에 나아가서도 큰 도움이 될 것 입니다. 여기서 매개변수는 종속을 뜻하며 특정부분의 설계변경이 다른 부분에 영향을 주는 연결고리와 같은 기능을 말합니다. 또한 종속의 반대는 독립이며 이는 특정부분의 설계변경이 다른 부분에 영향을 주지 않는 성질이라고 할 수 있습니다.
- 일반적으로 2차원과제는 AUTOCAD를 이용한 작업이 주를 이루었으나 과제 구분없이 통합으로 진행하는 시험으로 변경된 후 3차원과제를 먼저 수행한 후 부품 형상을 3차원 모델링 프로그램 도면뷰(View)기능을 이용하여 투상도 및 치수 등을 쉽게 작성하는 것이 근래의 경향이라고 할 수 있습니다.
- 채점은 현지에서 하지 않고 한국산업인력공단 본부에서 전문가에게 위촉하여 채점하게 됩니다
- 채점은 투상도 선택과 배열, 치수기입, 치수공차 및 끼워맞춤 기호, 기하공차 기호, 표면거칠기 기호, 재료선택 및 처리, 척도 및 부품란, 도면의 외관 등이 주요항목이며 각각 '1개소 누락당 몇 1점 감점' 등의 원칙을 가지고 있습니다. 그러므로 실질적 채점의 빈도는 2차원과제가 높다고 할 수 있습니다. 형상정보만을 출력 제출하는 3차원과제의 경우 채점요소의 적용

이나 채점이 매우 난해하다는 것이 그 이유라고 할 수 있습니다.
- 실기 시험 응시장소에 본인이 연습한 프로그램이 없다면 낭패이므로 노트북이나 시스템본체 등을 직접 가져가서 활용해도 문제는 없으나 사전에 꼭 시험장소 및 한국산업인력공단 관할 지사에 연락하셔서 사용여부에 대한 절차를 거치는 것이 바람직합니다.
- 출제도면의 범위는 매우 다양합니다. 동력을 전달하는 동력전달장치가 빈도가 높고 그 뒤로 동력변환장치, 고정구 및 지그 등의 치공구, 펌프 등이 출제 됩니다. 근래 들어서는 과제의 다양성이 더 높아 지고 있는 추세이며 기존에 출제된 한 두 개의 과제 연습만으로는 합격하기는 매우 어렵다고 할 수 있습니다.
- 출제된 문제는 대부분 산업현장에서 사용되는 기계장치이므로 이러한 장치들이 가지는 형상적 특징, 작동원리 등의 메커니즘 해석이 되지 않는다면 제도하기가 매우 어렵습니다. 프로그램을 능숙하게 다룰 수 있는 상태로 훈련이 되었다면 그 뒤로는 다양한 도면을 해독하는 훈련을 하는 것이 바람직합니다.
- 두 개의 과제 모두 제출하는 결과물은 도면과 파일입니다. 출력유형은 실제 도면보다 작게 출력(축척출력)하는 것이 일반적입니다. 도면은 A2용지(594×420)에 작도하고 출력은 A3용지(420×297)에 출력지시하는 것이 일반적입니다. 파일은 프로그램에 따라 서로 상이함으로 채점대상에서는 제외되나 제출된 도면의 부정행위 여부 및 도면의 누락시 활용을 위하여 기본적으로 제출을 원칙으로 합니다.
- 두 개의 과제 도면 모두 흑백출력을 기본원칙으로 하며 2차원과제의 경우는 선두께가 3차원과제의 경우는 형상의 매끄러운 표현이 관건이라고 할 수 있습니다.
- 출력은 반드시 실기 시험 전 실제 종이로 직접 출력해봐야 합니다. 시험장소에서는 평소에 문제없던 부분이 문제가 되는 경우가 다반사이므로 충분히 연습한 후 시험에 응시하는 것이 바람직합니다.
- 만약 출력이 원활하게 되지않는다면 PDF파일을 생성하여 출력하는것도 좋은 방법이라고 할 수 있습니다. 물론 이 경우도 충분히 연습한 후 시험에 응시하여야 합니다.
- 합격자 발표는 실기시험 당일로부터 약 1달 후 발표가 나며 인터넷을 통하여 확인하면 됩니다. 또한 합격자에 한하여 합격증 교부가 실시되는데 인터넷을 통하여 소정의 비용을 결재하면 원하는 주소지로 등기 발송도 해줍니다.

_소프트웨어소개 및 설치

◇ 인벤터(INVENTOR) 소개

인벤터(Inventor)는 오토데스크(Autodesk)사에서 개발한 차세대 3차원 기계설계 소프트웨어입니다. 과거의 오토데스크사는 메케니컬 데스크탑(Mechanical Desktop)이라는 Autocad기반의 3D 소프트웨어를 개발하였지만 산업현장의 일반적 트렌드 및 요구에 맞추려는 노력의 일환으로 인벤터를 주력화 시키고 있습니다. 인벤터에 비하여 메케니컬 데스크탑은 성능에 별다른 차이가 없음에도 불구하고 복잡한 툴 및 인터페이스로 사용자를 추가확보하지 못한 이유가 개발의 가장 큰 이유라고 할 수 있습니다.

모든 소프트웨어는 지속적 개발을 하지만 최신의 소프트웨어가 항상 최고라고 말하기는 어렵습니다. 신체의 일부처럼 엔지니어의 몸에 익숙해지고 또한 가격경쟁력을 확보했으며 산업현장에서 표준화되어 호환에 문제가 없다면 최신을 고집할 이유는 없는 것입니다.

이 책에서는 Inventor2009를 기준으로 설명을 할 것 입니다. 그러나 Inventor10, Inventor11, Inventor2008, Inventor2010(다소 인터페이스가 상이합니다) 등을 사용자도 교재를 정독한다면 무리 없이 학습이 가능할 것 입니다.

Autodesk Inventor의 개요

Autodesk Inventor X은 새로운 3D 설계 기술인 가변 기술(adaptive technology)을 바탕으로 한 혁신적인 3D 기계설계 시스템으로 제조업체가 2D에서 3D 설계로 무리 없이 전환할 수 있게 해 준다. 기초부터 구축된 Autodesk Inventor는 다음과 같은 고유의 기능을 제공함으로써 다른 3D CAD 시스템에서는 해결할 수 없었던 문제들을 해결한다.

- 신속하고 단순한 설계 과정
- 보다 쉬운 설계 과정 관리
- 향상된 대형 조립품 설계 성능
- 모든 기능을 쉽게 배우고 사용할 수 있게 하나의 제품으로 통합

Autodesk Inventor는 직관적인 작업 흐름, 단순화된 사용자 인터페이스, 향상된 도움말 및 지원 시스템을 통해 1일 생산성을 제공한다. 이 소프트웨어는 2D 기능과 3D 기능을 성공적으로 결합하고, DWG 소스에서 직접 구현되는 업계 최고의 DWG 호환성을 제공하며, 3D 설계로 이전하고자 하는 기계설계자에게 최고의 가치를 제공하는 제품이다. Autodesk Inventor는 뛰어난 가변 기술을 통해 대형 조립품 작업에서 뛰어난 성능을 발휘한다. 설계 데이터를 설계 과정 전체에서 사용할 수 있도록 구축된 이 시스템으로 사용자는 또한 비즈니스 과정을 향상시키고 자신의 속도에 맞게 효율성을 높일 수 있다.

(1) 1일 생산성

모든 기능에 설계된 대화식 아키텍처에 지원, 도움말, 설명이 포함되어 있다.

Autodesk Inventor는 최적화된 작업 흐름, 최첨단 그래픽, 상황에 따라 표시되는 Tutorials(튜토리얼)을 갖춘 설계 지원 시스템 및 전자 학습 교육을 통해 업계 전문가에게 직접 접근하는 등 사용하기 쉬운 최고의 기능으로 1일 생산성을 제공한다. 사용자 인터페이스, 사용하기 쉬운 스케치 도구, 내포된 도움말 시스템 및 설계 지원 시스템은 모두 생산성 향상에 기여한다. 이러한 도구를 사용하면 작업을 시작하는 즉시 실질적인 생산이 가능하게 된다.

마우스 오른쪽 버튼을 클릭만 하면 다음에 수행할 작업과 그 방법을 알려주는 애니메이션이 표시된다. 예를 들어 선을 그리면서 호로 변경하려면 마우스 오른쪽 버튼을 클릭하여 끌기만 하면 되고, 설계 구속조건 내에서 스케치 형상을 변경하려면 스케치 형상을 클릭하고 드래그하여 이동한다.

(2) Large Modeling

대형 조립품을 더 빠르고 간단하게 작업한다.

Autodesk Inventor는 Adaptive Data Engine이라고 하는 고유 3D 선분 데이터베이스를 중심으로 구축되는데, 이를 통해 10,000개 이상의 구성요소가 있는 모델을 더 빠르고 쉽게 올리고, 보고, 편집하며 저장할 수 있다.

대형 조립품 작업이 정말 빠르고 쉬워지면 여러 사용자가 동시에 조립품에 접근할 수 있어 설계 시산을 줄이고 효율을 높일 수 있다. Autodesk Inventor의 가변 데이터 엔진은 조립품 중심에 초점을 맞춘 중요 기능으로서 데이터만을 필요로 할 때 로드되어 조립품의 크기와 복합성에 관계없이 비교할 수 없을 만큼 빠른 속도와 효율적인 환경에서 작업할 수 있게 된다.

Engine 조립품

(3) Adaptive Design

Autodesk Inventor의 설계기능은 양식보다 기능 위주로 이를 알맞게 지정하여 모양 및 위치를 정해 작업흐름을 정형화할 수 있다. 형상 정의 기능은 스케치를 3D부품, 쉬운 구조의 애니메이션, 설계의도를 적은 엔지니어의 노트북으로 전환할 수 있으며 물리적인 구성요소 속성이 제공하는 한계

없는 설계 시스템과 같은 논리적인 설계 시스템으로 끌어 놓기로 접근을 할 수 있다. Autodesk Inventor는 이미 짜여 있는 프로세스에 맞추기보다는 생각하는 그대로 작업할 수 있게 해 주는 설계 방법론인 가변 설계 개념을 도입하였다.

Autodesk Inventor 설계 세션

새 설계 세션을 시작할 때, 몇 가지 옵션이 있다. QuickStart 창은 이번 릴리즈의 새로운 기능, 온라인 도움말, 기술을 향상시켜 줄 Tutorials(튜토리얼)에 대한 정보를 제공한다. New, Open 아이콘은 템플릿과 기존 Autodesk Inventor 파일로 인도한다. 이 절에서는 3D 모델링은 어떤 작업순서로 진행되는가에 대해 알아보고 3D 모델링을 구성하고 있는 요소에 대해 알아본다.

(1) Autodesk Inventor 작업 흐름

Autodesk Inventor를 사용하여 두 종류의 모형 파일(~.ipt)을 만들 수 있다. 부품 파일은 단 하나의 부품을 포함하며 어셈블리 파일은 1개 이상의 부품을 참조한다. 기존 CAD 작업 흐름에는 개별 부품 파일에 부품을 작성하여 어셈블리를 설계하는 과정이 포함되어 있다. 이 부품 파일은 어셈블리(~.ipt)와도 별도로 생성되고 관리된다.

기존 CAD 방법을 상용할 경우, 어셈블리를 만든 후 각 부품을 첨부하는 방식을 이용하여 부품을 조립하고 부품 및 어셈블리 도면을 만드는 것으로 과정이 완료된다. Autodesk Inventor는 3D 어셈블리를 만드는 기존 3D 작업 흐름과 비교할 때, 어셈블리 환경 내에서 부품을 정해진 곳에 만들게 해 주고 부품 파일을 반복해서 열어 보지 않고도 부품 형상을 생성 및 수정할 수 있다. 어셈블리를 저장할 때는 특정 폴더에 부품 파일을 저장할 수 있어 각 부품 파일을 열고 자동으로 도구를 사용하여 표준 부품 도면(~.idw)을 작성할 수 있다.

Autodesk Inventor로 만드는 부품의 특성은 시간을 절약해 주고, 부품을 정해진 곳에 만들 때 또는 1개 이상의 어셈블리에서 부품을 사용하고 재사용할 때 정확도를 높일 수 있다는 점이다. 새 부품을 정해진 곳에 만들고 기존 부품을 설계에 추가하기 때문에 기존 형상을 활용할 수 있다. 적응성이 있는 부품은 다른 구성요소의 크기와 위치에 자동으로 맞춰진다. 어셈블리를 만든 후에는 어셈블리 구성요소들이 어떻게 조립되는지 보여주는 프레젠테이션 파일(~.ipn)을 만들 수 있는데, Tweak(미세조정)와 Trail(트레일)을 구성요소에 적용할 수 있으므로 원하는 만큼의 프레젠테이션 뷰를 만들 수 있다. Autodesk Inventor는 프레젠테이션 뷰를 애니메이션하는 기능도 제공하다.

(2) Part(부품)모델

가변 기술에 의한 직관적인 메뉴 구조와 도움말 기능 및 더욱 편리해진 스케치 기능뿐만 아니라 자동 치수기입과 형상 자동화 기능들로 보다 쉽고 빠르게 부품을 생성할 수 있다. 부품 파일은 단 하나의 부품을 포함할 수 있으며 도면 파일을 만들어 설계를 확인할 수 있다. 어셈블리 모델에서 사용하기 위한 표준 구성요소를 만들 수 있고 스케치 형상과 작업 피처를 만들어 어셈블리 레이아웃으로 활용할 수 있다. 부품 파일은 .ipt 확장자를 갖는다. 또 각 도구에 접근하기 위한 패널 막대나 작성 중 모델의 구성요소가 트리 구조로 표시되는 브라우저에 의한 조작성이 향상되었다.

Autodesk Inventor는 필요에 따라 대화상자를 연다. 각 도구를 종료하려면 다음에 상용할 도구를 선택하든지 [Esc]키를 누른다. 마우스 오른쪽 버튼을 클릭하여 Done(종료)을 선택하여 종료할 수도 있다. 모델 영역이나 브라우저에 있어서 마우스 오른쪽 버튼을 클릭하면 그 상황에 따른 메뉴가 표시된다.

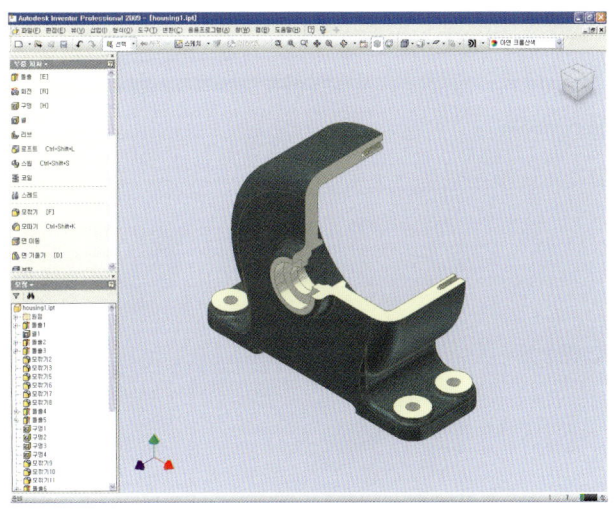
부품 모델링

(3) Assembly(조립품) 모델링

어셈블리 파일은 1개 이상의 부품 또는 서브 어셈블리를 포함할 수 있다. 어셈블리 파일에 무제한의 외부 부품 및 서브 어셈블리를 추가할 수 있으며 구성요소 작성을 사용하여 어셈블리 내 정해진 곳에 부품을 만들 수 있다. 외부 부품에 대한 변화는 자동적으로 어셈블리와 부품에 적용되어 또다시 변화된 내용을 수정할 필요는 없다. 어셈블리 구속조건을 선택하여 부품과 컨트롤 피처를 연관되도록 설정할 수 있으며 부품 및 어셈블리 파일 외에 프레젠테이션, 도면 파일도 만들 수 있다. Top Down 방식으로 각각의 부품 파일을 수정할 수 있으며 .iam 확장자를 갖는다.

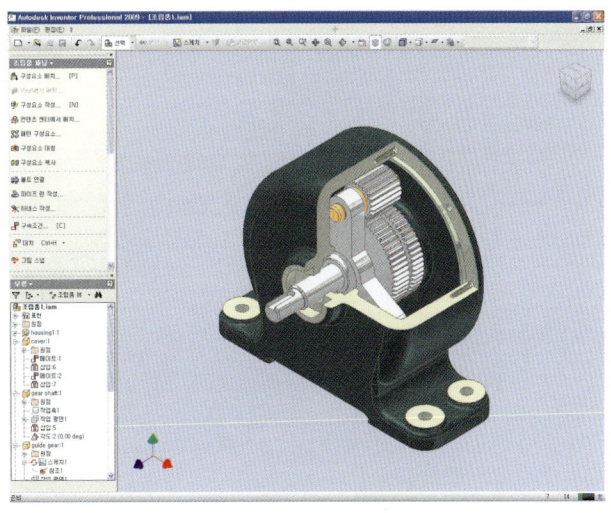
Assembling 모델링

(4) Presentation 파일

프레젠테이션 뷰는 어셈블리의 분해된 뷰나 다른 스타일의 뷰를 가질 수 있는데 이 뷰들을 저장한 후 설계를 확인하기 위해 도면에서 사용할 수 있다. 프레젠테이션뷰는 어셈블리 파일에서 정의된 디자인뷰를 이용해 외부 어셈블리로부터 작성된다. 뷰, Tweak(미세조정), Trail(트레일), 애니메이션은 프레젠테이션 파일에서 작성과 저장이 이루어진다. .ipn 확장자를 갖는다.

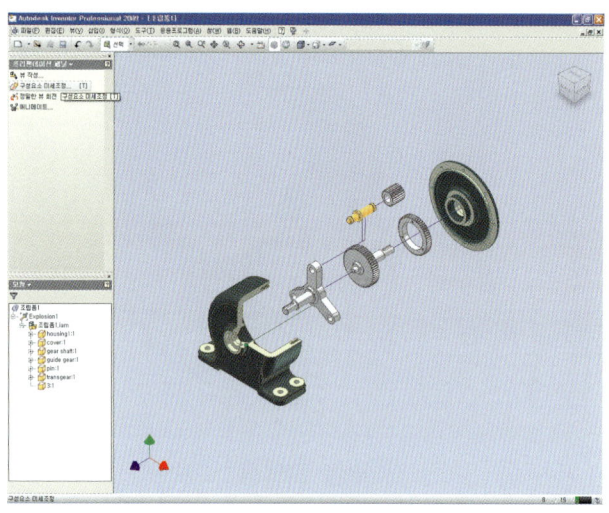

Presentation뷰

(5) Drawing(도면)

2D 도면에는 부품 또는 어셈블리의 뷰가 포함되면 1개 이상의 Drawing Sheet를 가질 수 있다. 열려 있는 부품, 어셈블리, 프레젠테이션뷰 파일과 로컬 및 네트워크 폴더의 파일에서 도면 Sheet를 만들 수 있다. 각국의 공업규격에 맞게 도면에 치수를 추가할 수도 있고 각종 가공 기호와 BOM, 부품 리스트, 부품 번호 등을 자동으로 추가할 수 있다. .idw 확장자를 갖는다.

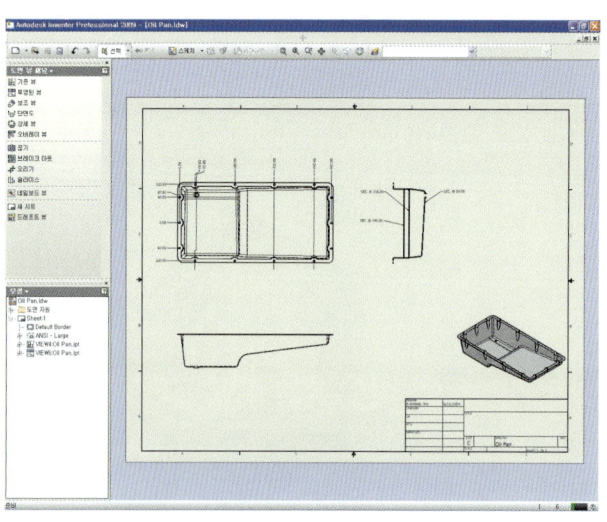

Drawing

(6) Sheet Metal(판금 설계)

판금 부품 작성을 위해 Autodesk Inventor가 제공하는 여러 가지 도구를 이용하여 일정한 재질 두께를 갖는 철판을 작성하는 것을 Sheet Metal이라 한다. 기본적인 형상을 구성한 다음 판금 재질 설정 값, 절곡부 및 구석 릴리프, 판금면 구석 이음매, 판금 플랜지, 판금 피처 라이브러리, 플랫 패턴으로 펼침 등의 작업을 할 수 있다. .ipt 확장자를 갖는다.

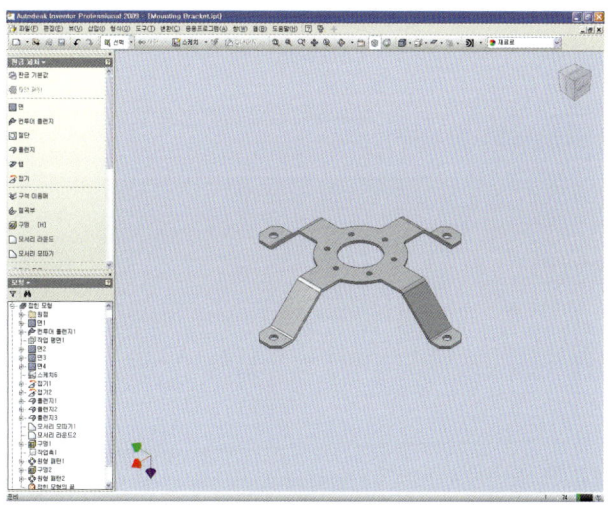

Sheet Metal

(7) Inventor Studio(스튜디오) 파일

기존 3차원 CAD 사용자는 부품의 모델링 후 좀 더 현실적인 랜더링 및 애니메이션을 위해 또 다른 애니메이션 관련 프로그램을 사용해 왔다. 하지만 Inventor Studio는 사용자에게 부품과 조립품을 생성함에 있어서 보다 실질적인 랜더링과 애니메이션을 제공한다.

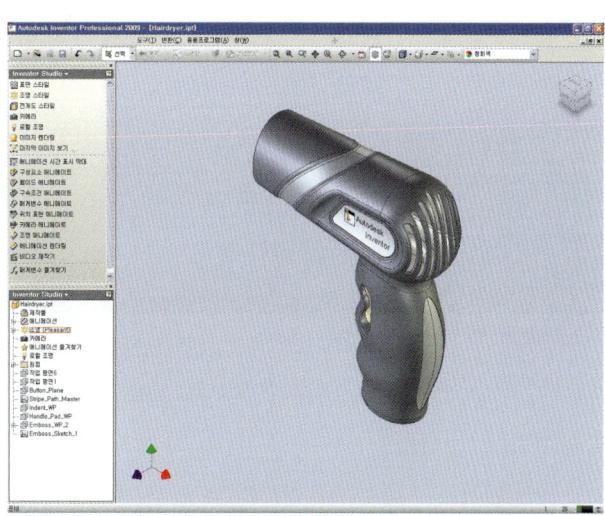

Inventor Studio

(8) iFeature

iFeature는 다른 설계 작업 시 부품 파일을 다시 사용할 수 있도록 삽입될 수 있는 완전한 부품(Part)들, 3차원 피처(Feature)들, 2차원 스케치(Sketch)들을 포함할 수 있다. 또한 설계자는 기능을 증진하기 위해 iFeature에 크기 제한과 범위를 지정할 수 있다. iFeature는 .ide 확장자를 갖는다. Tools ⇒ Extract iFeature(iFeature 추출)를 클릭한다. iFeature로 사용하기 위한 매개변수 이름, 크기, 지시 등을 설정할 수 있으며 재배치될 때 수정할 수 있다.

◇ 인벤터(INVENTOR) 다운로드 및 설치

인벤터는 무료 소프트웨어가 아닌 유료 소프트웨어입니다. 교육용과 상업용으로 구분되어 판매가 되며 기능상에는 별다른 차이가 없습니다.

인벤터와 같은 고가의 소프트웨어를 개인이 구매한다는 것은 매우 어려운 일이므로 오토데스크(www.autodesk.co.kr)사의 한국 홈페이지에 인터넷 접속을 하시면 30일간의 평가판을 무료로 다운로드하여 설치를 할 수 있습니다. 또는 신청자에게 CD형태의 콘텐츠를 제공하기도 합니다.

_실기 시험의 일반적인 작업순서

1. 본인확인 및 비번부여
2. 과제물 지급 및 수험자 유의사항 전달
3. 도면해독
4. S/W환경설정
5. 측정 및 3차원모델링
6. 도면(idw)템플릿작성
7. 주서기입
8. 3차원 도면 뷰 작성
9. 2차원 도면 뷰 작성
10. 단면, 국부투상도 작성
11. 치수 및 끼워맞춤 기입
12. 표면거칠기, 형상공차
13. 검도
14. 도면 출력 및 제출

- 작업의 순서는 사용자에 따라 다를 수 있으며 효율적인 방법을 찾는 것이 중요하다.
- 과거에는 2차원 도면작업과 3차원 도면작업이 분리, 시행하였으나 근래들어 통합되어 어떤 것을 먼저 작업하든 관계가 없다.(매우중요!!)
- 그러므로 3차원 모델을 먼저 작성한 후 2차원 도면 뷰 작업을 함으로서 일관성 있는 도면작업 및 작업효일을 높여 시간을 단축시키는 훈련이 필요하다.

슬라이드 1

과제 지급도면과 제출도면

과제 지급 도면

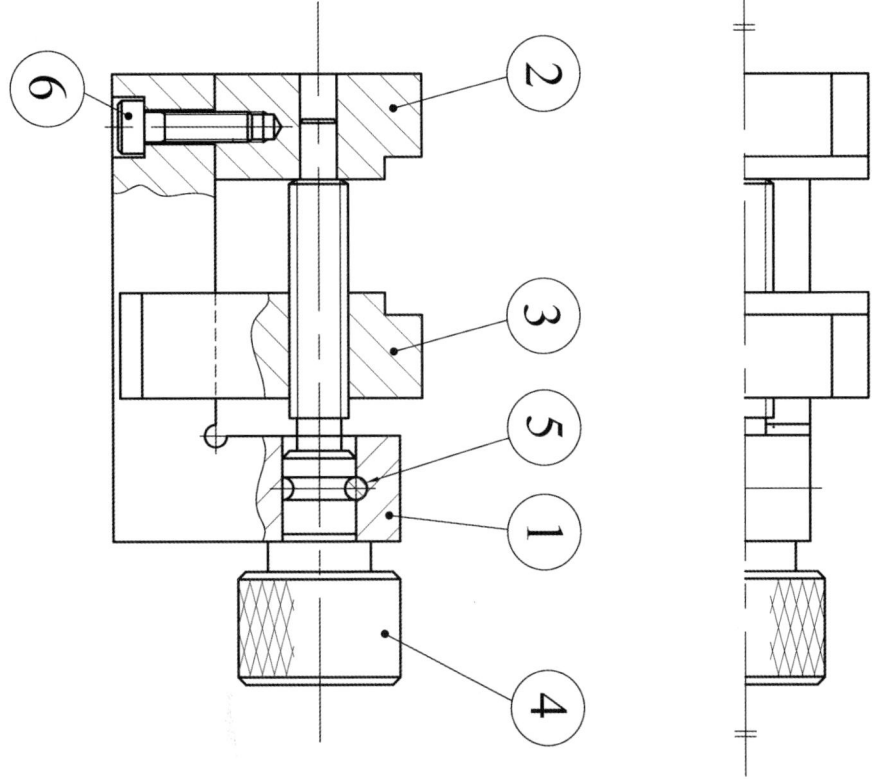

제출 1 : 슬라이드 3차원 부품도

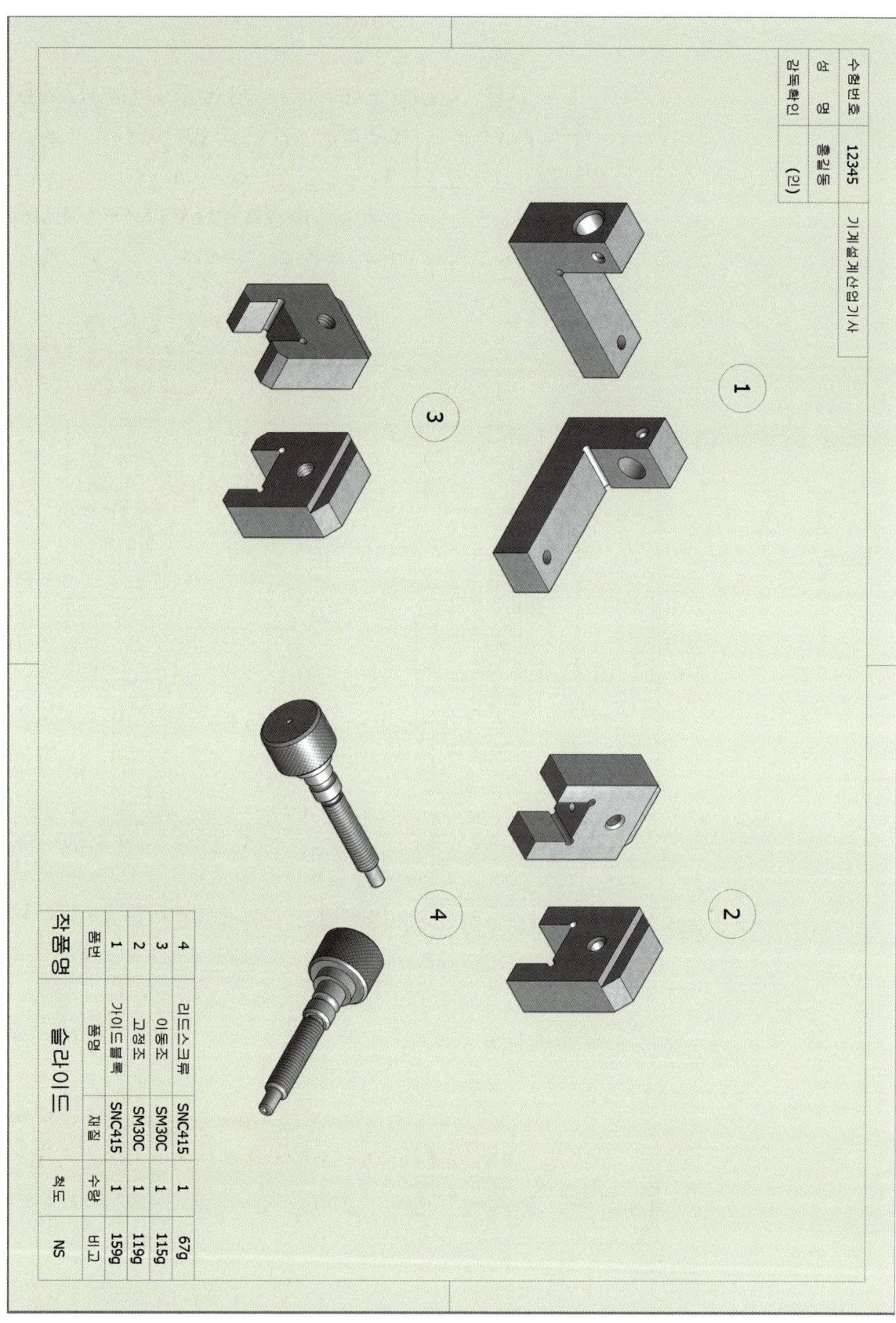

제출 2 : 슬라이드 2차원 부품도

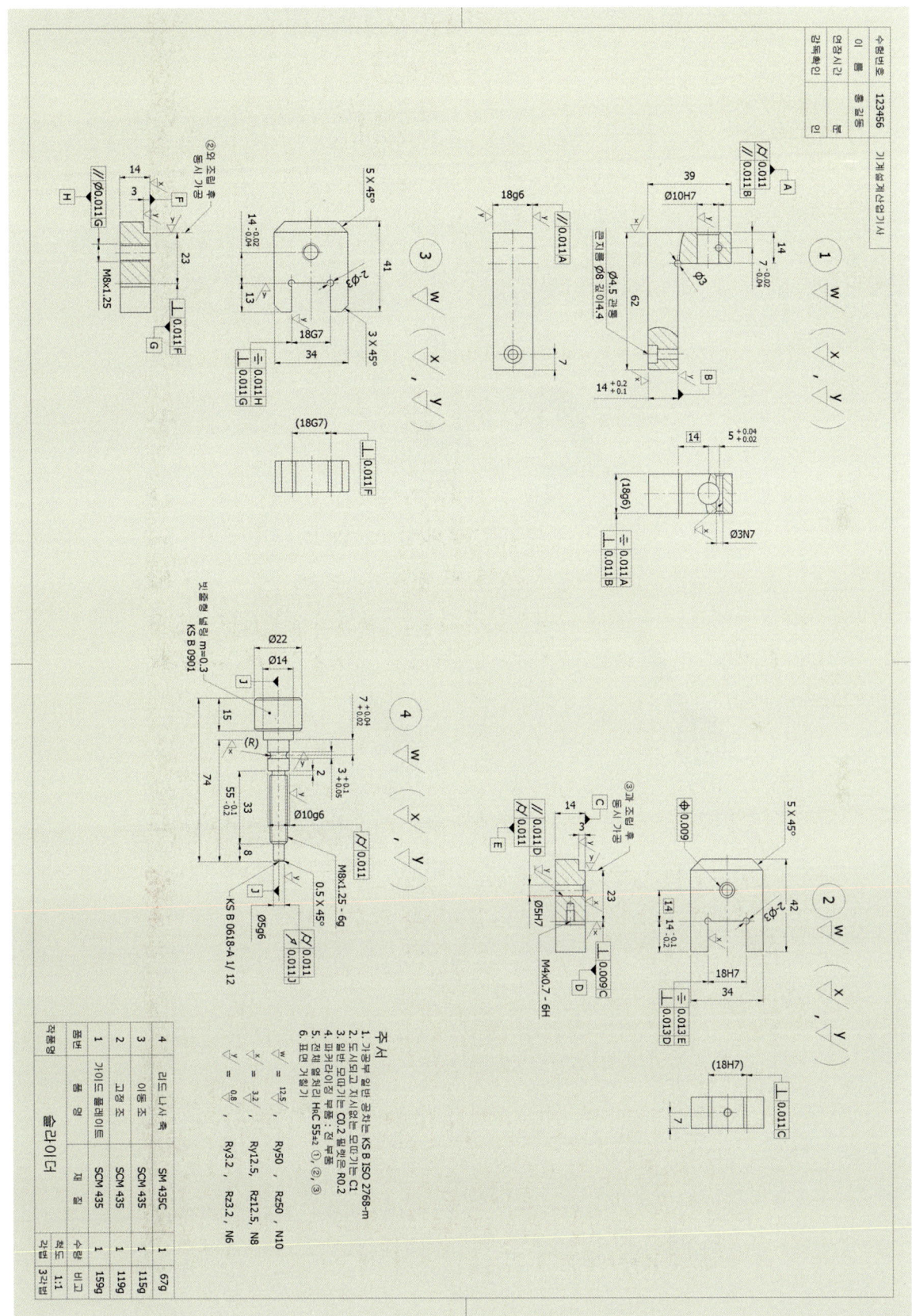

참고(미제출) : 슬라이드 3D 분해전개도

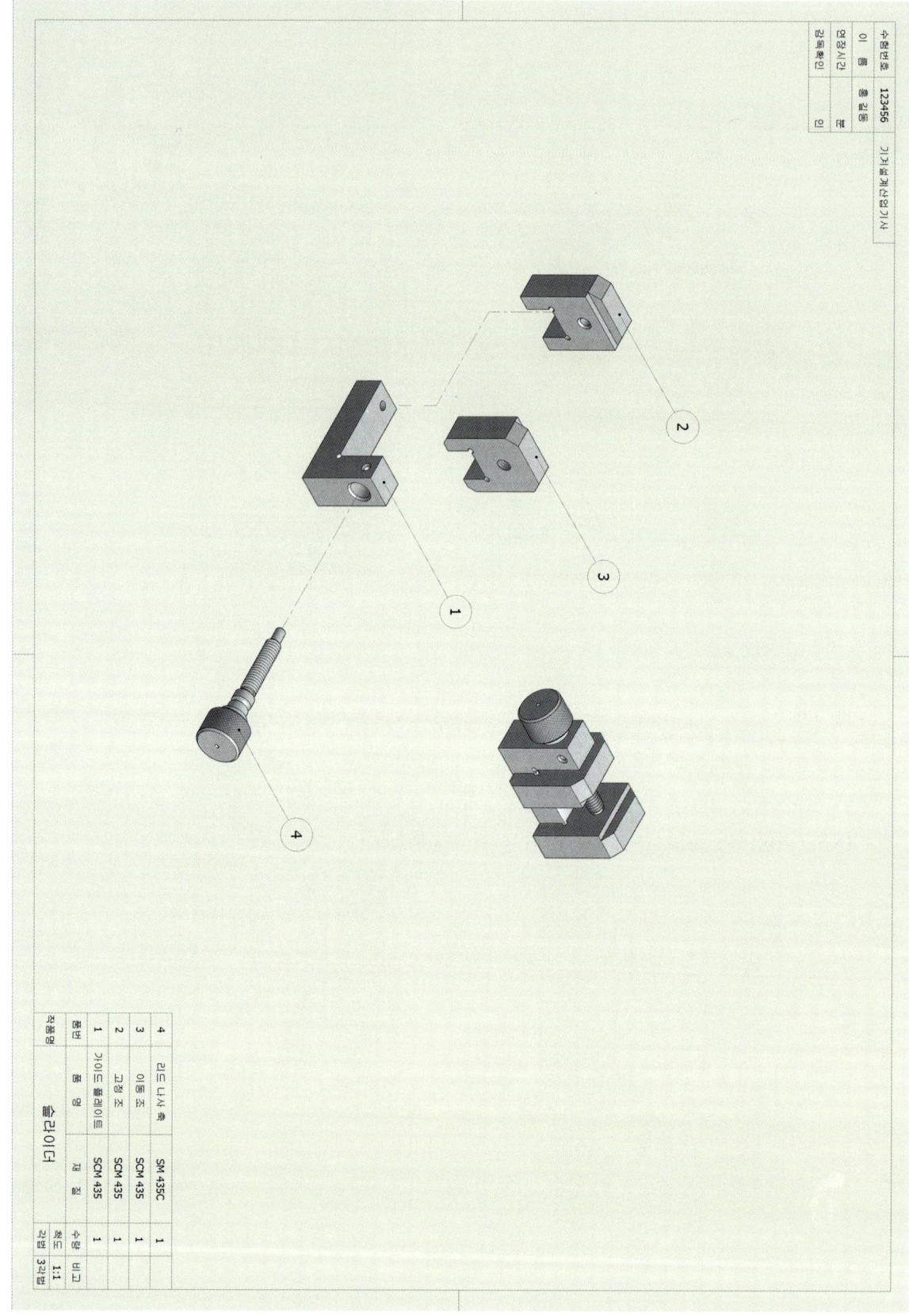

도면해독 및 측정

≫ 품명 부여

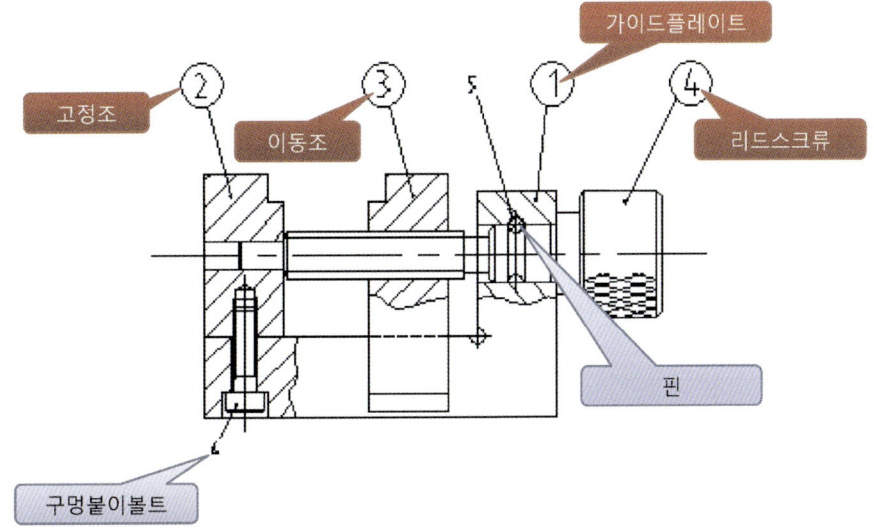

- 빨간색 부품은 요구사항에서 지시하는 작도해야 할 부품이다.(품명은 제도자, 설계자에 따라 다를수 있으며 일반적으로 기능, 형상, 운동 등을 고려하여 부여)
- 파란색 부품(구멍붙이볼트, 핀 등)은 결합용 기계요소로 실기시험에서는 작도하지 않는다. (KS규격품이며 결합부위 치수 등만 관련규격참고)

1번 부품 해독

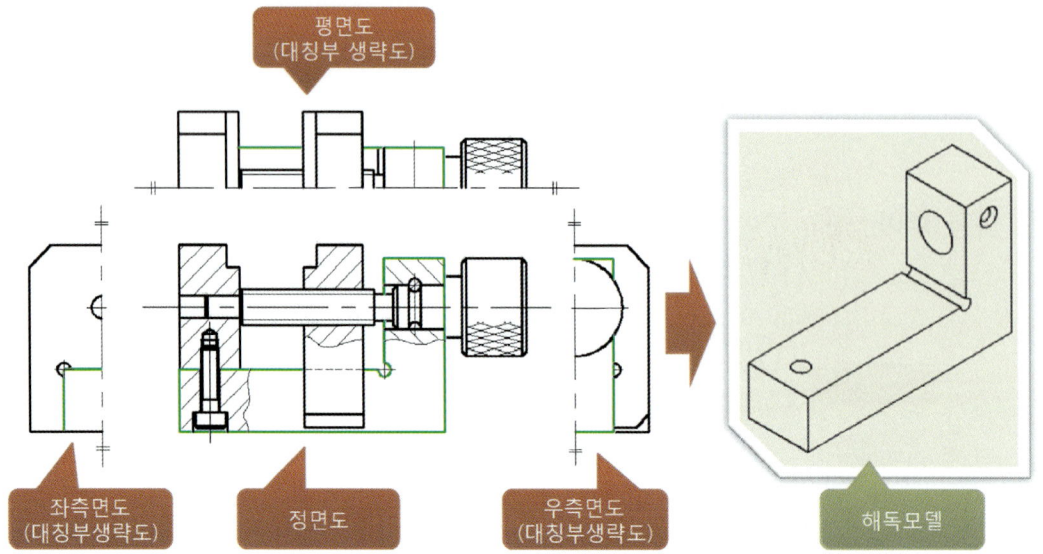

- 지급된 과제도면에서 초록색으로 강조된 영역이 1번 부품의 경계이다

측정

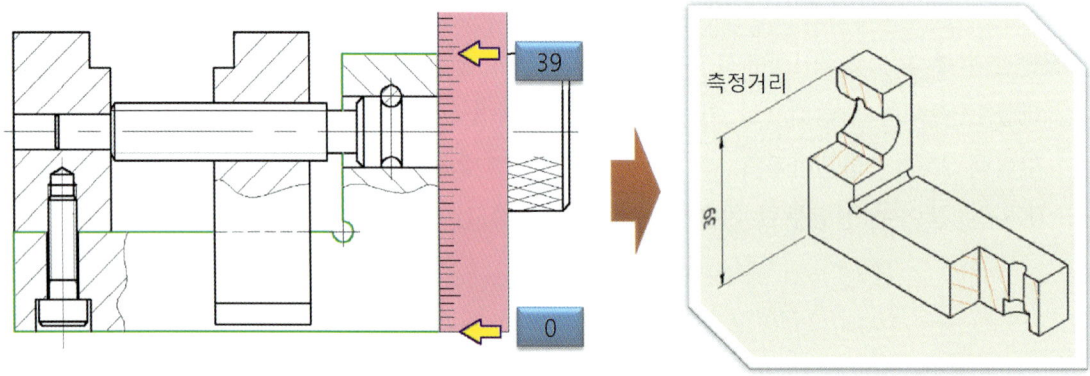

- 전체 높이에 대한 치수는 정면도와 우측면도, 좌측면도 등 3면도에서 측정 가능
- 높이 치수는 정면도에서 원활한 측정이 가능하기 때문에 그림과 같이 측정
- 최초의 측정이 3차원 모델링 및 2차원 부품도에 모두 영향을 미치므로 신중히 측정
- 상향식 조립(부품모델링 후 조립) 적용 시 조립에 영향

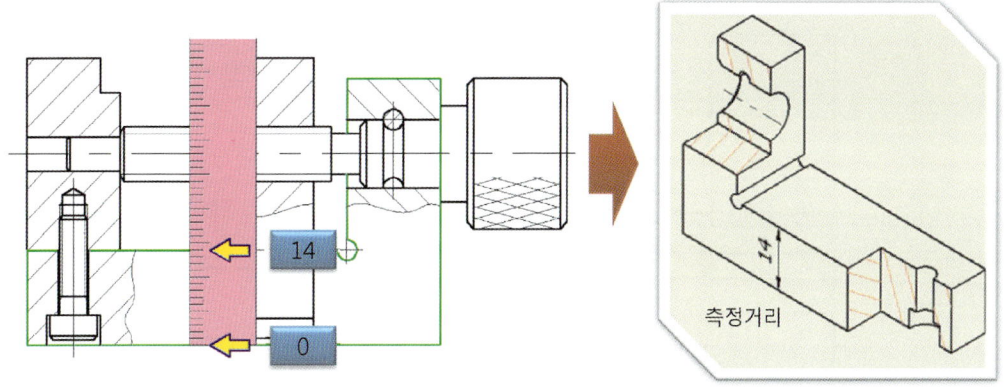

- 두 번째 높이에 대한 치수 또한 정면도에서 측정이 가능하기 때문에 그림과 같이 측정

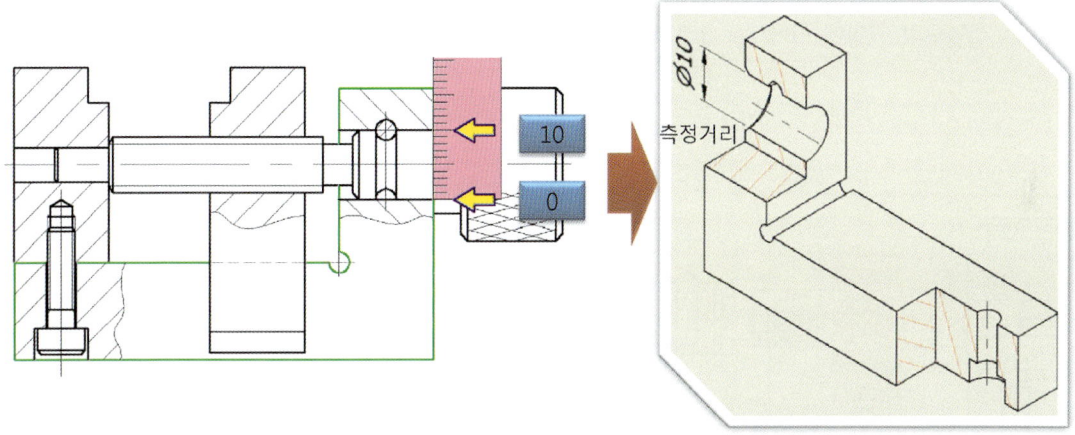

- 리드 스크류의 삽입을 위한 관통구멍은 정면도의 부분단면 부분에서 가장 명확하다.
- 구멍의 지름은 그림과 같이 단면이 된 부분에서 측정

여기서 잠깐!!

원형 측정

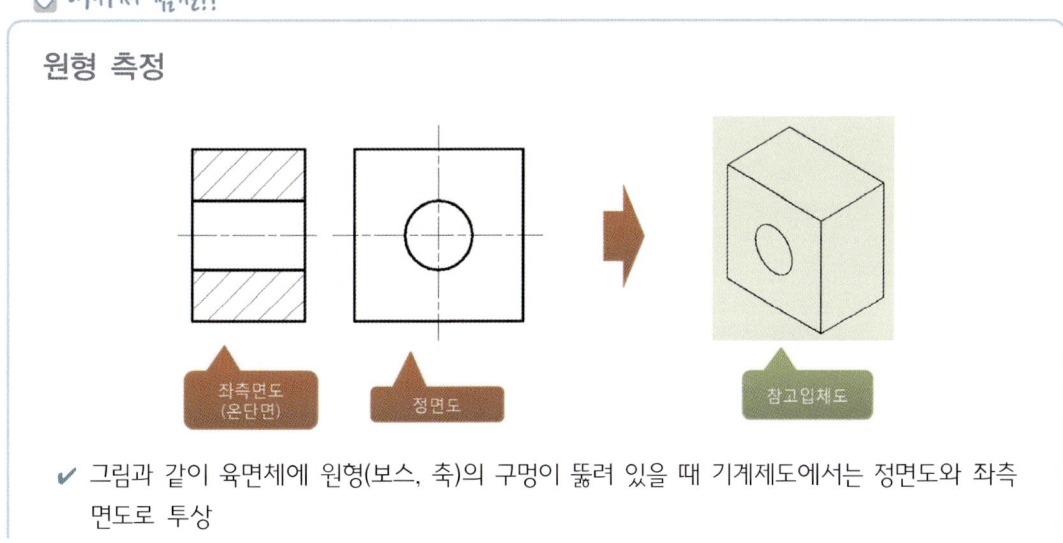

✔ 그림과 같이 육면체에 원형(보스, 축)의 구멍이 뚫려 있을 때 기계제도에서는 정면도와 좌측면도로 투상

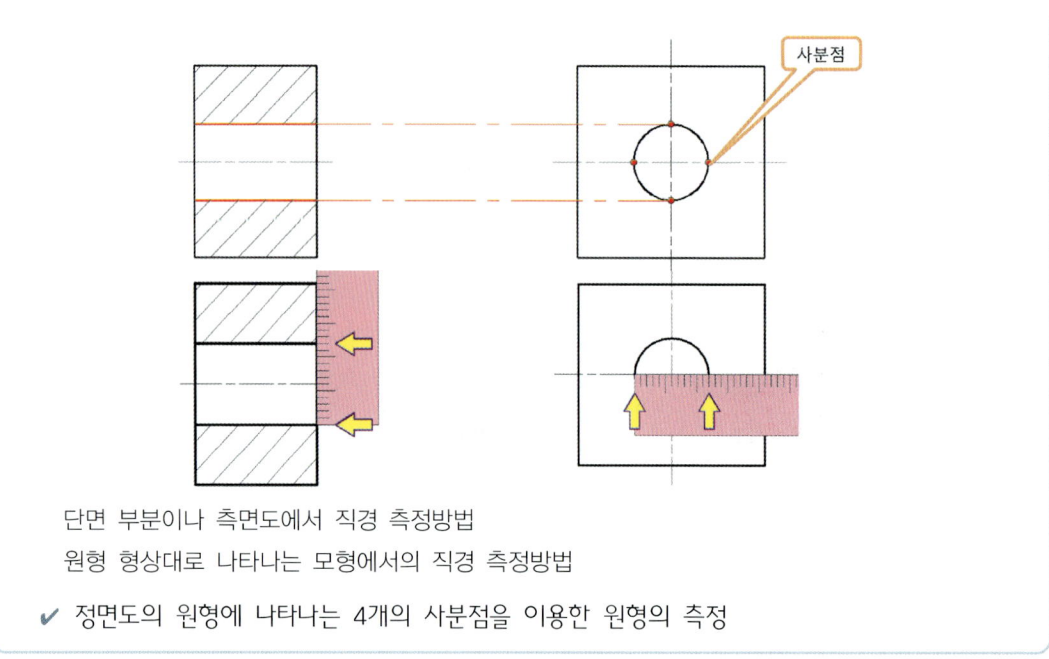

단면 부분이나 측면도에서 직경 측정방법
원형 형상대로 나타나는 모형에서의 직경 측정방법

✔ 정면도의 원형에 나타나는 4개의 사분점을 이용한 원형의 측정

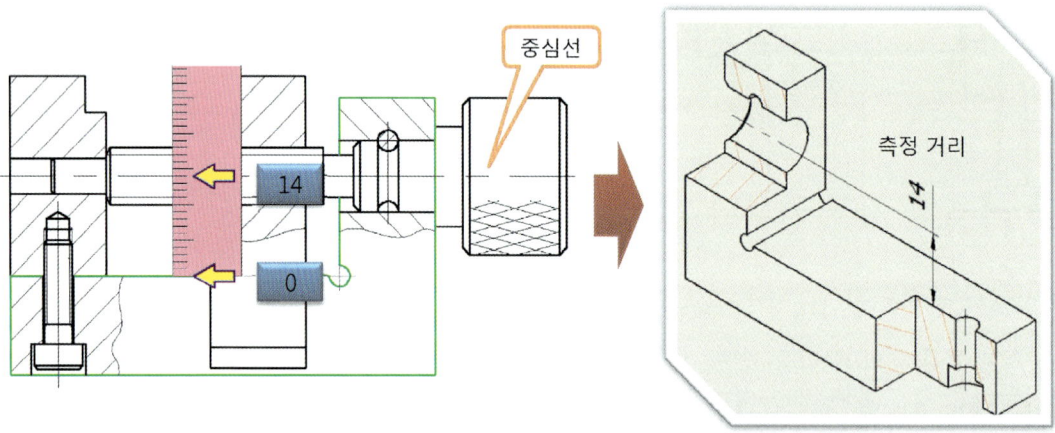

- 리드 스크류와 결합을 위한 관통구멍은 크기와 더불어 위치에 대한 측정도 중요하다.(다른 부품과 조립시 원활한 조립이 되기 위해서는 기준이 되는 부분의 측정이 중요)
- 구멍의 위치에 대한 측정은 보기와 같이 슬라이드의 두 번째 높이로부터 관통구멍의 중심선(리드스크류의 중심선)까지로 측정한다.

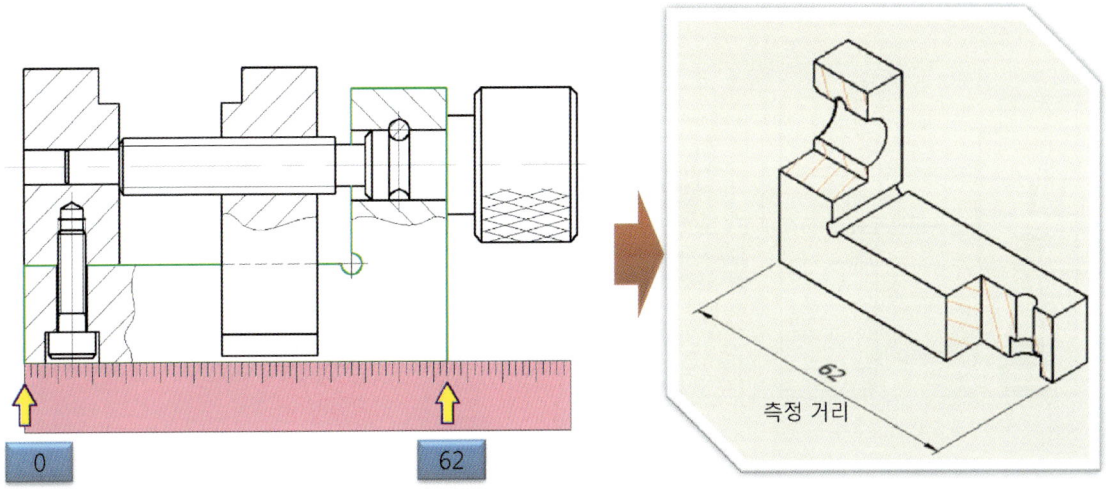

- 전체 길이 치수는 정면도와 평면도에서 측정이 가능하다.
- 정면도와 평면도만이 제시되어 있으며 정면도에서 길이 치수의 측정이 원활하기 때문에 그림과 같이 측정

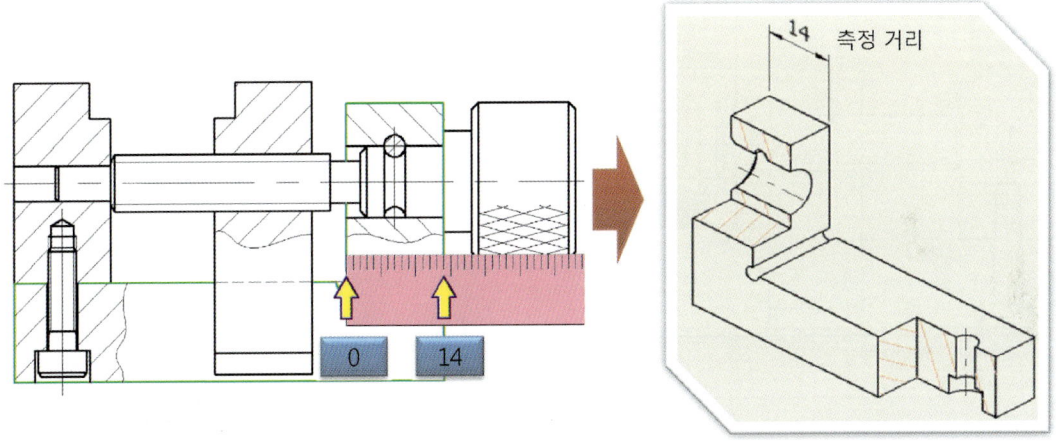

- 두 번째 길이 치수는 정면도와 평면도에서 측정이 가능하다.
- 정면도에서 길이에 대한 치수 측정이 원활하기 때문에 그림과 같이 측정

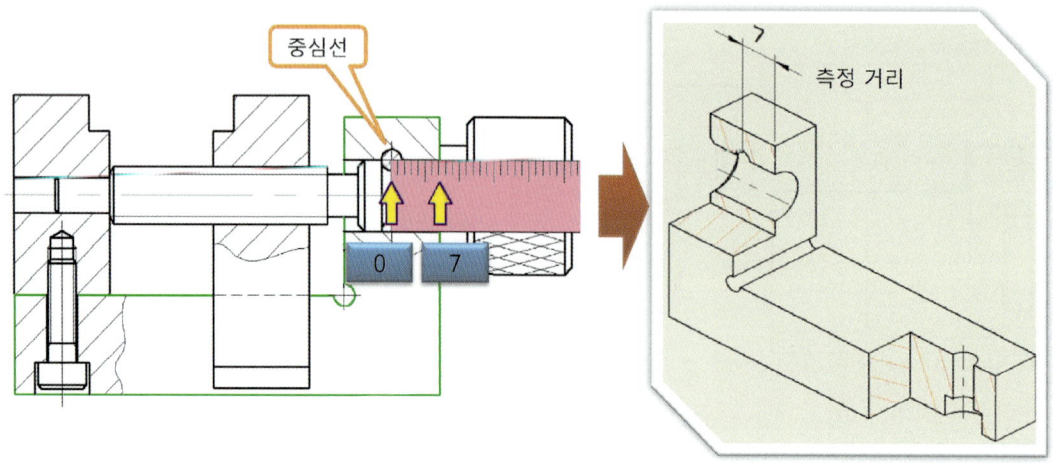

- 핀 구멍의 위치는 정면도 상에서 확인
- 위치의 측정은 보기와 같이 외형선으로부터 원형의 중심선까지의 치수를 측정

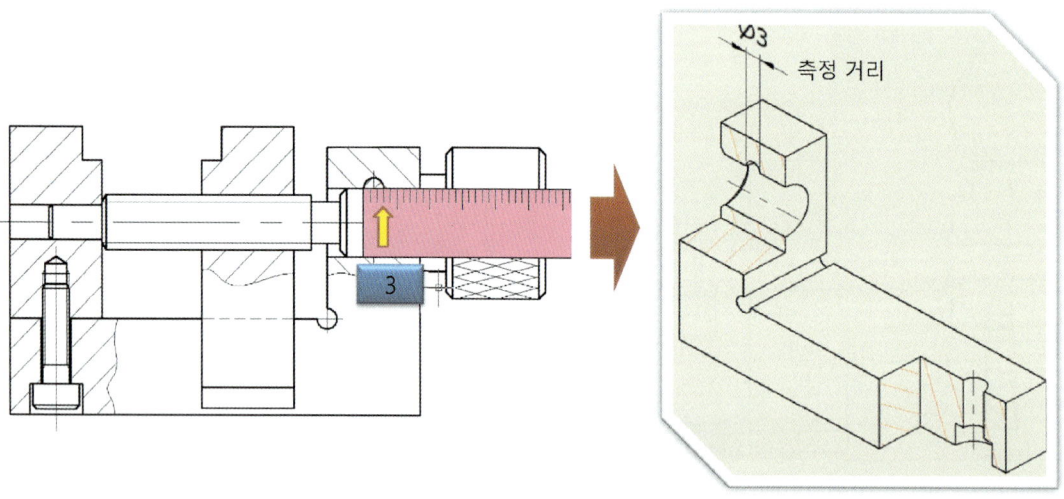

- 핀 구멍의 지름 치수 측정은 정면도 상에서 명확히 측정 할 수 있다.
- 지름의 측정은 원의 양쪽 사분점을 측정한다.

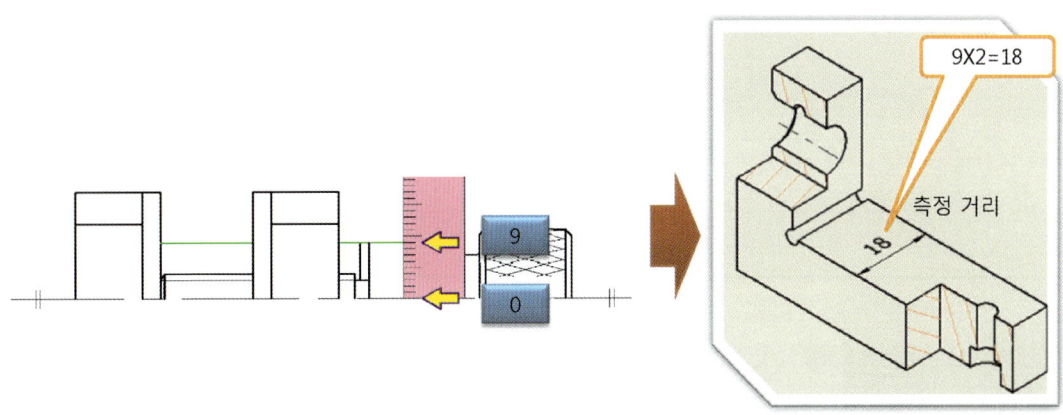

- 너비에 대한 측정은 평면도와 좌측면도, 우측면도에서 가능하다.
- 전체 너비의 측정은 평면도상에서 보기와 같이 측정을 한다(평면도가 생략이 적용되었으므로 측정값에 2배)
- 또한 좌측면도나 우측면도에서 측정이 가능

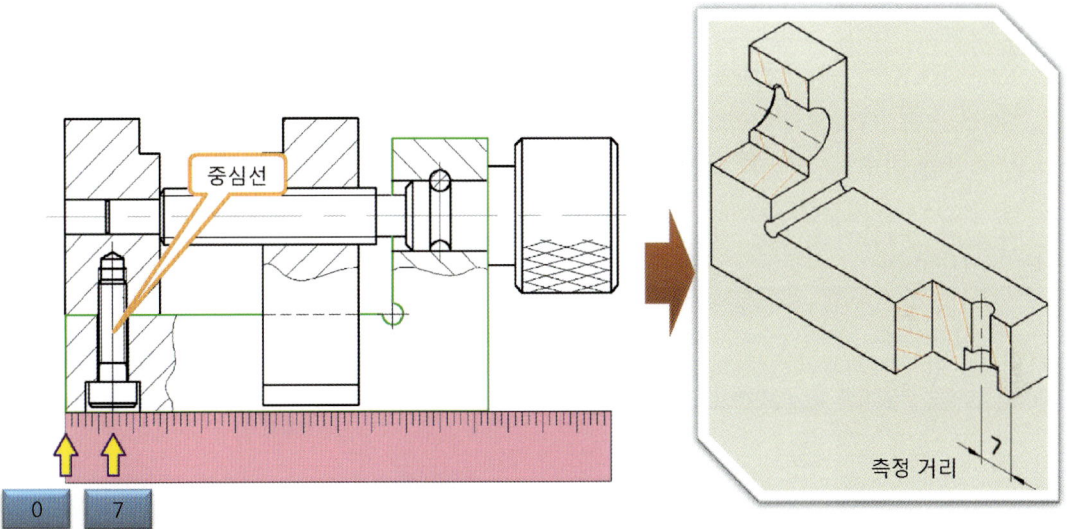

- 카운터 보링 구멍의 위치 확인은 정면도의 부분단면에서 확인
- 위치 측정은 그림과 같이 가장자리에서 단면구멍의 중심선까지 측정한다.

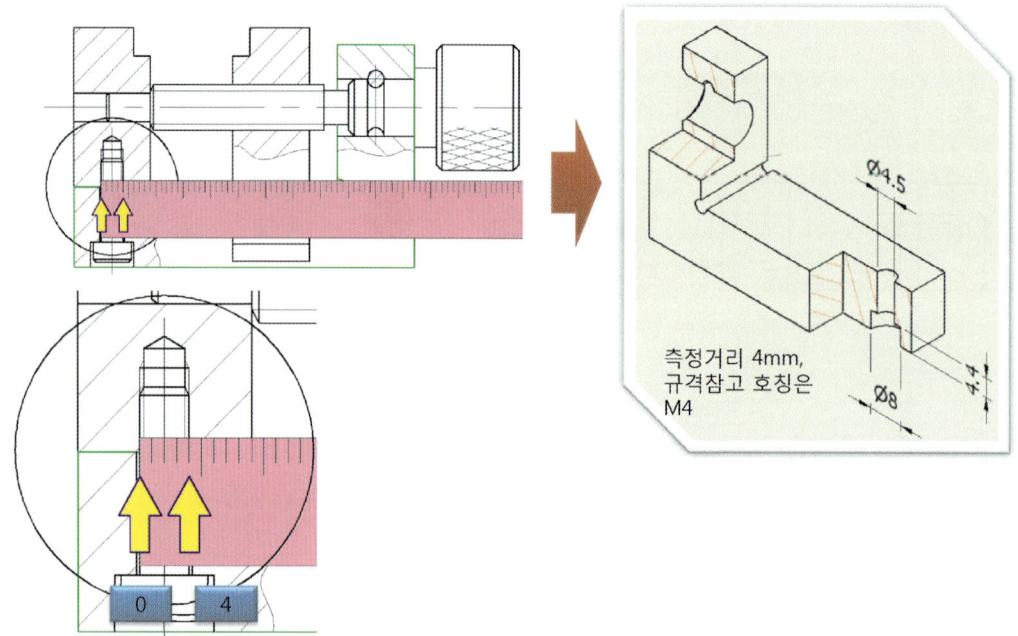

- 카운터 보링의 구멍은 6번 부품 '구멍붙이 볼트' 호칭지름 확인 후 규격 내용의 구멍 치수를 참고한다.(시험시 관련규격은 PDF파일로 지급한다. 개인서적 지참불가)
- 볼트의 호칭지름 측정은 보기와 같이 정면도 상에서 측정한다.(규격집의 치수를 참고하지 않고 측정한 치수로 모델링 하여도 무방하나 조립 시 문제가 생기지 않아야 함)

구멍붙이볼트 규격

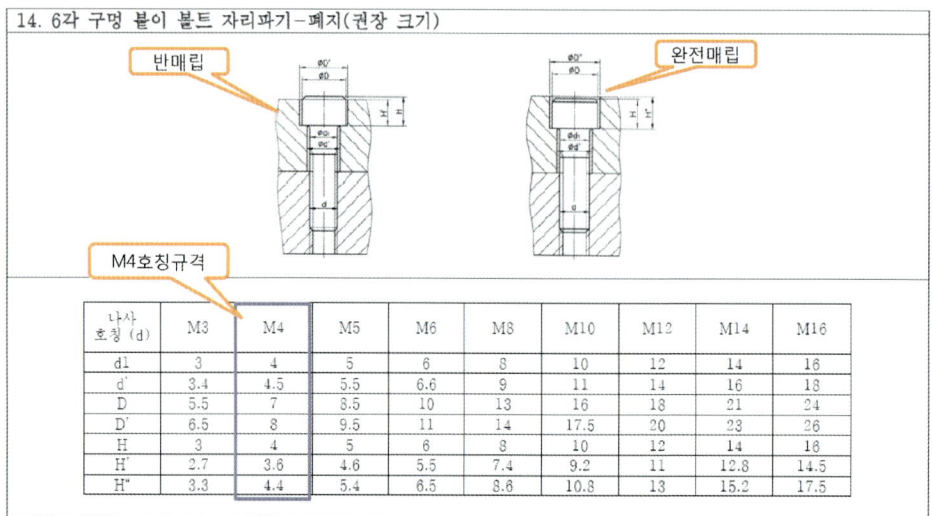

- ✓ 실기시험 응시장소에서 지급되는 KS기계제도 규격 PDF파일을 열은 뒤
- ✓ '6각 구멍 붙이 볼트에 대한 자리파기 및 볼트 구멍 치수' 규격
- ✓ 과제도면에서 볼트 구멍은 위 보기 중 오른쪽 처럼 볼트가 완전 매립된 형태

✔ 과제도면에서 볼트 구멍은 위 보기 중 오른쪽 처럼 볼트가 완전 매립된 형태
✔ 그림에 표시된 각 치수의 기호를 아래의 도표에서 찾아 적용
✔ M4의 치수는 각각 D'은 8, H"은 4.4, d'은 4.5mm이다

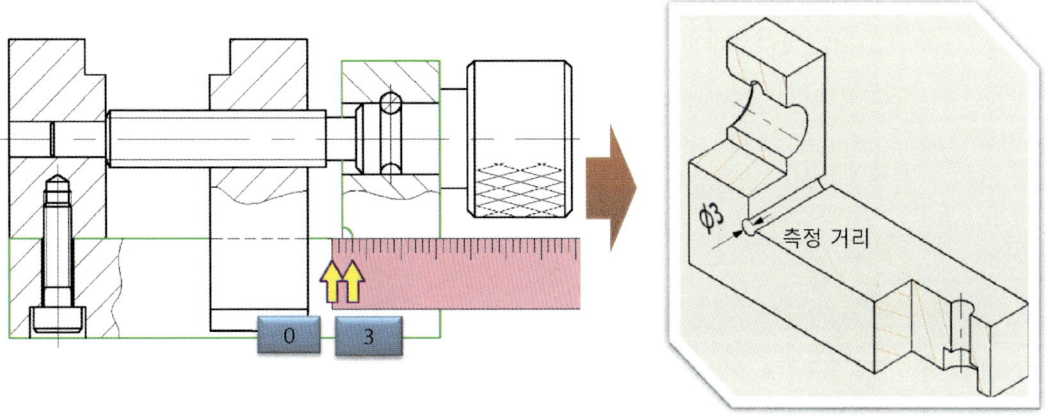

- 'ㄴ'형상을 가공하기 위해서 발생하는 언더 컷(undercut) 형상은 정면도에서 측정이 가능하다.
- 치수의 측정은 그림과 같이 원형의 사분점을 측정한다.(정확한 치수 측정 불필요)

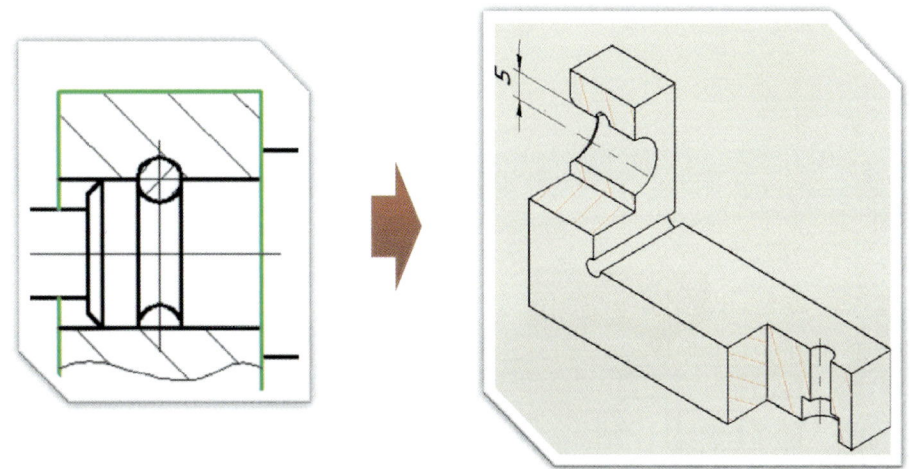

- 핀 구멍의 위치 값은 리드스크류 원통 윗 모선(실루엣)과 일치하므로 별도의 측정 없이 리드스크류 구멍의 절반 크기로 보면된다.

측정 완료

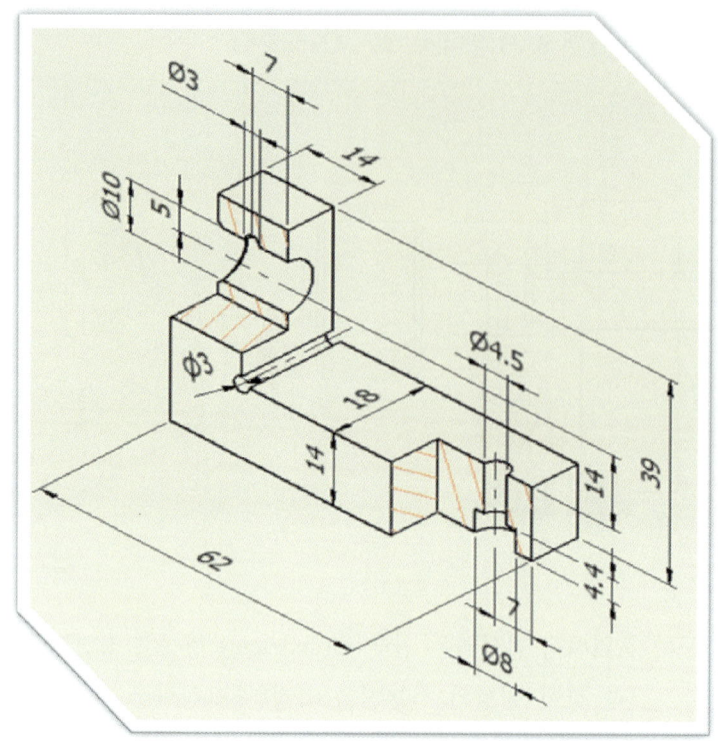

- 모델링에 필요한 측정치수 및 규격 참조 치수를 표시하면 위와 같다.

2번 부품 해독

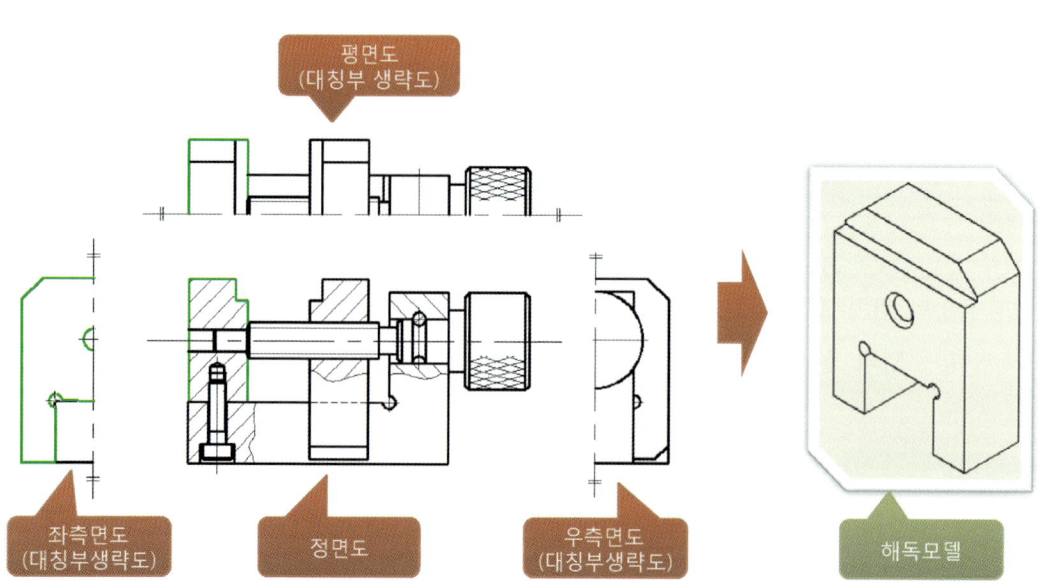

- 지급된 과제도면에서 초록색으로 강조된 영역이 2번 부품의 경계이다

측정

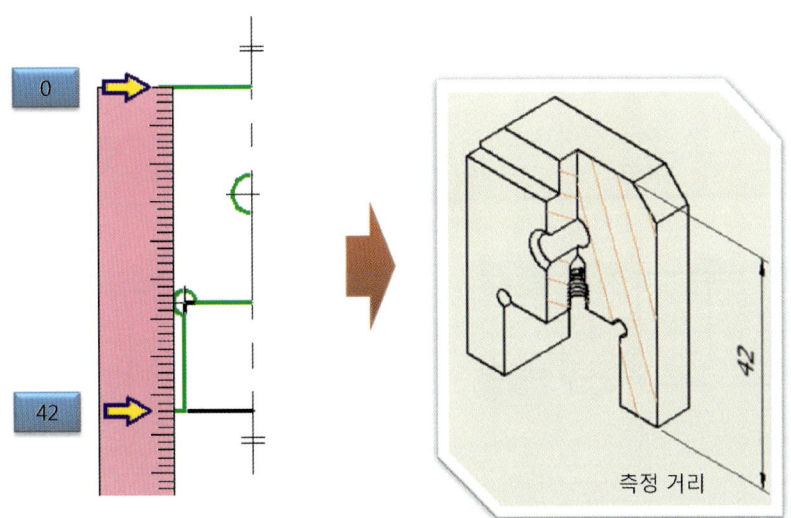

- 전체 높이 치수는 정면도와 좌우측면도에서 확인이 가능하다
- 좌측면도에서 그림과 같이 측정한다.(우측면도에서는 3번 부품 이동조가 고정조를 가르기 때문이다.)

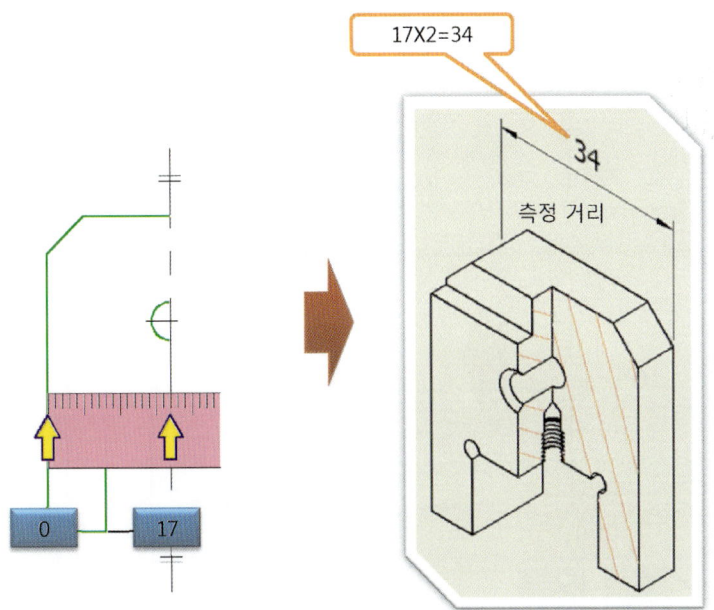

- 고정조의 전체 길이 치수는 좌우측면도와 평면도에서 측정 가능하다.
- 좌측면도에서의 측정이 바람직하다.
- 좌측면도는 생략도이므로 측정치수에 2배
- 전체 길이 치수를 평면도에서 측정 가능

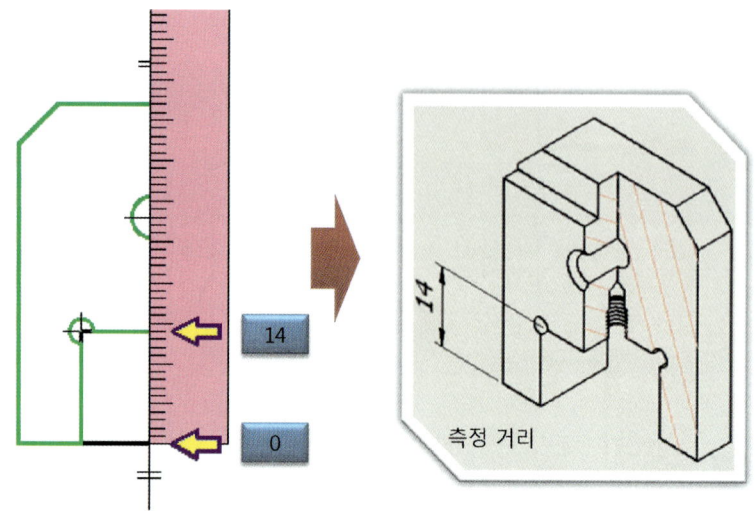

- 고정조와 가이드 블럭의 삽입 부분(구멍 형상)에 대한 높이 치수는 정면도와 좌측면도에서 측정이 가능하다.
- 높이치수는 그림과 같이 좌측면도에서 측정한다.
- 정면도에서도 측정이 가능하나 고정조 형상의 이해를 위해서는 좌측면도에서 측정한다.
- 측정 높이가 1번 부품보다 높으면 조립 후 안정적이지 못하게 된다. 그러므로 측정한 1번 부품의 높이치수를 참고 하는것도 바람직한 방법(이러한 개념을 반영한 조립을 '상향식조립'이라고 한다)

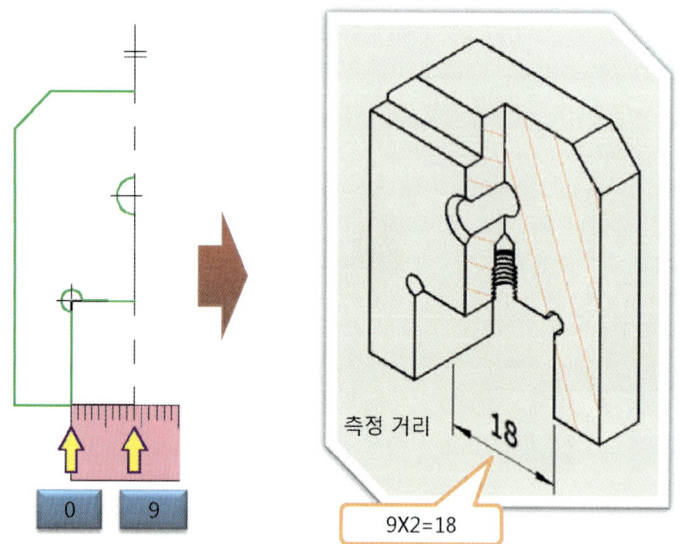

- 고정조와 가이드 블럭의 삽입 부분(구멍형상)의 길이 치수는 좌측면도에서 확인이 가능하다.
- 요철 홈 형상의 길이 치수는 그림과 같이 측정한다.
- 요철 홈 형상의 길이는 가이드 블럭의 너비와 같다.(조립을 위해서는 치수의 끼워맞춤공차 관계가 중요하다.)
- 좌측면도는 생략도이므로 측정값에 2배를 곱한다.

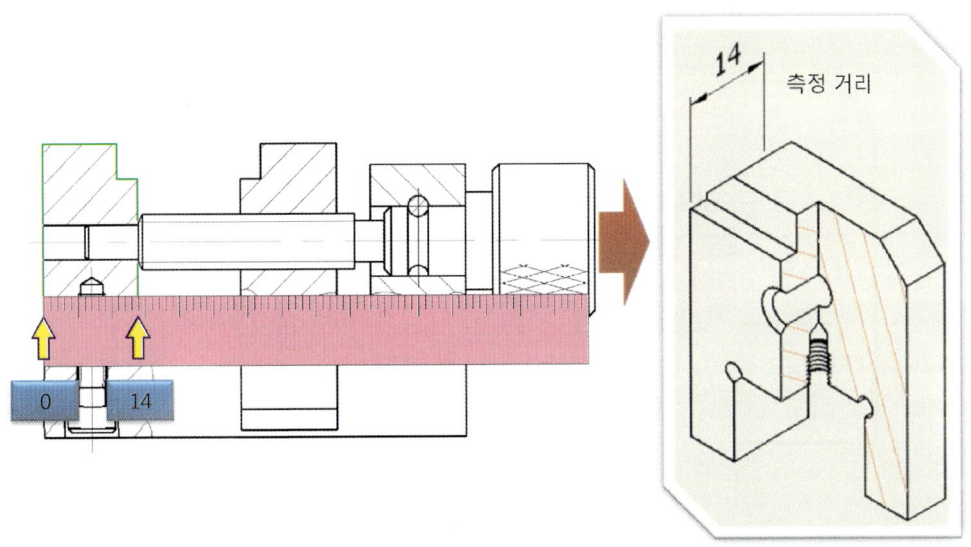

- 고정조의 너비 치수는 정면도와 평면도에서 확인이 가능하다.
- 그림과 같이 정면도에서 측정(평면도에서도 측정가능)

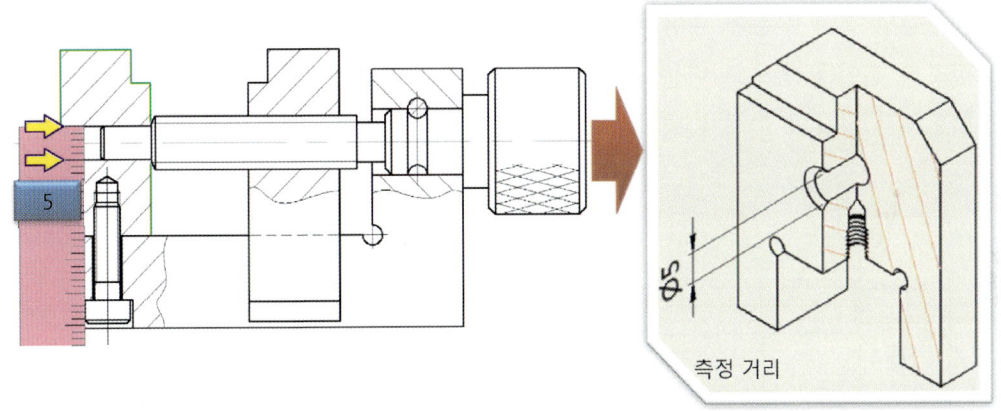

- 고정조 관통구멍의 지름 치수는 정면도의 부분단면에서 측정이 가능하다.
- 관통구멍의 지름 치수는 보기와 같이 구멍 부분의 측정한다.

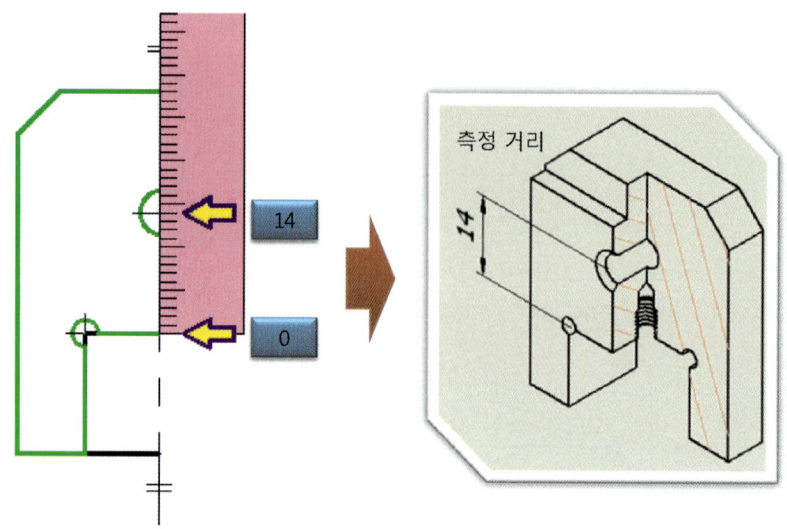

- 고정조의 관통구멍에 대한 위치 치수는 슬라이드의 조립과 운동에 있어서 중요함을 가지는 치수이다.
- 1번부품의 위치를 측정했던 동일선상에서 측정하여 2번부품의 위치 치수가 다르지 않도록 주의(1번 부품에서 측정한 치수를 참고하는 것이 바람직)
- 관통구멍의 길이 부분에 대한 위치는 관통구멍이 중심선상에 있기 때문에 별도의 측정없이 고정조의 길이를 반으로 나눈 값을 쓴다.
- 정면도에서 형상의 이해가 명확하지 않을 수 있어 보기와 같이 좌측면도에서 측정

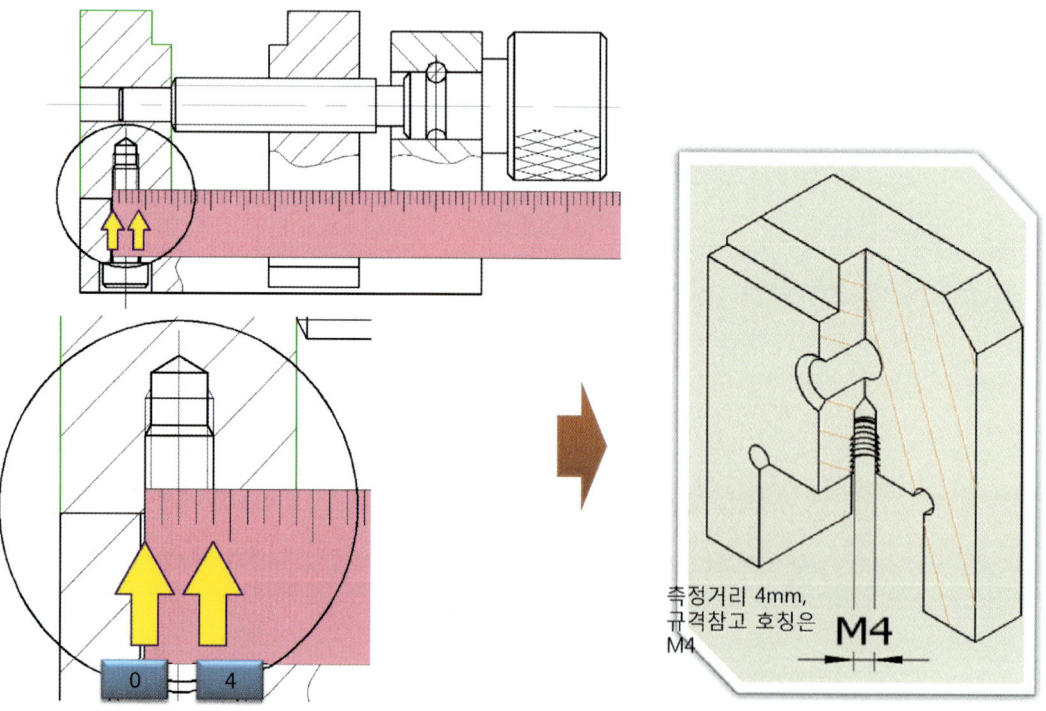

- 1번 부품과의 결합을 위한 암나사 부분의 치수는 정면도의 부분단면에서 측정이 가능하다.
- 그림과 같이 볼트의 외형선까지 측정을 한다.(수나사 나사산의 치수 측정)

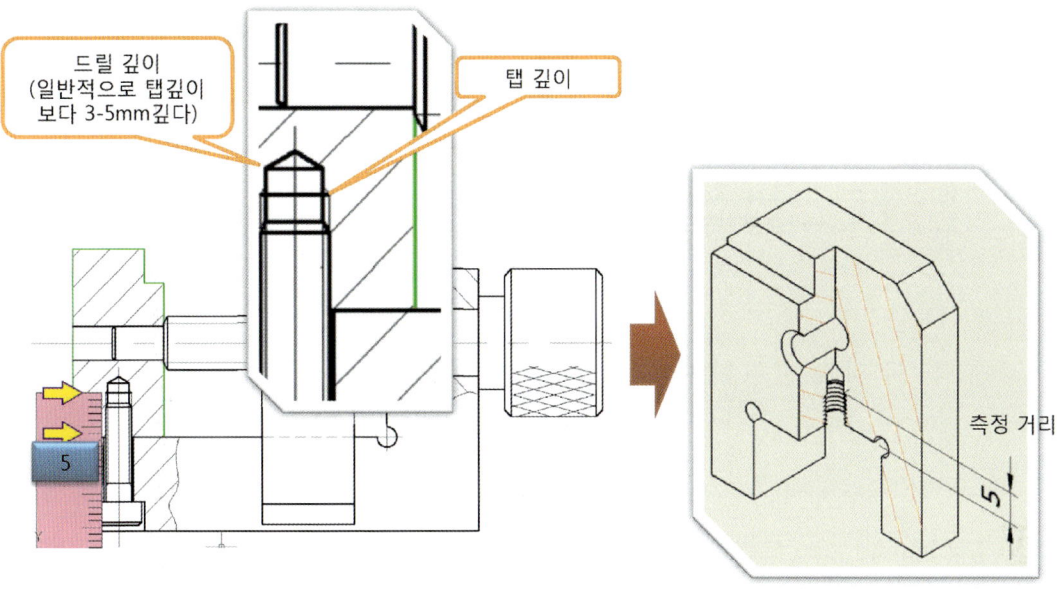

- 탭(암나사)의 깊이는 정면도의 부분단면에서 확인이 가능하다.
- 그림과 같이 'ㄷ' 형상의 단부터 불완전나사부와 완전나사부의 경계까지 측정한다.

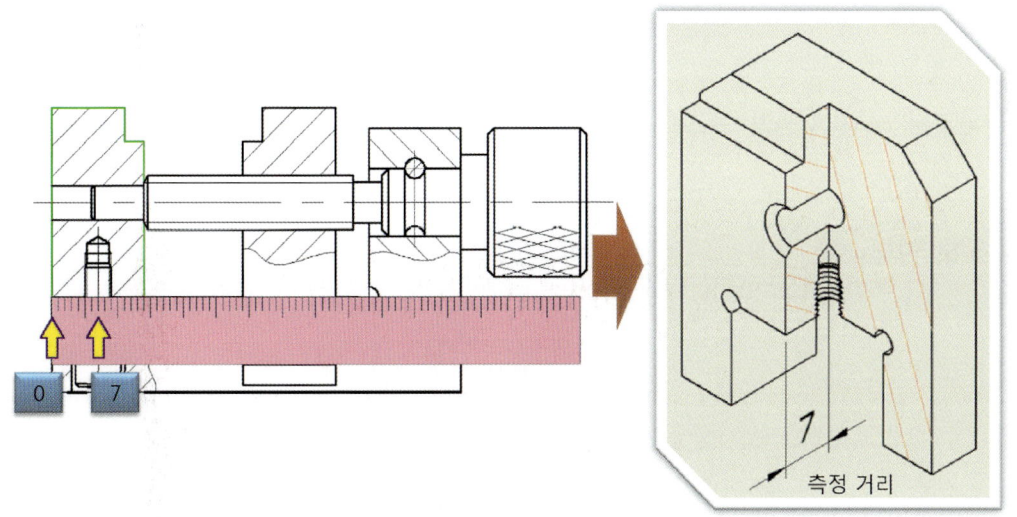

- 너비에 대한 암나사 위치는 정면도의 단면부분에서만 측정이 가능하다
- 그림과 같이 외형선부터 중심선까지 측정한다.(부품의 중심에 위치 하기 때문에 고정조의 길이를 반으로 나눈 값과 같다)

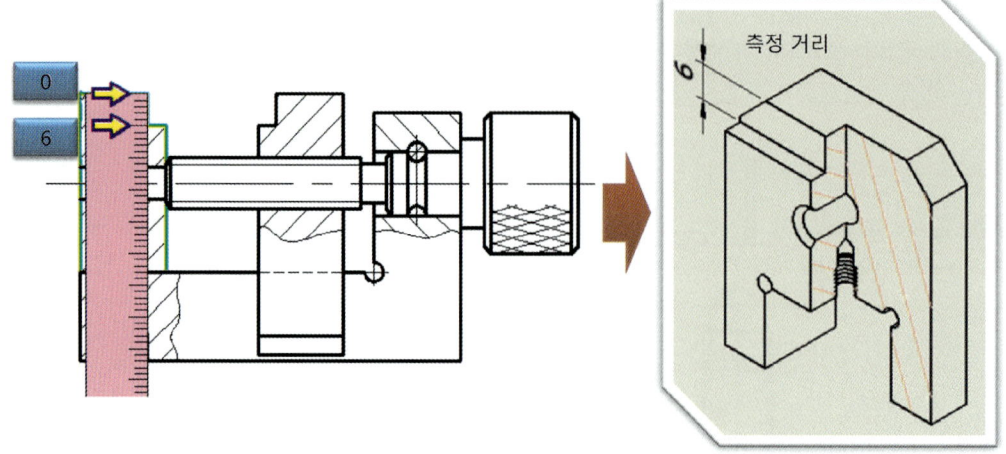

- 상단 턱 부분의 높이 치수는 정면도에서 측정한다.

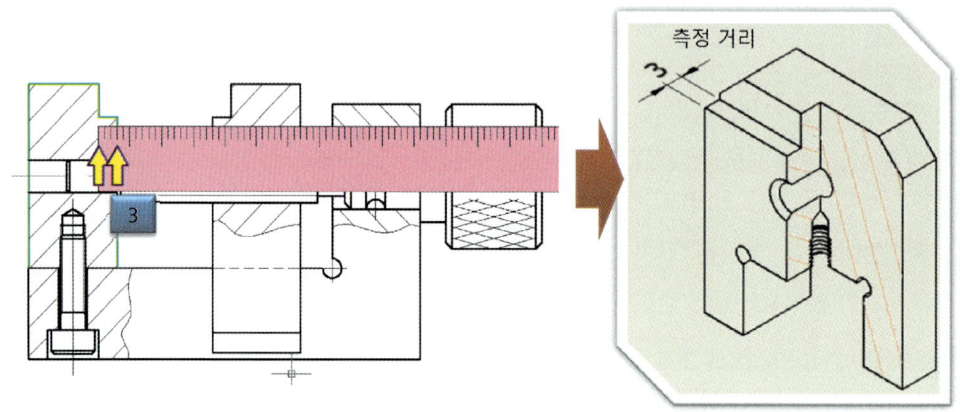

- 고정조의 조(Jaw) 부분 치수는 정면도와 평면도에서 측정이 가능하다.

측정 완료

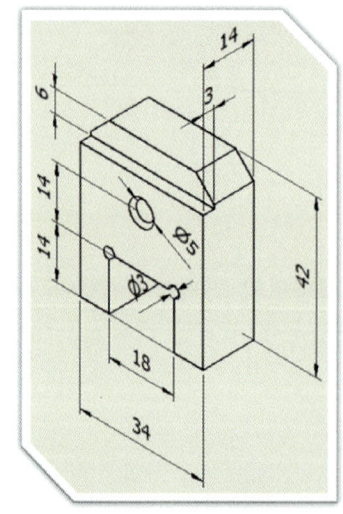

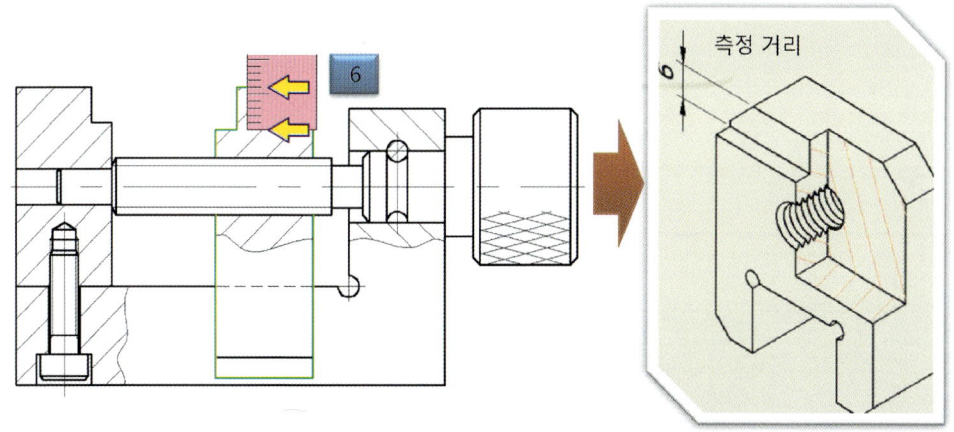

- 조(Jaw) 부분의 높이는 정면도에서 측정이 가능하다.(2번 부품의 조와 동일 치수)

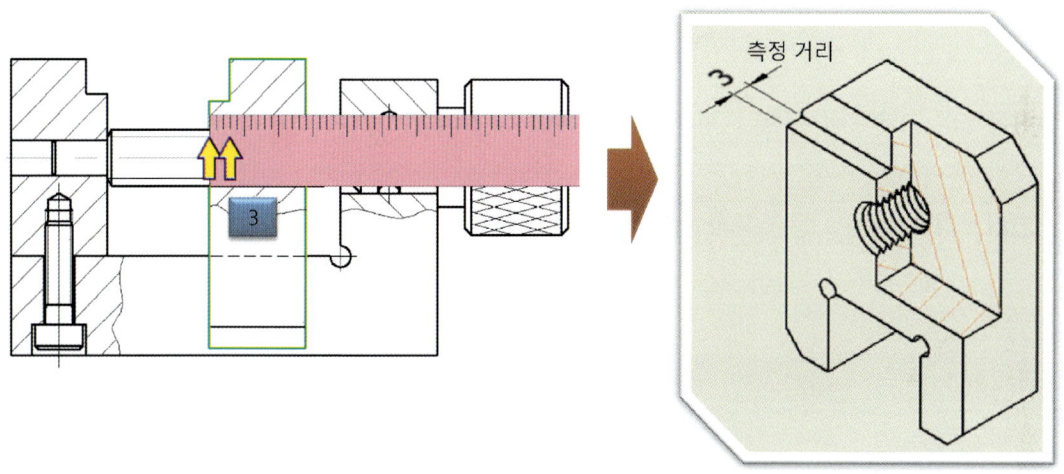

- 조 부분의 너비 치수는 정면도와 평면도에서 측정이 가능하다.

측정 완료

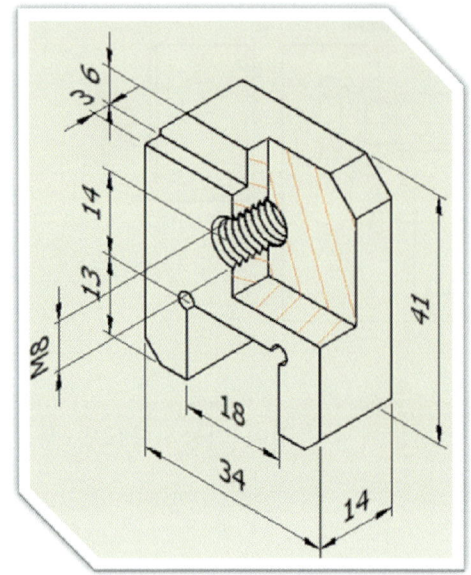

- 이동조의 모델링에 필요한 치수를 모두 표시하면 위와 같다.
- 모따기 치수는 5×45°이다.
- 언더컷의 치수는 1번 부품과 동일한 치수로 정한다.

4번 부품 해독

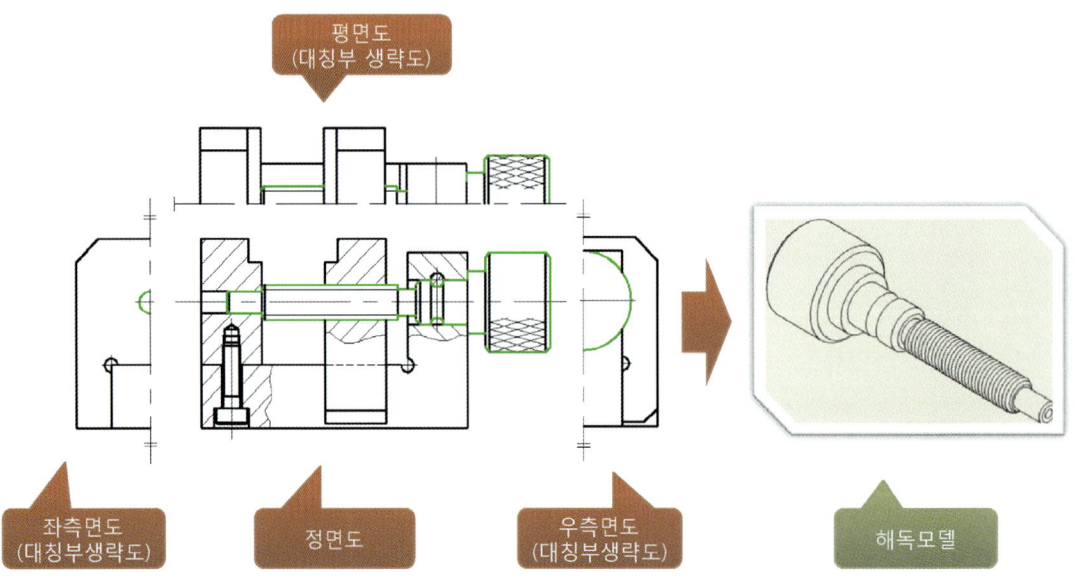

- 지급된 과제도면에서 초록색으로 강조된 영역이 4번 부품의 경계이다

》 측정

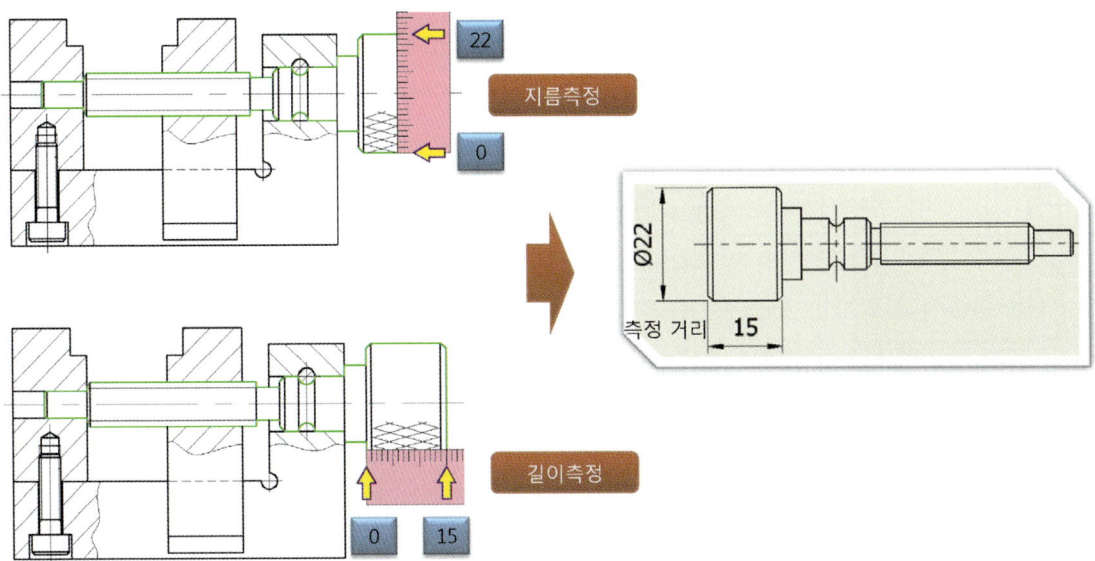

- 핸들 크기는 정면도와 평면도에 측정이 가능하다.
- 그림과 같이 정면도에서 측정한다.(평면도에서 측정가능)
- 형상이 왜곡을 발생할 만큼이 아니라면 대략적인 측정이 가능하다.

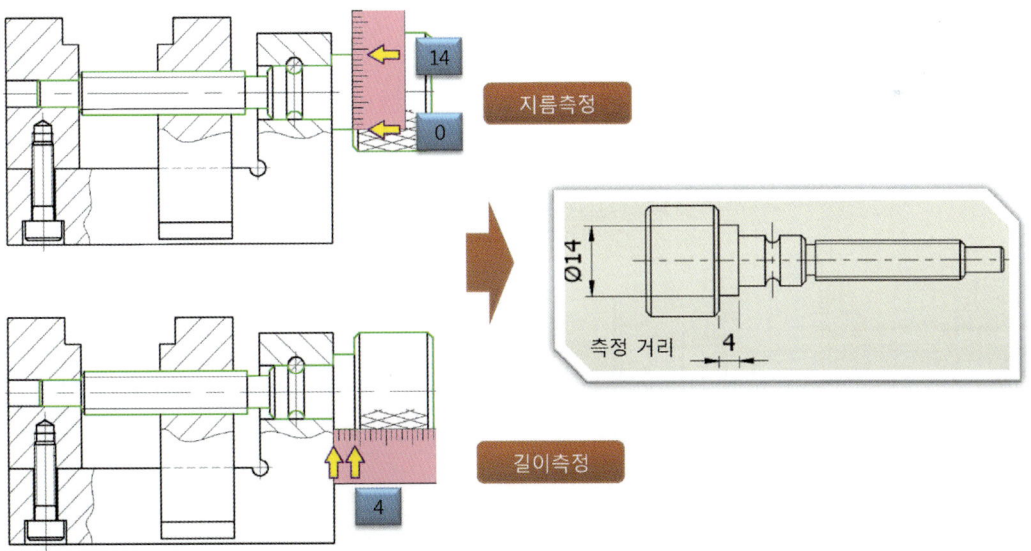

- 4번 부품 단의 크기는 정면도와 평면도에 측정이 가능하다.

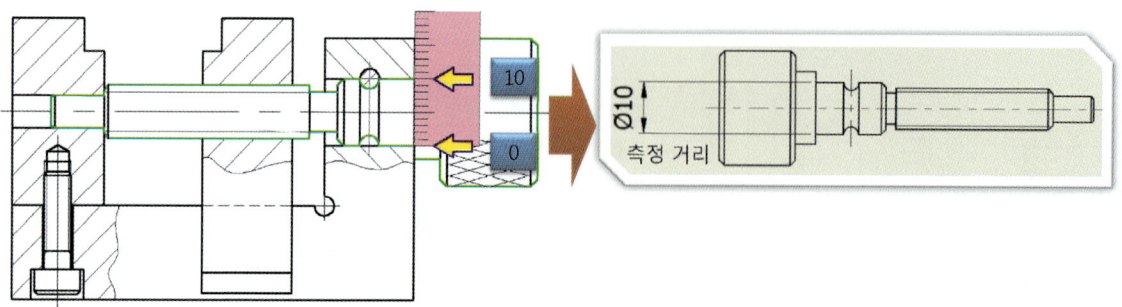

- 1번 부품에 삽입하는 원통부분은 정면도의 부분단면에서 측정이 가능하다.
- 리드스크류의 원통은 가이드블럭에 운동을 하는 끼워 맞춤으로 1번 부품의 관통구멍 치수와 동일하다.

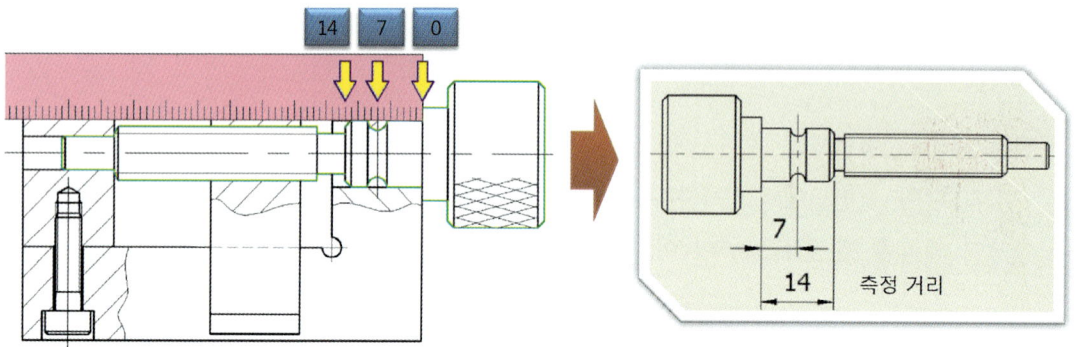

- 원통 길이는 정면도의 부분단면에서 측정이 가능하다.
- 길이 치수 중 핀이 지나가는 홈 부분의 위치치수는(7부분) 1번 부품에서 핀을 삽입하는 관통구멍의 위치 치수와 동일해야 한다.

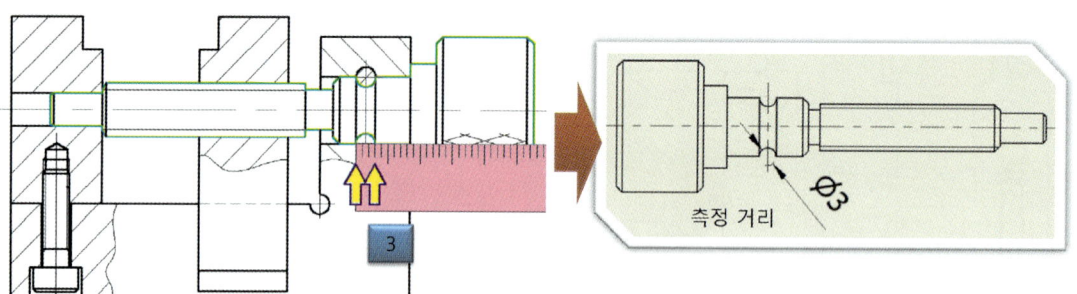

- 핀이 접하는 부분의 홈 치수는 정면도의 부분단면에서 측정이 가능하다.
- 홈의 치수는 그림과 같이 원형의 양쪽 사분점을 측정한다.
- 1번 부품에서 측정한 핀 구멍의 치수와 동일하므로 이전 치수를 참고하는 것이 좋다.

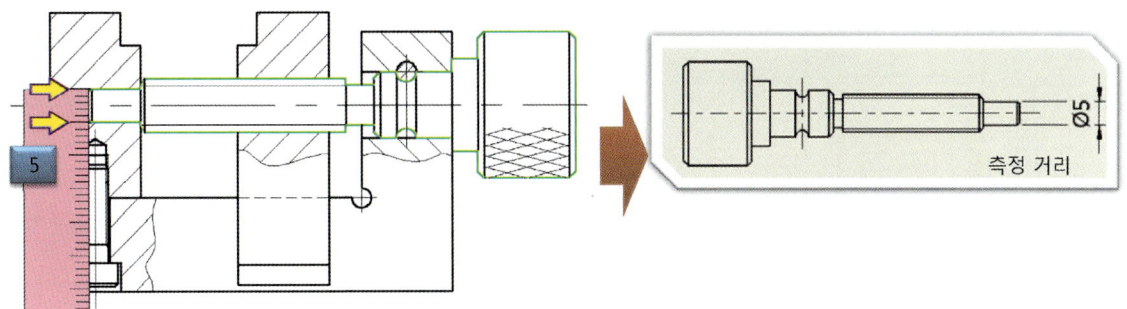

- 끝부분의 원통은 정면도의 부분 단면에서 측정이 가능하다.
- 원통의 치수는 2번부품의 관통구멍과 동일한 치수이므로 이전에 측정한 치수를 참고(가급적 결합부위 등 동일한 요소를 두번 측정하지 않는다)

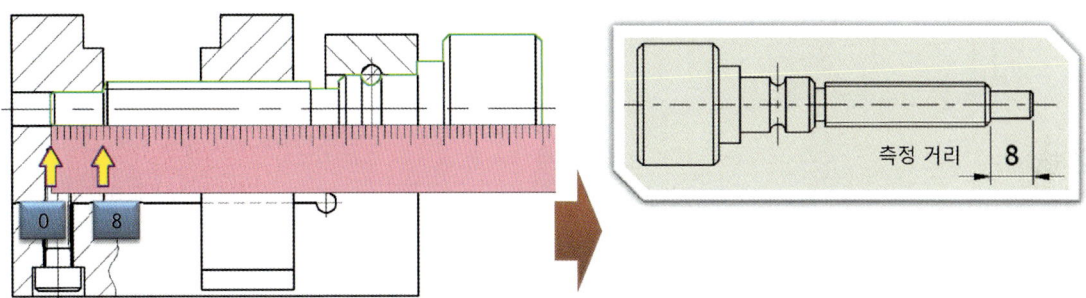

- 원통의 길이는 정면도의 부분단면에서 측정이 가능하다.
- 길이는 그림과 같이 원통의 끝 부분부터 나사의 시작부분까지 측정한다.

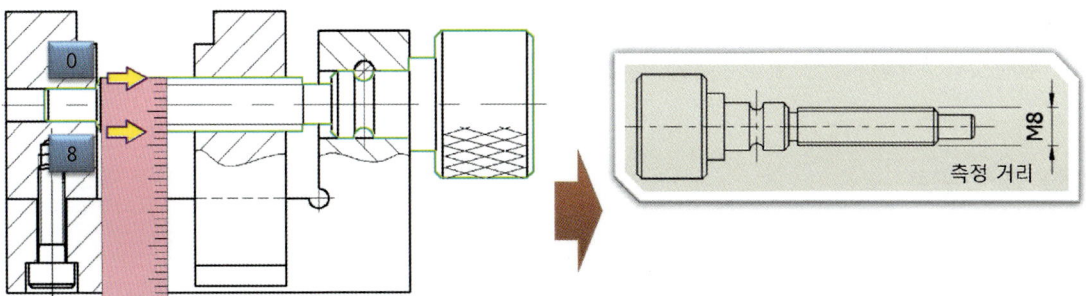

- 나사 부분은 정면도와 평면도에서 측정이 가능하다.
- 정면도에서 수나사 부분이 가장 명확하기 때문에 나사산지름을 측정한다.(이동조의 암나사와 동일한 규격이므로 이전에 측정한 치수를 참고)

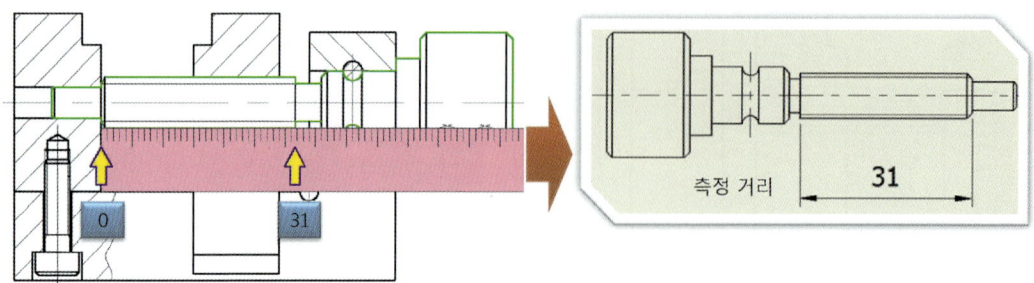

- 나사부 길이는 정면도에서 측정이 가능하다.

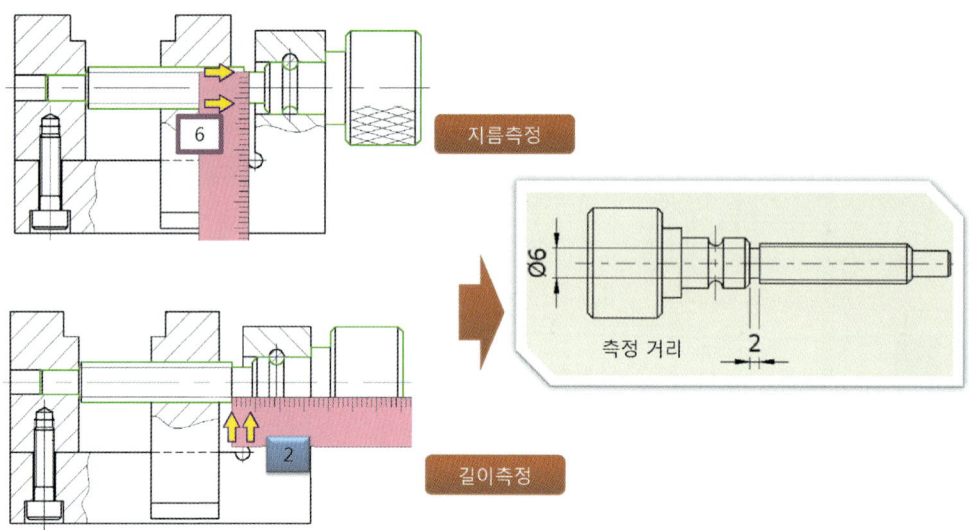

- 나사부 언더컷 부분은 정면도에서 측정이 가능하다.
- 지름 치수와 길이 치수는 그림과 같이 측정을 한다.
- 언더컷은 나사가공시 선반공작의 완전함을 위해서이다.

측정 완료

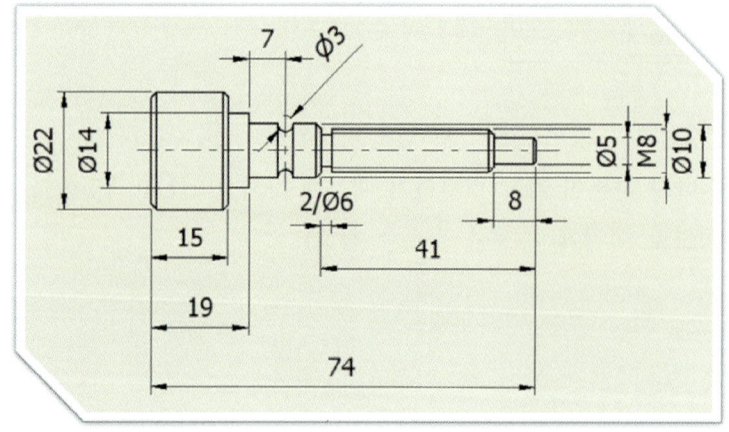

- 리드스크류의 모델링에 필요한 치수를 표시하면 위와 같다.

인벤터 환경 설정 3

≫ 응용프로그램 옵션

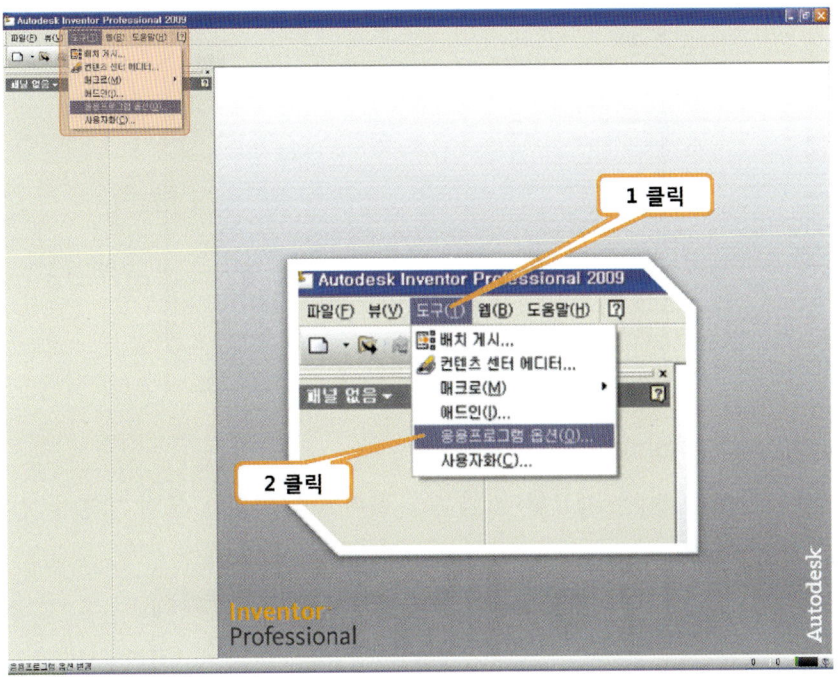

1. [도구]를 클릭한다.
2. [응용프로그램 옵션]을 클릭한다.

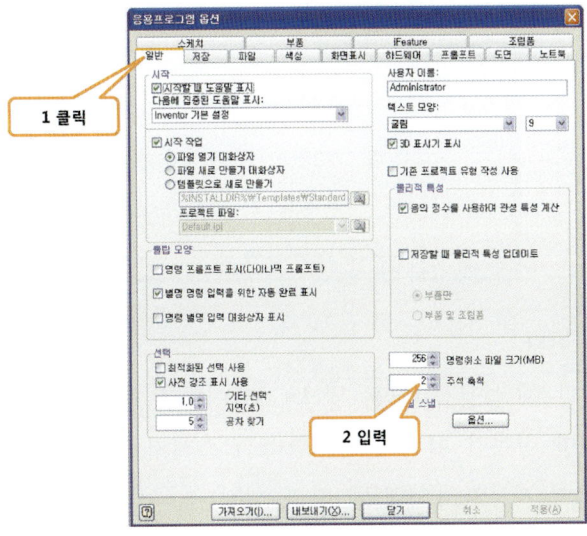

1. [일반]탭을 클릭한다.
2. [주석축척]의 값을 '2'로 변경한다.(사용자에 따라 설정하며 치수를 포함한 주석의 크기를 키 워준다)

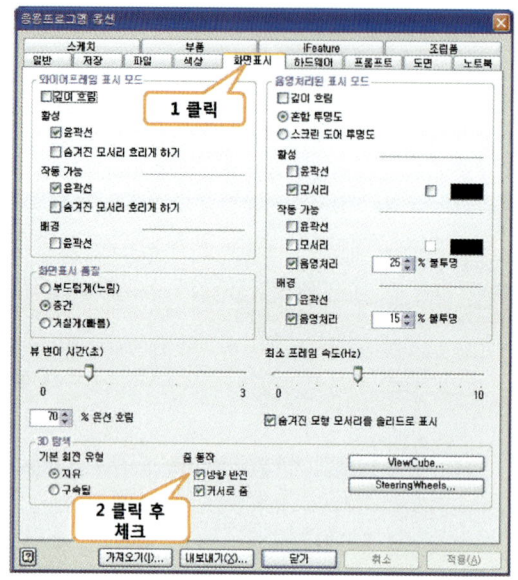

1. [화면표시]탭을 클릭한다.
2. [줌 동작]-[방향 반전]을 체크한다.(마우스 휠버튼을 이용한 줌의 방향을 전환)

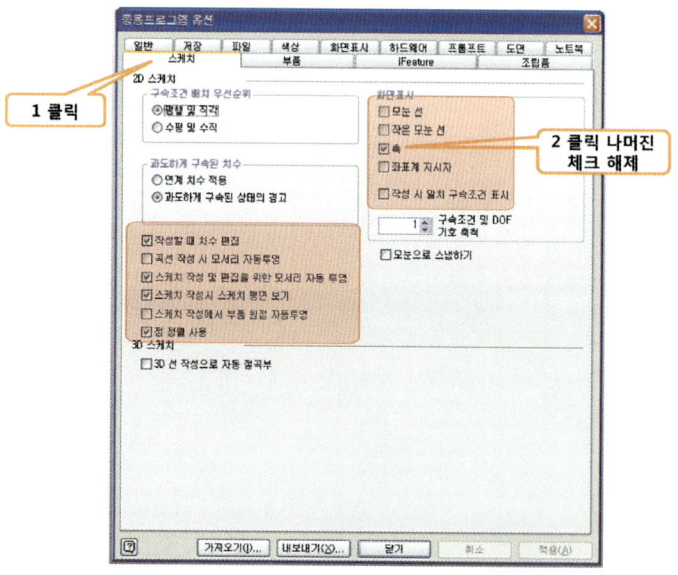

1. [스케치]탭을 클릭한다.
2. [화면표시]의 '축'만 체크한다. (모눈 및 UCS아이콘을 사라지게 한다)
3. 그림과 같이 필요한 항목만 클릭해 선택한다. ('스케치 작성에서 부품 원점 자동 투영' 등 또한 매우 유용하며 사용자의 편의에 따라 설정)

모델링

1번 부품 가이드 블록 모델링

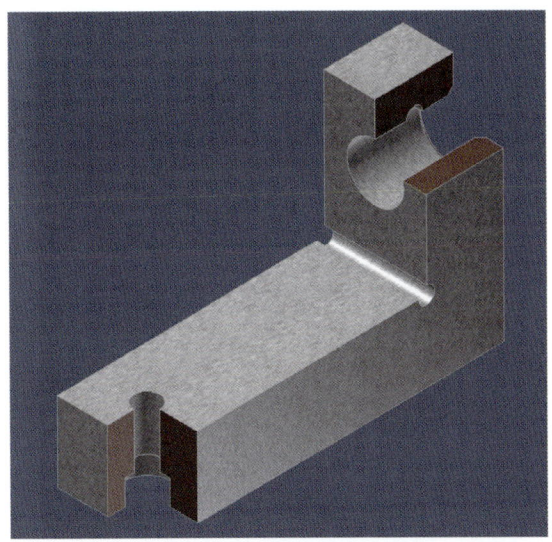

- 1번 부품인 [가이드 블록_1]을 모델링을 따라해보자.(붉은 색으로 음영된 부분은 이해를 돕기 위한 가상 부분단면)

인벤터 실행

1. 바탕화면의 인벤터 아이콘을 더블 클릭한다.

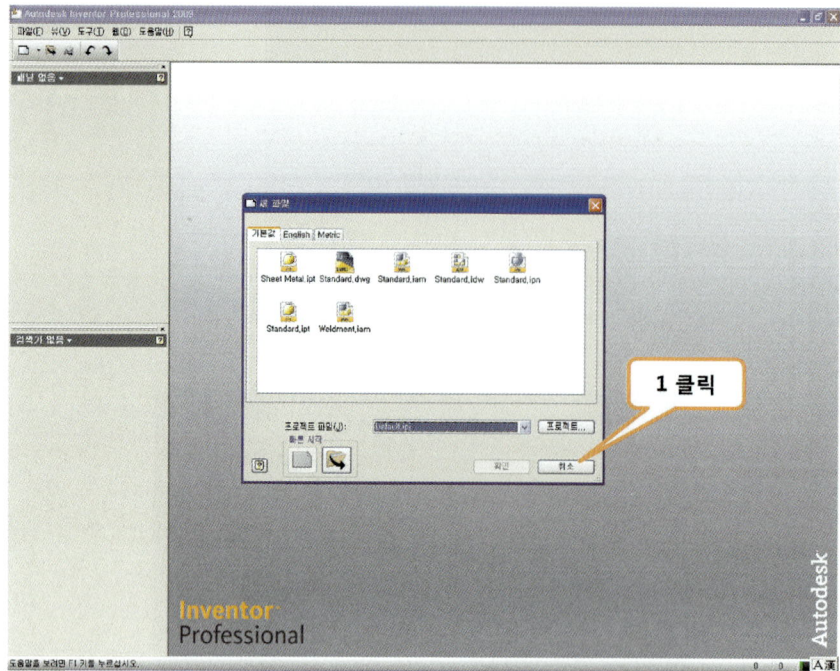

1. [새파일]또는[열기]를 취소한다.

부품 시작

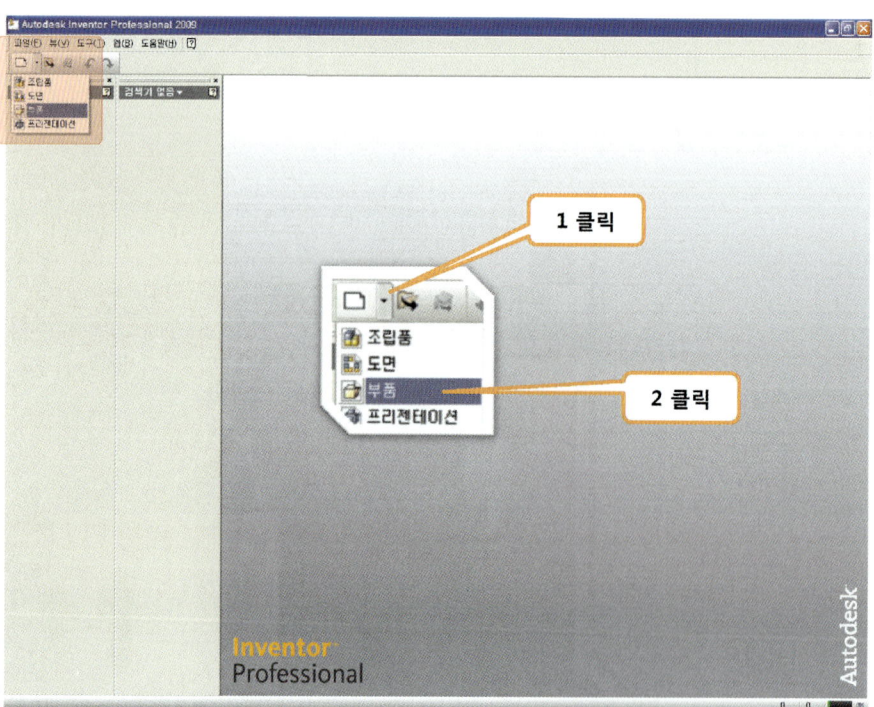

1. [새로만들기]옆의 작은 삼각형을 클릭한다.

2. [부품]을 클릭한다.

인벤터파일

*.ipt 의 확장자를 가진 '부품' 파일 아이콘

*.iam 의 확장자를 가진 '조립품' 파일 아이콘

*.idw 의 확장자를 가진 '도면' 파일 아이콘(3D 모델링 부품을 2D도면화 하는 아이콘)

*.ipn 의 확장자를 가진 '프레젠테이션'파일 아이콘(조립품 파일을 이용 분해 전개도를 만드는 아이콘)

✔ 이외에도 용접(Weldment.iam), 판금(Sheet Meet.ipt) 등의 규격화된 템플릿을 제공

》 스케치 화면구성

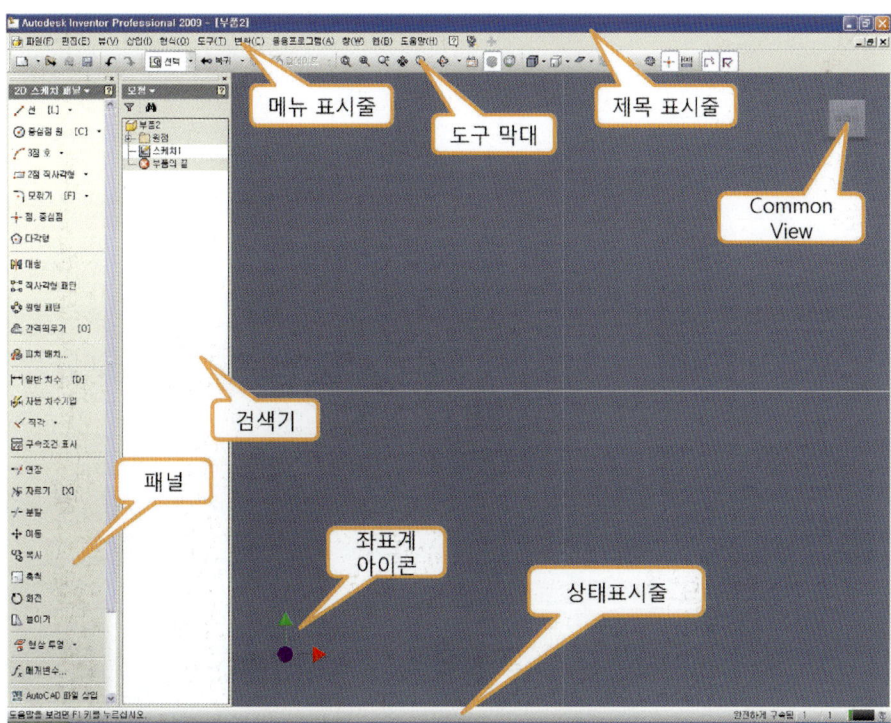

스케치

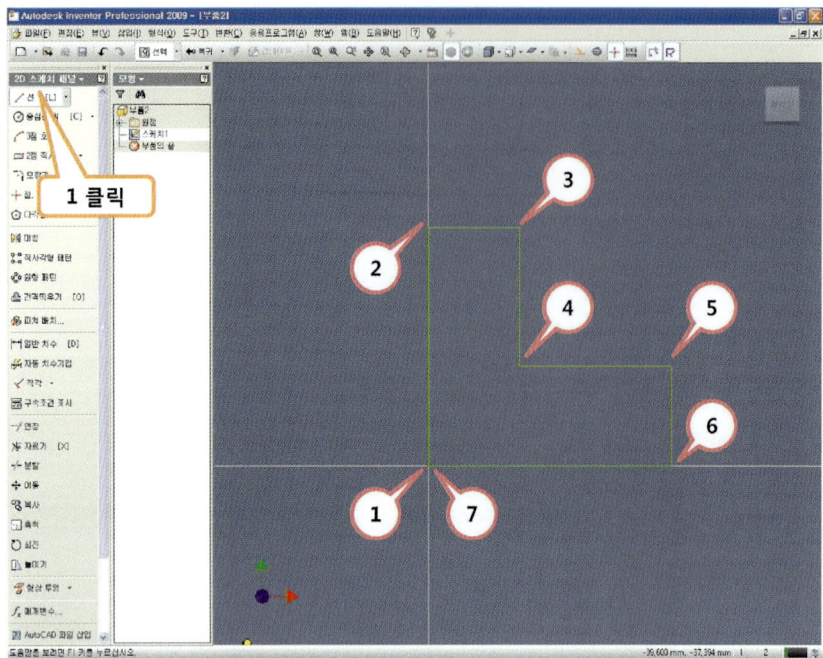

1. [선]을 클릭한다.
2. ①~⑦까지 순차적으로 클릭하여 대략적인 스케치를 한다.(순서가 바뀌어도 무관)
3. ESC를 누른다.(선명령 종료)

치수구속

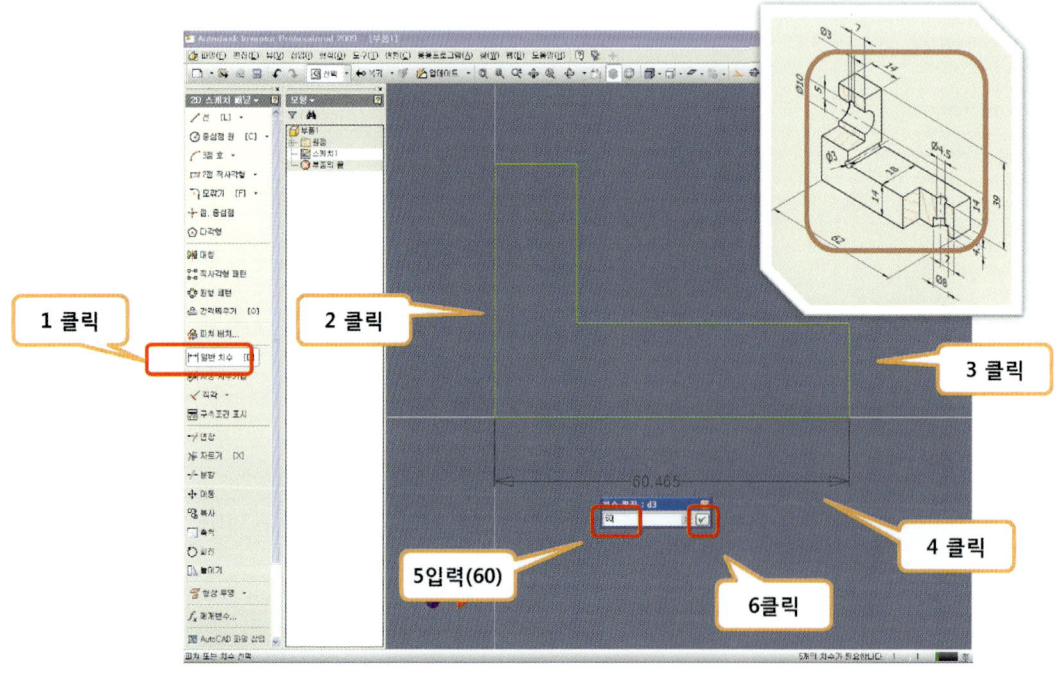

1. [일반 치수]를 클릭한다.
2. 선을 선택한다.
3. 선을 선택한다.
4. 임의의 위치를 클릭한다.([치수편집] 대화상자가 나타난다)
5. '60'을 입력한다.
6. ✔를 클릭한다(동일한 방법으로 나머지 부분의 치수도 구속한다)

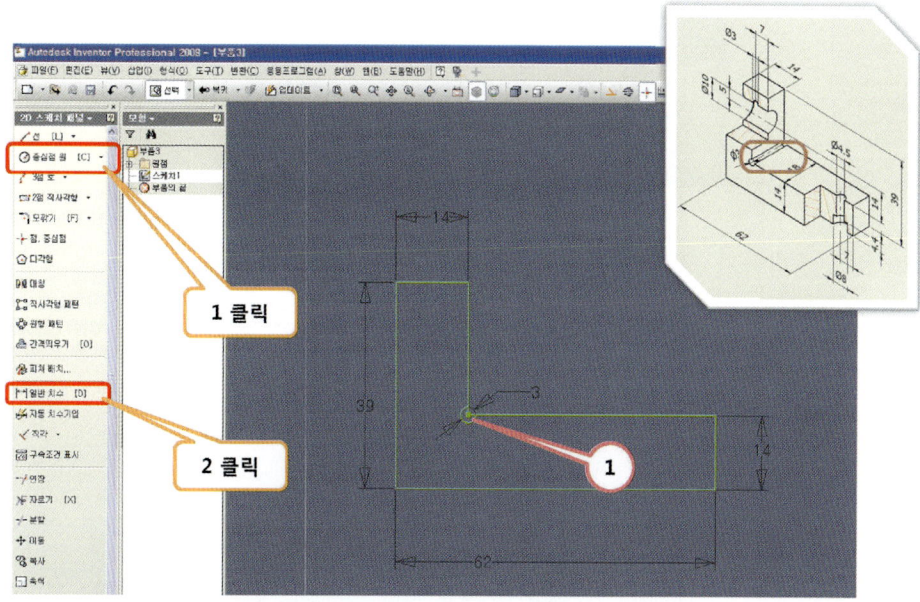

1. [중심점 원]을 클릭한 뒤 ①의 위치에 원을 그린다.
2. [일반치수]를 클릭하고 원을 선택하여 치수를 입력한다.

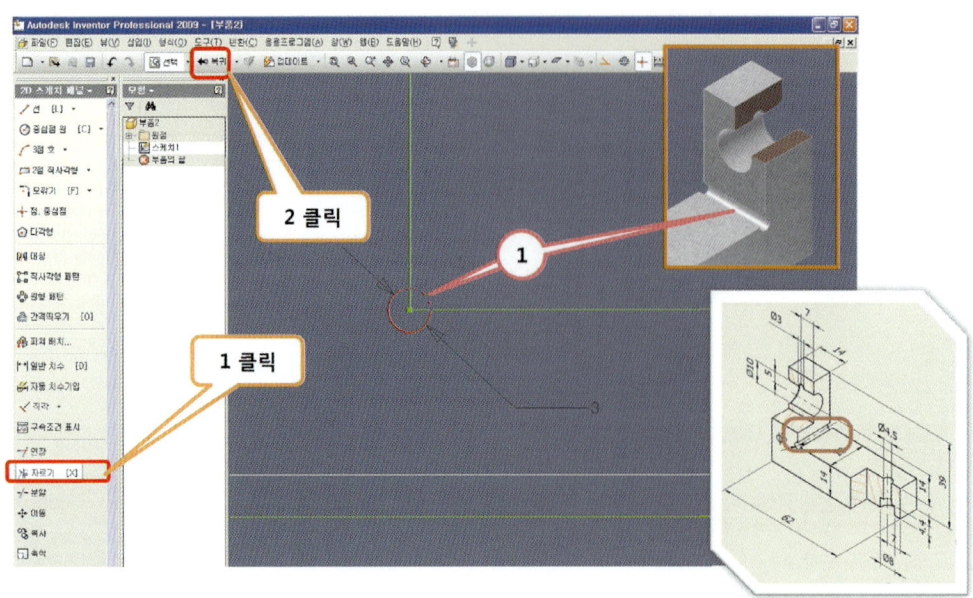

1. [자르기]를 클릭하여 그림과 같이 원 ①의 일부를 잘라낸다.(원의 3/4만 남김)
2. [복귀]를 클릭한다.(부품피쳐로 이동)

여기서 잠깐!!

등각투상뷰(ISO뷰)

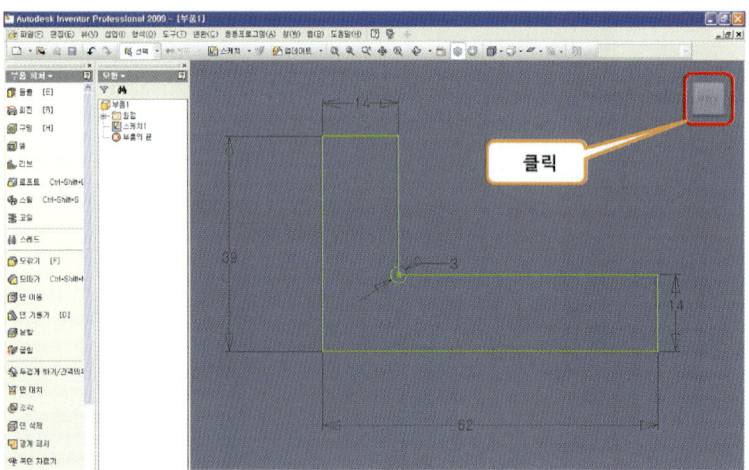

- ✓ 스케치를 돌출하기 전에 [Commom View] 또는 [F6]을 이용하여 스케치의 돌출의 방향이 잘 파악되도록 등각투상뷰(ISO뷰)로 전환한다.

등각투상뷰(ISO뷰)란?

- ✓ 정면, 평면, 측면을 하나의 투사면 위에 동시에 볼 수 있도록 두 개의 옆면모서리가 수평선과 30°가 되게 하여 세 축이 120°의 등각이 되도록 입체도로 투상한 것을 등각 투상도라고 한다.

스케치 피쳐생성

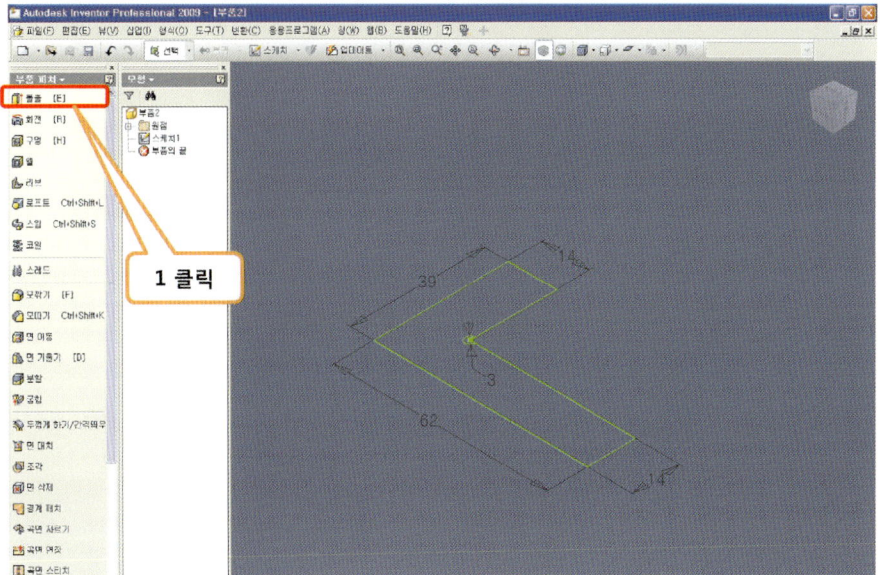

1. [돌출]을 클릭한다.

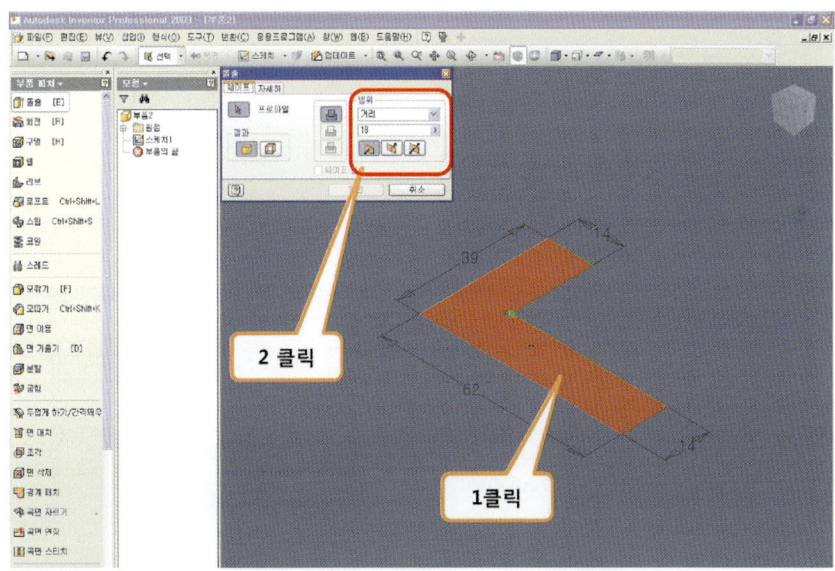

1. [돌출]대화상자에서 '거리', '18' 을 그림과 같이 입력한다.
2. [확인]버튼을 클릭한다.

돌출 피쳐

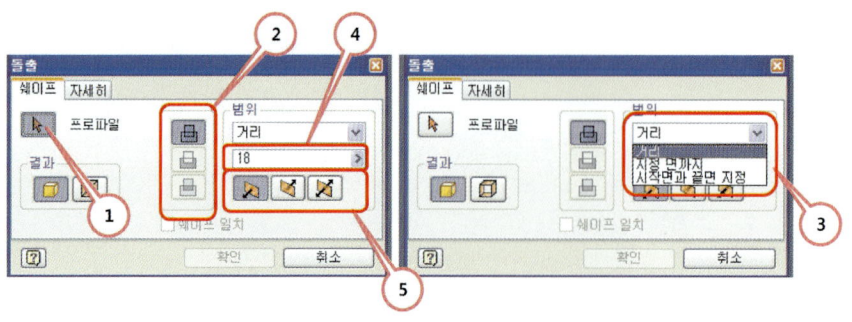

- ✓ ①은 돌출할 스케치를 선택하기 위한 버튼으로 대화상자가 실행되면 자동으로 선택된다. (다중 프로파일의 경우 선택 할 수있다)
- ✓ ②는 3가지의 선택 조건을 가지고 있다.
  (1) 돌출 될 형상을 단순 돌출, 또는 기존 형상에 더하는 합집합.
  (2) 기존형상에서 프로파일 된 스케치를 형상화하여 겹치는 부분을 제거하는 차집합.
  (3) 기존형상과 프로파일 된 스케치를 형상화하여 겹치는 부분을 제외한 나머지를 제거하는 교집합.
- ✓ ③은 돌출 될 형상의 돌출 조건을 선택할 수 있는 영역이다.
- ✓ ④는 돌출 될 형상의 길이, 또는 깊이를 설정할 수 있다.
- ✓ ⑤는 돌출 될 형상이 스케치 면에서 어느 방향으로 돌출할 지를 선택할 수 있다.

구멍 피쳐

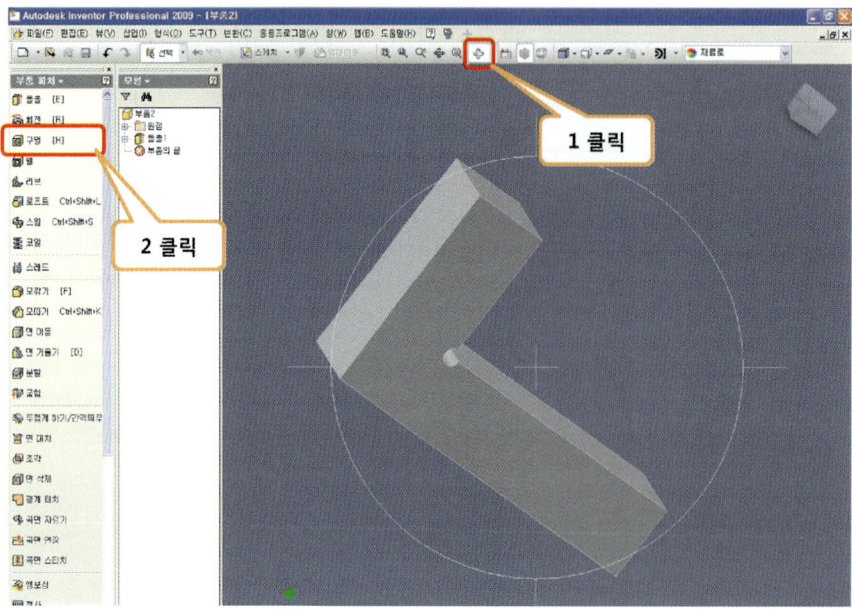

1. [회전]을 클릭한 뒤 원형 내부를 드래그하여 작업할 면이 잘 보이도록 회전 한다
2. [구멍]을 클릭한다.

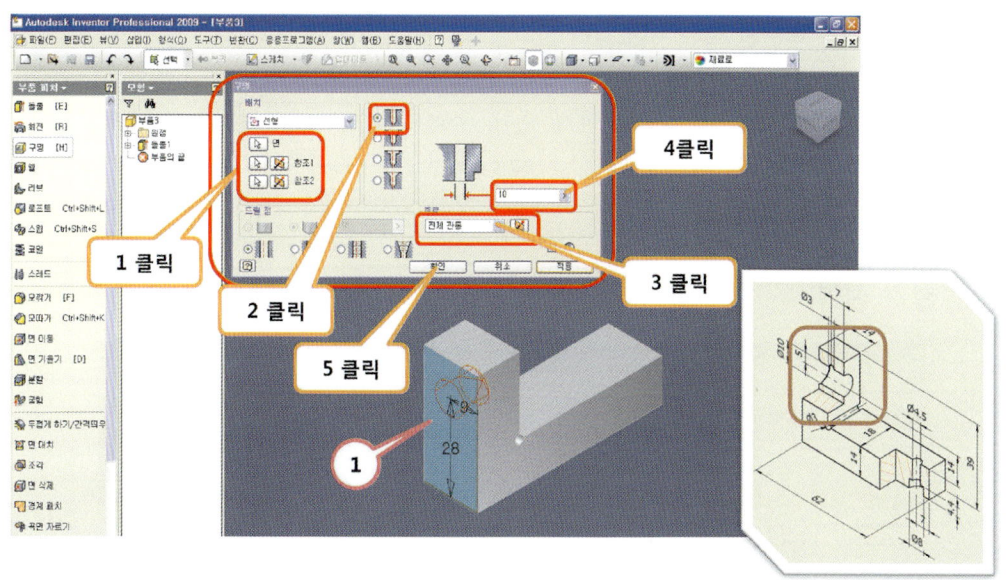

1. [배치]영역을 선형으로 선택하고 면을 클릭하고 마우스로 구멍을 가공할 면인 ①을 선택 한다. 참조 1,2를 이용해 참조가 되는 모서리를 선택, 구멍의 위치 값를 정한다.
2. 구멍 유형에서 드릴을 선택한다.
3. [종료]에서 '전체 관통'을 선택한다.
4. 구멍의 지름값을 입력한다.
5. [확인]버튼을 클릭한다.

구멍 피쳐

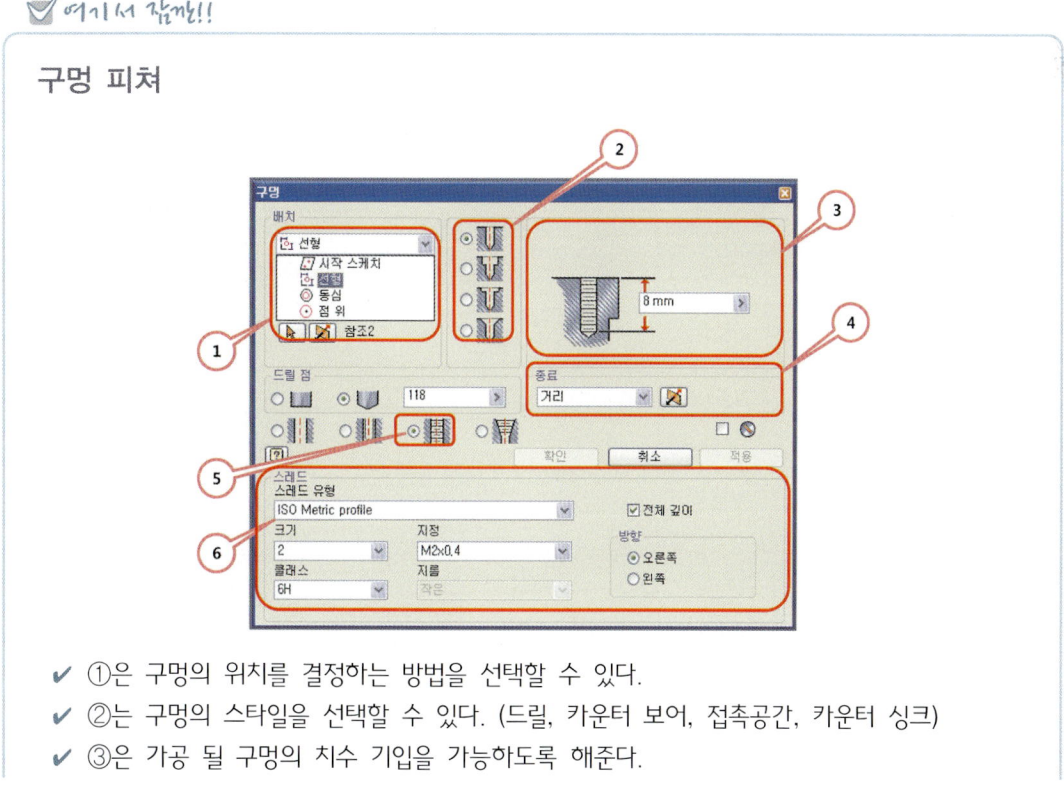

✔ ①은 구멍의 위치를 결정하는 방법을 선택할 수 있다.
✔ ②는 구멍의 스타일을 선택할 수 있다. (드릴, 카운터 보어, 접촉공간, 카운터 싱크)
✔ ③은 가공 될 구멍의 치수 기입을 가능하도록 해준다.

- ✔ ④는 구멍의 가공 방향과 거리 값의 부여 방법을 선택할 수 있다.
- ✔ ⑤는 구멍의 탭 가공을 설정하며, 선택 시 지시 ⑥이 나타난다.
- ✔ ⑥은 스레드 유형 및 크기, 방향을 설정할 수 있다. (스레드 유형은 KS규격이 ISO에 부합하고 인치계가 아닌 미터계를 따르기에 ISO Metric profile을 사용한다.)

작업평면 생성

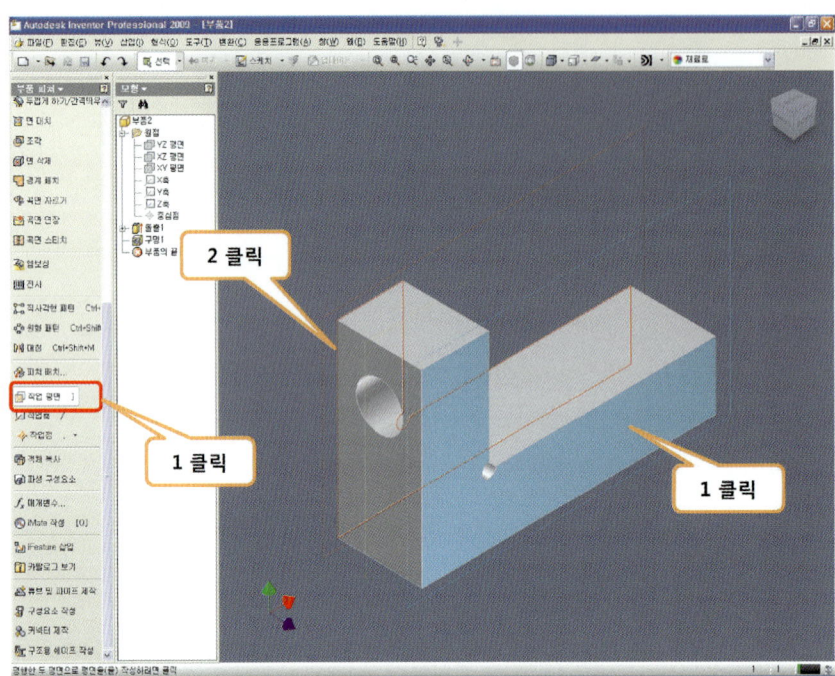

1. [작업평면]을 클릭한다.
2. 마우스로 중간평면을 만들기 위해 기준이 되는 평면을 클릭한다.
3. 선택한 기준면의 반대 평면을 클릭한다. (이때 선택된 두 면의 중간에 중간평면이 생성이 된다.)

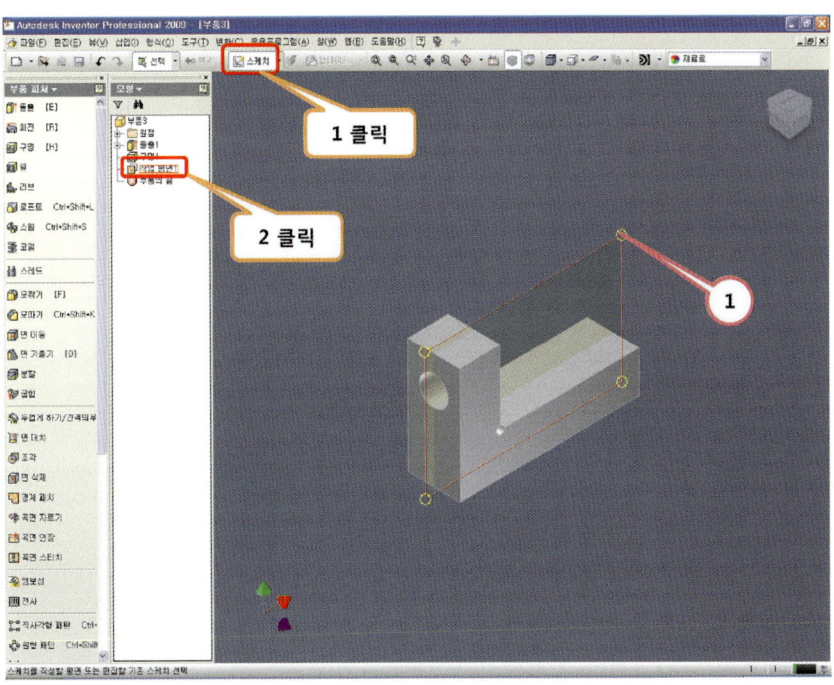

1. [스케치]를 클릭한다.
2. [작업평면]을 클릭하여 작업평면을 스케치 면으로 만든다. 또는 작업영역에서 ①의 중간평면을 직접 클릭해도 된다.

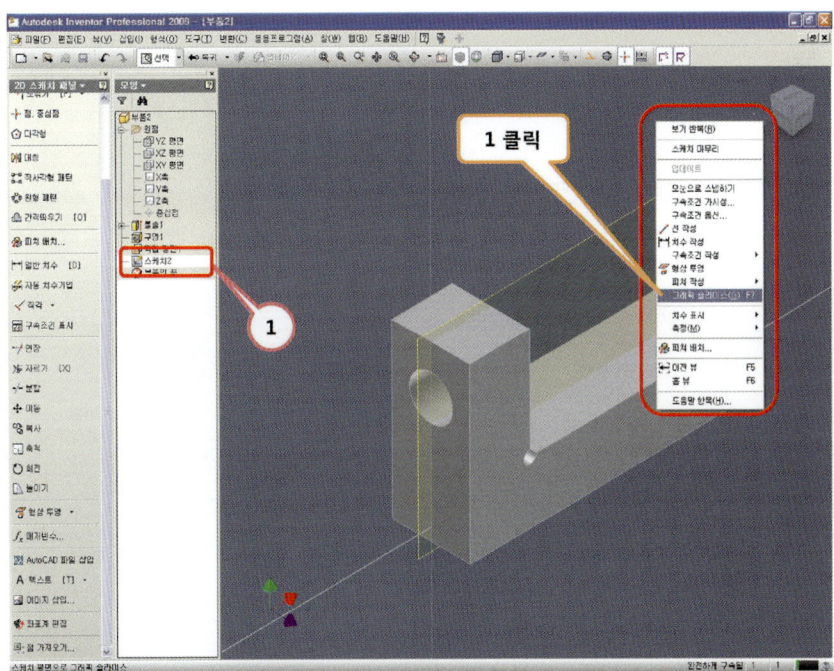

1. ①과 같이 스케치2가 생성되었음을 확인 할 수 있으며, 마우스 오른쪽 버튼을 눌러 메뉴의 [그래픽 슬라이스]를 클릭한다. (작업평면을 기준으로 작업이 편리하도록 절단상태로 보여준다.)

절단모서리 투영

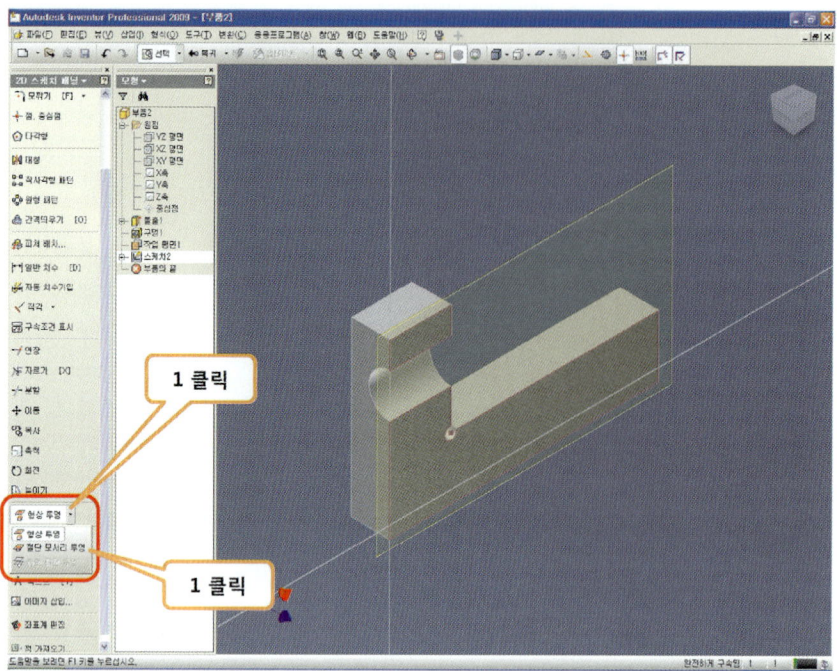

1. [형상투영]버튼 옆 작은 삼각형을 클릭한다.
2. [절단 모서리 투영]을 클릭해서 절단 된 형상의 모서리를 투영한다.

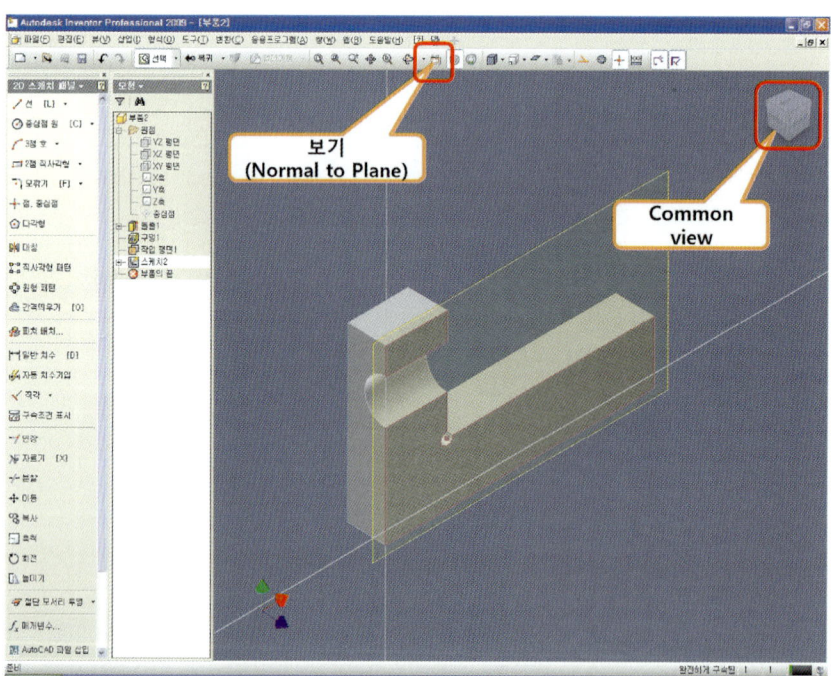

1. [Common View]또는 [보기]아이콘을 클릭해서 절단된 면이 정면으로 보이도록 한다.

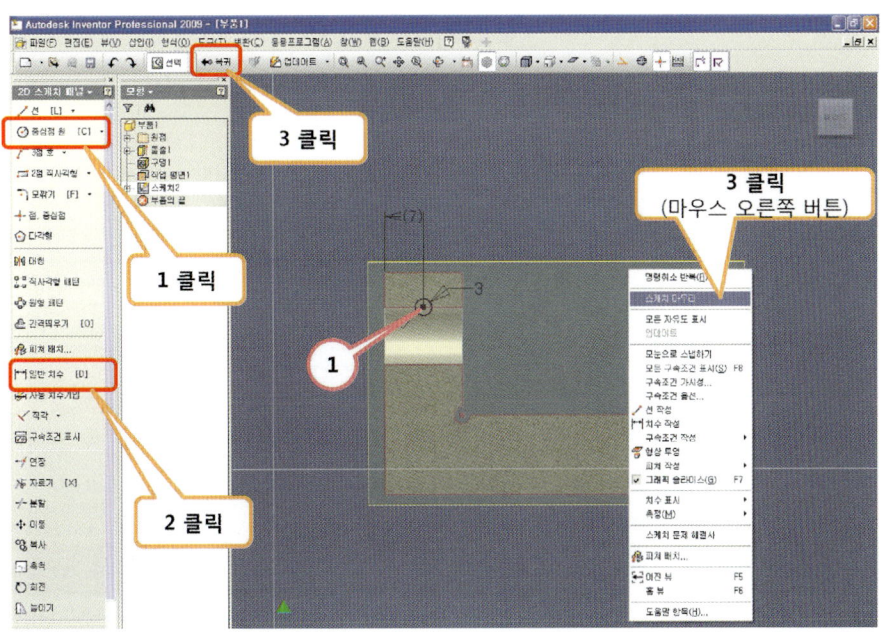

1. [중심점 원]을 클릭하고, ①의 투영된 절단 모서리의 중간점에 원을 그린다
2. [일반치수]를 클릭해 스케치한 원의 지름과 위치를 치수구속 한다.(중간점에 종속되게 그렸으므로 '(7)'이라는 참고치수 형식으로 배치)
3. [복귀]를 클릭한다. 또는 마우스오른쪽 버튼을 눌러 메뉴 바를 펼친 후 [스케치 마무리]를 클릭해서 [복귀]와 동일한 명령을 수행할 수 있다.

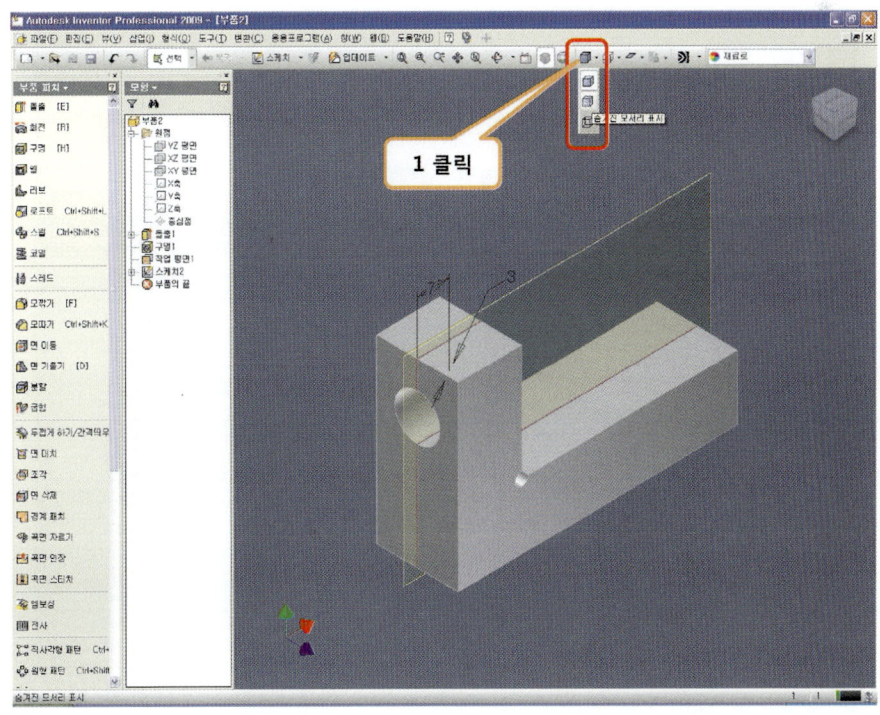

1. 부품피쳐 화면상에서 스케치 된 핀 구멍이 보이지 않으므로 내부의 스케치 보이게 하기 위해 [음영처리표시]아이콘을 클릭해 [숨겨진 모서리 표시]를 선택한다.

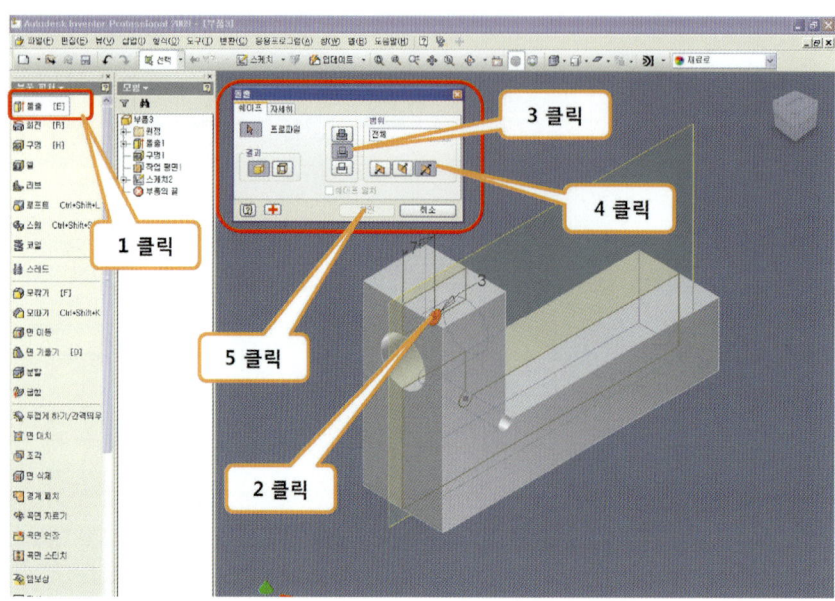

1. 핀 구멍을 돌출을 이용해서 가공하기 위해서 [돌출]을 클릭한다.
2. 대화상자에서 이미 프로파일이 선택되어 있으므로 스케치 된 원을 마우스로 선택한다.
3. [돌출 유형]에서 차집합을 클릭한다.
4. 원의 스케치가 형상의 중간평면에 그려졌으므로 범위영역에서 전체를 선택하고 돌출을 양방향을 클릭한다.
5. [확인]을 클릭한다.

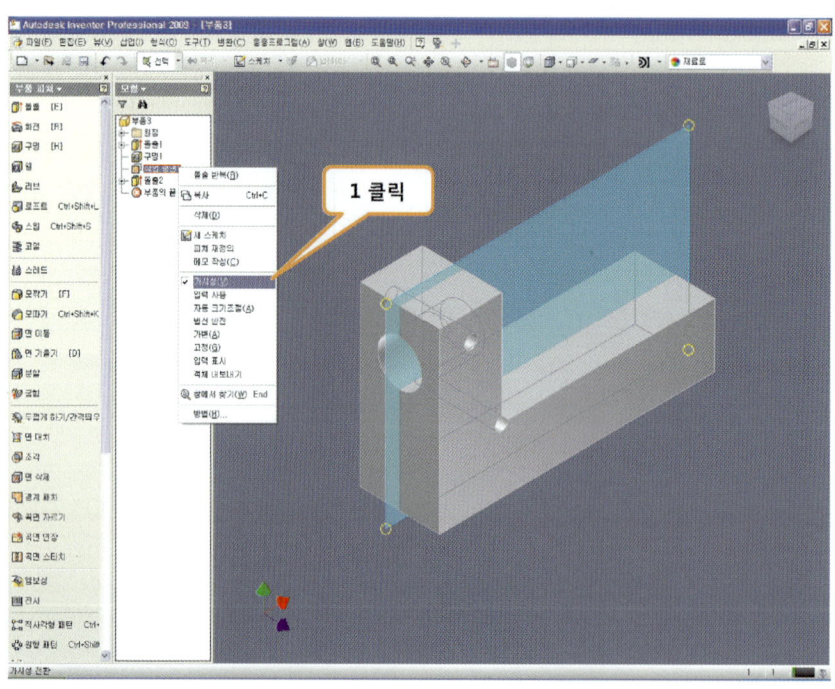

1. 핀 구멍의 가공이 완료되었고, 더 이상 작업평면이 화면상에서 필요하지 않기때문에 마우스로 [작업평면]의 위에서 마우스 오른쪽 버튼을 클릭하여 가시성을 해제한다.

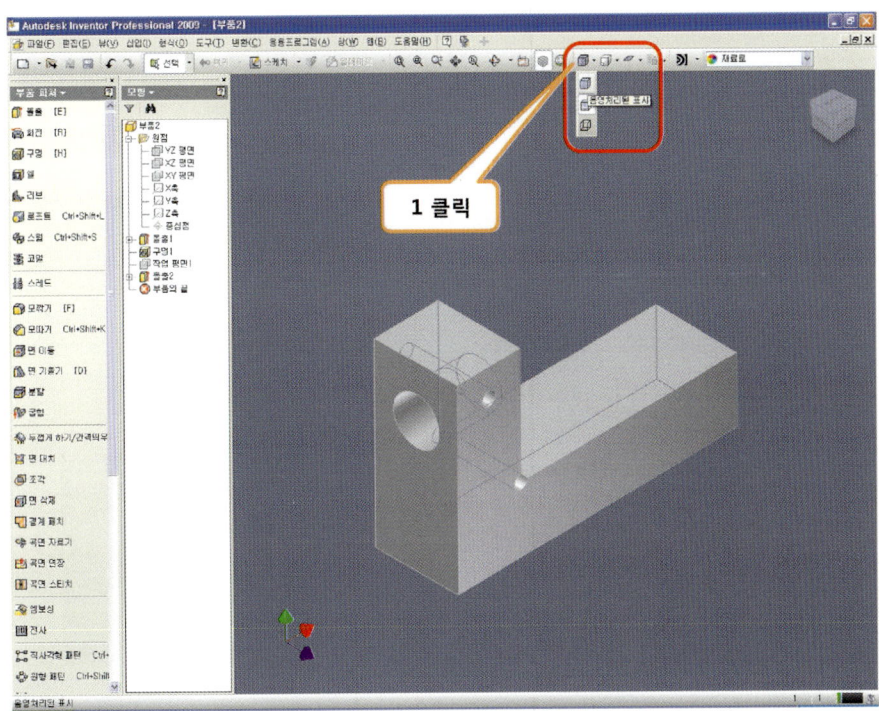

1. [음영처리]를 클릭해서 [음영처리 된 표시]를 선택한다. (내부의 선들을 보이지 않도록 한다.)

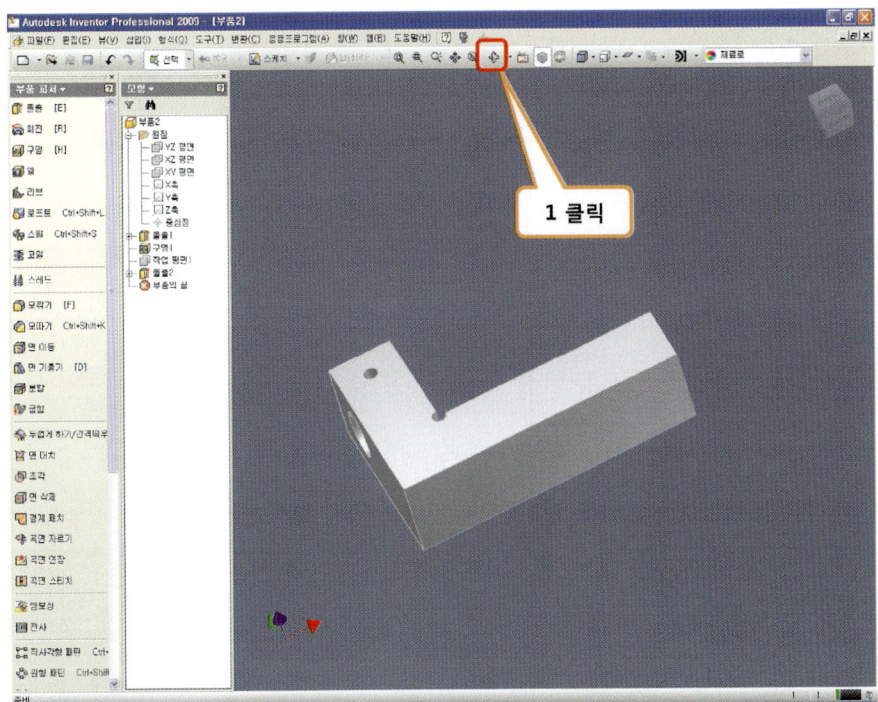

1. 과제 도면에 제시 된 가이드블럭의 하단부의 카운터 보어를 만들기 위해 형상의 하단부가 보이도록 [회전]을 클릭해 형상의 방향을 작업에 용이하게 회전시킨다.

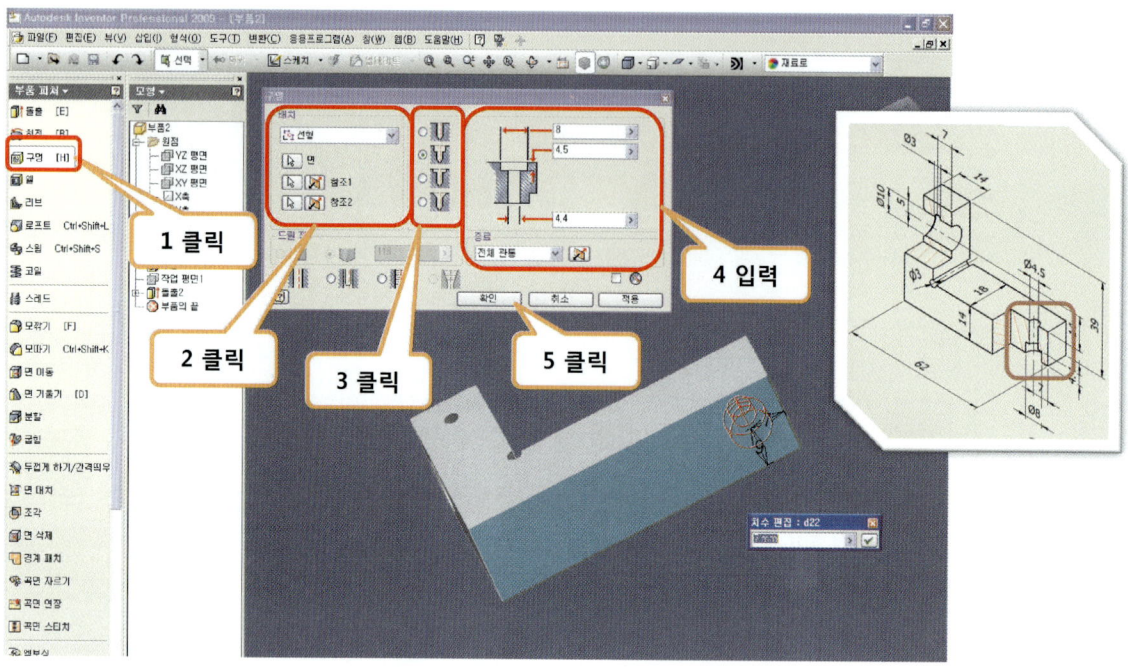

1. 카운터 보링을 가공하기 위해 [구멍]을 클릭한다.
2. 배치영역에서 선형을 선택하고 마우스로 카운터 보어의 대략적인 위치를 선택하고 참조 1,2를 이용해 참조가 되는 모서리를 선택, 구멍의 위치 값를 정한다.
3. 구멍의 스타일에서 [카운터 보어]를 클릭해서 선택한다.
4. 카운터 보어의 치수 입력은 KS규격을 참고하여 입력한다.
5. [확인] 버튼을 클릭한다.

모따기 피쳐

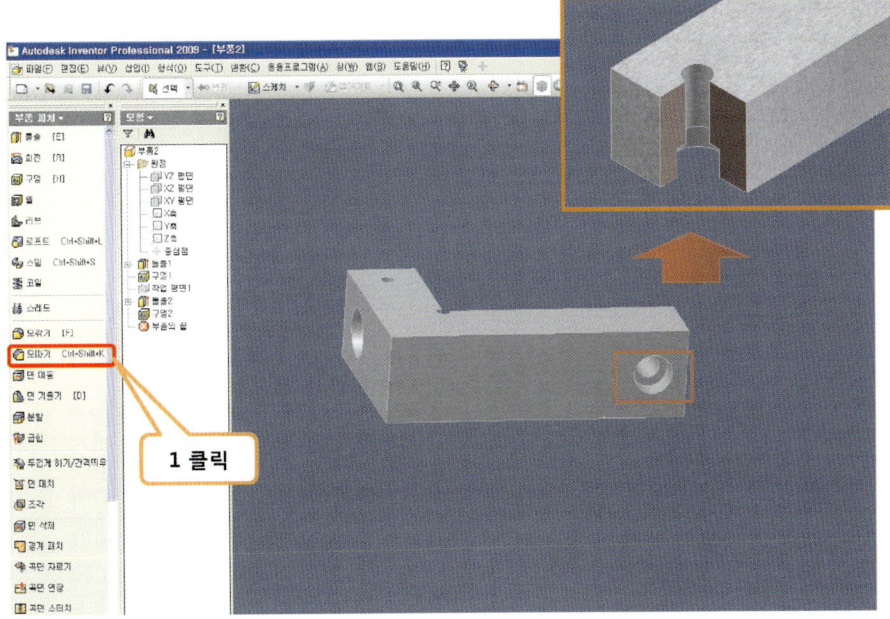

- 카운터 보링 가공이 완료 되었으며, 완성된 카운터 보링의 단면도를 참고하자
1. 마무리 작업인 모따기 작업을 수행하기 위해서 부품피쳐에서 [모따기]를 클릭한다.

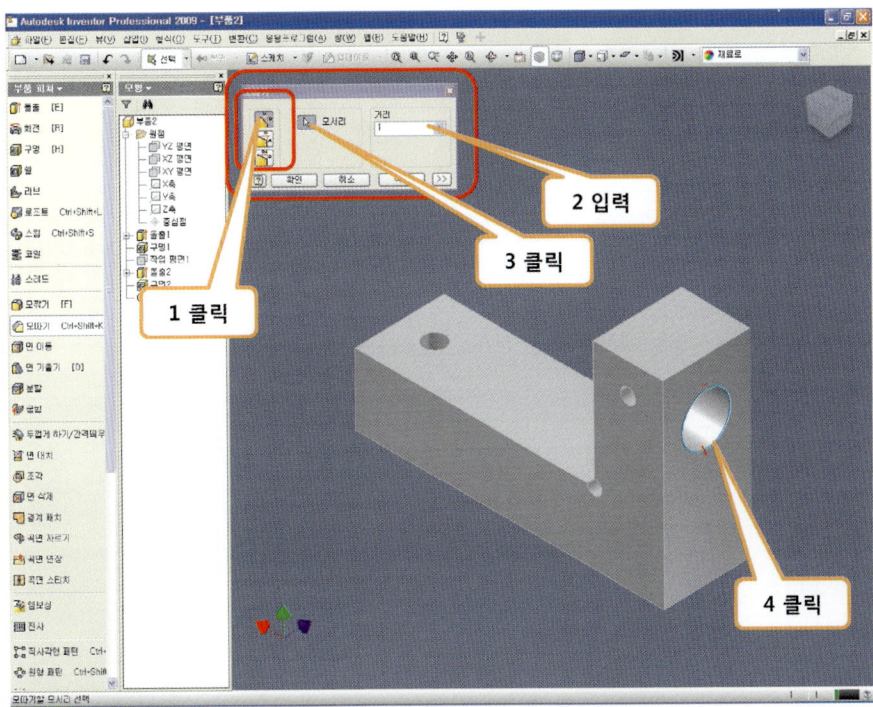

1. 모따기 대화상자에서 [동일거리]를 선택한다.
2. 모따기 거리 값을 입력한다.
3. 거리 값을 입력 후 [모서리]버튼을 선택한다.

4. 마우스로 모따기를 할 모서리를 클릭한다.

5. [확인] 버튼을 클릭해 명령을 진행한다. (다중 선택이 가능하다.)

✅ 여기서 잠깐!!

모따기피쳐

✔ **동일거리 모따기**

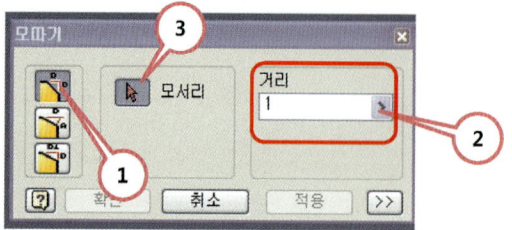

①은 모따기의 방법이 거리로 설정된다.
②는 거리 값을 입력한다.
③은 동일길이로 모따기 할 모서리를 선택한다.

✔ **두 거리 모따기**

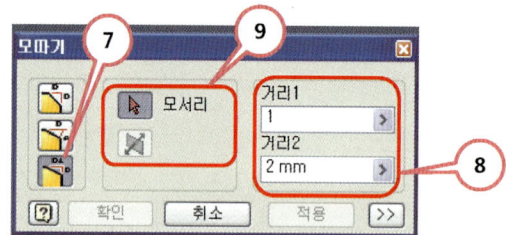

⑦은 모따기의 방법이 두 거리 값에 따른 것으로 설정한다.
⑧은 두 거리 값을 각각 입력할 수 있다.
⑨은 두 거리 값 적용해 모따기 할 모서리를 선택한다.

✔ **거리 및 각도 모따기**

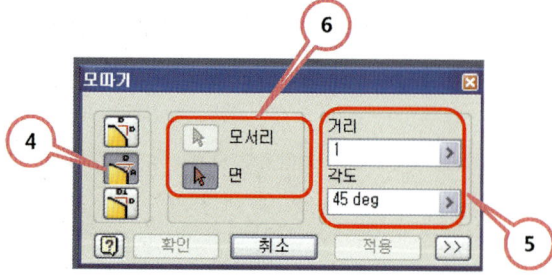

④은 모따기의 방법이 거리와 각도로 설정한다.
⑤는 거리 값과 각도를 입력한다.
⑥는 거리 값이 적용될 면을 선택 후 모서리 선택한다.

》 모따기 피쳐

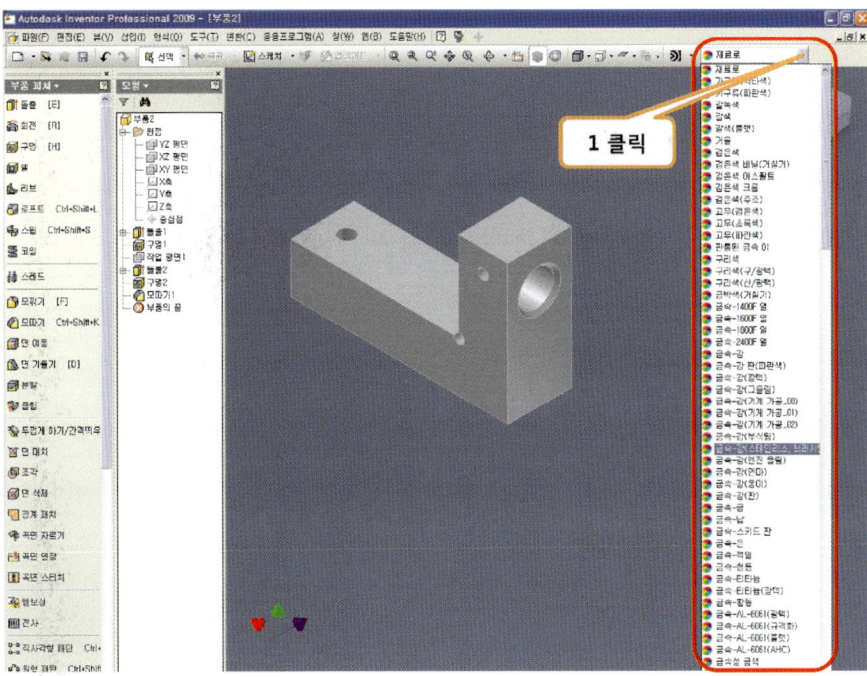

1. 시각적인 표면을 표현하기 위해서 특성을 클릭해 적당한 표면 유형을 선택한다.

》 파일저장

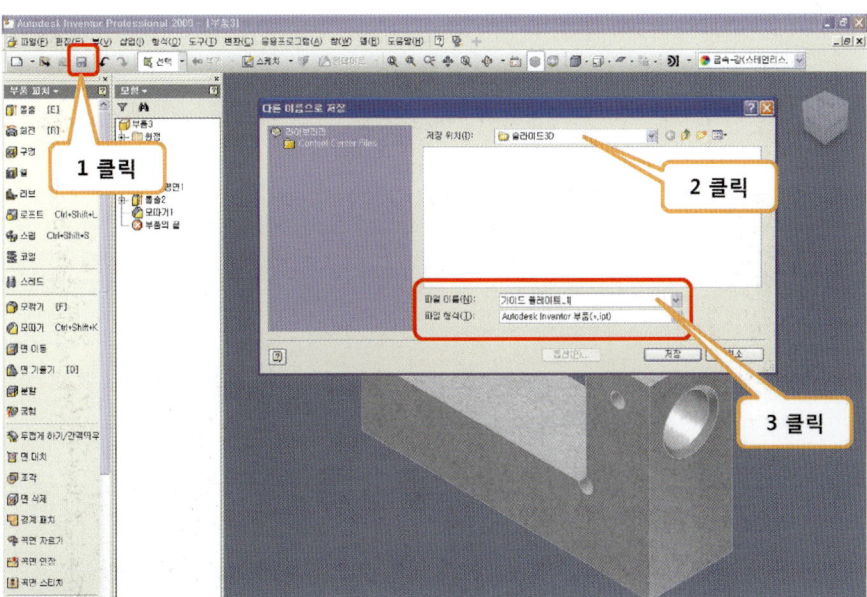

1. [저장]을 클릭한다.
2. 저장 위치를 결정하고 [슬라이드3D]폴더를 만들어 앞으로 저장할 관련 부품을 한 폴더에 저장하여 관리한다.

3. 파일이름란을 클릭해 부품의 이름을 '가이드 블럭_1'로 입력한다. (파일 형식은 *.ipt로 자동 지정)

완성

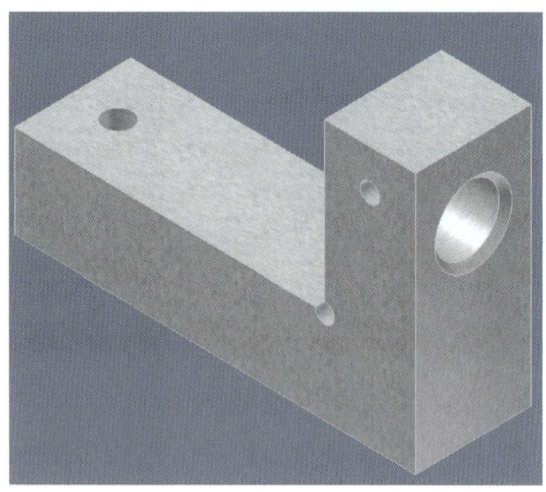

완성제품

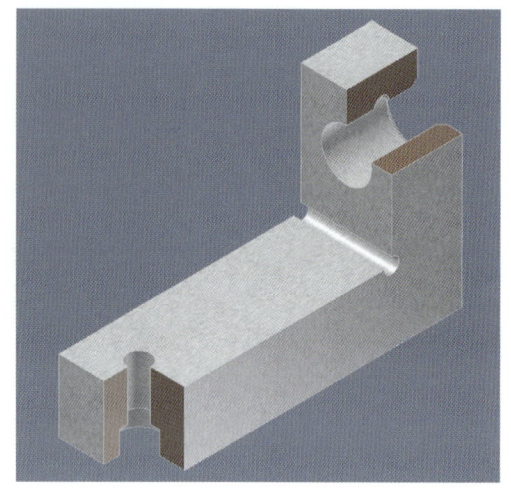

구멍부 부분단면 적용

부분단면은 별도의 명령이 아닌 사각형스케치 〉
돌출차집합 → 특성 〉 피쳐색상스타일 응용

2번 부품 고정조 모델링

- 2번 부품인 고정조의 모델링을 따라해보도록 하자.(붉은 색으로 음영된 부분은 이해를 돕기 위한 가상 부분단면)

》 스케치

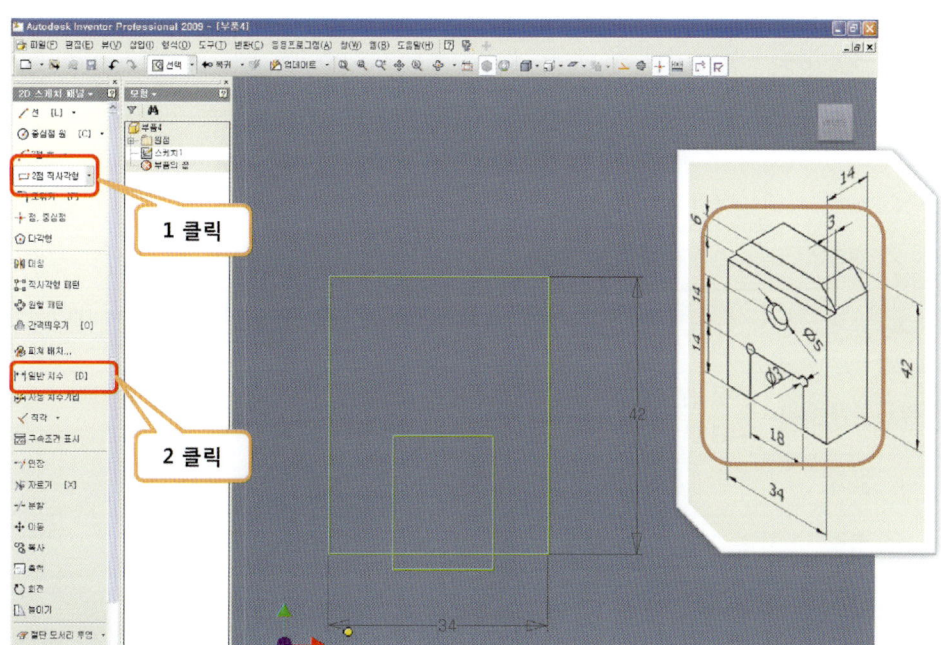

1. [직사각형]을 클릭하여 그림과 같이 대략적인 스케치를 한다.
2. [일반치수]를 클릭하여 스케치를 치수구속 한다.

형상구속

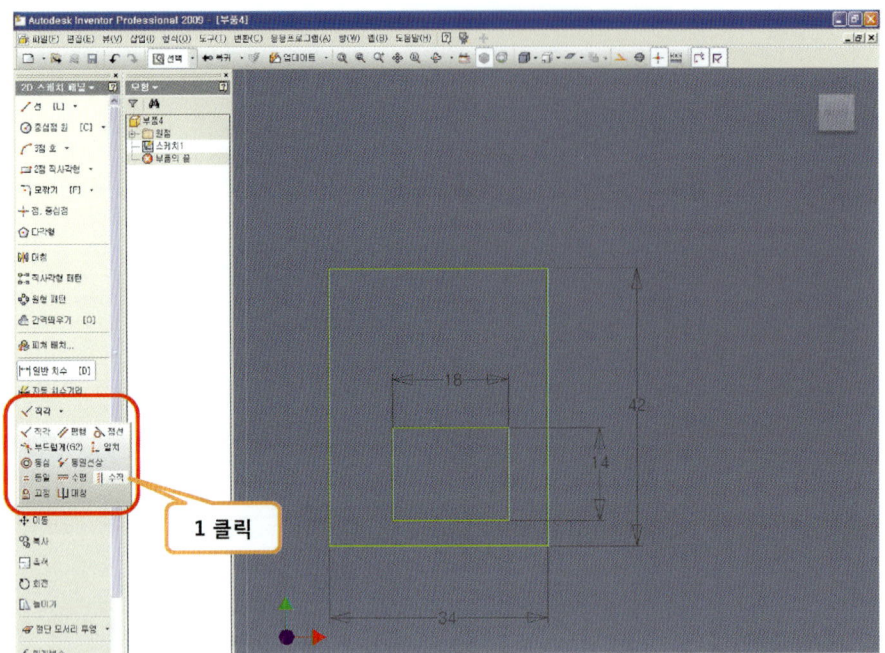

1. 2개의 사각형의 중심을 같은 선상에 있게 하기 위해서 [구속조건] 메뉴를 클릭해 수직을 선택한다.(직각이 선택되어있으며 작은 삼각형을 클릭하여 원하는 형상조건을 선택)

여기서 잠깐!!

스케치 구속조건

도 구	설 명
직각	선택하는 2개의 선이 직각이 되게 구속조건을 추가한다.
평행	2개 이상의 선과 타원의 축이 서로 평행이 되도록 만든다.
접선	2개의 곡선이 서로 접하게 구속하며 선과 호를 부드럽게 연결시킬 때 많이 사용된다.
부드럽게(G2)	스플라인과 다른 곡선 (선 , 호 또는 스플라인 등) 사이에 곡률 연속 (G2) 조건을 작성합니다.
일치	2개의 점(중심점 포함)을 일치시키거나 한 점을 곡선에 고정시킨다.
동심	두 원호, 원, 타원의 중심을 같은 위치에 고정시킨다.
동일선상	2개의 선 또는 타원축이 동일한 선에 위치하도록 만든다.
동일	선택한 원호와 원을 동일한 반지름 또는 선과 선을 동일한 길이가 되도록 크기를 조종한다.
수평	선, 타원의 축, 점의 쌍을 좌표계의 X축에 평행하게 만든다.

도 구	설 명
수직	선, 타원의 축, 점의 쌍을 좌표계의 Y축과 평행하게 만든다.
고정	점이나 곡선을 스케치 좌표계에 따라 고정 위치에 구속시킨다. (투영된 형상은 고정될 수 없다.)
대칭	선, 호, 원, 타원 및 스플라인 선분이 지정한 대칭선을 기준으로 대칭이 되게 한다.

✔ 대부분의 솔리드모델링 S/W가 형상 구속조건이 유사하나 인벤터는 중간점 등을 이용한 수직, 수평을 지원하는 등 CATIA나 NX보다 사용이 다소 편리하게 구성되어있다

수직구속

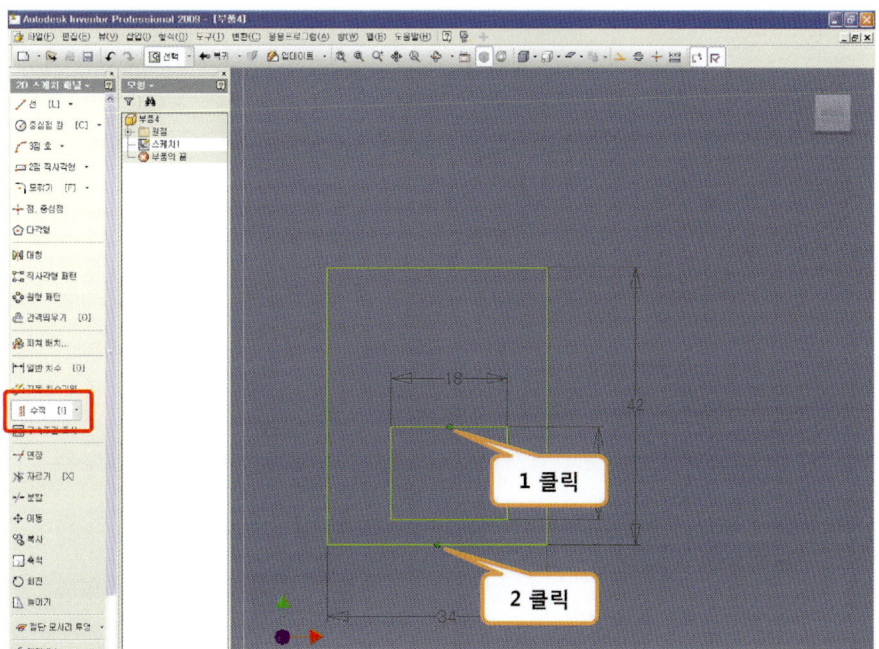

1. [구속조건]의 수직을 선택한 후에 마우스로 작은 사각형의 수평선 중심점을 클릭한다.
2. 큰 사각형의 수평선 중심점을 클릭하면 두개의 사각형이 Y축기준 대칭과 같은 효과를 갖게 된다

동일선상구속

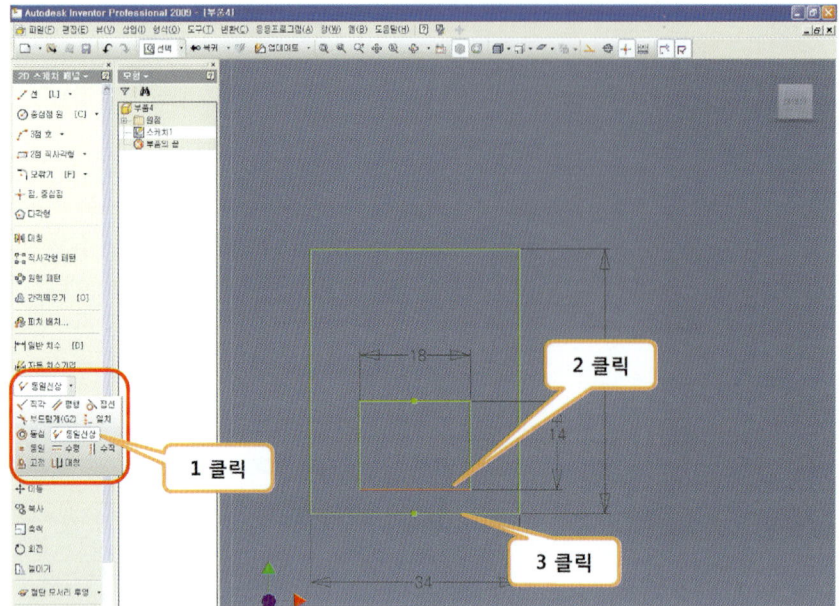

1. 큰 사각형과 작은 사각형의 한 쪽 면을 동일 선상에 놓기 위해서 [구속조건]을 클릭하여 [동일선상]을 선택한다.
2. 큰 사각형과 동일선상에 놓을 작은 사각형의 선을 클릭한다.
3. 큰 사각형의 선을 클릭한다.(선택 된 두선이 동일선상에 구속)

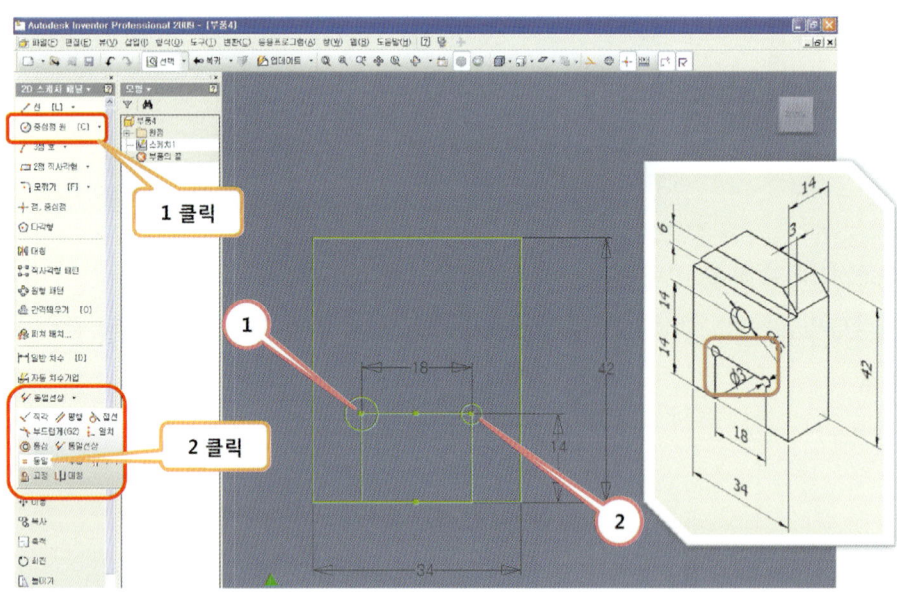

1. 고정조의 언더 컷(Undercut, Recess) 부분을 만들기 위해서 스케치 패널에서 [원]을 클릭하고 ①과 ②의 교차점에 원을 그린다.
2. 2개의 원의 크기를 동일하게 하기 위해서 [구속조건]을 클릭해 [동일]을 선택해 2개의 원을 차례로 선택해서 동일 조건으로 구속한다.

스케치편집-자르기

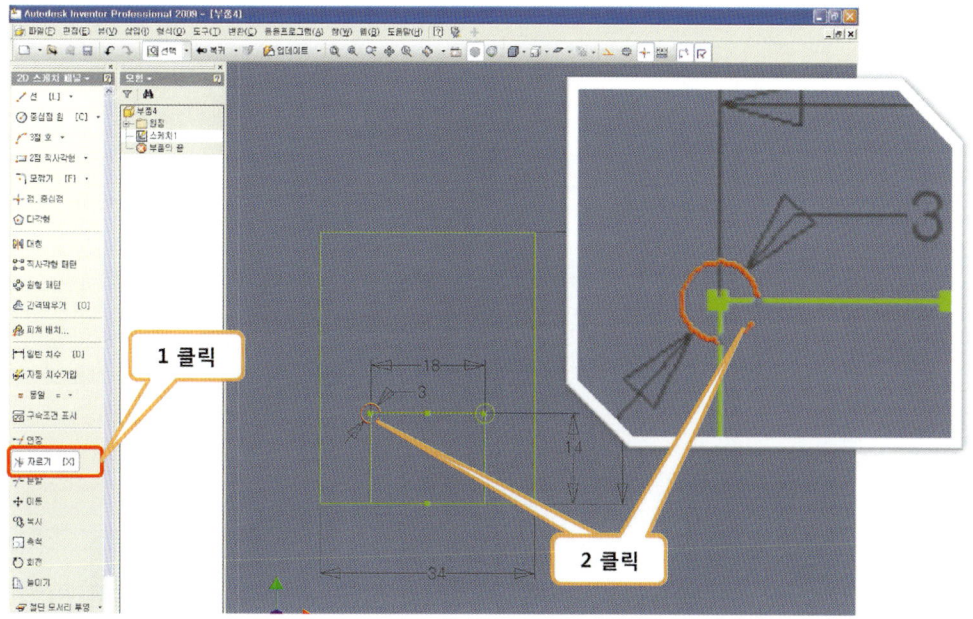

1. [자르기]를 클릭한다.
2. 원의 일부를 클릭하여 제거한다.

점 삽입

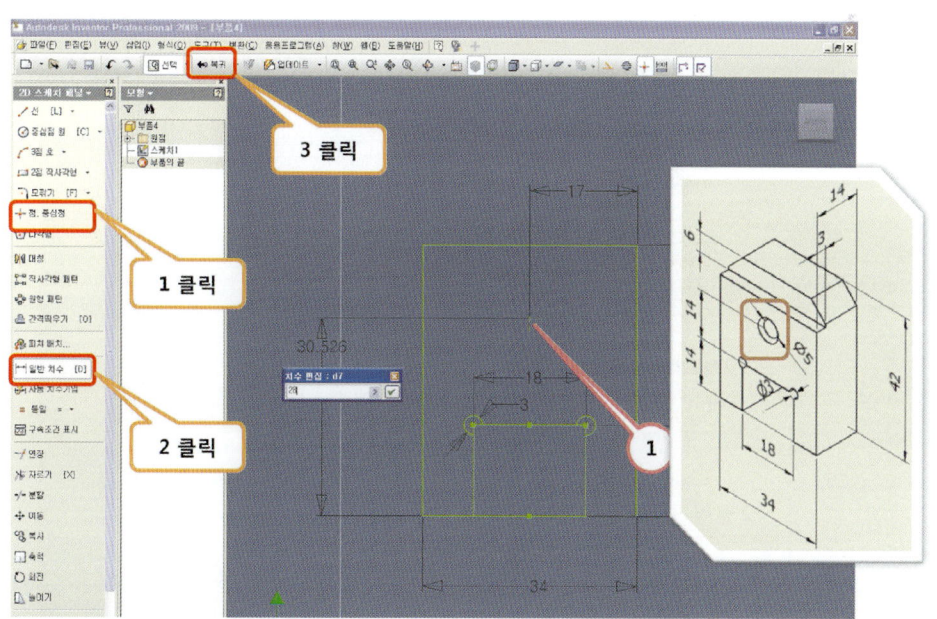

1. 구멍의 위치를 사전에 결정하기 위해서 [점]을 클릭하고 마우스로 ①의 대략적인 위치를 선택한다.
2. [일반치수]를 클릭해 점의 위치를 치수 구속한다.
3. [복귀]를 클릭해 부품피쳐 화면으로 이동한다.

돌출피쳐

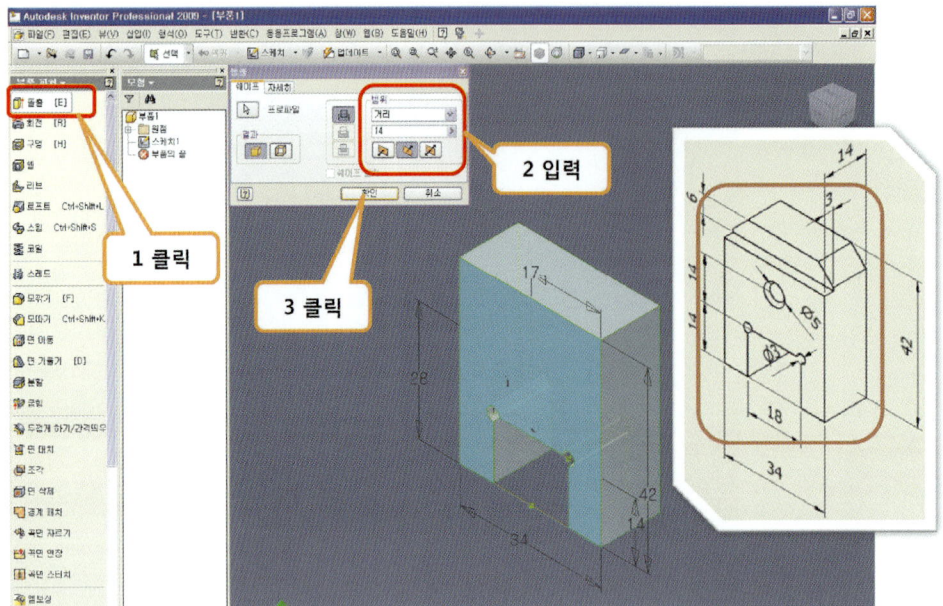

1. 완료 된 스케치를 돌출하기 위해서 [돌출]을 클릭한다.
2. [돌출 대화상자]의 필요한 내용을 입력한다.
3. [확인] 버튼을 클릭한다.

스케치 가시성

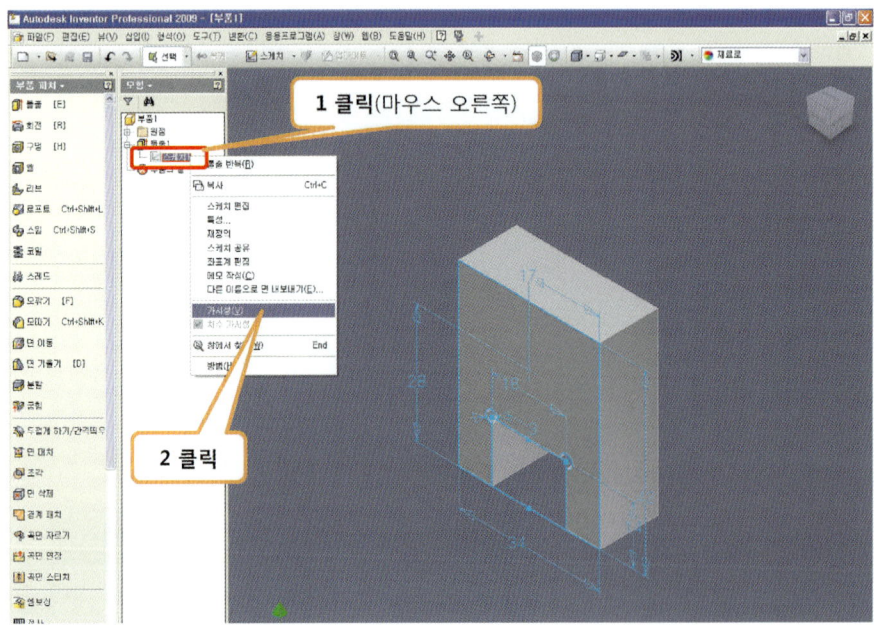

1. 모형패널의 스케치1에서 마우스 오른쪽 버튼을 클릭한다.
2. 가시성을 클릭한다. (스케치가 가시화되면 기존의 스케치를 재활용가능)

구멍피쳐

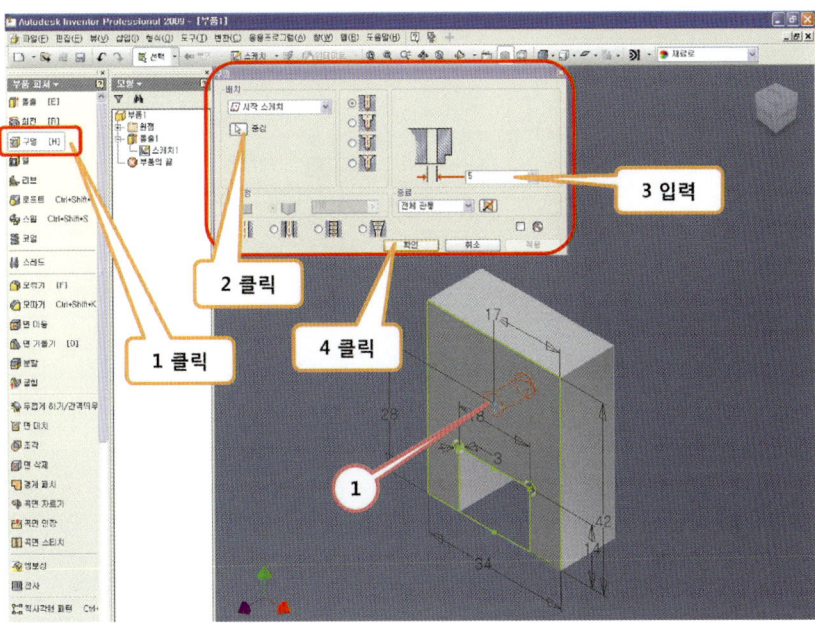

1. 가시화 된 [스케치1]을 이용해 구멍을 가공하기에 위해 [구멍]을 클릭한다.
2. [구멍 대화상자]에서 [배치]의 [중심]을 클릭하고, 마우스로 점 ①을 선택한다.
3. [구멍 대화상자]의 필요한 사항을 그림과 같이 입력한다.
4. [확인] 버튼을 클릭한다.

탭구멍

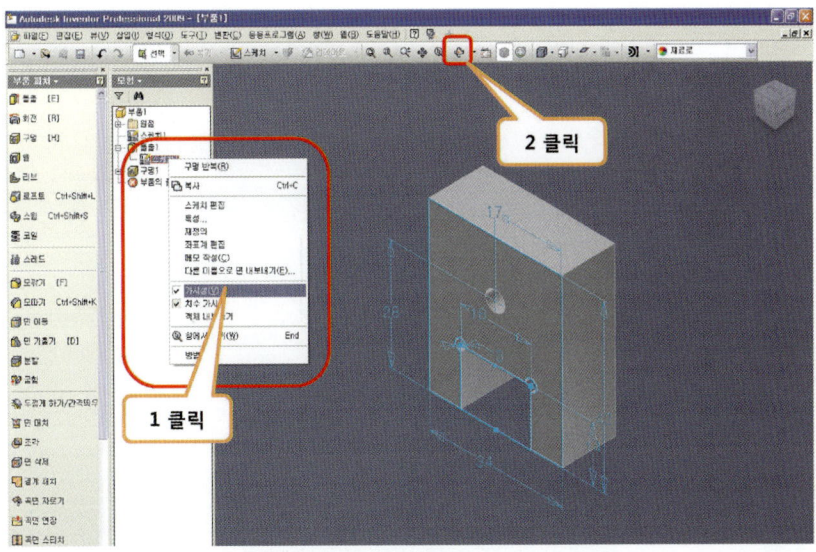

1. 더 이상 [스케치1]의 가시화가 불필요하기 때문에 [스케치1] 선택 후 마우스 오른쪽 버튼을 클릭해서 가시성을 체크를 해제한다.
2. [회전]을 클릭하며 하단부의 탭 구멍을 가공하기 위해서 하단부가 잘 보이도록 회전시킨다.

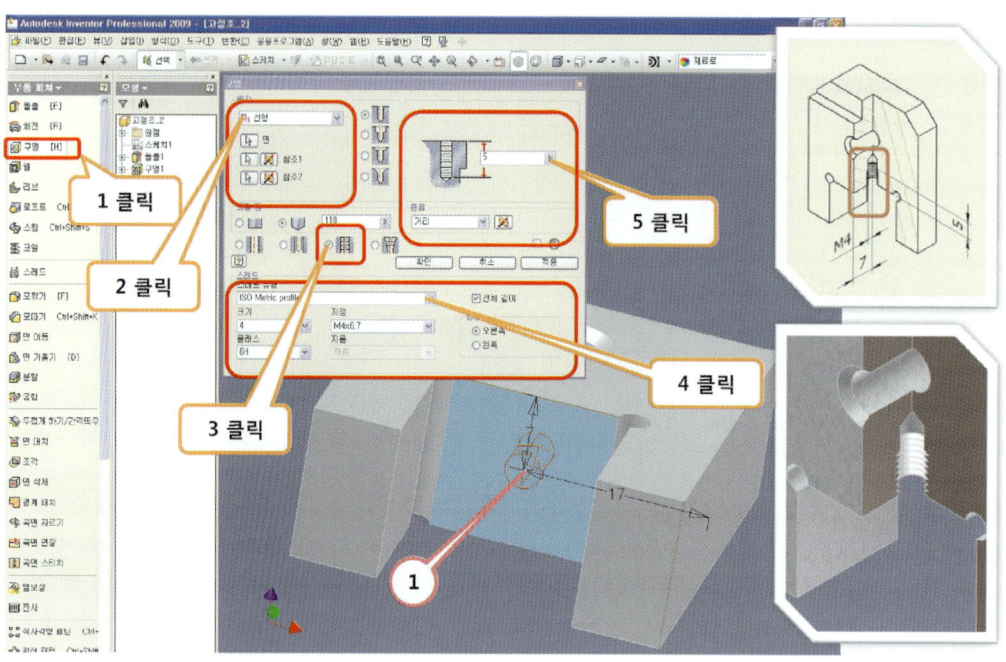

1. M4 탭구멍을 가공하기 위해서 [구멍]을 클릭한다.
2. [구멍 대화상자]의 배치에서 선형을 클릭하고 면을 마우스로 ①의 가공할 면을 선택한다. 그림과 같이 참조 1,2를 이용해 참조가 되는 모서리를 선택, 구멍의 위치 7, 17 값을 입력한다.
3. 탭구멍을 클릭한다. (여기서 만들어지는 나사형상은 시각적 효과)
4. [스레드]에서 'ISO Metric Profile'을 클릭하고 크기와 해당 값을 입력한다.
5. 종료 유형은 '거리', 깊이값은 5를 입력한다.

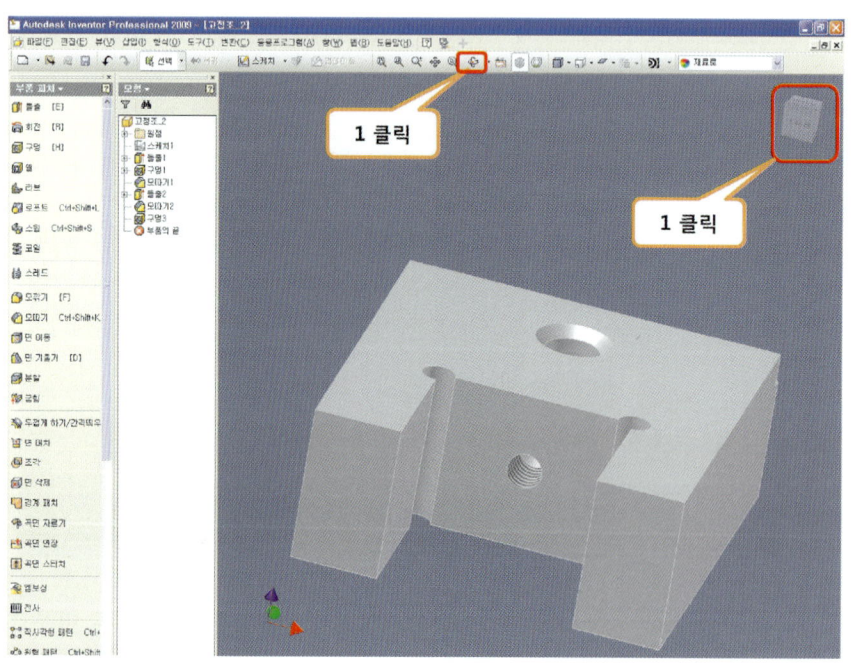

1. [회전]아이콘이나 [common view] 등을 이용하여 화면을 제어한다

모따기

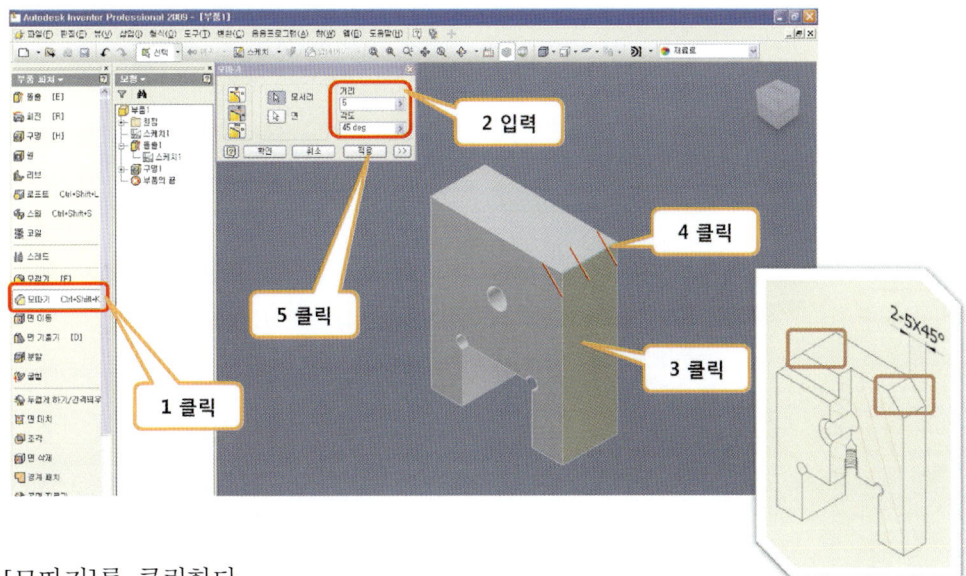

1. [모따기]를 클릭한다.
2. 거리와 각도를 입력한다.
3. 모따기를 적용할 면을 마우스로 클릭한다.
4. 모따기 할 모서리를 선택한다.
5. [적용] 버튼을 클릭하여 명령을 실행한다. 같은 방법으로 반대편 모서리도 동일하게 모따기 ([확인]을 클릭하면, 명령은 실행되고 [모따기 대화상자]는 사라진다. [적용]을 클릭하면 명령이 실행되고 [모따기 대화상자]가 유지되어 추가 명령을 계속 진행)

스케치면 생성

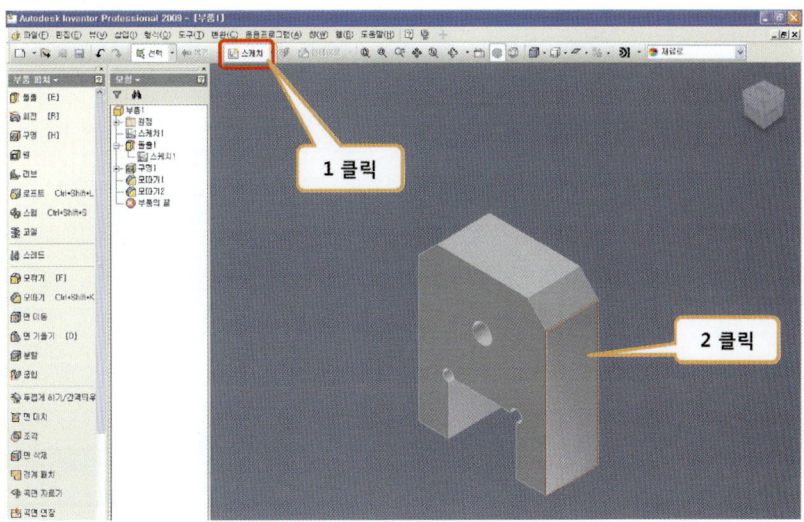

1. 조부분을 가공하기 위해서 [스케치]아이콘을 클릭한다.
2. 스케치 할 면을 클릭하면 새로운 스케치 면이 생성된다.

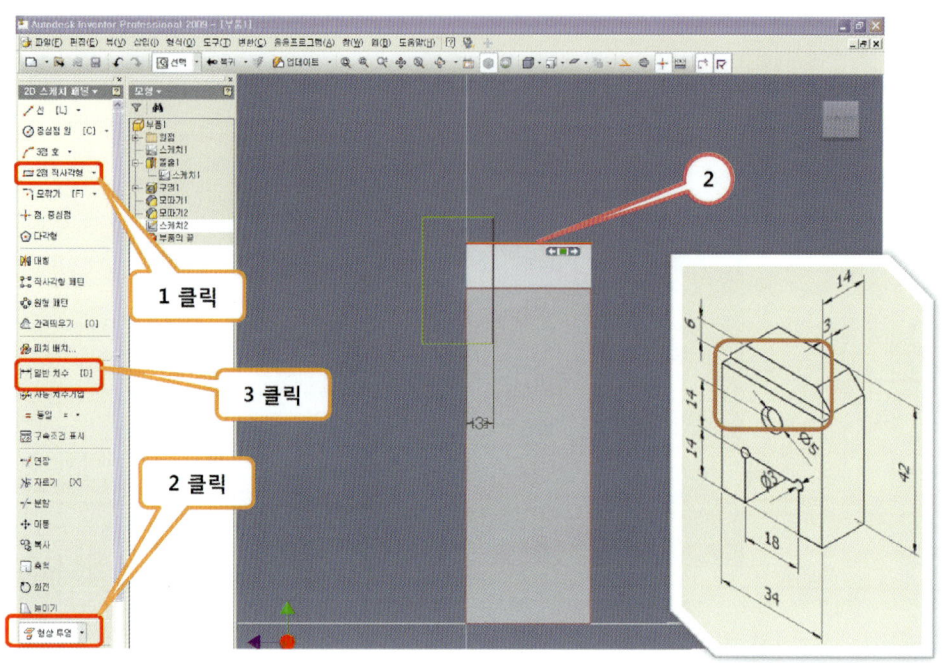

1. [직사각형]버튼을 클릭한다.
2. 사각형을 치수구속하기 위해 윗면 모서리 ②의 형상 투영이 필요하므로 [형상투영]버튼을 클릭하여 ②를 선택, 투영시킨다.
3. [일반 치수]로 치수를 기입, 구속한다.

※ [보기]아이콘을 이용하면 시점을 스케치면에 수직방향으로 볼수있다.

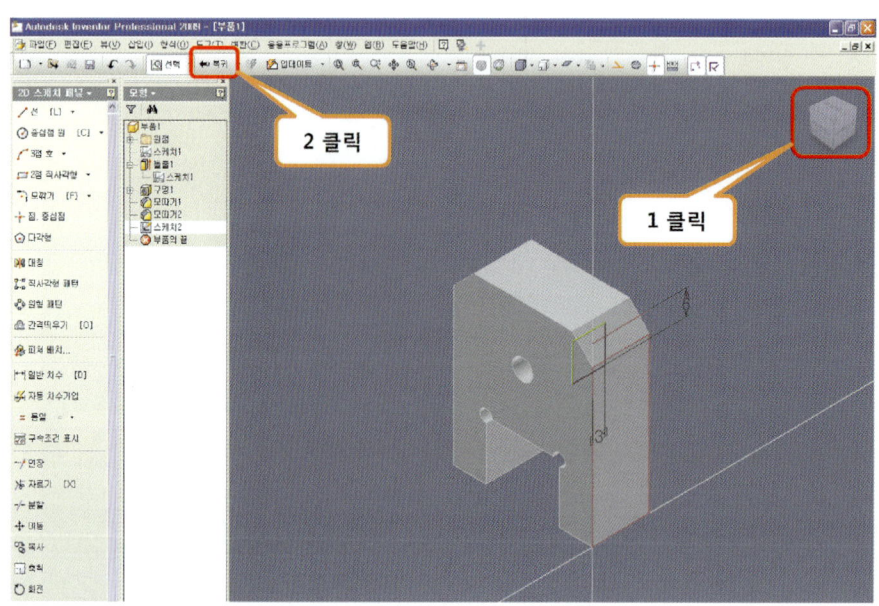

1. [F6]을 눌러 등각투영뷰로 회전시킨다.
2. [복귀]버튼을 클릭하여 부품피쳐 화면으로 이동한다.

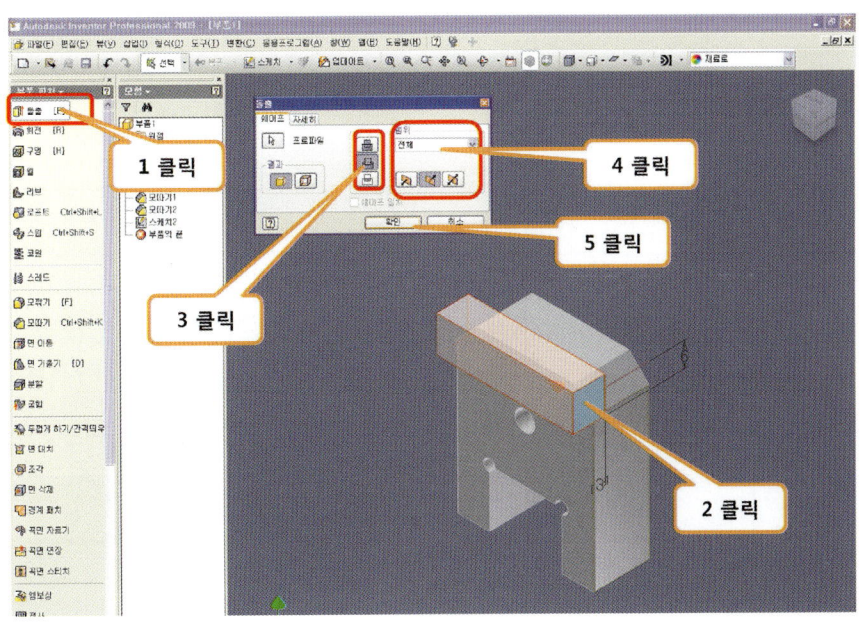

1. [돌출]을 클릭한다.
2. [돌출 대화상자]에서 돌출 할 프로파일(스케치)를 선택한다.
3. 기존형상에서 제거해야 함으로 [차집합]을 클릭한다.
4. 돌출 범위와 방향을 그림과 같이 설정한다.
5. [확인] 버튼을 클릭한다.

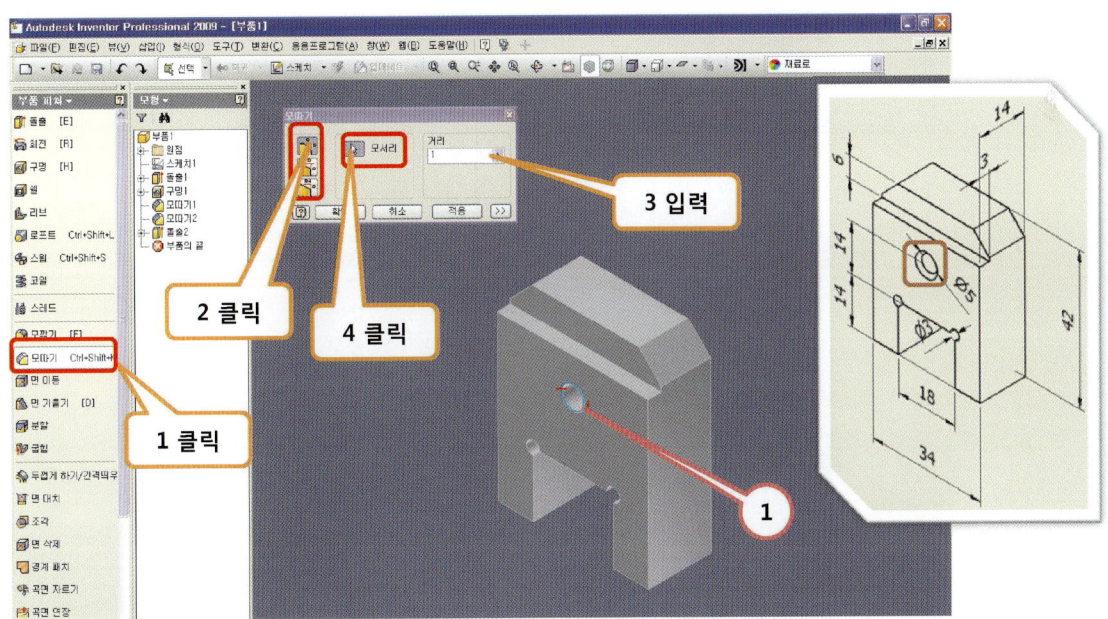

1. [모따기]를 클릭한다.
2. [동일길이]를 선택한다.
3. [거리]에 모따기 할 값을 그림과 같이 입력한다.
4. [모서리]를 클릭한 후 ①의 모따기 할 모서리를 선택한 후 확인 버튼을 누른다.

완성

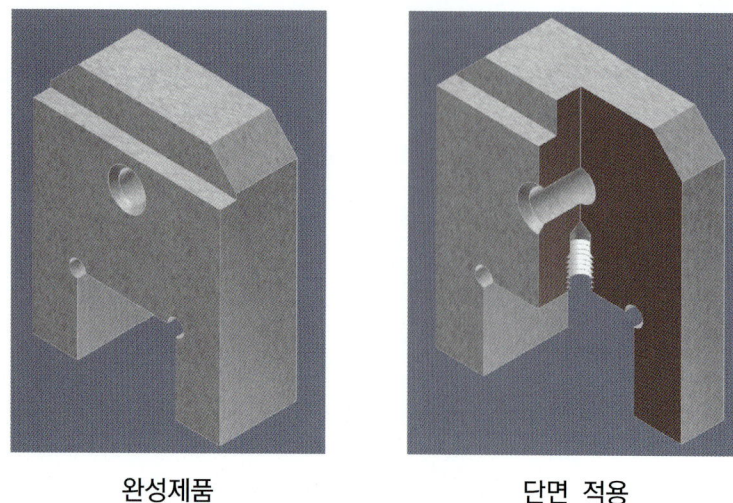

완성제품   단면 적용

1. 시각적인 표면을 표현하기 위해서 특성을 클릭해 적당한 표면 유형을 선택하고 동일한 폴더에 고정조_2.ipt라는 이름으로 저장한다.

3번 부품 이동조 모델링

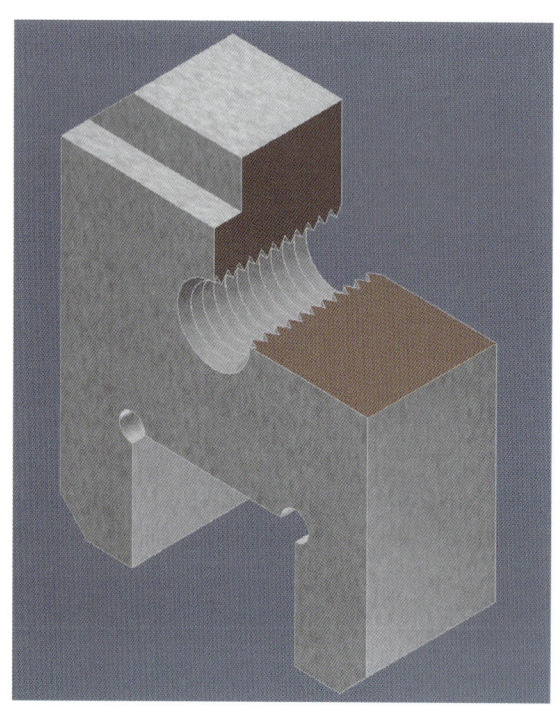

- 3번 부품인 고정조의 모델링을 따라해보도록 하자

스케치

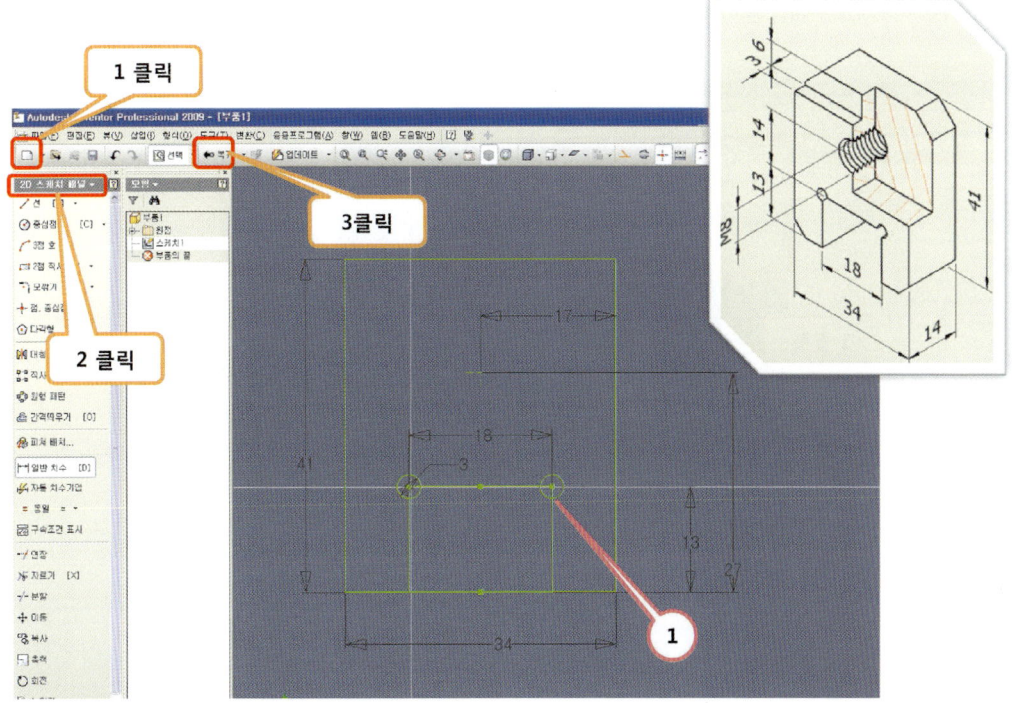

1. [새로만들기]-[부품]을 클릭한다.
2. [2D 스케치 패널]-[선, 중심점원, 일반치수, 구속조건] 등을 이용하여 그림과 같이 스케치를 하고 치수를 구속한다.(2번 부품과 동일한 방법으로 진행하지만 ①의 원의 일부를 자르기하지 않음)
3. 모든 스케치가 완료되었으면 [복귀]를 클릭해서 부품피쳐 화면으로 이동한다.

돌출

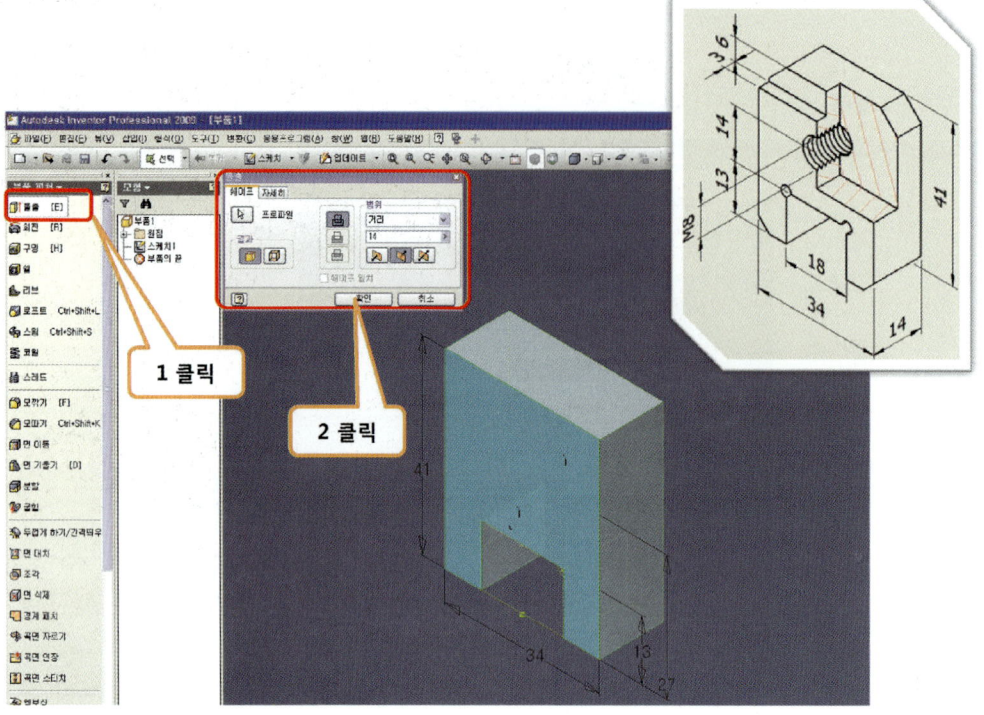

1. [돌출]을 클릭한 뒤 그림과 같이 값을 입력한다.
2. [확인] 버튼을 클릭한다.

가시성

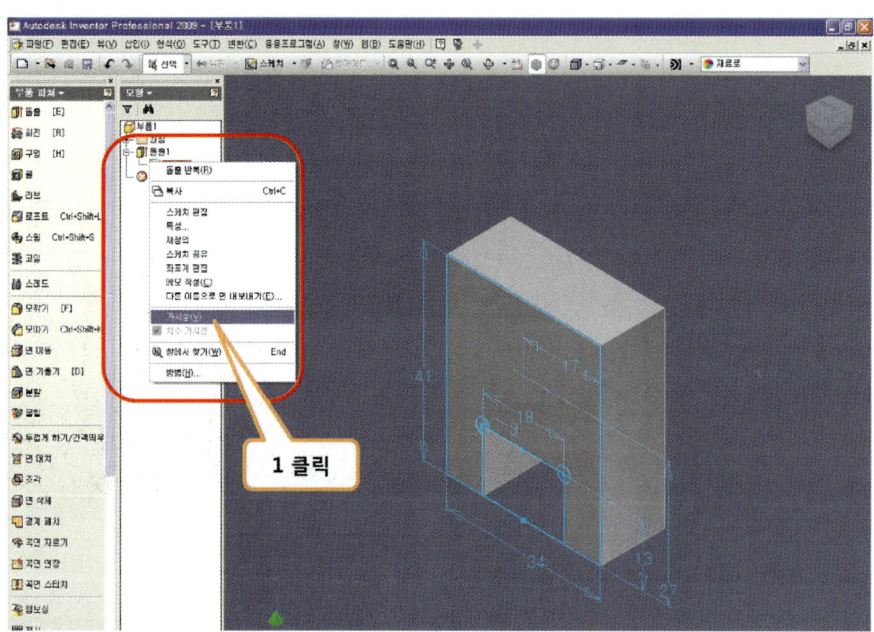

1. [모형패널]-[스케치1]선택 후 마우스 오른쪽 버튼을 클릭하여 가시성을 체크 한다.

≫ 돌출피쳐

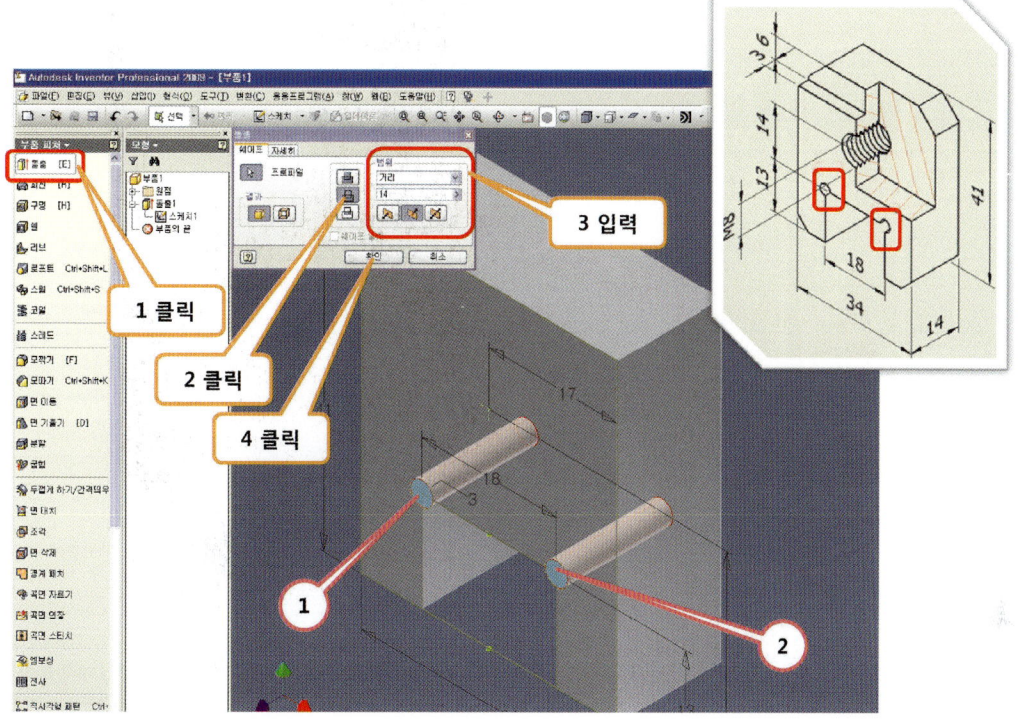

1. [돌출]을 클릭한 후 ①, ②의(언더 컷) 원을 선택한다.
2. 선택한 스케치를 기존형상에서 제거하기 위해서 [차집합]을 클릭한다.
3. 방향을 선택하고 거리를 입력한다.
4. [확인] 버튼을 클릭해 명령을 실행 한다.

구멍

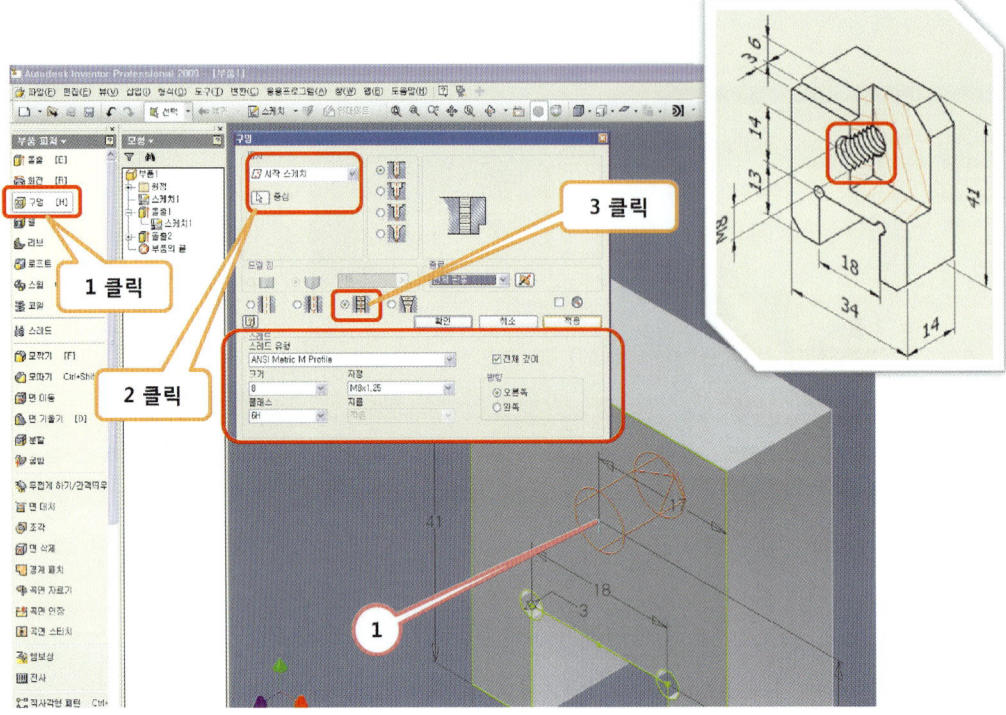

1. [구멍]을 클릭한다.
2. [구멍 대화상자]에서 시작 스케치를 선택하고 ①의 점을 선택한다.
3. [탭 구멍]을 클릭하고 [스레드]에서 내용을 그림과 같이 기입한 후 [확인]을 클릭한다.

모따기

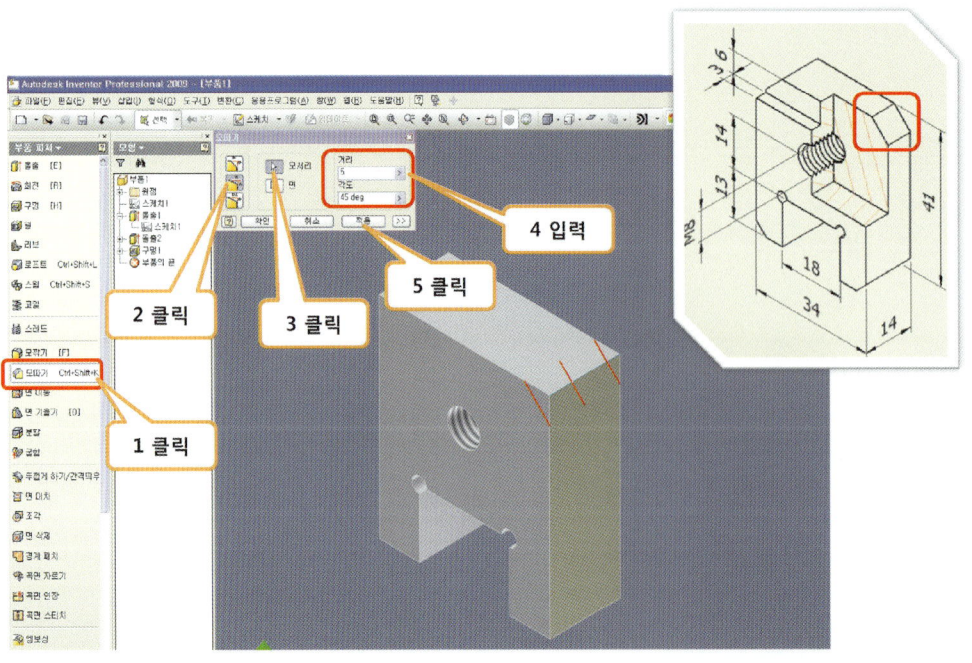

1. [모따기]를 클릭한다.
2. [모따기 대화상자]에서 [거리와 각도]를 클릭한다.
3. 거리와 각도 값을 그림과 같이 입력한다.
4. 모따기 할 [면]과 [모서리]를 각각 클릭 후 적용을 면을 각각 선택한다.
5. 모따기를 계속 진행하기 위해 [적용]을 클릭한다.

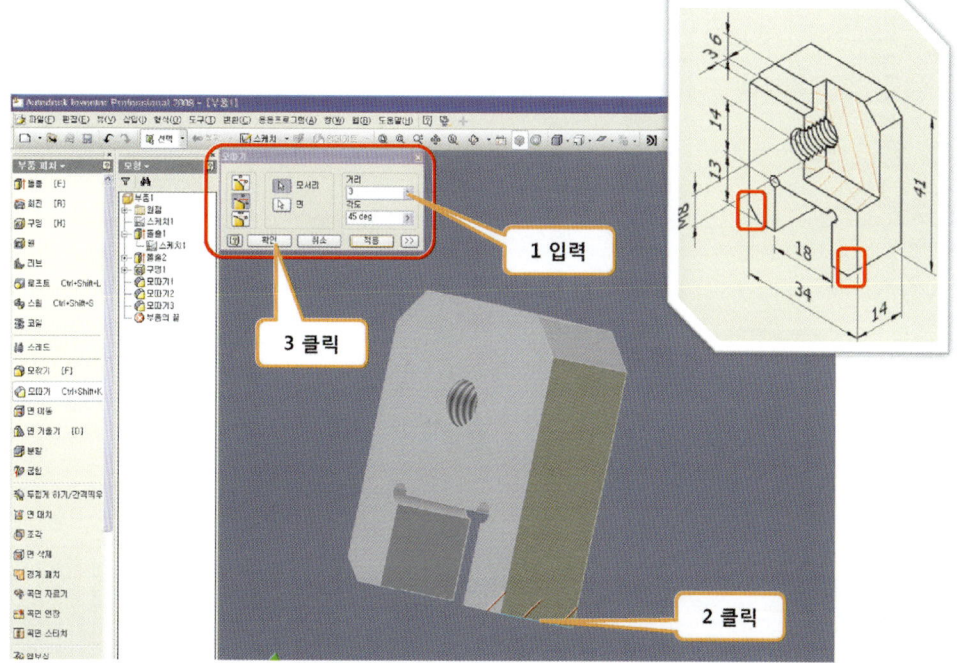

1. 다음 모따기를 계속하기 위해 [거리]에 새로운 값을 입력한다.
2. 모따기 할 [면]과 [모서리]를 각각 클릭 후 적용을 면을 각각 선택한다.
3. [확인]을 클릭한다.

스케치 평면 생성

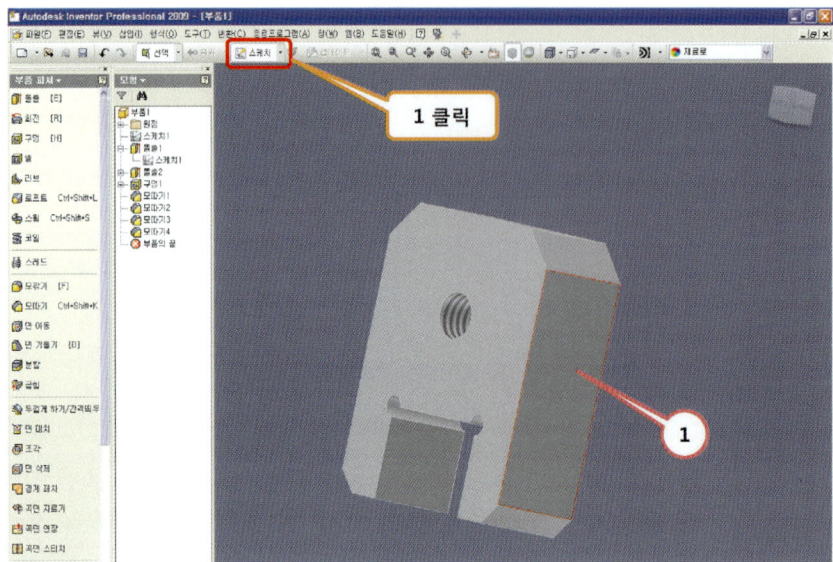

1. ①의 스케치 면으로 사용할 면을 선택한다. (2번 부품과 동일한 방법으로 스케치한다.)

스케치

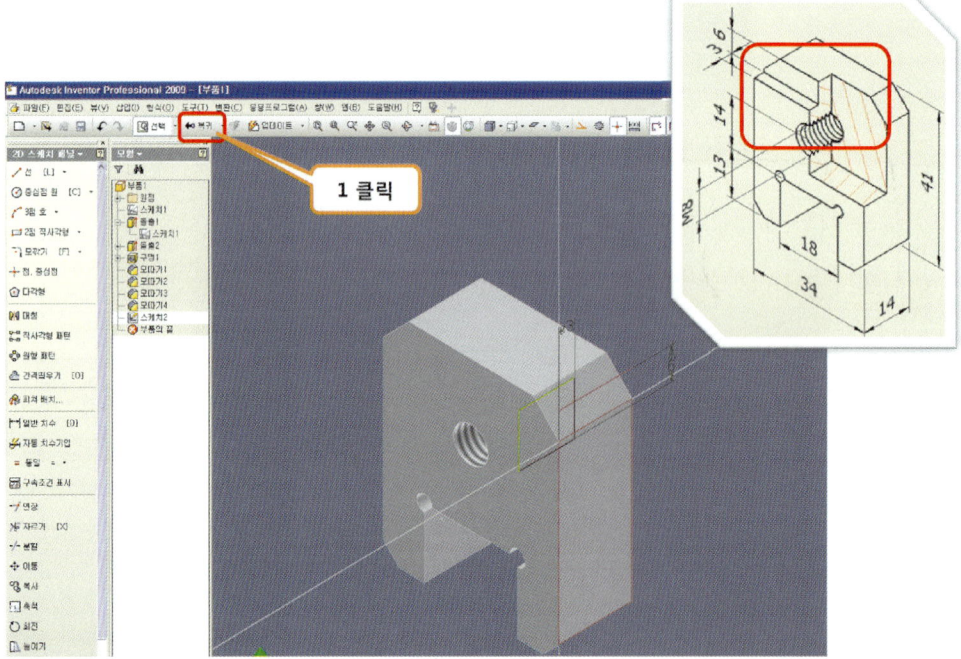

1. [형상투영], [일반치수], [구속조건], [2점직사각형] 등을 이용하여 스케치를 완료, 복귀버튼을 선택한다.

돌출

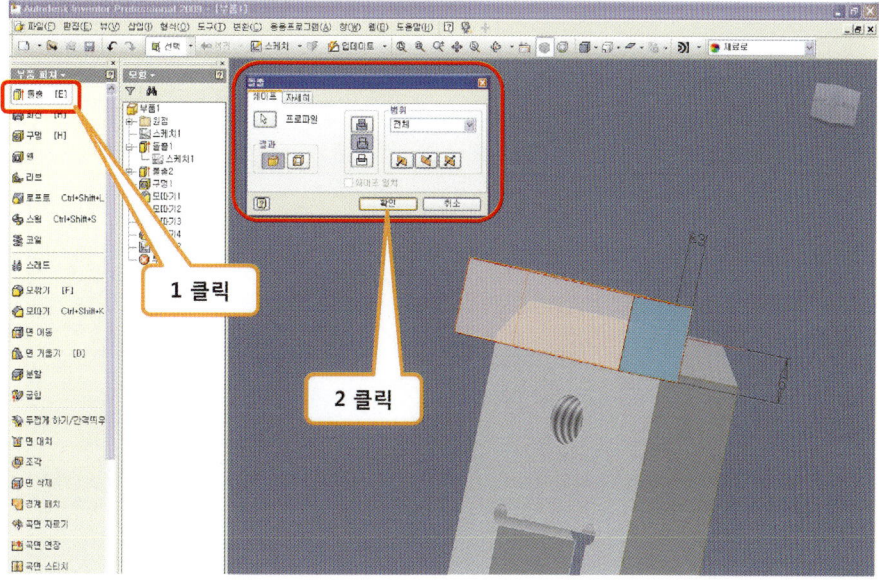

1. [돌출]을 클릭한뒤 그림과 같이 값을 입력한다.
2. [확인] 버튼을 클릭해 명령을 실행한다.

완성

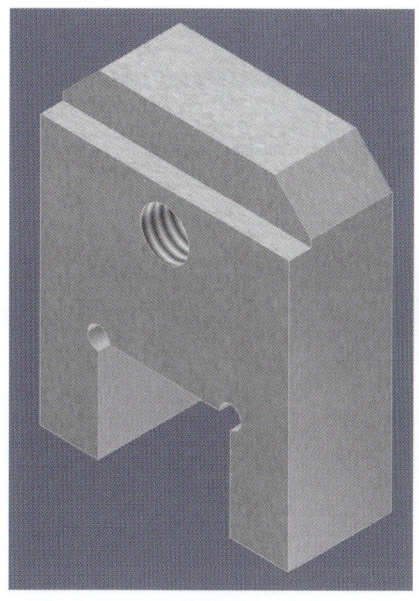

완성제품

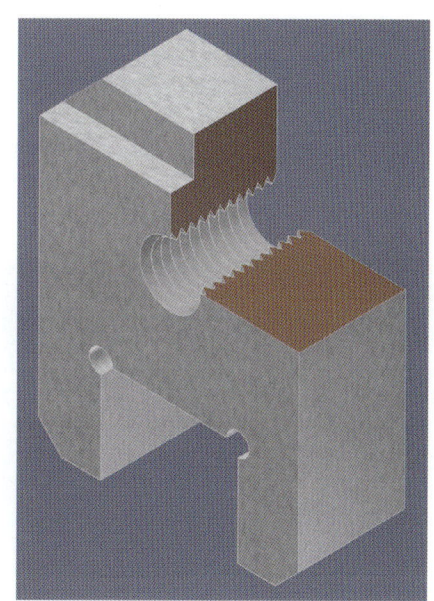

단면 적용

1. 시각적인 표면을 표현하기 위해서 특성을 클릭해 적당한 표면 유형을 선택하고 동일한 폴더에 이동조_3.ipt라는 이름으로 저장한다.

4번 리드스크류 고정조 모델링

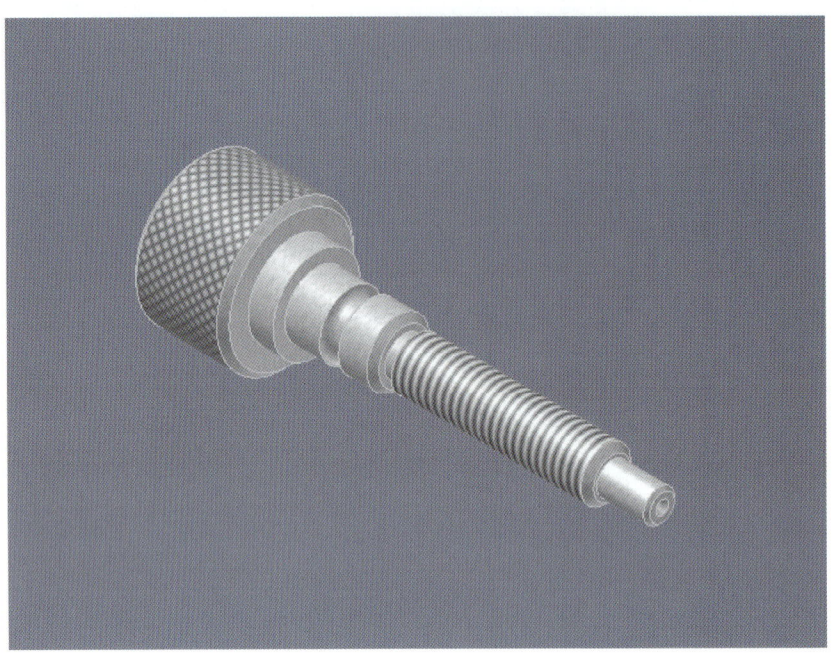

• 4번 부품인 리드스크류 모델링을 따라해보도록 하자.

중심점 형상투영

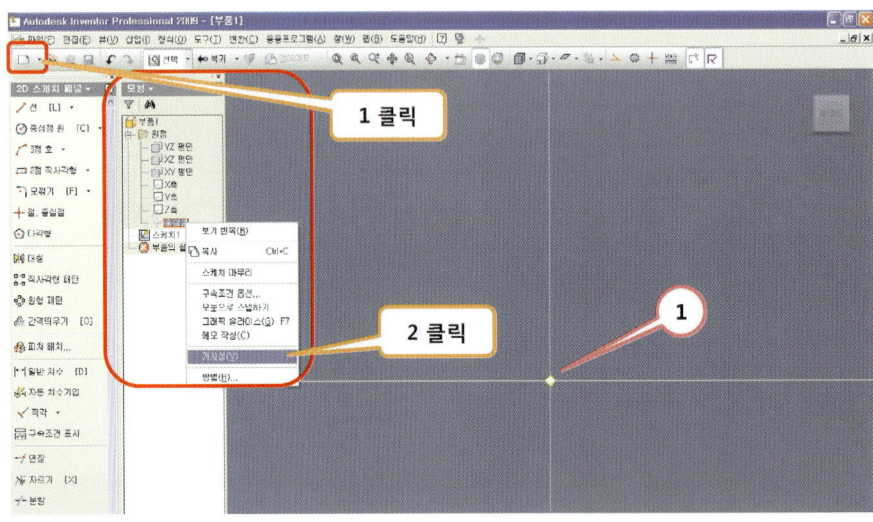

1. [새로만들기]-[부품]을 클릭한다.
2. 스케치를 중심점에 고정하기 위해서 [모형패널]-[원점]을 클릭한 뒤 [중심점]에서 마우스 오른쪽 버튼을 클릭, 가시성을 선택한다. (선택과 동시에 작업영역 좌표계상에 ①과 같이 중심점이 가시화)

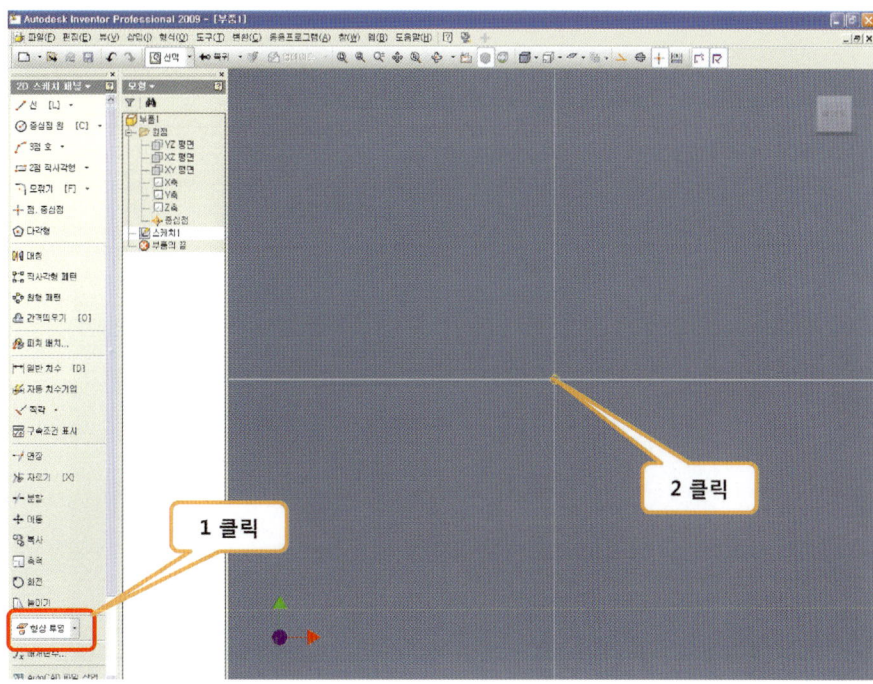

1. 가시화된 중심점을 형상투영하기 위해 [형상투영]을 클릭한다.
2. 마우스로 가시화된 중심점을 클릭한다.

≫ 스케치

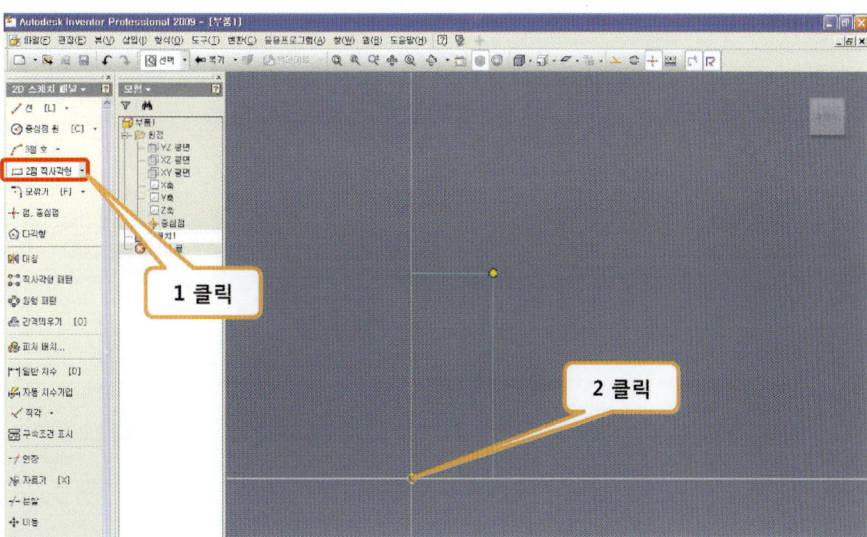

1. [2점직사각형]을 클릭한다.
2. 투영된 중심점을 클릭해 대략적인 형상을 스케치한다.

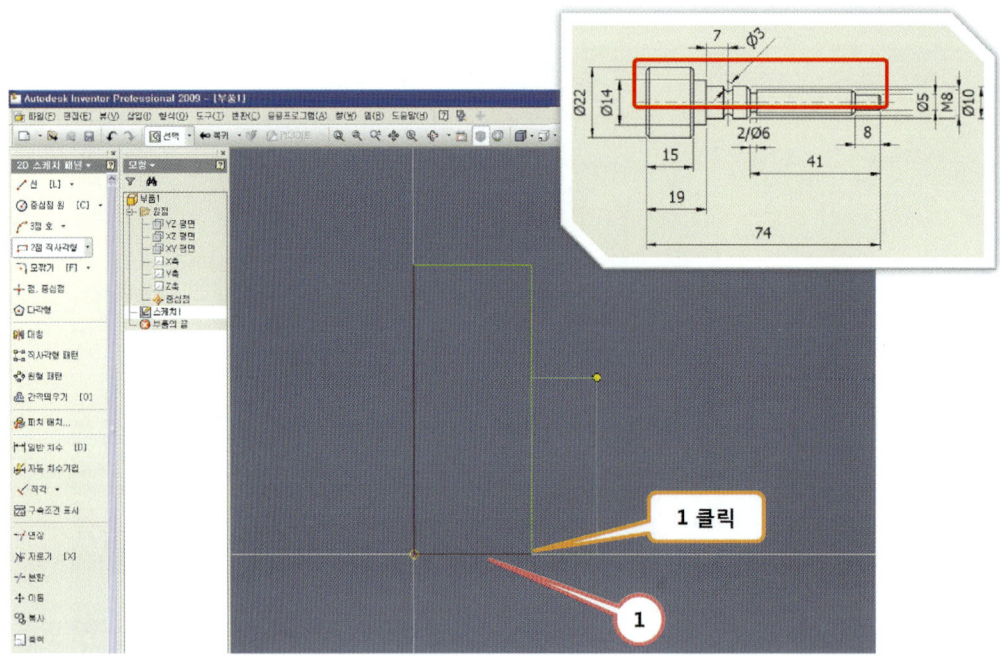

1. 계속 [2점직사각형]명령으로 밑변이 ①과 동일선상이 되도록 점을 클릭하며 리드 스크류의 절반의 형상을 스케치 한다.(핀 접촉 형상(언더컷) 등은 고려하지 않고 스케치)

▶ 중심선 변환

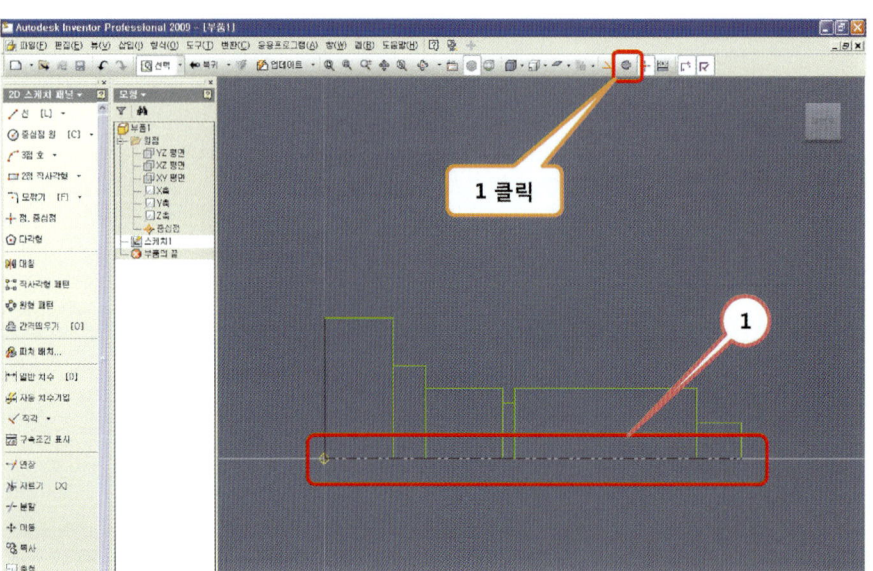

1. 스케치 후 밑변을 ①과 같이 끌어 선택한 뒤 [중심선]으로 변환시킨다.

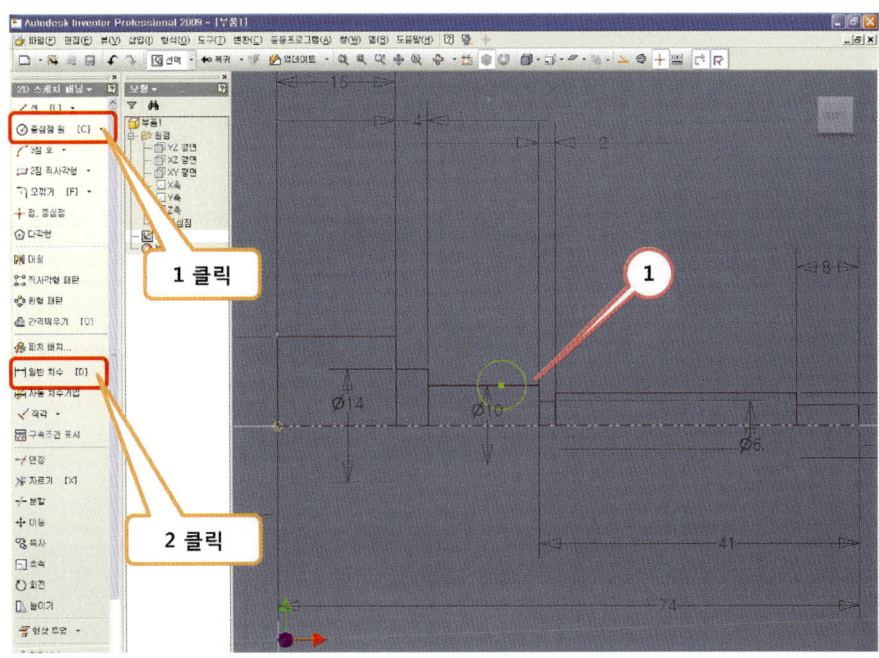

1. 핀과 접촉하는 언더컷 부분의 가공을 위해 [중심점 원]명령을 클릭하고 ①의 선상을 원의 중심으로하는 원을 그린다.
2. [일반치수]로 스케치를 구속한다(중심선으로 설정된 선을 기준으로 축 방향의 치수들이 선형 지름 치수로 만들어지는 것을 볼 수 있다.)

≫ 자르기

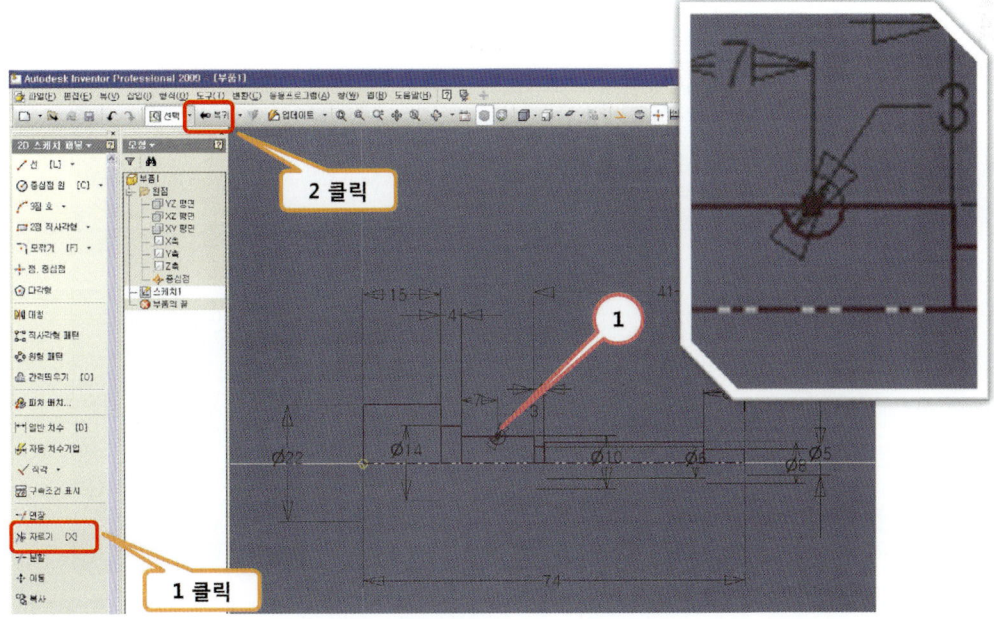

1. [자르기]를 선택, ①의 원을 자른다.
2. [복귀]명령을 클릭한다.

회전

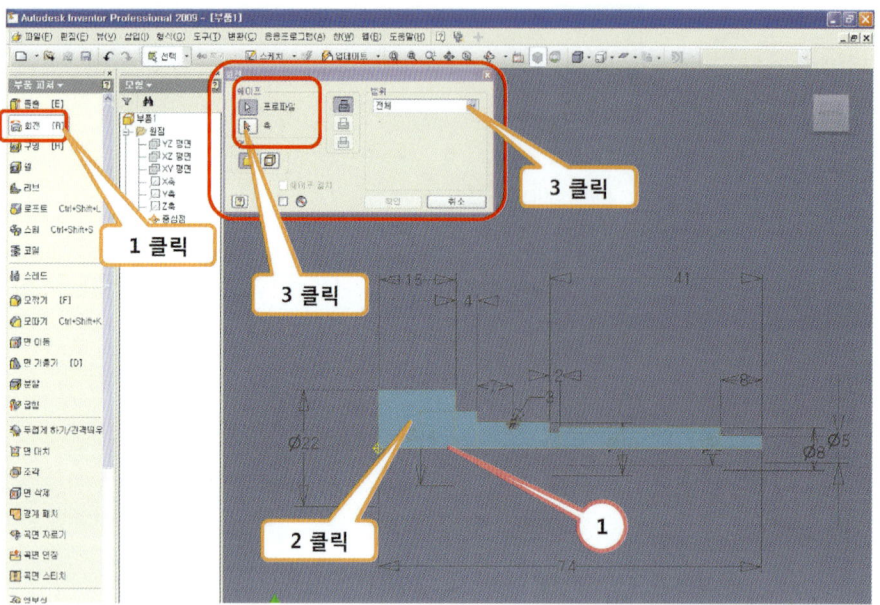

1. [회전] 명령을 클릭한다.
2. 프로파일에 해당하는 스케치를 모두 클릭하여 다중으로 선택한다.
3. [축]을 클릭하고, 중심선 ①을 선택한다. (회전 된 형상을 미리보기 나타남)
4. [범위]에서 [전체]를 선택 후 [확인]버튼을 선택한다.

스레드

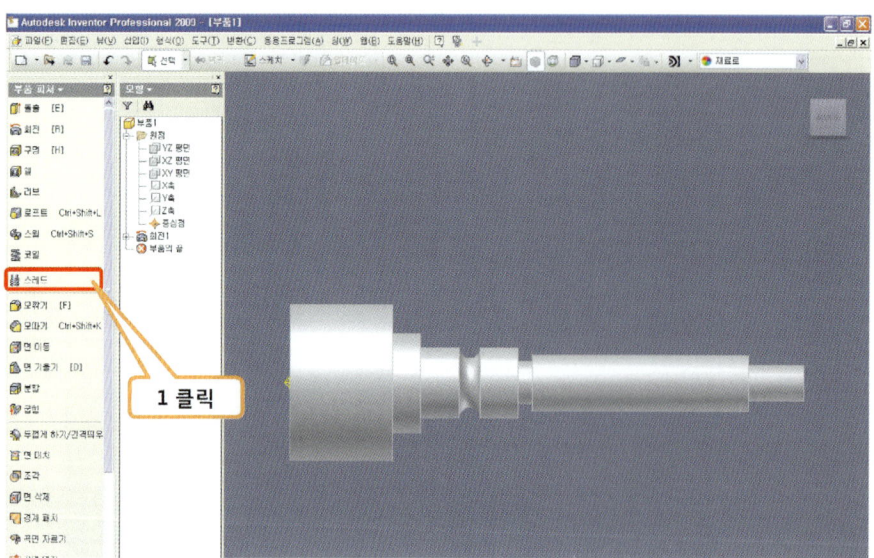

1. 나사부를 표현하기 위해 [부품피처]-[스레드] 를 클릭한다.

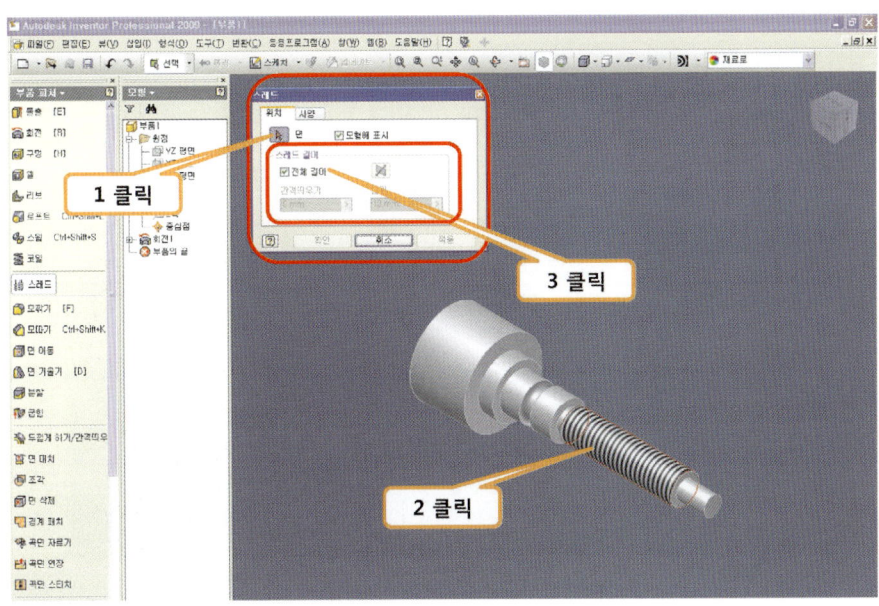

1. 대화상자에서 [면]을 클릭한다.
2. 스레드를 표현 할 나사부를 마우스로 클릭한다.
3. [스레드 대화상자]에서 [스레드 길이]영역의 [전체 길이]를 체크한 뒤 확인을 선택한다. (면을 선택하면 자동으로 그 면의 양쪽 끝까지 스레드로 처리)

≫ 모따기

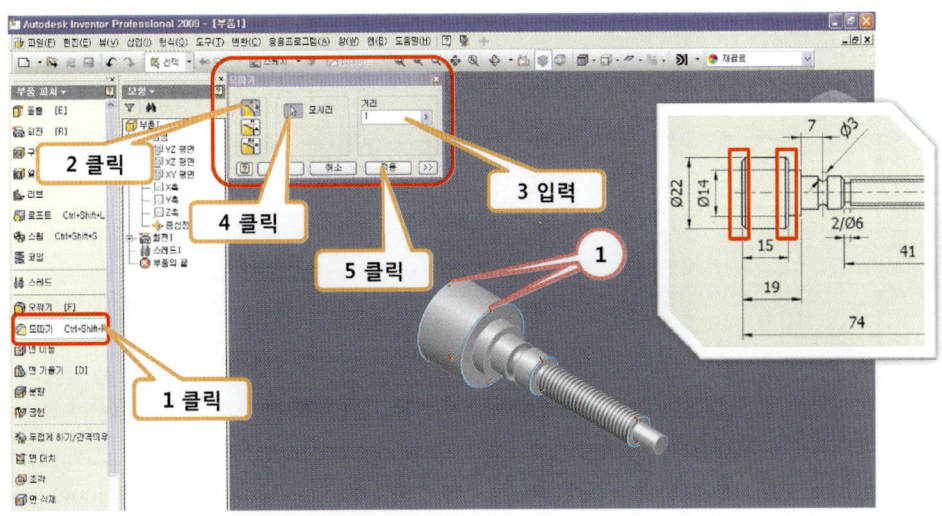

1. [모따기]를 클릭한다.
2. [동일거리 모따기]를 선택한다.
3. [거리]에서 측정거리 값을 입력한다.
4. [모서리]를 클릭하고, 모서리 ①을 선택한다. (모서리를 다중으로 선택)
5. [적용]을 클릭한다(모따기 명령 계속)

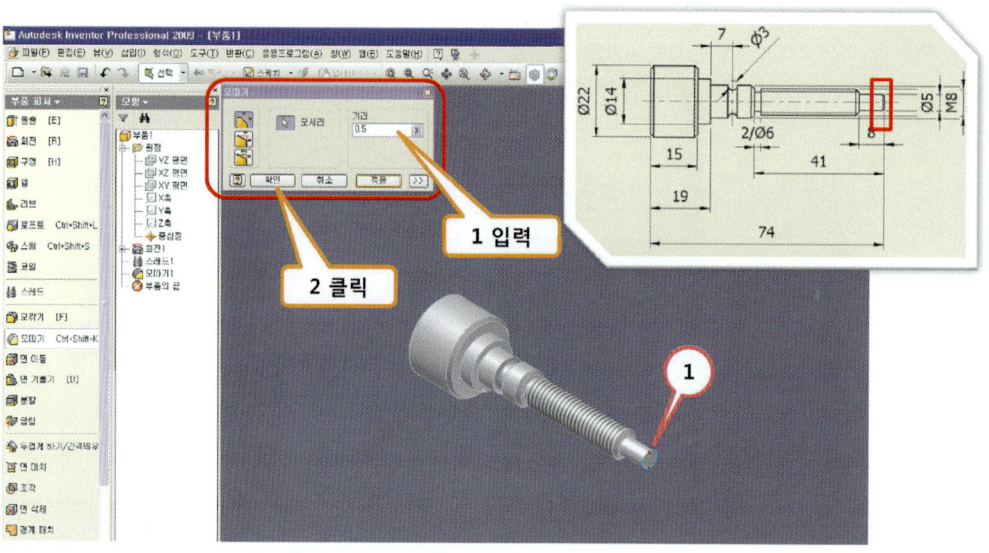

1. [거리]값을 그림과 같이 입력한다.(Burr 제거)
2. [모서리]를 클릭하고 ①의 모서리를 선택한다.
3. [확인] 버튼을 클릭한다.

널링

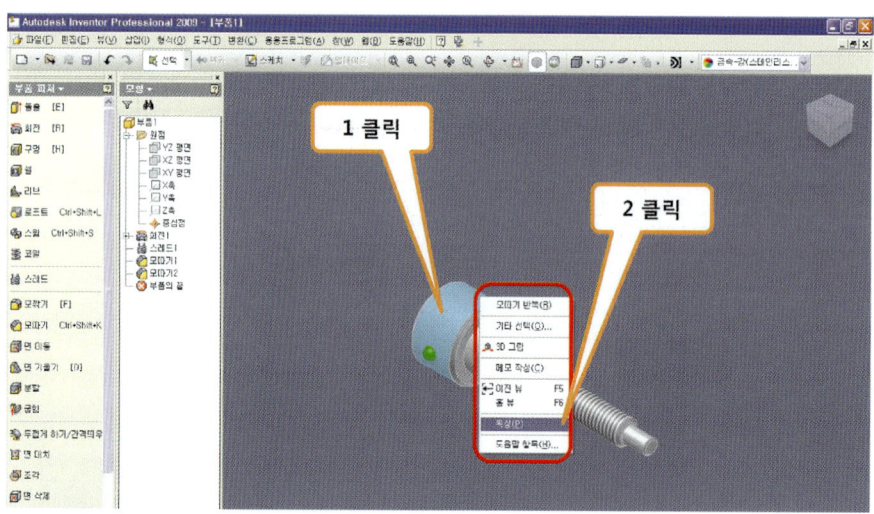

1. 손잡이 부분의 널링을 표현하기 위해서 핸들을 선택 후 마우스 오른쪽 버튼을 클릭한다.
2. [특성]을 클릭한다.

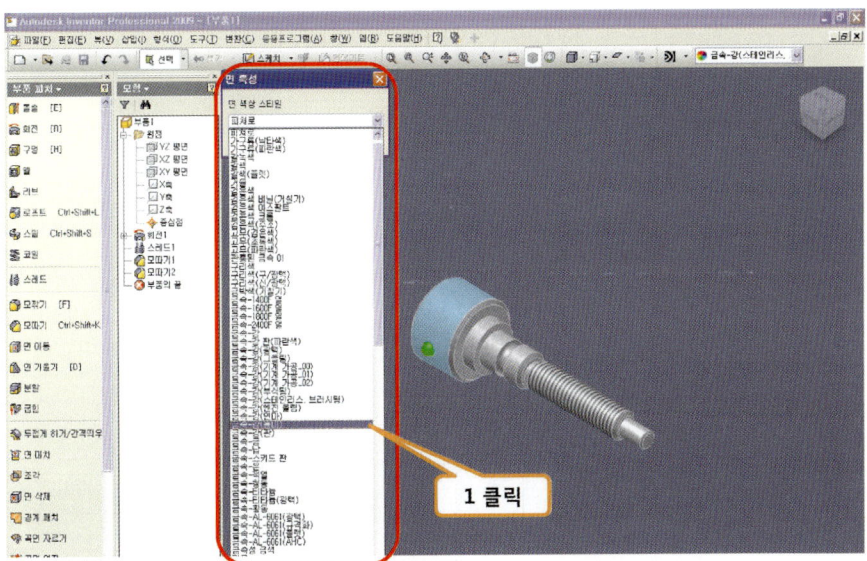

1. [면 특성]에서 면 색상 스타일을 '금속-강(옹이)'로 지정한다.(시각적으로 널링처럼 보여질 뿐 실제 널링은 3D스케치 후 스윕피쳐 작성이 필요)

센터구멍

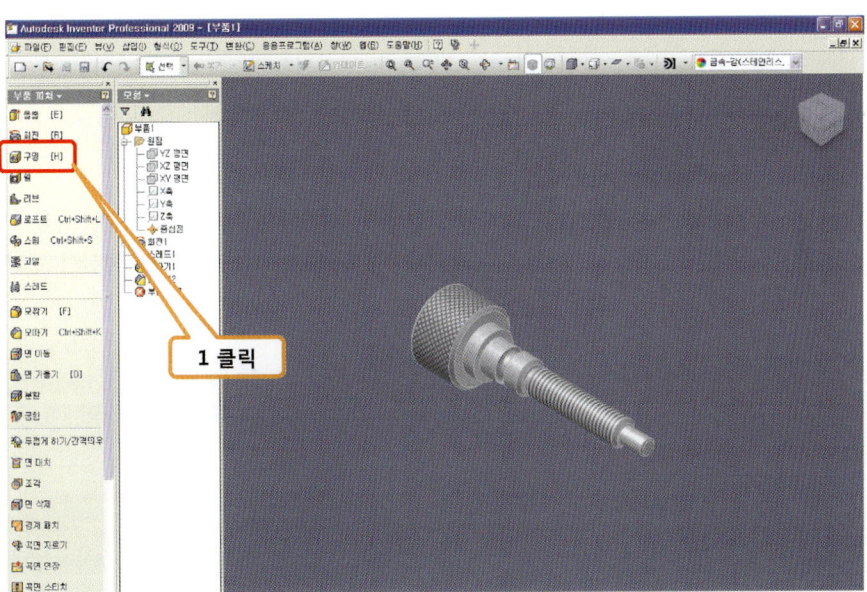

1. 센터구멍을 가공하기 위해 [구멍]을 클릭한다.

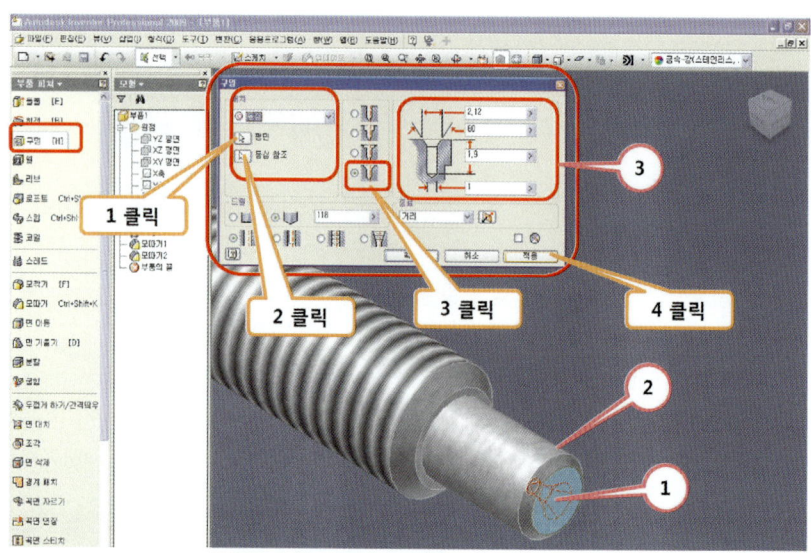

1. 대화상자의 [배치]에서 [동심]을 선택하고 [평면]을 클릭한 후 ①의 평면을 선택한다.
2. 센터구멍이 기준을 삼을 동심을 선택하기 위해 [동심참조]를 클릭하고 ②의 원통을 선택한다.
3. 센터구멍의 스타일인 [카운터 싱크]를 클릭한다.
4. [카운터 싱크]를 선택하면 카운터 싱크에 관련된 치수 기입을 요구하는 ③이 활성화되고 각 항의 값을 그림과 같이 입력한 뒤 [적용]버튼을 클릭한다. (반대 방향의 손잡이 부분도 동일하게 작업)

여기서 잠깐!!

센터구멍가공

✔ **센터구멍 가공이 필요한 이유**
  1. 원형의 축 형상은 대체적으로 선반에서 가공을 하게 되는데 축의 길이나 정밀도등을 고려하여 센터구멍을 가공하고 그 구멍에 심압대를 이용, 베어링 센터 등으로 지지한 뒤 가공하여 형상의 정밀도를 높인다.
  2. 대체적으로 길이가 길거나 정밀도가 높은 축 형상에 센터드릴 작업을 한다.
  3. 과제 도면에는 센터구멍이 나타나지 않으나 제도자가 리드스크류의 가공시 센터구멍이 필요하다고 판단되면 축에 센터구멍을 가공하고 2D 부품도에서 센터구멍 작업 지시를 할 수 있다.

✔ **센터구멍의 규격은**

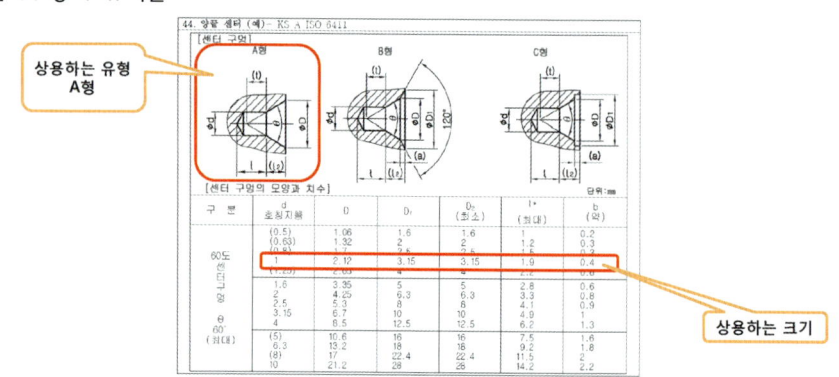

KS 기계제도 규격에서 센터구멍의 호칭지름을 확인하여 치수를 입력한다.

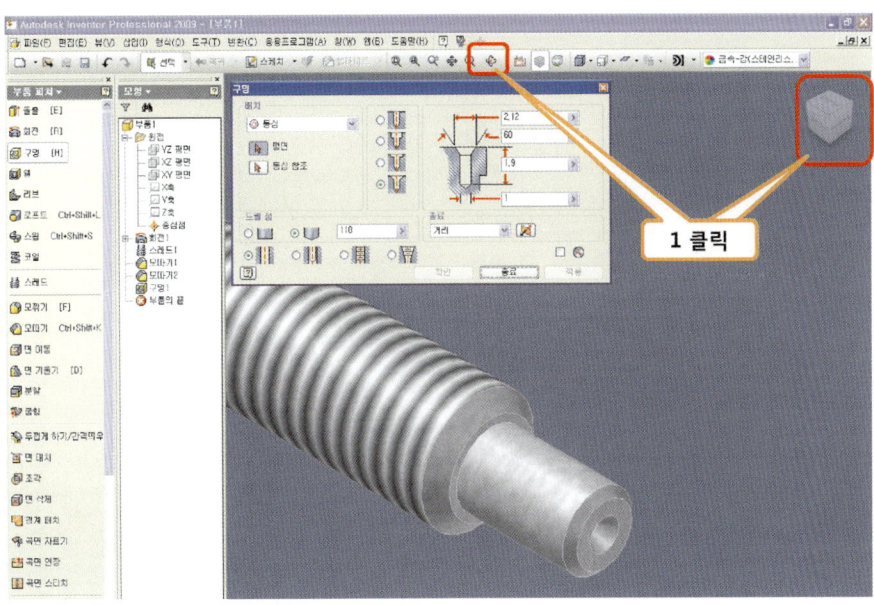

1. [Common View]이나 [회전]를 클릭하여 뷰를 회전 시킨다.

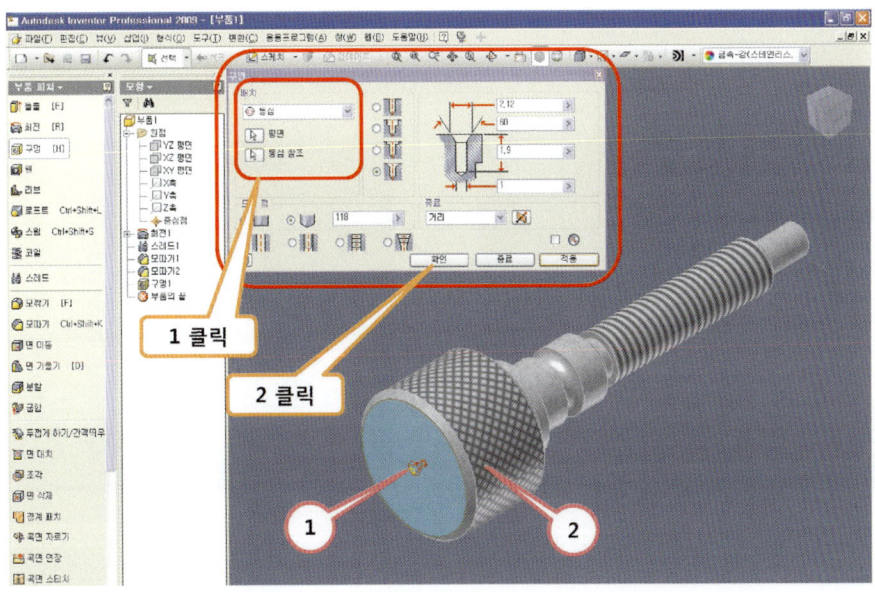

1. 그림과 같이 ①의 위치에 [평면]과 [동심참조]를 각각 클릭, ①과 ②를 선택한다
2. 전 단계의 입력한 내용과 동일하므로 [확인]을 클릭해 명령을 실행한다.

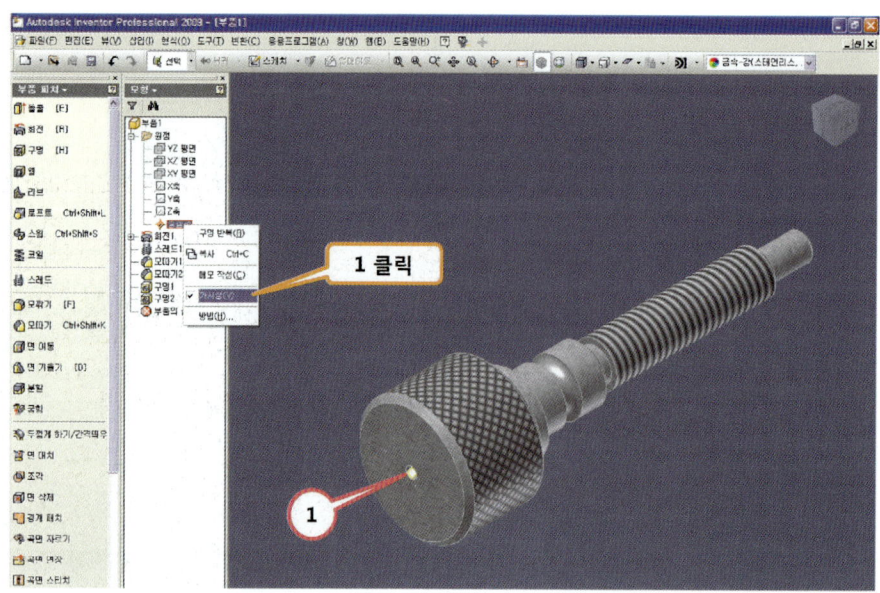

1. [모형패널]-[원점]-[중심점]에서 마우스 오른쪽 버튼을 클릭한뒤 가시성을 체크하여 가시성을 해제한다. (①의 중심점이 보이지않음)

완성

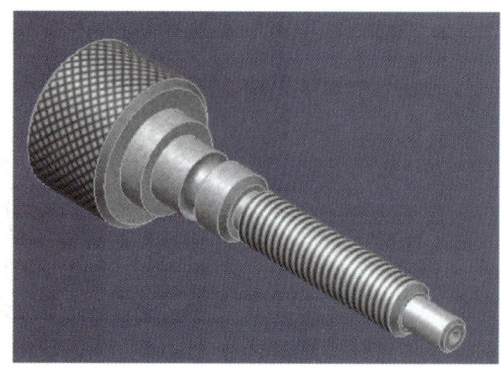 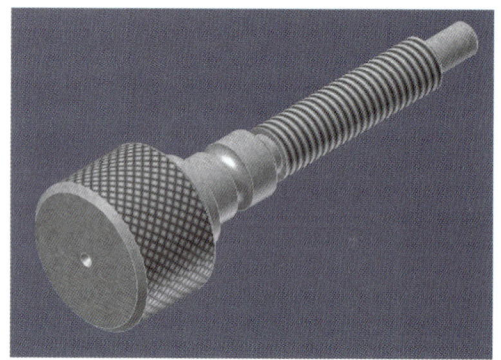

1. 기존 파일과 동일한 폴더에 리드스크류_4.ipt라는 이름으로 저장한다.

☑ 여기서 잠깐!!

스레드 표현

✔ 스레드의 다양한 표현의 예

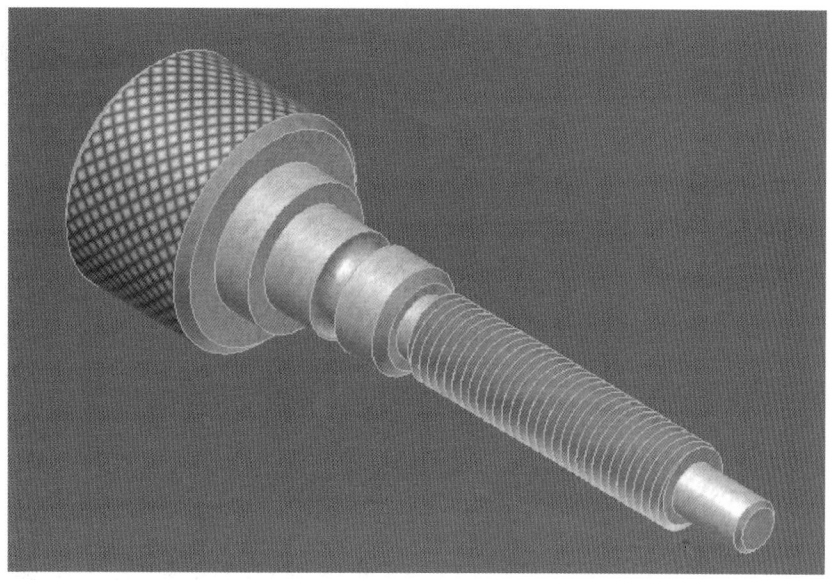

나사부를 [코일]명령을 이용하면 실물과 가장 유사하게 표현 할 수있다.(실기시험에서는 요구하지않는다)

템플릿 작성 5

도면파일생성

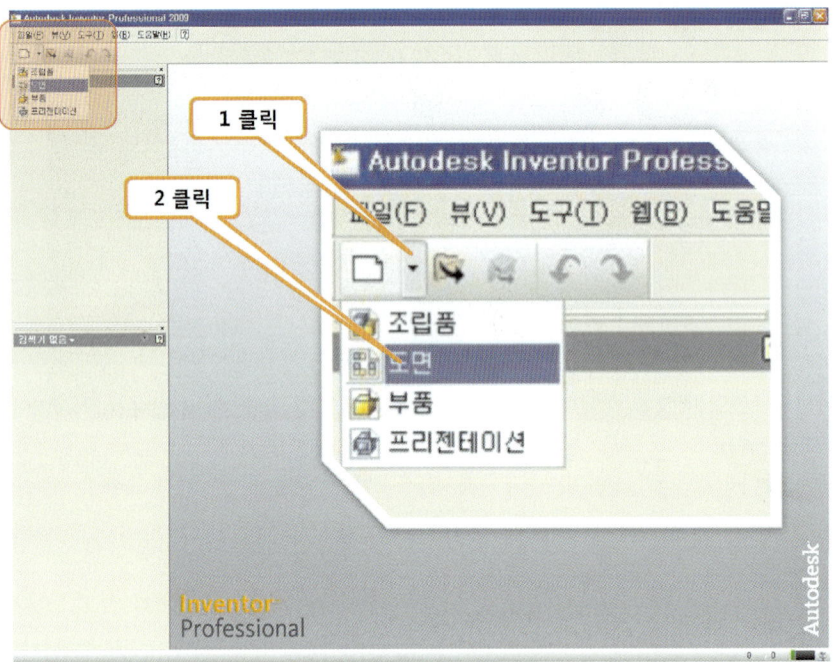

1. [새로만들기]클릭한다.
2. [도면]을 클릭한다.

기존 윤곽선 및 표제란 삭제

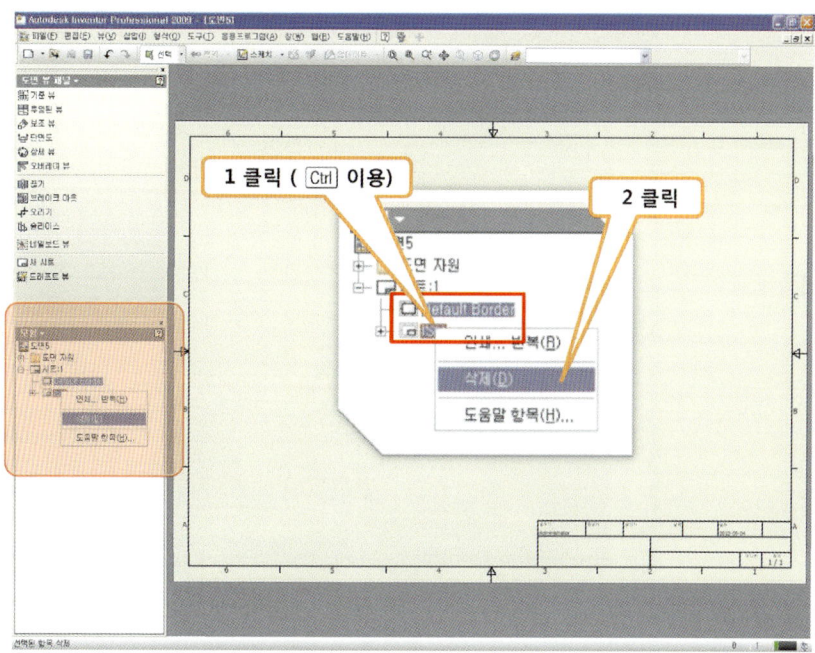

1. [모형패널]-[시트]의 'Default Border', 'ISO'를 키보드 Ctrl 키를 이용하여 모두 선택한다.
2. [삭제]를 클릭한다.(기존 시트의 윤곽선과 표제란을 삭제)

시트 편집

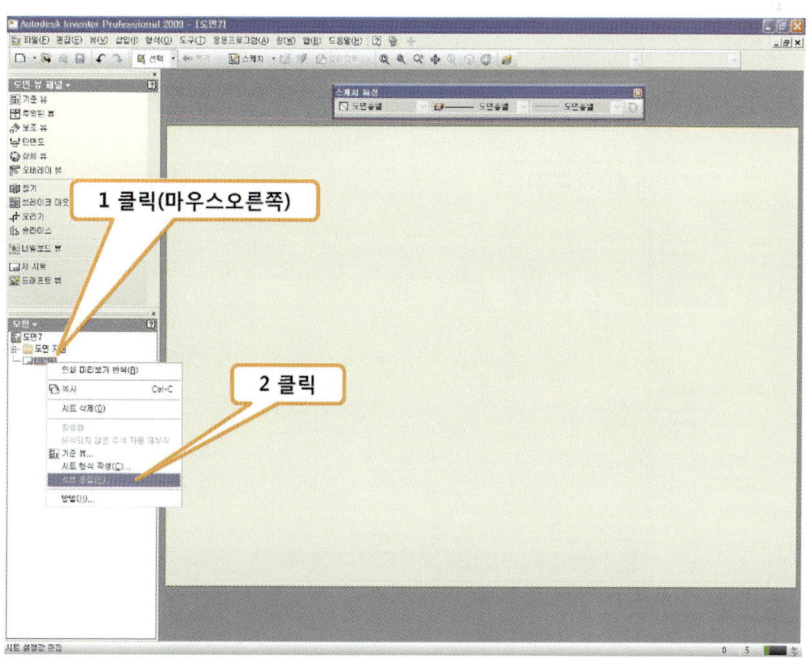

1. [시트]를 선택한 뒤 마우스 오른쪽 버튼을 클릭한다
2. [시트편집]선택한다.(용지크기 변경)

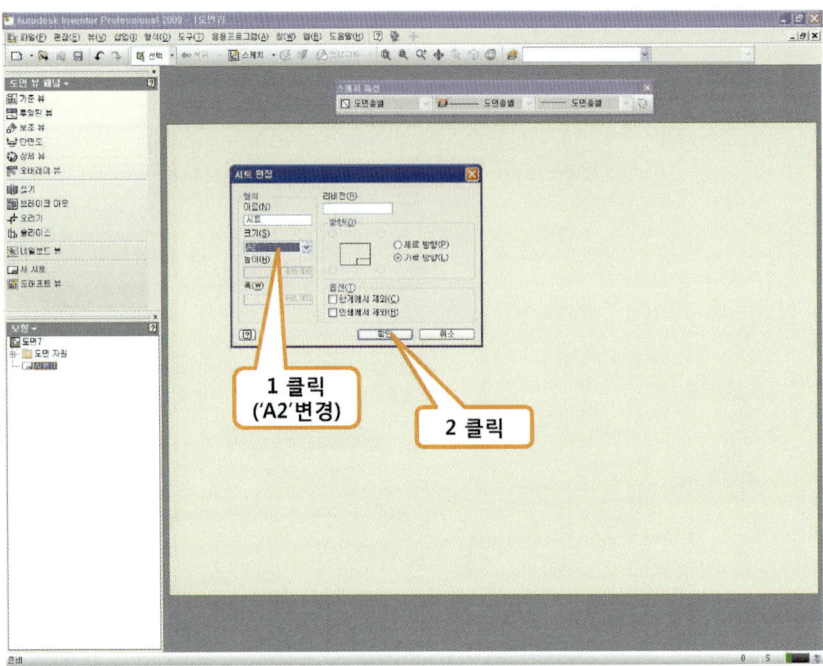

1. 대화상자 내 [크기]를 선택하여 'A2'로 변경한다
2. [확인]버튼을 클릭한다.

▶ 새 경계 정의

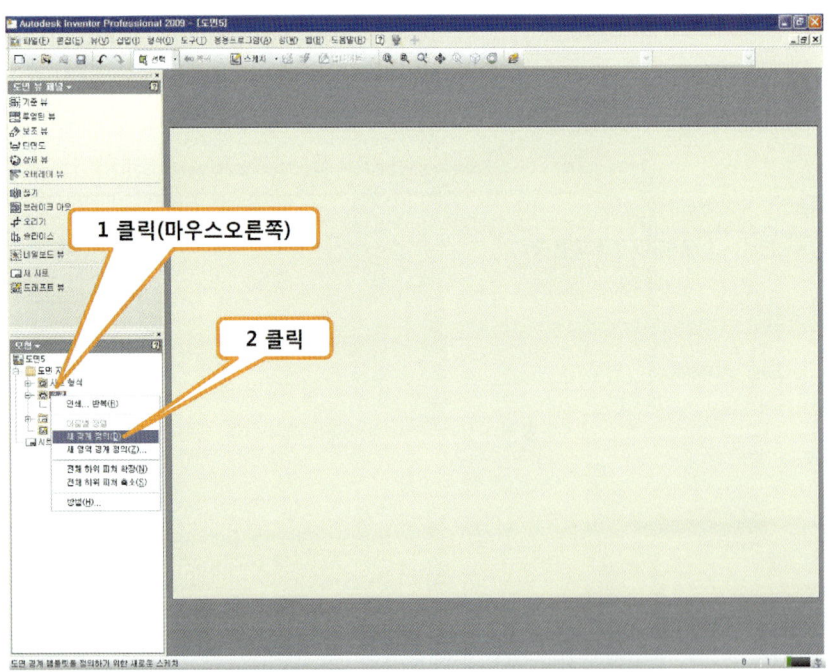

1. [도면자원]-[경계]를 선택한 뒤 마우스 오른쪽 버튼을 클릭한다.
2. [새 경계 정의]를 클릭한다.(새로운 윤곽선의 작성)

스케치

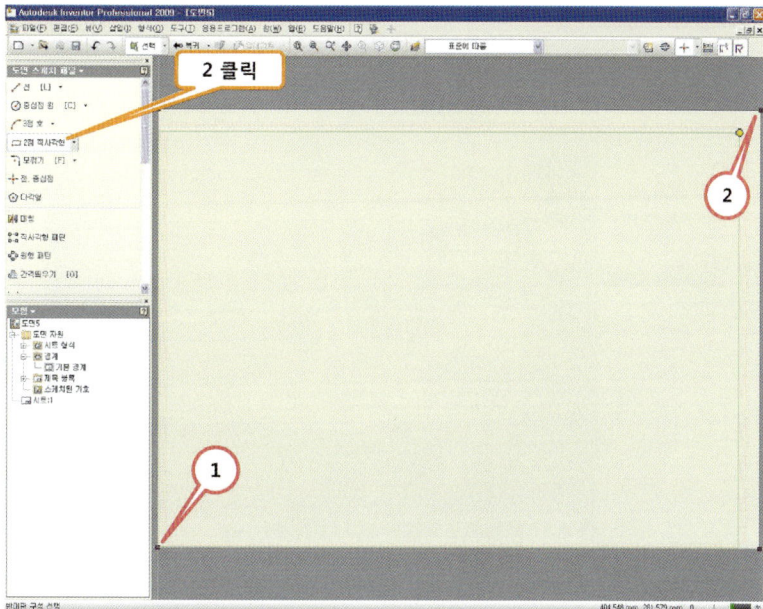

1. [도면 스케치 패널]-[2점 직사각형]을 클릭한다
2. ①을 클릭한다.
3. ②를 클릭한다. (A2용지 크기 직사각형 작성)

간격띄우기

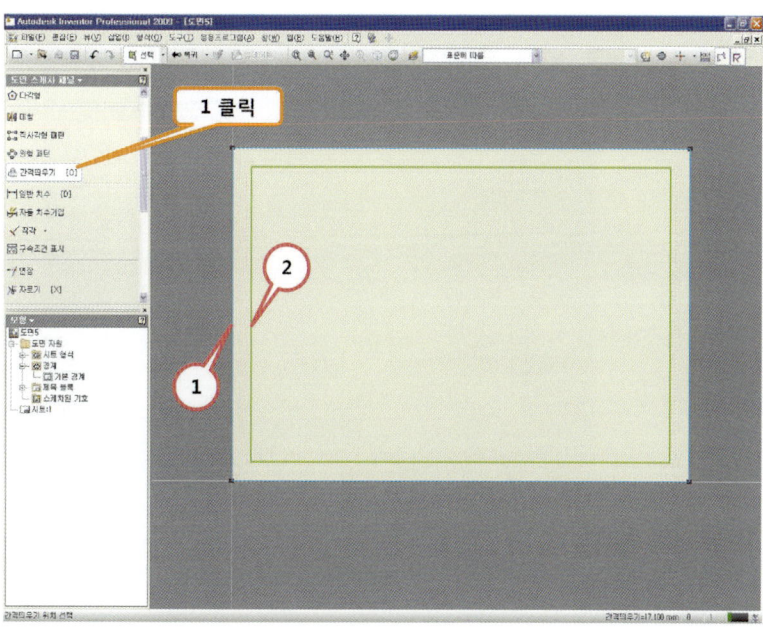

1. [간격띄우기]를 클릭한다.
2. ①을 클릭한다.(직사각형 임의의 포인트)
3. ②를 클릭한다.(도면 내 임의의 영역)

>> 일반치수

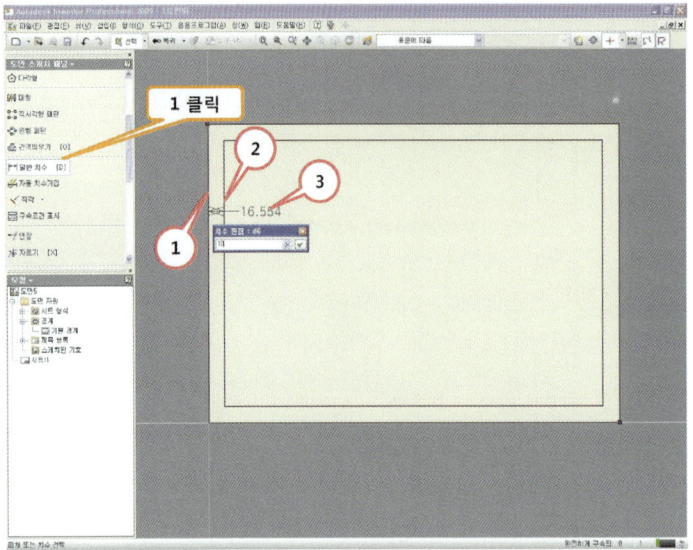

1. [일반치수]를 클릭한다.
2. ①을 클릭한다.(직사각형 임의의 포인트)
3. ②를 클릭한다.(간격띄우기된 직사각형의 임의의 포인트)
4. ③의 배치 포인트를 클릭한 후 치수를 입력한다.('중심마크=10'이며 다를수 있음)

>> 선그리기

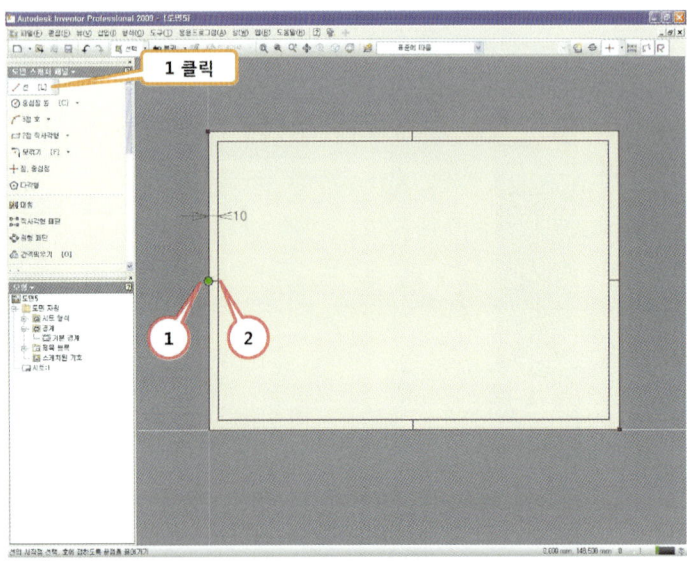

1. [선]을 클릭한다.
2. 중간점 ①을 클릭한다.(내부 직사각형 세로변의 중간점)
3. 중간점 ②를 클릭한다.(외부 직사각형 세로변의 중간점)
4. 동서남북 4방향 모두 동일하게 선을 그린다.

수험정보란 작성

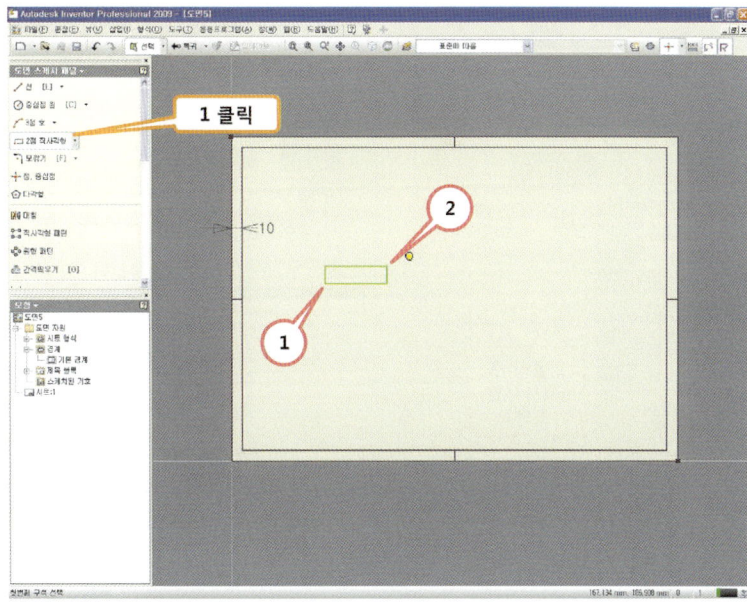

1. [2점 직사각형]을 클릭한다.
2. ①을 클릭한다.
3. ②를 클릭한다.(임의의 직사각형)

일반치수

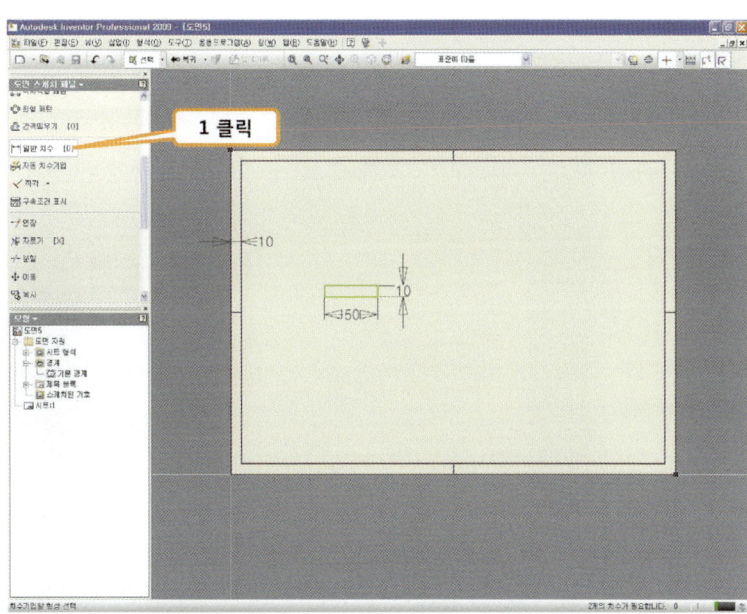

1. [일반치수]를 클릭한다.
2. 그림과 같이 치수를 각각 50, 10으로 기입한다.(수험정보란의 치수는 주어지지 않음, 유사하게 스케치)

복사

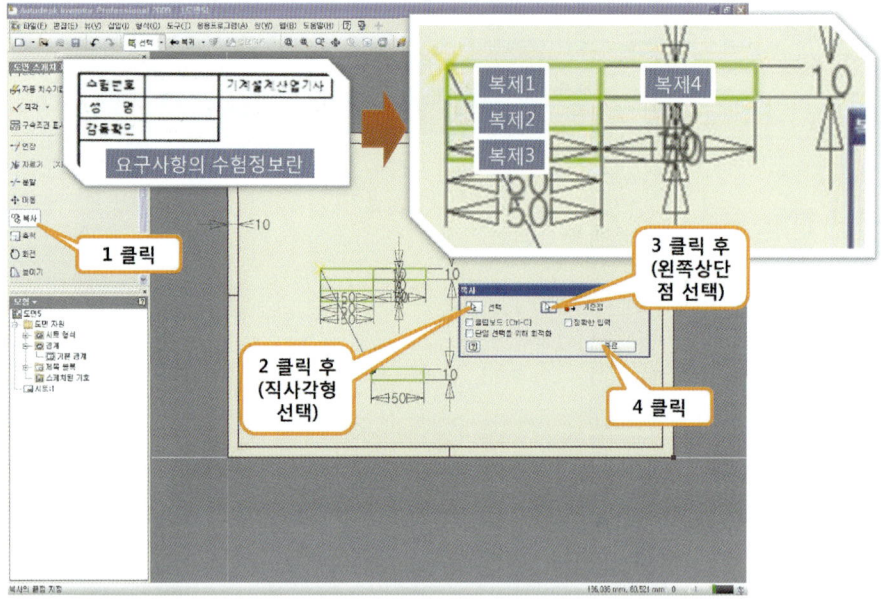

1. [복사]를 클릭한다.
2. [선택]을 클릭한뒤 직사각형을 선택한다.
3. [기준점]을 클릭한뒤 직사각형의 왼쪽 상단점을 클릭한다
4. 그림과 같이 4개의 직사각형을 복사한뒤 종료한다.(전산응용기계제도, 생산자동화, 일반기계, 건설기계 등 종목에 따라 요구사항에 맞게 복사)

일반치수 삭제

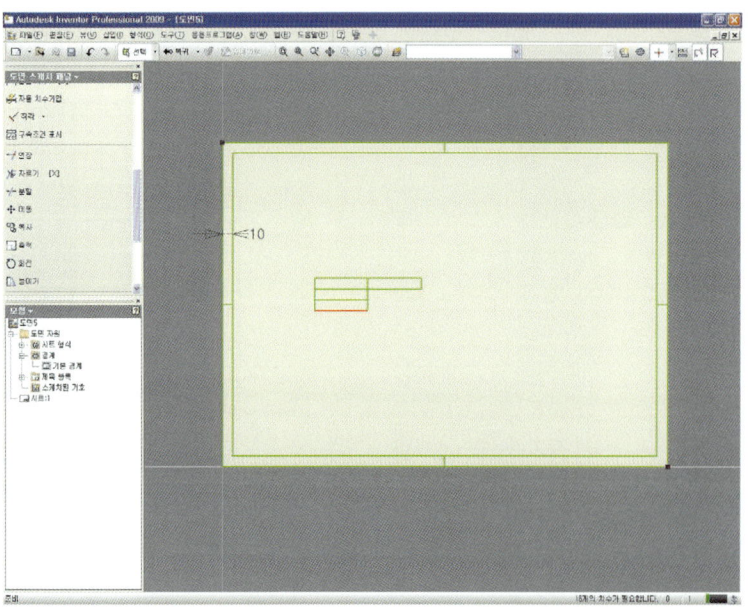

1. 모든 치수를 선택한 뒤 키보드 Del 키를 이용하여 삭제한다.(템플릿은 구속이 필요없음)

선 그리기

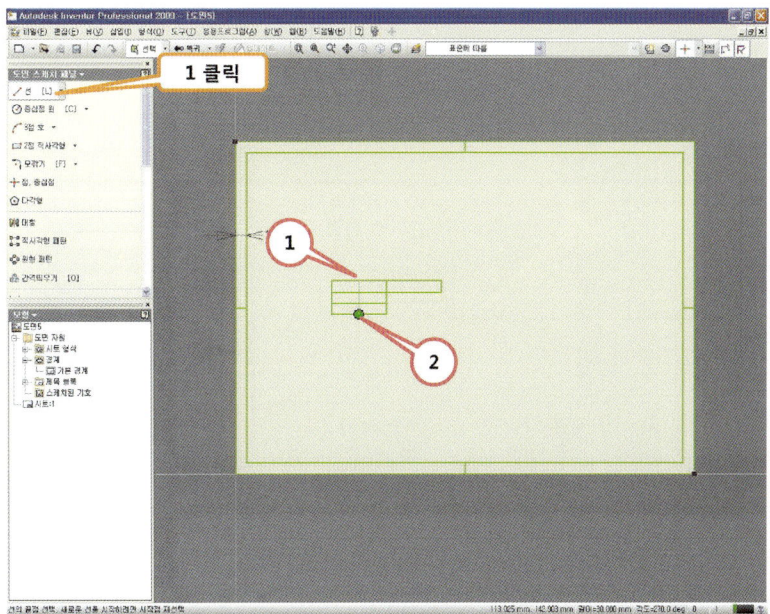

1. [선]을 클릭한다.
2. ①을 클릭한다.(그려진 직사각형 가로변의 중간점)
3. ②를 클릭한다.(그려진 직사각형 가로변의 중간점)

스케치 특성 툴바 활성화

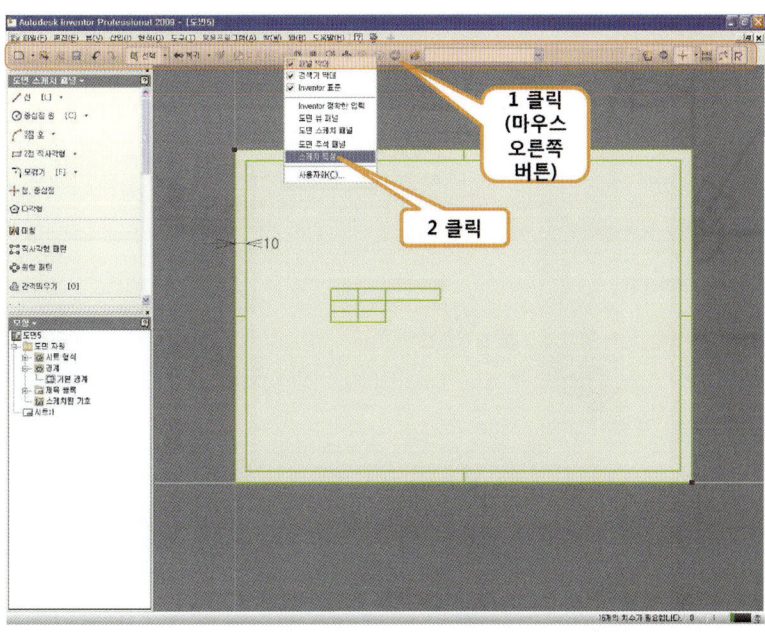

1. 상단 툴바 영역에서 마우스 오른쪽 버튼을 클릭한다.
2. [스케치특성]을 클릭한다.

선굵기 및 색상 지정

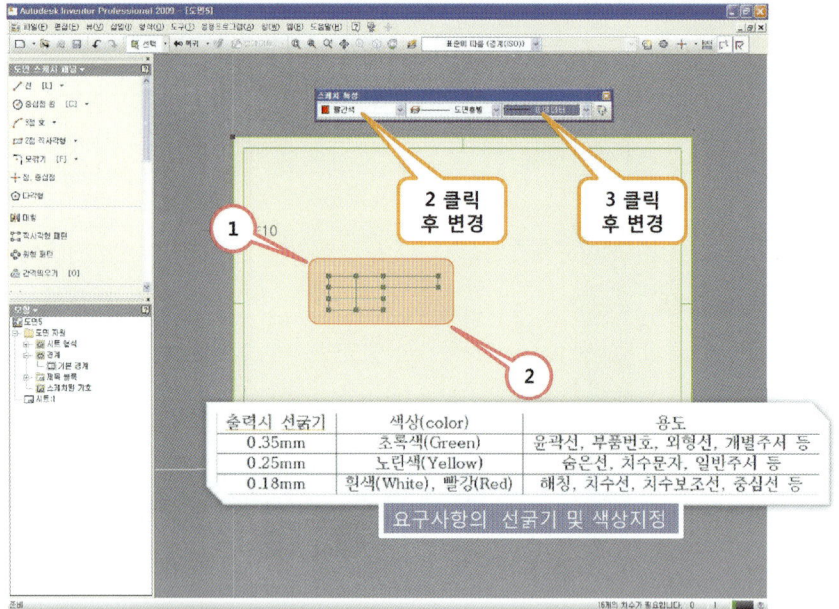

1. 수험정보란 직사각형 전체를 선택한다.(마우스 ①클릭후 ②클릭)
2. [색상제어] 컨트롤바를 클릭한 후 [빨간색]으로 변경한다.
3. [선가중치제어] 컨트롤바를 클릭한 후 [0.18]로 변경한다.(시험 종목별 요구조건에 따라 상이하며 윤곽선 등도 동일한 방법으로 해당 선굵기 및 색상을 지정)

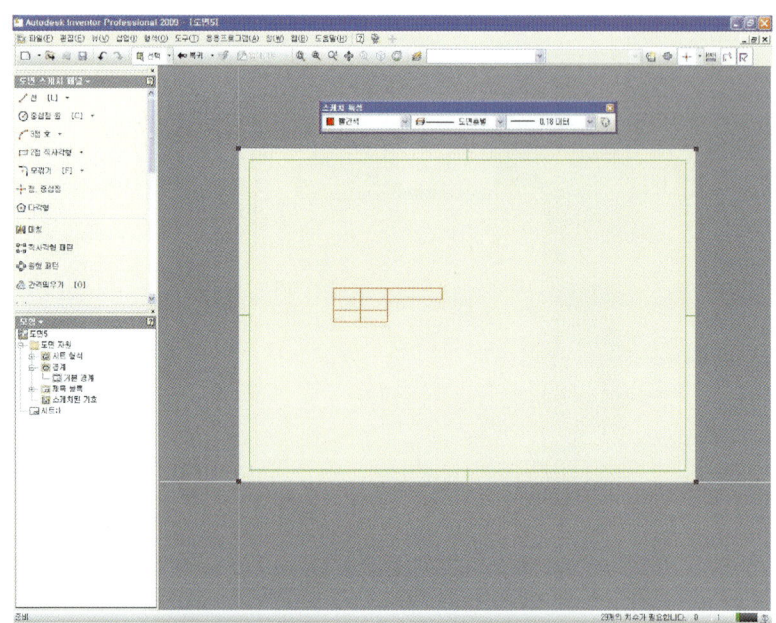

1. 빨간색으로 변경된 것을 확인할 수 있다.(선굵기 및 색상 변경은 도면층을 생성, 부여 가능하나 사전 설정으로 인한 시간이 소요)

이동

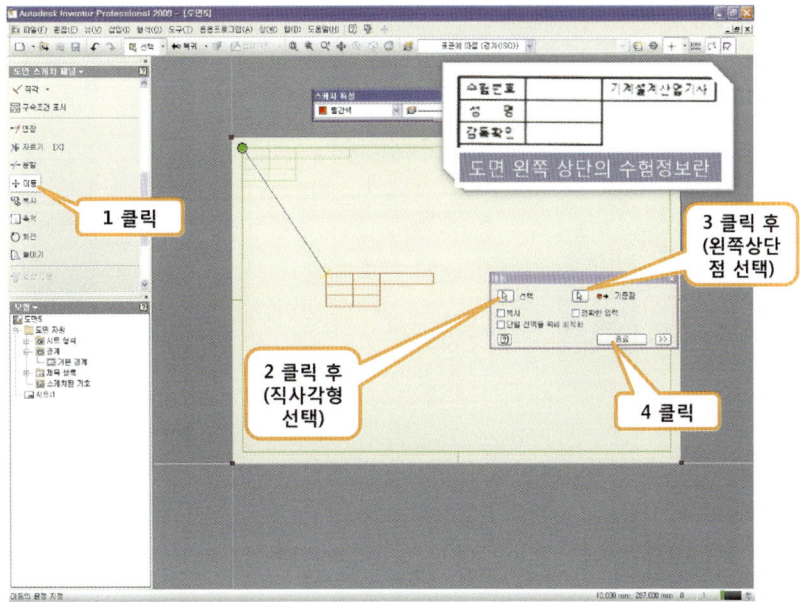

1. [이동]를 클릭한다.
2. [선택]을 클릭한 뒤 수험정보란 직사각형 모두를 선택한다.
3. [기준점]을 클릭한뒤 직왼쪽 상단점을 클릭한다
4. 도면 왼쪽 상단 포인트로 이동한 뒤 종료버튼을 클릭한다.

경계저장

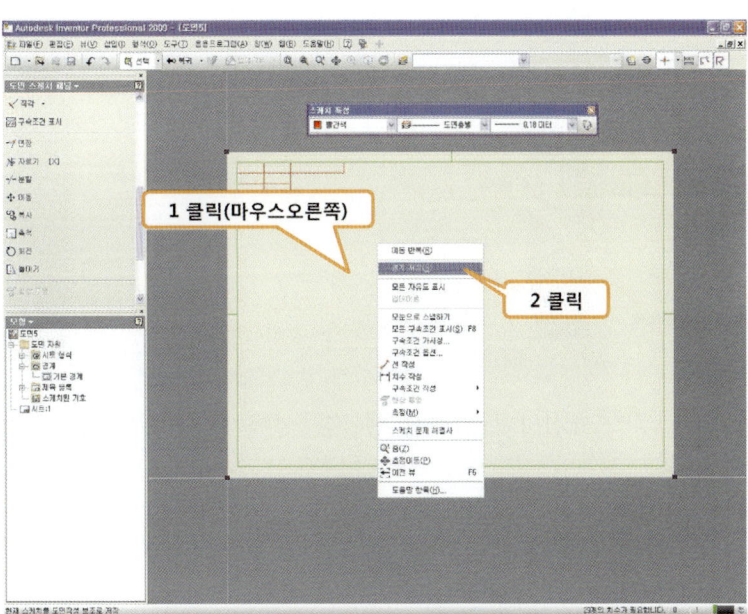

1. 빈 도면 영역에서 마우스 오른쪽 버튼을 클릭한다.
2. [경계저장]을 클릭한다.

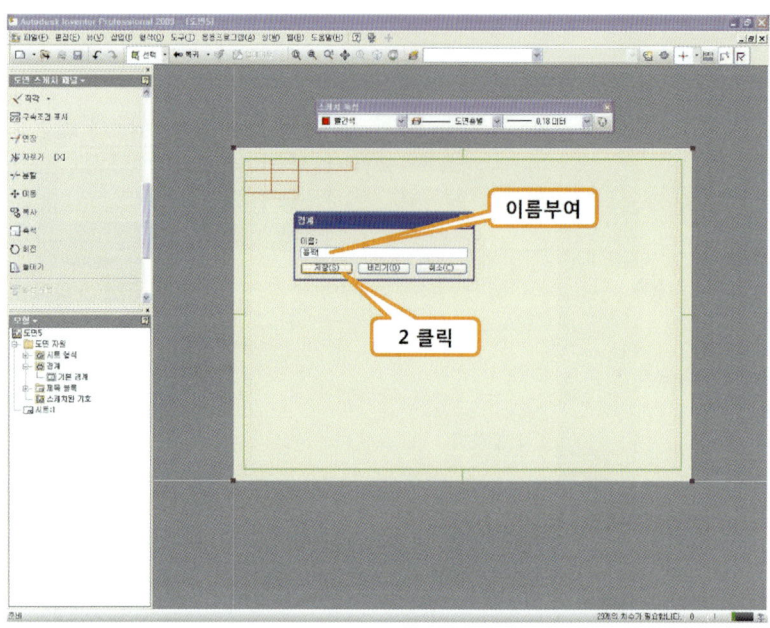

1. 이름을 부여한다.(여기서는 '윤곽' 이름 사용)
2. [저장]버튼을 클릭한다.

경계삽입

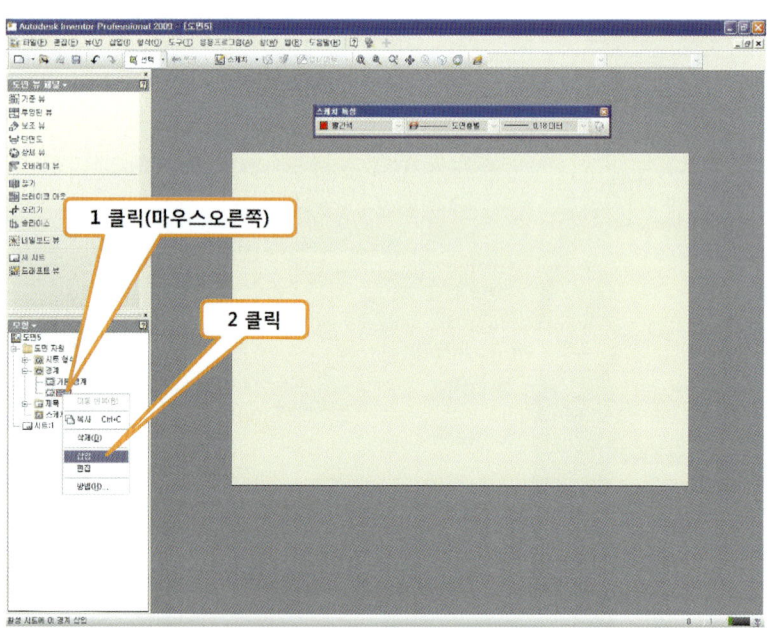

1. [도면자원]-[경계]-[윤곽]을 선택한 뒤 마우스 오른쪽 버튼을 클릭한다.
2. [삽입]를 클릭한다.(작성한 경계 삽입)

▶ 표제란, 부품란 작성

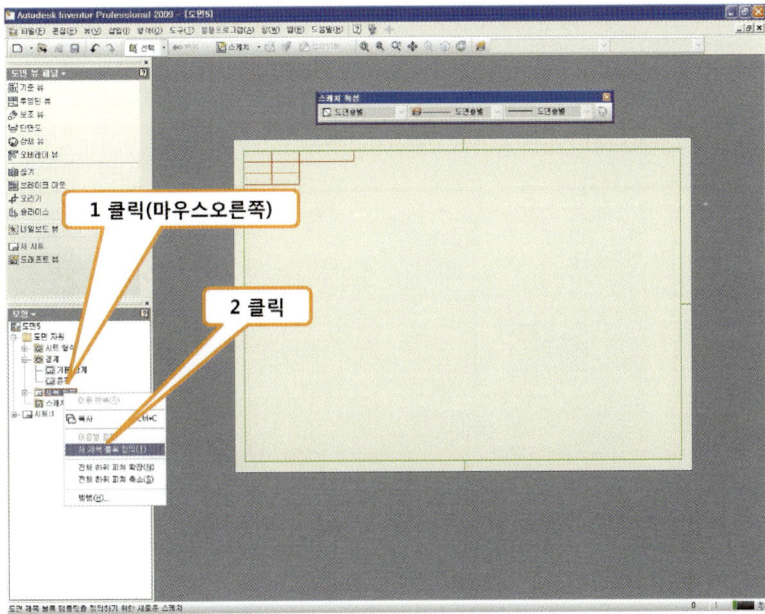

1. [도면자원]-[제목블록]에서 마우스 오른쪽 버튼을 클릭한다.
2. [새 제목블록 정의]를 클릭한다.

▶ 스케치

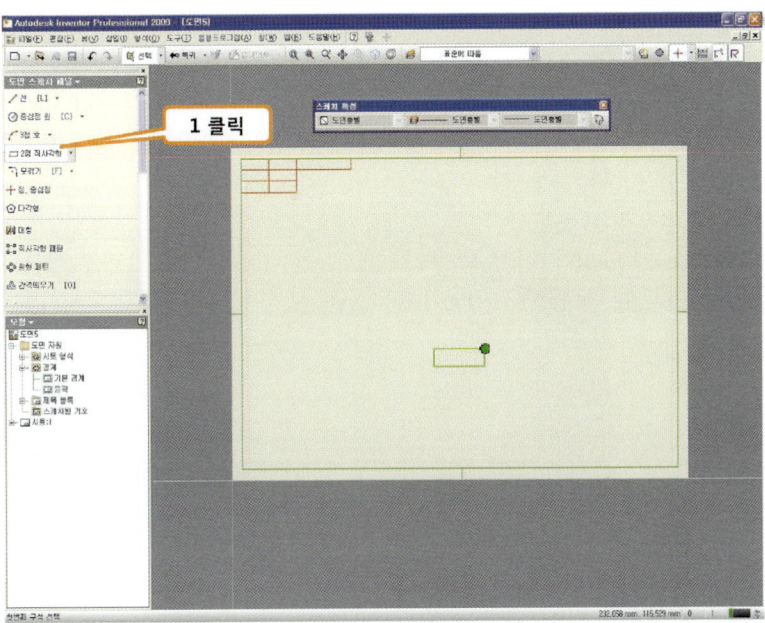

1. [선]을 클릭한다
2. 임의의 직사각형을 그린다.

일반치수

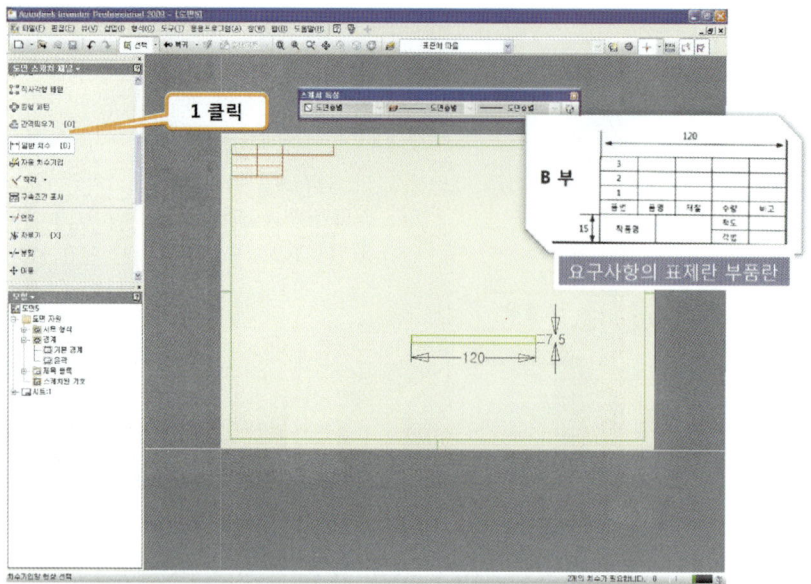

1. [일반치수]를 클릭한다.
2. 그림과 같이 치수를 각각120, 7.5로 기입한다.(표제란 정보는 간략하게 주어짐, 주어지지 않은 부분은 유사하게 스케치)

복사

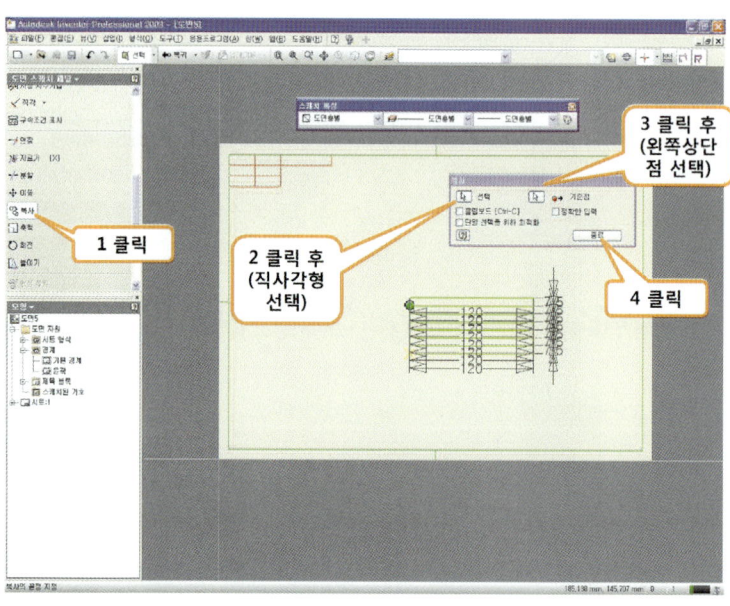

1. [복사]를 클릭한다.
2. [선택]을 클릭한뒤 직사각형을 선택한다.
3. [기준점]을 클릭한뒤 직사각형의 왼쪽 상단점을 클릭한다
4. 그림과 같이 부품수량을 고려하여 복사한뒤 종료한다.

일반치수 삭제

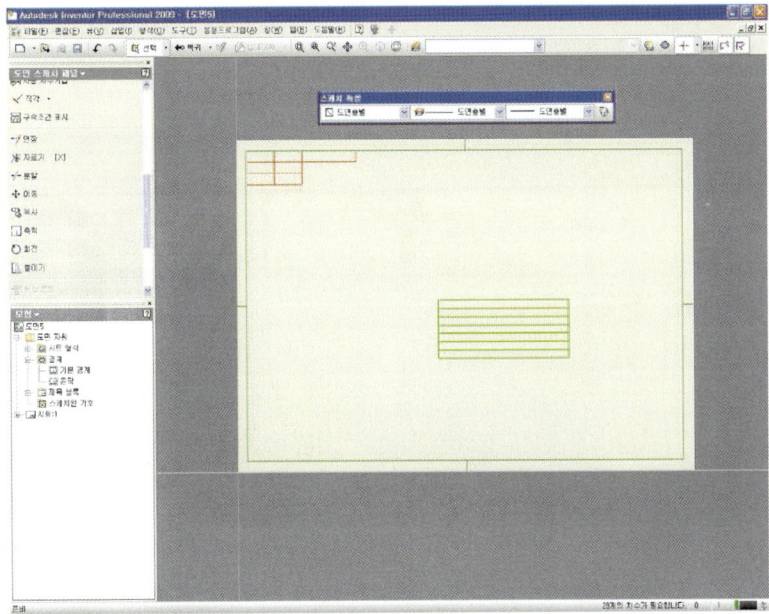

1. 모든 치수를 선택한 뒤 키보드 Del 키를 이용하여 삭제한다.

구분선 스케치

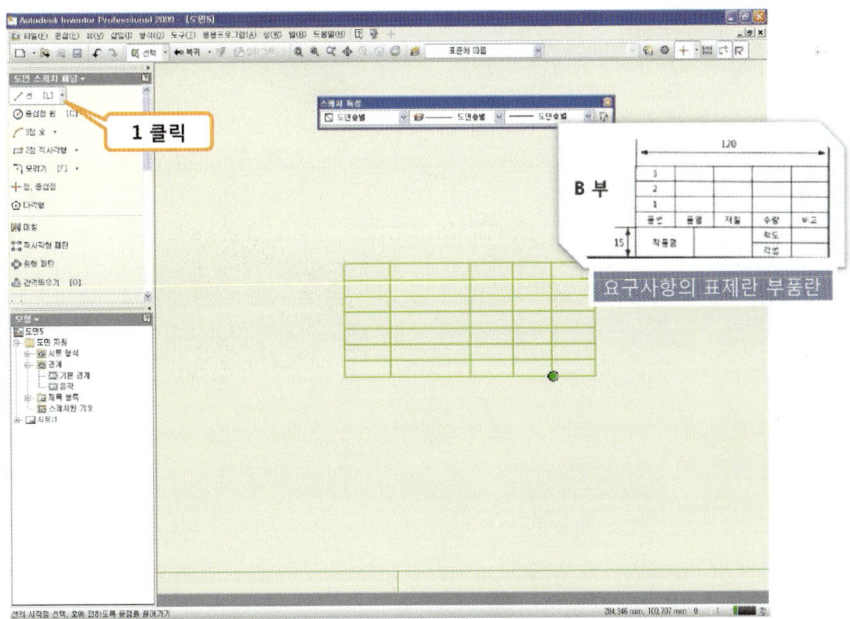

1. [선]을 클릭한 뒤 요구사항의 표제란, 부품란을 참조하여 그린다.

자르기

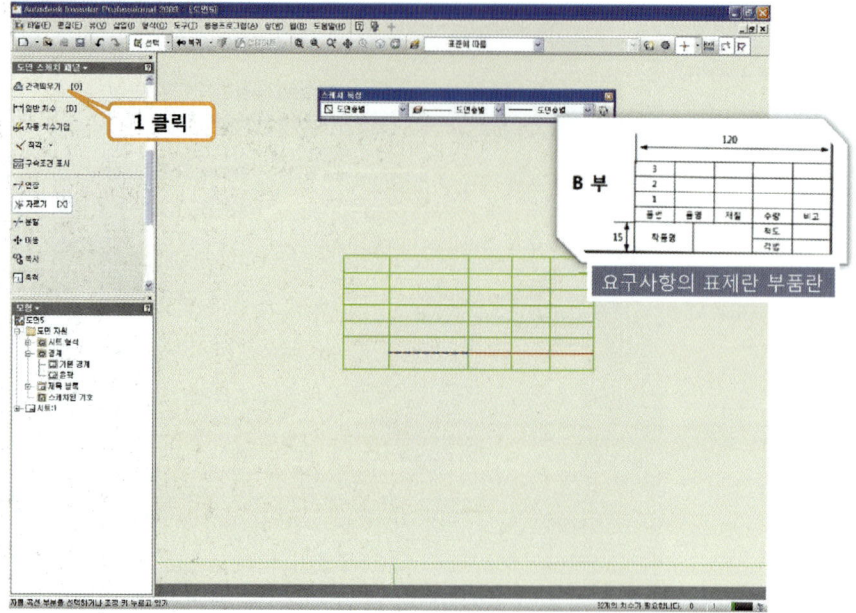

1. [자르기]를 클릭한 뒤 요구사항의 표제란, 부품란을 참조하여 그린다.(불필요한 선 선택)

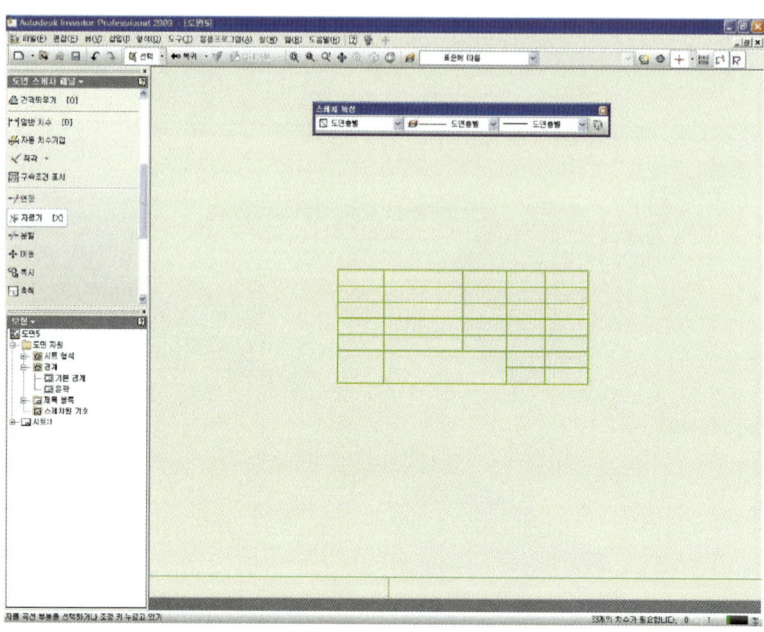

1. [자르기]가 완료된 표제란, 부품란

▶▶ 선굵기 및 색상 지정

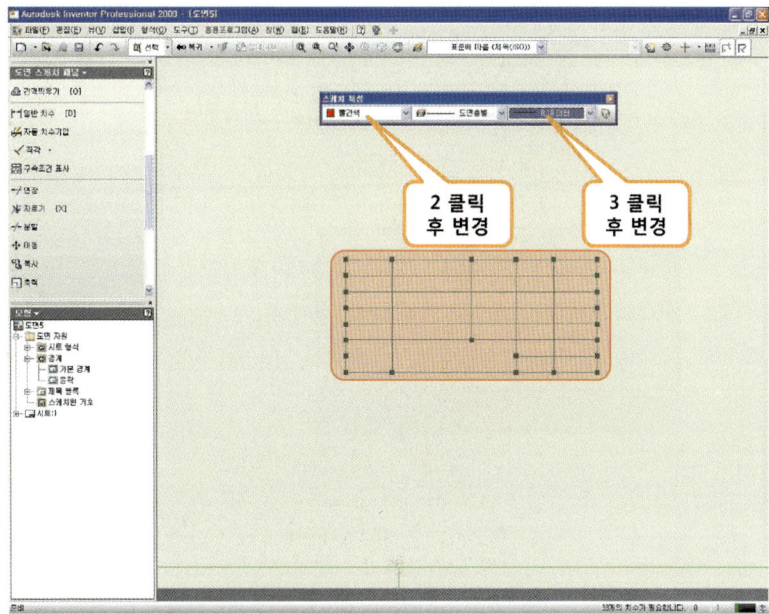

1. 표제란, 부품란 직사각형 전체를 선택한다.(마우스 ①클릭후 ②클릭)
2. [색상제어] 컨트롤바를 클릭한 후 [빨간색]으로 변경한다.
3. [선가중치제어] 컨트롤바를 클릭한 후 [0.18]로 변경한다.

▶▶ 표제란, 부품란 저장

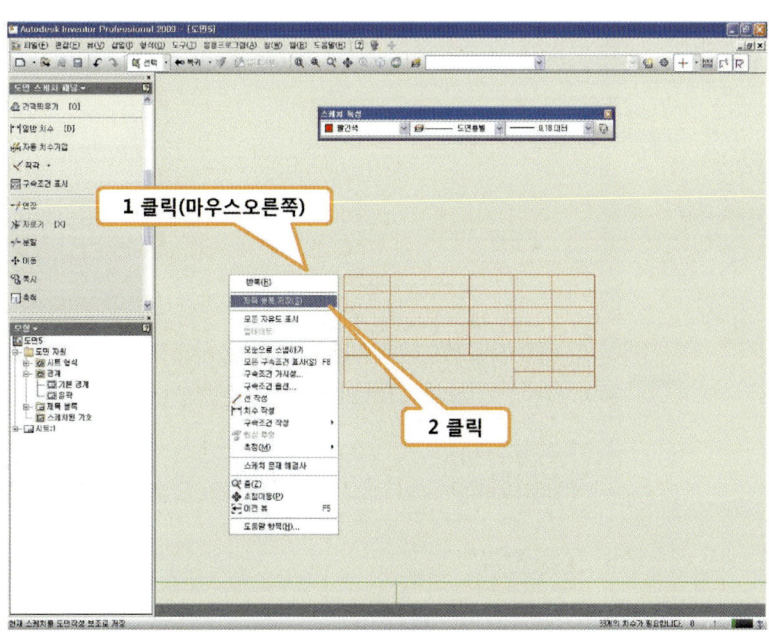

1. 빈 도면 영역에서 마우스 오른쪽 버튼을 클릭한다.
2. [제목 블록저장]을 클릭한다.

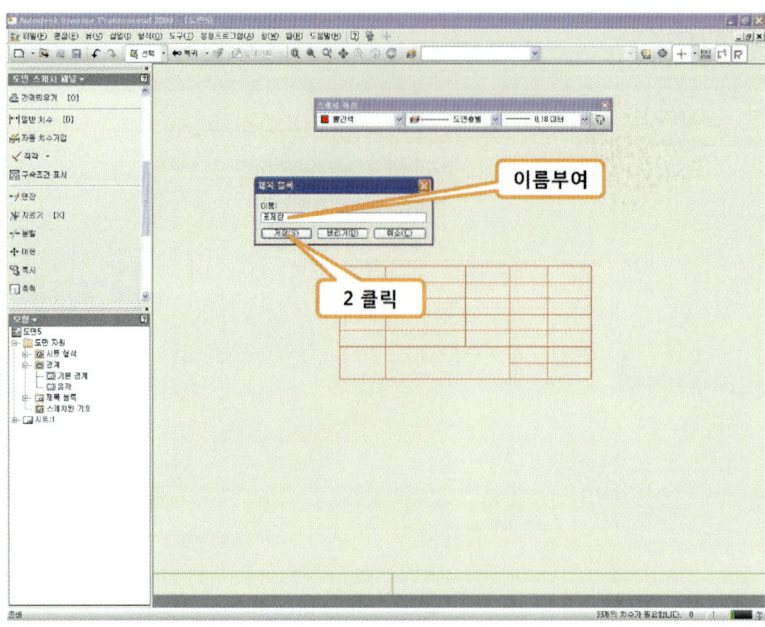

1. 이름을 부여한다.(여기서는 '표제란' 이름 사용)
2. [저장]버튼을 클릭한다.

표제란 삽입

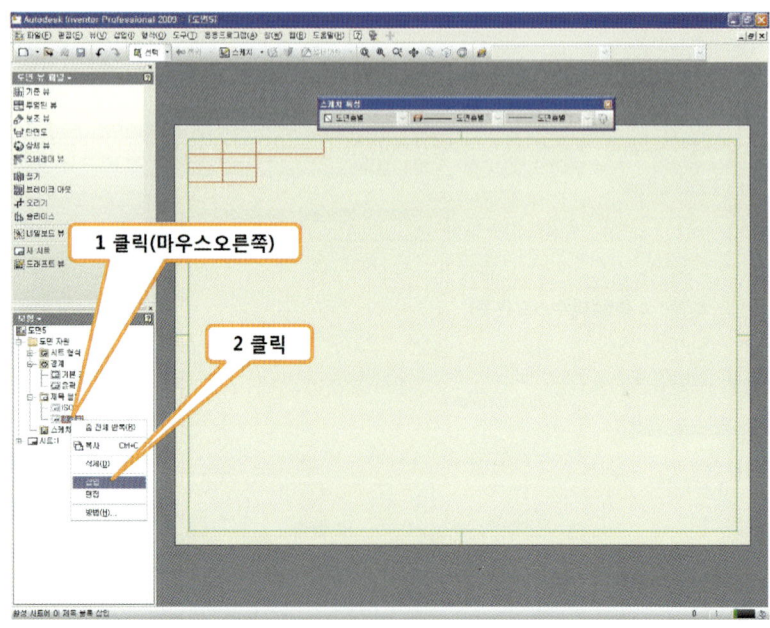

1. [도면자원]-[제목블록]-[표제란]을 선택한 뒤 마우스 오른쪽 버튼을 클릭한다.
2. [삽입]를 클릭한다.(작성한 제목블록 삽입)

》 도면 주석 패널 전환

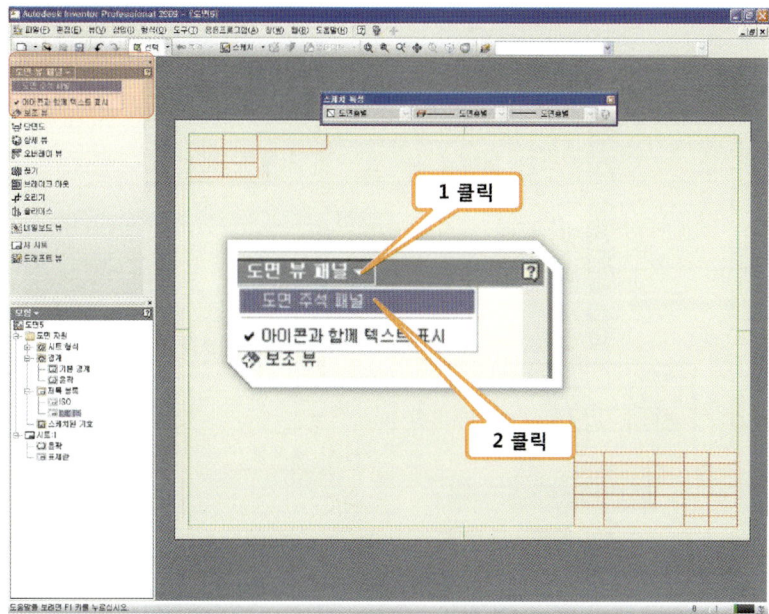

1. [도면 뷰 패널]을 클릭한다.
2. [도면 주석 패널]로 변경한다.

》 텍스트

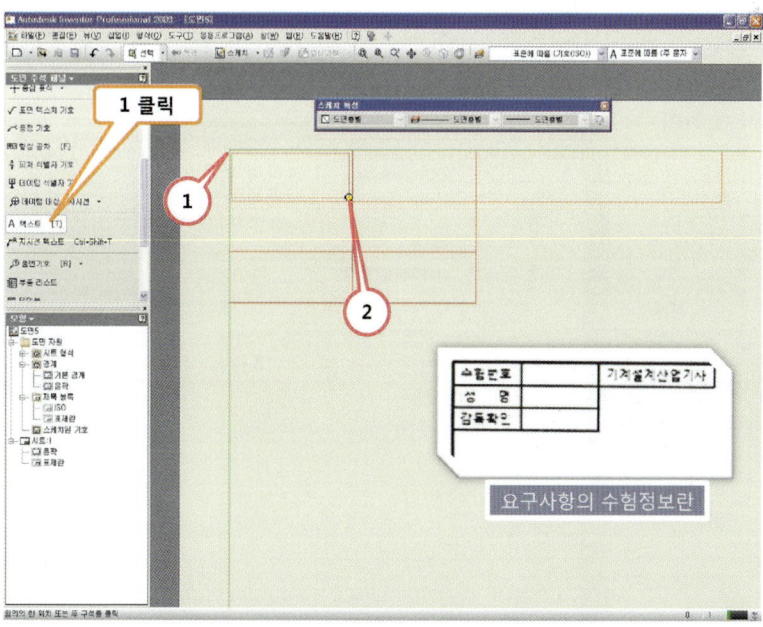

1. [텍스트]를 클릭한다.
2. 마우스로 ①클릭 후 ②를 클릭한다.('수험번호' 작성)

문자정렬

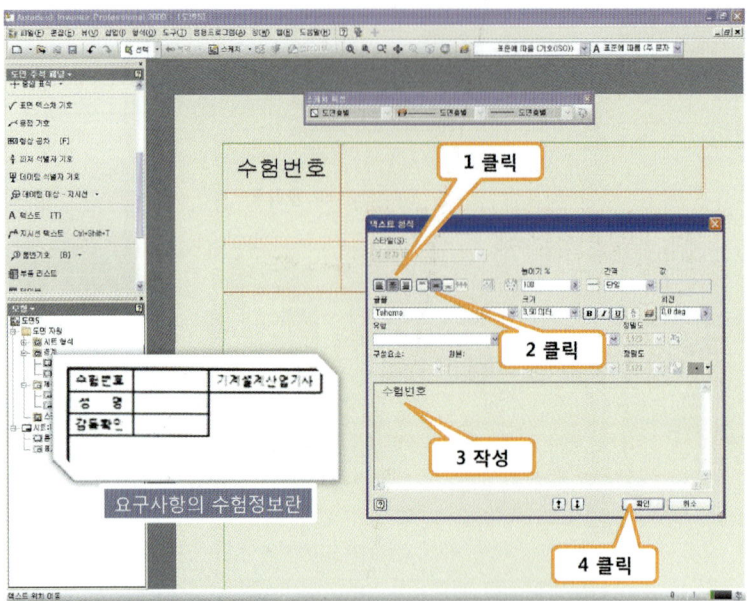

1. [중심자리 맞추기]를 클릭한다.
2. [중간자리 맞추기]를 클릭한다.
3. '수험번호'라고 작성한다
4. 확인버튼을 클릭한다.

텍스트 복사

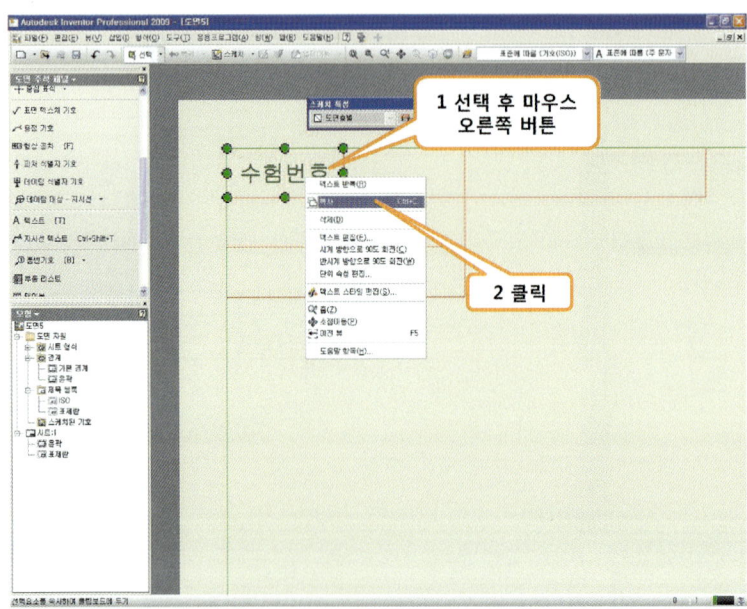

1. 텍스트를 선택한 뒤 마우스 오른쪽 버튼을 클릭한다.
2. [복사]를 클릭한다.

》 붙여넣기

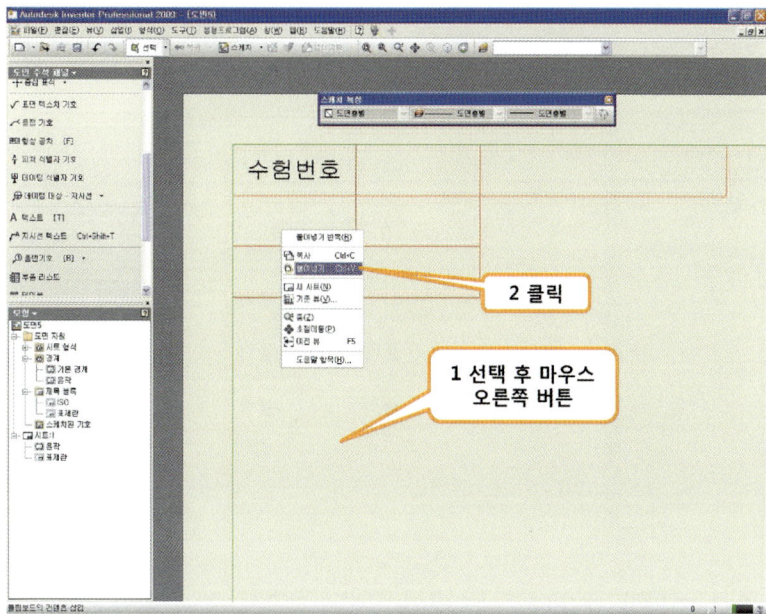

1. 빈 영역에서 마우스 오른쪽 버튼을 클릭한다.
2. [붙여넣기]를 클릭한다.

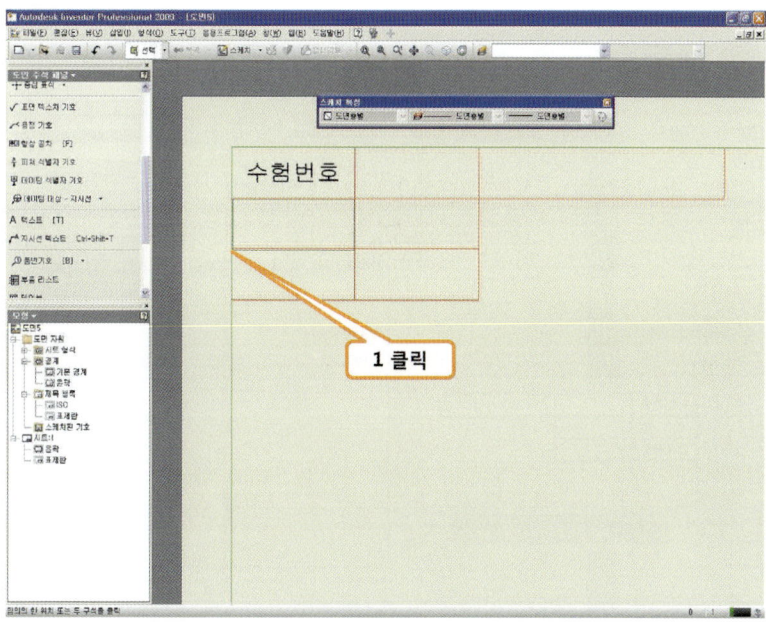

1. 그림과 같이 직사각형의 왼쪽 하단 영역을 클릭한다.(정렬 고려)

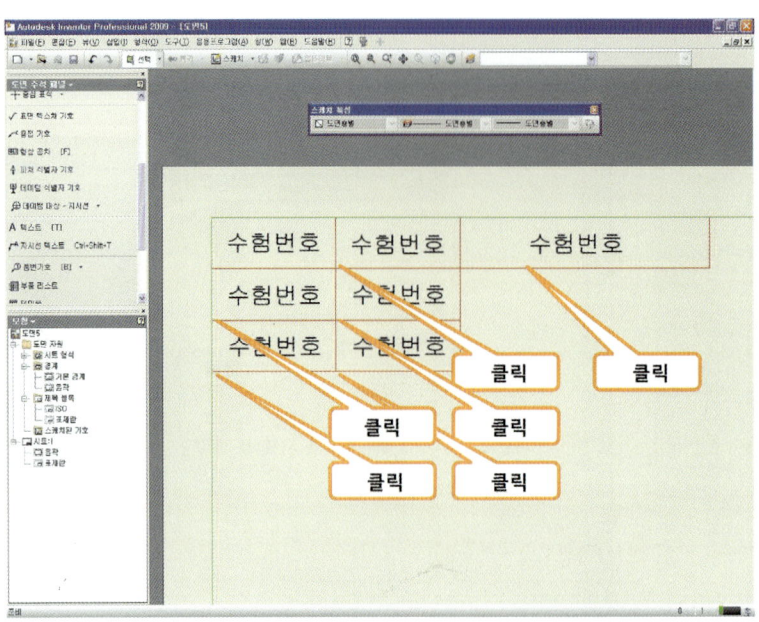

1. 같은 방법으로 기입할 내용의 있는 영역에 연속적으로 붙여넣는다.
2. 완료후에는 키보드의 Esc 키를 누른다.

텍스트 편집

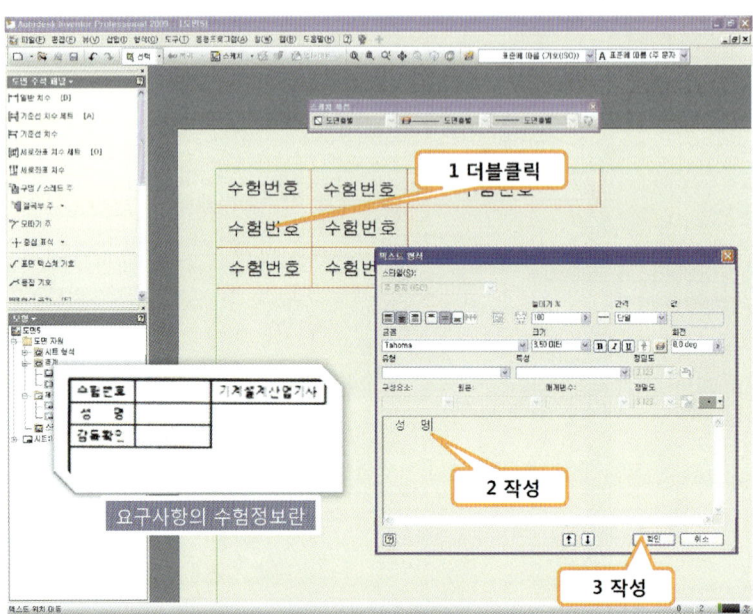

1. 편집할 텍스트를 더블클릭한다.
2. 요구사항을 고려하여 내용을 변경한다.
3. [확인]버튼을 클릭한다.
4. 요구사항의 모든 내용과 자신의 수험번호, 성명 등을 편집한다.(감독확인은 출력후 수기 기재 항목)

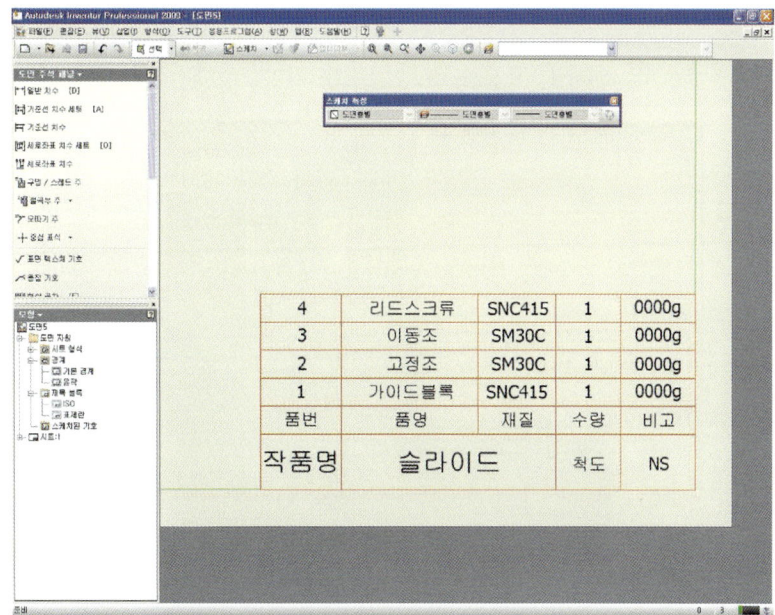

1. 수험정보란과 동일한 방법으로 표제란과 부품란도 완성한다.(작품명과 슬라이드의 문자크기는 5)

여기서 잠깐!!

질량구하기

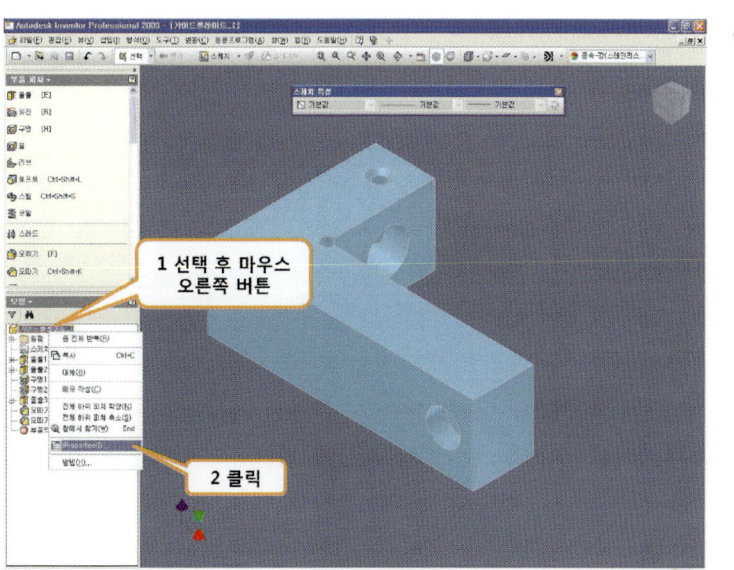

- ✔ 질량을 구하고자하는 부품을 열은 뒤 [모형패널]의 부품명을 선택한 후 마우스 오른쪽 버튼을 클릭한다.
- ✔ [iProperties]를 클릭한다.

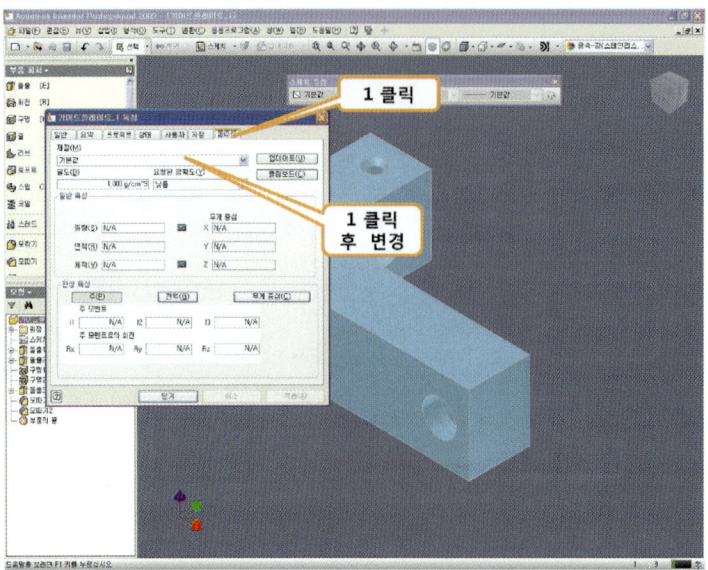

- [물리적]탭을 클릭한다.
- [재질] 컨트롤바를 클릭한 후 요구사항에 맞는 비중의 재질을 클릭한다.(예:비중 7.85는 '강'선택)

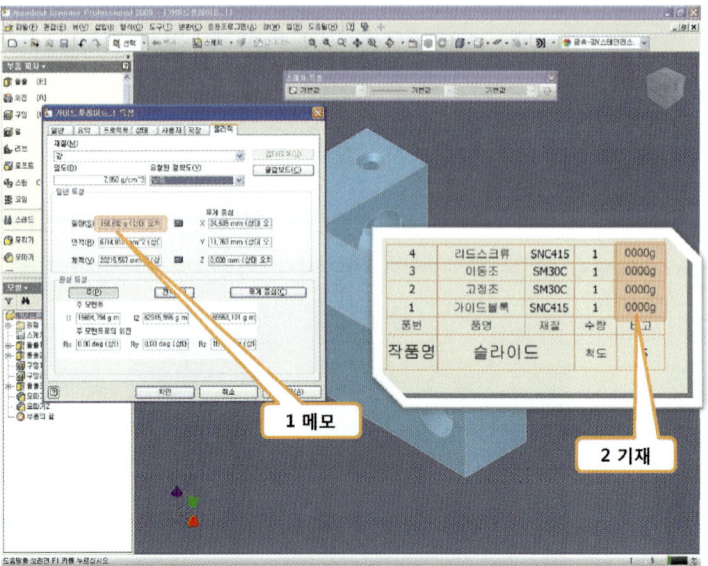

- [일반특성]에서 연산된 [질량] 값을 메모한다.
- 소수점 첫째자리에서 반올림한 후 요구한 단위를 포함하여 부품란의 비고 영역에 기재한다.

단위변환

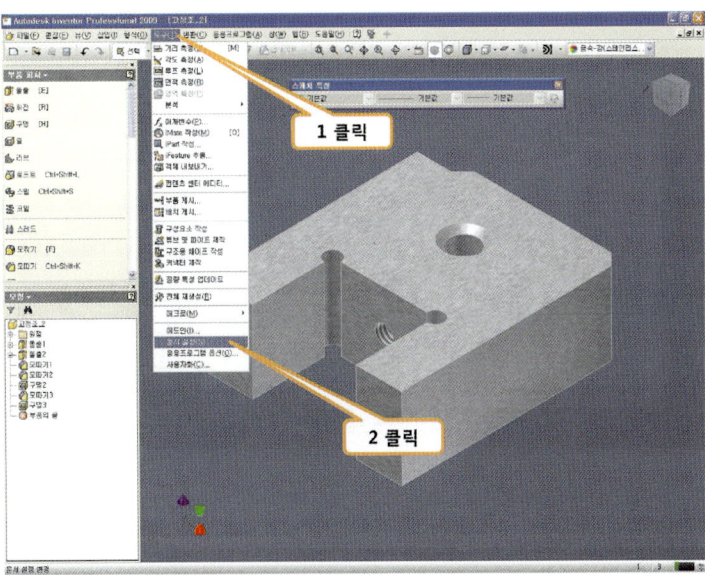

- ✔ [도구]를 클릭한다.
- ✔ [문서설정을]클릭한다. (kg을 g으로 변경)

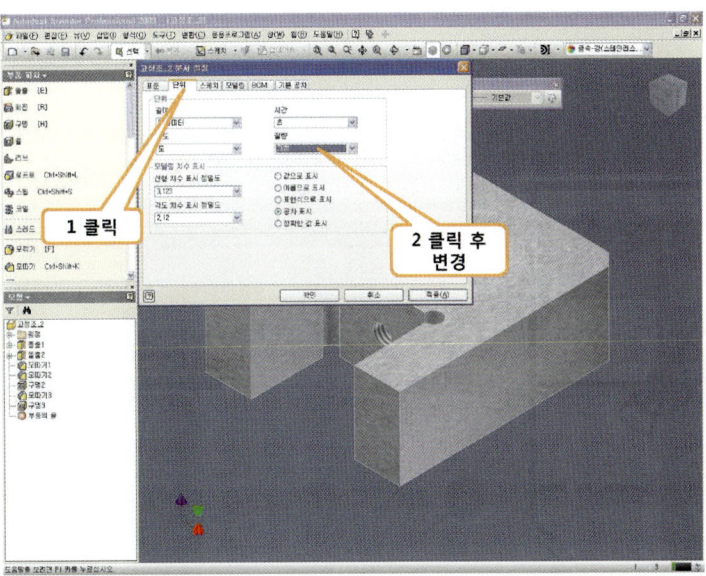

- ✔ [단위]를 탭을 클릭한다.
- ✔ [질량] 컨트롤바를 클릭한 후 변경한다. (kg을 g으로 변경)
- ✔ [확인] 버튼을 클릭한다.

재질선택

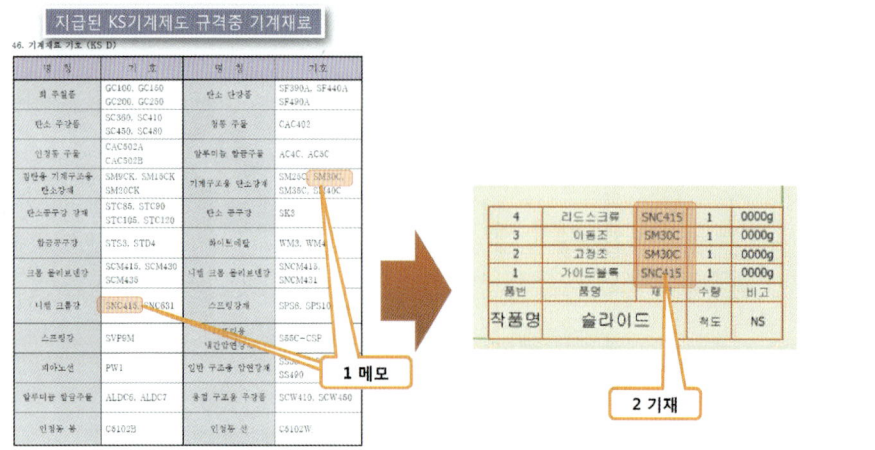

- 도면을 해독하여 제작, 용도, 피로 등을 고려하여 메모
- 부품란의 재질영역에 기재
- ※ 변경된 실기시험기준에서는 별도의 KS규격집을 지참 불가해졌으며, 시험장소에서 PDF파일 형식으로 제공
- ※ 본 교재 부록으로 수록
- ※ 일반적으로 산업현장에서 상용하는 재료를 사용하는 것이 바람직함(구입이 용이하며 성능을 만족하며 가격이 저렴한 재료 선택)

오토캐드에서 작성된 템플릿활용

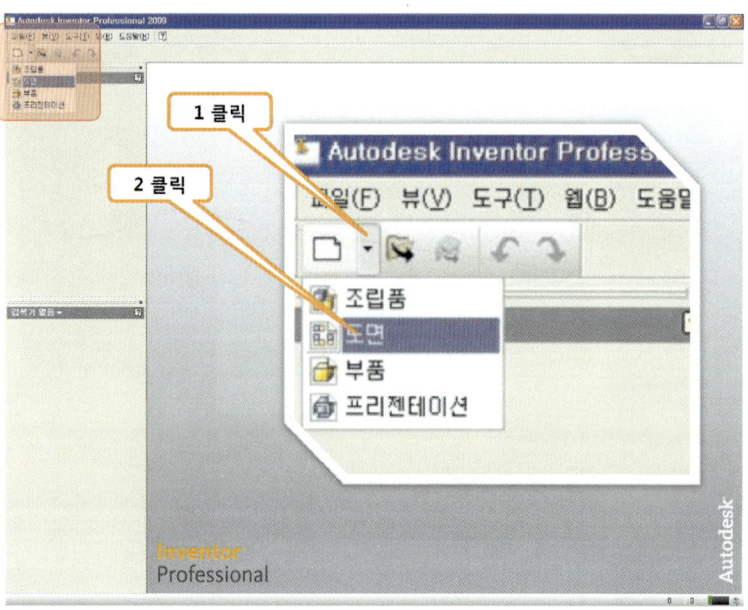

1. [새로만들기]클릭한다.
2. [도면]을 클릭한다.

기존 윤곽선 및 표제란 삭제

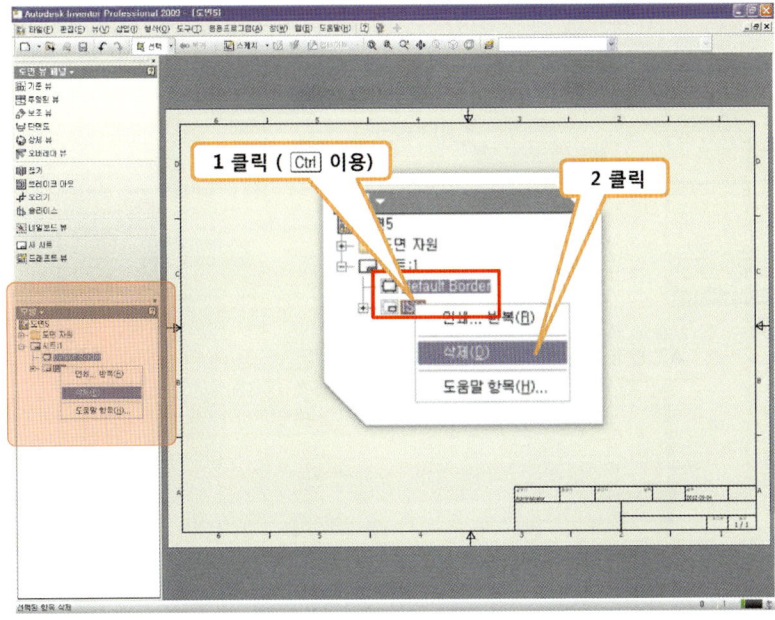

1. [모형패널]-[시트]의 'Default Border', 'ISO'를 키보드 Ctrl 키를 이용하여 모두 선택한다.
2. [삭제]를 클릭한다.(기존 시트의 윤곽선과 표제란을 삭제)

시트편집

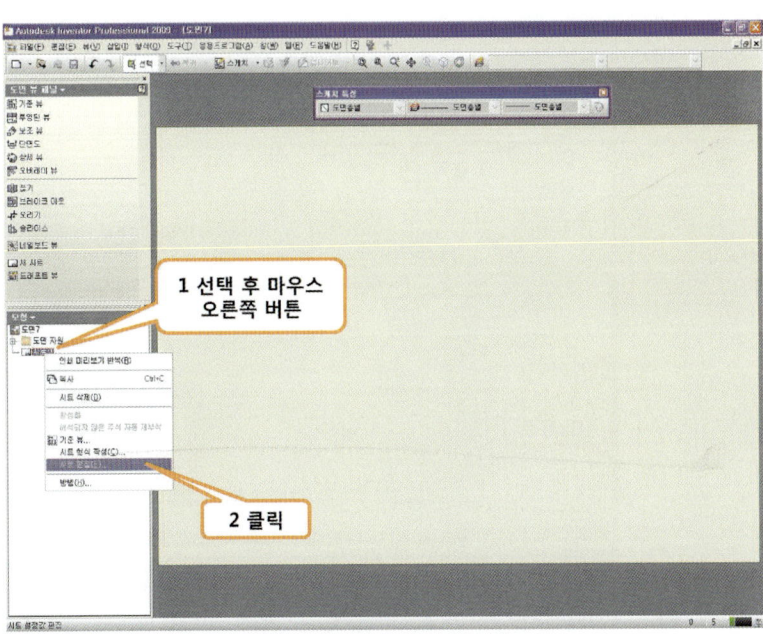

1. [시트]를 선택한 뒤 마우스 오른쪽 버튼을 클릭한다.
2. [시트편집]을 클릭한다.

편집용지 크기변경

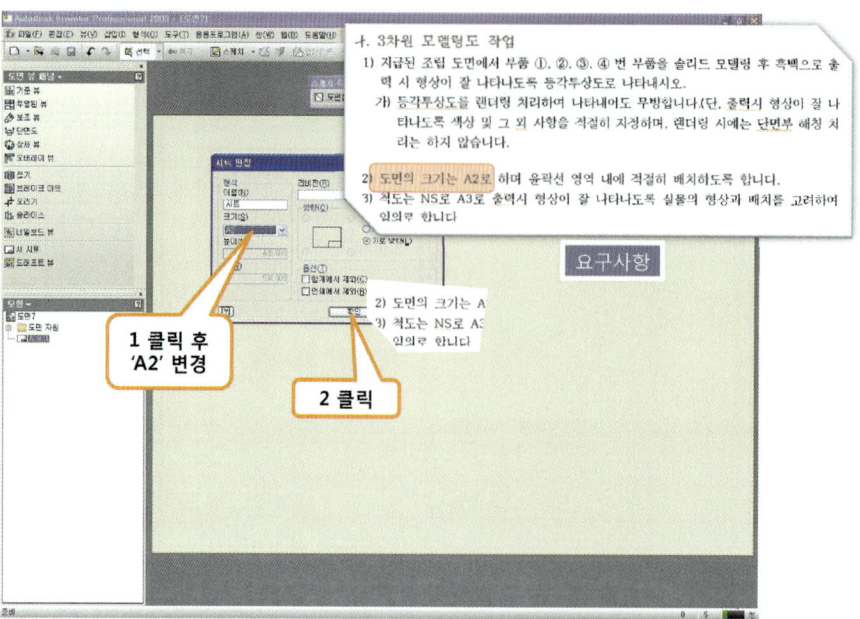

1. [크기] 컨트롤바를 선택한 후 변경한다.(요구사항 = A2)
2. [확인] 버튼을 클릭한다.

스케치

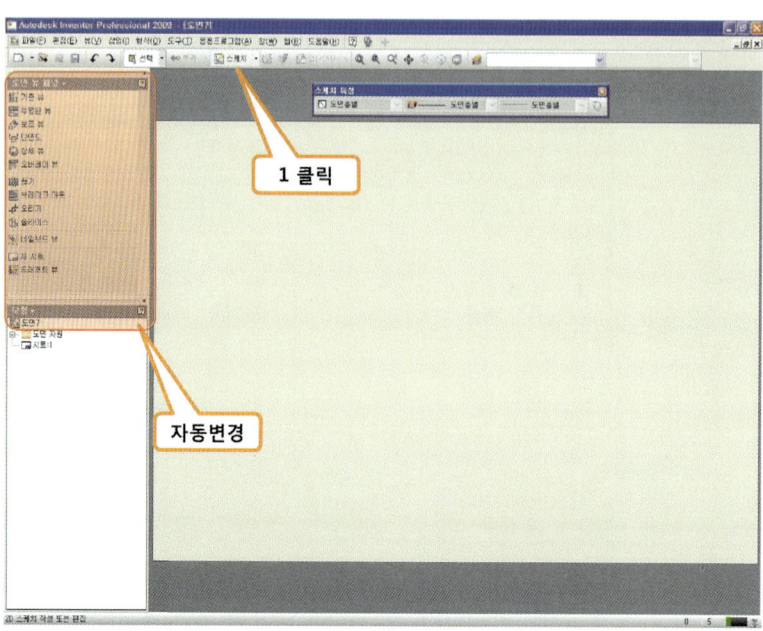

1. [스케치]를 클릭한다.(도면 스케치 패널로 자동 변경)

≫ AutoCAD파일삽입

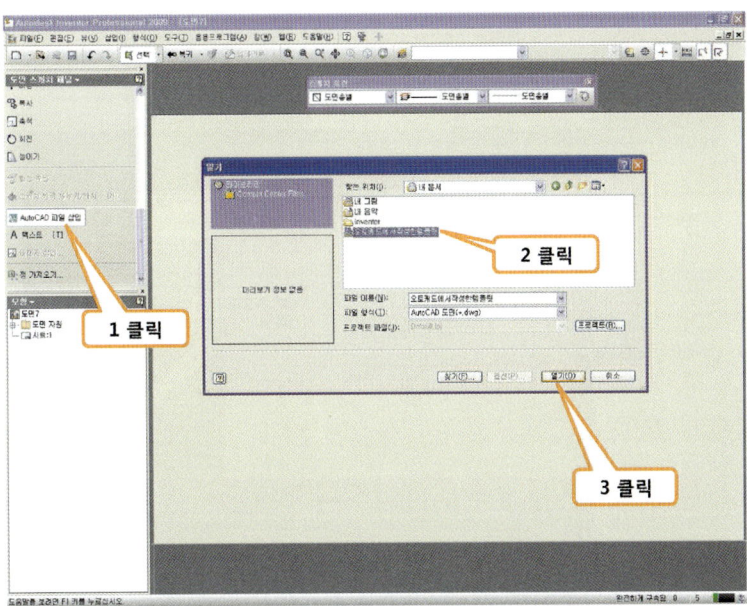

1. [AutoCAD파일삽입]을 클릭한다
2. 기존파일을 클릭한다.
3. [열기]버튼을 클릭한다.

≫ 가져오기 옵션

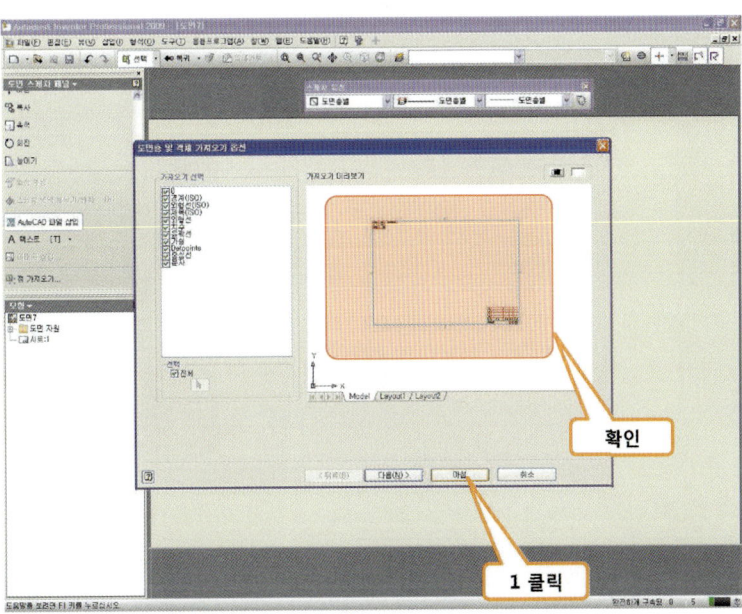

1. 미리보기를 확인한 뒤 [마침]을 클릭한다
   ※ [가져오기선택] 을 통하여 도면층별로 필요한 요소만 가져올 수 있다.
   ※ [다음]버튼을 클릭하면 단위, 템플릿, 구속 등 세부적 설정을 할 수 있다.

파일의 호환성

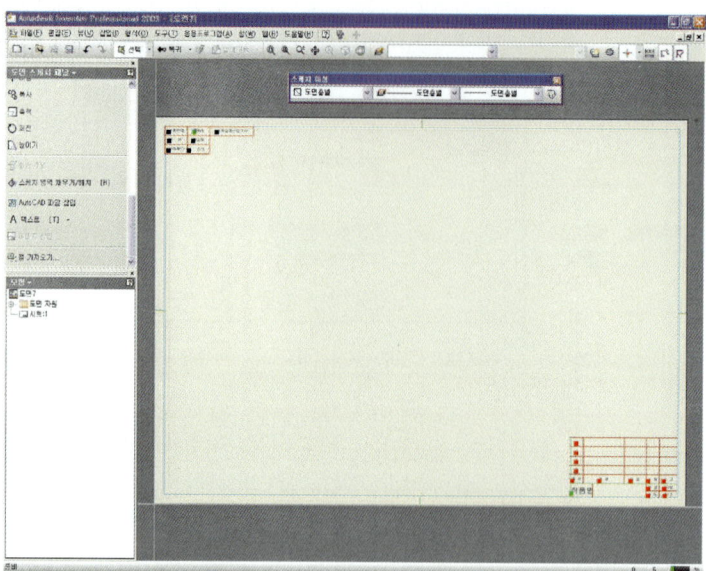

※ 오토캐드와 인벤터는 AUTODESK에서 개발한 제품이지만 프로그램된 알고리즘이 각각 다르므로 문자, 색상 등 객체별 특성에 대해서 호환이 되지 않는 부분이 있다.(색상 등 속성이 없는 상태에서 저장후 가져오는 것이 바람직함) 때문에 시험전 수회에 걸쳐 작성 후 가져오기하는 연습이 필요하다.

3차원 도면 뷰 작성 및 인쇄

≫ 도면 뷰 패널 변경

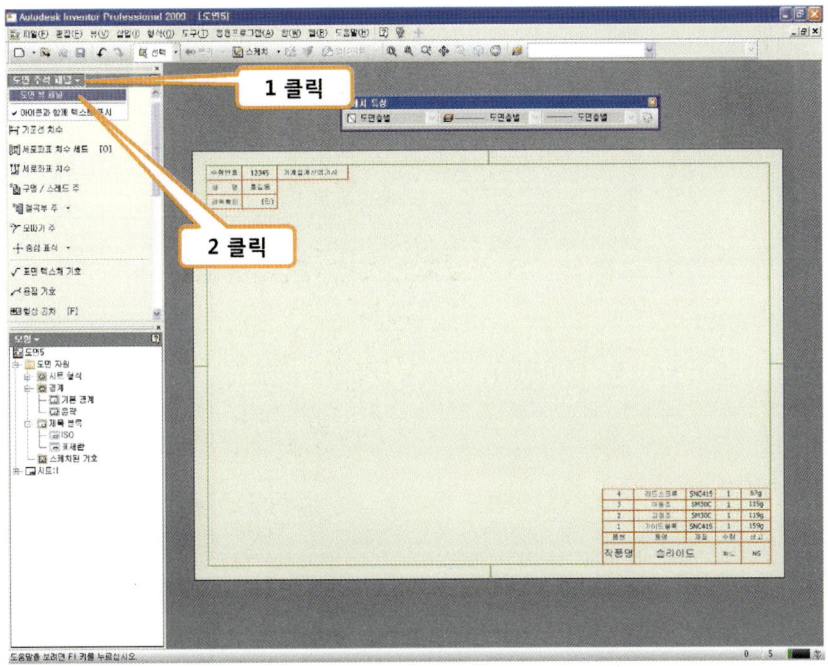

1. [도면 주석 패널]을 클릭한다.
2. [도면 뷰 패널]로 변경한다.

스타일 및 표준편집기

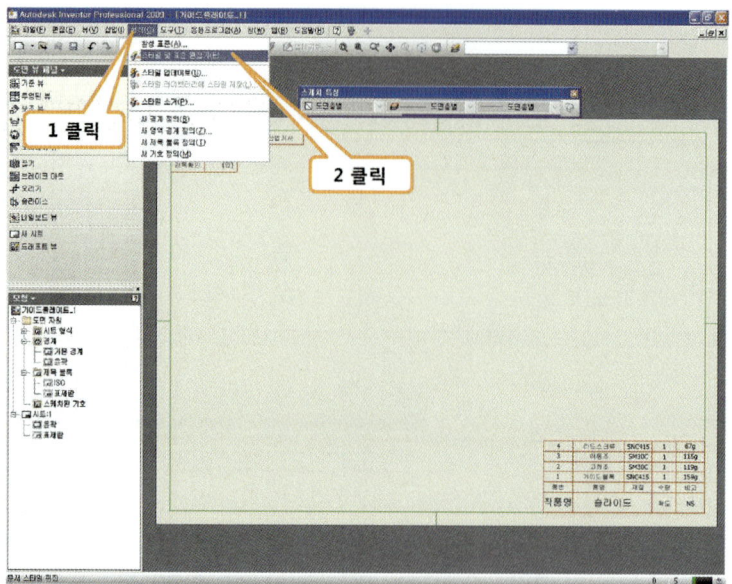

1. [형식]을 클릭한다.
2. [스타일 및 표준편집기]를 클릭한다.

투상유형 변경

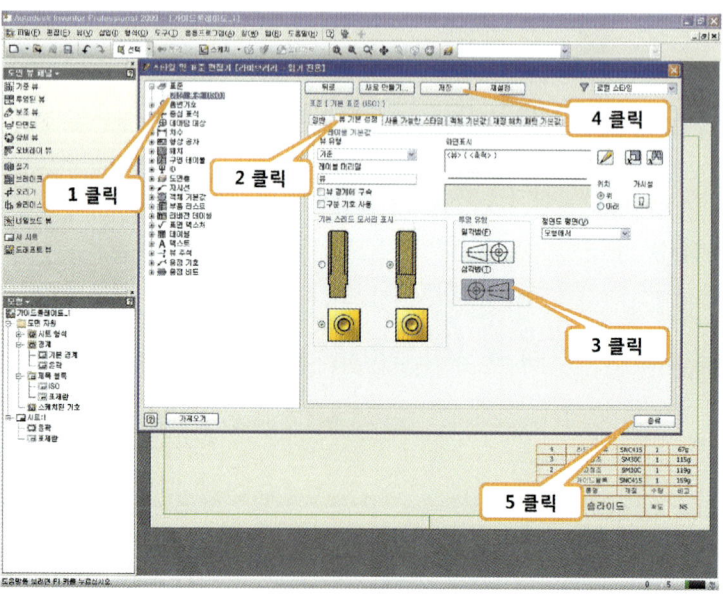

1. [표준]-[기본표준(ISO)]를 클릭한다.
2. [뷰 기본설정]을 클릭한다.
3. [삼각법]을 클릭한다.(일각법에서 삼각법으로 변경)
4. [저장]버튼을 클릭한다.
5. [종료]버튼을 클릭한다.

기준뷰

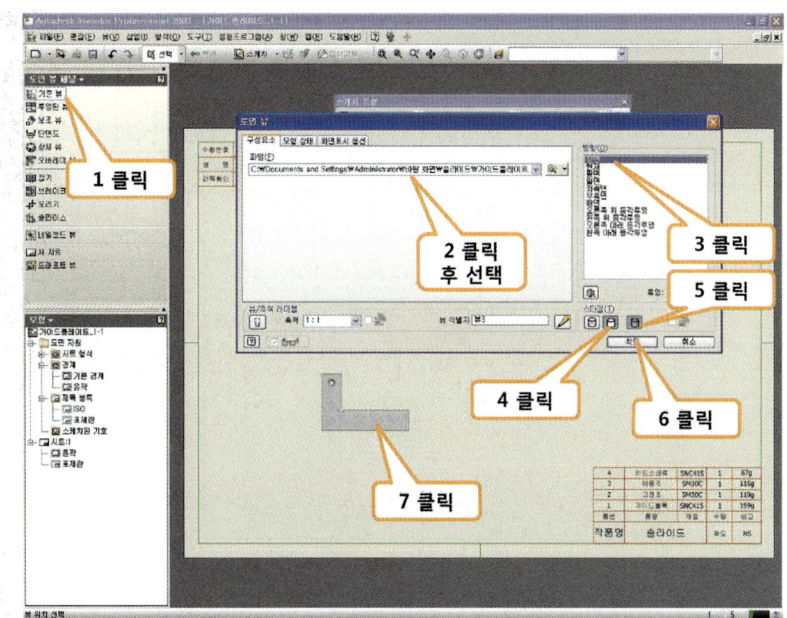

1. [기준뷰]를 클릭한다.
2. [파일]컨트롤바를 클릭하여 가이드블록_1.ipt파일을 선택한다.(목록이 존재하지 않는 다면 옆에있는 검색기 버튼을 클릭하여, 검색 및 선택)
3. [방향]을 정면도선택한다.(모델링의 방향이 다른 경우 ![버튼] 버튼을 클릭하여 방향 설정후 v표 클릭)
4. [스타일]에서 [은선제거]를 클릭한다.(속이 들어다 보이지 않음)
5. [스타일]에서 [음영처리]를 클릭한다.(지정한 색상이 적용되어 나타남)
6. [확인]버튼을 클릭한다.
7. 빈 영역을 클릭한다.
   ※ 3차원 모델링에서는 뷰/축척이 형상정보만 전달, 치수정보는 전달하지 못하므로 기본값인 1 : 1이외의 임의적인 값 사용하여도 무관

투영된 뷰

1. [투영된뷰]를 클릭한다.
2. 기준뷰를 클릭한다.
3. 등각에 해당하는 방향중 적당한 빈 영역을 클릭한다.
4. 등각에 해당하는 방향중 적당한 빈 영역을 하나 더 선택한 후 마우스 오른쪽 버튼을 클릭한다.
5. [작성]을 클릭한다.
   ※ 요구사항의 특징이 가장 잘 나타나는 등각축 2개의 의미는 가급적 형상의 육면을 모두 관찰하도록 배치하라는 의미

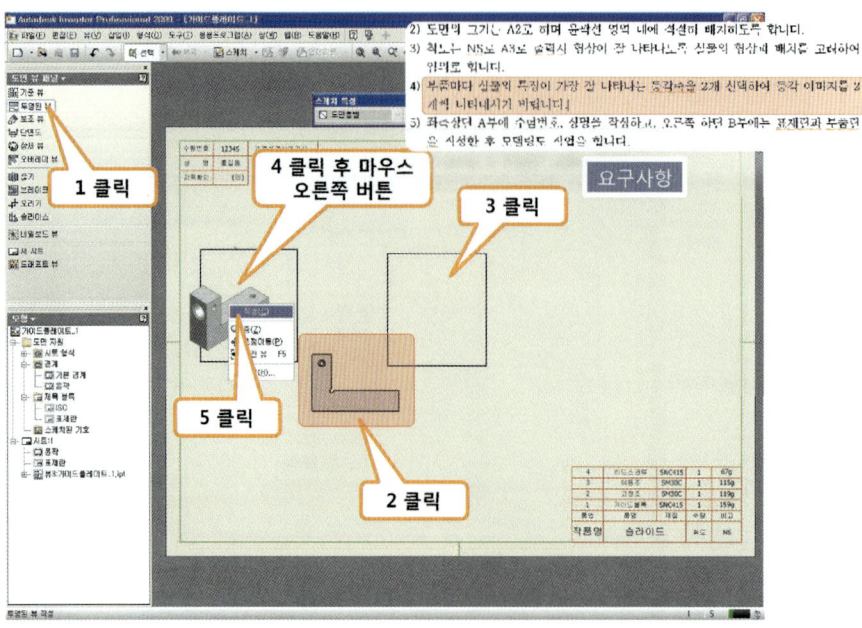

뷰 삭제

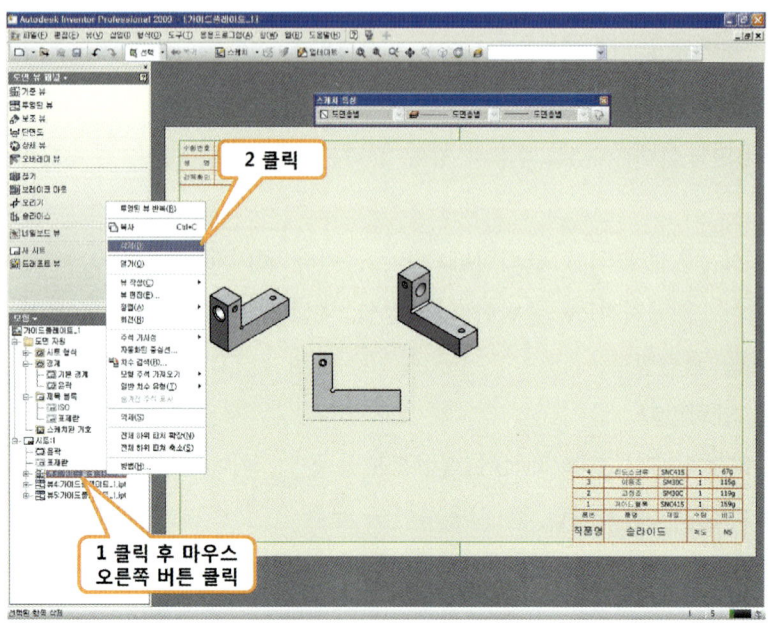

1. [시트]의 첫번째 생성한 뷰를 선택한 뒤 마우스 오른쪽 버튼을 클릭한다.
2. [삭제]를 클릭한다.(정면도는 불필요)

뷰 이동

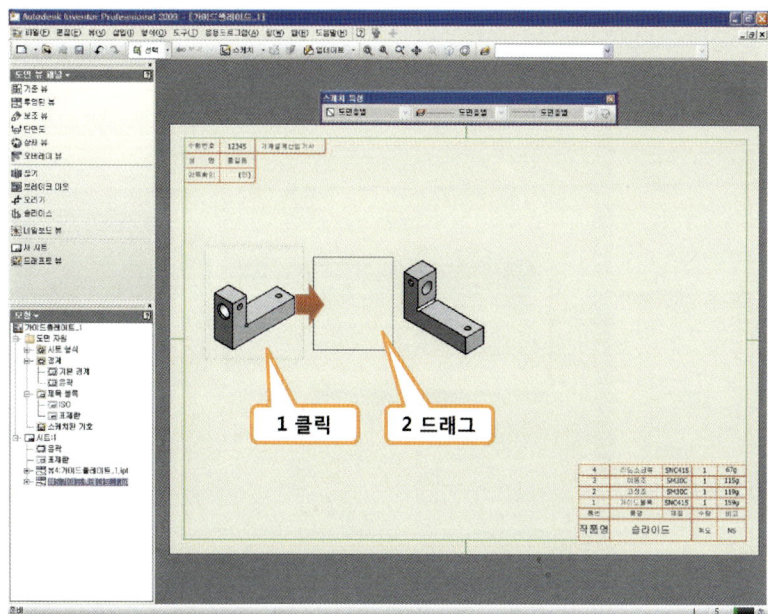

1. 왼쪽의 뷰를 클릭한다.(뷰의 선택)
2. 선택한 뷰를 드래그한다.(뷰의 이동)

부품 배치

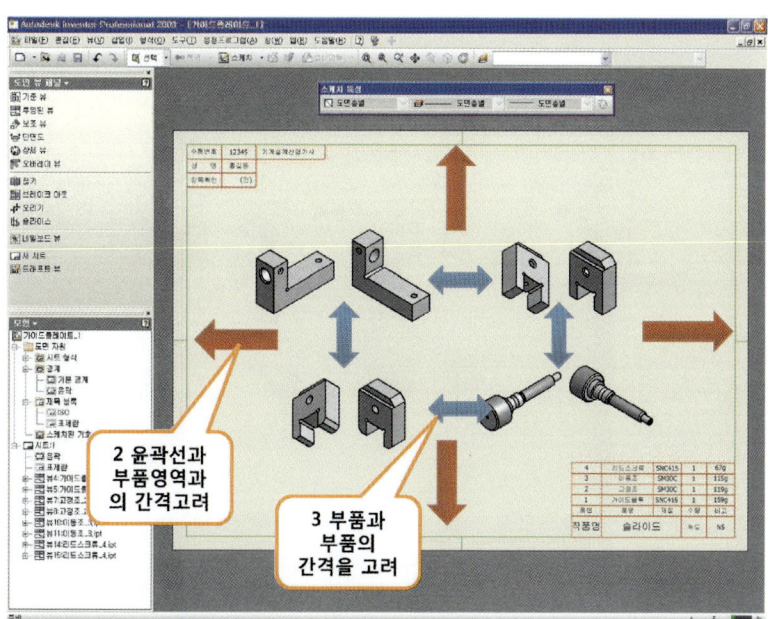

1. [기준뷰] > [투영된뷰] > [뷰삭제] > [뷰이동]을 이용하여 2번, 3번, 4번 부품의 뷰를 작성한다.
2. 작성시 윤곽선과 부품영역과의 간격을 고려한다.
3. 작성시 부품과 부품의 간격을 고려한다.(안정적인 부품 배치는 득점과 직접적인 연관)

도면 주석 패널 전환

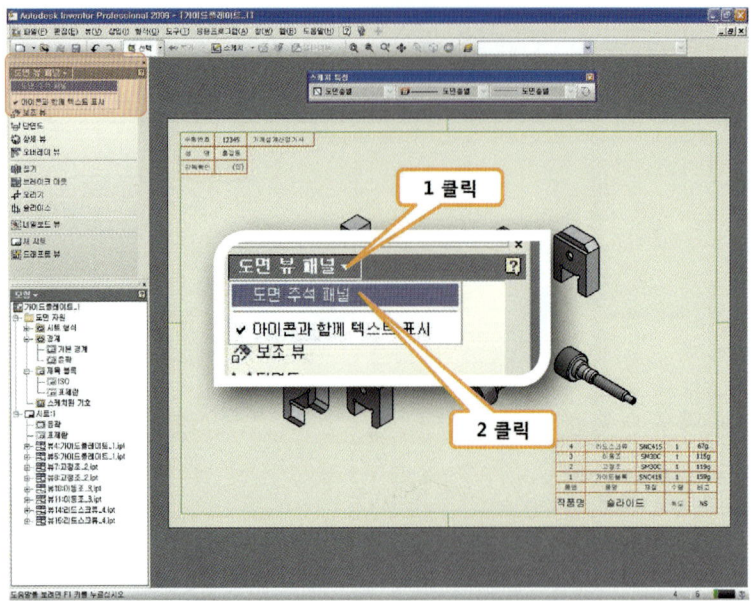

1. [도면 뷰 패널]을 클릭한다.
2. [도면 주석 패널]로 변경한다.

품번기호

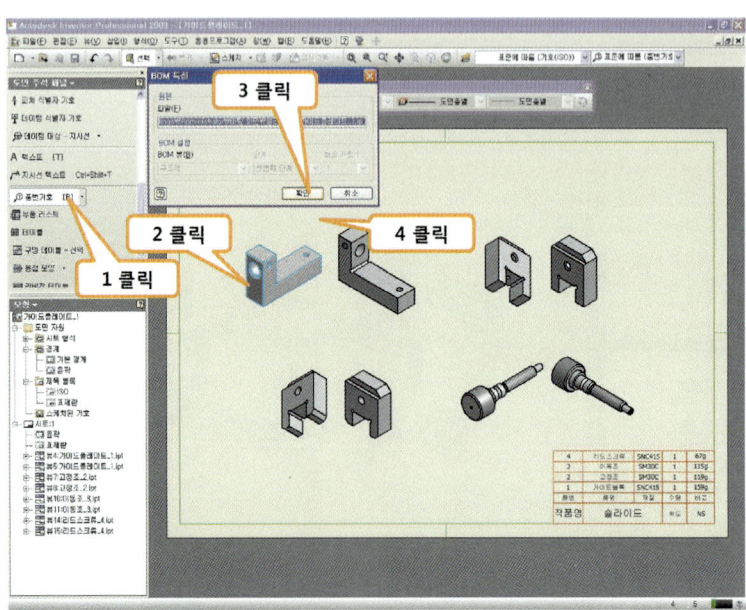

1. [품번기호]를 클릭한다.
2. [뷰]를 클릭한다.
3. [확인]버튼을 클릭한다.
4. 빈 영역 임의의 위치에 품번을 배치한다(품번 위치)

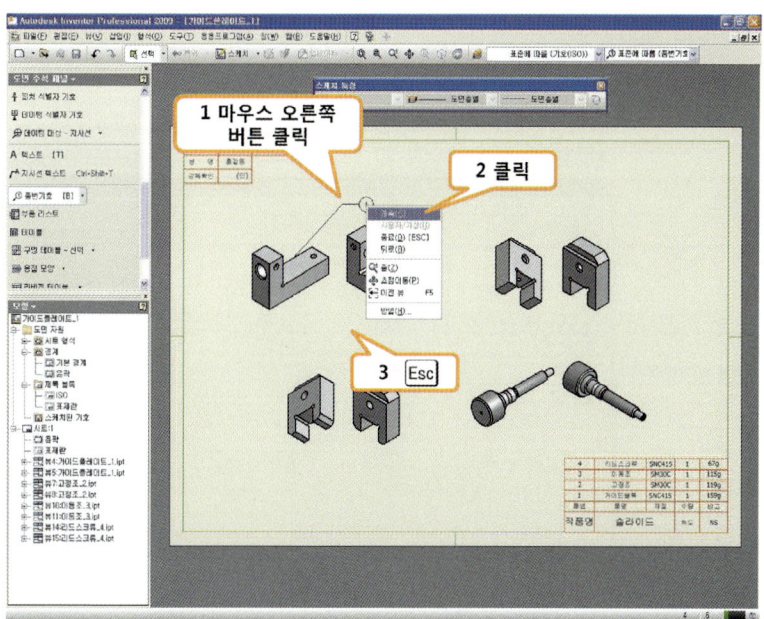

1. 마우스 오른쪽 버튼을 클릭한다
2. [계속]을 클릭한다.
3. Esc 키를 누른다.(명령 종료)

≫ 품번 스타일 편집

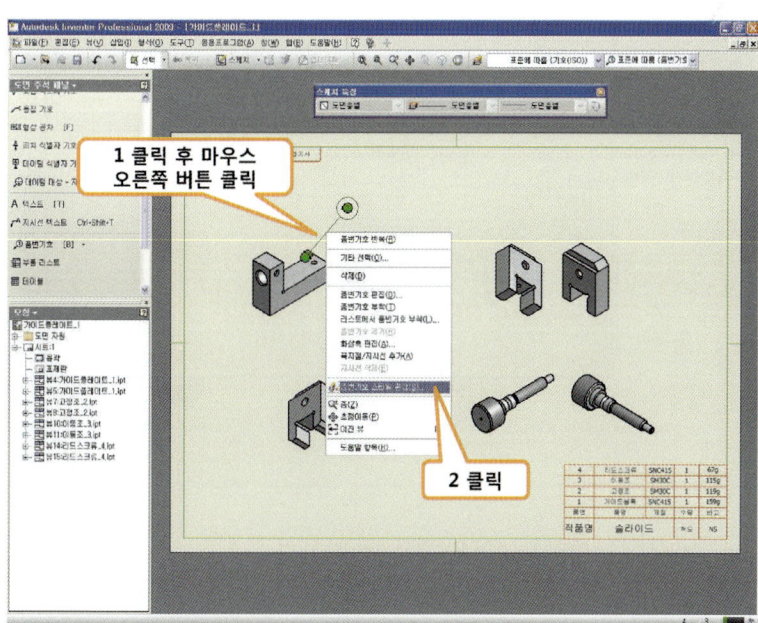

1. 작성된 품번을 선택한 뒤 마우스 오른쪽 버튼을 클릭한다.
2. [품번기호 스타일 편집]을 클릭한다.

스타일 및 표준 편집기

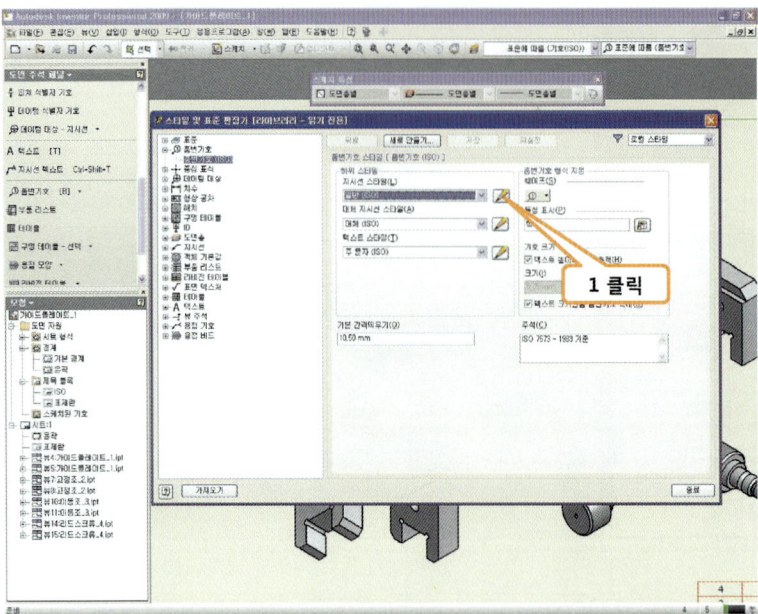

1. [지시선 스타일]-[지시선 스타일 편집] 아이콘을 클릭한다.

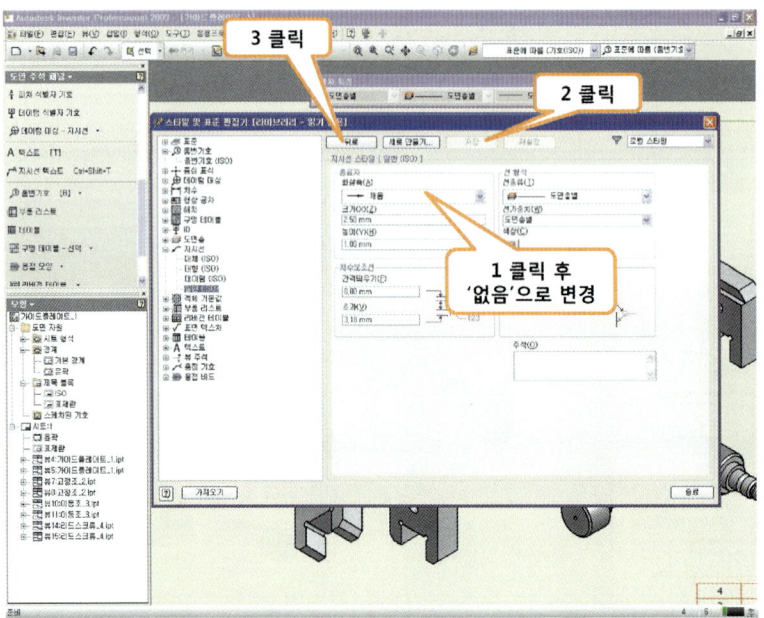

1. [화살촉]컨트롤바를 클릭한 후 '없음'으로 변경한다.
2. [저장]버튼을 클릭한다.(변경 후 활성화)
3. [뒤로]버튼을 클릭한다.(이전 단계)

실제 흑백 출력된 도면

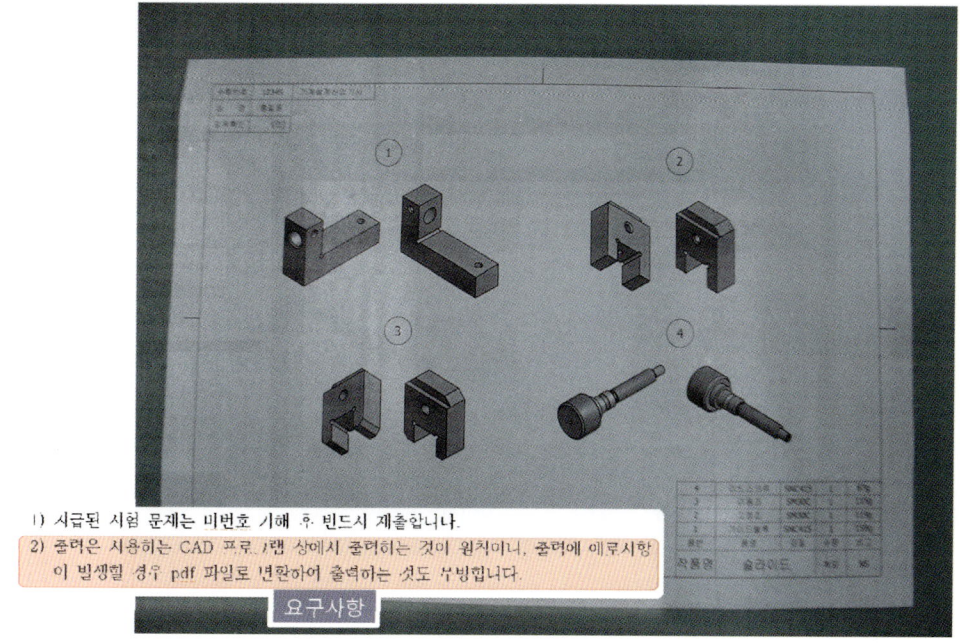

※ 만약 출력이 용이 하지 않다면 PDF파일로 변환, 저장매체에 저장 후 출력하여도 무방하다
※ PDF변환, 출력시 발생되는 선굵기, 색상 등에 대하여 충분한 사전 훈련이 필요하다.

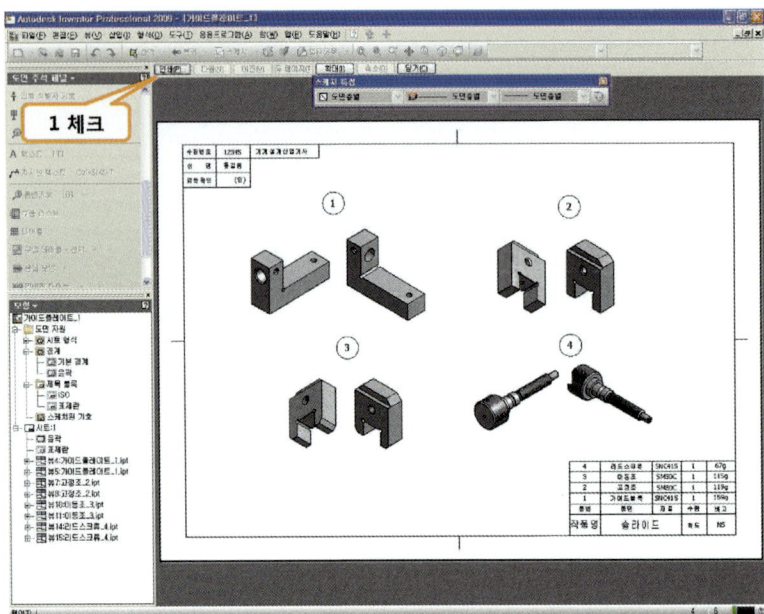

1. 확인후 원하는 출력물과 같다면 [인쇄]을 클릭한다.

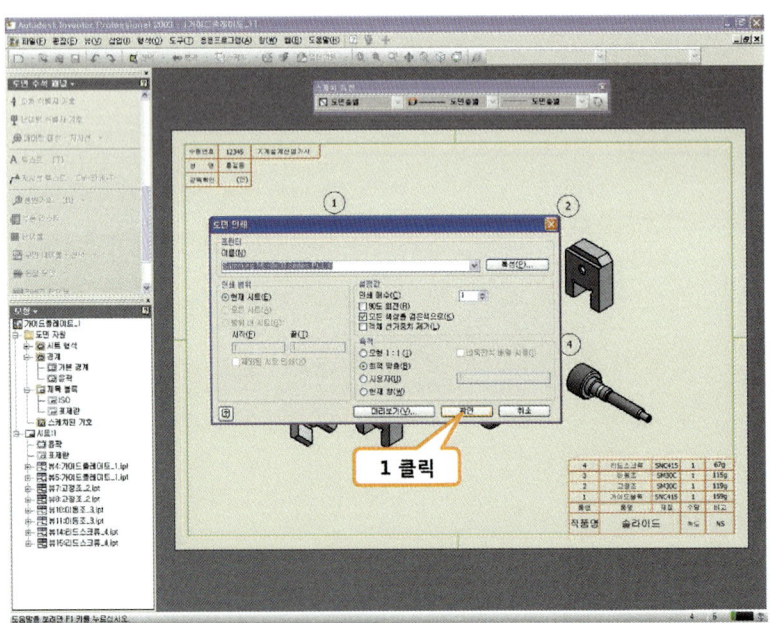

1. [확인]버튼을 클릭한다.(인쇄)

2차원 도면뷰(View)작성 7

▶ 기준 뷰

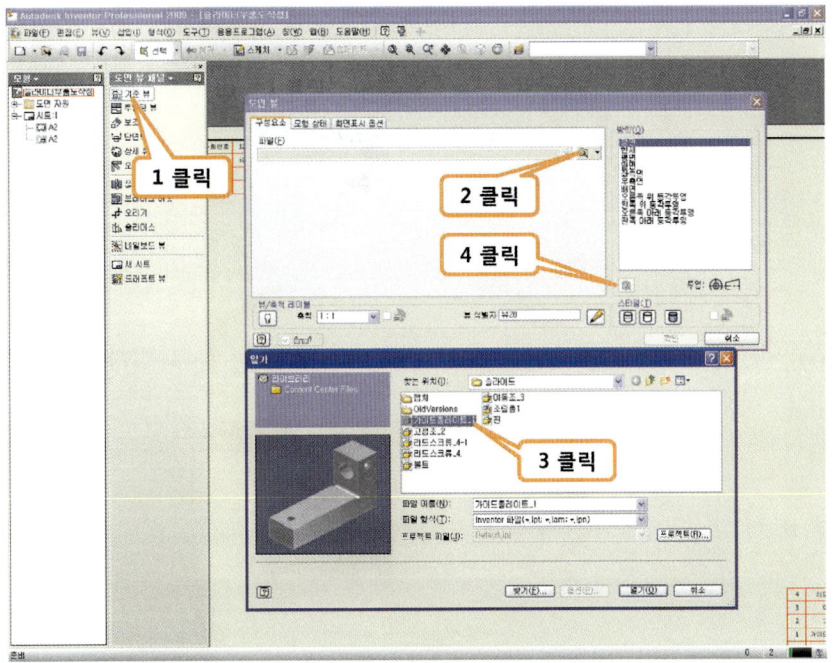

• 기존에 작성된 템플릿으로 부터 시작

1. [기준 뷰]를 클릭한다.
2. [기존 파일 열기]를 클릭한다.
3. 작성하고자 하는 부품[가이드 플레이트_1]을 선택한 후 [열기] 버튼을 클릭한다.(=더블클릭)
4. [뷰 방향 변경]을 클릭한다.

뷰 방향 설정

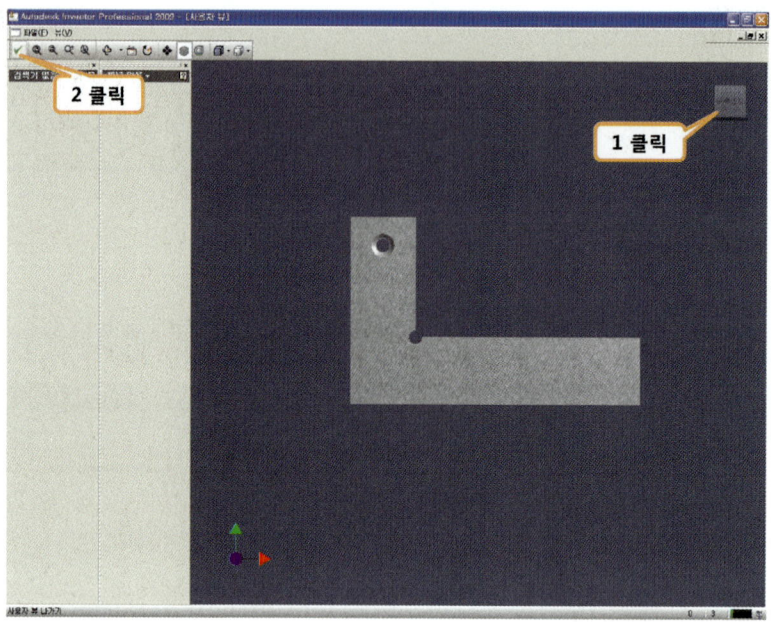

1. Common View를 클릭하여 그림과 같이 사용하고자 하는 뷰의 방향이 나오도록 조정한다.
2. [사용자 뷰 나가기]를 클릭한다.

기준뷰 배치

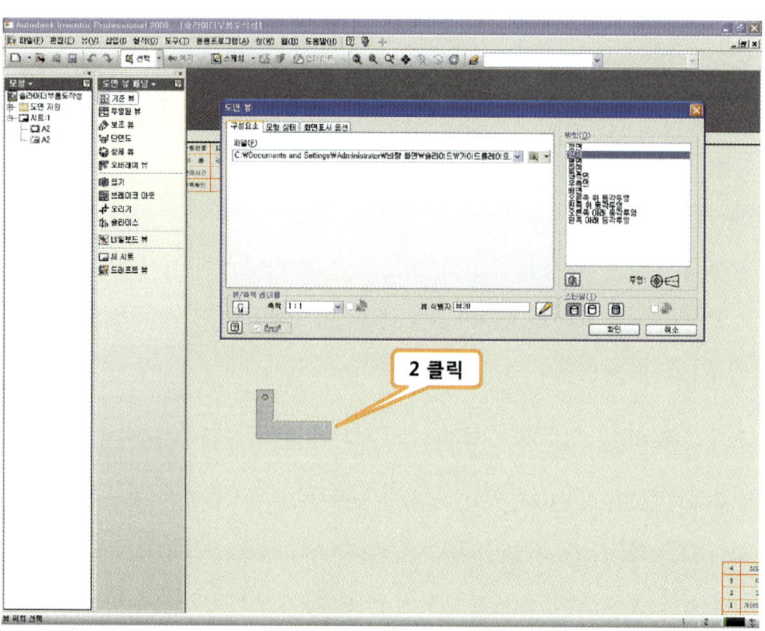

1. 화면의 임의의 공간을 클릭하거나 [확인] 버튼을 클릭한다.

필요한 투상도 작성하기

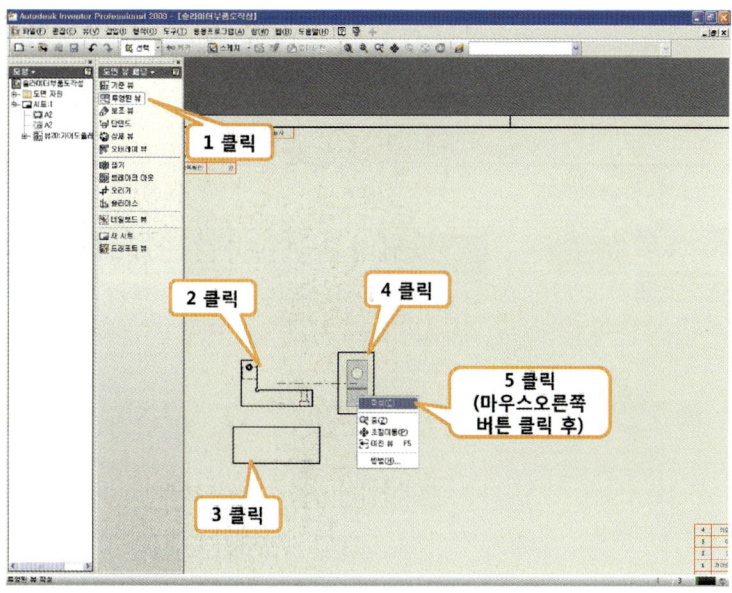

1. [투영된 뷰]를 클릭한다.
2. 작업영역에 배치된 기준 뷰를 클릭한다.
3. 저면도를 사용하려 함으로 기준 뷰의 아래 쪽 방향의 공간에 배치한다.
4. 우측면도를 사용하려 함으로 기준 뷰의 오른쪽 방향의 공간에 배치한다.
5. 마우스 오른쪽 버튼을 클릭한 후 [작성]을 클릭한다.

구멍형상 부분단면

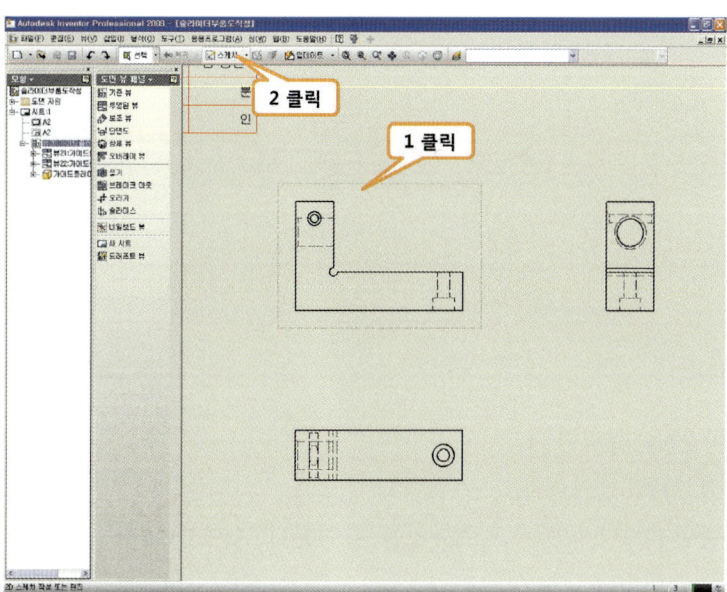

1. 기준 뷰를 클릭한다.
2. [스케치]를 클릭한다.

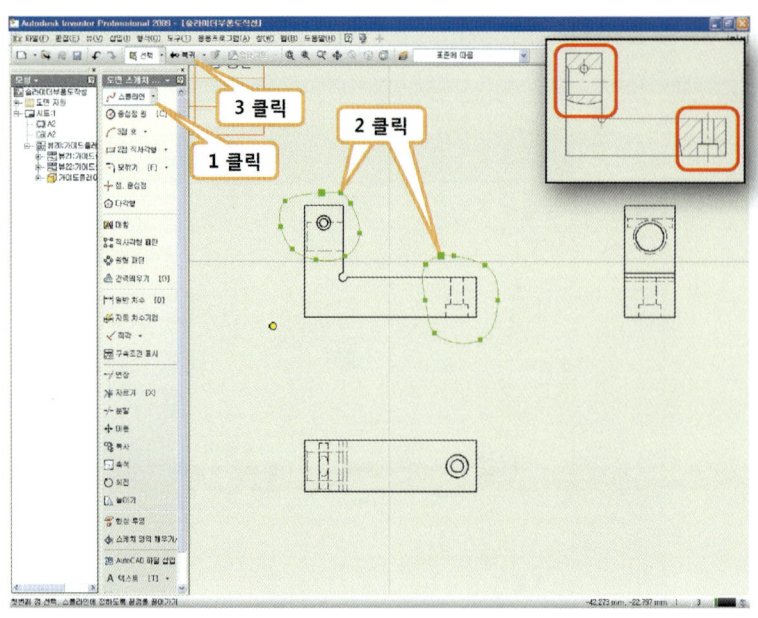

1. 선 옆의 화살표를 클릭하여 [스플라인]을 클릭한다.
2. 부분 단면 할 부분을 닫힌 프로파일이 되도록 스케치 한다.
3. [복귀]를 클릭한다.

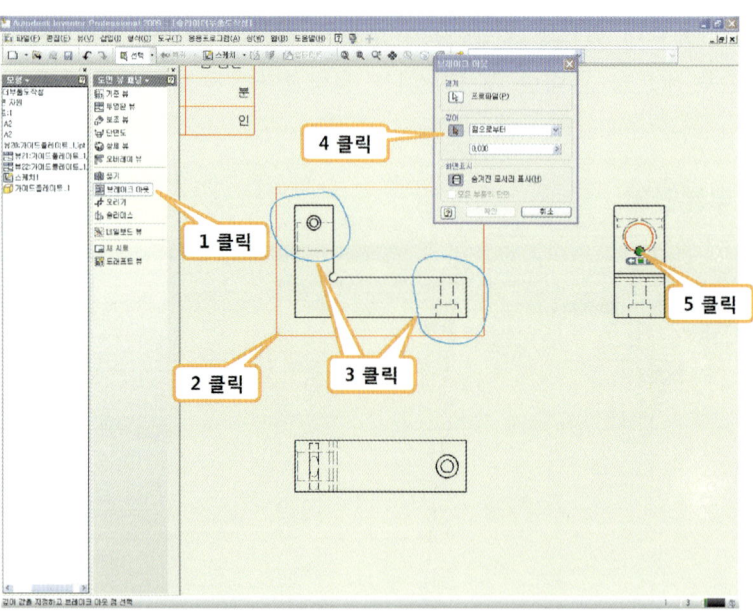

1. [브레이크 아웃]을 클릭한다.
2. 부분 단면 할 뷰를 클릭한다.
3. 뷰의 부분 단면 할 닫혀있는 프로파일을 클릭한다.(2 곳)
4. [깊이]버튼을 클릭한다.
5. 사용하고자 하는 형상이 보여지도록 클릭한 후 [확인] 버튼을 클릭한다.(형상의 깊이의 위치가 잘 나타나는 우측면도에서 선택하여 클릭한다.)

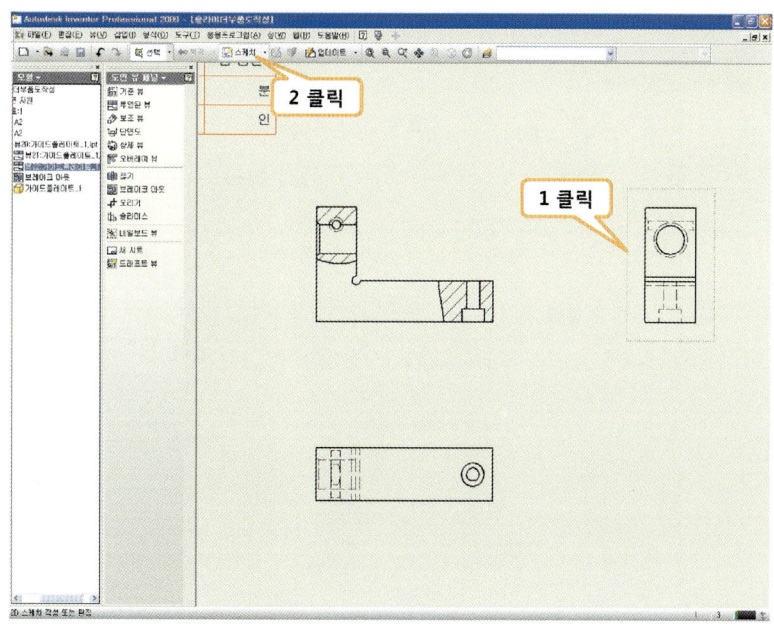

1. 부분 단면 하려고 하는 뷰를 클릭한다.
2. [스케치]를 클릭한다.

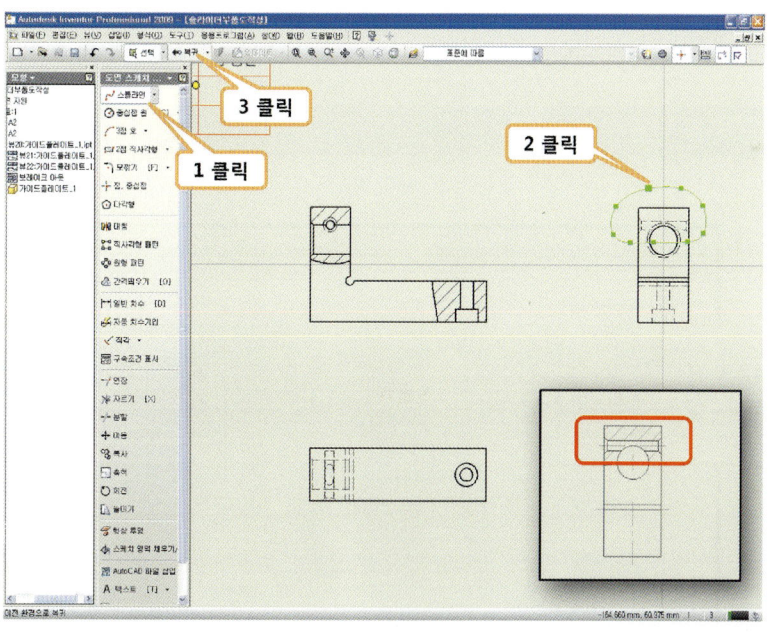

1. [스플라인]을 클릭한다.
2. 클릭하여 부분 단면 할 부분을 닫힌 프로파일이 되도록 스케치 한다.
3. [복귀]를 클릭한다.

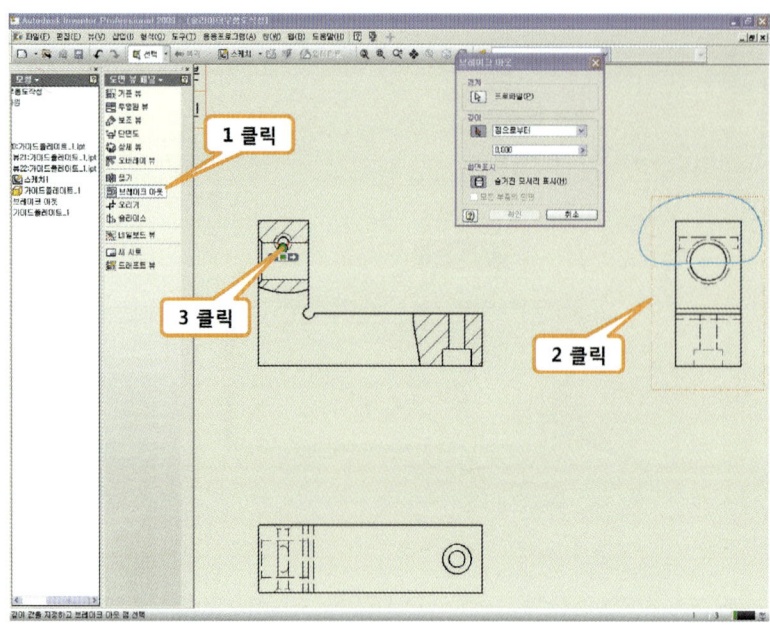

1. [브레이크 아웃]을 클릭한다.
2. 부분 단면 할 뷰를 클릭한다.(닫혀 있는 프로파일이 하나 뿐이므로 자동 선택된다.)
3. 하우징의 내부 형상이 명확히 보여지도록 원의 사분 점을 클릭한 후 [확인] 버튼을 클릭한다.

1번 부품의 투상도배치 설명

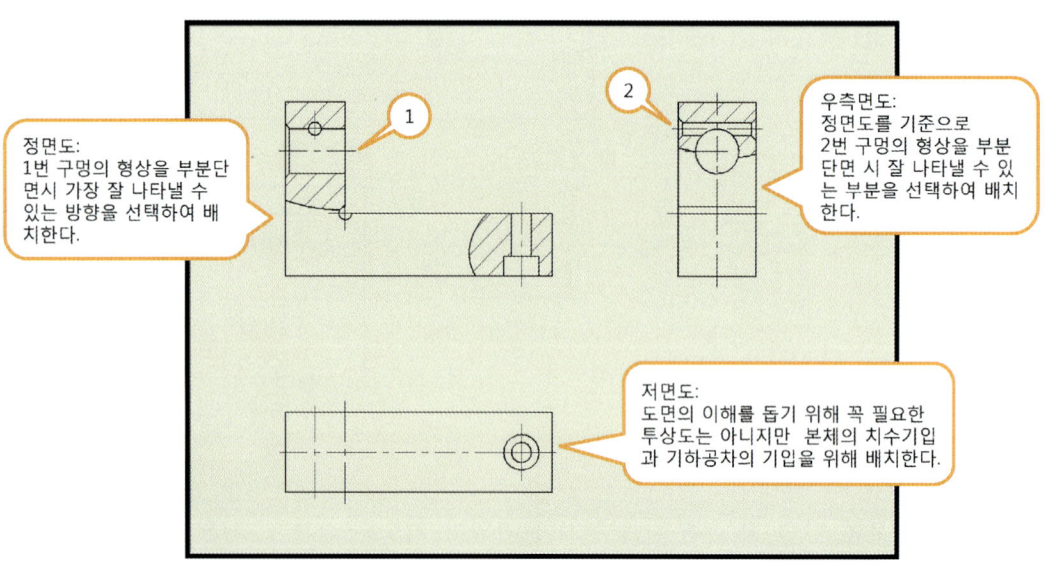

- 정면도(주 투상도)는 대상물의 모양, 기능을 가장 뚜렷하게 나타내는 면을 배치한다.
- 도면을 쉽게 이해하기 위한 방법으로써 보조적인 투상도와 단면도를 결정해야 함.
- 본체의 형상이 그리 어렵지는 않으나 ① 구멍과 ② 구멍이 교차하는 것을 명확히 나타낼 필

요가 있으므로 우측면도의 부분단면은 필수적이라 할 수 있음.(투상도의 배치에 따라 부분단면이 달라질수있음)

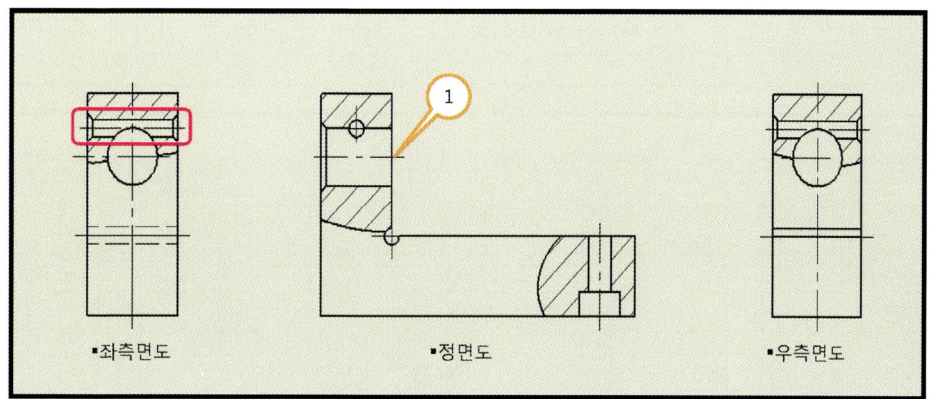

- 과제 도면은 ①부분이 왼쪽을 보고 있으나 투상도는 오른쪽을 보고 있다. 그 이유는 가공량이나 운동이 많은 부분을 오른쪽을 보도록 하는 기계제도 사항을 준수하는 것임.(①이 왼쪽을 보고 있어도 무방하다.)
- 투상도의 선택에서 좌측면도를 선택할 수도 있으나 좌측면도를 선택하지 않은 이유는 정면도의 ①부분의 돌출부가 좌측면도에서는 핑크색 박스 속의 숨은선으로 같이 표시 되어야 하는데 기계제도상에서 숨은선은 투상도의 이해를 위해 가급적 그리지 않는다는 원칙을 적용, 우측면도를 선택하여 배치한다.

2번 부품의 투상도배치 설명

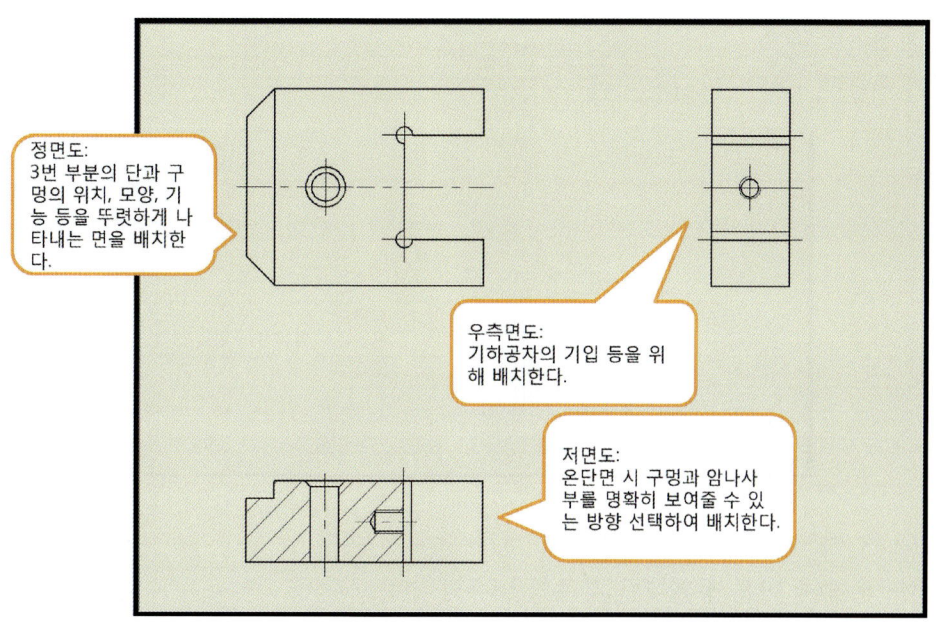

- 저면도의 온단면으로 구멍과 암나사 구멍이 중심선의 동일선상에 있음을 알 수 있다.
- 평면도나 우측면도에 관통구멍의 단면을 그렸을 경우 부품의 모양이나 기능의 이해가 어려울 수 있다.
- 저면도 대신 평면도를 선택하여 그려도 동일한 내용을 표시할 수 있기에 무방하다.

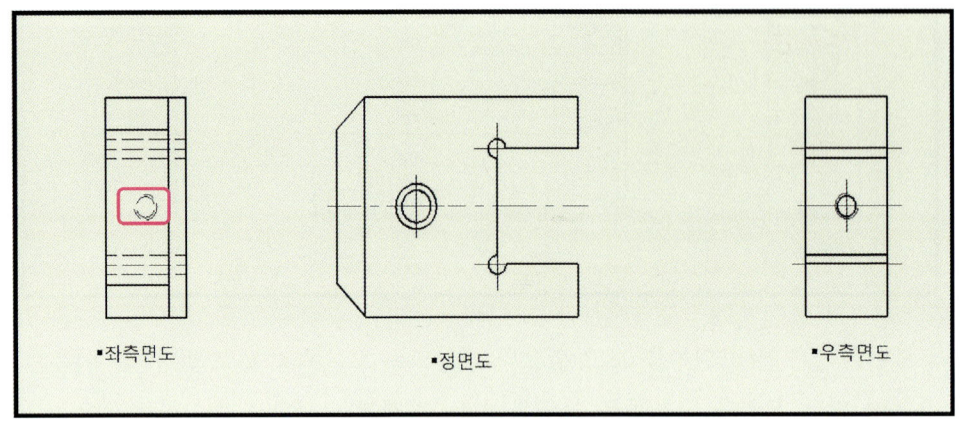

- 투상도의 선택에서 좌측면도를 배치할 수 있으나 핑크색 박스안에 암나사와 정면도 아랫부분의 홈이 숨은선으로 표시될 수 밖에 없어 저면도를 배치했다.

3번 부품의 투상도 배치 설명

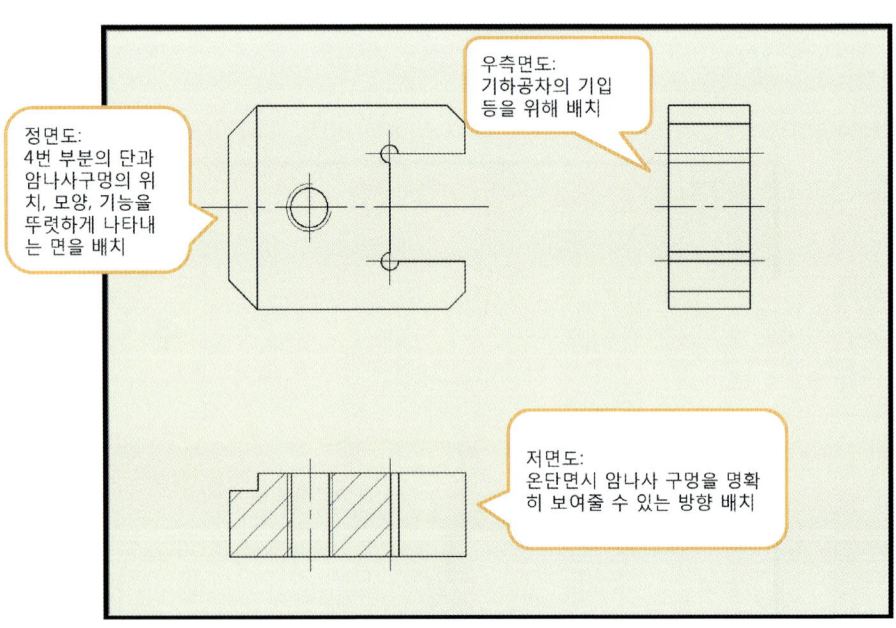

- 투상도의 배치는 2번 부품(고정조)와 크게 다르지 않음.
- 저면도의 배치 이유 등은 2번 부품의 이유와 같음.

4번 부품의 투상도 배치 설명

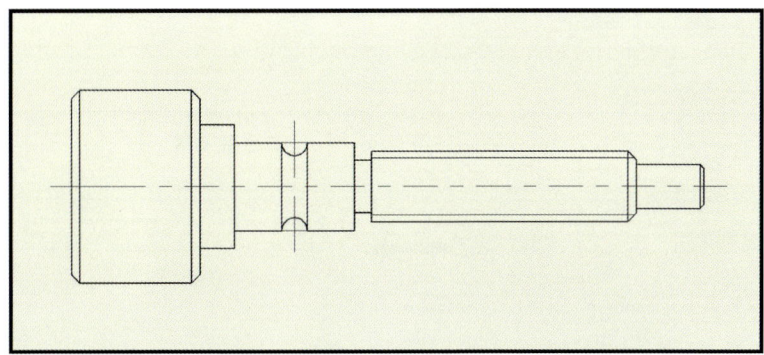

- 리드스크류 등과 같은 원형축의 형상들은 모형의 큰 변화가 없을 때는 축 직각 방향에서 바라본 형상을 정면도로 배치한다.
- 부품도 등 가공을 위한 도면에서는 가공 공정에 있어서 가장 가공 량이 많은 공정을 기준으로 가공할 때 놓여진 상태와 같은 방향으로 도면에 배치한다.(나사 부를 오른쪽에 배치)
- 원통 절삭인 경우 중심선을 수평으로 하고 주요작업의 방향이 우측에 위치하도록 한다.(원통 상태에서 절삭)
- 정면도만으로 나타낼 수 있는 것에 대하여는 다른 투상도를 표시하지 않는다.

뷰 작성 및 단면 완성

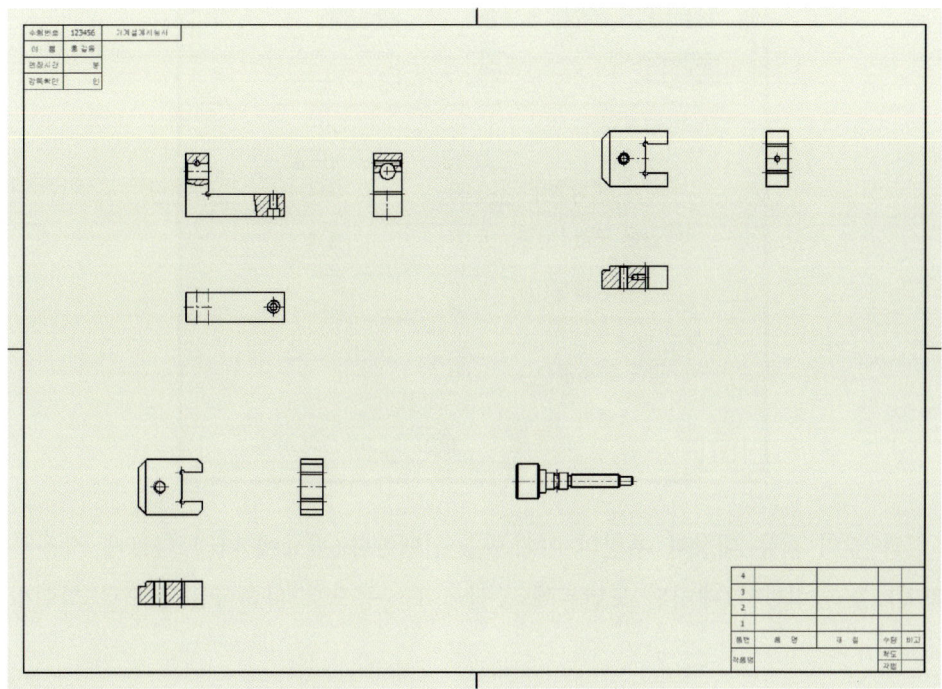

1. 앞에서 설명한 방법으로 각각의 부품을 그림과 같이 배치한다.

자동화된 중심선

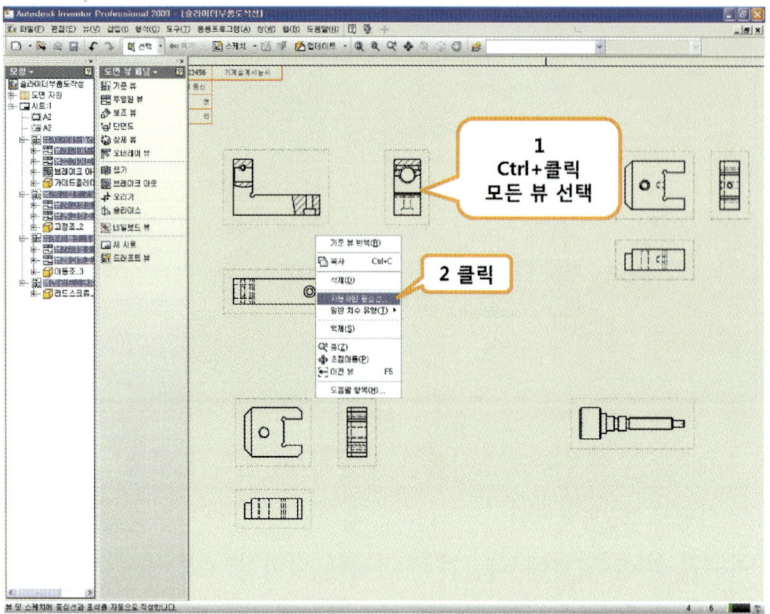

1. Ctrl키를 누른 상태로 모든 뷰를 클릭한다.(모든 뷰 선택)
2. 마우스 오른쪽 버튼을 클릭한 후 [자동화된 중심선]을 클릭한다.

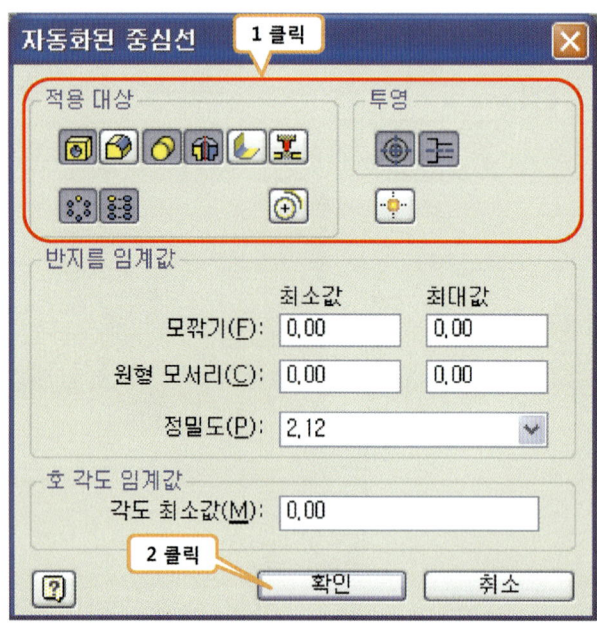

1. 그림과 같이 적용 대상과 투영의 아이콘을 선택한다.(필요에 따라 다르게 적용될수있다)
2. [확인] 을 클릭한다.(배치된 도면뷰에 중심선이 자동으로 나타나는 것으로 확인할수있다)

수동 중심 표식

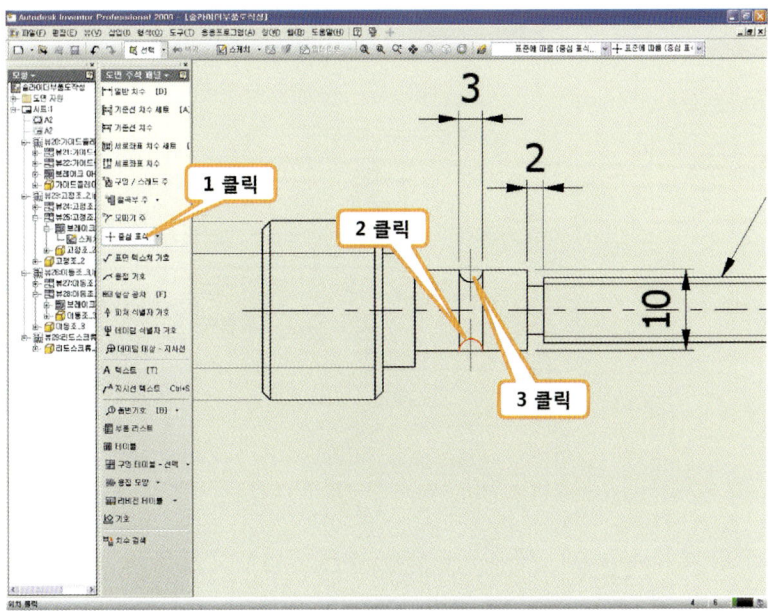

- [자동화된 중심선]메뉴로 표시되지 않는 중심선을 작성
1. [중심 표식]을 클릭한다.
2. 호를 클릭한다.
3. 반대쪽 호를 클릭한다.

은선 제거

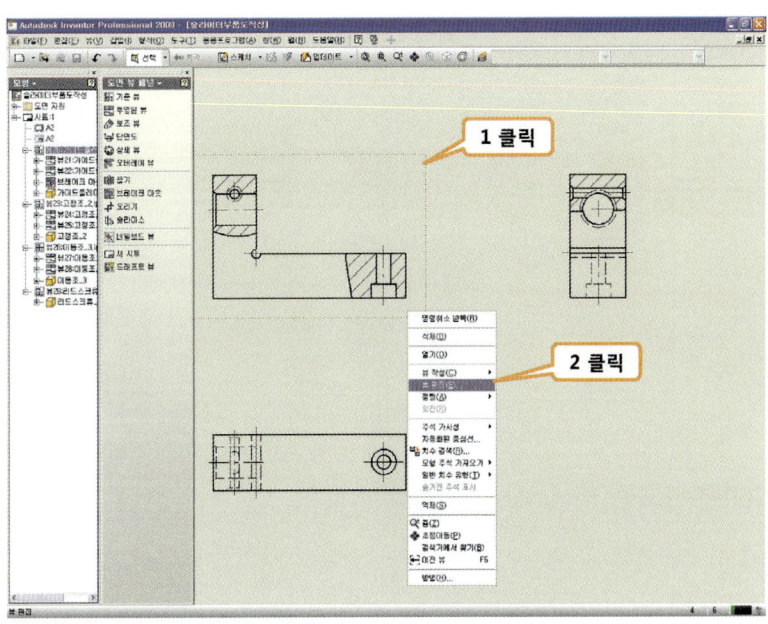

1. 기준 뷰를 클릭한다.
2. 마우스 오른쪽 버튼을 클릭한 후 [뷰 편집]을 클릭한다.

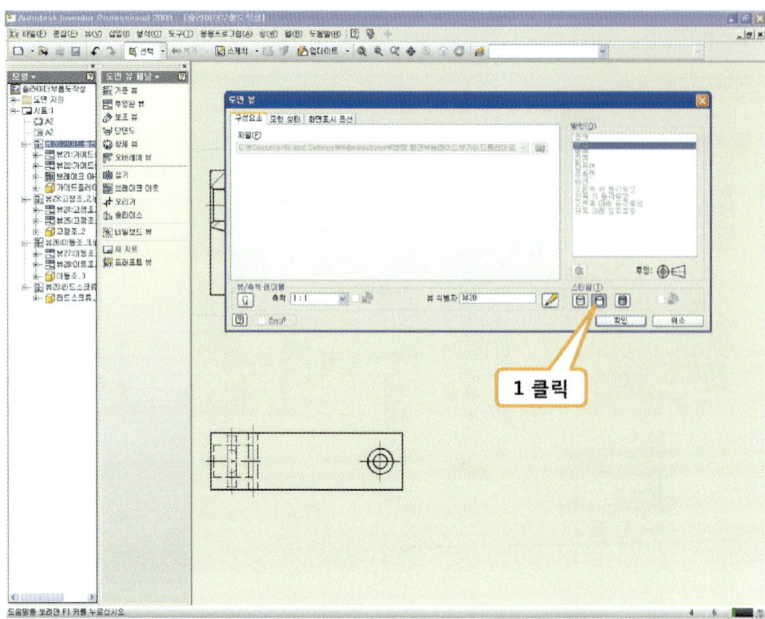

1. [은선 제거]를 클릭한다.

▶ 치수 스타일 편집

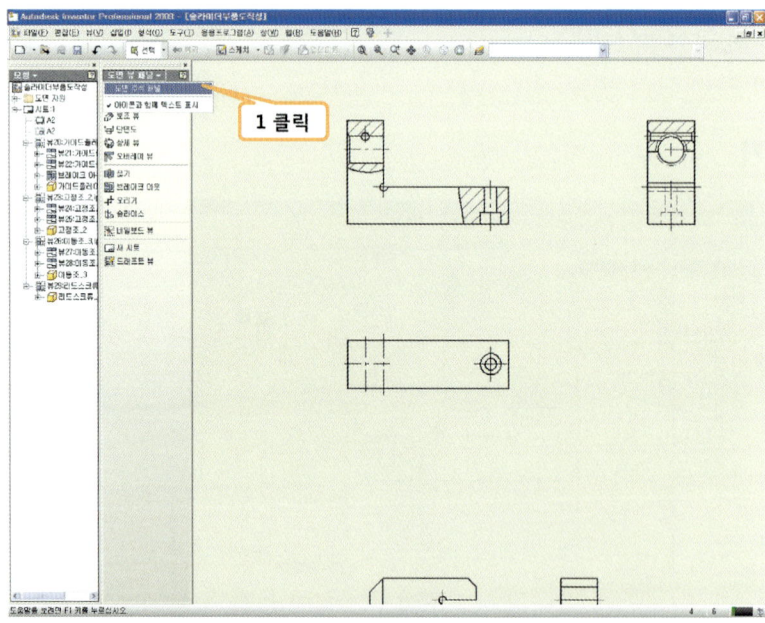

1. [도면 뷰 패널]-[도면 주석 패널]을 클릭한다.

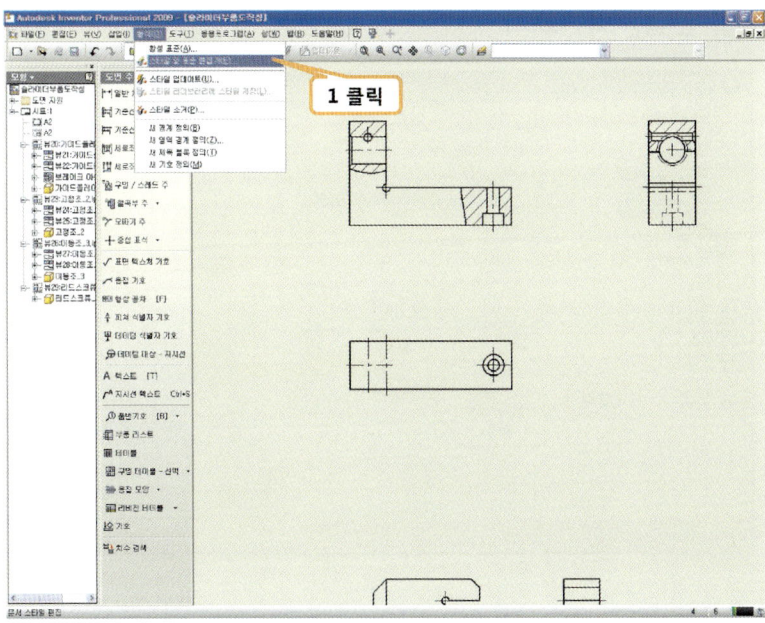

1. [형식]-[스타일 및 표준 편집기]를 클릭한다.

치수 스타일 편집 - 단위

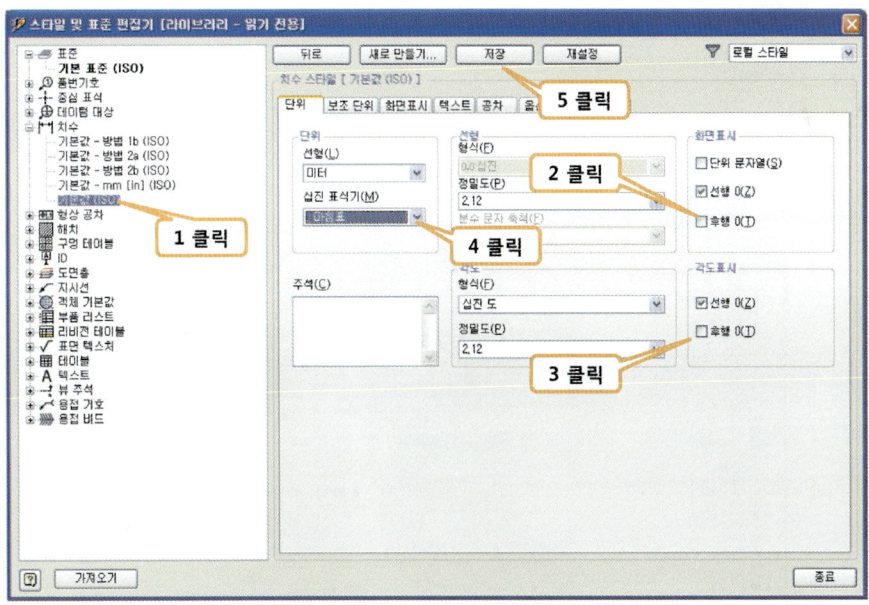

1. [치수]-기본 값(ISO)를 클릭한다.
2. [화면표시]-[후행]을 클릭하여 체크박스의 체크 표시를 해제 한다.(ex : 20.10을 20.1로 표시)
3. [각도표시]-[후행]을 클릭하여 체크박스의 체크 표시를 해제 한다.
4. [십진 표식기]를 [. 마침표]로 선택한다.
5. [저장]을 클릭한다.

치수 스타일 편집 – 화면표시

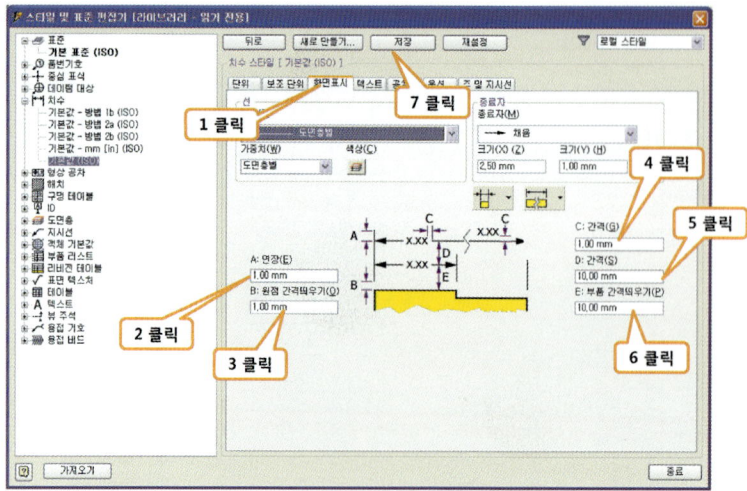

1. [화면표시]를 클릭한다.
2. [연장]의 값을 지정한다.
3. [원점간격띄우기]의 값을 지정한다.
4. [간격]의 값을 지정한다.(문자와 치수선)
5. [간격]의 값을 지정한다.(치수선과 치수선)
6. [부품간격띄우기]의 값을 지정한다. (측정원점과 치수선)
7. [저장]을 클릭한다.

치수 스타일 편집 – 텍스트

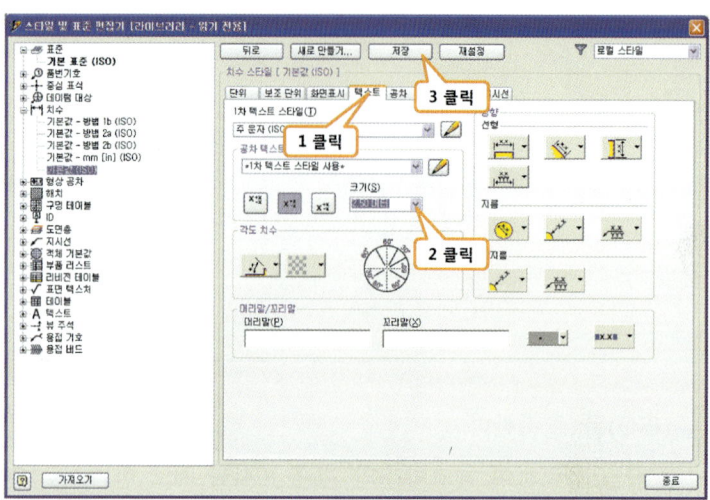

1. [텍스트]를 클릭한다.
2. [크기]를 클릭하여 공차 텍스트의 높이를 설정한다.
3. [저장]을 클릭한다.

치수 스타일 편집 – 공차

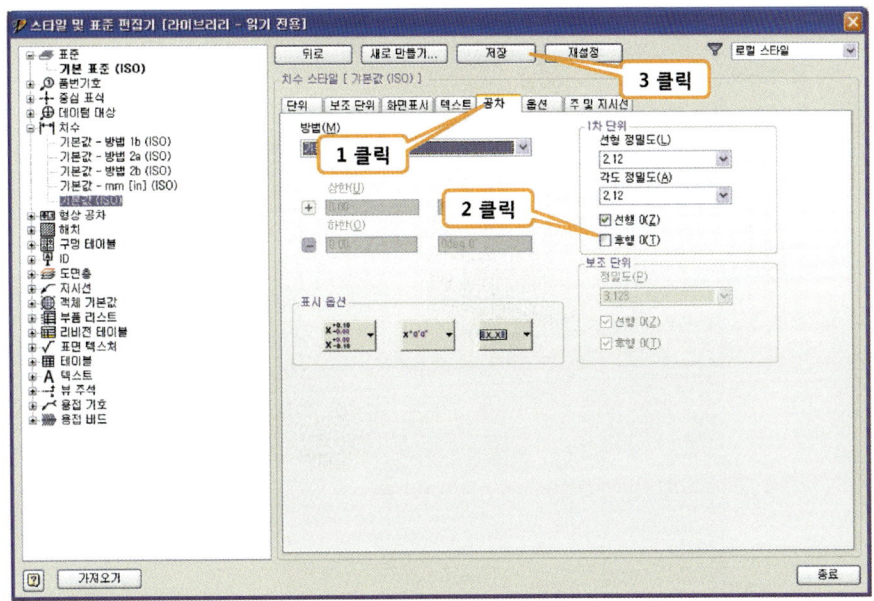

1. [공차]를 클릭한다.
2. [1차 단위]-[후행]을 클릭하여 체크박스의 체크 표시를 해제 한다.
3. [저장]을 클릭한다.

치수 스타일 편집 – 주 및 지시선

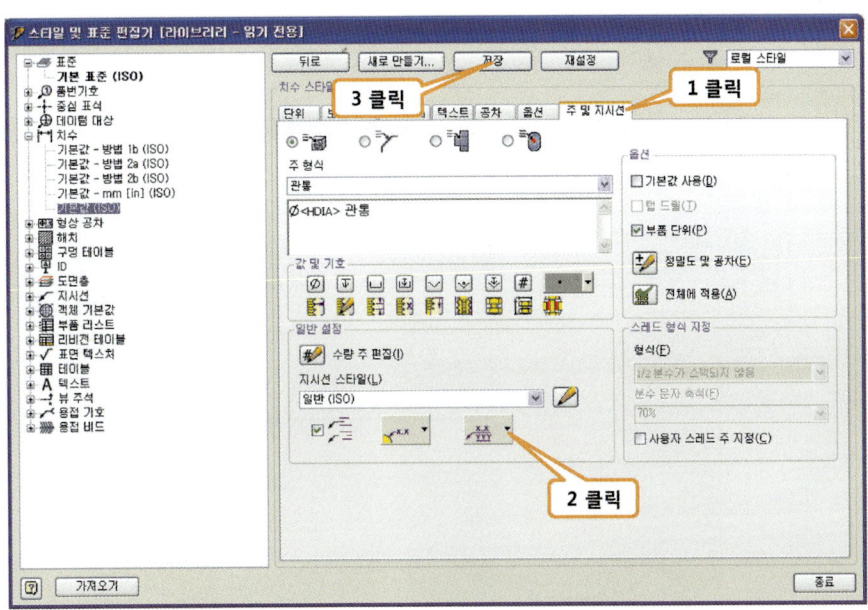

1. [주 및 지시선]을 클릭한다.
2. 클릭하여 [JIS 정렬/형식]을 선택한다.
3. [저장]을 클릭한다.

치수 기입하기

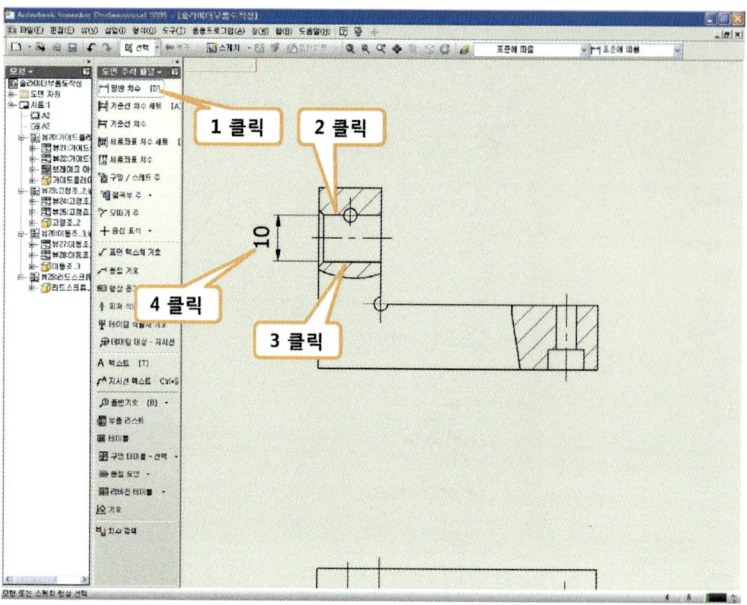

1. [일반 치수]를 클릭한다.
2. 구멍의 형상을 나타내는 선을 클릭한다.
3. 구멍의 형상을 나타내는 나머지 선을 클릭한다.
4. 치수의 위치를 결정하여 클릭한다.

치수 편집 – 텍스트

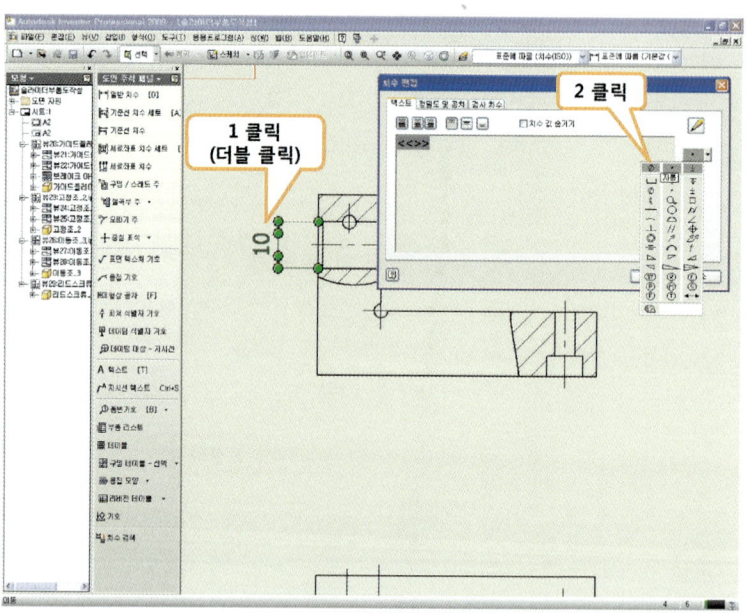

1. 치수를 더블 클릭한다.
2. 커서를 텍스트 표시 앞에 위치하게 한 후 [기호 삽입]-[지름]을 클릭한다.

치수편집 – 정밀도 및 공차

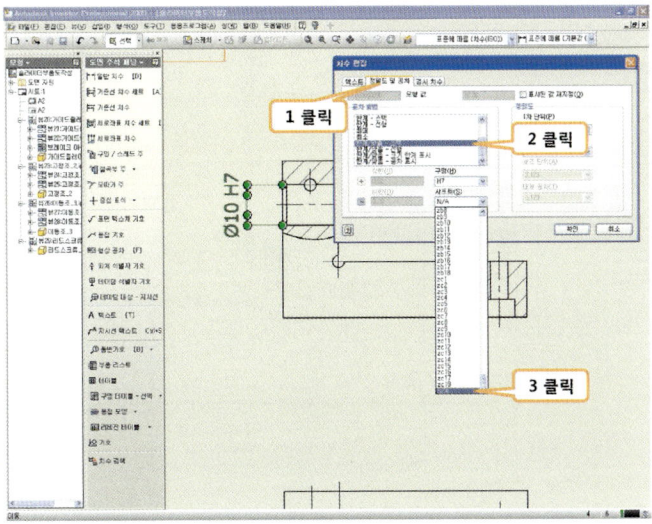

1. [정밀도 및 공차]를 클릭한다.
2. [한계/맞춤-스택]을 클릭한다.
3. [샤프트]-[N/A]를 클릭한 후 [확인]을 클릭한다.(N/A=notapplicable로 해당없음을 뜻함)

치수편집 – 정밀도 및 공차

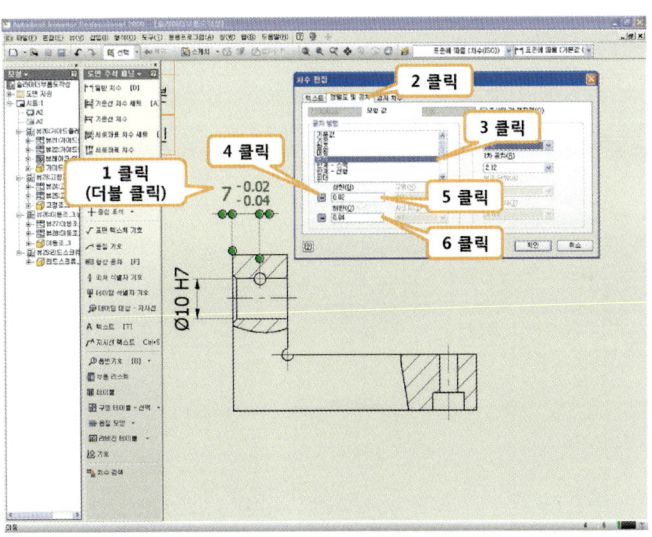

1. 편집하고자 하는 치수를 더블 클릭한다.
2. [정밀도 및 공차]를 클릭한다.
3. [편차]를 클릭한다.
4. [상한]을 클릭하여 '-'가 표시 되도록 한다.
5. 위 치수 허용차 값을 입력한다.
6. 아래 치수 허용차 값을 입력하고 [확인]을 클릭한다.

치수 유형 변환

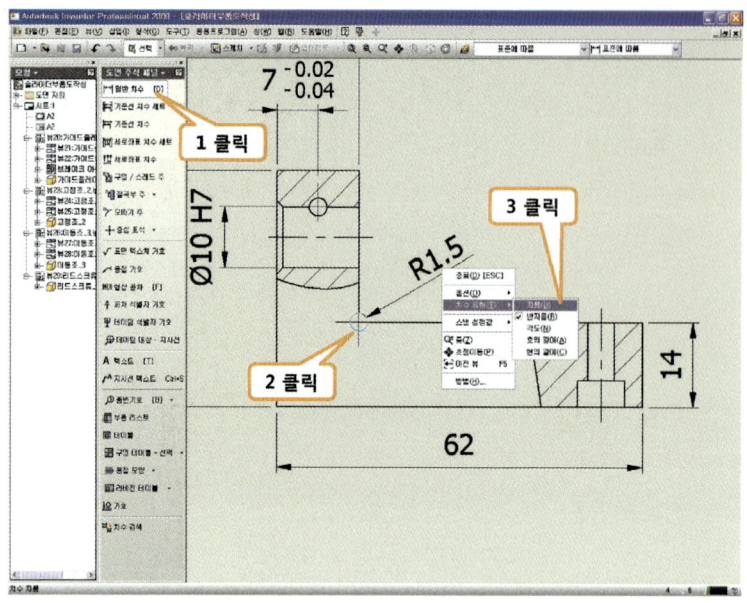

1. [일반 치수]를 클릭한다.
2. 호를 클릭한다.
3. 마우스 오른쪽 버튼을 클릭하고 [치수 유형]-[지름]을 클릭한다.(R1.5가 Ø3으로 변경된다)

구멍형상의 치수 기입

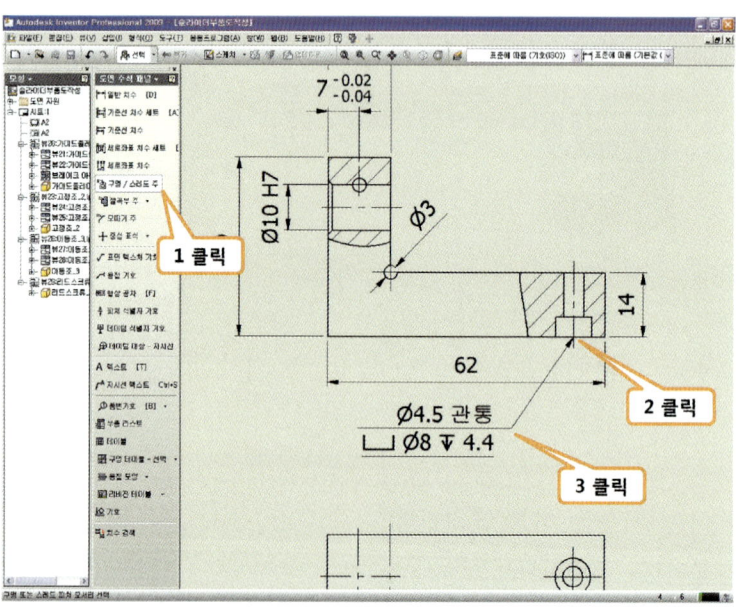

1. [구멍 / 스레드 주]를 클릭한다.
2. 구멍을 지시하는 지시선의 화살표의 위치를 결정하여 클릭한다.
3. 구멍 주가 위치할 곳을 결정하여 클릭한다.

▶ 구멍 주 편집

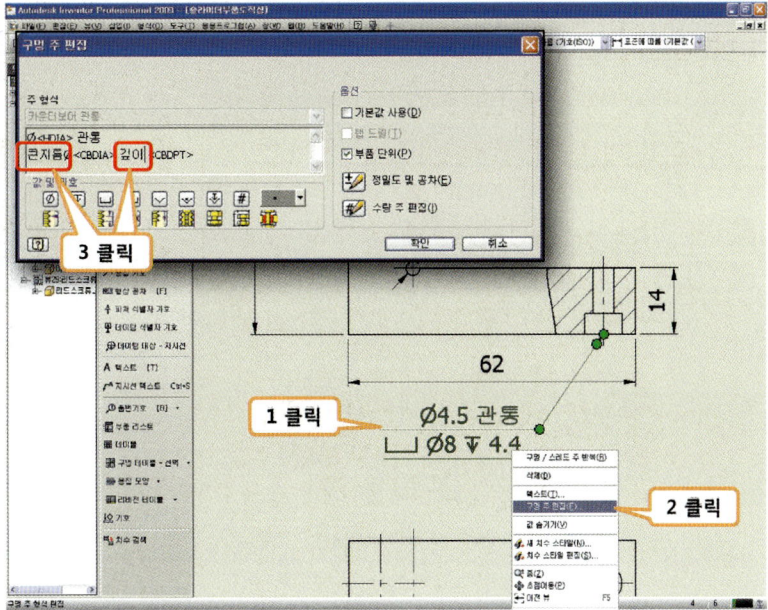

1. 구멍 주를 클릭한다.
2. 마우스 오른쪽 버튼을 클릭하여 [구멍 주 편집]을 클릭한다.
3. 그림과 같이 기호를 텍스트를 편집한다.(기호를 그대로 사용해도 무관하다)

▶ 치수편집-기본치수

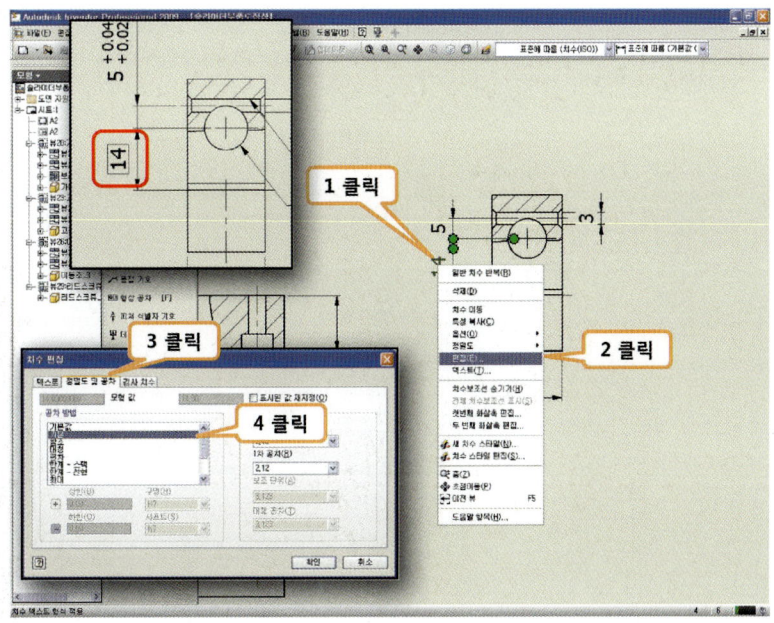

1. 치수를 한 치수로 변경된다)

모따기 치수 기입

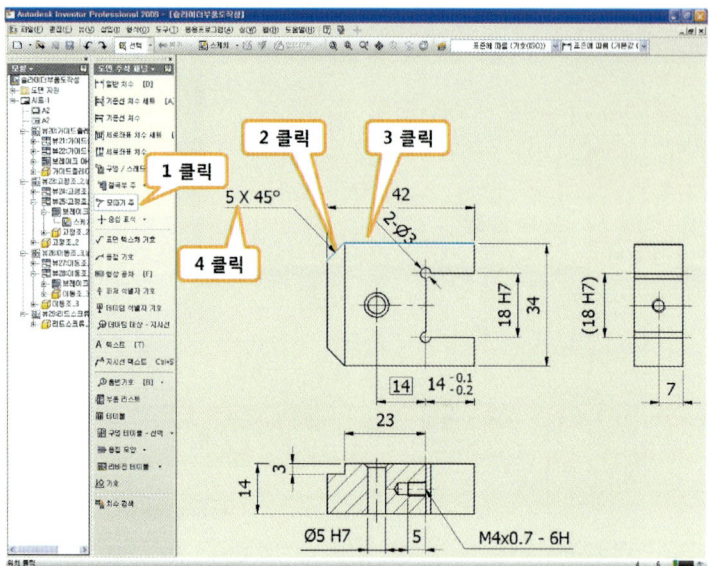

1. [모따기 주]를 클릭한다.
2. 모서리를 클릭한다.
3. 참조 선을 클릭한다.
4. 치수의 위치를 결정하여 클릭한다.

볼트 나사부 치수 기입

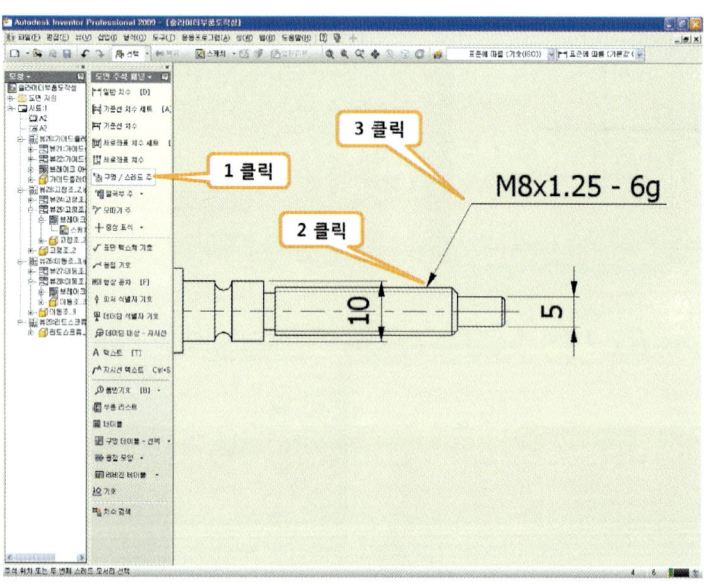

1. [구멍 / 스레드 주]를 클릭한다.
2. 나사 부를 클릭한다.
3. 치수의 위치를 결정하여 클릭한다.

지시선 텍스트

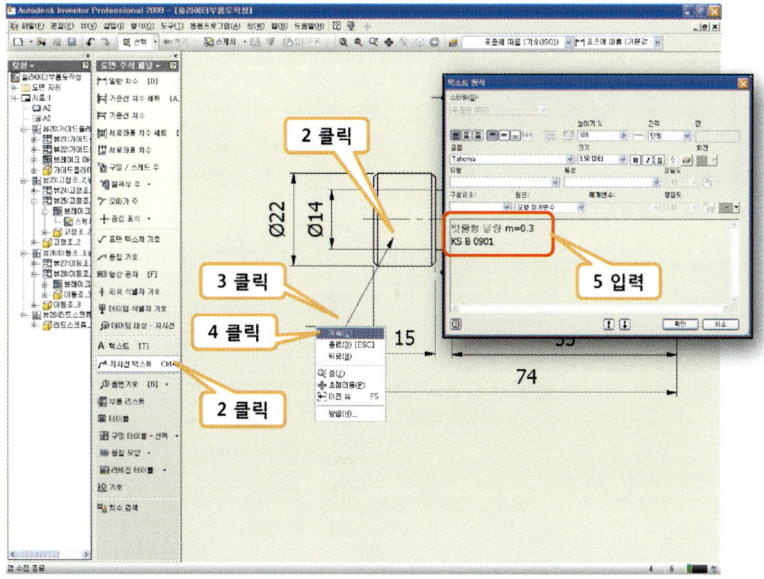

1. [지시선 텍스트]를 클릭한다.
2. 널링 작업 할 곳을 클릭한다.
3. 지시선의 방향 및 주서의 위치를 고려하여 클릭한다.
4. 마우스 오른쪽 버튼을 클릭하여 [계속]을 클릭한다.
5. 내용을 입력하고 [확인]을 클릭한다.

화살 촉 편집

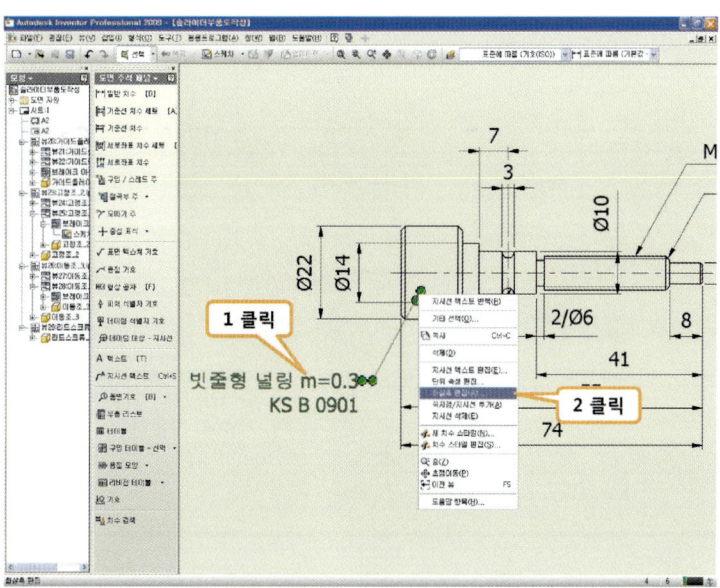

1. 지시선 텍스트를 클릭한다.
2. 마우스 오른쪽 버튼을 클릭하고 [화살촉 편집]을 클릭한다.

구멍형상 부분단면

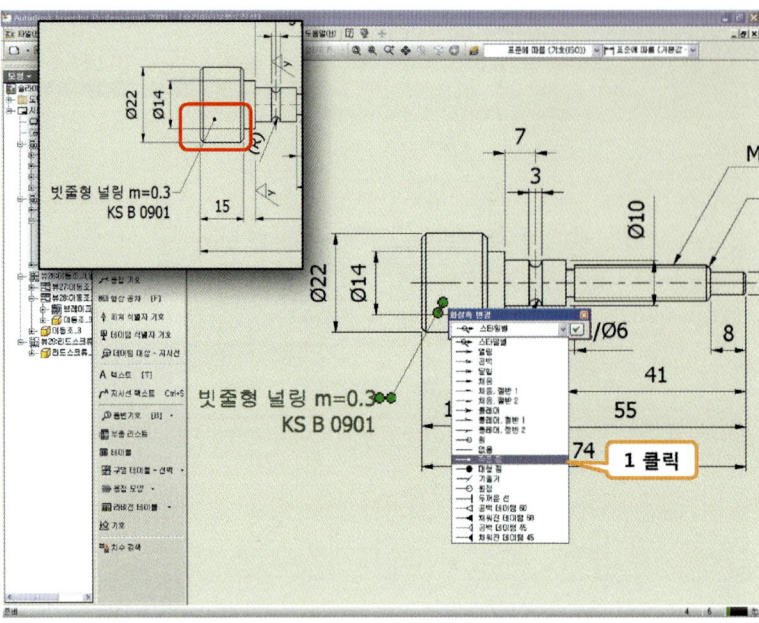

1. [화살촉 변경]-[작은 점]을 클릭한다.(점은 면을 지시할때 사용)

1번 부품의 치수기입 설명

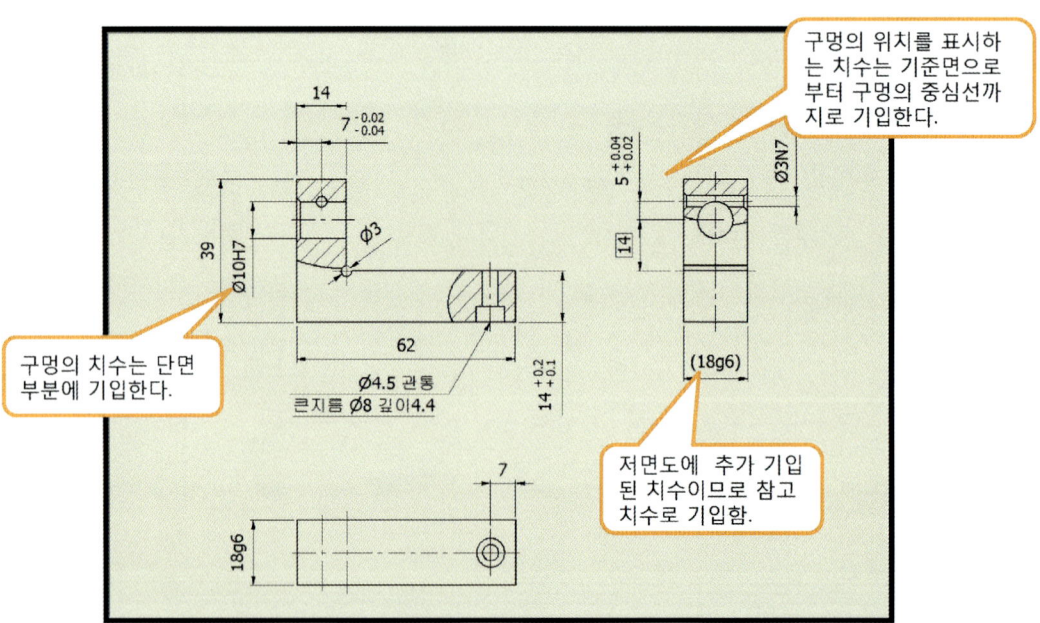

• 길이, 높이 치수의 표시 위치는 주로 정면도에 집중되며, 부분적인 특징에 따라 각 투상도에 표시될 수 있다.

- 나비 치수는 평면도나 측면도에 기입(단, 부분적인 특징에 따라 다른 투상도에 기입한다)
- 정면도에 너무 많은 치수의 기입 시 오히려 도면의 이해의 불편을 초래 할 수 있으므로 필요에 따라 각 투상도에 치수를 분산한다.(단, 정면도에 치수를 집중한다는 원칙은 잊지 않는다)

2번 부품의 치수기입 설명

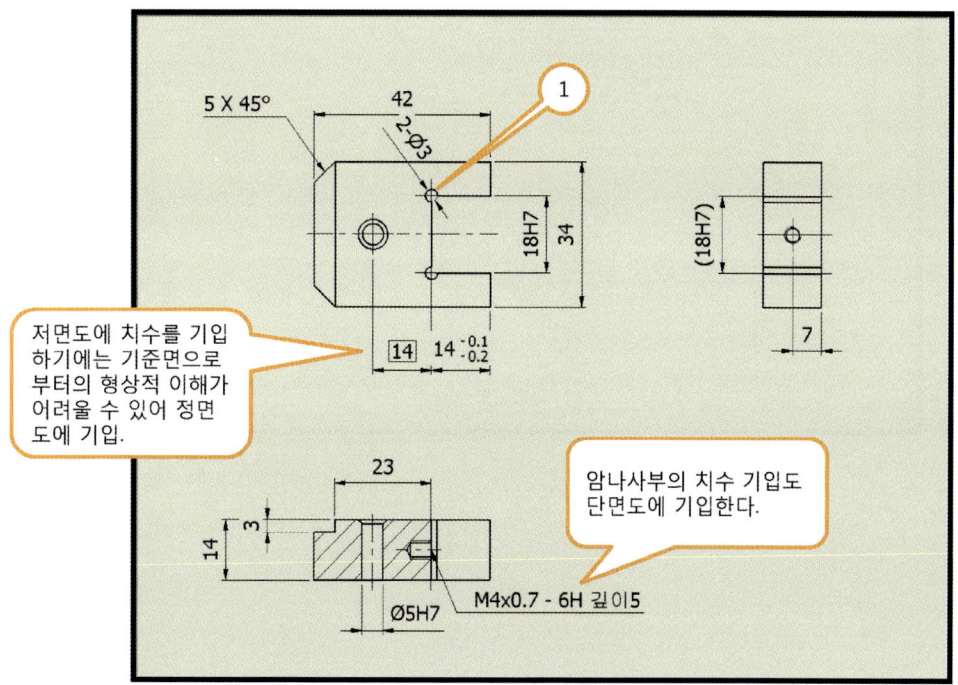

- 동일한 치수의 형상이 반복될 때는 치수를 한번만 기입 할 수 있으며 치수 앞에 개수를 기입한다.(①의 언더컷은 중심선을 기준으로 양쪽에 동일한 형상이므로 치수 앞에 개수를 기입하는 방식으로 두 개를 지시할 수 있다.)
- 암나사부의 치수 기입은 단면에 기입하되 부분적인 특징에 따라 치수선으로 기입할 수 있다. (단면은 명확한 형상을 표현하였으므로 치수를 집중기입)

3번 부품의 치수기입 설명

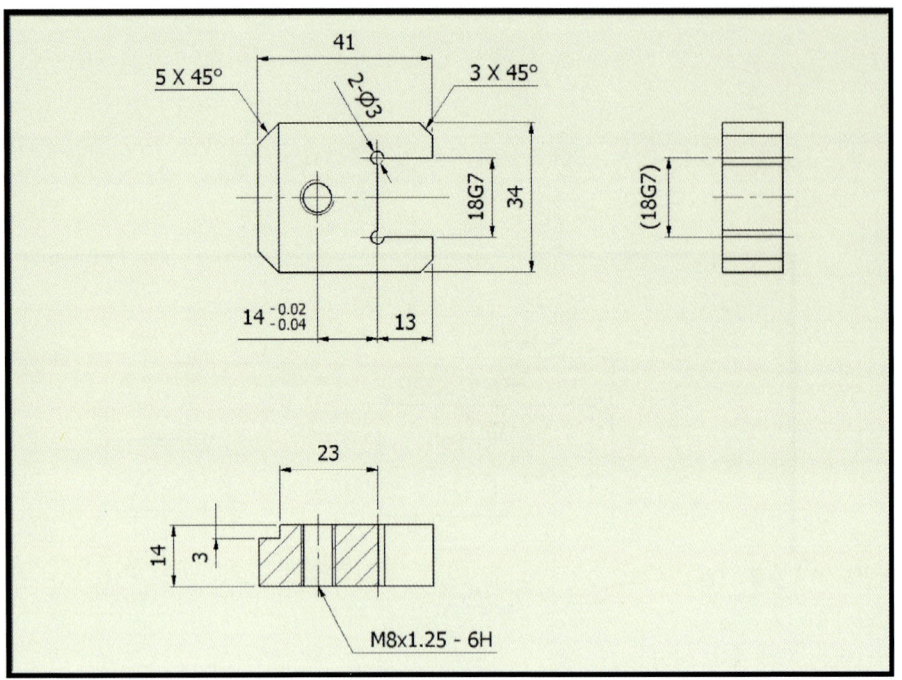

- 2번 부품(고정조)와 치수 기입의 원칙이 크게 다르지 않음.

4번 부품의 치수기입 설명

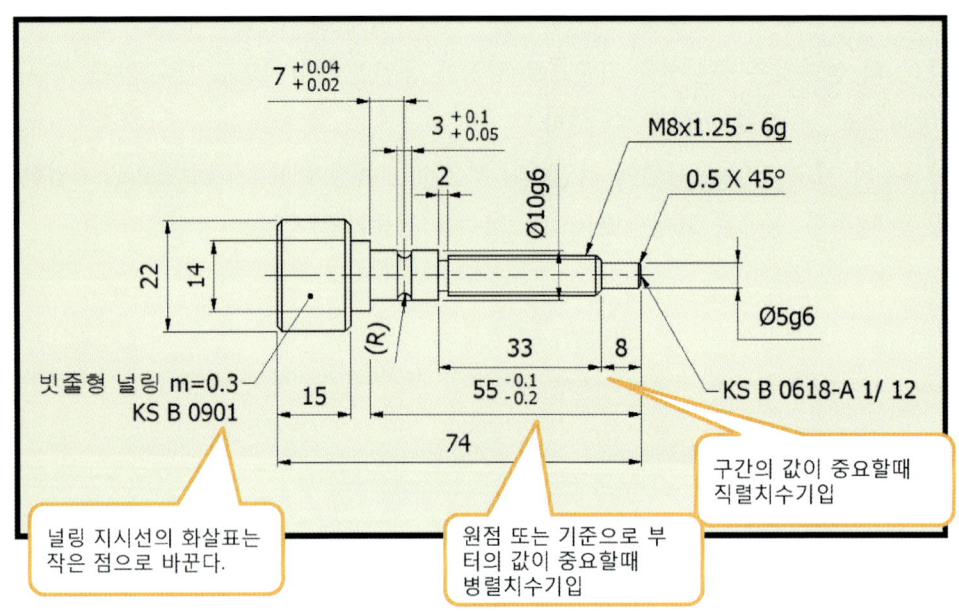

- 축의 길이 치수는 전체 길이 치수 하위에 모든 치수를 기입하지 않는다.(부품의 가공을 고려하였을 때 하위치수를 모두 기입 시 공차누적에 의한 전체 길이를 만족하지 못하는 경우가 발생할 수 있다.)
- 치수기입은 직렬치수와 병렬치수를 복합적으로 사용하는 것이 바람직하다.

1번 부품의 공차 및 끼워맞춤 설명

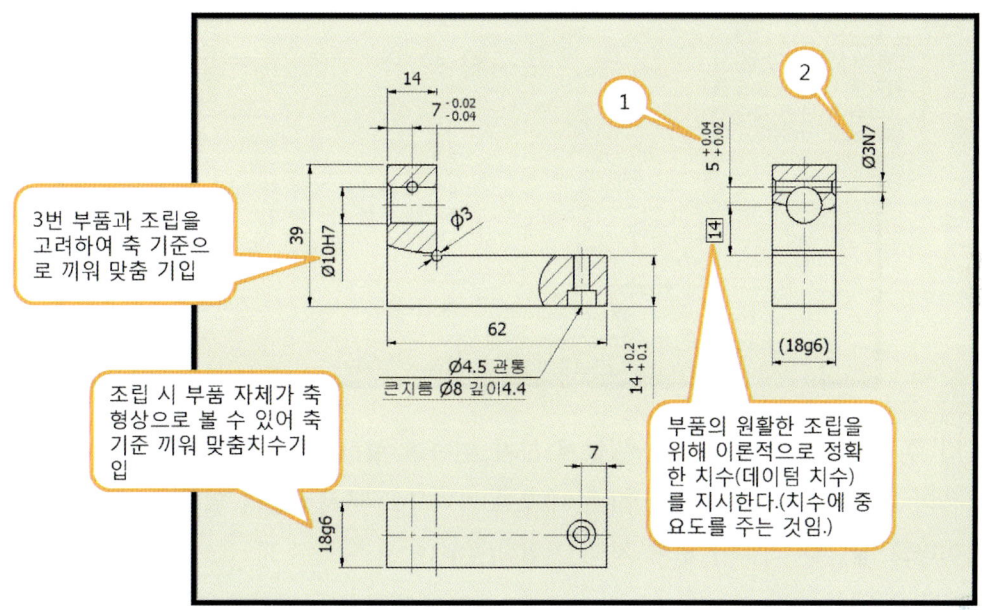

- 실제 부품을 도면에 기입된 완성 치수대로 오차 없이 가공하기는 힘들다. 따라서 기계부품의 용도와 경제성 등을 고려하여 알맞은 가공 정도 및 공차를 정해주는 것은 다른 부품과의 조립에 있어 매우 중요하다.
- 두 구멍의 간격이 작을 때는 리드스크류가 원활히 돌지 못할 수 있어 두 구멍의 간격이 커지도록 (+)방향의 공차기입(①)
- 핀이 끼워졌을 때를 고려하여 끼워 맞춤 기입.(규격집 내용 등을 확인)(②)
- '18g6'은 고정조, 이동조와 조립 시 원활한 운동을 할 수 있도록 헐거운 끼워 맞춤으로 지정함.

2번 부품의 공차 및 끼워맞춤 설명

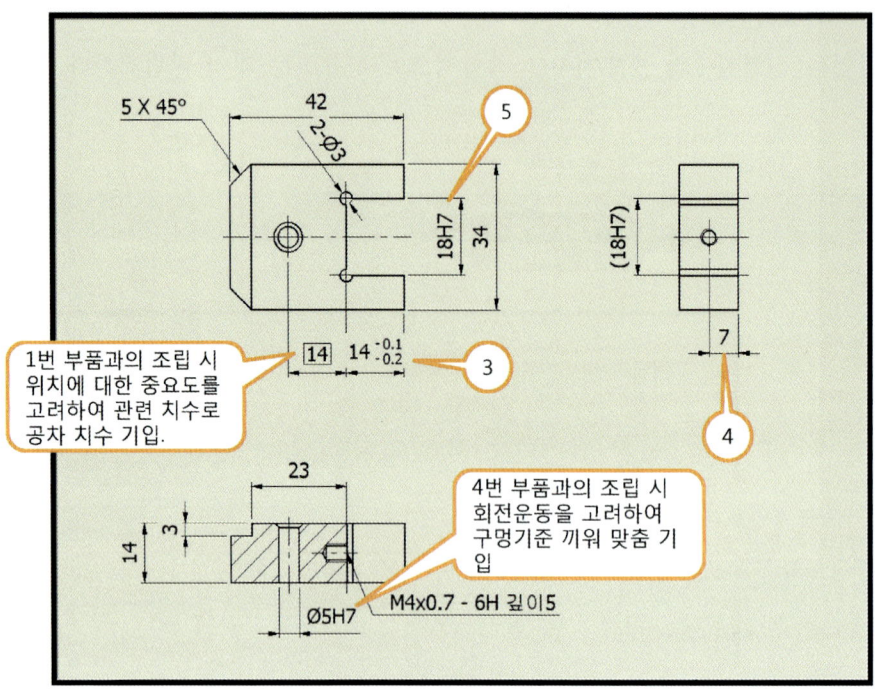

- 조립 후 바닥 면이 바닥에 닿지 않게 하기 위하여 항상 짧도록 (-)공차를 기입(③)
- 부품의 나비(폭)가 14이지만 상하가 대칭이 아니므로 나사구멍의 위치가 나비의 절반인 7지점이라고 판단할 기준이 없어 치수 기입함(④)
- '18H7'은 베이스와 조립시 내측의 형상을 가지게 되므로 구멍기준식 끼워 맞춤 공차를 적용 기입(⑤).

3번 부품의 공차 및 끼워맞춤 설명

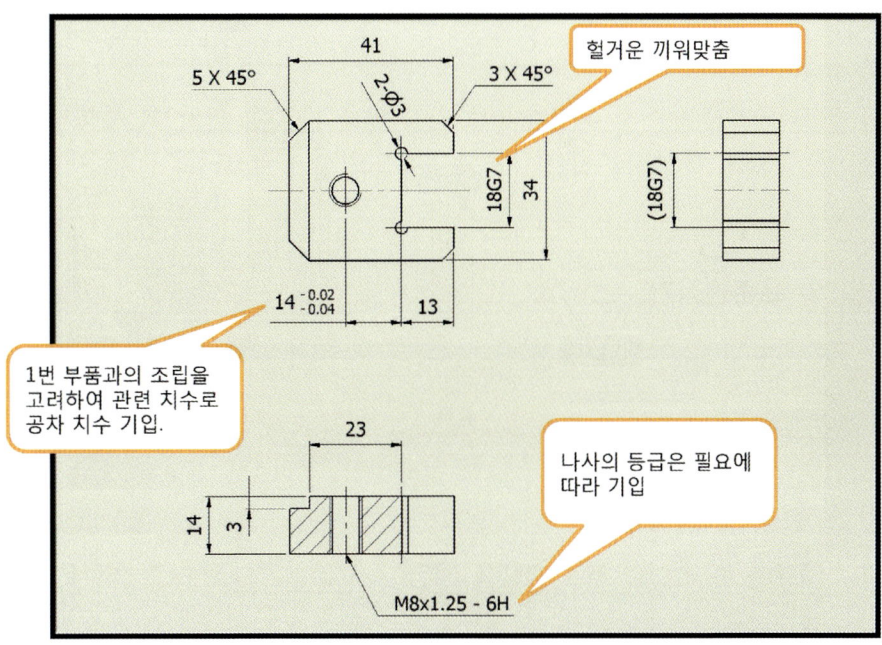

- 구멍기준식 끼워 맞춤을 고려하여 치수를 기입한다.
- 나사의 등급은 필요에 따라 기입하거나 기입하지 않을수 있다.
- 슬라이드의 기능은 원활한 이동이 보장되어야 하므로 18G7 적용기입한다.

4번 부품의 공차 및 끼워맞춤 설명

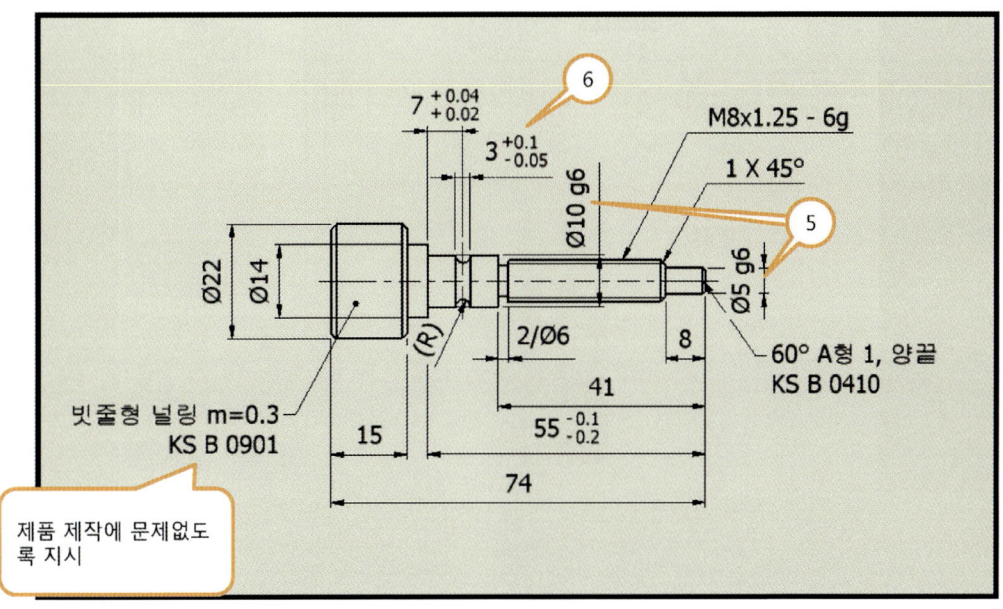

- 널링 등과 같이 인벤터의 기능상 표현이 어렵더라도 최종 제품 제작이 가능하도록 기입하도록 한다(표현 할수 있는 고유 기능이 없더라도 KS 기계제도 원칙에 최대한 근접하게 지시)
- 리드스크류의 원활한 회전을 위해 구멍기준(H)의 끼워맞춤에 축기준식 헐거운 끼워 맞춤 기입(⑤)
- Ø3(⑥) 은 (+)공차를 주어서 크기가 (-로 가지 않게 하였다. 만약 이 부분의 크기가 작아질 경우 리드스크류가 원활하게 회전을 하지 못할 수 있기 때문이다.

스타일 및 표준편집기

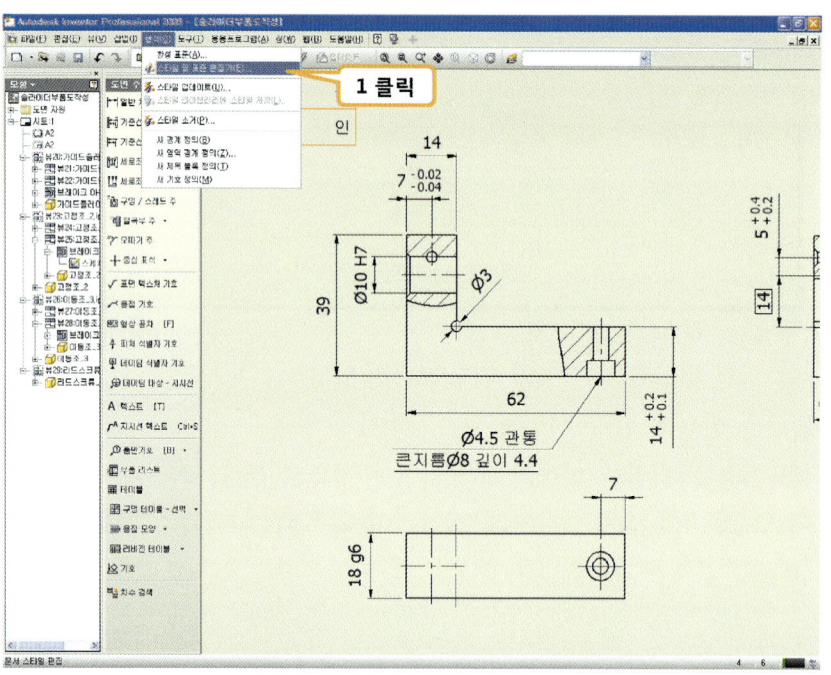

1. [형식]-[스타일 및 표준 편집기]를 클릭한다.

스타일 및 표준편집기 – 표면거칠기

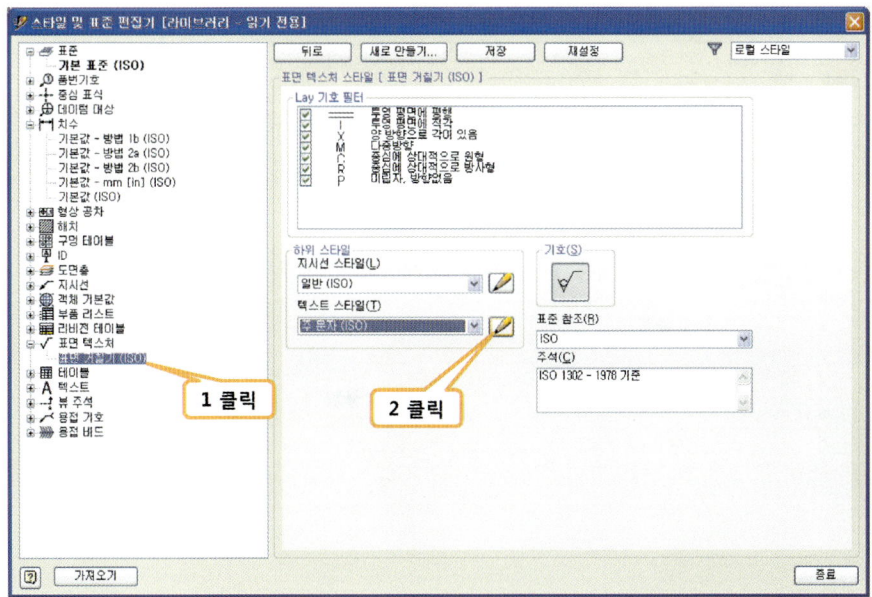

1. [표면 텍스쳐]-[표면 거칠기]를 클릭한다.
2. [텍스트 스타일 편집]을 클릭한다.

스타일 및 표준편집기 – 새스타일이름

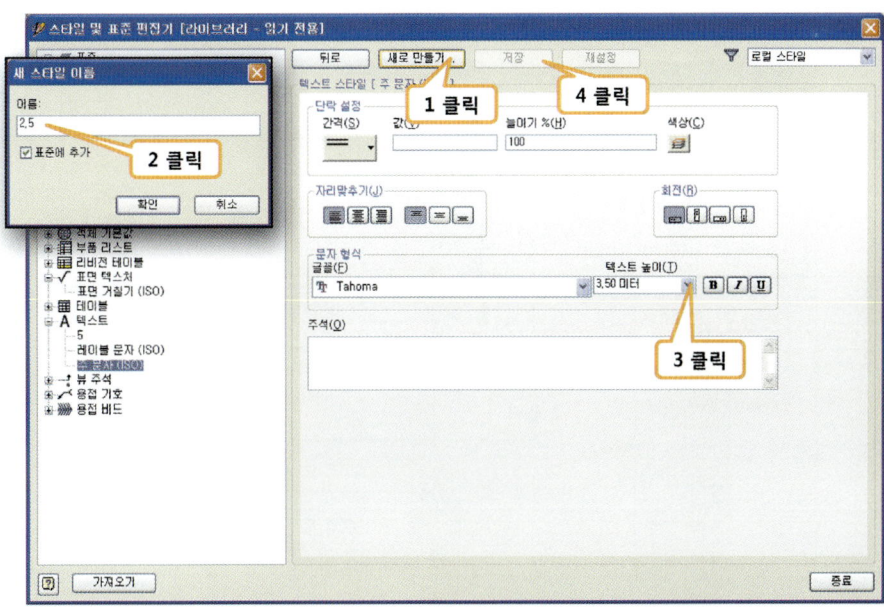

1. [새로 만들기]를 클릭한다.
2. 클릭하여 새로 만들 텍스트 스타일의 이름을 정하여 입력한다.
3. 클릭하여 텍스트의 높이 값을 입력한다.
4. [저장]을 클릭한다.(대화상자 내 값이 변경되면 버튼이 활성화 된다)

스타일 및 표준편집기 – 새스타일적용

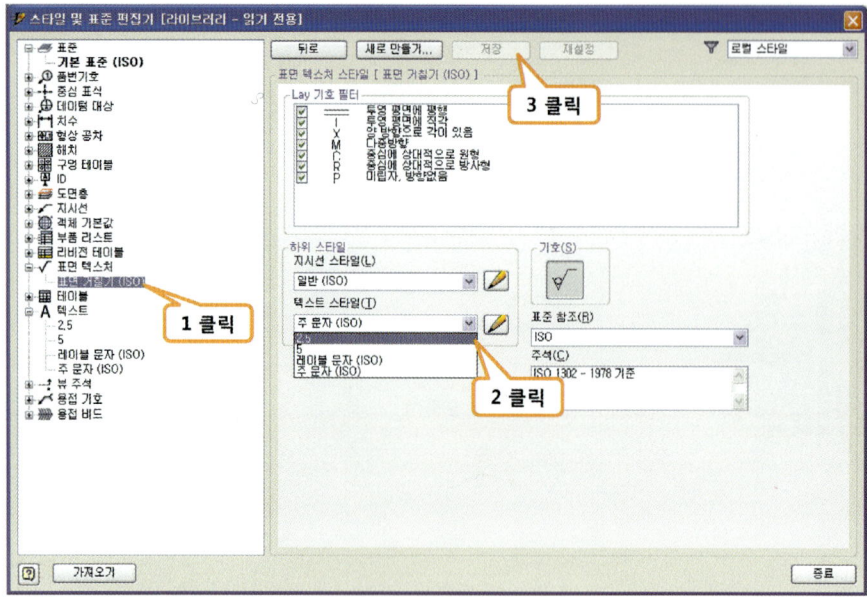

1. [표면 텍스쳐]-[표면 거칠기]를 클릭한다.
2. [텍스트스타일]을 클릭하여 스타일(2.5)을 선택한다.
3. [저장]을 클릭하고 [종료]을 클릭한다.

표면 거칠기 기입

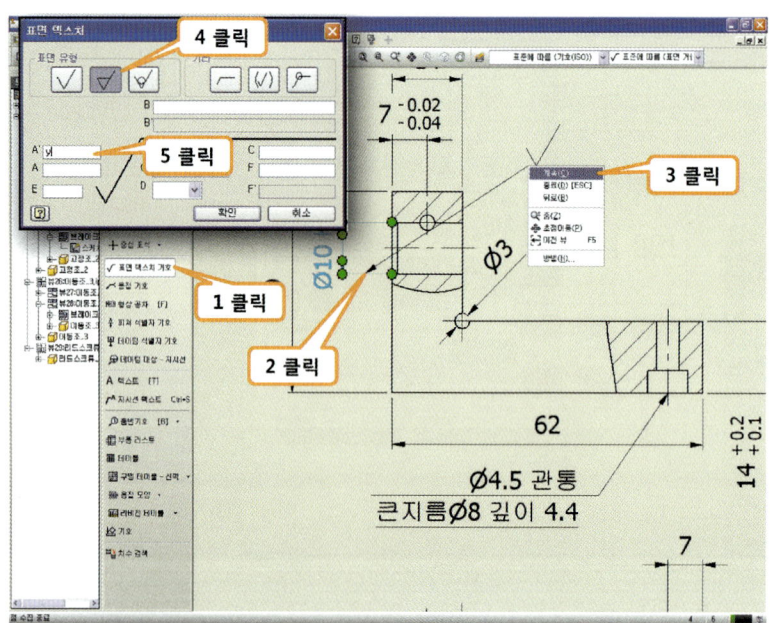

1. [표면 텍스쳐 기호]를 클릭한다.
2. 거칠기 기호를 기입할 선을 클릭한다.

3. 기호의 방향을 마우스를 움직여 정한 후 마우스 오른쪽 버튼을 클릭하고 [계속]을 클릭한다.
4. [재질 제거가 요구됨]을 클릭한다.
5. 거칠기 값을 입력하고 [확인]을 클릭한다.

▶ 지시선을 이용한 표면 거칠기 기입

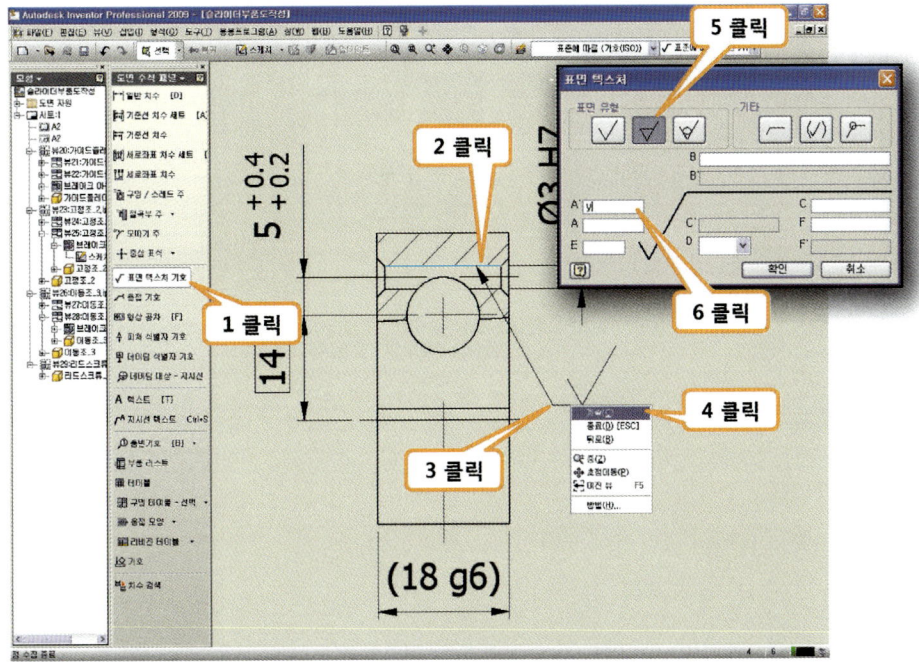

1. [표면 텍스쳐 기호]를 클릭한다.
2. 거칠기 기호를 기입할 선을 클릭한다.
3. 지시선의 방향과 거칠기 기호의 위치를 고려하여 클릭한다.
4. 마우스 오른쪽 버튼을 클릭하여 [계속]을 클릭한다.
5. [재질 제거가 요구됨]을 클릭한다.
6. 거칠기 값을 입력하고 [확인]을 클릭한다.

치수 편집 – 참고치수

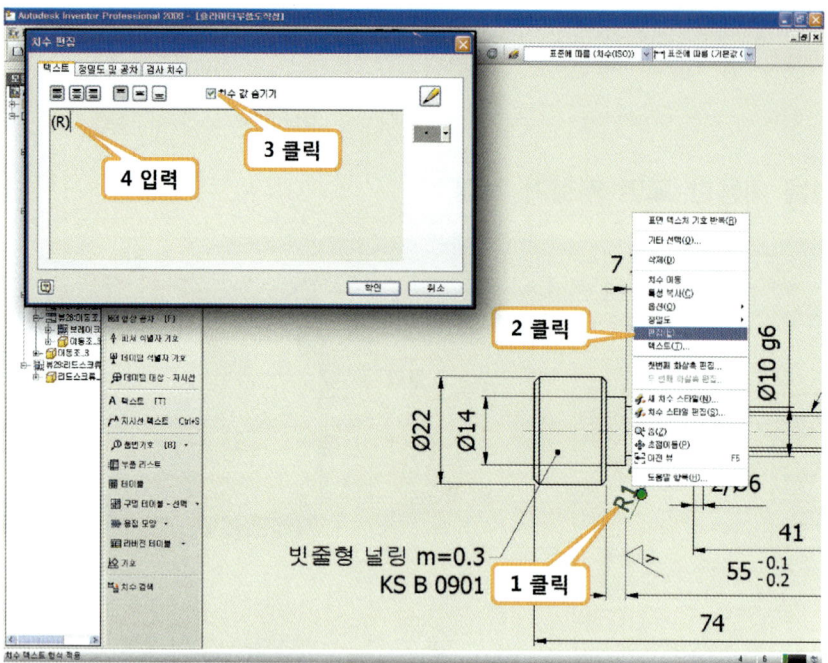

1. 치수를 클릭한다.
2. 마우스 오른쪽 버튼을 클릭하여 [편집]을 클릭한다.
3. [치수 값 숨기기]를 클릭하여 체크한다.
4. 변경할 텍스트를 입력한 후 [확인]을 클릭한다.(R1.5가 (R)로 변경된다)

형상 공차 기입

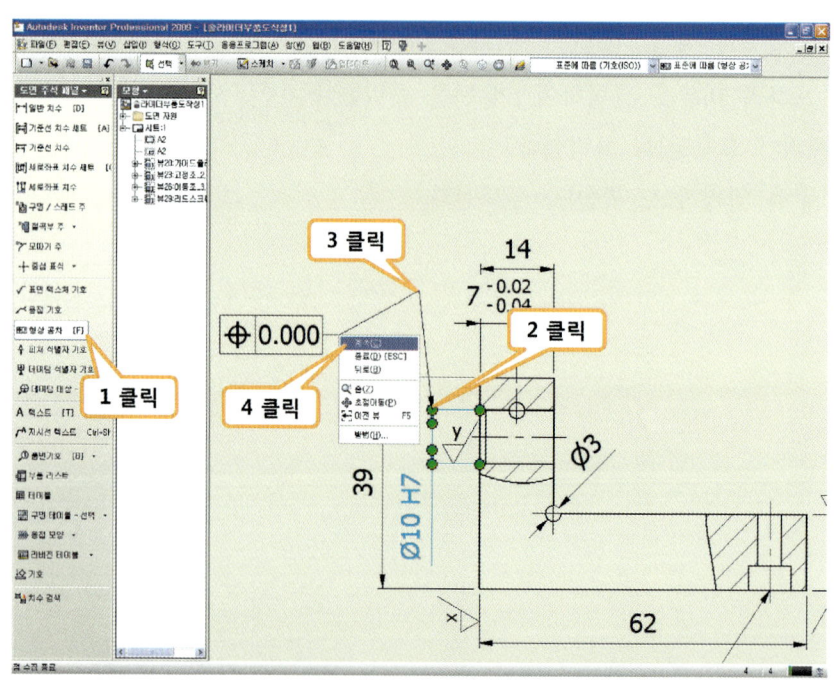

1. [형상 공차]를 클릭한다.
2. 공차가 기입될 위치를 클릭한다.
3. 지시선의 위치를 결정하여 클릭한다.
4. 마우스 오른쪽 버튼을 클릭하고 [계속]을 클릭한다.

형상 공차 대화상자

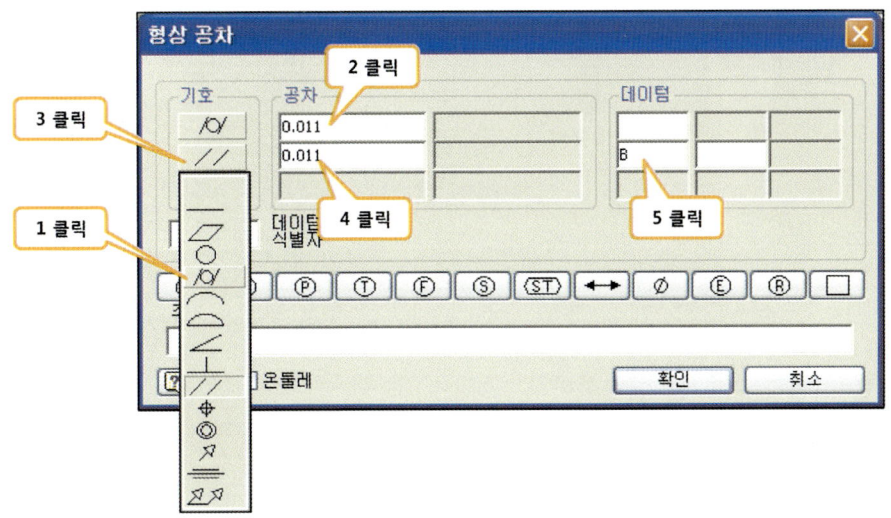

1. [형상 특성기호]-[원통형]을 클릭한다.(KS의 원통도와 같다)
2. [공차]를 클릭하여 값을 입력한다.(IT등급에 맞게 입력하나 제품의 전체적 가공정도를 고려하는것이 바람직하다. 과도한 규제 삼가)
3. [형상 특성 기호]-[평행]을 클릭한다.(KS의 평행도와 같으며 1개 이상의 공차기입을 허용한다)
4. [공차]값을 입력한다.
5. [데이텀]을 클릭하여 영문대문자를 입력하고 확인을 클릭한다.

데이텀 기입

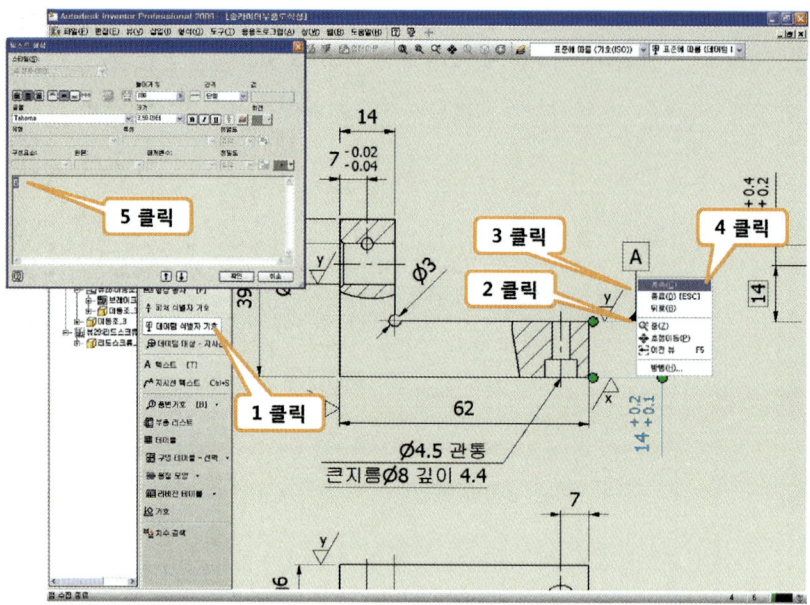

1. [데이텀 식별자 기호]를 클릭한다.
2. 기입할 위치를 클릭한다.
3. 보조선의 길이를 고려하여 클릭한다.
4. 마우스 오른쪽 버튼을 클릭하여 [계속]을 클릭한다.
5. 데이텀 식별자(영문대문자)를 입력하고 [확인]을 클릭한다.

1번 부품의 기하공차 및 표면거칠기 설명

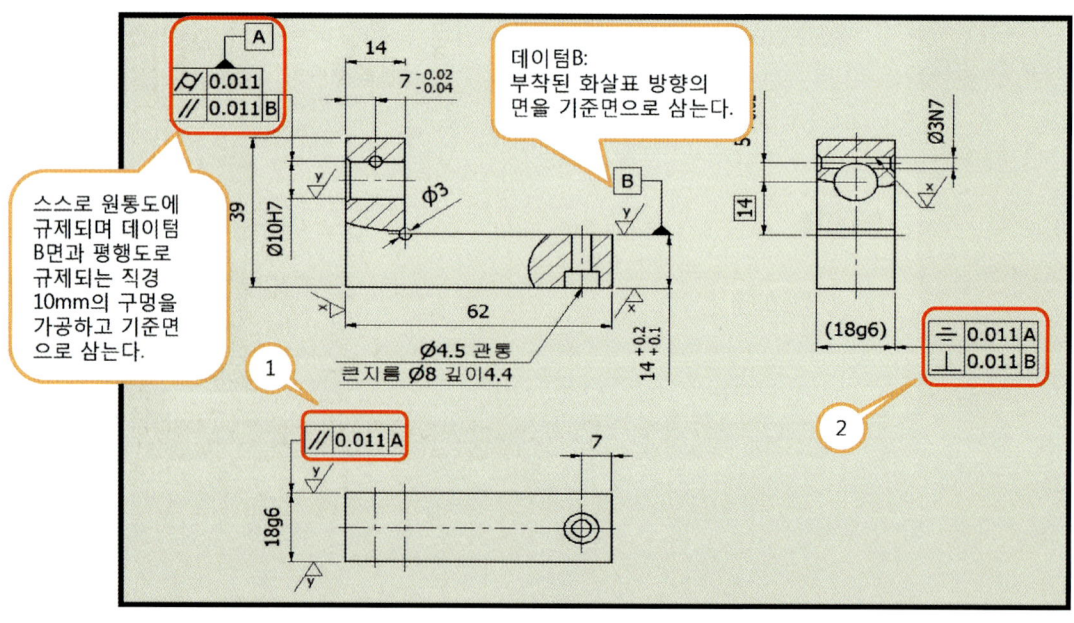

- 표면거칠기의 기입은 정밀한 운동이 요구되는 연삭가공 이상의 면은 y(Ra0.8이하)로 부여하고 밀링, 선반 가공으로 끼워맞춤이 필요한 정삭 이상의 면은 x(Ra3.2이하)로 규정한다. 또한 황삭 등의 가공 면은 w(Ra12.5이하)로 규정한다.(가공영역이 가장 큰 거칠기는 품번 옆에 별도로 표기하고 부품에 직접기입은 피한다)
- ①은 잘 가공된 직경10mm의 구멍(데이텀A)을 기준으로 18mm의 가공면의 평행도 규제 가공 지시임.
- ②은 데이텀A 구멍을 기준으로 대칭도 규제 가공과 데이텀 B면을 기준으로 직각도 규제 가공 지시임.

2번 부품의 기하공차 및 표면거칠기 설명

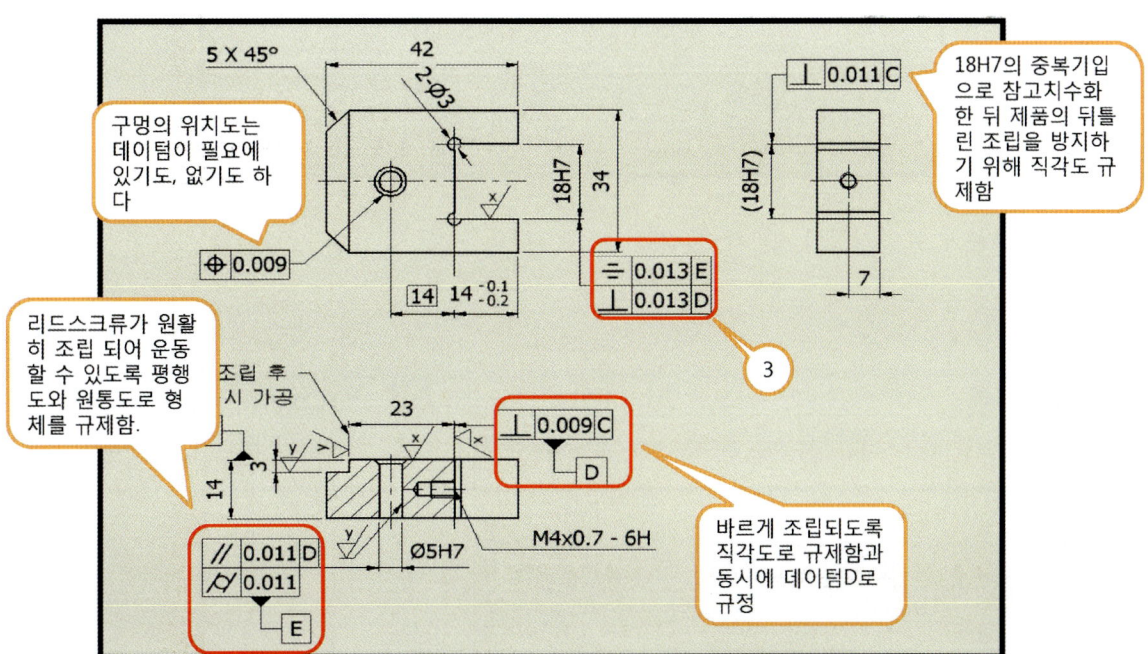

- 표면거칠기, 기하공차, 끼워맞춤공차는 집중된다. (가공 중요도가 높은곳)
- 제품을 물게 되는 부분은 높은 정도를 요구하므로 y로 규제하며 그 외 일반적인 접촉 부는 x로 규제함.(지시가 없는 부분은 w이다.)
- 가이드 블럭와 조립 시 ③은 (18H7)이 원활한 조립을 이루기 위해 직각도 및 대칭도로 규제를 함.

3번 부품의 기하공차 및 표면거칠기 설명

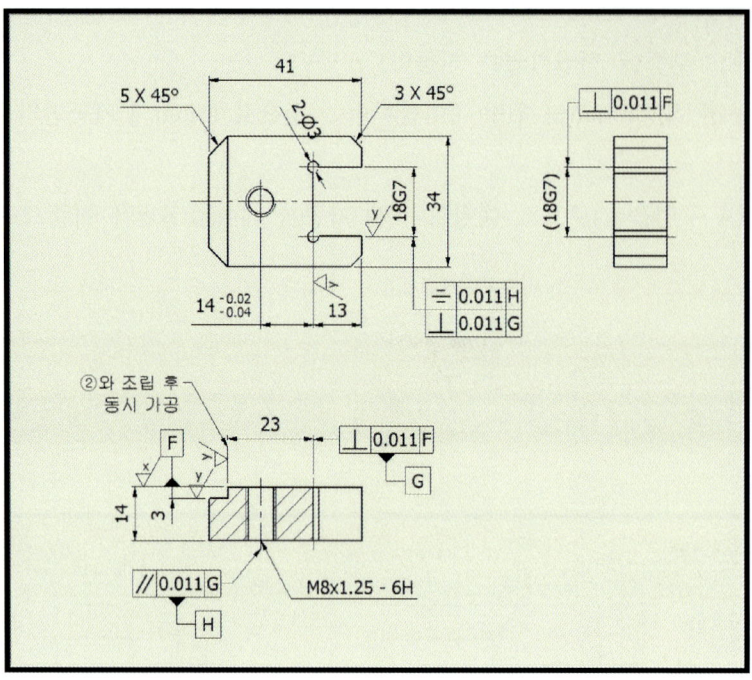

- 2번 부품과 표면거칠기 및 기하공차의 규제사항의 크게 다르지 않음.

4번 부품의 기하공차 및 표면거칠기 설명

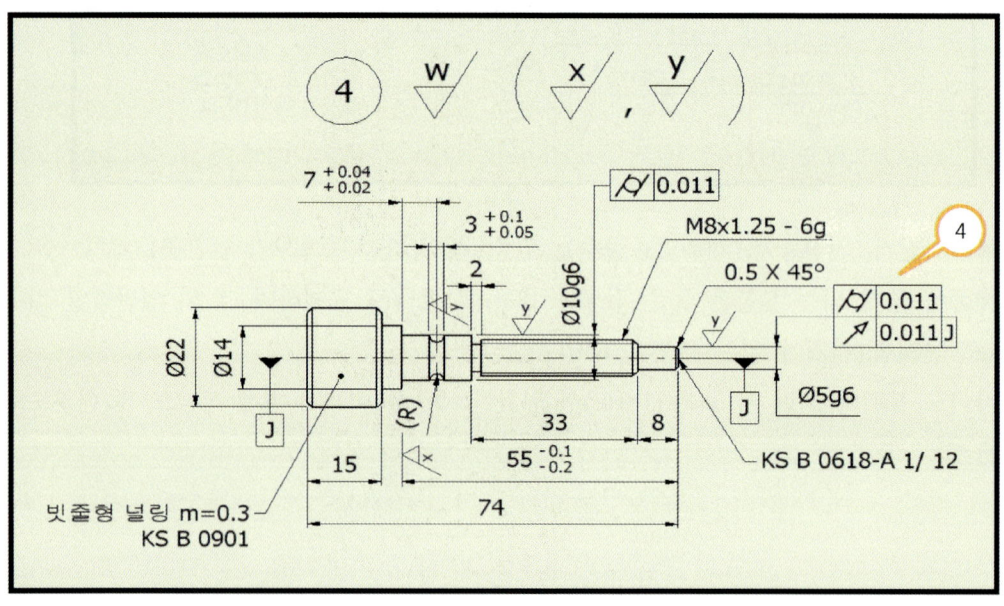

- 상대부품과 맞물게 되는 부분은 높은 정도를 요구하므로 y로 규제하며 그 외 일반적인 접촉부는 x로 규제함.(지시가 없는 부분은 w이다.)
- 완성 축의 측정을 고려하여 규제하므로 중심축이 일반적으로 데이텀(벤치센터 등을 이용하여 흔들림 측정) 또는 중요도가 높은 원통이 데이텀이 된다.
- 회전 가공 부품 및 회전체는 원주 흔들림 및 온 흔들림의 기하공차로 규제하는 것이 적당하다.(④)

개별 주서 기입 - 품번옆 대표 표면거칠기

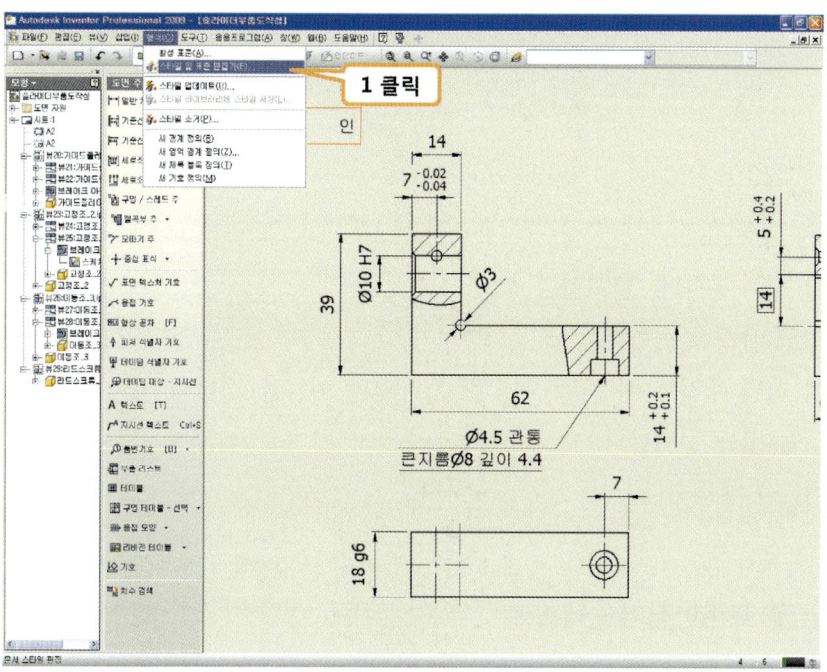

1. [형식]-[스타일 및 표준 편집기]를 클릭한다.

스타일 및 표준편집기 – 텍스트

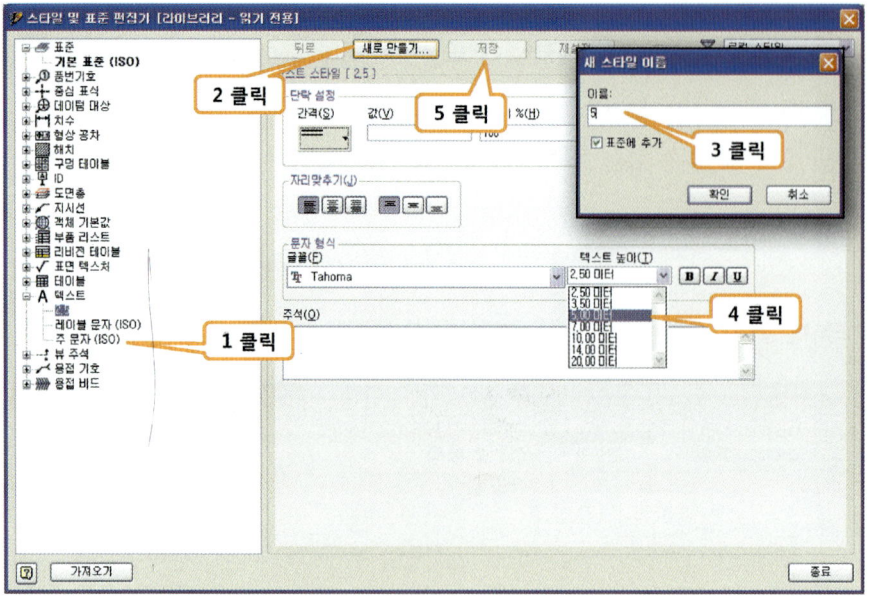

1. [텍스트]-[주 문자]를 클릭한다.
2. [새로 만들기]를 클릭한다.
3. [이름]에 개별 주서에 사용 할 텍스트 스타일의 이름을 정하여 입력한뒤 확인을 클릭한다.
4. [텍스트 높이]를 선택한다.
5. [저장]버튼을 클릭한다.

스타일 및 표준편집기 – 텍스트

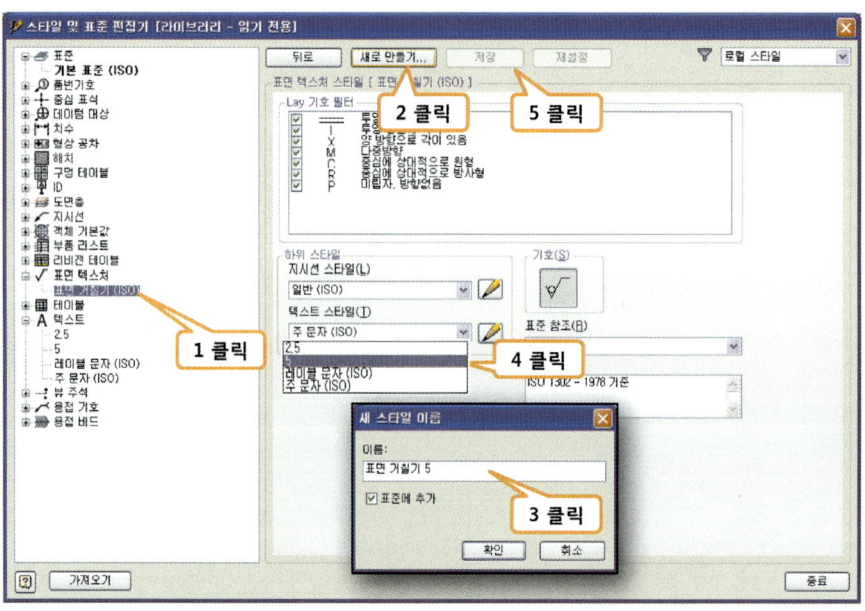

1. [표면 텍스쳐]-[표면 거칠기]를 클릭한다.
2. [새로 만들기]를 클릭한다.
3. 클릭하여 새로 만들 표면 거칠기의 이름을 정하여 입력한다.
4. 클릭하여 개별 주서에 사용하려고 만든 텍스트 스타일을 클릭한다.
5. [저장]을 클릭하고 [종료]를 클릭한다.

개별 주서 기입

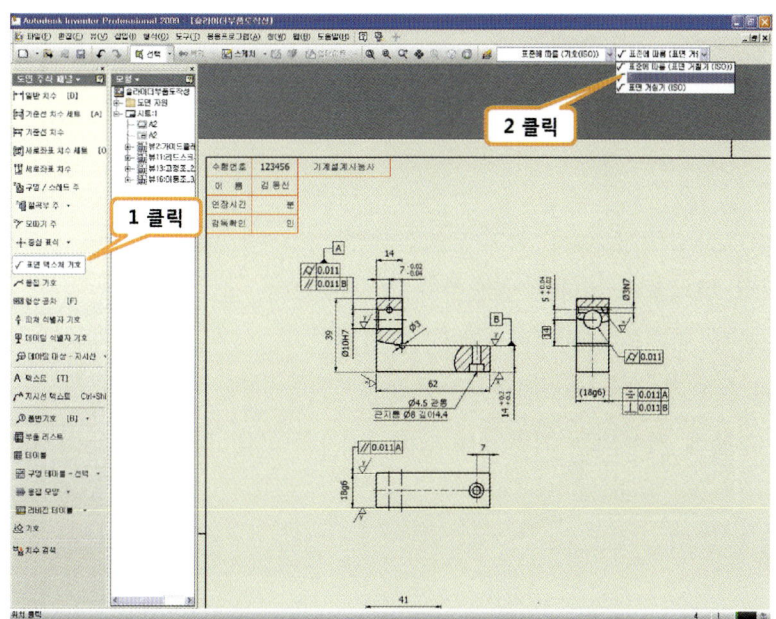

1. [표면 텍스쳐 기호]를 클릭한다.
2. 클릭하여 개별 주서에 사용 할 거칠기를 선택한다.

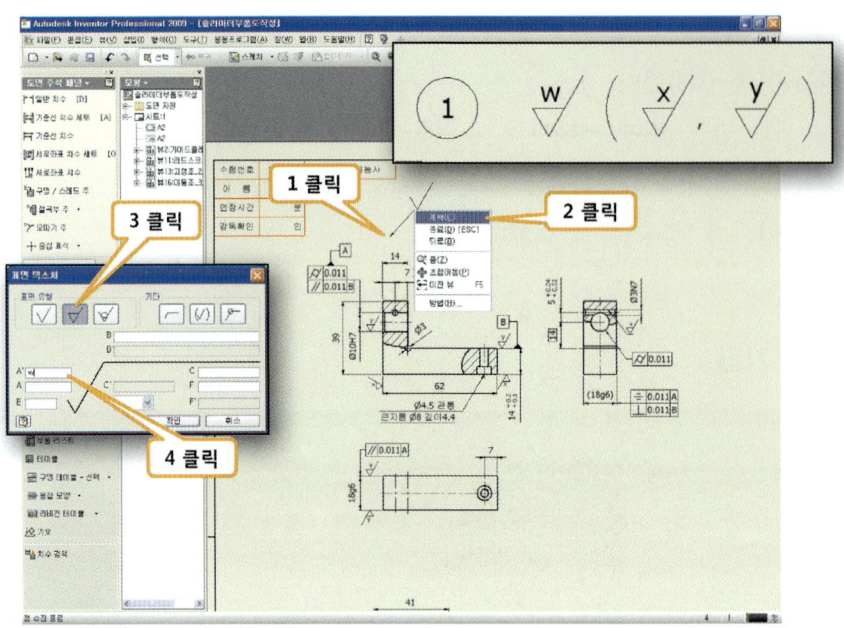

1. 개별 주서의 위치를 고려하여 클릭한다.
2. 마우스 오른쪽 버튼을 클릭하여 [계속]을 클릭한다.
3. [재질 제거가 요구됨]을 클릭한다.
4. 클릭하여 부품에 사용되는 거칠기를 입력하고 [확인]을 클릭한다.

품번기호 스타일

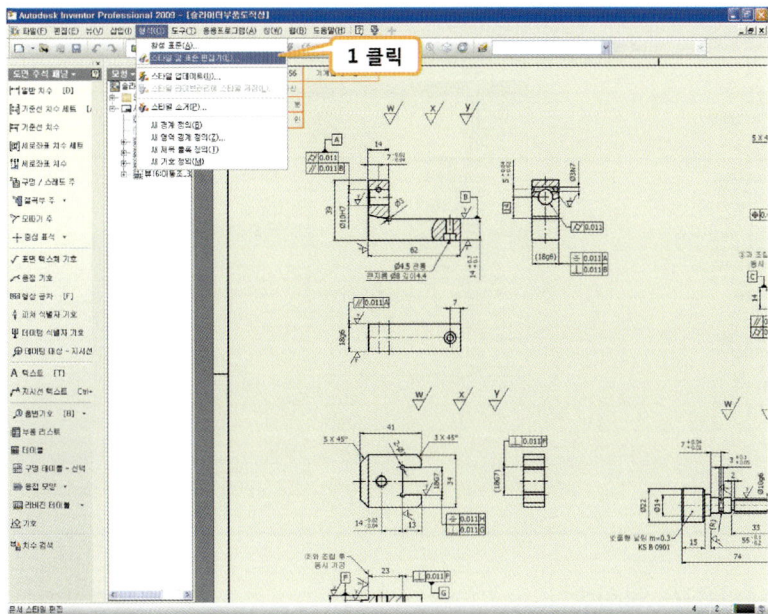

1. [형식]-[스타일 및 표준 편집기]를 클릭한다.

스타일 및 표준편집기 – 품번기호

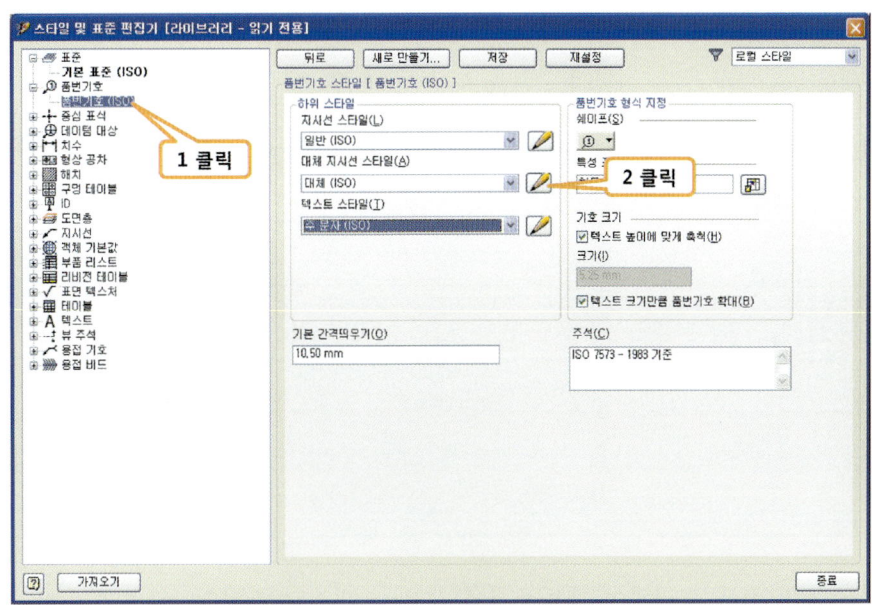

1. [품번 기호 (ISO)]를 클릭한다.
2. [지시선 스타일 편집]을 클릭한다.

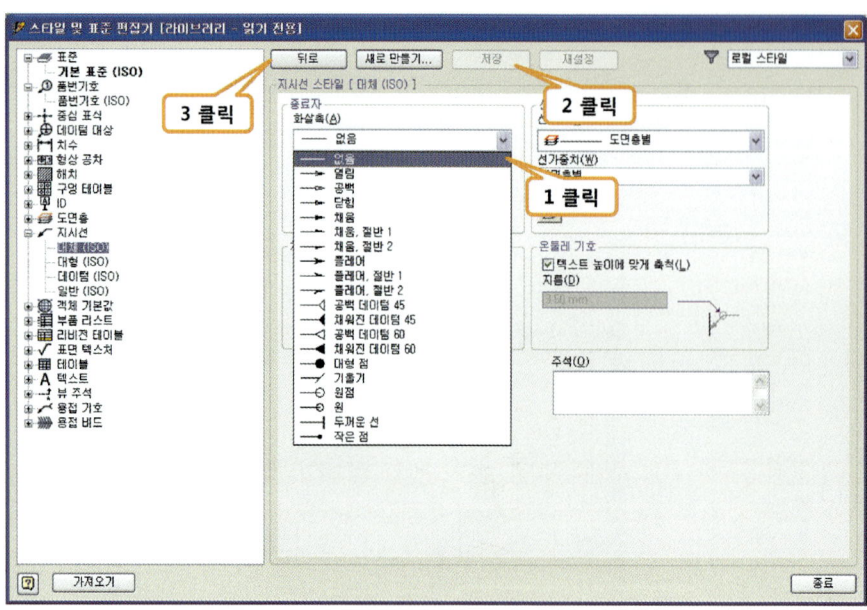

1. [화살촉]-[없음]을 클릭한다.
2. [저장]을 클릭한다.
3. [뒤로]를 클릭한다.

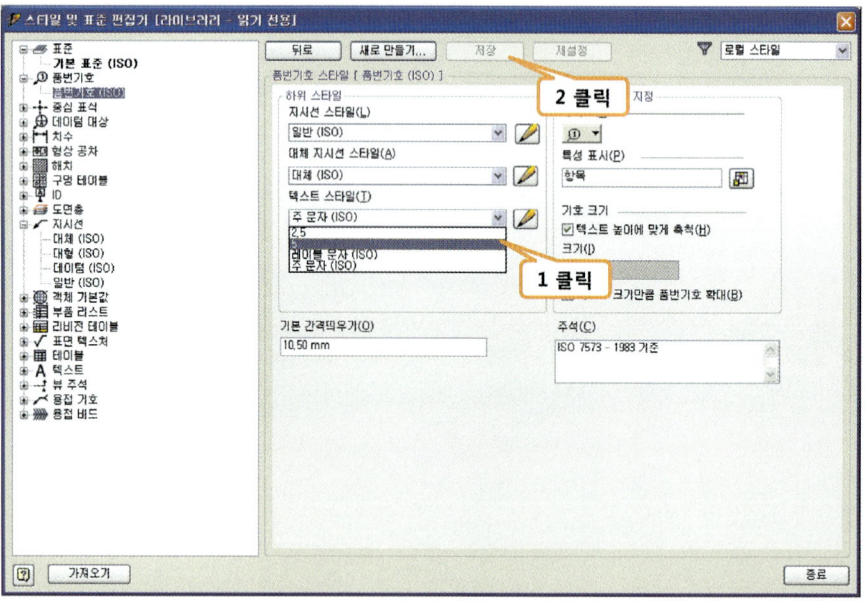

1. [텍스트 스타일]을 클릭하여 개별주서에 사용한 텍스트 스타일 [5]을 클릭한다.
2. [저장]을 클릭하고 [종료]한다.

품번기호

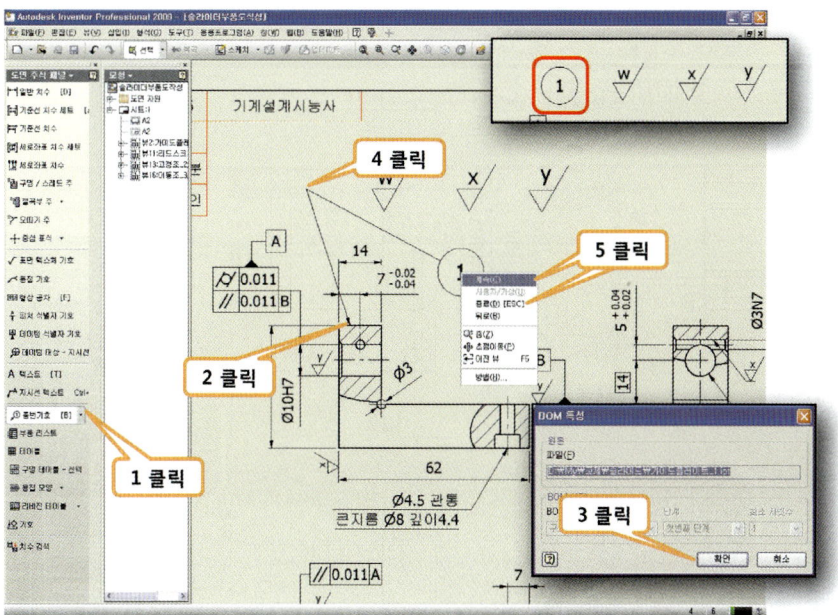

1. [품번 기호]를 클릭한다.
2. 구성요소를 클릭한다.
3. [BOM 특성]의 [확인] 을 클릭한다.
4. 품번 기호가 위치할 곳을 결정하여 클릭한다.
5. [계속]을 클릭하여 다른 부품에도 품 번 기호를 부여하고 끝마치려면 [종료]를 클릭한다.

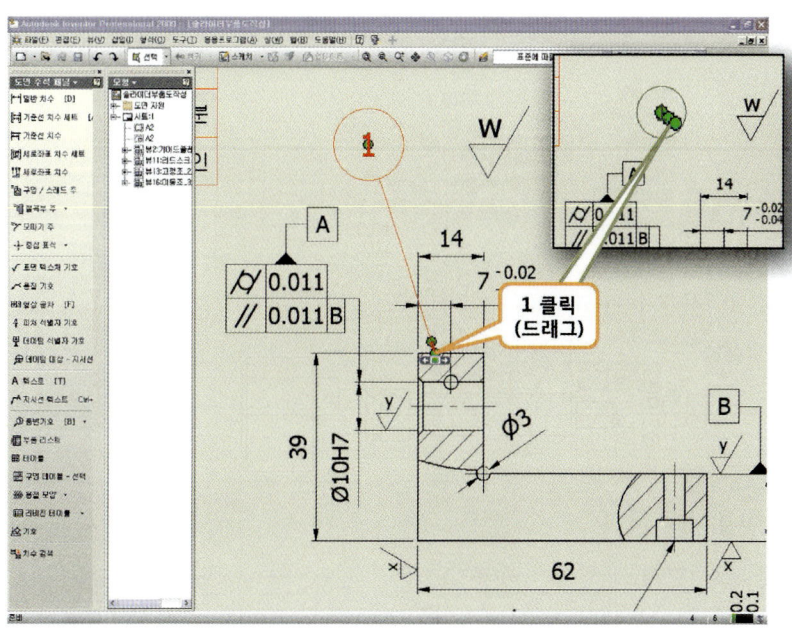

1. 화살 촉의 끝을 클릭 드래그하여 그림과 같이 원의 안에 위치하게 한다.(지시선이 사라진게 된다.)

스케치

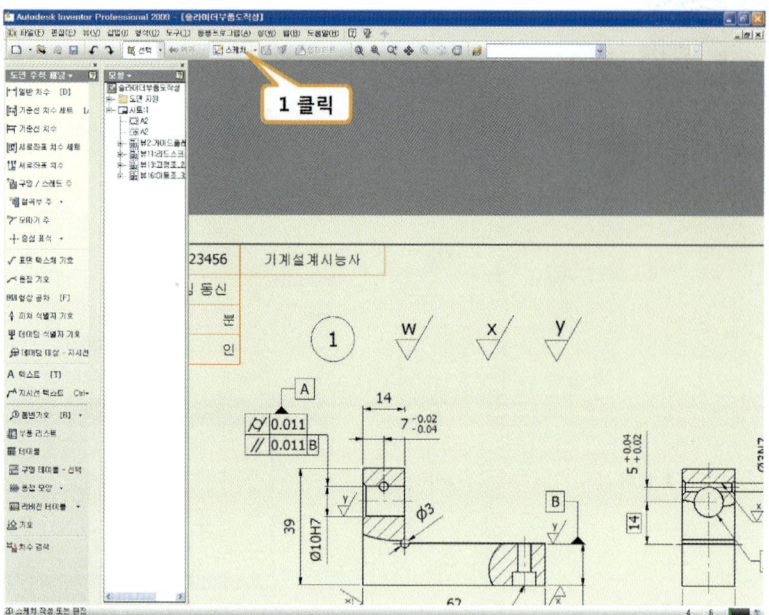

1. [스케치]를 클릭한다.

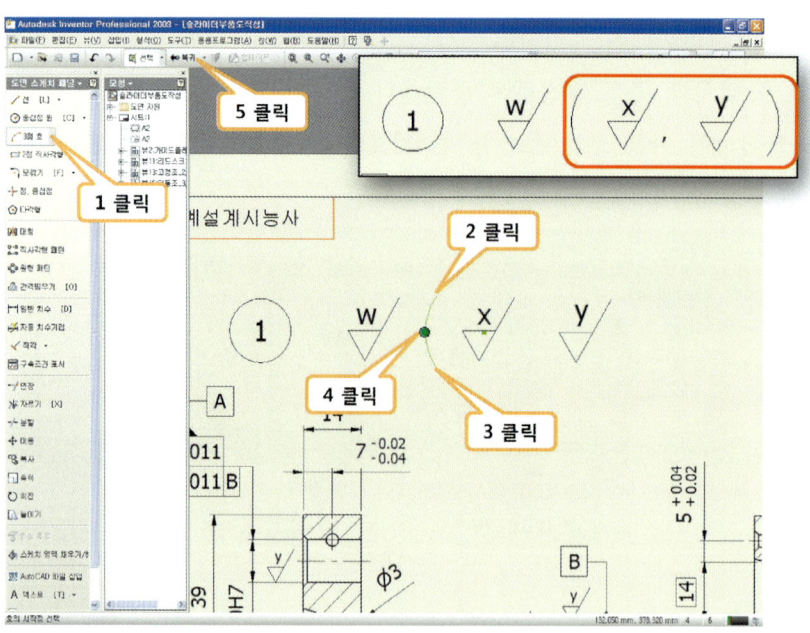

1. [3점 호]를 클릭한다.
2. 호의 시작 점을 클릭한다.
3. 호의 끝점을 클릭한다.
4. 호의 방향을 정하여 클릭한다.(위와 같은 방법으로 반대쪽도 호를 스케치한다.)
5. [복귀]를 클릭한다.

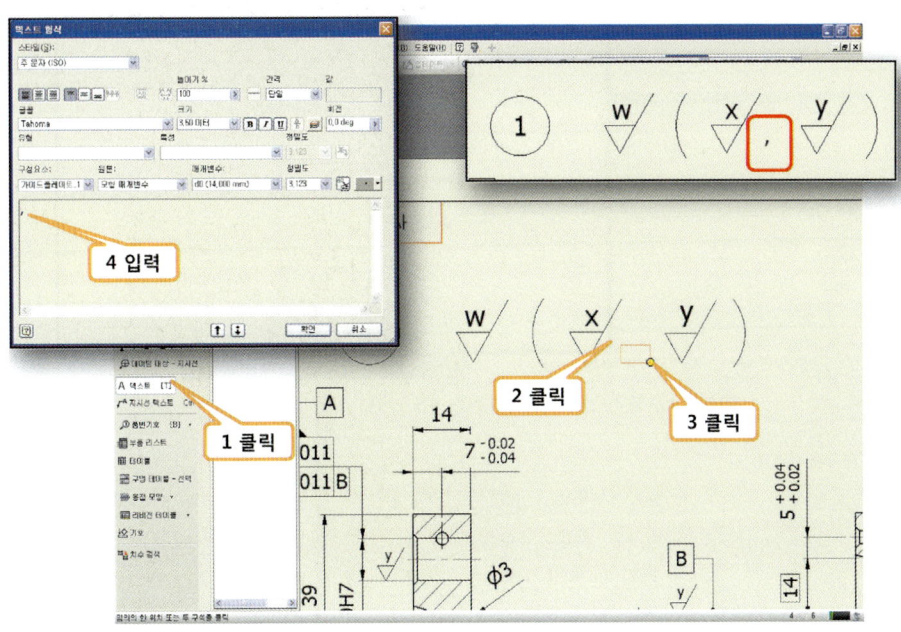

1. [텍스트]를 클릭한다.
2. 쉼표가 위치할 모서리를 클릭한다.
3. 쉼표가 위치할 반대쪽 모서리를 클릭한다.
4. 쉼표를 입력하고 [확인]을 클릭한다.

주서 작성

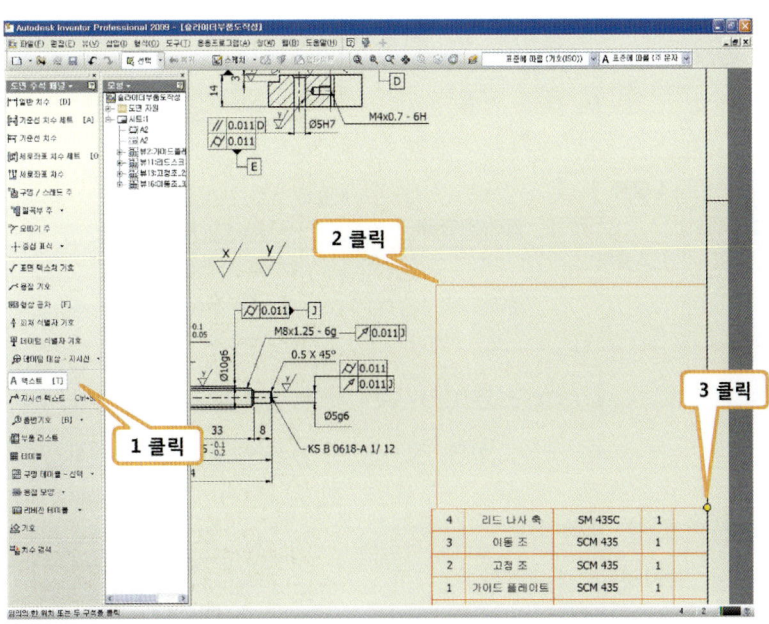

1. [텍스트]를 클릭한다.
2. 주서가 위치할 모서리를 클릭한다.
3. 주서가 위치할 반대쪽 모서리를 클릭한다.

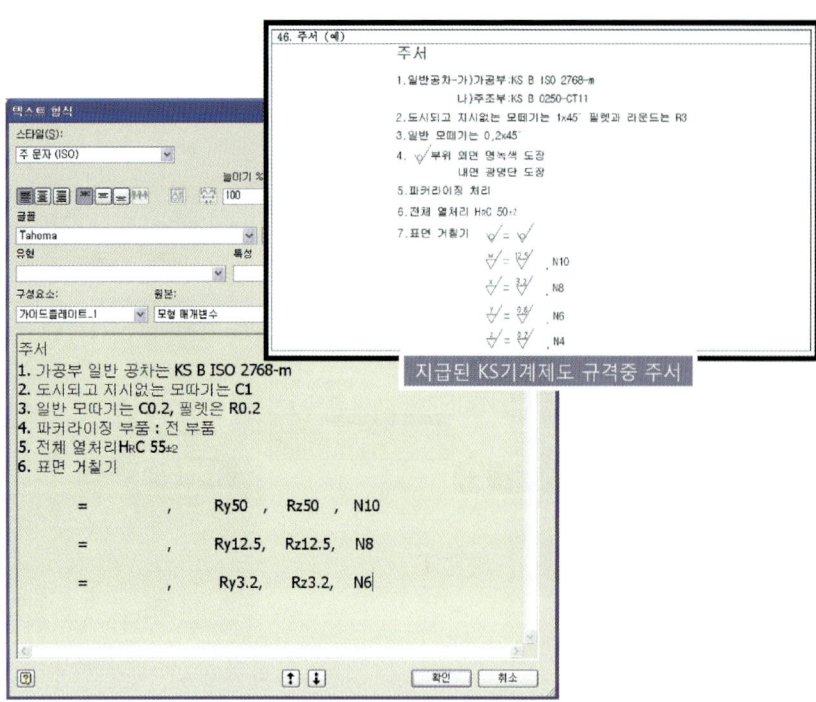

- 그림과 같이 주서를 기입하고 [확인]을 클릭한다.(필요항목만 참고하여 작성한다)

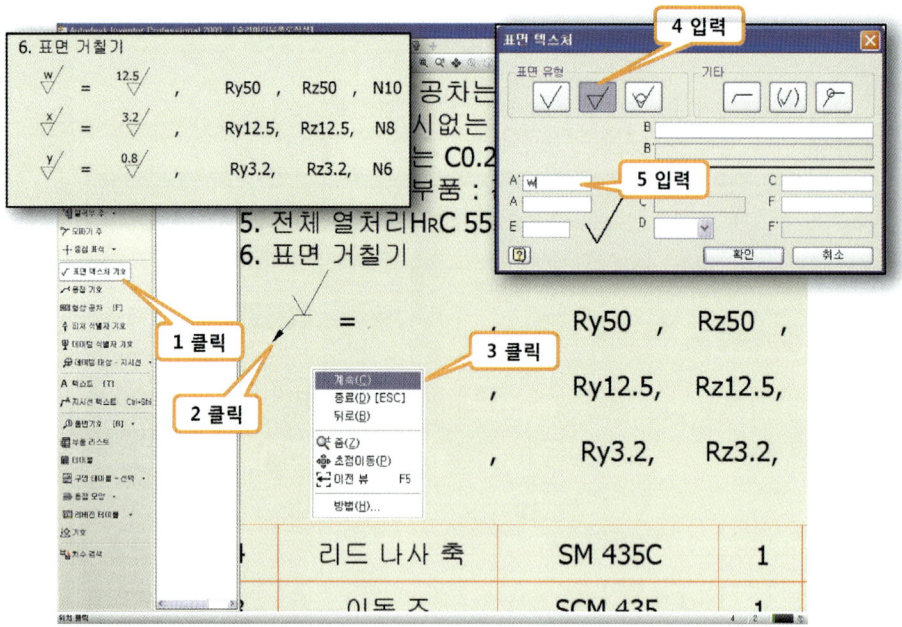

1. [표면 텍스쳐 기호]를 클릭한다.
2. 기호의 위치를 고려하여 클릭한다.
3. 마우스 오른쪽 버튼을 클릭하여 [계속]을 클릭한다.
4. [재질 제거가 요구됨]을 클릭한다.
5. 거칠기 정도를 입력하고 [확인]을 클릭한다.(위와 같은 방법으로 왼쪽 상단의 그림과 같이 작성한다.)

슬라이드 2D 부품도 완성

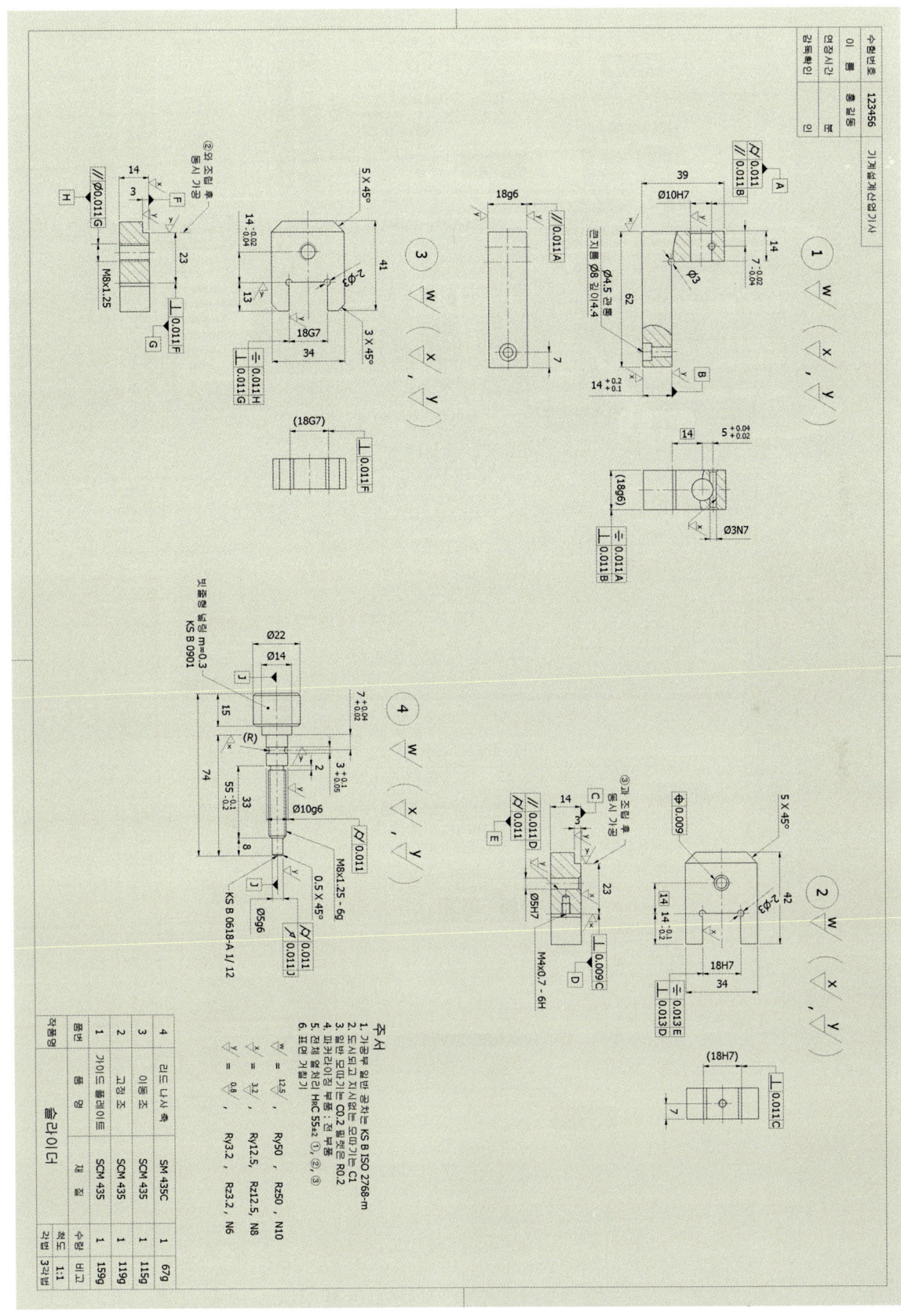

동력전달장치 2

과제 지급도면과 제출도면

과제 지급 도면

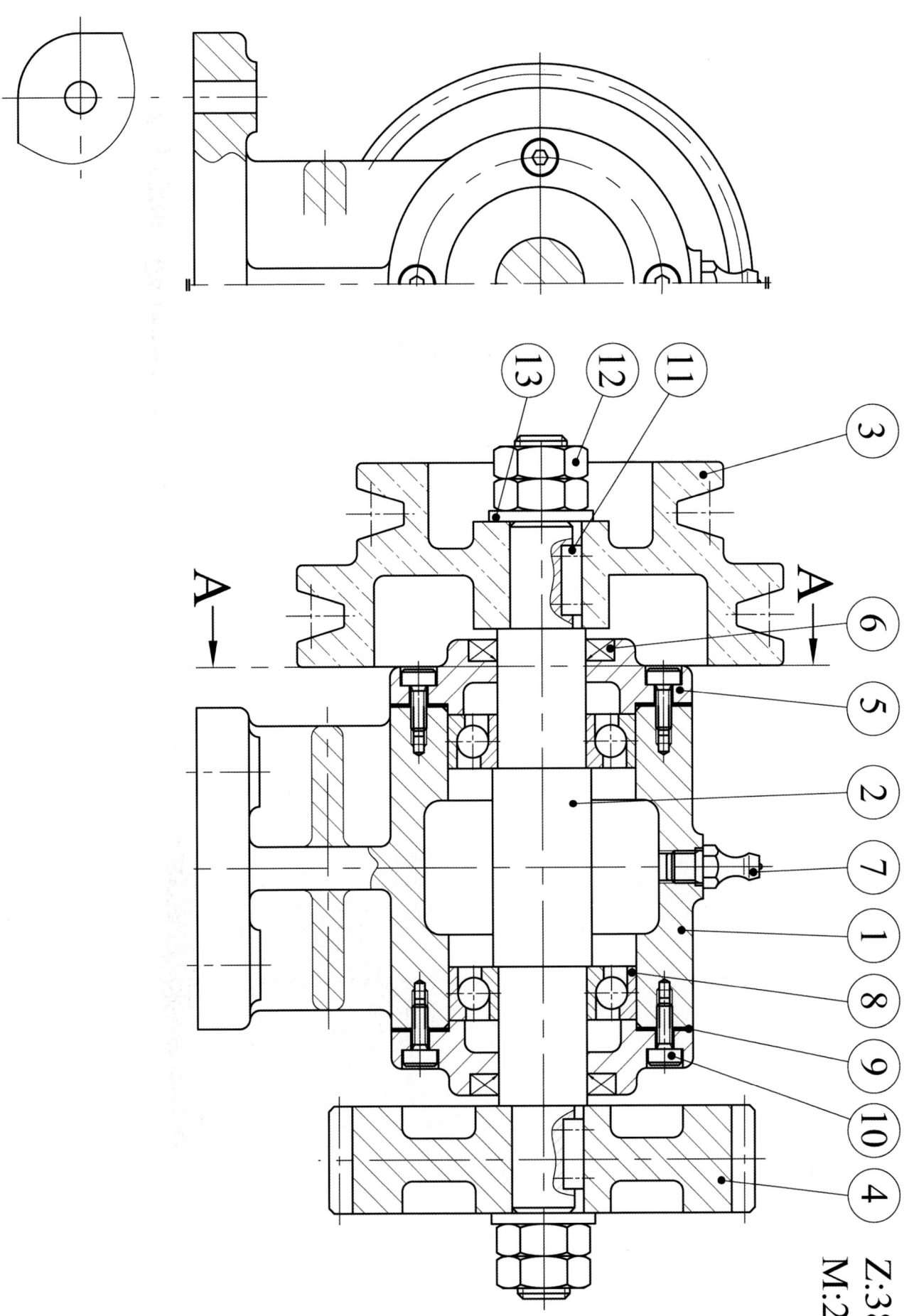

제출 1 : 동력전달장치 3차원 부품도

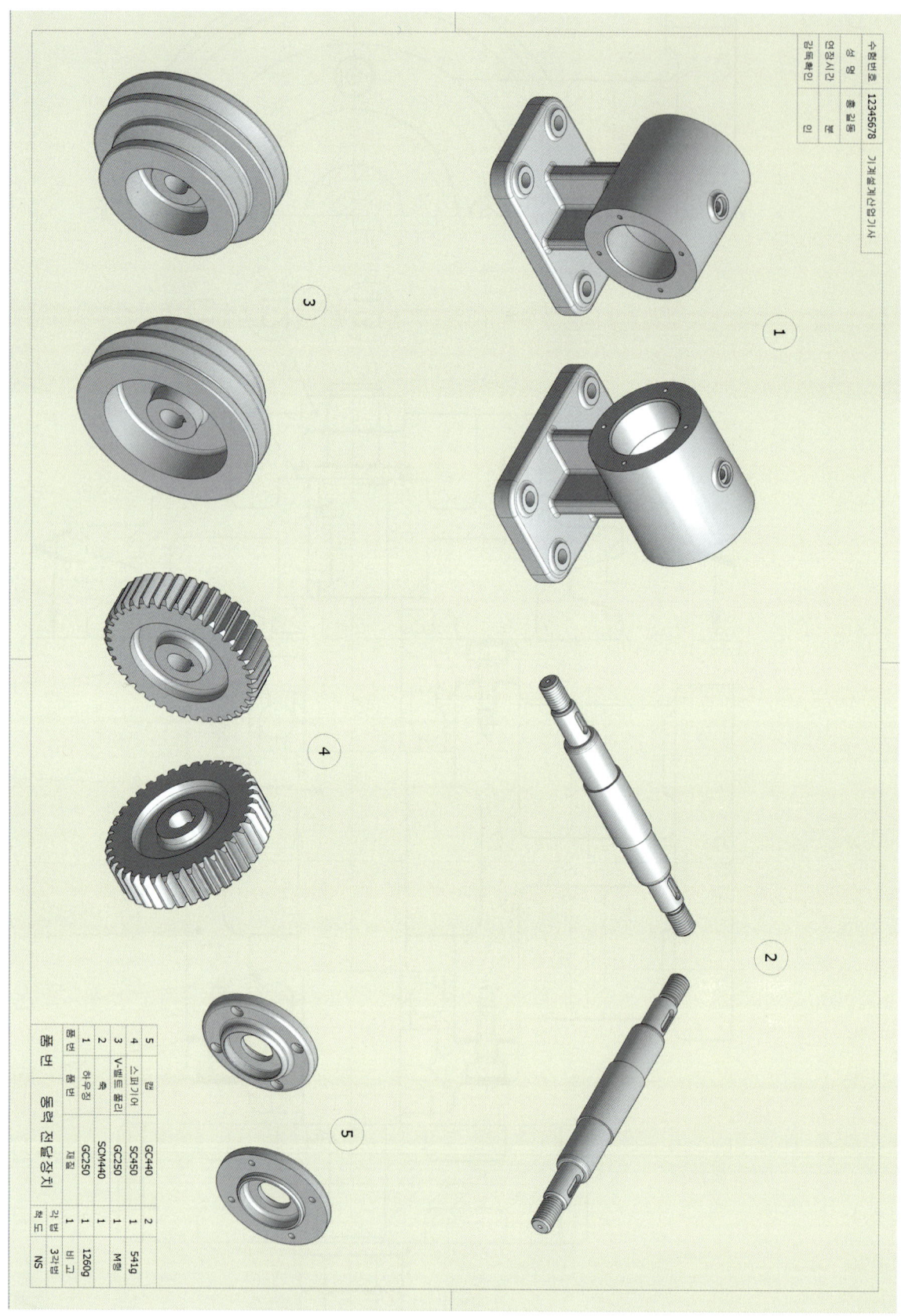

제출 2 : 동력전달장치 2차원 부품도

도면해독 2

> **부품명 부여**

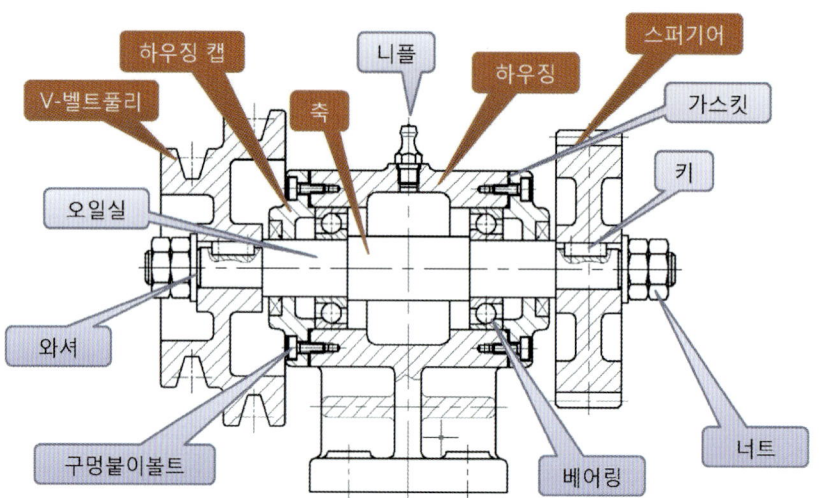

- 빨간색 부품은 요구사항에서 지시하는 작도해야 할 부품이다.(품명은 제도자, 설계자에 따라 다를수 있으며 일반적으로 기능, 형상, 운동 등을 고려하여 부여)
- 파란색 부품은 요구사항에서 지시하지 않는 것으로 작도하지 않는다. (KS규격품이며 결합부위 치수 등은 관련규격참고)

1번 부품 해독

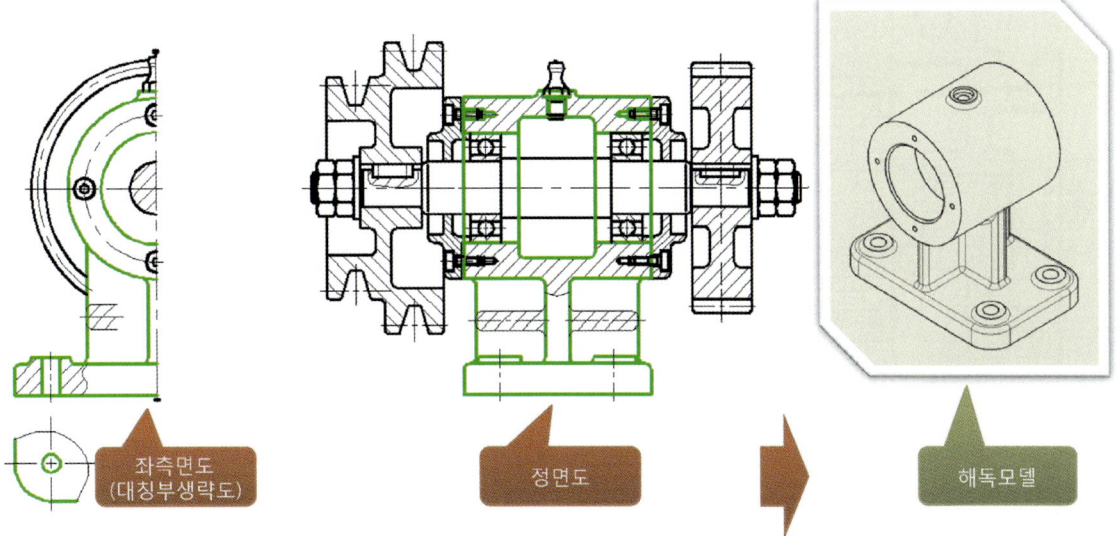

- 지급된 과제도면에서 초록색으로 강조된 영역이 1번 부품의 경계이다

2번 부품 해독

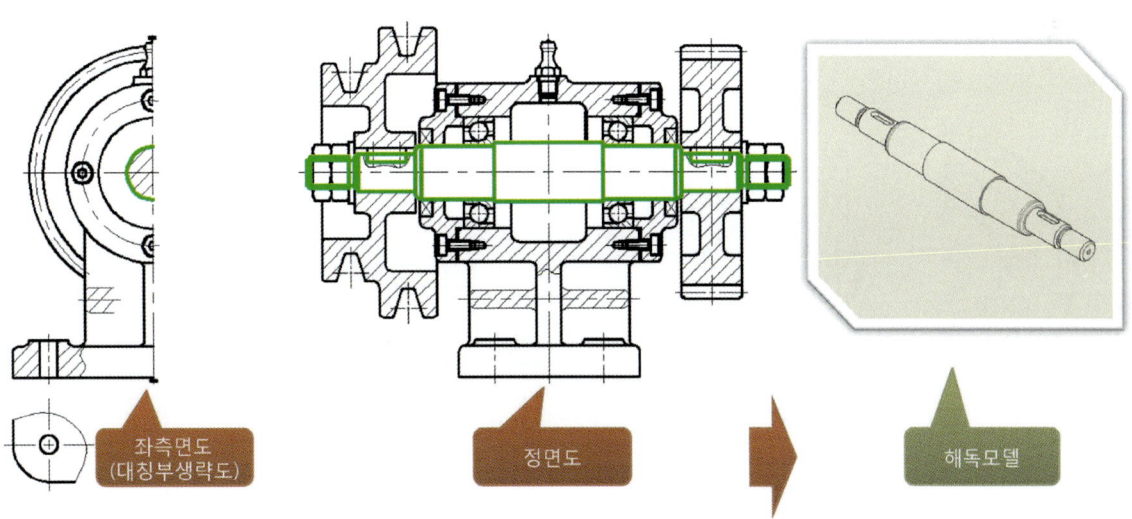

- 지급된 과제도면에서 초록색으로 강조된 영역이 2번 부품의 경계이다

3번 부품 해독

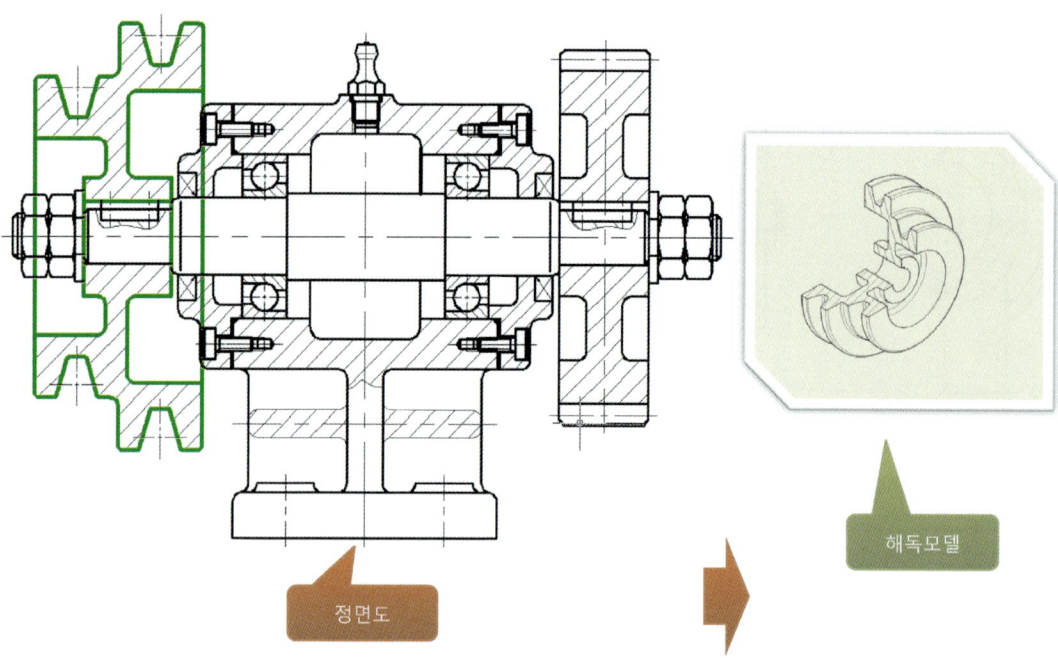

- 지급된 과제도면에서 초록색으로 강조된 영역이 3번 부품의 경계이다

4번 부품 해독

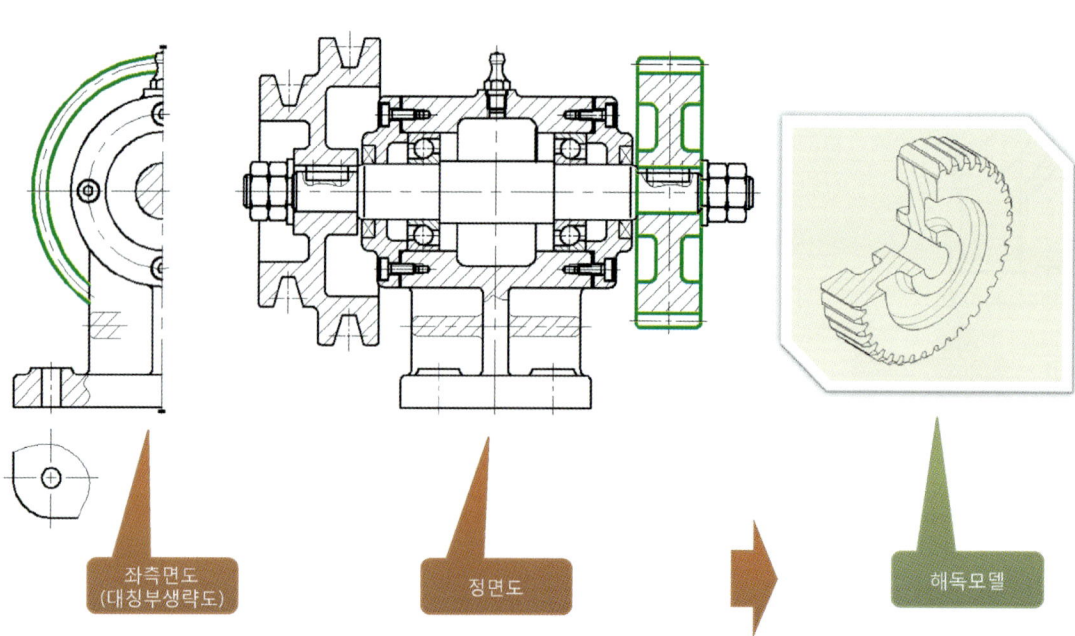

- 지급된 과제도면에서 초록색으로 강조된 영역이 4번 부품의 경계이다

≫ 측정 완료

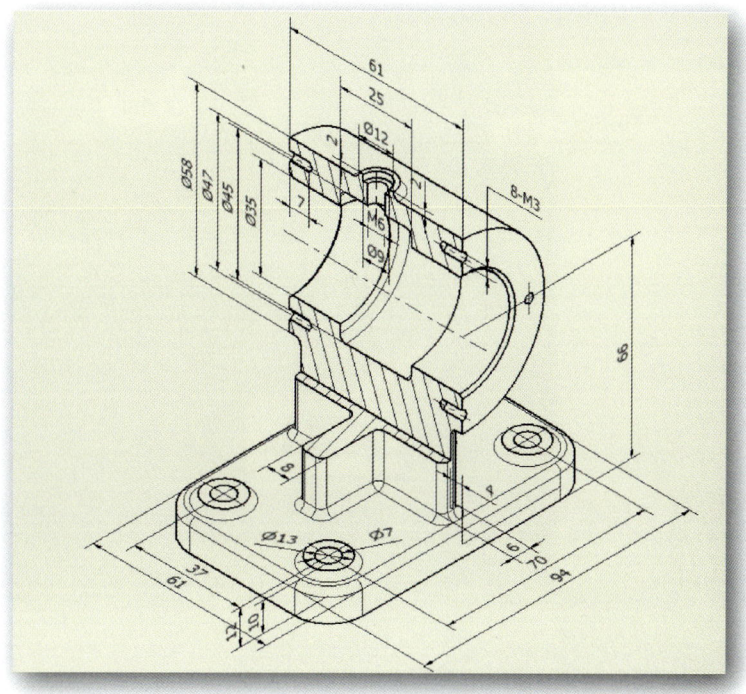

- 모델링에 필요한 측정치수 및 규격 참조 치수를 표시하면 위와 같다.

≫ 부품 시작

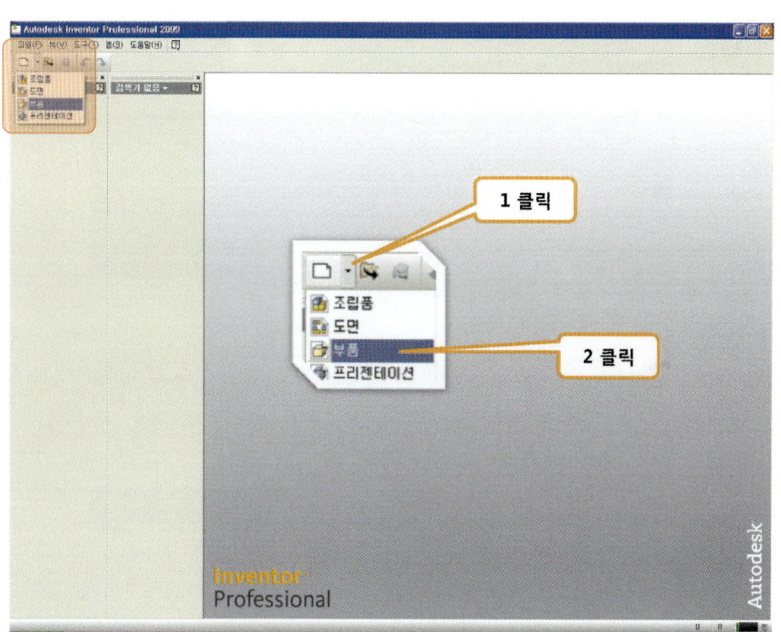

1. [새로만들기]옆의 작은 삼각형을 클릭한다.
2. [부품]을 클릭한다.

스케치

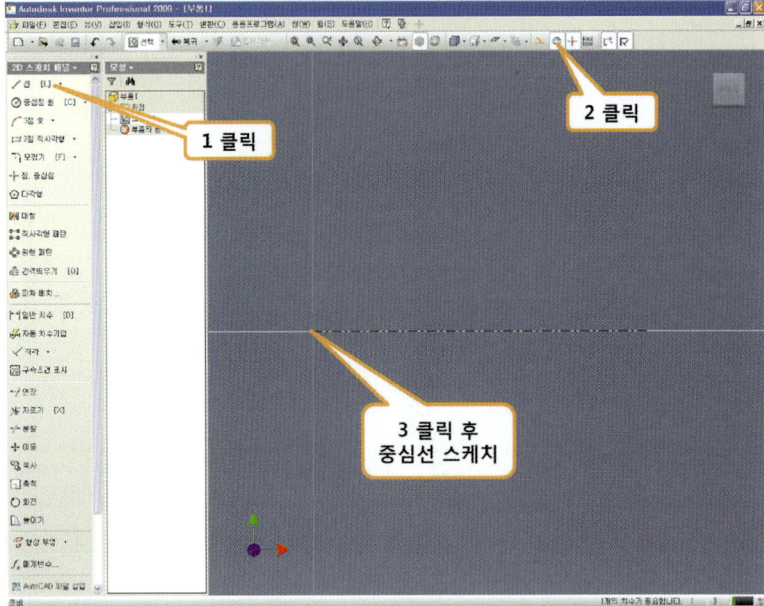

1. [선]을 클릭한다.
2. [중심선]을 클릭한다.
3. 원점을 클릭한 후 그림과 같이 중심선을 스케치한다.

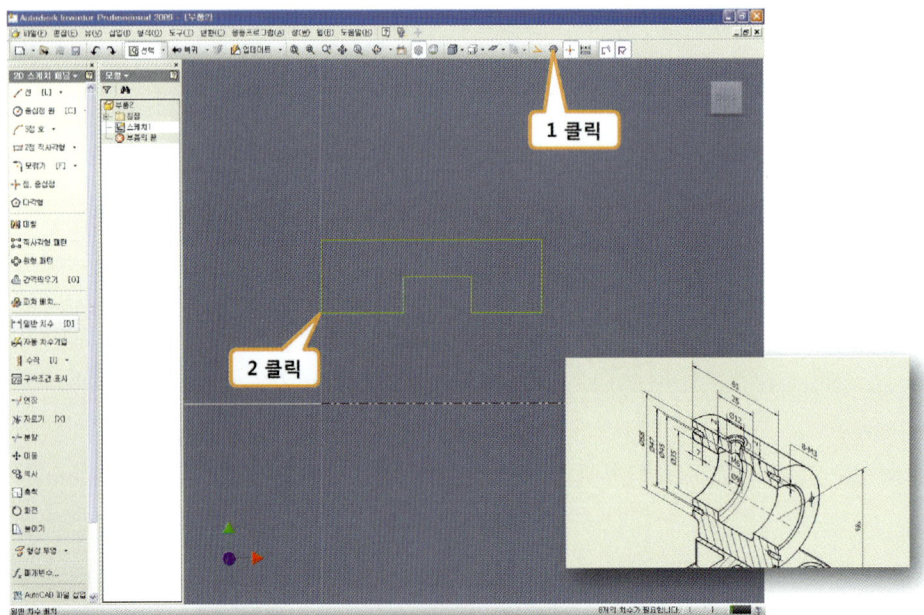

1. [중심선]을 클릭한다.(중심선 그리기 해제)
2. 클릭 후 그림과 같이 스케치한다.

형상 구속

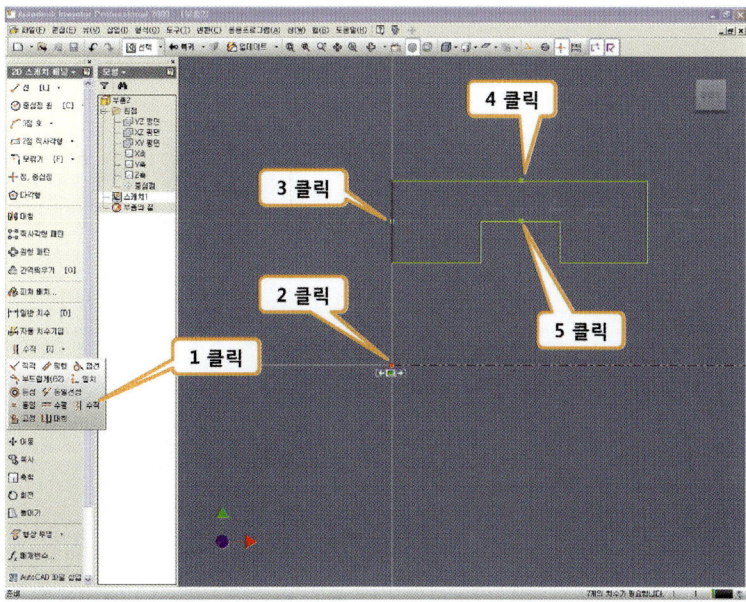

1. [수직]을 클릭한다.
2. 원점을 클릭한다.
3. 선의 중간점을 클릭한다.(2,3의 두 점을 수직구속한다.)
4. 4,5의 중간점도 클릭하여 수직 구속한다.(두 점을 수직 구속하면 두 점을 기준으로 좌우 대칭이 된다.)

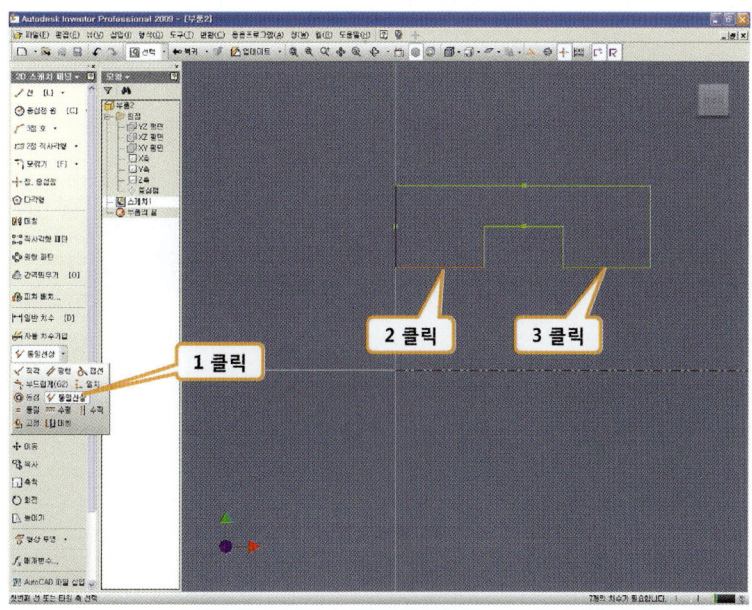

1. [동일선상]을 클릭한다.
2. 선을 클릭한다.
3. 선을 클릭하여 두 선이 동일선상이 되도록 구속한다.

치수 구속

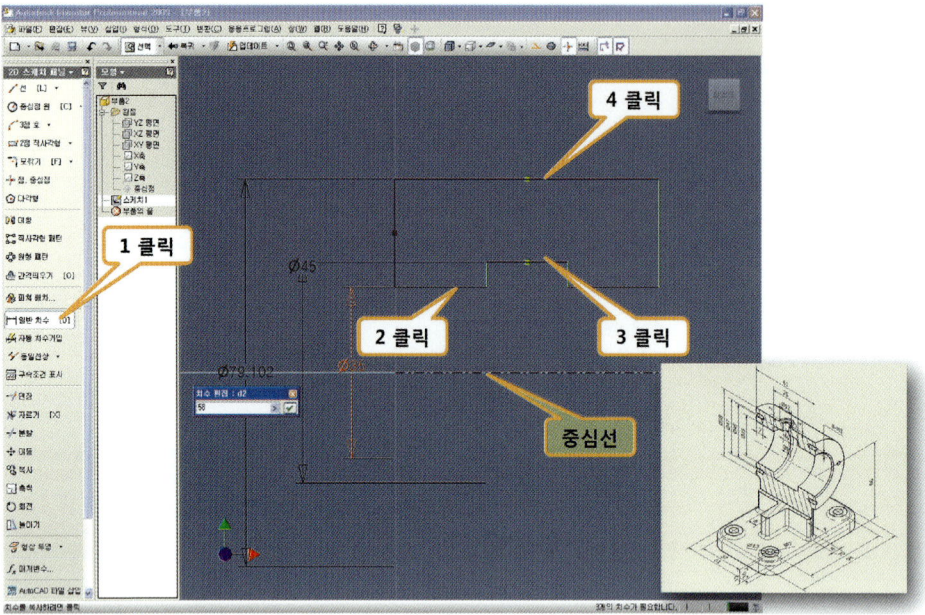

1. [일반치수]를 클릭한다.
2. 선과 중심선을 클릭하여 치수를 입력하여 구속한다.
3. 3,4 도 같은 방법으로 해당 치수를 입력하여 구속한다.(중심선을 이용하면 대칭되는 치수값이 배치)

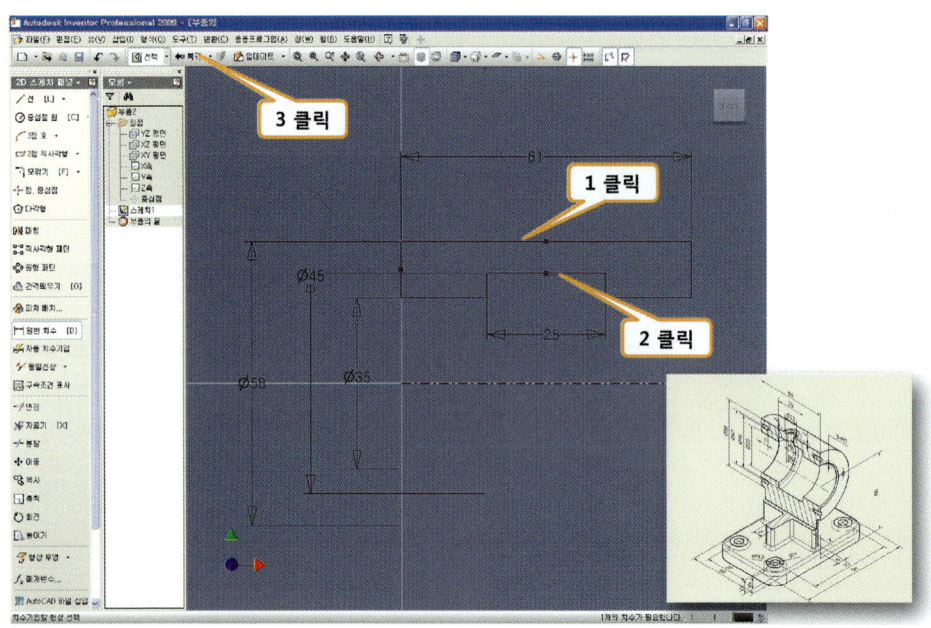

1. 선을 클릭 후 길이 치수를 구속한다.
2. 선을 클릭 후 길이 치수를 구속한다.
3. [복귀]를 클릭한다.

▶ 회전 피쳐

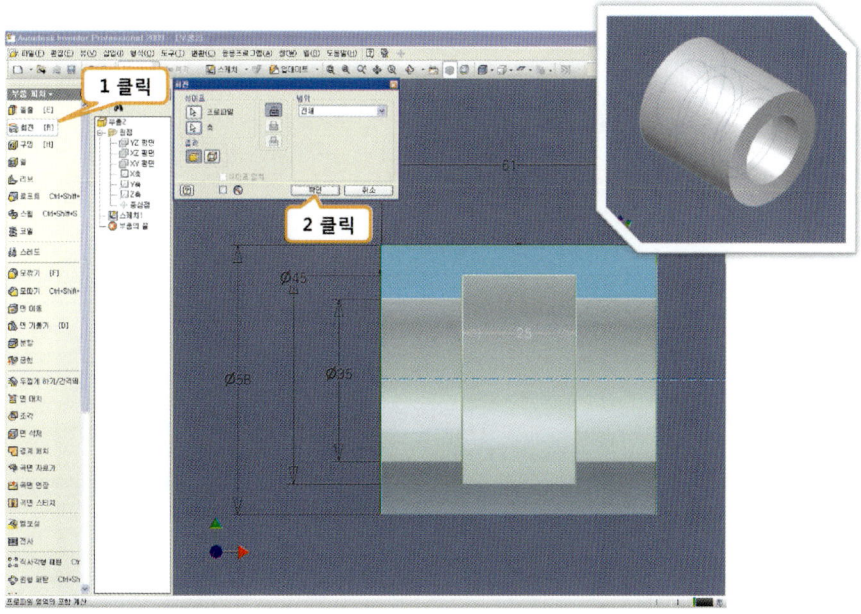

1. [회전]을 클릭 한다.
2. [확인] 버튼을 클릭한다.(프로파일과 축은 하나만 존재하므로 지정하지 않아도 됨)

▶ 작업 평면 생성

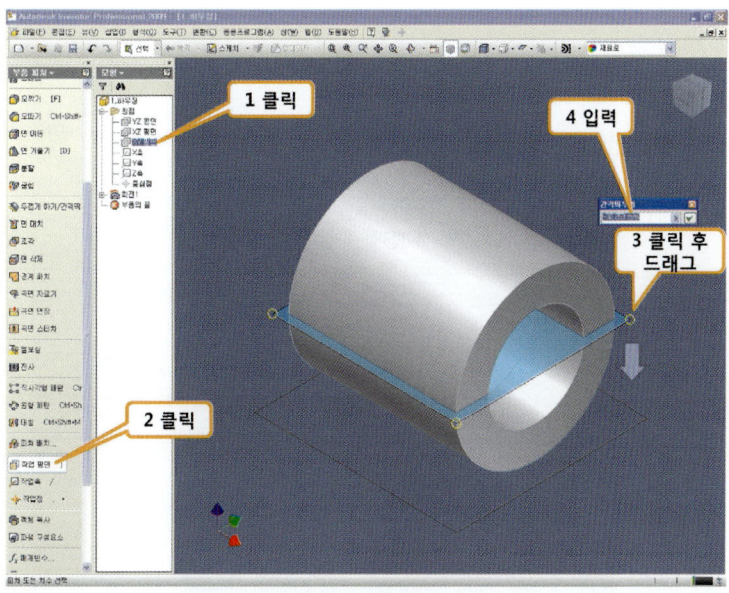

1. [모형]-[원점]-[XY평면]을 클릭한다.(XY평면 참조)
2. [부품피쳐]-[작업평면]을 클릭한다.
3. 화면과 같이 XY평면을 클릭한 후 화살표 방향으로 드래그 한다.
4. XY평면으로부터의 거리 값을 입력(-,+ 를 구분하여 입력)한다.

작업 평면에 스케치 생성

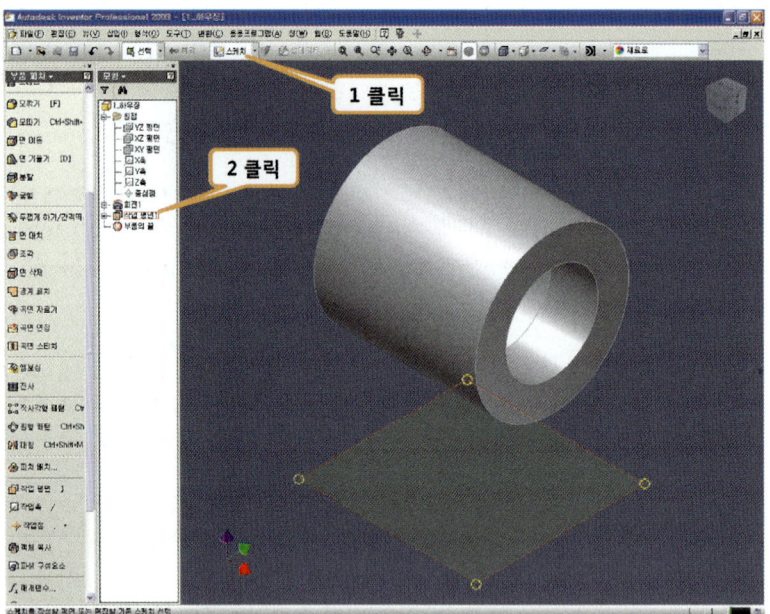

1. [스케치]를 클릭한다.
2. [작업평면]을 클릭한다.

형상 투영

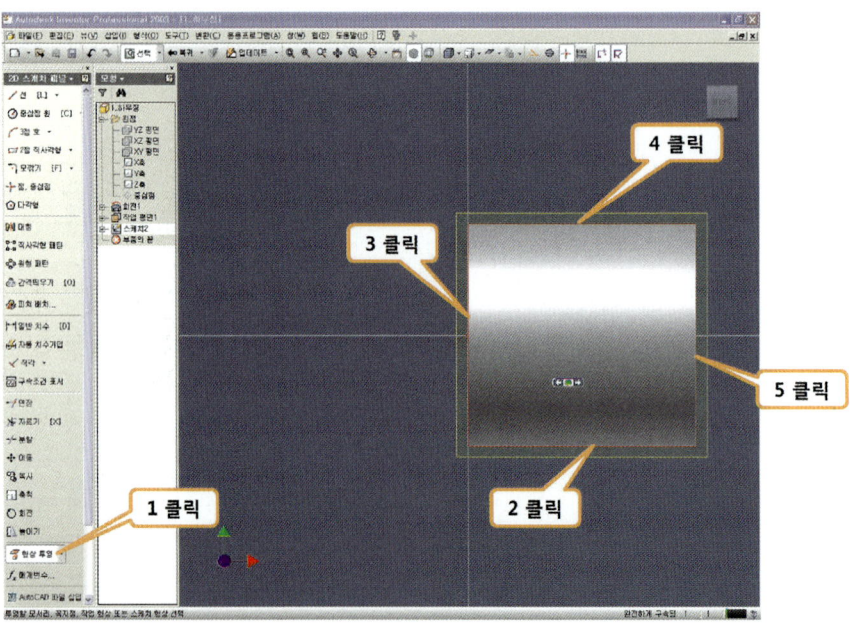

1. [형상투영]을 클릭한다.
2. 투영한 선을 클릭한다.
3. 3, 4, 5의 선을 클릭한다.

그래픽 슬라이스

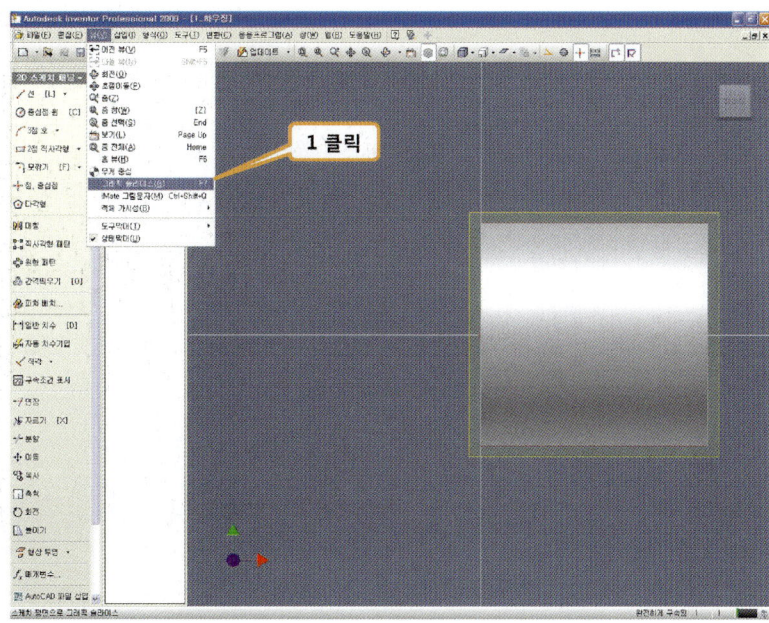

1. [뷰]-[그래픽 슬라이스]를 클릭한다.

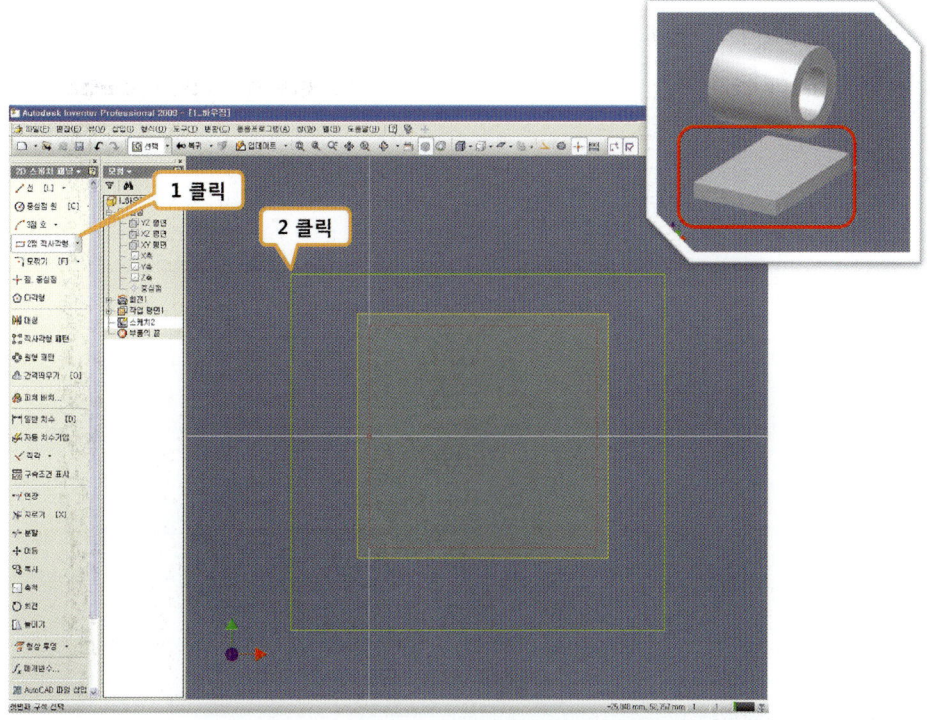

1. [2점 직사각형]을 클릭한다.
2. 임의의 점을 클릭 후 화면과 같이 스케치 한다.

구속 조건

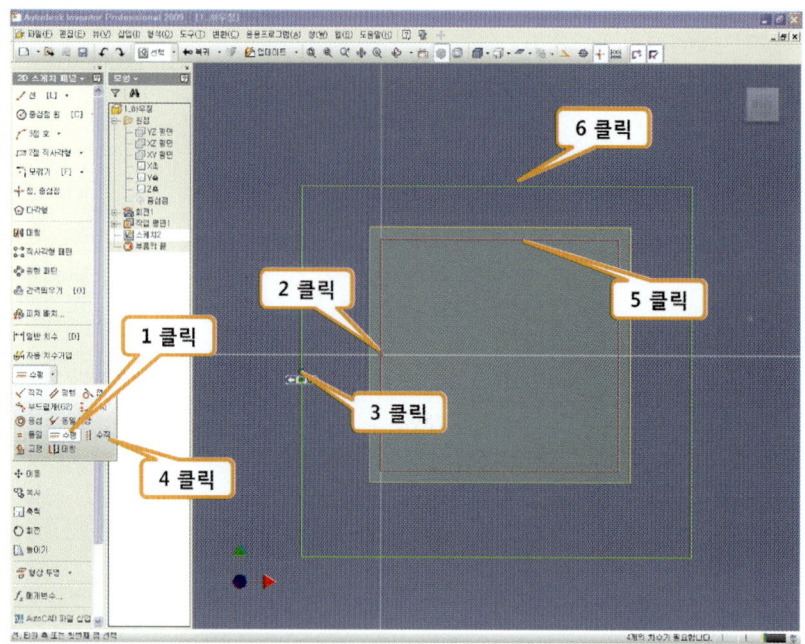

1. [수평]을 클릭한다.
2. 형상 투영된 선의 중간점을 클릭한다.
3. 스케치한 선의 중간점을 클릭하여 2,3의 중간점을 수평 구속한다.
4. [수직]을 클릭한다.
5. 선의 중간점을 클릭한다.
6. 선의 중간점을 클릭하여 5,6의 중간점을 수직구속 한다.

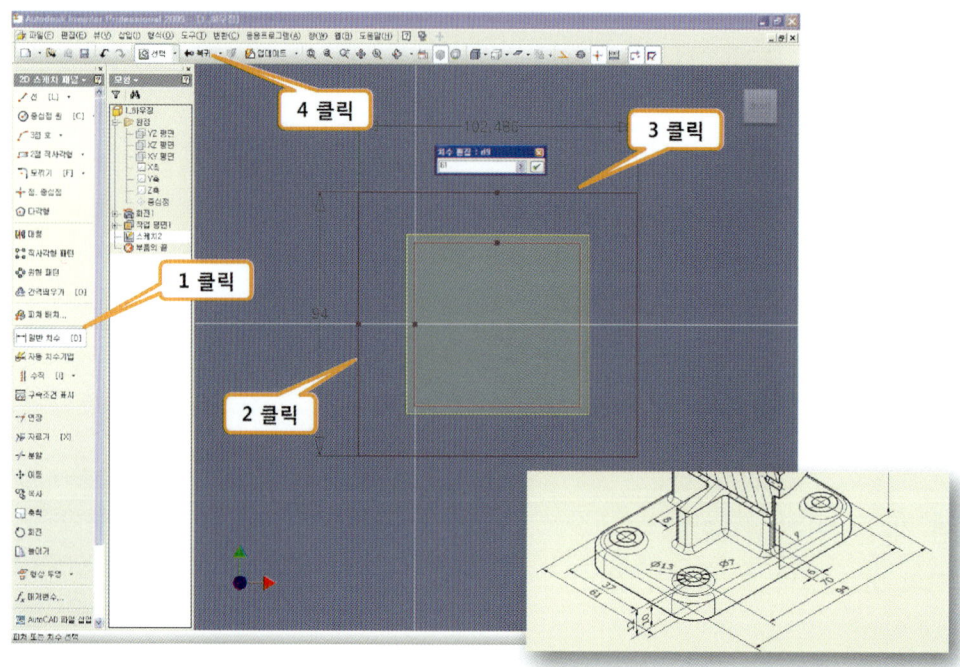

1. [일반 치수]를 클릭한다.
2. 수직선을 클릭한 후 치수를 입력한다.
3. 수평선을 클릭한 후 치수를 입력한다.
4. [복귀]를 클릭한다.

돌출 피쳐

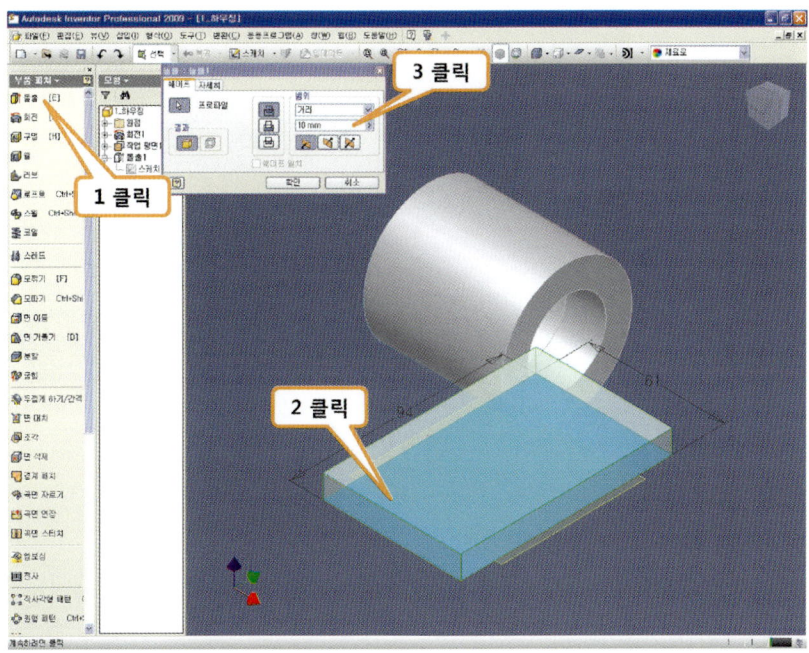

1. [돌출]을 클릭한다.
2. 돌출할 스케치면 선택한다.(프로파일 버튼이 기본으로 선택되어있다)
3. 범위에서 거리 값을 입력한 후 [확인] 버튼을 클릭한다.

모깎기 피쳐

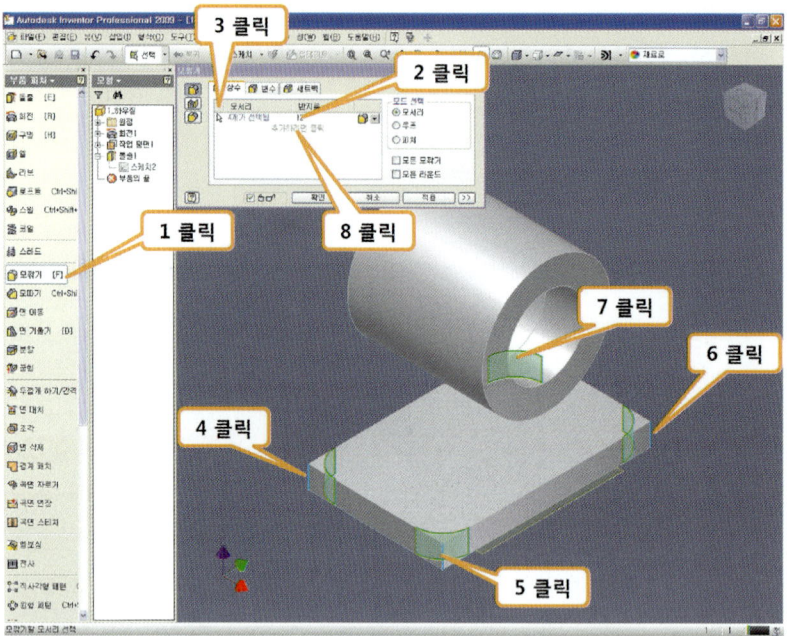

1. [모깎기]를 클릭한다.
2. 반지름 값을 입력한다.
3. 펜 아이콘이 화살표가 되도록 클릭한다.
4. 4, 5, 6, 7의 모서리를 클릭한 후 모깎기 대화상자의 [적용] 버튼을 클릭한다.
5. [추가하려면 클릭]을 클릭한다.

다중 모깎기 피쳐

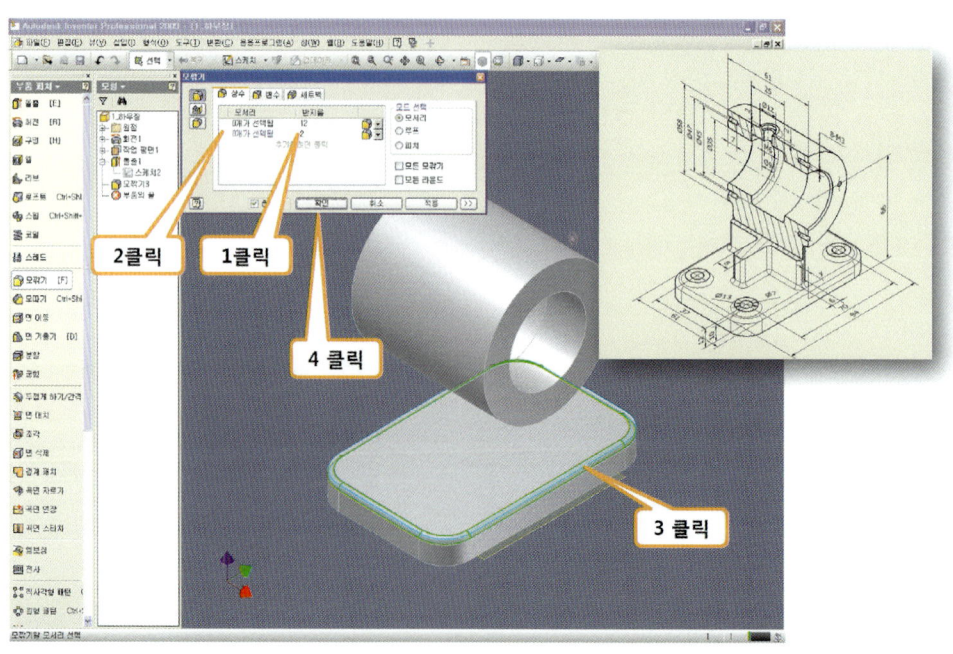

1. 반지름 값을 입력한다.
2. 펜 아이콘이 화살표가 되도록 클릭한다.
3. 모깎기하고하 하는 모서리를 클릭한다
4. [확인] 버튼을 클릭한다.

스케치 평면

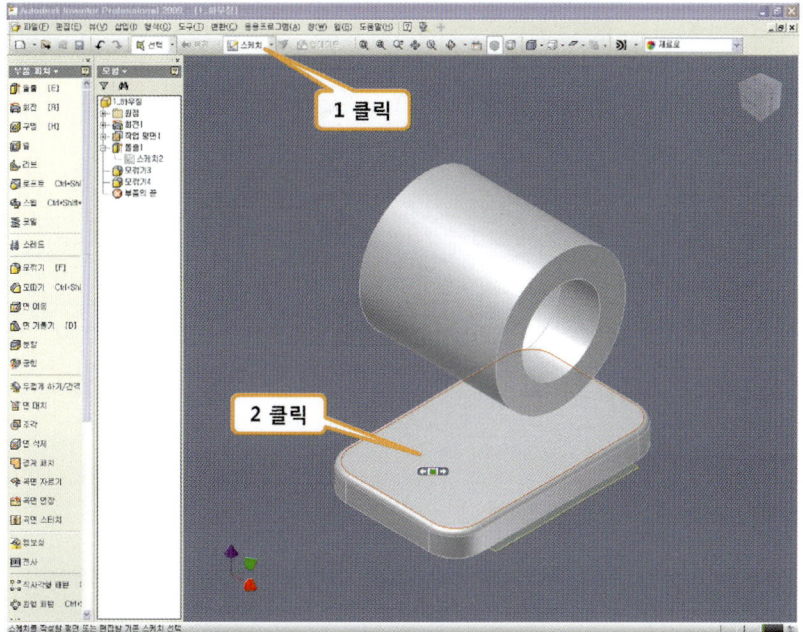

1. [스케치]를 클릭한다.
2. 면을 클릭하여 새로운 스케치 평면을 설정한다.

그래픽 슬라이스

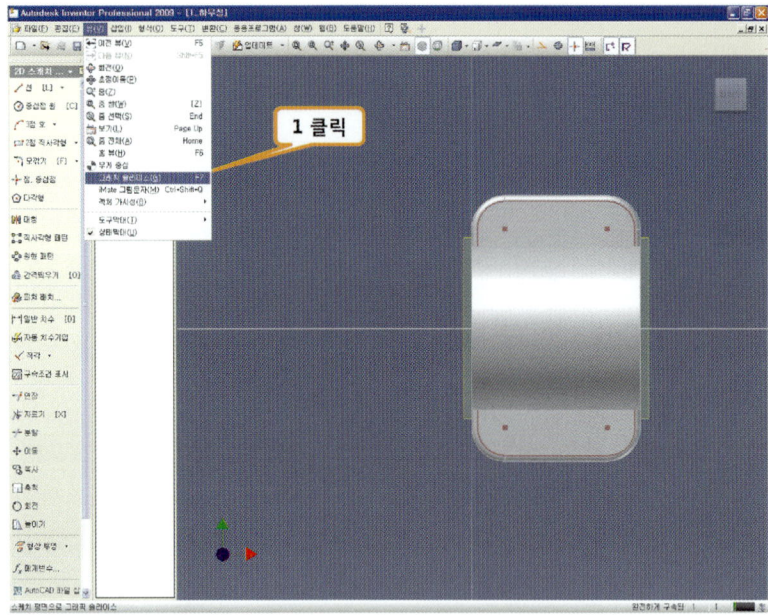

1. [뷰]-[그래픽 슬라이스] 클릭한다.

원 그리기

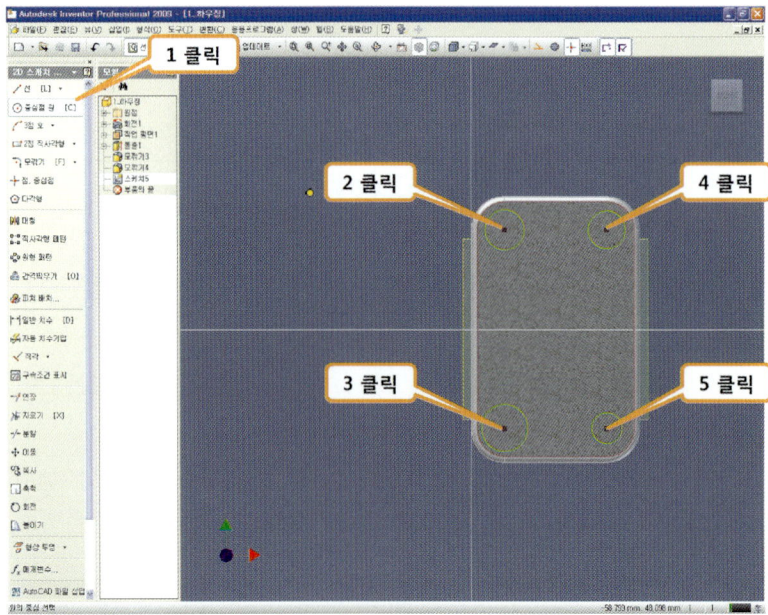

1. [중심점 원]을 클릭한다.
2. 2, 3, 4, 5점을 중심점으로 원을 그린다.

형상구속 – 동일

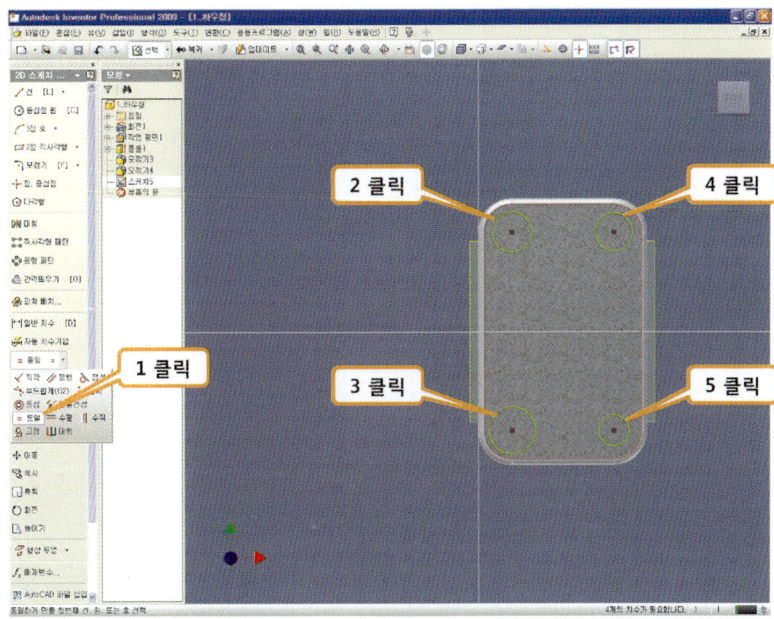

1. [동일]을 클릭한다.
2. 2를 원본으로 (2-3), (2-4), (2-5) 순서로 클릭한다.

일반 치수

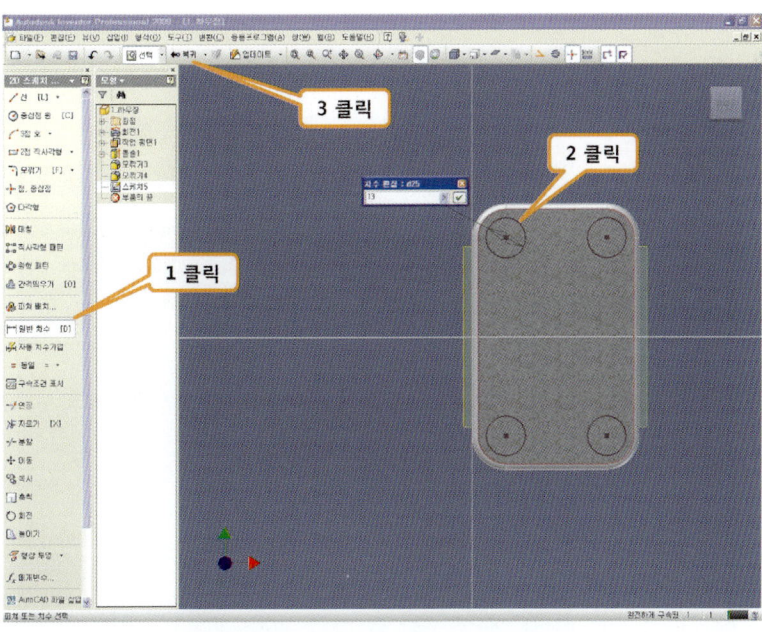

1. [일반 치수]를 클릭한다.
2. 치수를 입력한다.(원을 모두 동일로 구속하여 하나의 원만 치수구속)
3. [복귀] 클릭한다.

돌출 피쳐

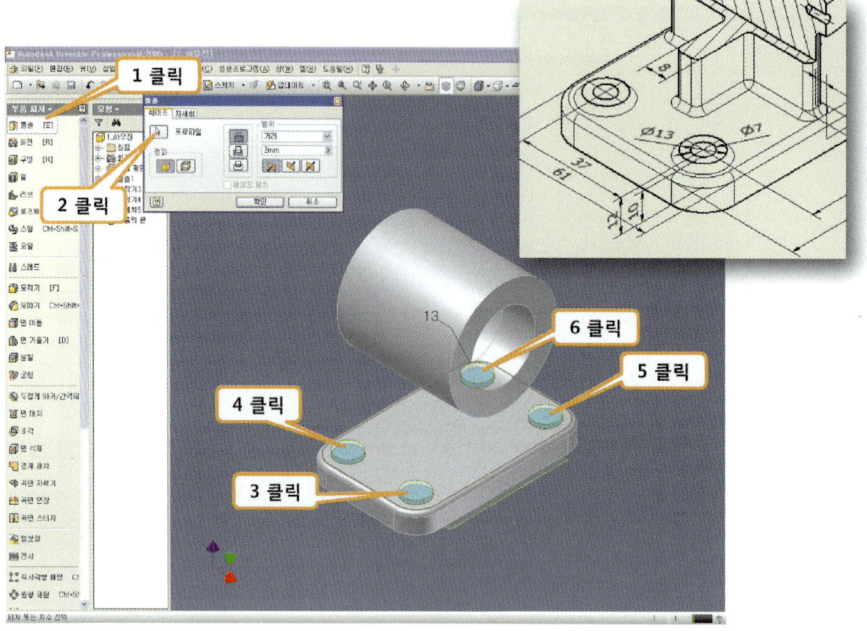

1. [돌출]을 클릭한다.
2. [프로파일] 버튼을 클릭 한 후 3, 4, 5, 6을 클릭한다.
3. [범위]의 거리값을 입력한다.
4. [확인] 버튼을 클릭한다.

스케치 평면

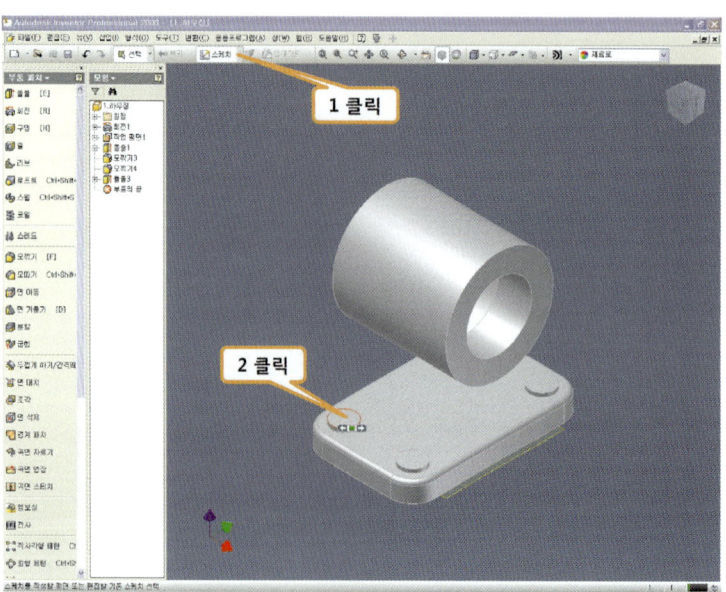

1. [스케치]를 클릭한다.
2. 면을 클릭한다.

절단 모서리 투영

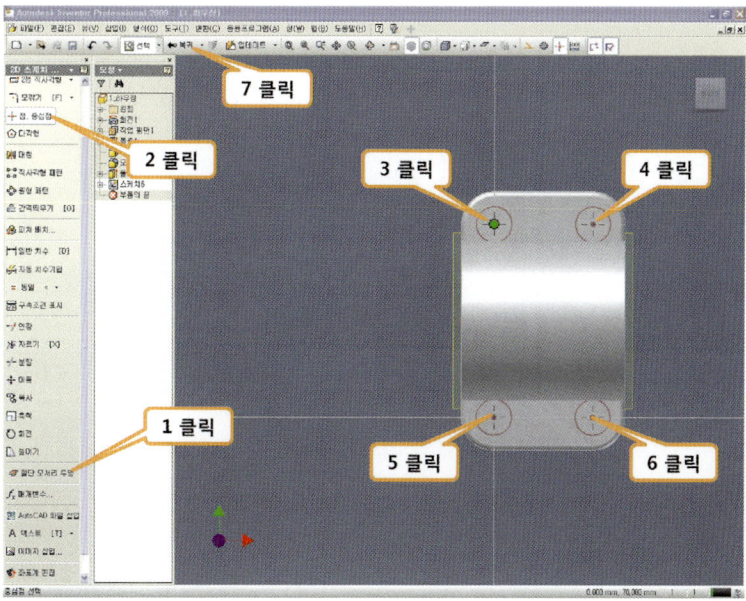

1. [절단 모서리 투영]을 클릭한다.
2. [점,중심점]을 클릭한후 클릭 3, 4, 5, 6의 점을 클릭한다.
7. [복귀]를 클릭한다.

구멍 피쳐

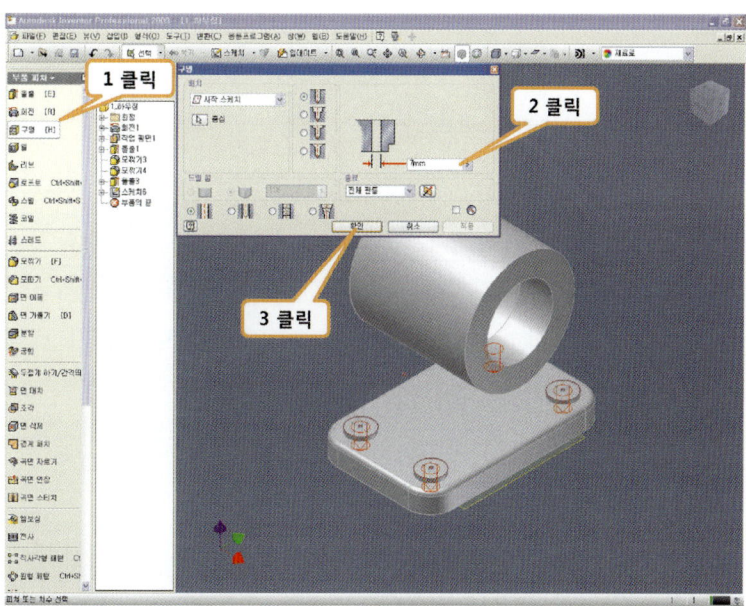

1. [구멍]을 클릭한다.(구멍의 중심은 자동으로 선택 된다)
2. 구멍의 지름을 입력한다.(종료는 전체관통)
3. [확인] 버튼을 클릭한다.

스케치 평면

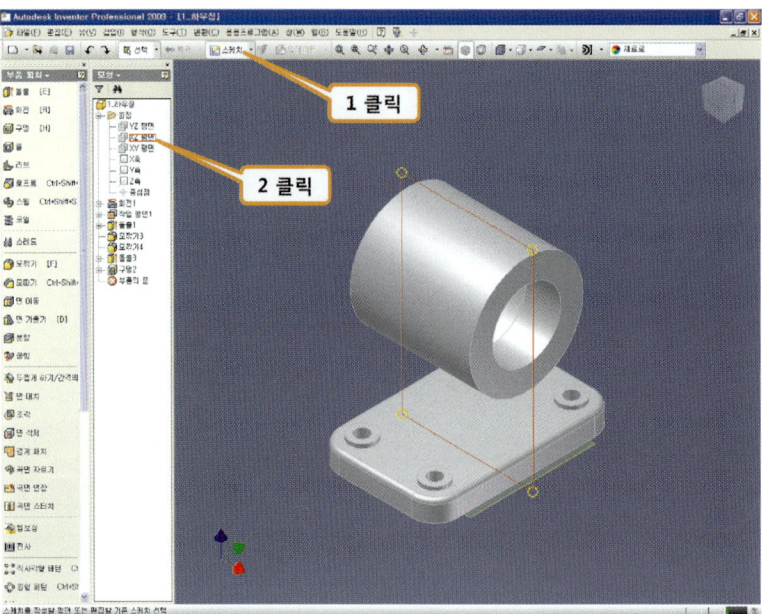

1. [스케치]를 클릭한다.
2. [XZ평면]을 클릭한다.

그래픽 슬라이스

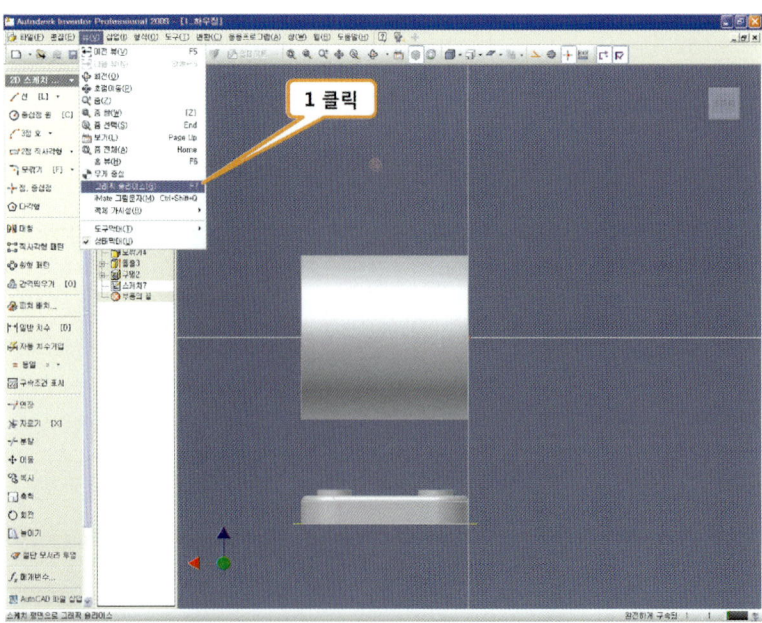

1. [그래픽 슬라이스]를 클릭한다.

2점 직사각형

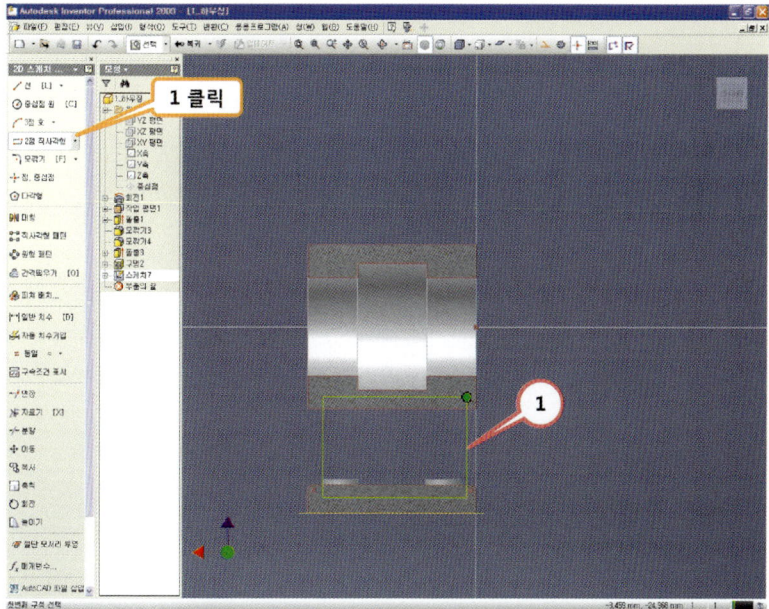

1. [2점 직사각형]을 클릭한다.
2. ①과 같은 사각형을 스케치한다.

형상 구속

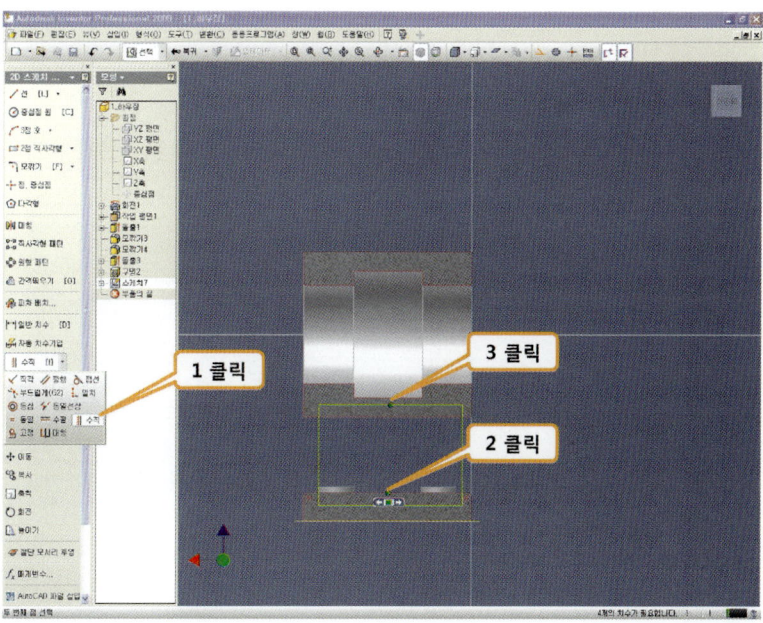

1. [수직]을 클릭한다.
2. 2,3의 중간점을 클릭하여 두 점을 수직 구속한다.

치수 구속

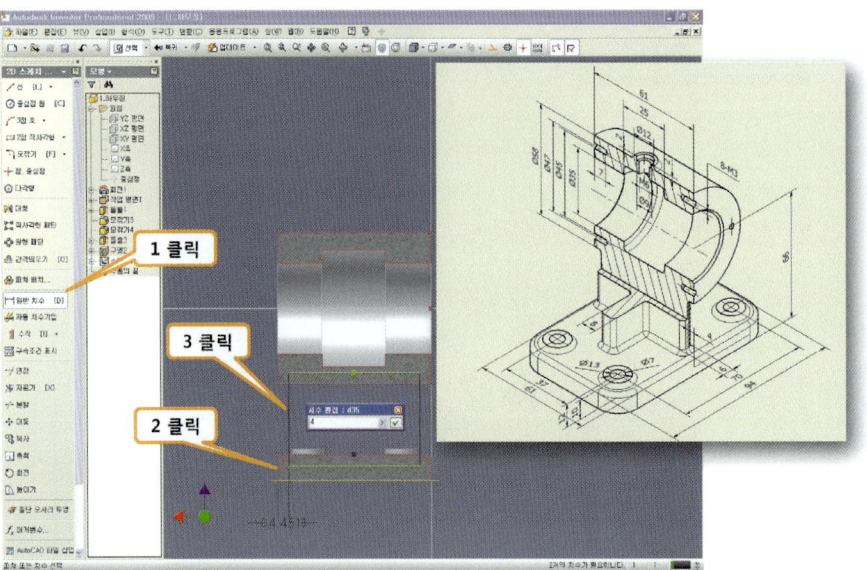

1. [일반치수]를 클릭한다.
2. 2,3을 클릭하여 두 선 사이의 치수를 입력 구속한다.(양쪽이 대칭임으로 한쪽만 입력)

돌출 피쳐 – 양방향

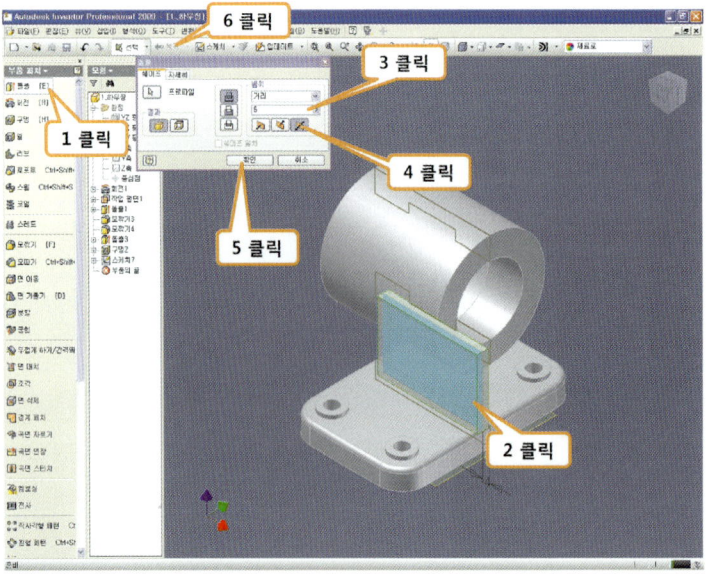

1. [돌출]을 클릭한다.
2. 스케치 면을 클릭한다.
3. 거리(두께) 값을 입력한다.
4. [양방향 돌출]을 클릭한다.
5. [확인] 버튼을 클릭한다.
6. [복귀]를 클릭한다.

작업평면 – 이등분평면

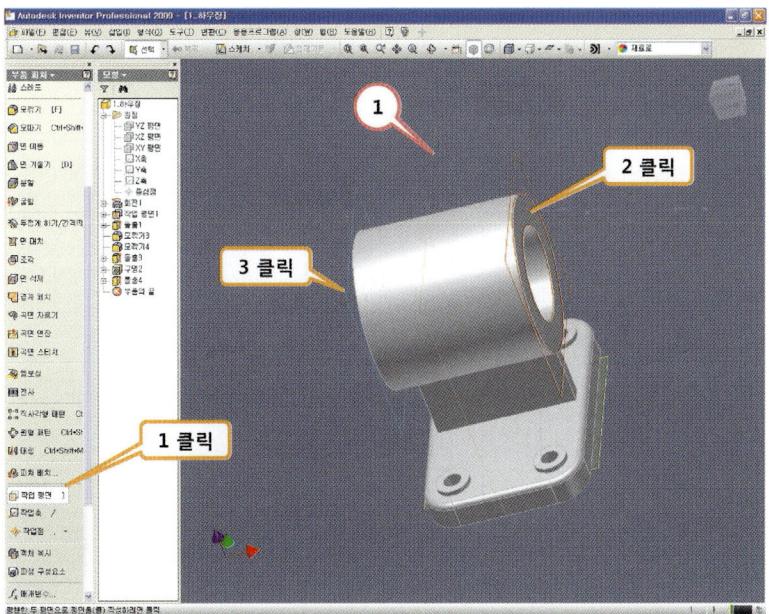

1. [작업 평면]을 클릭한다.
2. 원통의 우측면을 클릭한다.
3. 원통의 좌측면을 클릭한다.(①의 작업 평면이 생성)

스케치

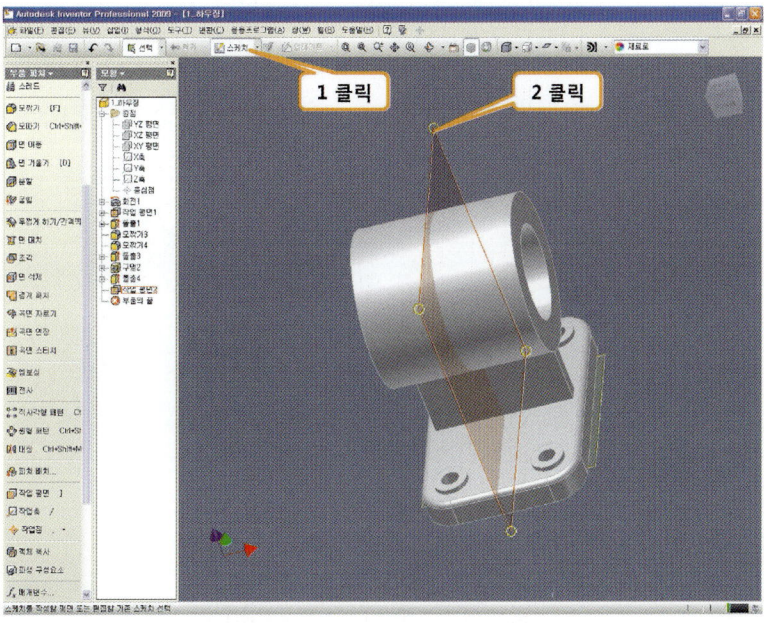

1. [스케치]를 클릭한다.
2. 작업 평면을 클릭한다.

그래픽 슬라이스

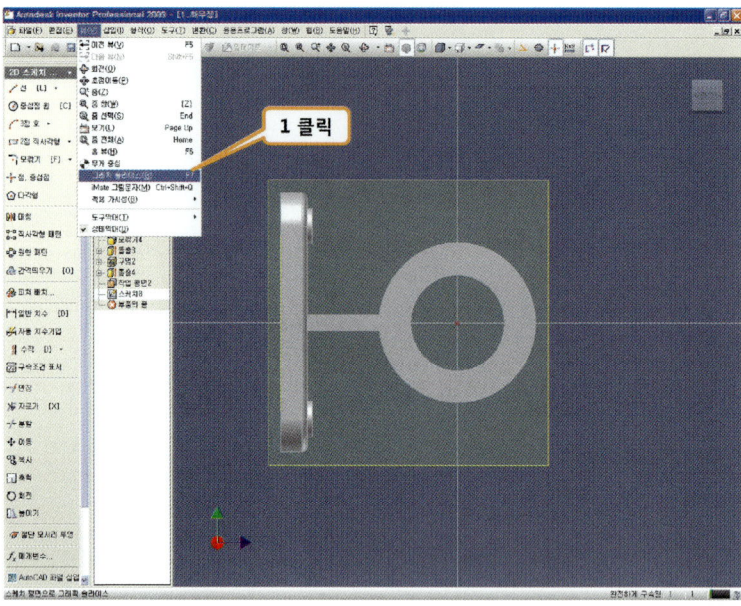

1. [그래픽 슬라이스]를 클릭한다.

형상 구속

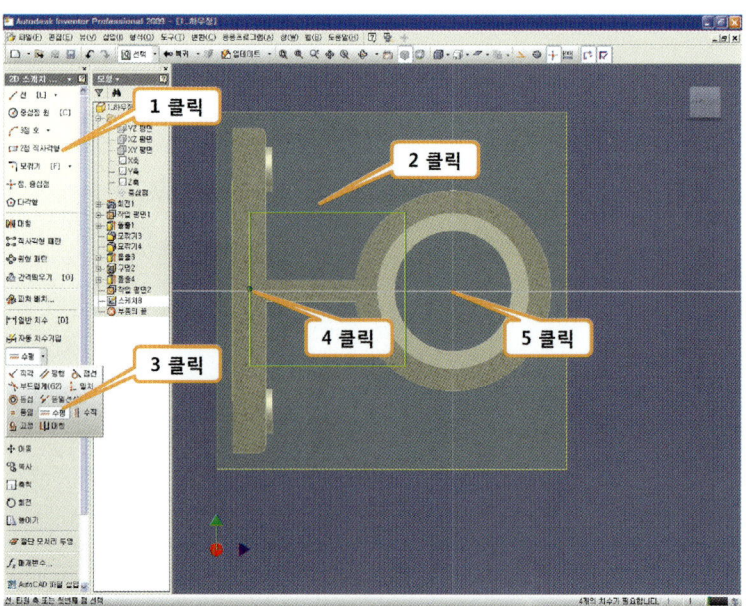

1. [2점 직사각형]을 클릭한다.
2. 사각형을 스케치한다.
3. [수평]을 클릭한다.
4. 스케치한 사각형의 중간점을 클릭한다.
5. 원점을 클릭하여 수평 구속한다.

치수 구속

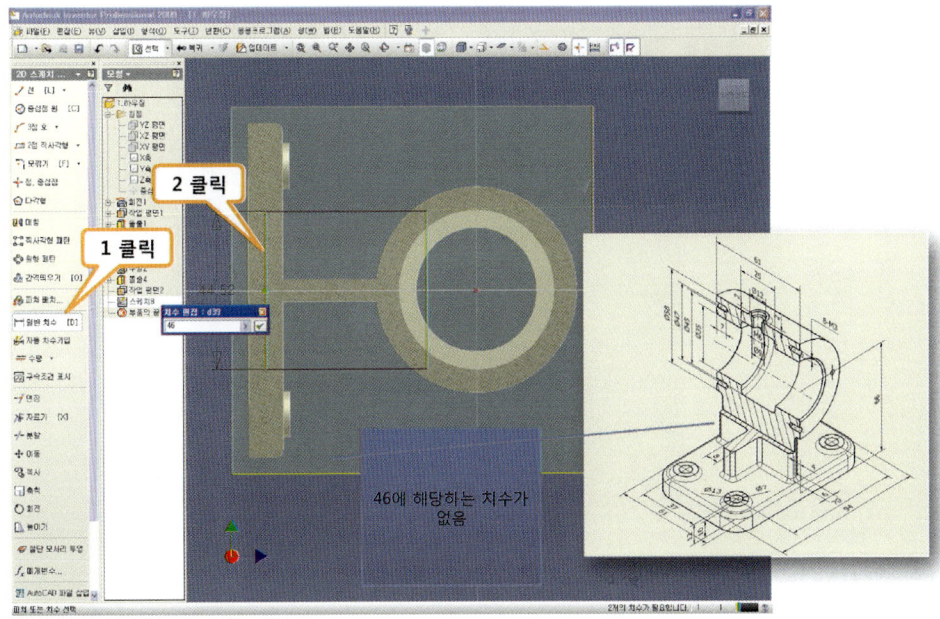

1. [일반 치수]를 클릭한다.
2. 지시하는 선을 클릭하여 치수를 기입한다.

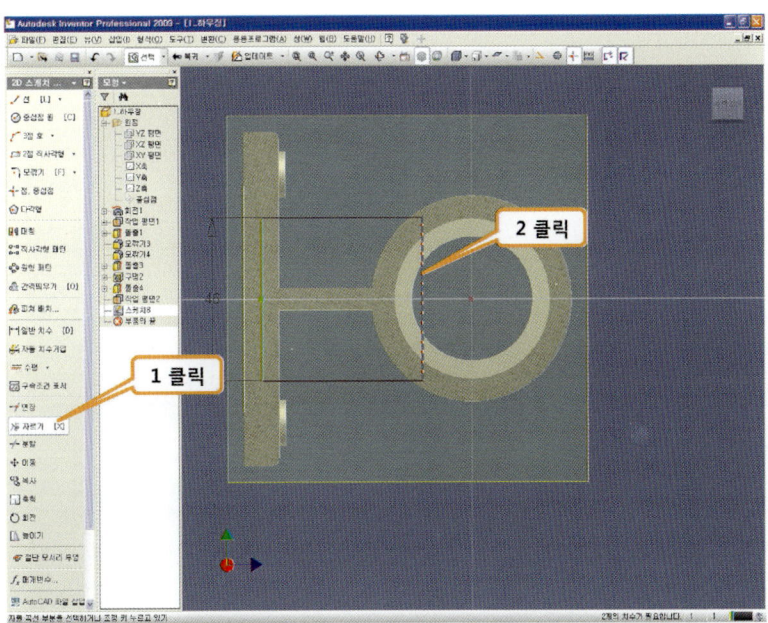

1. [자르기]를 클릭한다.
2. 지시하는 선을 클릭하여 잘라낸다.

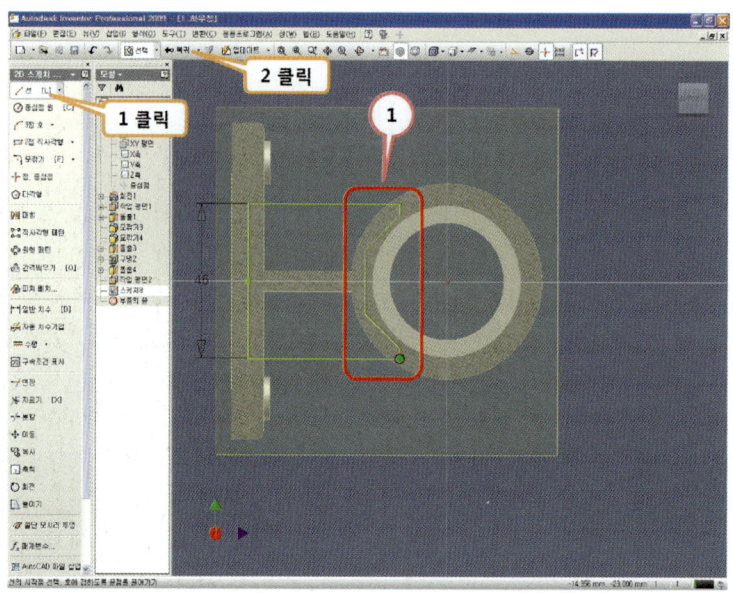

1. [선]을 클릭한다.
   ①과 같이 절단 했을 때 형상을 벗어나지 않도록 스케치한다.
2. [복귀]를 클릭한다.

돌출 피쳐

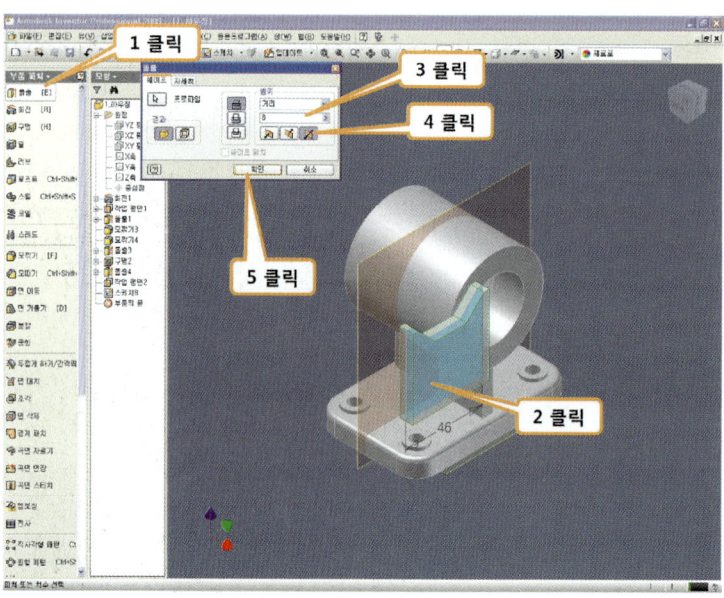

1. [돌출]을 클릭한다.
2. 스케치를 클릭한다.
3. 거리(두께)값을 입력한다.
4. 양방향 돌출을 선택한다.
5. [확인] 버튼을 클릭한다.

모깎기

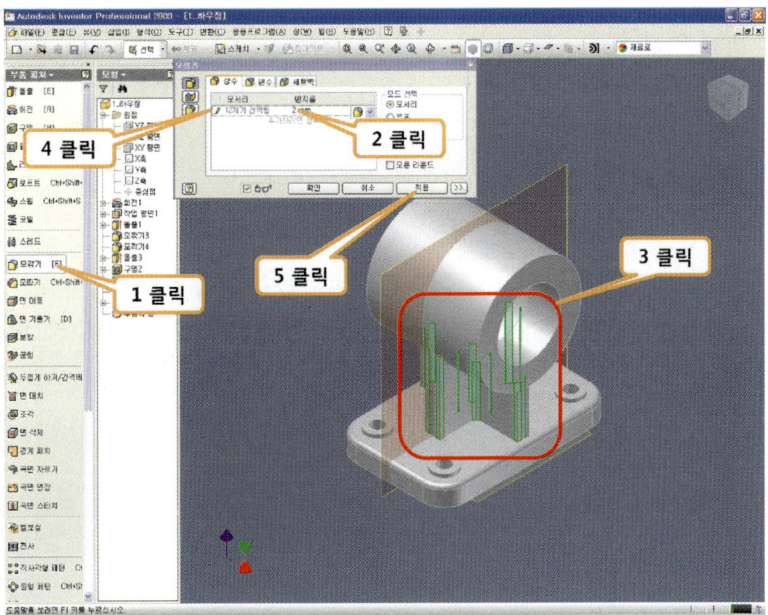

1. [모깎기]를 클릭한다.
2. 반지름 입력란을 클릭하여 반지름 값을 입력한다.
3. 바닥 면에서 수직한 모서리 12개를 선택한다.
4. 펜 아이콘이 화살표가 되도록 클릭한다.
5. [적용] 버튼을 클릭한다.

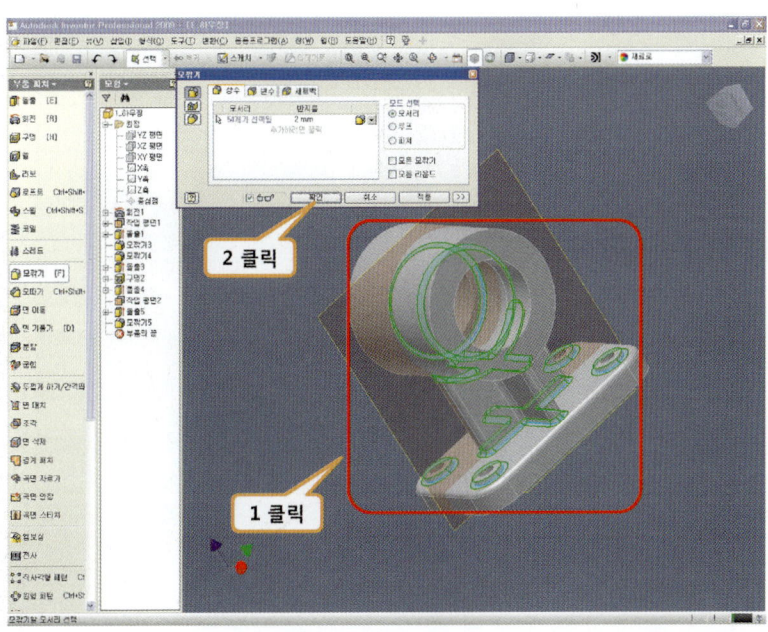

1. 모깎기 할 모서리를 선택한다.(접한 모서리가 연속적으로 선택된다)
2. [확인] 버튼을 클릭한다.

모따기

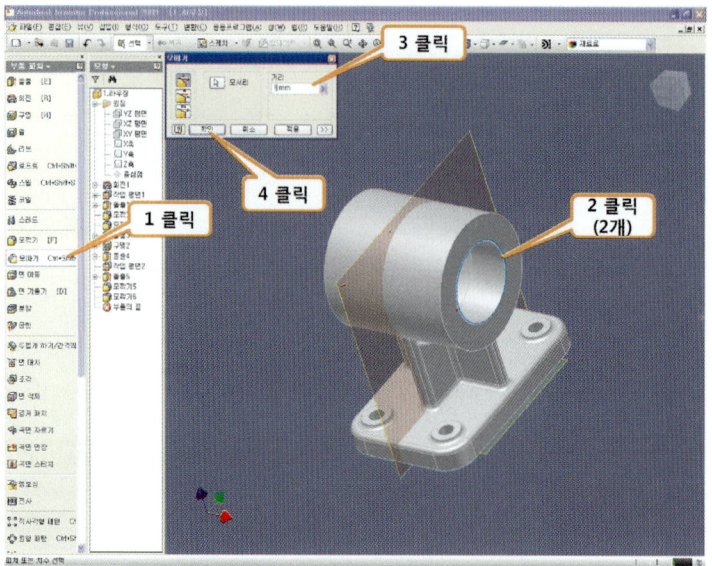

1. [모따기]를 클릭한다.
2. 모따기 할 모서리를 클릭한다.(화면에 보이지 않는 반대편 대칭부도 클릭)
3. 모따기 값을 입력한다.
4. [확인] 버튼 클릭한다.

객체 가시성

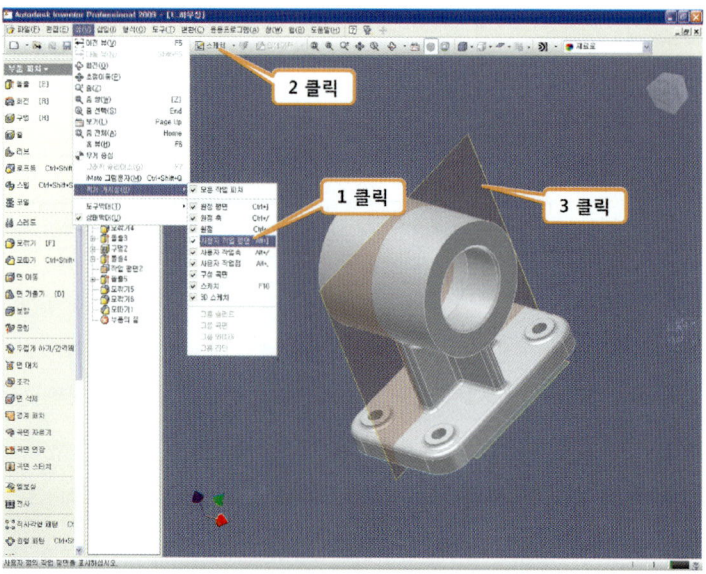

1. [뷰]-[객체 가시성]-[사용자 작업 평면]을 클릭한다.(사용자 작업평면을 보여주거나 사라지게 한다)
2. [스케치]를 클릭한다.
3. 스케치할 평면을 선택한다.

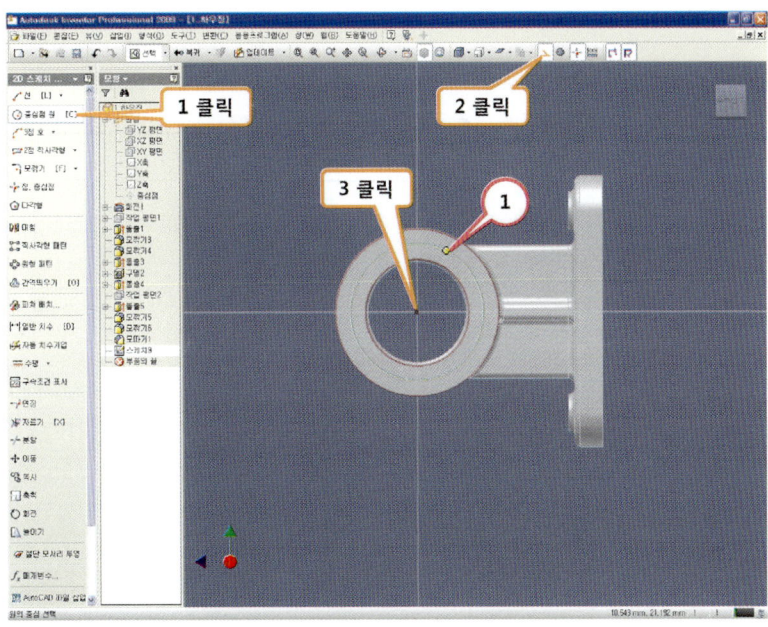

1. [중심점 원]을 클릭한다.
2. 구성선을 클릭한다.
3. 원점을 클릭하여 ①과 같은 원을 스케치한다.

▶ 점

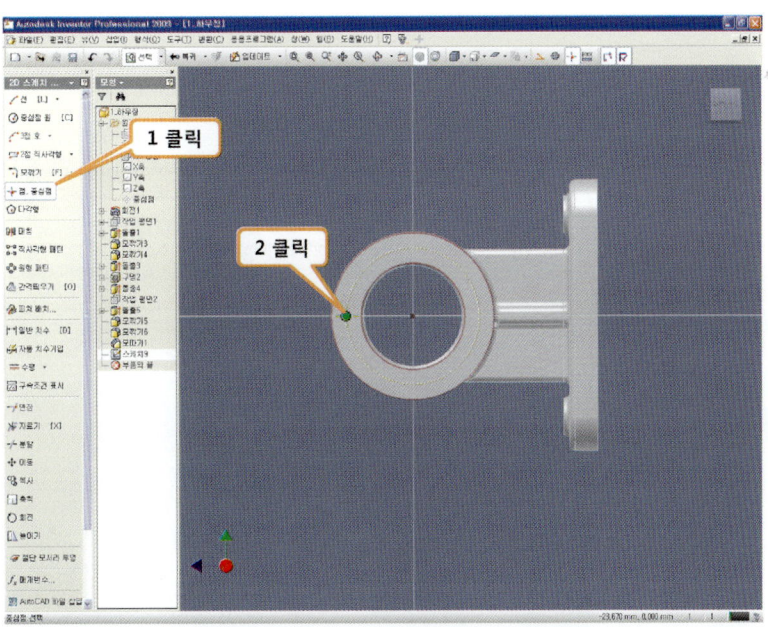

1. [점,중심점]을 클릭한다.
2. 스케치한 원의 사분 점을 클릭한다.

치수 구속

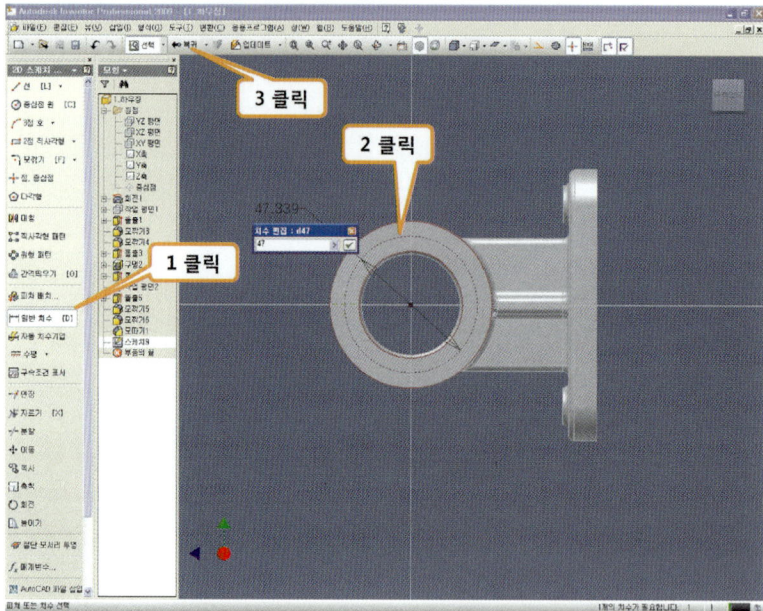

1. [일반 치수]를 클릭한다.
2. 구성원의 치수를 구속한다.
3. [복귀]를 클릭한다.

구멍 피쳐

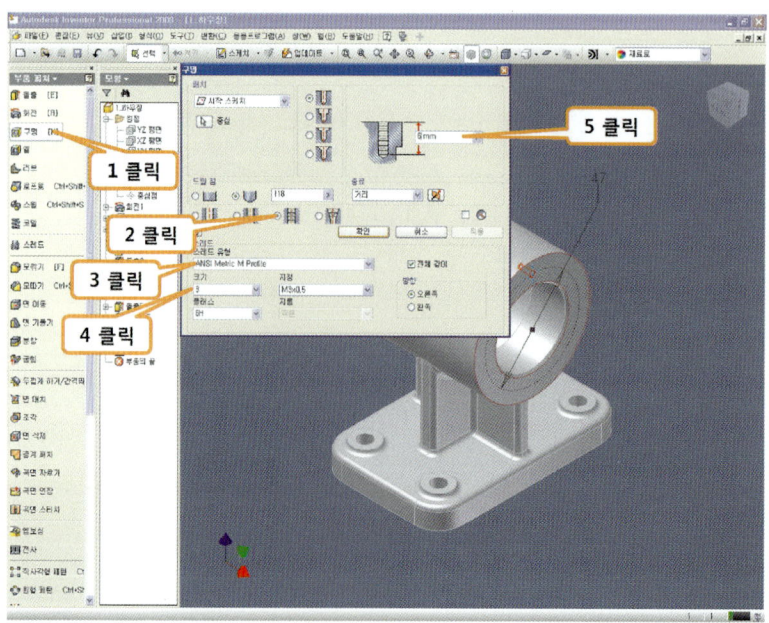

1. [구멍]을 클릭한다.
2. [탭 구멍]을 클릭한다.

3. 스레드 유형을 선택한다.(ANSI Metric M Profile)
4. 크기입력란을 클릭 후 크기를 나사의 크기를 선택한다.(피치 값이 다를 경우 지정에서 피치 값을 선택한다.)
5. 깊이 값을 입력한다.
6. [확인] 버튼을 클릭한다.

≫ 원형 패턴

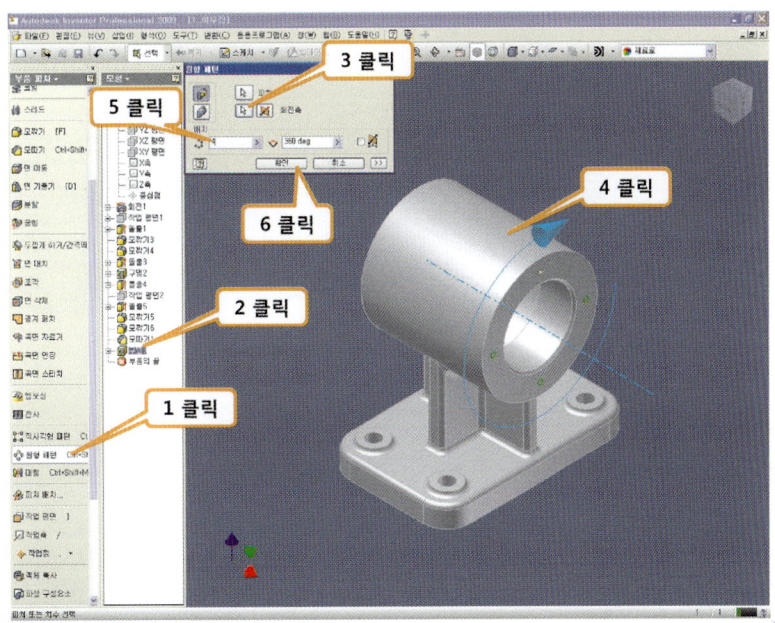

1. [원형 패턴]을 클릭한다.
2. 패턴 복제할 구멍을 클릭한다.
3. [회전축] 버튼을 클릭한다.
4. 원통 면을 클릭한다.(직접 회전축을 지정하거나 회전체 선택 가능)
5. 복제 구멍 수를 입력한다.
6. [확인] 버튼을 클릭한다.

작업 평면

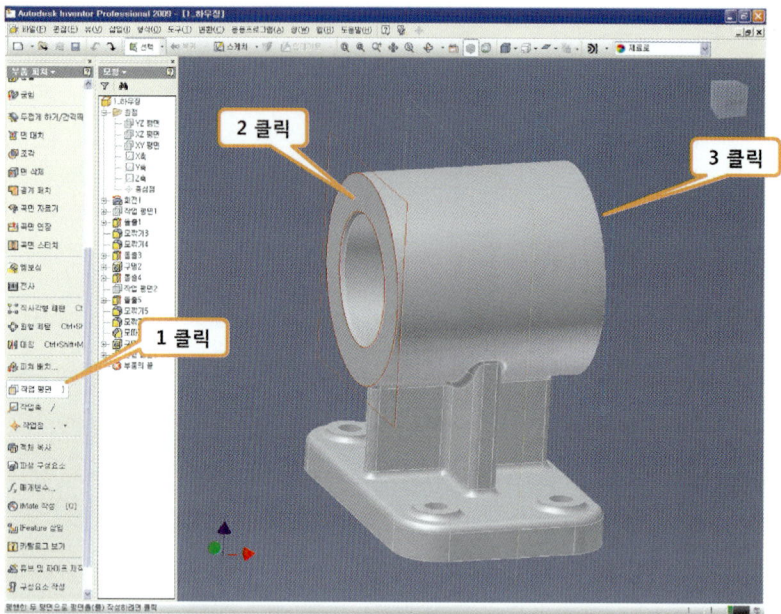

1. [작업 평면]을 클릭한다.
2. 평면을 클릭한다.
3. 평면을 클릭한다.(이등분된 작업평면이 생성된다)

대칭 피쳐

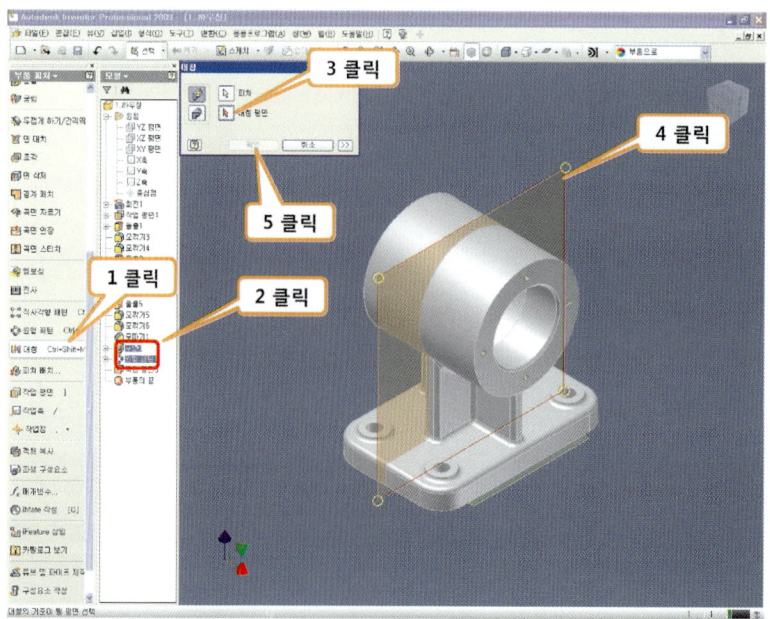

1. [대칭]을 클릭한다.
2. Ctrl키를 이용하여 구멍과 복제된 원형패턴을 선택한다.
3. [대칭평면] 버튼을 클릭한다.
4. 화면의 가시화된 작업 평면을 클릭한다.
5. [확인] 버튼을 클릭한다.(조건을 만족하면 활성화된다)

작업 평면

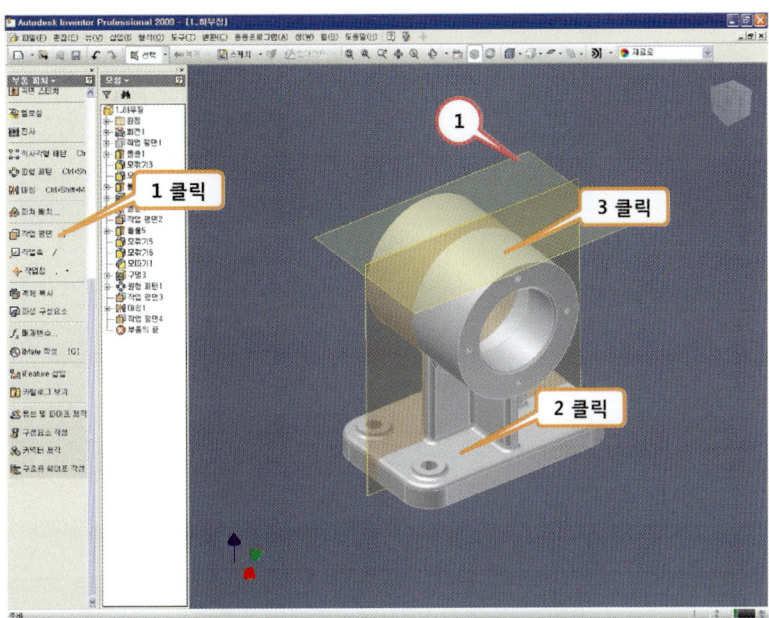

1. [작업 평면]을 클릭한다.
2. 만들고자 하는 작업 평면과 평행한 면을 클릭한다.
3. 원기둥의 윗면을 클릭하여 ①과 같은 작업 평면을 만든다.(원기둥에 접한 평면 생성)

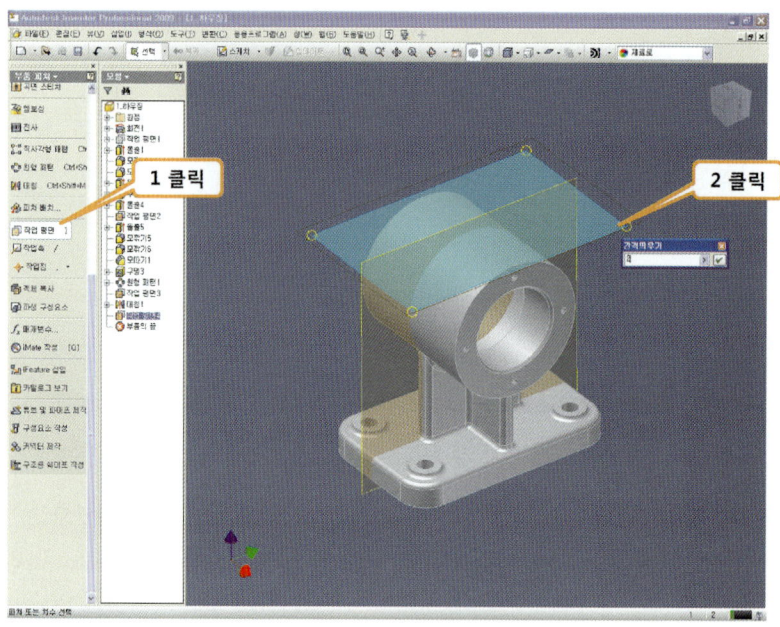

1. [작업 평면]을 클릭한다.
2. 작업 평면을 클릭하여 드래그 후 치수를 입력한다.(작업평면 생성)

▶ 스케치

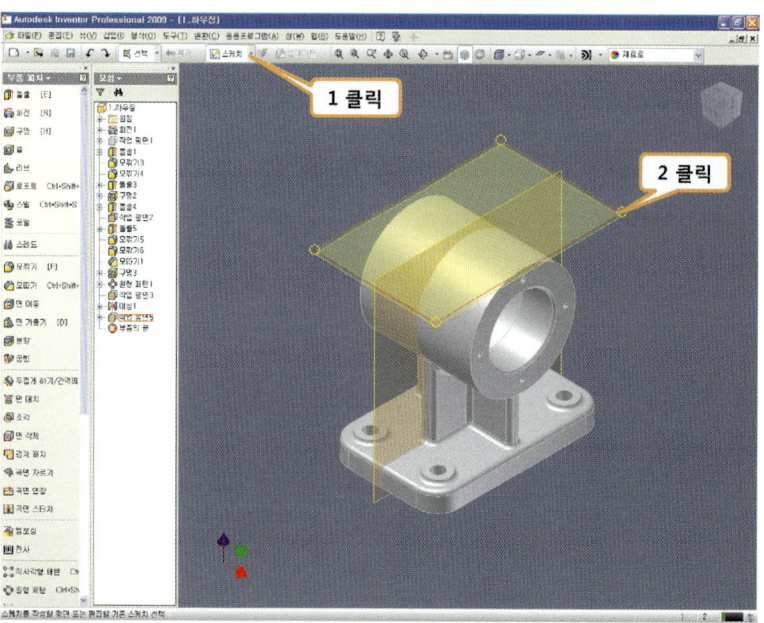

1. [스케치]를 클릭한다.
2. 마지막에 생성한 작업 평면을 클릭한다.

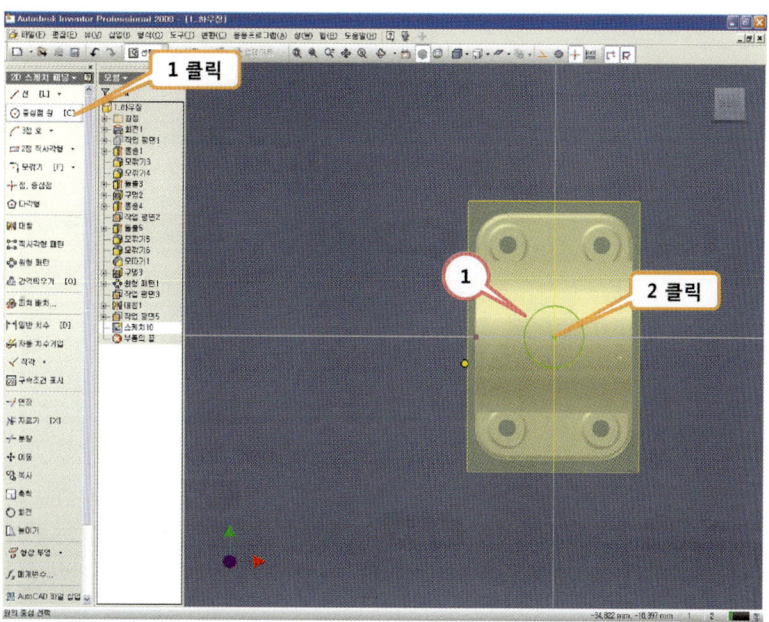

1. [중심점 원]을 클릭한다.
2. 중심점(원점)을 클릭 후 ①과 같은 원을 스케치한다.

▶ 치수 구속

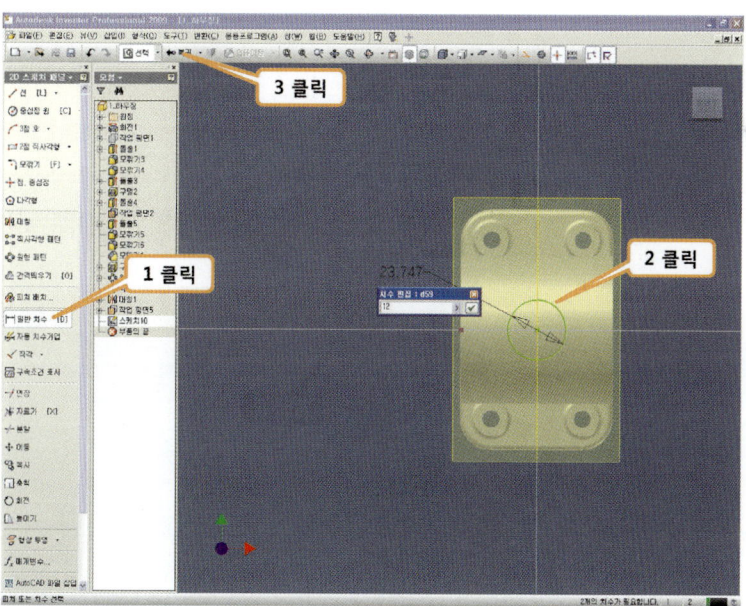

1. [일반치수]를 클릭한다.
2. 원을 클릭 후 치수 기입한다.
3. [복귀]를 클릭한다.

돌출 피쳐 – 다음면까지

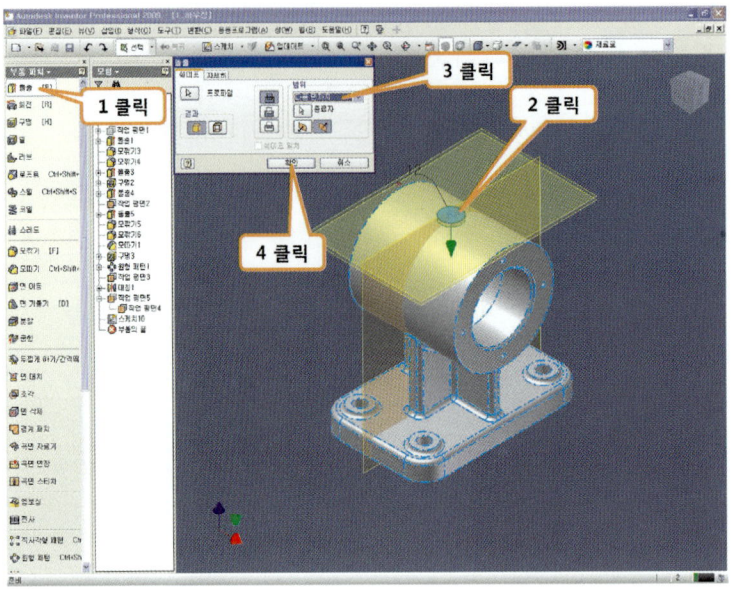

1. [돌출]을 클릭한다.
2. 스케치한 원을 클릭한다.
3. '다음 면까지'를 선택한다.
4. [확인] 버튼을 클릭한다.

객체가시성 – 작업평면 비가시화

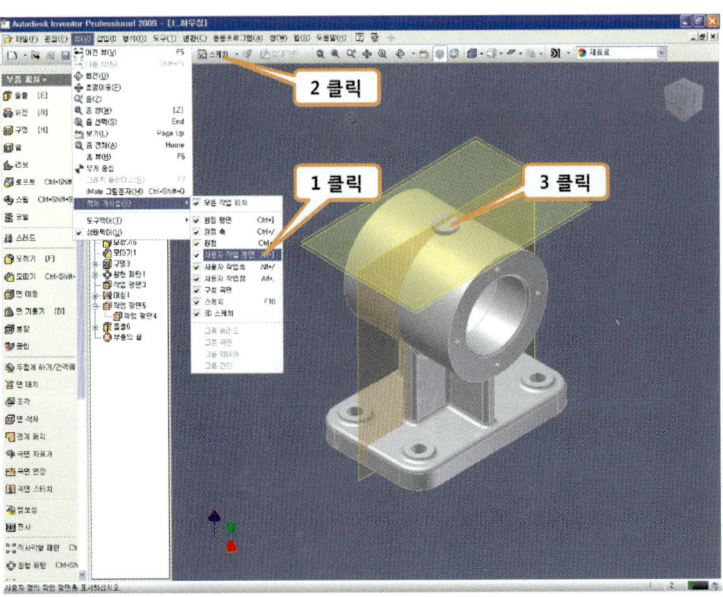

1. [뷰]-[객체 가시성]-[사용자 작업 평면]을 클릭한다.(생성한 작업평면의 비가시화)
2. [스케치]를 클릭한다.
3. 면을 클릭하여 스케치 평면을 만든다.

점

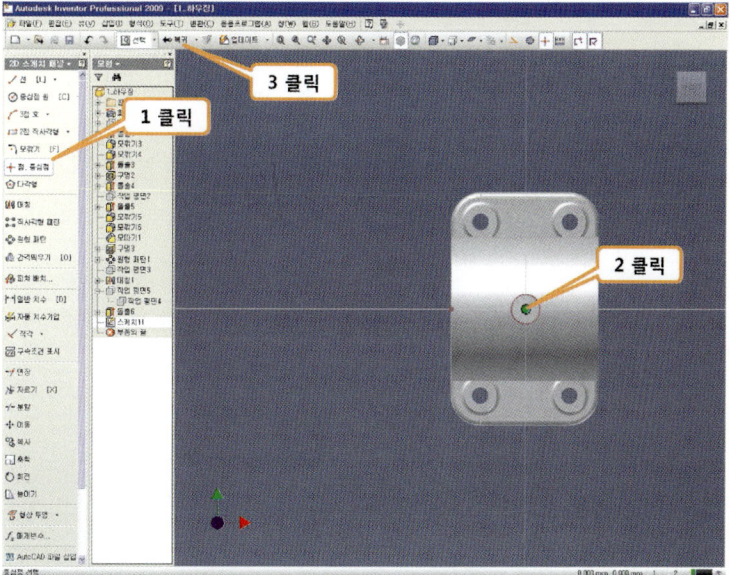

1. [점, 중심점]을 클릭한다.(형상투영 등의 명령으로도 가능)
2. 스케치 평면의 원 중심을 클릭한다.
3. [복귀]를 클릭한다.

구멍 피쳐 – 카운터보링

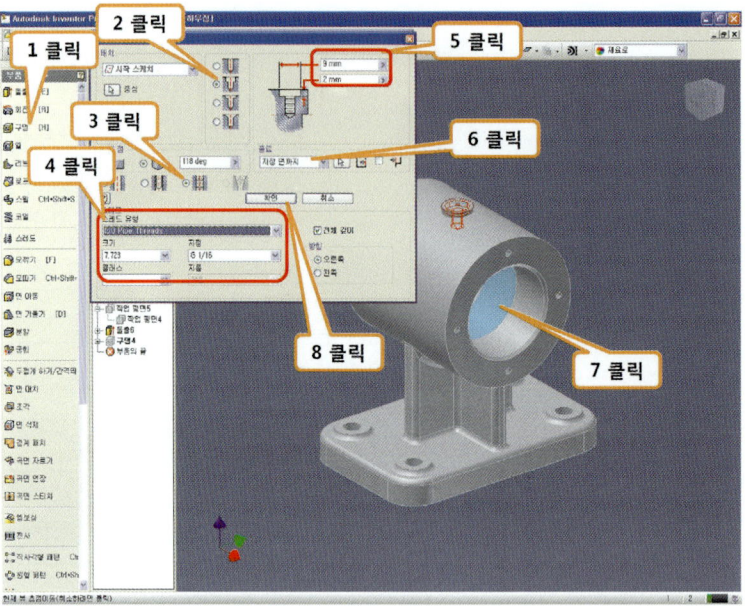

1. [구멍]을 클릭한다.
2. [카운터 보링]을 클릭한다
3. [탭 구멍]을 클릭한다.
4. 스레드 유형을 각각 클릭하여 규격을 선택한다.
5. 구멍의 크기와 깊이를 입력한다.
6. 종료 영역을 '지정 면까지' 로 선택한다.
7. 지정면에 해당하는 면을 클릭한다.
8. [확인] 버튼을 클릭한다.

모깎기

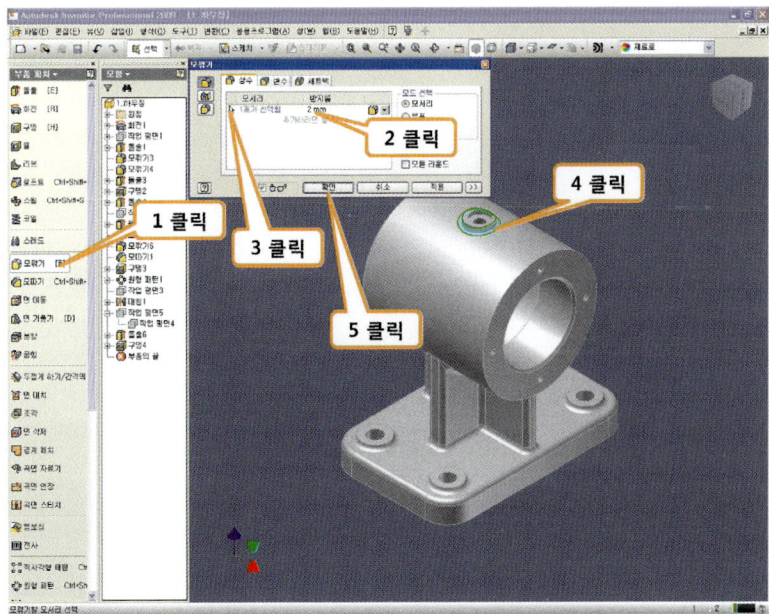

1. [모깎기]를 클릭한다.
2. 모깎기 값을 입력한다.
3. 펜 아이콘이 화살표가 되도록 클릭한다.
4. 모깎기 할 곳을 클릭한다.
5. [확인] 버튼을 클릭한다.

하우징 완성

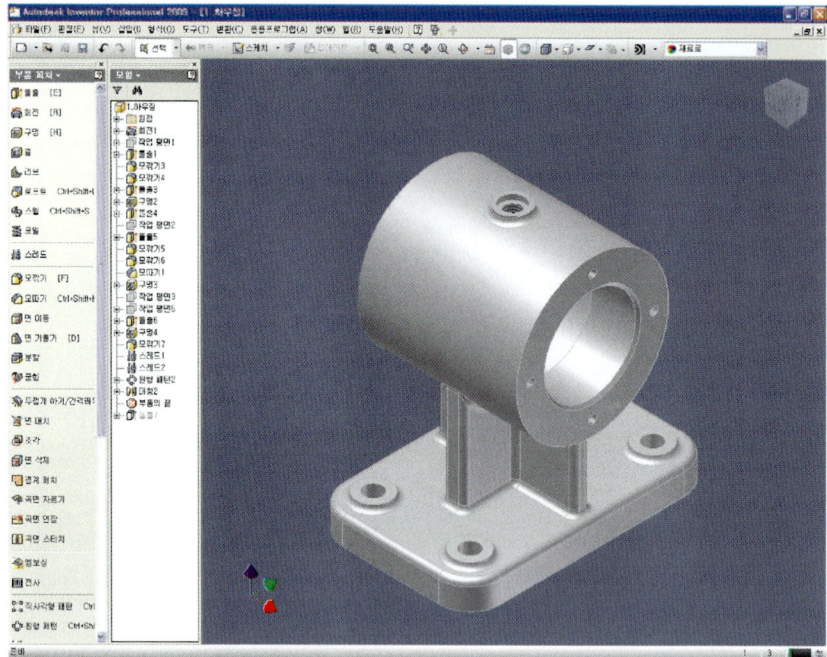

2번 부품 축 측정 및 모델링

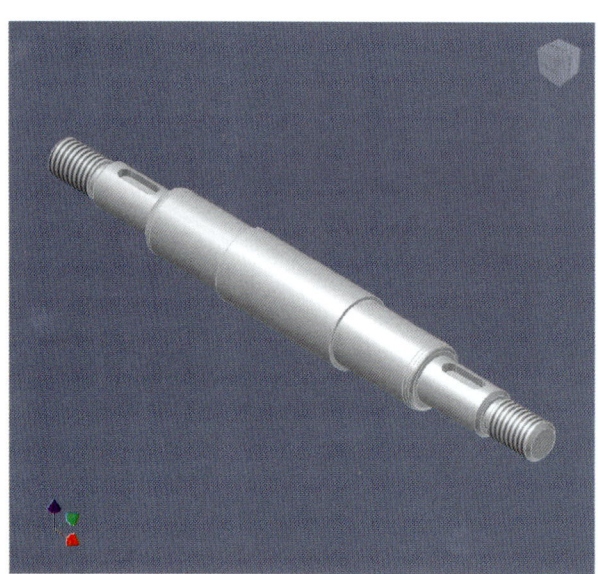

- 2번 부품인 [축]의 측정 및 모델링을 따라해보자.

2번 부품 해독

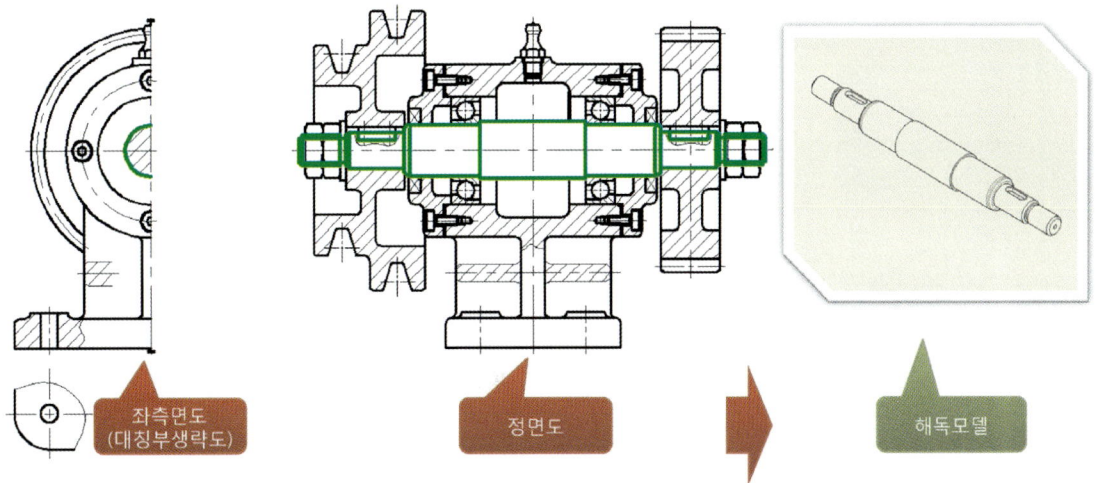

- 지급된 과제도면에서 초록색으로 강조된 영역이 2번 부품의 경계이다

측정

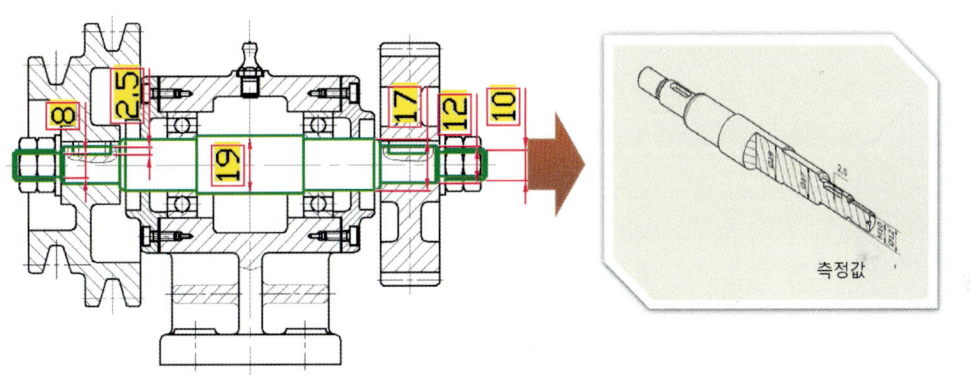

- 직경에 대한 측정값은 핑크색의 치수와 같다.

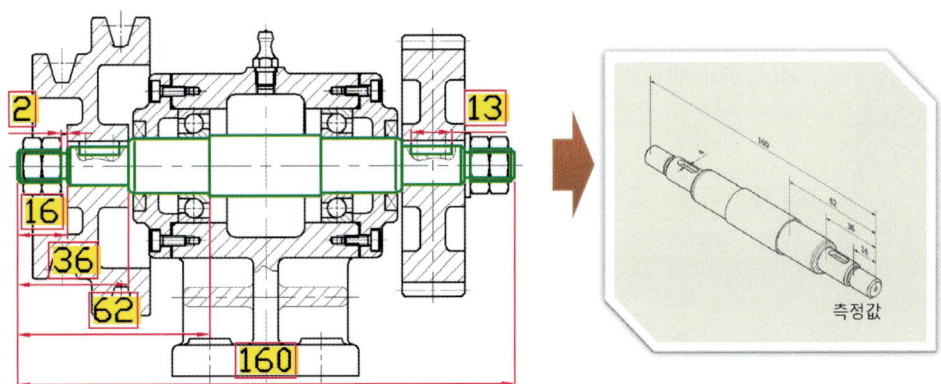

- 길이에 대한 측정값은 핑크색의 치수와 같다.

측정 완료

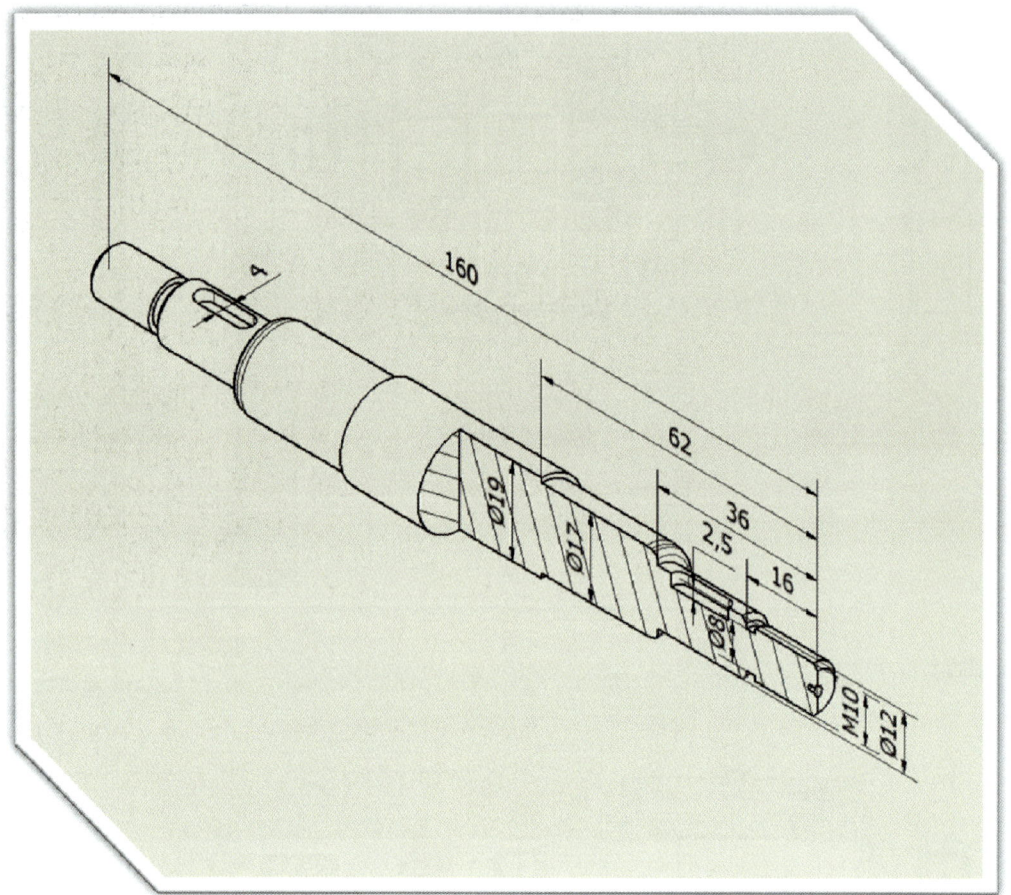

- 모델링에 필요한 측정치수 및 규격 참조 치수를 표시하면 위와 같다.

부품 시작

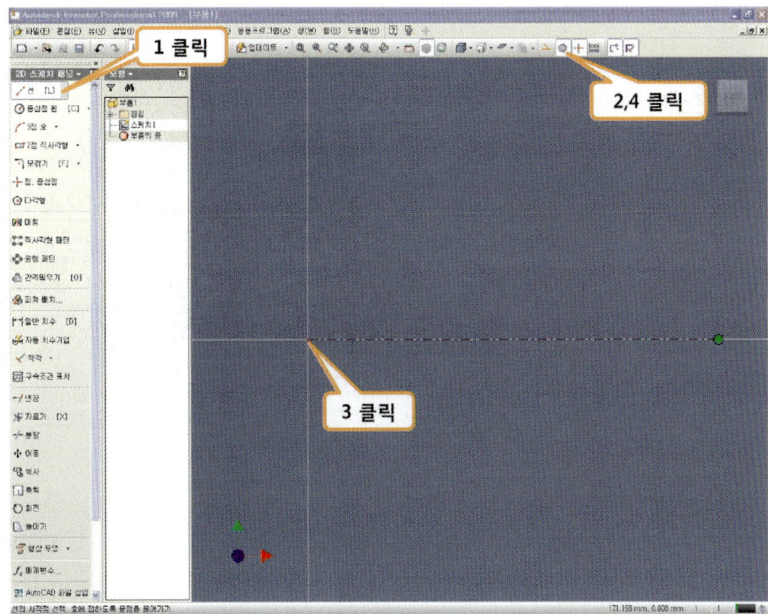

1. [선]을 클릭한다.
2. [중심선]을 클릭한다.
3. 원점을 클릭하여 화면과 같이 중심선 스케치한다.
4. [중심선]을 한번더 클릭하여 선택 해제 한다.(중심선은 Esc키를 이용하여 취소 할 수 없다)

스케치

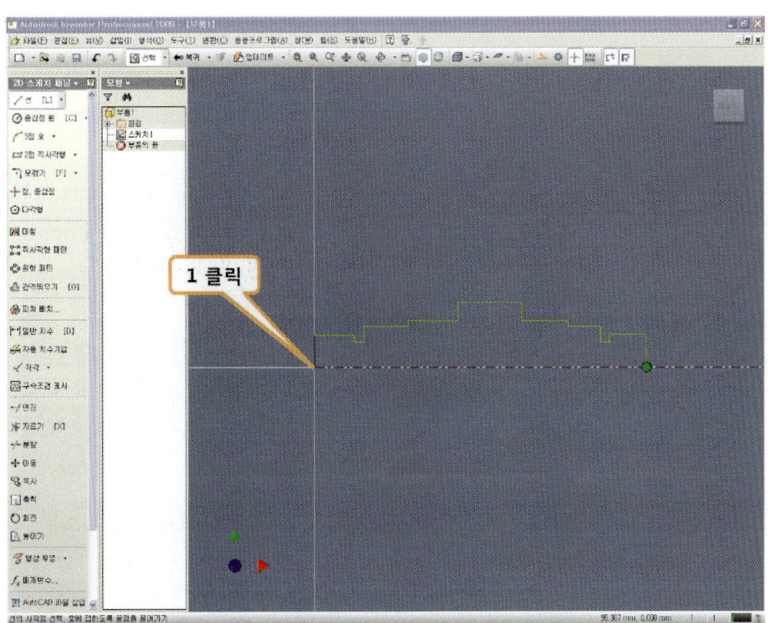

1. 원점을 시작점으로 하여 화면과 같이 대략적인 스케치를 한다.

형상 구속 – 동일선상

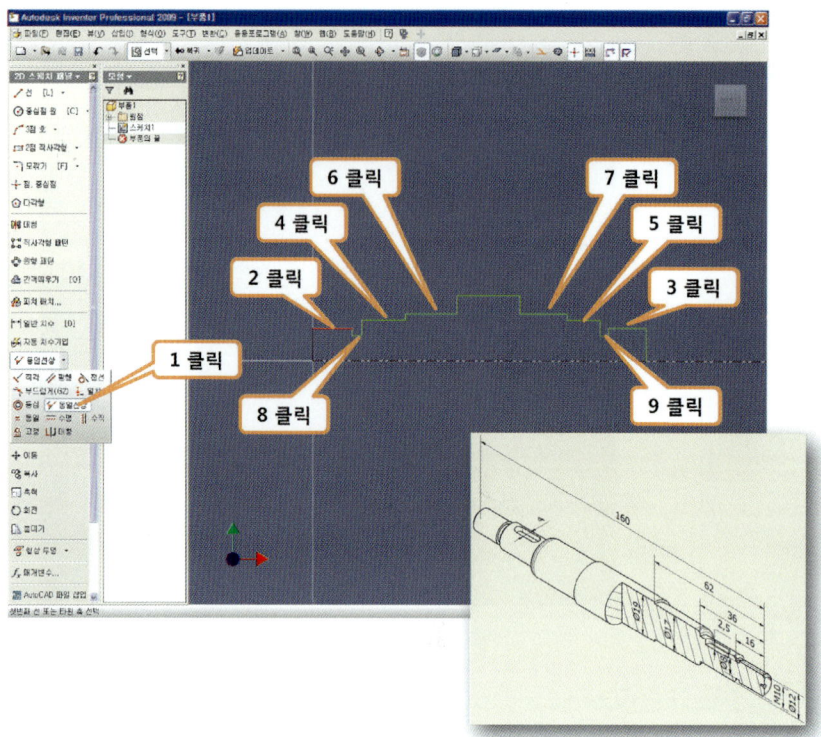

1. [동일선상]을 클릭한다.
2. 선을 클릭한다.
3. 선을 클릭하여 2와 동일 선상으로 구속한다.
4 - 5, 6 - 7, 8 - 9도 같은 방법으로 동일 선상으로 구속한다.

형상 구속 – 동일

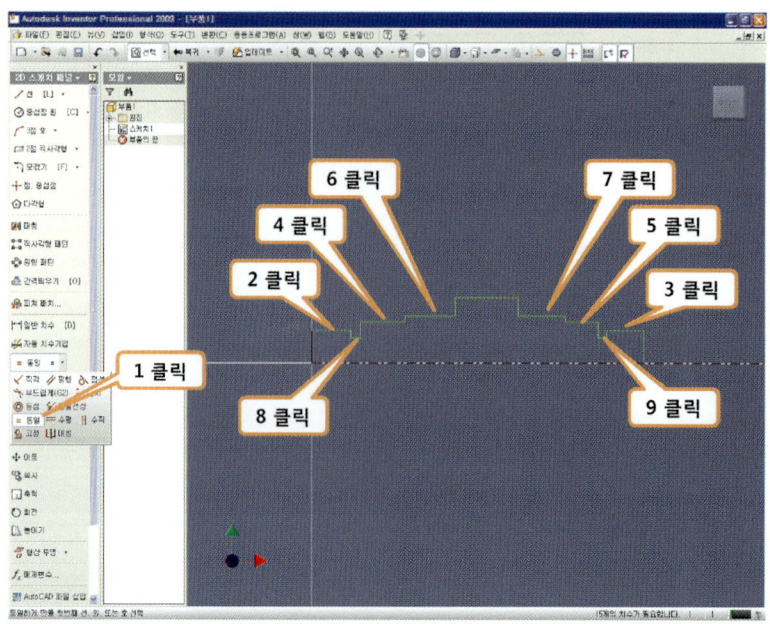

1. [동일]을 클릭한다.
2. 선을 클릭한다.
3. 선을 클릭하여 2와 동일로 구속한다.
4 - 5, 6 - 7, 8 - 9도 같은 방법으로 동일로 구속한다.

치수 구속

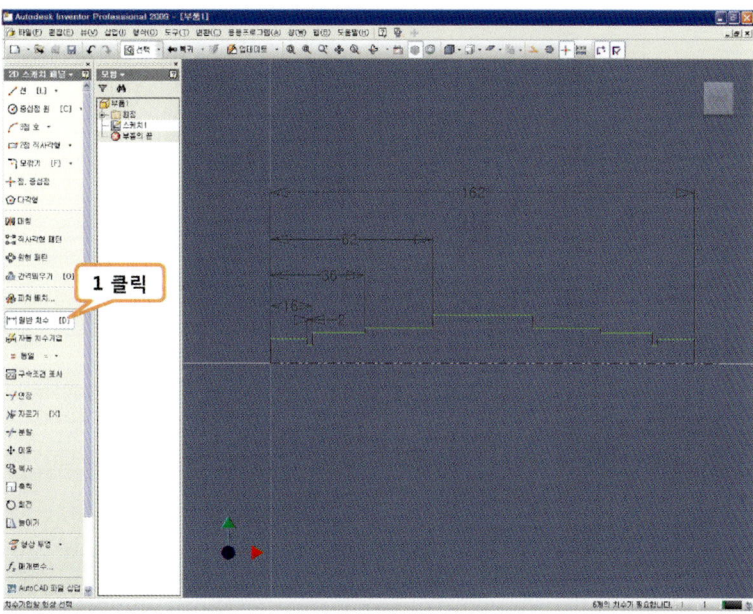

1. [일반치수]를 클릭 한 후 측정값을 참고하여 치수를 구속한다.

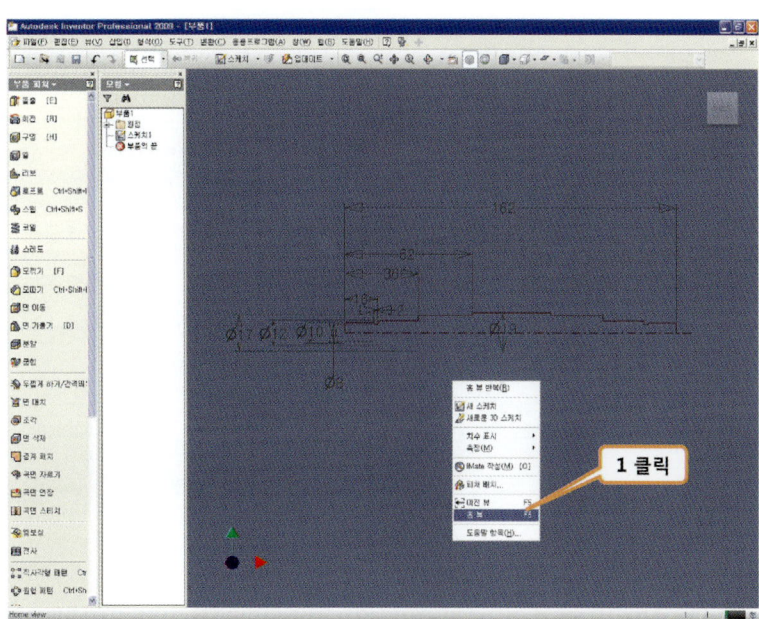

1. 마우스 오른쪽 버튼을 클릭하여 [홈뷰]을 클릭한다.(키보드의 F6 을 눌러도 됨)

회전 피쳐

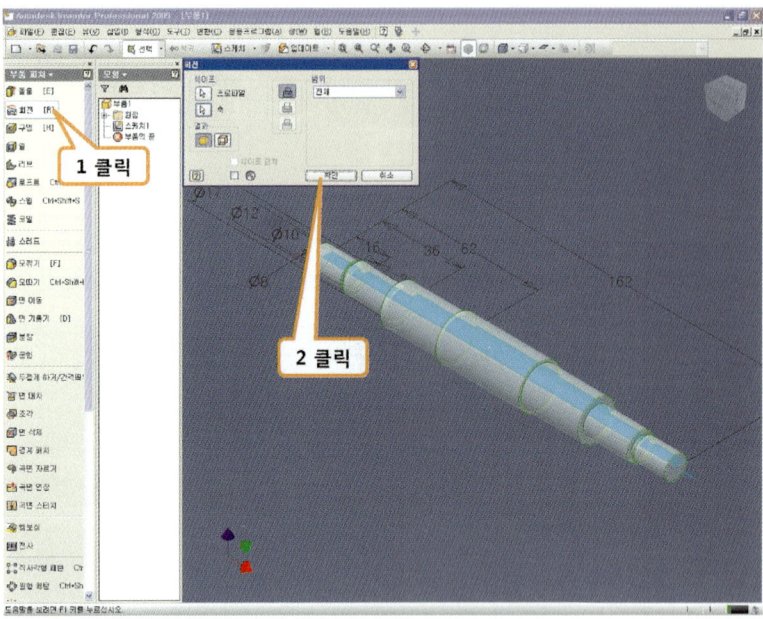

1. [회전]을 클릭한다
2. [확인] 버튼을 클릭한다.(프로파일과 축은 하나만 존재하므로 지정하지 않아도 됨)

작업 평면

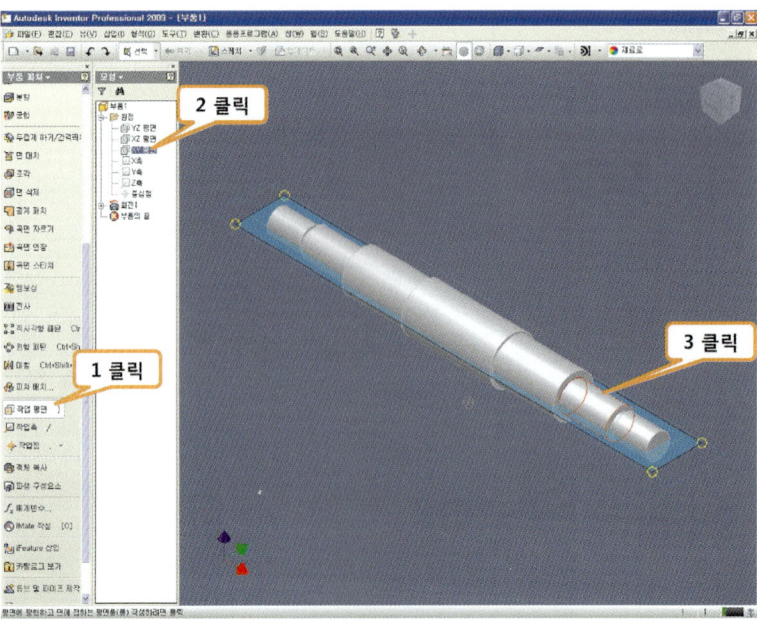

1. [작업 평면]을 클릭한다.
2. 부품에서 [원점]-[XY평면]을 클릭한다.
3. 화면과 같이 축의 위쪽 면을 클릭한다.(키 홈을 위한 접한 작업평면 생성)

스케치

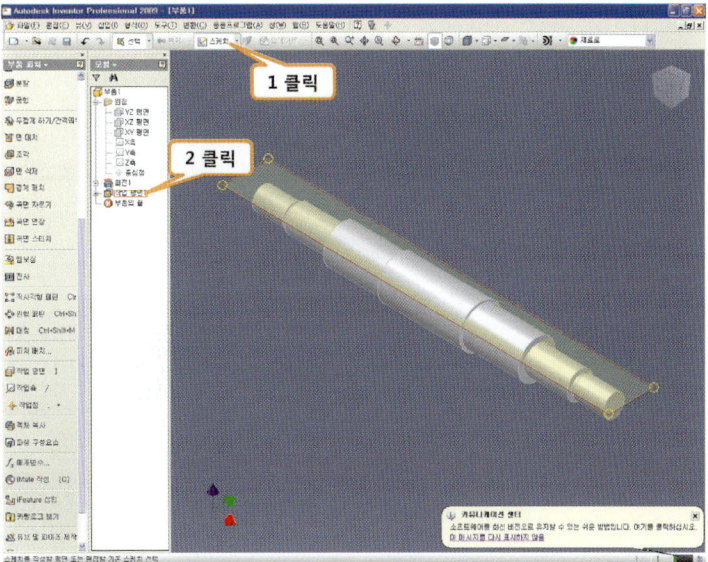

1. [스케치]를 클릭한다.
2. 부품에서 [작업 평면1]을 클릭한다.

형상 구속

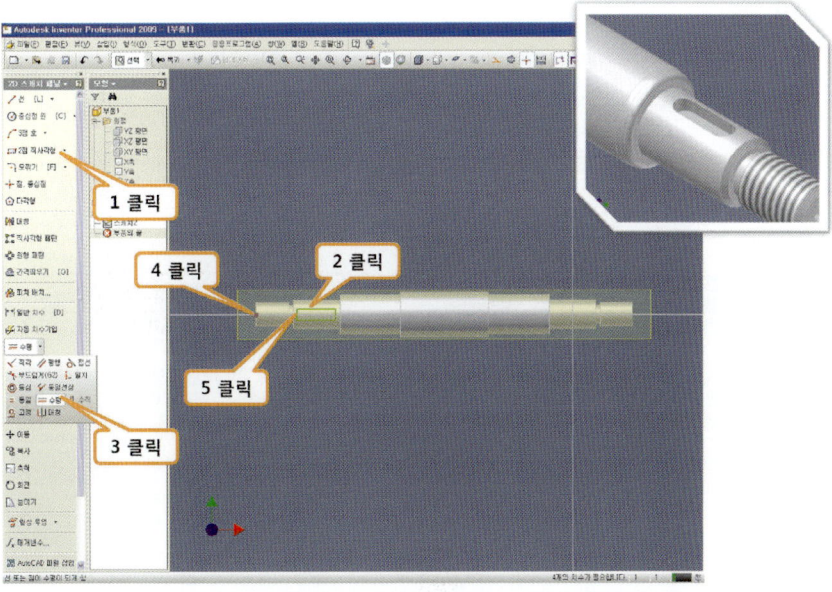

1. [2점 직사각형]을 클릭한다.
2. 화면과 같이 사각형을 스케치한다.
3. [수평]을 클릭한다.
4. 원점을 클릭한다.
5. 사각형 수직선의 중간점을 클릭하여 두 점을 수평 구속한다.

치수구속

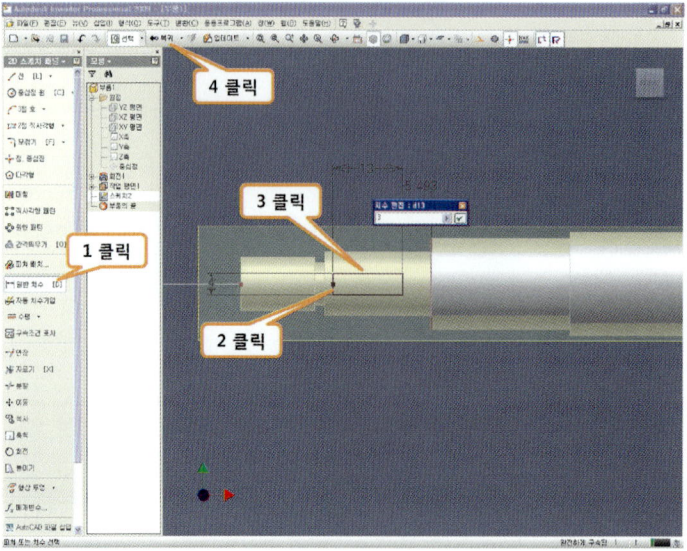

1. [일반 치수]를 클릭한다.
2. 지시하는 수직선을 클릭하여 높이 값을 입력한다.
3. 지시하는 수평선을 클릭하여 길이 값을 입력한다.
4. [복귀]를 클릭한다.

돌출 피쳐

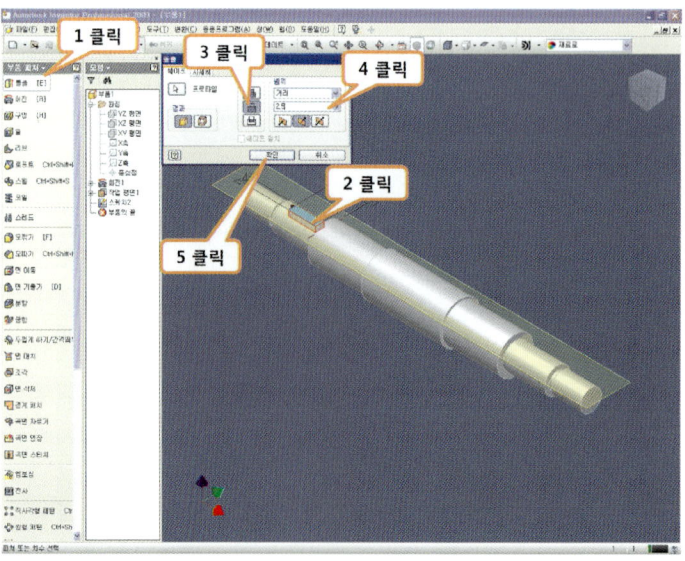

1. [돌출]을 클릭한다.
2. 돌출하려고 하는 프로파일을 클릭한다.
3. [차집합]을 클릭한다.
4. 거리 값을 입력한다.(키 홈의 깊이)
5. [확인] 버튼을 클릭한다.

모깎기

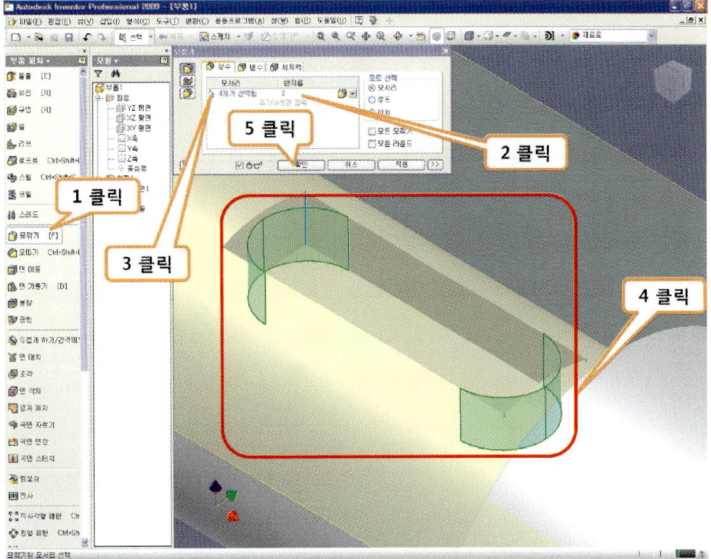

1. [모깎기]를 클릭한다.
2. 모깎기 값을 입력한다.
3. 펜 아이콘이 화살표가 되도록 클릭한다.
4. 모서리 4곳을 클릭한다.
5. [확인] 버튼을 클릭한다.

작업평면

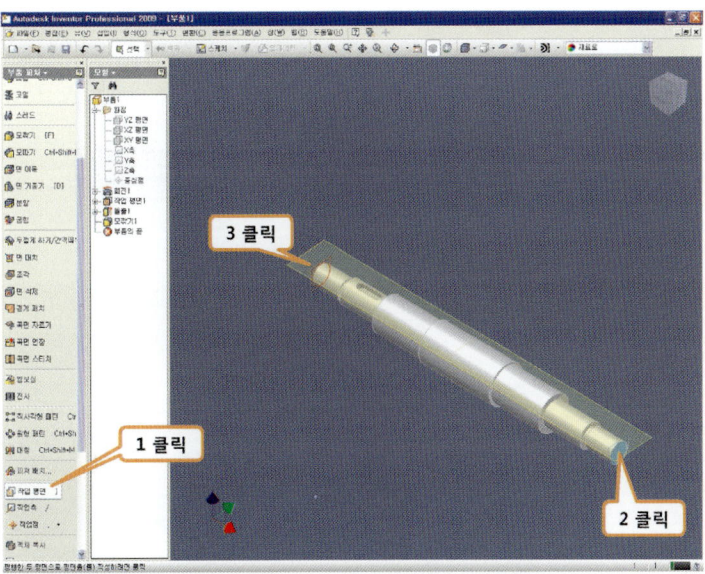

1. [작업 평면]을 클릭한다.
2. 면을 클릭한다.
3. 면을 클릭하여 2의 면과 3의 면의 중간에 작업 평면을 만든다.

대칭 피쳐

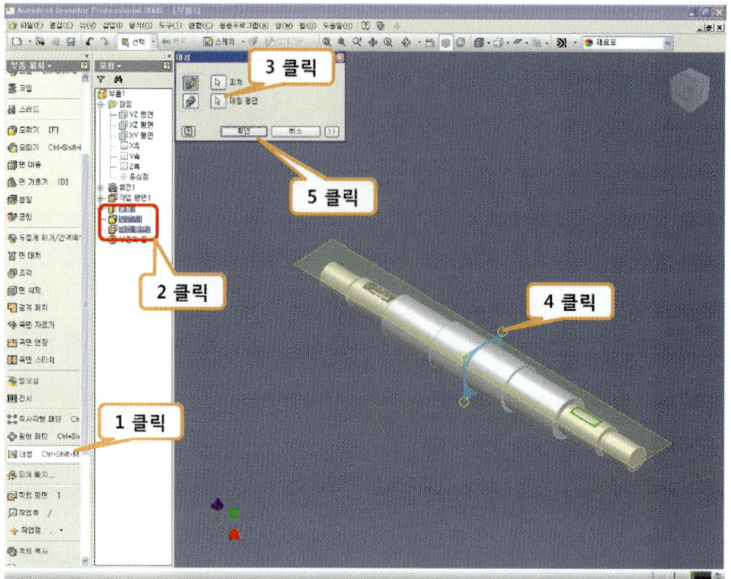

1. [대칭]을 클릭한다.
2. Ctrl키를 이용하여 클릭한다.(대칭 복제할 대상 피쳐 선택)
3. [대칭평면] 버튼을 클릭한다.
4. 작업평면을 클릭한다.
5. [확인] 버튼을 클릭한다.

객체 가시성

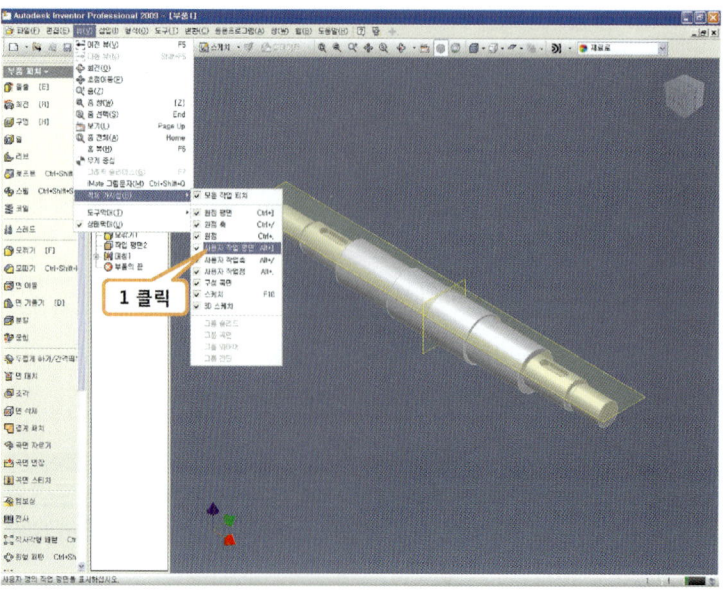

1. [뷰]-[객체 가시성]-[사용자 작업 평면]을 클릭한다.(작업평면의 비가시화)

모따기 – 거리, 각도

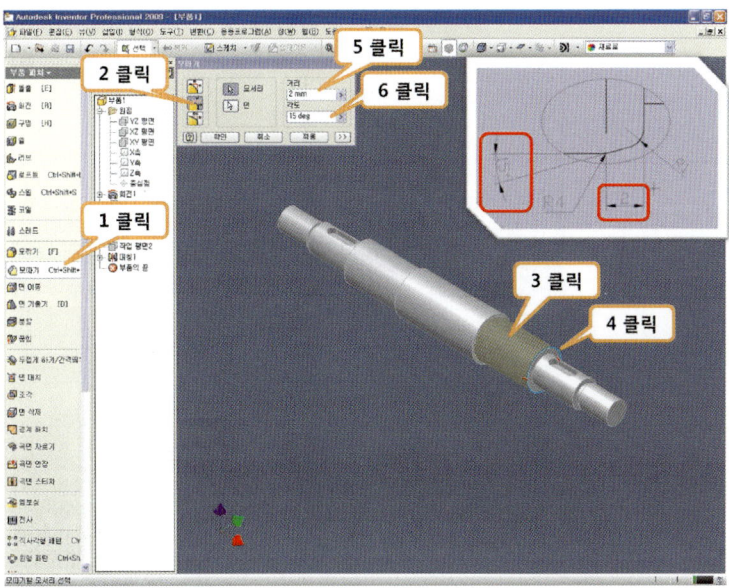

1. [모따기]를 클릭한다.
2. [거리 및 각도] 버튼을 클릭한다.
3. 면을 클릭한다. 모서리를 클릭한다.
4. 모서리를 클릭한다.
5. 거리 값을 입력한다.
6. 클릭하여 각도를 입력 후 [적용] 버튼을 클릭한다.

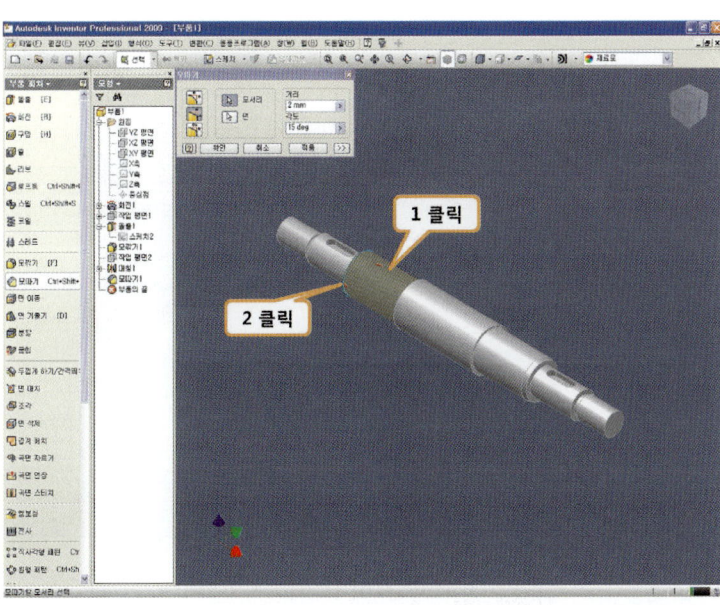

1. 면을 클릭한다.
2. 모서리를 클릭한다.
3. [확인] 버튼을 클릭한다.(거리 및 각도 값은 직전의 값을 재사용한다.)

모깎기

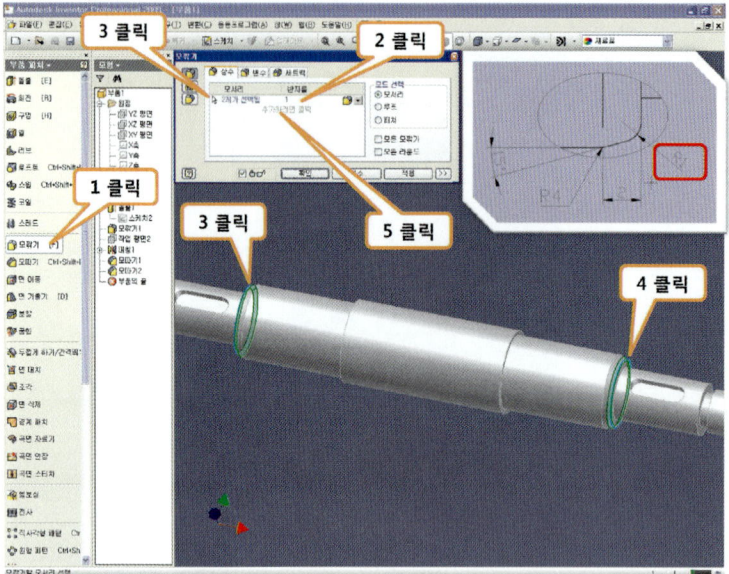

1. [모깎기]를 클릭한다.
2. 반지름 값을 입력한다.
3. 펜 아이콘이 화살표가 되도록 클릭한다.
4. 가장 자리 모서리를 선택한다.
5. '추가하려면 클릭'을 클릭한다.

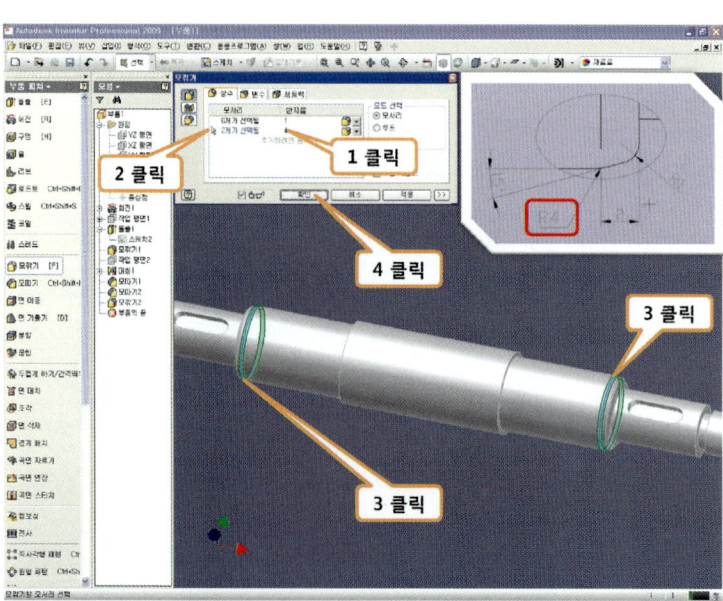

1. 반지름 값을 입력한다
2. 펜 아이콘이 화살표가 되도록 클릭한다.
3. 모서리를 선택한다.
4. [확인] 버튼을 클릭한다.

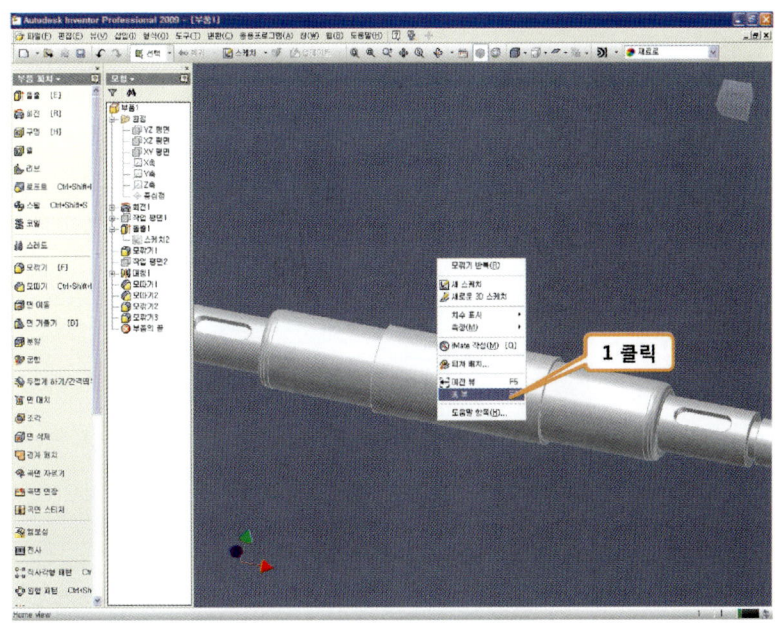

1. 마우스 오른쪽 버튼을 클릭 후 [홈뷰]를 클릭한다.

모따기

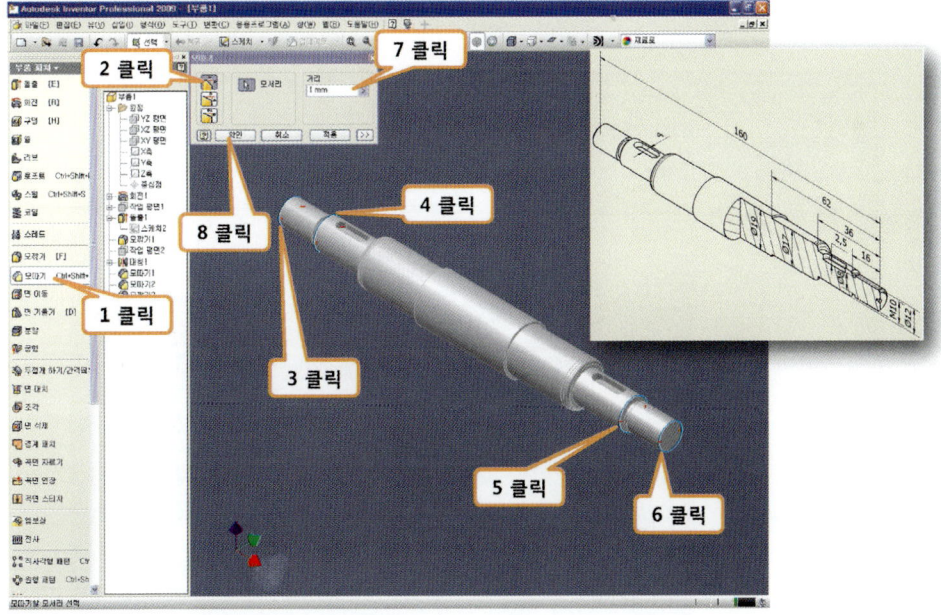

1. [모따기]를 클릭한다.
2. [거리] 버튼을 클릭한다.
3. 3, 4, 5, 6,의 모서리를 클릭한다.
7. 거리 값을 입력한다.
8. [확인] 버튼을 클릭한다.

스레드

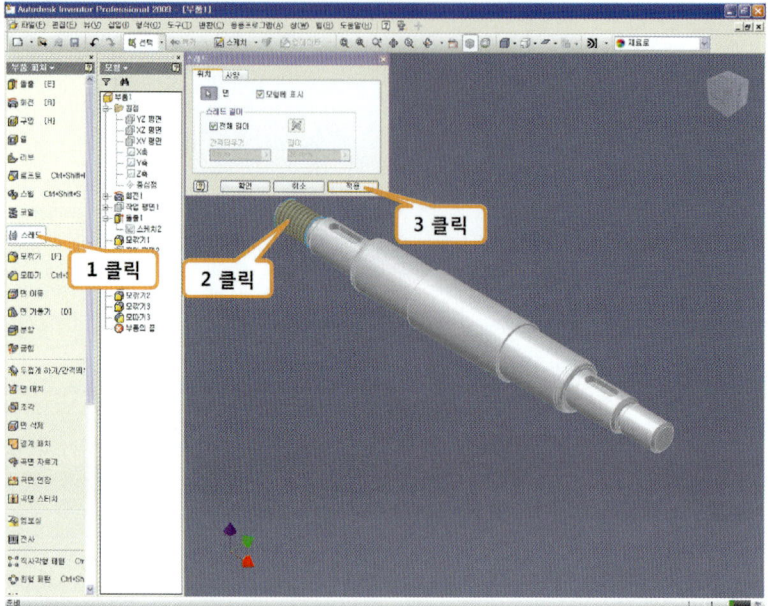

1. [스레드]를 클릭한다.
2. 스레드를 적용할 면을 선택한다.
3. [적용] 버튼을 클릭한다.

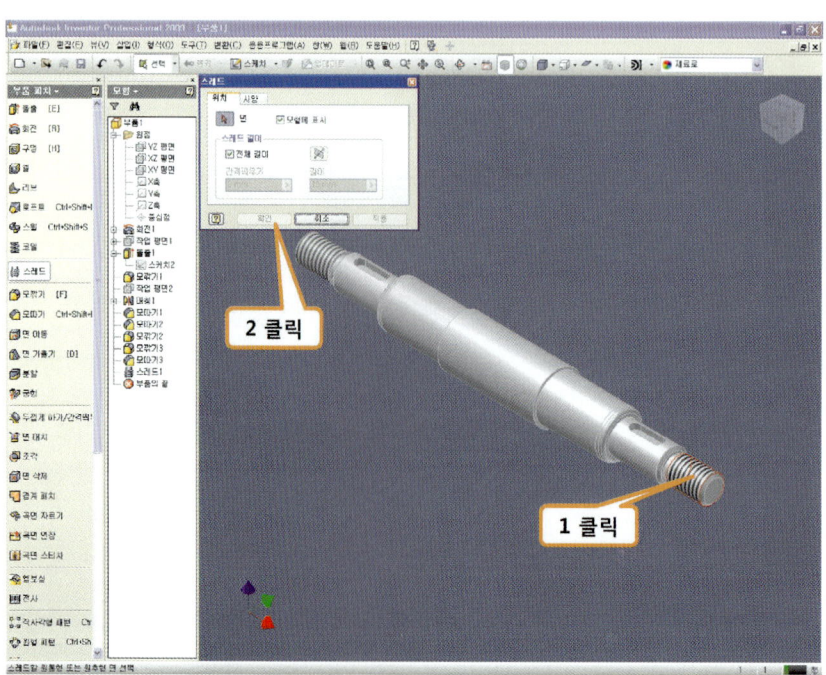

1. 면을 클릭한다.
2. [확인] 버튼을 클릭한다.

센터 구멍

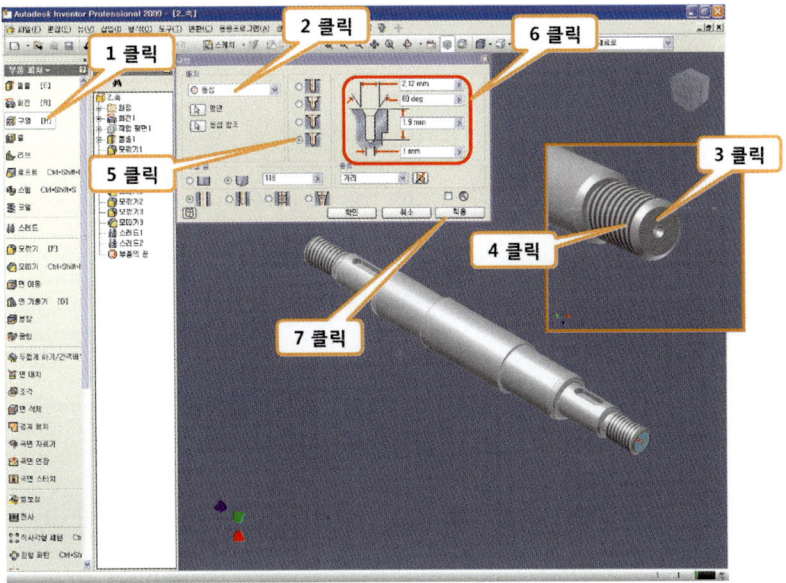

1. [구멍]을 클릭한다.
2. 배치에서 [동심]을 선택한다.
3. 면을 클릭한다.
4. 동심 참조 할 축의 면을 클릭한다.(원통 등)
5. [카운터 싱크]를 클릭한다.
6. 각 항목에 치수를 입력한다.
7. [적용] 버튼을 클릭한다.

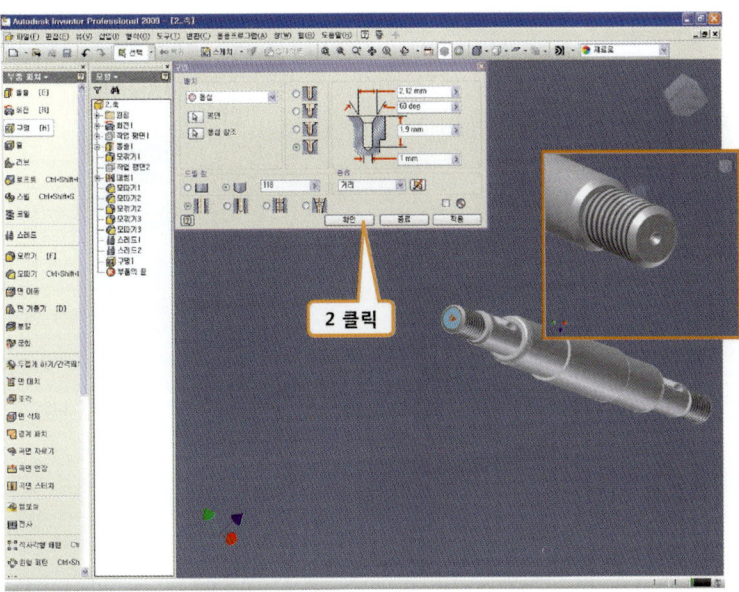

1. 축의 반대쪽 면도 동일하게 작업한다.
2. [확인] 버튼을 클릭한다.

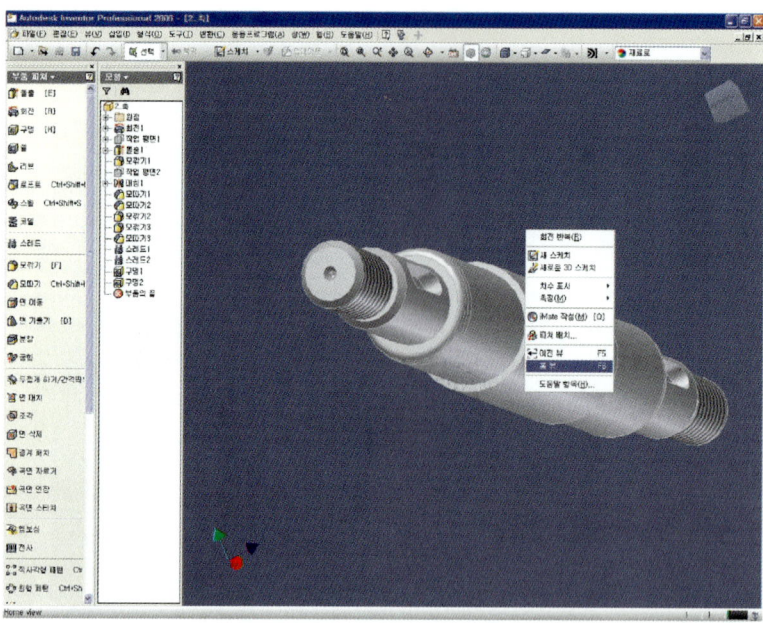

1. 마우스 오른쪽 버튼을 클릭하여 [홈뷰]를 클릭한다.

▶ 축 완성품

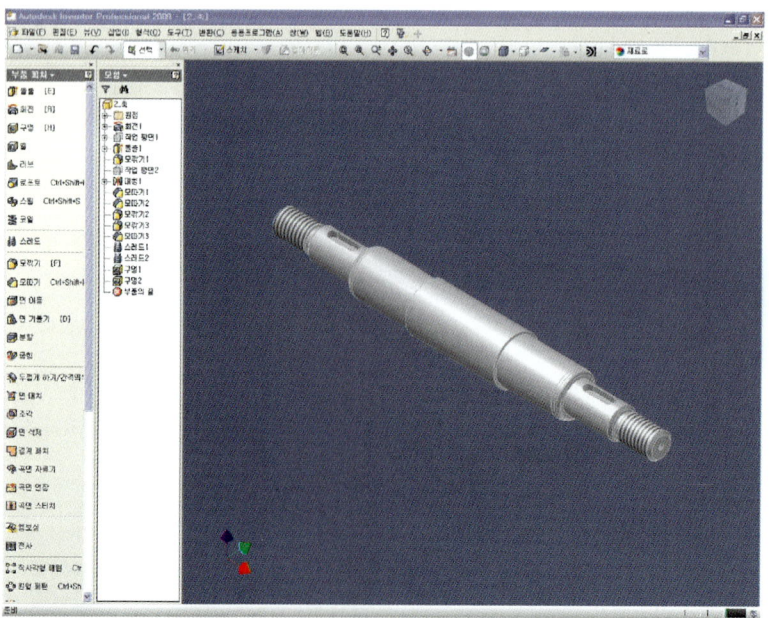

3번 부품 풀리 측정 및 모델링

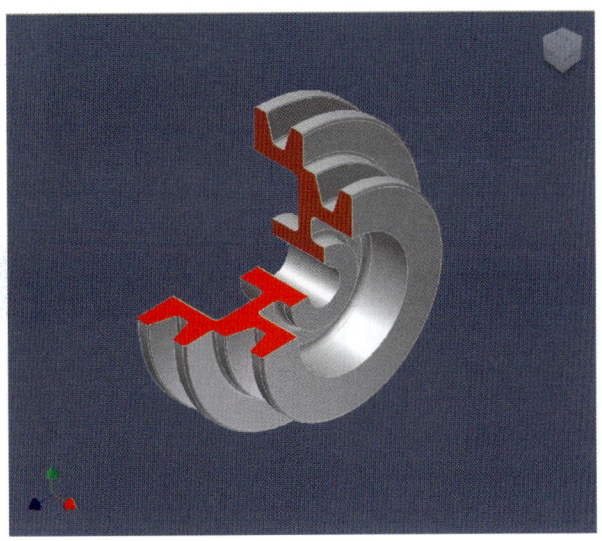

- 3번 부품인 [풀리]의 측정 및 모델링을 따라해보자.

≫ 3번 부품 해독

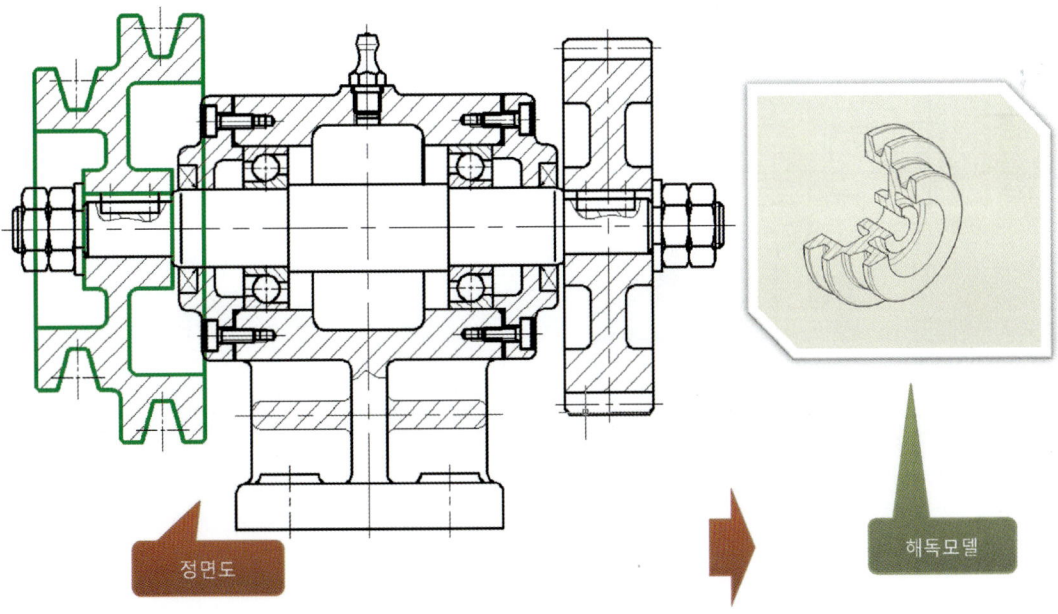

- 지급된 과제도면에서 초록색으로 강조된 영역이 3번 부품의 경계이다

▶ 측정

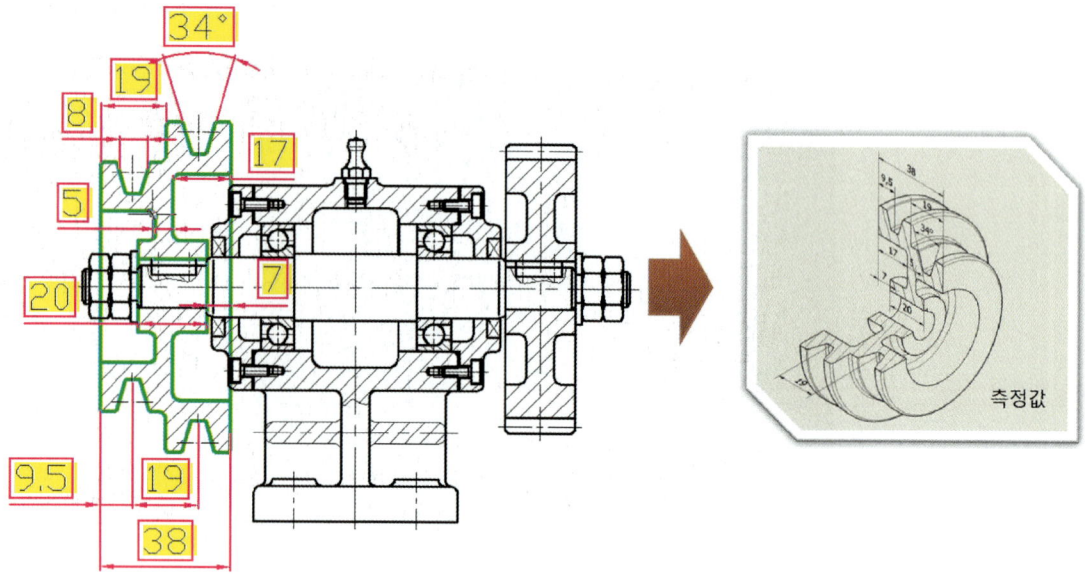

• 길이에 대한 측정값은 핑크색의 치수와 같다.

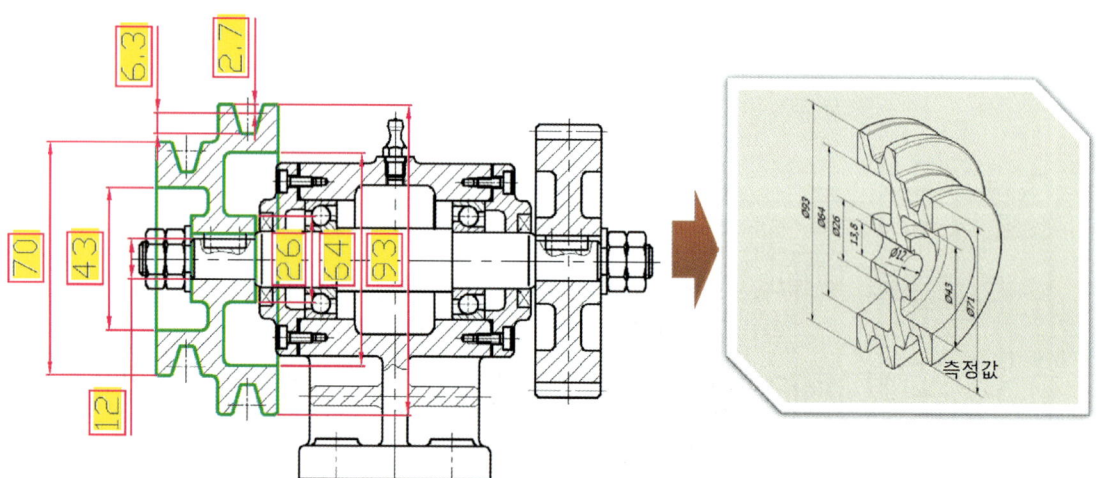

• 직경 및 높이에 대한 측정값은 핑크색의 치수와 같다.

측정 완료

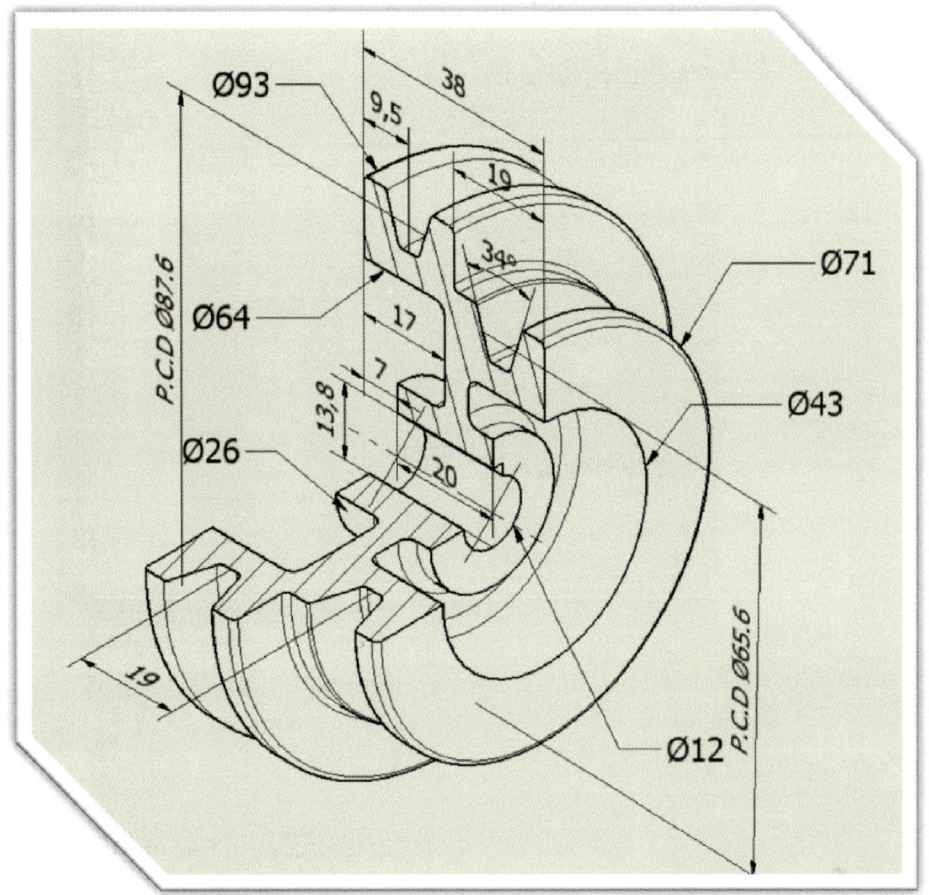

- 모델링에 필요한 측정치수 및 규격 참조 치수를 표시하면 위와 같다.

스케치

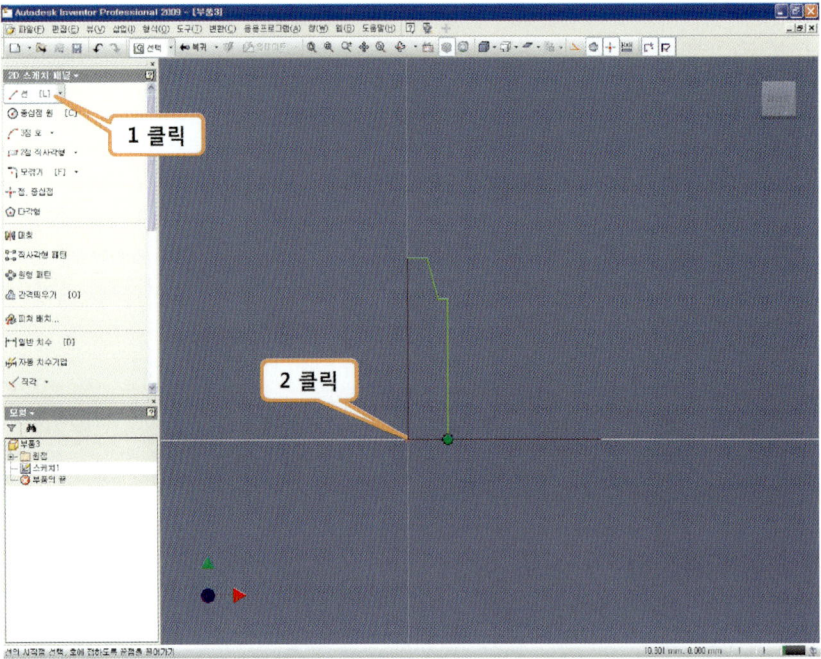

1. [선]을 클릭한다.
2. 원점을 클릭하여 화면과 같이 스케치한 후 Esc를 누른다.

중심선

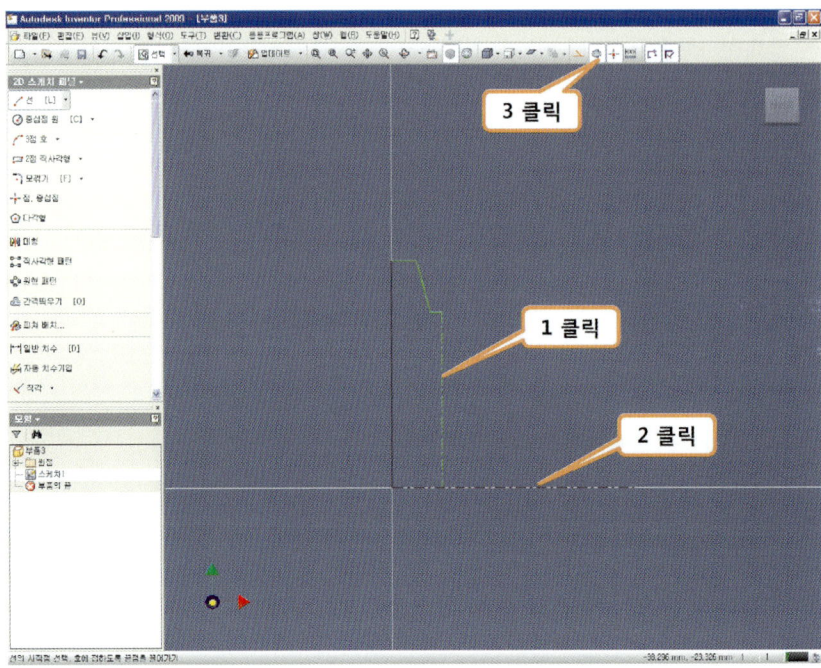

1. 좌우 대칭을 위한 선을 클릭한다.
2. 상하 대칭 및 지름 치수 입력을 위한 선을 클릭한다.
3. [중심선]을 클릭하여 1, 2에서 선택한 선을 중심선으로 만든 후 [중심선]을 한번 더 클릭하여 해제 시킨다.

점

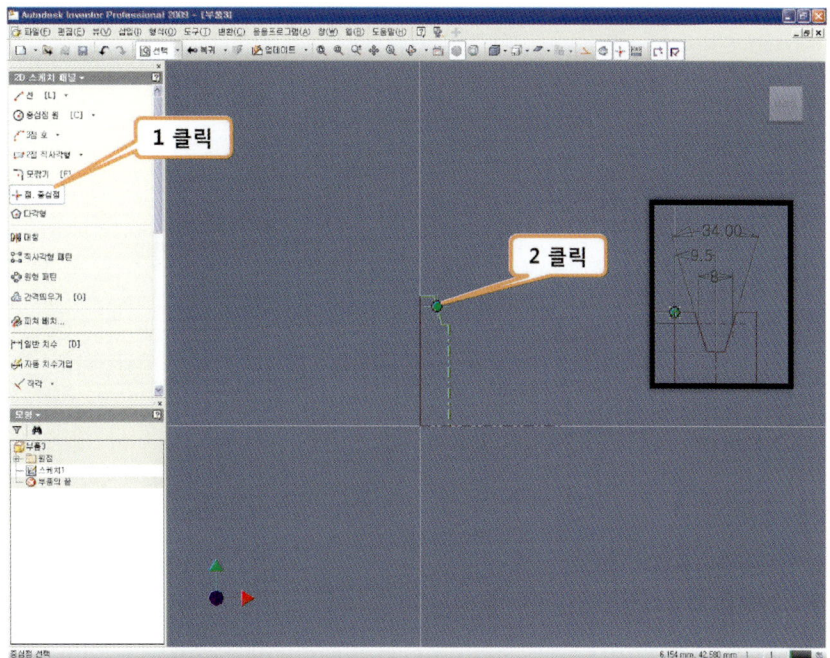

1. [점, 중심점]을 클릭한다.
2. 그림과 같이 선과 일치하는 곳에 클릭하여 점을 지정한다. 이때 사선의 중간점을 선택하지 않도록 한다.(점을 찍는 이유는 풀리의 유효지름의 치수를 효과적으로 구속하기 위해서다)

대칭

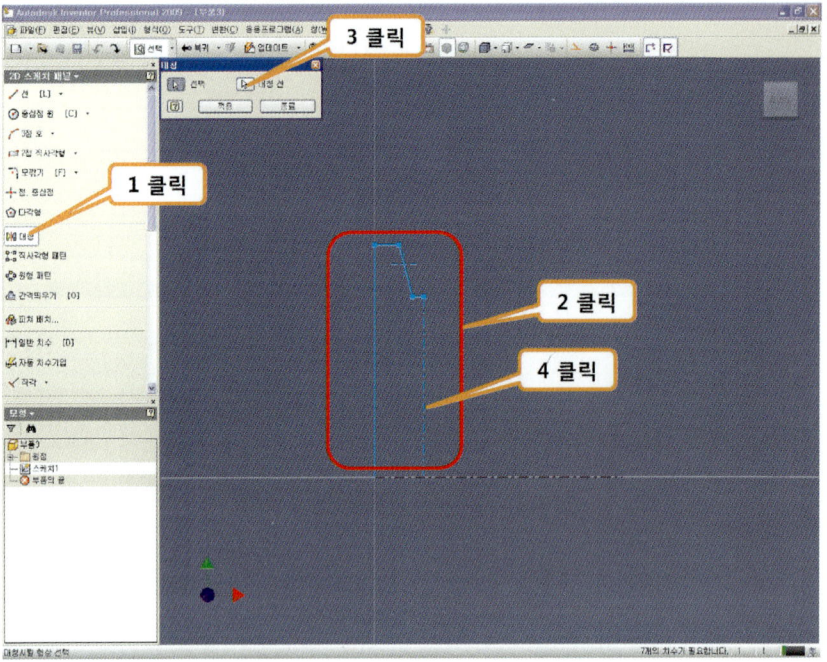

1. [대칭]을 클릭한다.
2. 그림과 같이 드래그로 선들을 동시에 선택한다.
3. [대칭선] 버튼을 클릭한다.
4. 중심선을 선택한후 [적용] 버튼을 클릭한다.

치수구속

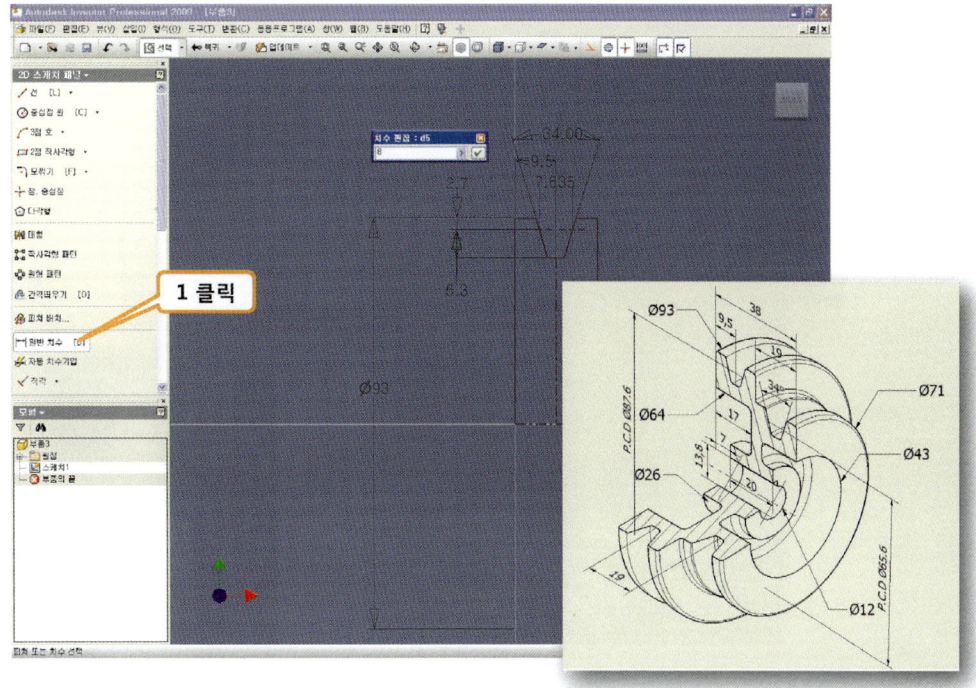

1. [일반치수]를 클릭 후 그림과 같이 측정한 치수로 구속시킨다.

스케치 복사

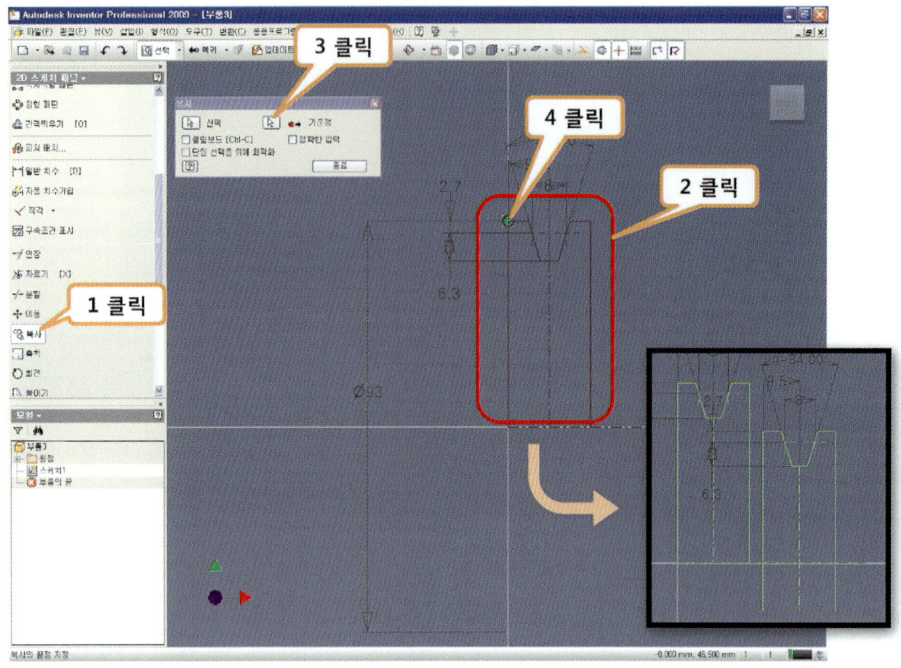

1. [복사]를 클릭한다.
2. 드래그하여 스케치를 선택한다.
3. [기준점] 버튼을 클릭한다.
4. 복사할 임의의 점을 선택한다.

형상 구속

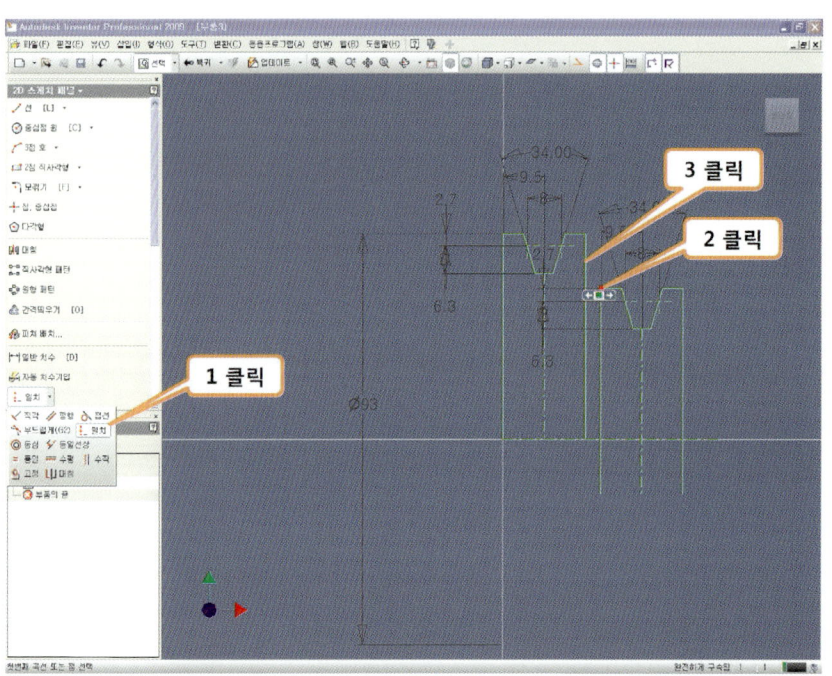

1. [일치]를 클릭한다.
2. 모서리 점을 클릭한다.
3. 선을 클릭하여 점과 선이 일치가 되도록 한다.

자르기

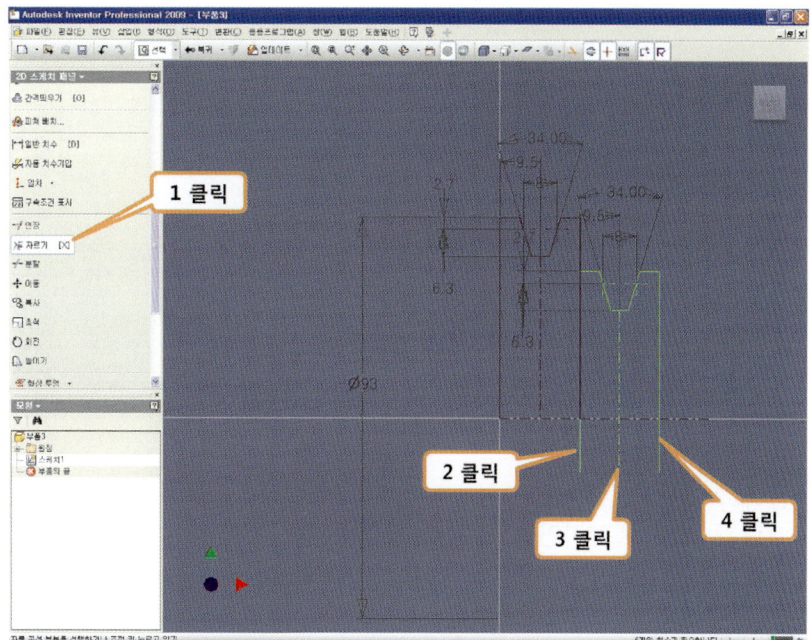

1. [자르기]를 클릭한다.
2. 2, 3, 4를 클릭하여 자르기 한다.

스케치

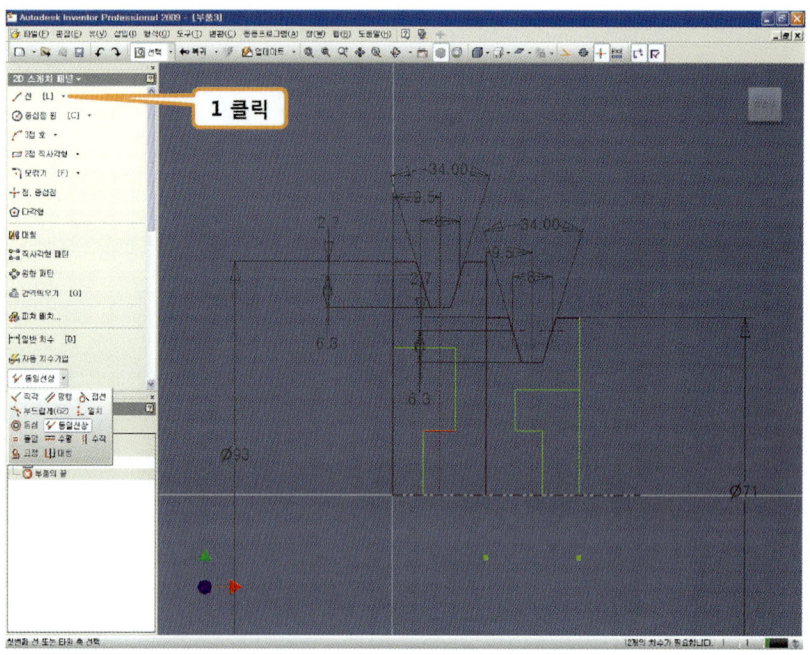

1. [선]을 클릭한다.
2. 클릭 후 그림과 같이 대략적인 스케치를 한다.

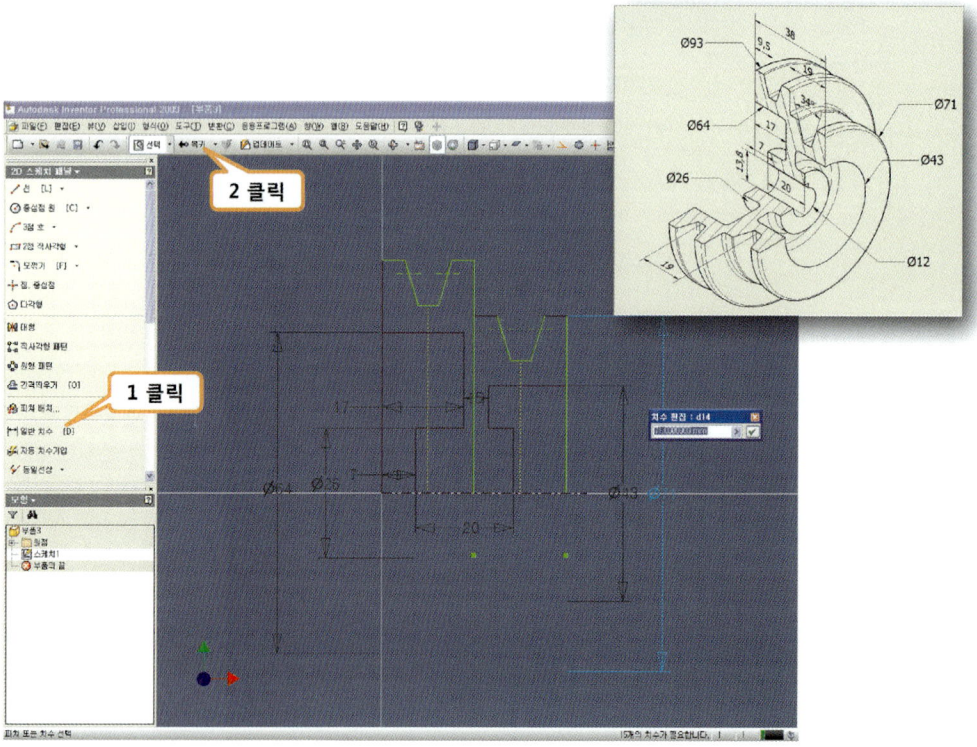

1. [일반 치수]를 클릭하여 그림과 같이 측정한 치수를 이용하여 구속 시킨다.
2. [복귀]를 클릭한다.

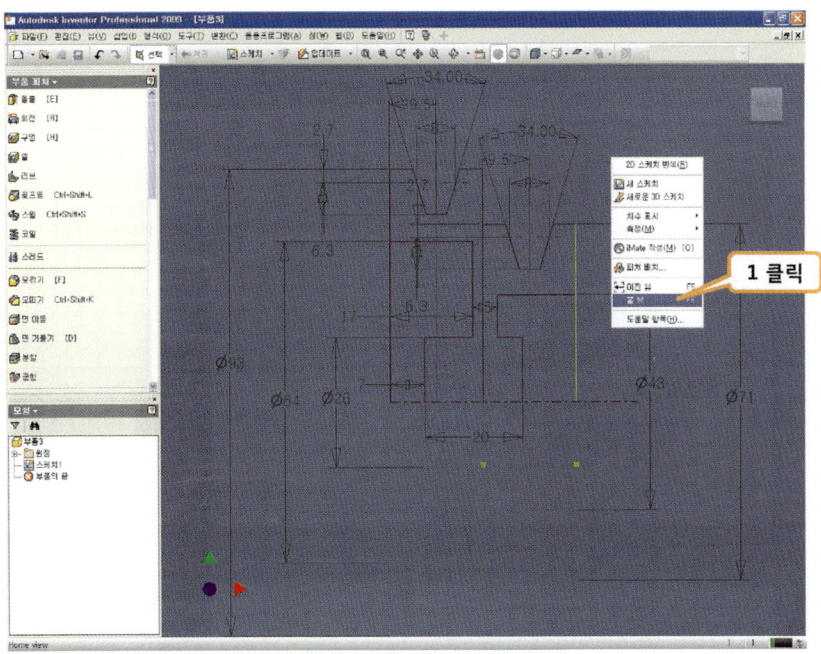

1. 마우스 오른쪽 버튼을 클릭 후 [홈뷰]를 클릭한다.

≫ 회전 피쳐

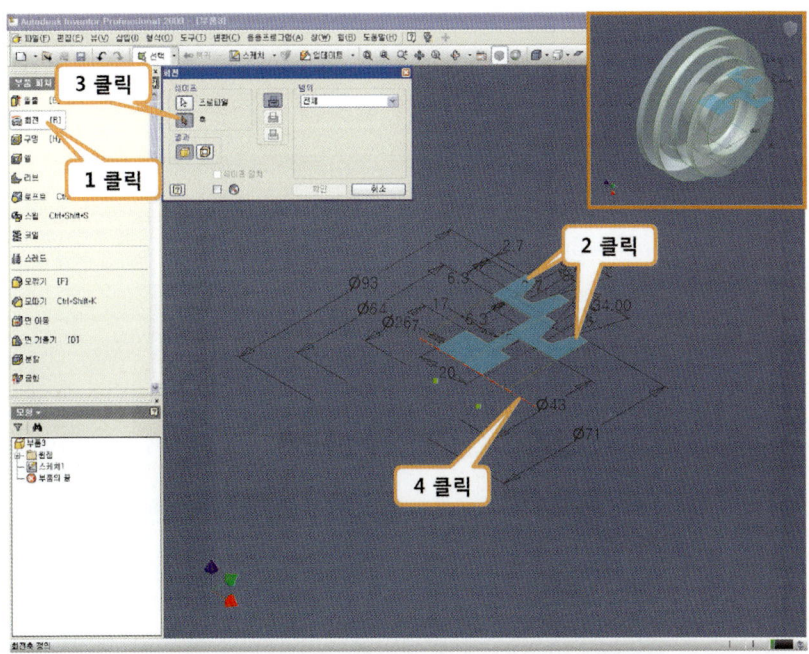

1. [회전]을 클릭한다.
2. 회전시킬 스케치 영역을 클릭한다.
3. [축] 버튼을 클릭한다.
4. 중심선을 클릭 후 [확인] 버튼을 클릭한다.

보기

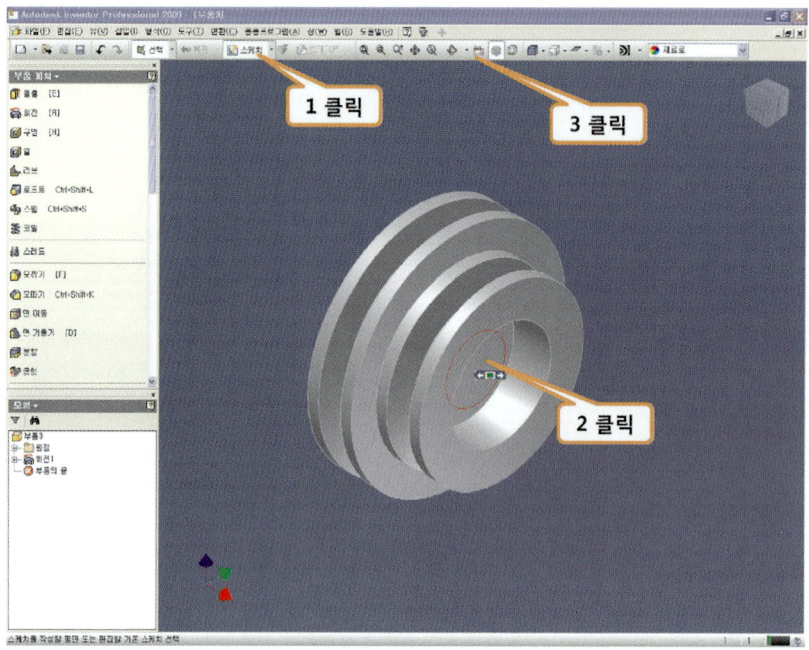

1. [스케치]를 클릭한다.
2. 스케치 평면으로 사용할 면을 클릭한다.
3. [보기]버튼을 클릭한다.(스케치 뷰를 수직으로 조정한다.)

스케치

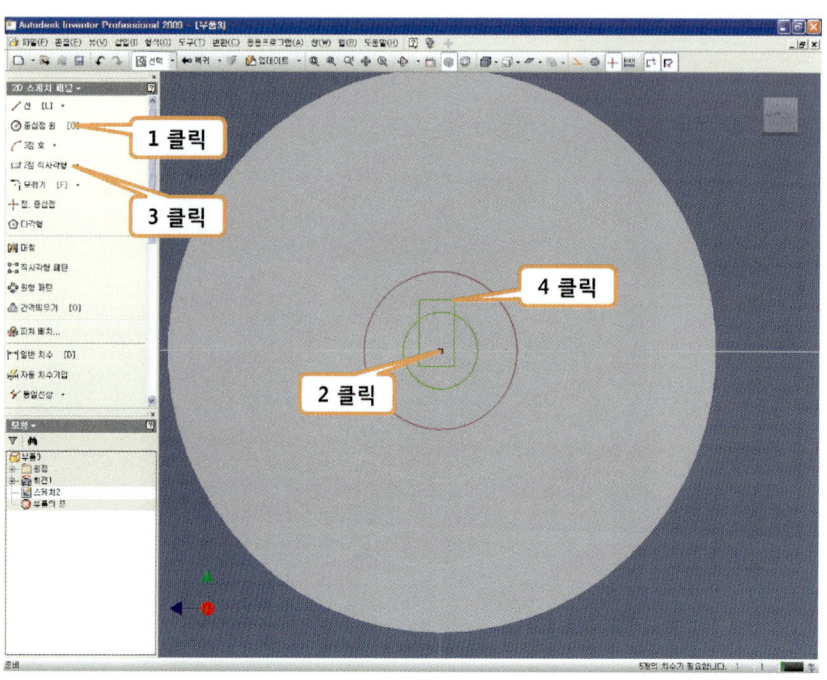

1. [중심점 원]을 클릭한다.
2. 스케치 원점을 클릭하여 원을 스케치한다.
3. [2점 직사각형]을 클릭한다.
4. 그림과 같이 사각형을 스케치한다.

형상 구속

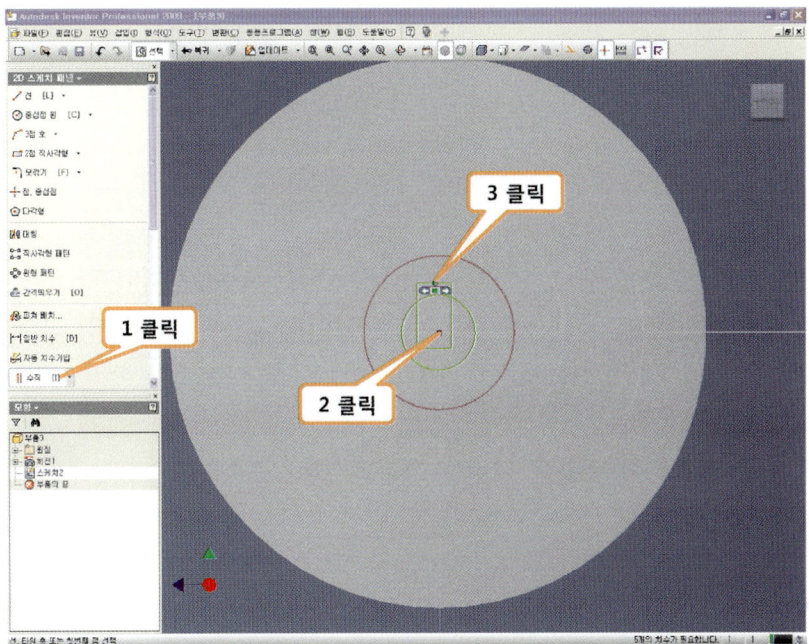

1. [수직]을 클릭한다.
2. 스케치 원점을 클릭한다.
3. 선의 중간점을 클릭하여 두 점을 수직 구속한다.

치수 구속

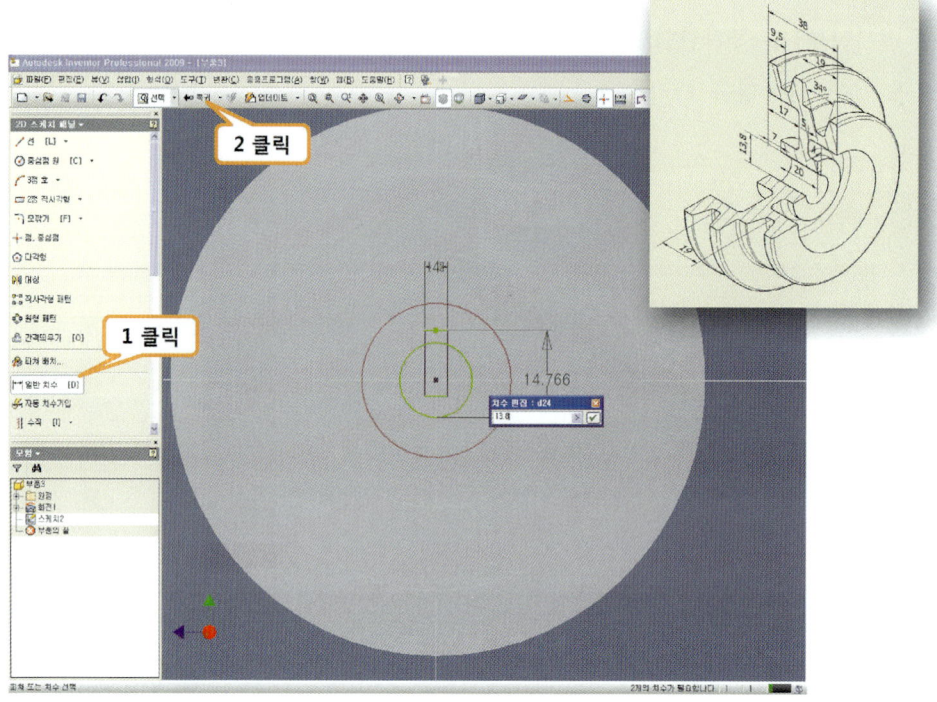

1. [일반 치수]를 클릭하여 측정한 치수를 그림과 같이 구속한다.
2. [복귀]를 클릭한다.

돌출 피쳐

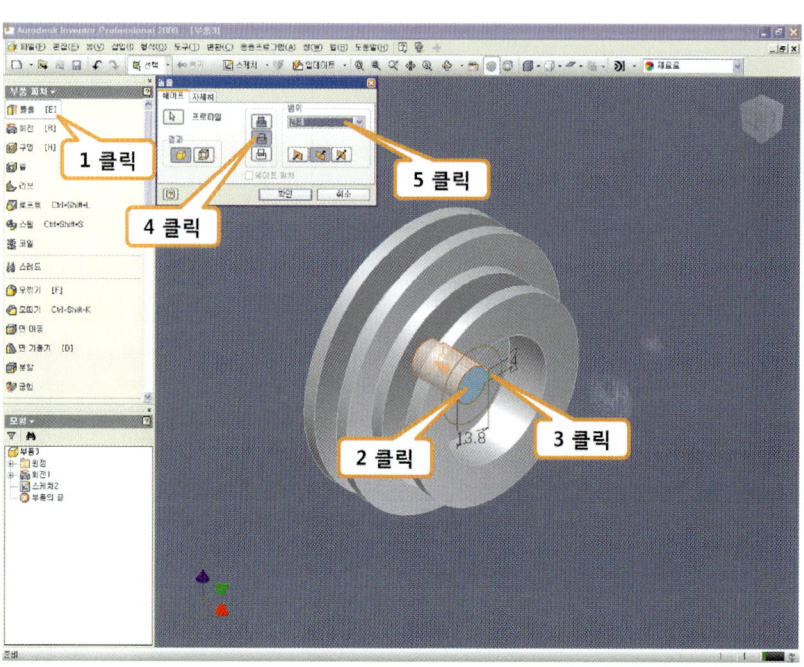

1. [돌출]을 클릭한다.
2. 스케치한 원을 클릭한다.
3. 스케치한 사각형을 클릭한다.
4. [차집합]을 클릭한다.
5. 클릭하여 '전체'를 선택한 후 [확인] 버튼을 클릭한다.

》 모깎기

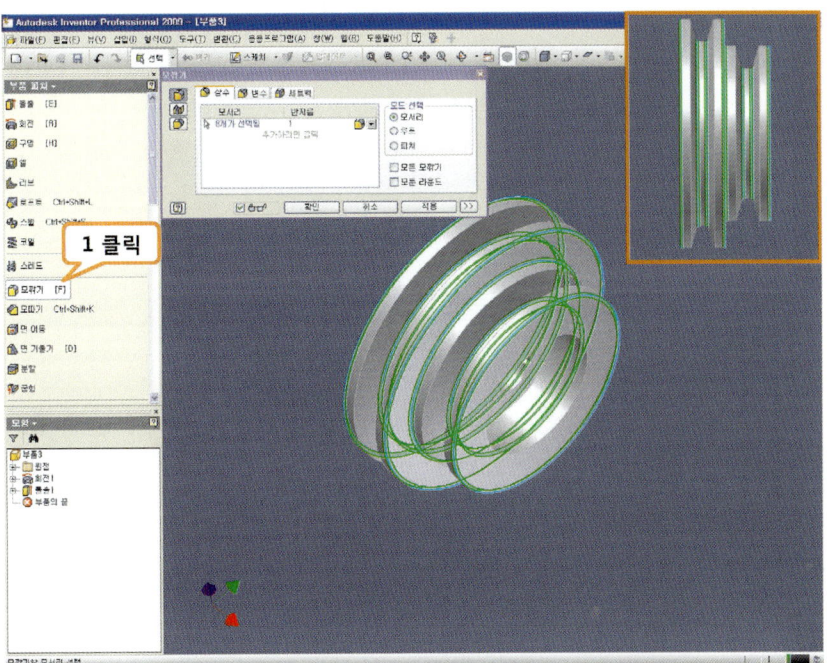

1. [모깎기]를 클릭하여 모서리를 모깎기한다.

풀리 완성품

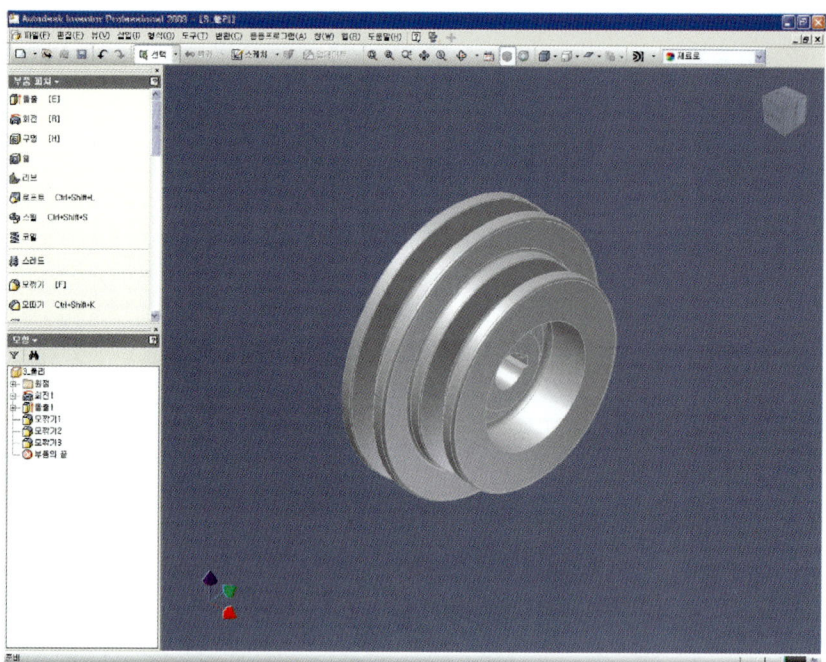

4번 부품 스퍼기어 모델링

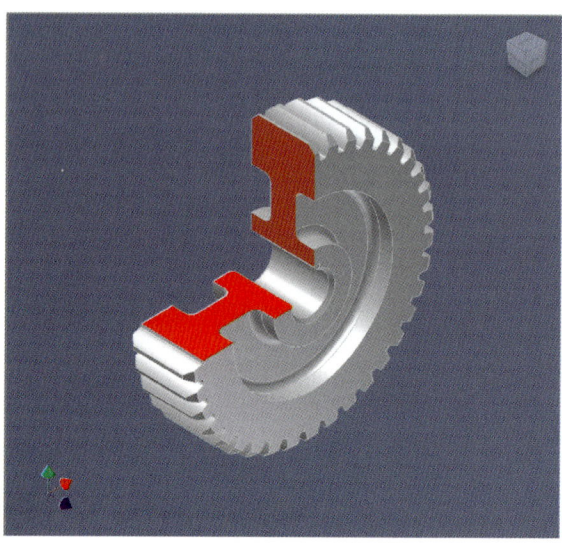

- 4번 부품인 [스퍼기어]의 모델링을 따라해보자.

4번 부품 해독

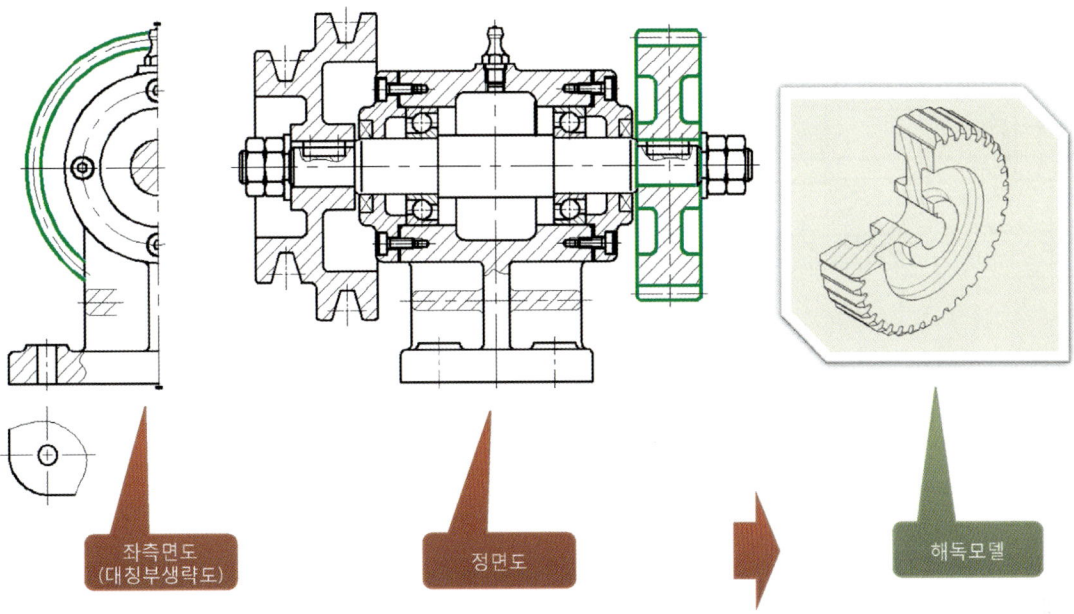

- 지급된 과제도면에서 초록색으로 강조된 영역이 4번 부품의 경계이다

측정

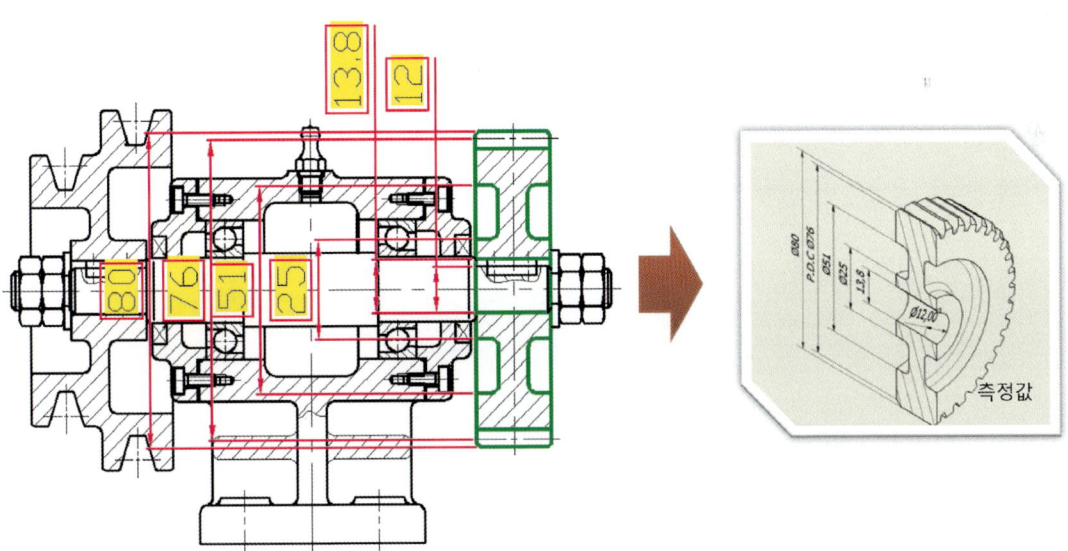

- 직경 및 높이에 대한 측정값은 핑크색의 치수와 같다.

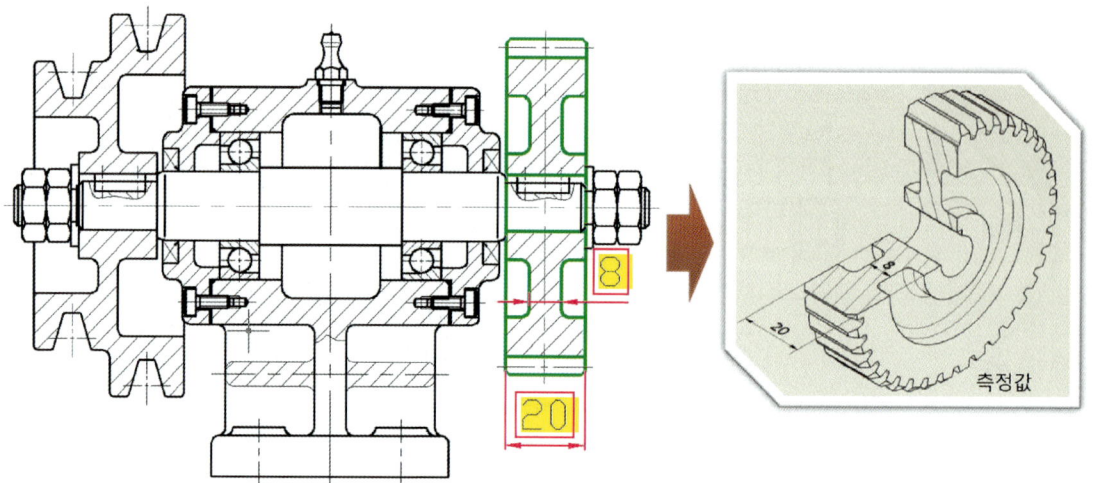

- 길이에 대한 측정값은 핑크색의 치수와 같다.

▶ 측정 완료

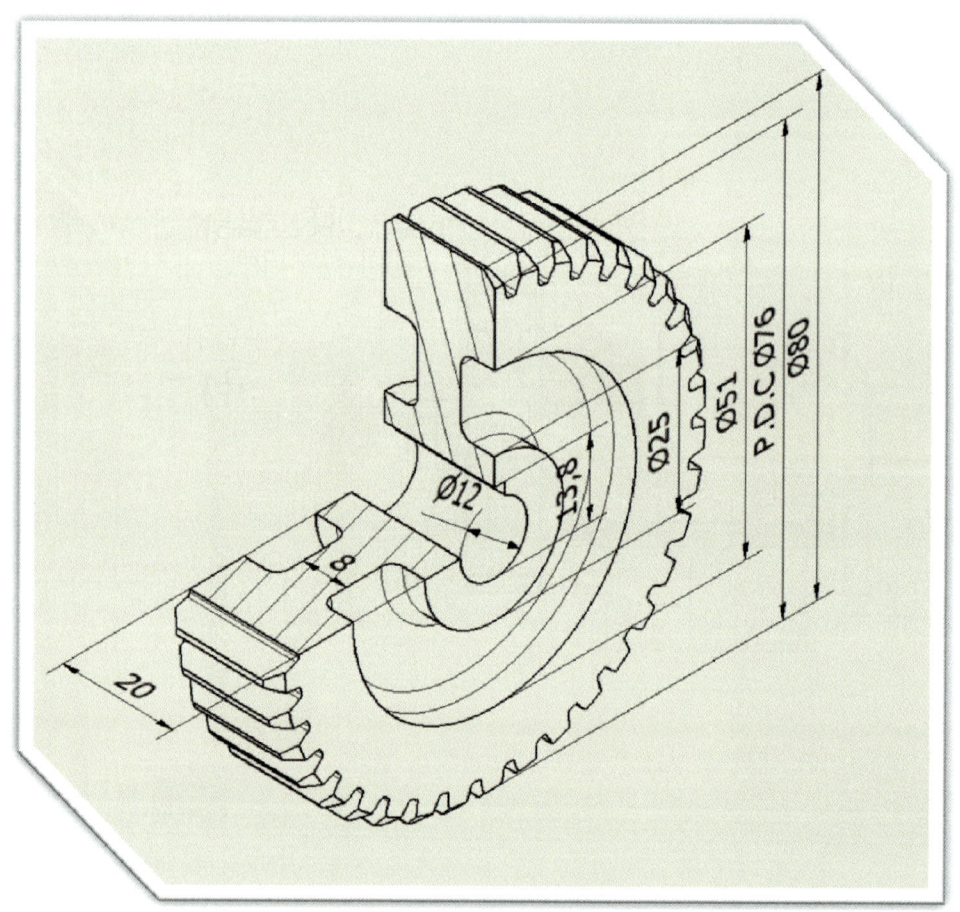

- 모델링에 필요한 측정치수 및 규격 참조 치수를 표시하면 위와 같다.
- 기어가 출제되면 모듈(M)과 잇수(Z) 등이 문제에 표기된다.

〉〉 스케치

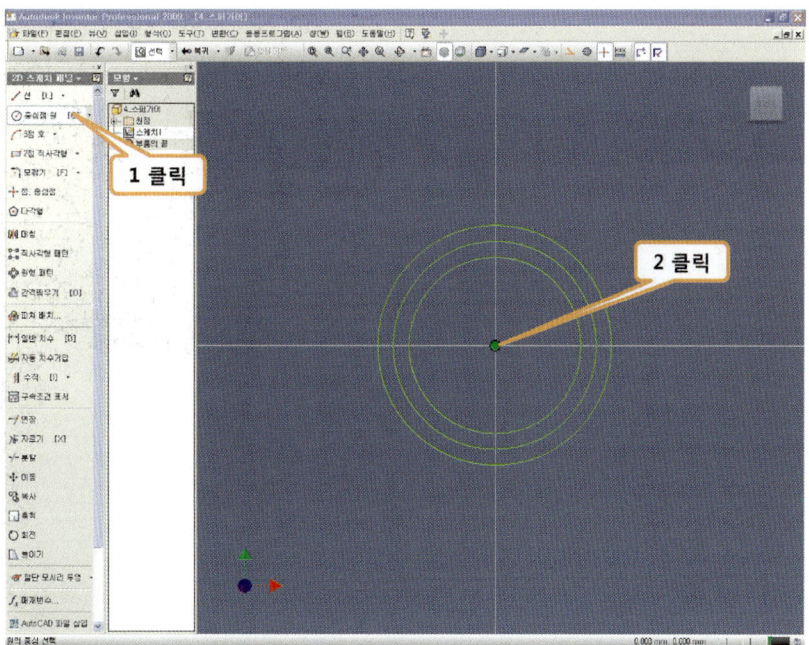

1. [중심점 원]을 클릭한다.
2. 원점을 중심으로 클릭하여 그림과 같이 3개의 원을 스케치한다.

✓ 여기서 잠깐!!

스퍼기어 스케치 참고

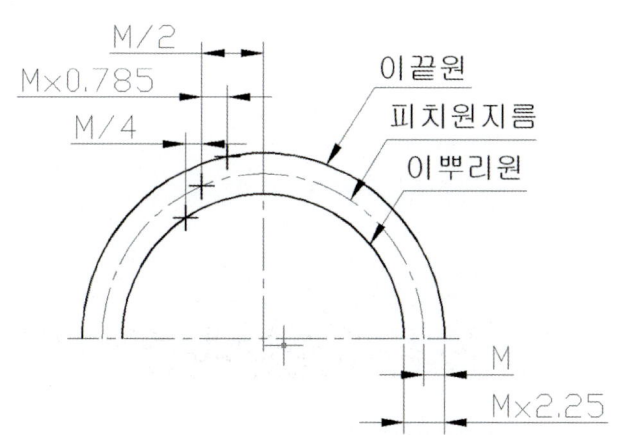

M : 모듈, Z : 잇수

피치원지름 = M(모듈) × Z(잇수), 이끝원 = 피치원지름 + 2M(모듈)

이뿌리원 = 이끝원 - (M × 2.25)

(여기서 그려지는 치형은 실제 기어와 같지않으며 실기시험에서 요구되는 형상표현에 초점을 맞춘 것이다. 또한 M/2, M×0.785, M/4 등의 수식 또한 형상을 표현하는 보편적 수치일 뿐이다.)

치수 구속

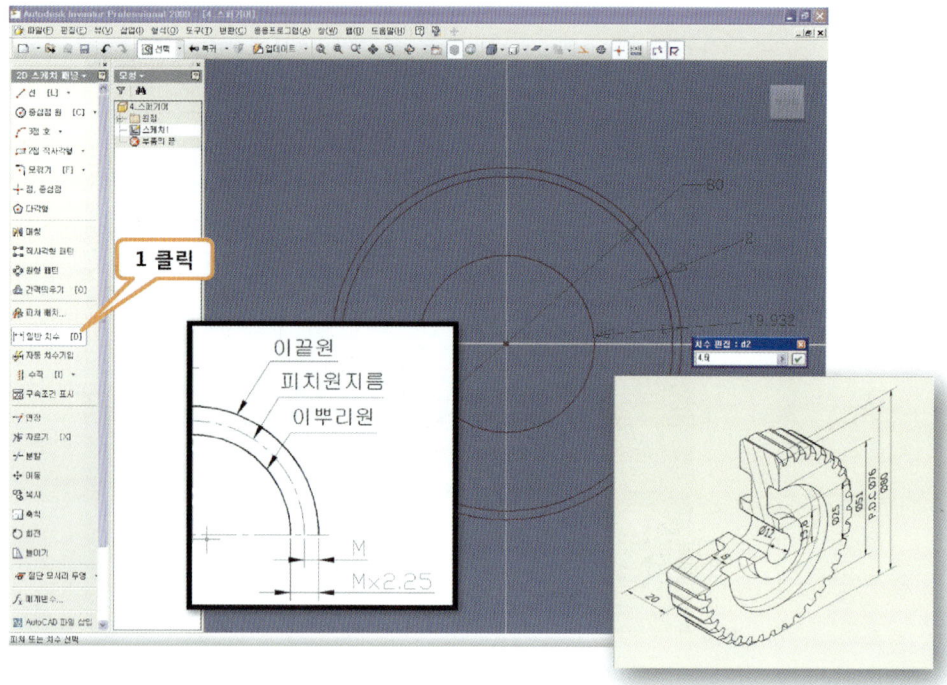

1. [일반 치수]를 클릭하여 그림과 같이 치수 구속을 한다.

점

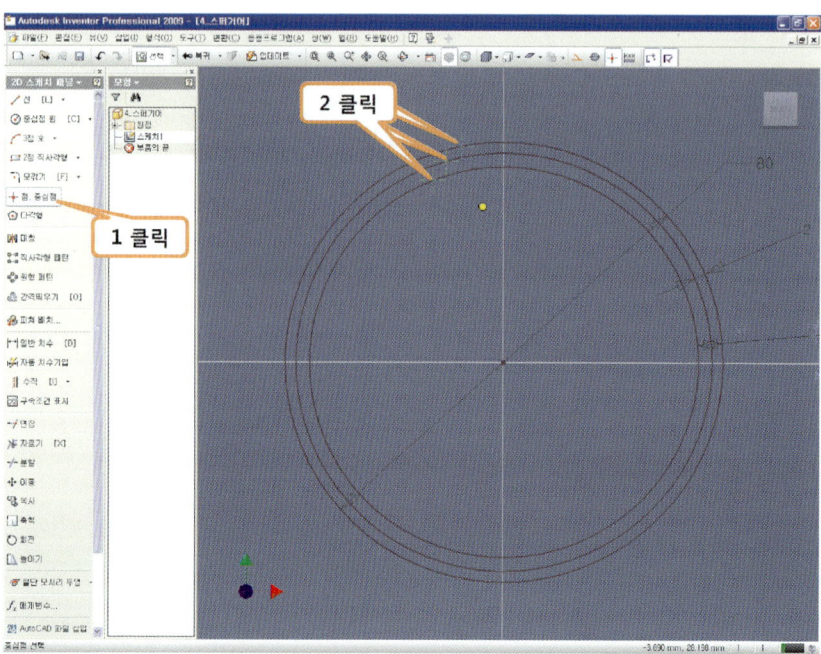

1. [점, 중심점]을 클릭한다.
2. 3개의 점을 각각의 원에 일치도록 클릭한다.

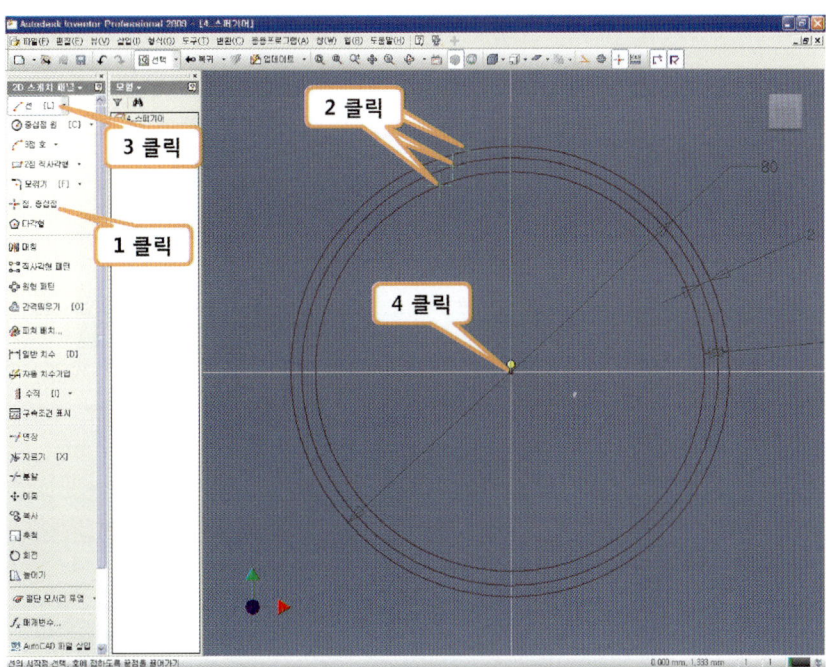

1. [선]을 클릭한다.
2. 원점을 클릭하여 중심선을 스케치한다.

구성선

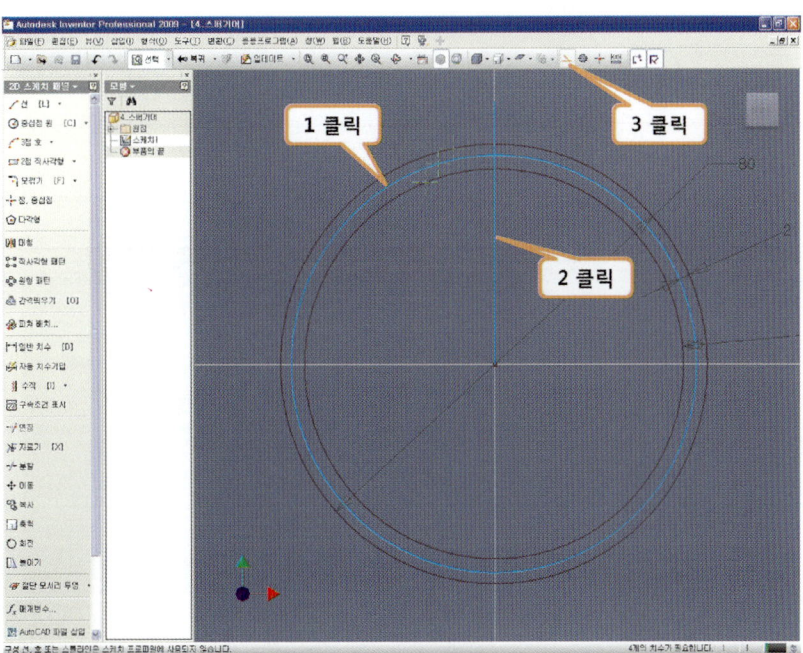

1. 피치원을 클릭한다.
2. 중심선을 클릭한다.
3. [구성]을 클릭한다.

치수 구속

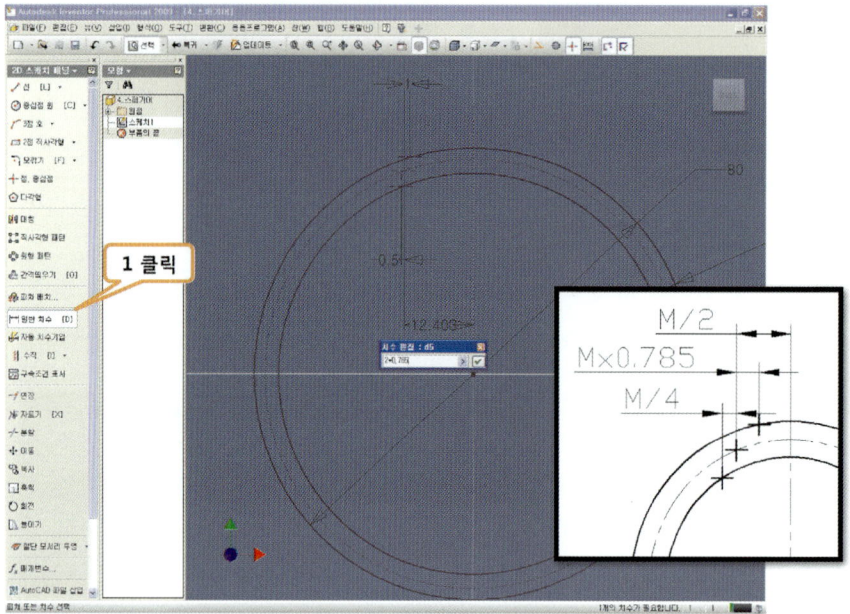

1. [일반 치수]를 클릭 후 치수를 구속한다.

스케치 – 호

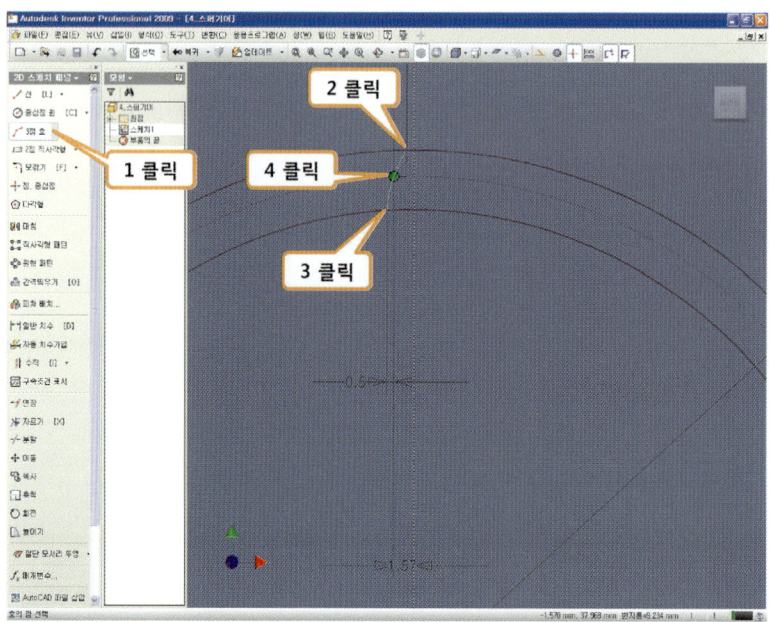

1. [3점 호]를 클릭한다.
2. 호의 시작점을 클릭한다.
3. 호의 끝점을 클릭한다.
4. 호의 중간점을 클릭한다.

스케치 – 대칭

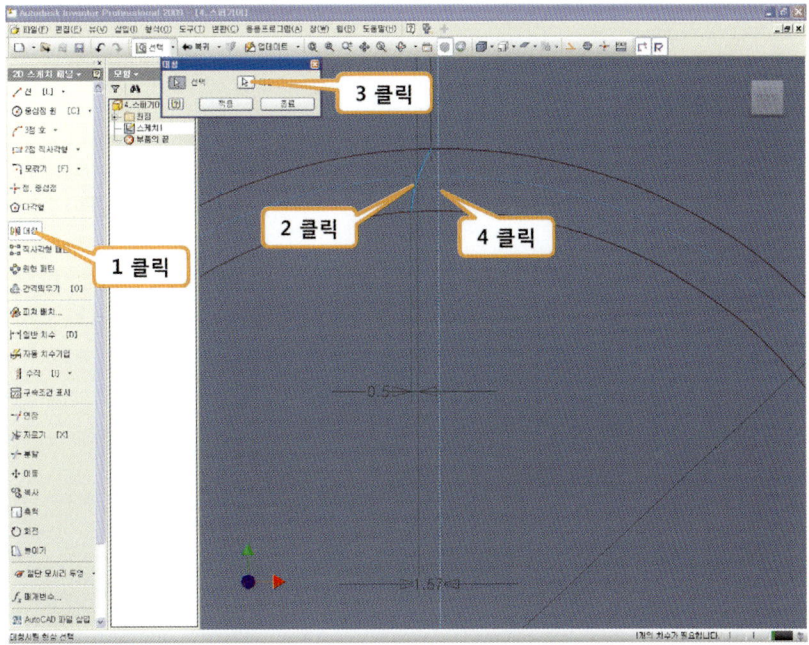

1. [대칭]을 클릭한다.
2. 대칭 할 호를 선택한다.
3. [대칭선] 버튼을 클릭한다.
4. 중심선중 수직선을 클릭한 후 [적용] 버튼을 클릭한다.

자르기

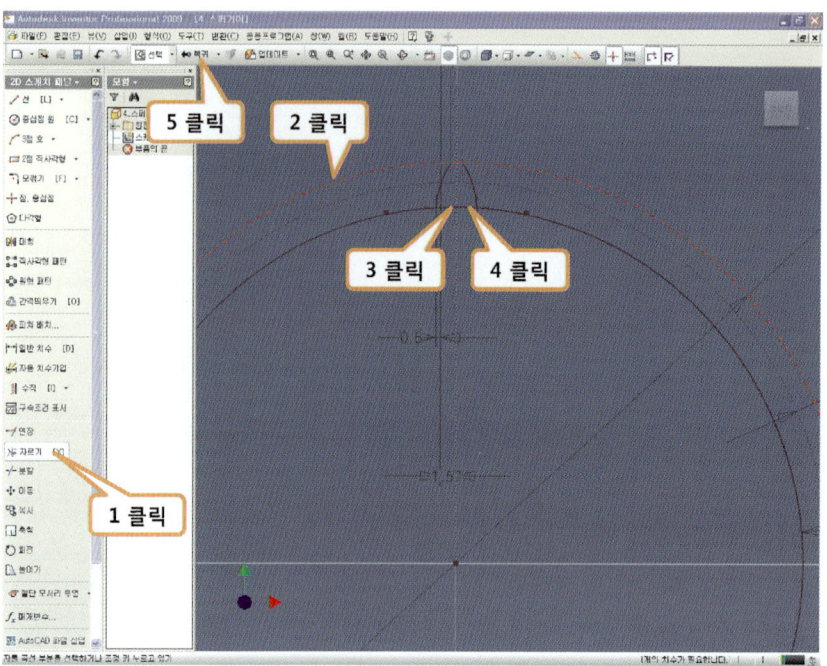

1. [자르기]를 클릭한다.
2. 2, 3, 4를 클릭하여 불필요한 부분을 자르기 한다.
5. [복귀]를 클릭한다.

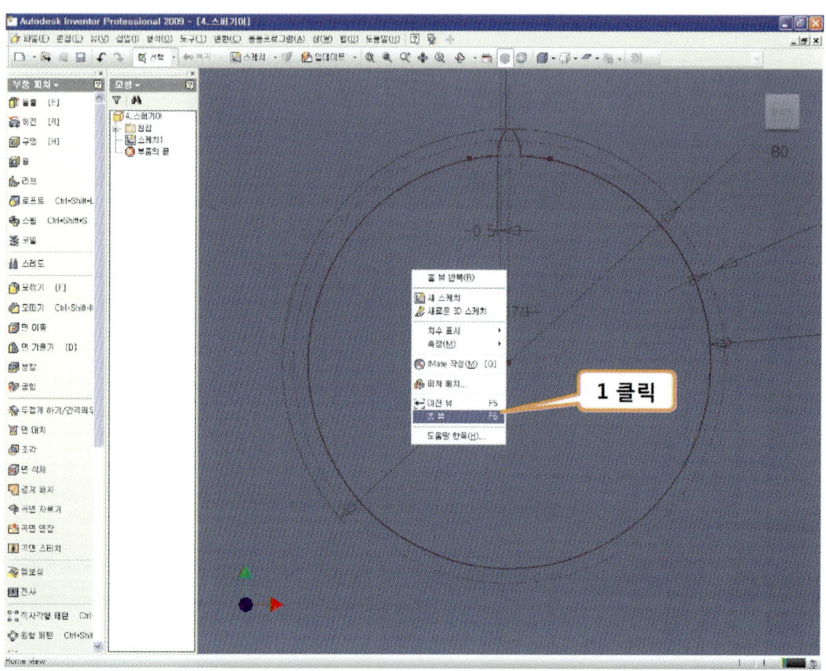

1. 마우스 오른쪽 버튼을 클릭하여 [홈뷰]를 클릭한다.

돌출 피쳐

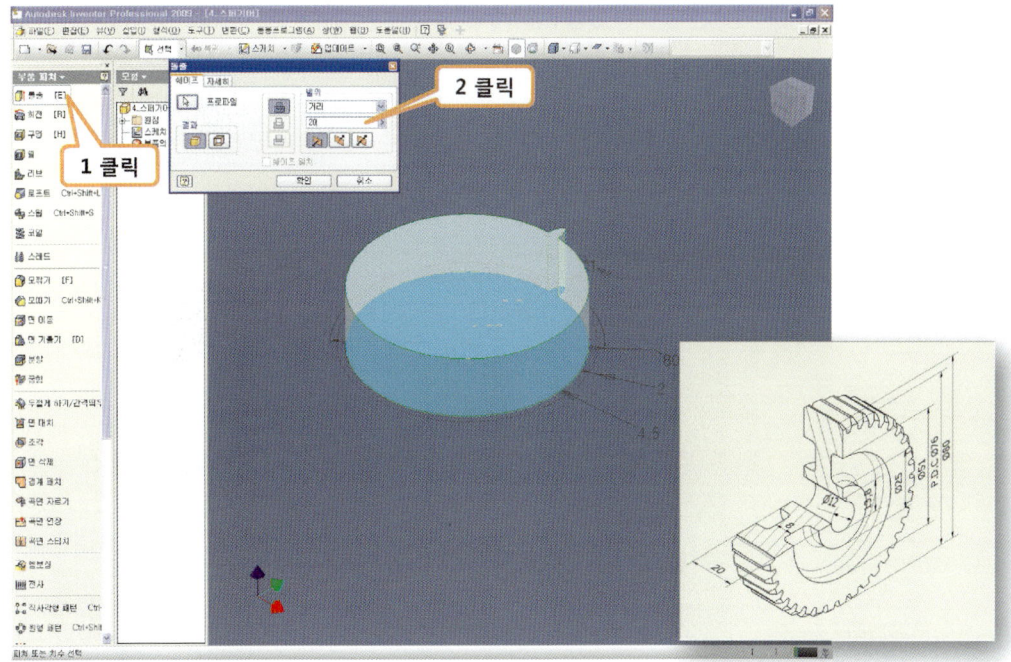

1. [돌출]을 클릭한다.
2. 클릭하여 돌출할 높이 값을 입력 한 후 [확인] 버튼을 클릭한다.

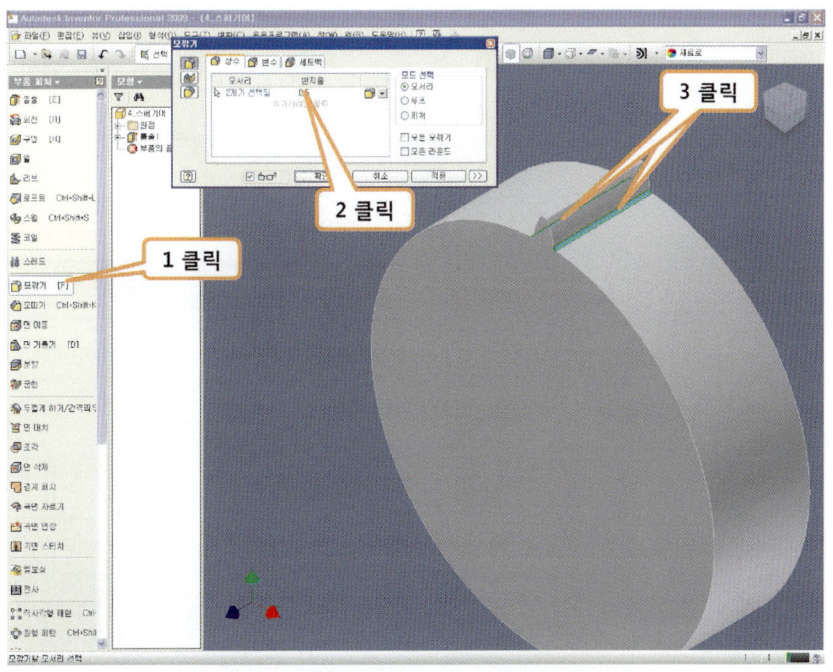

1. [모깎기]를 클릭한다.
2. 반지름 값을 입력한다.(선택모드로 전환한다)
3. 모서리를 선택한 후 [확인] 버튼을 클릭한다.

모따기

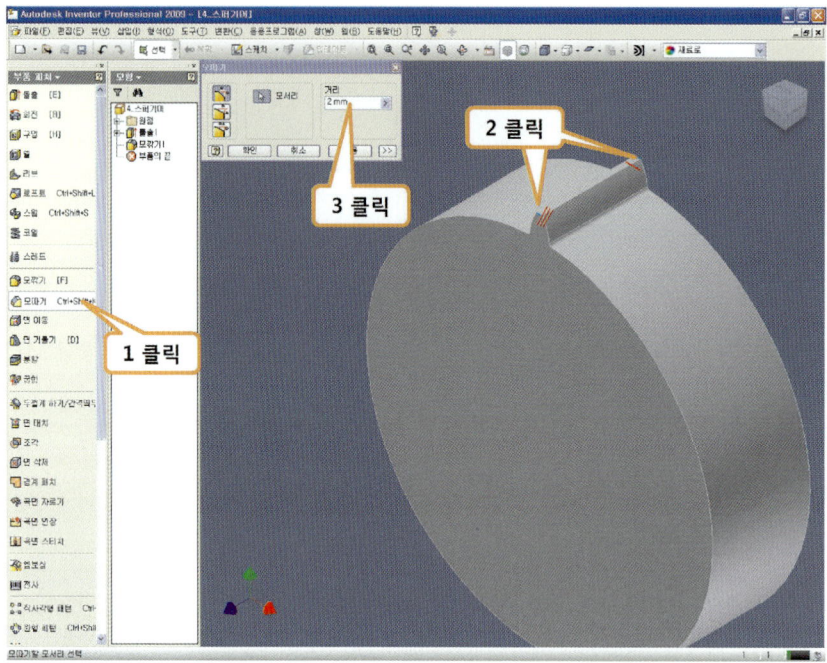

1. [모따기]를 클릭한다.
2. 모따기하려는 모서리를 클릭한다.
3. 모따기 값을 입력한 후 [확인]버튼을 클릭한다.(모따기 값은 모듈 값으로 하는 것이 보통이나 형상에 크게 벗어나지 않는 한에서 임의로 바꿀 수 있다.)

원형 패턴

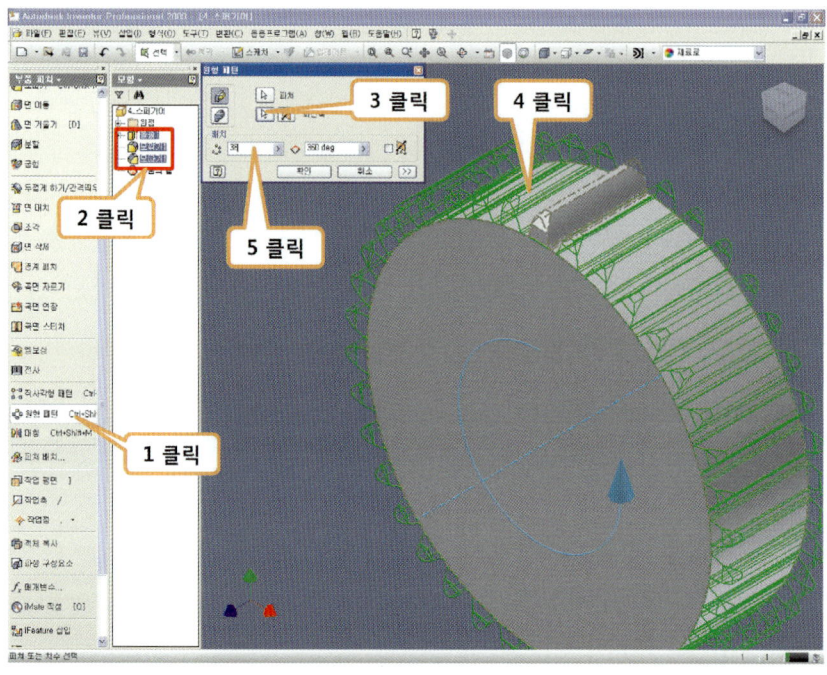

1. [원형 패턴]을 클릭한다.
2. Ctrl키를 이용하여 패턴하려는 3개의 피쳐를 클릭한다.
3. [축] 버튼을 클릭한다.
4. 회전축으로 참고할 원기둥의 면을 클릭한다.
5. [배치]영역에 잇수를 입력한 후 [확인] 버튼을 클릭한다.

스케치 평면

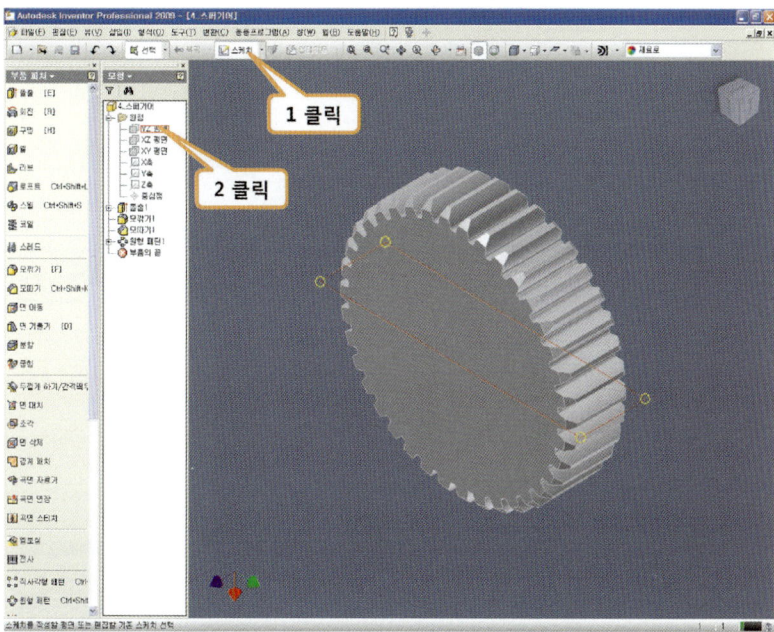

1. [스케치]를 클릭한다.
2. [원점]-[YZ평면]을 클릭한다.

그래픽 슬라이스

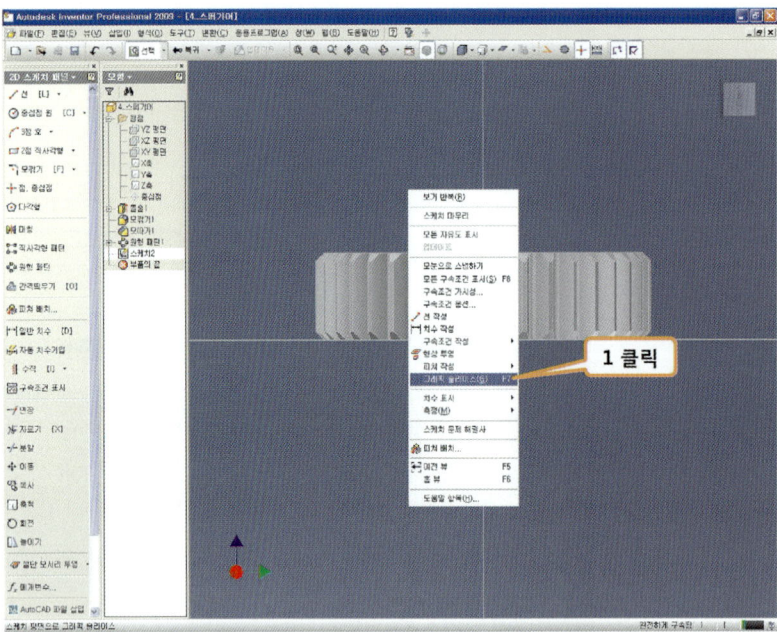

1. 마우스 오른쪽 버튼을 클릭한 후 [그래픽 슬라이스]를 클릭한다

절단 모서리 투영 및 스케치

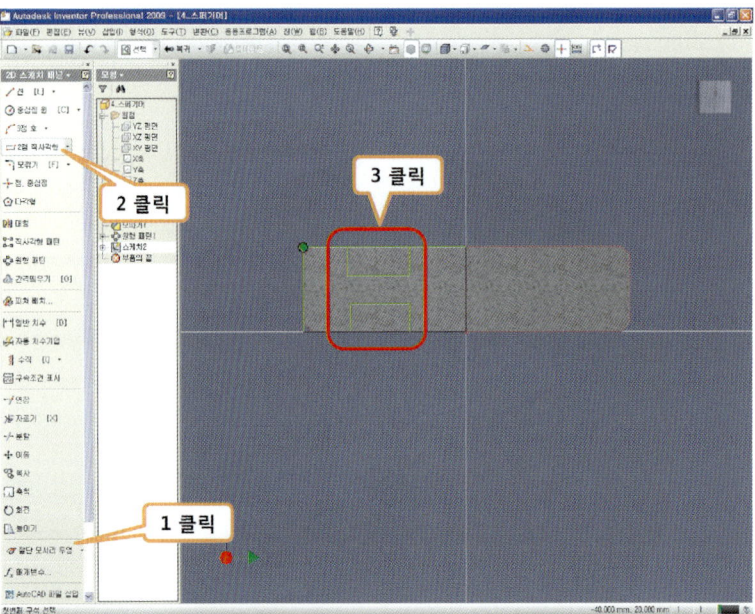

1. [절단 모서리 투영]을 클릭한다.
2. [2점 직사각형]을 클릭한다.
3. 직사각형을 스케치한다.

형상 구속

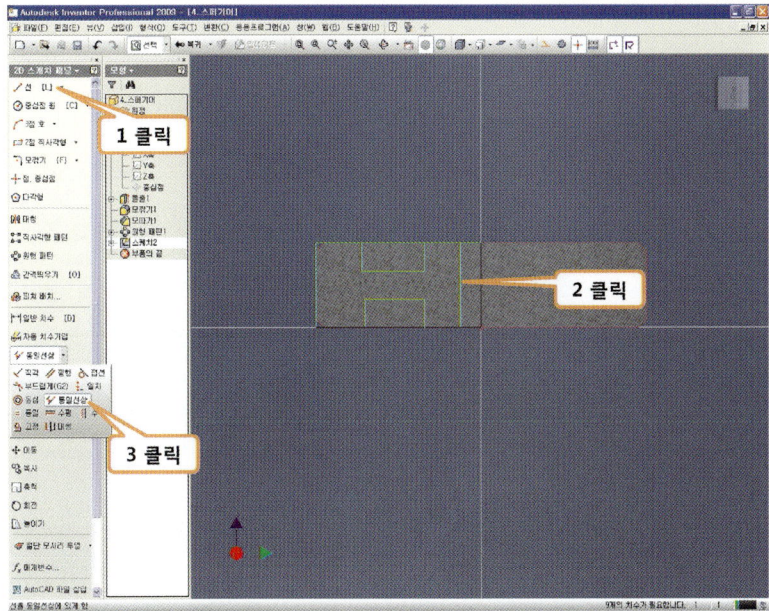

1. [선]을 클릭한다.
2. 선을 그린다.
3. [동일 선상]을 클릭한 후 상하 대칭이 되도록 구속한다.

중심선

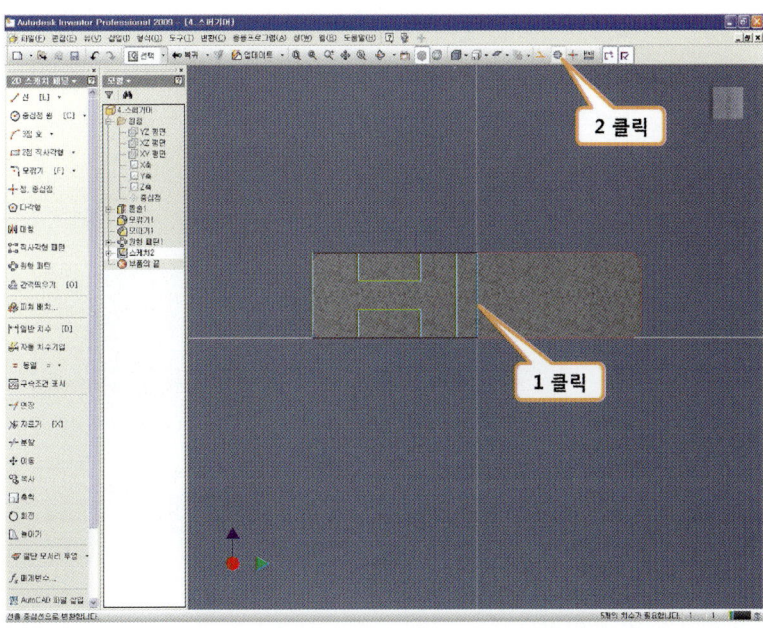

1. 직사각형의 우측변을 선택한다.
2. [중심]을 클릭한다.

치수 구속

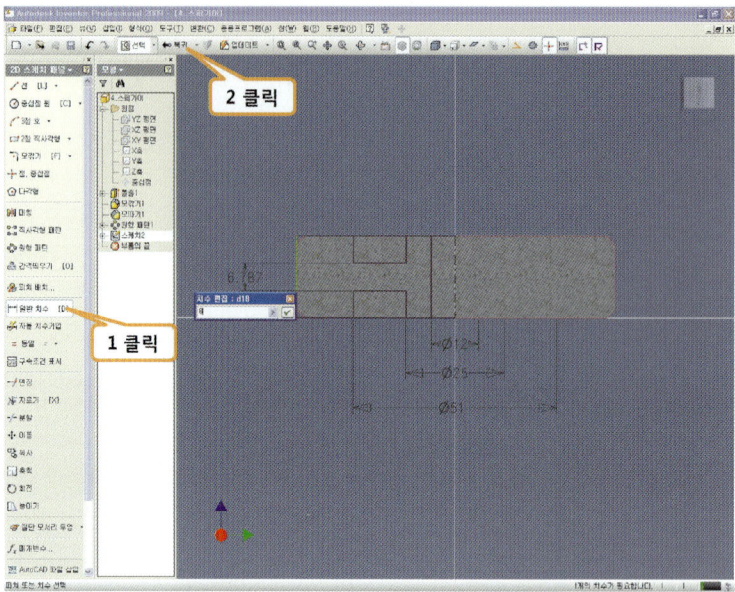

1. [일반 치수]를 클릭한 후 그림과 같이 중심선을 이용하여 측정한 치수를 구속한다.
2. [복귀]를 클릭한다.

회전 피쳐 – 교집합

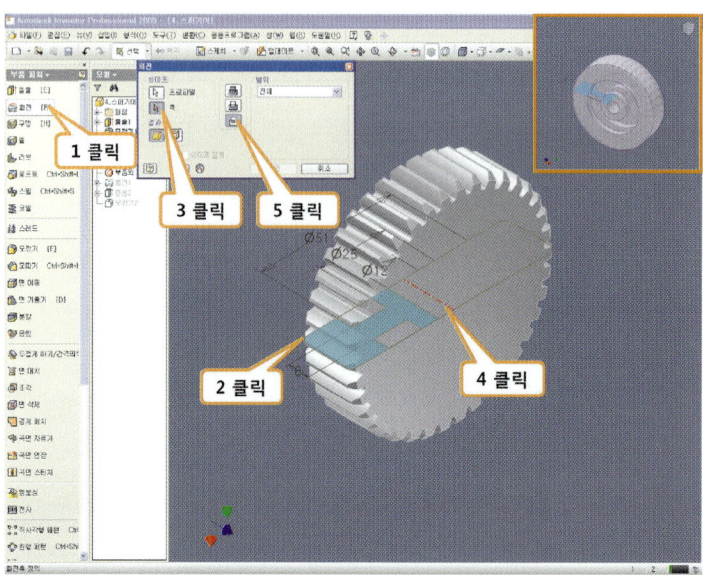

1. [회전]을 클릭한다.
2. 회전시킬 프로파일을 클릭한다.
3. [축]버튼을 클릭한다.
4. 중심선을 선택한다.
5. [교집합]버튼을 클릭하고 [확인]버튼을 클릭한다.

스케치 평면

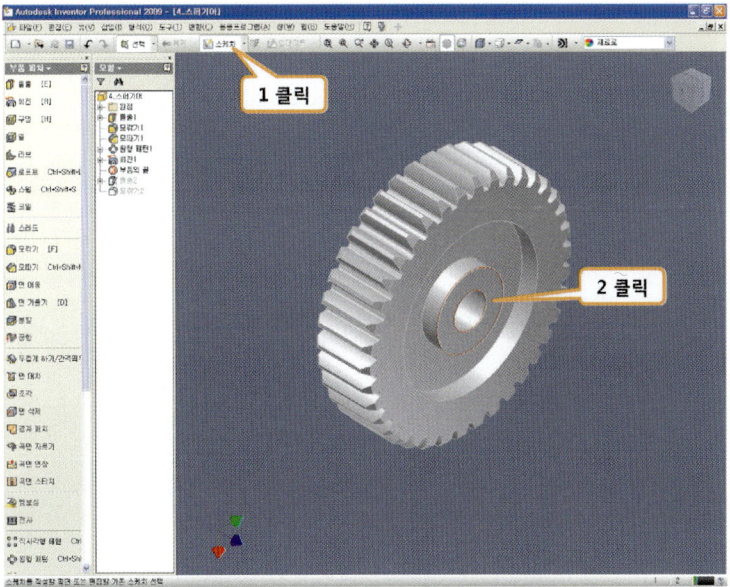

1. [스케치]를 클릭한다.
2. 스케치할 평면을 선택한다.

스케치

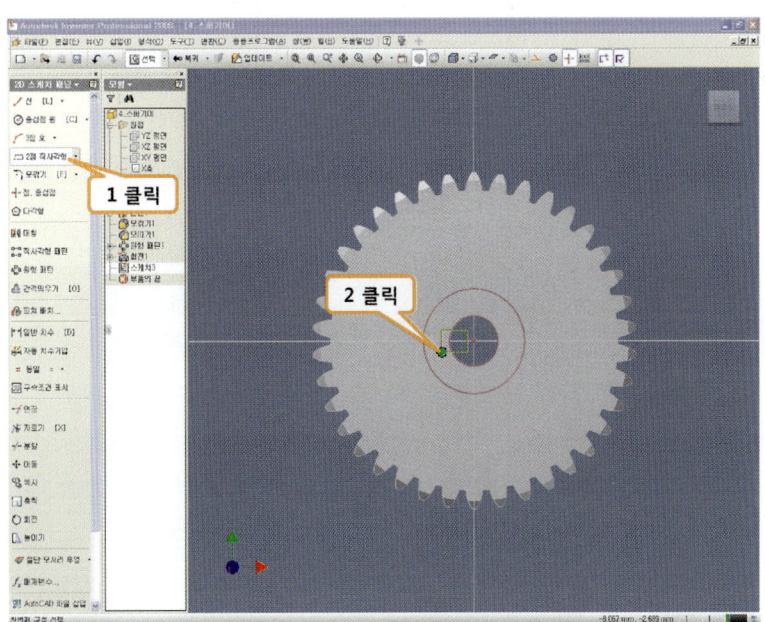

1. [2점 직사각형]을 클릭한다.(키 홈(key way)스케치)
2. 그림과 같이 스케치 한다.

형상 구속

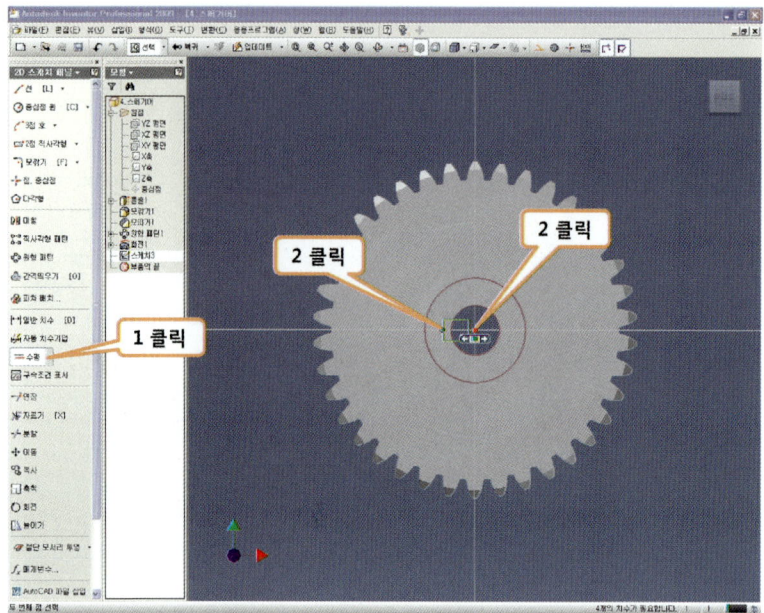

1. [수평]을 클릭한다.
2. 수직선의 중간점을 클릭한다.
3. 스케치 원점을 클릭한다.

치수 구속

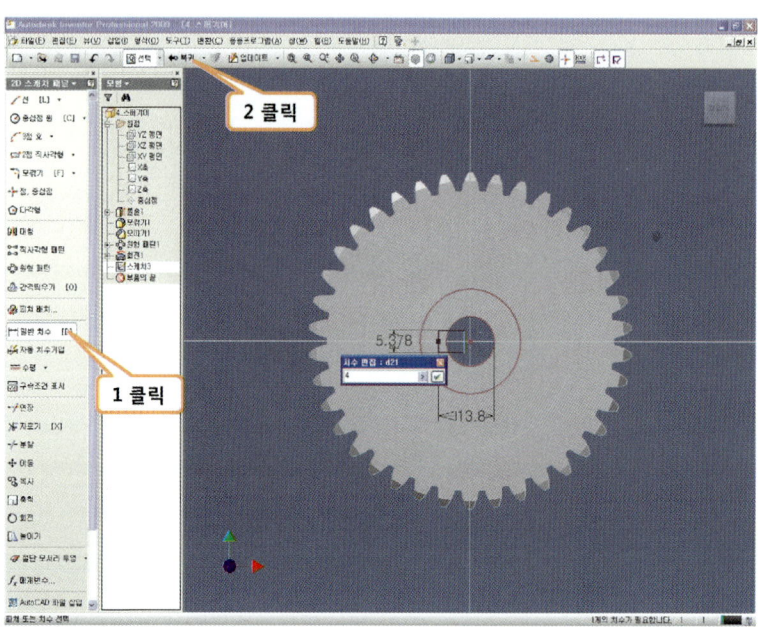

1. [일반 치수]를 클릭하여 그림과 같이 치수를 구속한다.
2. [복귀]를 클릭한다.

≫ 돌출 피처

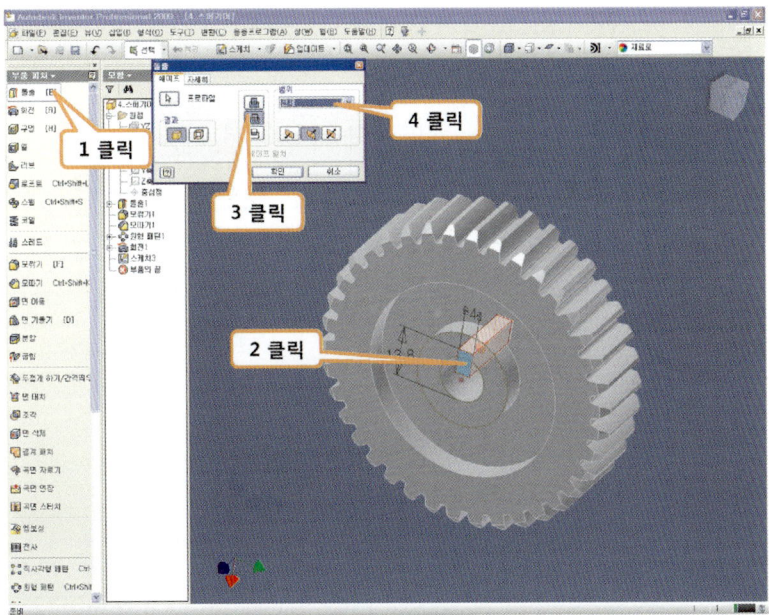

1. [돌출]을 클릭한다.
2. 돌출할 프로파일을 클릭한다.
3. [차집합] 버튼을 클릭한다.
4. 범위를 전체로 선택한 후 [확인] 버튼을 클릭한다.

≫ 모깎기

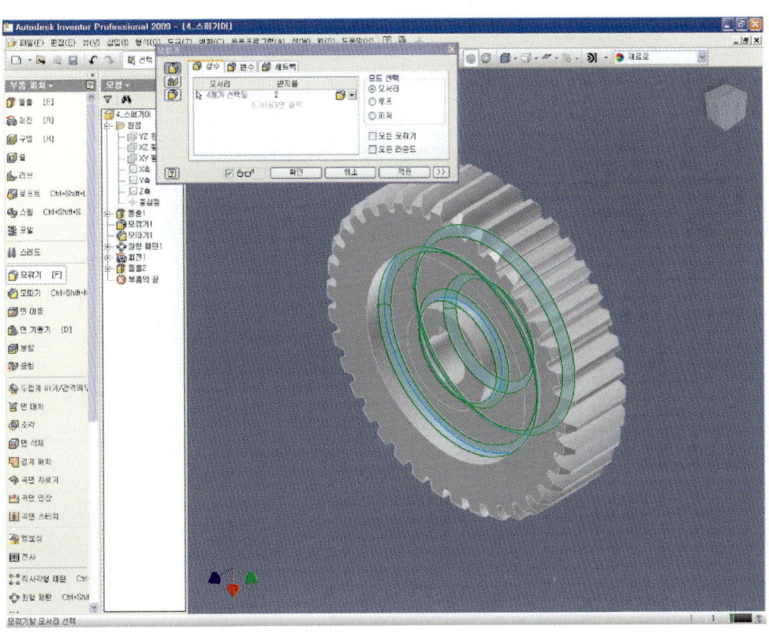

1. [모깎기]를 클릭하여 모서리를 모깎기한다.

스퍼기어 완성품

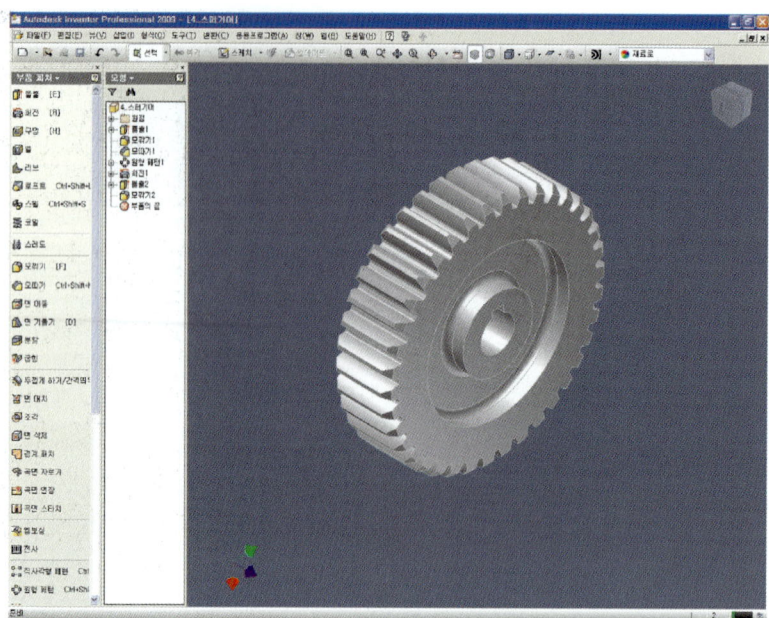

4번 부품 커버 모델링

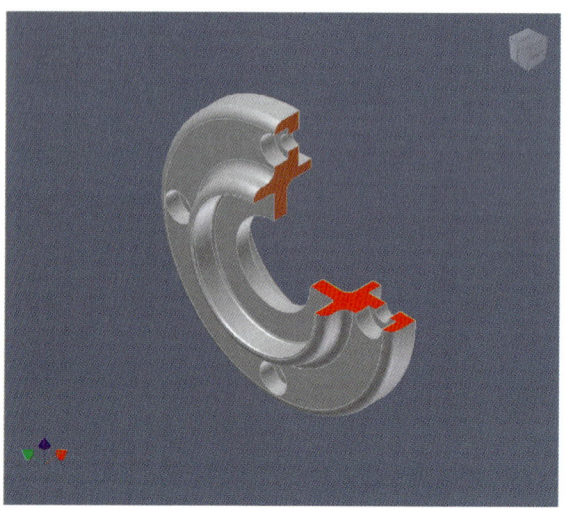

- 5번 부품인 [하우징커버]의 모델링을 따라해보자.

5번 부품 해독

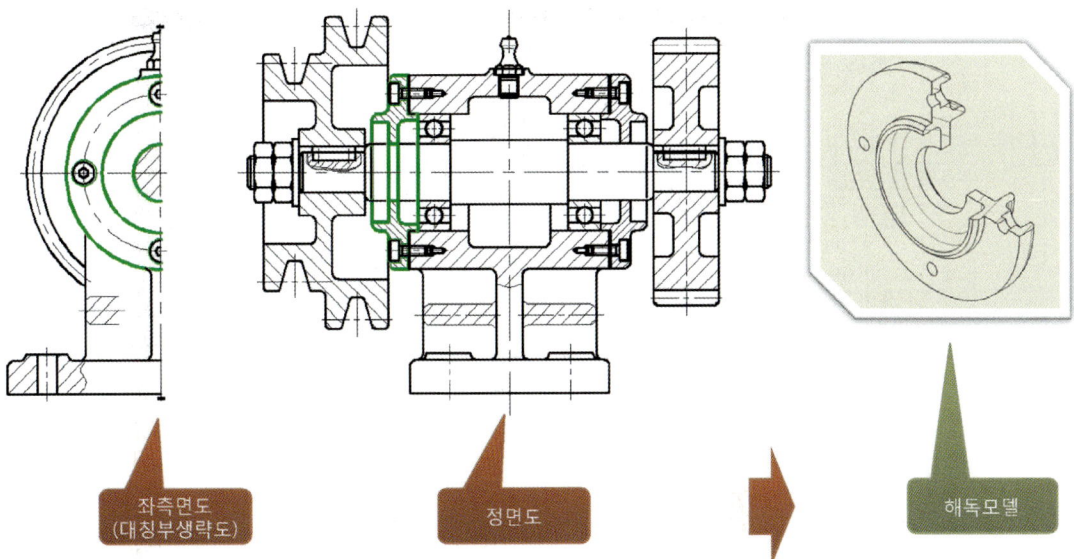

- 지급된 과제도면에서 초록색으로 강조된 영역이 5번 부품의 경계이다

측정

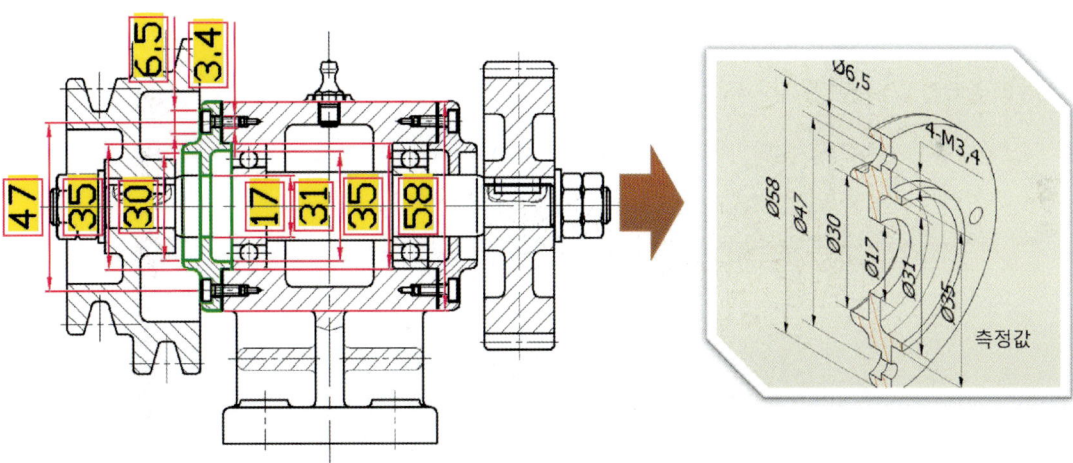

- 직경 및 높이에 대한 측정값은 핑크색의 치수와 같다.

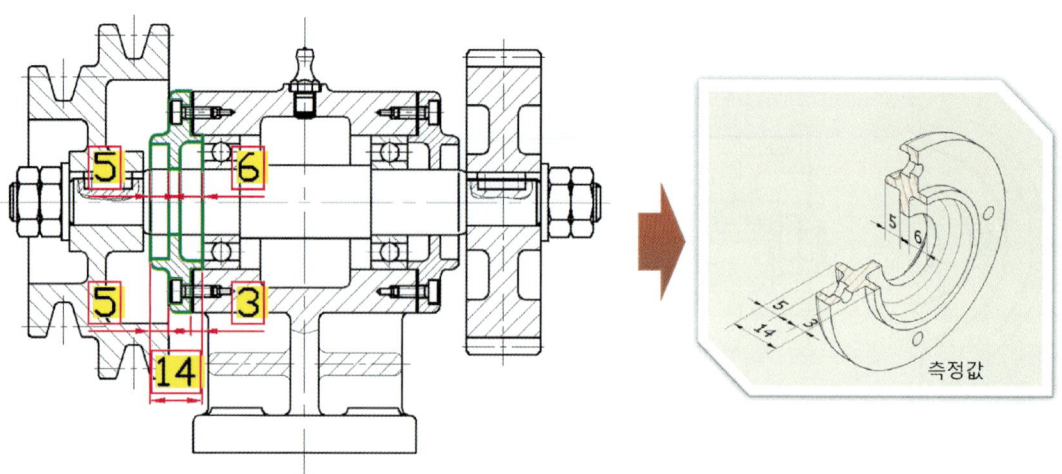

- 길이에 대한 측정값은 핑크색의 치수와 같다.

▶ 측정 완료

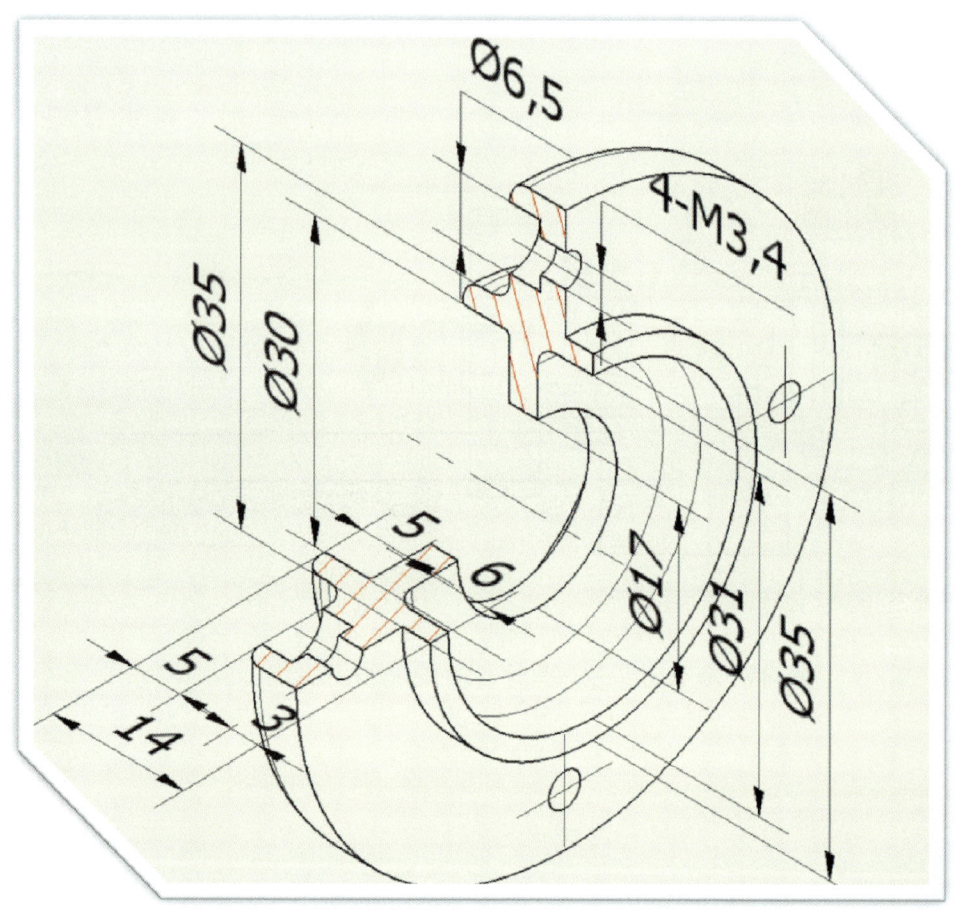

- 모델링에 필요한 측정치수 및 규격 참조 치수를 표시하면 위와 같다.

스케치

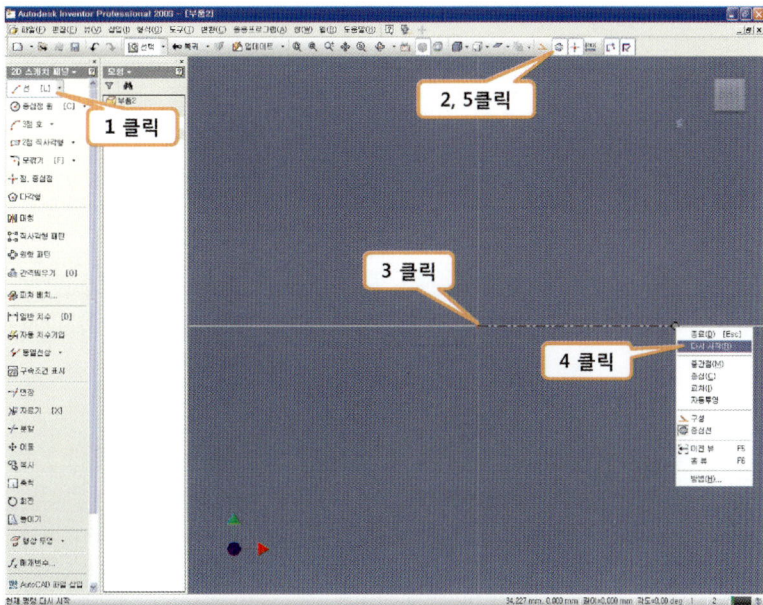

1. [선]을 클릭한다.
2. [중심]을 클릭한다.
3. 원점을 클릭하여 중심선을 스케치 한다.
4. 마우스 오른쪽 버튼을 클릭하여 [다시 시작]을 클릭한다.
5. 중심선을 한번 더 클릭한다.(중심선 해제)

스케치

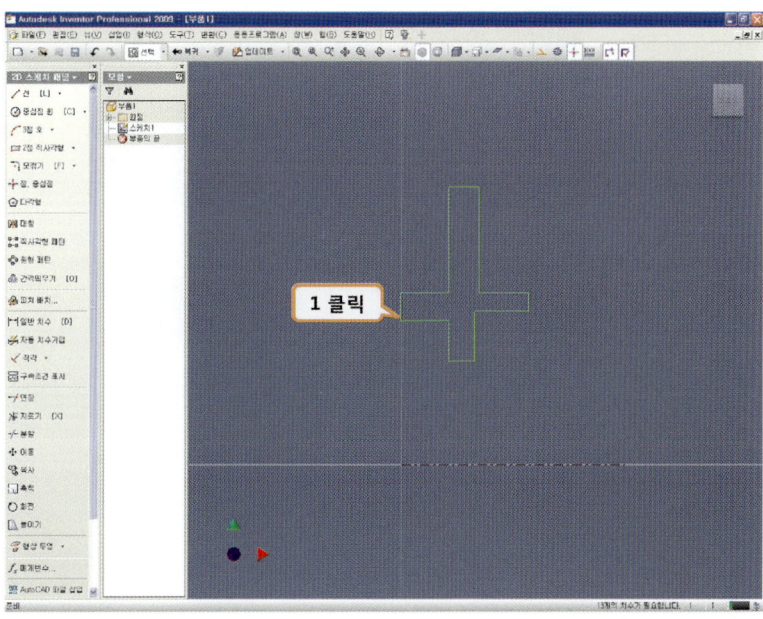

1. 화면 임의의 점을 클릭하여 그림과 같이 대략적인 스케치를 한다.

형상 구속

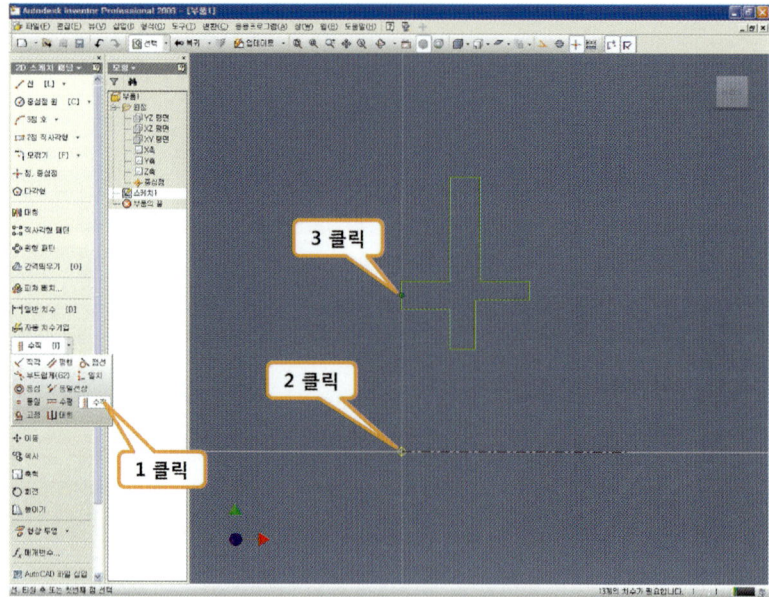

1. [수직]을 클릭한다.
2. 원점을 클릭한다.
3. 그림과 같이 선의 중간점을 클릭하여 두 점을 수직 구속한다.

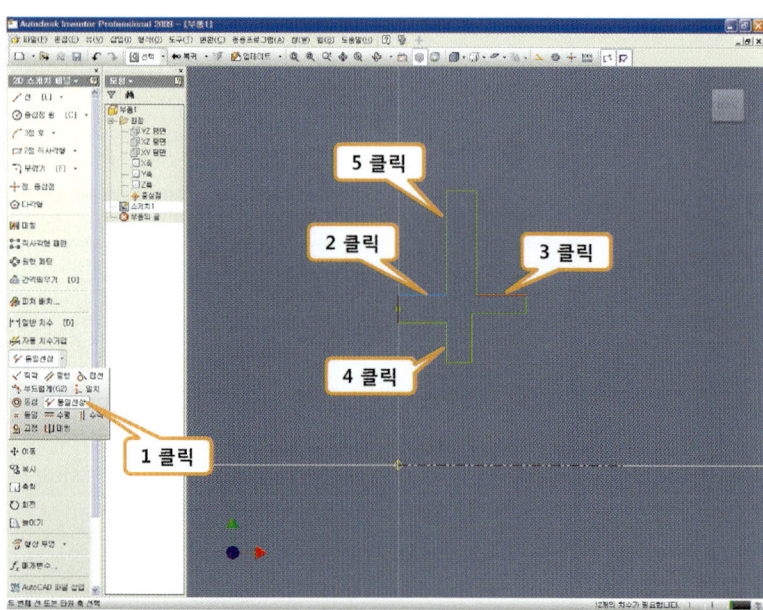

1. [동일 선상]을 클릭한다.
2. 첫 번째 수평선을 클릭한다.
3. 두 번째 수평선을 클릭하여 두 선을 구속한다.
4. 첫 번째 수직선을 클릭한다.
5. 두 번째 수직선을 클릭하여 두 선을 구속한다.

치수 구속

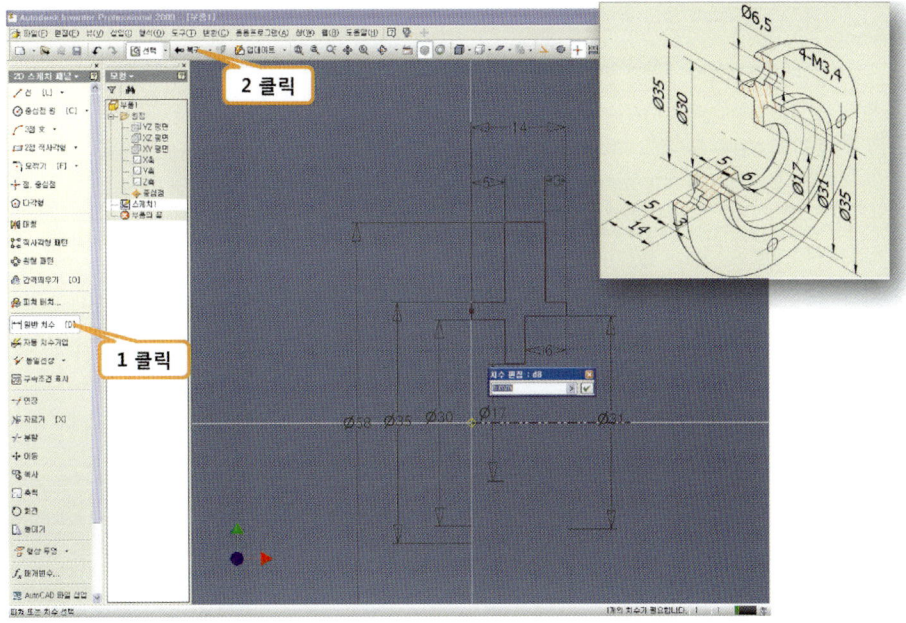

1. [일반 치수]를 클릭하여 그림과 같이 지름 치수를 구속한다.
2. [복귀]를 클릭한다.

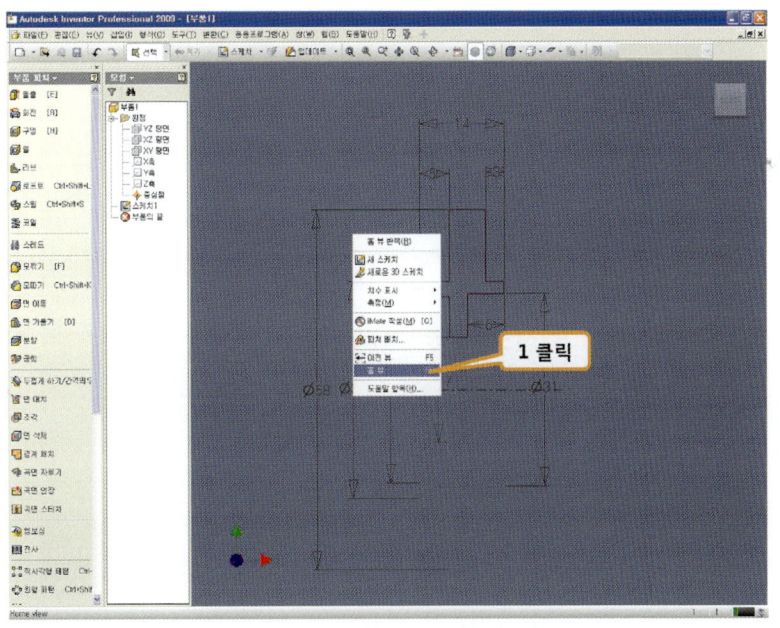

1. 마우스 오른쪽 버튼을 클릭하여 [홈뷰]를 클릭한다.

회전 피쳐

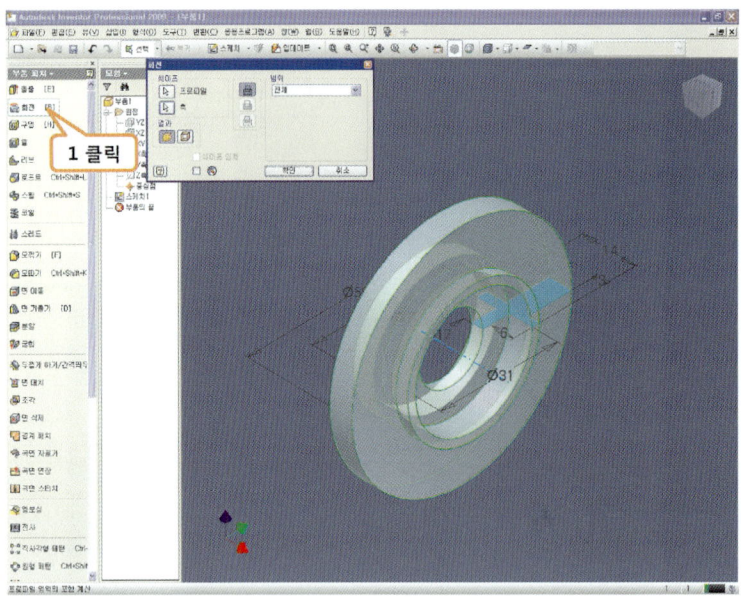

1. [회전]을 클릭한 후 확인 버튼을 클릭한다.

모따기

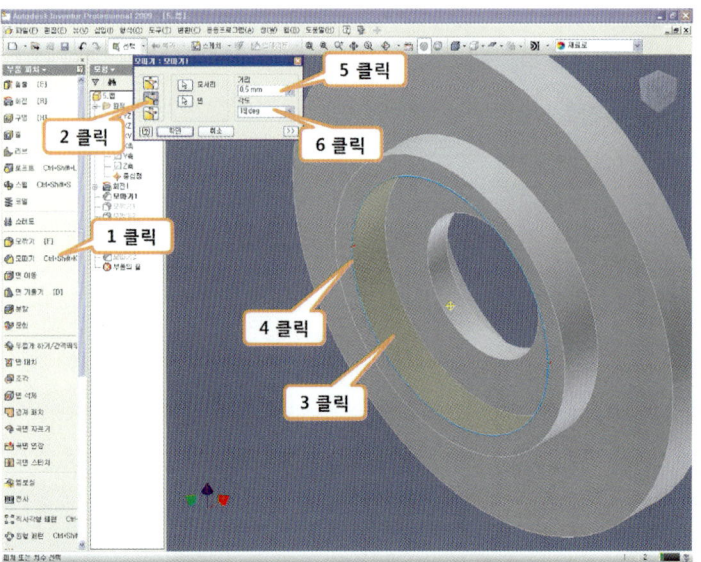

1. [모따기]를 클릭한 후 화면을 회전하여 작업에 적합하게 뷰를 조정한다.
2. [거리 및 각도]버튼을 클릭한다.
3. 면을 클릭한다.
4. 모서리를 클릭한다.
5. 거리 값을 입력한다.
6. 각도 값을 입력한 후 [확인]버튼을 클릭한다.

모깎기

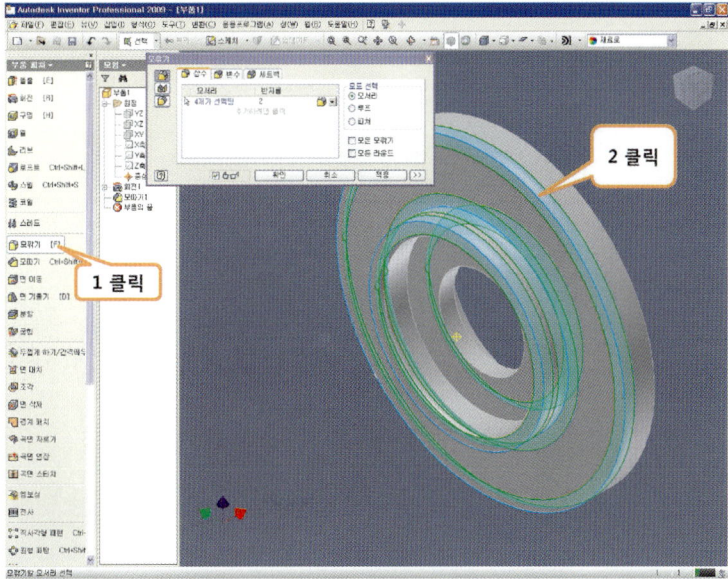

1. [모깎기]를 클릭하여 모깎기한 후 [적용] 버튼을 클릭한다.

스케치 평면

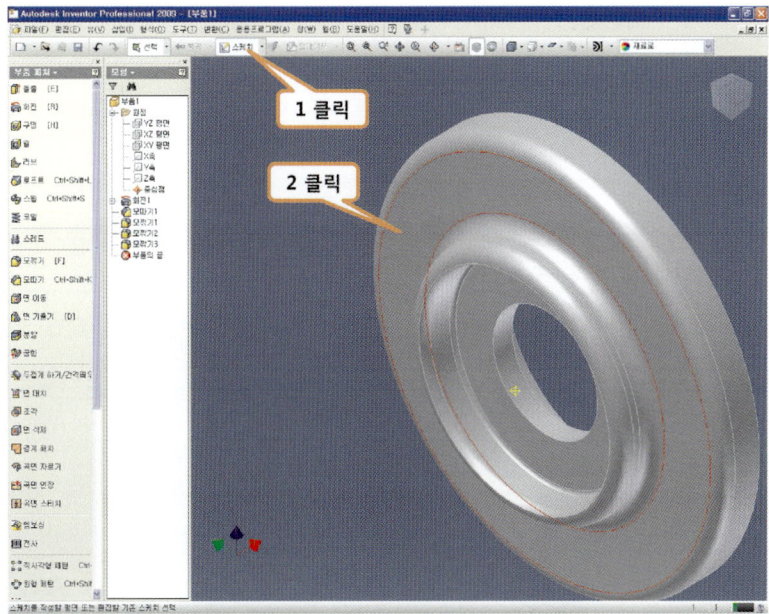

1. [스케치]를 클릭한다.
2. 면을 선택한다.

스케치

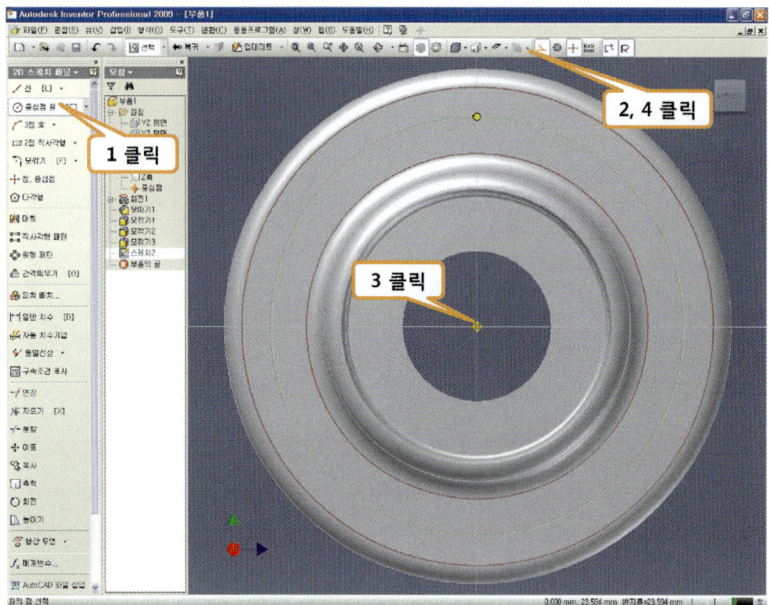

1. [중심점 원]을 클릭한다.
2. [구성]을 클릭한다.
3. 원점을 중심으로 하는 원을 스케치한다.
4. [구성]을 한번 더 클릭한다.(구성선 해제)

치수 구속

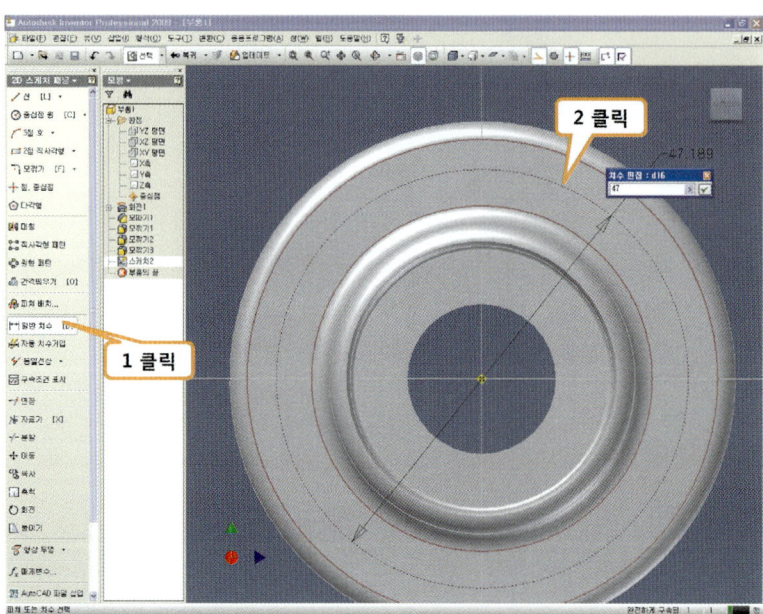

1. [일반 치수]를 클릭한다.
2. 치수를 구속한다.

점

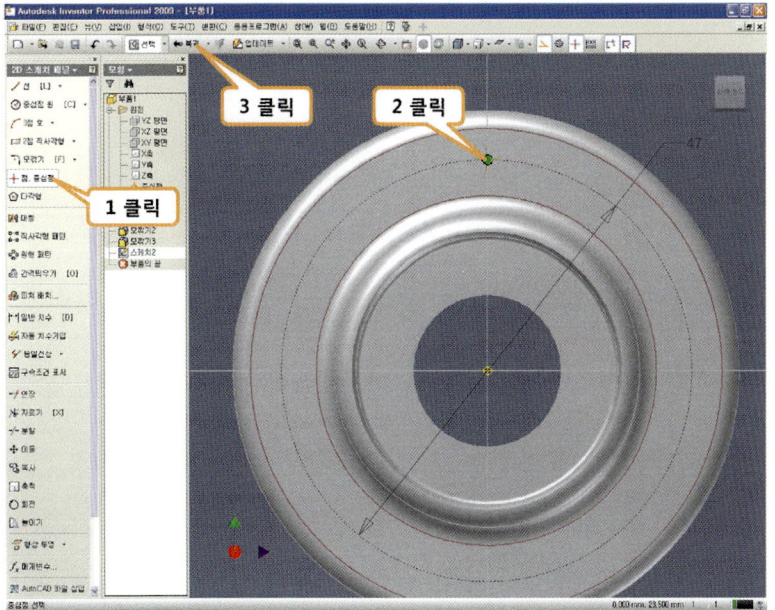

1. [점, 중심점]을 클릭한다.
2. 구성원의 사분점을 클릭한다.
3. [복귀]를 클릭한다.

구멍 피쳐 – 카운터 보링

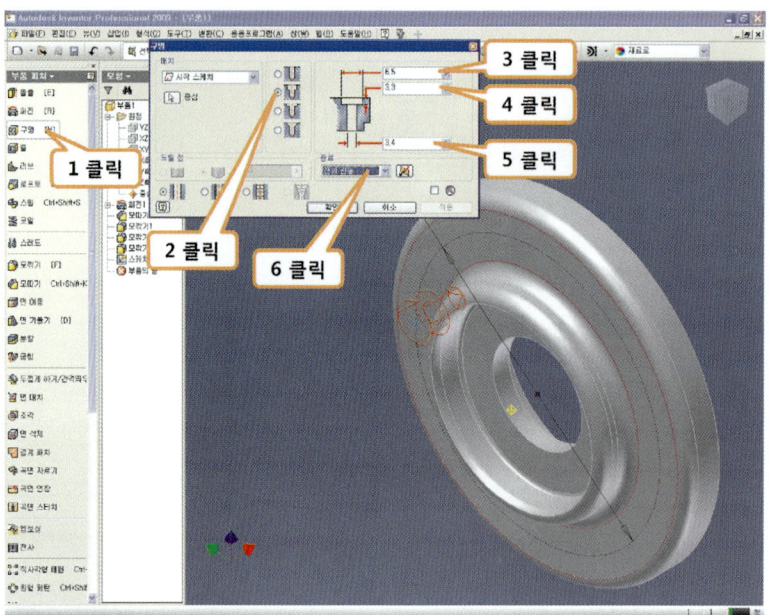

1. [구멍]을 클릭한다.
2. [카운터 보어]를 클릭한다.
3. 큰 지름 값을 입력한다.
4. 큰 지름의 깊이 값을 입력한다.
5. 작은 지름 값을 입력한다.
6. 클릭하여 전체관통을 선택한 후 [확인]버튼을 클릭한다.

원형 패턴

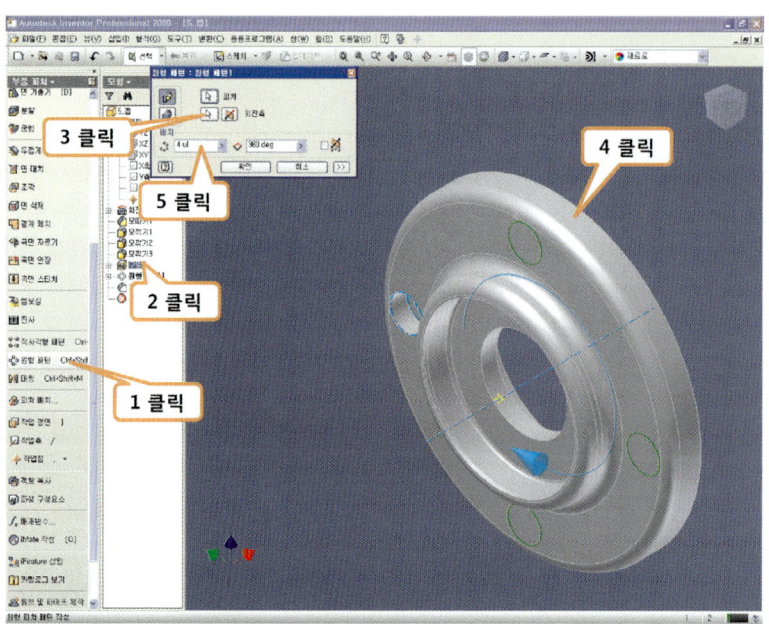

1. [원형 패턴]을 클릭한다.
2. 복제할 피쳐를 선택한다.
3. [회전축] 버튼을 클릭한다.
4. 회전축으로 참조할 면을 선택한다.
5. 배치의 구멍수를 입력한 후 [확인] 버튼을 클릭한다.

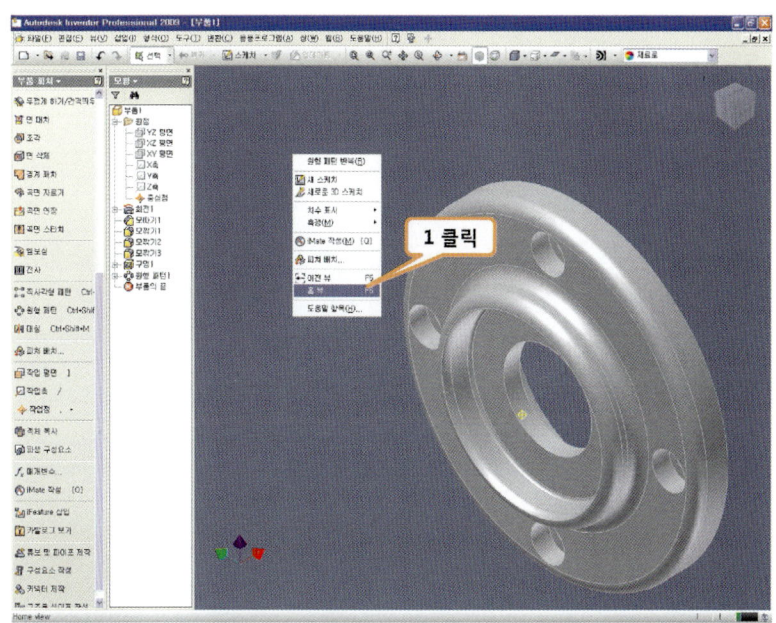

1. 마우스 오른쪽 버튼을 클릭하여 [홈뷰]를 클릭한다.

≫ 커버 완성품

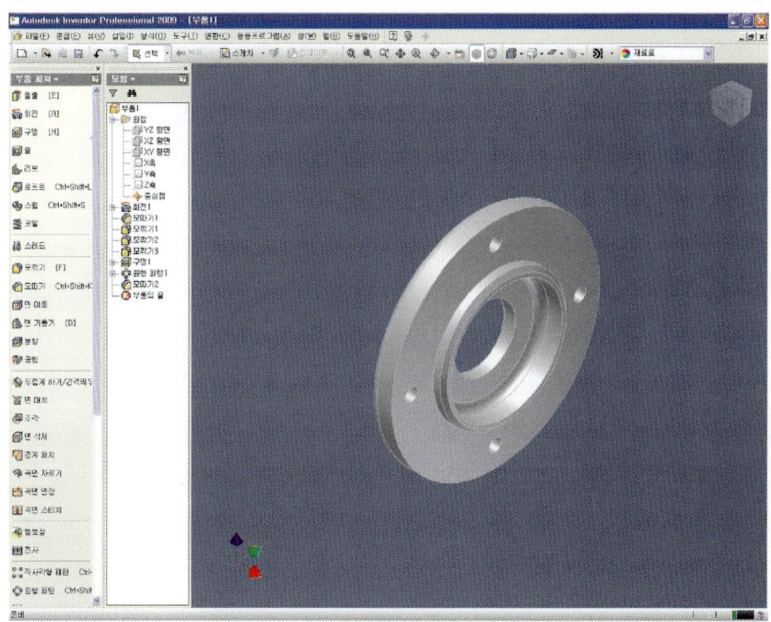

3차원 도면뷰(View) 작성 4

제출 1 : 동력전달장치 3차원 부품도

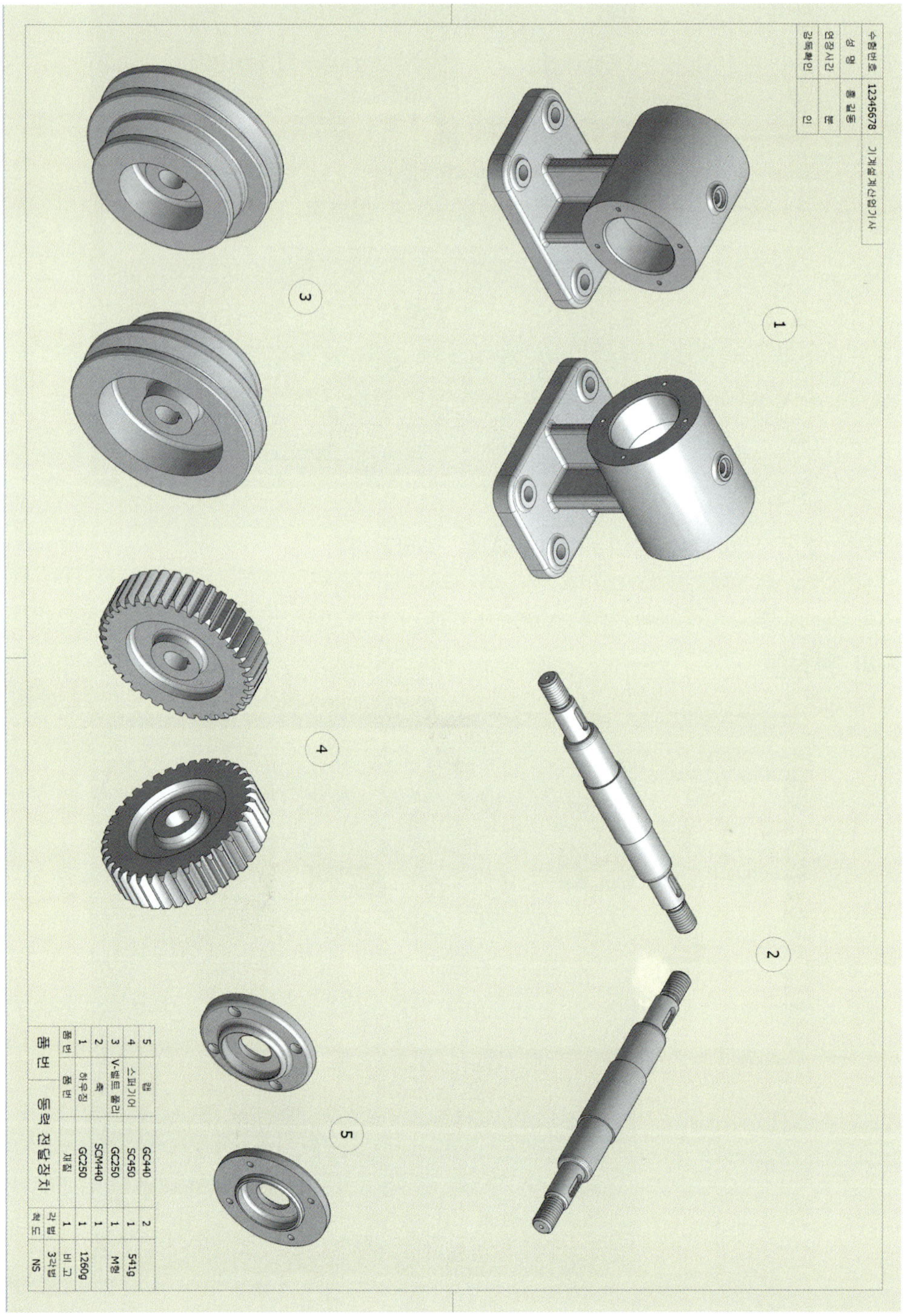

2차원 도면뷰(View)작성

동력전달장치 2D 부품도 해독 투상도

기준뷰

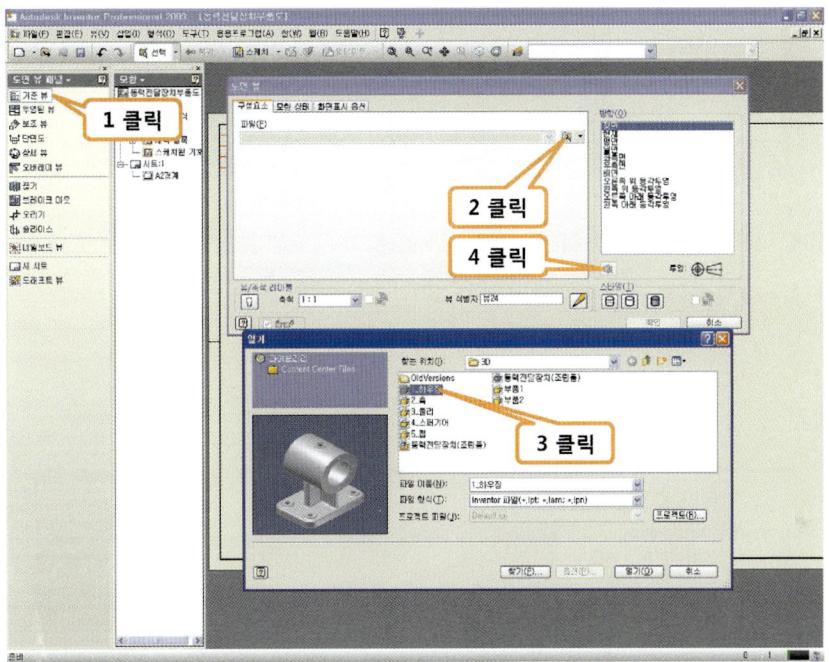

1. [기준 뷰]를 클릭한다.
2. [기존 파일 열기]를 클릭한다.
3. 작성하고자 하는 부품[하우징]을 클릭한 후 [열기] 버튼을 클릭한다.
4. [뷰 방향 변경]을 클릭한다.

뷰방향

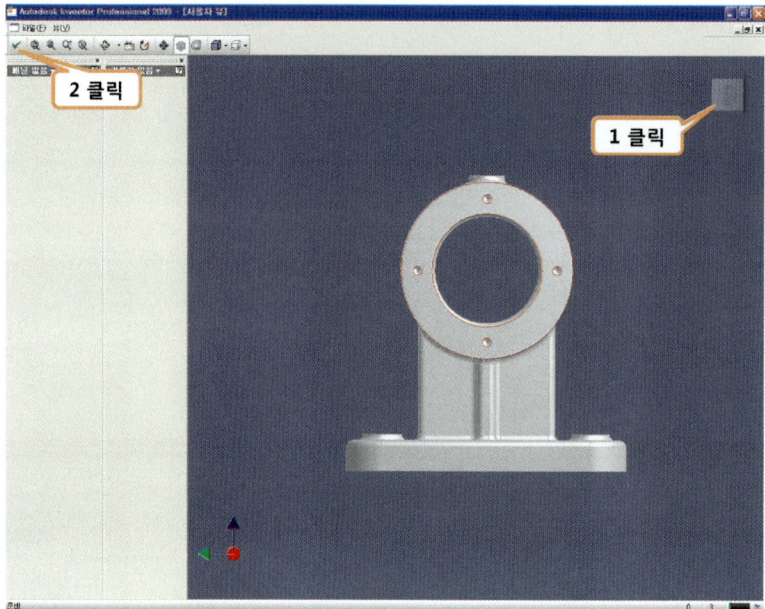

1. [Common View] 를 이용하여 그림과 같이 원하는 뷰의 방향이 나오도록 조정한다.
2. [사용자 뷰 나가기]를 클릭한다.

은선제거

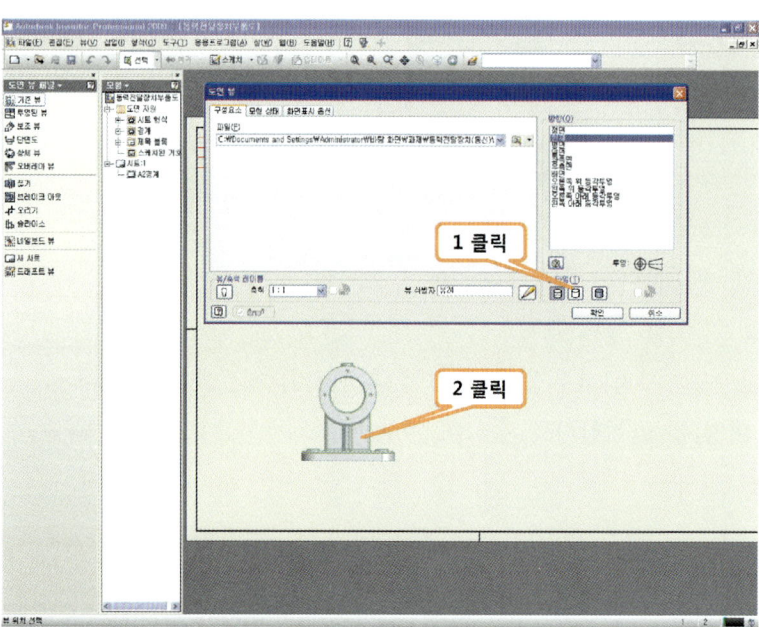

1. [은선 제거]를 클릭 한다.
2. 화면의 임의의 공간을 클릭하거나 [확인] 버튼을 클릭한다.

투영된 뷰

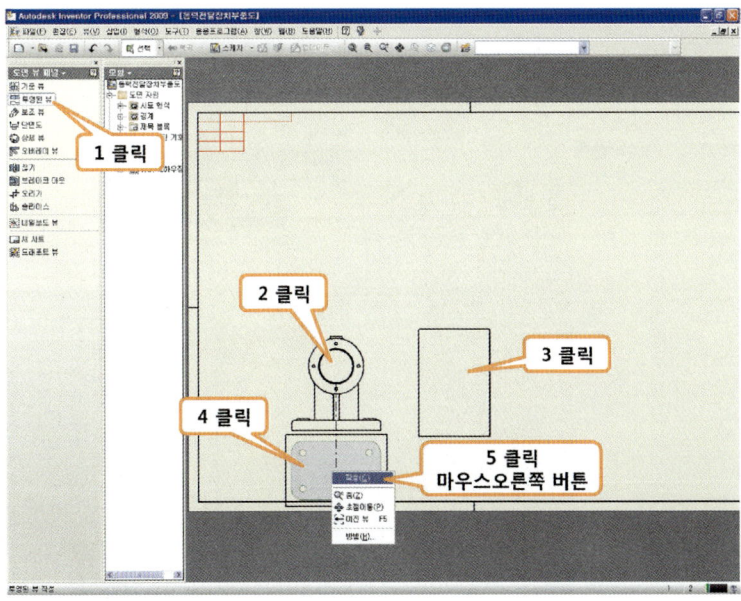

1. [투영된 뷰]를 클릭한다.
2. 기준 뷰를 클릭한다.
3. 우측면도를 사용하려 함으로 기준 뷰의 오른쪽 방향의 빈 공간을 클릭한다.
4. 저면도를 사용하려 함으로 기준 뷰의 아래 쪽 방향의 빈 공간을 클릭한다.
5. 마우스 오른쪽 버튼을 클릭한 후 [작성]을 클릭한다.

구멍형상 부분단면 – 스케치

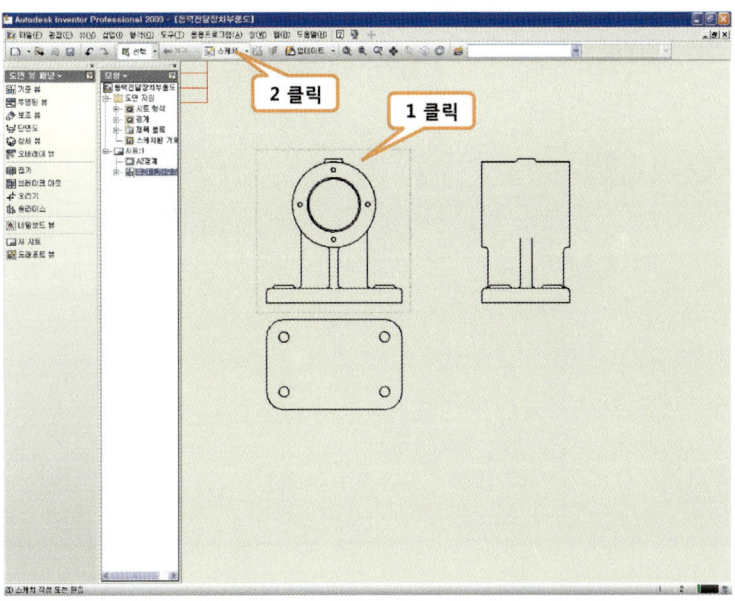

1. 기준 뷰를 선택한다.
2. [스케치]를 클릭한다.

구멍형상 부분단면 – 스플라인

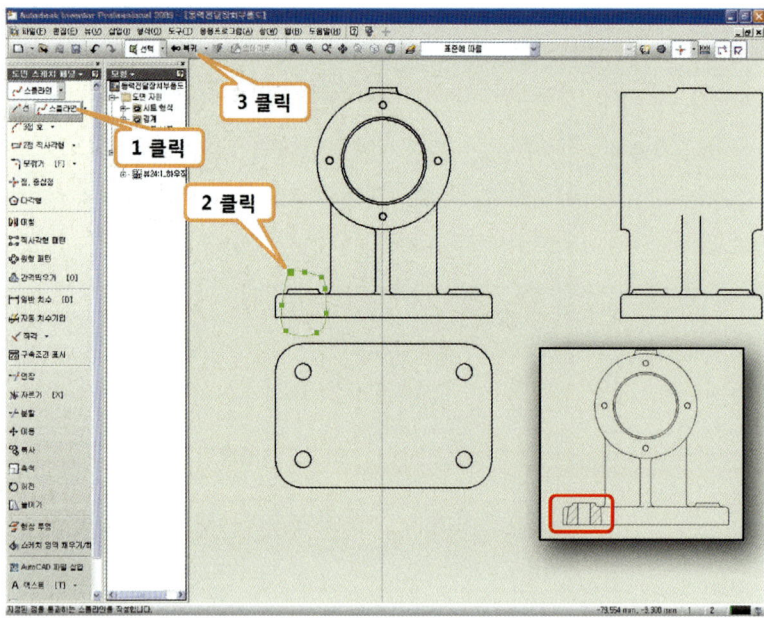

1. [선] 옆의 화살표를 클릭하여 [스플라인]을 클릭한다.
2. 클릭하여 부분 단면 할 부분을 닫힌 프로파일이 되도록 그림과 같이 스케치 한다.
3. [복귀]를 클릭한다.

구멍형상 부분단면 – 브레이크 아웃

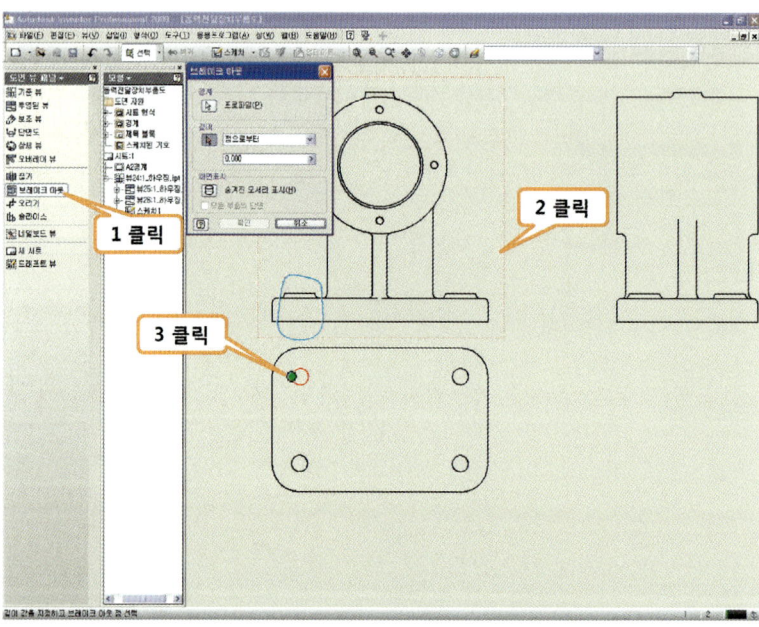

1. [브레이크 아웃]을 클릭한다.
2. 부분 단면 할 뷰를 클릭한다.(닫혀 있는 프로파일이 하나 뿐이므로 자동 선택된다.)
3. 단면의 깊이를 위해 원을 선택한 후 [확인] 버튼을 클릭한다.

하우징 내부 부분단면 – 스케치

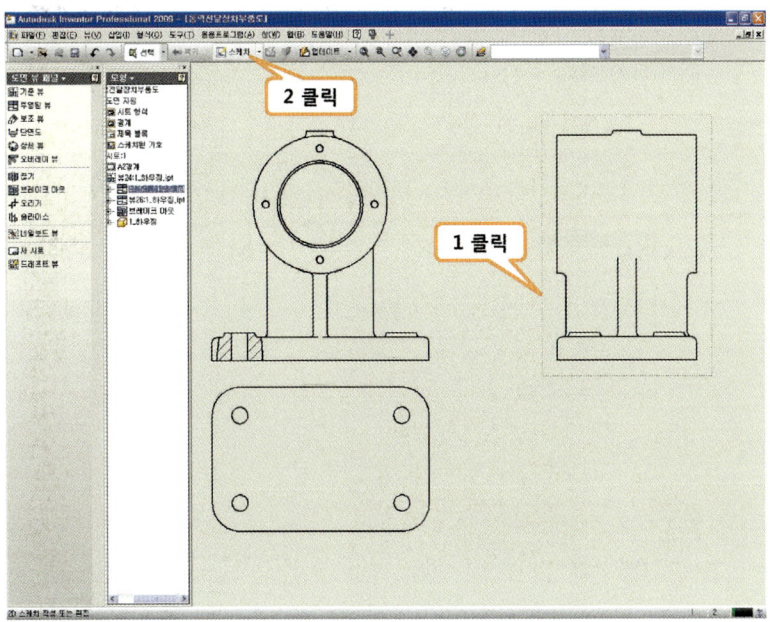

1. 부분 단면 하려고 하는 뷰를 선택한다.
2. [스케치]를 클릭한다.

하우징 내부 부분단면 – 스플라인

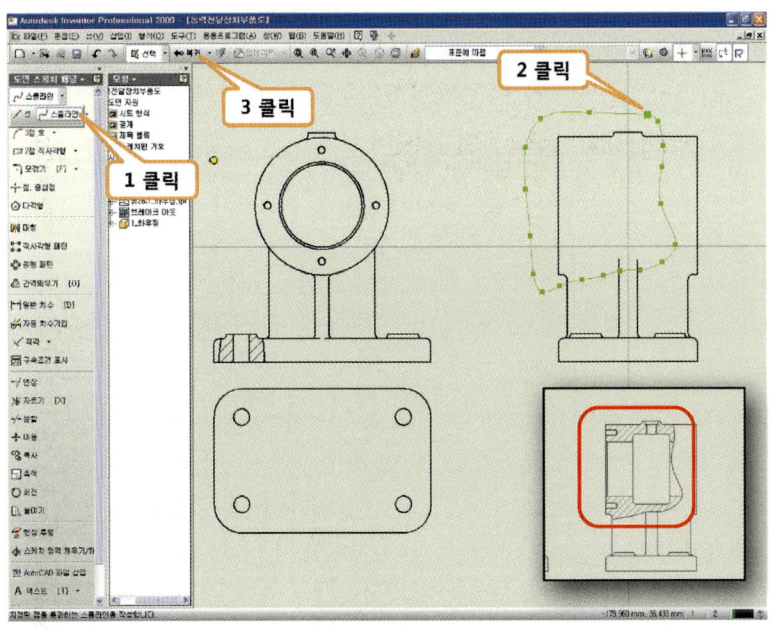

1. [스플라인]을 클릭한다.
2. 클릭하여 부분 단면 할 부분을 닫힌 프로파일이 되도록 스케치 한다.
3. [복귀]를 클릭한다.

하우징 내부 부분단면 – 브레이크 아웃

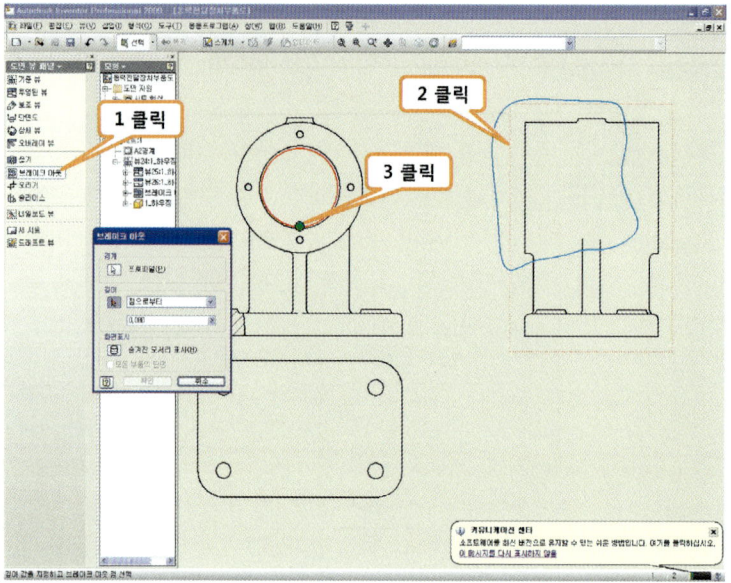

1. [브레이크 아웃]을 클릭한다.
2. 부분 단면 할 뷰를 클릭한다.(닫혀 있는 프로파일이 하나 뿐이므로 자동 선택된다.)
3. 단면의 깊이를 위하여 정면도 원의 사분 점을 클릭한 후 [확인] 버튼을 클릭한다.

부분 투상도 작성하기 – 오리기

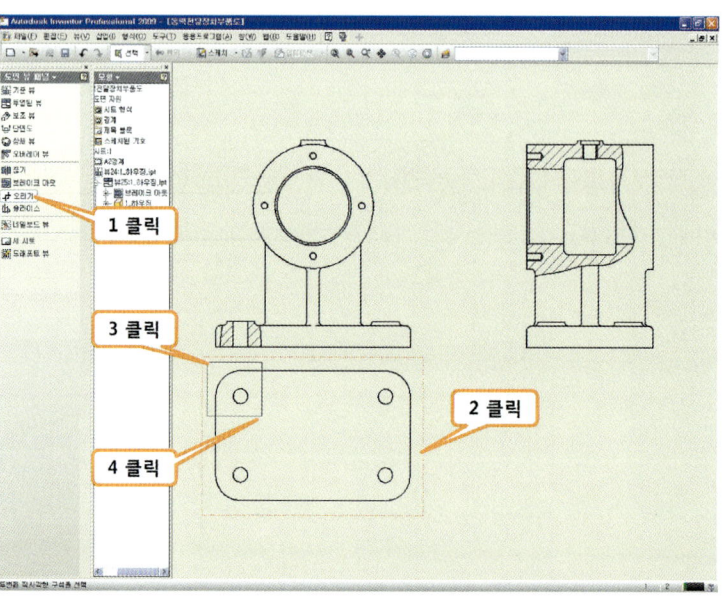

1. [오리기]를 클릭한다.
2. 오리기 할 뷰를 선택한다.
3. 오리기 할 부분의 시작 점을 클릭한다.
4. 오리기 할 끝 점을 클릭한다.

회전 단면하기

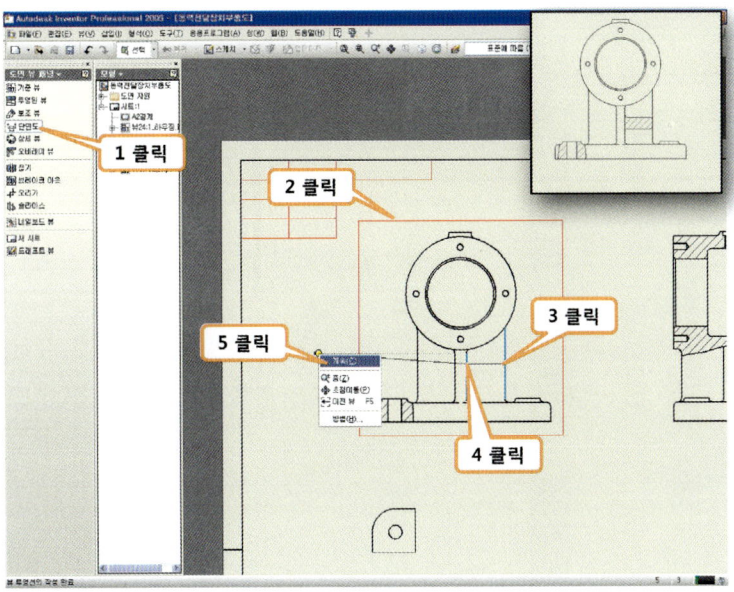

1. [단면도]를 클릭한다.
2. 회전단면 할 뷰를 클릭한다.
3. 회전단면 할 형상의 시작 점을 클릭한다.
4. 회전단면 할 형상의 끝 점을 클릭한다.
5. 마우스 오른쪽 버튼을 클릭하여 [계속]을 클릭한다.

회전 단면하기 – 슬라이스

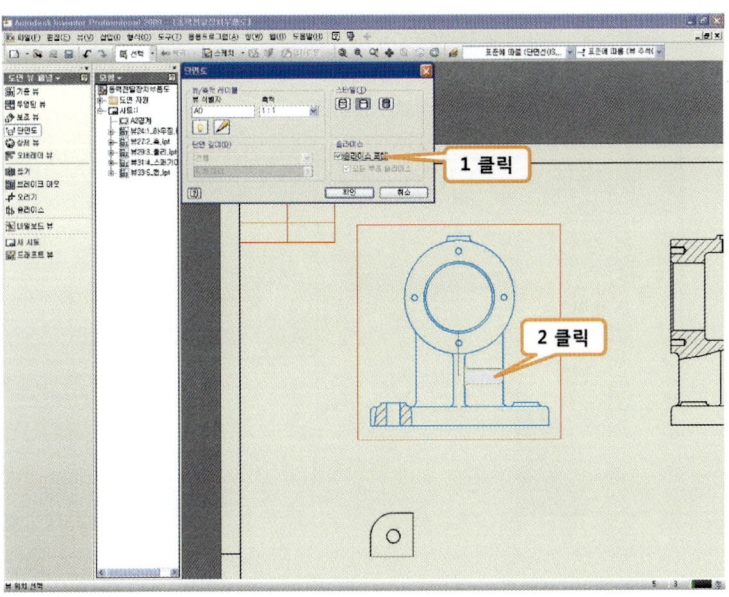

1. [슬라이스 포함]을 체크한다.
2. 회전 단면을 표시하고자 하는 위치에 클릭한다.

도면층 끄기

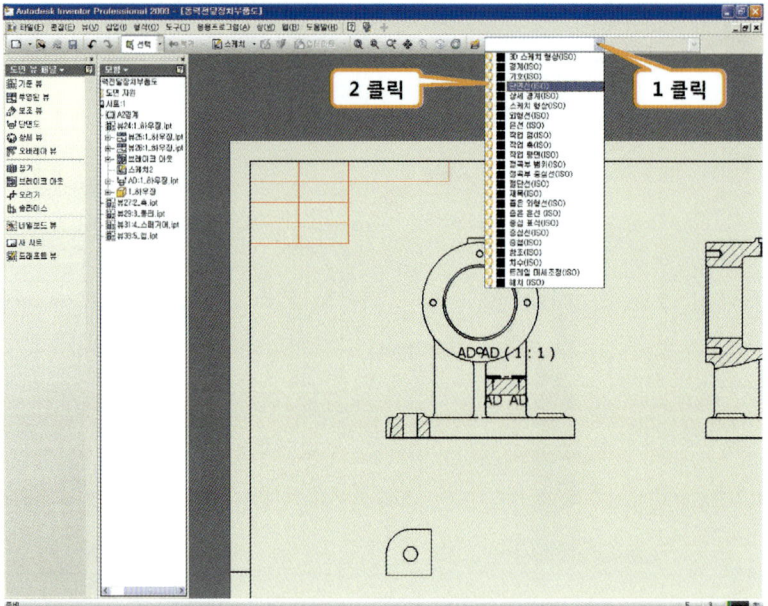

1. [도면층 선택]을 클릭한다.
2. [단면선(ISO)]의 앞에 있는 전구 모양을 클릭하여 전구 모양이 어두워 지도록 한다.

텍스트 삭제

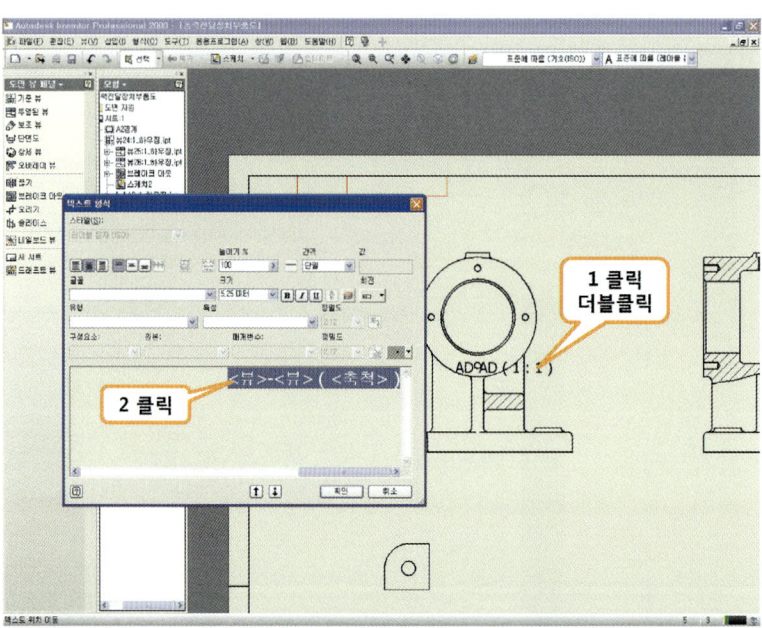

1. 문자를 더블 클릭한다.
2. 드래그하여 문자를 모두 선택한 후 Delete키를 눌러 모두 삭제하고 [확인]을 클릭한다.(필요에 따라 수정 또는 남겨 둘 수도 있다)

가시성 해제 – 국부 투상도

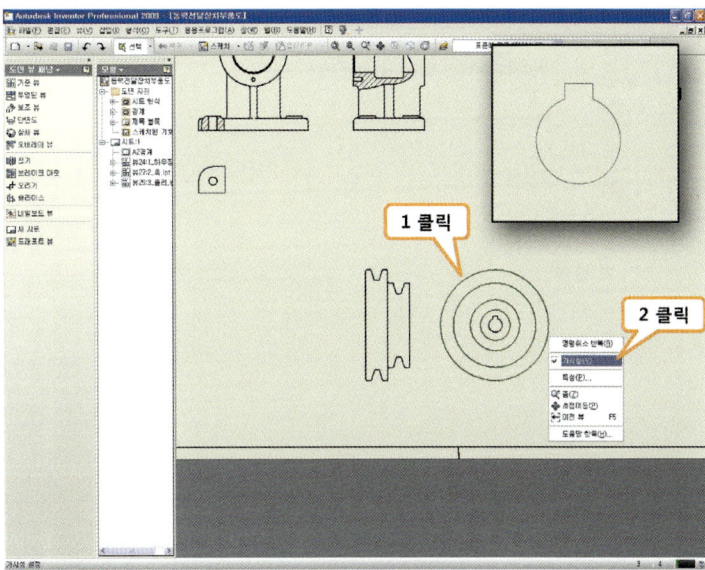

1. 우측면도에서 키 홈과 축의 삽입분 형상만 남겨두고 Ctrl키를 누른 상태로 원을 클릭한다.
2. 마우스 오른쪽 버튼을 클릭하여 [가시성]을 체크 해제 한다.(한번에 하려고 하면 되지 않는 경우가 있으므로 몇 번에 나누어 실행)

한 뷰에 두 곳의 프로파일이 존재

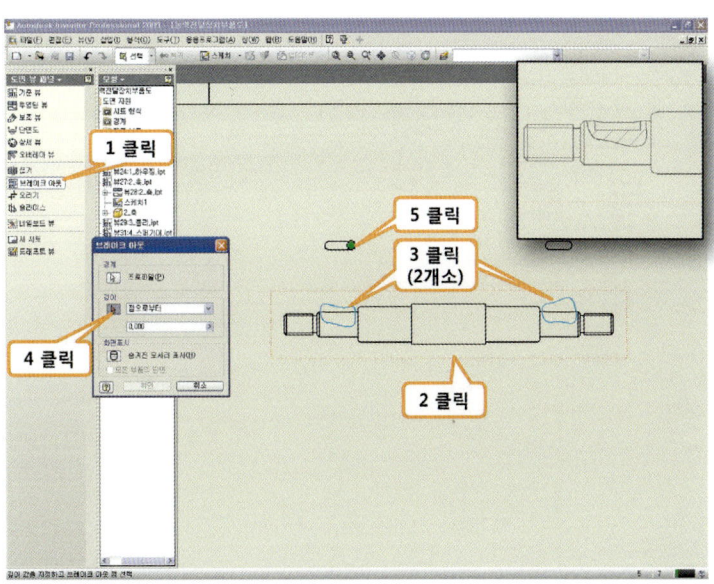

1. [브레이크 아웃]을 클릭한다.
2. 부분 단면 할 뷰를 클릭한다.
3. 스케치해둔 닫힌 프로파일(2개)을 클릭한다.
4. [선택자]의 화살표를 클릭한다.
5. 단면 할 키 홈의 깊이에 해당하는 호의 중간점을 클릭한 후 대화상자의 [확인] 버튼을 클릭한다.

상세도

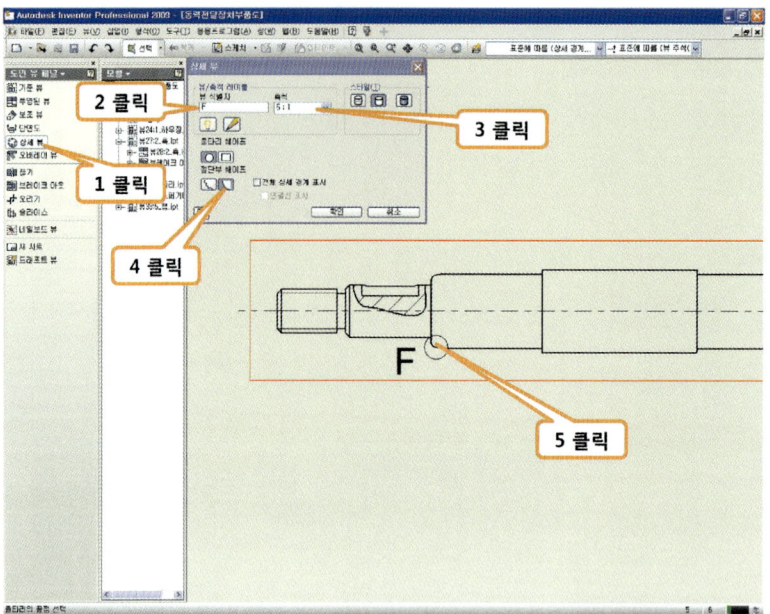

1. [상세 뷰]를 클릭한다.
2. 뷰 식별자를 클릭하여 식별 자를 입력한다.
3. 축척을 클릭하여 축척을 선택한다.
4. 절단부 쉐이프 모양을 그림과 같이 선택한다.
5. 절단부위를 클릭하여 지정한다.

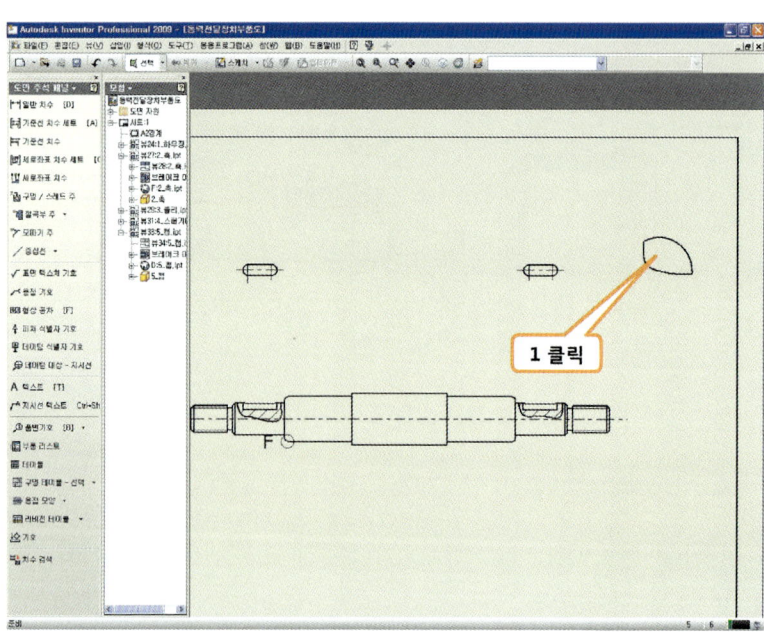

1. 상세 뷰의 위치를 결정한다.

사용하지 않는 뷰 억제

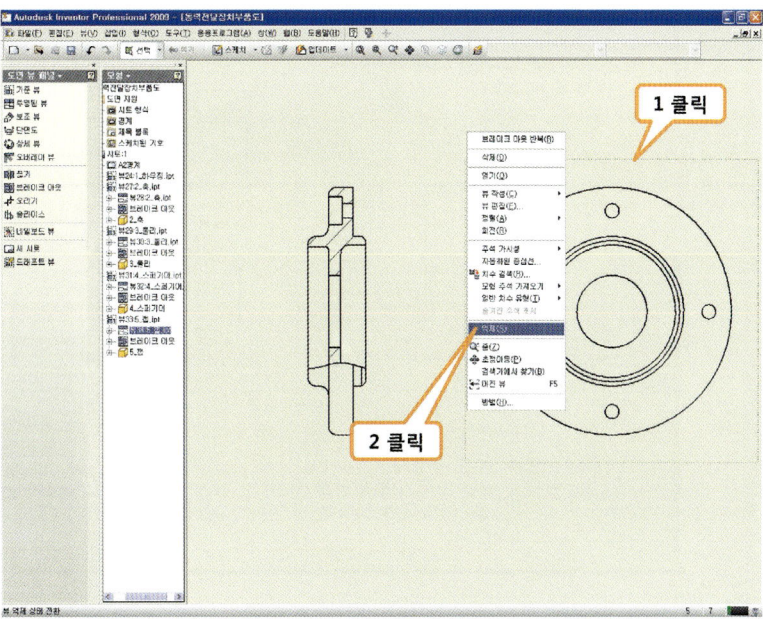

1. 뷰를 클릭한다.
2. 마우스 오른쪽 버튼을 클릭한 후 [억제]를 클릭한다.

뷰 작성 및 단면 완성

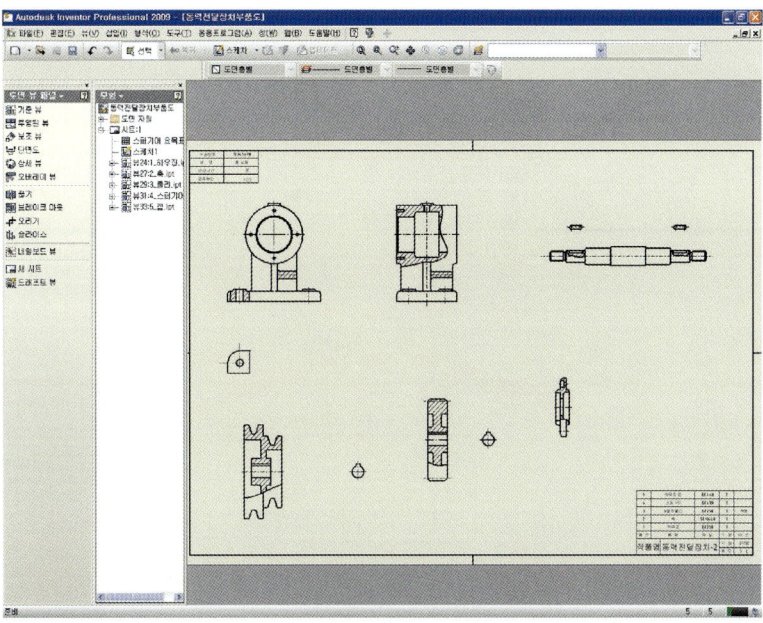

1. 앞에서와 같은 방법으로 각각의 부품을 그림과 같이 표시한다.

≫ 1번 부품의 투상도배치 설명

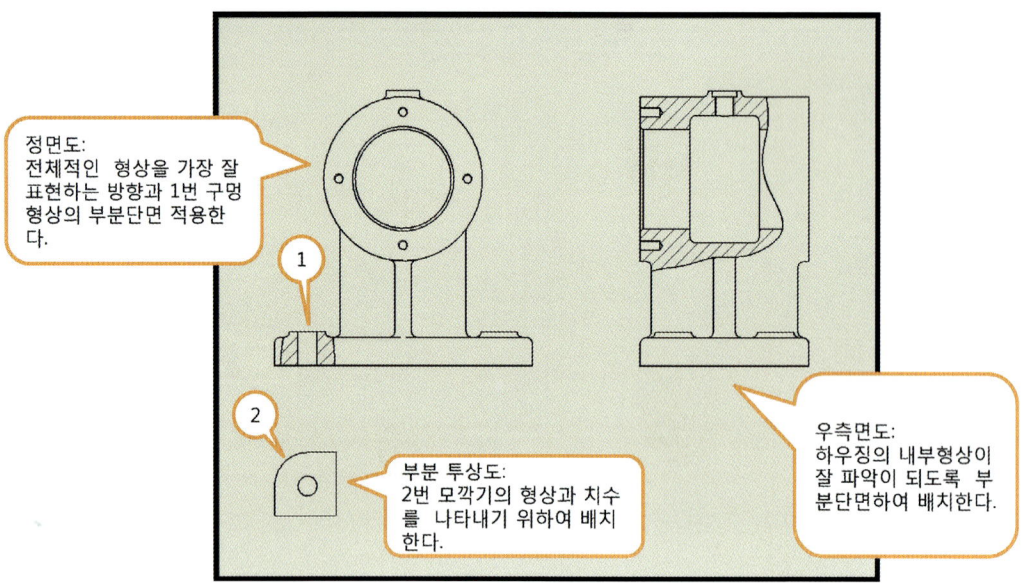

- 정면도(주투상도)는 대상물의 모양, 기능을 가장 뚜렷하게 나타내는 면을 그린다.
- 도면을 쉽게 이해하기 위한 방법으로써 부분 투상도와 단면도를 적절히 적용해야 한다.
- 부분 투상 : 그림의 일부를 도시하는 것으로도 충분한 경우에는 필요한 부분만을 투상하여 도시한다.
- 인벤터에서 투상도의 위치관계는 기준 뷰를 기준으로 서로 구속이 되어 있어 구속을 해제 하지 않으면 간격만을 조정할 수 있다.

≫ 2번 부품의 투상도배치 설명

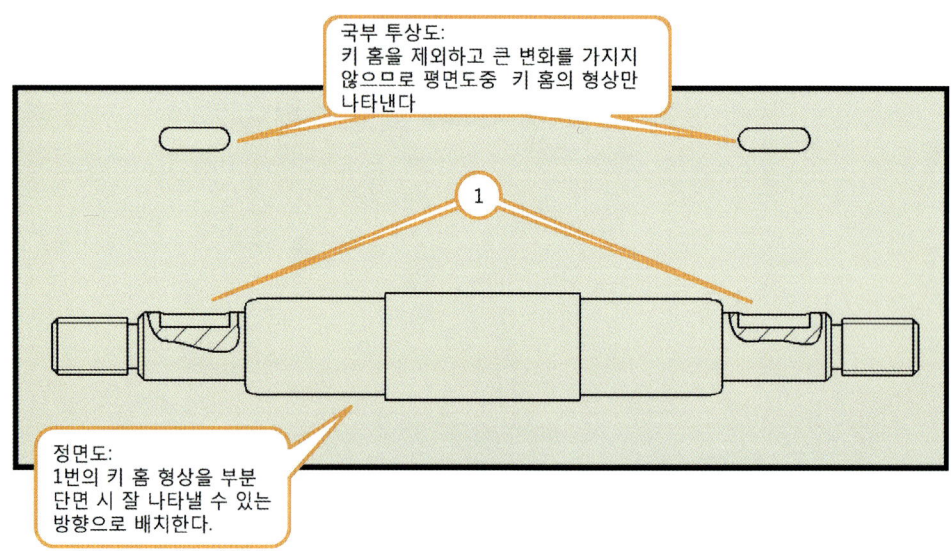

- 원형축의 형상들은 모형의 큰 변화가 없을 때는 축 직각 방향에서 바라본 형상을 정면도로 설정한다

- 구멍, 홈 등과 같이 한 부분의 모양을 도시하는 것으로 충분한 경우에는 그 필요한 부분만을 국부 투상도로 표시한다.(키 홈 등)

≫ 3번 부품의 투상도 배치 설명

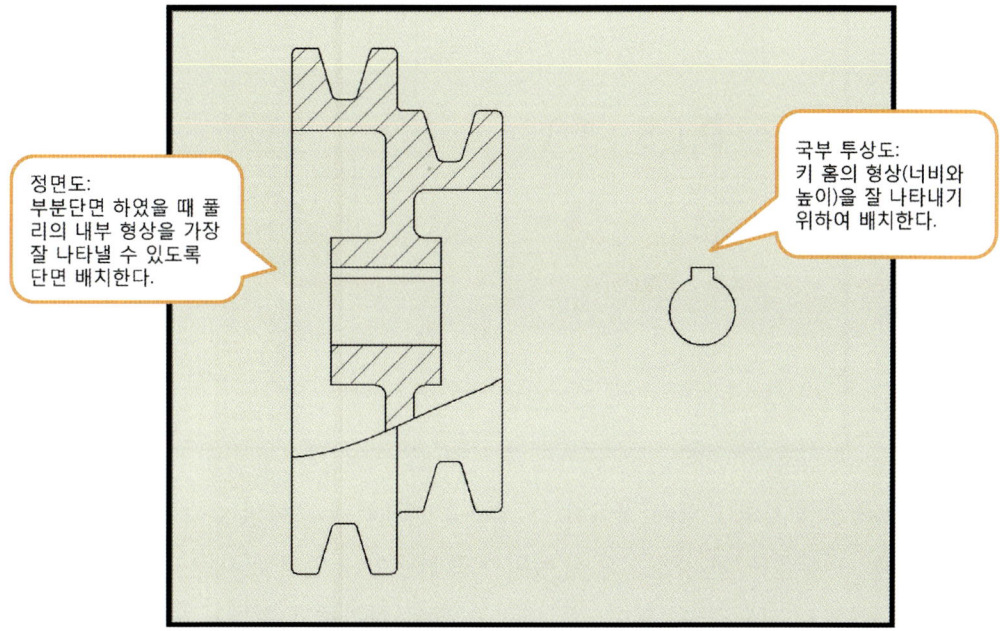

- 정면도 : V - 벨트 홈 부의 형상과 부분 단면 하였을 때 내부 형상을 가장 잘 나타낼 수 있다.

≫ 4번 부품의 투상도 배치 설명

- 정면도 : 스퍼기어의 형상을 잘 나타내고 치수 기입에 용이하다.

5번 부품의 투상도 배치 설명

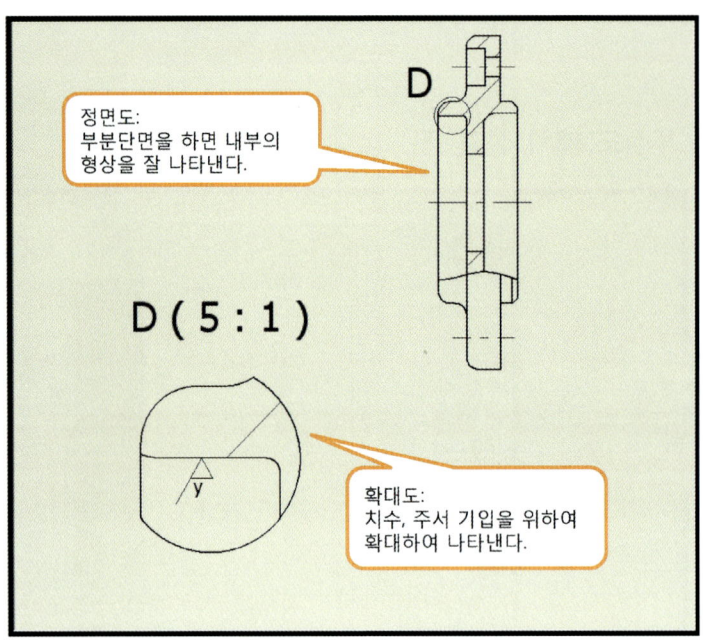

- 확대도 : 특정한 부분의 도형이 작아서 그 부분을 자세하게 나타낼 수 없거나 치수 기입을 할 수 없을 때 그 부분을 가는 실선으로 에워싸고 한글이나 알파벳 대문자로 표시함과 동시에 그 해당 부분의 가까운 곳에 확대도를 그림과 같이 나타내고 확대를 표시하는 문자 기호와 척도를 기입한다.

동력전달장치 2D 부품도 해독 치수기입 / 공차와 끼워맞춤

≫ 도면 주석 패널

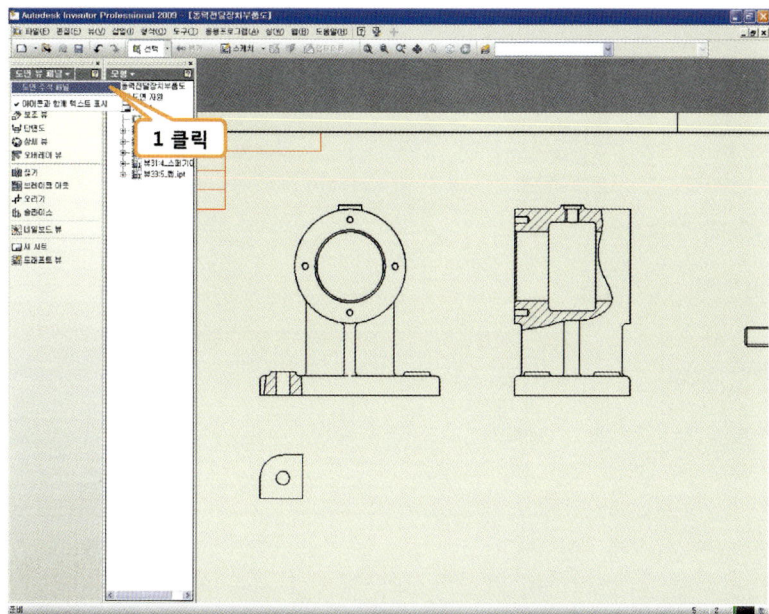

1. [도면 뷰 패널]-[도면 주석 패널]을 클릭한다.

≫ 스타일 및 표준 편집기

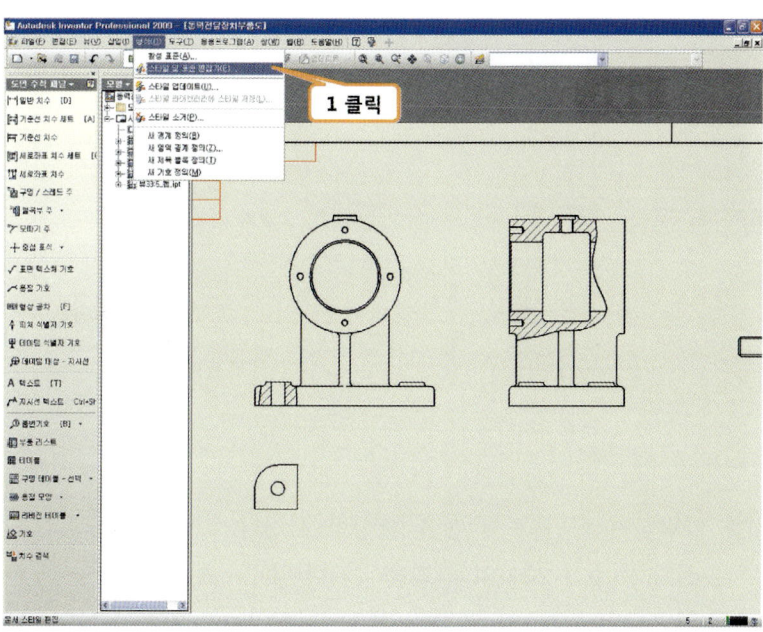

1. [형식]-[스타일 및 표준 편집기]를 클릭한다.

치수스타일 설정

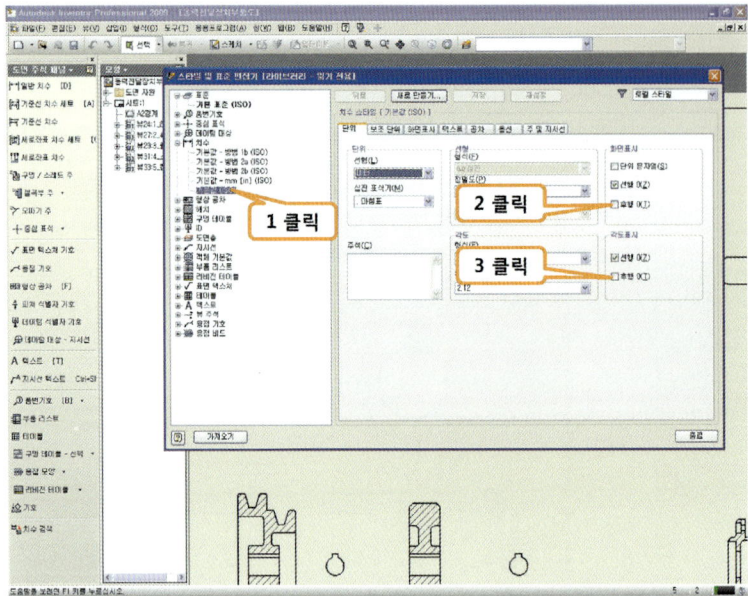

1. [치수] - 기본 값(ISO)를 클릭한다.
2. [화면표시]-[후행]을 클릭하여 체크박스의 체크 표시를 해제 한다.
3. [각도표시]-[후행]을 클릭하여 체크박스의 체크 표시를 해제 한다.

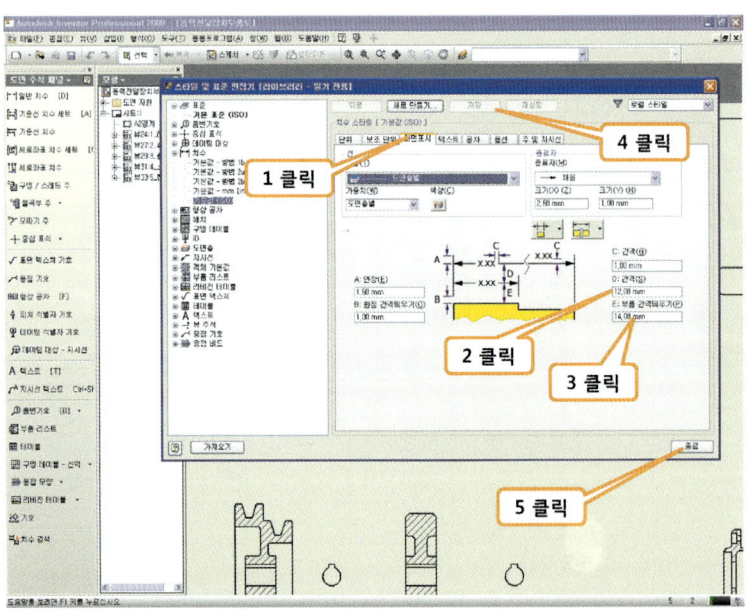

1. [화면표시]를 클릭하여 화면 표시 창을 활성화 시킨다.
2. 클릭하여 치수선과 치수선 사이의 간격을 설정한다.
3. 클릭하여 치수선과 부품 사이의 간격을 설정한다.
4. [저장]을 클릭한다.
5. [종료]를 클릭한다.

자동화된 중심선

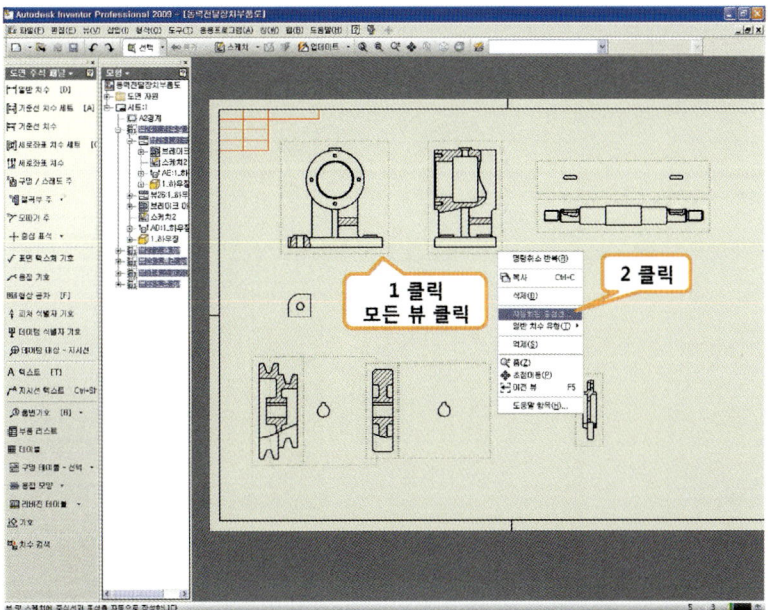

1. Ctrl키를 누른 상태로 모든 뷰를 클릭한다.
2. 마우스 오른쪽 버튼을 클릭한 후 [자동화된 중심선]을 클릭한다.

1. 그림과 같이 적용 대상과 투영의 아이콘을 선택한다.(필요에 따라 다르게 적용되나 우선은 그림과 같이 선택한다.)
2. [확인] 을 클릭한다.

수동 중심선

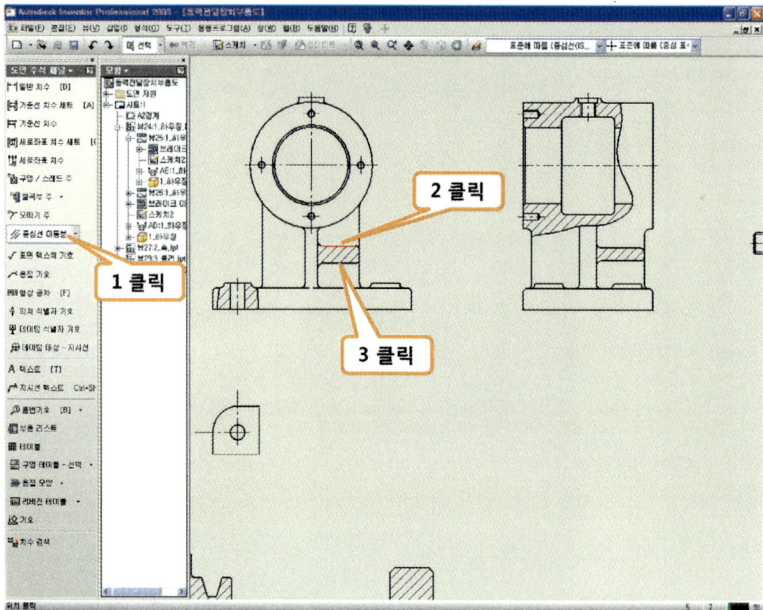

1. [중심선 이등분]을 클릭한다.
2. 중심선을 만들려고 하는 형상의 외형선을 클릭한다.
3. 반대쪽 외형선을 클릭하여 두 선의 중간에 중심선을 만든다.

숨은선 표시하기

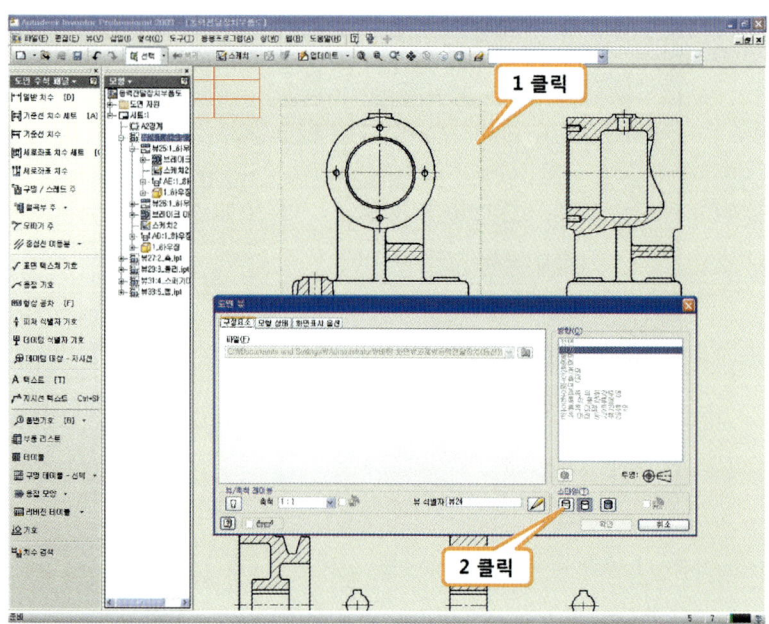

1. 숨은 선을 표시하려고 하는 부품의 기준 뷰를 더블 클릭한다.(뷰를 클릭한 후 마우스 오른쪽 버튼을 클릭하고 [뷰 편집]을 클릭하여도 된다.)
2. [은선]을 클릭한 후 [확인]을 클릭한다.

수동 중심선

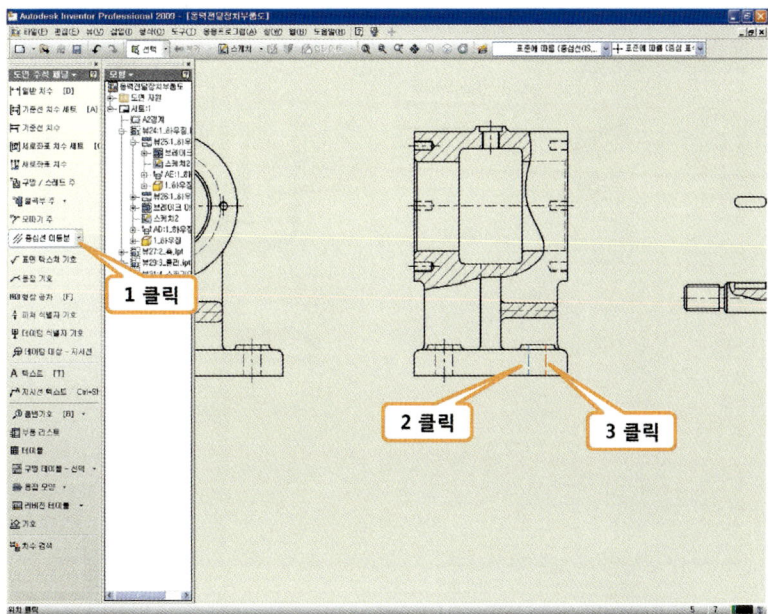

1. [중신선 이등분]을 클릭한다.
2. 나타난 구멍부의 은선을 클릭한다.
3. 나머지 구멍부의 은선을 클릭하여 구멍의 중심선을 만든다.

숨은선 제거

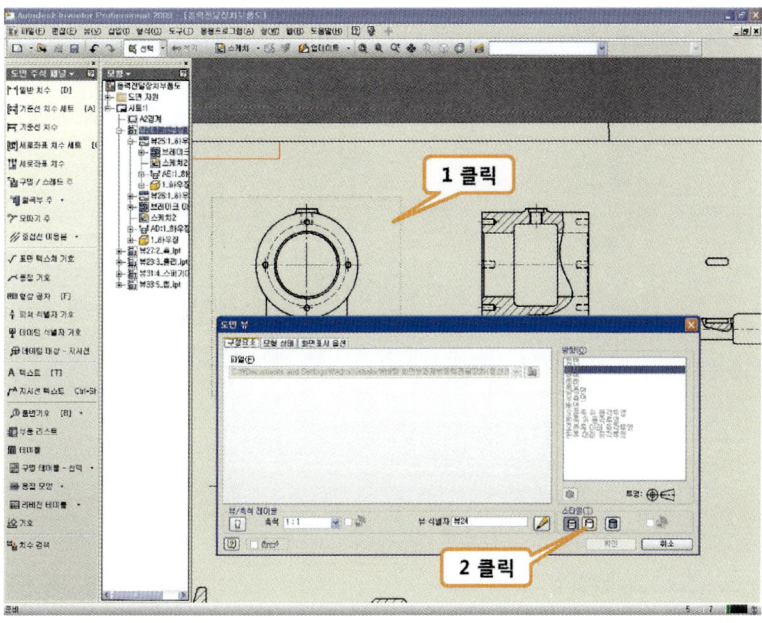

1. 숨은 선을 표시하려고 하는 부품의 기준 뷰를 더블 클릭한다.
2. [은선 제거]를 클릭한 후 [확인]을 클릭한다.

치수 기입하기

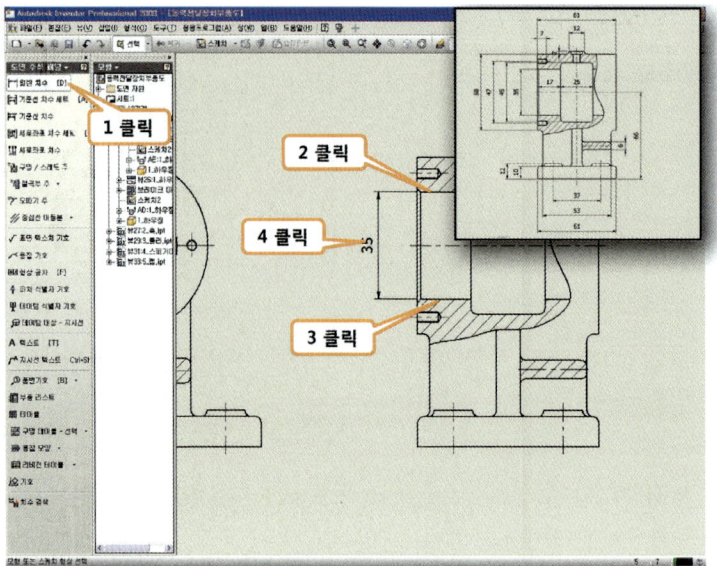

1. [일반 치수]를 클릭한다.
2. 기입하고자 하는 치수의 한쪽 경계를 이루는 선을 클릭한다.
3. 반대쪽 경계를 이루는 선을 클릭한다.
4. 치수 선이 부품의 외형선과 적당히 떨어진 위치에 오도록 클릭한다.(표면 거칠기와 기하공차 등을 기입하기 위한 공간과 도면 사용자의 편의성 등을 고려한다.)

구멍/스레드 주서

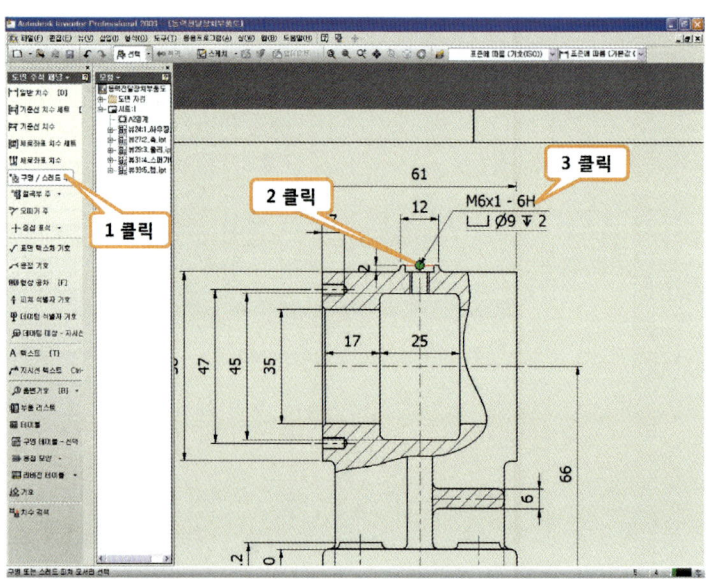

1. [구멍/스레드 주]를 클릭한다.
2. 구멍과 나사부의 형상을 클릭한다.
3. 적당한 위치에 주서를 배치한다.

구멍/스레드 주서 편집

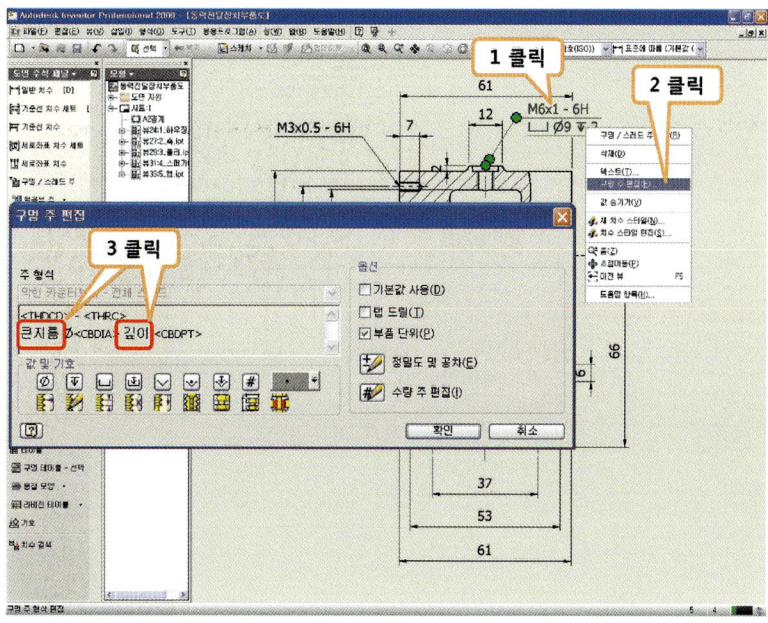

1. 주서를 클릭 후 마우스 오른쪽 버튼을 클릭한다.
2. [구멍 주 편집]을 클릭한다.
3. 클릭하여 그림처럼 주서를 편집한 후 [확인] 버튼을 클릭한다.

치수 배치 편집

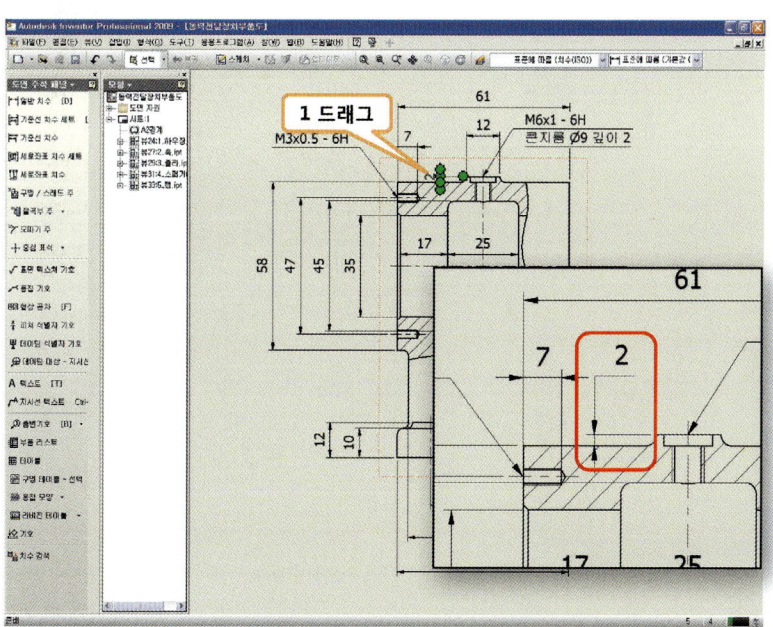

1. 치수를 드래그하여 그림처럼 치수를 재배치한다.

치수 편집하기

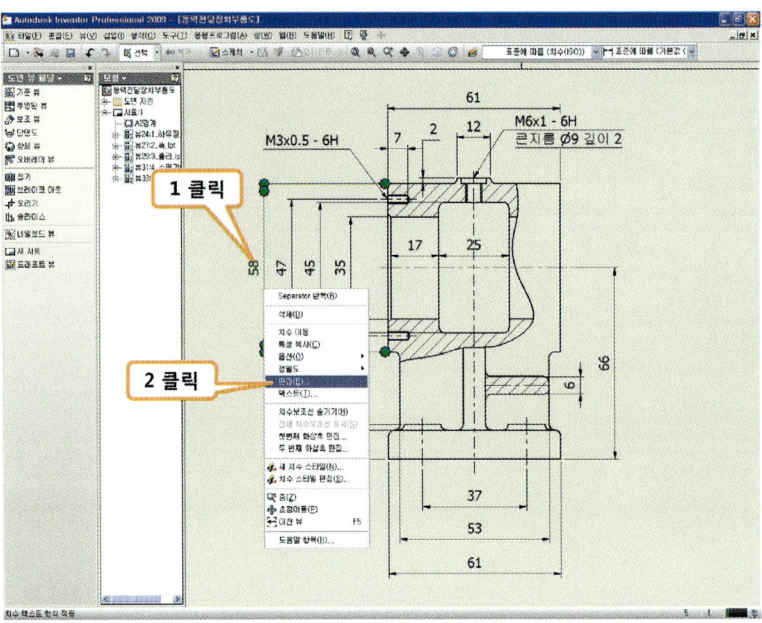

1. 치수선을 클릭하고 마우스 오른쪽 버튼을 클릭한다.
2. [편집]을 클릭한다.

특수 문자 삽입

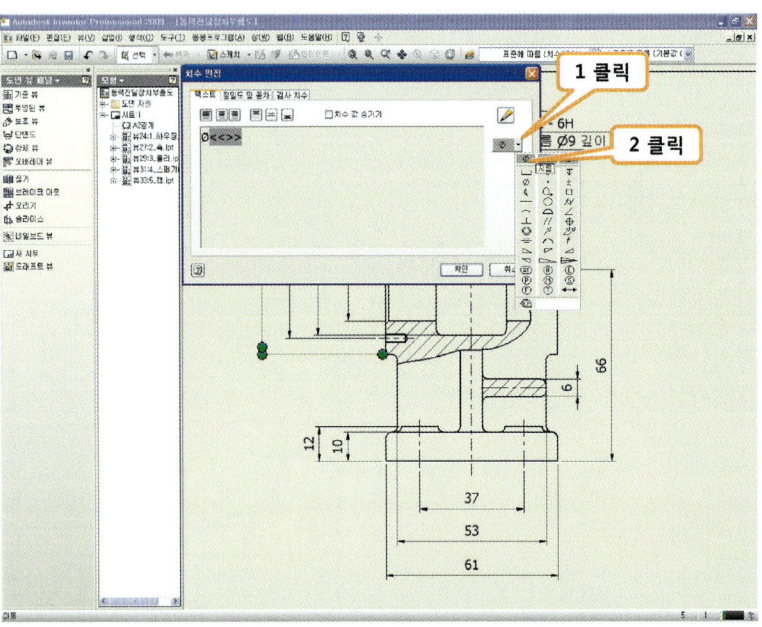

1. 방향키로 커서를 치수 값 앞으로 보낸 후 화살표를 클릭한다.
2. Ø를 클릭한 후 [확인]을 클릭한다.

특성 복사하기

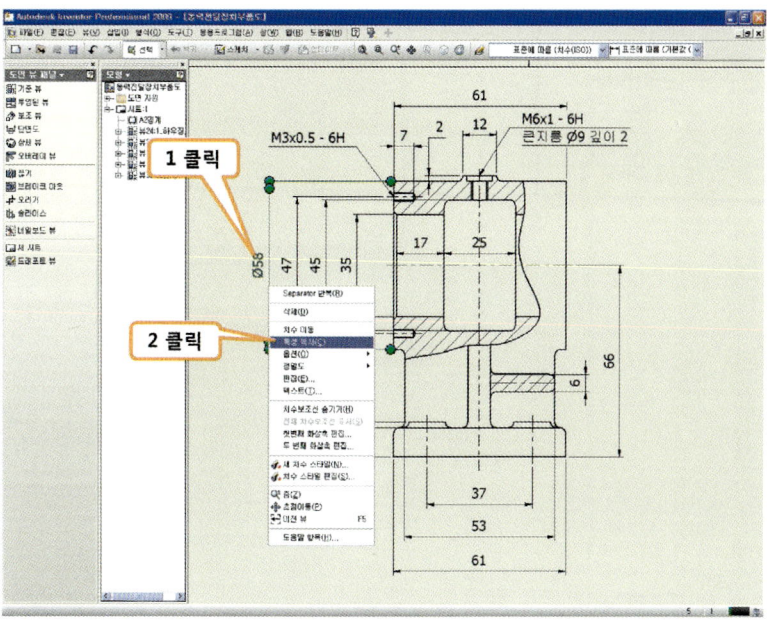

1. Ø를 포함한 치수선을 클릭하고 마우스 오른쪽 버튼을 클릭한다.
2. [특성 복사]를 클릭한다.

특성 붙여넣기

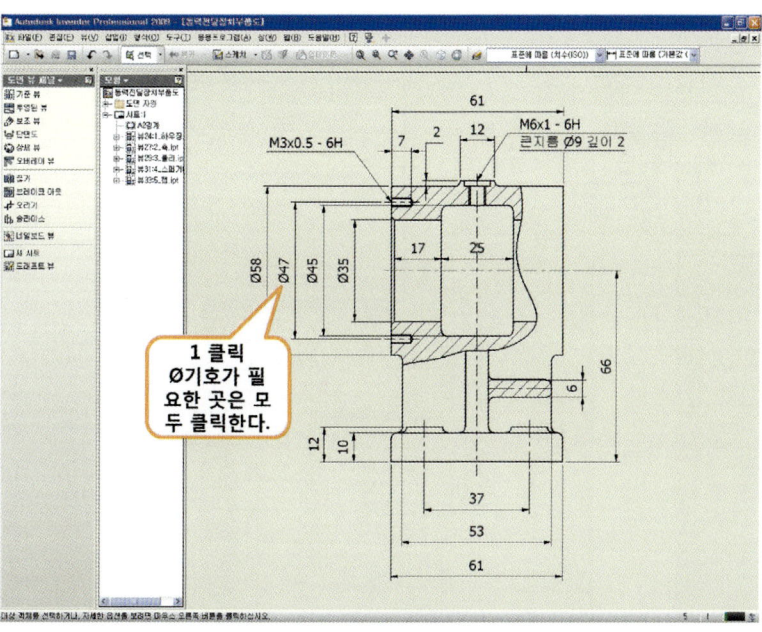

1. 지름 값을 가지는 모든 치수 선을 클릭하여 Ø 기호를 붙인다.

끼워 맞춤 편집하기 1

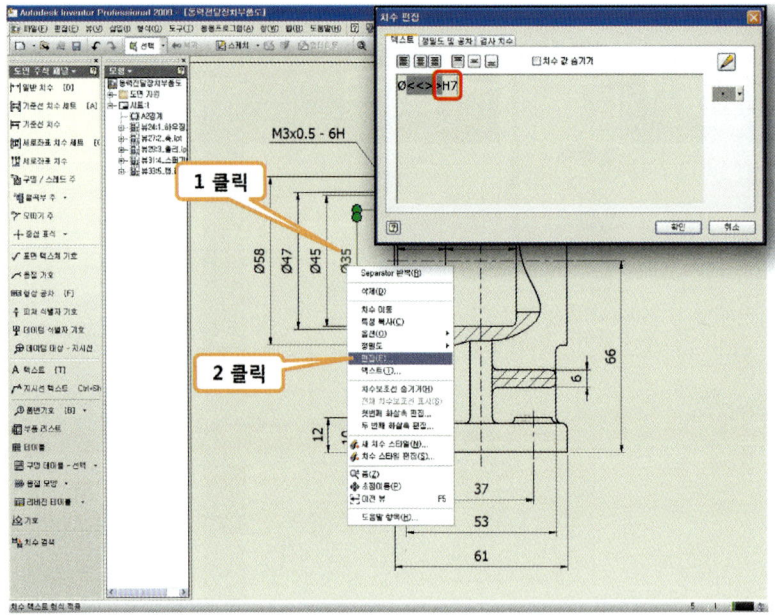

1. 끼워 맞춤이 필요한 치수 선을 클릭하고 마우스 오른쪽 버튼을 클릭한다.
2. [편집]을 클릭한 후 치수 편집 박스에 그림의 빨강색 박스의 내용과 같이 필요한 끼워 맞춤을 기입하고 [확인]을 클릭한다.

끼워 맞춤 편집하기 2

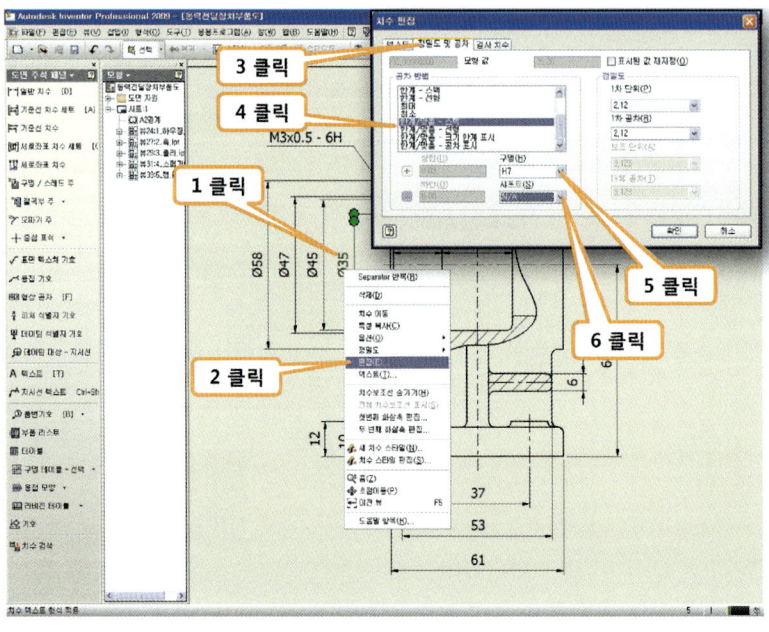

1. 끼워 맞춤이 필요한 치수 선을 클릭하고 마우스 오른쪽 버튼을 클릭한다.
2. [편집]을 클릭한다.

3. [정밀도 및 공차]를 클릭한다.
4. [한계/맞춤 -스택]을 클릭한다.
5. 구멍의 풀 다운 메뉴를 클릭하여 기입하고자 하는 끼워 맞춤을 선택하여 클릭한다.
6. 샤프트를 클릭하여 구멍에 맞는 축의 끼워 맞춤을 선택하고 [확인]을 클릭한다.(여기선 선택하지 않기 때문에 N/A를 선택한다.)

지시선 텍스트

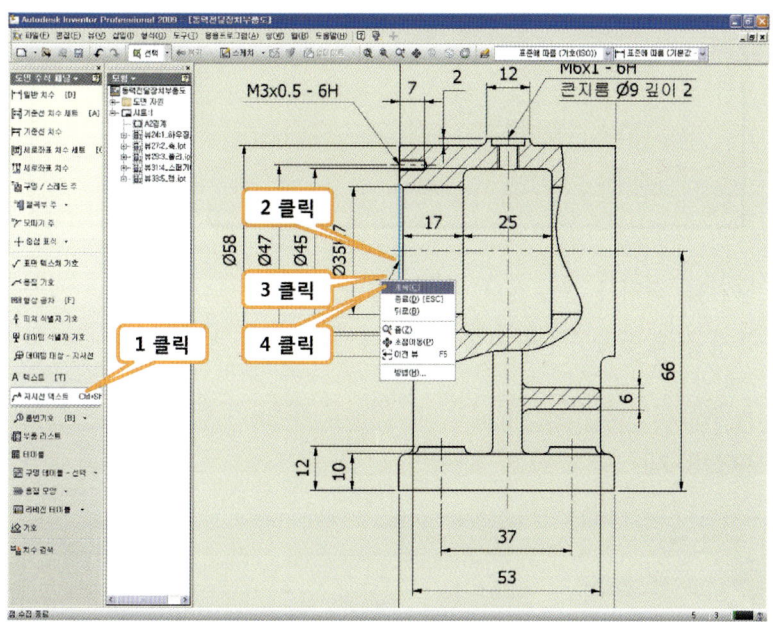

1. [지시선 텍스트]를 클릭한다.
2. 지시할 곳을 클릭한다.
3. 지시선의 길이와 방향을 정하여 클릭하고 마우스 오른쪽 버튼을 클릭한다.
4. [계속]을 클릭한다.

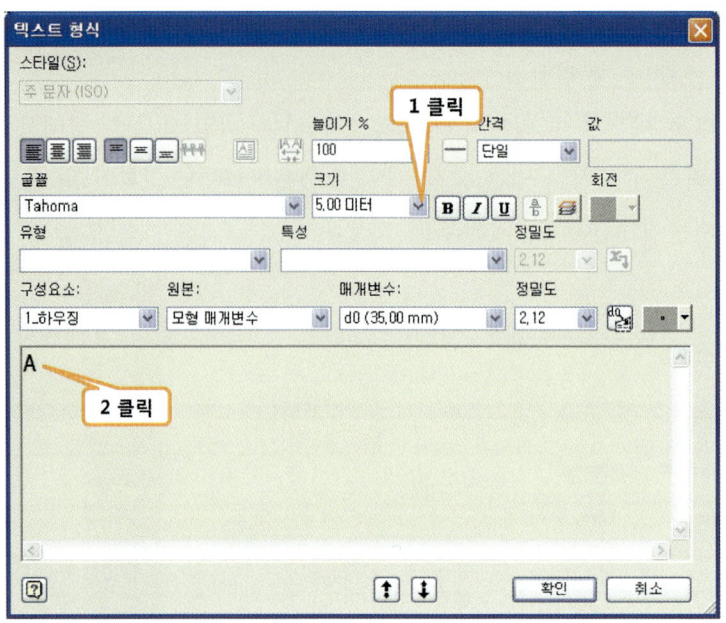

1. 클릭하여 크기를 크기를 조절한다.
2. 클릭하여 문자를 입력하고 [확인]을 클릭한다.

▶ 화살 촉 편집하기

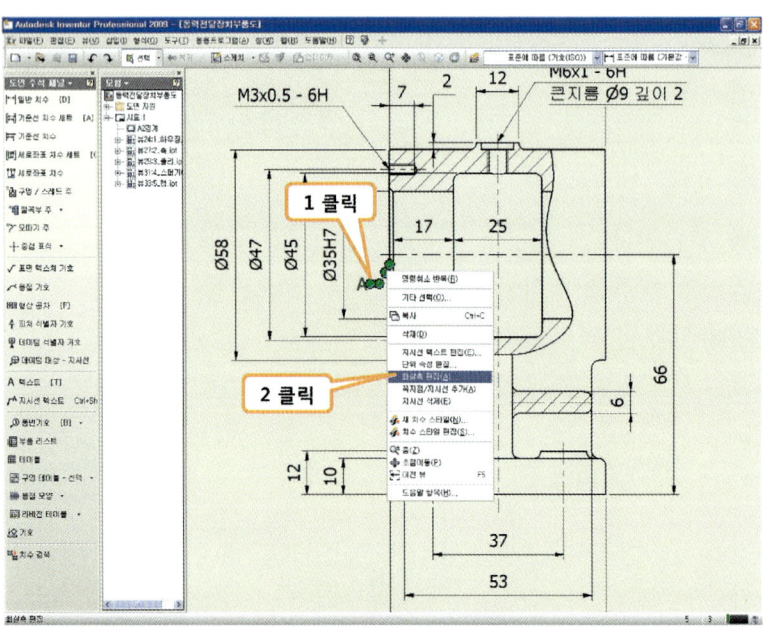

1. 지시선을 클릭하고 마우스 오른쪽 버튼을 클릭한다.
2. [화살촉 편집]을 클릭한다.

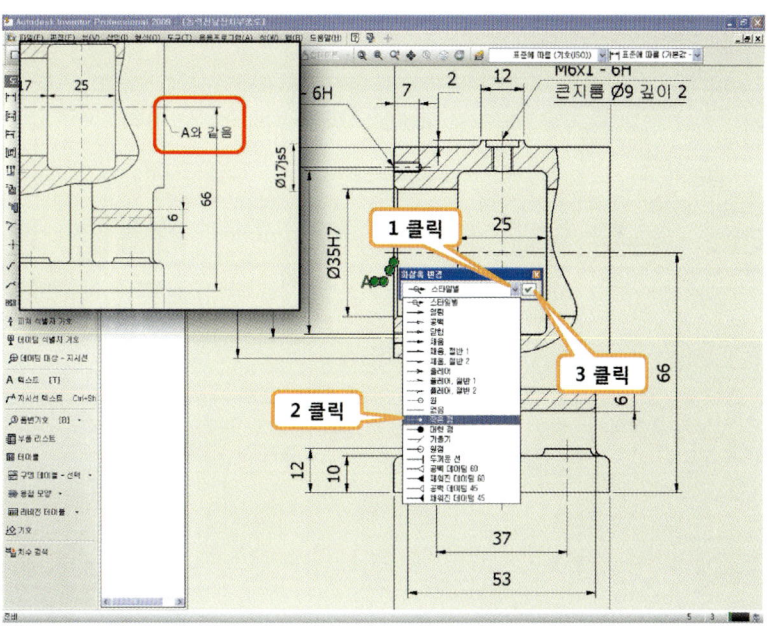

1. 풀다운 메뉴 버튼을 클릭한다.
2. [작은 점]을 클릭한다.
3. 체크표시 버튼을 클릭한다.(지시하는 부분이 면이면 점, 선으로 지시 하지만 화살표로 지시 하여도 무관)

필렛 치수 기입

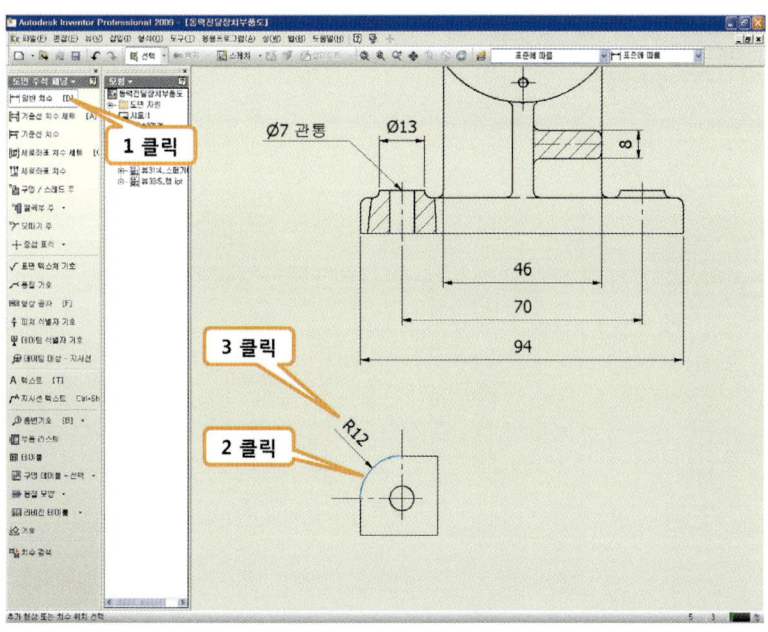

1. [일반 치수]를 클릭한다.
2. 호를 클릭한다.(중심점과 사분 점 클릭)
3. 치수의 위치를 지정한다.

기준선 치수 세트

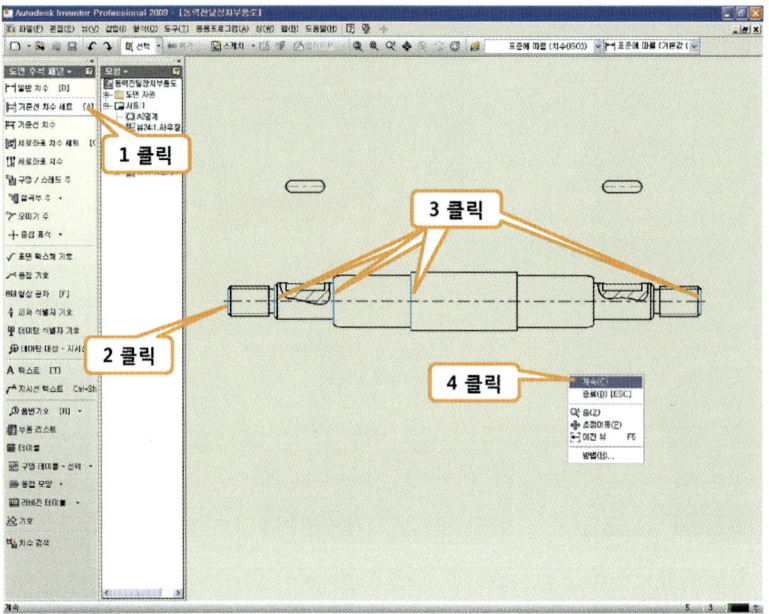

1. [기준선 치수 세트]를 클릭한다.
2. 기준이 되는 선을 먼저 클릭한다.
3. 나타내려고 하는 치수를 이루는 선들을 순서 상관 없이 클릭한다.
4. 마우스 오른쪽 버튼을 클릭하고 [계속]을 클릭한다.

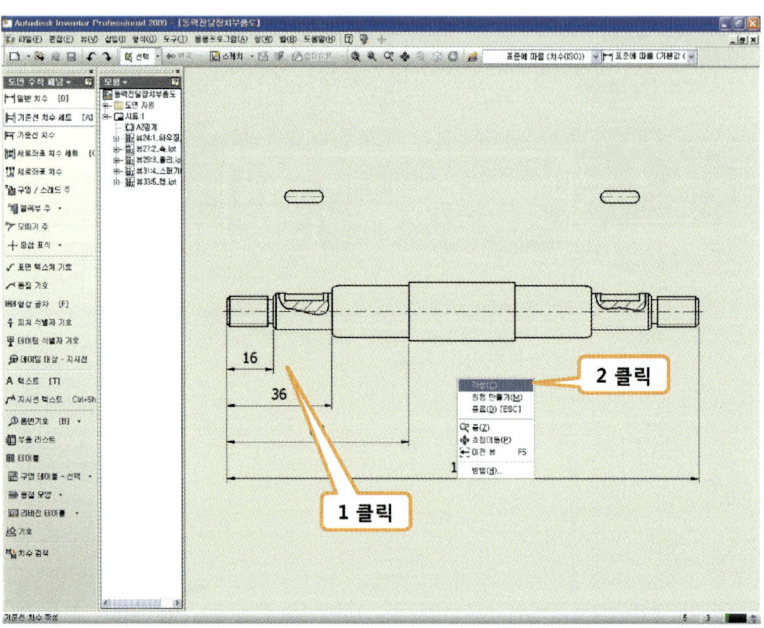

1. 치수선과 부품간의 거리를 고려하여 클릭한다.
2. 마우스 오른쪽 버튼을 클릭하고 [작성]을 클릭한다.

기준선 치수

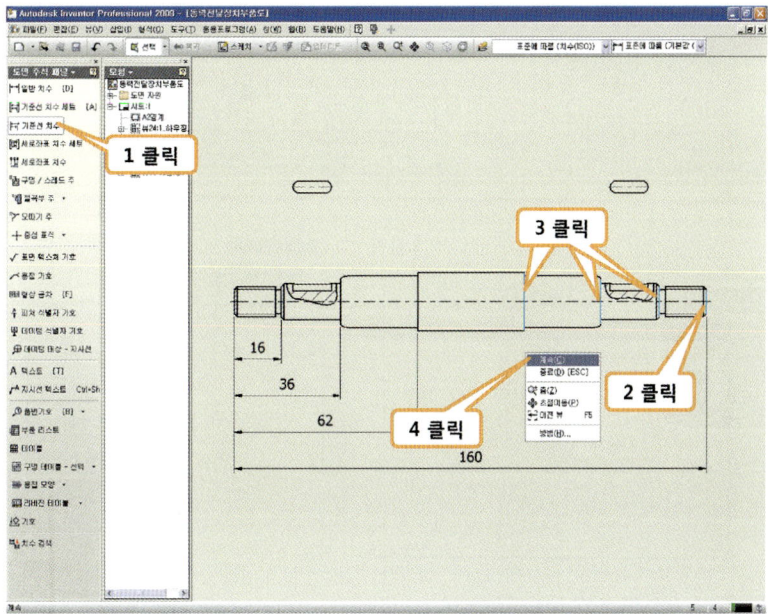

1. [기준선 치수]를 클릭한다.
2. 기준이 되는 선을 먼저 클릭한다.
3. 배치하려는 치수를 이루는 선들을 순서 상관 없이 클릭한다.
4. 마우스 오른쪽 버튼을 클릭하고 [계속]을 클릭한다.([기준선 치수 세트]와 [기준선 치수]을 활용 방법은 유사)

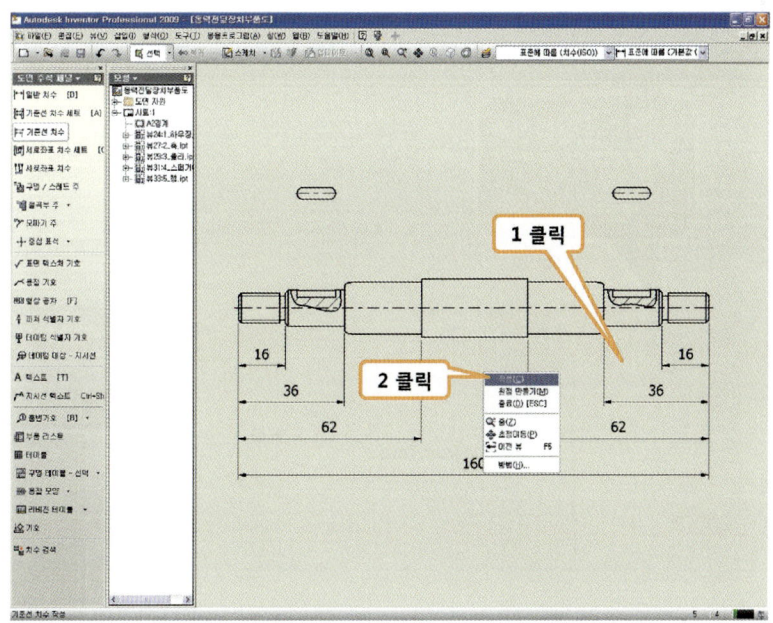

1. 치수선과 부품간의 거리를 고려하여 클릭한다.
2. 마우스 오른쪽 버튼을 클릭하고 [작성]을 클릭한다.

치수 편집하기

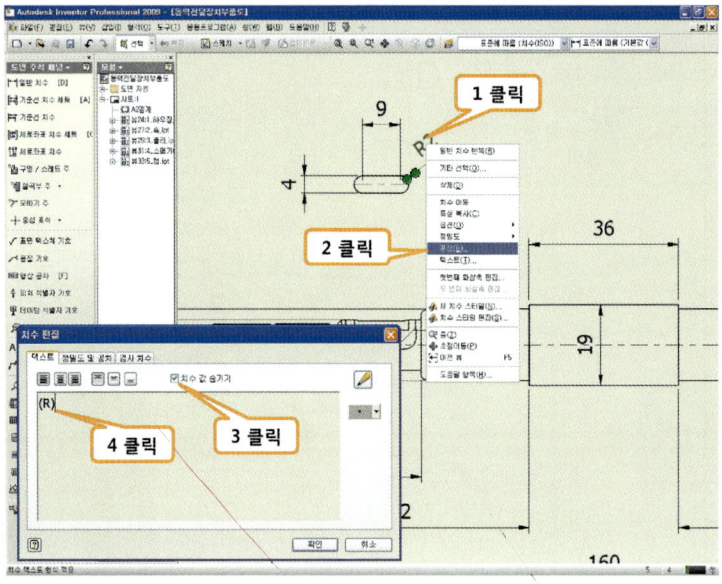

1. 편집하려고 하는 치수 선을 클릭하고 마우스 오른쪽 버튼을 클릭한다.
2. [편집]을 클릭한다.
3. [치수 값 숨기기]를 클릭하여 체크 한다.
4. 클릭하여 입력하고자 하는 문자를 입력하고 [확인]을 클릭한다.(R2는 키홈의 폭 값 4의 치수에 연관된 참고치수이기 때문에 (R)로 표현)

치수 편집하기 – 치수선 숨기기

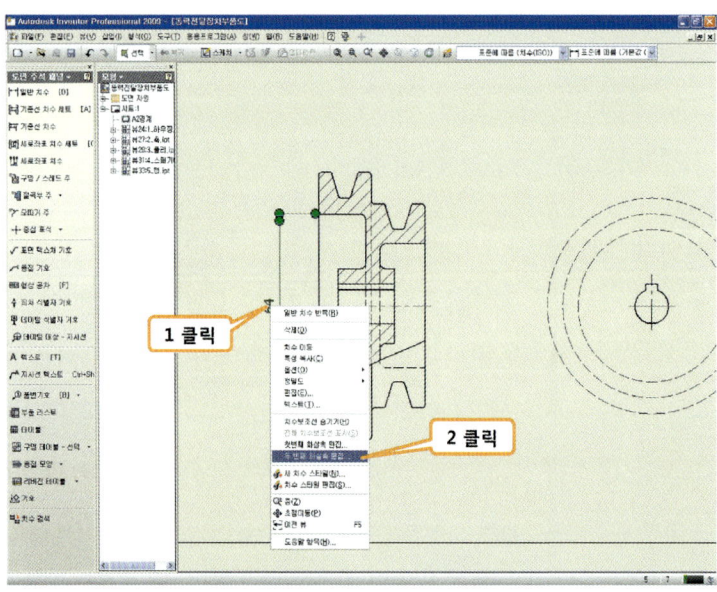

1. 치수 선을 클릭하고 마우스 오른쪽 버튼을 클릭한다.(더블 클릭 하여도 됨)
2. [두 번째 화살촉 편집]을 클릭한다.(처음 치수를 나타낼 때 클릭한 순서에 따라 첫 번째와 두 번째로 설정)

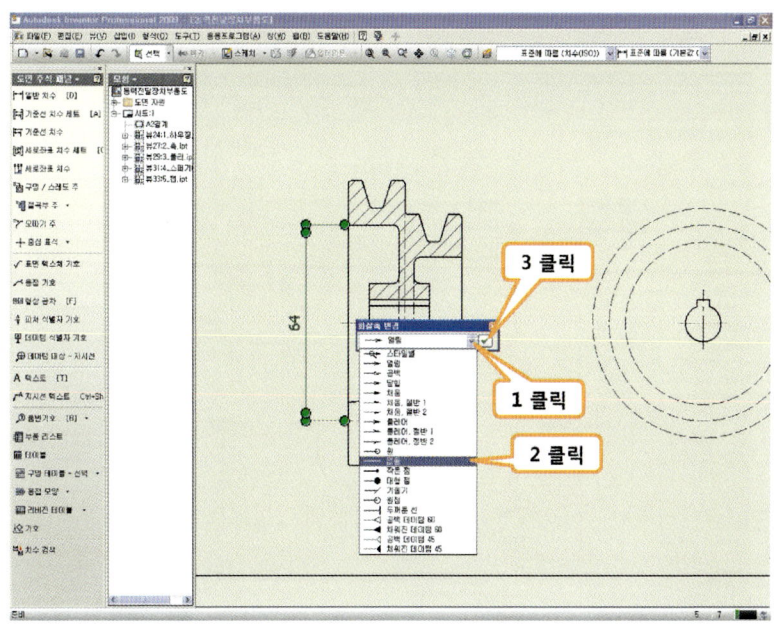

1. 컨트롤 메뉴 버튼을 클릭한다.
2. [없음]을 클릭한다.
3. 체크 표시를 클릭한다.

치수 보조선 숨기기

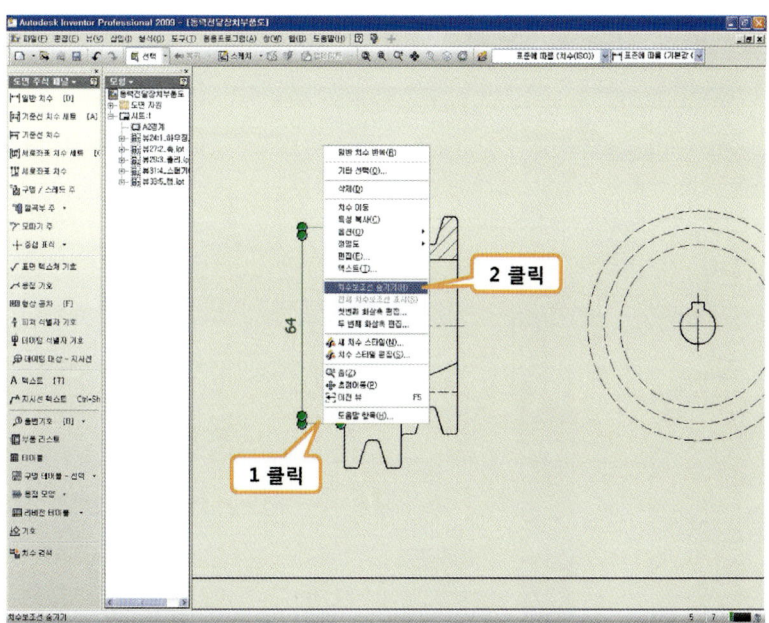

1. 숨기려는 치수 보조선에 마우스 커서를 가져다 두고 마우스 오른쪽 버튼을 클릭한다.
2. [치수 보조선 숨기기]를 클릭한다.

각도 치수 기입

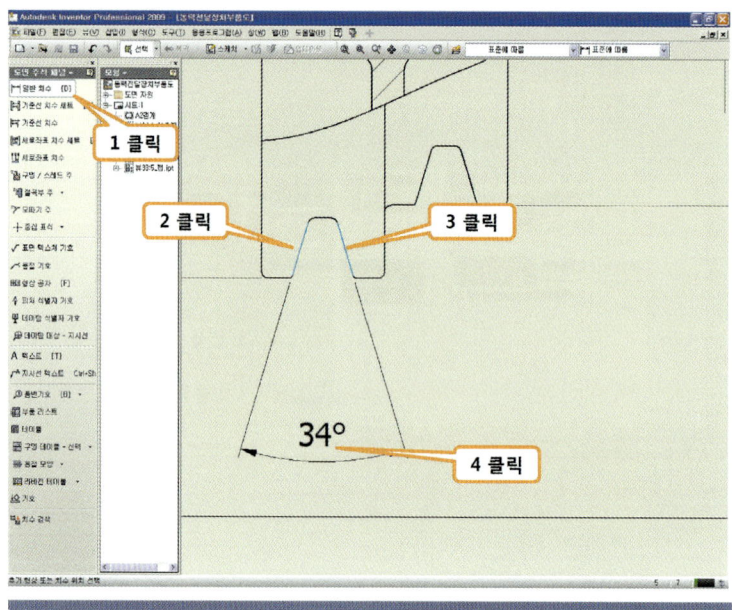

1. [일반 치수]를 클릭한다
2. 각도를 이루는 선을 클릭한다.
3. 각도를 이루는 다른 한 선을 클릭한다.
4. 부품과의 거리를 고려하여 클릭한다.

치수 검색 – 모델 치수 불러오기

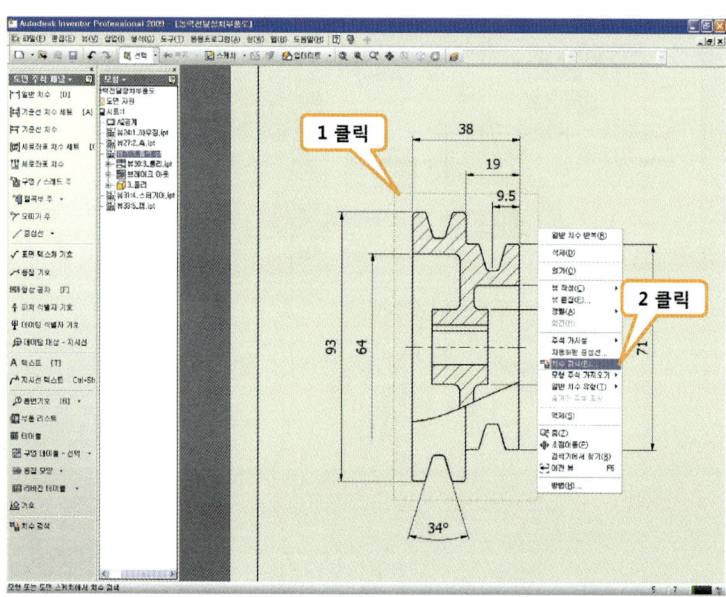

1. 뷰를 클릭한다.
2. 마우스 오른쪽 버튼을 클릭하고 [치수검색]을 클릭한다.(모델링 작업 시 사용했던 치수 값을 활용하고자 할 때)

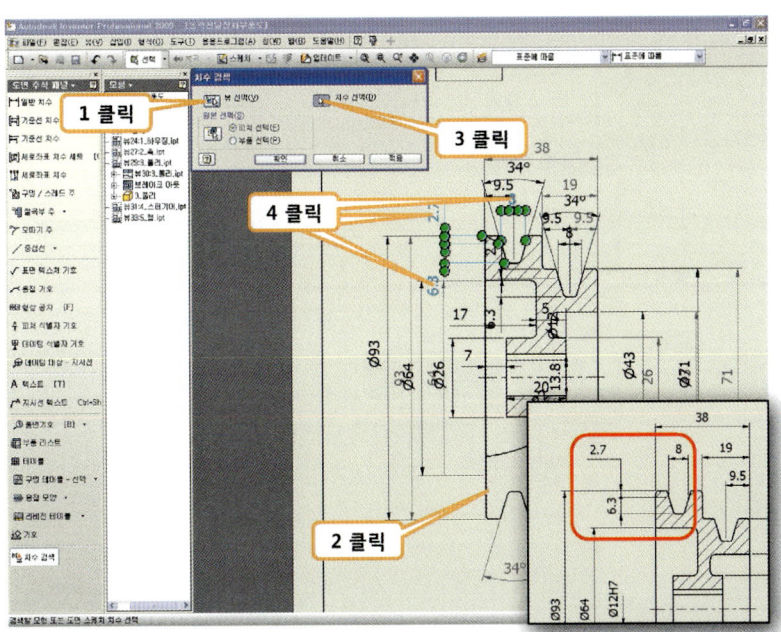

1. [뷰 선택]을 클릭한다.
2. 치수를 불러올 뷰를 클릭한다.
3. [치수 선택]을 클릭한다.
4. 필요한 치수를 클릭하고 [확인]을 클릭한다.

공차 기입

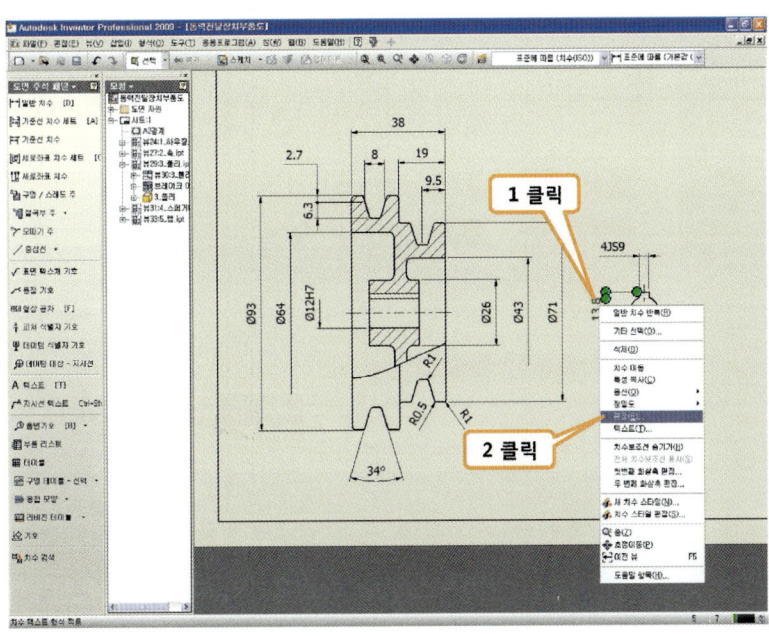

1. 공차를 기입할 치수를 클릭하고 마우스 오른쪽 버튼을 클릭한다.
2. [편집]을 클릭한다.

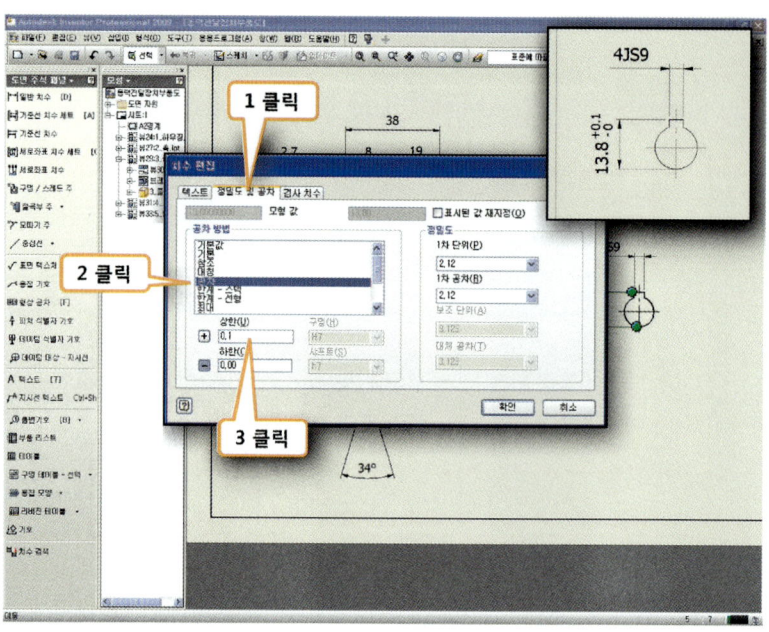

1. [정밀도 및 공차]를 클릭한다.
2. 공차 방법에서 편차를 클릭한다.
3. 클릭하여 공차의 상한 값을 입력하고 [확인]을 클릭한다.

공차 텍스트 편집

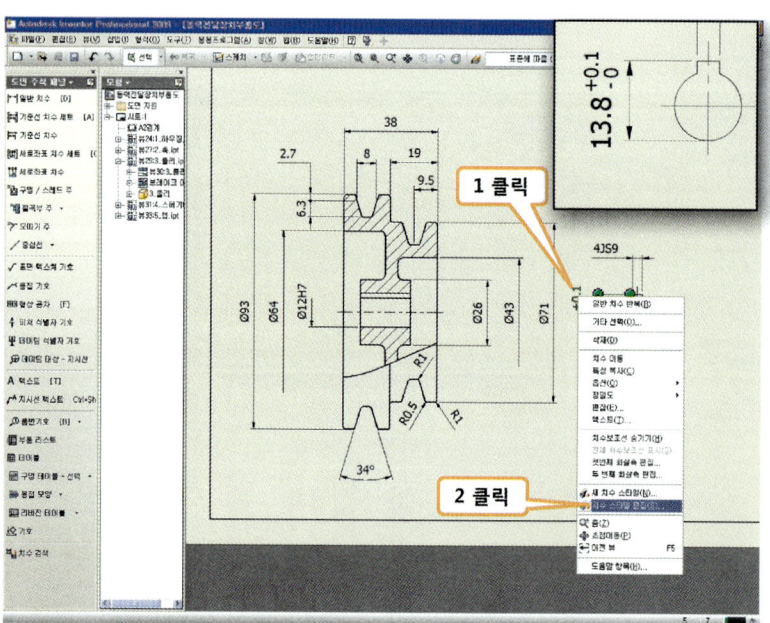

1. 공차를 기입한 치수를 클릭하고 마우스 오른쪽 버튼을 클릭한다.
2. [치수 스타일 편집]을 클릭한다.

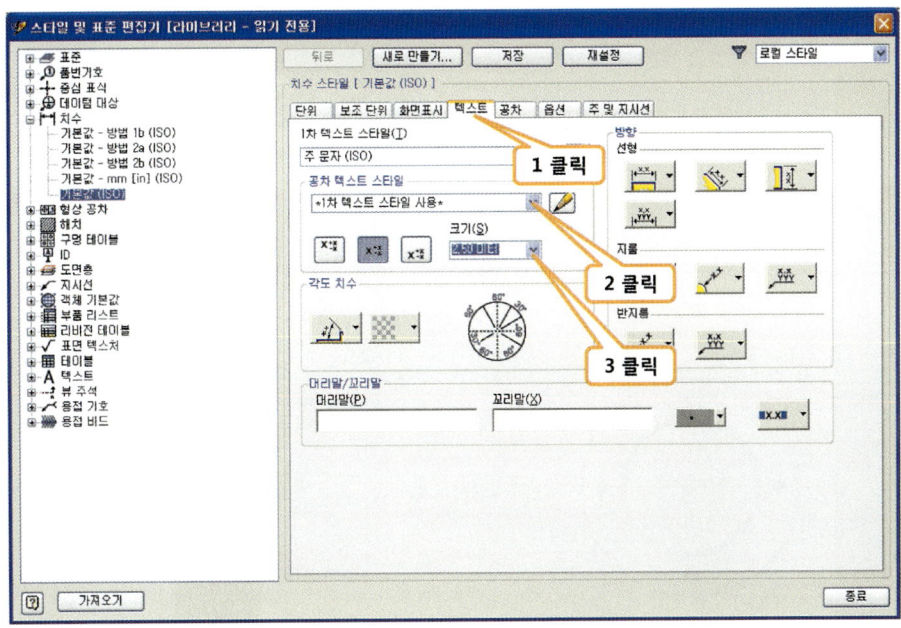

1. [텍스트]를 클릭한다.
2. 풀다운 메뉴를 클릭하여 [1차 텍스트 스타일 사용]을 클릭하여 선택한다.
3. 클릭하여 공차 텍스트의 크기를 클릭하여 선택하거나 입력하고 [저장]을 클릭 후 [종료]를 클릭한다.

동력전달장치 2D 부품도 해독 치수기입

1번 부품의 치수기입 설명

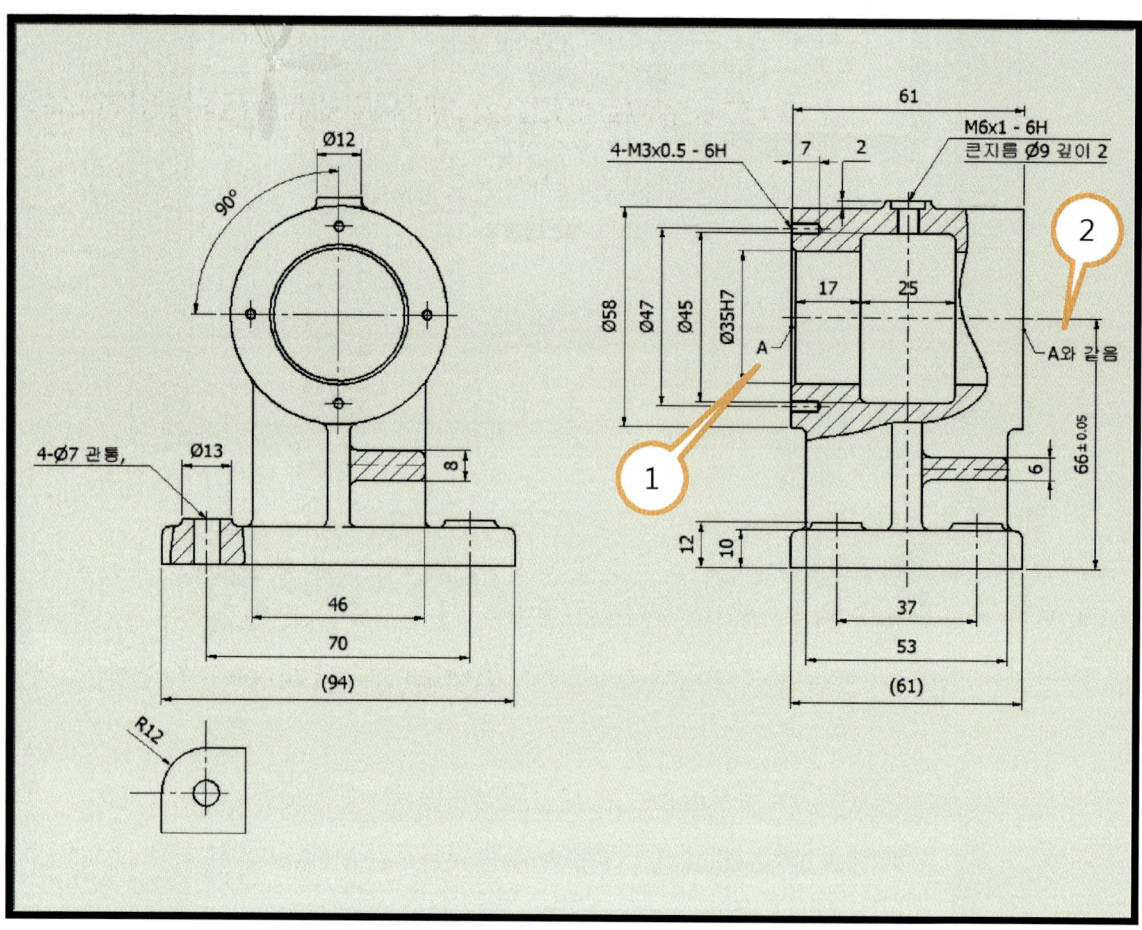

- ①은 같은 형상의 치수를 두 번 기입하는 것을 피하기 위하여 지시하는 것으로 면의 형상 전체를 지시하는 것으로 화살표가 아닌 점으로 표시한다.
- ②는 ①과 같은 형상의 위치를 나타내는 것임.

2번 부품의 치수기입 설명

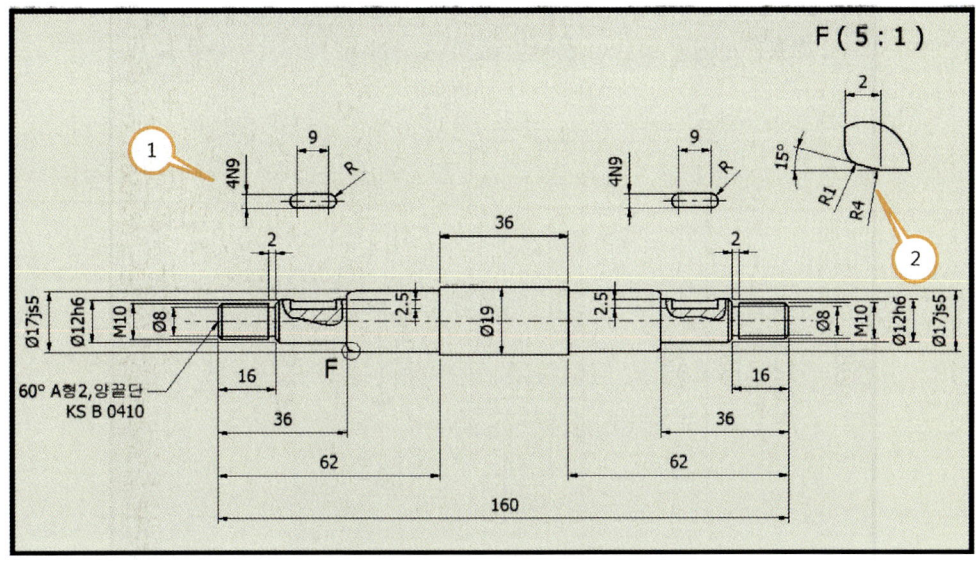

- ①과 ②는 규격집을 참고하여 기입한다.

3번 부품의 치수기입 설명

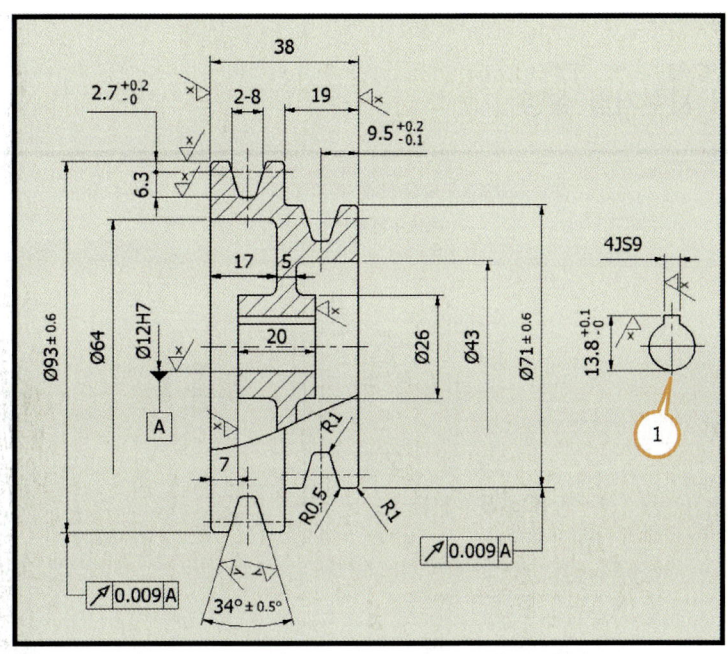

- 풀리의 치수기입은 규격집을 참고한다.
- ①은 키의 크기에 따라 규격집을 참고한다.

4번 부품의 치수기입 설명

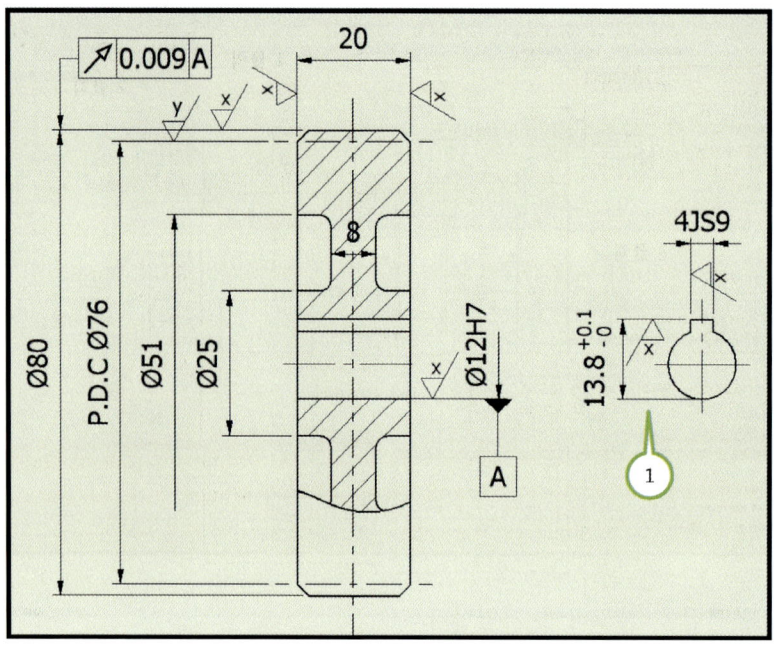

- 스퍼기어의 치수기입은 규격집을 참고한다.
- ①은 키의 크기에 따라 규격집을 참고한다.

5번 부품의 치수기입 설명

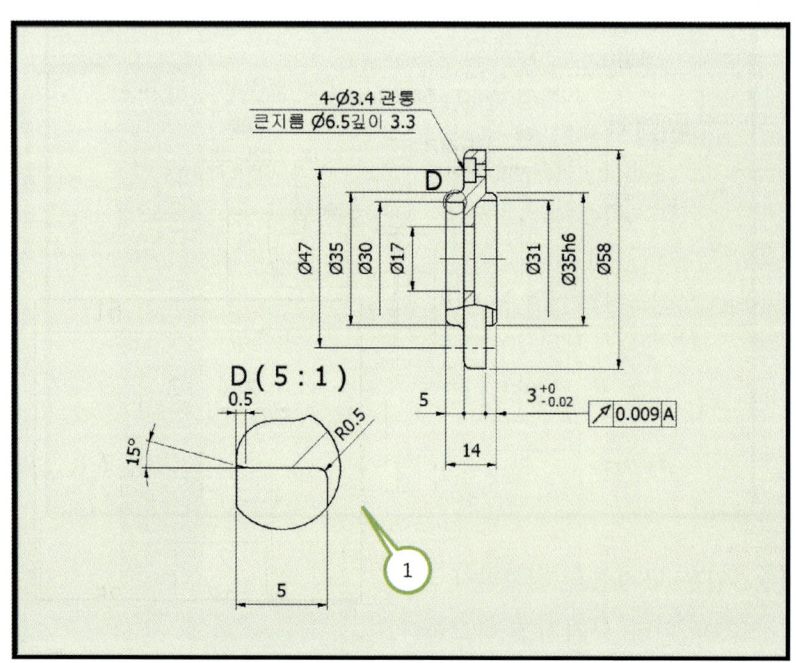

- ①은 규격집을 참고한다.

동력전달장치 2D 부품도 해독 공차와 끼워 맞춤

≫ 1번 부품의 공차 및 끼워맞춤 설명

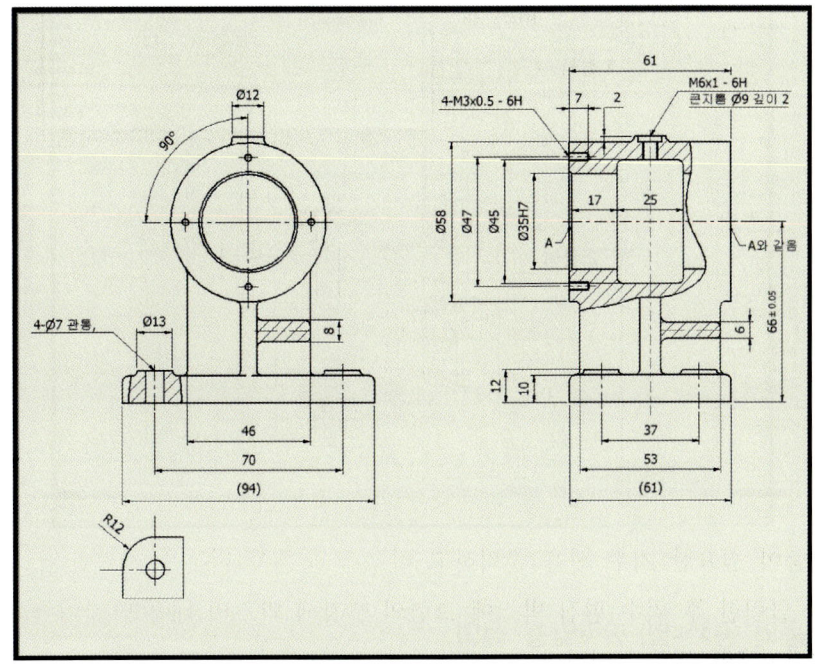

- 실제 부품을 도면에 기입된 완성 치수대로 오차 없이 가공하기는 힘들다. 따라서 기계부품의 용도와 경제성 등을 고려하여 알맞은 가공 정도 및 공차를 정해주는 것은 다른 부품과의 조립에 있어 매우 중요하다.

≫ 2번 부품의 공차 및 끼워맞춤 설명

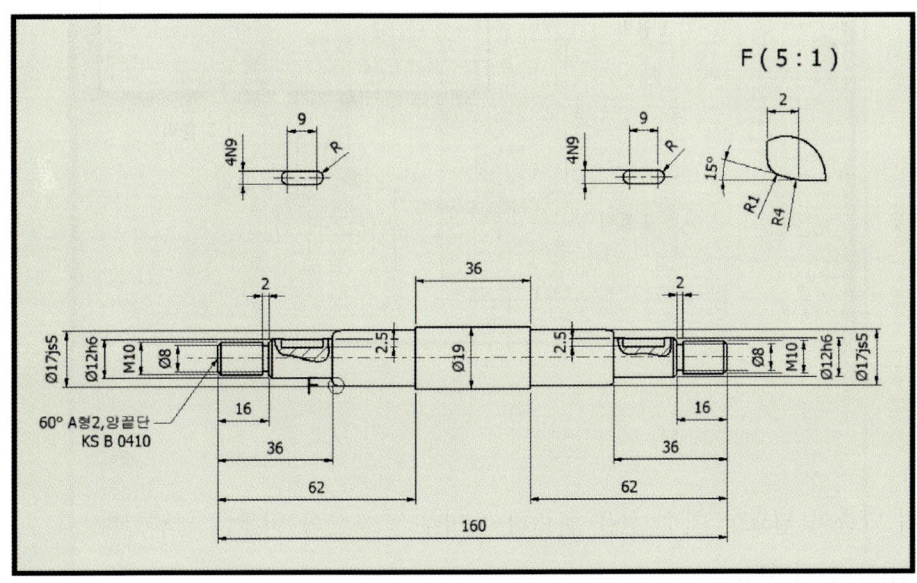

3번 부품의 공차 및 끼워맞춤 설명

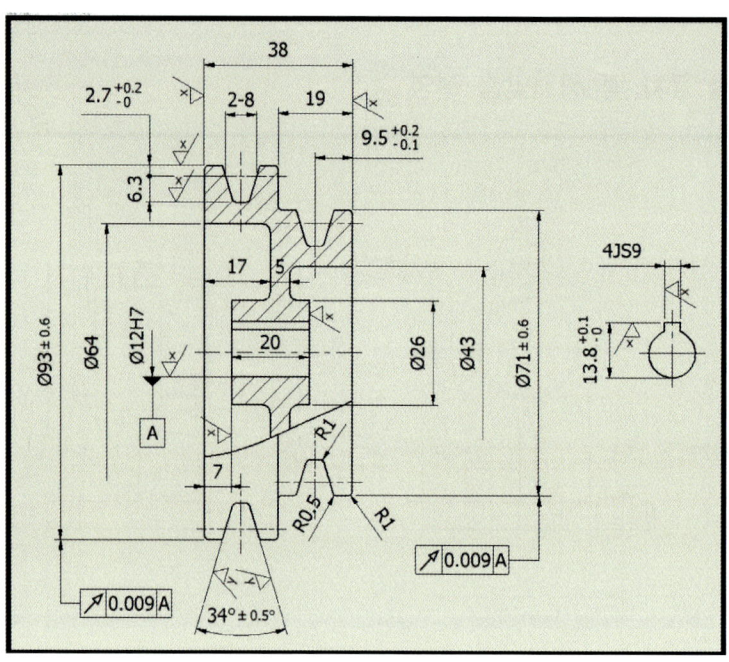

4번 부품의 공차 및 끼워맞춤 설명

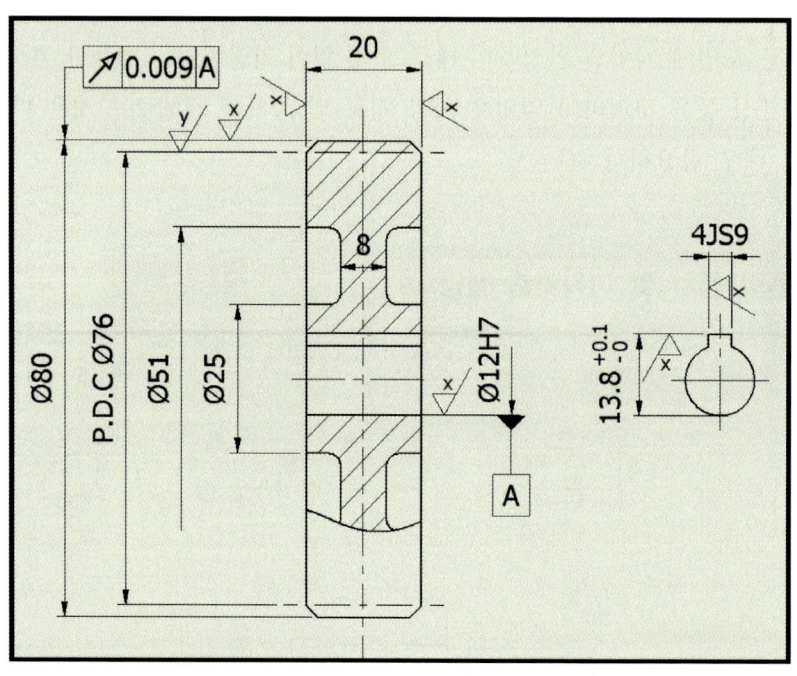

5번 부품의 공차 및 끼워맞춤 설명

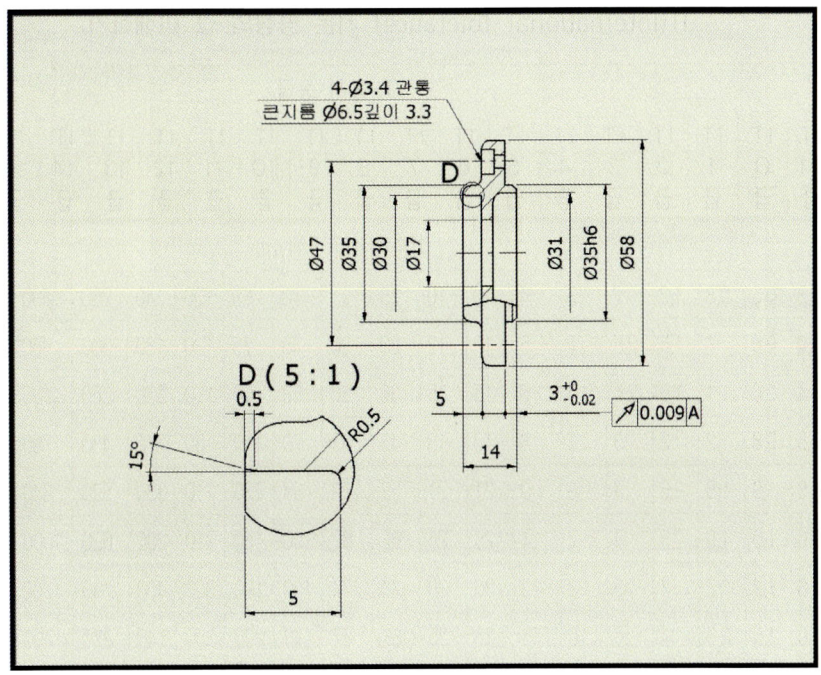

동력전달장치 2D 부품도 해독 표면 거칠기와 기하공차

기하공차의 종류

적용하는 형체	공차의 종류		기 호
단독형체	모양공차	진직도(Straightness)	—
		평면도(Flatness)	▱
		진원도(Roundness)	○
		원통도(Cylindricity)	⌭
단독 형체 또는 관련 형체		선의 윤곽도(Line profile)	⌒
		면의 윤곽도(Surface profile)	⌓
관련 형체	자세 공차	평행도(Parallelism)	//
		직각도(Squareness)	⊥
		경사도(Angularity)	∠
	위치 공차	위치도(Position)	⊕
		동축도 또는 동심도(Concentricity)	◎
		대칭도(Symmetry)	═
	흔들림 공차	원주 흔들림	↗
		온 흔들림	↗↗

• 기하공차의 기입 시 위에 공차 기호 중 규제하고 싶은 내용에 따라서 선택하여 기입한다.

357

기본 공차의 값

IT(International Tolerance) 기본 공창의 값 이해하기

(단위 : μ = 0.001mm)

기준 치수의 구분 (mm)		IT 공차 등급																	
초과	이하	IT 01급	IT 0급	IT 1급	IT 2급	IT 3급	IT 4급	IT 5급	IT 6급	IT 7급	IT 8급	IT 9급	IT 10급	IT 11급	IT 12급	IT 13급	IT 14급	IT 15급	IT 16급	IT 17급	IT 18급
		기본 공차의 수치(μm)																		
–	3	0.3	0.5	0.8	1.2	2	3	4	10	10	25		40	60	100	140	250	400	600	1000	1400
3	6	0.4	0.6	1	1.5	2.5	4	5	12	12	30	30	48	75	120	180	300	480	750	1200	1800
6	10	0.4	0.6	1	1.5	2.5	4	6	15	15	36	36	58	90	150	220	360	580	900	1500	2200
10	18	0.5	0.8	1.2	2	3	5	8	18	18	43	43	70	110	180	270	430	700	1100	1800	2700
18	30	0.6	1.0	1.5	2.5	4	6	9	21	21	52	52	84	130	210	330	520	840	1300	2100	3300
30	50	0.6	1.0	1.5	2.5	4	7	11	25	25	62	62	100	160	250	390	620	1000	1600	2500	3900
50	80	0.8	1.2	2	3	5	8	13	30	30	74	74	120	190	300	460	740	1200	1900	3000	4600
80	120	1.0	1.5	2.5	4	6	10	15	35	35	87	87	140	220	350	540	870	1400	2200	3500	5400
120	180	1.2	2.0	3.5	5	8	12	18	40	40	100	100	160	250	400	630	1000	1600	2500	4000	6300
180	250	2.0	3.0	4.5	7	10	14	20	46	46	115	115	185	290	460	720	1150	1850	2900	4600	7200
250	315	2.5	4.0	6	8	12	16	23	52	52	130	130	210	320	520	810	1300	2100	3200	5200	8100
315	400	3.0	5.0	7	9	13	18	25	57	57	140	140	230	360	570	890	1400	2300	3600	5700	8900

[주] 1. 공차등급 IT14~IT18은 기준 치수 1mm 이하에는 적용하지 않는다.
2. 500mm를 초과하는 기준 치수에 대한 공차 등급 IT1~IT5의 공차값은 시험적으로 사용하기 위한 잠정적인 값이다.

- 기하공차의 규제 시 기입하는 공차 값은 임의의 수로 넣을 수 있으나 대체적으로 위 표의 수치를 참고하여 기입한다.
- 공차 값은 위의 표에서 IT4~IT7급 사이의 값을 넣는다.(단, 예외적으로 각 부품의 조립과 운동을 고려하였을 때 IT4~IT7급 이외의 값이 필요하다고 판단 시에는 그 이외의 값을 넣을 수도 있다.)
- 예) 기준치수가 12라고 가정하였을 때 넣을 수 있는 공차값은 IT4급 0.005, IT5급 0.008, IT6급 0.011, IT7급 0.018 중 하나를 선택하여 넣을 수 있다.(IT4~7급 중 공차의 선택은 설계 및 제도자의 판단에 따라 달라질 수 있다)

거칠기 기호 복사/붙여넣기

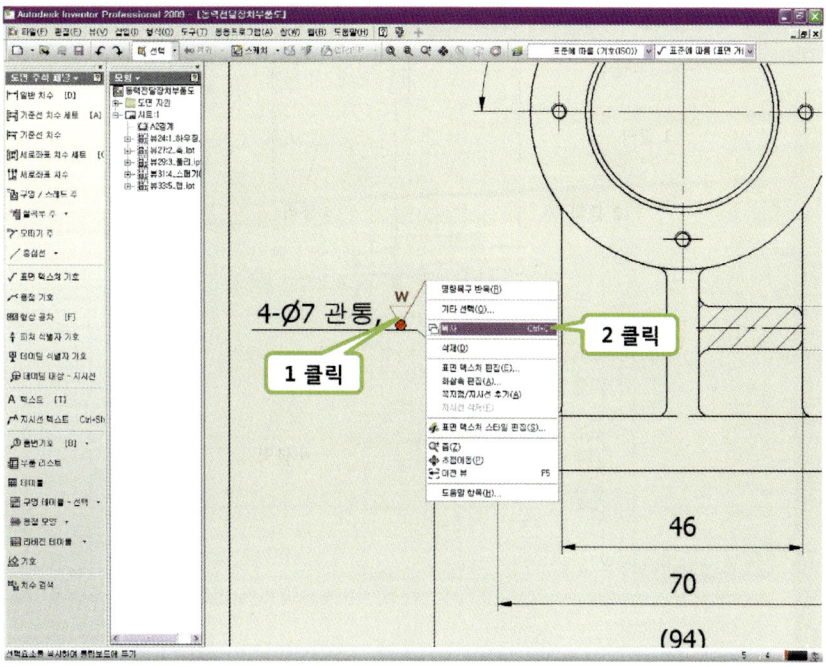

1. 표면 텍스처 기호를 클릭한다.
2. 마우스 오른쪽 버튼을 클릭하여 [복사]를 클릭한다.

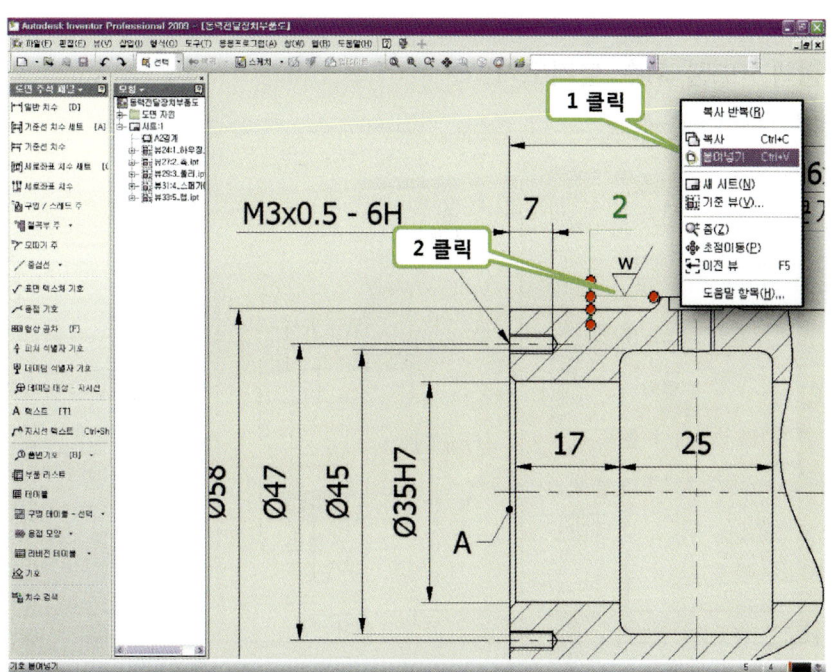

1. 마우스 오른쪽 버튼을 클릭하여 [붙여넣기]를 클릭한다.
2. 표면 텍스처 기호를 넣고자 하는 곳을 클릭한다.

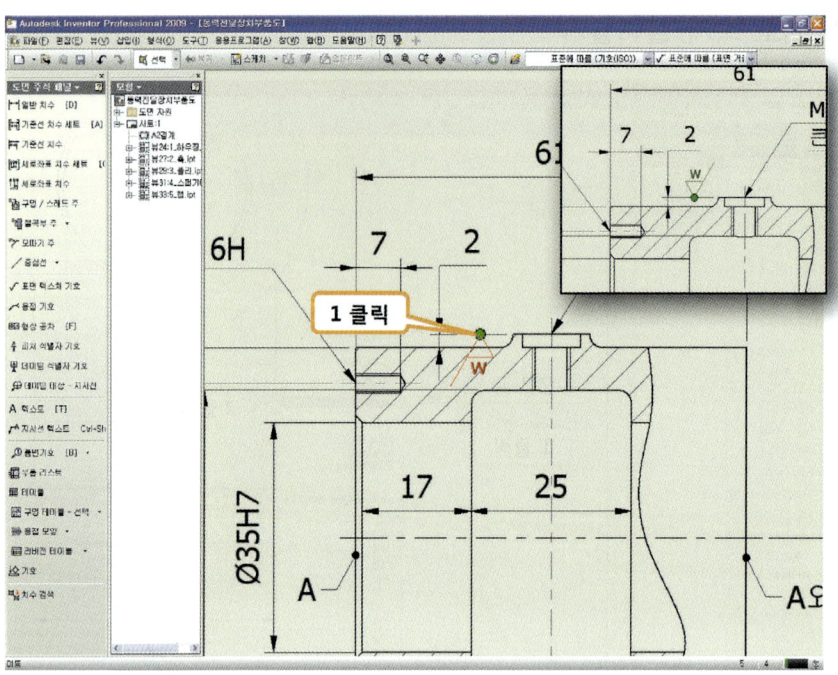

1. 표면 텍스처 기호를 클릭하여 기호의 방향을 조정한다.

데이텀 기입

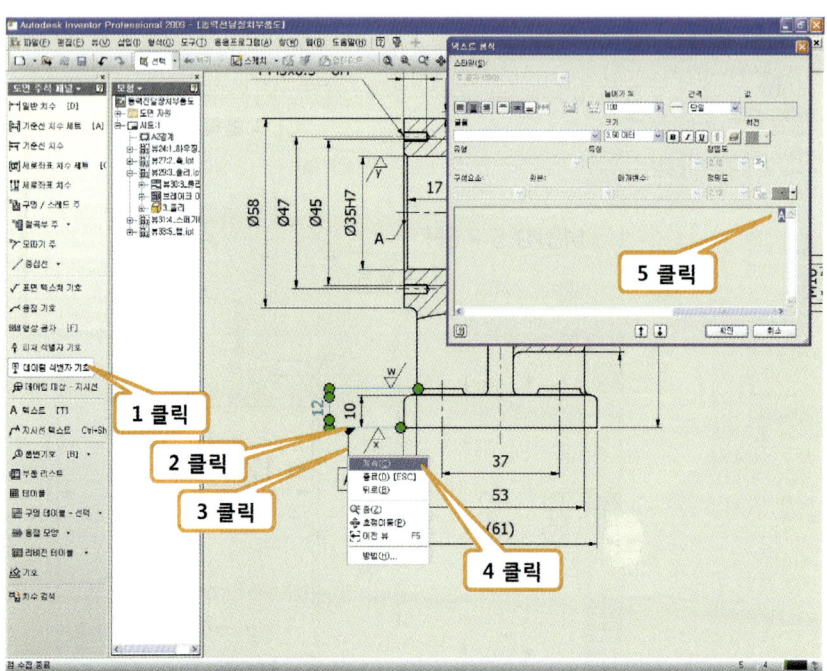

1. [데이텀 식별자 기호]를 클릭한다.
2. 데이텀을 기입할 곳을 클릭한다.
3. 데이텀 의보조선 길이를 조정하여 클릭한다.
4. 마우스 오른쪽 버튼을 클릭하여 [계속]을 클릭한다.
5. 클릭하여 데이텀 식별자를 입력하고 [확인]을 클릭한다.

≫ 형상 공차

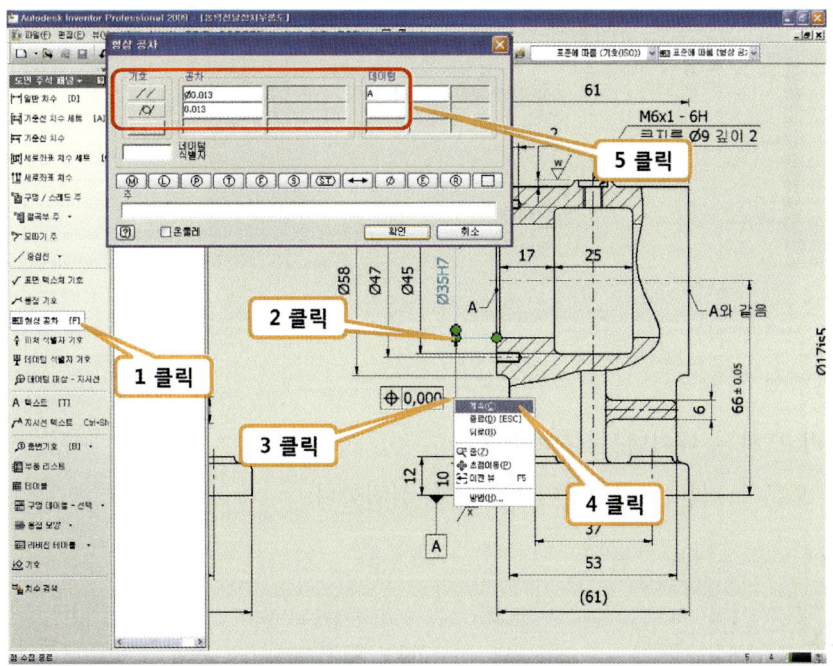

1. [형상 공차]를 클릭한다.
2. 지시하려고 하는 곳을 클릭한다.
3. 보조선의 길이를 적절히 정하여 클릭한다.
4. 마우스 오른쪽 버튼을 클릭하고 [계속]을 클릭한다.
5. 클릭하여 기호, 공차, 데이텀을 규정하고 [확인]을 클릭한다.

데이텀 복사 및 붙여넣기

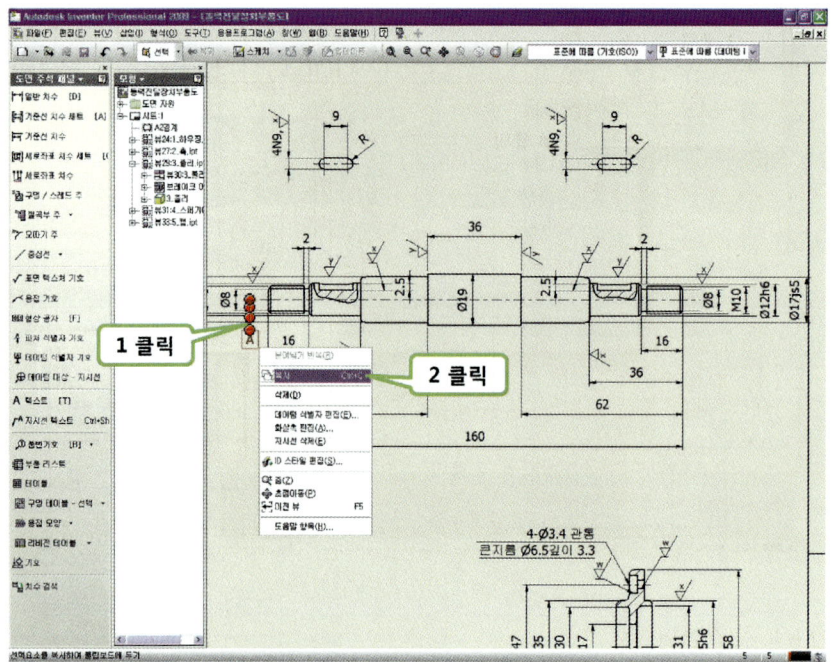

1. 복사하려고 하는 데이텀을 클릭한다.
2. 마우스 오른쪽 버튼을 클릭하여 [복사]를 클릭한다.

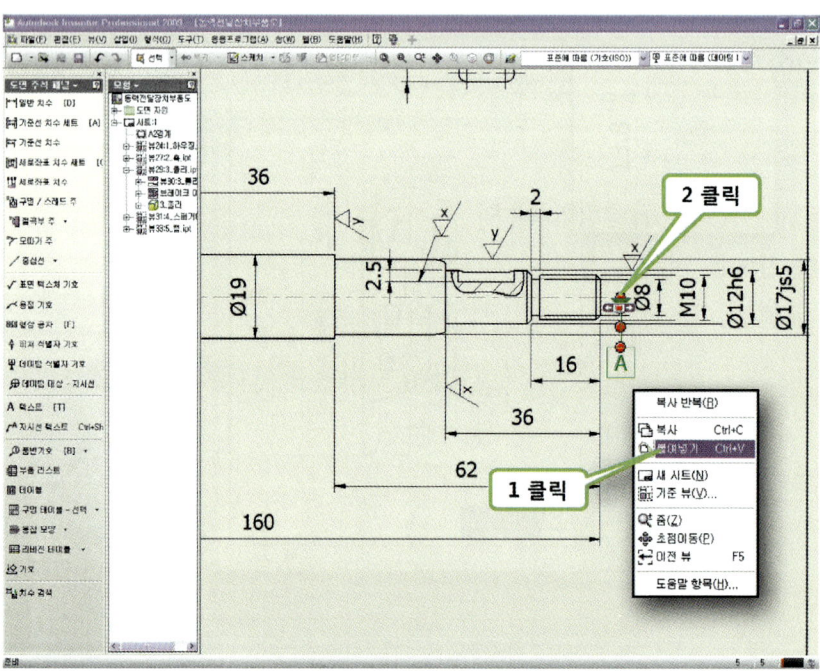

1. 마우스 오른쪽 버튼을 클릭하여 [붙여넣기]를 클릭한다.
2. 데이텀을 기입하려는 곳을 클릭한다.

》 센터드릴링 작업 지시

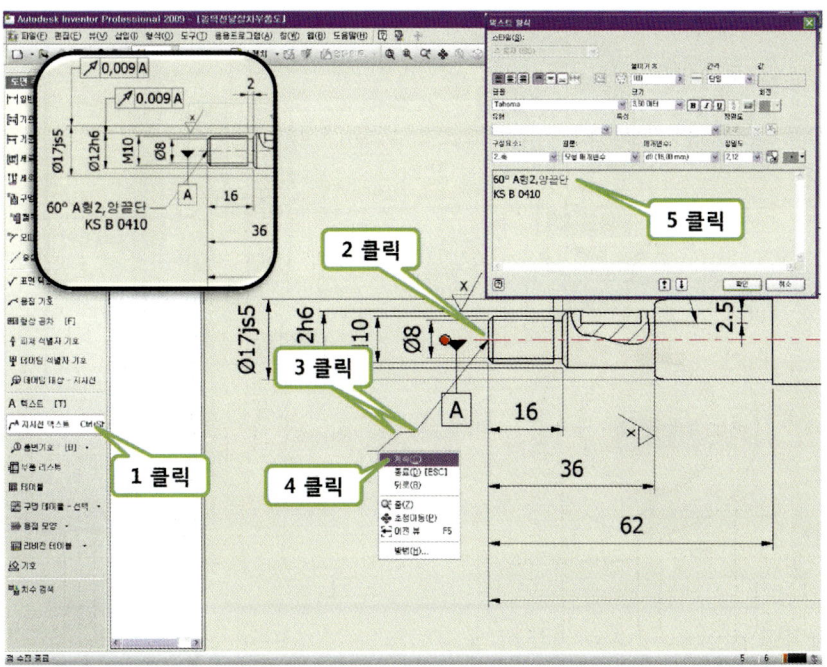

1. [지시선 텍스트]를 클릭한다.
2. 센터드릴 작업 할 부분을 클릭한다.(축의 끝단)
3. 지시선의 길이를 정하여 클릭한다.
4. 마우스 오른쪽 버튼을 클릭하여 [계속]을 클릭한다.
5. 텍스트형식 대화상자에 규격 번호 등을 입력하고 [확인]을 클릭한다.

≫ 1번 부품의 기하공차 및 표면거칠기 설명

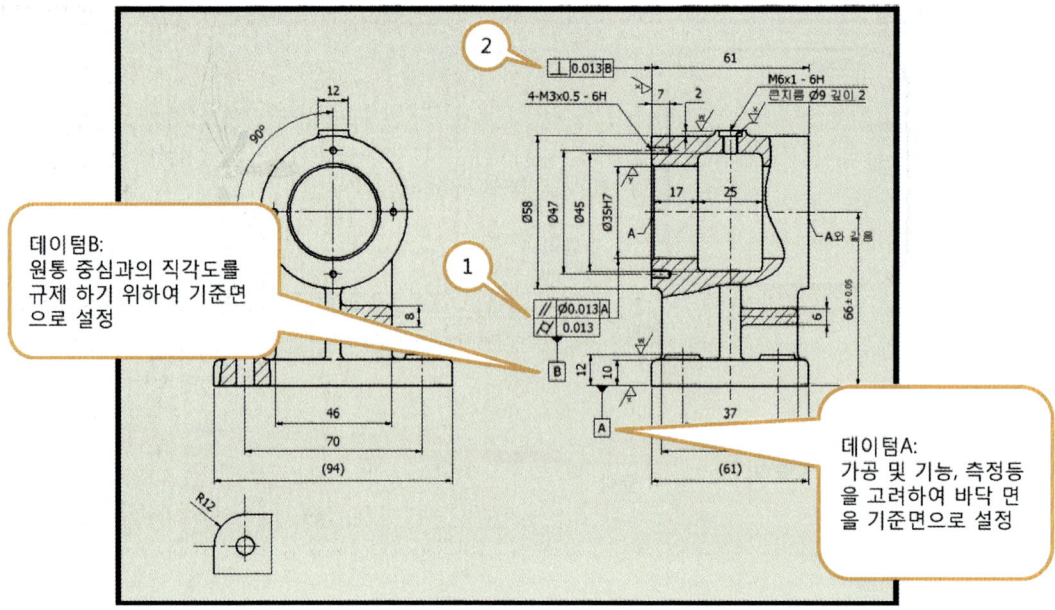

- 표면거칠기의 기입은 정밀한 운동이 요구되는 연삭가공 이상의 면은 y(Ra0.8이하)로 부여하고 밀링, 선반 가공으로 끼워맞춤이 필요한 정삭 이상의 면은 x(Ra3.2이하)로 규정한다. 또한 황삭 등의 가공 면은 w(Ra12.5이하)로 규정한다.(가공영역이 가장 큰 거칠기는 품번 옆에 별도로 표기하고 부품에 직접기입은 피한다)
- ① 데이텀 A면을 기준으로 원통면의 평행도 및 스스로 원통면의 정도를 유지하여 또 다시 데이텀 B로서 기준이 되도록 규제.
- ② 데이텀B 구멍의 원통면을 기준으로 직각도 규제.

≫ 2번 부품의 기하공차 및 표면거칠기 설명

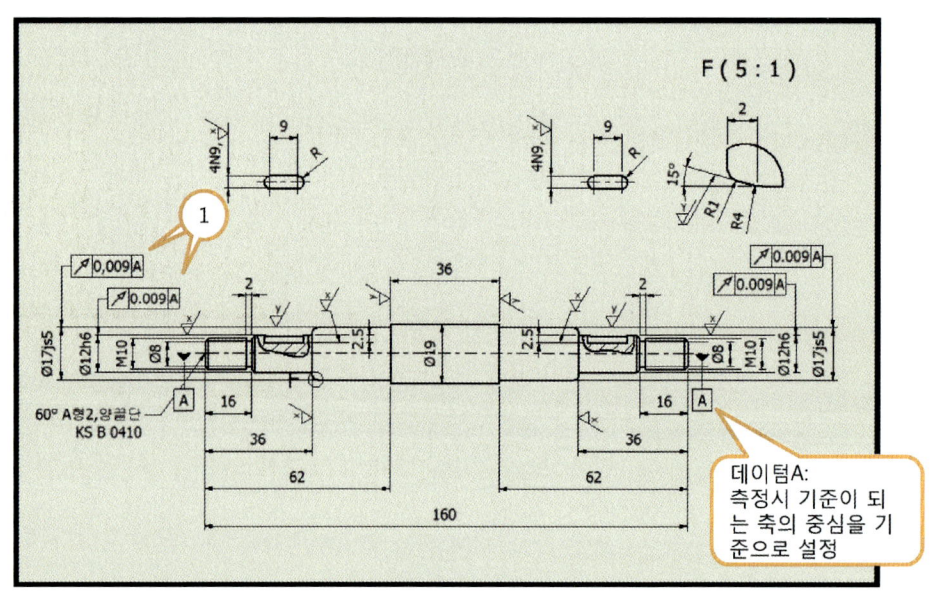

- 상대적인 운동이 요구되는 면은 y를 부여하며 일반적이 접촉면은 x를 규정 함.(규정하지 않은 곳은 w이다)
- 원형 축의 가공은 주로 선반 가공으로 이루어 지는데 선반 가공 시에 축의 중심이 되는 곳에 센터 드릴 작업을 하여 센터를 중심으로 회전하며 가공, 측정하게 됨으로 데이텀은 축의 중심에 부여
- ①은 데이텀 A를 기준으로 흔들림을 규제.

3번 부품의 기하공차 및 표면거칠기 설명

- V - 벨트와의 운동 마찰면을 y로 규정하고 그외 가공면을 x로 규정 함.(규정하지 않은 곳은 주물부로 가공하지 아니한다.)
- 축과 결합되는 직경12mm 원통내면을 데이텀으로 설정

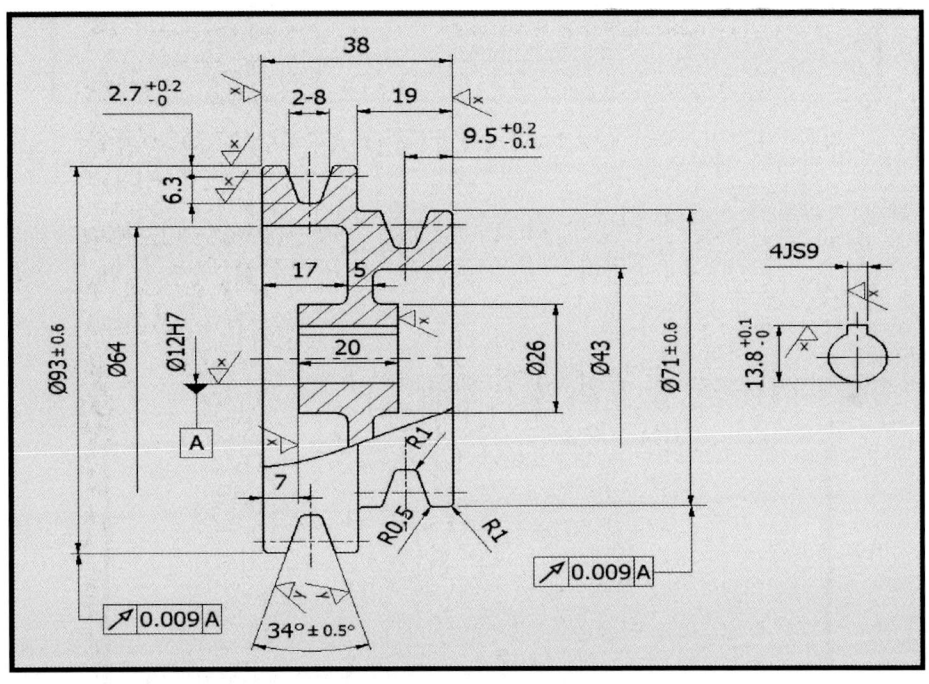

4번 부품의 기하공차 및 표면거칠기 설명

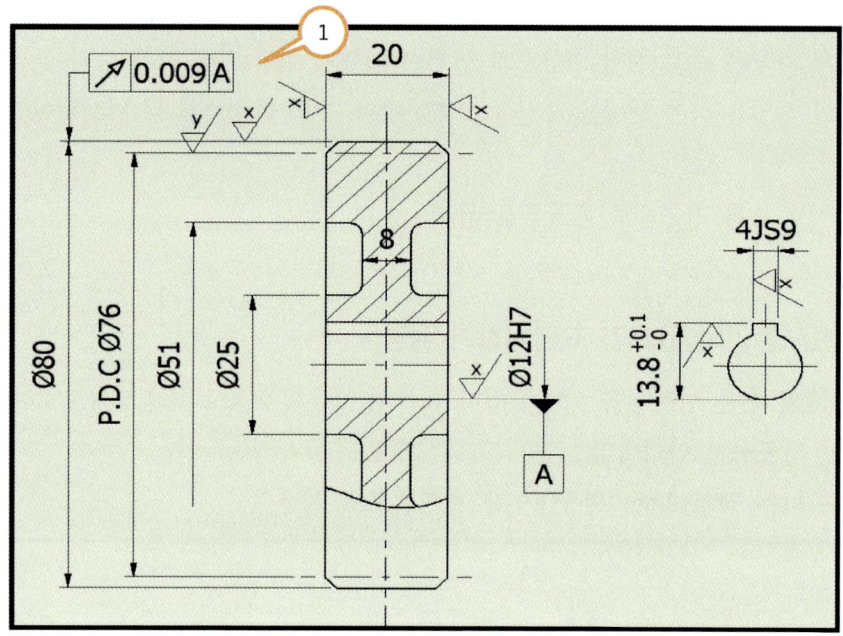

- 회전운동시 기어의 접촉면을 y로 규정하고 그외 가공면을 x로 규정 함.(규정하지 않은 곳은 주물부로 가공하지 아니한다.)
- ①은 회전시 직경12mm의 구멍을 기준으로 기준으로 흔들림을 규제 함

5번 부품의 기하공차 및 표면거칠기 설명

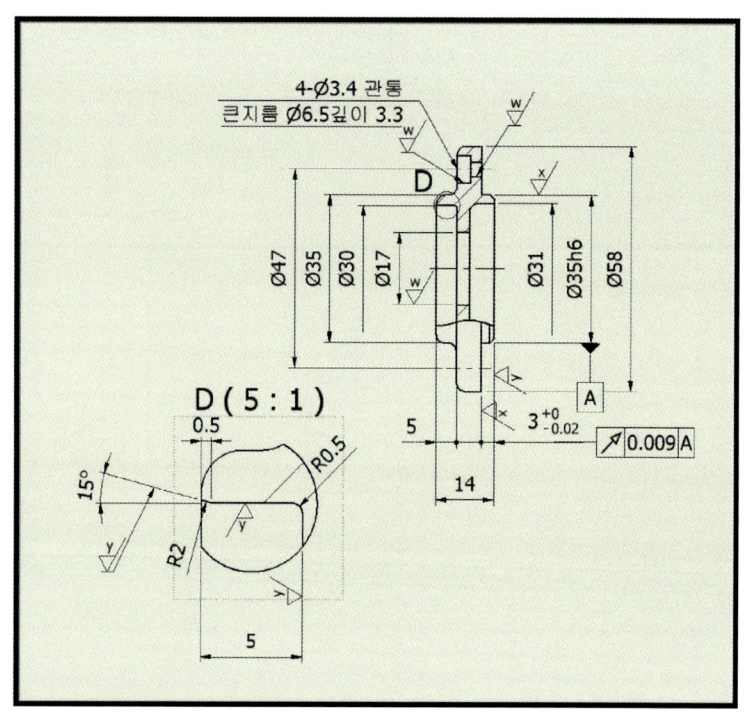

테이블 – 스퍼기어 요목표 작성

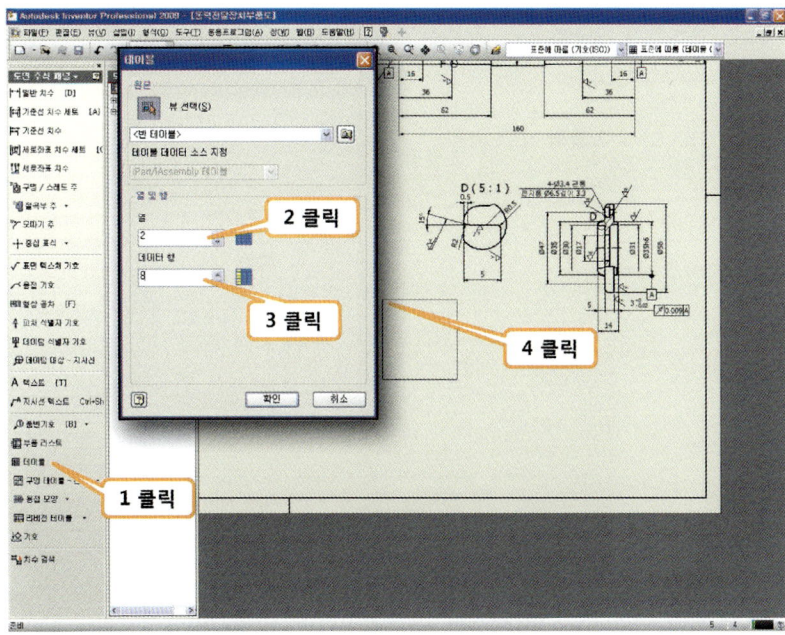

1. [테이블]을 클릭한다.
2. 클릭하여 열의 수를 입력한다.
3. 클릭하여 행의 수를 입력한다.
4. 요목표를 배치할 위치를 클릭한다.

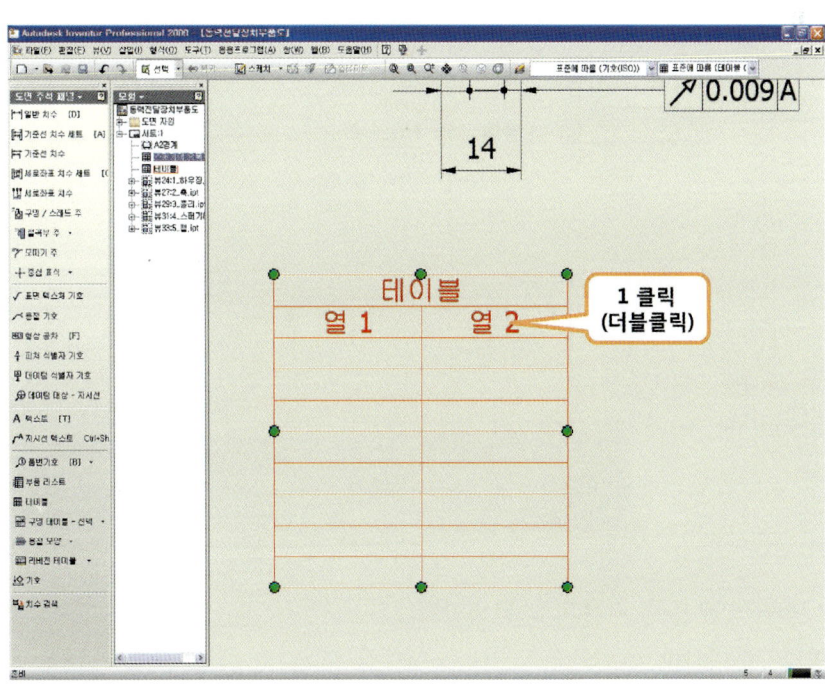

1. 테이블을 더블 클릭한다.

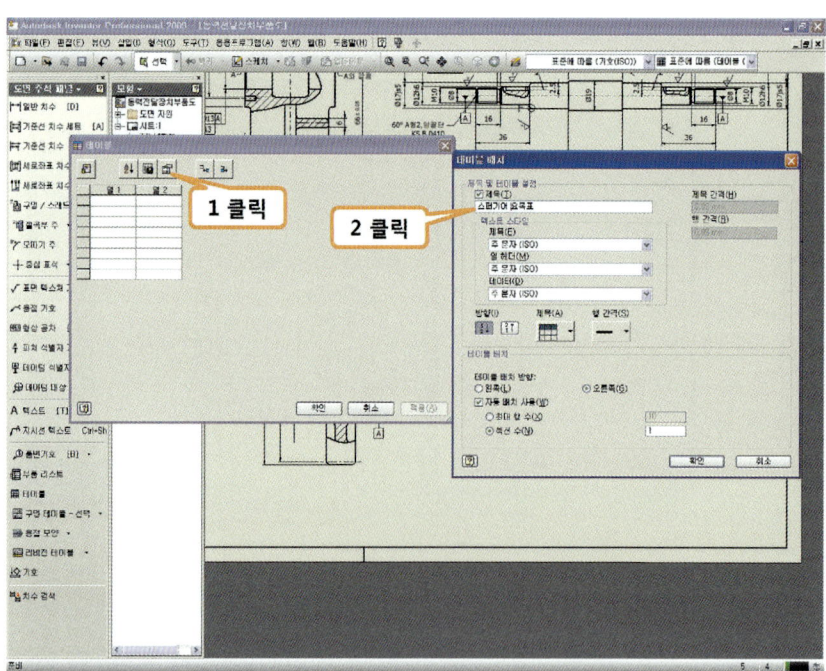

1. [테이블 배치]를 클릭한다.
2. 클릭하여 그림과 같이 제목을 입력한다.

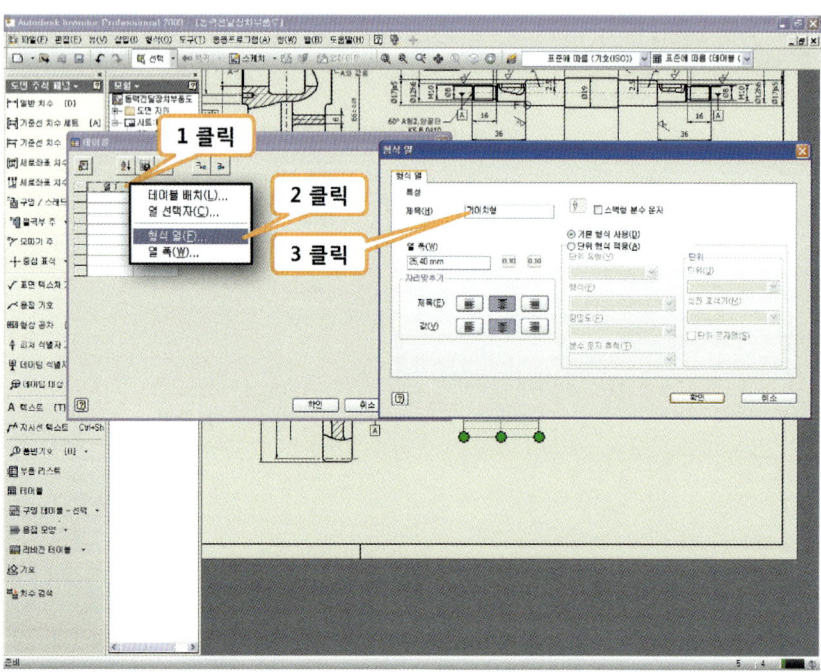

1. [열1]을 마우스 오른쪽 버튼으로 클릭한다.
2. [형식 열]을 클릭한다.
3. 클릭하여 제목아래 들어갈 문자를 그림과 같이 입력하고 [확인]을 클릭한다.(열2 도 같은 방법으로 입력)

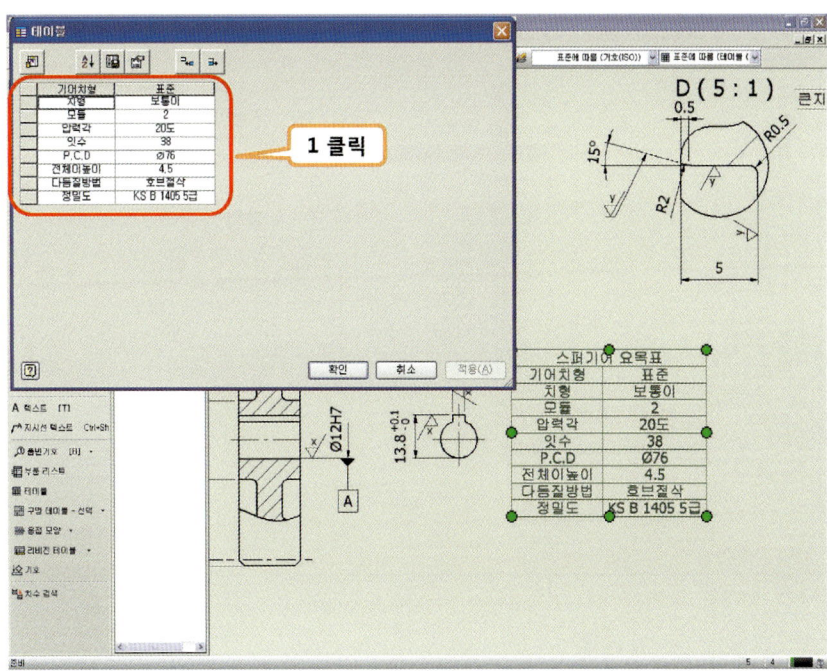

1. 각각의 입력란을 클릭하여 문자를 입력하고 [확인]을 클릭한다.

스타일 및 표준편집기 – 품번

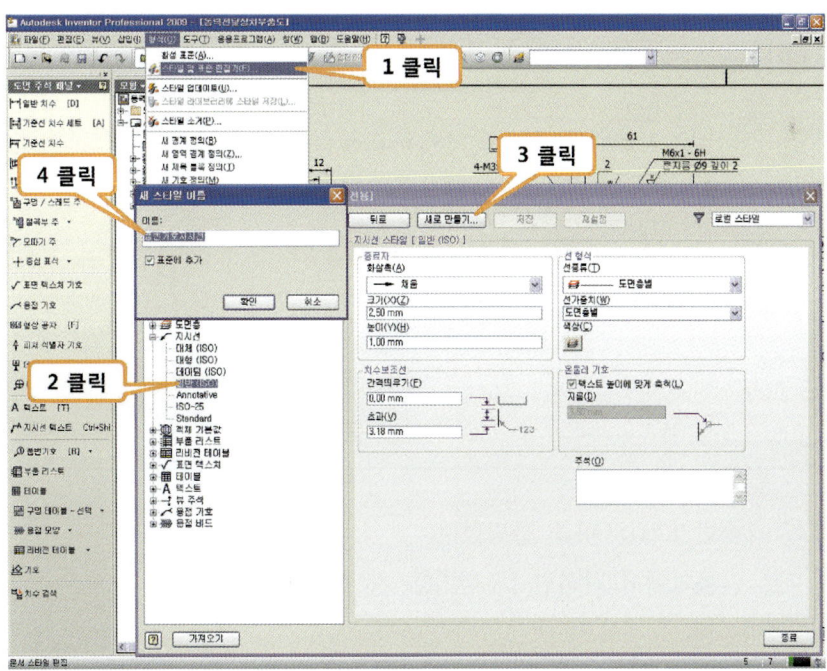

1. [형식]-[스타일 표준 편집]을 클릭한다.
2. [지시선]-[일반(ISO)]클릭한다.
3. [새로 만들기]를 클릭한다.
4. 클릭하여 품번기호 지시선으로 사용할 이름을 입력하고 [확인]을 클릭한다.

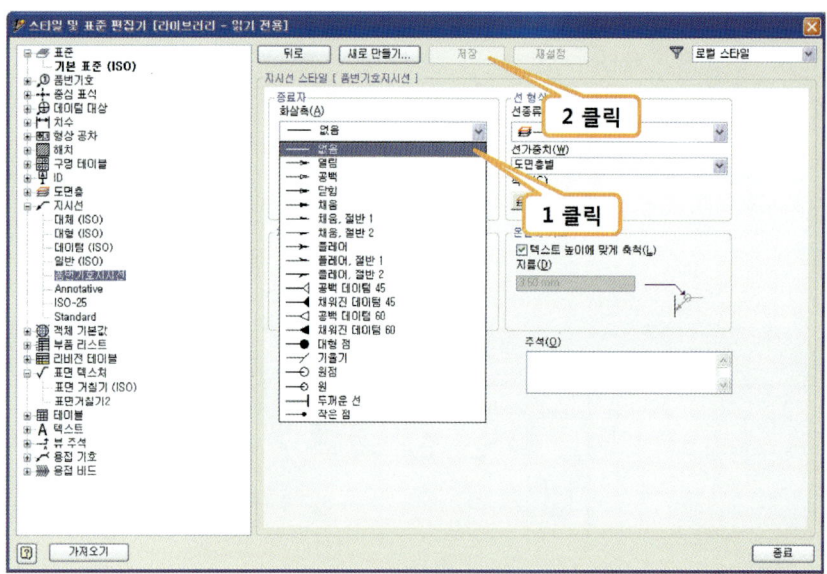

1. 화살촉을 [없음]으로 선택한다.
2. [저장]을 클릭한다.

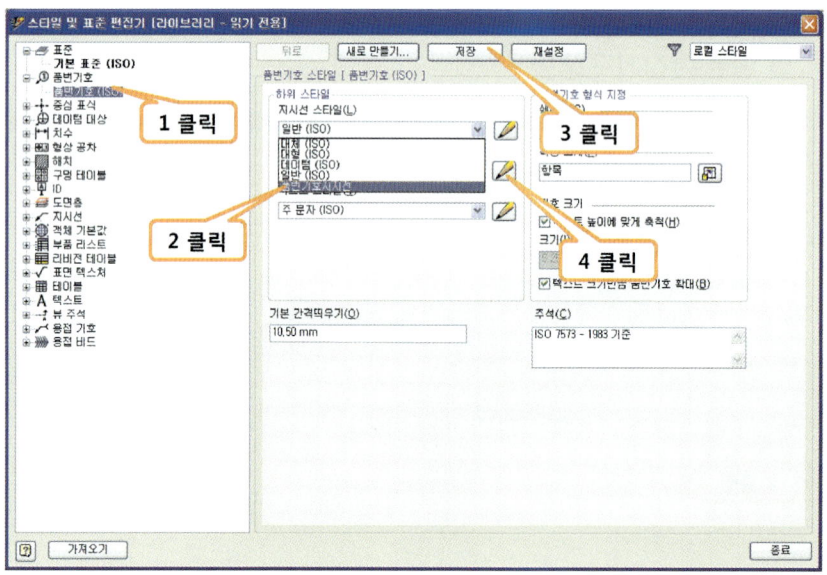

1. [품번기호]-[품번기호(ISO)]를 클릭한다.
2. 앞에서 새로 만들기에서 작성한 '품번기호 지시선'을 클릭한다.
3. [저장]을 클릭한다.
4. 대체지시선 스타일의 [지시선 스타일 편집]을 클릭한다.

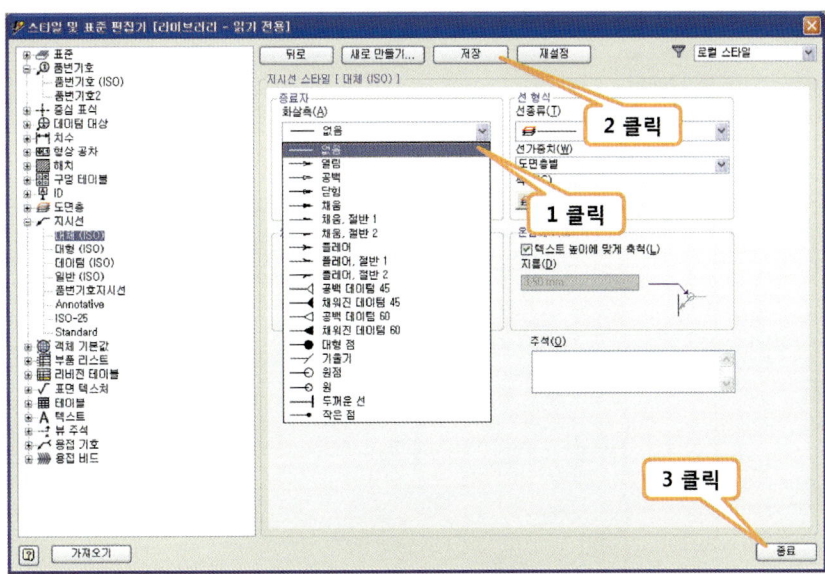

1. 클릭하여 [없음]을 클릭한다.
2. [저장]을 클릭한다.
3. [종료]를 클릭한다.

▶ 품번기호 기입

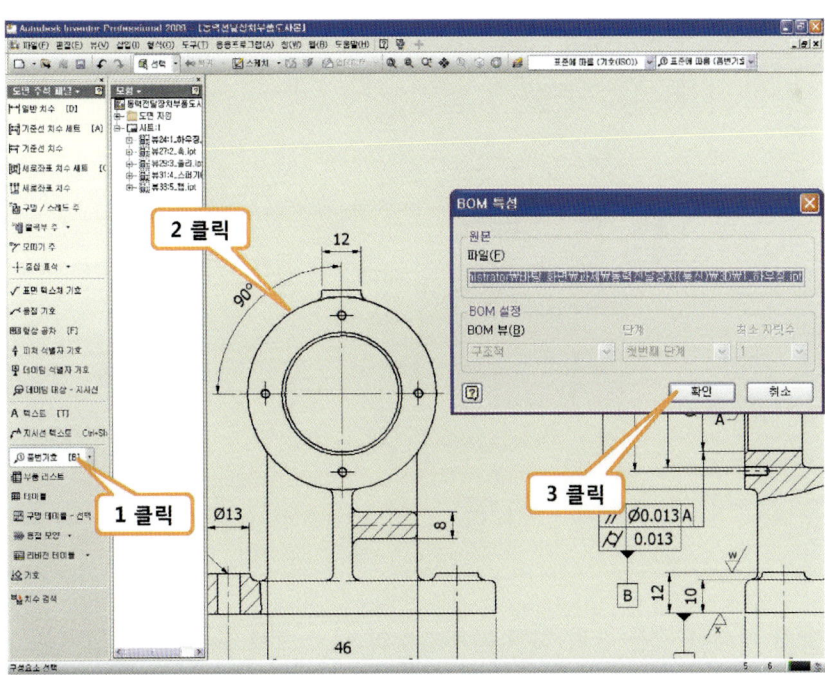

1. [품번기호]를 클릭한다.
2. 부품기호를 기입할 뷰를 클릭한다.
3. [확인]을 클릭한다.

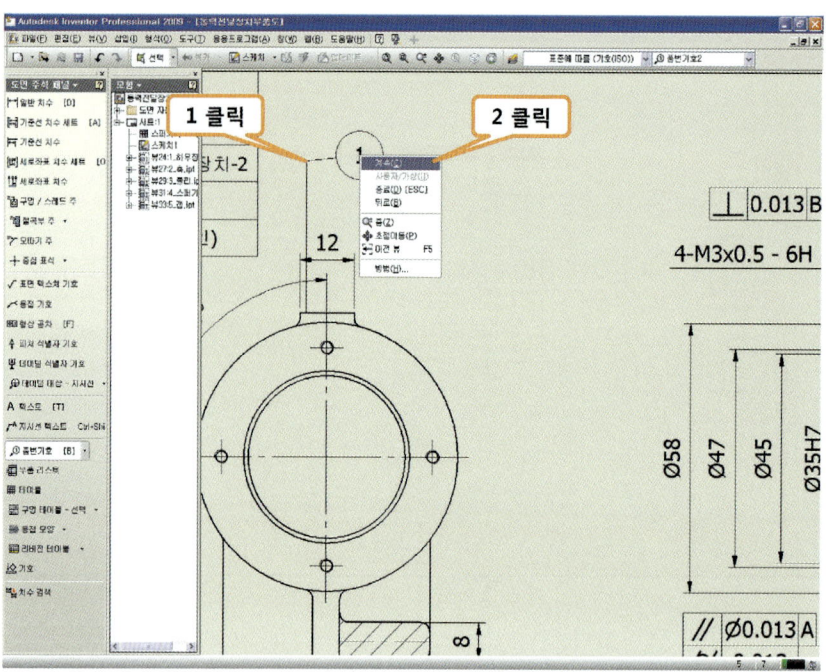

1. 품번기호를 기입할 위치를 결정하여 클릭한다.
2. 마우스 오른쪽 버튼을 클릭하여 [계속]을 클릭한다.

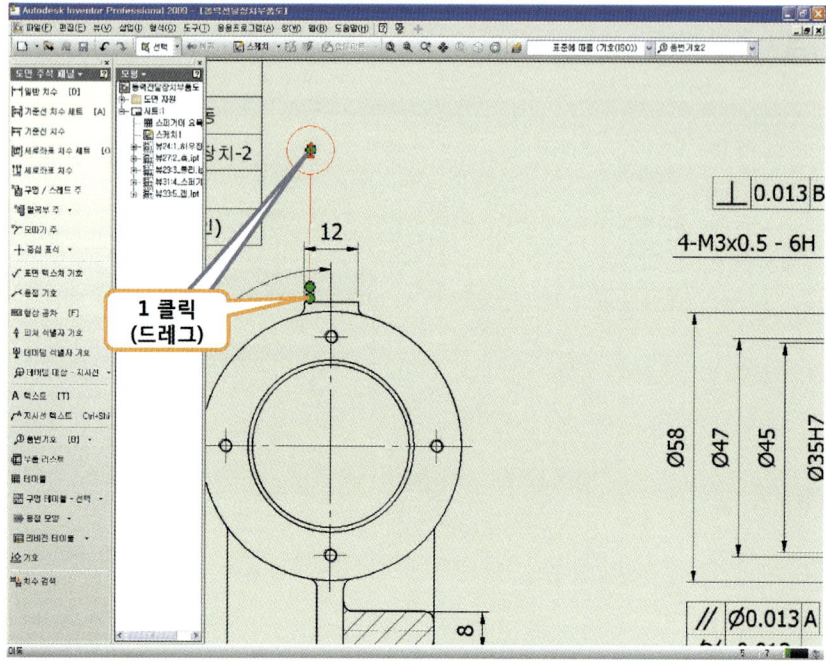

1. 품번기호의 지시선 끝을 클릭 하여 품번기호의 원 안으로 드래그 한다.(부품도에서 품번지시선은 필요가 없음)

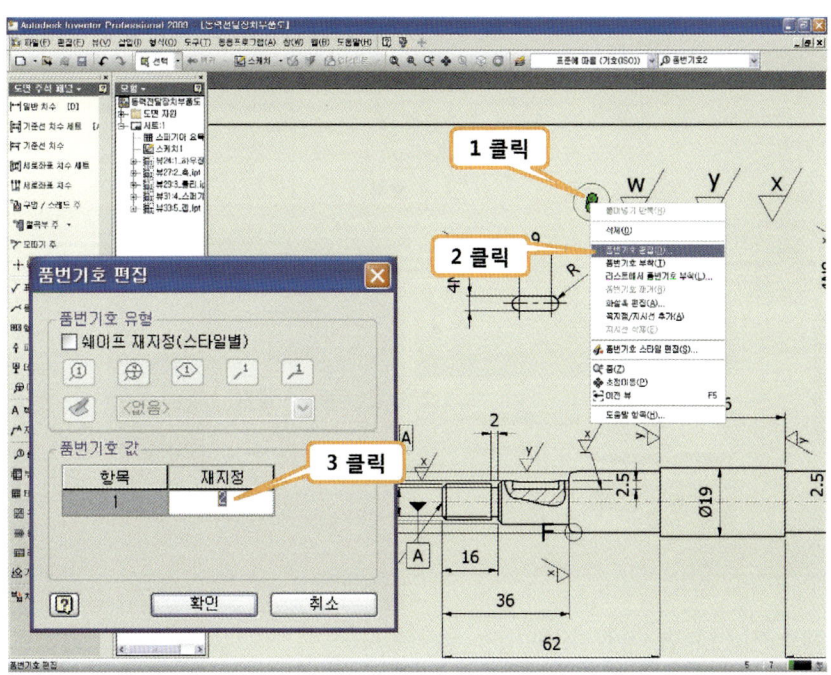

1. 품번기호를 클릭한다.
2. 마우스 오른쪽 버튼을 클릭하고 [품번기호 편집]을 클릭한다.
3. 클릭하여 해당 품번을 입력하고 [확인]을 클릭한다.

대표 표면거칠기 기호 작성 1

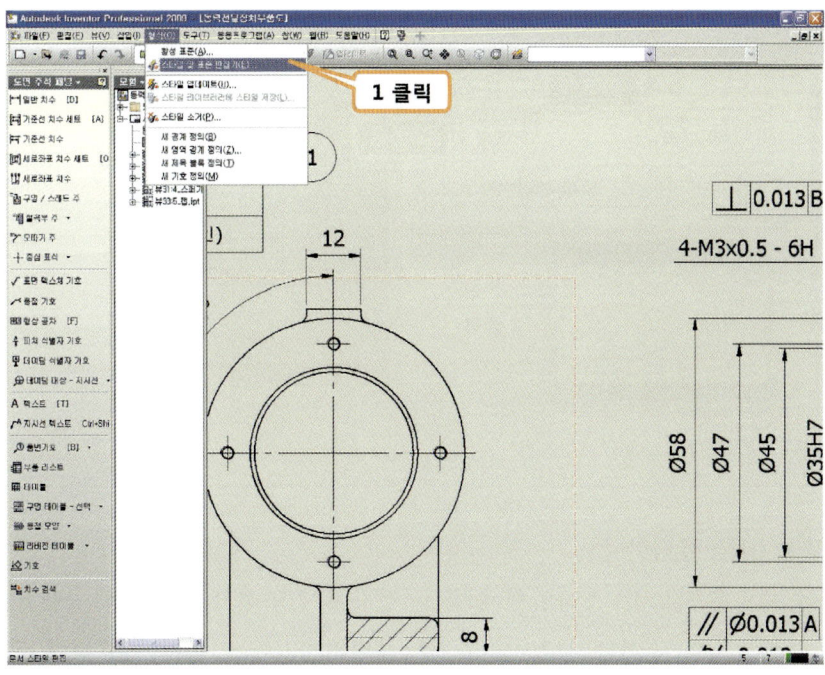

1. [형식]-[스타일 표준 편집기]를 클릭한다.

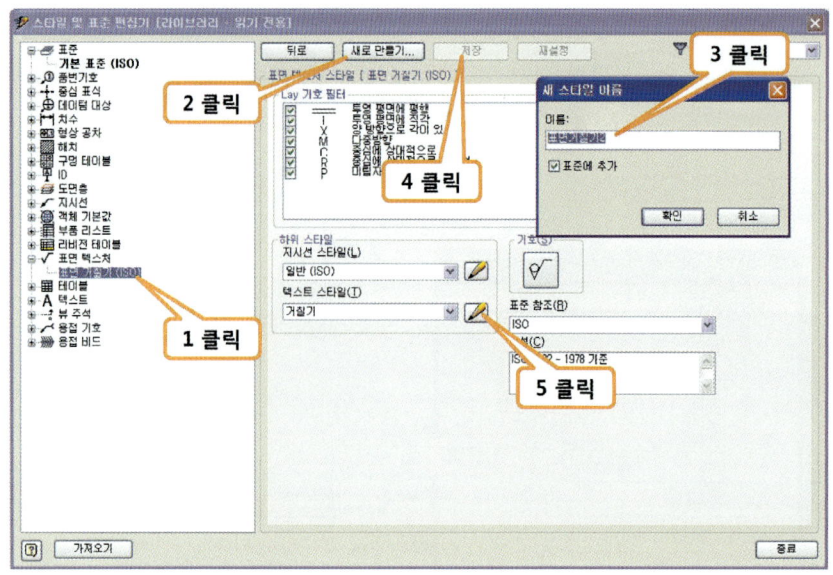

1. [표면 텍스처]-[표면 거칠기(ISO)]를 클릭한다.
2. [새로 만들기]를 클릭한다.
3. 클릭하여 새로운 표면 텍스처의 이름을 정하여 기입하고 [확인]을 클릭한다.
4. [저장]을 클릭한다.
5. 텍스트 스타일의 [텍스트 스타일 편집]을 클릭한다.

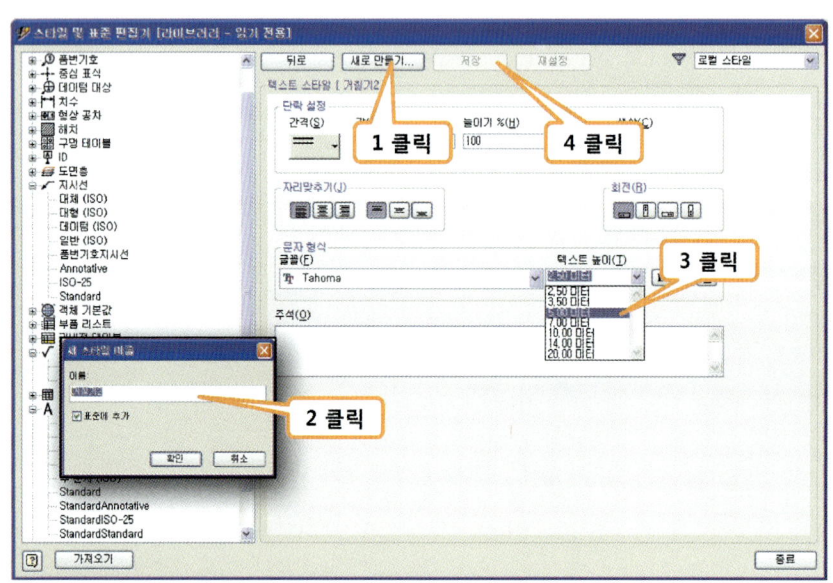

1. [새로 만들기]를 클릭한다.
2. 클릭하여 새로운 텍스트 스타일의 이름을 정하여 기입하고 [확인]을 클릭한다.
3. 클릭하여 텍스트의 높이를 설정한다.(대표 표면거칠기는 기입시 기호보다 큼)
4. [저장]을 클릭한다.

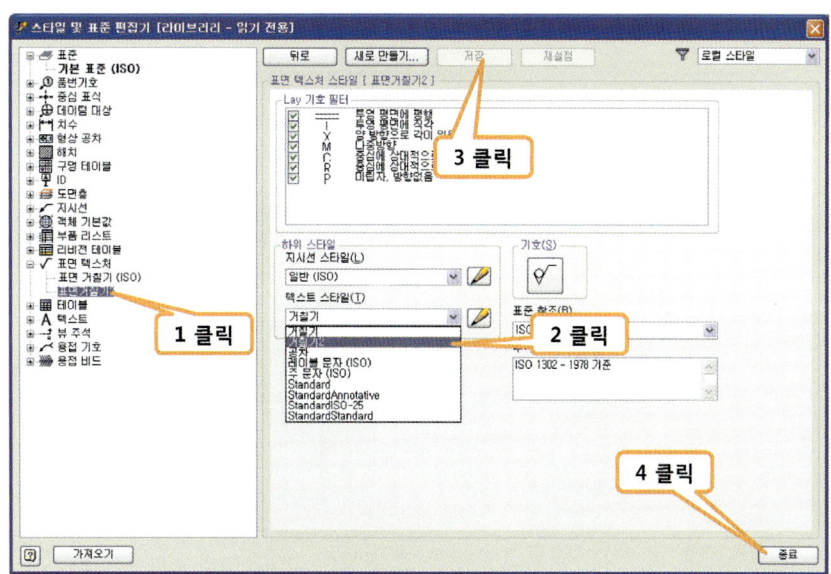

1. [표면 텍스처]하위 새로 만든 표면 텍스처 스타일 '표면 거칠기2'를 클릭한다.
2. 클릭하여 새로 만든 텍스트 스타일 '거칠기2'를 선택한다.
3. [저장]을 클릭한다.
4. [종료]를 클릭한다.

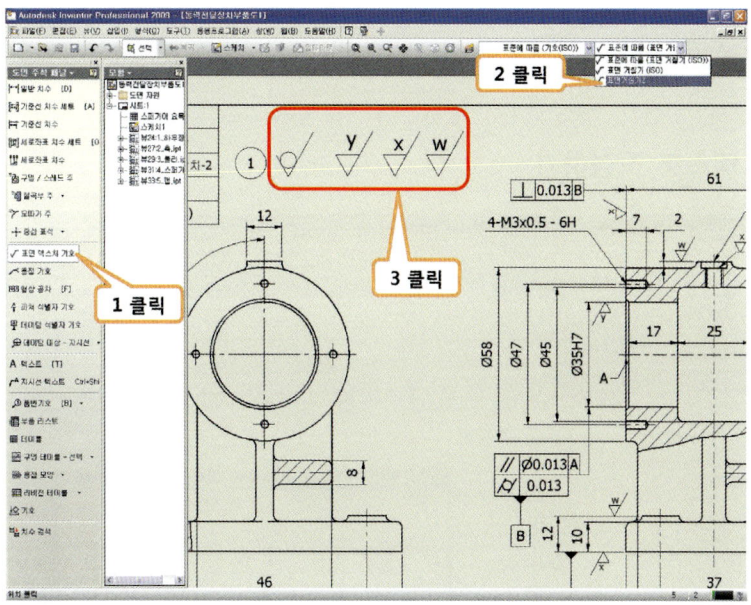

1. [표면 텍스처 기호]를 클릭한다.
2. 클릭하여 새롭게 만든 표면 텍스처 스타일 '표면 거칠기 2'를 선택한다.
3. 클릭하여 그림과 같이 기입한다.(표면 거칠기 기입 방법은 앞에서 설명 참고)

스케치 – 괄호 그리기

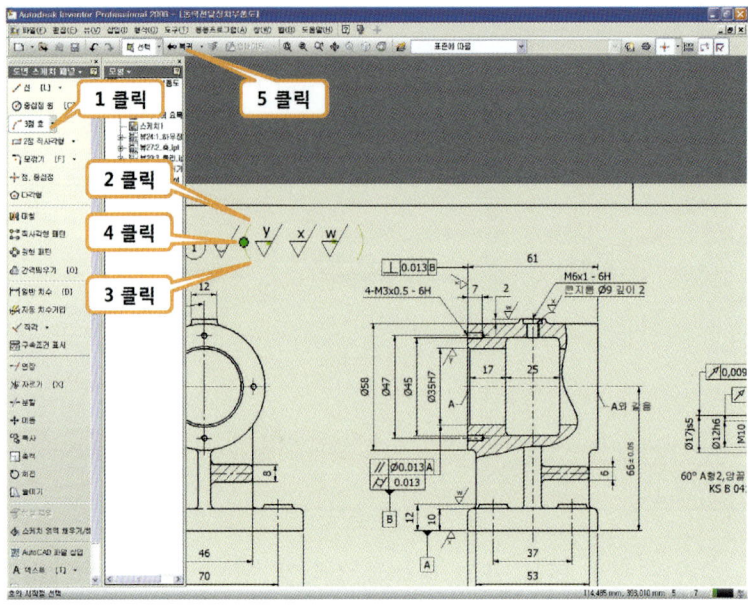

1. [3점 호]를 클릭한다.
2. 호의 시작점을 클릭한다.
3. 호의 끝점을 클릭한다.
4. 호의 방향과 크기를 결정하여 클릭한다.(반대쪽도 같은 방법으로 괄호를 만들어 준다.)
5. [복귀]를 클릭한다.

스케치 – 텍스트 작성하기

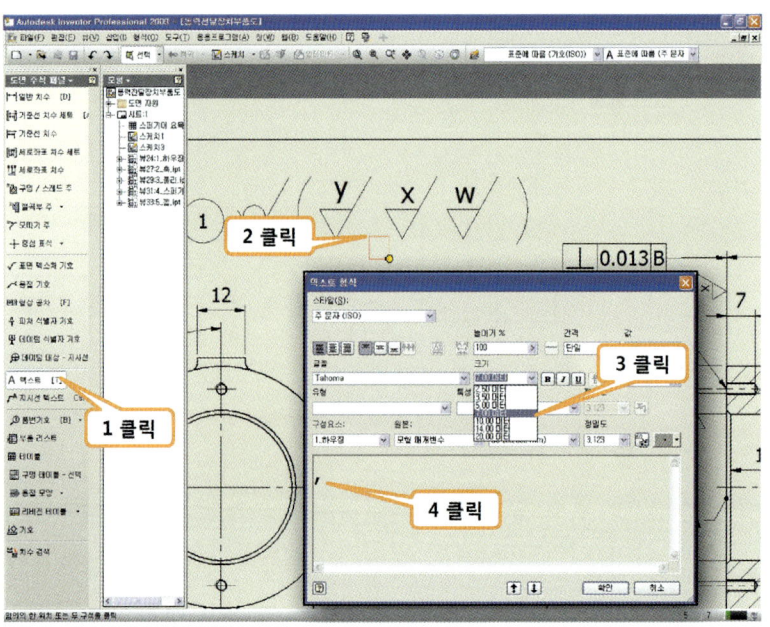

1. [텍스트]를 클릭한다.
2. 콤마가 위치할 곳을 드래그로 선택한다.
3. 클릭하여 크기를 설정한다.
4. 클릭하여 콤마를 기입하고 [확인]을 클릭한다.

≫ 복사하기

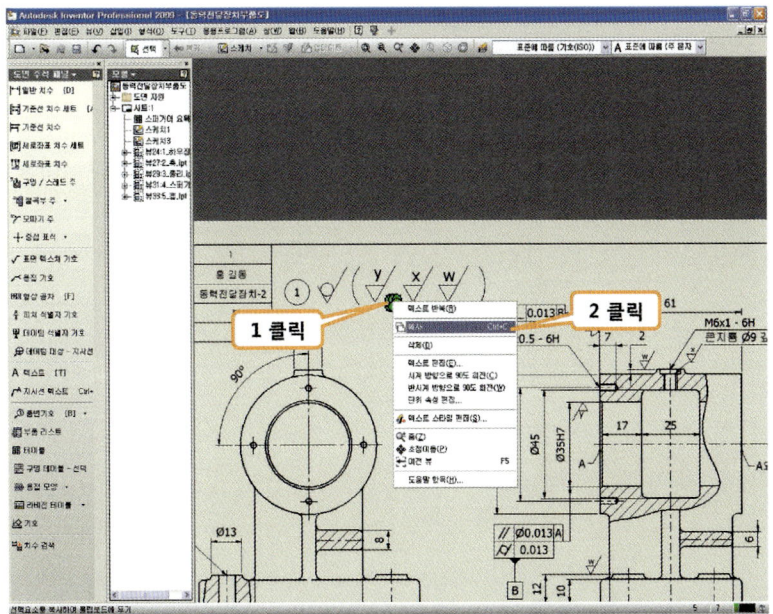

1. 작성된 콤마를 선택한다.
2. 마우스 오른쪽 버튼을 클릭하여 [복사]를 클릭한다.

붙여넣기

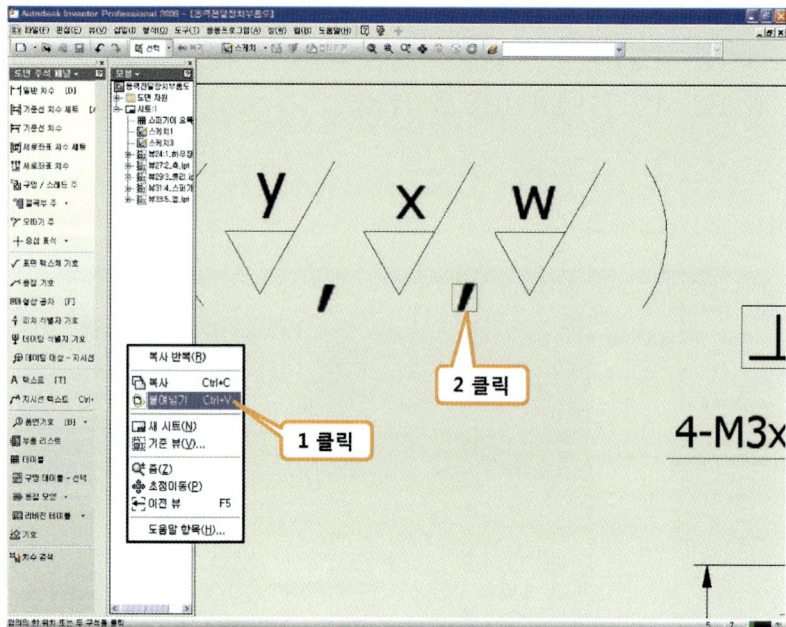

1. 마우스 오른쪽 버튼을 클릭하여 [붙여 넣기]를 클릭한다.
2. 콤마를 기입할 위치에 클릭한다.

대표 표면거칠기 기호 작성 2

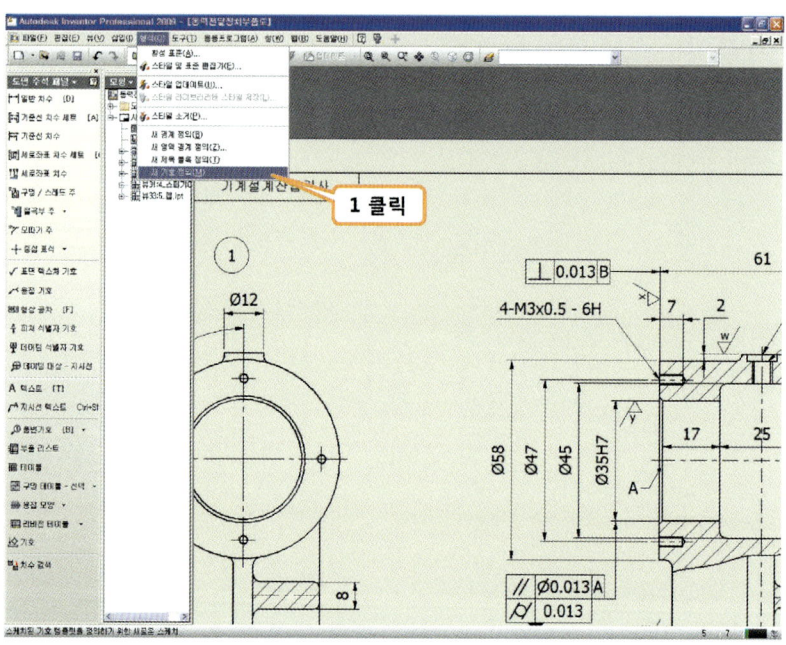

1. [형식]-[새 기호 정의]를 클릭한다.

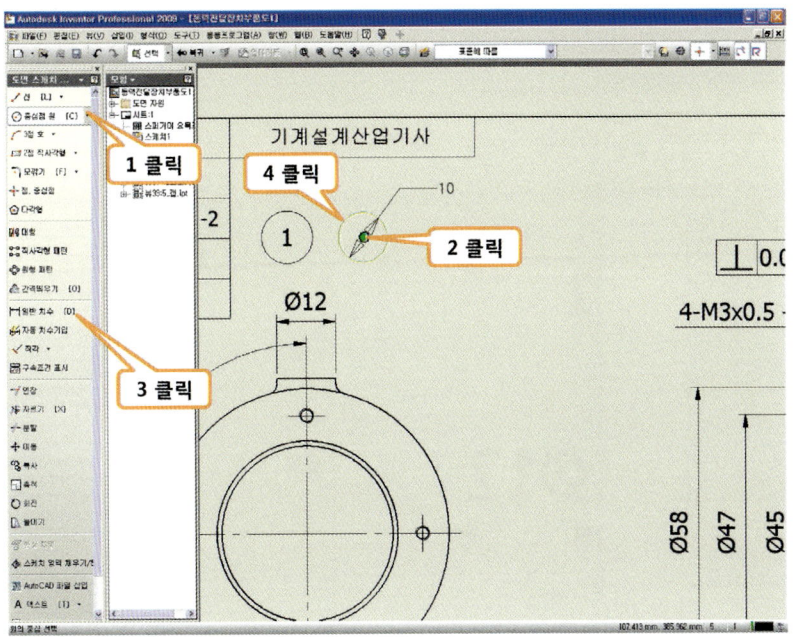

1. [중심점 원]을 클릭한다.
2. 화면의 임의의 점을 클릭하여 그림과 같이 원을 스케치 한다.
3. [일반치수]를 클릭한다.
4. 원을 클릭하여 그림과 같이 원의 지름을 지정한다.

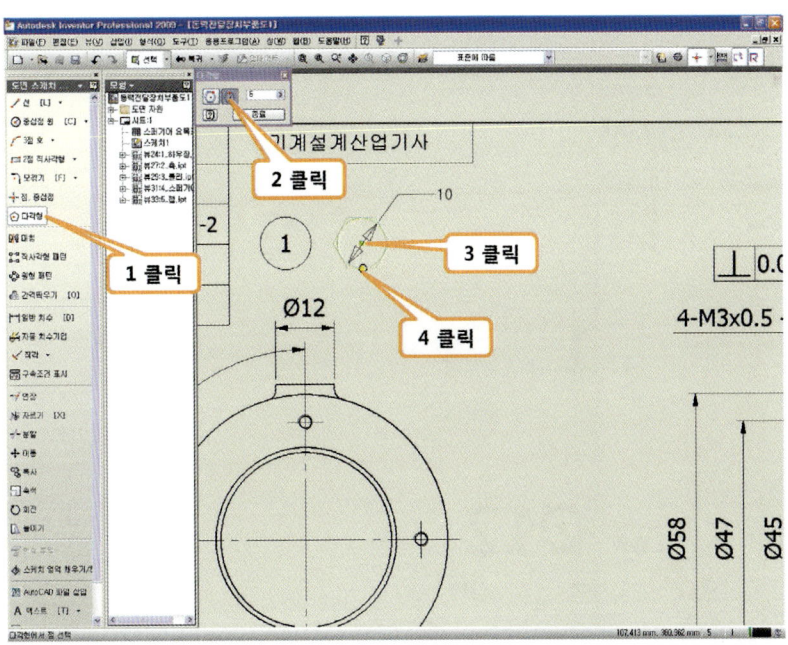

1. [다각형]을 클릭한다.
2. [외접]을 클릭한다.
3. 원의 중심점을 클릭한다.
4. 원의 아래 방향의 사분점을 클릭하고 [종료]를 클릭한다.

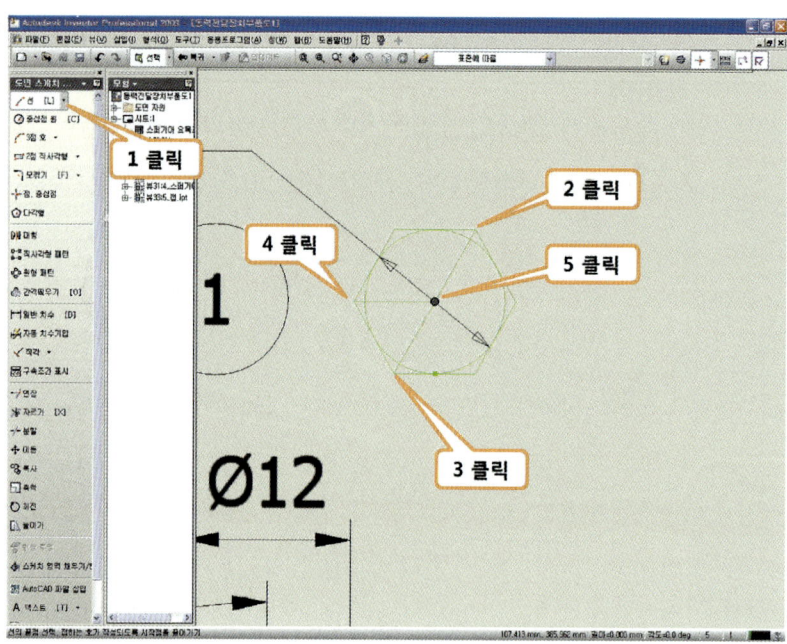

1. [선]을 클릭한다.
2. 그림에서와 같이 6각형의 모서리를 클릭한다.
3. 마주보는 모서리를 클릭한다.
4. 6각형의 왼쪽 모서리를 클릭한다.
5. 원의 중심점을 클릭한다.

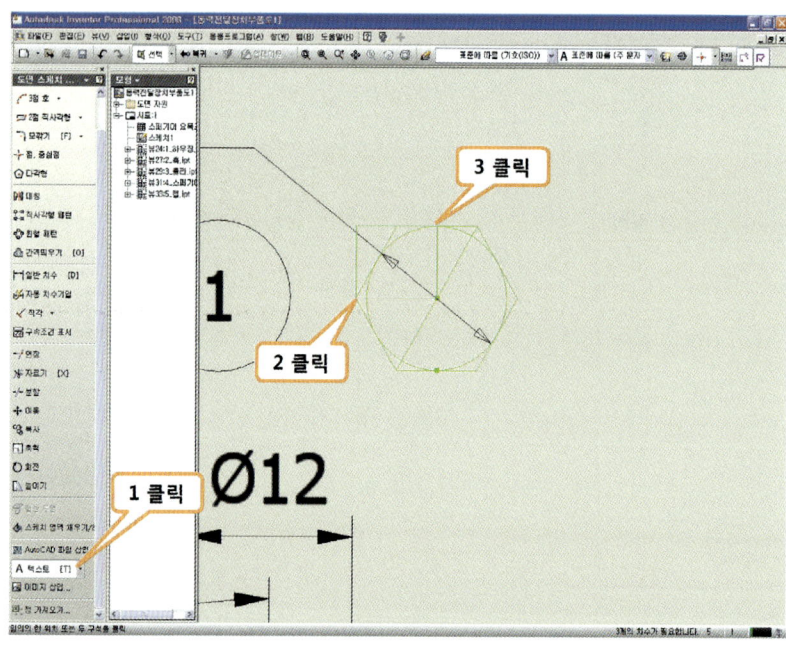

1. [텍스트]를 클릭한다.
2. 6각형의 왼쪽 모서리를 클릭한다.
3. 그림과 같이 원의 중심과 수직이 되고 6각형의 수평선의 중심이 되는 점을 클릭한다.

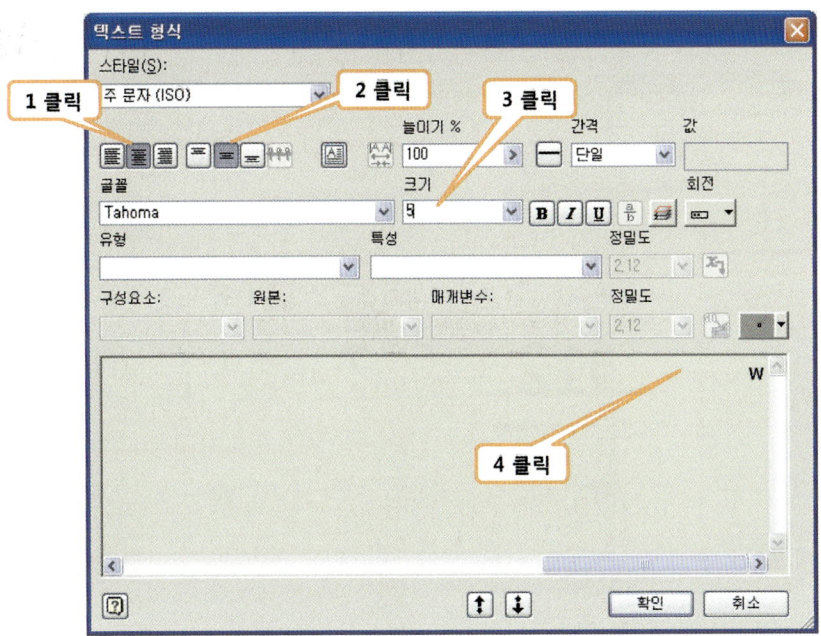

1. [중심 자리 맞추기]를 클릭한다.
2. [중간 자리 맞추기]를 클릭한다.
3. 클릭하여 텍스트의 크기 값을 입력한다.
4. 클릭하여 거칠기 값을 나타내는 문자를 입력하고 [확인]을 클릭한다.

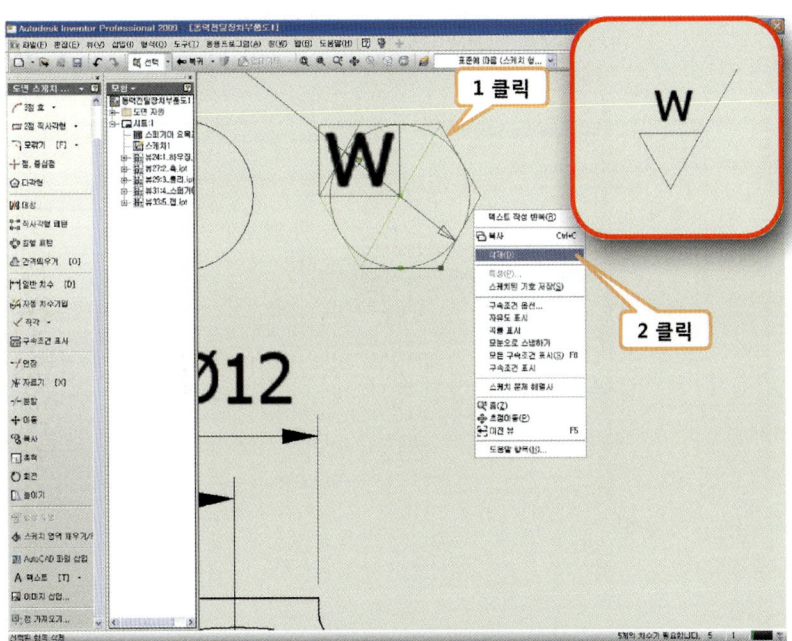

1. Ctrl키를 이용하여 원하는 형상만을 제외하고 선택한다.
2. 마우스 오른쪽 버튼을 클릭하여 [삭제]을 클릭한다.

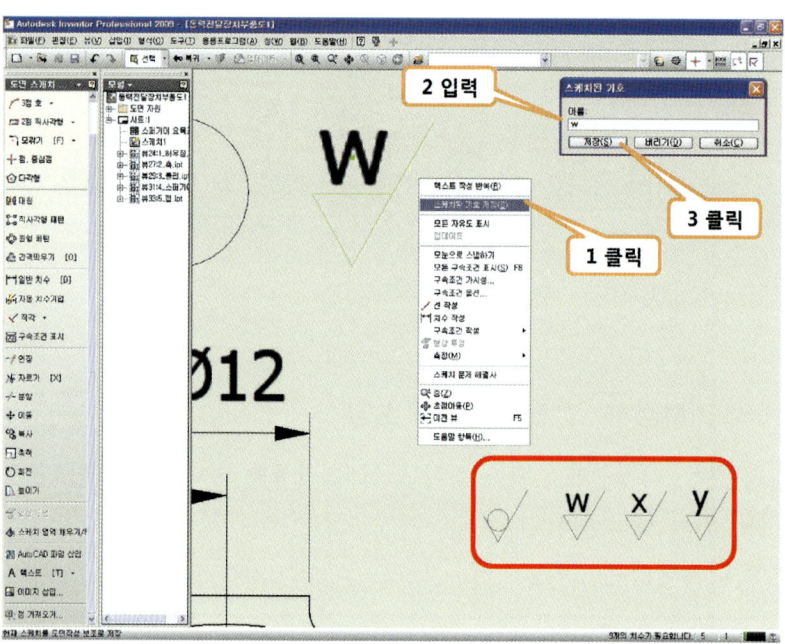

1. 마우스 오른쪽 버튼을 클릭하여 [스케치된 기호 저장]을 클릭한다.
2. 기호의 이름을 알아보기 쉽도록 입력한다.
3. [저장]을 클릭한다.(같은 방법으로 그림의 형상을 각각 저장)

기호 삽입

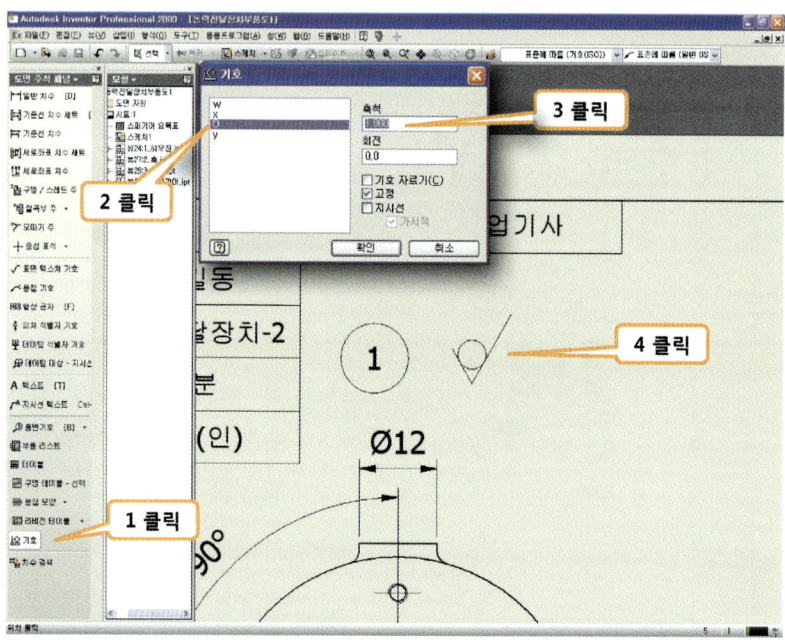

1. [기호]를 클릭한다.
2. 사용하려고 하는 블록의 이름을 클릭한다.
3. 클릭하여 축척 값을 입력한다.
4. 기입하고자 하는 위치에 클릭한다.

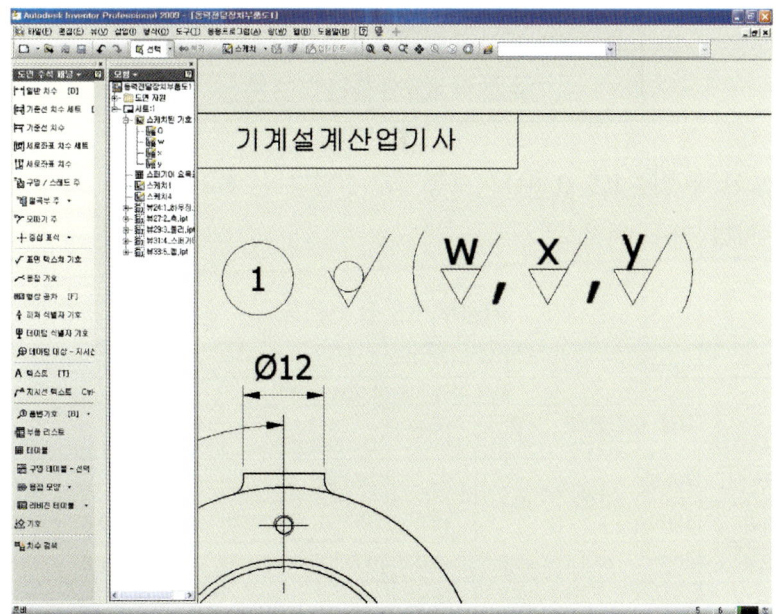

- 앞의 방법을 이용하여 그림과 같이 나타낸다.

주서 해독

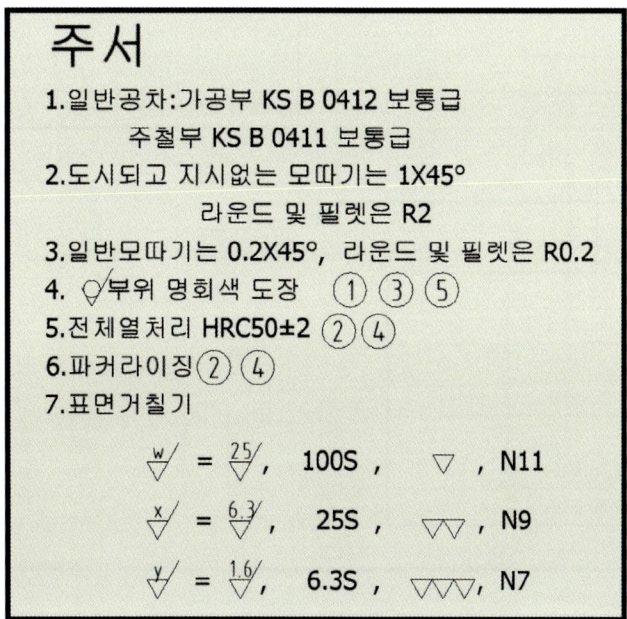

- 도면을 읽기 전에 가장 먼저 확인 해야 할 것은 주서문과 표제란, 부품란이다.
  주서에는 미처 도면에 그림으로 표현하지 못한 부분이나 기타 도면에 자주 중복이 되는 치수들, 또한 가공자에게 지시할 기타 사항들을 문서로서 간단 명료하게 기입하는 것이다.
- 주서는 특별한 규정이나 순서는 없다. 그러나 문장 형식으로 너무 길게 쓴다든가, 보는 사람으로 하여금 혼돈을 줄 수 있는 용어는 되도록 생략하는 것이 좋다.

1. 일반공차 : 가공부 KS B 0412 보통급
주철부 KS B 0411 보통급

- 도면에 작도된 부품은 KS B 0412 보통 급, 주철 부는 KS B 0411 보통 급에 규정된 일반 공차 값에 따라 가공 지시

가공부 KS B 0412.

				KS B 0412
절삭 가공 치수의 보통 허용차				단위: mm

치수의구분 \ 등급	정밀급 (12급)	보통급 (14급)	거친급 (16급)	치수의구분 \ 등급	정밀급 (12급)	보통급 (14급)	거친급 (16급)
0.5이상 3이하	±0.05	±0.1	-	120초과 3150이하	±0.2	±0.5	±01.2
3초과 6이하	±0.05	±0.1	±0.2	315초과 10000이하	±0.3	±0.8	±2
6초과 30이하	±0.1	±0.2	±0.5	1000초과 2000이하	±0.5	±1.2	±3
30초과 120이하	±0.15	±0.3	±0.8				

주철부 KS B 0411

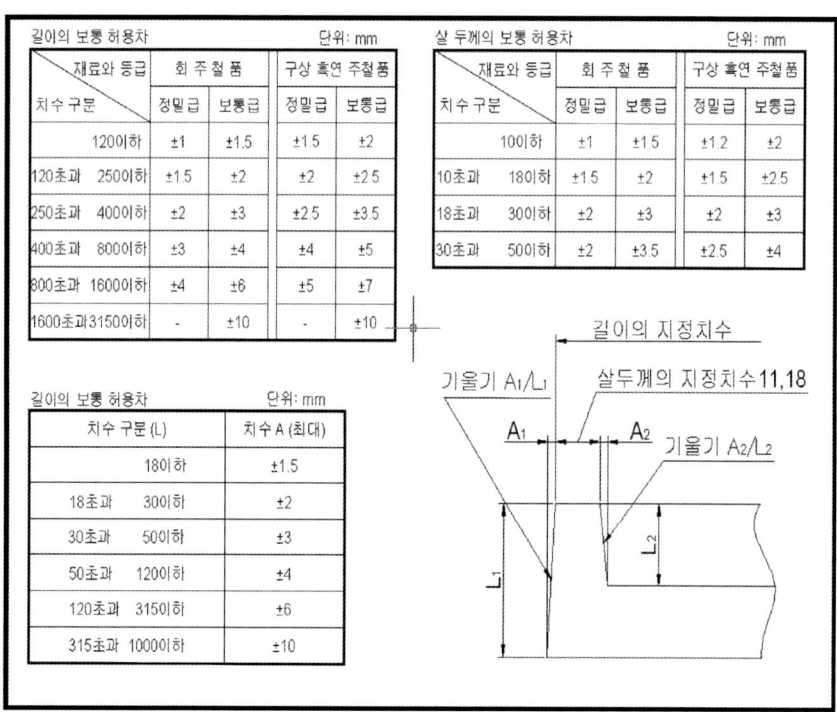

2. 도시되고 지시없는 모따기는 1X45°
라운드 및 필렛은 R2

- 반복되는 모따기나 라운드에 대하여 일괄적으로 가공지시.
- 도면에 도시(형상이 표현)되어 있지만 지시(치수)가 없는 모따기는 1x45°, 라운드 및 필렛은 R2로 가공하도록 지시

3. 일반모따기는 0.2X45°, 라운드 및 필렛은 R0.2

- 반복되는 모따기나 라운드에 대하여 일괄적으로 가공지시.
- 도면에 도시되어 있지 않은 모따기는 0.2x45°, 라운드 및 필렛은 R2 0로 가공을 지시하여 쇠 거스러미나 쇠가시 (Burr)를 일괄적으로 제거 할 수 있도록 가공지시

4. ◯/부위 명회색 도장 ① ③ ⑤

- 주조를 통하여 생산된 부품(부품 1, 3, 5)의 경우 산화방지 및 기계 가공면과 구분을 위해 특정색상으로 도장 등의 후 처리를 지시.

5. 전체열처리 HRC50±2 ② ④

- 내마모, 내마멸 등의 기계적 성질이 요구되는 부품(부품 2, 4)에 대하여 경도시험법중 로크웰 기준으로 50±2 가 되도록 경도를 상승시키도록 후 처리를 지시(HRC = 로크웰 경도 C스케일을 이용한 시험법)

6. 파커라이징 ② ④

- 내부식 등의 화학적 성질이 요구되는 부품(부품 2, 4)에 대하여 인산 등을 이용 그 표면에 검은 회색인 인산철 피막을 형성시키도록 후 처리를 지시
- 부식이나 마모에 약한 알루미늄의 단점을 보완하여 내식성과 내마모성을 강하게 하기 위해 알루미늄의 표면에 산화처리를 함으로써 산화알루미늄 막을 형성하는 작업이나 그렇게 만든 제품을 알루마이트처리라고도 하며 원하는 색깔을 부여할 수도 있음

7. 표면거칠기

$$\overset{w}{\nabla} = \overset{25}{\nabla}, \quad 100S, \quad \nabla, \quad N11$$

$$\overset{x}{\nabla} = \overset{6.3}{\nabla}, \quad 25S, \quad \nabla\nabla, \quad N9$$

$$\overset{y}{\nabla} = \overset{1.6}{\nabla}, \quad 6.3S, \quad \nabla\nabla\nabla, \quad N7$$

- 공작물 표면의 거칠기의 정도에 대하여 다양한 측정법과 표기법과의 이해를 돕기 위한 일종의 범례

다듬질 기호		표면거칠기의 표준 수열		
		Ra	Rmax	Rz
z/▽▽▽▽	▽▽▽▽	0.2a	0.8s	0.8z
y/▽▽▽	▽▽▽	1.6a	6.3s	6.3z
x/▽▽	▽▽	6.3a	25s	25z
w/▽	▽	25a	100s	100z
∽/	∽	특별히 규정하지 않음		

동력전달장치 2D 부품도 모범답안

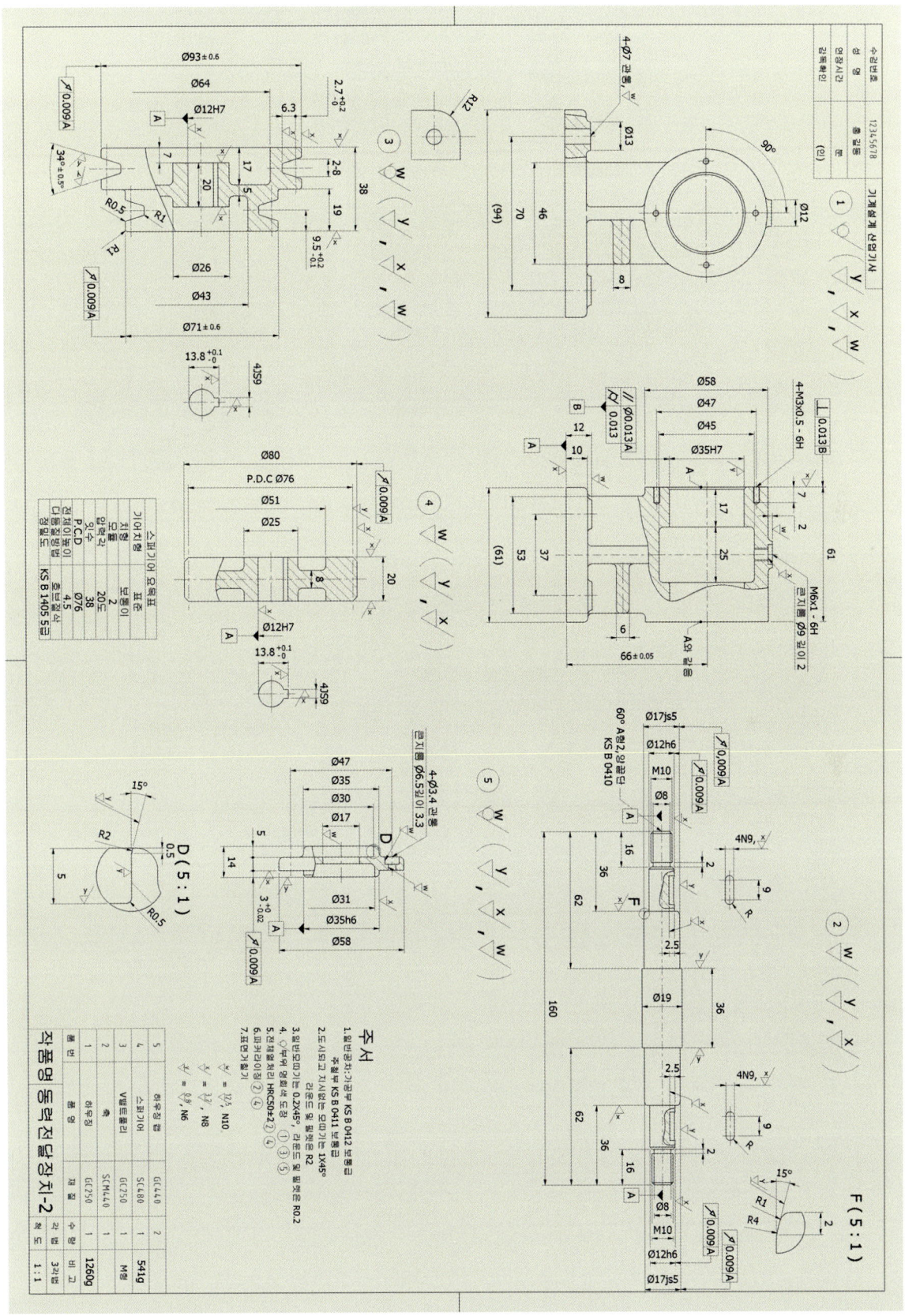

탁상 클램프 3

과제 지급도면과 제출도면

과제 지급 도면

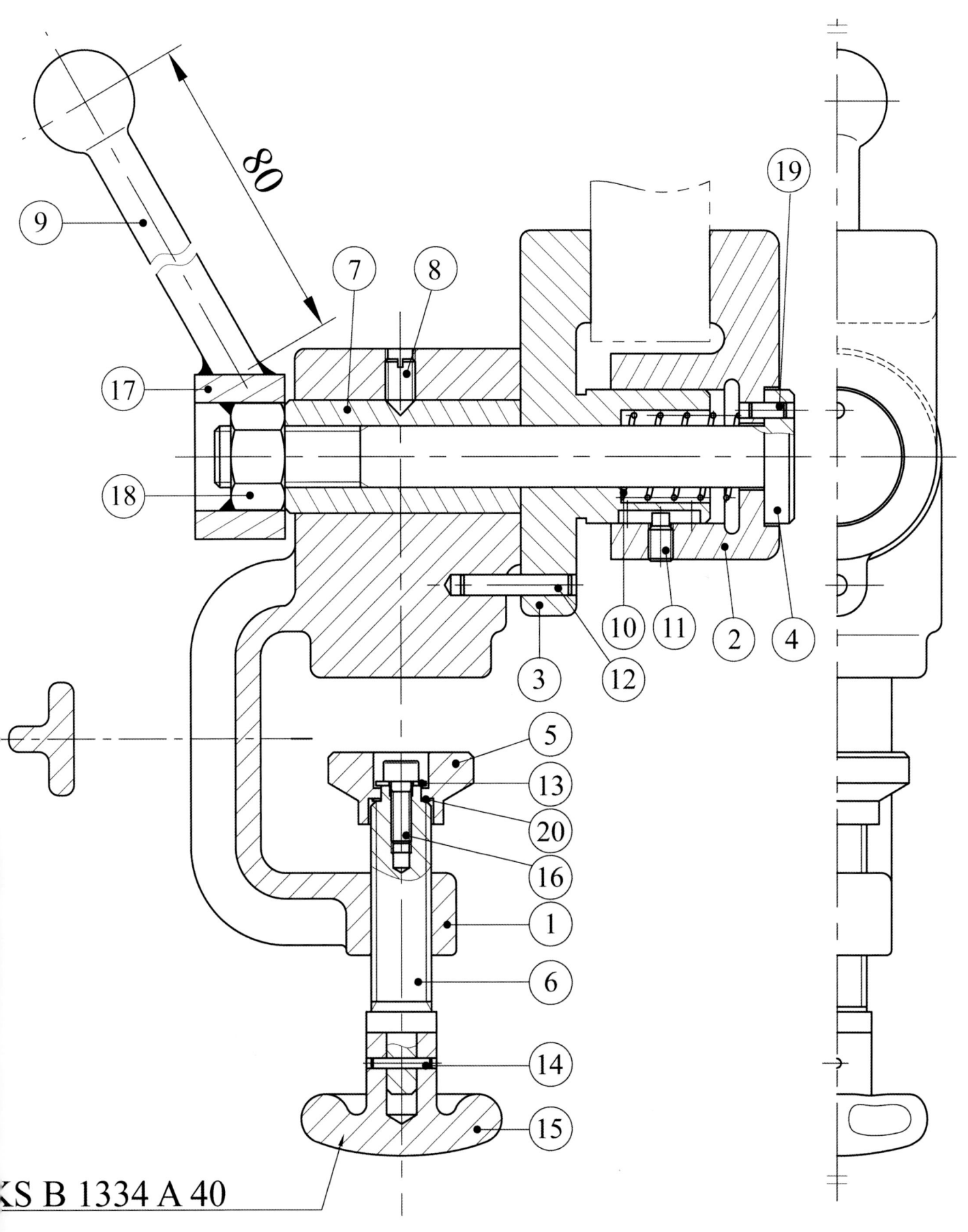

KS B 1334 A 40

제출 1 : 탁상 클램프 3차원 부품도

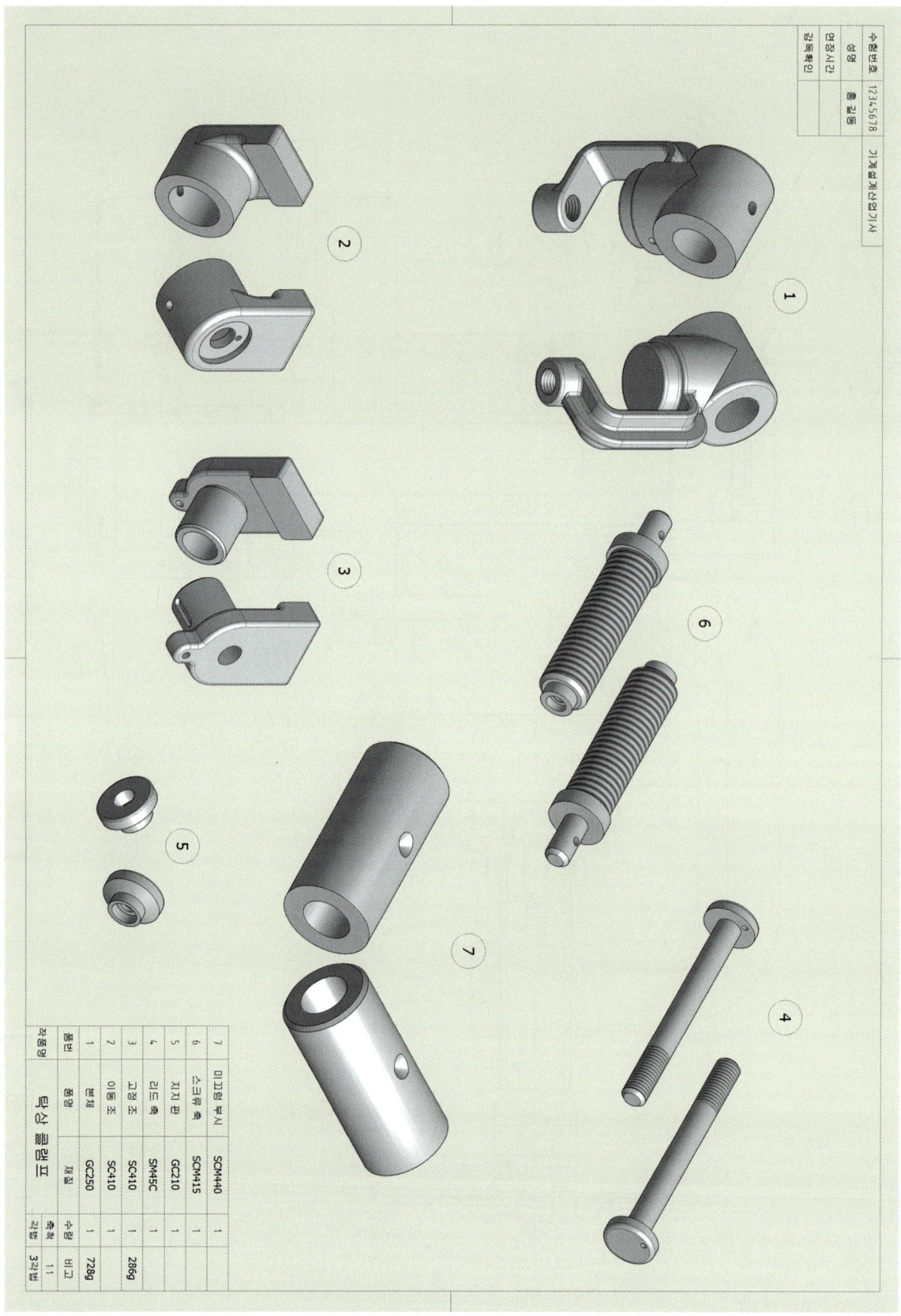

제출 2 : 탁상 클램프 2차원 부품도

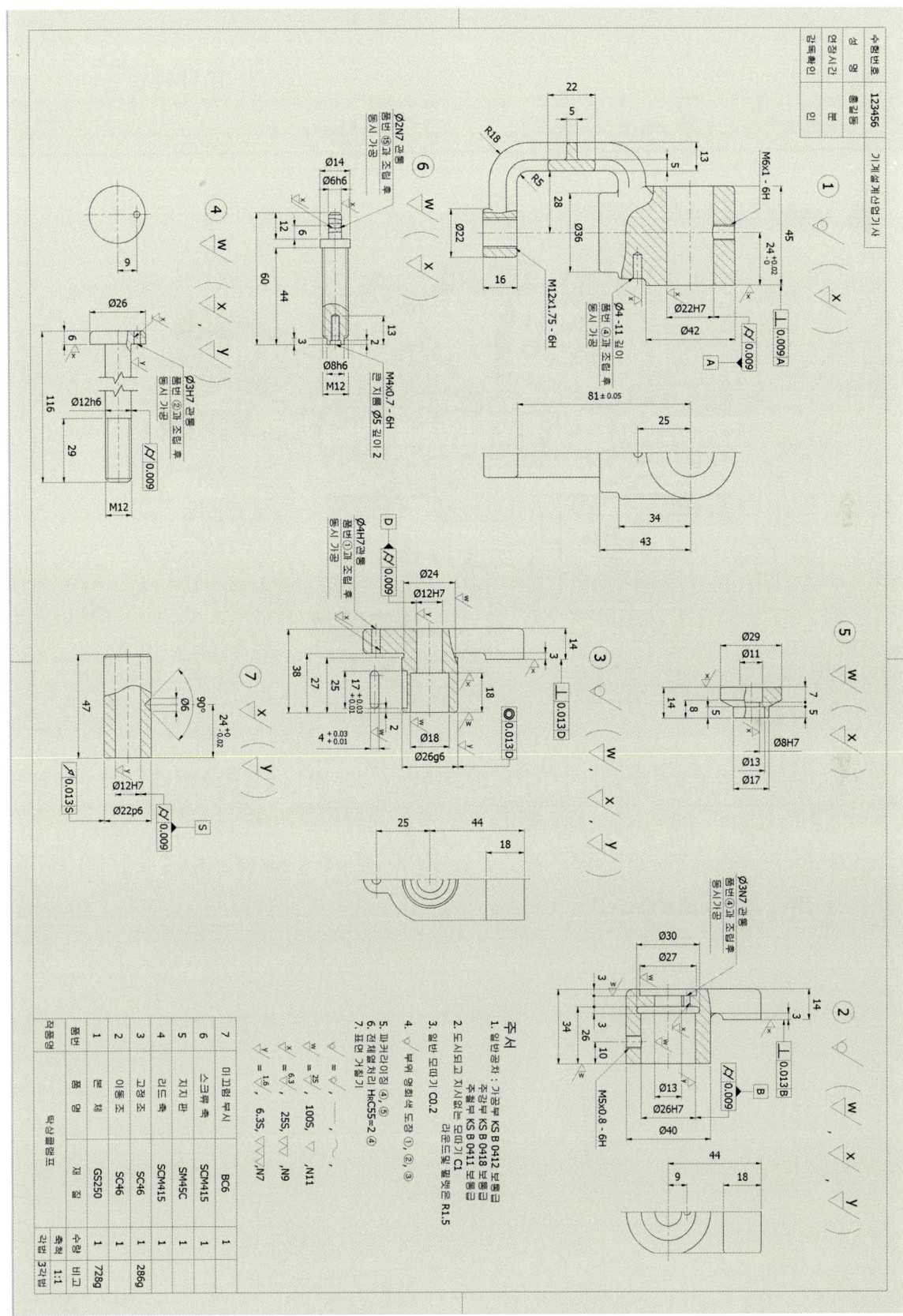

도면해독 2

▶ 부품명 부여

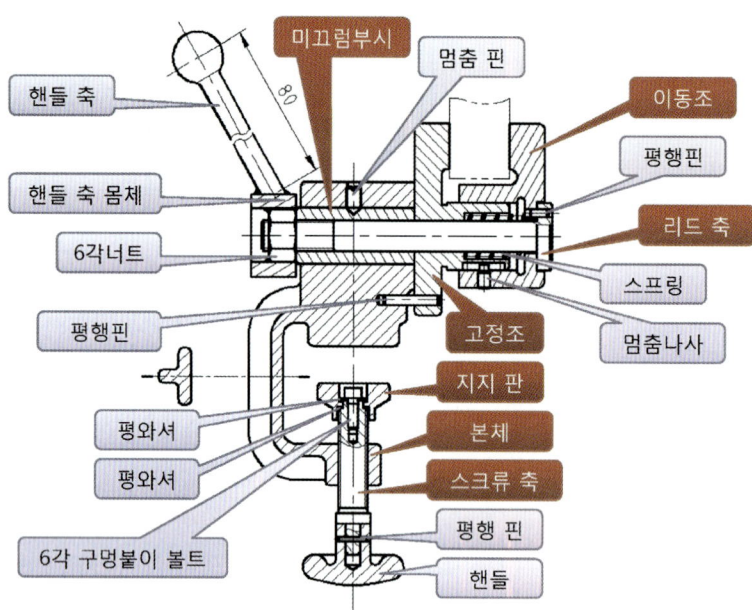

- 빨간색 부품은 요구사항에서 지시하는 작도해야 할 부품이다.(품명은 제도자, 설계자에 따라 다를수 있으며 일반적으로 기능, 형상, 운동 등을 고려하여 부여)
- 파란색 부품은 요구사항에서 지시하지 않는 것으로 작도하지 않는다. (KS규격품이며 결합부위 치수 등은 관련규격참고)

1번 부품 해독

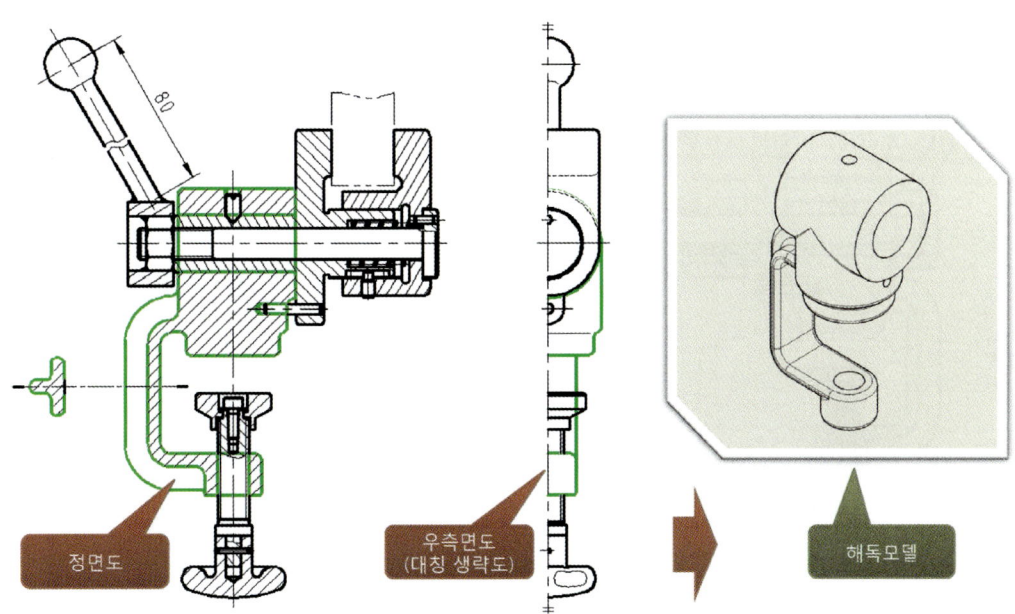

- 지급된 과제도면에서 초록색으로 강조된 영역이 1번 부품의 경계이다

2번 부품 해독

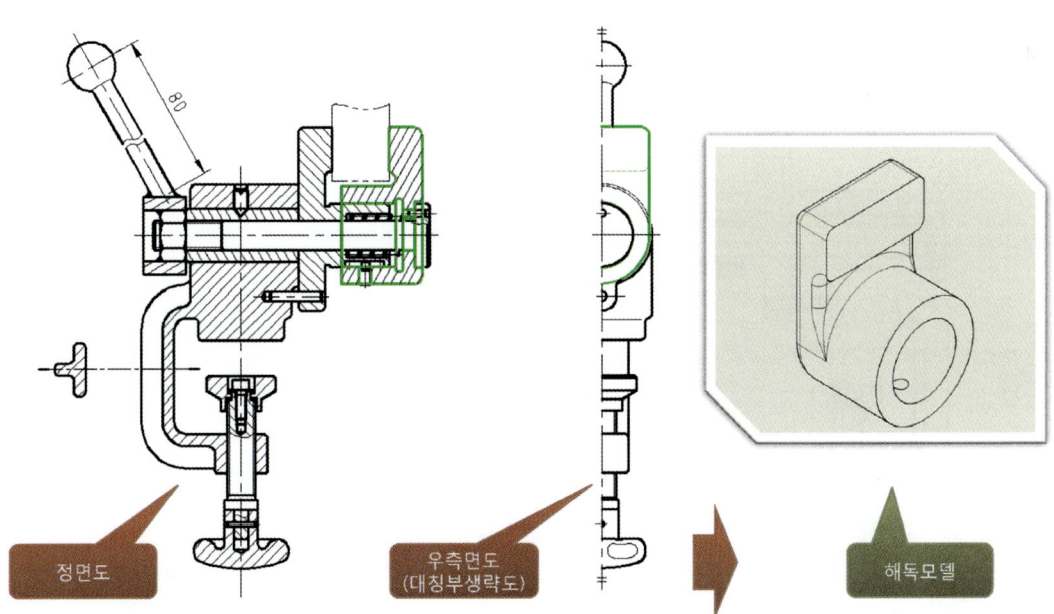

- 지급된 과제도면에서 초록색으로 강조된 영역이 2번 부품의 경계이다

3번 부품 해독

• 지급된 과제도면에서 초록색으로 강조된 영역이 3번 부품의 경계이다

4번 부품 해독

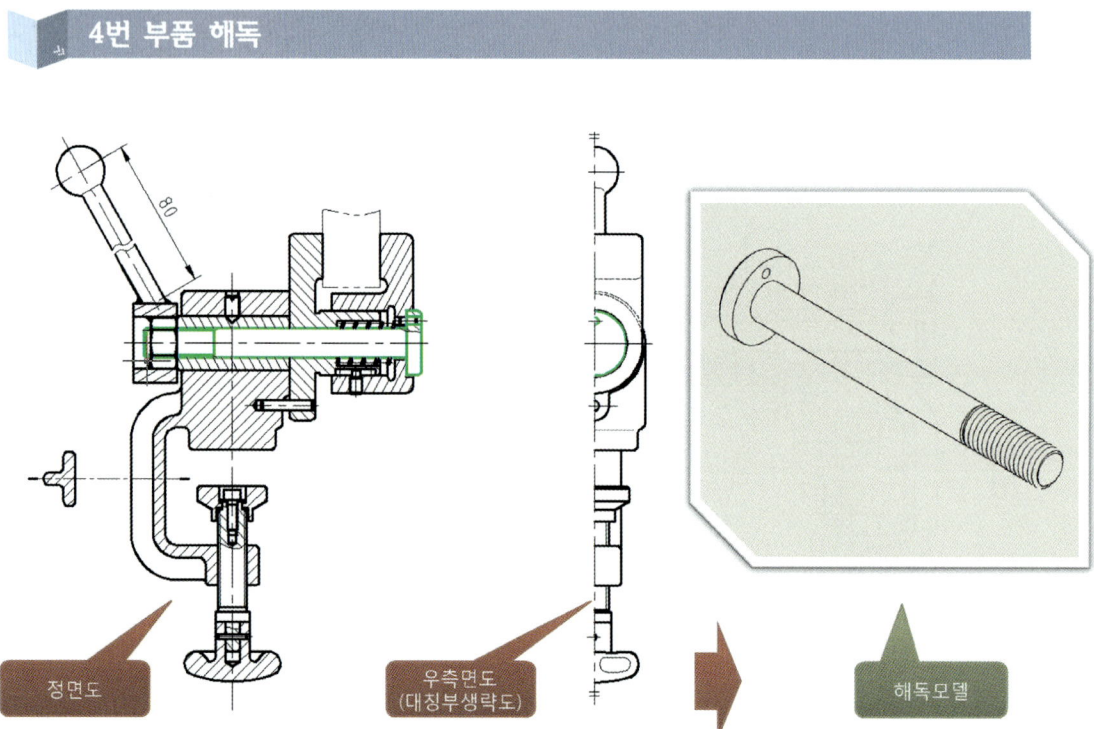

• 지급된 과제도면에서 초록색으로 강조된 영역이 4번 부품의 경계이다

5번 부품 해독

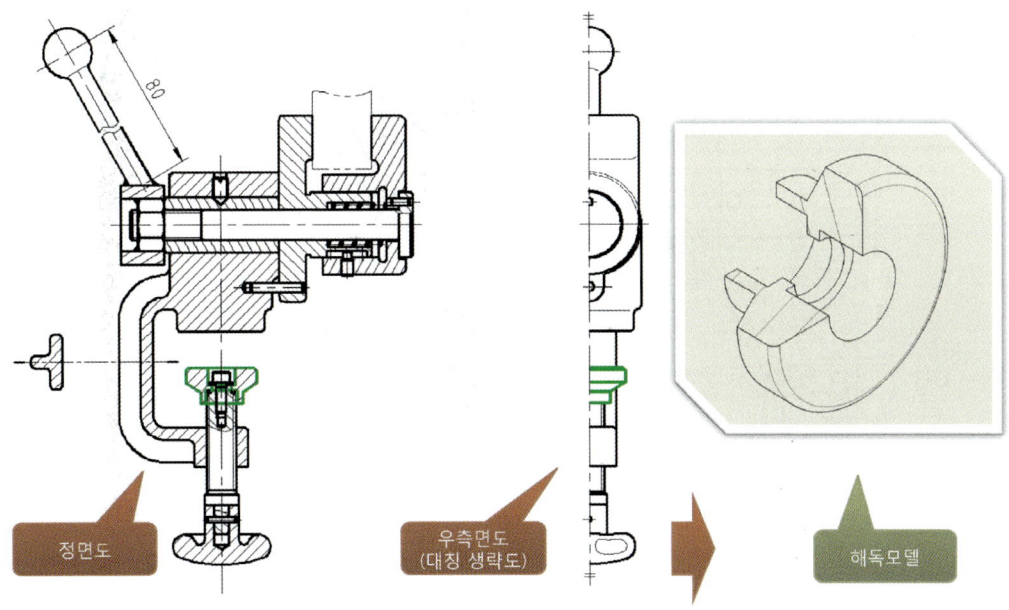

- 지급된 과제도면에서 초록색으로 강조된 영역이 5번 부품의 경계이다

6번 부품 해독

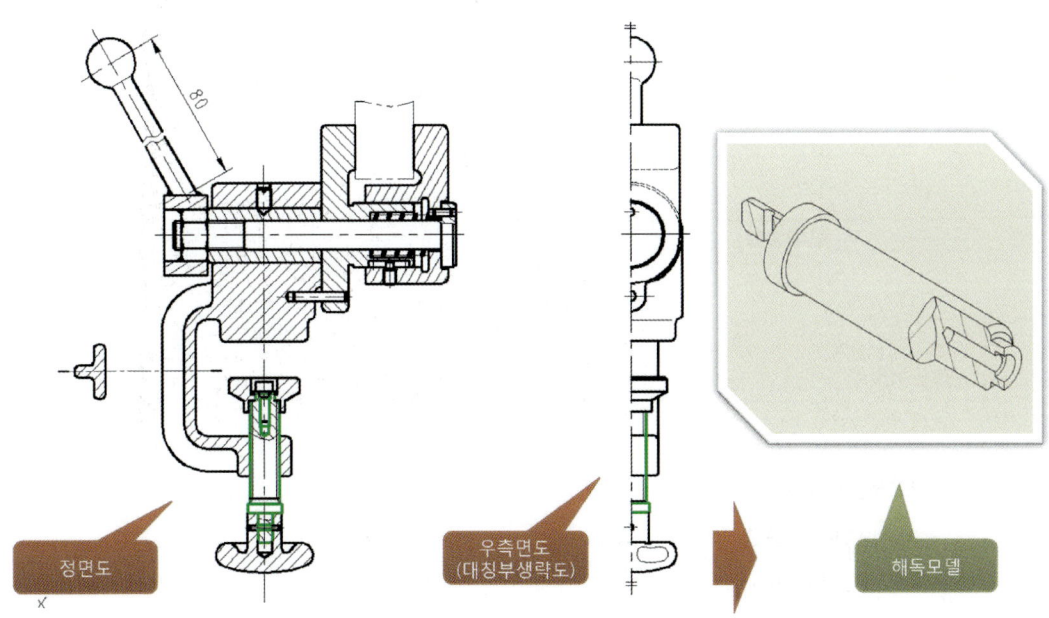

- 지급된 과제도면에서 초록색으로 강조된 영역이 6번 부품의 경계이다

7번 부품 해독

• 지급된 과제도면에서 초록색으로 강조된 영역이 7번 부품의 경계이다

측정 및 모델링

1번 부품 탁상클램프 측정 및 모델링

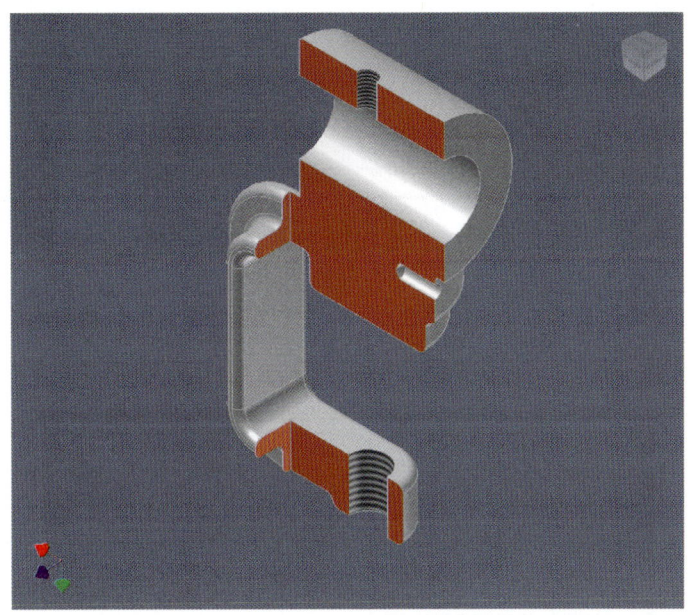

- 1번 부품인 [본체]의 측정 및 모델링을 따라해보자.

≫ 1번 부품 측정

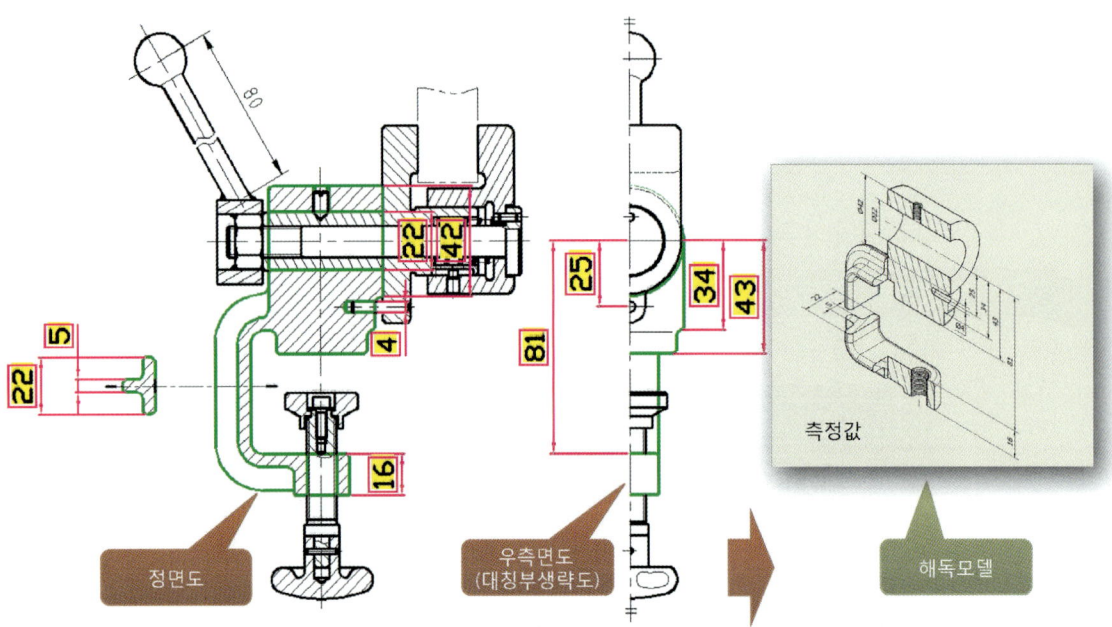

- 높이 방향의 치수는 정면도와 우측면도에서 그림과 같이 측정 가능하다.
- 높이 방향치수 중 핀이 조립되는 4mm부분은 3번 부품과 함께 조립시 같은 위치여야 한다.

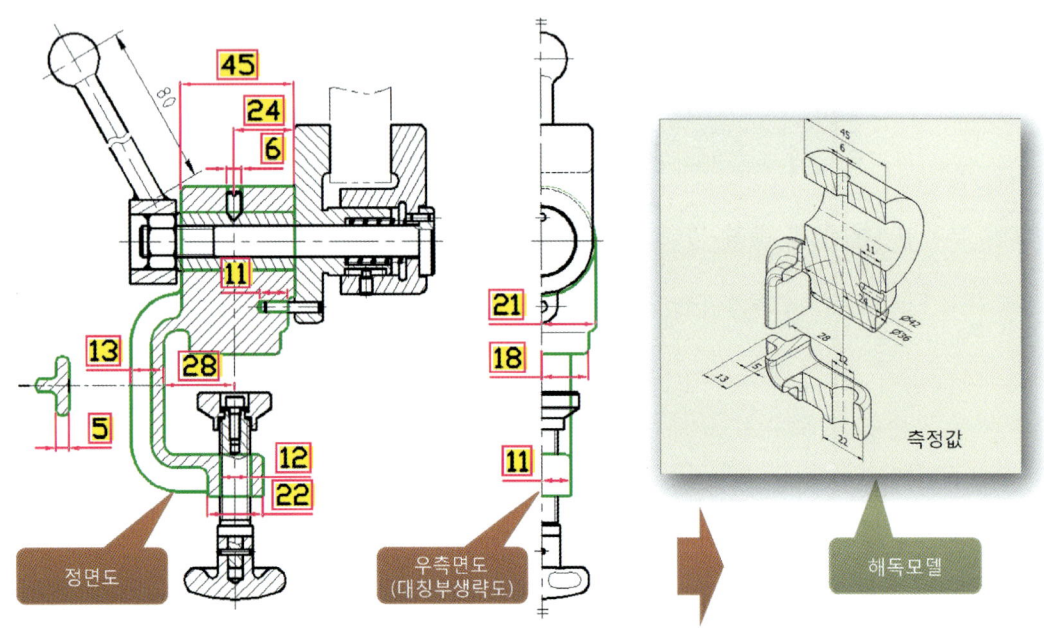

- 수평방향 치수는 그림과 같이 정면도와 우측면도에서 측정 가능하다.
- 치수 중 멈춤나사가 조립되는 6mm부분은 미끄럼 부시와 조립시 동일한 위치여야 한다.

▶▶ 측정 완료

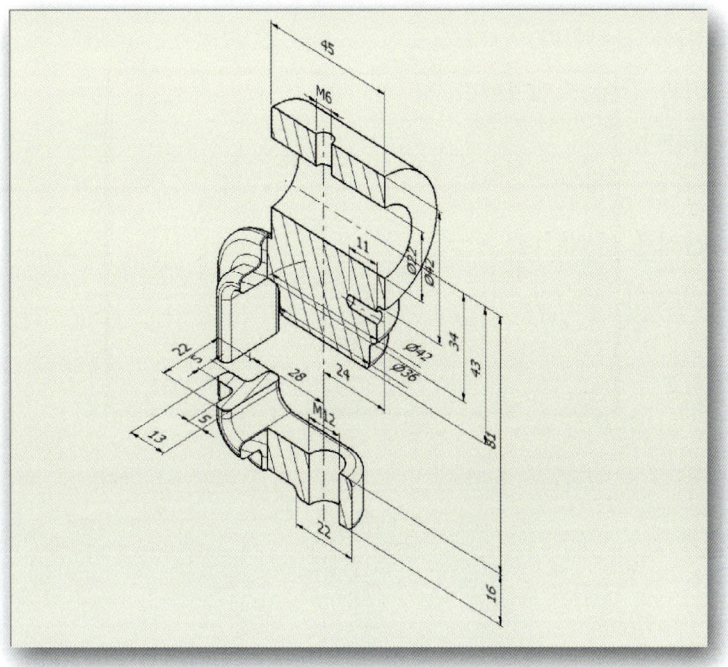

- 모델링에 필요한 측정치수 및 규격 참조 치수를 표시하면 위와 같다.

▶▶ 스케치

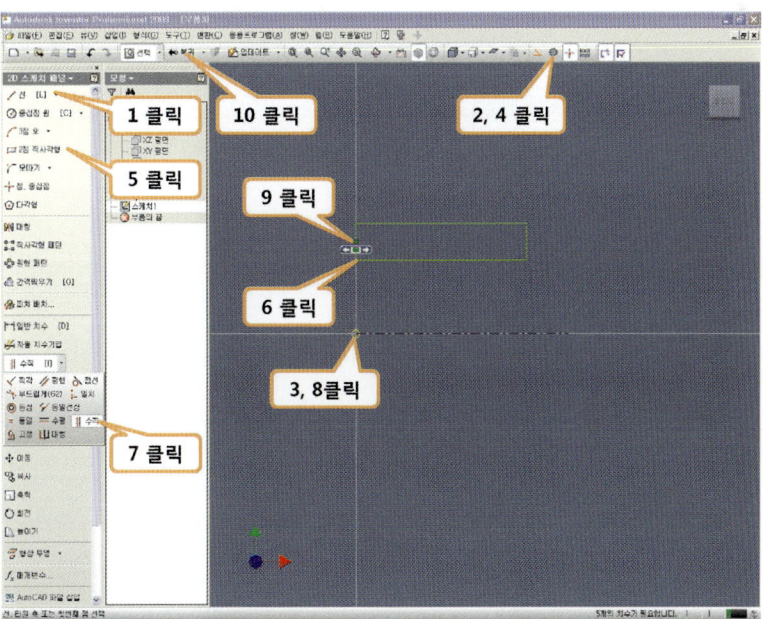

1. [선]을 클릭한다.
2. [중심선]을 클릭한다.

3. 원점을 클릭하여 중심선을 스케치한다.
4. [중심선]을 클릭하여 선택을 해제 한다.
5. [2점 직사각형]을 클릭한다.
6. 클릭하여 그림과 같이 스케치한다.
7. [수직]을 클릭한다.
8. 원점을 클릭한다.
9. 수직선의 중간점을 클릭한다.
10. [복귀]를 클릭한다.

치수 구속

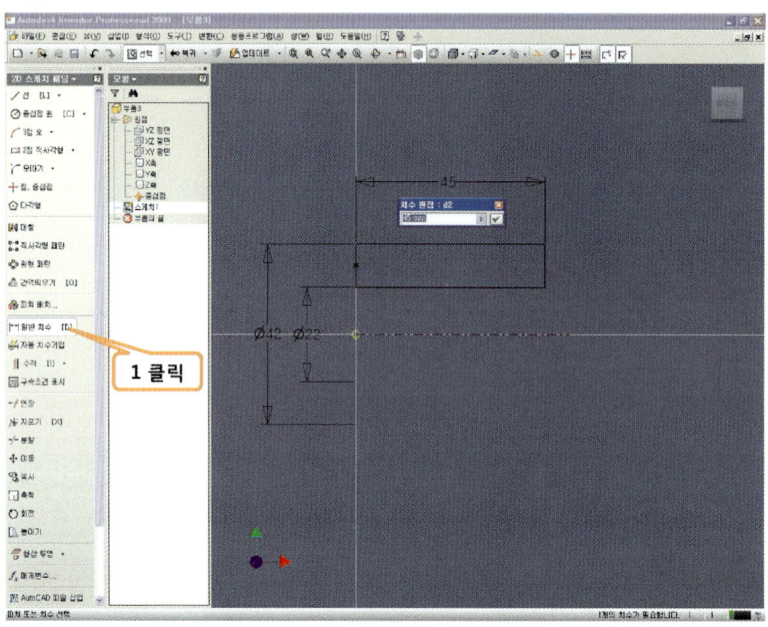

1. [일반 치수]를 클릭한 후 그림과 같이 치수를 구속한다.

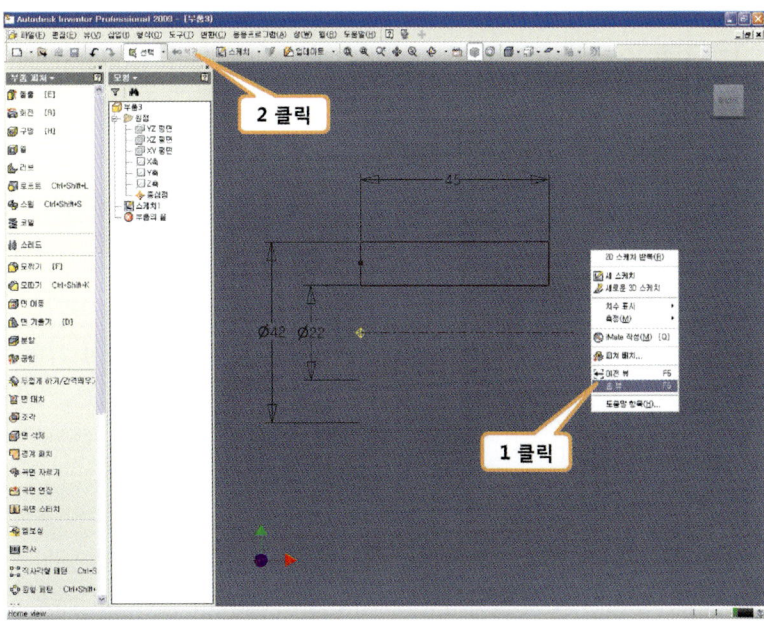

1. 마우스 오른쪽 버튼을 클릭한 후 [홈뷰]를 클릭한다.
2. [복귀]를 클릭한다.

》 회전 피쳐

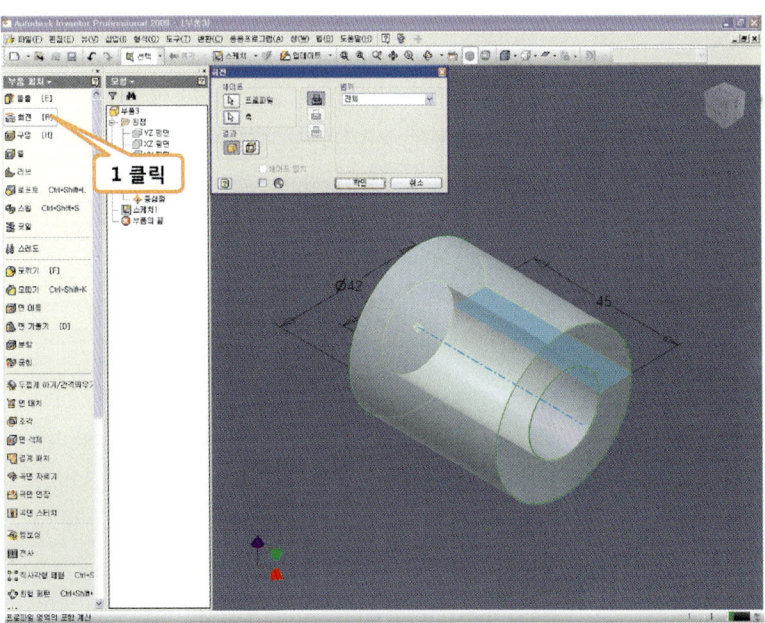

1. [회전]을 클릭한 후 [확인] 버튼을 클릭한다.
   (화면상에 프로파일이 하나만 존재 함으로 프로파일과 축은 자동 선택된다.)

작업 평면

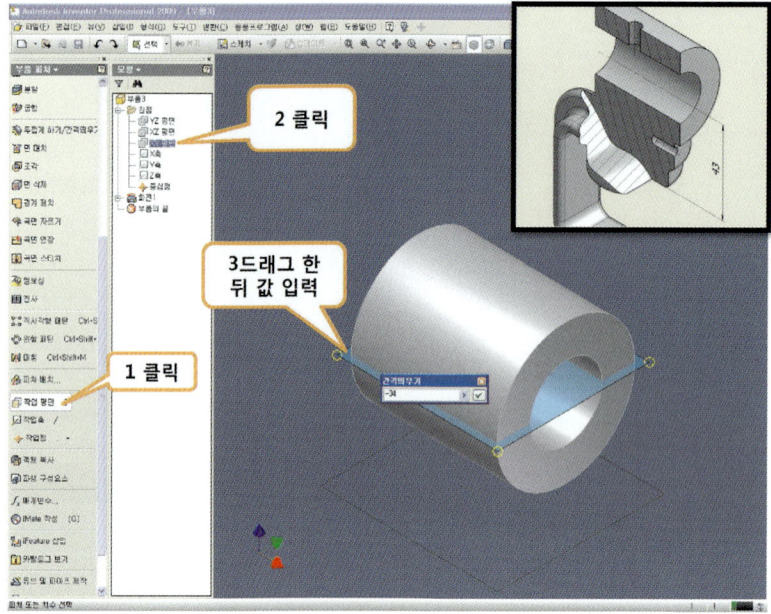

1. [작업 평면]을 클릭한다.
2. [XY평면]을 클릭한다.
3. 클릭, 드래그하여 만들고자 하는 스케치 평면과의 거리 값을 입력한다.

스케치 평면

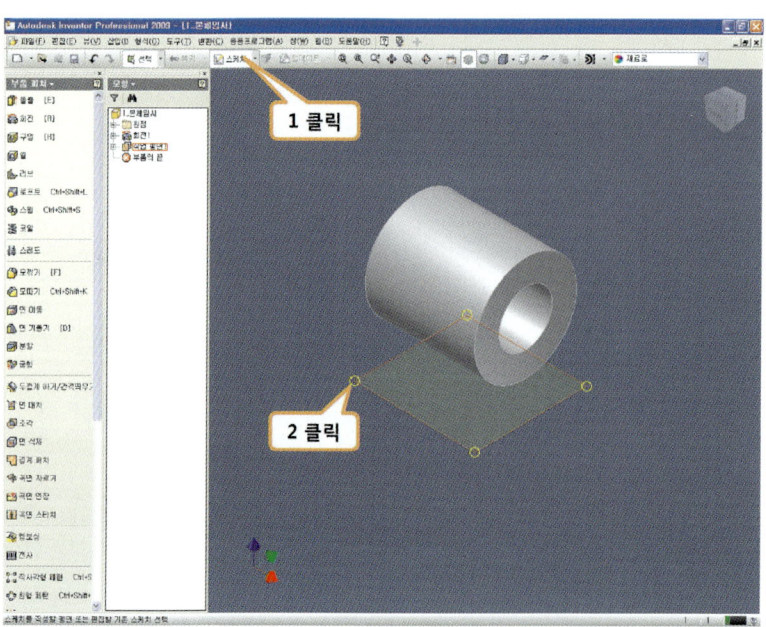

1. [스케치]를 클릭한다.
2. [작업평면1]을 클릭하여 스케치 평면으로 지정한다.

형상 투영

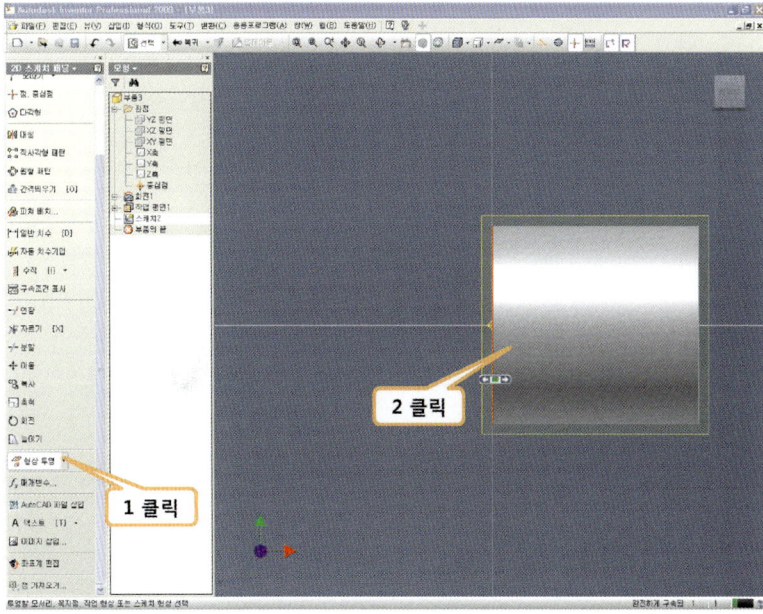

1. [형상투영]을 클릭한다.
2. 원통 면을 클릭한다.(결과는 투영된 사각형)

그래픽 슬라이스

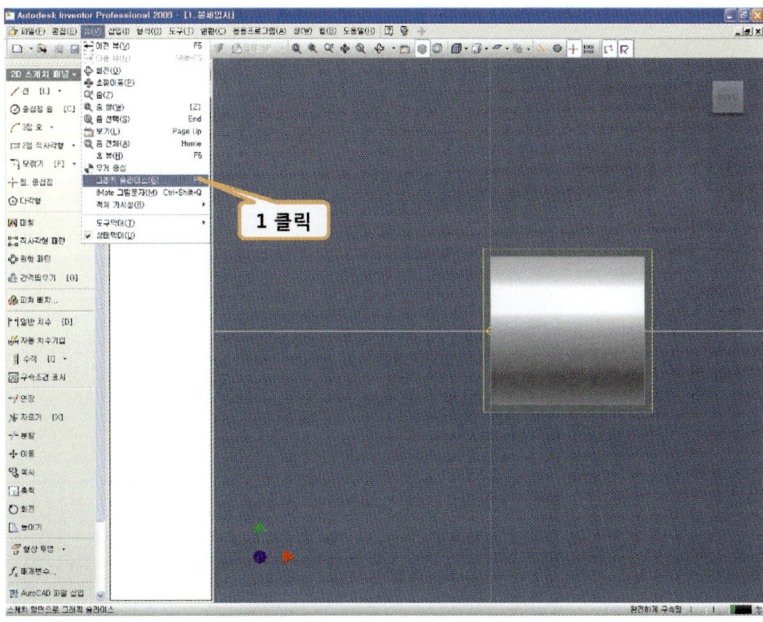

1. [뷰]-[그래픽 슬라이스]를 클릭한다.

중심점 원

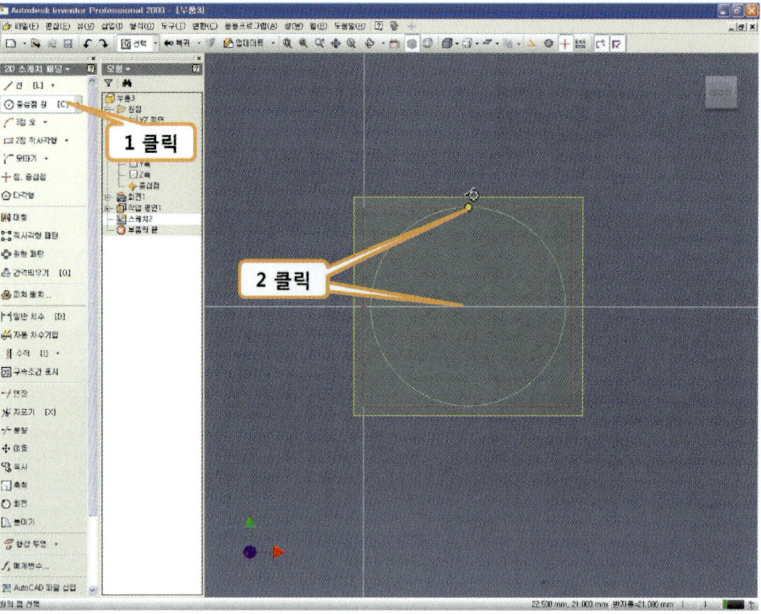

1. [중심점 원]을 클릭한다.
2. 그림과 같이 X축(흰색) 선상을 중심점으로 하고 형상 투영한 사각형을 접선으로 하는 원을 스케치한다.

치수 구속

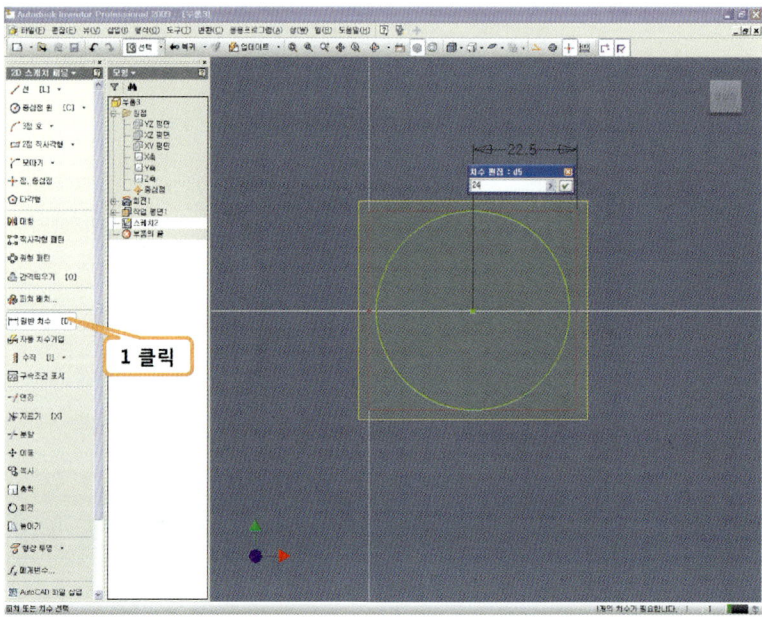

1. [일반 치수]를 클릭한 후 그림과 같이 치수를 구속한다.

형상 구속

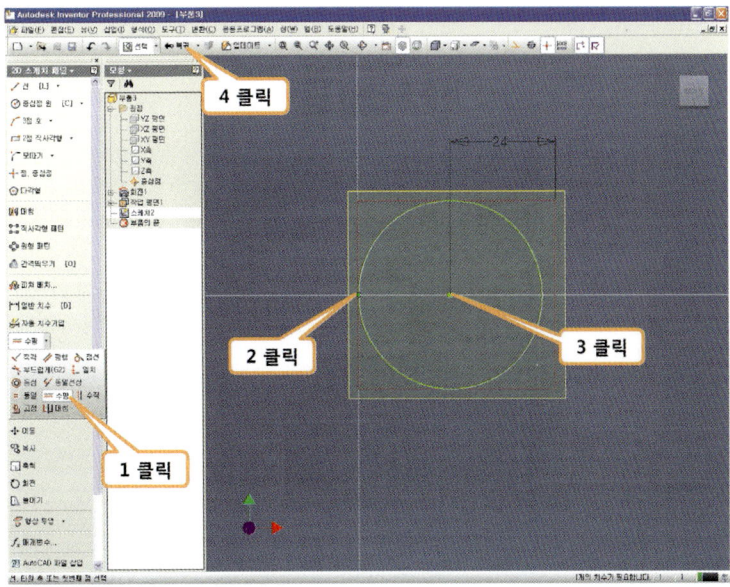

1. [수평]을 클릭한다.
2. 수직선의 중심점을 클릭한다.
3. 원의 중심점을 클릭하여 두 점을 수평 구속한다.
4. [복귀]를 클릭한다.

돌출 피처

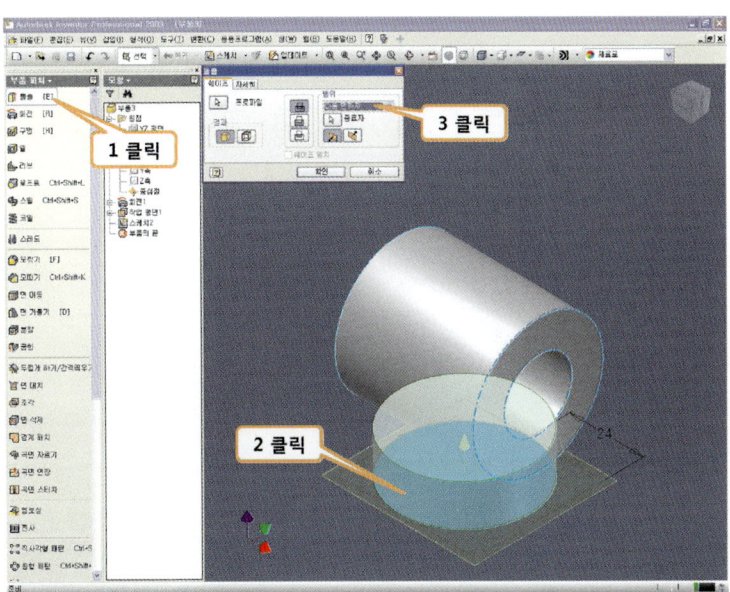

1. [돌출]을 클릭한다.
2. 스케치한 원을 클릭한다.
3. 클릭하여 '다음 면까지'를 선택한 후 [확인] 버튼을 클릭한다.

스케치 평면

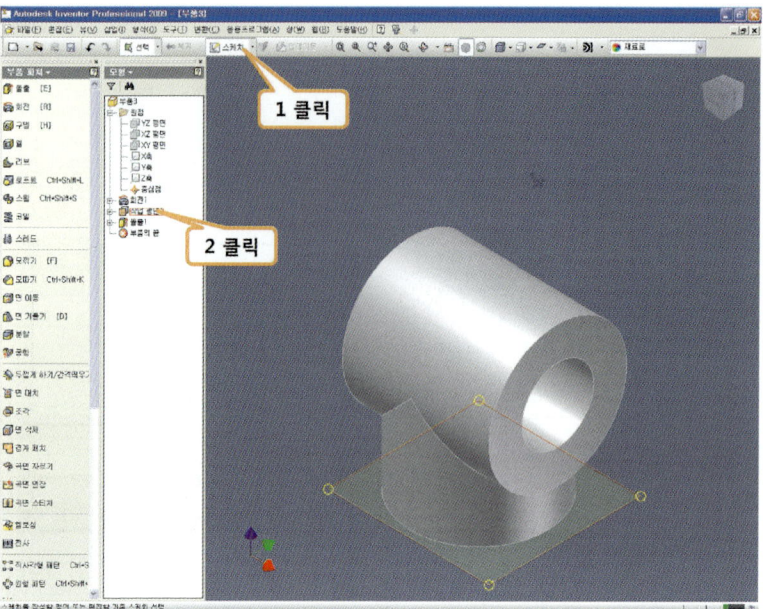

1. [스케치]를 클릭한다.
2. 클릭하여 새로운 작업 평면을 선택한다.

형상 투영

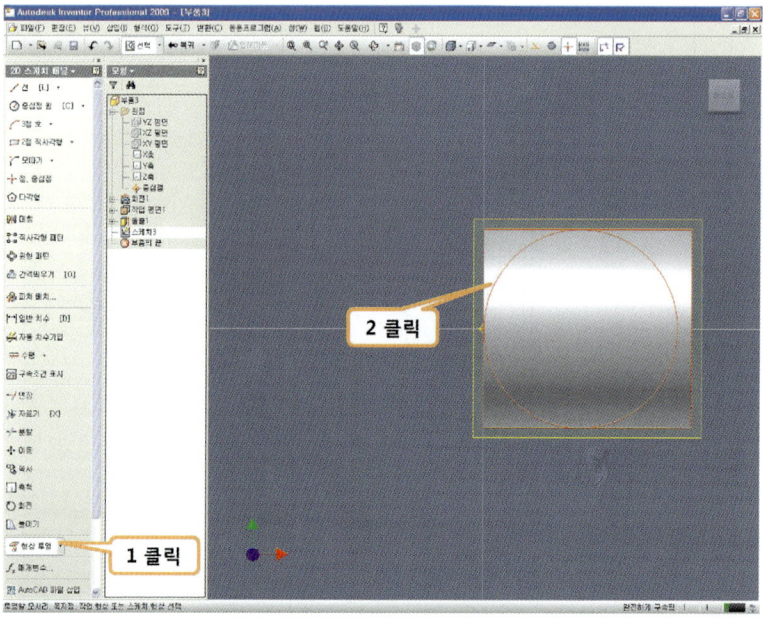

1. [형상 투영]을 클릭한다.
2. 원기둥의 가장자리를 클릭한다.(결과는 투영된 원)

그래픽 슬라이스

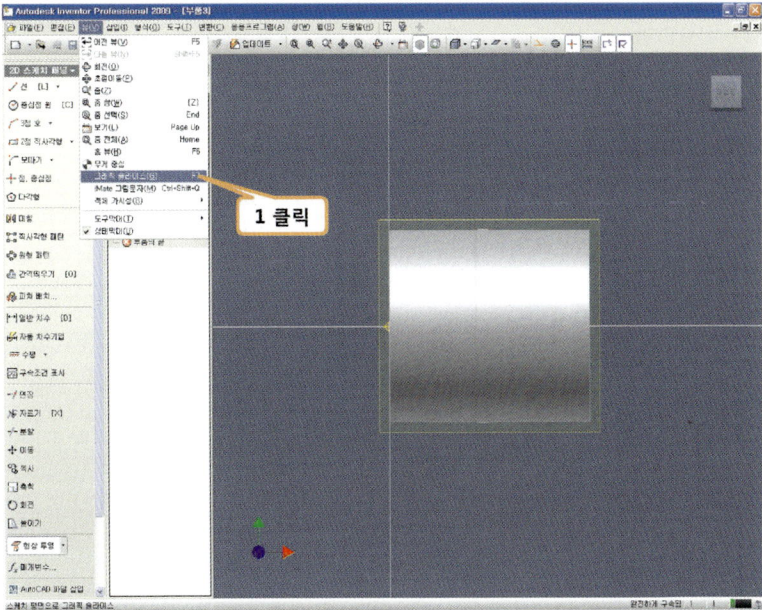

1. [뷰]-[그래픽 슬라이스]를 클릭한다.

스케치

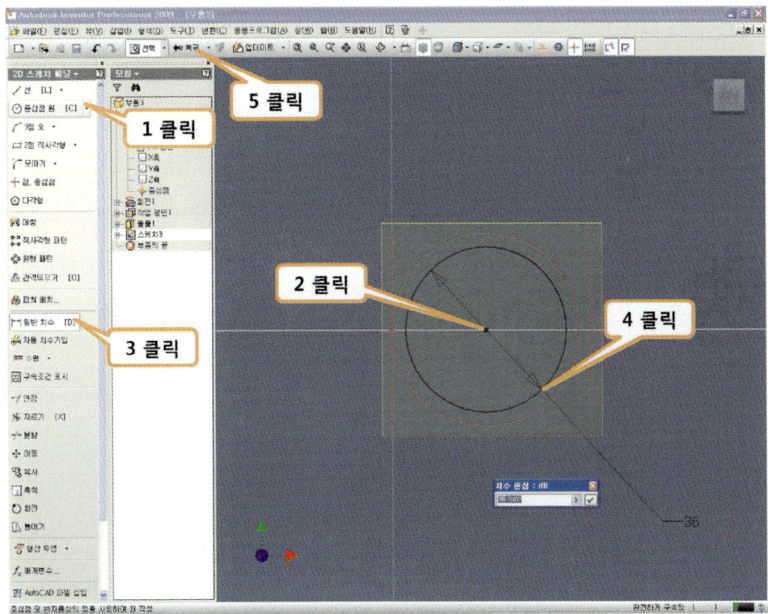

1. [중심점 원]을 클릭한다.
2. 형상 투영한 원의 중심점을 클릭하여 원을 스케치한다.
3. [일반 치수]를 클릭한다.
4. 원을 클릭하여 치수를 기입한다.
5. [복귀]를 클릭한다.

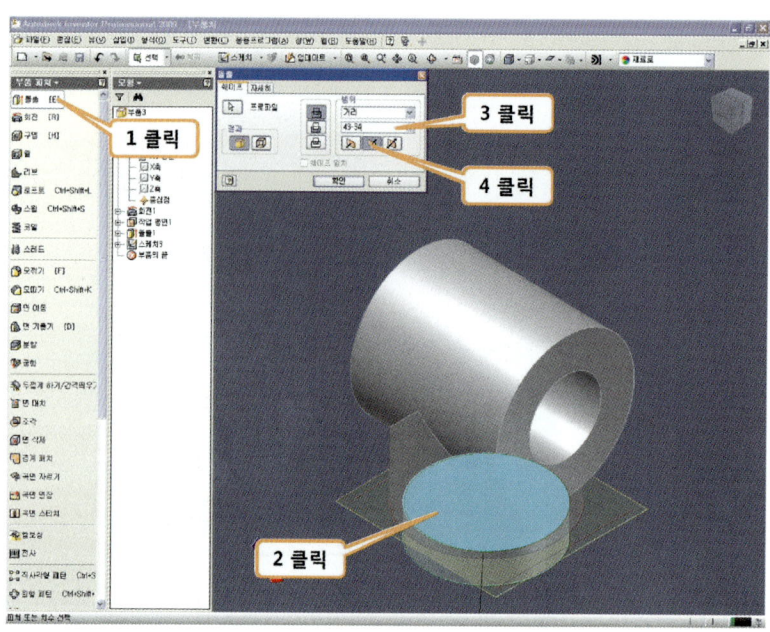

1. [돌출]을 클릭한다.
2. 스케치한 원을 클릭한다.
3. 돌출 값을 입력한다.
4. 역방향 버튼을 클릭한다.

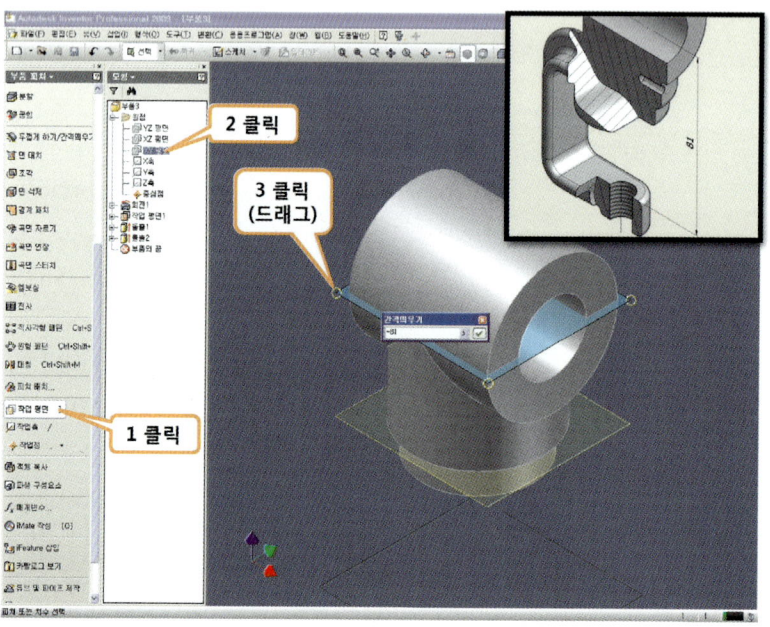

1. [작업 평면]을 클릭한다.
2. [XY평면]을 클릭한다.
3. 클릭, 드래그하여 만들고자 하는 스케치 평면과의 거리 값을 입력한다.

▶▶ 스케치 평면

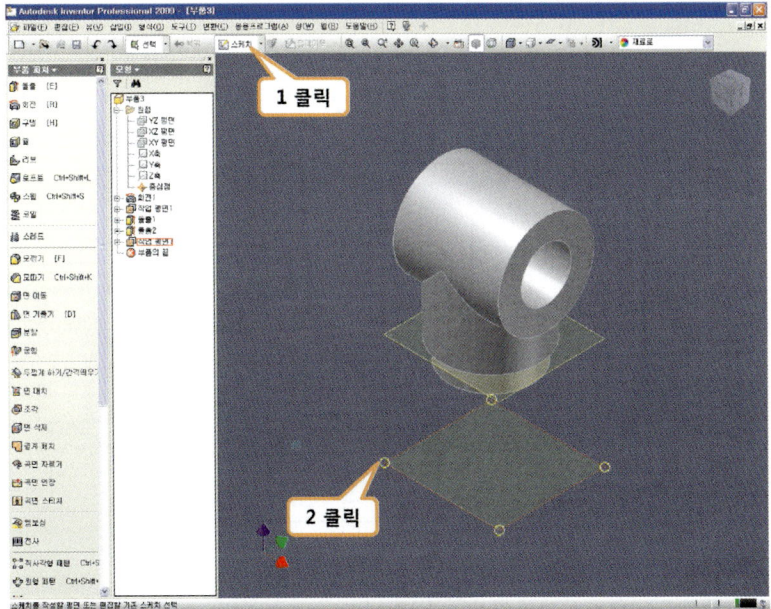

1. [스케치]를 클릭한다.
2. 작업 평면을 클릭한다.

▶▶ 형상 투영

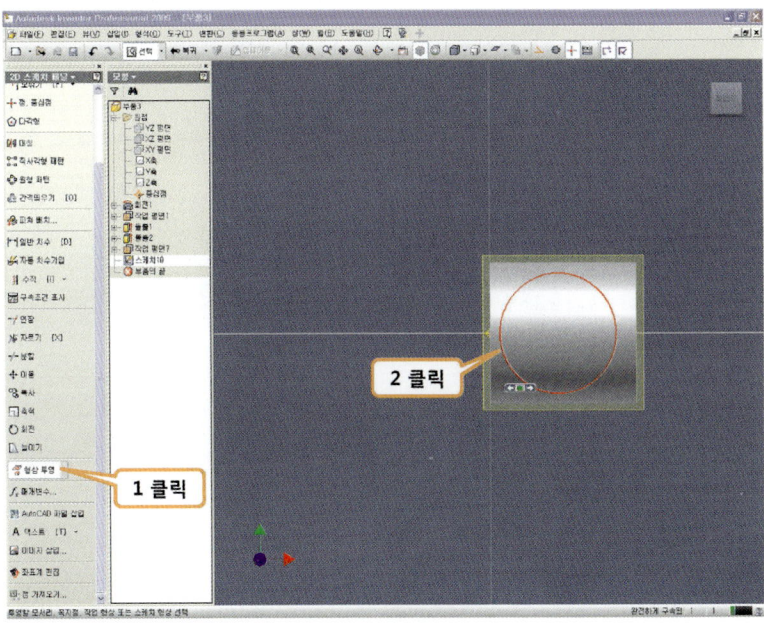

1. [형상 투영]을 클릭한다.
2. 원통 면을 클릭한다.(결과는 투영된 원)

그래픽 슬라이스

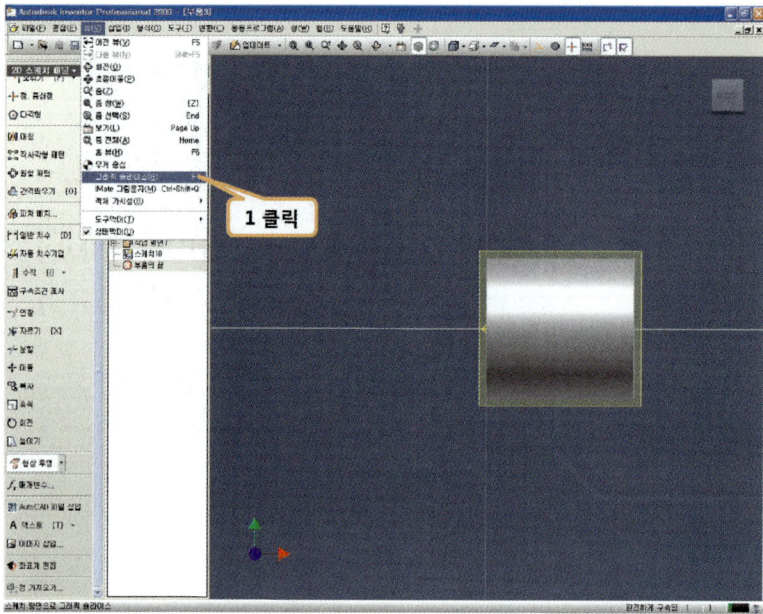

1. [뷰]-[그래픽 슬라이스]를 클릭한다.

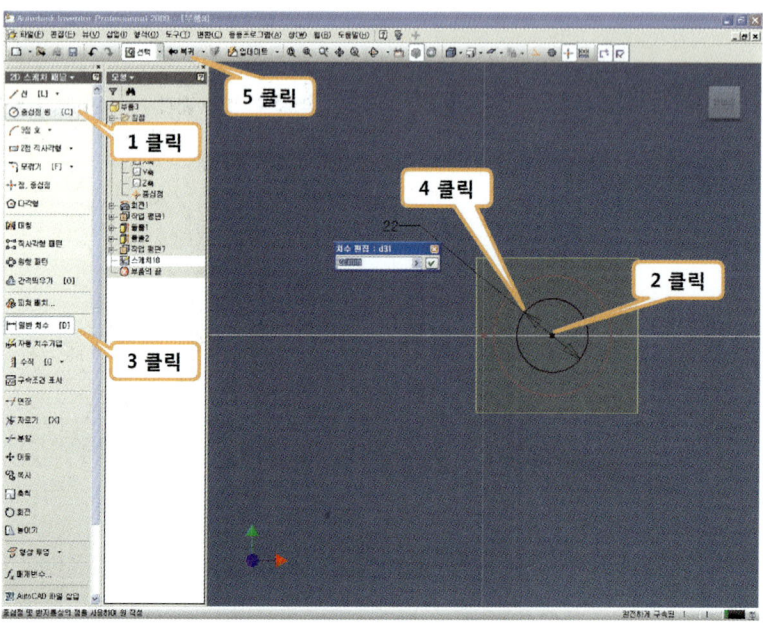

1. [중심점 원]을 클릭한다.
2. 형상 투영된 원의 중심점을 클릭하여 원을 스케치 한다.
3. [일반 치수]를 클릭한다.
4. 클릭하여 치수를 입력한다.
5. [복귀]를 클릭한다.

돌출 피쳐

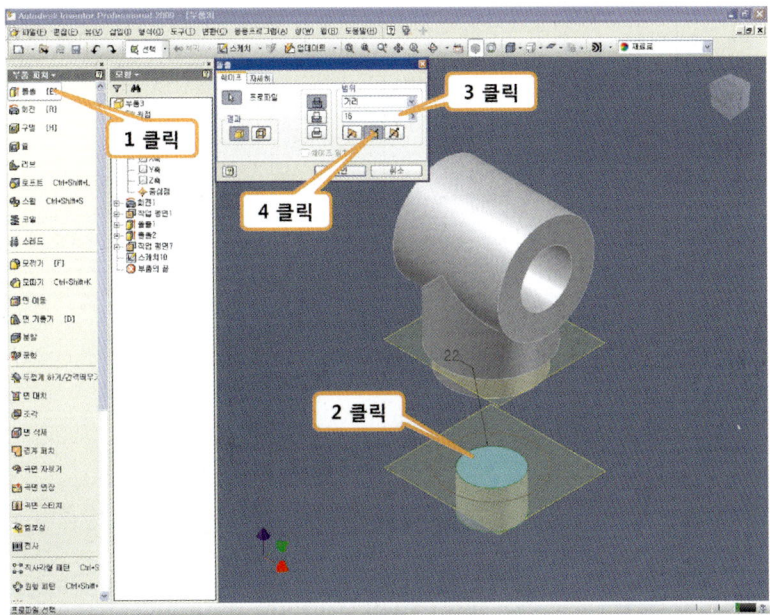

1. [돌출]을 클릭한다.
2. 스케치한 원을 클릭한다.
3. 클릭하여 치수를 입력한다.
4. 클릭하여 방향을 역으로 바꾼 뒤 [확인] 버튼을 클릭한다.

작업축

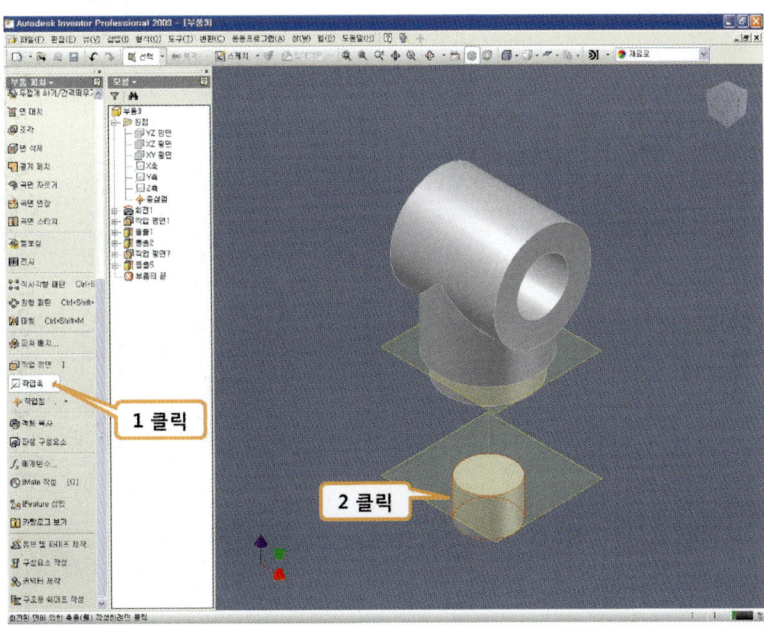

1. [작업 축]을 클릭한다.
2. 원통면을 클릭하여 작업 축을 만든다.(결과는 노란색 축 생성)

작업평면

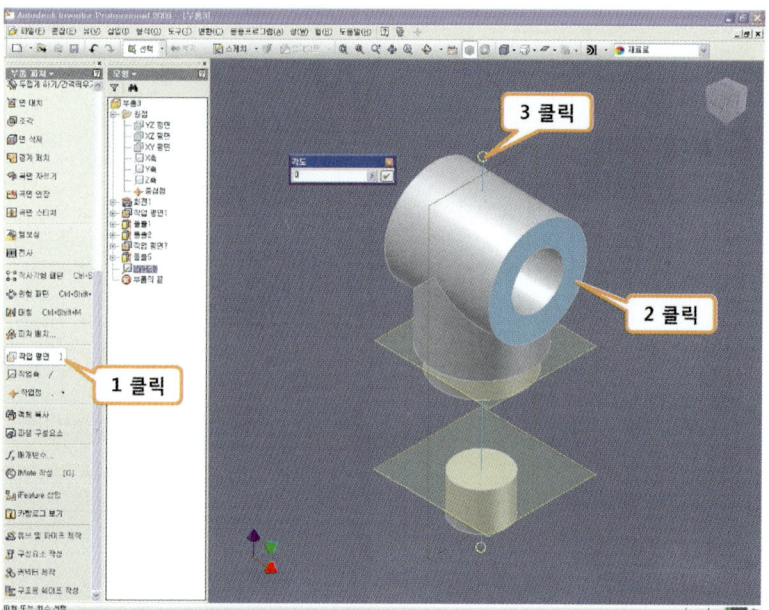

1. [작업 평면]을 클릭한다.
2. 원통의 면을 클릭한다.
3. 중심 축을 클릭한 후 각도 입력란을 '0'으로 입력하여 원통측면과 수평이 되는 작업평면을 만든다.

스케치 평면

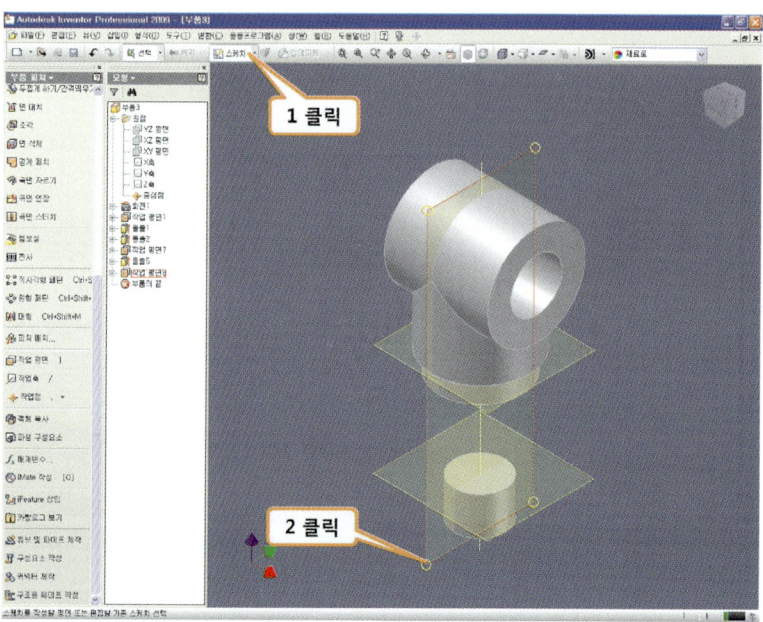

1. [스케치]를 클릭한다.
2. 작업 평면을 클릭하여 새 스케치 평면을 만든다.

좌표계 편집

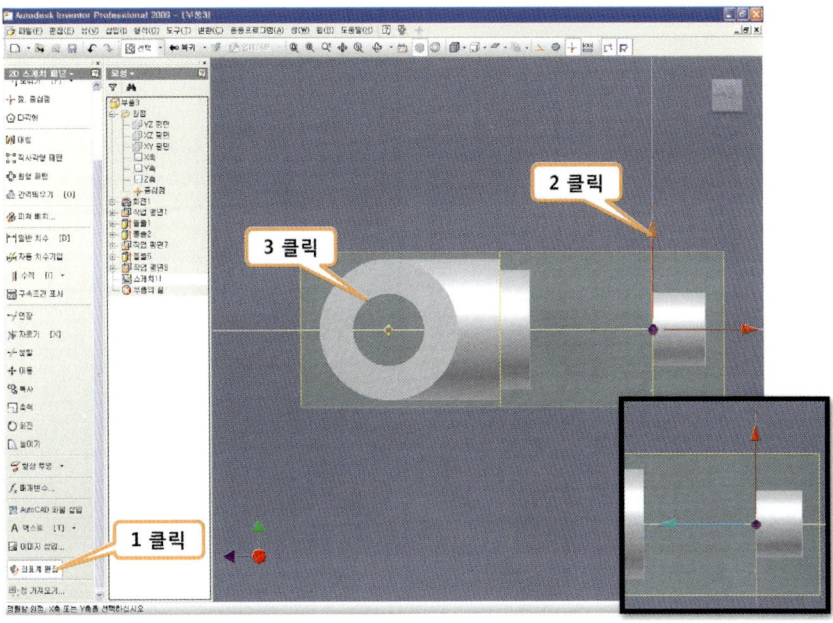

1. [좌표계 편집]을 클릭한다.
2. Y축을 클릭한다.
3. 작은 원을 클릭한다.(그림과 같은 결과가 나오도록 마우스를 움직여 본다. Y축으로 안되면 X축을 클릭하여 마우스를 움직여 본다.)

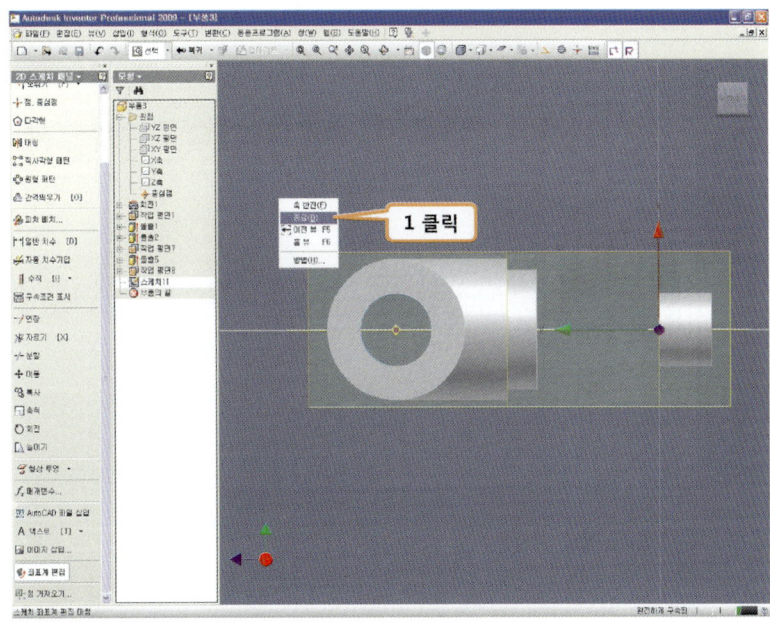

1. 마우스 오른쪽 버튼을 클릭하여 [종료]를 클릭한다.

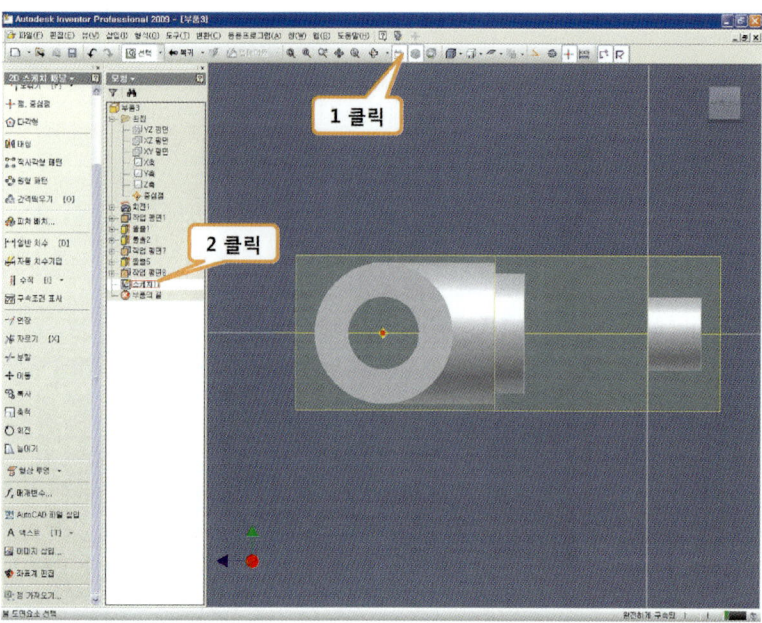

1. [보기]를 클릭한다.
2. 스케치11 을 클릭한다.

▶▶ 그래픽 슬라이스

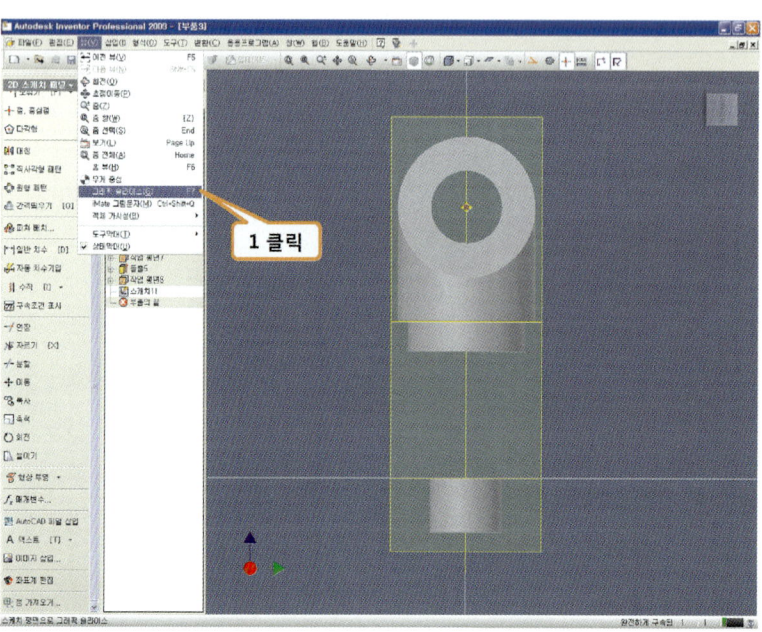

1. [뷰]-[그래픽 슬라이스]를 클릭한다.

절단 모서리 투영

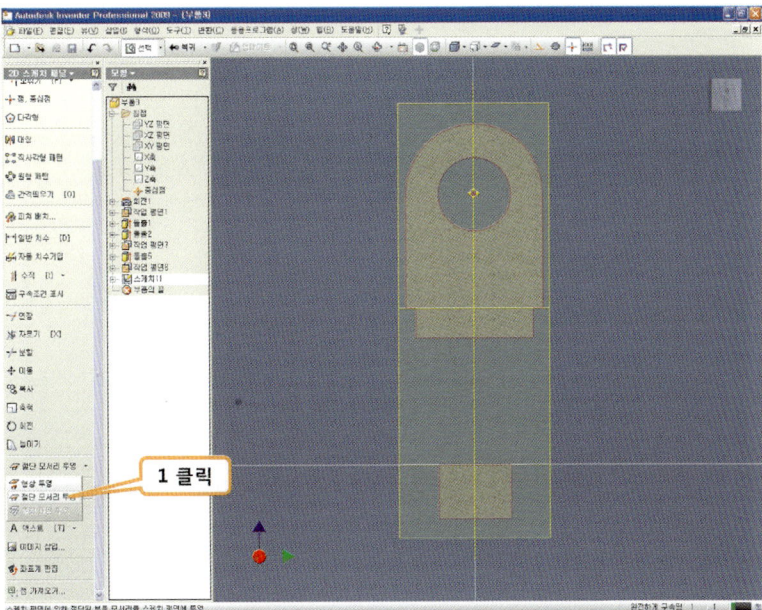

1. [절단 모서리 투영]을 클릭한다.

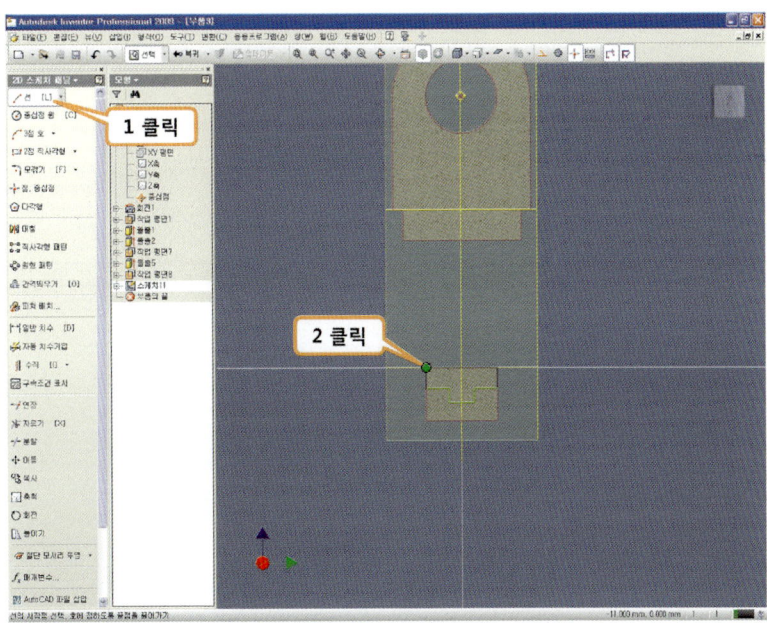

1. [선]을 클릭한다.
2. 모서리가 구속 되도록 클릭하여 그림과 같이 스케치한다.

형상 구속

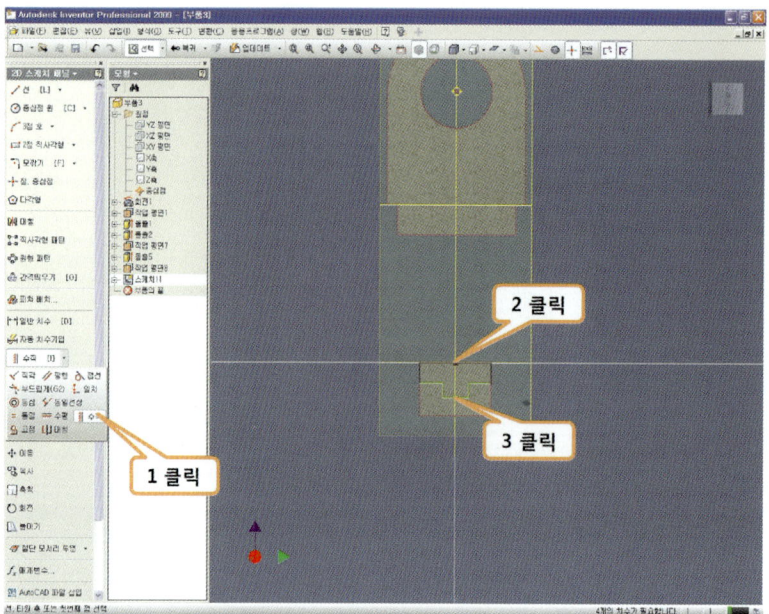

1. [수직]을 클릭한다.
2. 수평선의 중간점을 클릭한다.
3. 수평선의 중간점을 클릭하여 두 점을 수직 구속 시킨다.(좌우 대칭 구속)

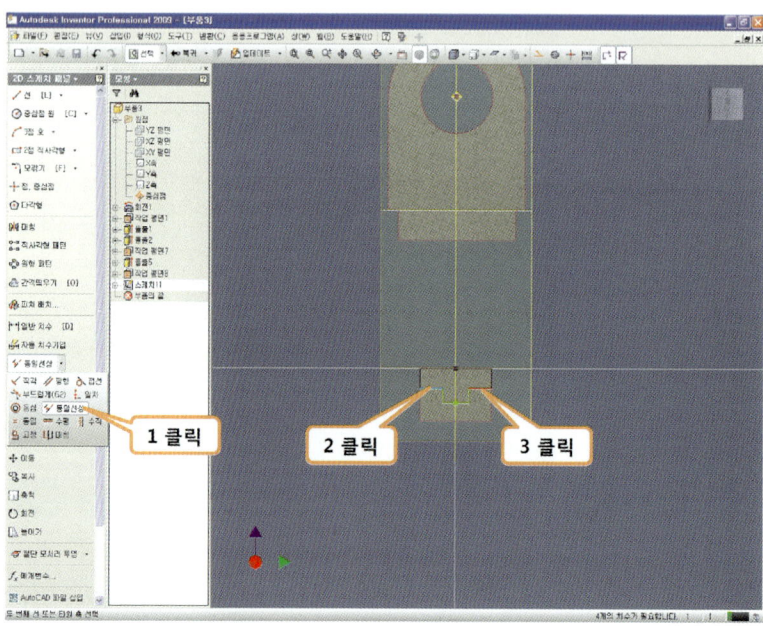

1. [동일 선상]을 클릭한다.
2. 수평선을 클릭한다.
3. 수평선을 클릭하여 두 선을 동일한 선상에 구속한다.

일반 치수

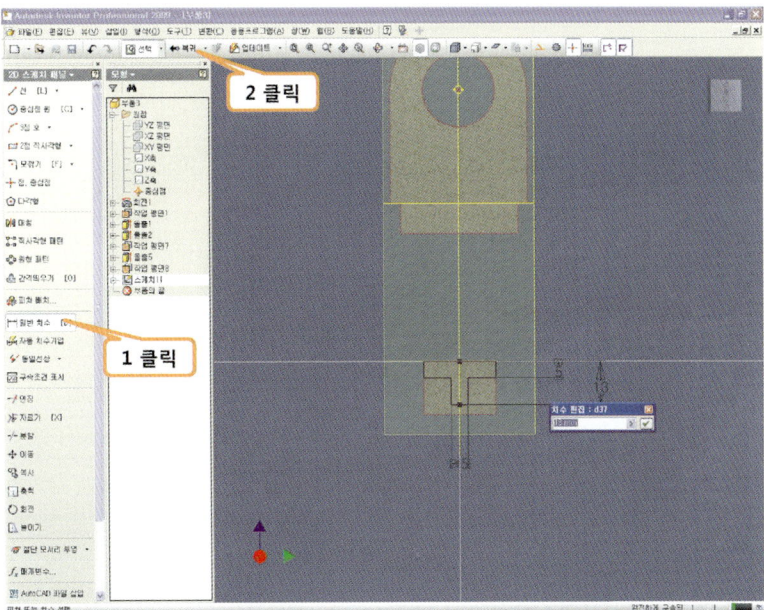

1. [일반 치수]를 클릭한 후 그림과 같이 3개의 치수를 입력하여 구속한다.
2. [복귀]를 클릭한다.

스케치 평면

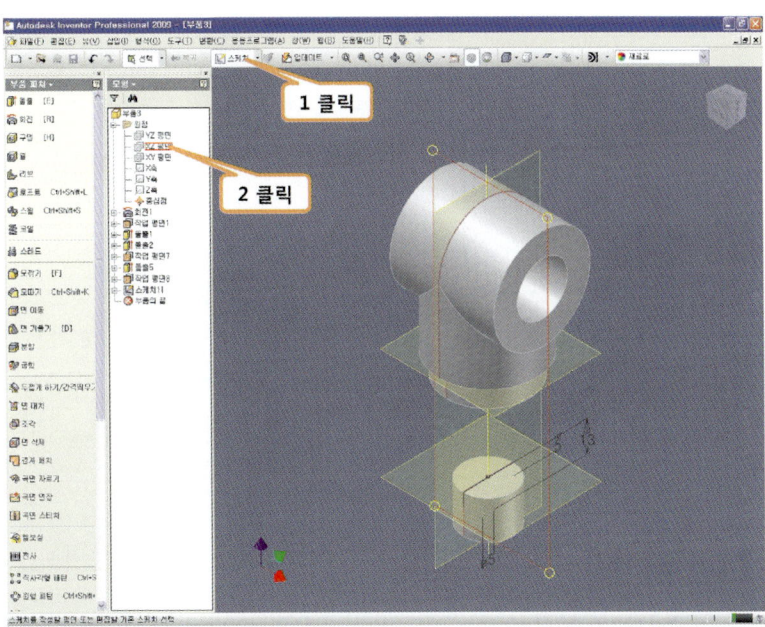

1. [스케치]를 클릭한다.
2. [XZ평면]을 클릭한다.

그래픽 슬라이스

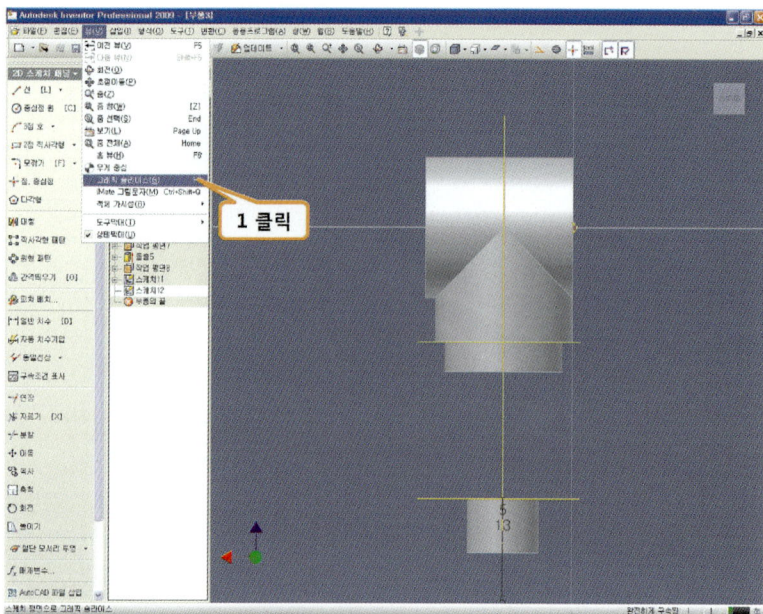

1. [뷰]-[그래픽 슬라이스]를 클릭한다.

절단 모서리 투영

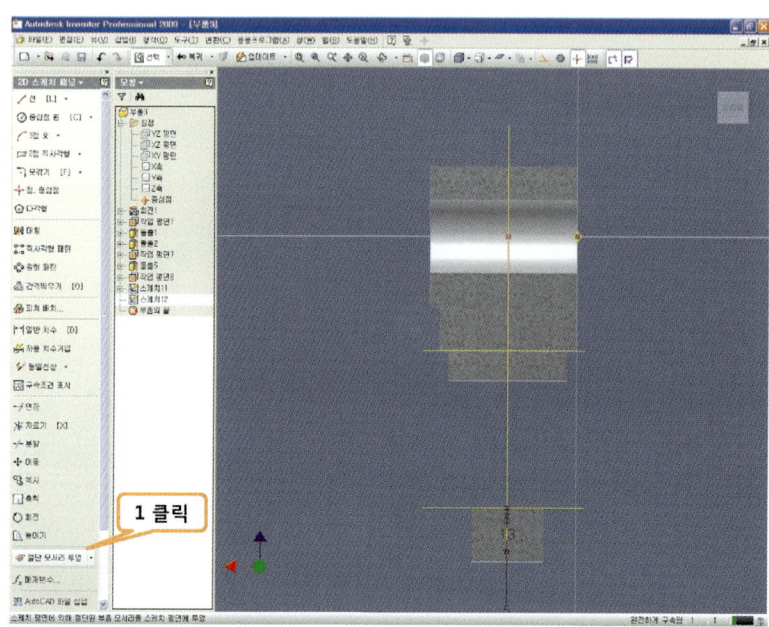

1. [절단 모서리 투영]을 클릭한다.

스케치

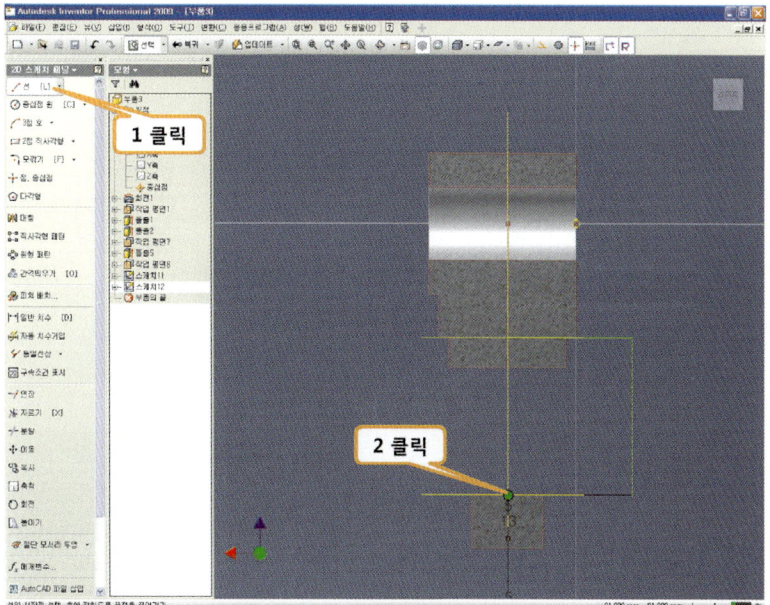

1. [선]을 클릭한다.
2. 클릭 후 그림과 같이 스케치한다.

모깎기

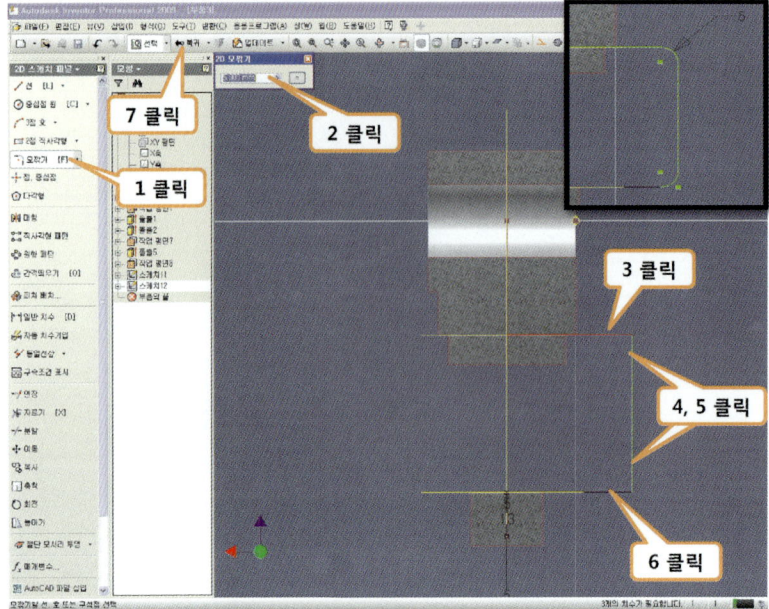

1. [모깎기]를 클릭한다.
2. 클릭하여 반지름 값을 입력한다.
3. 수평선을 클릭한다.
4. 수직선을 클릭하여 두선의 모서리를 모깎기 한다.
5. 수직선을 클릭한다.
6. 수평선을 클릭하여 두선의 모서리를 모깎기 한다.
7. [복귀]를 클릭한다.

스윕 피쳐

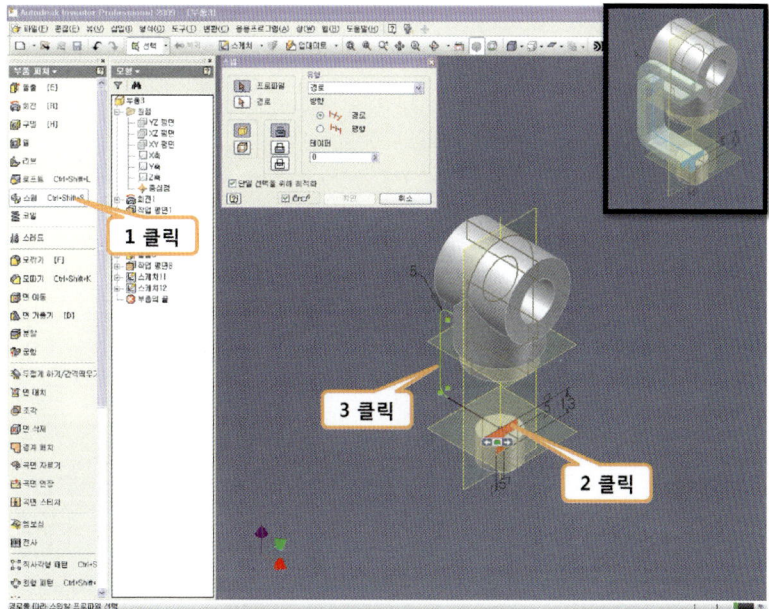

1. [스윕]을 클릭한다.
2. 스윕 할 프로파일을 클릭한다.
3. 스윕에 필요한 경로를 클릭한다.

구멍 피쳐

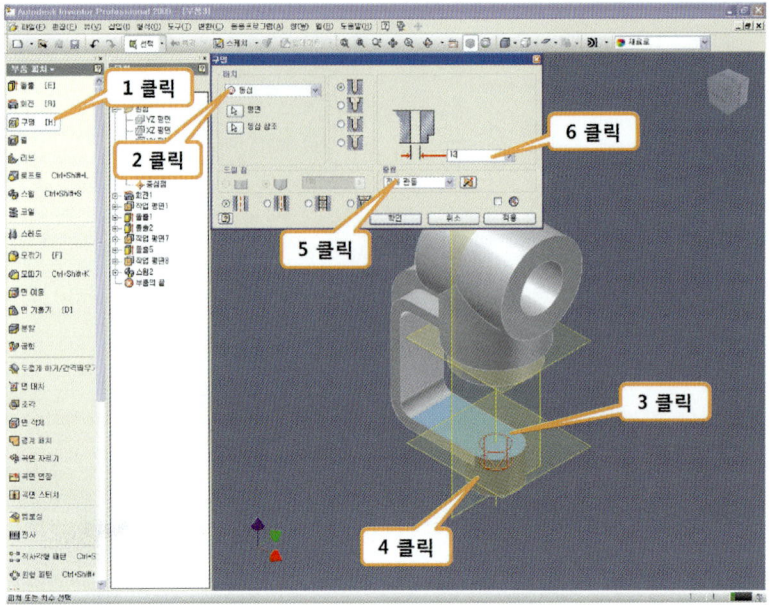

1. [구멍]을 클릭한다.
2. 클릭하여 동심을 선택한다.
3. 구멍을 뚫을 면을 클릭한다.
4. 뚫고자 하는 구멍과 같은 중심을 가지는 원기둥의 면을 클릭한다.
5. 클릭하여 '전체 관통'을 선택한다.
6. 클릭하여 구멍의 지름을 입력한 후 [확인] 버튼을 클릭한다.

작업평면

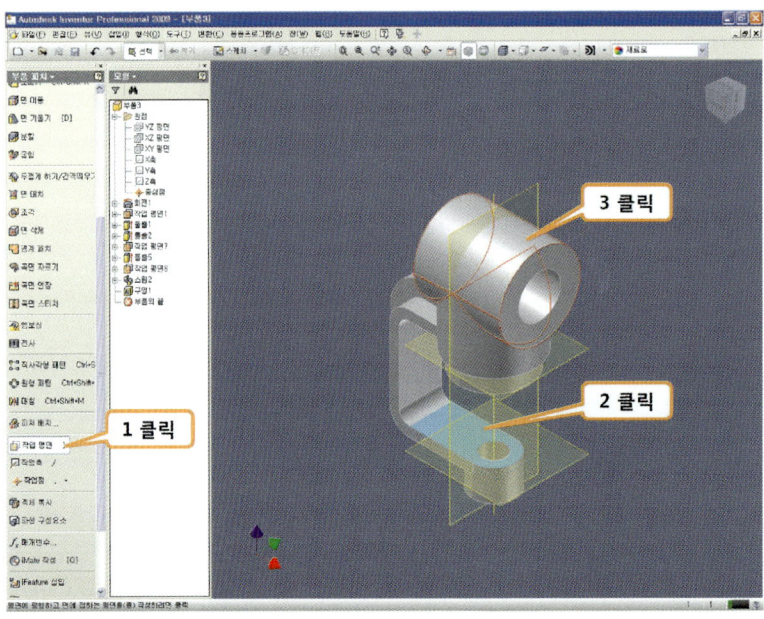

1. [작업 평면]을 클릭한다.
2. 만들려고 하는 스케치 면과 평행이 되는 면을 클릭한다.
3. 스케치 평면을 만들고자 하는 원통의 면을 클릭한다.

》 스케치 평면

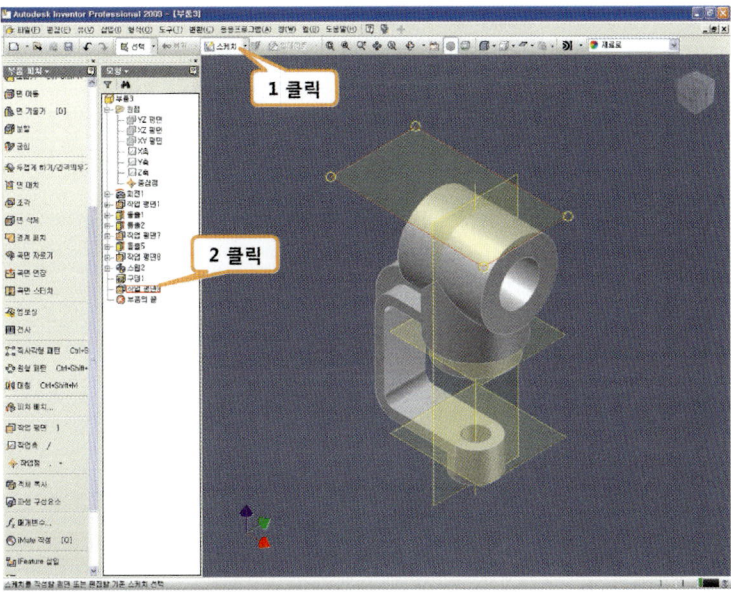

1. [스케치]를 클릭한다.
2. '작업 평면9'를 클릭한다.

점, 중심점

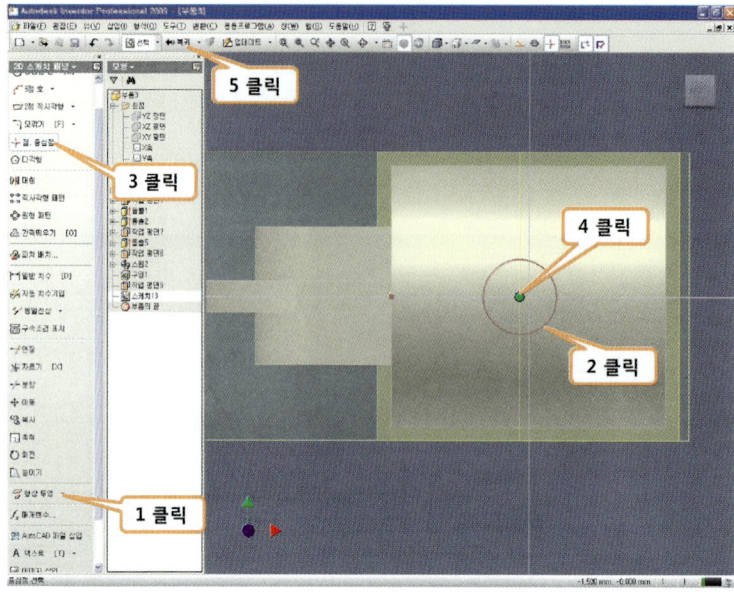

1. [형상 투영]을 클릭한다.
2. 뚫고자 하는 구멍과 같은 중심을 가지는 원을 클릭한다.
3. [점, 중심점]을 클릭한다.
4. 형상 투영한 원의 중심을 클릭한다.
5. [복귀]를 클릭한다.

구멍 피처

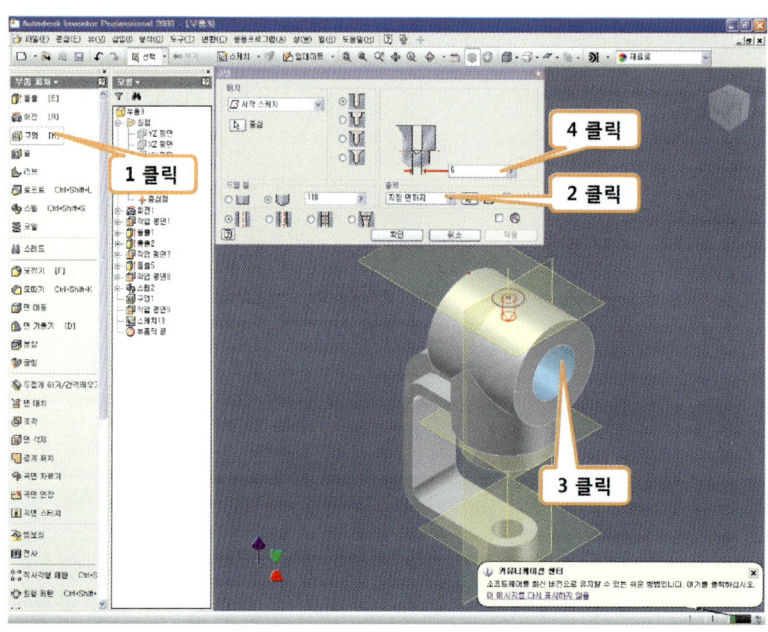

1. [구멍]을 클릭한다.
2. 클릭하여 '지정 면까지'를 클릭한다.
3. 원통의 안쪽 면을 클릭한다.
4. 클릭하여 구멍의 지름 값을 입력한 후 [확인]버튼을 클릭한다.

≫ 스레드

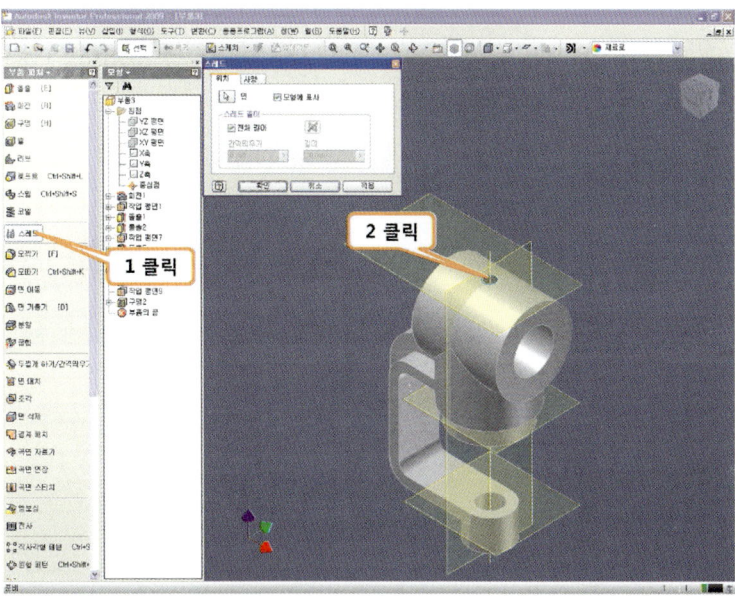

1. [스레드]를 클릭한다.
2. 스레드를 실행할 구멍을 클릭한 후 [적용] 버튼을 클릭한다.

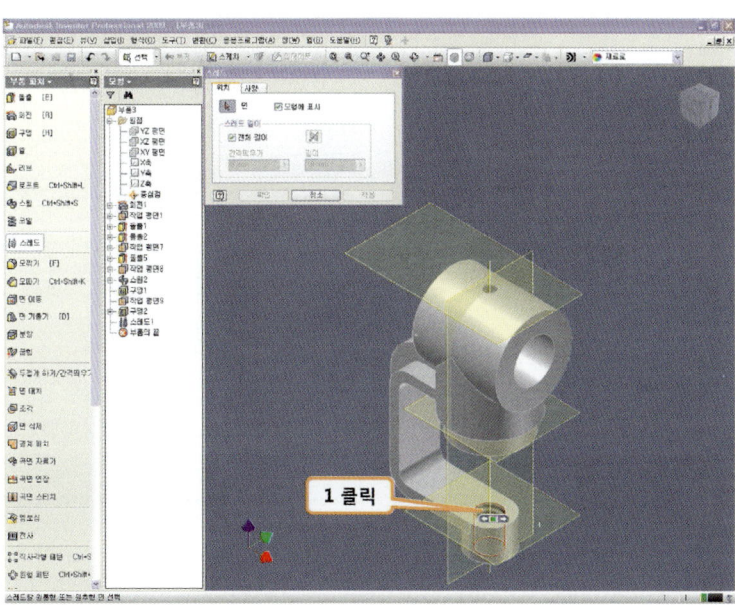

1. 스레드할 구멍을 선택한 후 확인 버튼을 클릭한다.

작업평면

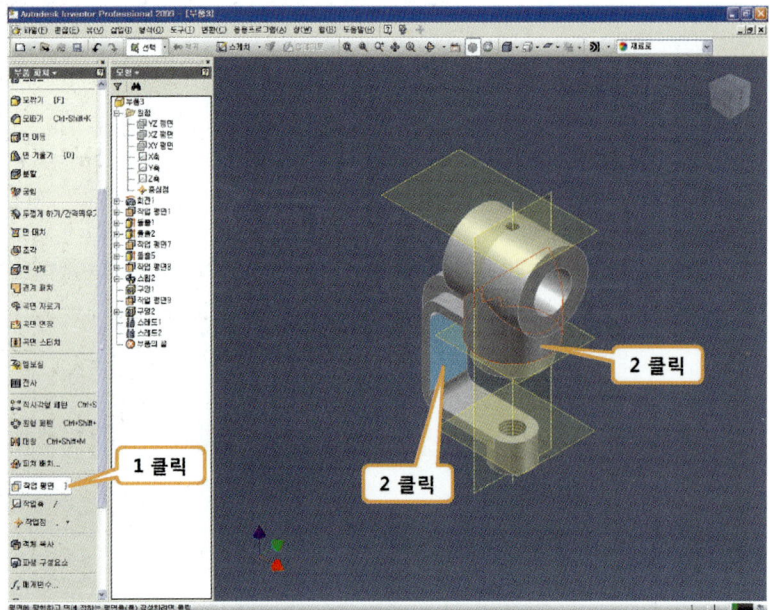

1. [작업 평면]을 클릭한다.
2. 만들려고 하는 스케치 면과 평행이 되는 면을 클릭한다.
3. 스케치 평면을 만들고자 하는 원기둥의 면을 클릭한다.

스케치 평면

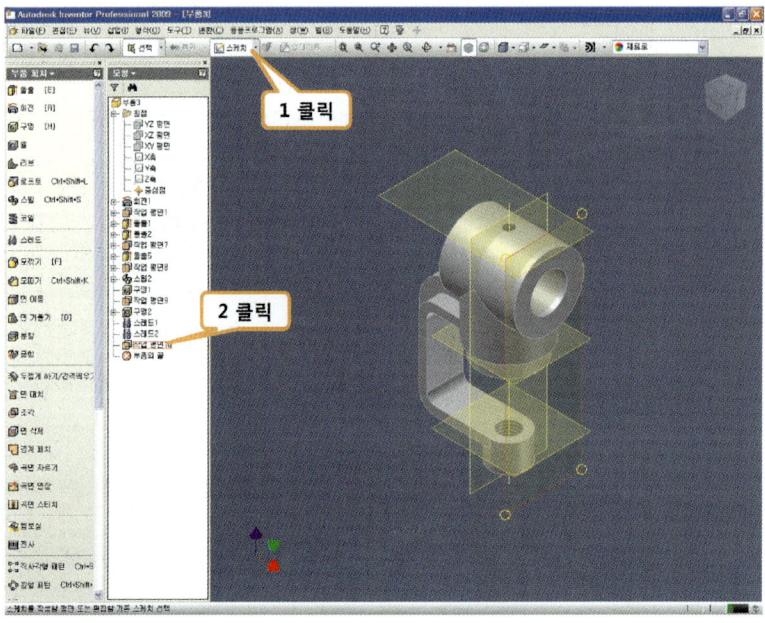

1. [스케치]를 클릭한다.
2. '작업 평면10'를 클릭한다.

점, 중심점

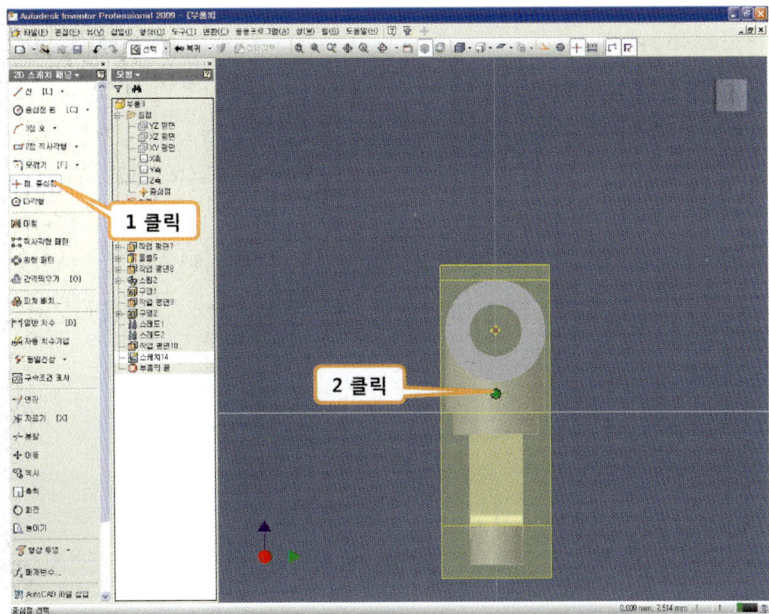

1. [점, 중심점]을 클릭한다.
2. 구멍을 뚫려고 하는 대략적 위치를 클릭한다.

형상 구속

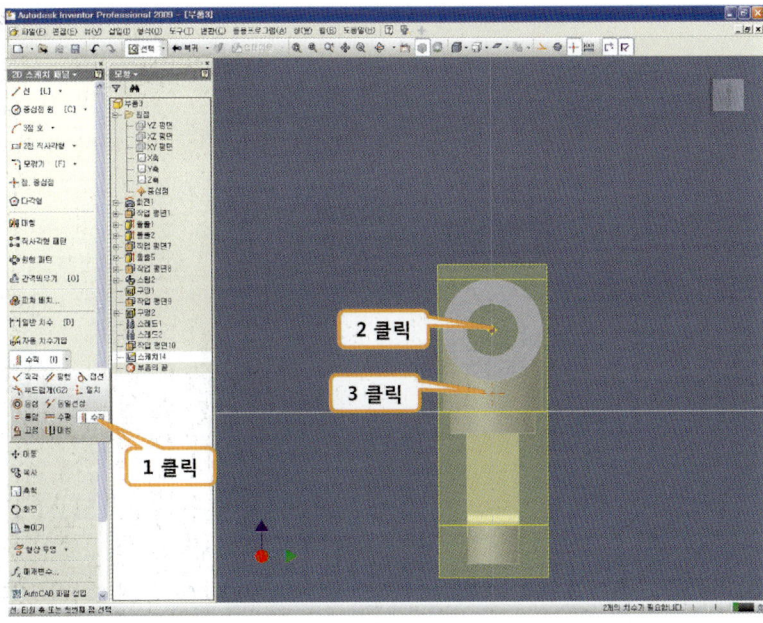

1. [수직]을 클릭한다.
2. 원점을 클릭한다.
3. 중심점 표식을 클릭하여 두 점을 수직 구속한다.

》 일반 치수

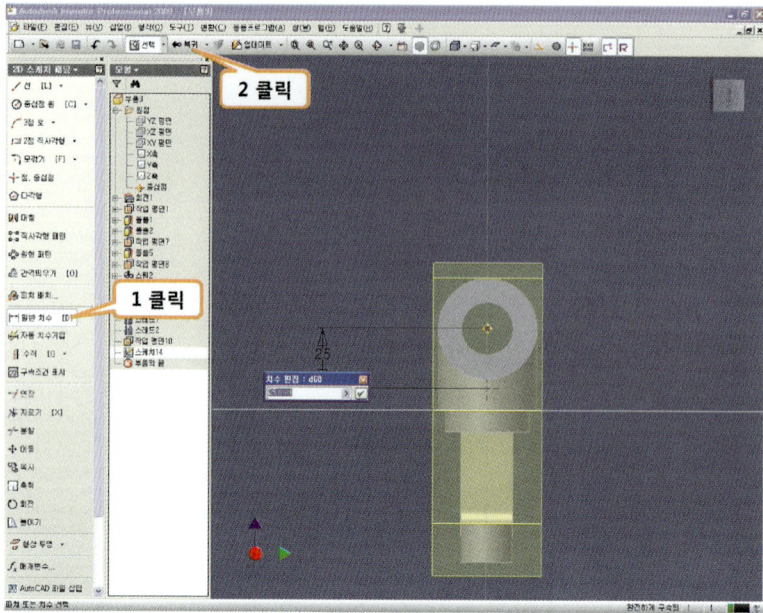

1. [일반 치수]를 클릭하여 그림과 같이 치수를 구속한다.
2. [복귀]를 클릭한다.

》 구멍 피쳐

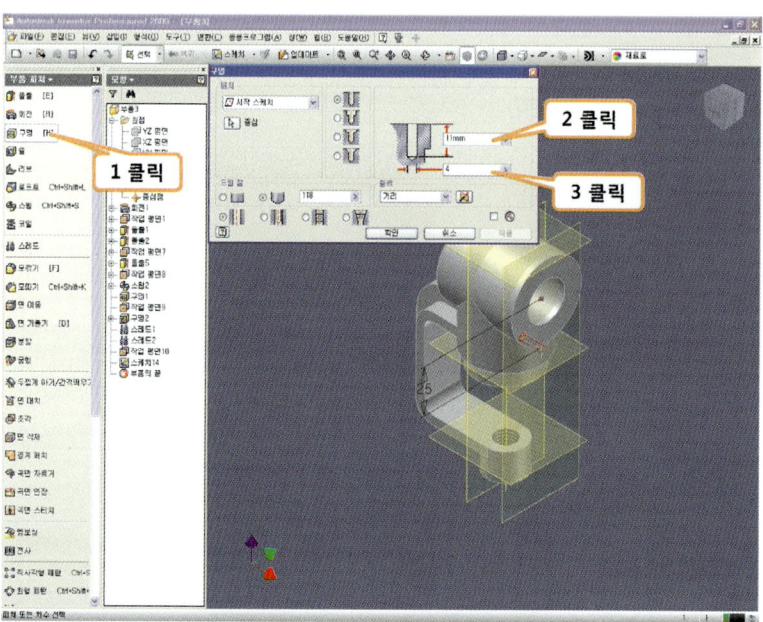

1. [구멍]을 클릭한다.
2. 클릭하여 구멍의 깊이 값을 입력한다.
3. 클릭하여 구멍의 지름 값을 입력하고 [확인] 버튼을 클릭한다.

객체 가시성

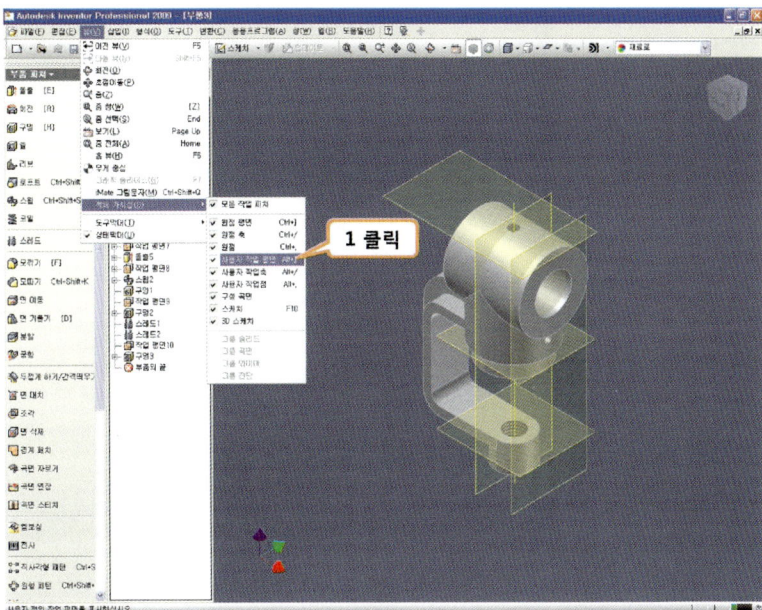

1. [뷰]-[객체 가시성] - '사용자 작업 평면'을 체크 해제 한다.

모깎기 피쳐

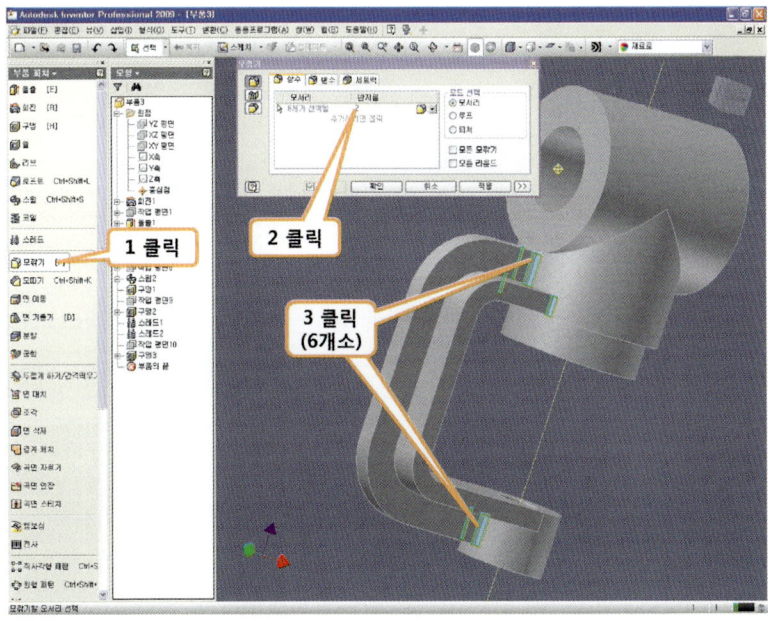

1. [모깎기]를 클릭한다.
2. 클릭하여 모깎기 할 반지름 값을 입력하고 한번 더 클릭한다.
3. 모깎기 할 모서리(6개소)를 클릭한 후 [적용] 버튼을 클릭한다.

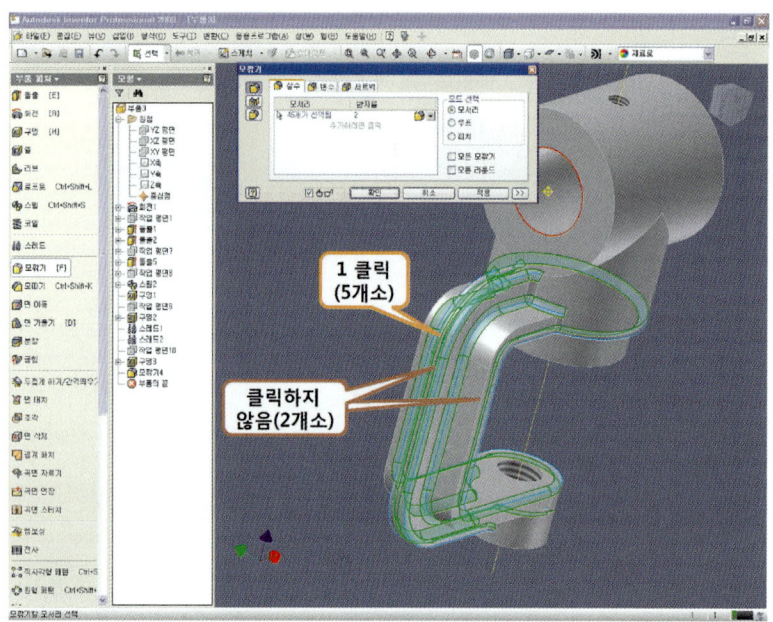

1. 모깎기 할 모서리(5개소)를 클릭한 후 [적용] 버튼을 클릭한다.
   (한번에 모든 모서리를 선택하면 연산이 되지 않는 곳이 있으므로 주의 해야 한다.)

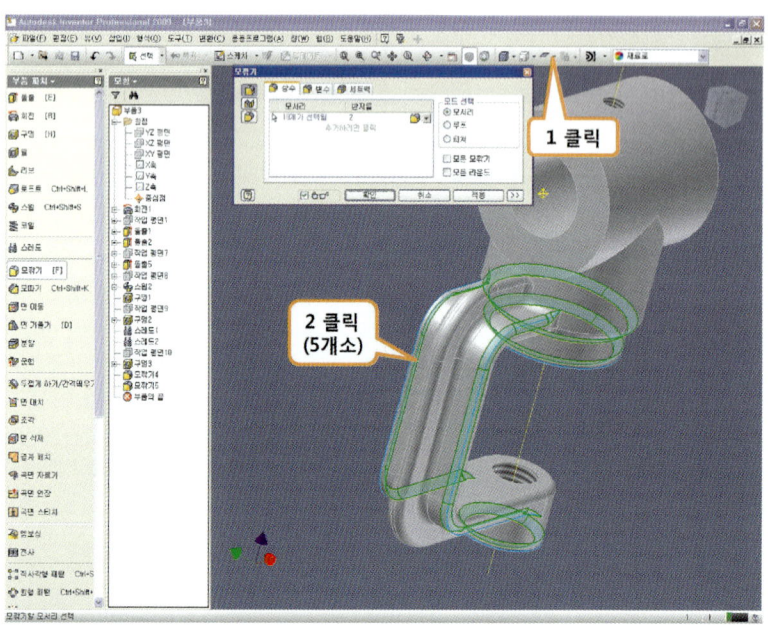

1. 모깎기 할 모서리(5개소)를 클릭한 후 [확인] 버튼을 클릭한다

본체 완성

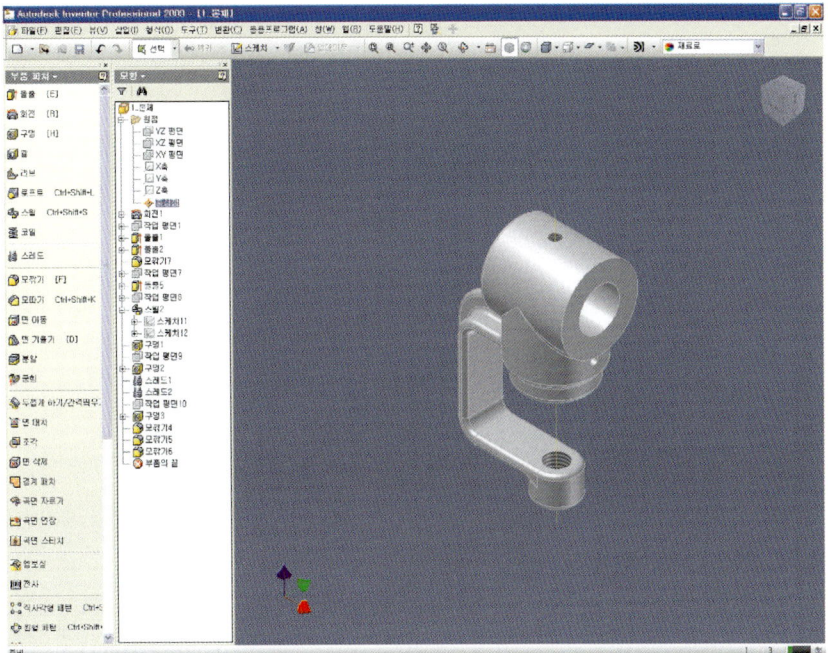

2번 부품 이동 조 측정 및 모델링

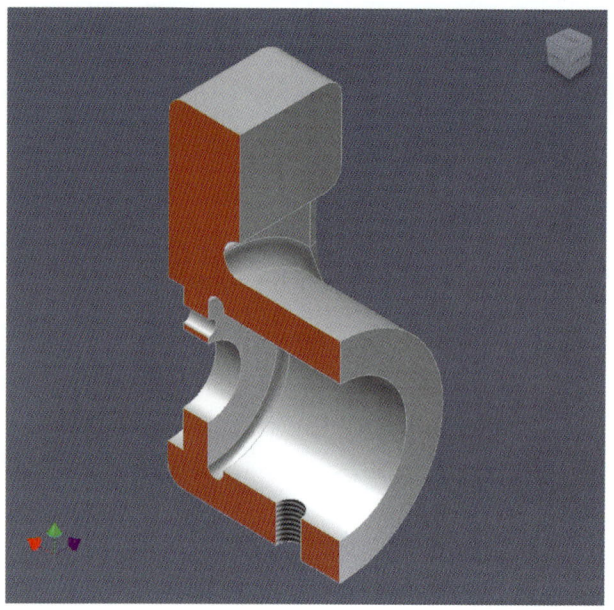

- 2번 부품인 [이동 조]의 측정 및 모델링을 따라해보자.

2번 부품 측정

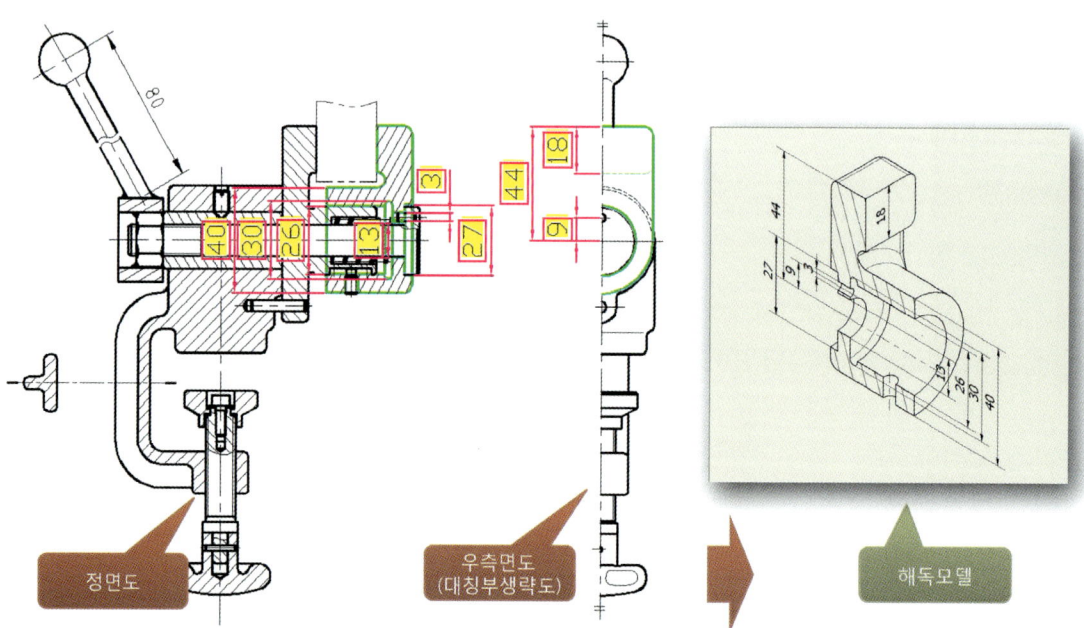

정면도 | 우측면도(대칭부생략도) | 해독모델

- 수직 방향의 치수는 정면도와 우측면도에서 그림과 같이 측정 가능하다.
- 치수 중 핀 구멍의 위치는 조립시 리드 축의 핀 구멍 위치와 동일하여야 한다.

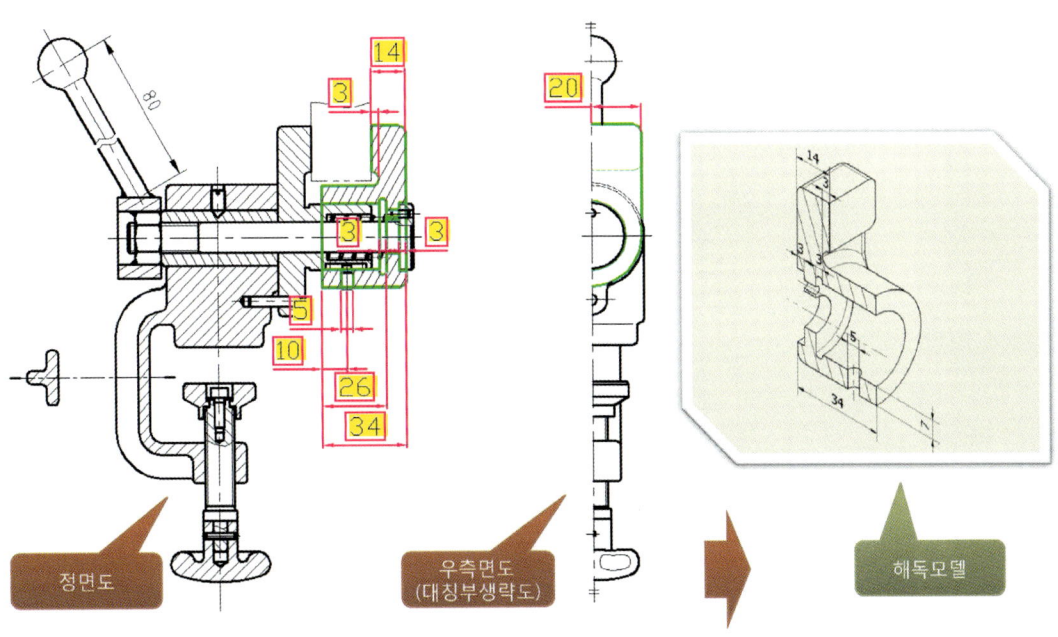

- 수평 방향 치수는 정면도와 우측면도에서 동시에 그림과 같이 측정 가능하다.

측정 완료

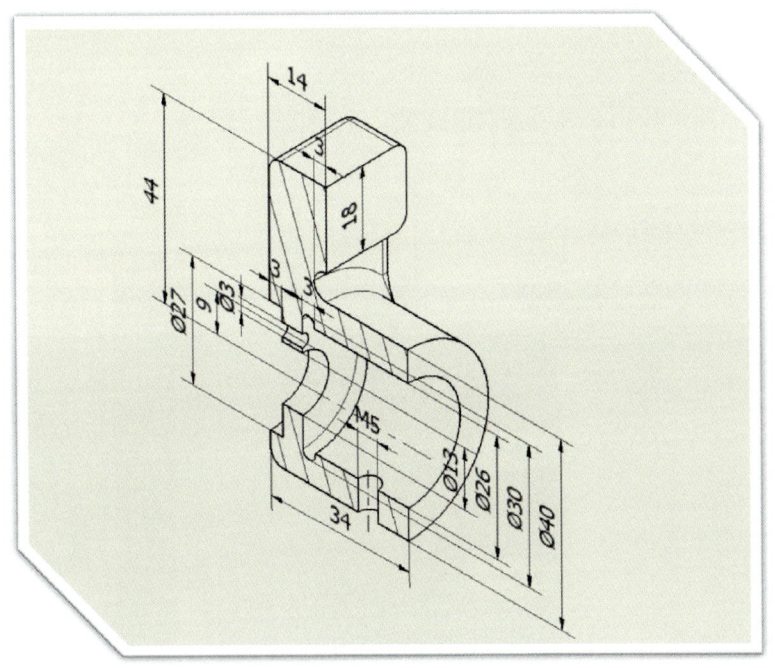

- 모델링에 필요한 측정치수 및 규격 참조 치수를 표시하면 위와 같다.

스케치

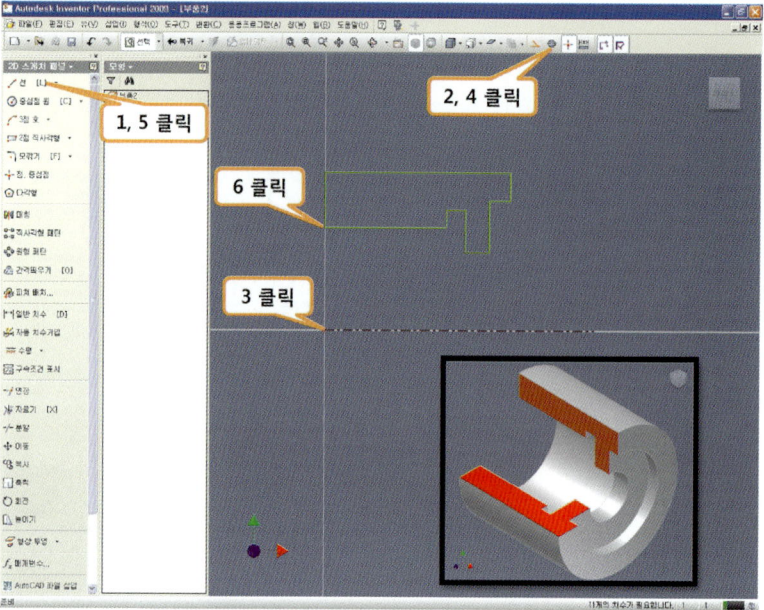

1. [선]을 클릭한다.
2. [중심선]을 클릭한다.(선택)
3. 원점을 클릭하여 그림과 같이 중심선을 스케치한 후 키보드의 Esc 키를 누른다.
4. [중심선]을 클릭한다.(해제)
5. [선]을 클릭한다.
6. 그림과 같이 대략적인 스케치를 한다.(형상의 단면을 참고)

형상 구속

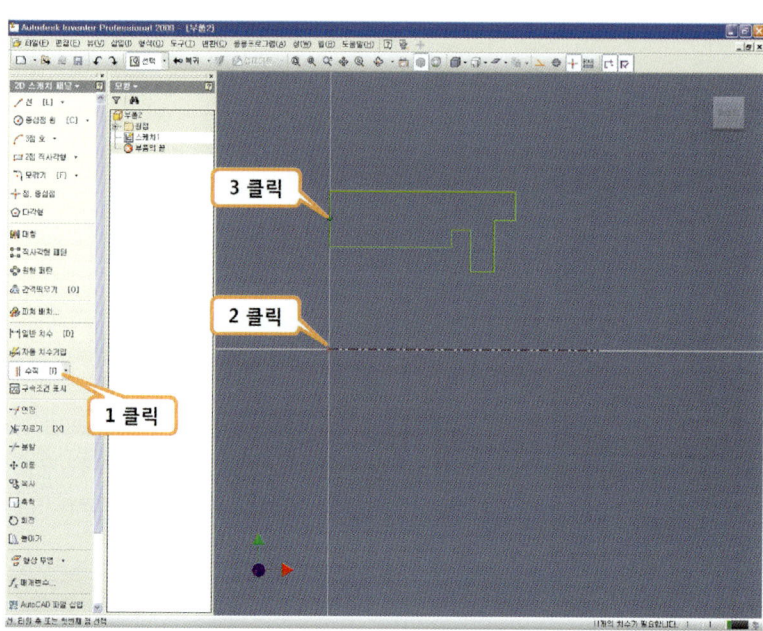

1. [수직]을 클릭한다.
2. 원점을 클릭한다.
3. 선의 중간점을 클릭하여 두 점을 수직 구속한다.

일반 치수

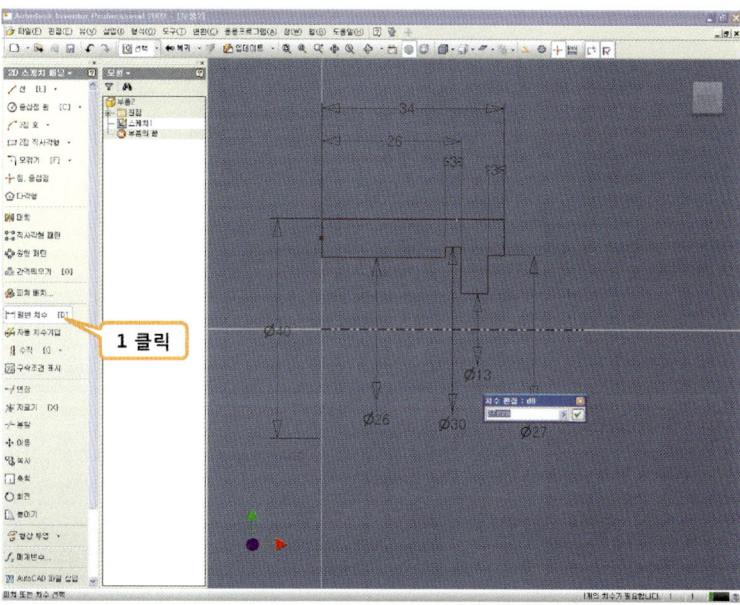

1. [일반 치수]를 클릭하여 지름치수로 구속한 후 Esc 키를 누른다 .(중심선을 초과하면 변의 치수에서 지름치수로 변경)

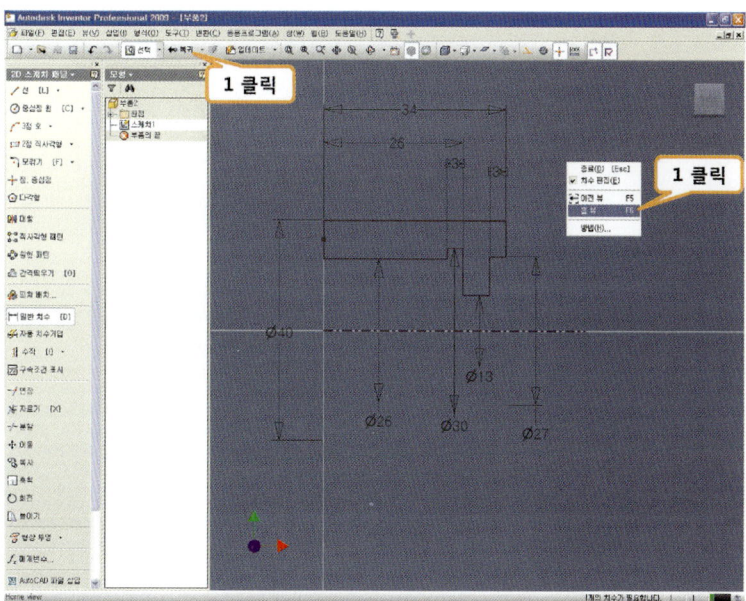

1. 마우스의 오른쪽 버튼을 클릭하여 [홈 뷰]를 클릭한다.
2. [복귀]를 클릭한다.

회전 피쳐

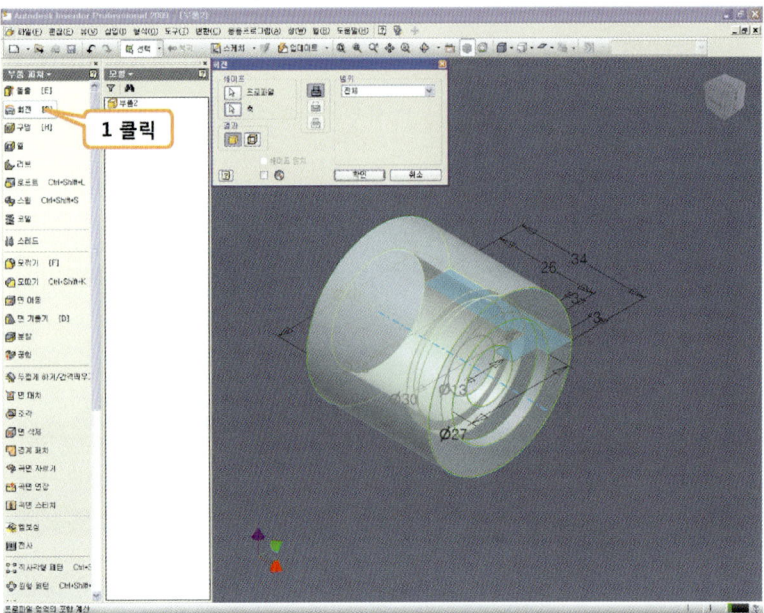

1. [회전]을 클릭한 후 [확인] 버튼을 클릭한다.

스케치

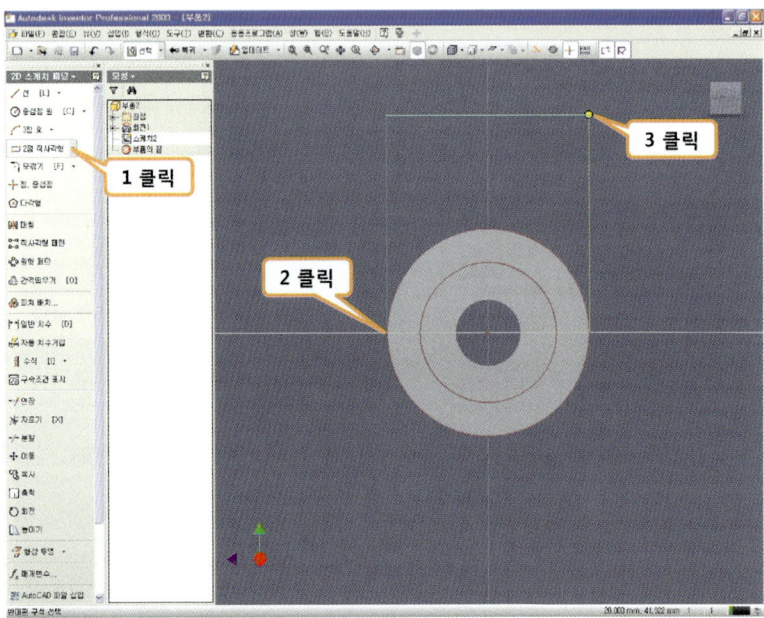

1. [2점 직사각형]을 클릭한다.
2. 원의 사분 점을 클릭한다.
3. 그림과 같이 원의 사분 점과 수직이 되는 임의의 점을 클릭한다.

자르기

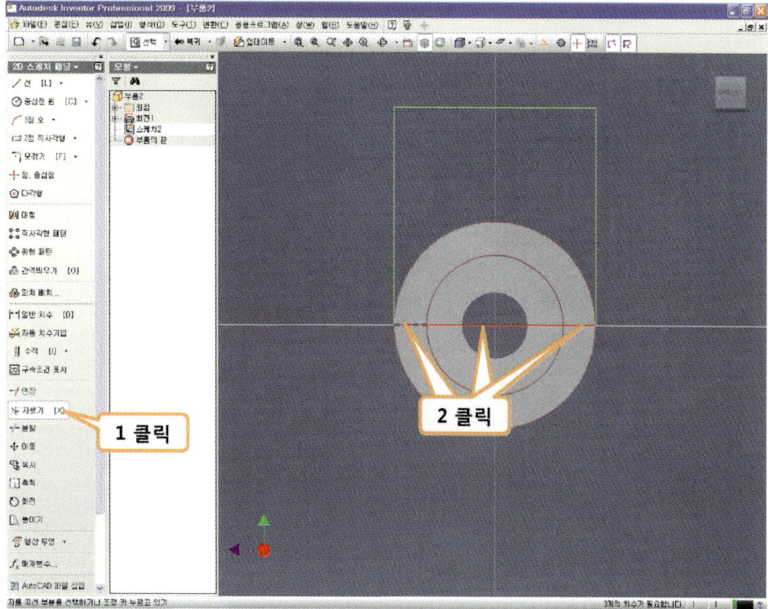

1. [자르기]를 클릭한다.
2. 그림과 같이 원 내부의 수평선을 클릭하여 잘라낸다.

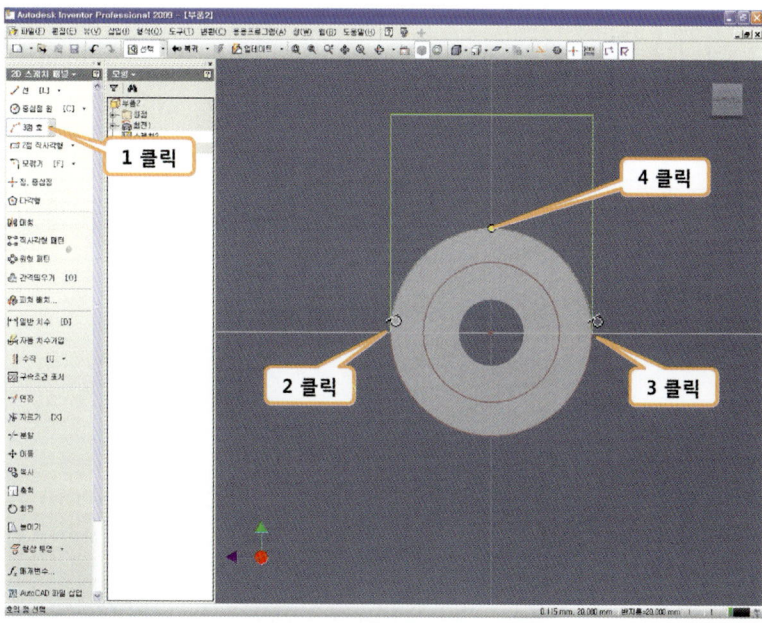

1. [3점 호]를 클릭한다.
2. 그림에서 원의 왼쪽 사분 점을 클릭한다.
3. 그림에서 원의 오른쪽 사분 점을 클릭한다.
4. 그림에서 원의 위쪽 사분 점을 클릭한다.

일반 치수

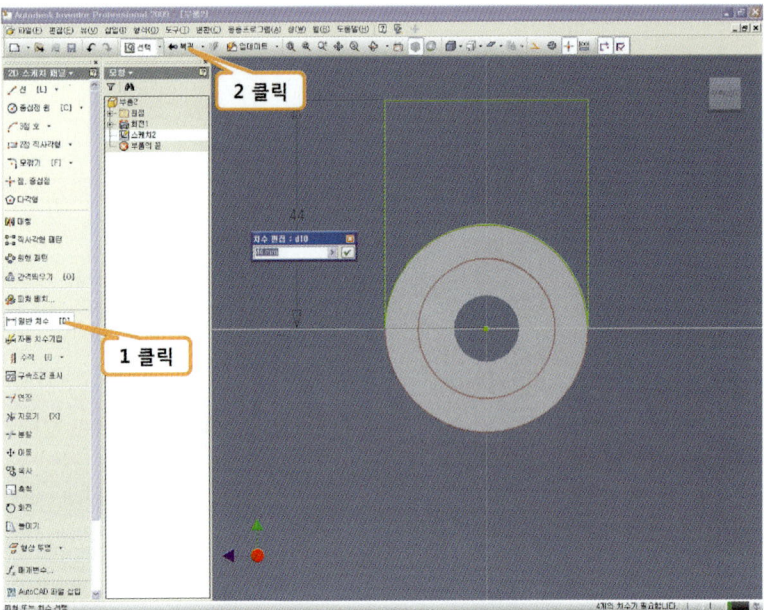

1. [일반 치수]를 클릭하여 그림과 같이 치수를 구속한다.
2. [복귀]를 클릭한다.

돌출 피쳐

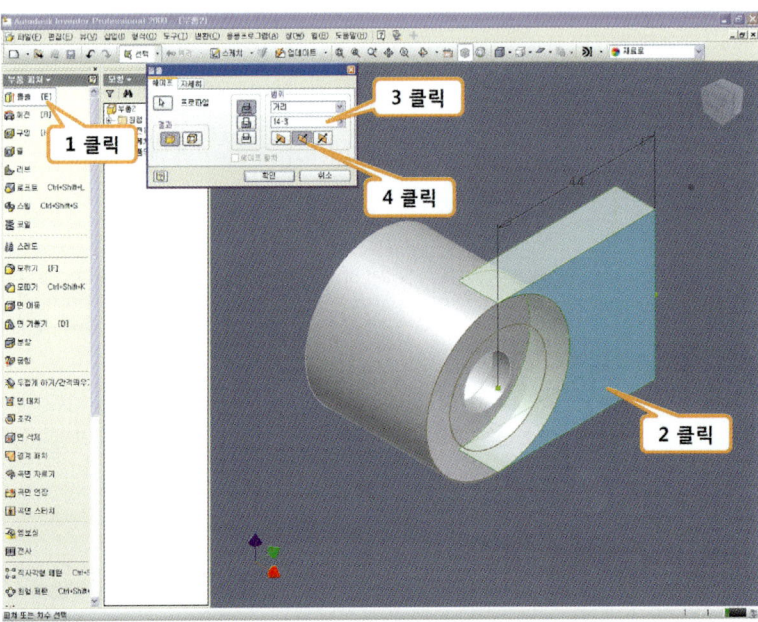

1. [돌출]을 클릭한다.
2. 화면의 돌출할 스케치를 클릭한다.
3. 클릭하여 돌출할 두께 값을 입력한다.
4. 돌출할 방향에 맞도록 역방향을 클릭한 후 [확인] 버튼을 클릭한다.

스케치 평면

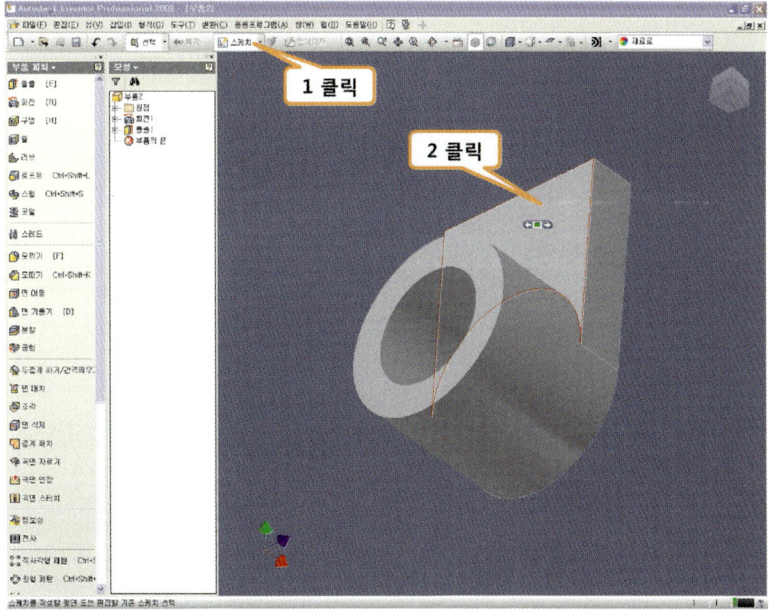

1. [스케치]를 클릭한다.
2. 그림과 같이 새 스케치 평면으로 사용할 면이 보이도록 뷰를 조정한 후 클릭한다.

스케치

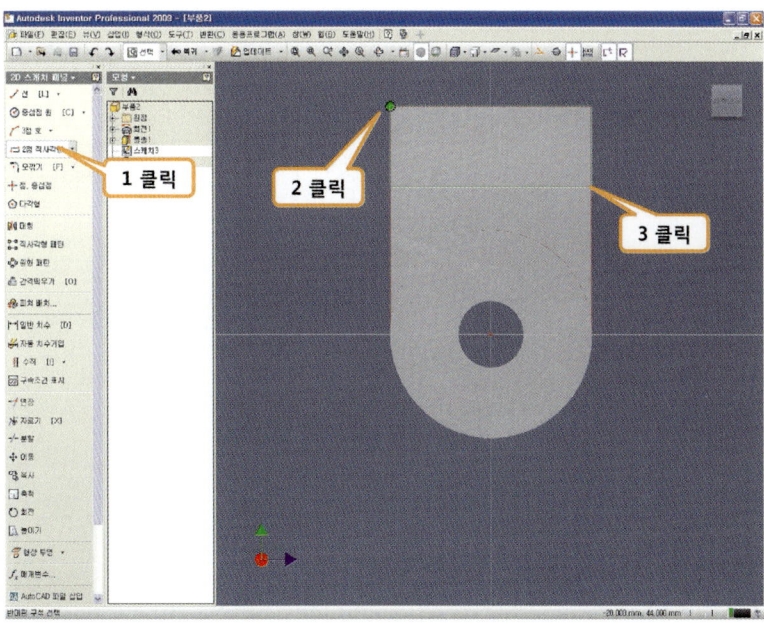

1. [2점 직사각형]을 클릭한다.
2. 형상의 모서리 점을 클릭한다.
3. 그림과 같이 형상상의 선과 구속이 되도록 클릭하여 직사각형을 스케치 한다.

일반 치수

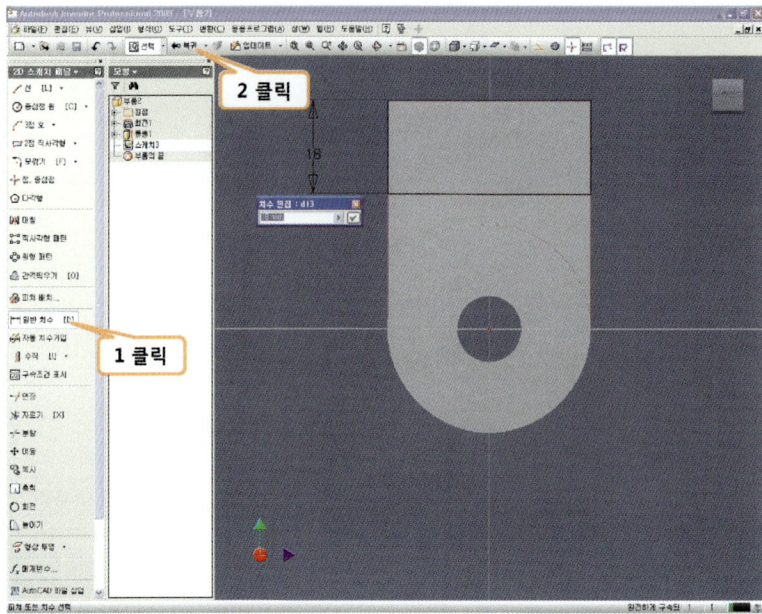

1. [일반 치수]를 클릭하여 그림과 같이 치수를 구속한다.
2. [복귀]를 클릭한다.

돌출 피쳐

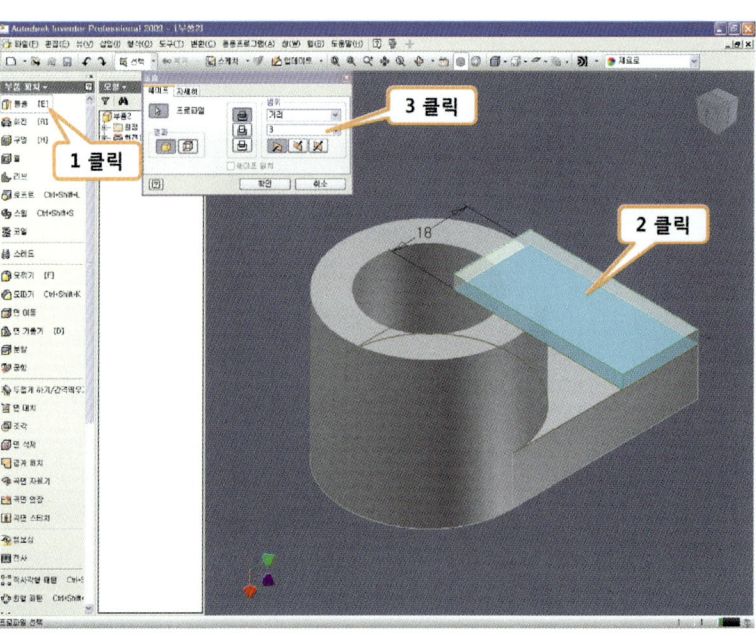

1. [돌출]을 클릭한다.
2. 스케치한 면을 클릭한다.
3. 클릭하여 돌출할 높이 값을 입력한 후 [확인] 버튼을 클릭한다.

작업 평면

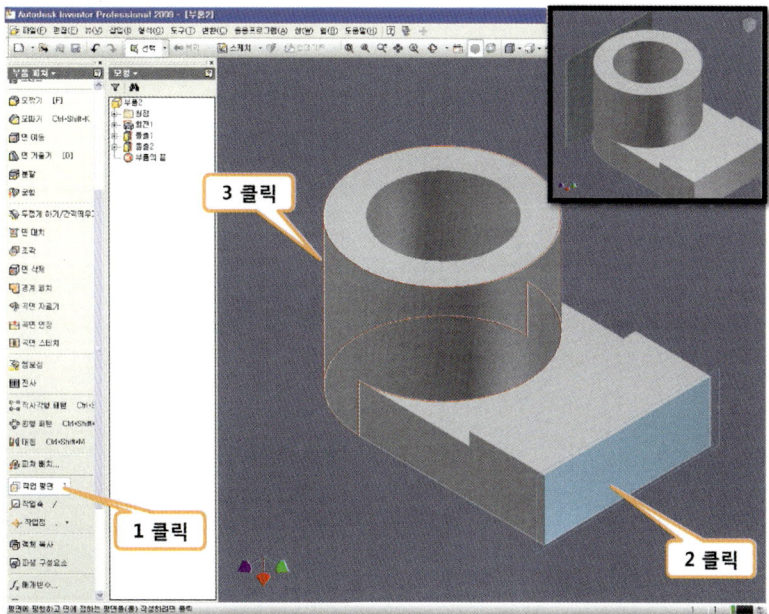

1. [작업 평면]을 클릭한다.
2. 그림과 같이 클릭하려는 면이 잘 보이도록 뷰를 조정한 후 면을 클릭한다.
3. 클릭하여 작은 그림과 같이 평면이 나오도록 클릭한다.(접한 작업 평면 생성)

스케치 평면

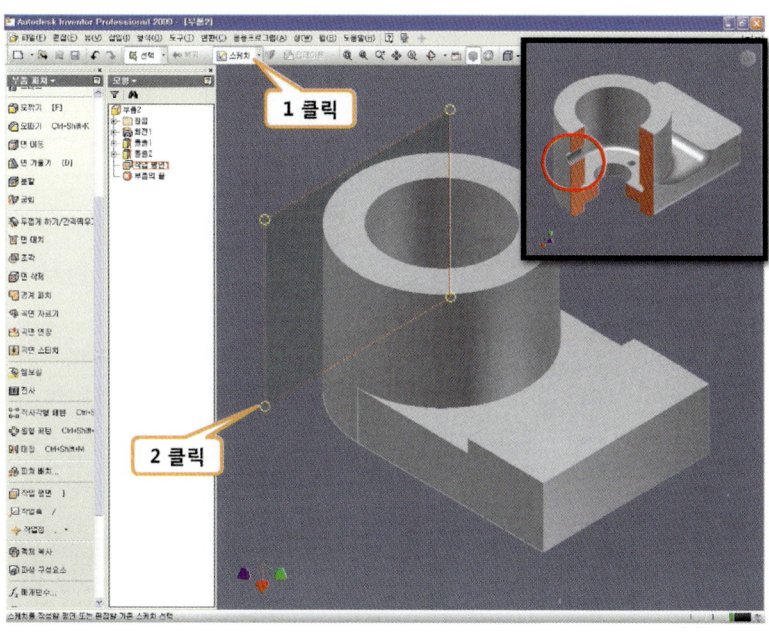

1. [스케치]를 클릭한다.
2. 작업평면을 클릭한다.

형상 투영

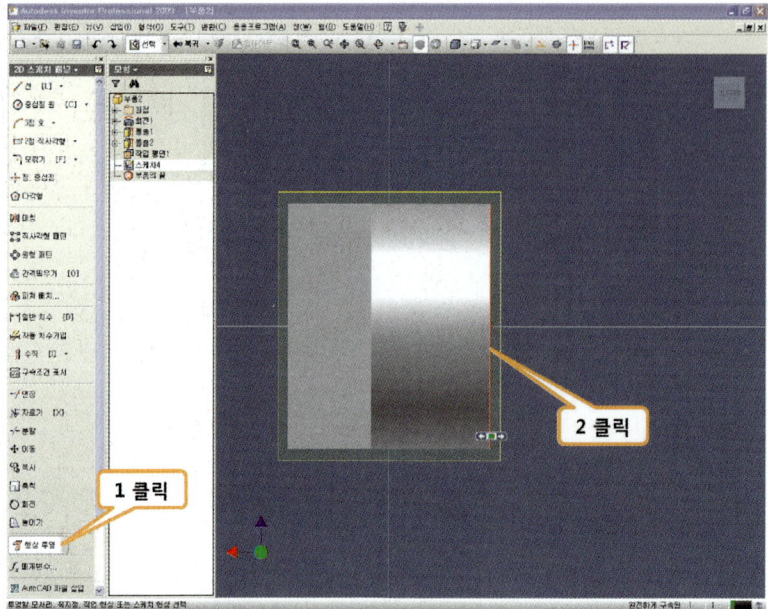

1. [형상 투영]을 클릭한다.
2. 기준으로 사용할 곳을 클릭한다.

그래픽 슬라이스

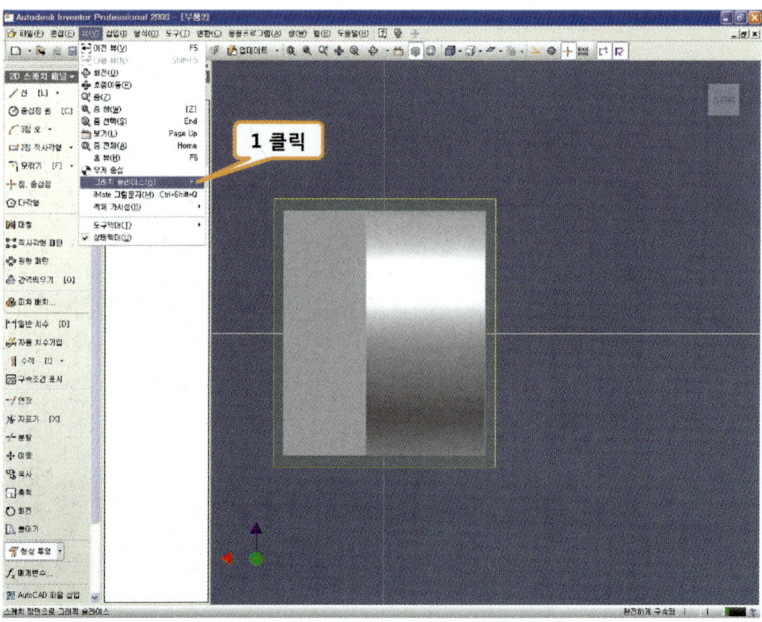

1. [뷰]-[그래픽 슬라이스]를 클릭한다.

점, 중심점

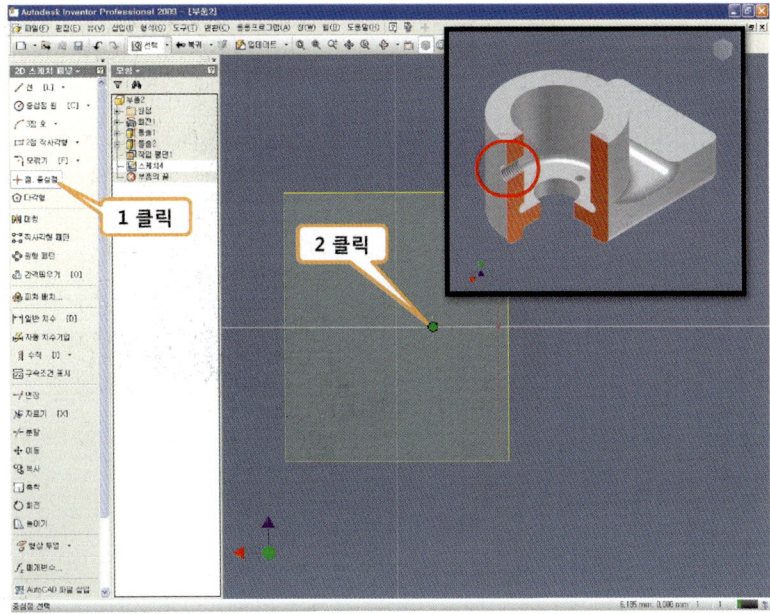

1. [점, 중심점]을 클릭한다
2. 화면의 임의의 점을 클릭한다.

형상 구속

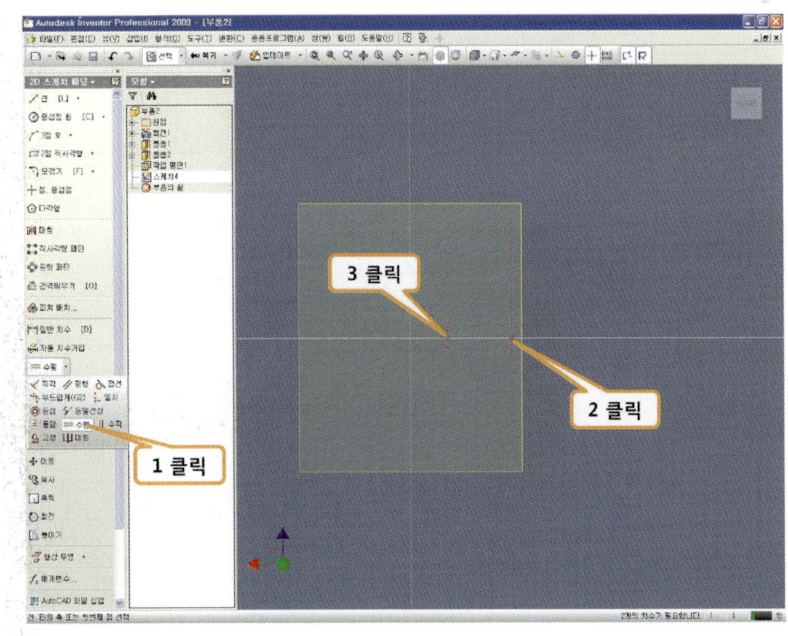

1. [수평]을 클릭한다.
2. 형상 투영한 수직선의 중심점을 클릭한다.
3. 스케치한 중심점을 클릭하여 수평 구속한다.

일반 치수

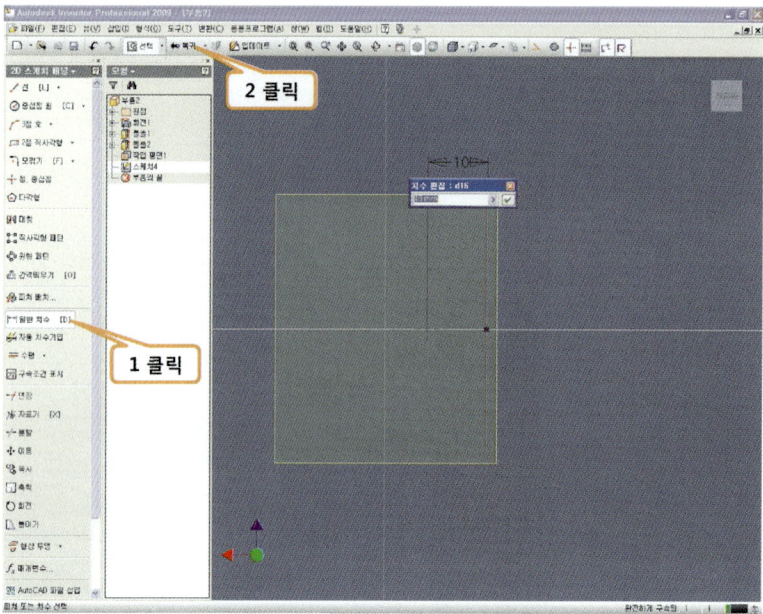

1. [일반 치수]를 클릭하여 그림과 같이 치수를 구속한다.
2. [복귀]를 클릭한다.

구멍 피쳐

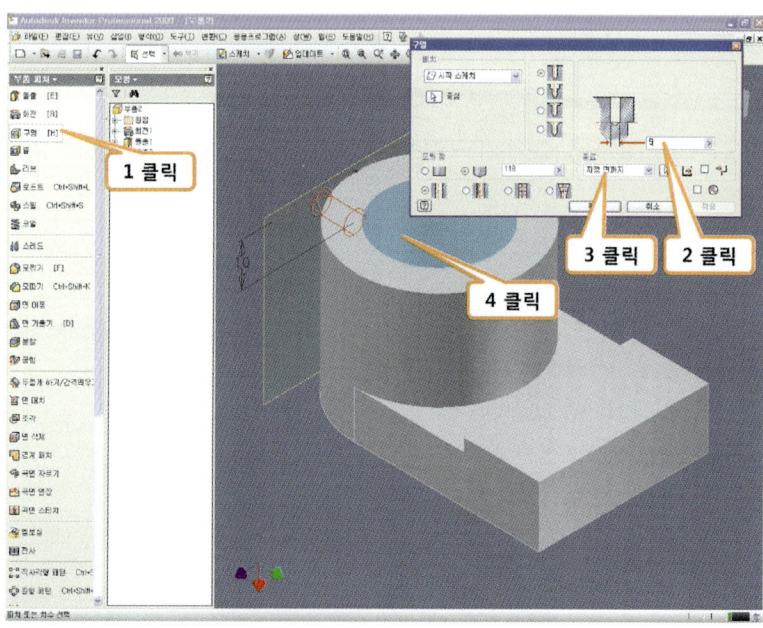

1. [구멍]을 클릭한다.
2. 클릭하여 지름 값을 입력한다.
3. 클릭하여 '지정면 까지'를 선택한다.
4. 원통의 안쪽 면을 클릭한 후 [확인] 버튼을 클릭한다.

스레드

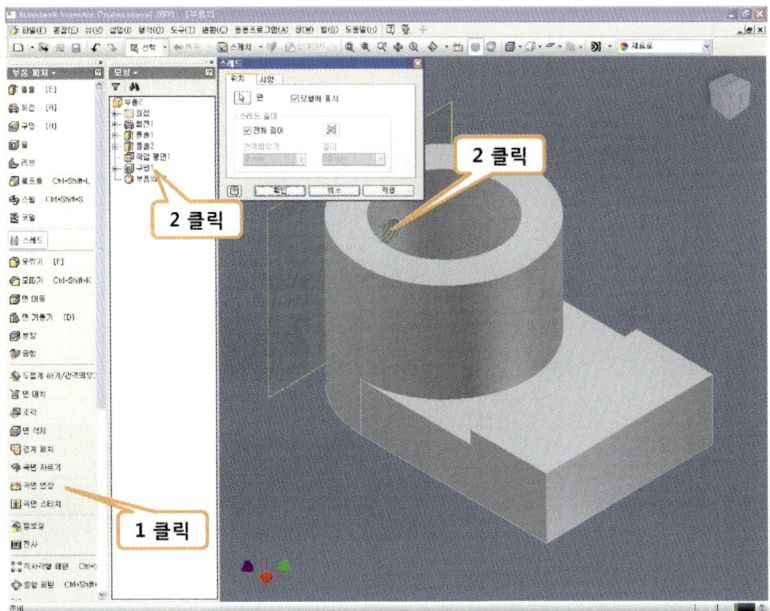

1. [스레드]를 클릭한다.
2. 구멍1 을 클릭한다.(그림과 같이 [모형]에서 '구멍 1'을 클릭하거나 부품의 구멍 형상을 직접 클릭)

스케치 평면

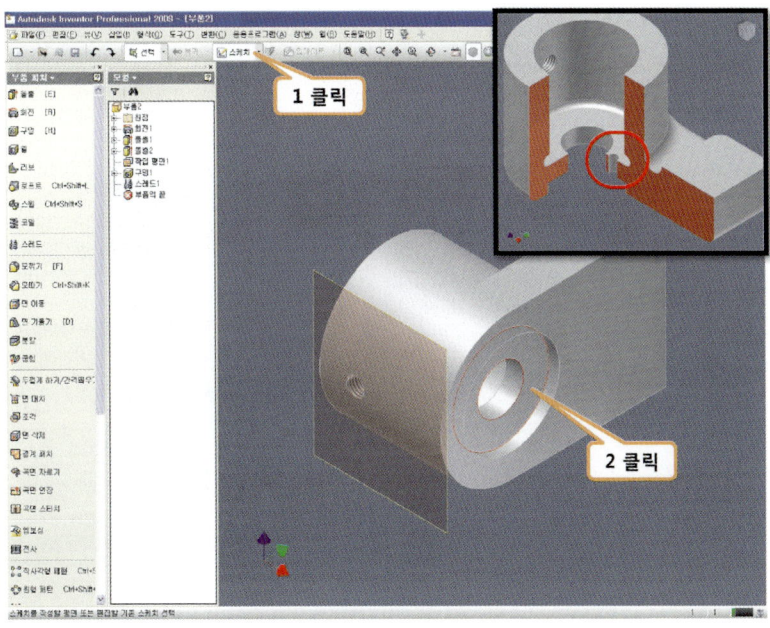

1. [스케치]를 클릭한다.
2. 그림과 같이 스케치하고자 하는 면이 잘 보이도록 뷰를 조정한 후 면을 클릭한다.

점, 중심점

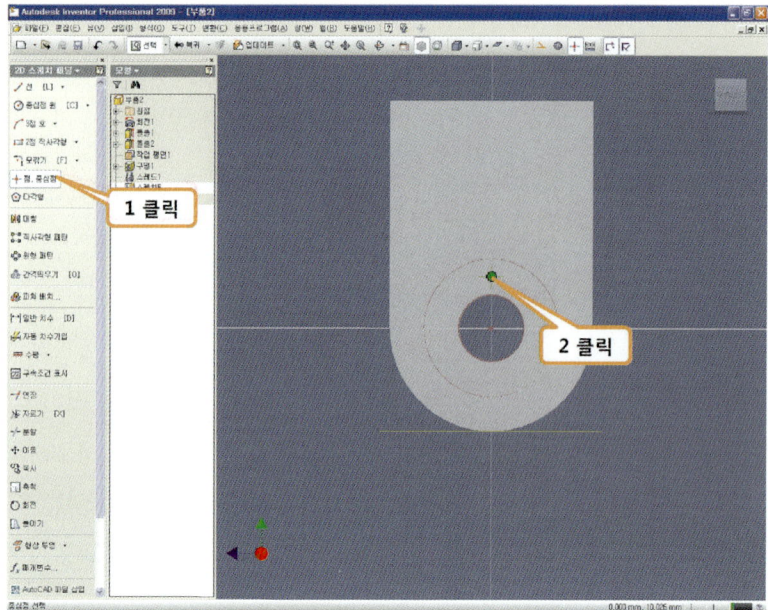

1. [점, 중심점]을 클릭한다.
2. 구멍을 뚫고자 하는 대략적 위치를 클릭한다.

그래픽 슬라이스

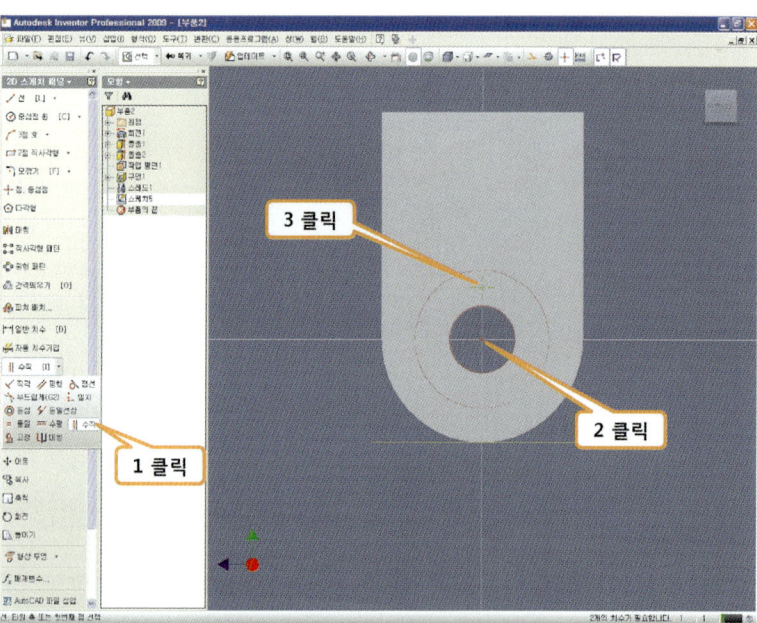

1. [수직]을 클릭한다.
2. 스케치 원점을 클릭한다.
3. 스케치한 점을 클릭하여 두 점을 수직 구속한다.

》 일반 치수

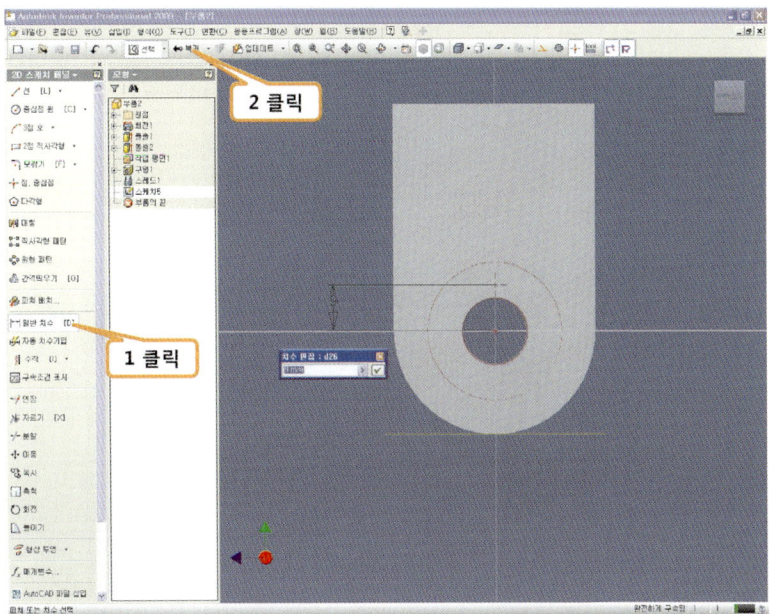

1. [일반 치수]를 클릭한 후 그림과 같이 치수 구속을 한다.
2. [복귀]를 클릭한다.

》 구멍 피쳐

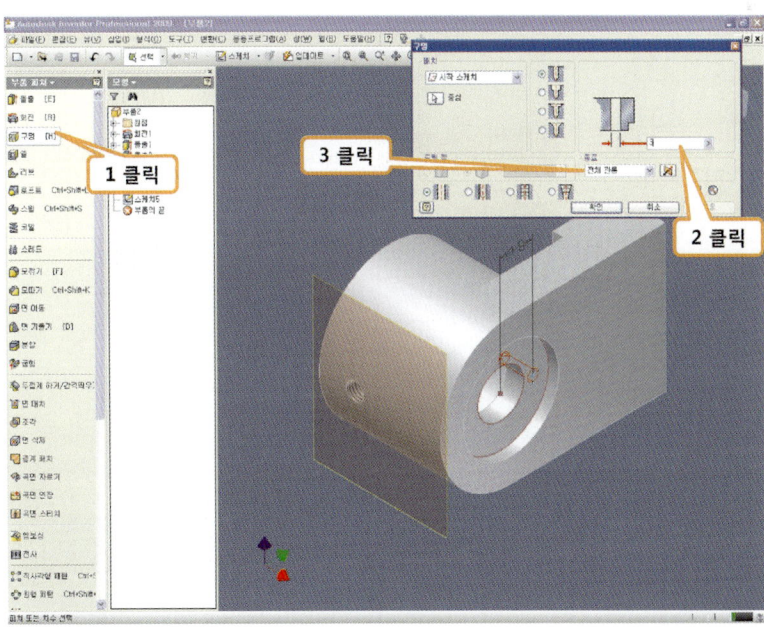

1. [구멍]을 클릭한다.
2. 클릭하여 구멍의 지름 값을 입력한다.
3. 클릭하여 '전체관통'을 선택한 후 확인 버튼을 클릭한다.

모깎기 피쳐

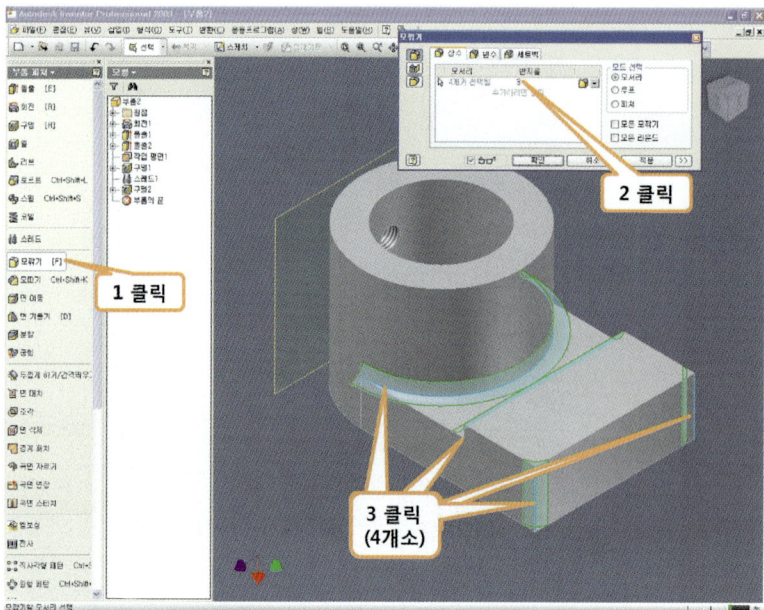

1. 뷰를 화면과 같이 조정한 후 [모깎기]를 클릭한다.
2. 클릭하여 모깎기 값을 입력하고 한번 더 클릭한다.
4. 모깎기할 모서리(4개소)를 클릭한 후 [적용] 버튼을 클릭한다.

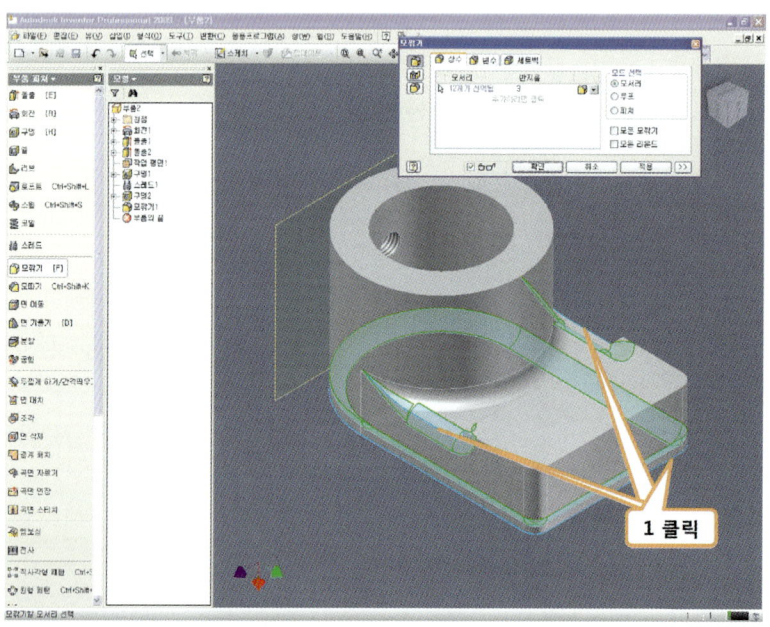

1. 모깎기 할 나머지 모서리(3개소)를 클릭한 후 [확인]버튼을 클릭한다.

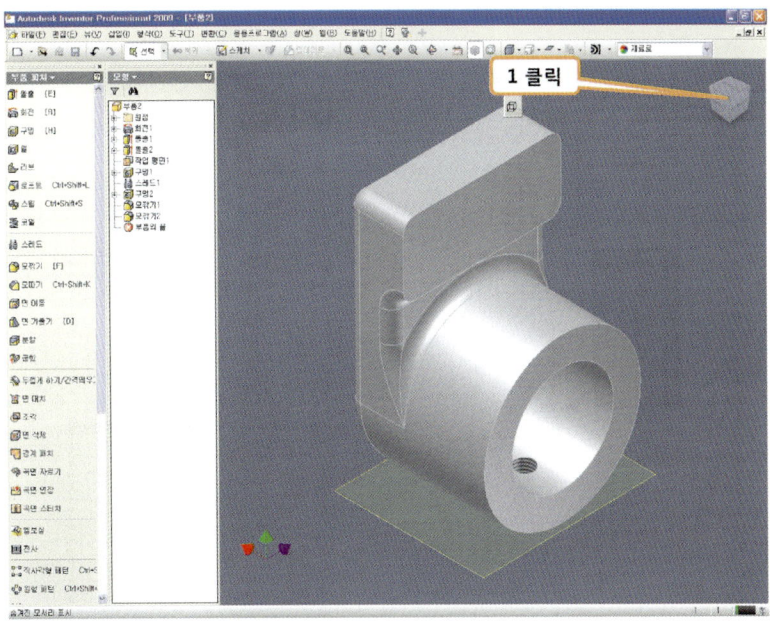

1. Common View를 조정하여 화면과 같이 조정한다.

홈뷰 설정

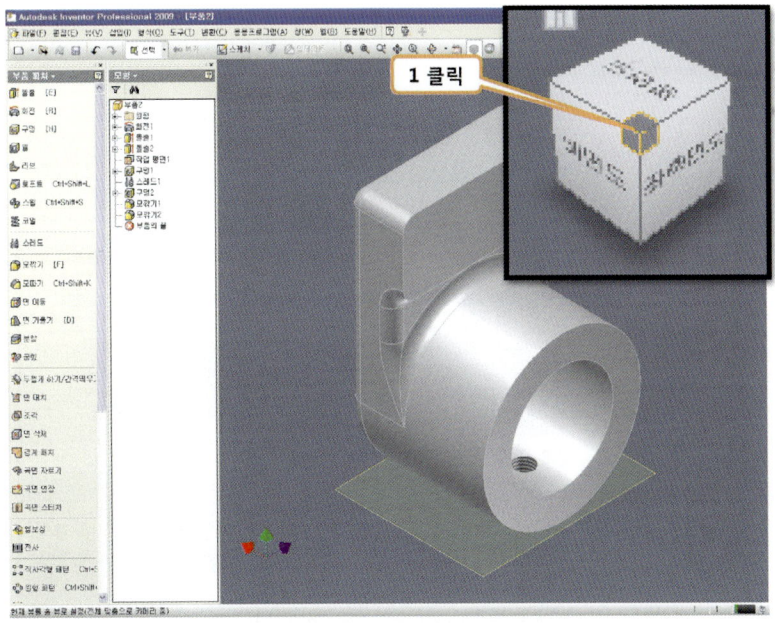

1. 마우스를 지시하는 곳에 위치한 후 마우스 오른쪽 버튼을 클릭한다.

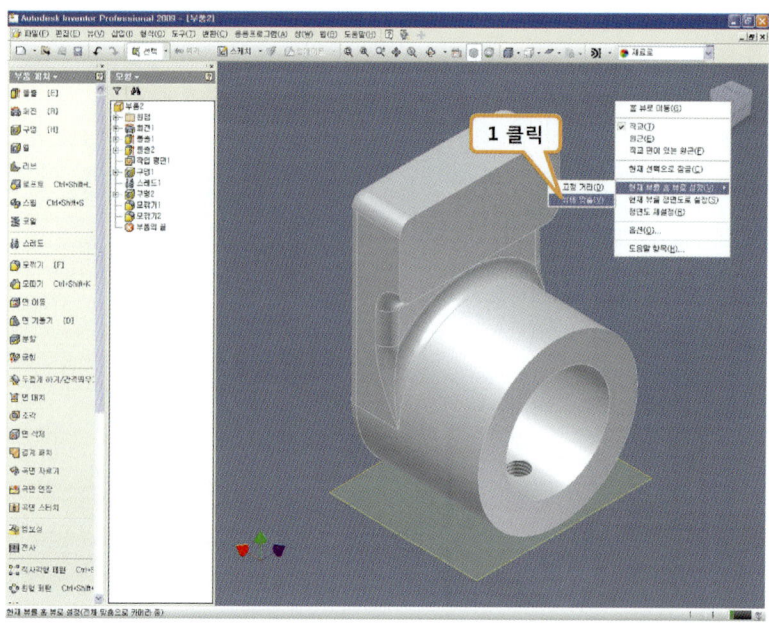

1. [현재 뷰를 홈 뷰로 설정]-[뷰에 맞춤]을 클릭하여 홈뷰 화면을 설정한다.

▶ 작업평면 – 가시성 해제

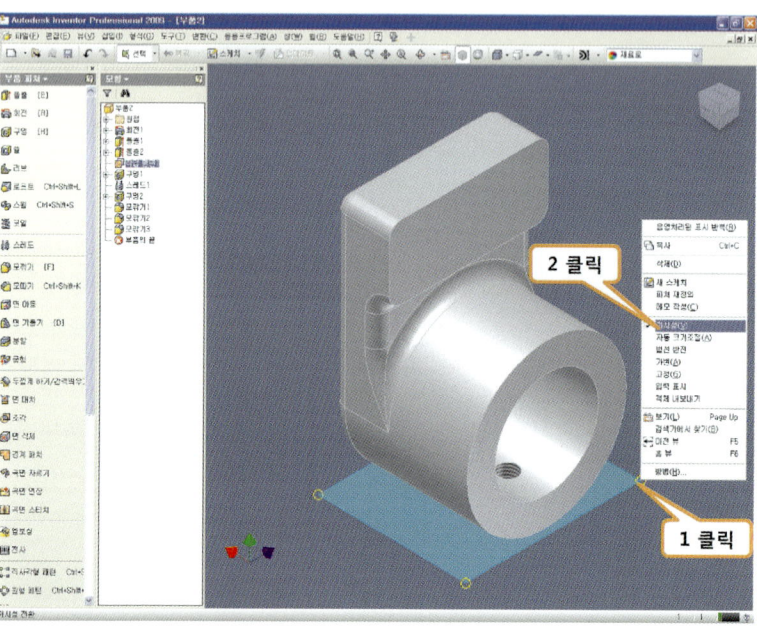

1. 작업평면에 마우스를 위치한 후 마우스 오른쪽 버튼을 클릭한다.
2. [가시성]을 클릭하여 체크를 해제한다.

이동조 완성품

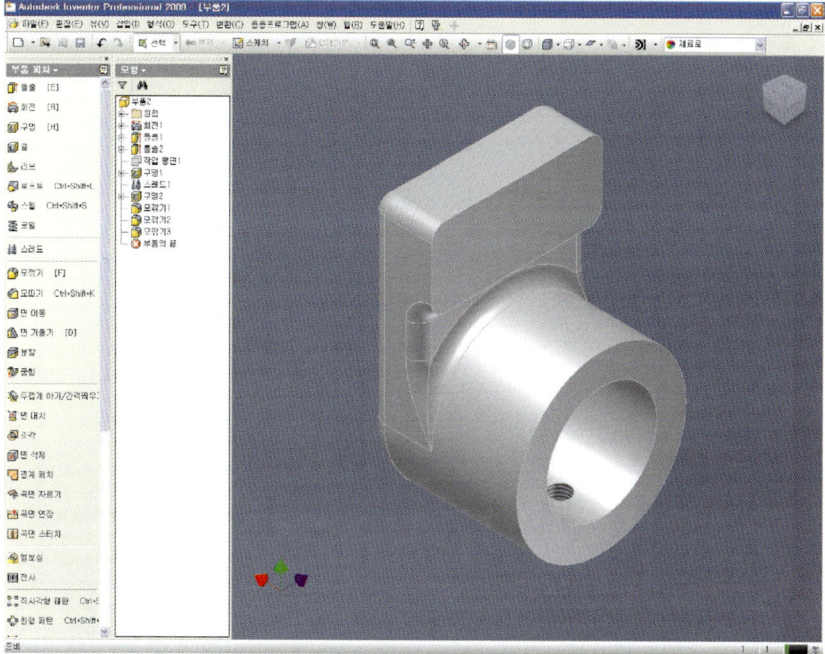

3번 부품 고정 조 측정 및 모델링

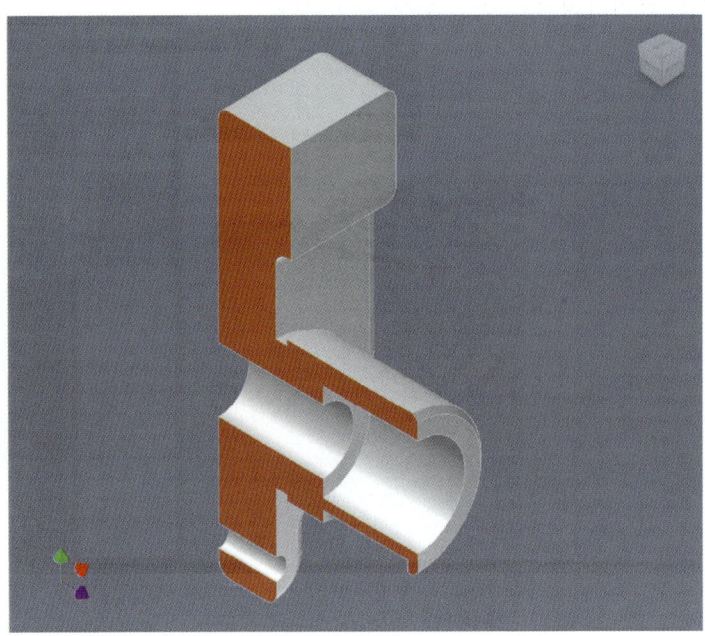

- 3번 부품인 [고정 조]의 측정 및 모델링을 따라해보자.

3번 부품 측정

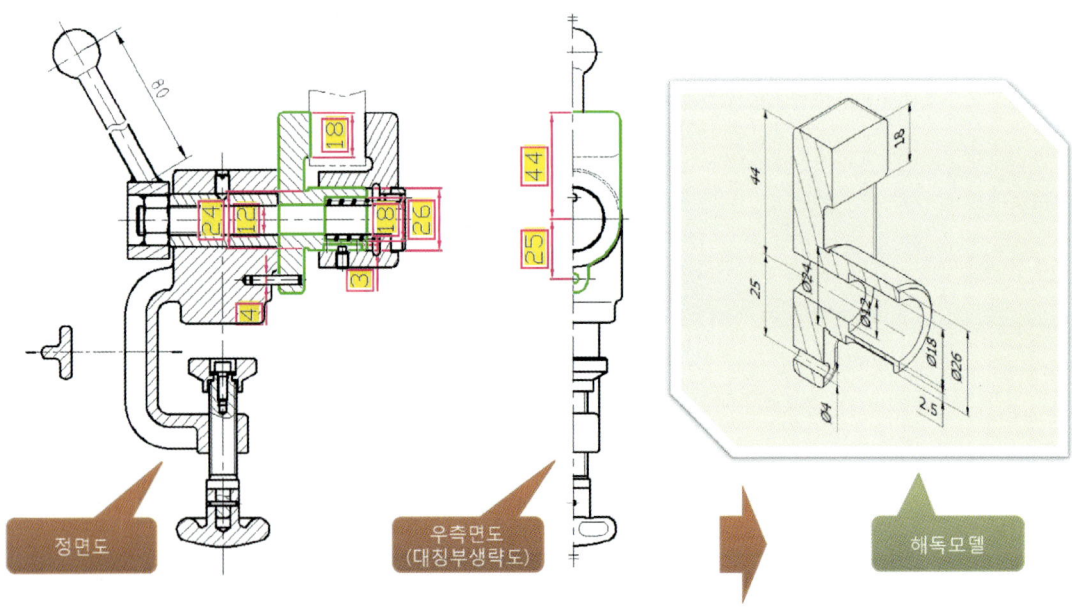

- 수직 방향의 치수는 정면도와 우측면도에서 그림과 같이 측정 가능하다.
- 치수 중 핀 구멍의 위치는 조립시 본체의 핀 구멍 위치와 동일하여야 한다.

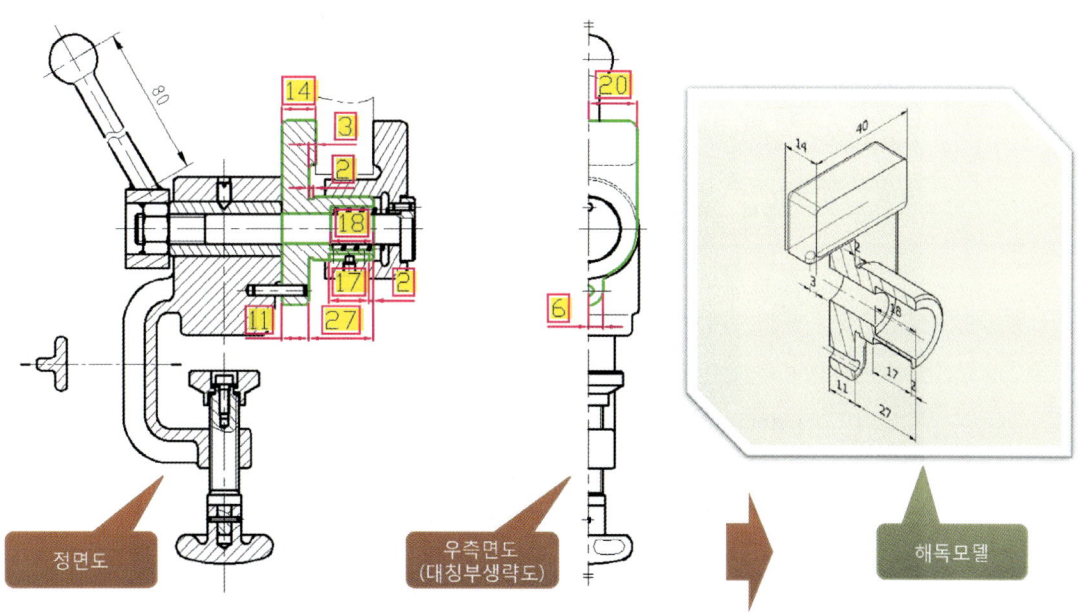

- 수평 방향 치수는 정면도와 우측면도에서 동시에 그림과 같이 측정 가능하다.

≫ 측정 완료

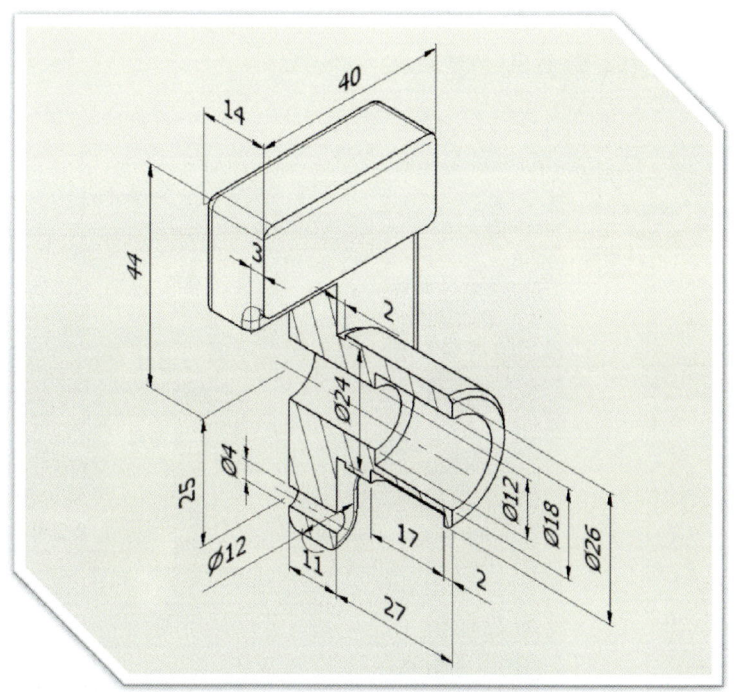

- 모델링에 필요한 측정치수 및 규격 참조 치수를 표시하면 위와 같다.

스케치

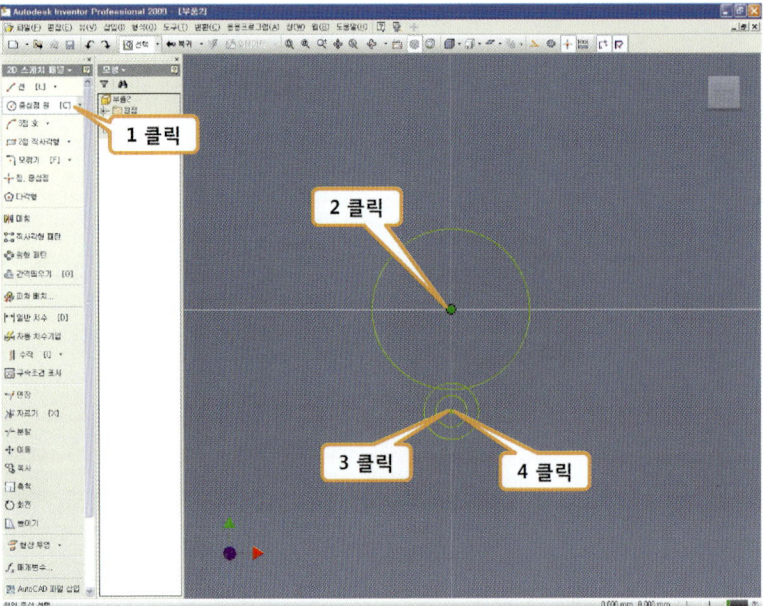

1. [원]을 클릭한다.
2. 클릭하여 원을 스케치한다.
3. 클릭하여 원을 스케치한다.
4. 3의 원과 동심이 되도록 클릭하여 원을 스케치한다.

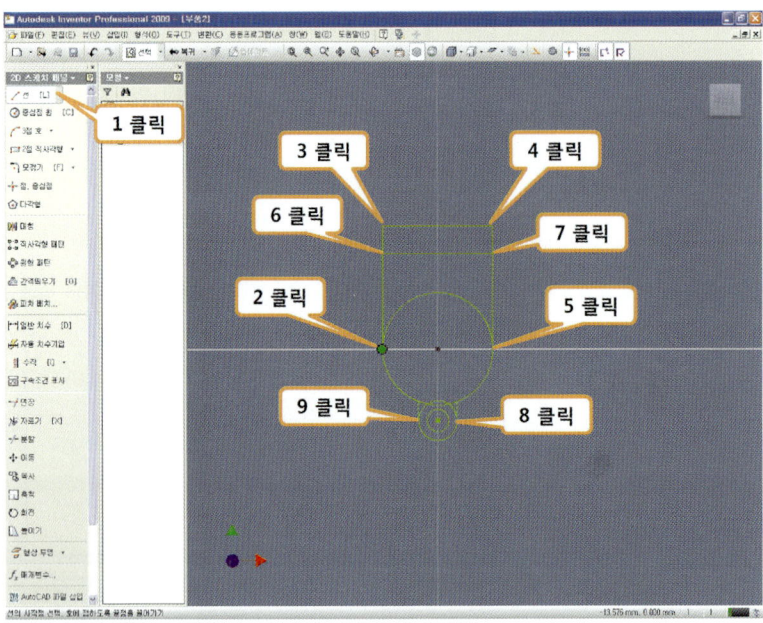

1. [선]을 클릭한다.
2. 원의 사분 점에 구속이 되도록 클릭한다.

3. 2와 수직이 되도록 클릭한다.

4. 3과 수평 5와 수직이 되도록 클릭한다.

5. 원의 사분 점에 구속이 되도록 클릭한다.

6. 수직선상에 구속이 되도록 클릭한다.

7. 3 - 4의 수평선과 평행이 되고 수직선상에 구속이 되도록 클릭한다.

8. 원의 4분점에 클릭하여 수직선을 스케치 한다.

9. 원의 4분점에 클릭하여 수직선을 스케치 한다.

형상 구속

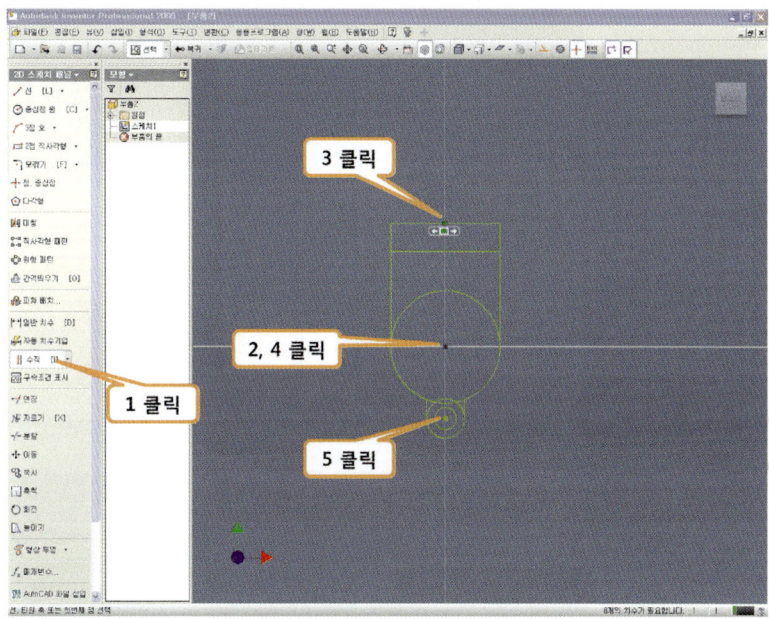

1. [수직]을 클릭한다.

2. 원점을 클릭한다.

3. 수평선의 중간점을 클릭하여 두 점을 수직 구속한다.

4. 원점을 클릭한다.

5. 원의 중심점을 클릭하여 두 점을 수직 구속한다.

≫ 일반 치수

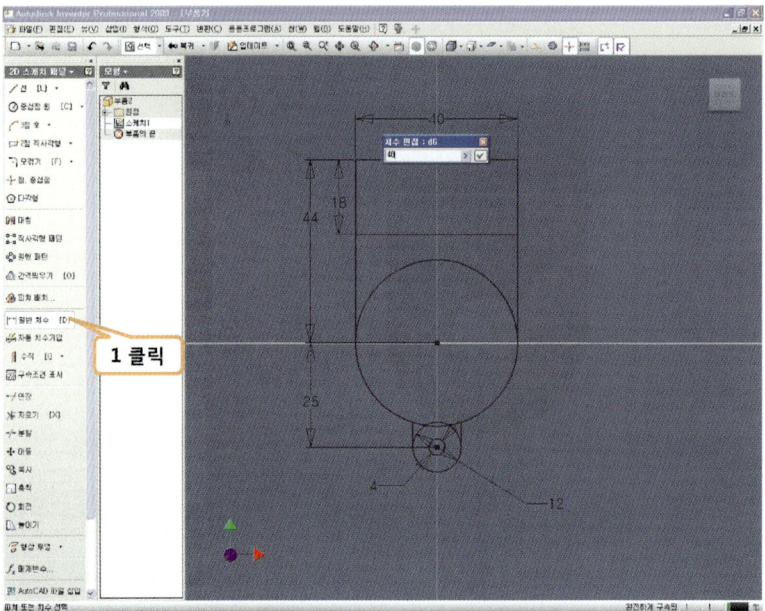

1. [일반 치수]를 클릭하여 그림과 같이 치수 구속을 한다.

≫ 자르기

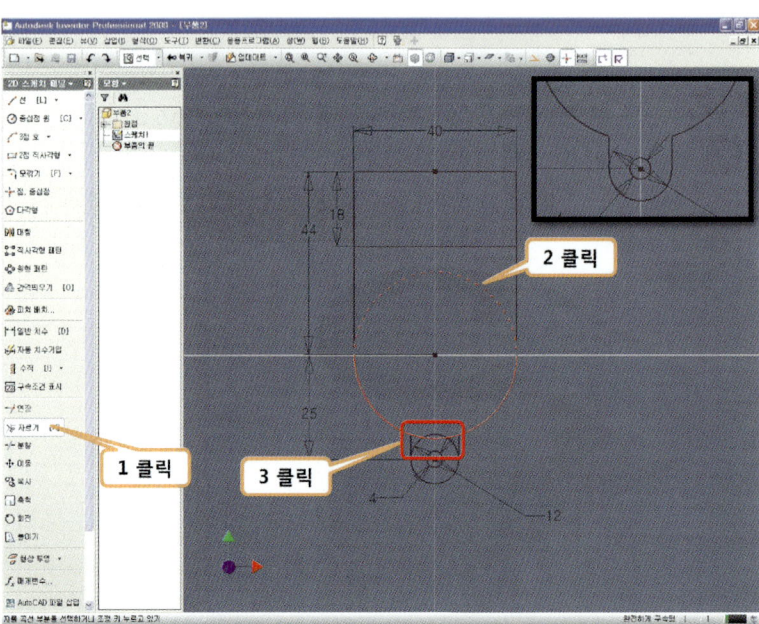

1. [자르기]를 클릭한다.
2. 클릭하여 잘라낸다.
3. 위 그림과 같이 자르기 한다.

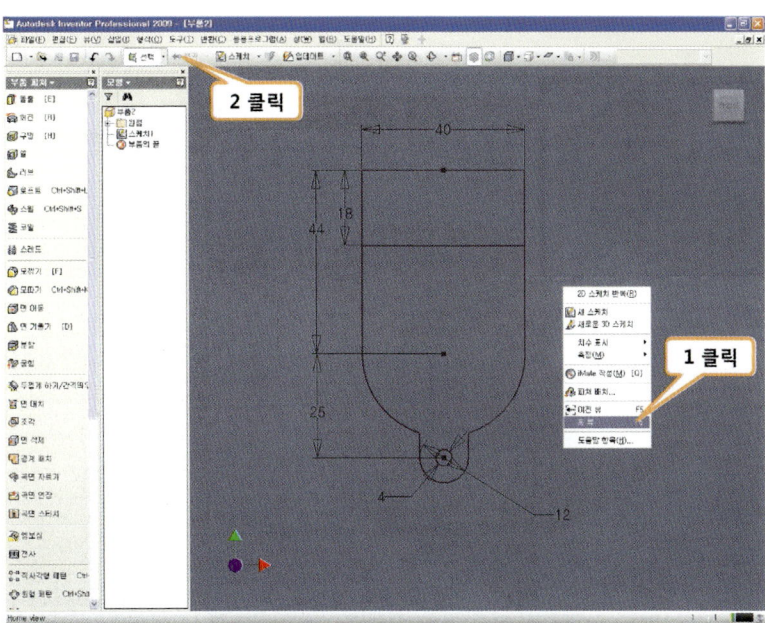

1. 마우스 오른쪽 버튼을 클릭하여 [홈 뷰]를 클릭한다.
2. [복귀]를 클릭한다.

돌출 피쳐

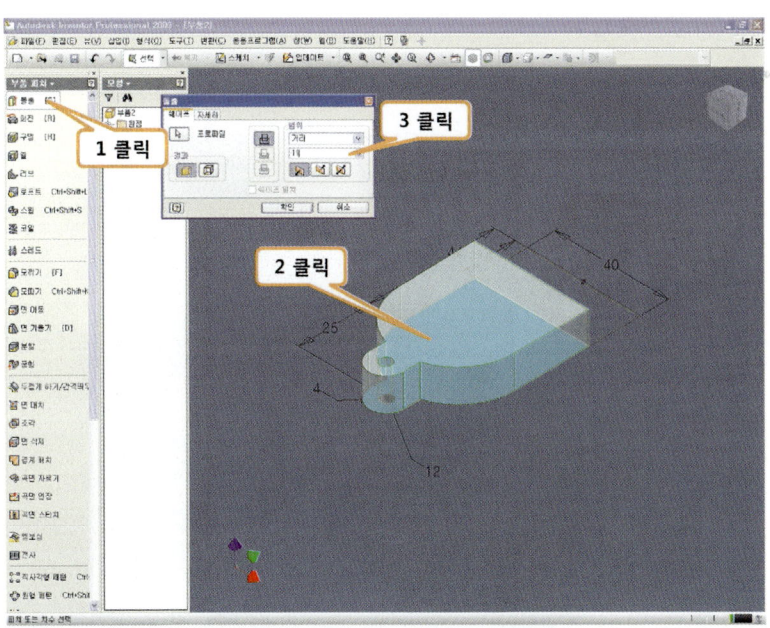

1. [돌출]을 클릭한다.
2. 스케치한 면을 클릭한다.
3. 클릭하여 돌출 높이 값을 입력한 후 [확인] 버튼을 클릭한다.

스케치 공유

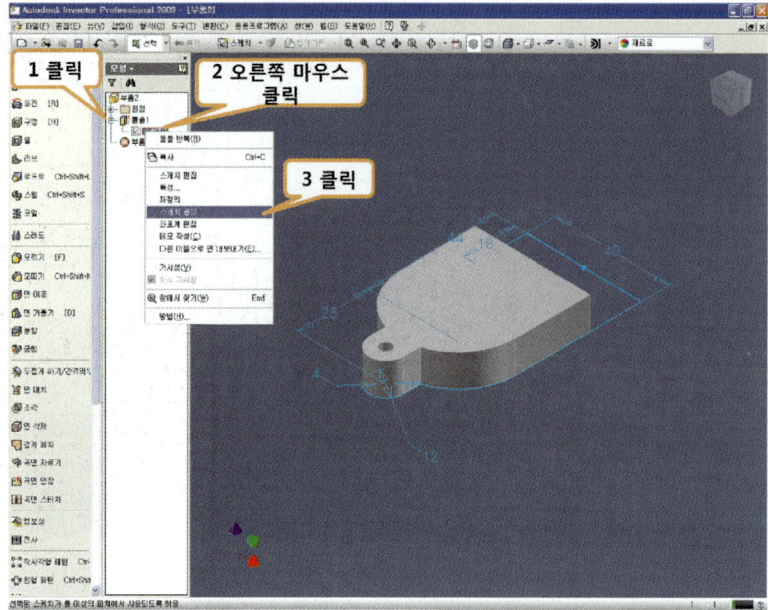

1. [돌출1]의 앞에 있는 + 버튼을 클릭하여 하위 메뉴가 나타나도록 한다.
2. [스케치1]에 마우스를 위치한 후 마우스 오른쪽 버튼을 클릭한다.
3. [스케치 공유]를 클릭한다.

돌출 피쳐

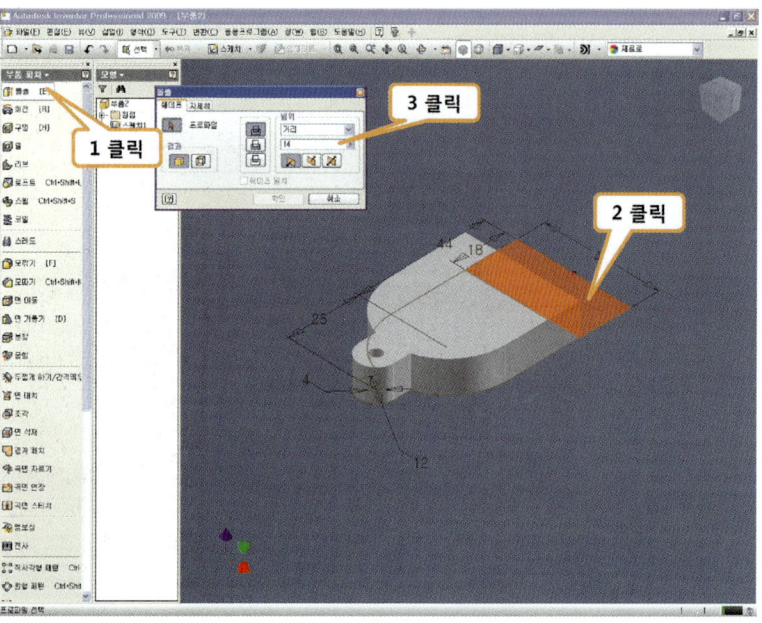

1. [돌출]을 클릭한다.
2. 돌출하려고 하는 스케치를 클릭한다.
3. 클릭하여 돌출하려는 치수 값을 입력한 후 [확인] 버튼을 클릭한다.

스케치 평면

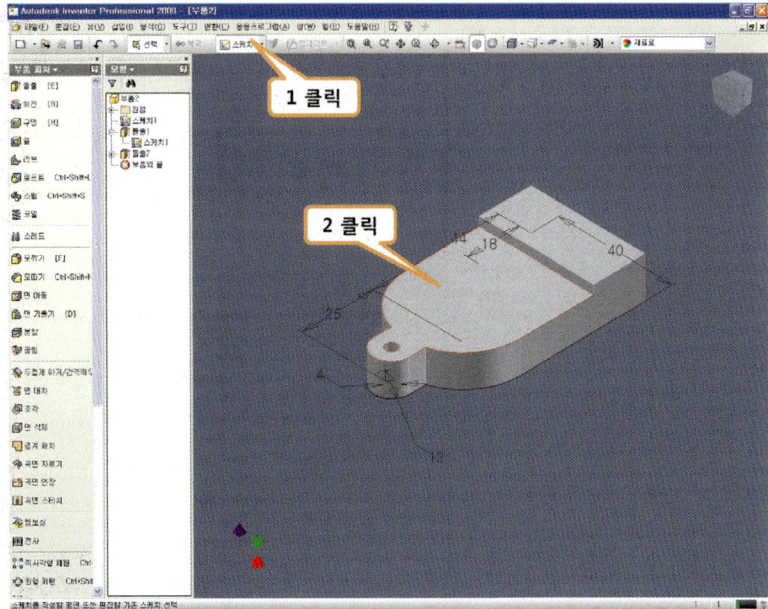

1. [스케치]를 클릭한다.
2. 스케치하고자 하는 면을 클릭한다.

스케치

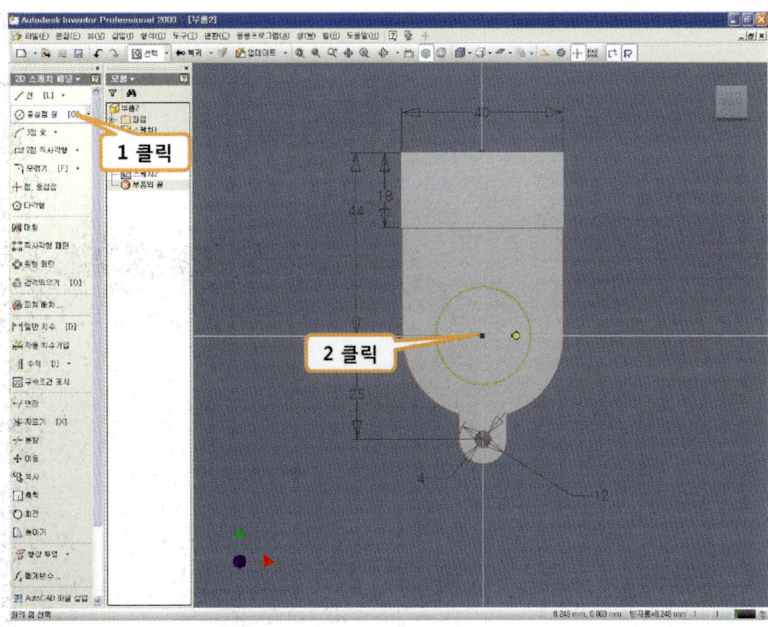

1. [중심점 원]을 클릭한다.
2. 스케치 원점을 중심점으로 하는 원 2개를 스케치한다.

일반 치수

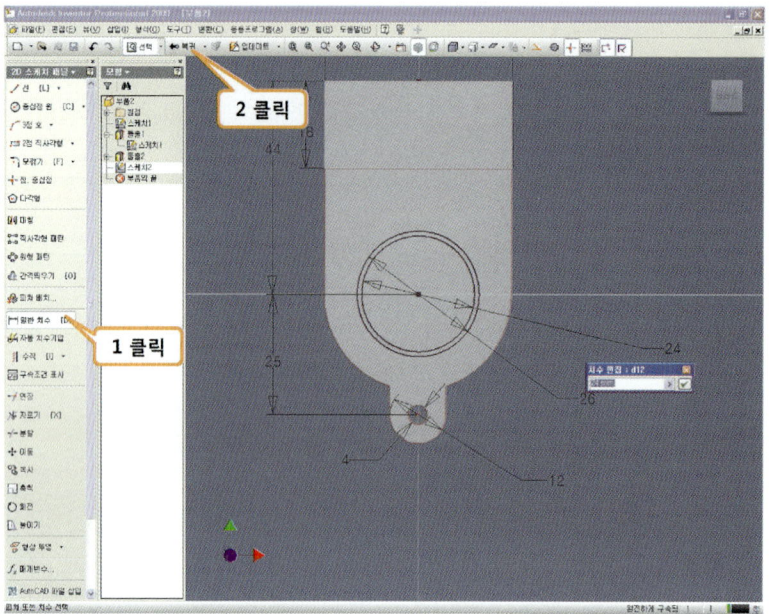

1. [일반 치수]를 클릭하여 두 원의 치수 구속을 한다.
2. [복귀]를 클릭한다.

돌출 피쳐

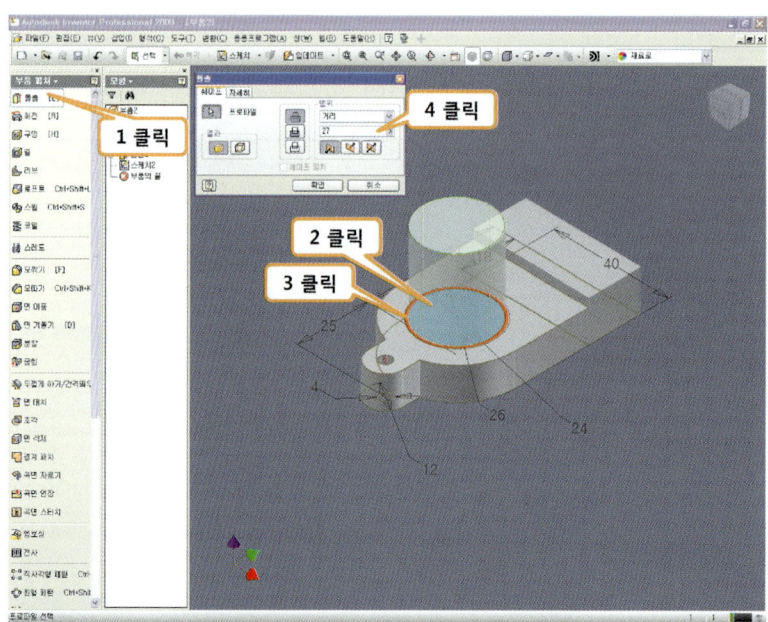

1. [돌출]을 클릭한다.
2. 안쪽 원을 클릭한다.
3. 바깥 원을 클릭한다.
4. 클릭하여 돌출 값을 입력한 후 [확인] 버튼을 클릭한다.

스케치 공유

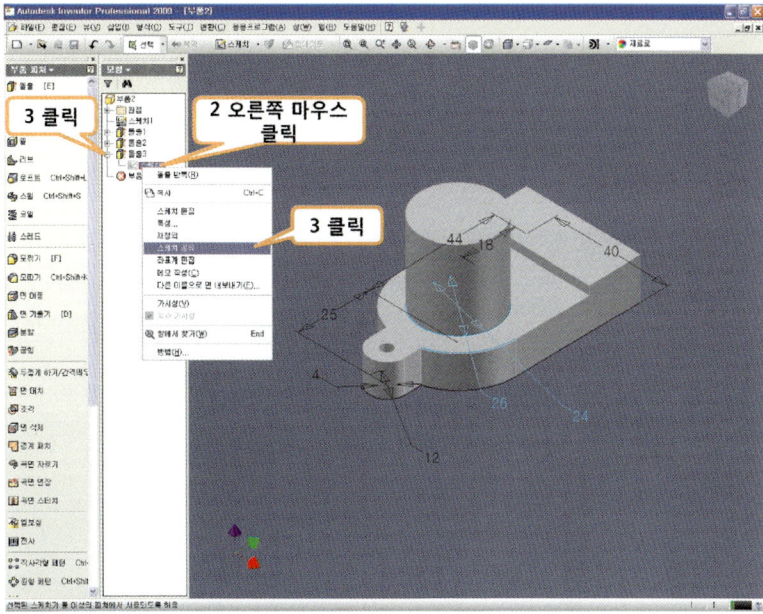

1. [돌출3] 앞에 있는 + 버튼을 클릭하여 하위 메뉴가 보이도록 한다.
2. [스케치2]위에 마우스를 위치한 후 오른쪽 마우스 오른쪽 버튼을 클릭한다.
3. [스케치 공유]를 클릭한다.

돌출 피쳐

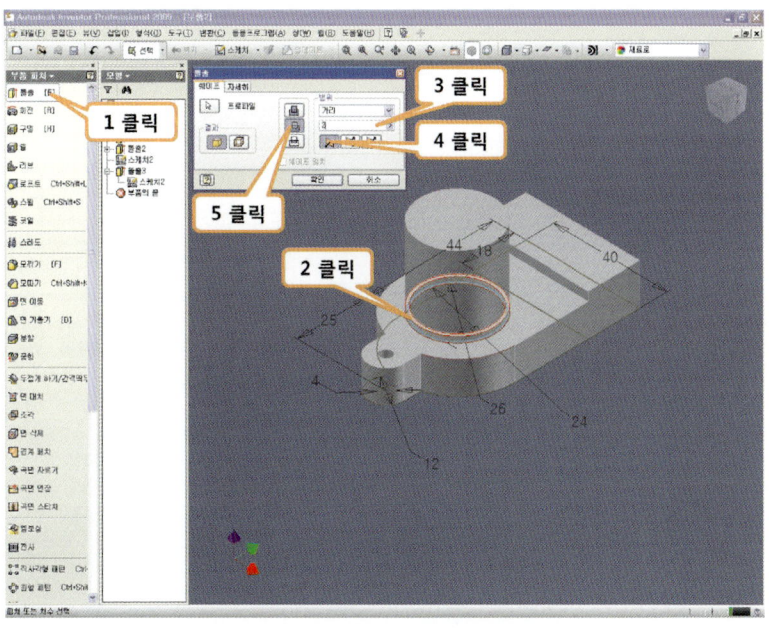

1. [돌출]을 클릭한다.
2. 공유된 스케치 중 큰 원만 클릭한다.

3. 클릭하여 돌출 값을 입력한다.
4. 클릭하여 방향을 설정한다.
5. [차집합]을 클릭한 후 [확인] 버튼을 클릭한다.

객체 가시성 – 스케치

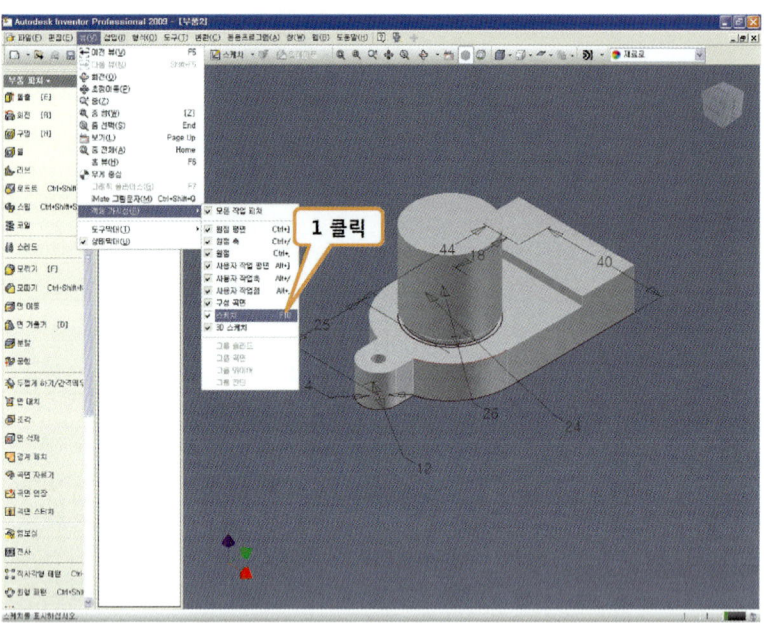

1. [뷰]-[객체 가시성]-[스케치]를 클릭한다.

구멍 피쳐

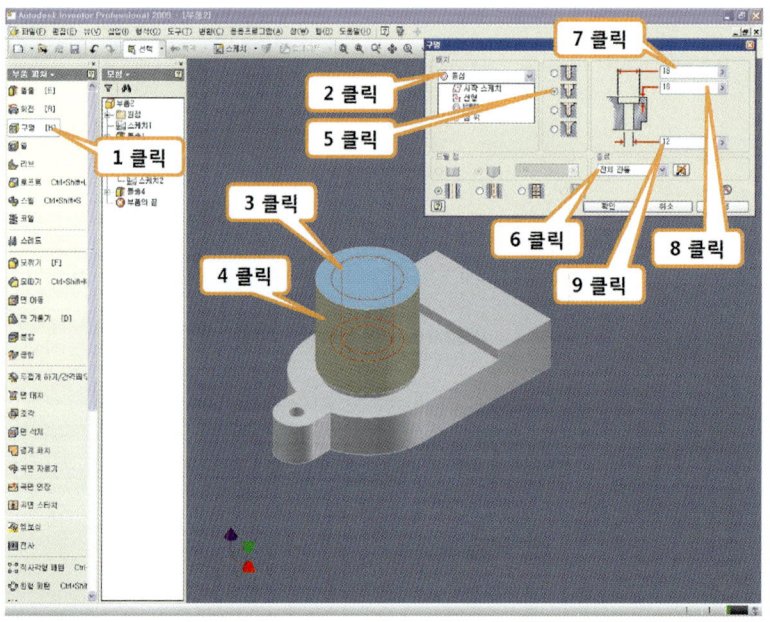

1. [구멍]을 클릭한다.
2. 클릭하여 '동심'을 선택한다.
3. 구멍을 뚫고자 하는 면을 클릭한다.
4. 동심이 되는 원을 클릭한다.
5. [카운터 보어]를 클릭한다.
6. 클릭하여 '전체 관통'을 선택한다.
7. 클릭하여 큰 구멍의 지름 값을 입력한다.
8. 클릭하여 큰 구멍의 깊이 값을 입력한다.
9. 클릭하여 작은 구멍의 지름 값을 입력한 뒤 확인 버튼을 클릭한다.

모깎기 피쳐

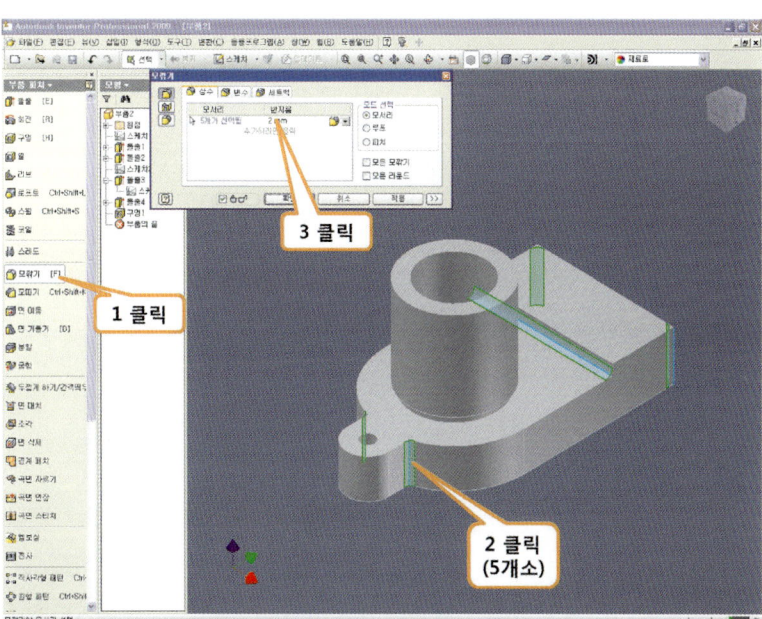

1. [모깎기]를 클릭한다.
2. 모깎기할 모서리(5개소)를 그림과 같이 클릭한다.
3. 클릭하여 라운드 값을 입력한 뒤 [적용] 버튼을 클릭한다.

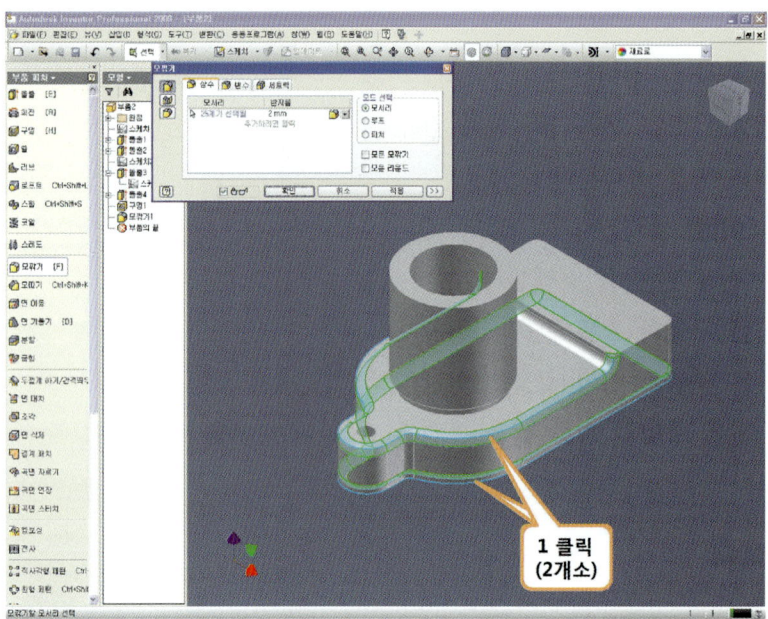

1. 모깎기할 나머지 모서리를 클릭한 후 [확인] 버튼을 클릭한다.

▶ 모따기 피쳐

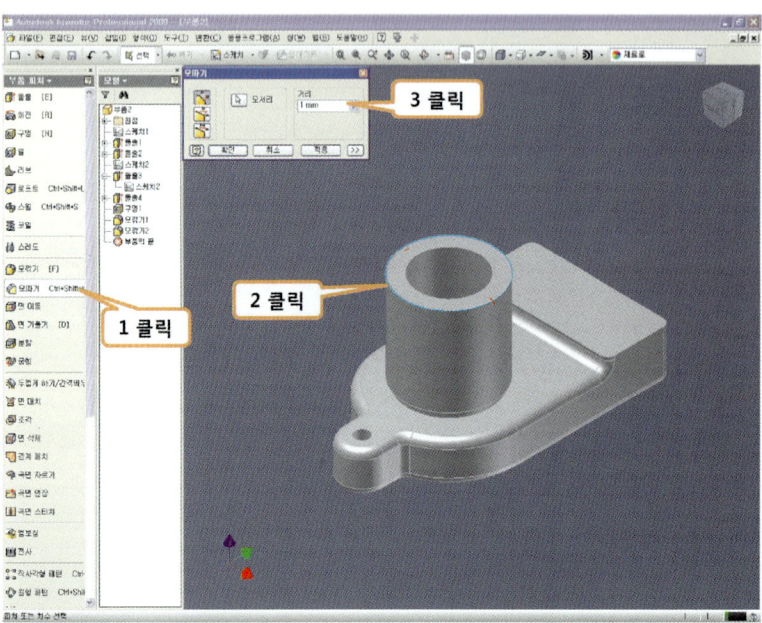

1. [모따기]를 클릭한다.
2. 모따기 할 모서리를 클릭한다.
3. 클릭하여 모따기 값을 입력한 후 [확인] 버튼을 클릭한다.

작업 평면

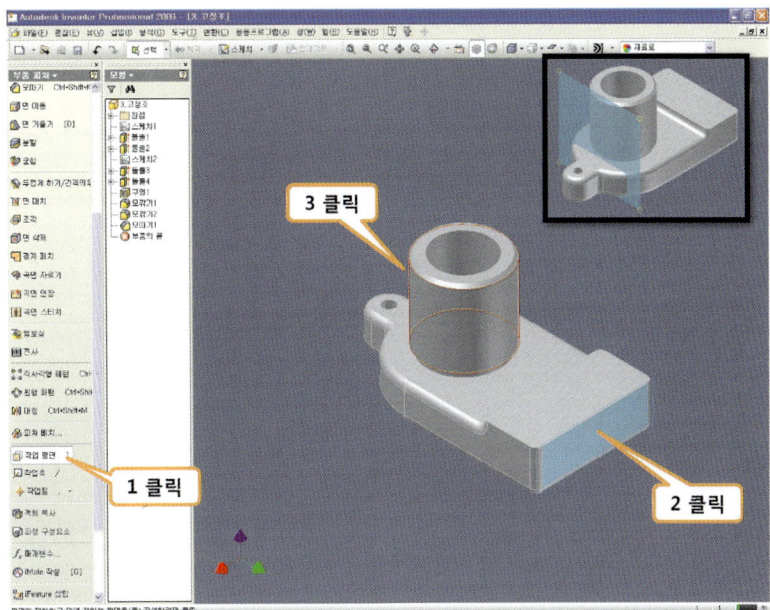

1. [작업 평면]을 클릭한다.
2. 만들려고 하는 작업 평면과 평행한 면을 클릭한다.
3. 작업 하고자 하는 면을 클릭한다. (접한 작업 평면 생성)

스케치 평면

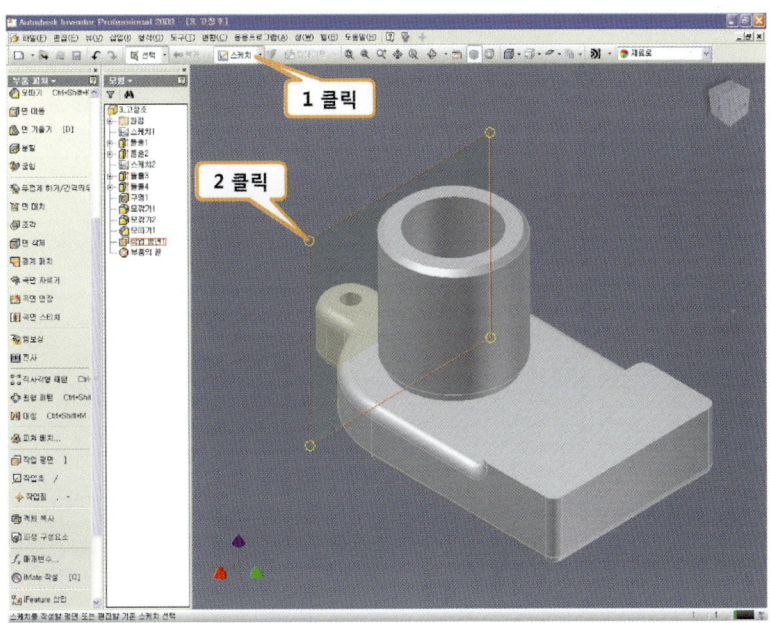

1. [스케치]를 클릭한다.
2. 작업 평면을 클릭한다.

형상 투영

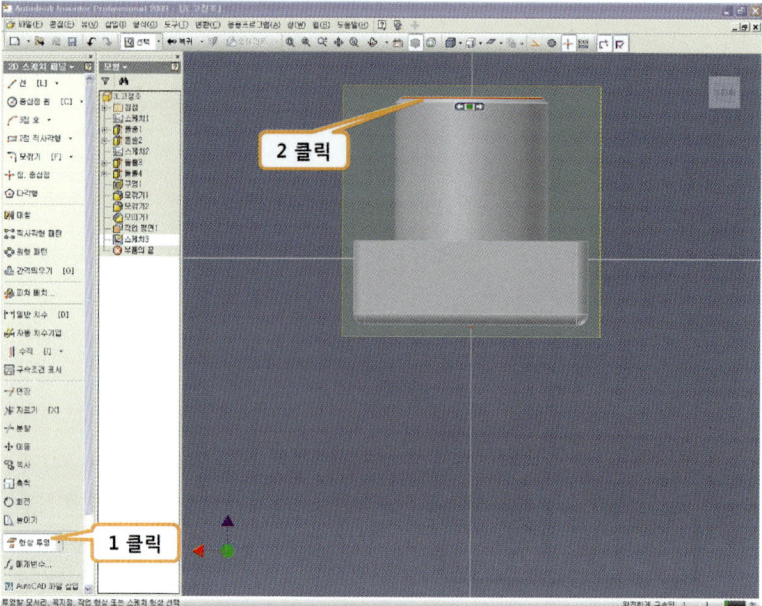

1. [형상 투영]을 클릭한다.
2. 스케치에 필요한 형상을 클릭한다.

그래픽 슬라이스

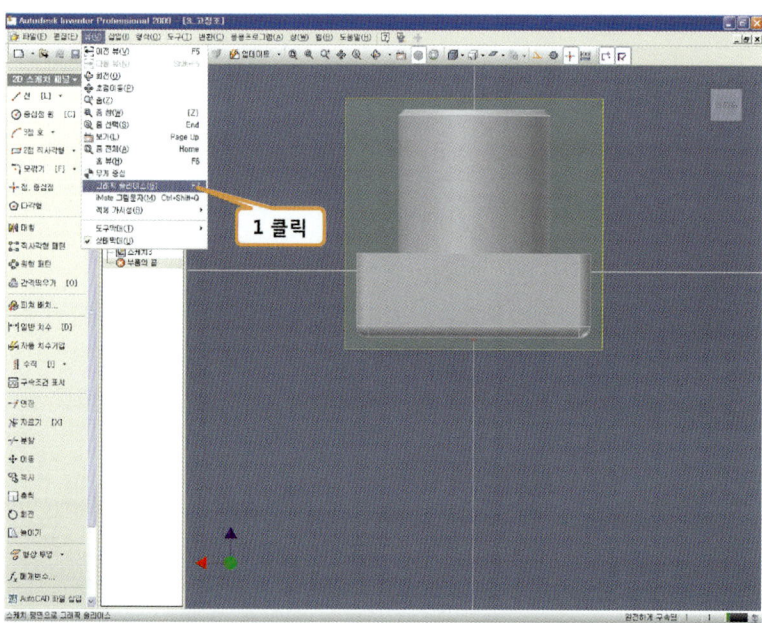

1. [뷰]-[그래픽 슬라이스]를 클릭한다.

스케치

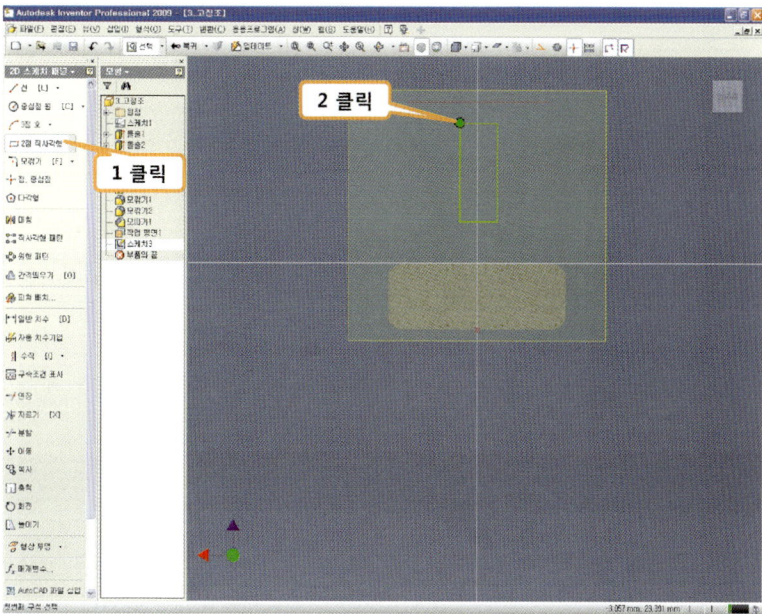

1. [2점 직사각형]을 클릭한다.
2. 그림과 같이 직사각형을 스케치 한다.

형상 구속

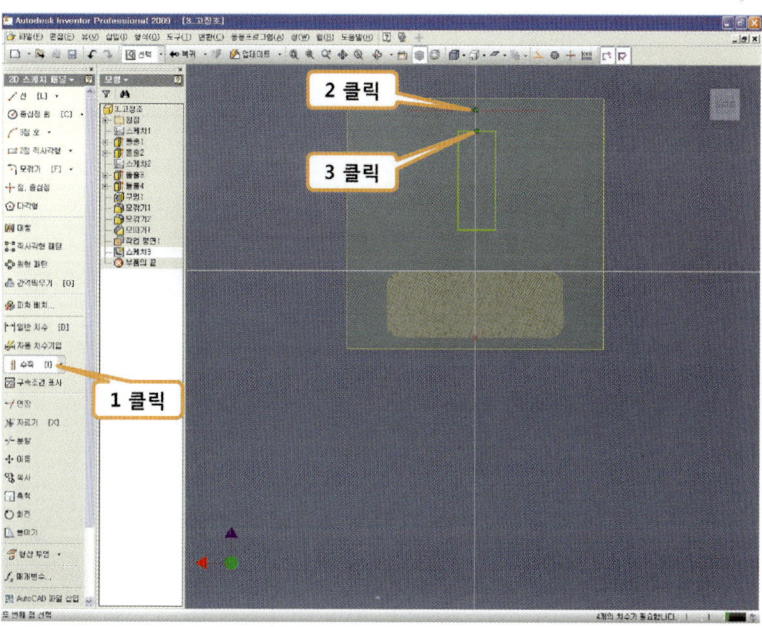

1. [수직]을 클릭한다.
2. 형상 투영한 선의 중간점을 클릭한다.
3. 수평선의 중간점을 클릭하여 두 점을 수직 구속 한다.

일반 치수

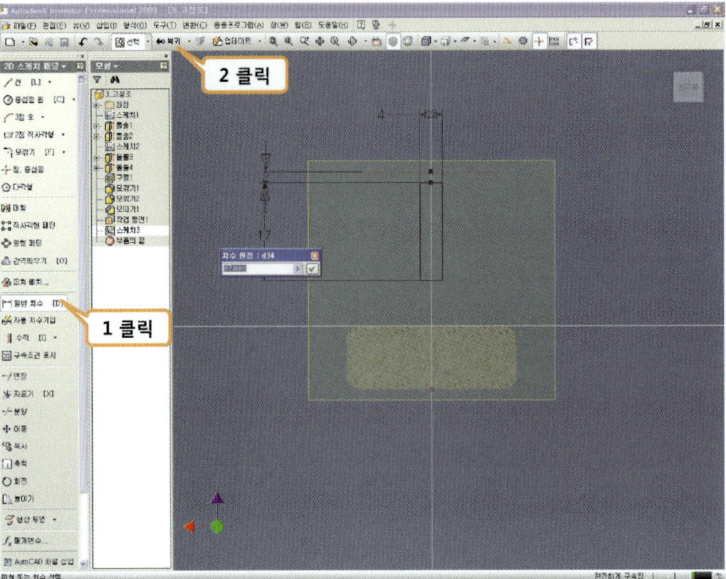

1. [일반 치수]를 클릭하고 그림과 같이 치수 구속을 한다.
2. [복귀]를 클릭한다.

돌출 피쳐

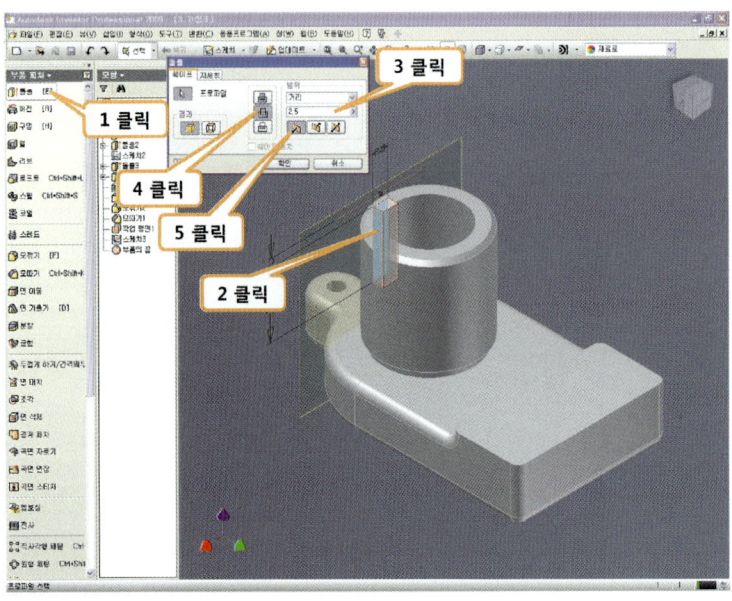

1. [돌출]을 클릭한다.
2. 스케치를 클릭한다.
3. 클릭하여 돌출 값을 입력한다.
4. [차집합]을 클릭한다.
5. 클릭하여 방향을 설정한다.

》 모깎기 피쳐

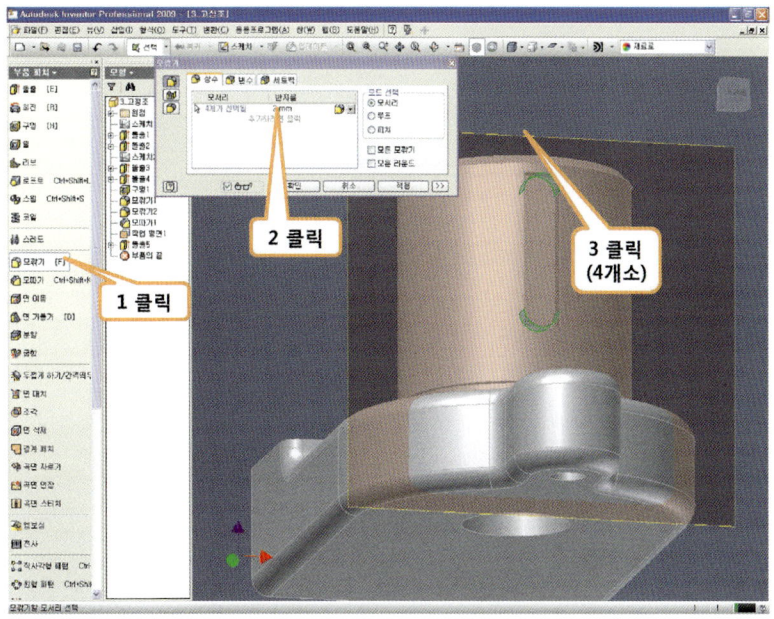

1. [모깎기]를 클릭한다.
2. 클릭하여 모깎기 값을 입력하고 한번 더 클릭한다.
3. 그림과 같이 사각 구멍의 각 모서리(4개소)를 클릭한 후 [확인] 버튼을 클릭한다.

》 객체 가시성

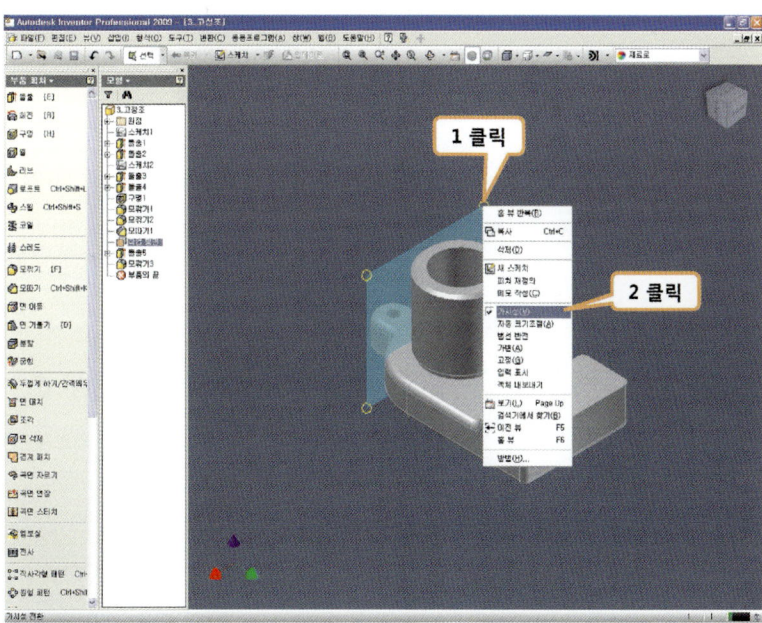

1. 작업 평면에 마우스를 위치한 후 마우스 오른쪽 버튼을 클릭한다.
2. [가시성]을 클릭한다.

고정 조 완성품

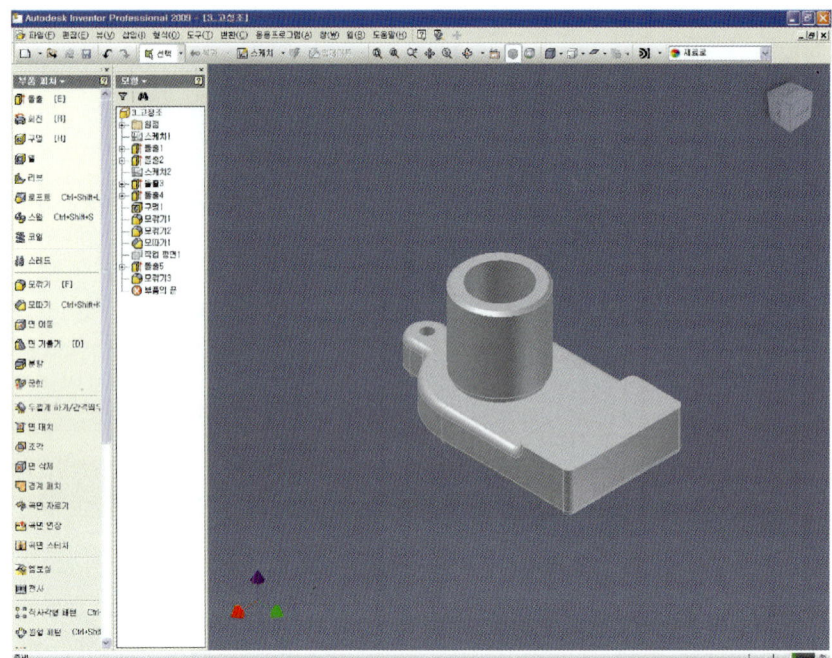

4번 부품 리드 축 측정 및 모델링

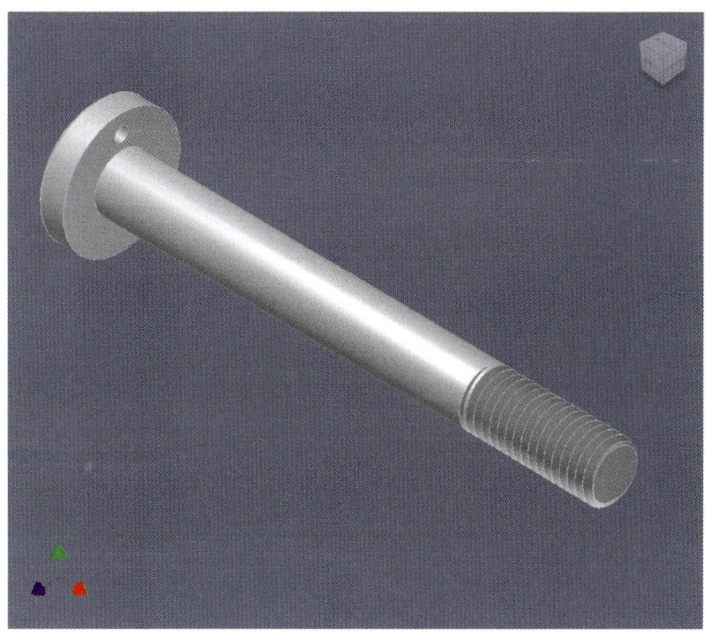

- 4번 부품인 [리드 축]의 측정 및 모델링을 따라해보자.

4번 부품 측정

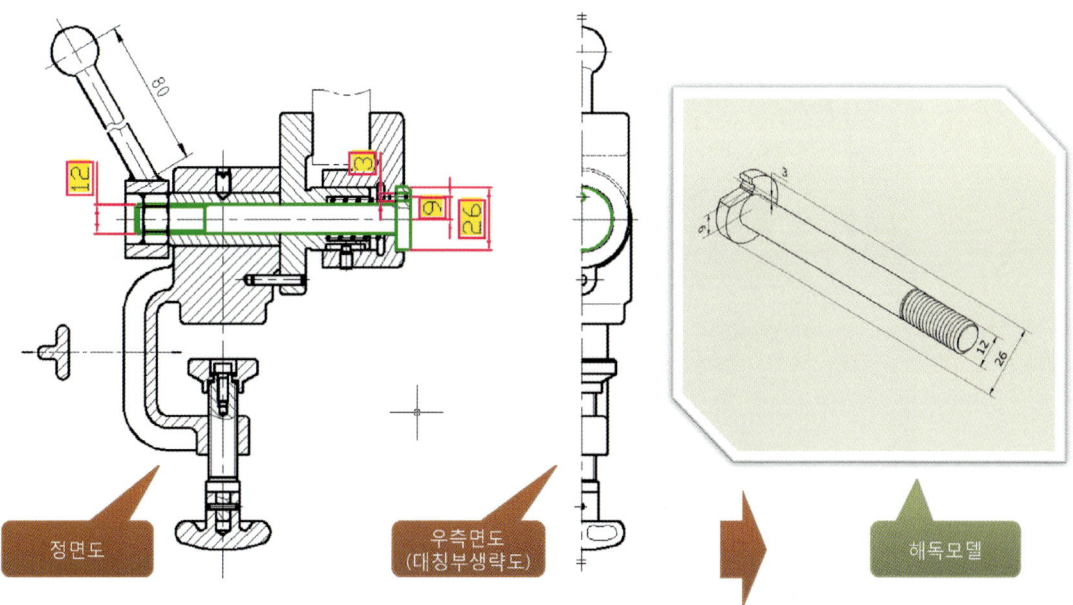

- 수직 방향의 치수는 정면도에서 그림과 같이 측정 가능하다.
- 치수 중 핀 구멍의 위치는 조립시 이동 조의 핀 구멍 위치와 동일 하여야 한다.

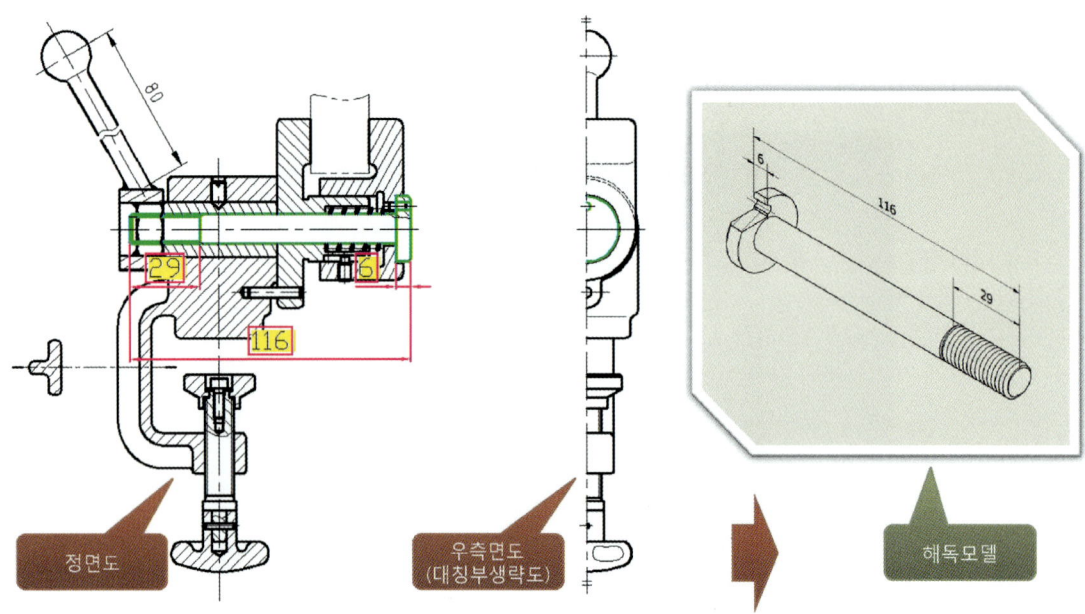

- 수평 방향 치수는 정면도에서 그림과 같이 측정 가능하다.

▶ 측정 완료

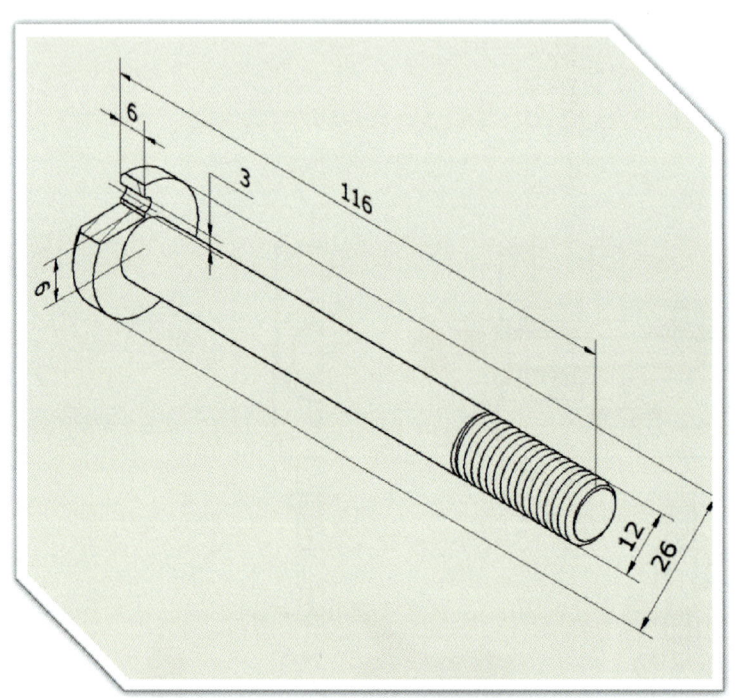

- 모델링에 필요한 측정치수 및 규격 참조 치수를 표시하면 위와 같다.

스케치 – 중심선

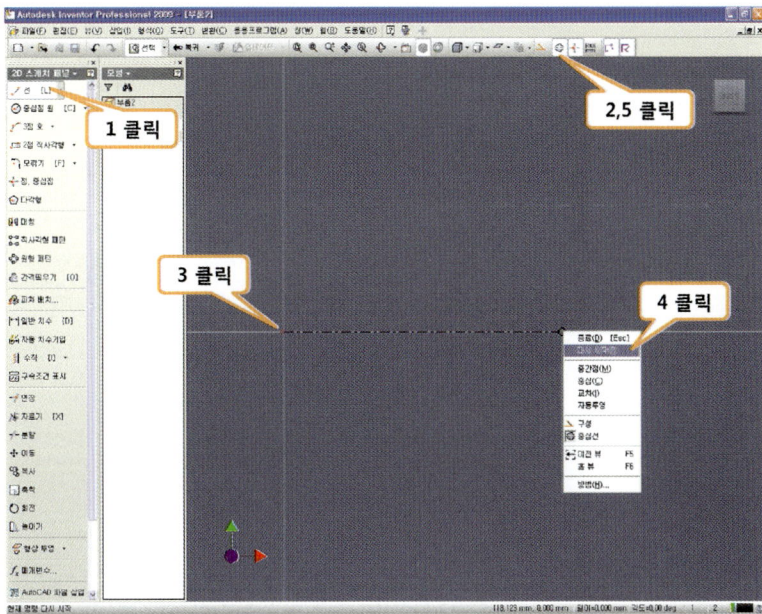

1. [선]을 클릭한다.
2. [중심선]을 클릭한다.(선택)
3. 원점을 클릭하여 중심선으로 사용할 선을 스케치 한다.
4. 마우스 오른쪽 버튼을 클릭하여 [다시 시작]을 클릭한다.
5. [중심선]을 클릭한다.(해제)

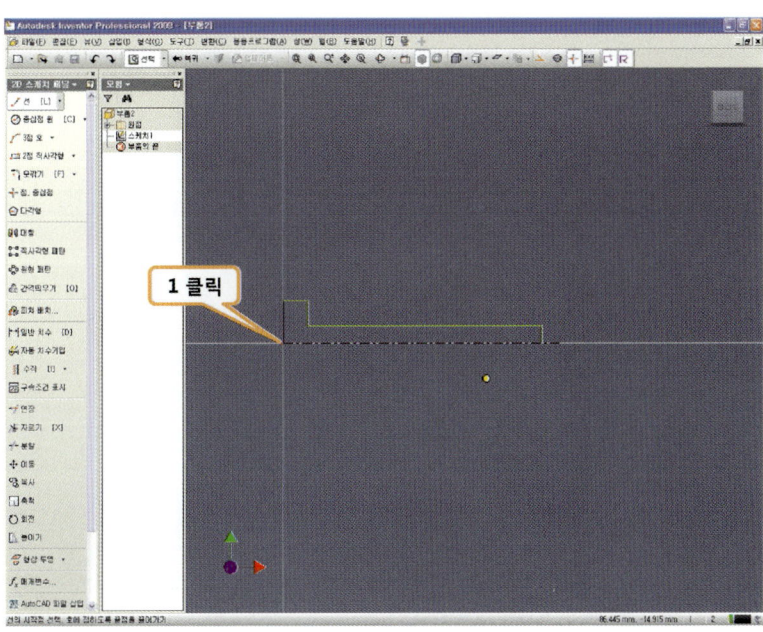

1. 원점을 클릭하여 그림과 같이 대략적인 스케치를 한다.

일반 치수

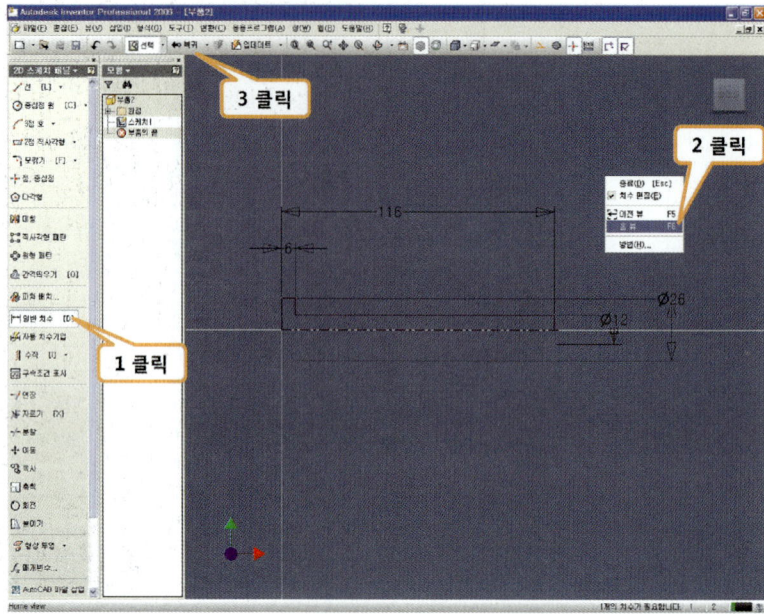

1. [일반 치수]를 클릭하여 그림과 같이 치수 구속을 한다.
2. 마우스 오른쪽 버튼을 클릭하여 [홈 뷰]를 클릭한다.
3. [복귀]를 클릭한다.

회전 피쳐

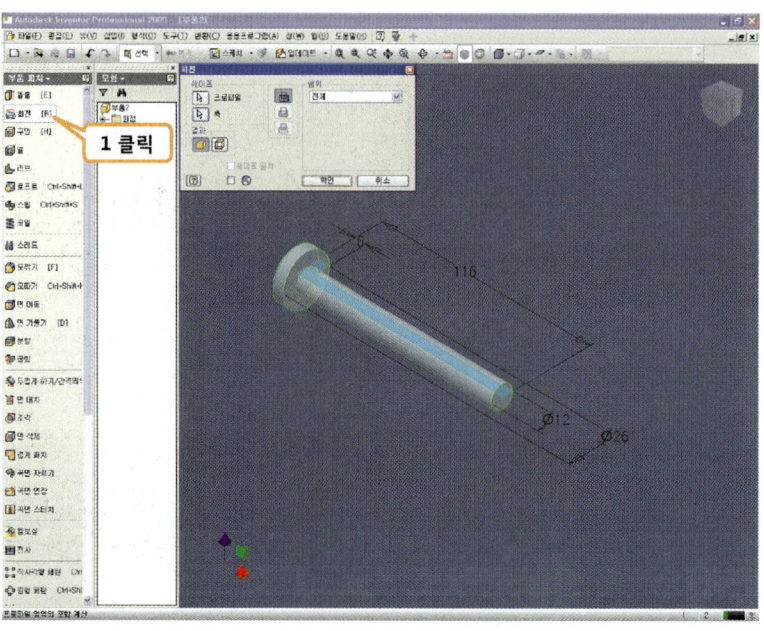

1. [회전]을 클릭한 후 확인 버튼을 클릭한다.

▶▶ 스케치 평면

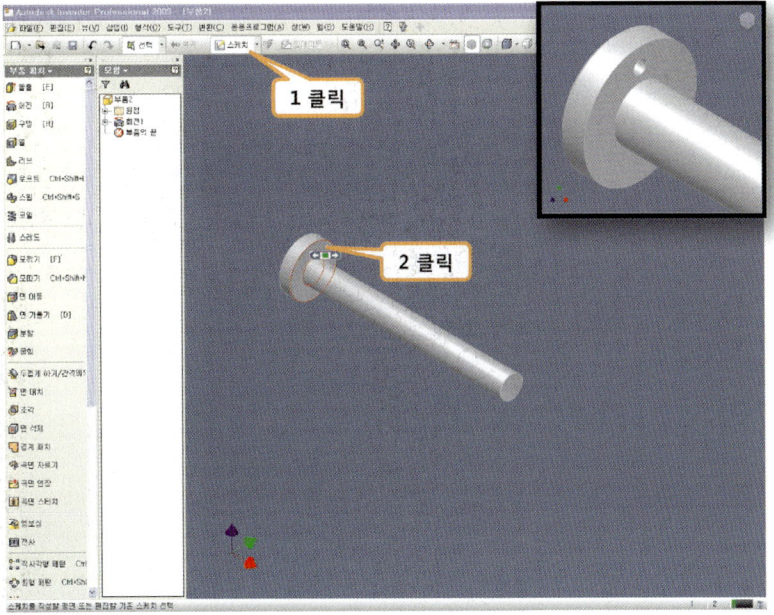

1. [스케치]를 클릭한다.
2. 구멍을 뚫을 면을 클릭한다.

▶▶ 그래픽 슬라이스

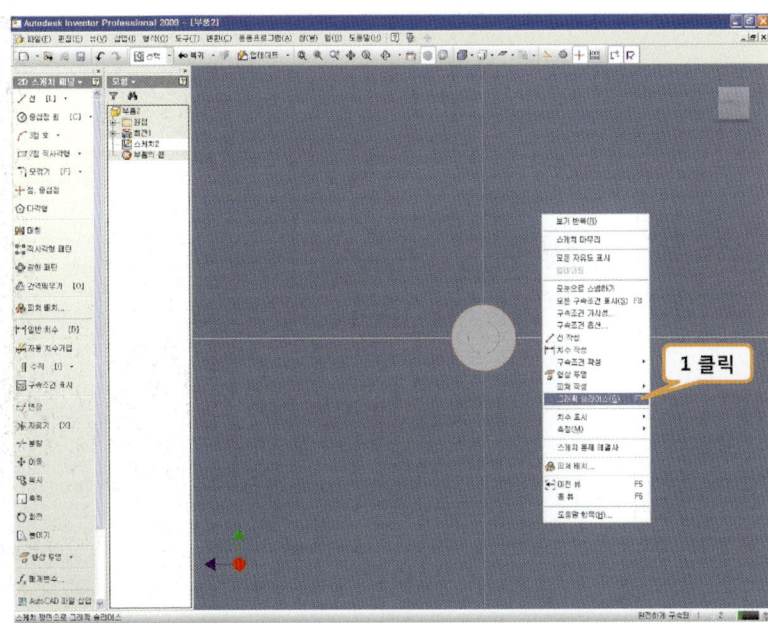

1. 마우스 오른쪽을 클릭하여 [그래픽 슬라이스]를 클릭한다.

점, 중심점

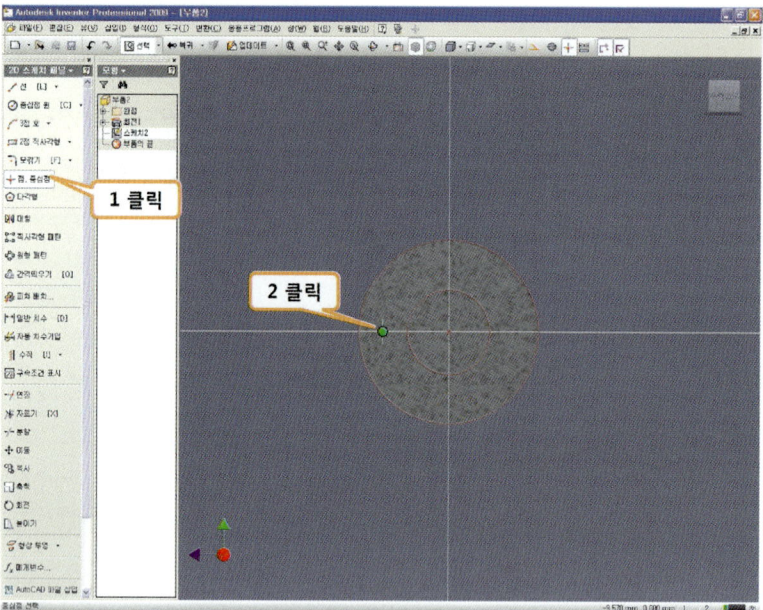

1. [점, 중심점]을 클릭한다.
2. 대략적인 위치에 클릭한다.

형상 구속

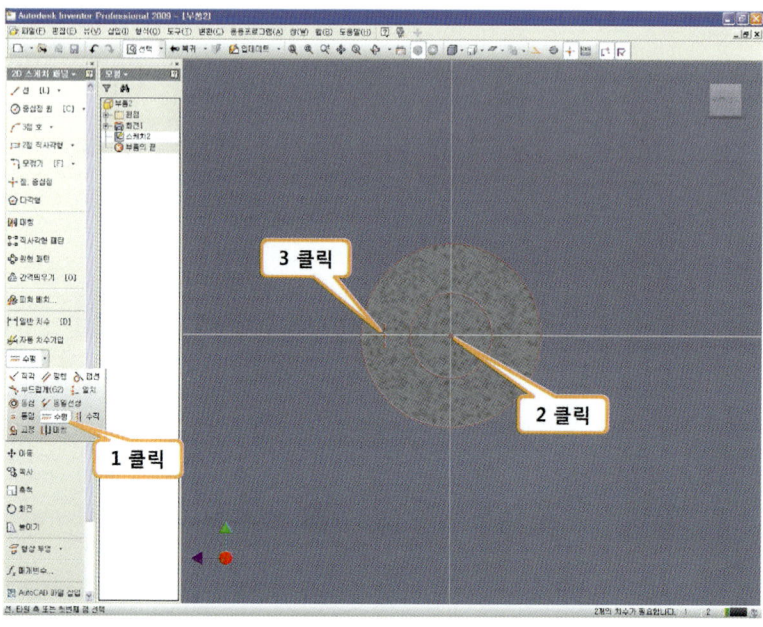

1. [수평]을 클릭한다.
2. 원의 중심점을 클릭한다.
3. 스케치한 중심표식을 클릭하여 두 점을 수직 구속한다.

일반 치수

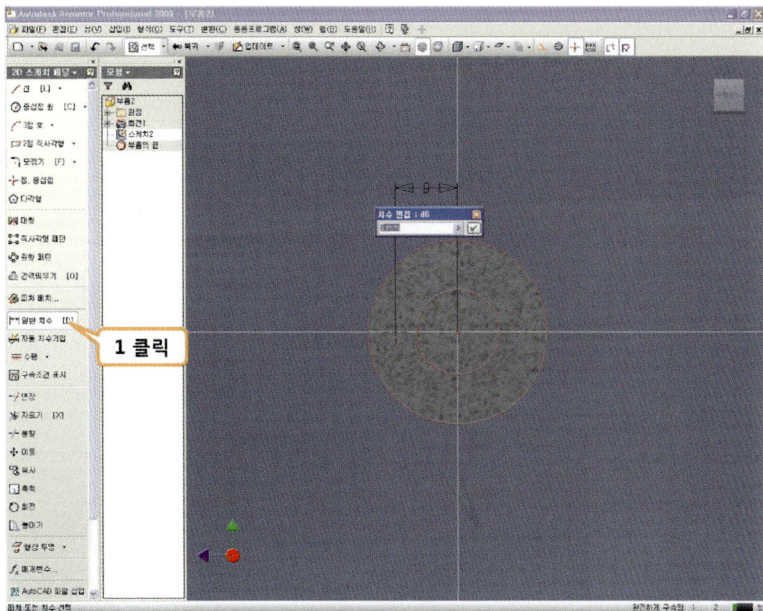

1. [일반 치수]를 클릭하여 그림과 같이 치수 구속을 한다.

구멍 피쳐

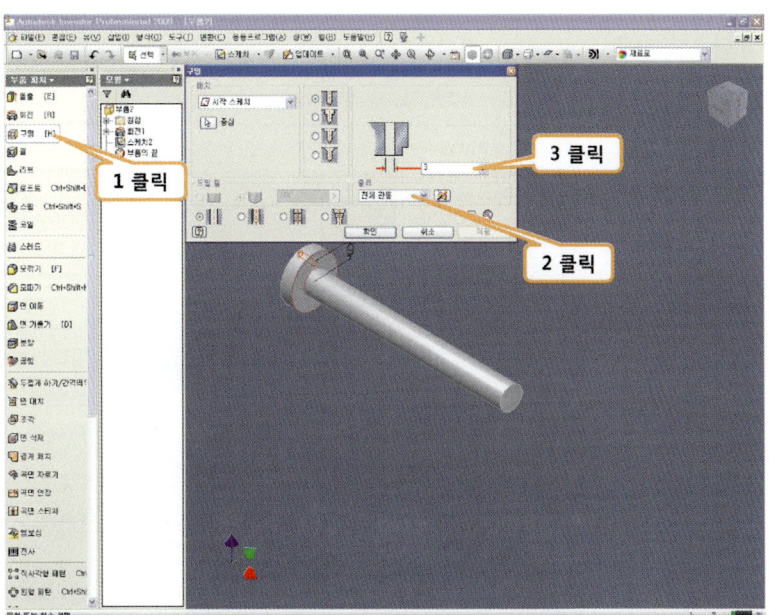

1. [구멍]을 클릭한다.
2. 클릭하여 '전체 관통'을 선택한다.
3. 클릭하여 구멍의 지름 값을 입력한 후 [확인] 버튼을 클릭한다.

모깎기 피쳐

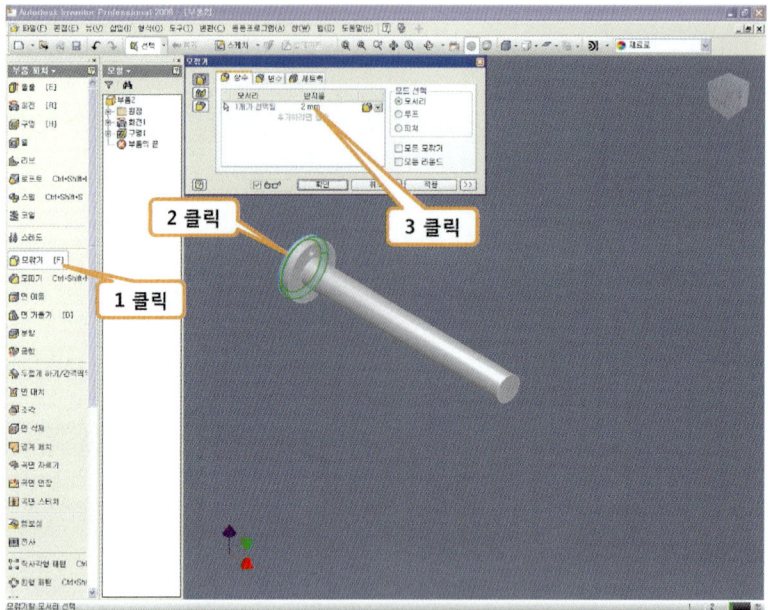

1. [모깎기]를 클릭한다.
2. 모깎기 할 모서리를 클릭한다.
3. 클릭하여 모깎기 값을 입력한 후 [확인]버튼을 클릭한다.

모따기 피쳐

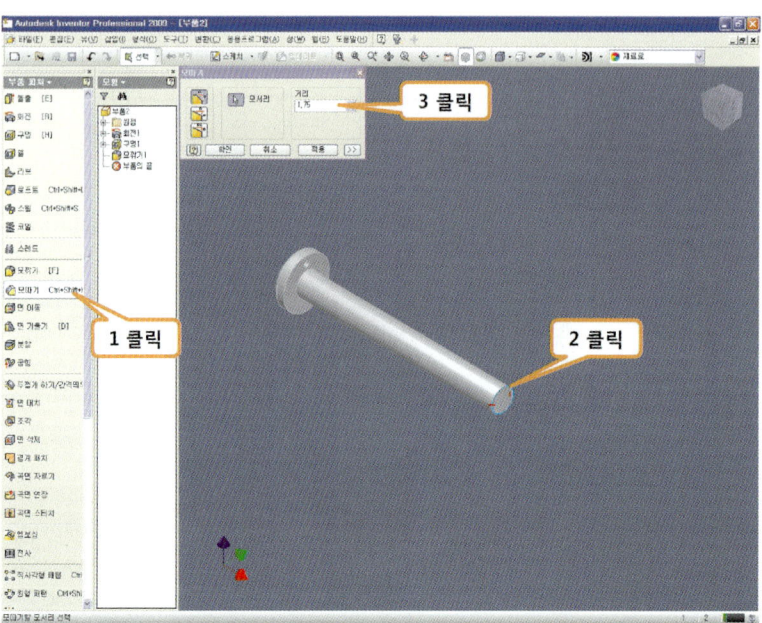

1. [모따기]를 클릭한다.
2. 모따기 할 모서리를 클릭한다.
3. 클릭하여 모따기 값을 입력한 후 [확인] 버튼을 클릭한다.

〉〉 스레드

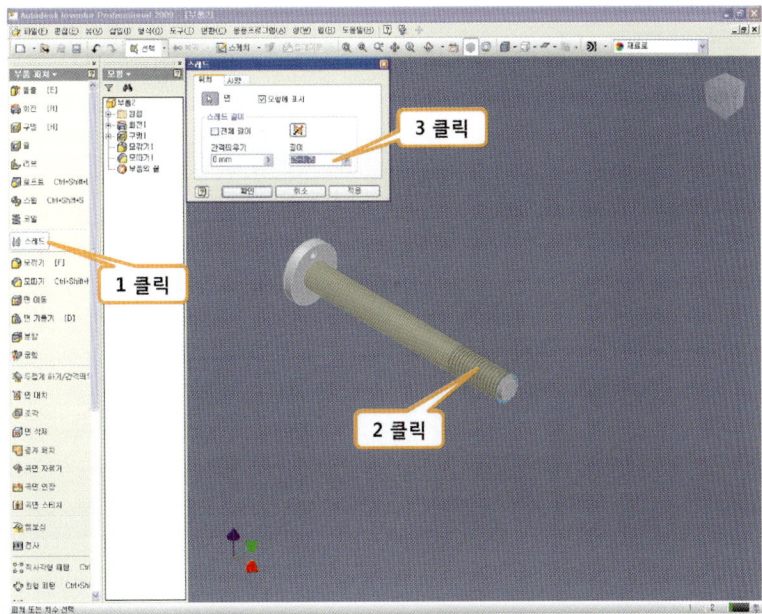

1. [스레드]를 클릭한다.
2. 스레드할 원기둥의 면을 클릭한다.
3. 클릭하여 나사부의 길이 값을 입력한 후 [확인] 버튼을 클릭한다.

〉〉 리드 축 완성품

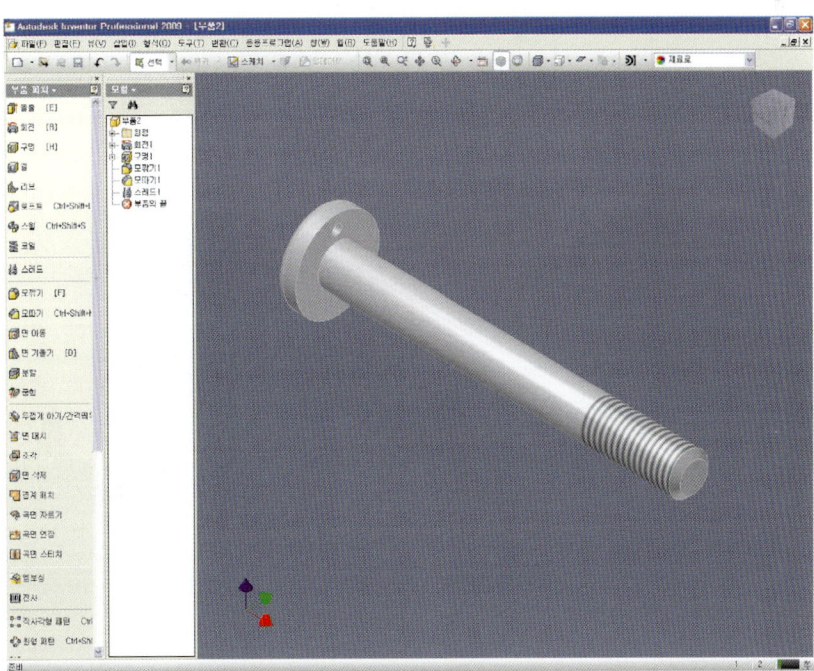

5번 부품 지지 판 측정 및 모델링

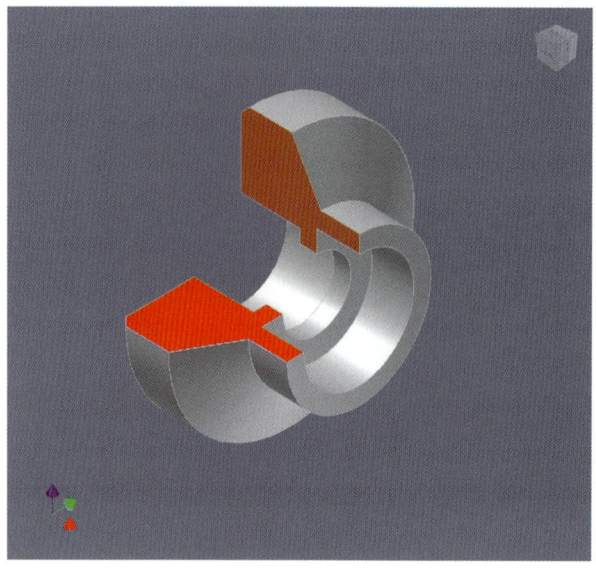

- 5번 부품인 [지지 판]의 측정 및 모델링을 따라해보자.

5번 부품 측정

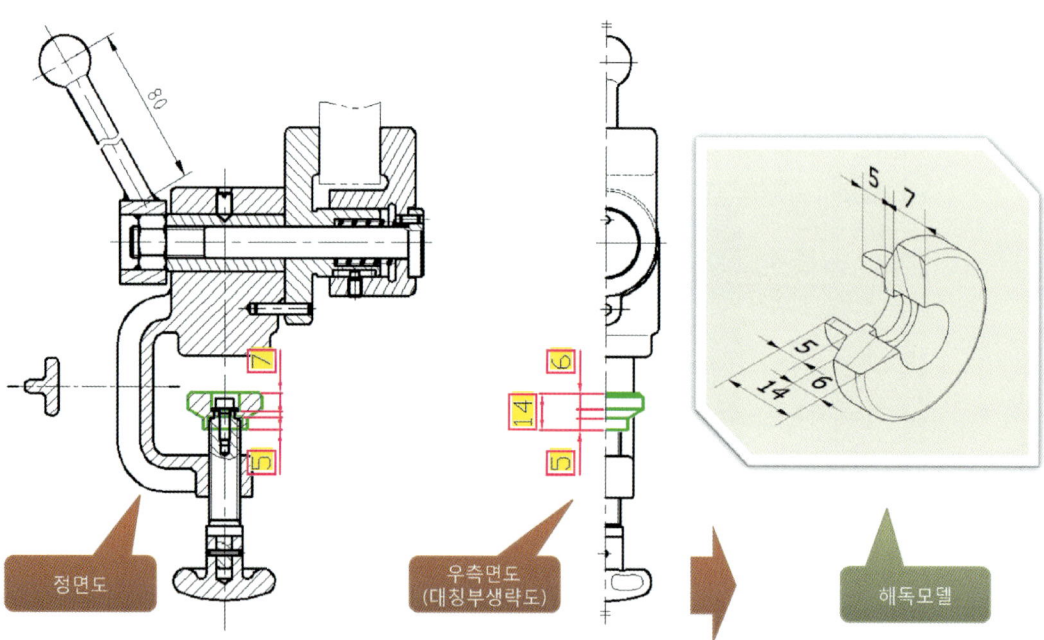

- 수직방향 치수는 그림과 같이 정면도와 우측면도에서 측정 가능하다.

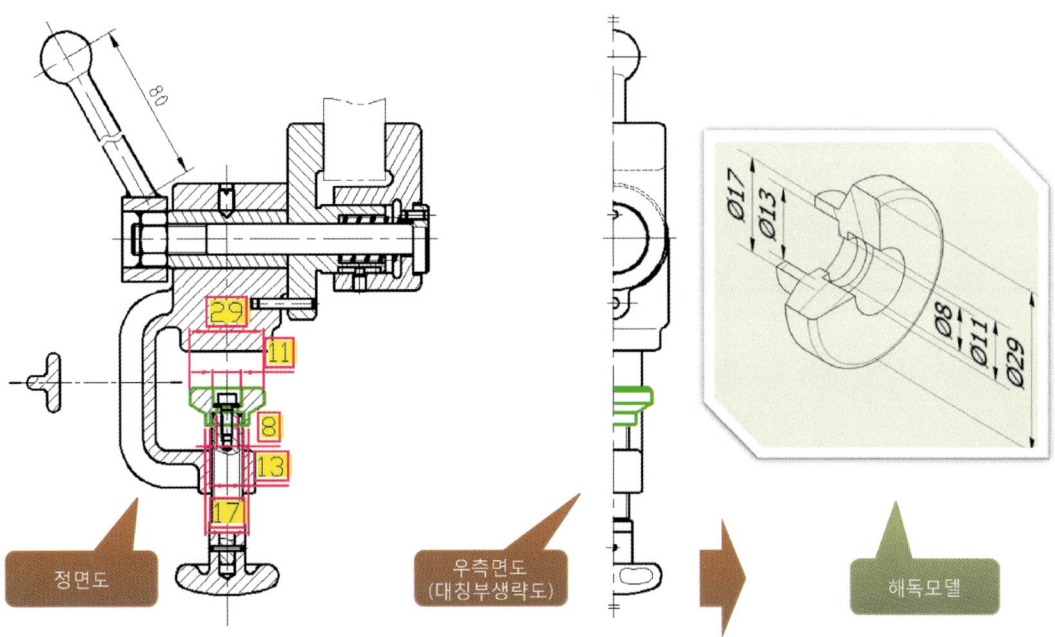

- 수평 방향 측정은 정면도에서 측정이 가능하다.

▶ 측정 완료

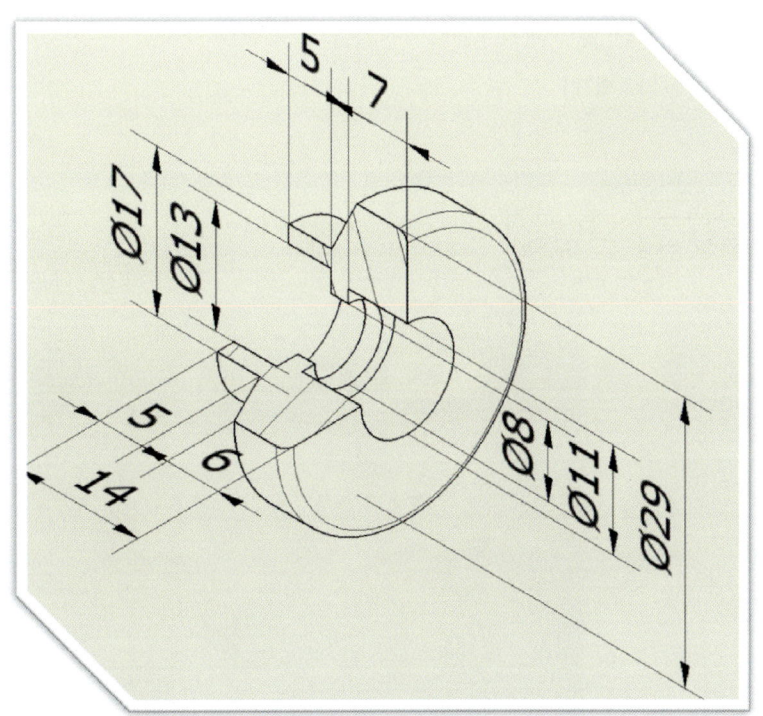

- 모델링에 필요한 측정치수 및 규격 참조 치수를 표시하면 위와 같다.

스케치

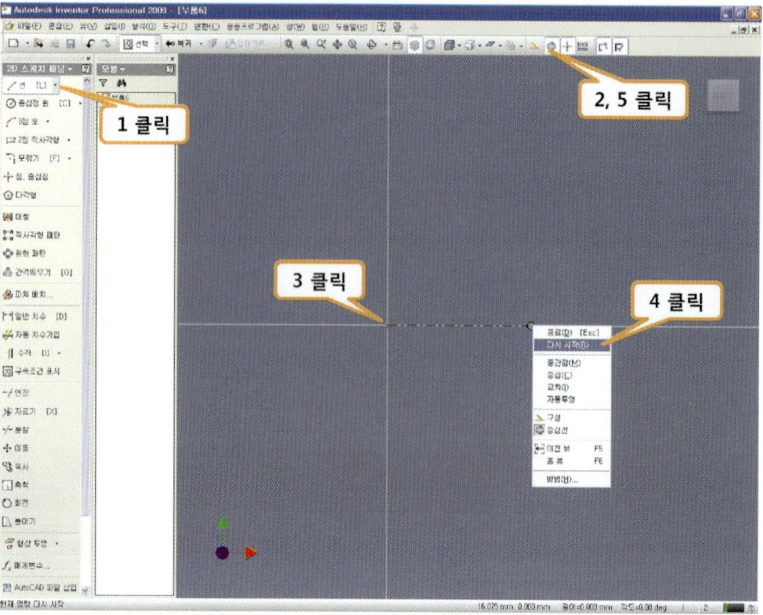

1. [선]을 클릭한다.
2. [중심선]을 클릭한다.(선택)
3. 원점을 클릭하여 중심선을 스케치한다.
4. 마우스 오른쪽 버튼을 클릭하여 [다시 시작]을 클릭한다.
5. [중심선]을 클릭한다.(해제)

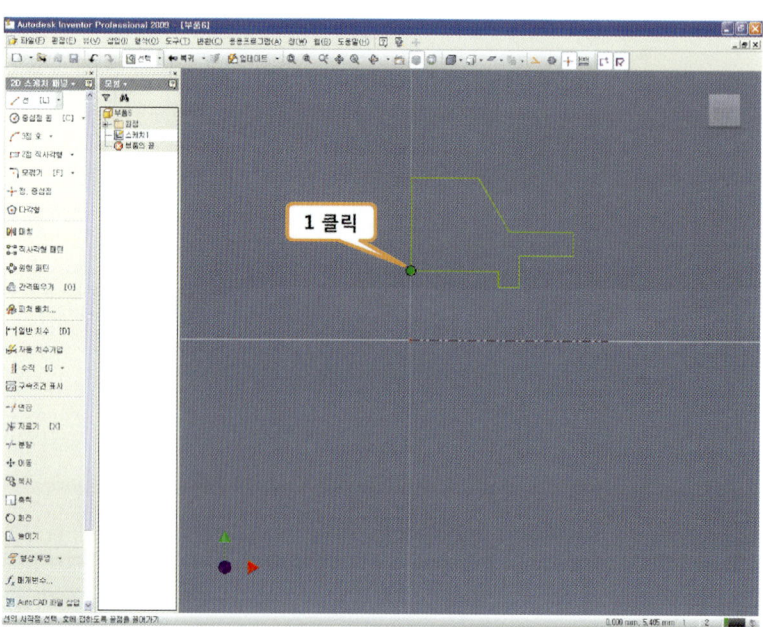

1. 클릭하여 그림과 같이 대략적인 스케치를 한다.

형상 구속

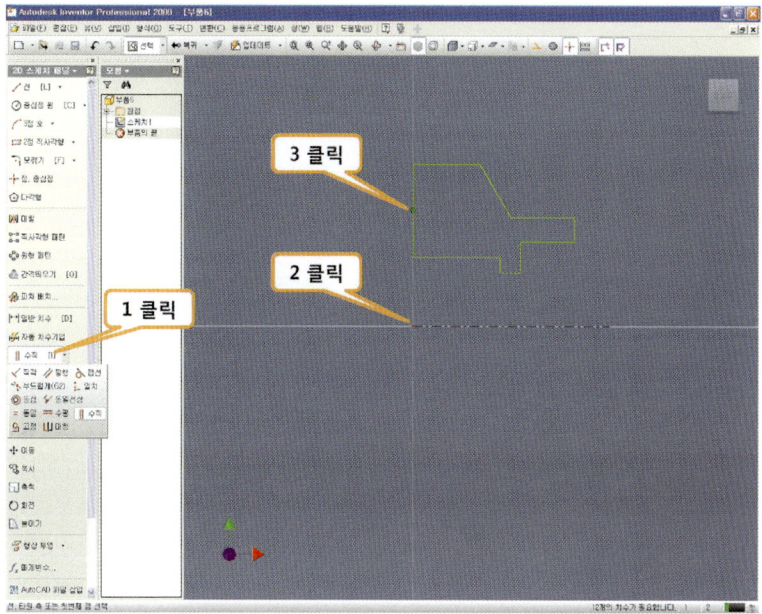

1. [수직]을 클릭한다.
2. 원점을 클릭한다.
3. 수직선의 중간점을 클릭한다.

일반 치수

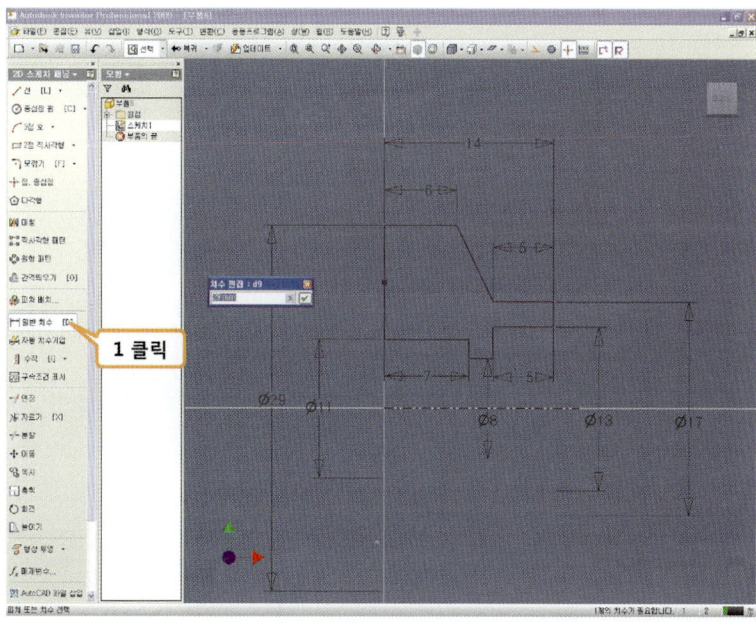

1. [일반 치수]를 클릭하여 그림과 같이 치수 구속을 한다.

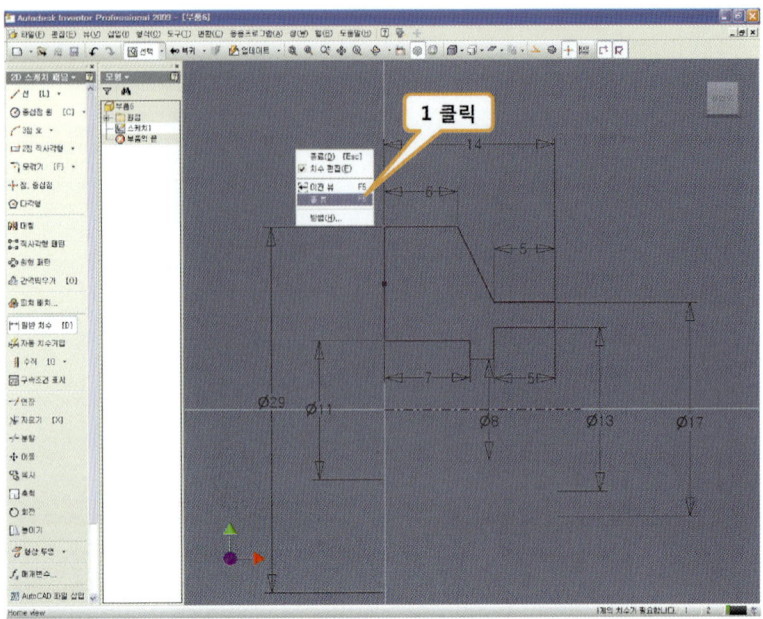

1. 마우스 오른쪽 버튼을 클릭하여 [홈 뷰]를 클릭한다.

▶ 회전 피쳐

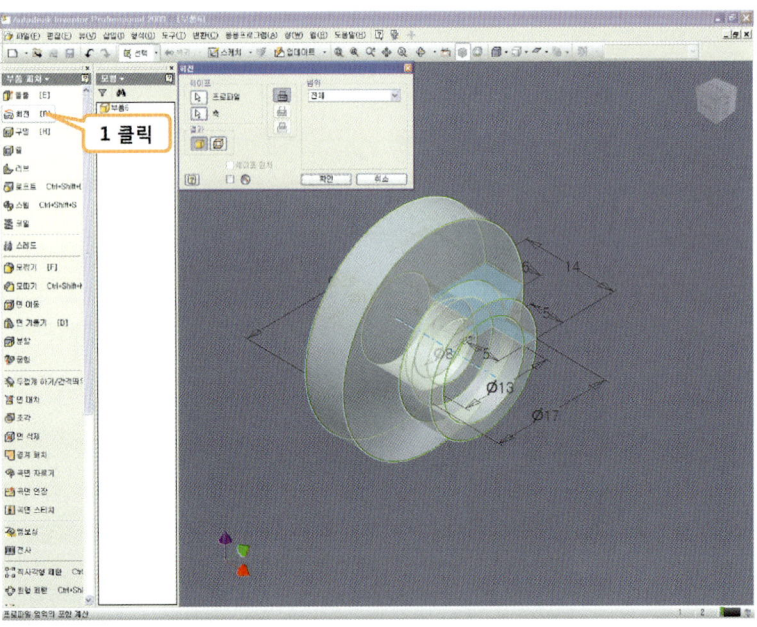

1. [회전]을 클릭한 후 [확인] 버튼을 클릭한다.

모깎기 피쳐

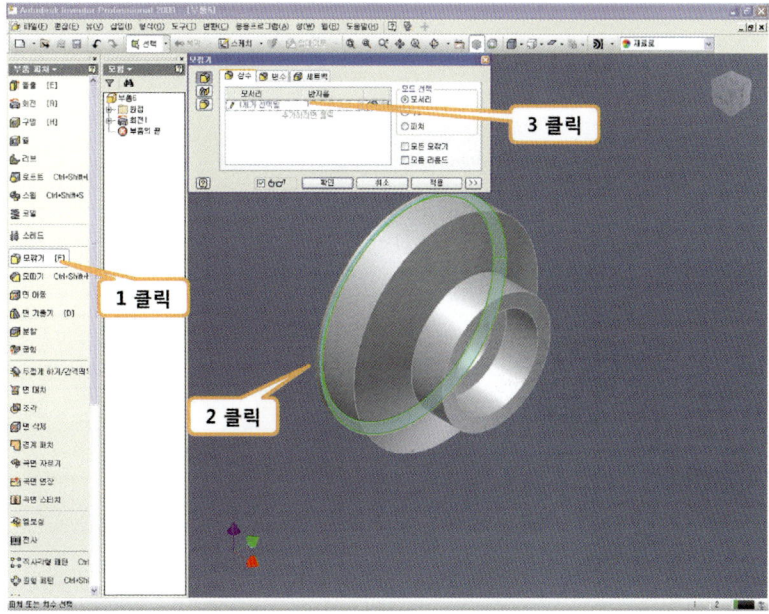

1. [모깎기]를 클릭한다.
2. 모깎기 할 모서리를 클릭한다.
3. 클릭하여 모깎기 값을 입력한 후 [확인] 버튼을 클릭한다.

지지 판 완성품

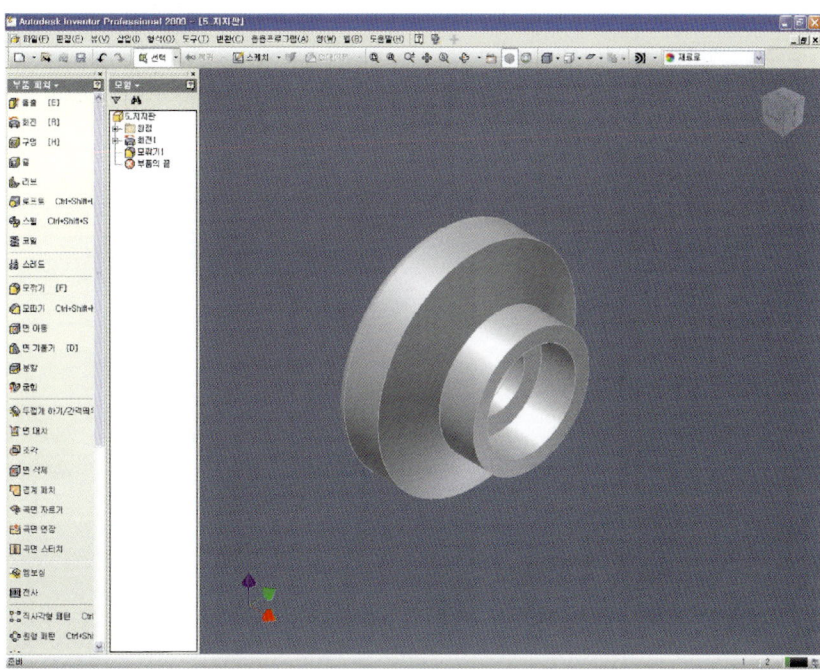

6번 부품 스크류 축 측정 및 모델링

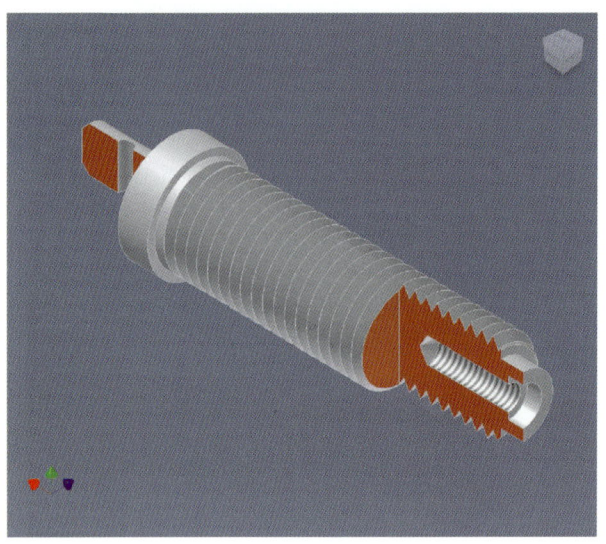

- 6번 부품인 [스크류 축]의 측정 및 모델링을 따라해보자.

6번 부품 측정

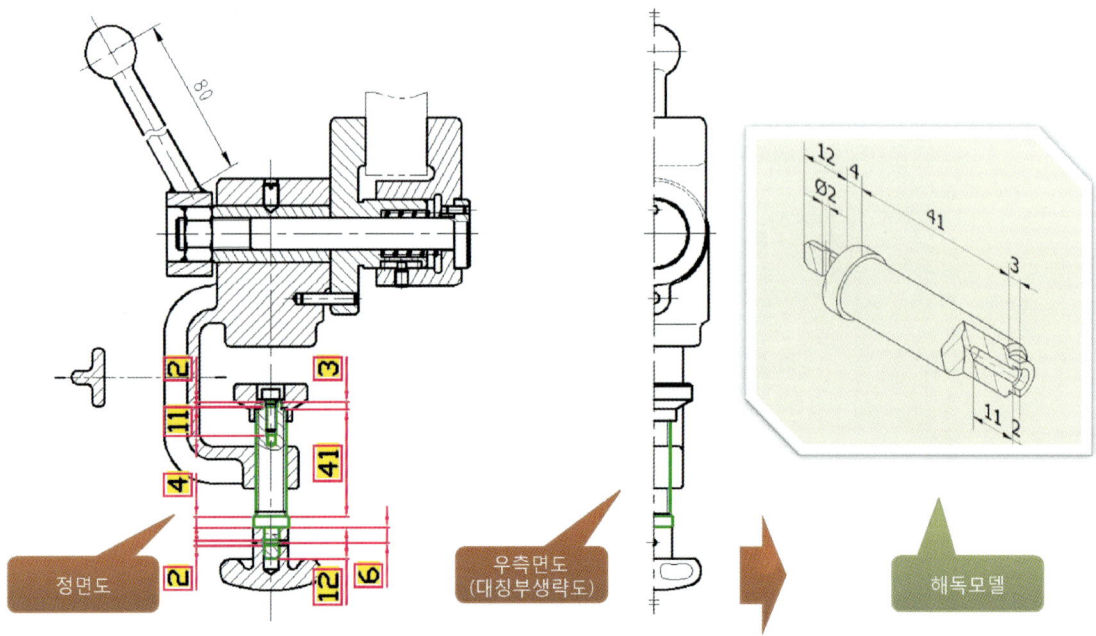

- 길이방향의 치수는 정면도에서 측정이 가능하다.
- 치수중 핀 구멍의 위치는 조립시 핸들의 핀 구멍 위치와 동일하여야 한다.

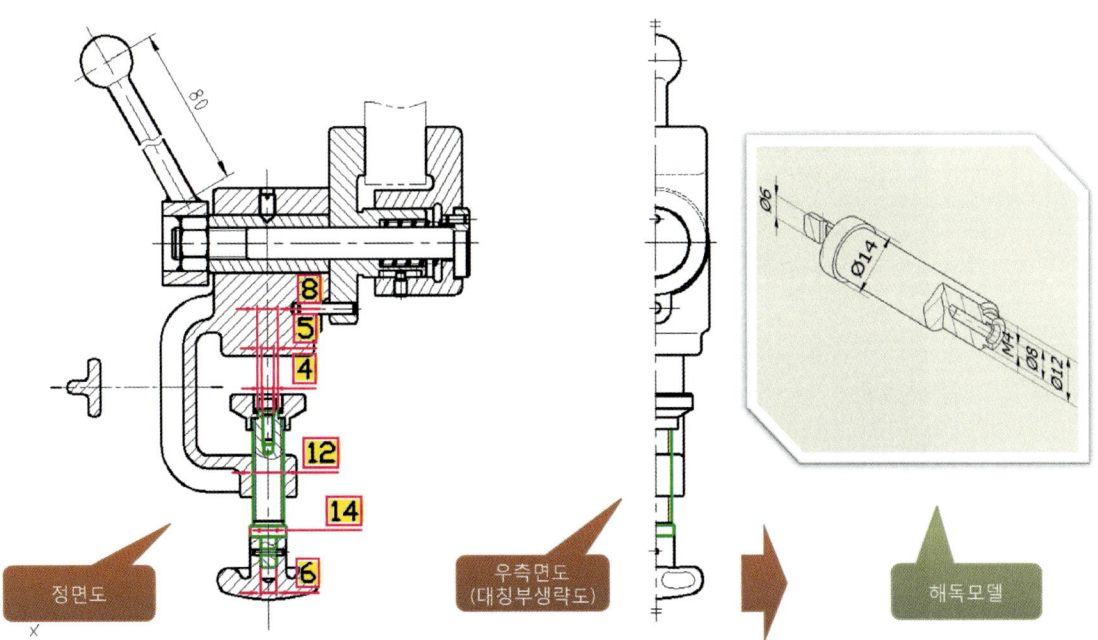

- 스크류 축의 지름은 그림과 같이 정면도에서 측정이 가능하다.

측정 완료

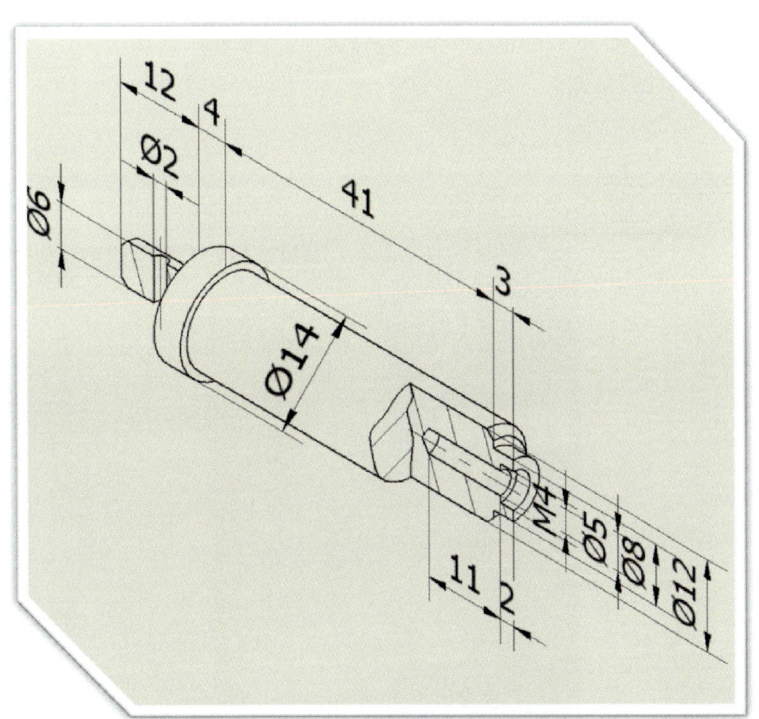

- 모델링에 필요한 측정치수 및 규격 참조 치수를 표시하면 위와 같다.

스케치

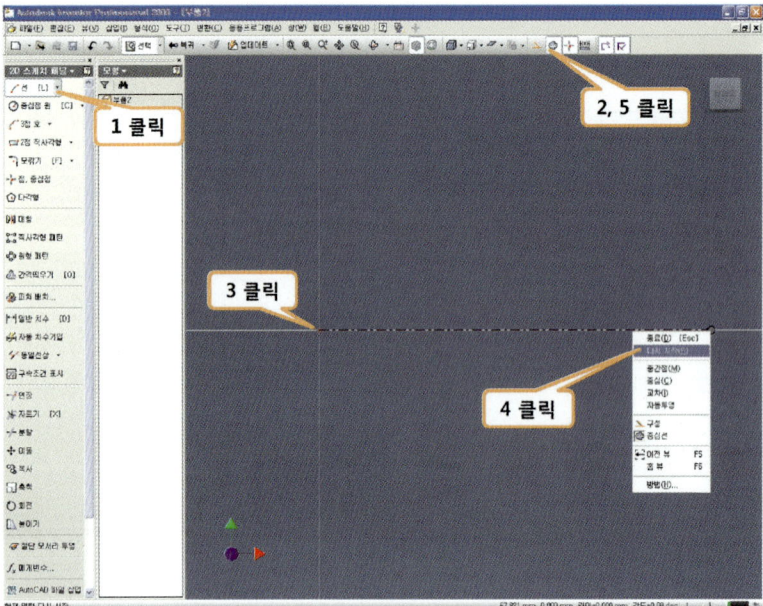

1. [선]을 클릭한다.
2. [중심선]을 클릭한다.(선택)
3. 원점을 클릭하여 중심선을 스케치한다.
4. 마우스 오른쪽 버튼을 클릭하여 [다시 시작]을 클릭한다.
5. [중심선]을 클릭한다.(해제)

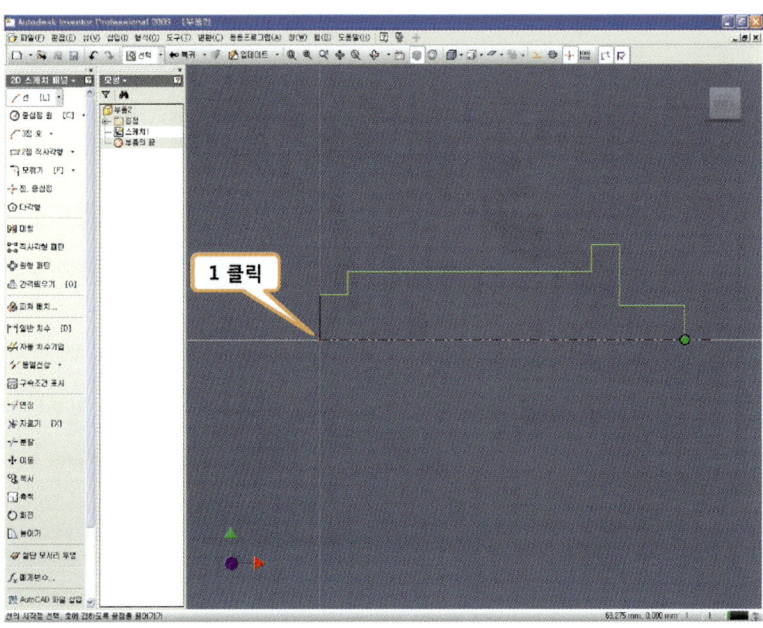

1. 클릭하여 그림과 같이 대략적인 스케치를 한다.

일반 치수

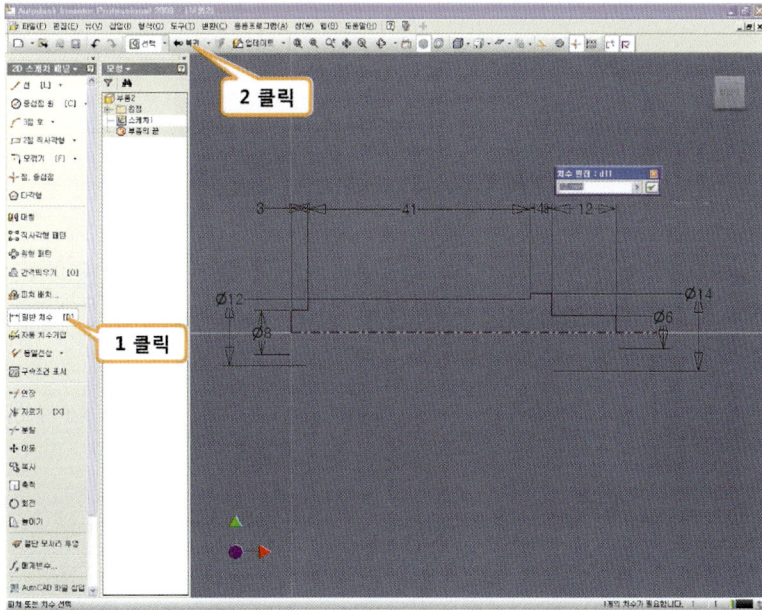

1. [일반 치수]를 클릭하여 그림과 같이 치수 구속을 한다.
2. [복귀]를 클릭한다.

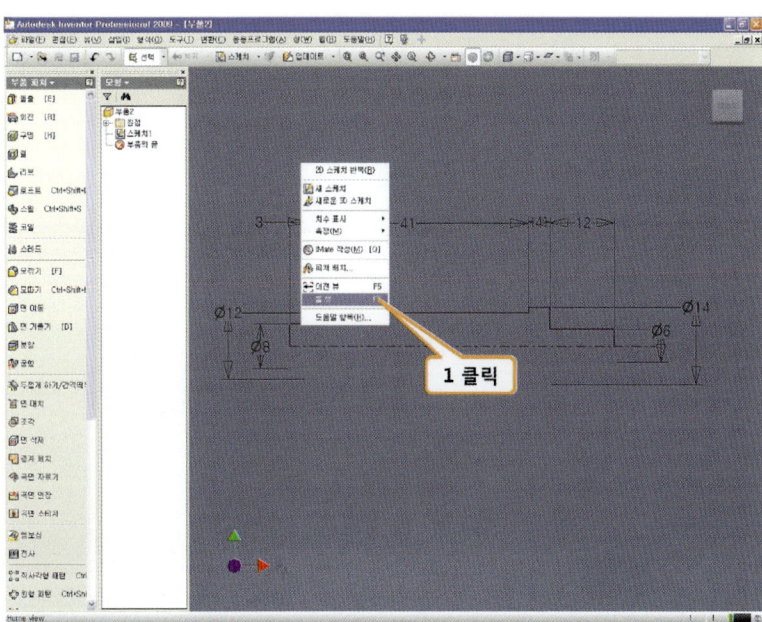

1. 마우스 오른쪽 버튼을 클릭하여 [홈 뷰]를 클릭한다.

회전 피쳐

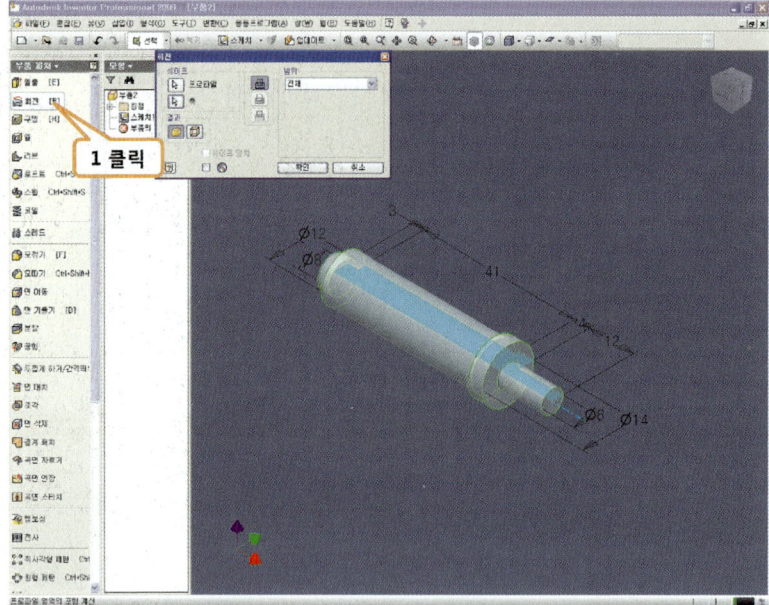

1. [회전]을 클릭한 수 [확인] 버튼을 클릭한다.

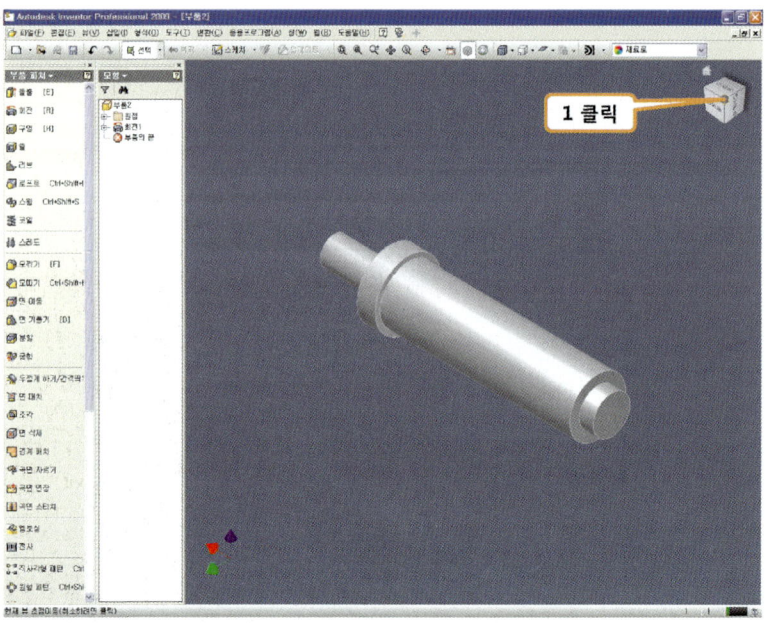

1. Common view 를 이용하여 뚫고자 하는 구멍의 면이 잘 보이도록 조정한다.

구멍 피쳐

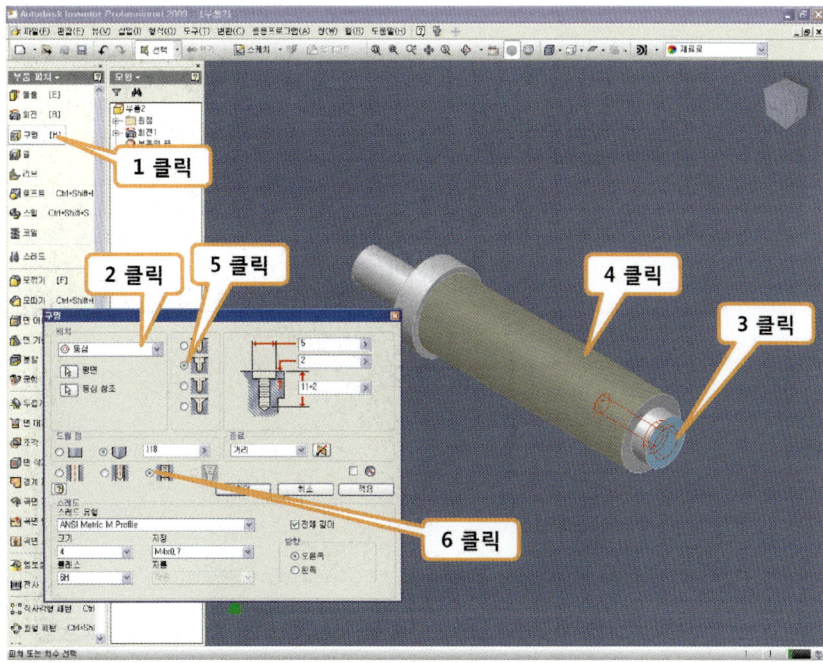

1. [구멍]을 클릭한다.
2. 클릭하여 '동심'을 선택한다.
3. 구멍을 뚫으려는 면을 클릭한다.
4. 동심이 되는 원기둥을 클릭한다.
5. [카운터 보어]를 클릭한다.
6. [스레드]를 클릭한다.

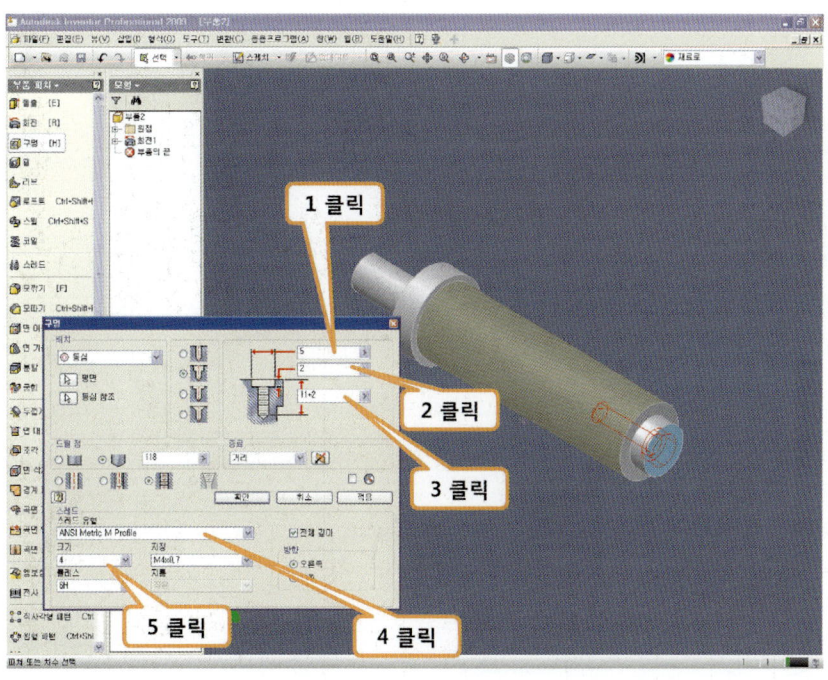

1. 클릭하여 큰 구멍의 지름 값을 입력한다.
2. 클릭하여 큰 구멍의 깊이 값을 입력한다.
3. 클릭하여 구멍의 전체 깊이를 입력한다.
4. 클릭하여 ANSI Metric M Profile 을 선택한다.(미터계)
5. 클릭하여 나사의 호칭 지름 값을 입력한 후 [확인] 버튼을 클릭한다.

스케치 평면 – XY 평면

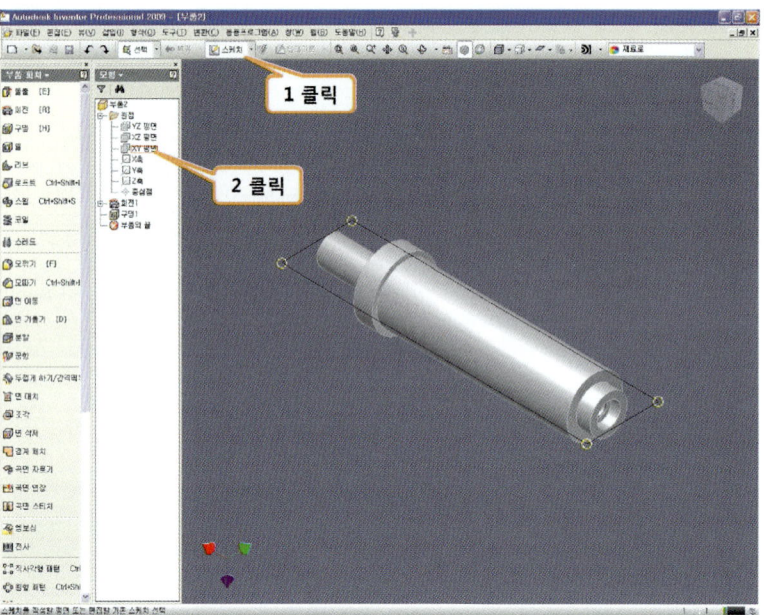

1. [스케치]를 클릭한다.
2. [XY 평면]을 클릭한다.

▶ 돌출 피쳐

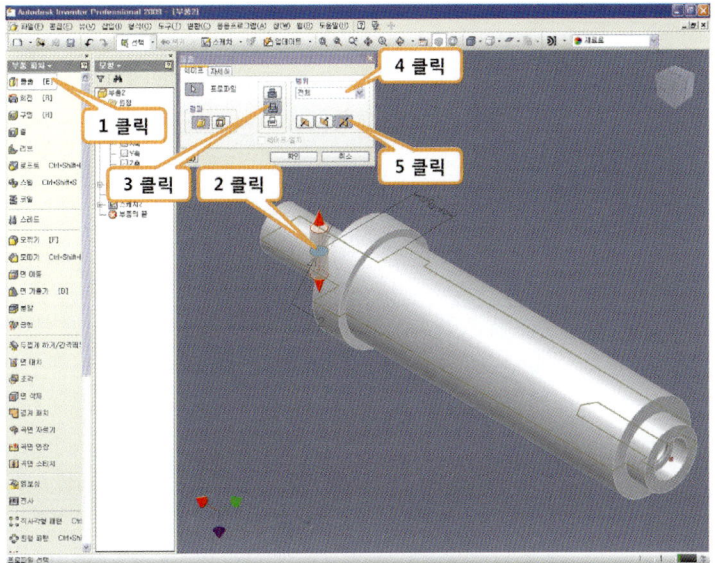

1. [돌출]을 클릭한다.
2. 스케치 된 원을 클릭한다.
3. [차집합]을 클릭한다.
4. 클릭하여 '전체'를 선택 한다.
5. 클릭하여 양방향 돌출을 선택한다.

▶ 모따기 피쳐

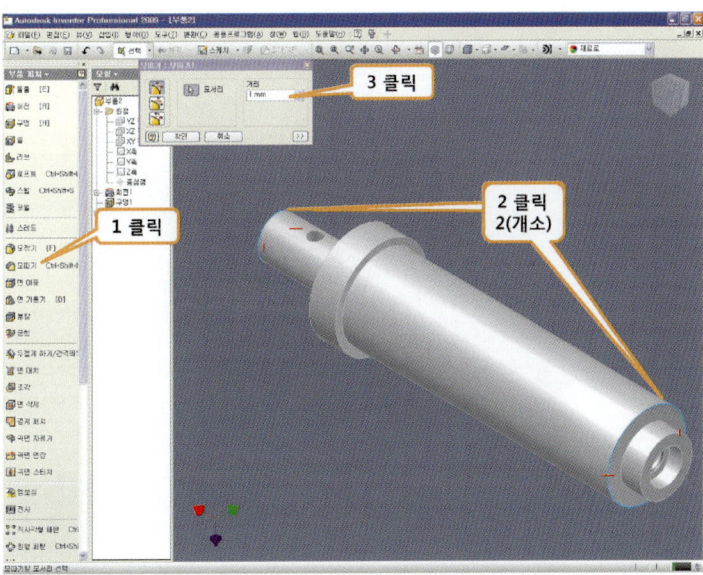

1. [모따기]를 클릭한다.
2. 모따기 할 모서리(2개소)를 클릭한다.
3. 클릭하여 모따기 값을 입력한다.

스레드

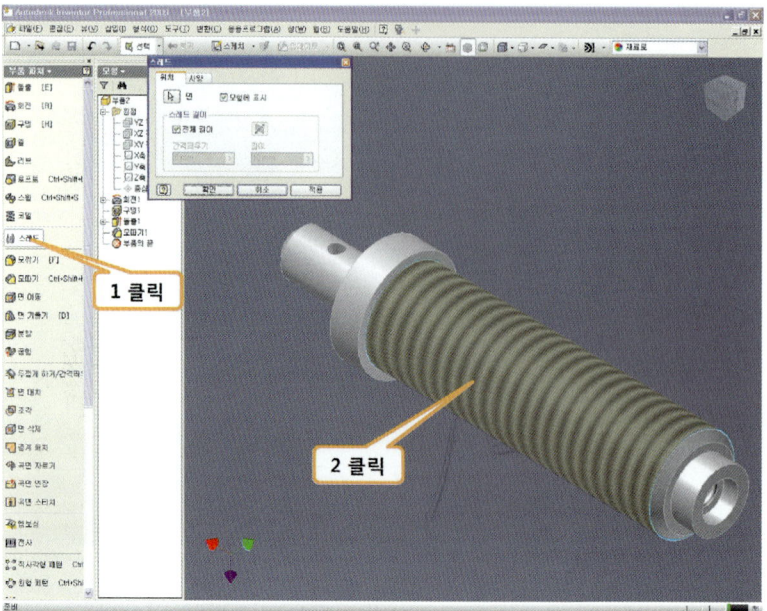

1. [스레드]를 클릭한다.
2. 스레드 할 원통의 면을 클릭한 후 [확인] 버튼을 클릭한다.

스크류 축 완성품

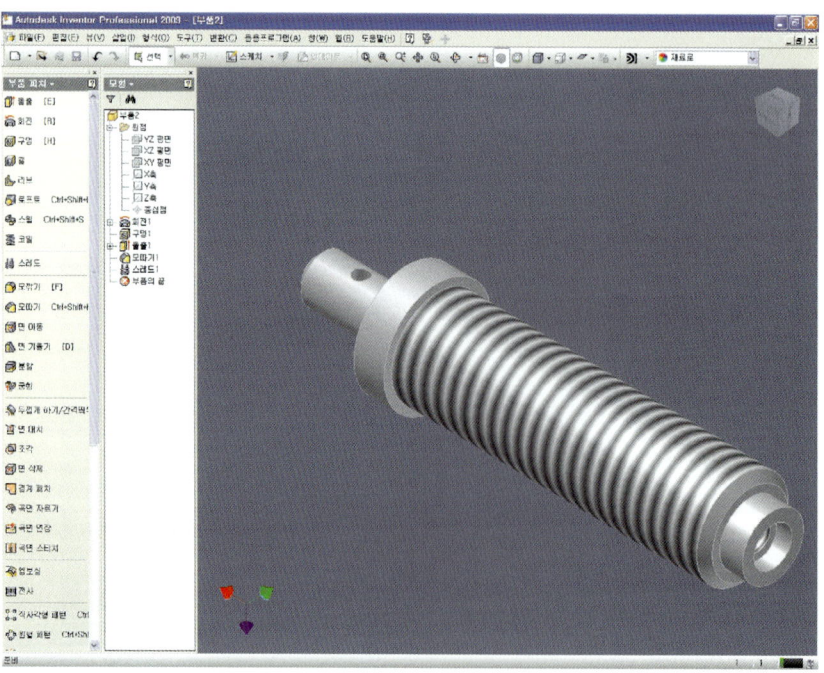

7번 부품 미끄럼 부시 측정 및 모델링

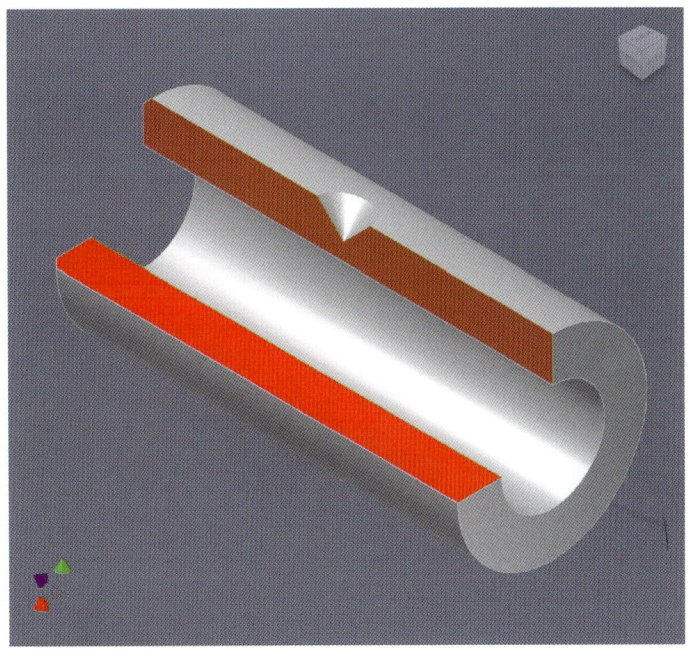

- 7번 부품인 [미끄럼 부시]의 측정 및 모델링을 따라해보자.

7번 부품 측정

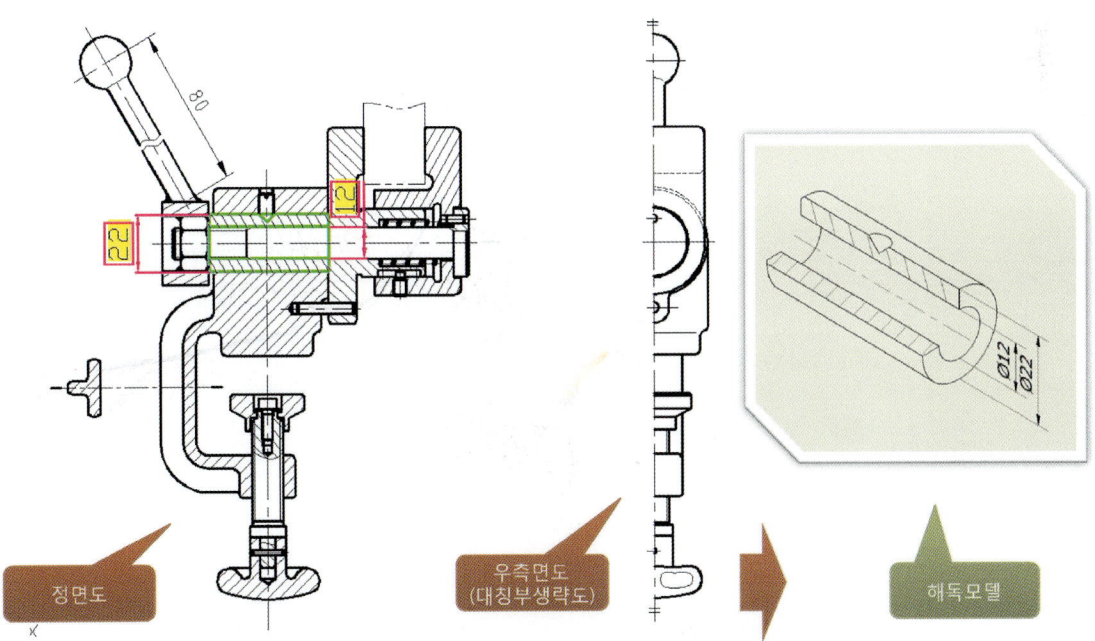

- 미끄럼 부시의 지름 치수는 그림과 같이 정면도에서 측정이 가능하다.

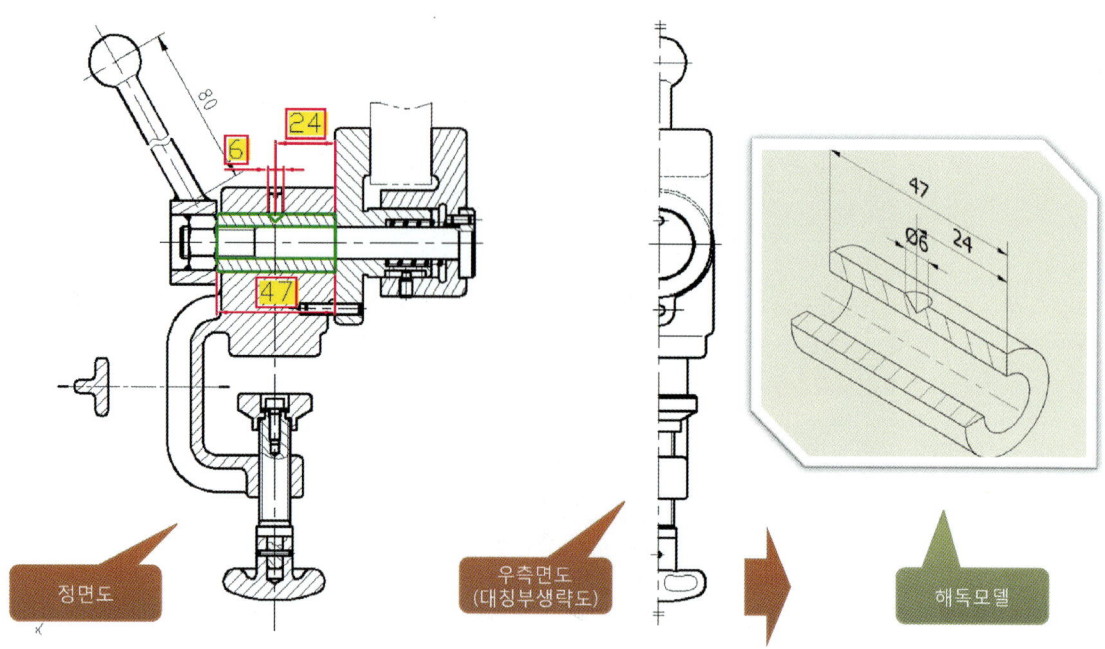

- 길이방향의 치수는 정면도에서 측정이 가능하다.
- 치수 중 멈춤나사 구멍의 위치는 조립시 본체의 멈춤나사 조립부 위치와 동일하여야 한다.

측정 완료

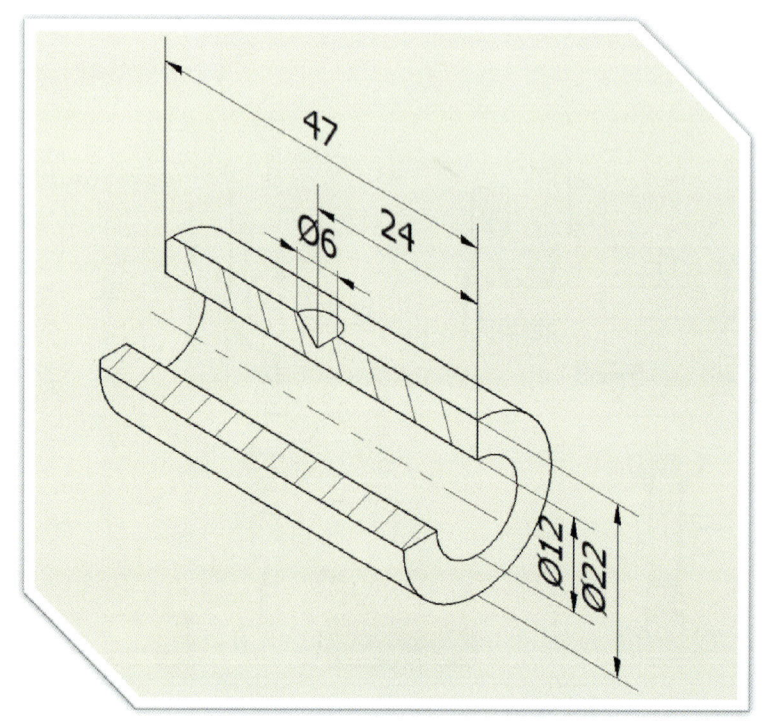

- 모델링에 필요한 측정치수 및 규격 참조 치수를 표시하면 위와 같다.

스케치

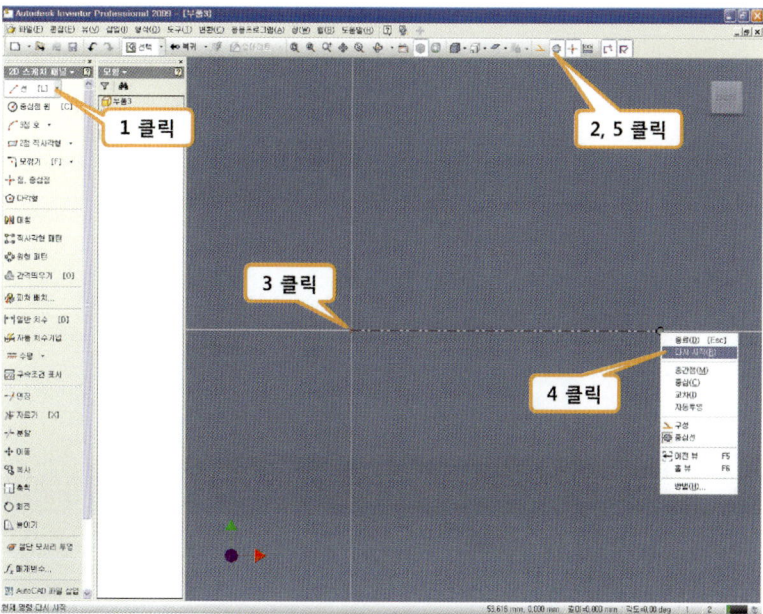

1. [선]을 클릭한다.
2. [중심선]을 클릭한다.(선택)
3. 원점을 클릭하여 중심선을 스케치한다.
4. 마우스 오른쪽 버튼을 클릭하여 [다시 시작]을 클릭한다.
5. [중심선]을 클릭한다.(해제)

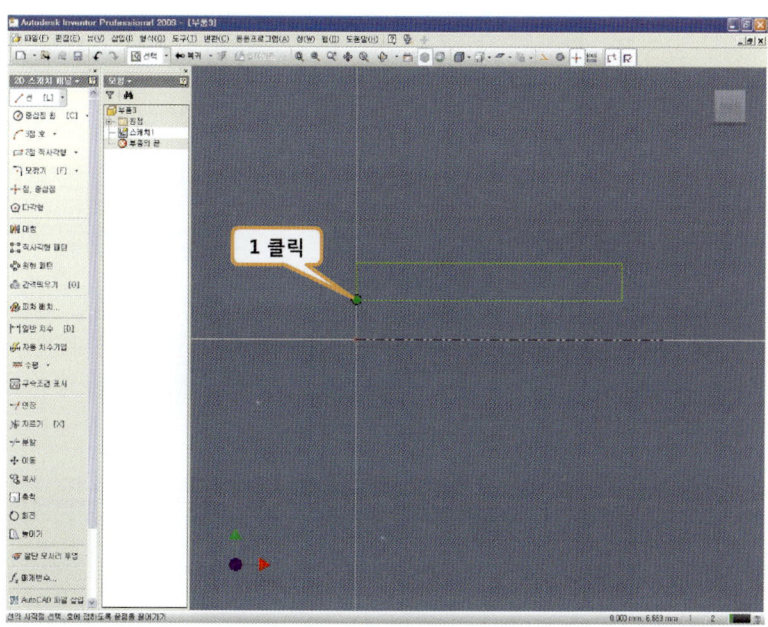

1. 클릭하여 그림과 같이 대략적인 스케치를 한다.

형상 구속

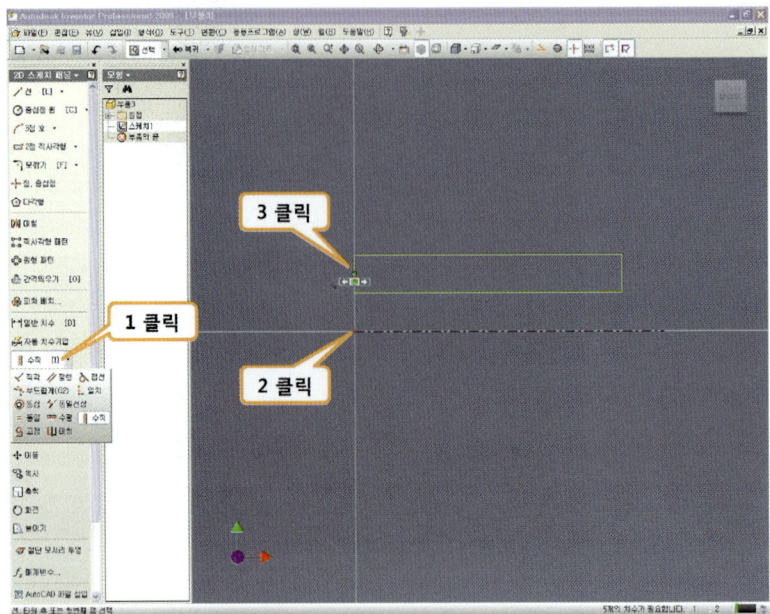

1. [수직]을 클릭한다.
2. 원점을 클릭한다.
3. 수직선의 중간점을 클릭하여 두 점을 수직 구속 한다.

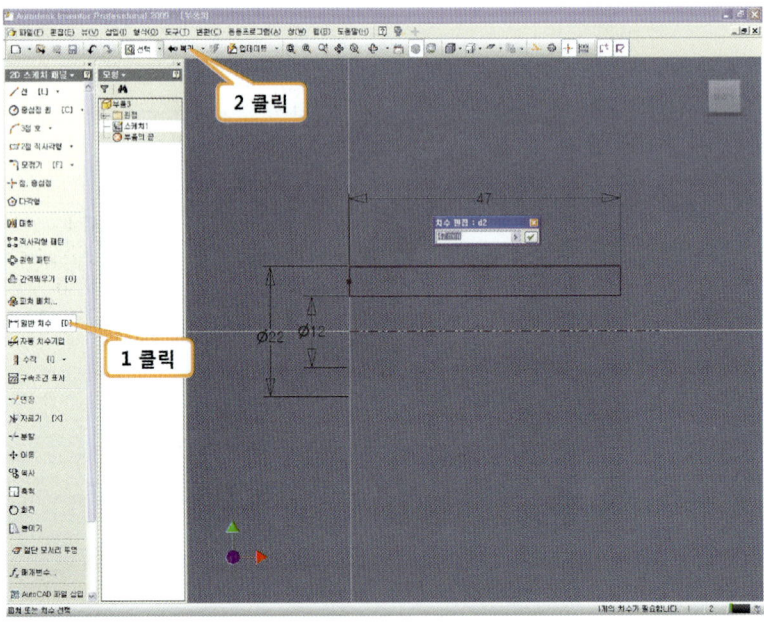

1. [일반 치수]를 클릭하여 그림과 같이 치수 구속을 한다.
2. [복귀]를 클릭한다.

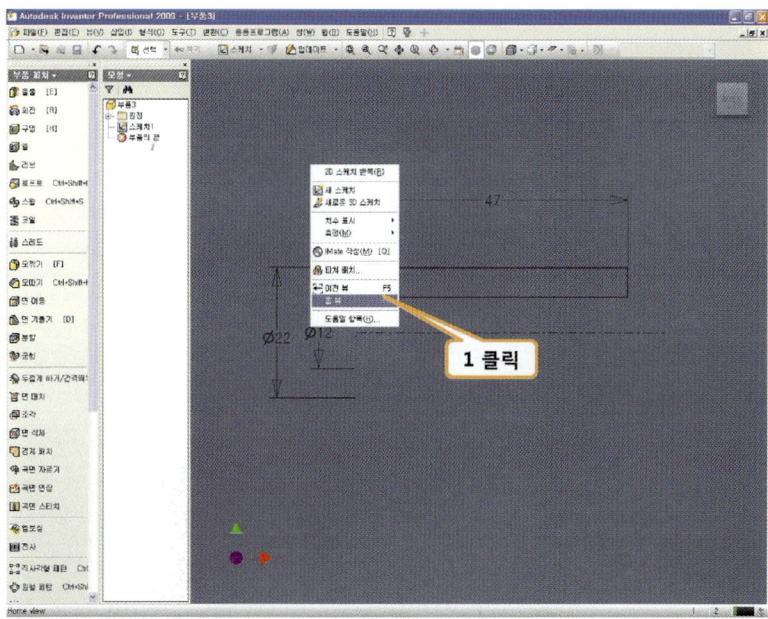

1. 마우스 오른쪽 버튼을 클릭하여 [홈 뷰]를 클릭한다.

회전 피쳐

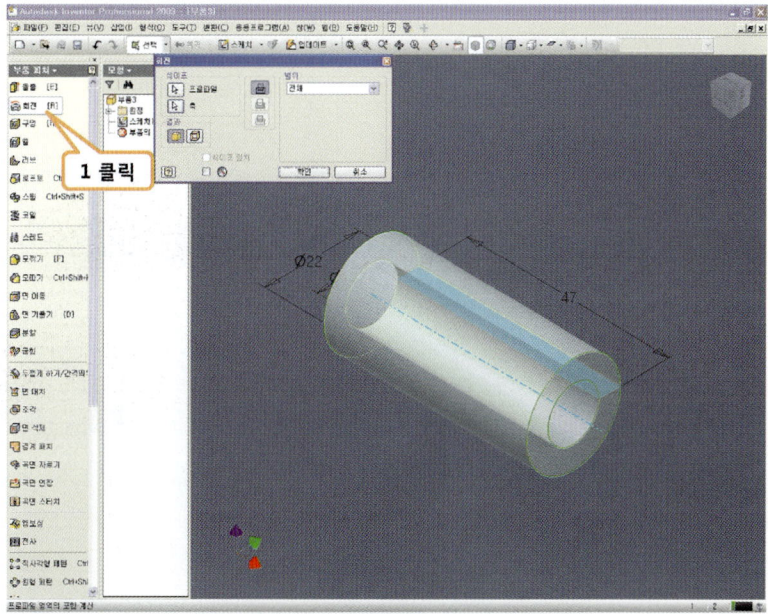

1. [회전]을 클릭한 후 [확인] 버튼을 클릭한다.

모따기 피쳐

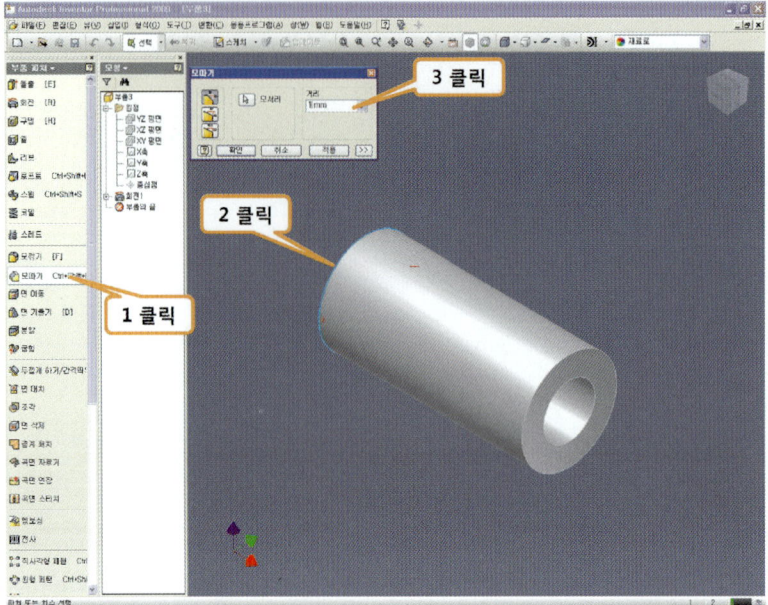

1. [모따기]를 클릭한다.
2. 모따기 할 모서리를 클릭한다.
3. 클릭하여 모따기 값을 입력한 후 [확인] 버튼을 클릭한다.

스케치 평면

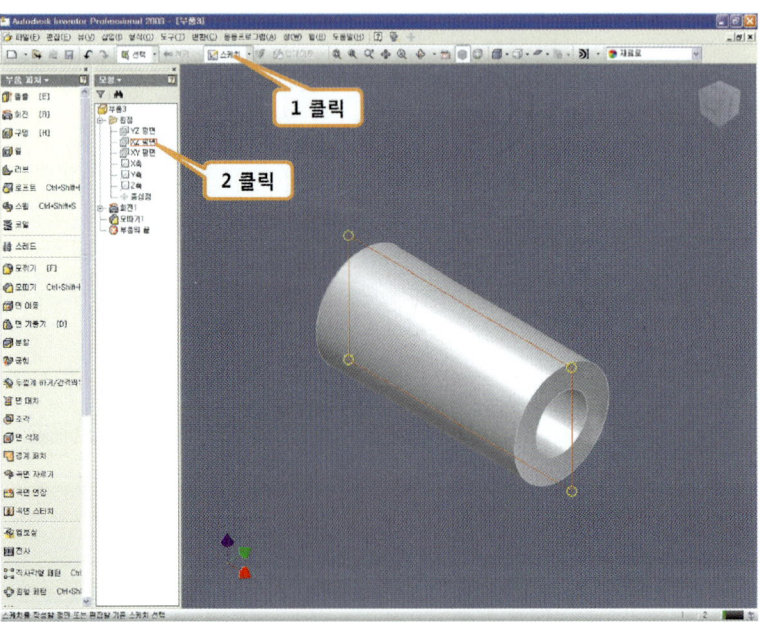

1. [스케치]를 클릭한다.
2. [XZ 평면]을 클릭한다.

▶ 그래픽 슬라이스

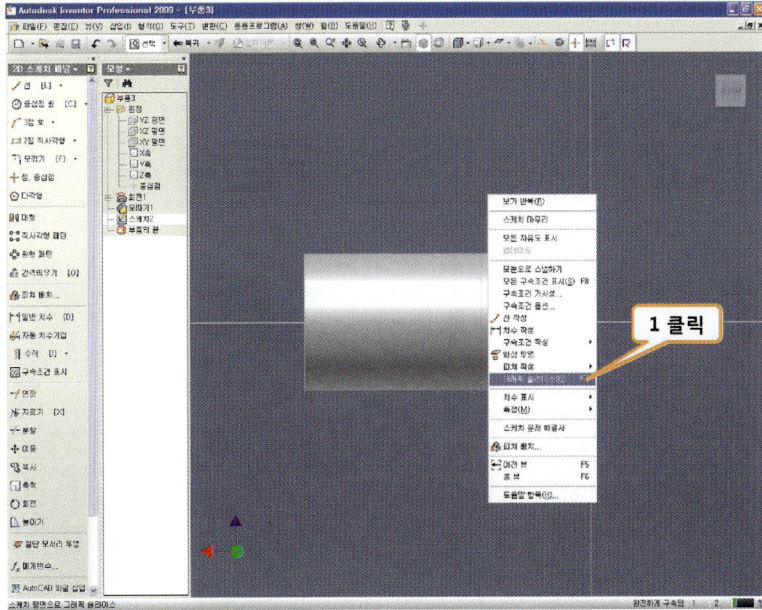

1. 마우스 오른쪽 버튼을 클릭하여 [그래픽 슬라이스]를 클릭한다.

▶ 스케치

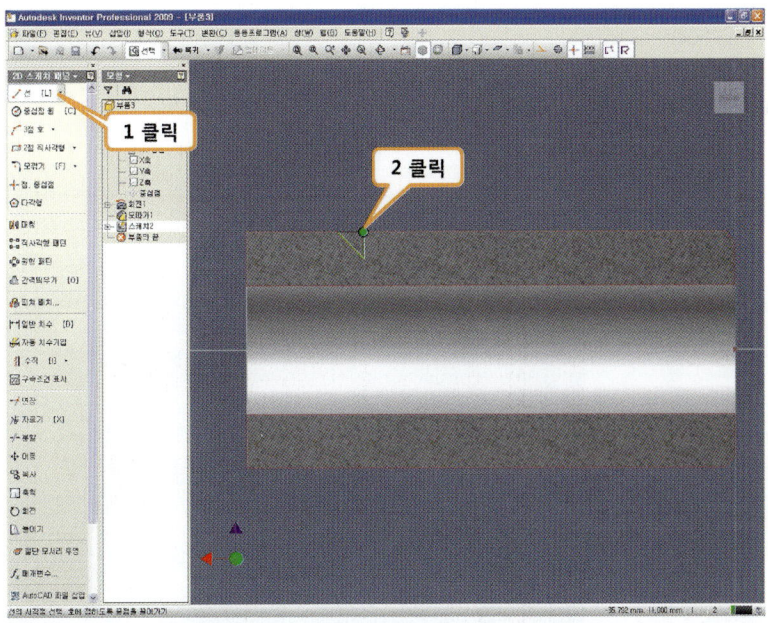

1. [선]을 클릭하여 그림과 같이 대략적 스케치를 한다.

일반 치수

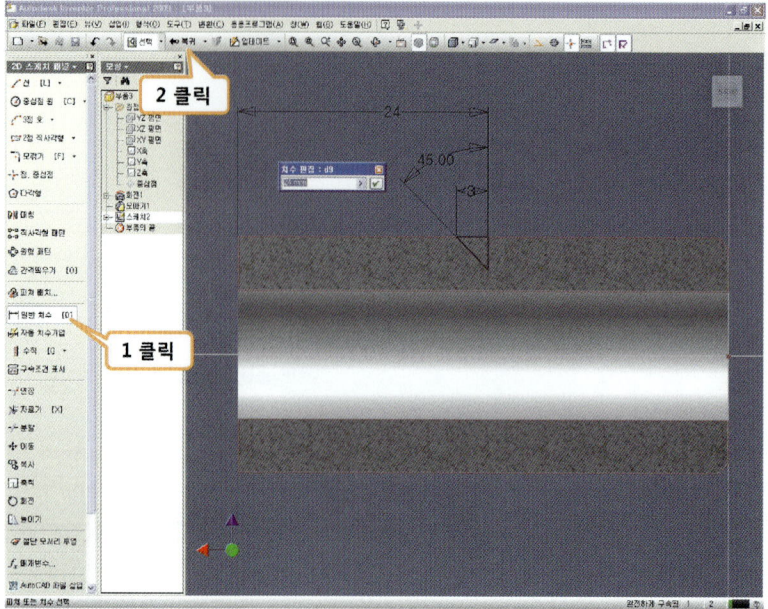

1. [일반 치수]를 클릭하여 그림과 같이 치수 및 각도를 구속한다.
2. [복귀]를 클릭한다.

회전 피쳐

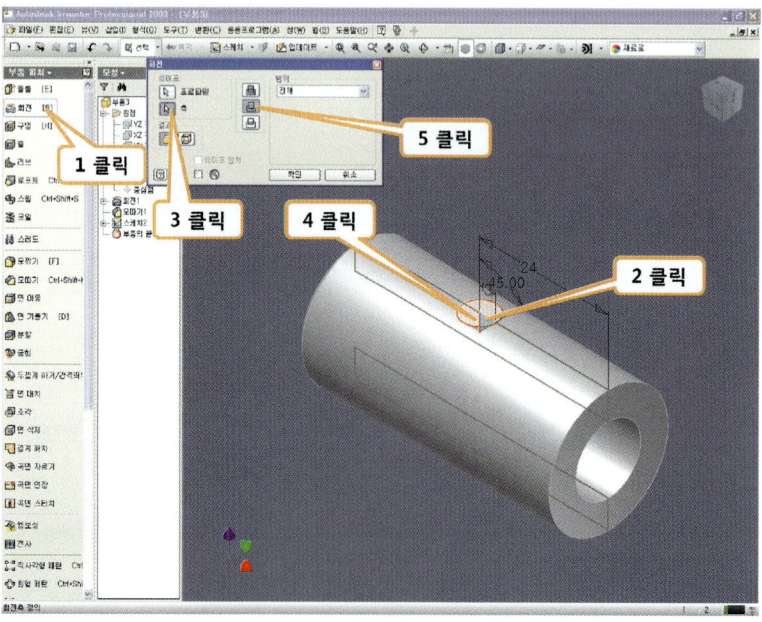

1. [회전]을 클릭한다.
2. 스케치한 면을 클릭한다.

3. [축]버튼을 클릭한다.
4. 회전시 중심이 되는 선을 클릭한다.
5. [차집합]을 클릭한 후 [확인]버튼을 클릭한다.

▶ 스크류 축 완성품

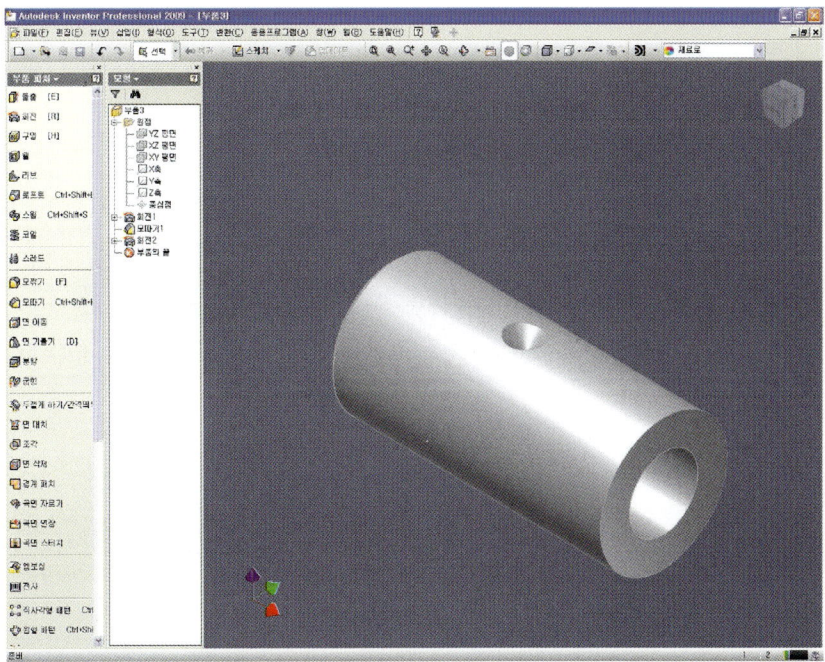

3차원 도면뷰(View)

제출 1 : 탁상 클램프 3차원 부품도

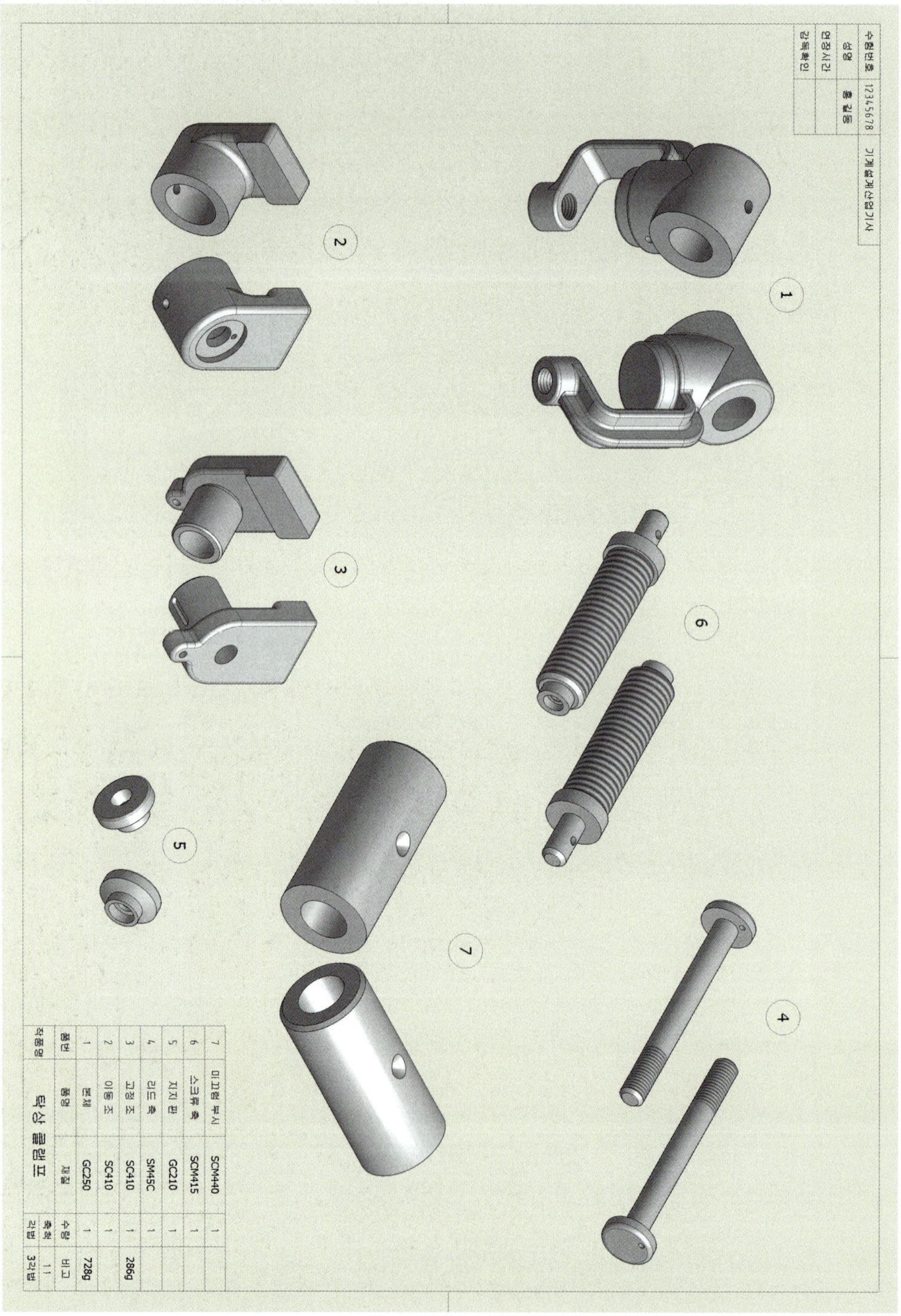

2차원 도면뷰(View)작성

2차원 투상도, 치수기입, 공차, 표면거칠기 해독

1번 부품의 투상도배치

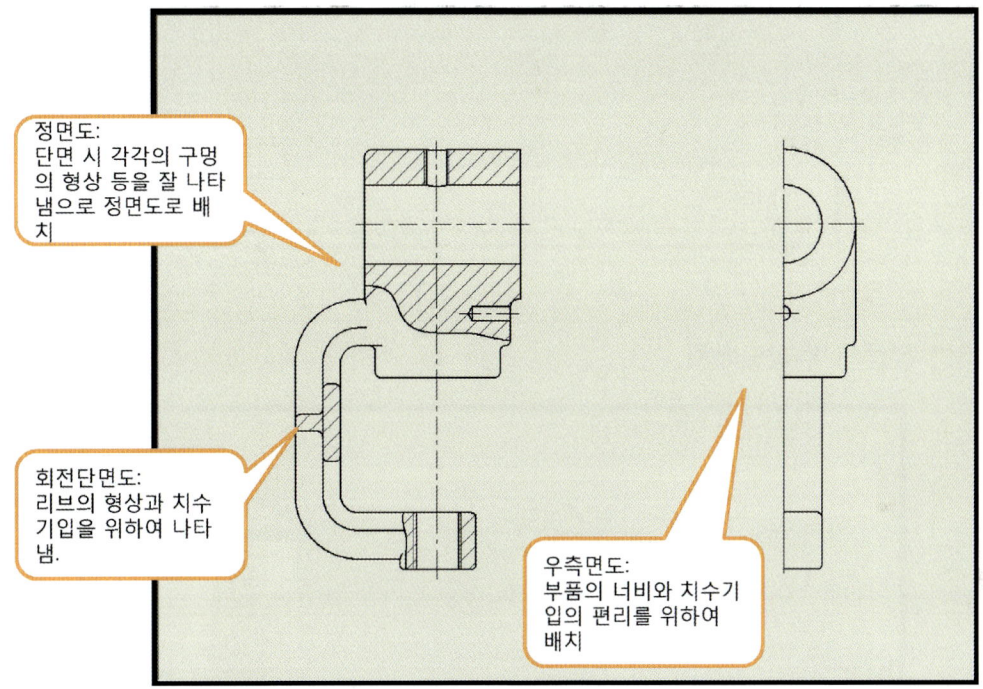

- 정면도: 단면 시 각각의 구멍의 형상 등을 잘 나타냄으로 정면도로 배치
- 회전단면도: 리브의 형상과 치수기입을 위하여 나타냄.
- 우측면도: 부품의 너비와 치수기입의 편리를 위하여 배치

• 회전단면도 : 핸들, 벨트 풀리, 기어 등과 같은 바퀴의 암, 림, 리브, 후크, 축과 주로 구조물에 사용하는 형강, 각강 등의 절단한 단면의 모양을 90°로 회전시켜서 투상도의 안이나 밖에 그리는 것이다.

2번 부품의 투상도배치

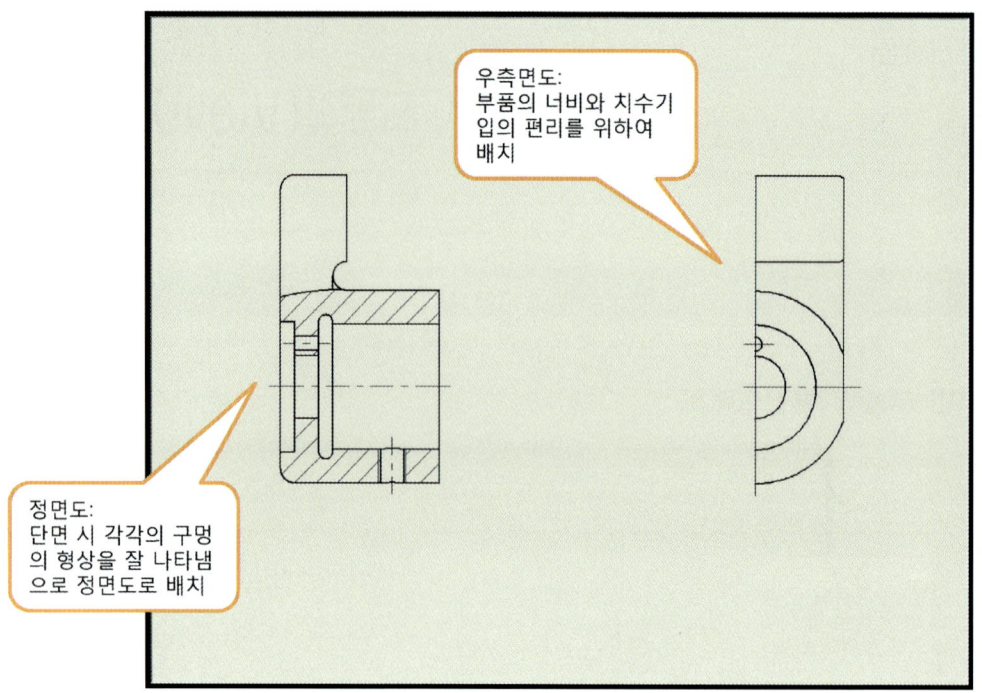

3번 부품의 투상도배치

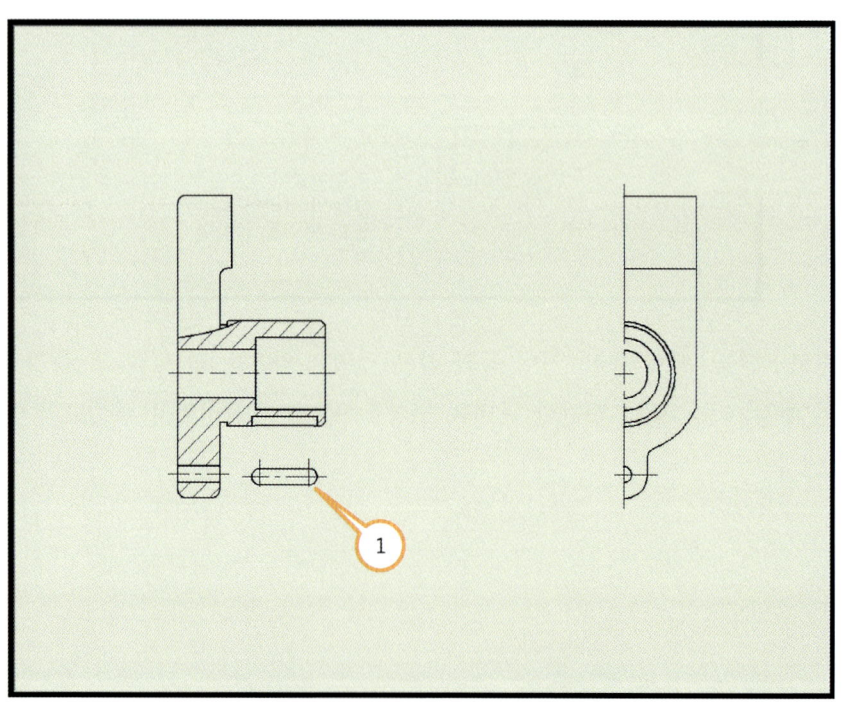

- 투상도의 선택은 2번 부품과 크게 다르지 않음.
- ①은 홈 부위를 제외하고 변화가 없음으로 국부투상 하였음.

≫ 4번 부품의 투상도배치

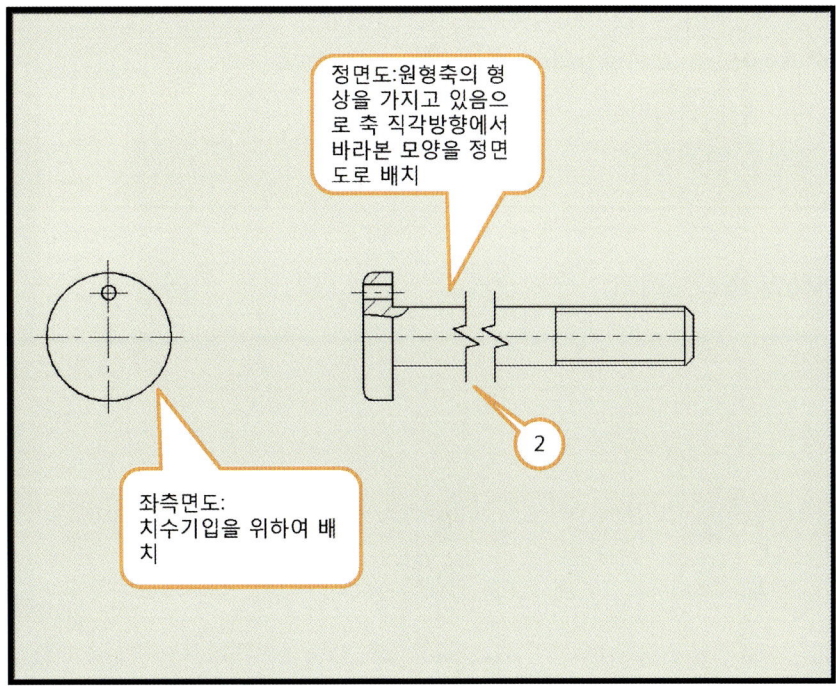

- 원형축의 형상들은 모형의 큰 변화가 없을 때는 축 직각 방향에서 바라본 모양을 정면도로 설정한다.
②(단축 도시)의 표시 방법[끊기] 설명

≫ ②(단축 도시)의 표시 방법[끊기]

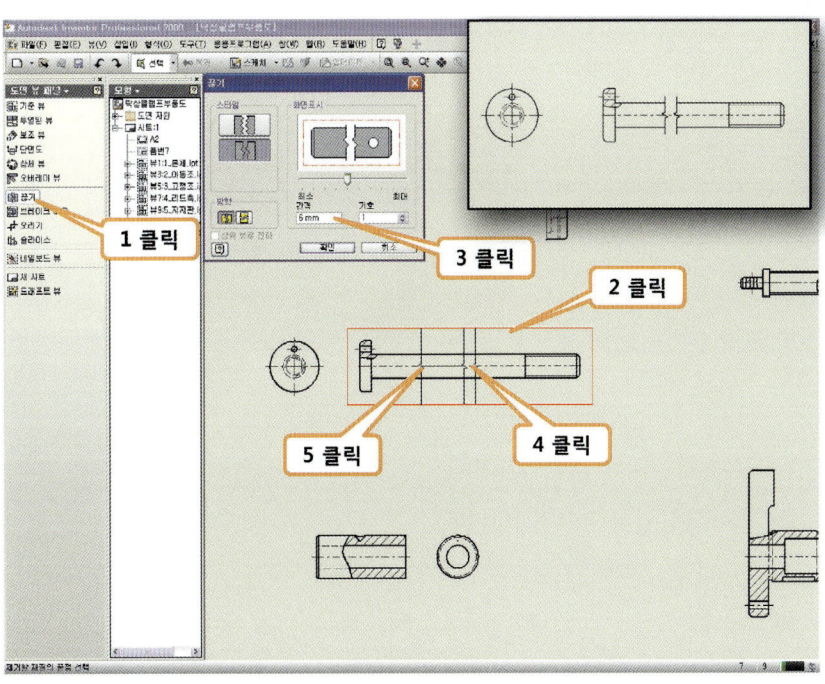

1. [끊기]를 클릭한다.
2. 단축 도시 할 뷰를 클릭한다.
3. 클릭하여 단축도시 표시형상의 사이 간격을 입력한다.
4. 제거할 시작점을 클릭한다.
5. 제거할 끝점을 클릭한다.

5번 부품의 투상도배치

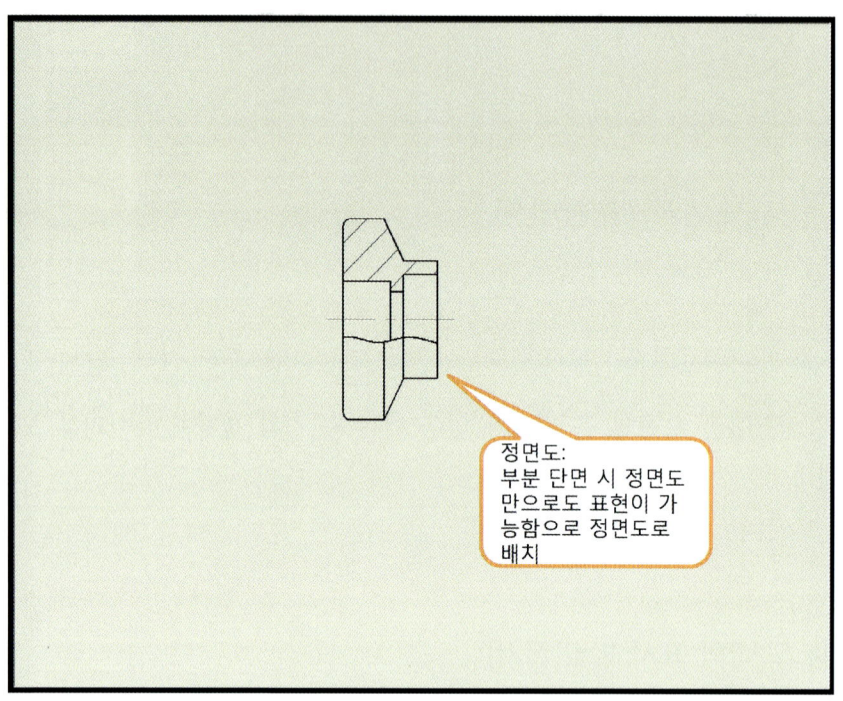

정면도:
부분 단면 시 정면도 만으로도 표현이 가능함으로 정면도로 배치

• 투상도의 선택은 4번 부품과 크게 다르지 않음.

≫ 6번 부품의 투상도배치

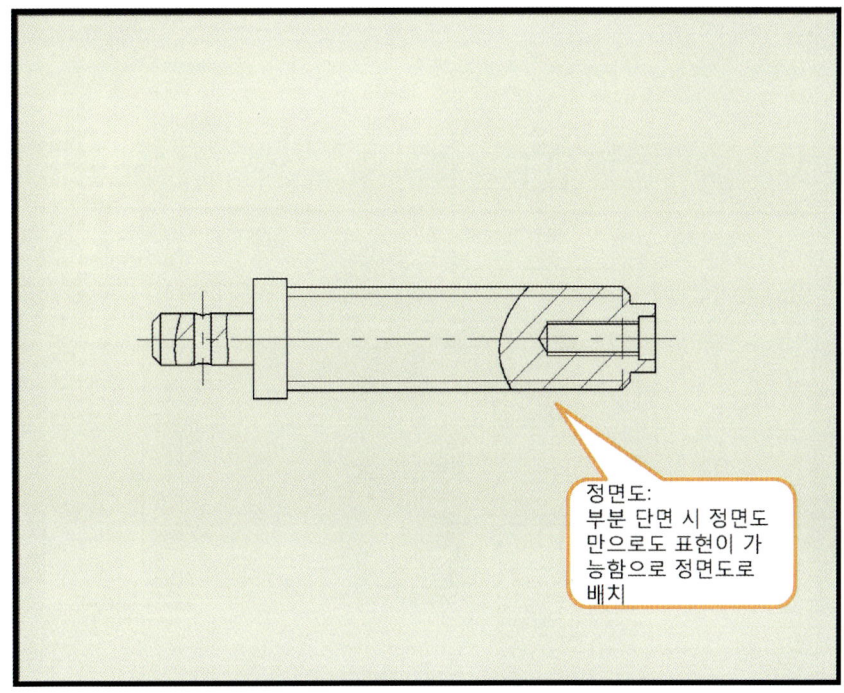

- 투상도의 선택은 4번 부품과 크게 다르지 않음.

≫ 7번 부품의 투상도배치

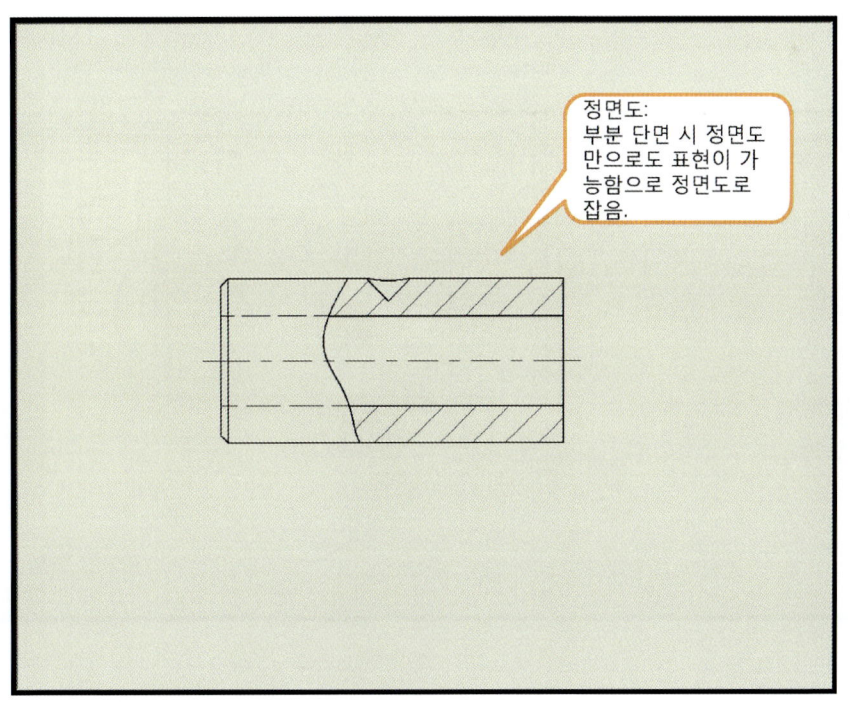

- 투상도의 선택은 4번 부품과 크게 다르지 않음.

≫ 1번 부품의 치수기입

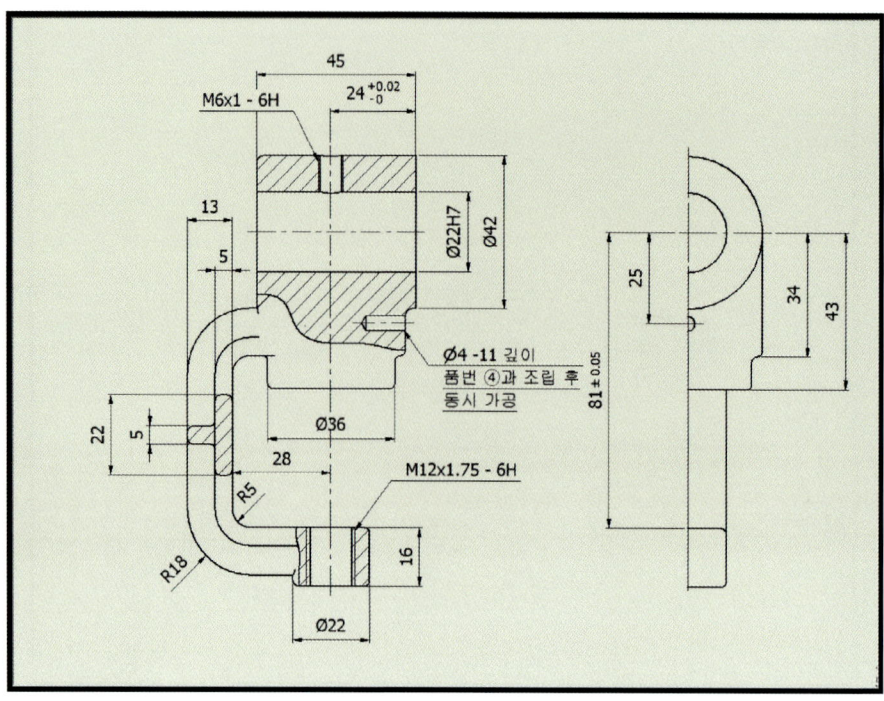

≫ 2번 부품의 치수기입

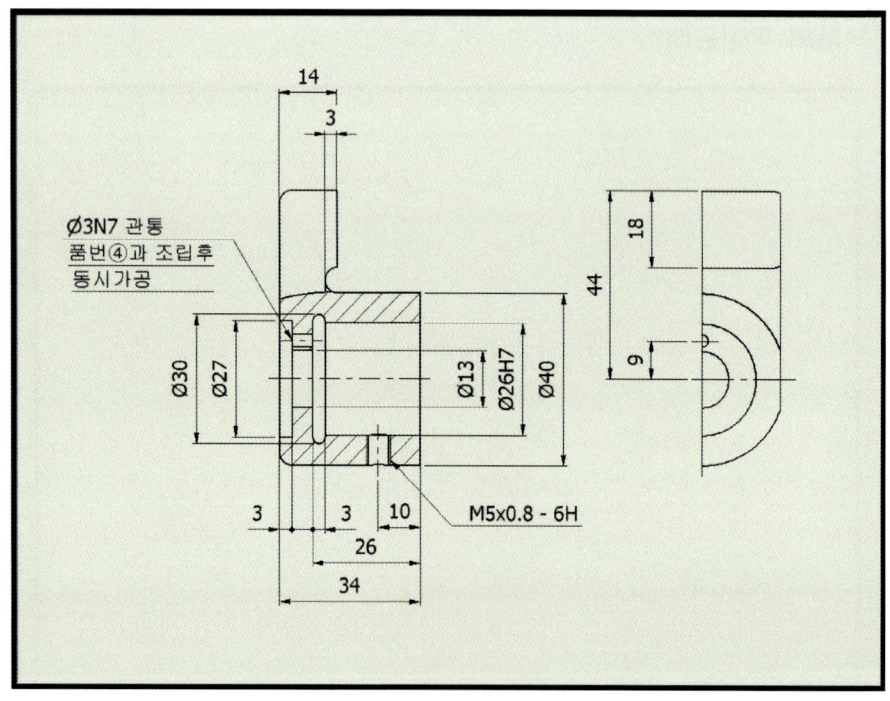

3번 부품의 치수기입

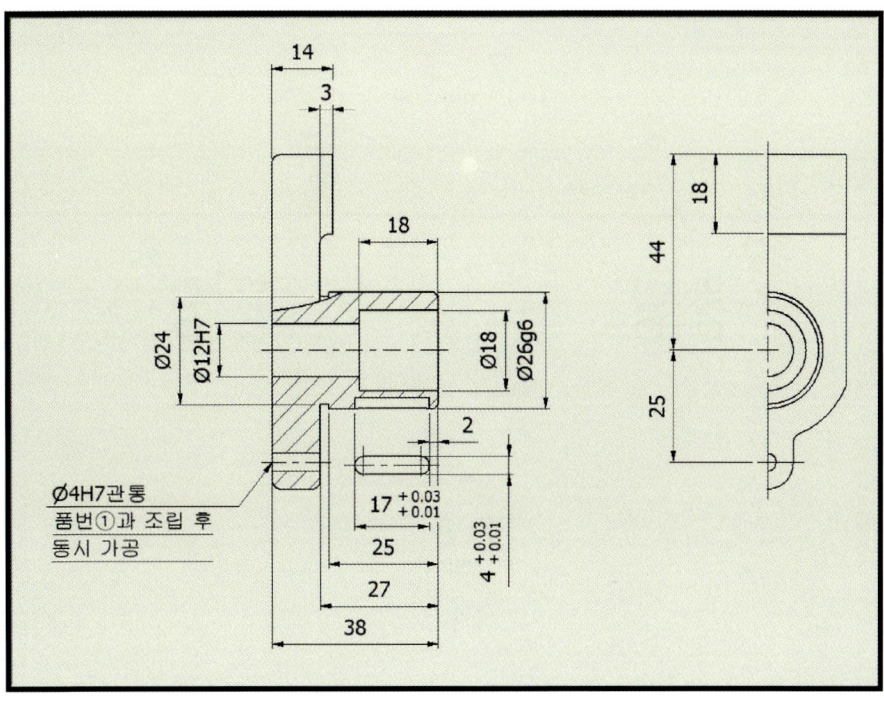

4번 부품의 치수기입

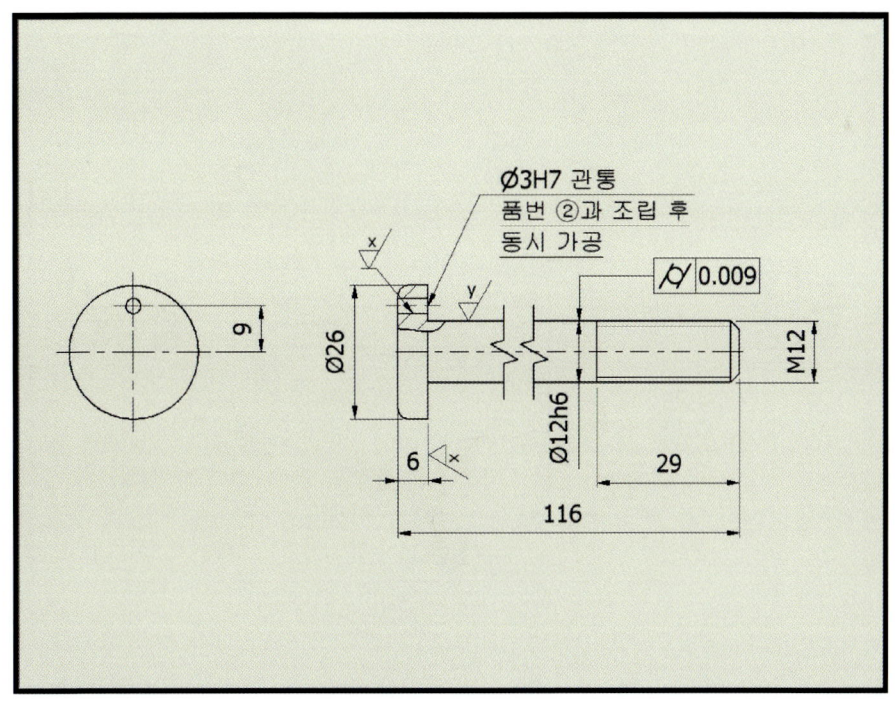

5번 부품의 치수기입

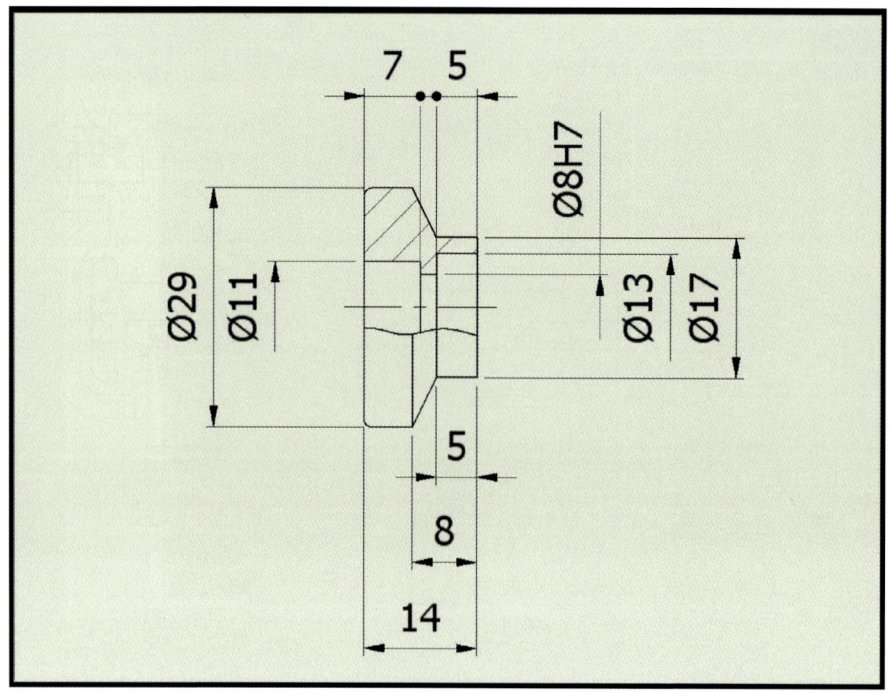

6번 부품의 치수기입

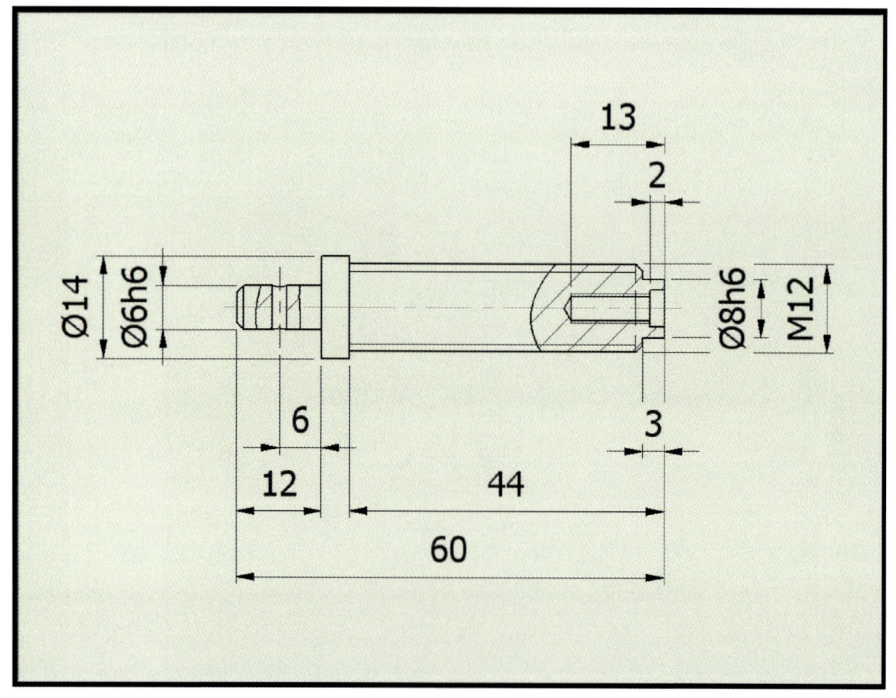

7번 부품의 치수기입

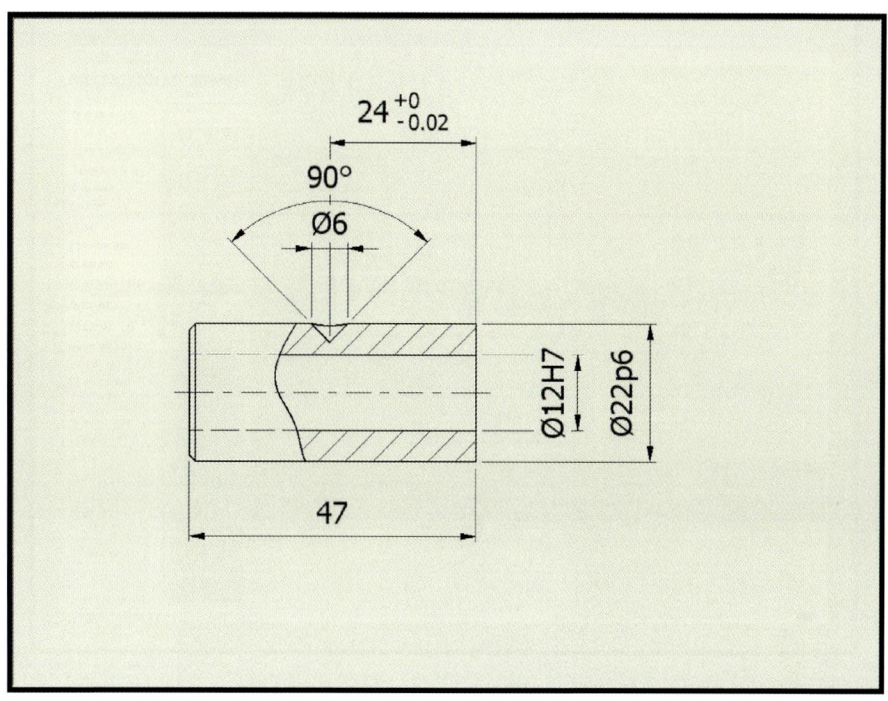

1번 부품의 공차 및 끼워맞춤

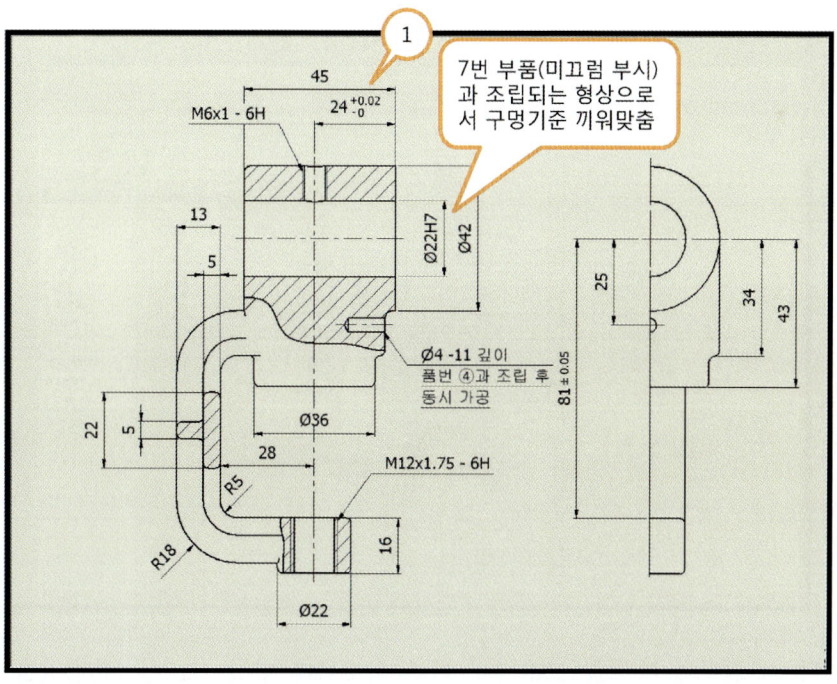

- ①은 조립시 7번 부품(미끄럼 부시)이 가공면을 넘어서지 않도록 하기 위하여 (+)공차를 주었음.

≫ 2번 부품의 공차 및 끼워맞춤

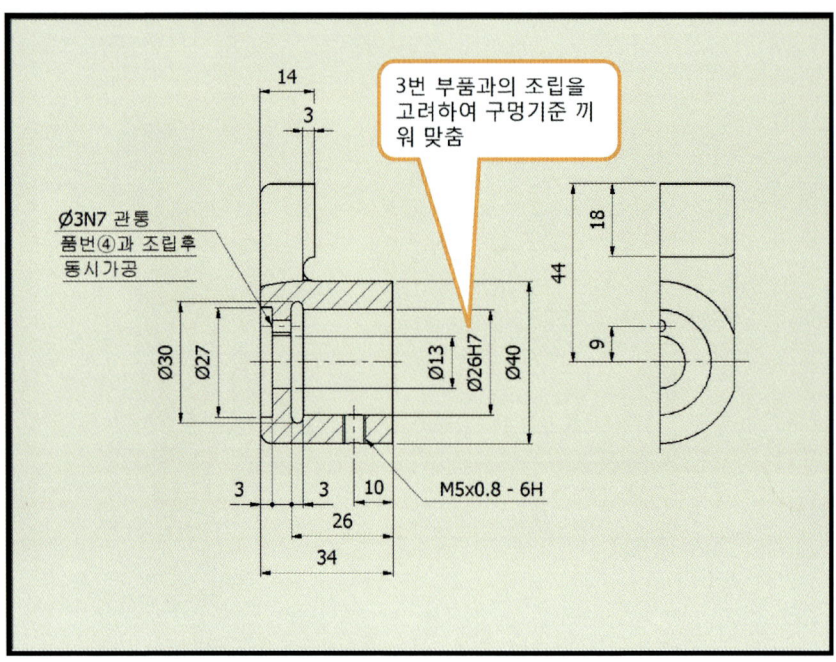

≫ 3번 부품의 공차 및 끼워맞춤

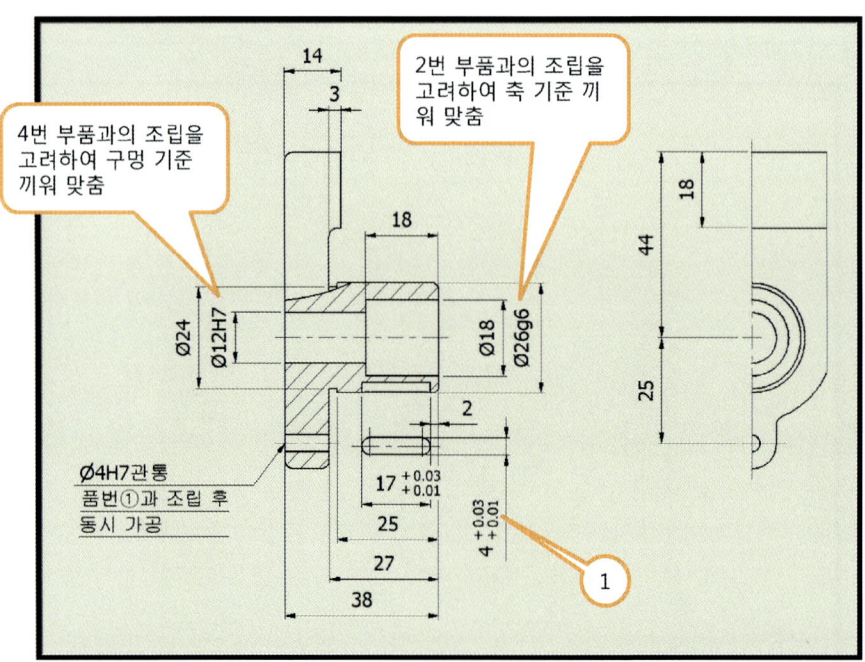

- ①은 조립 후 원활한 작동을 고려하여 기준 치수보다 항상 크도록 (+)공차를 기입하였음.

4번 부품의 공차 및 끼워맞춤

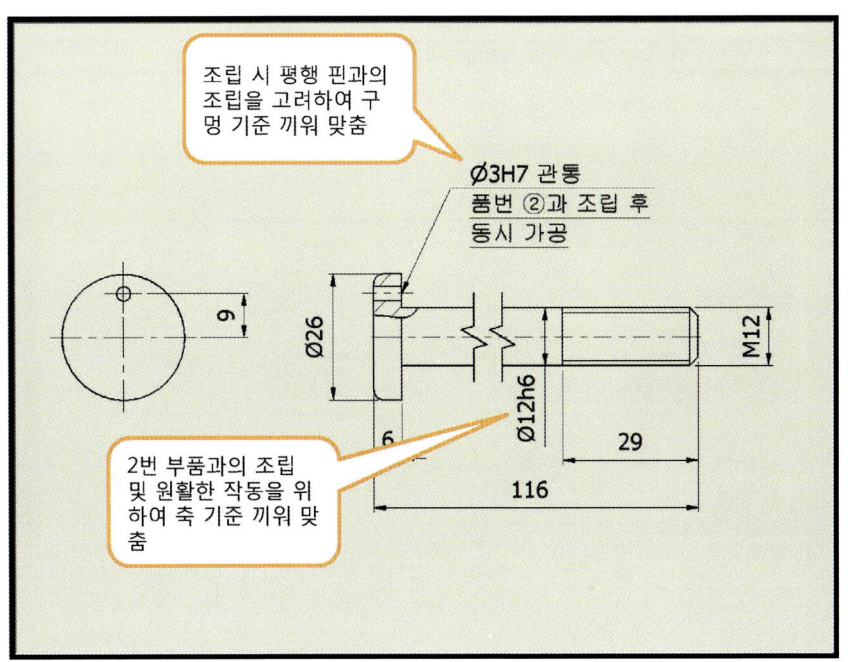

5번 부품의 공차 및 끼워맞춤

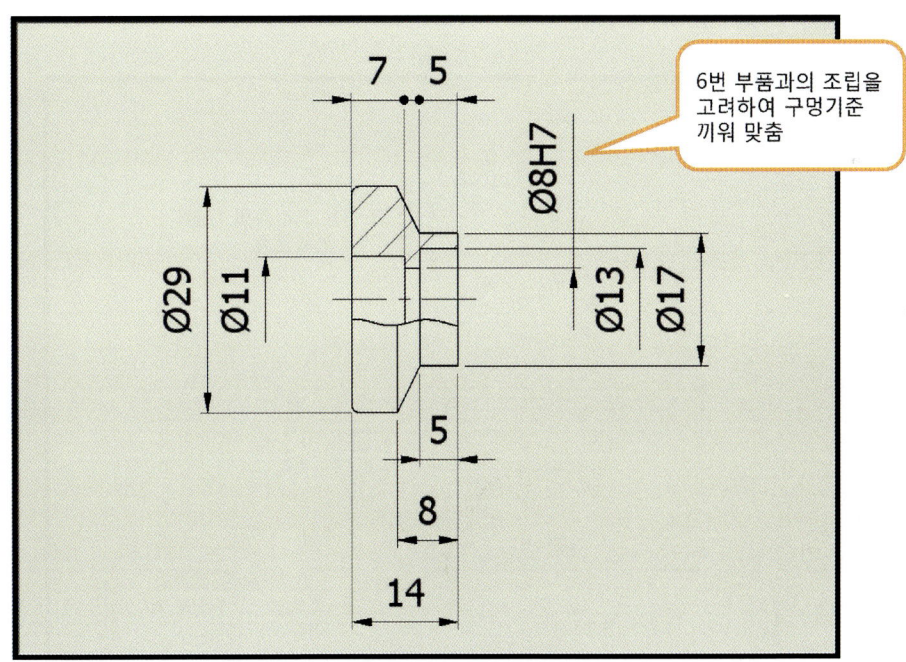

▶ 6번 부품의 공차 및 끼워맞춤

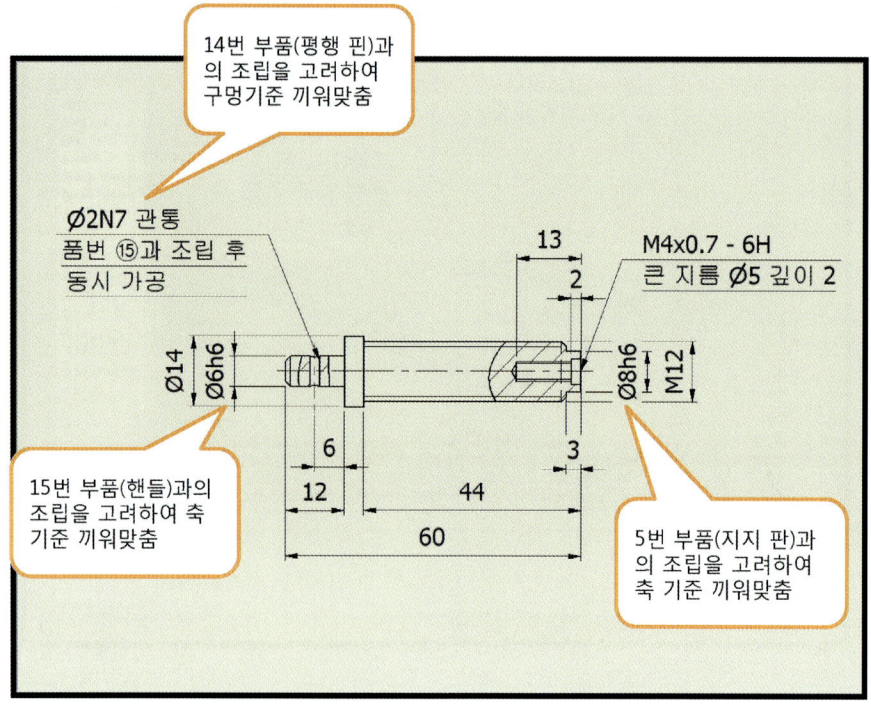

▶ 7번 부품의 공차 및 끼워맞춤

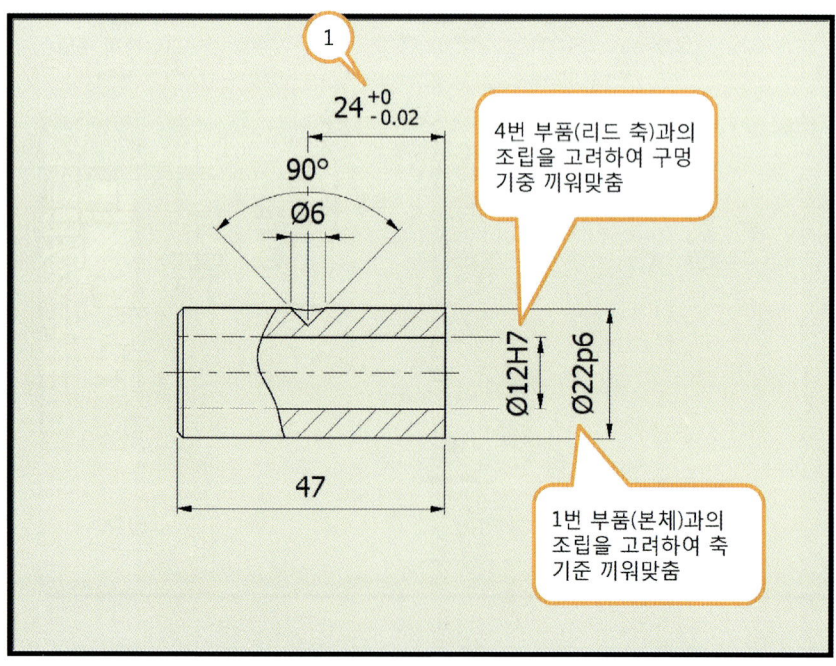

- ①은 1번 부품(본체)와의 조립시 본체의 원통의 끝 단을 넘지 않도록 하기 위하여 (-)공차를 기입.

≫ 1번 부품의 기하공차 및 표면거칠기

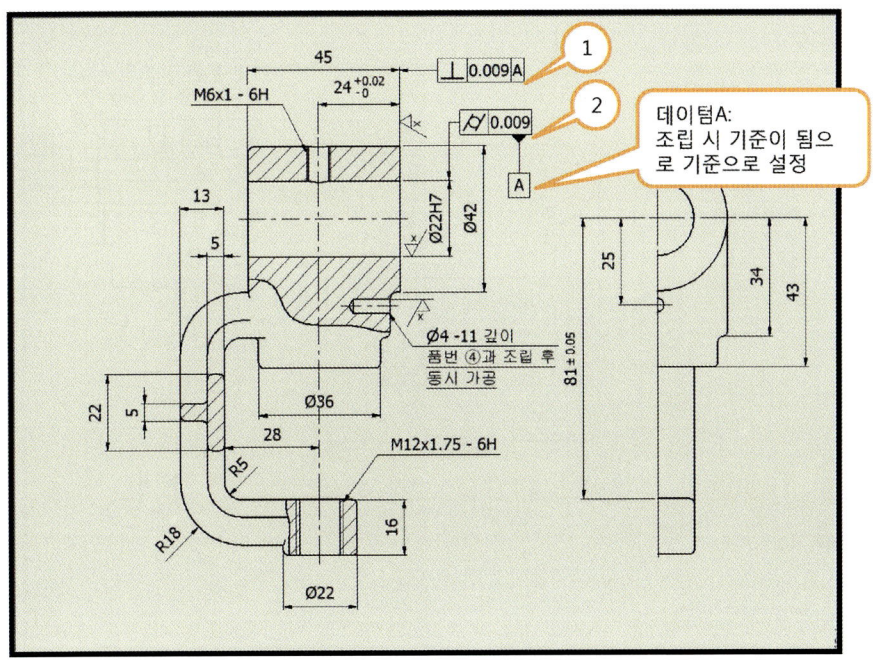

- 표면 거칠기는 운동마찰부분은 y로 규정하고 일반적인 접촉 부는 x로 규정함.(지시가 없는 부분은 주물 부)
- ①부분은 데이텀 A(원통의 중심)과 직각도 규제
- ②부분은 형상 자체로서 원통도를 규제

2번 부품의 기하공차 및 표면거칠기

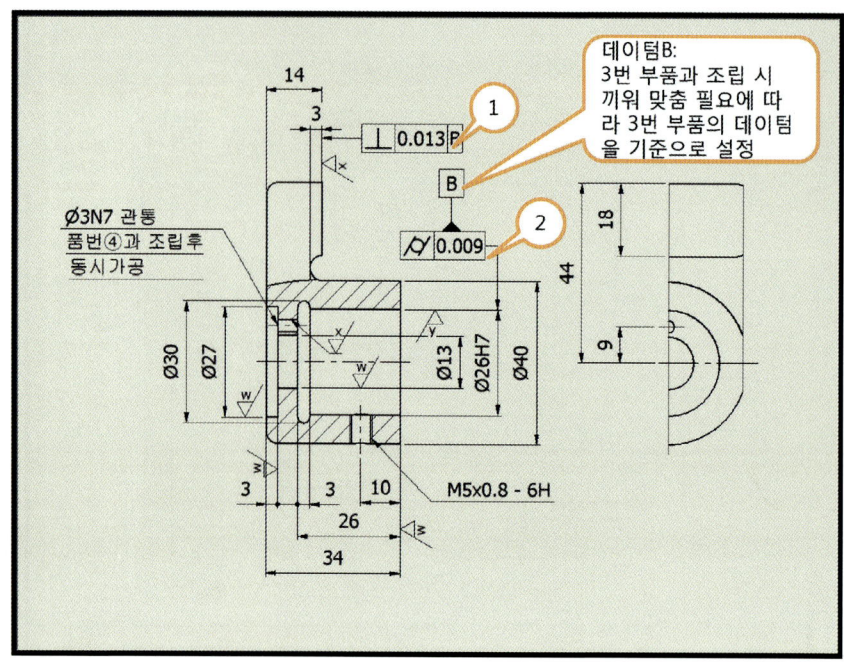

- 표면 거칠기는 운동마찰부분은 y로 규정 일반적인 접촉 부는 x로 규정함, 그 외 일반 가공 부는 w로 규정(지시가 없는 부분은 주물부)
- ①부분은 데이텀 B(원통의 중심)과 직각도 규제
- ②부분은 조립하여 작동 시 원활한 운동을 위하여 형상(Ø26H7) 자체로서 원통도 규제

3번 부품의 기하공차 및 표면거칠기

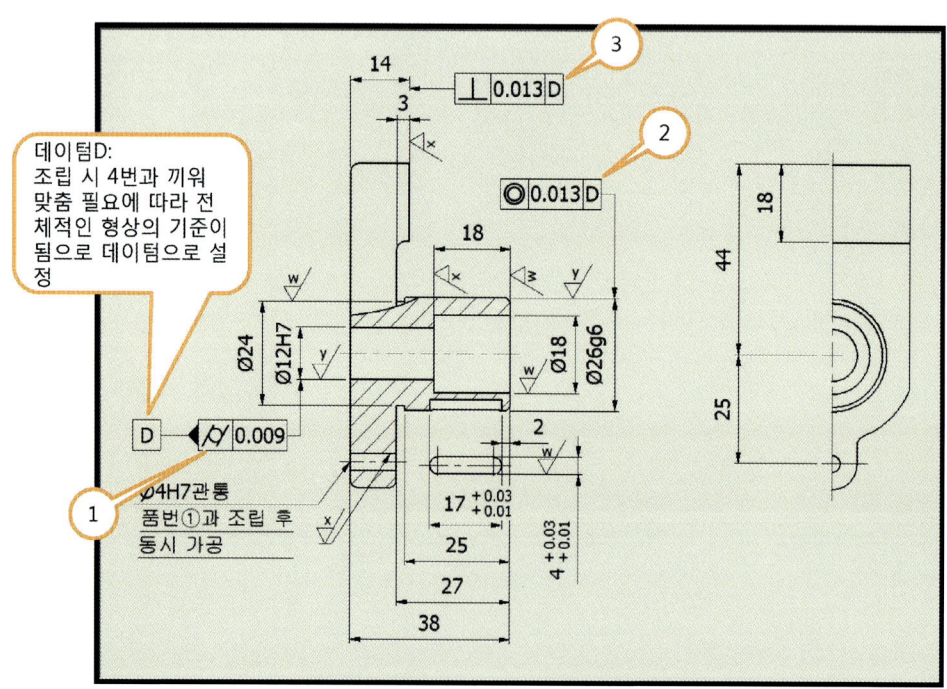

- 표면 거칠기는 운동마찰부분은 y로 규정 일반적인 접촉 부는 x로 규정함, 그 외 일반 가공 부는 w로 규정(지시가 없는 부분은 주물부)
- ①부분은 형상(Ø12H7) 자체적으로 원통도 규제
- ②부분은 데이텀 D(원통의 중심)와 동심도 규제
- ③부분은 데이텀 D(원통의 중심)와 직각도 규제

≫ 4번 부품의 기하공차 및 표면거칠기

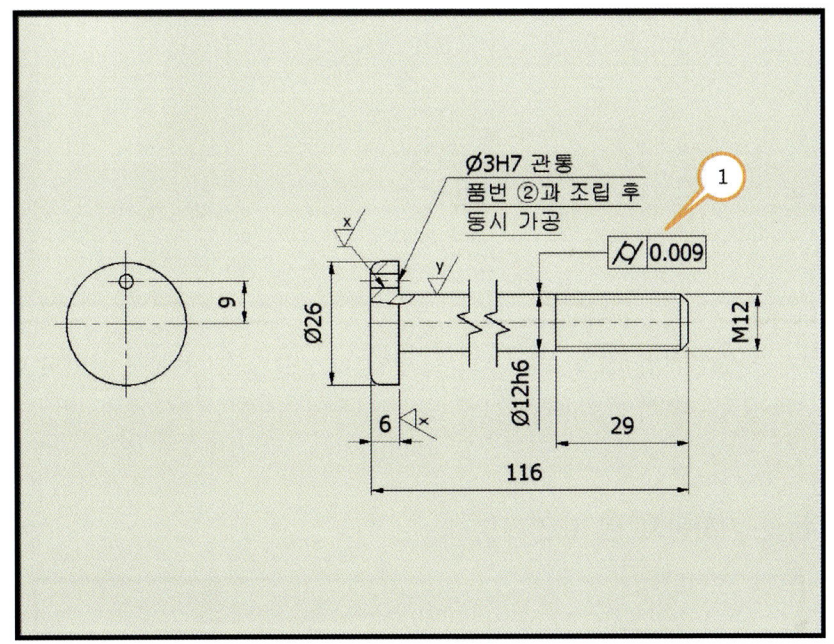

- 표면 거칠기는 운동마찰부분은 대체적으로 y로 규정하고 일반적인 접촉 부는 x로 규정함. (지시가 없는 부분은 w)
- ①부분은 자체적으로 원통도를 유지하라는 것임.

5번 부품의 기하공차 및 표면거칠기

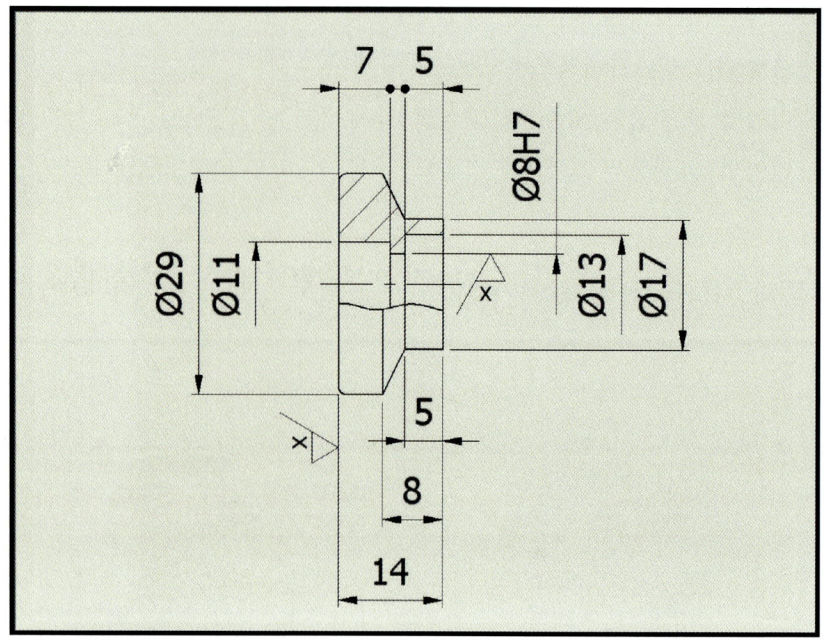

- 표면 거칠기는 일반적인 접촉 부는 x로 규정함.(지시가 없는 부분은 w이다.)
- 조립 및 기능을 고려 하였을 때 데이텀 및 기하공차 규제를 요구하지 않음.

6번 부품의 기하공차 및 표면거칠기

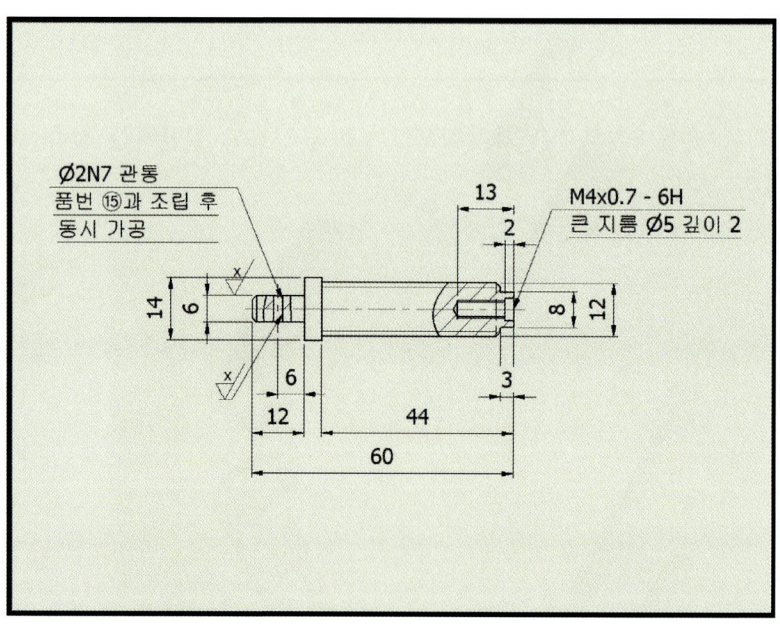

- 표면 거칠기는 일반적인 접촉 부는 x로 규정함.(지시가 없는 부분은 w이다.)
- 기하공차 및 데이텀은 5번과 같음.

7번 부품의 기하공차 및 표면거칠기

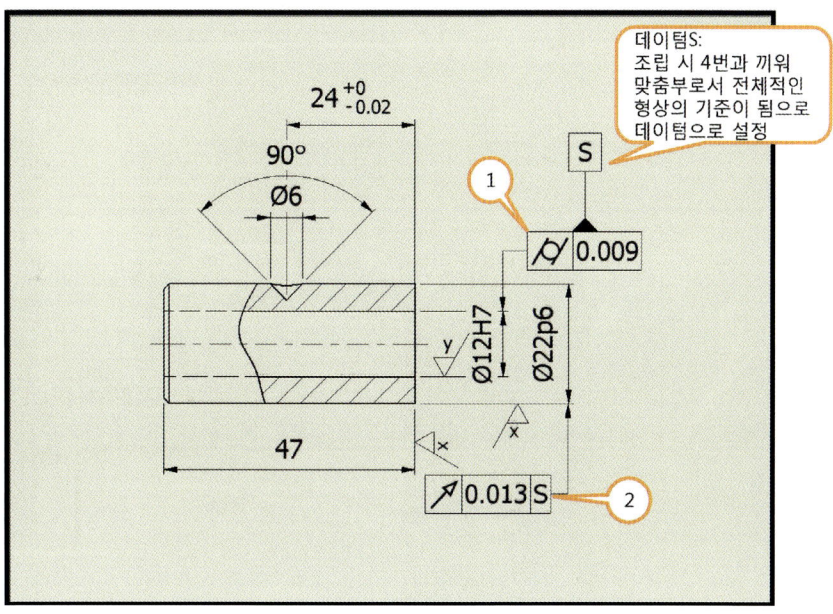

- 표면 거칠기는 운동마찰부분은 대체적으로 y로 규정하고 일반적인 접촉 부는 x로 규정함.(지시가 없는 부분은 w이다.)
- ①부분은 형상(Ø12H7) 자체로서 원통도 규제
- ②부분은 데이텀S(원통의 중심)를 기준으로 원주 흔들림도 규제

탁상 클램프 2D 부품도 모범답안

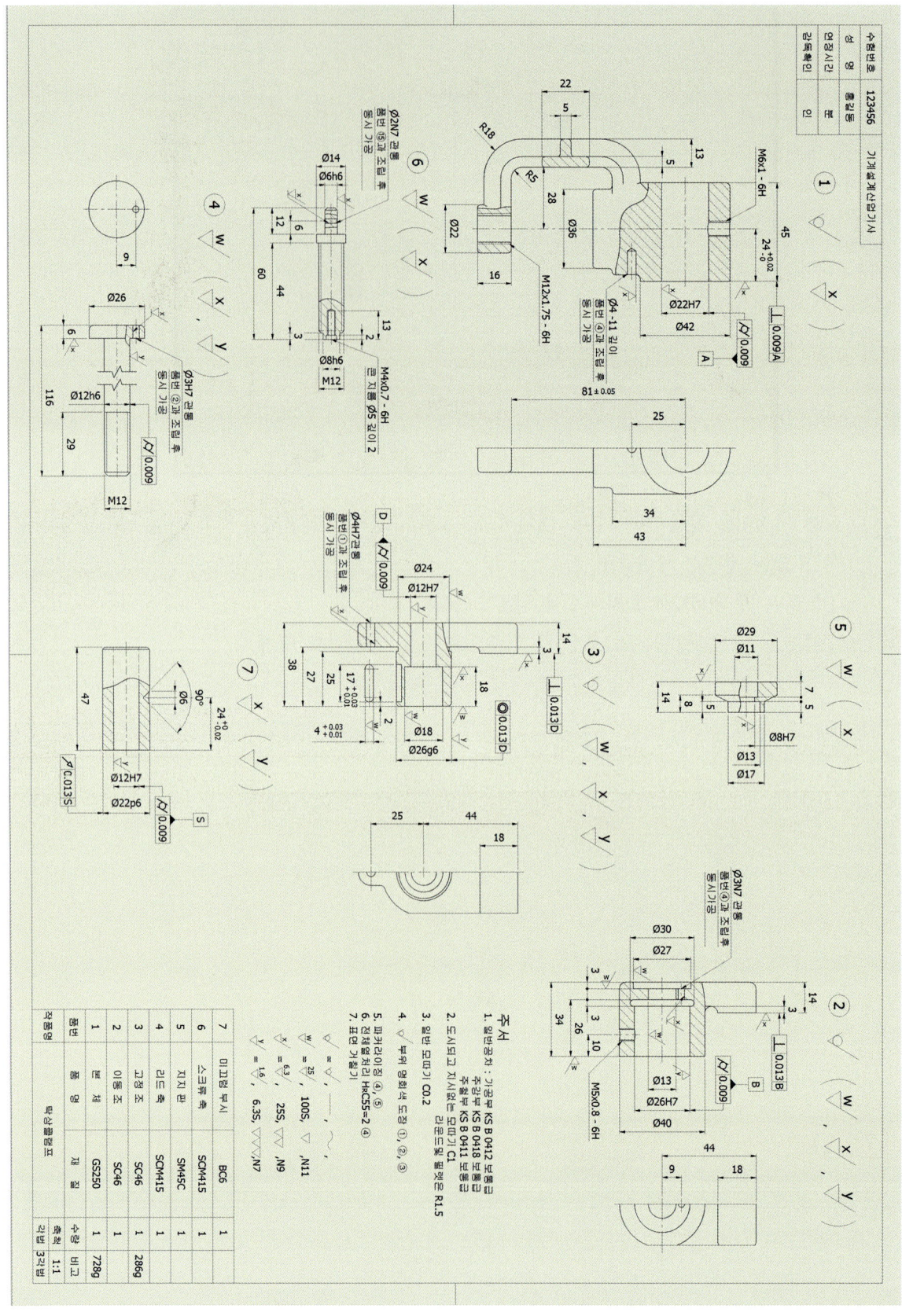

기출문제와 모범답안 4

동력전달장치_1

1. 과제 지급도면과 제출도면

▶ 동력전달장치1 과제 지급 도면

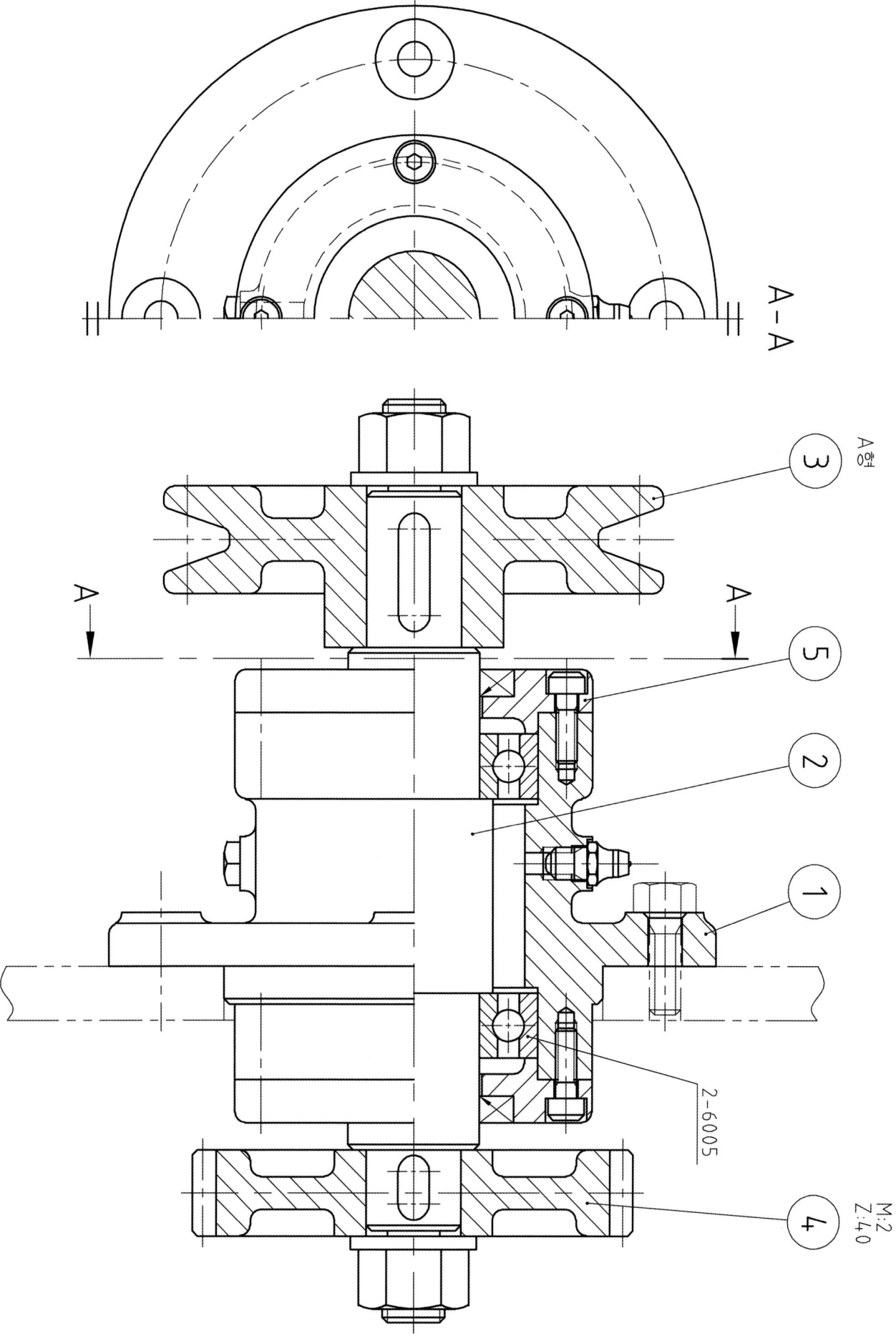

제출1 : 동력전달장치1 3차원 부품도

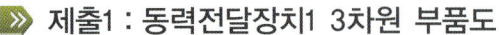

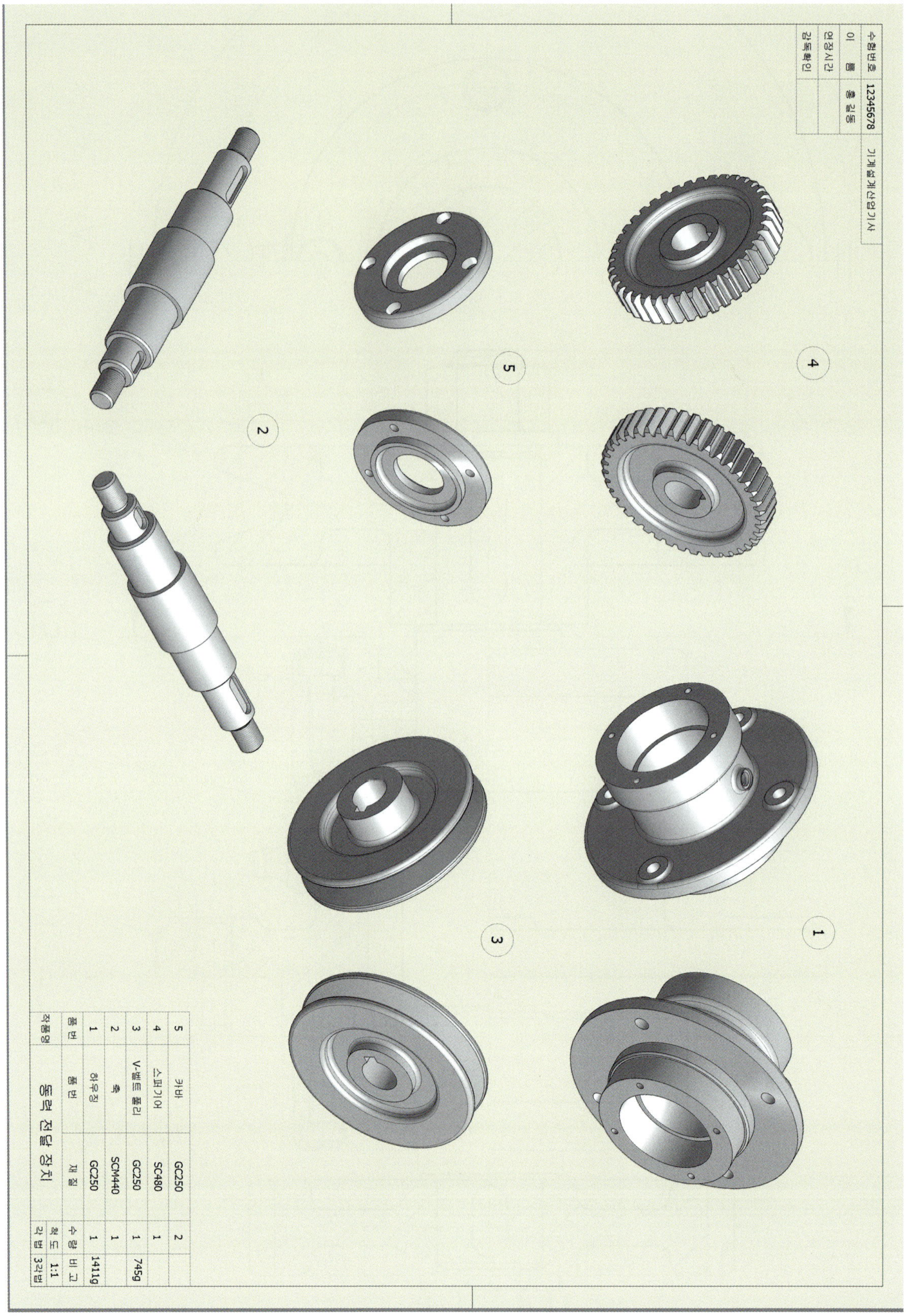

수험번호
12345678
기계설계산업기사
이 름
홍길동
연장시간
감독확인
1
2
3
4
5
5 카바 GC250 2
4 스퍼기어 SC480 1
3 V-벨트 풀리 GC250 1 745g
2 축 SCM440 1
1 하우징 GC250 1 1411g
품번 품 명 재 질 수 량 비 고
작품명 동력 전달 장치 척 도 1:1
각 법 3각법

제출2 : 동력전달장치1 2차원 부품도

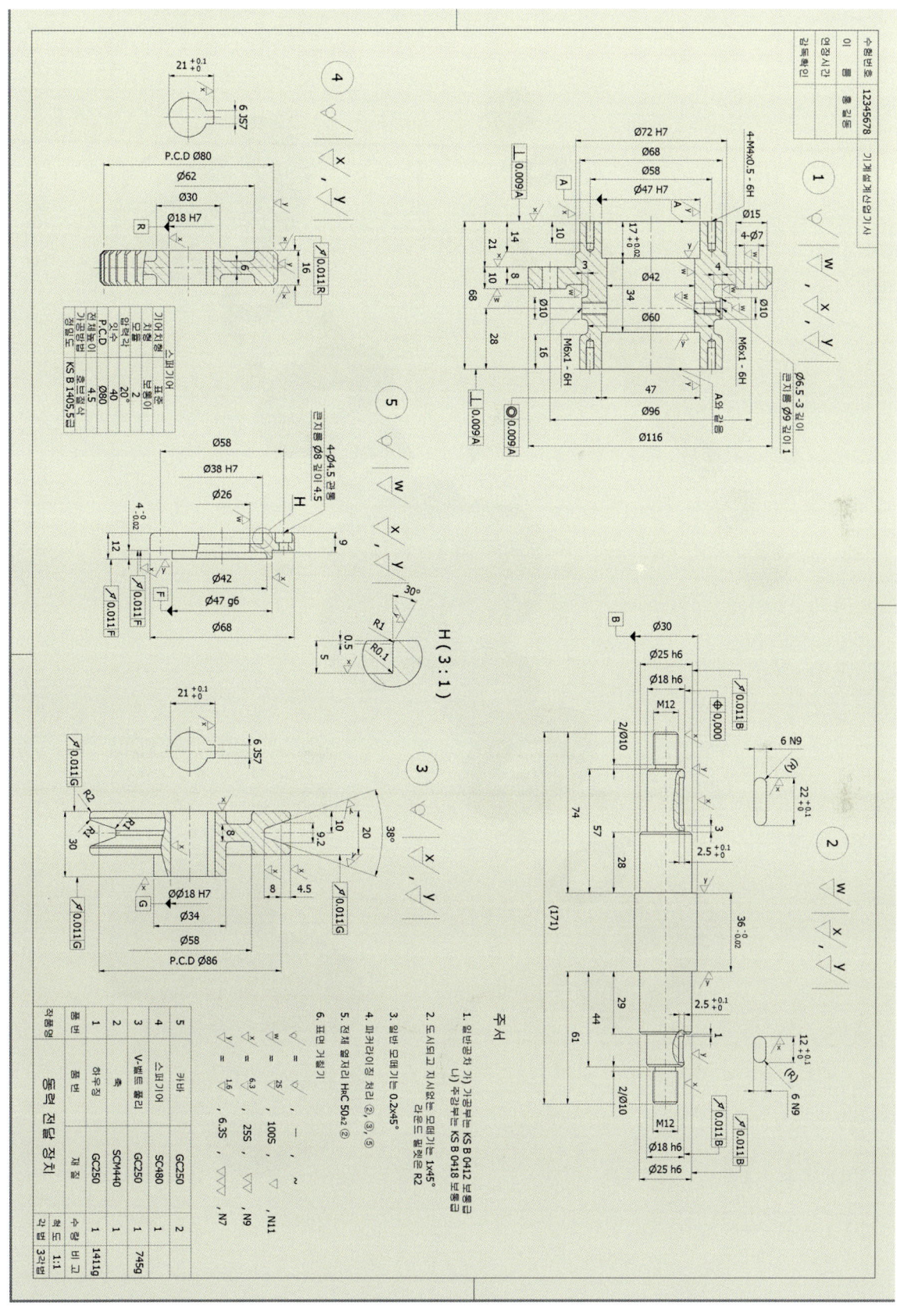

미제출 : 동력전달장치1 3차원 분해전개/조립도

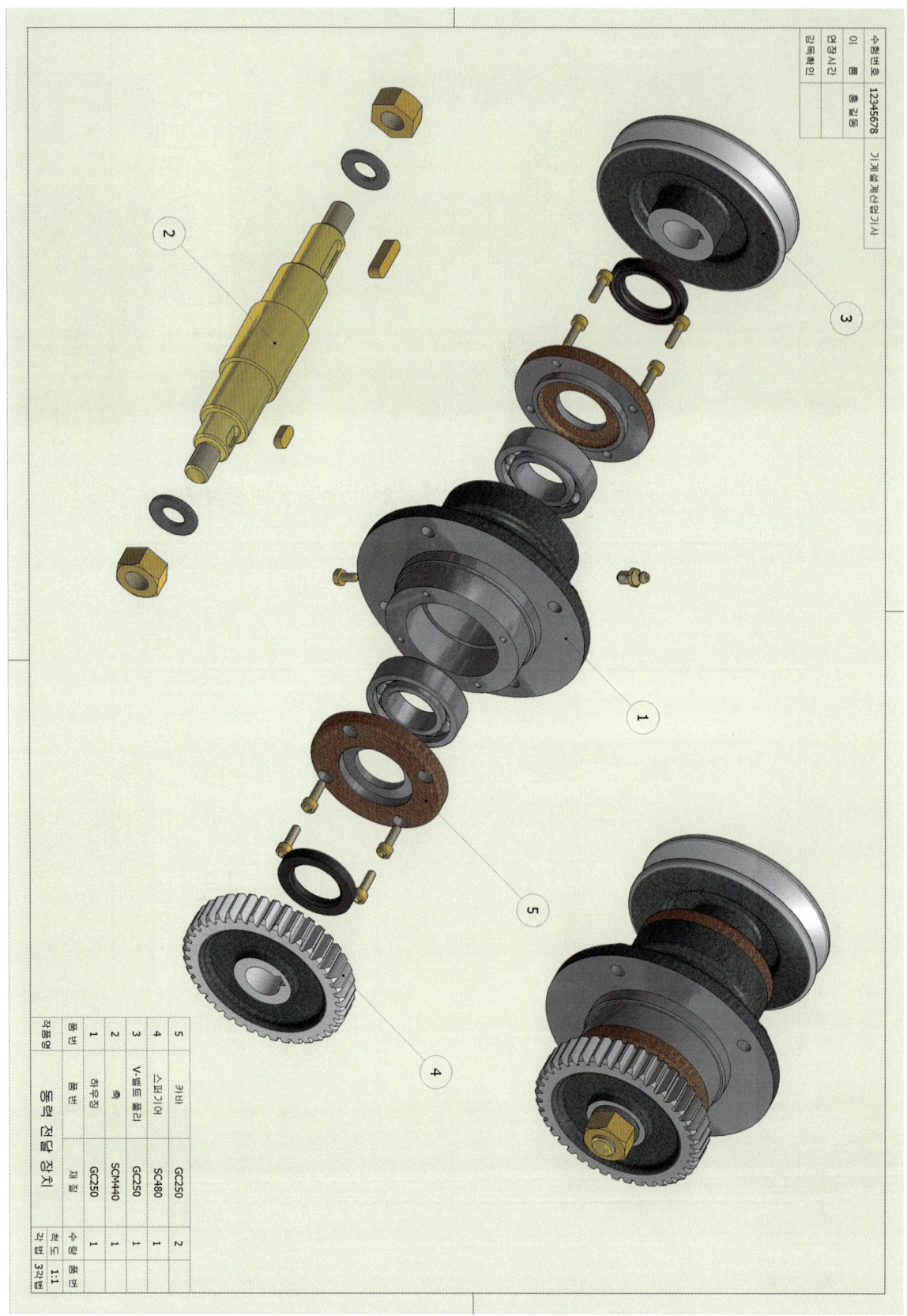

미제출 : 동력전달장치1 3차원 단면 형상

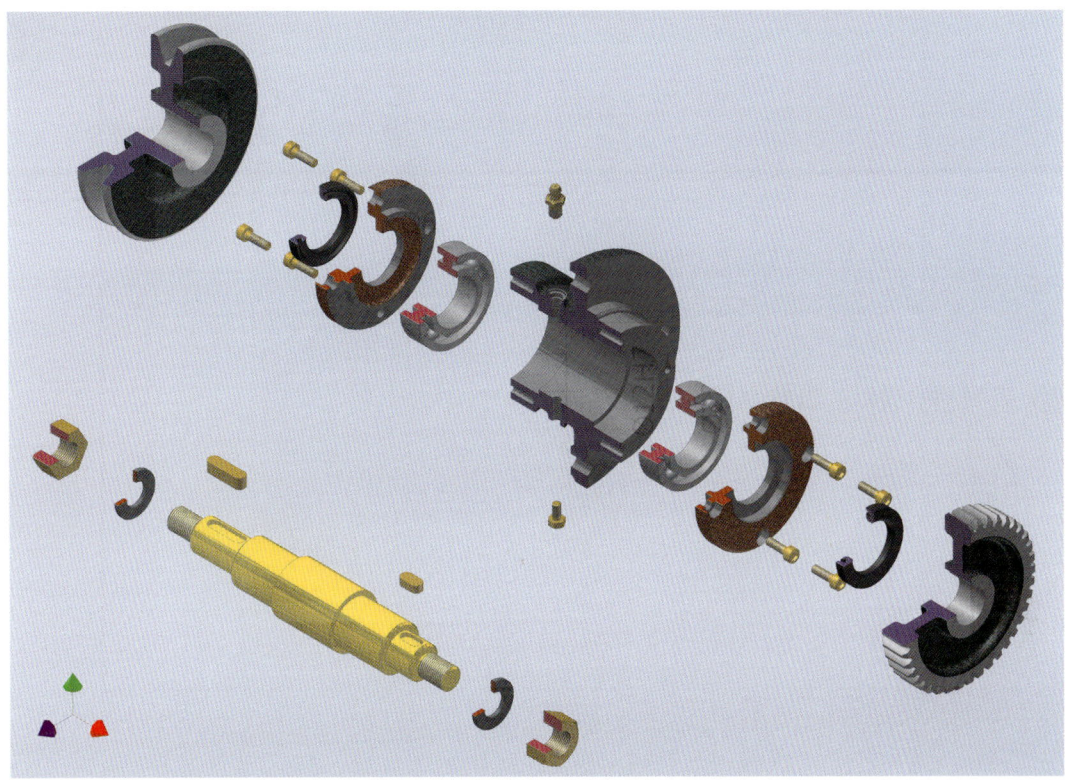

미제출 : 동력전달장치1 3차원 단면 형상

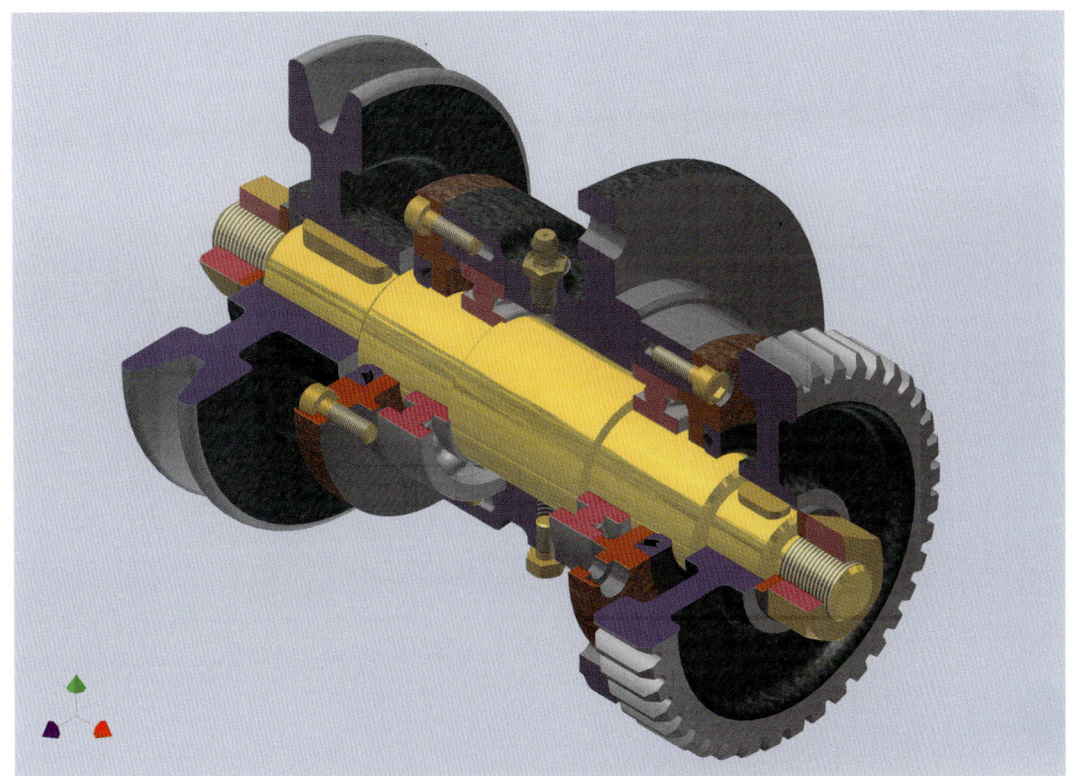

동력전달장치_2

1. 과제 지급도면과 제출도면

>> 동력전달장치2 과제 지급 도면

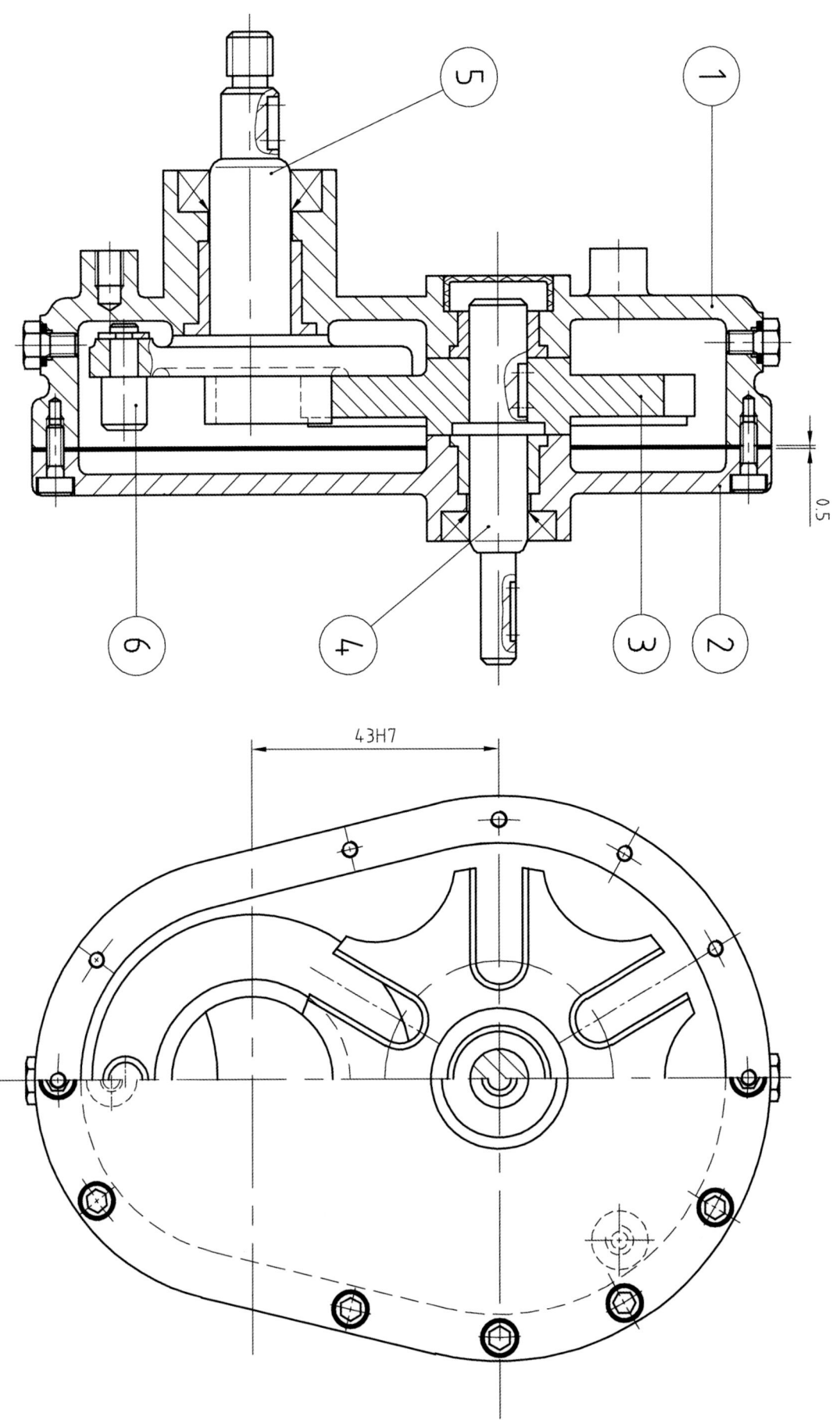

제출1 : 동력전달장치2 3차원 부품도

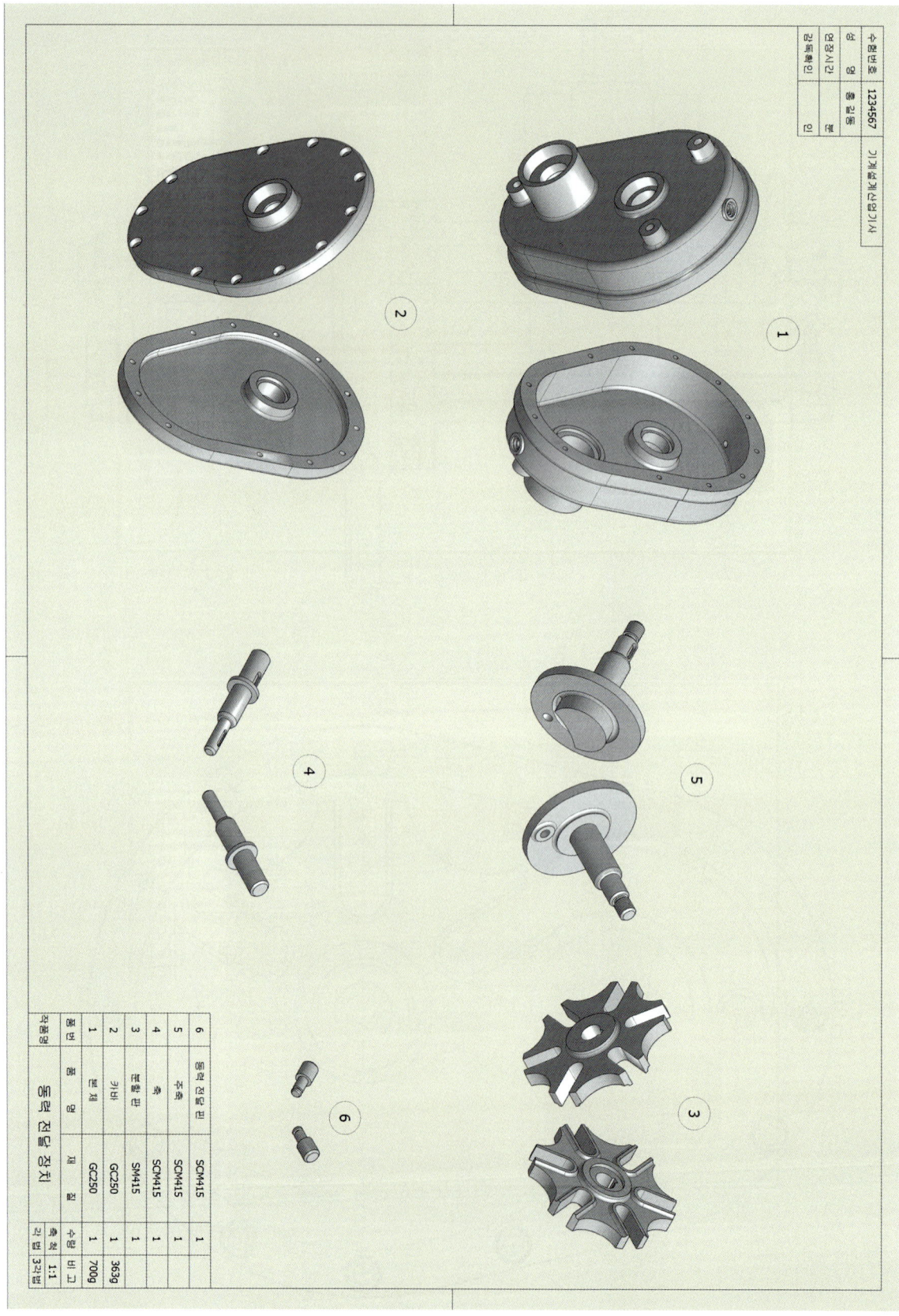

제출2 : 동력전달장치2 2차원 부품도

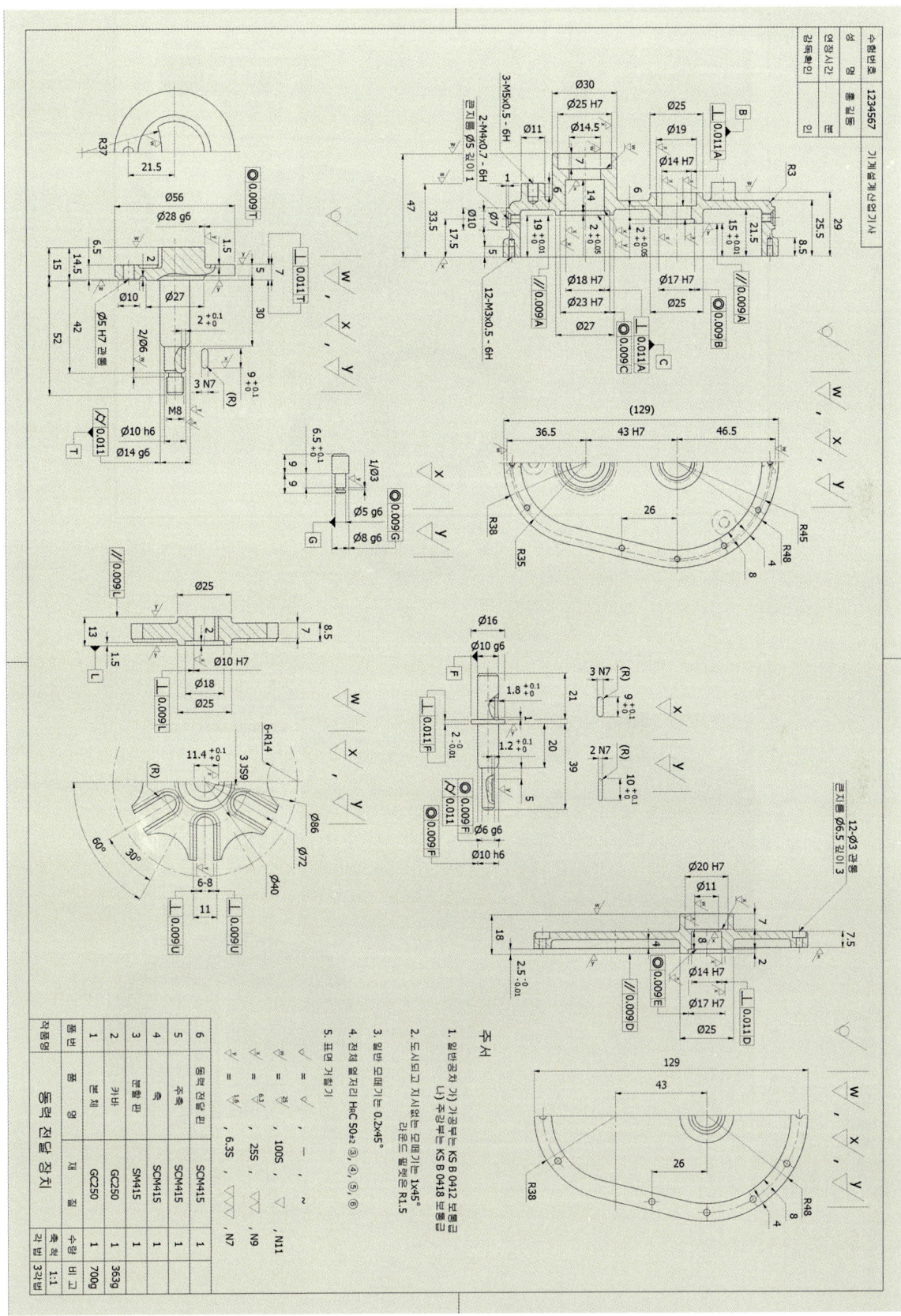

미제출 : 동력전달장치2 3차원 분해전개/조립도

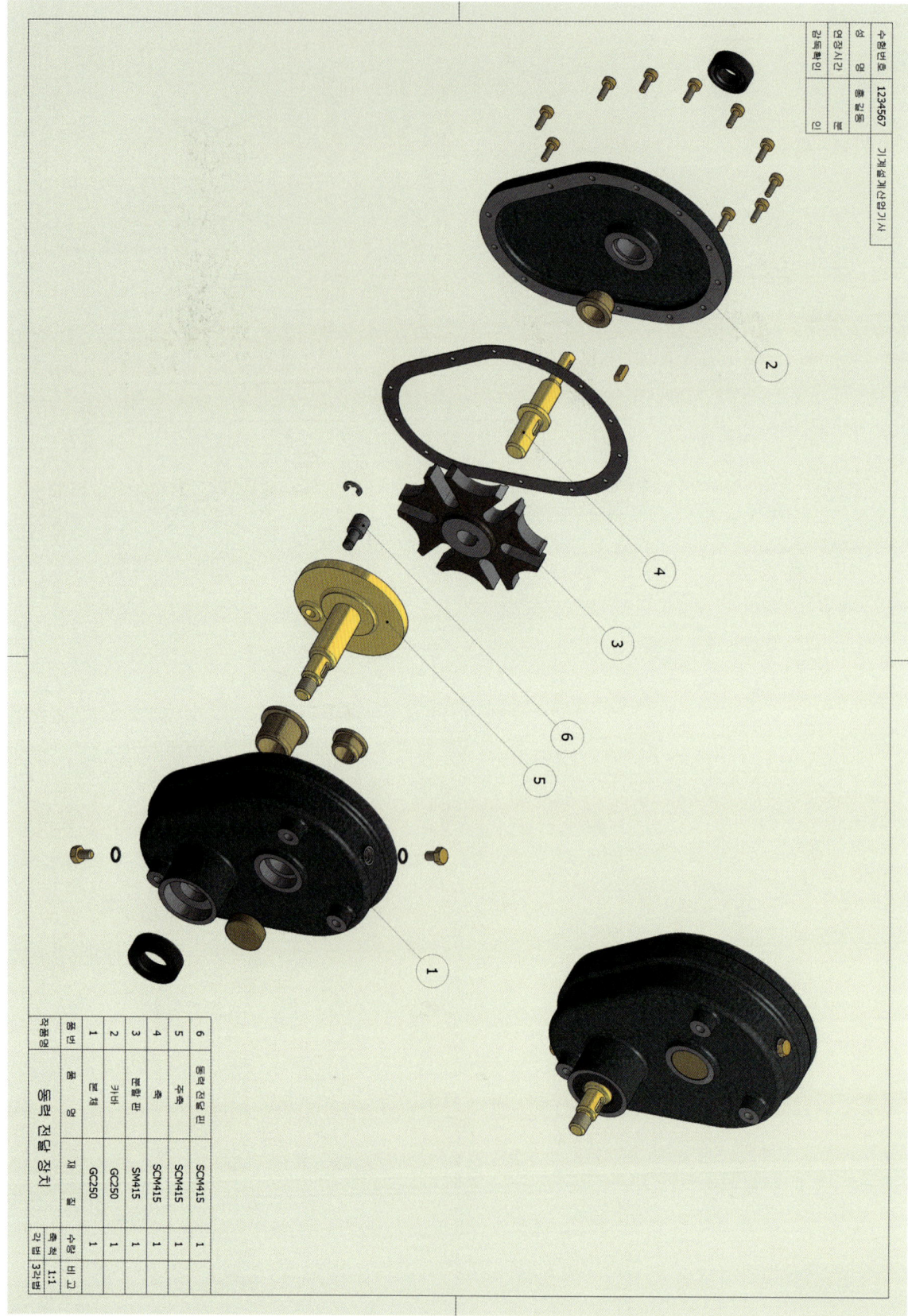

미제출 : 동력전달장치2 3차원 단면 형상

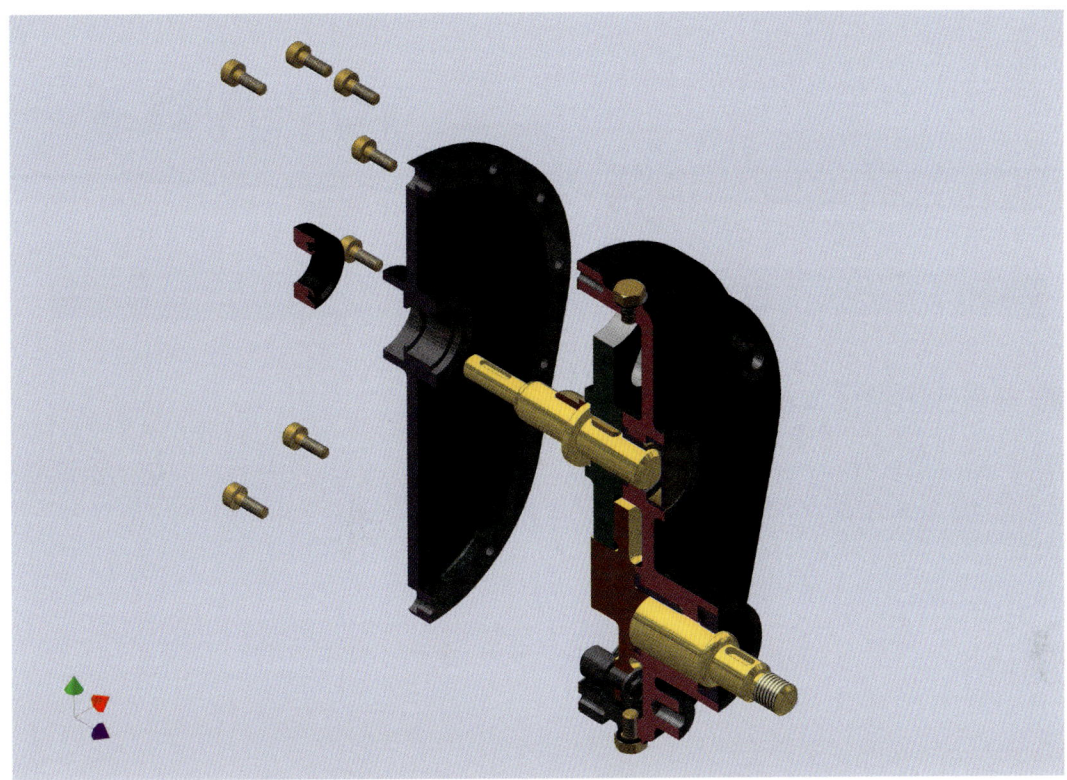

미제출 : 동력전달장치2 3차원 단면 형상

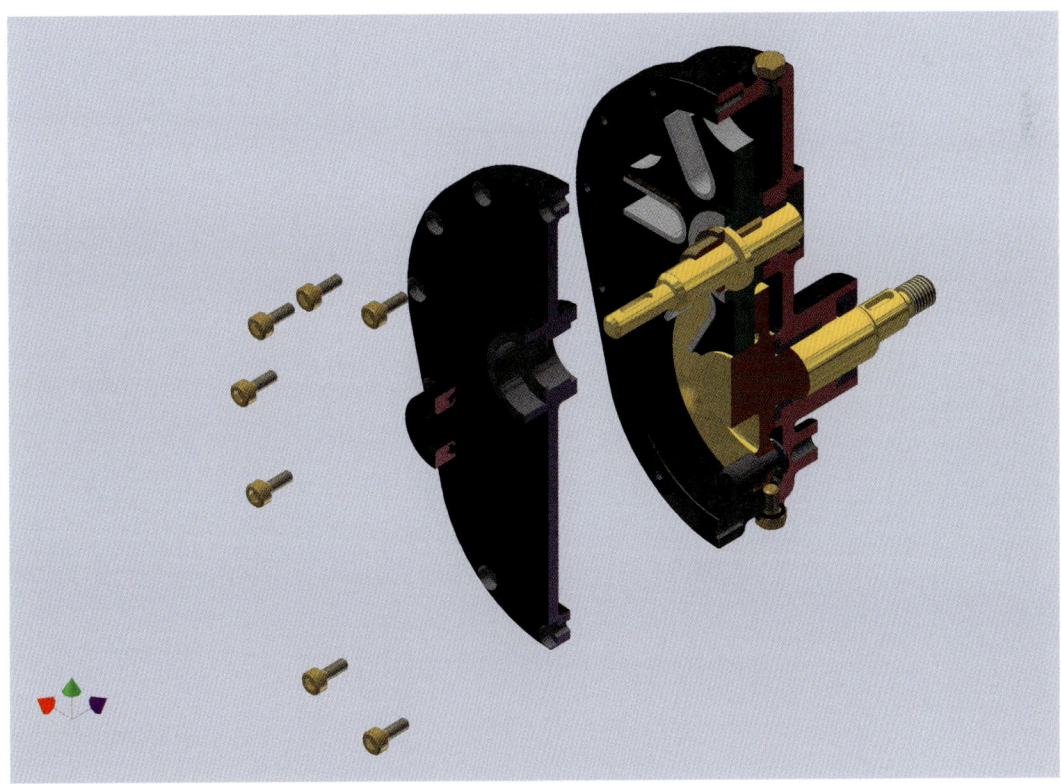

동력전달장치_3

1. 과제 지급도면과 제출도면

▶ 동력전달장치3 과제 지급 도면

단면 B-B

단면 A-A

2-6002

m:2
z:28

$50^{-0.05}_{-0.1}$

제출 1 : 동력전달장치3 3차원 부품도

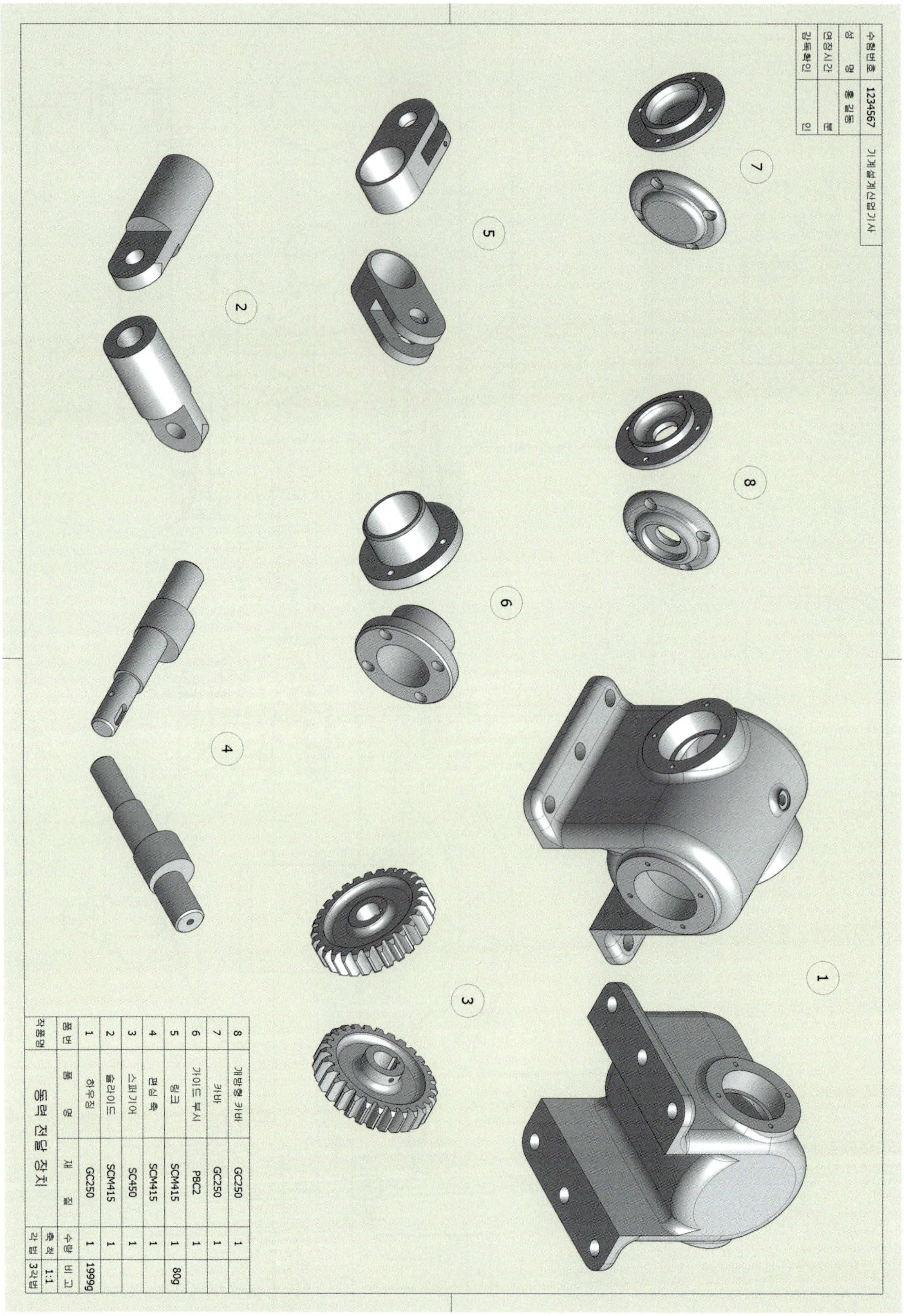

제출2 : 동력전달장치3 2차원 부품도

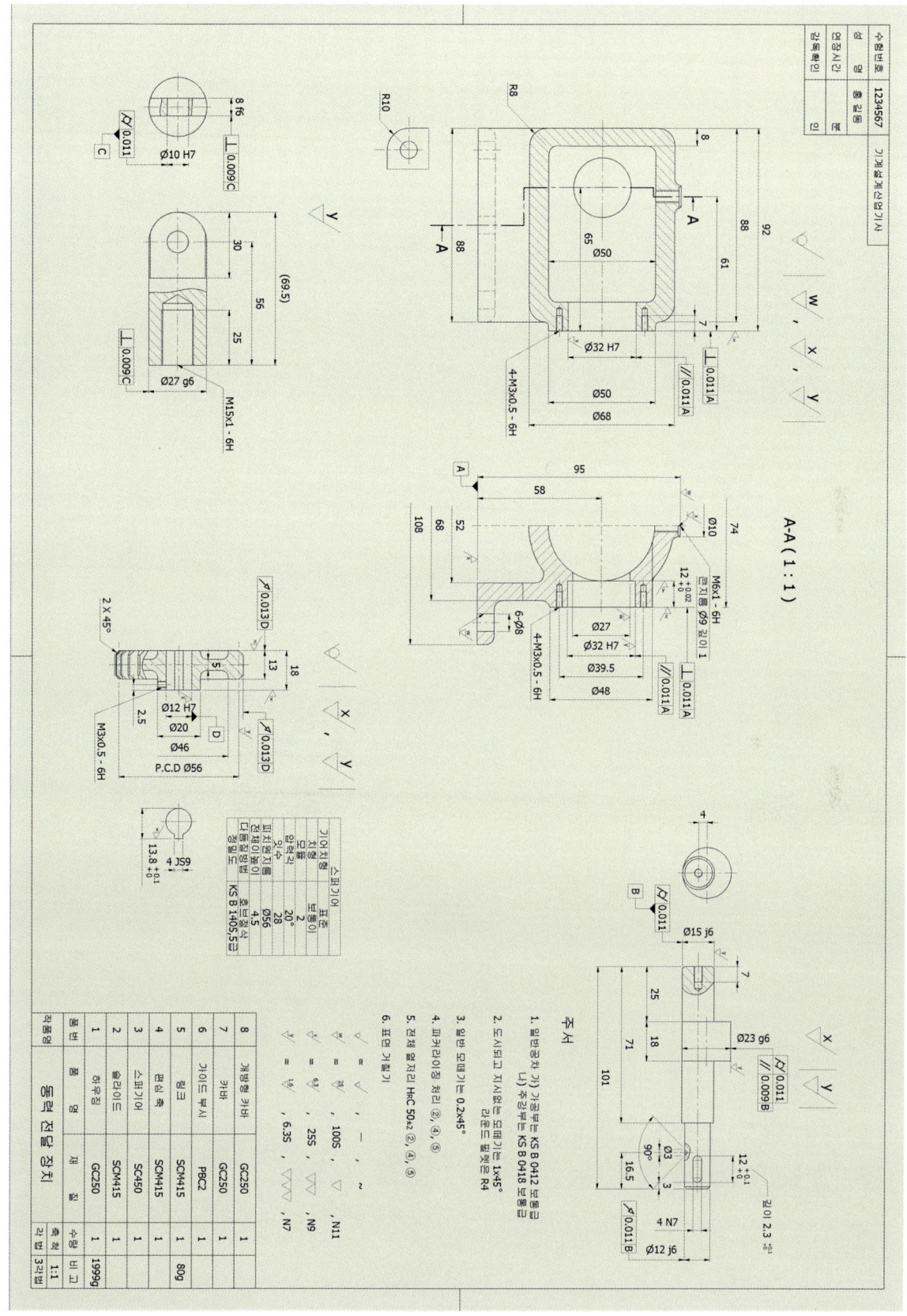

제출2-1 : 동력전달장치3 2차원 부품도

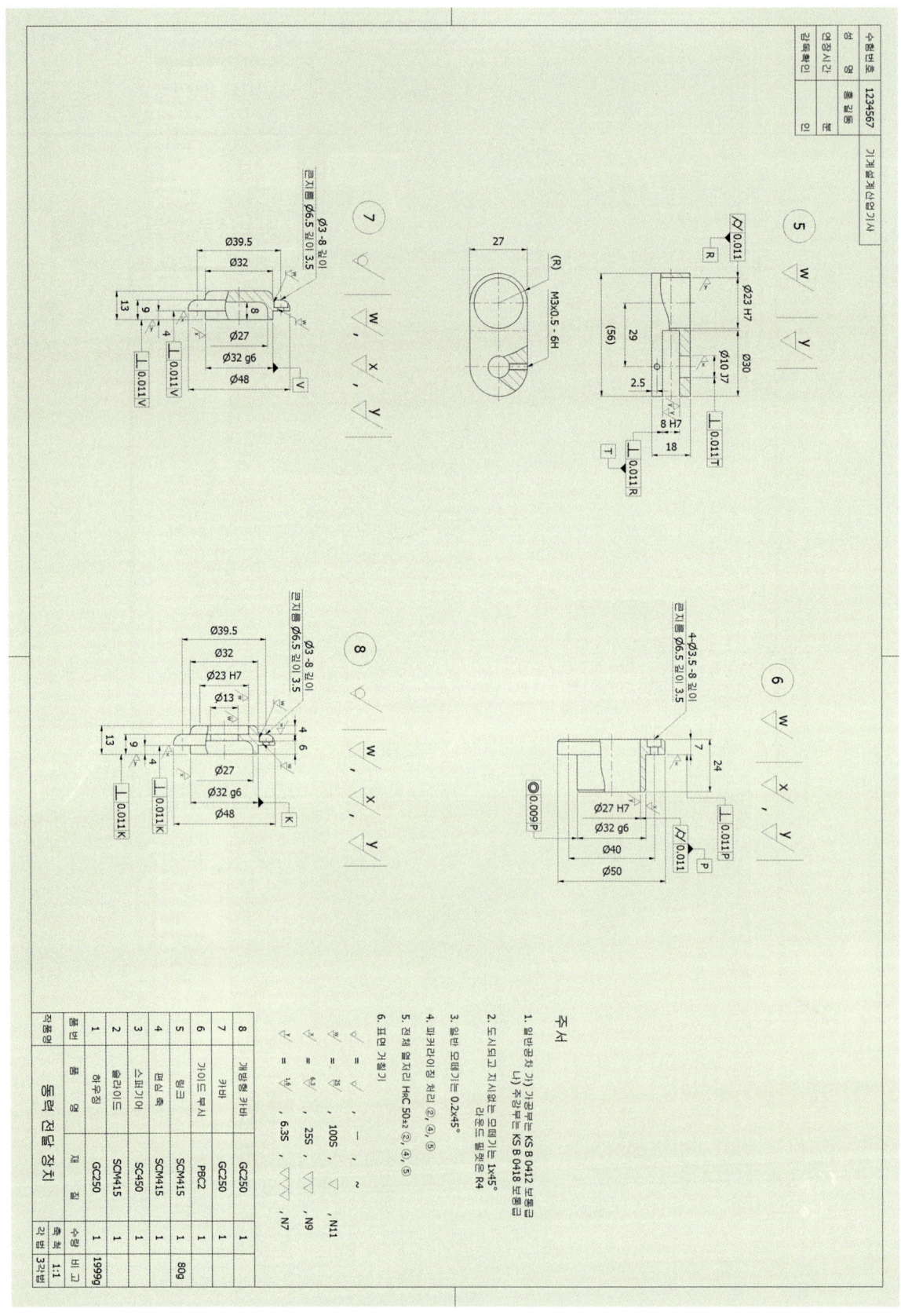

미제출 : 동력전달장치3 3차원 분해전개/조립도

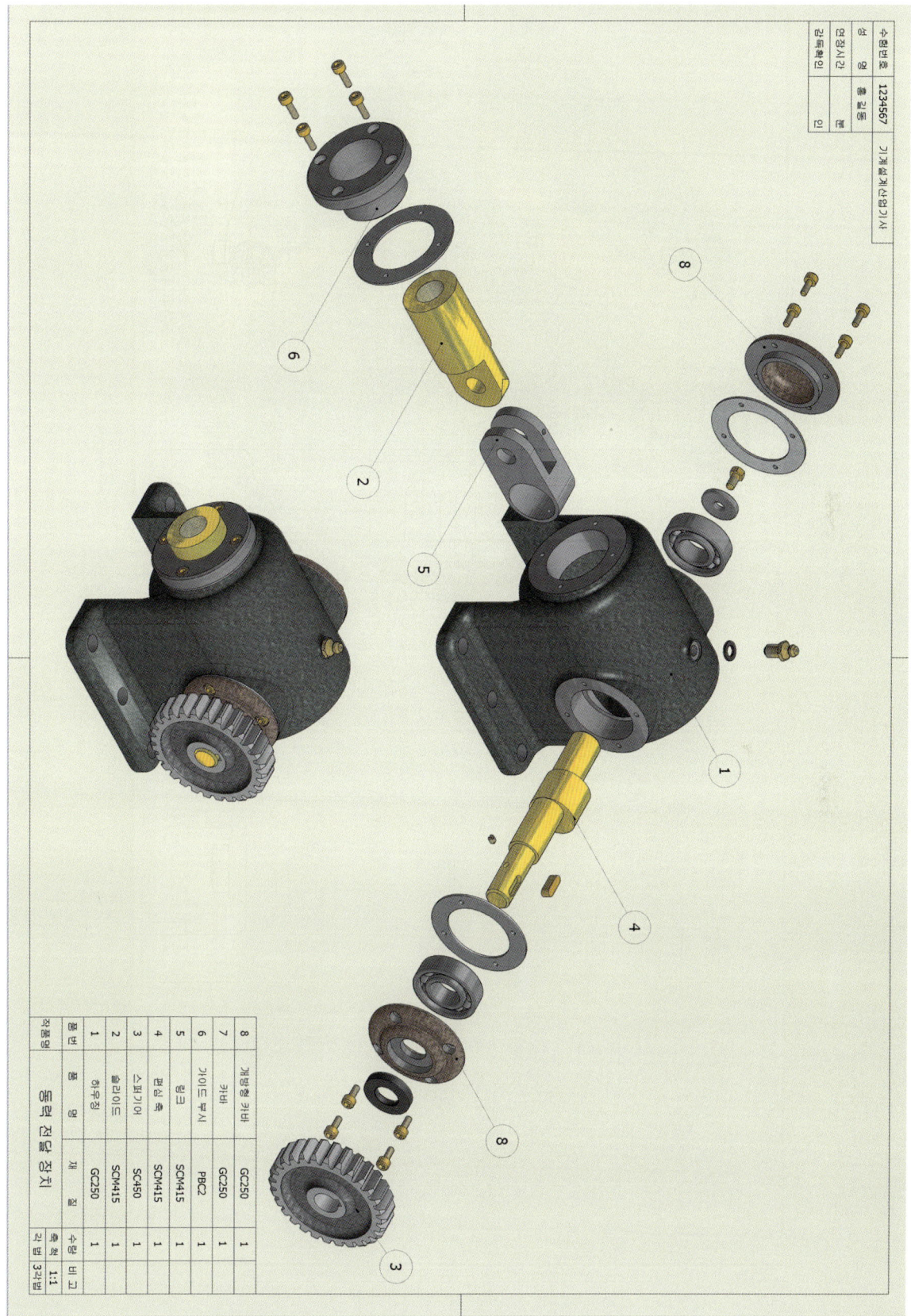

미제출 : 동력전달장치3 3차원 단면 형상

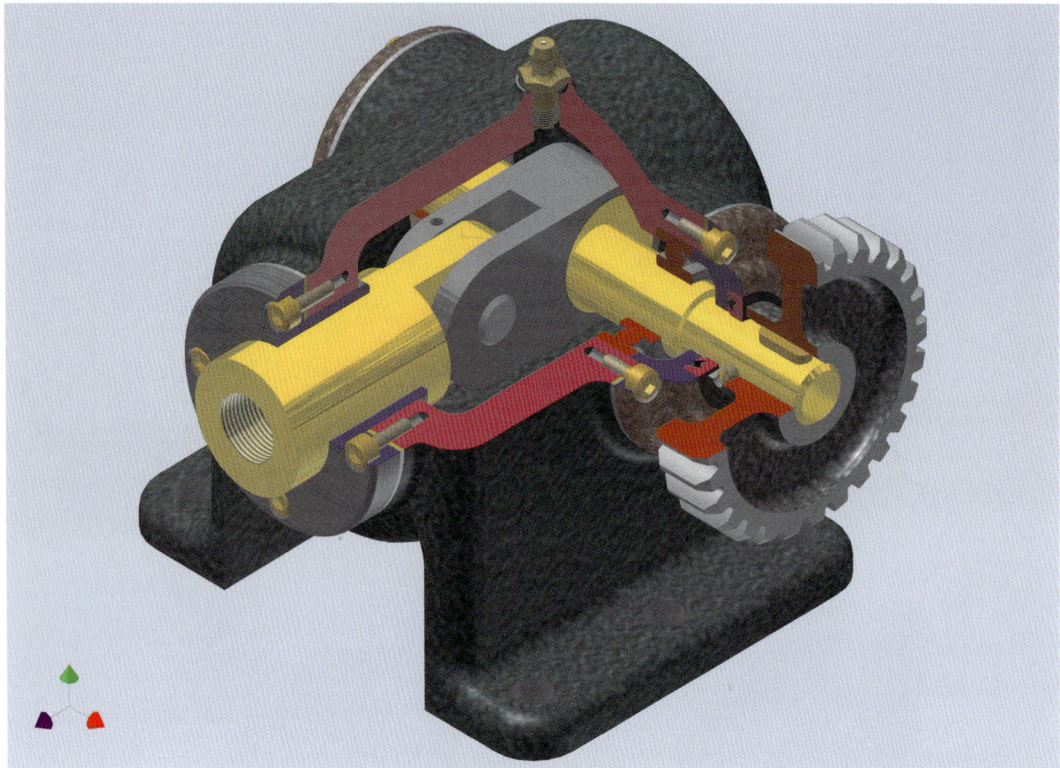

동력전달장치_4

1. 과제 지급도면과 제출도면

▷ 동력전달장치4 과제 지급 도면

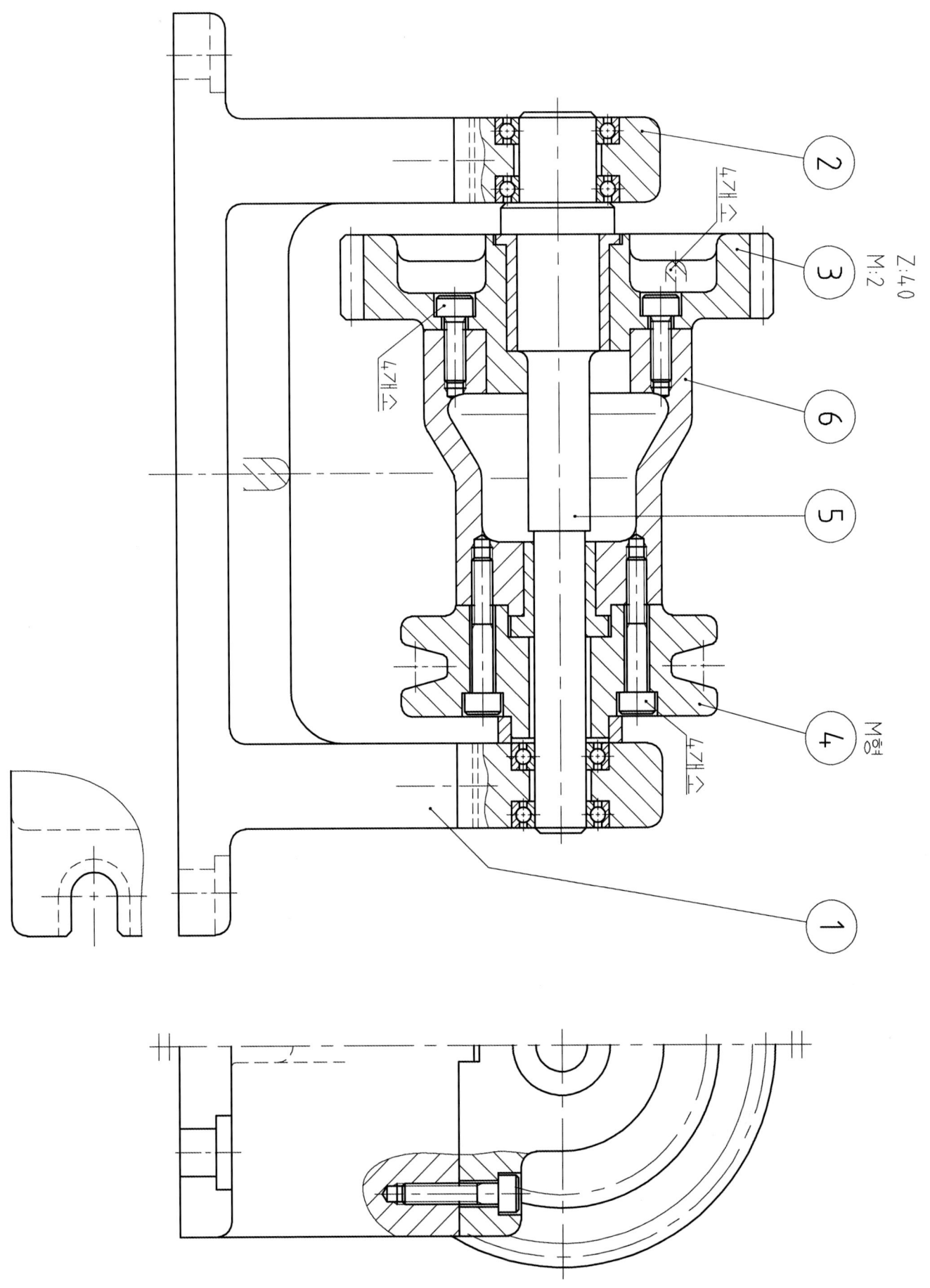

제출1 : 동력전달장치4 3차원 부품도

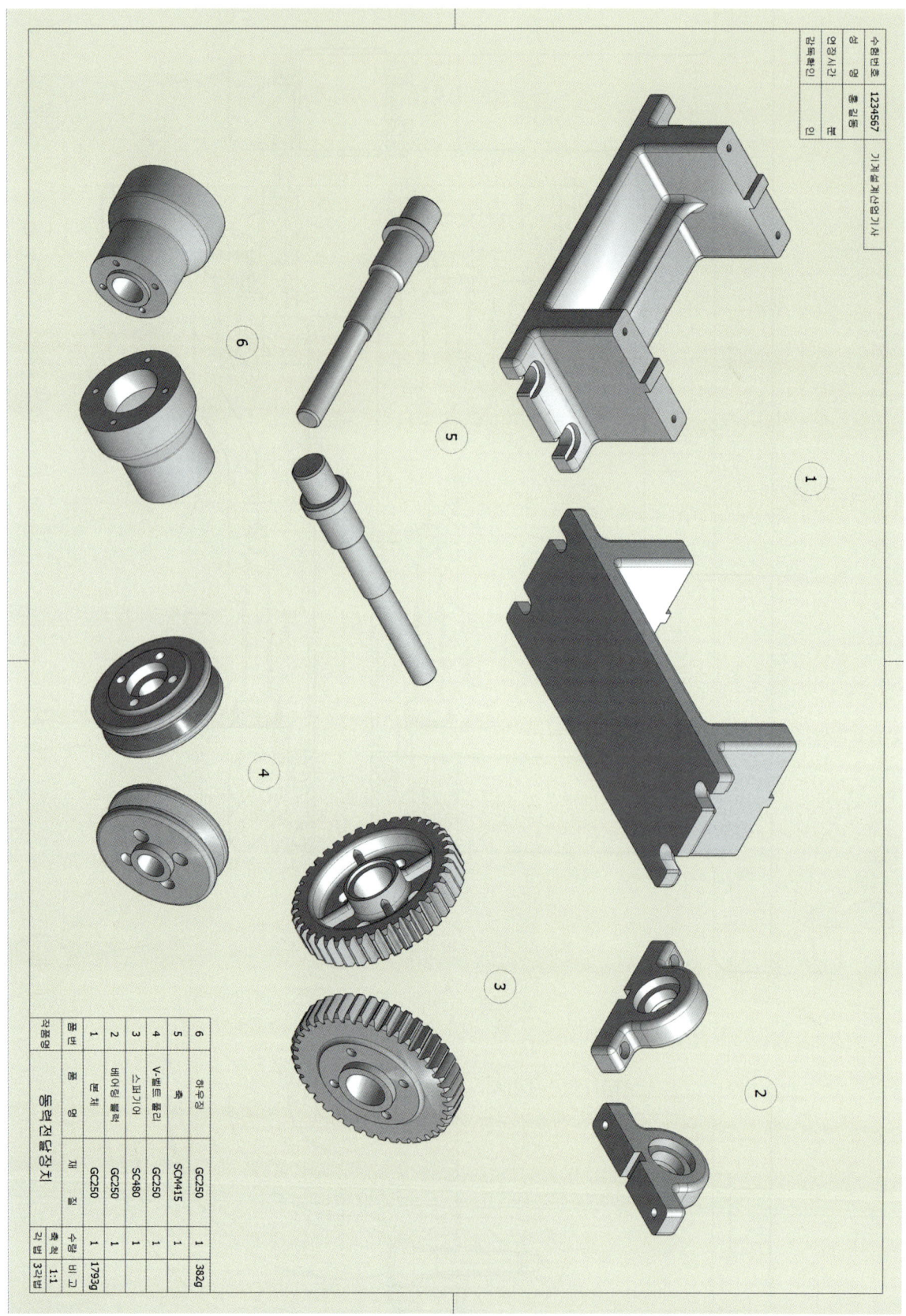

제출2 : 동력전달장치4 2차원 부품도

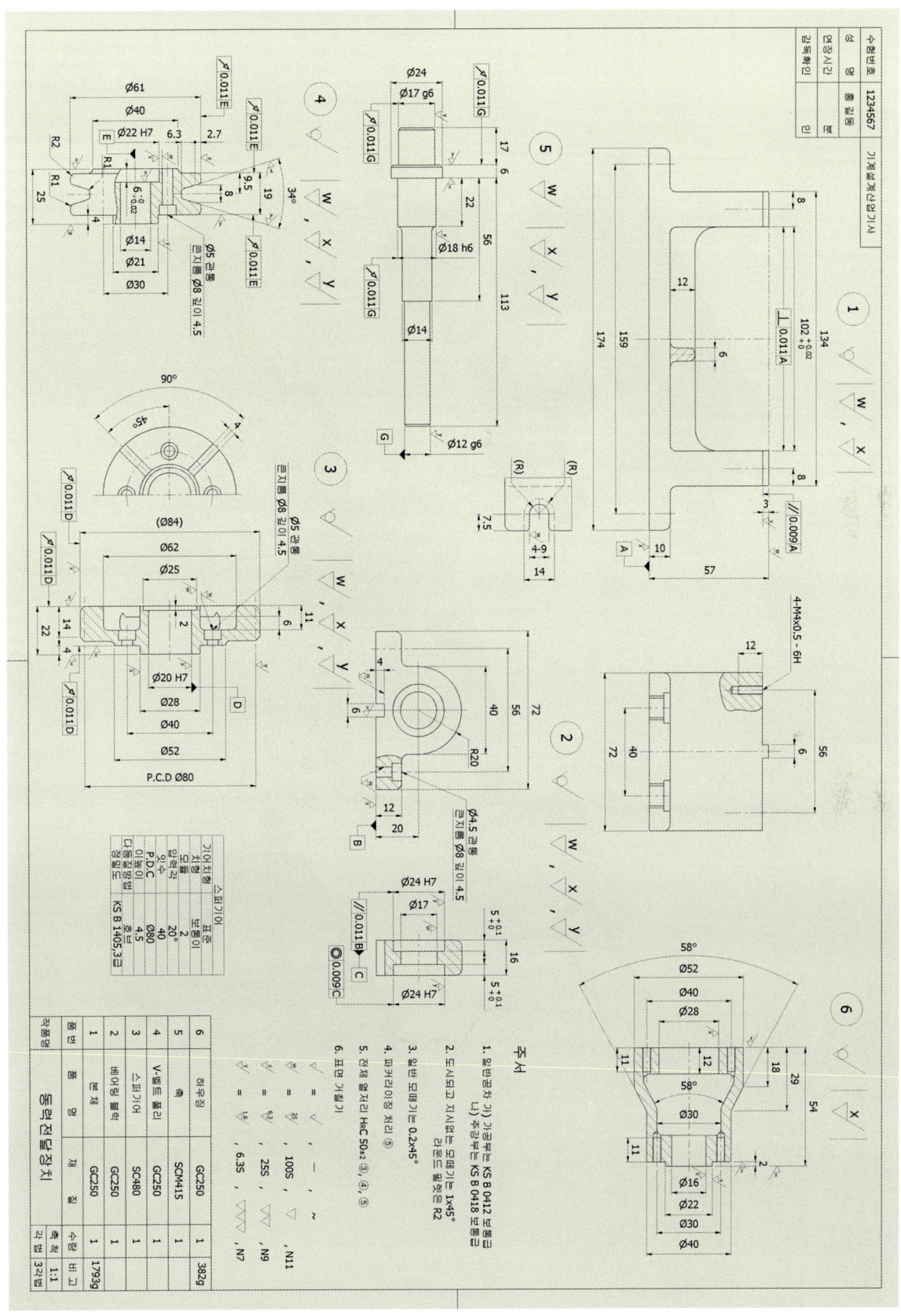

미제출 : 동력전달장치4 3차원 분해전개/조립도

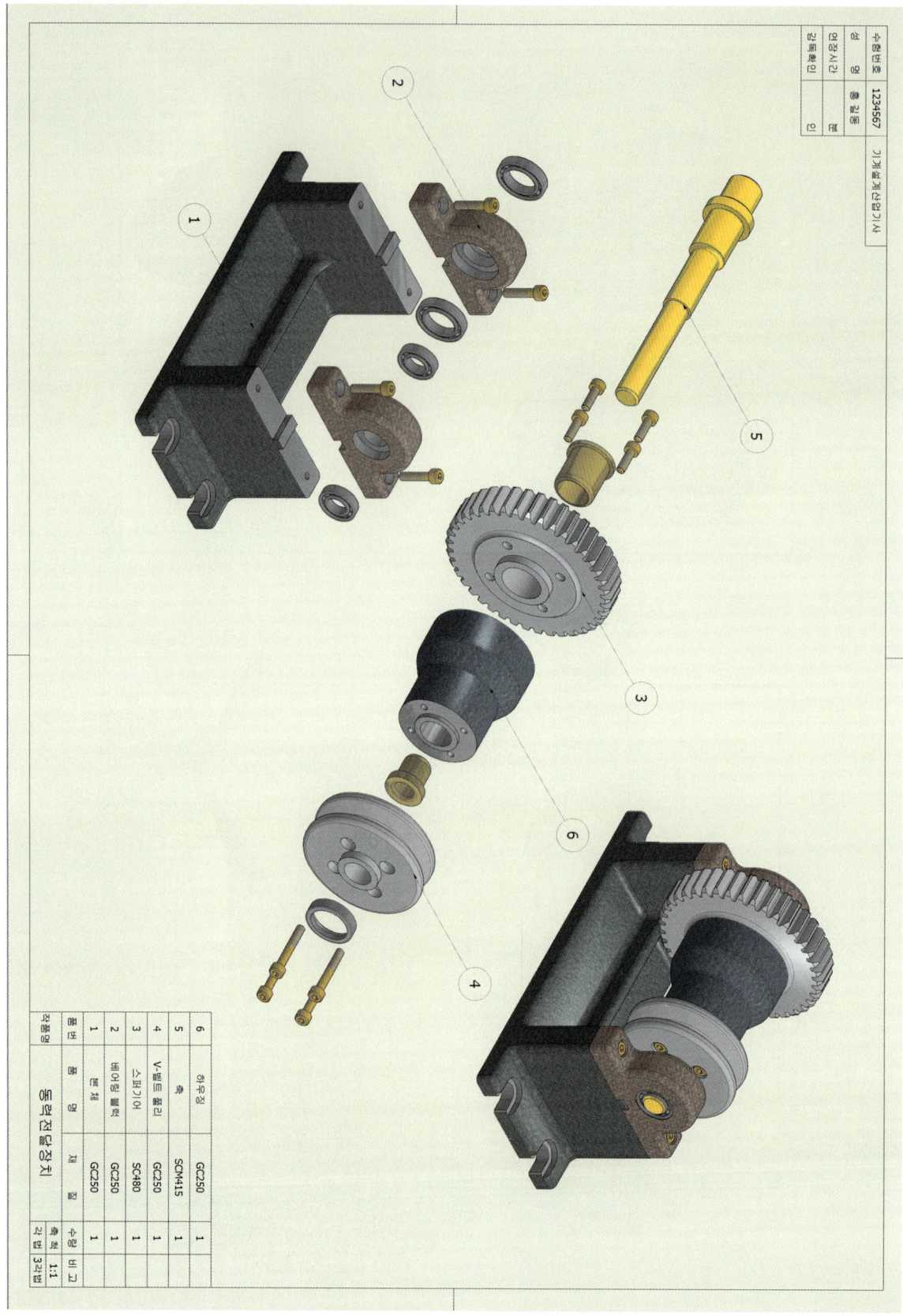

≫ 미제출 : 동력전달장치4 3차원 단면 형상

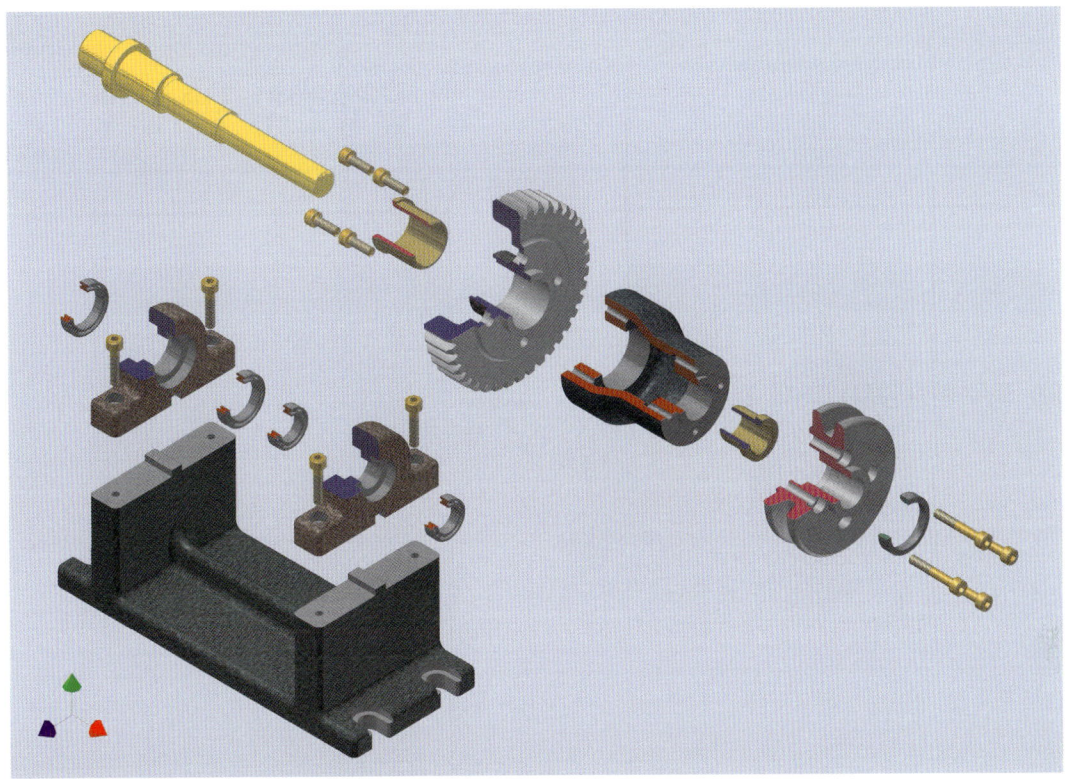

≫ 미제출 : 동력전달장치4 3차원 단면 형상

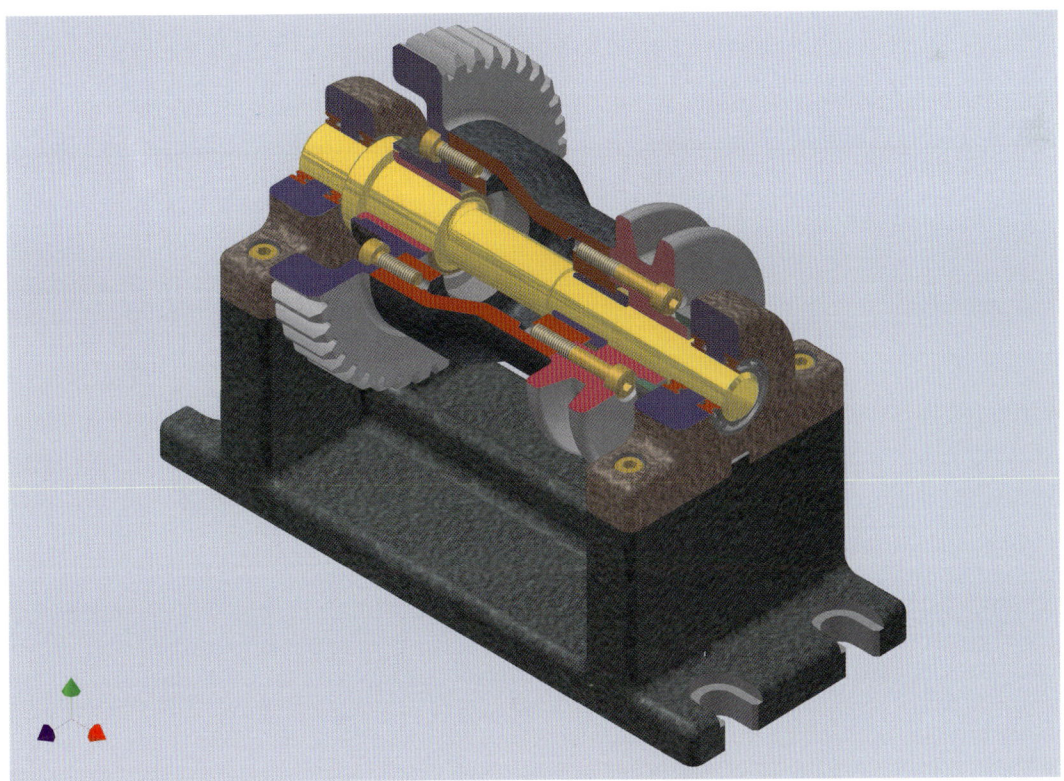

동력변환장치_1

1. 과제 지급도면과 제출도면

>> 동력변환장치1 과제 지급 도면

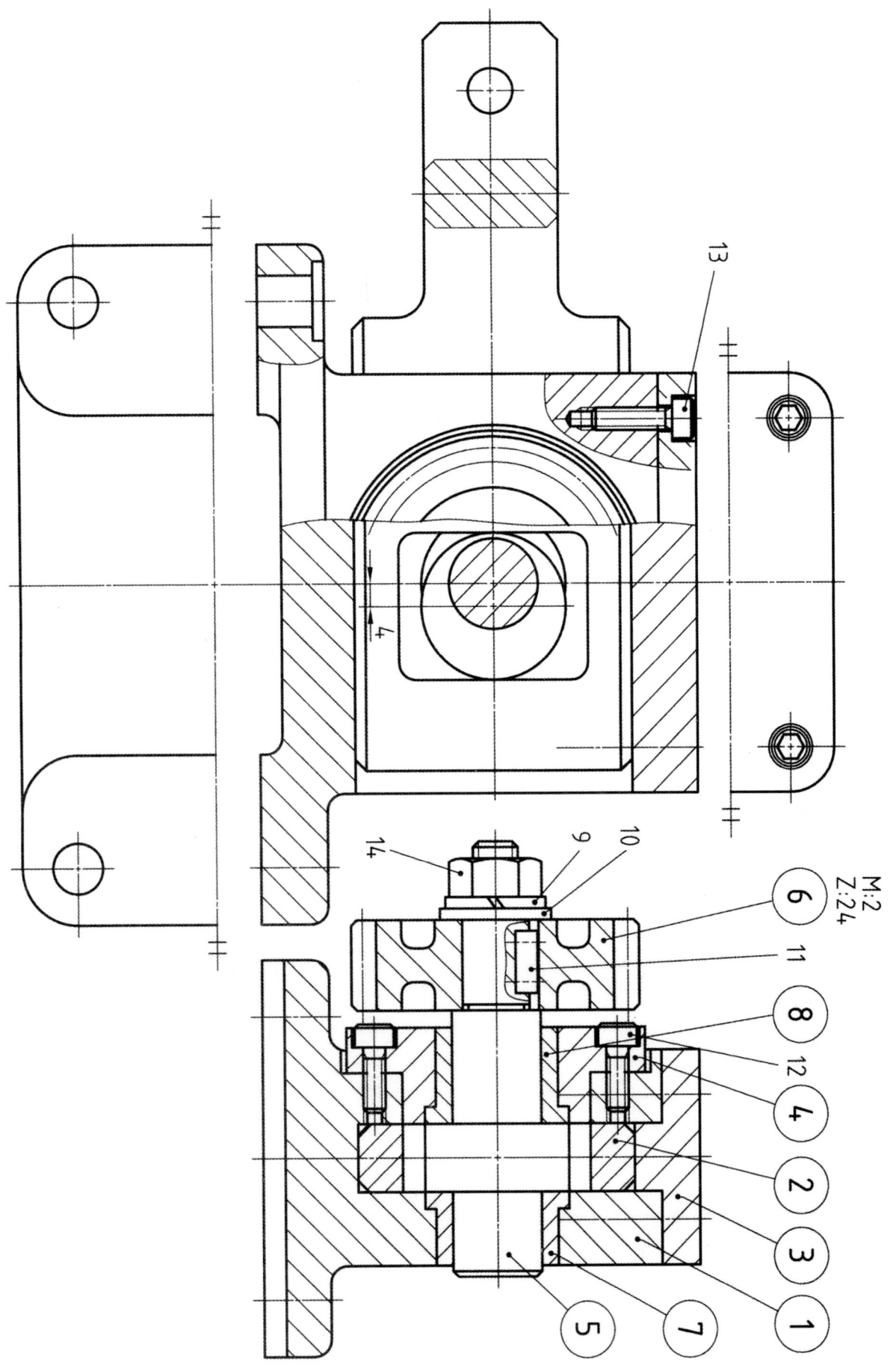

제출1 : 동력변환장치 1 3차원 부품도

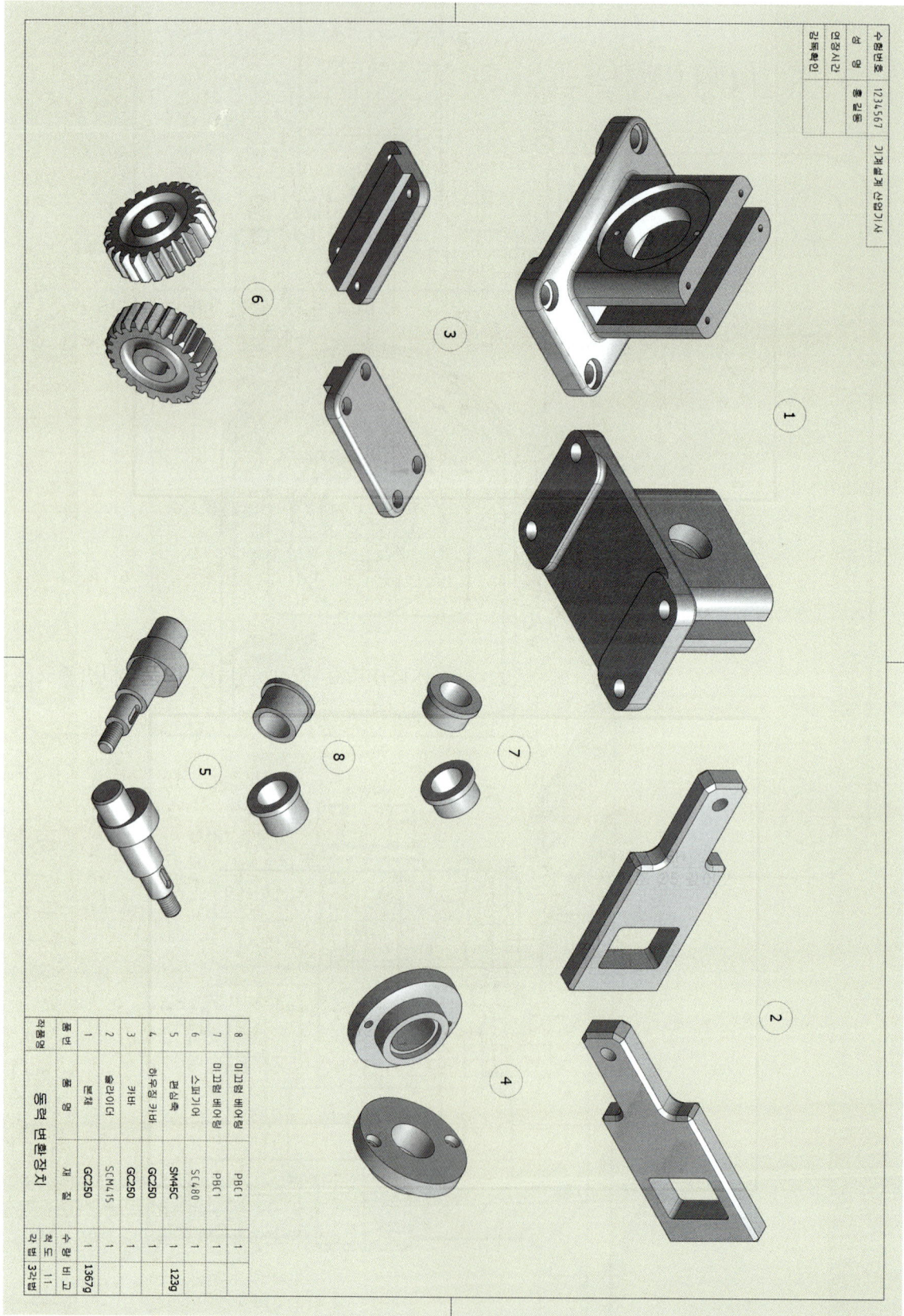

제출2 : 동력변환장치1 2차원 부품도

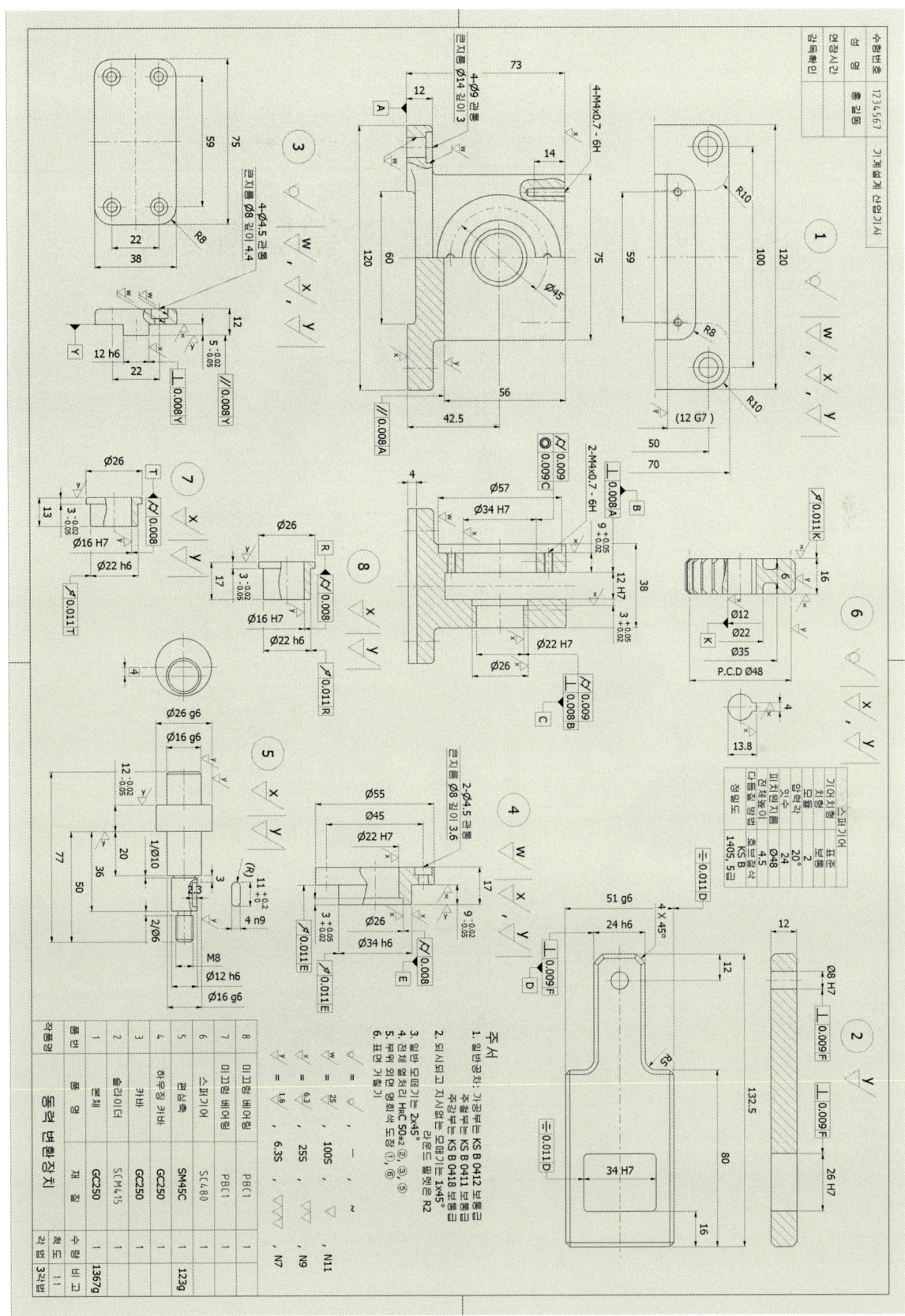

미제출 : 동력변환장치1 3차원 분해전개/조립도

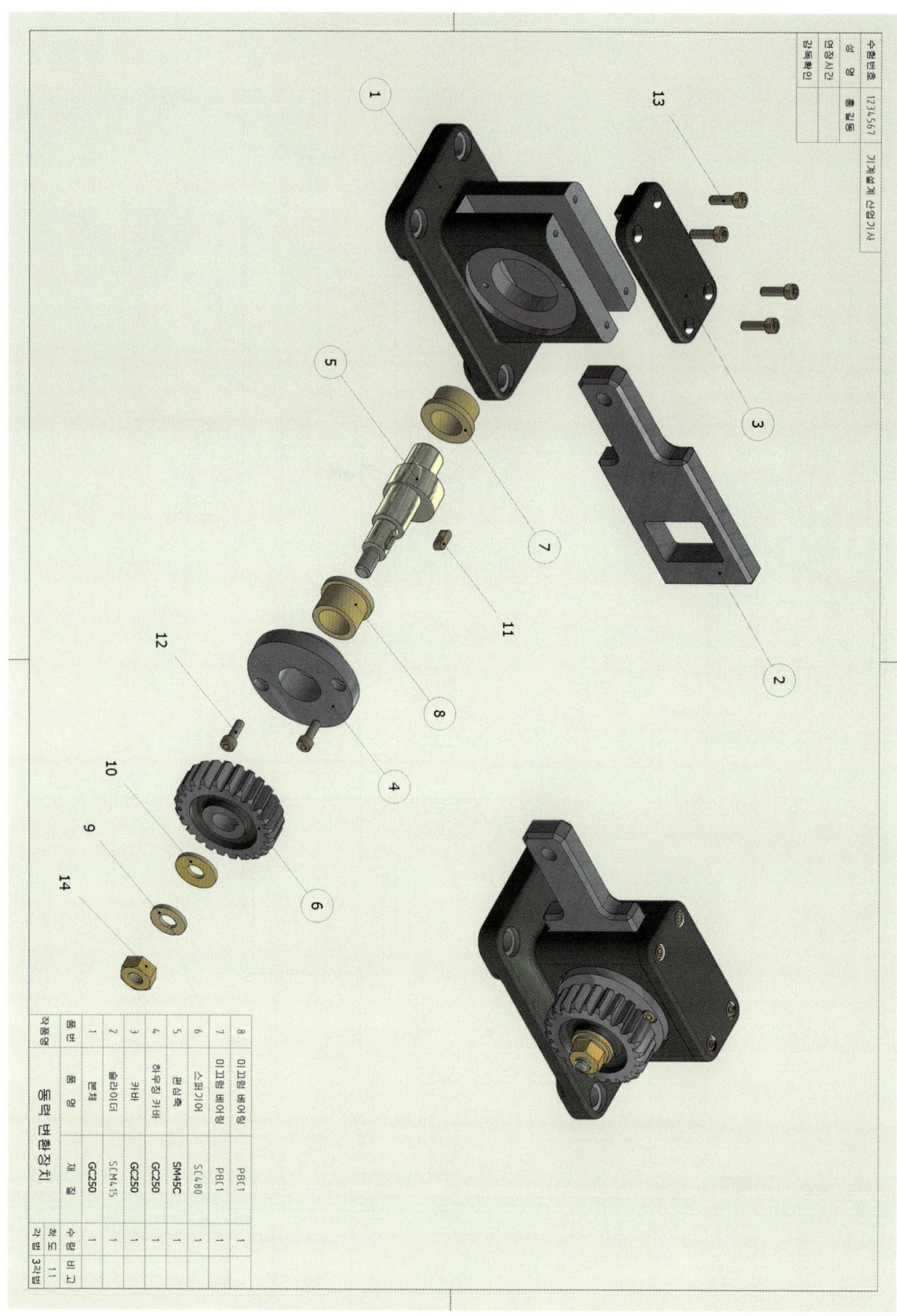

미제출 : 동력변환장치1 3차원 단면 형상

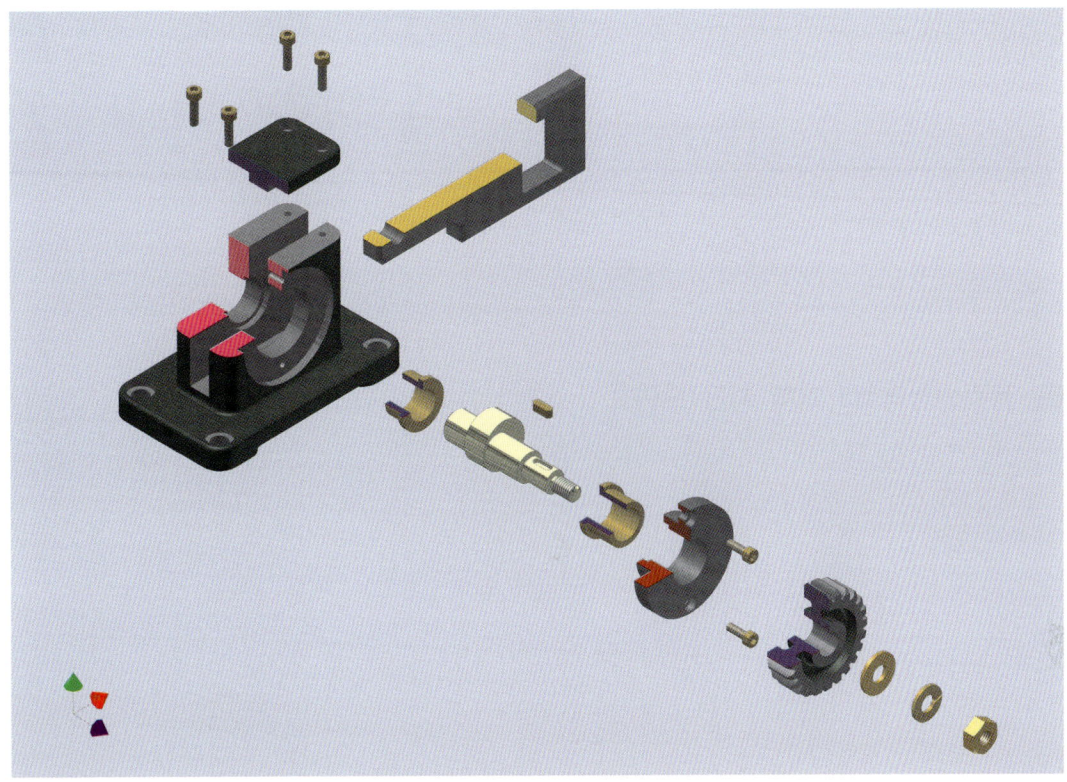

미제출 : 동력변환장치1 3차원 단면 형상

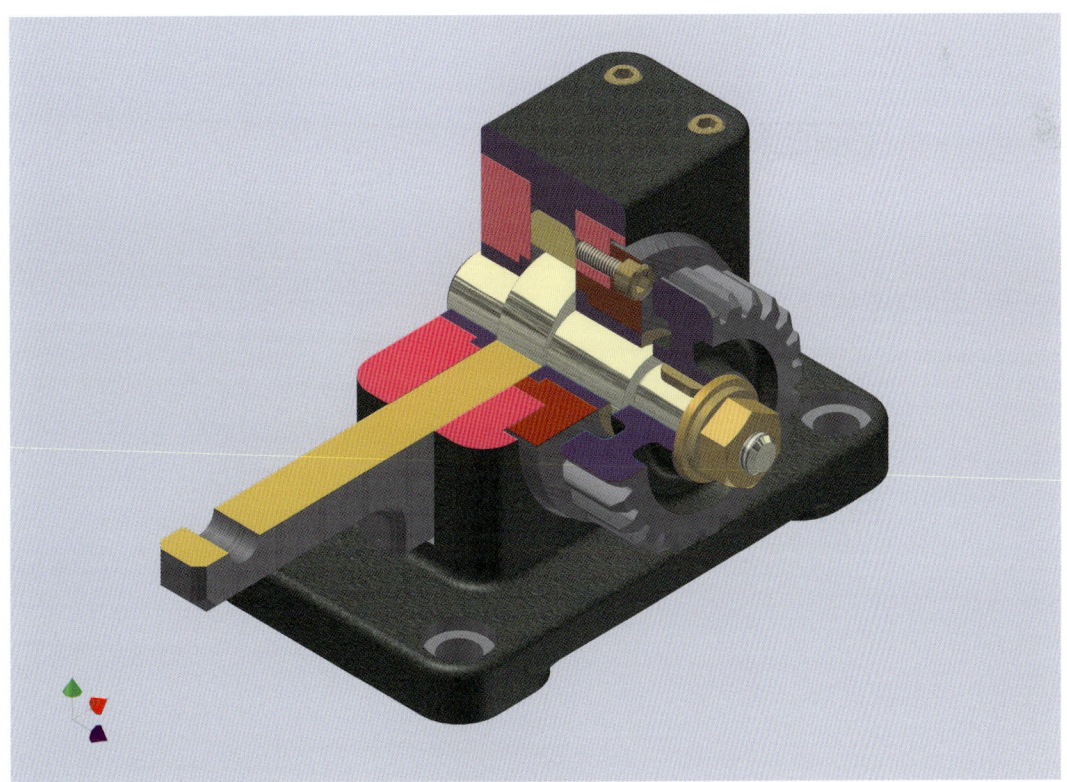

동력변환장치_2

1. 과제 지급도면과 제출도면

▶ 동력변환장치2 과제 지급 도면

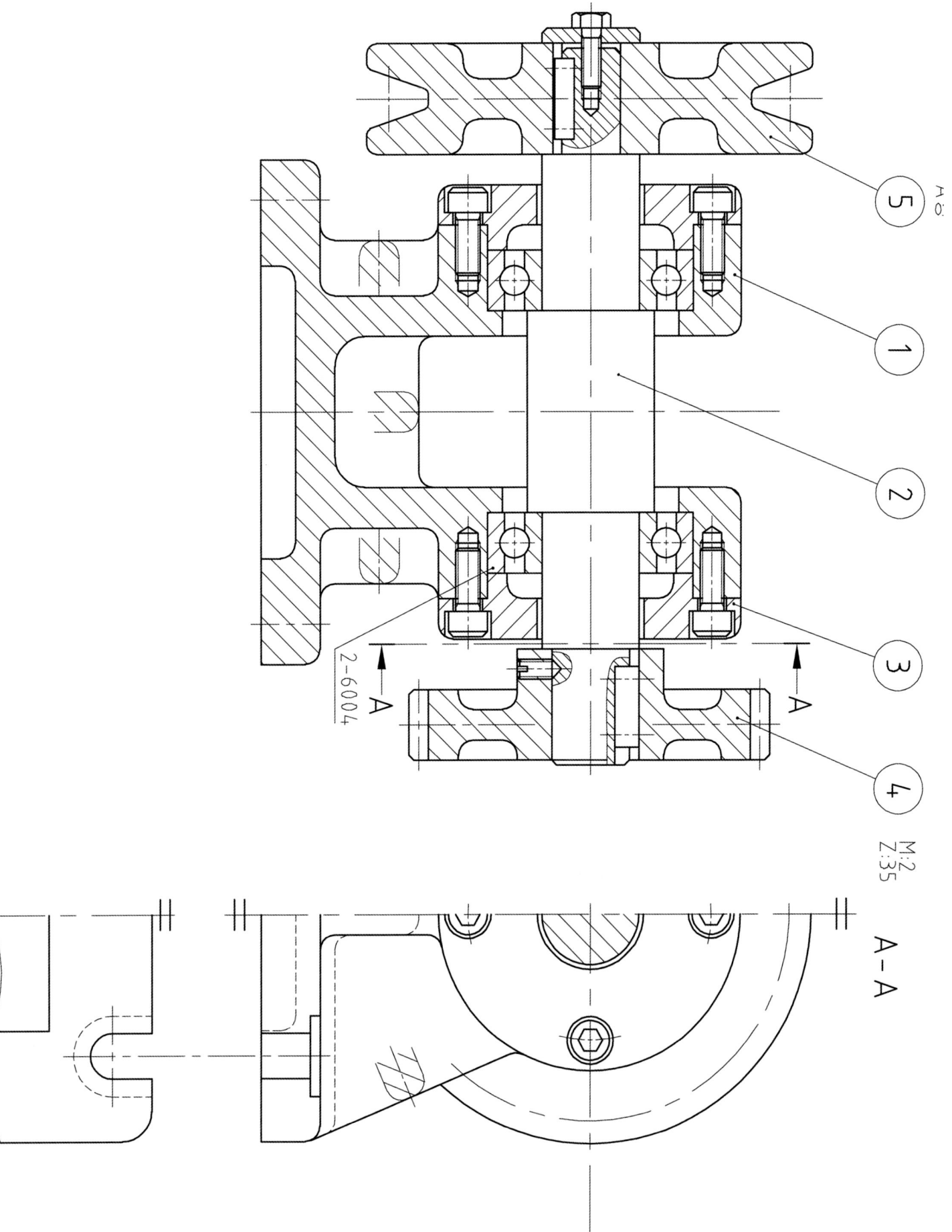

제출1 : 동력변환장치2 3차원 부품도

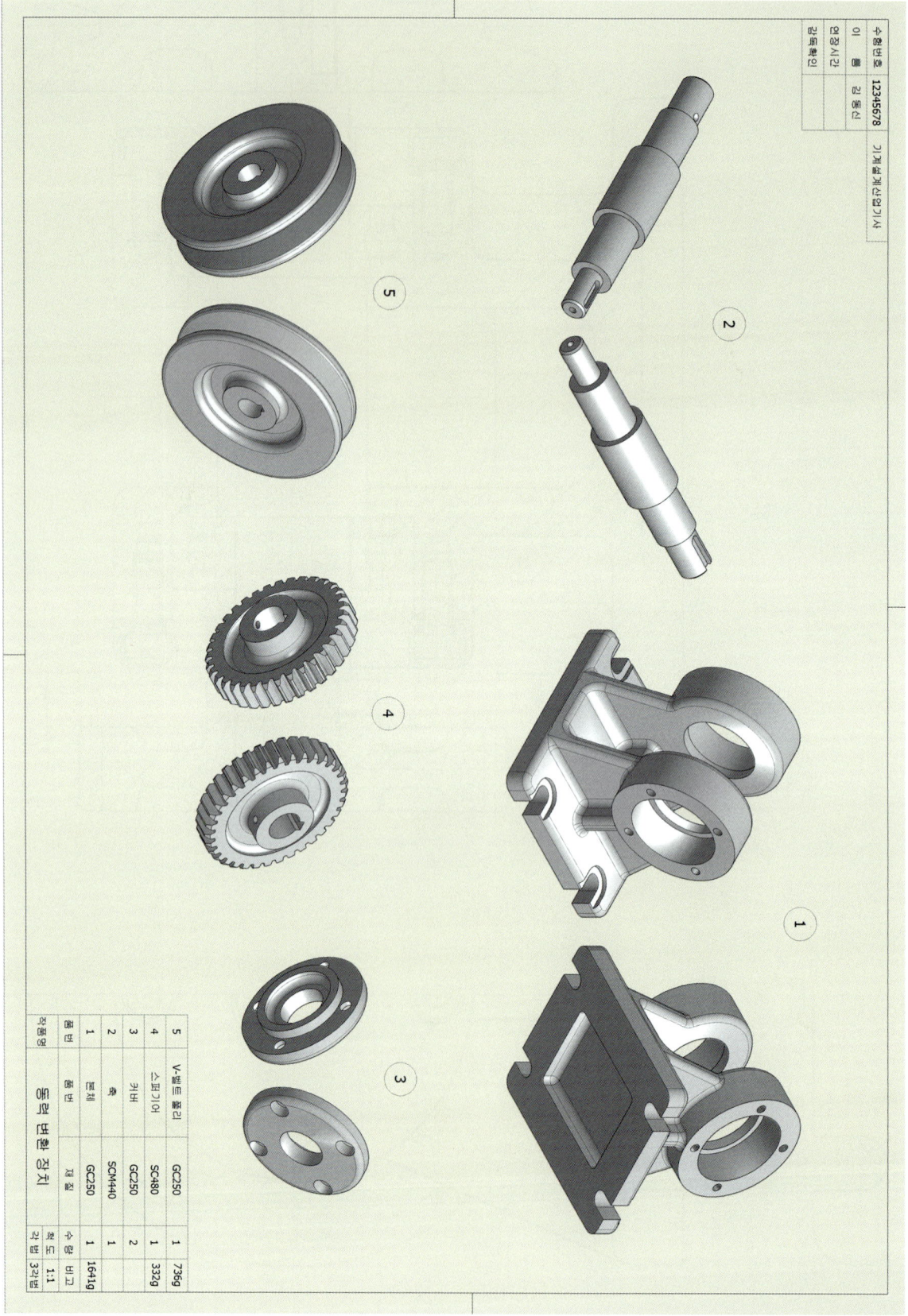

제출2 : 동력변환장치2 2차원 부품도

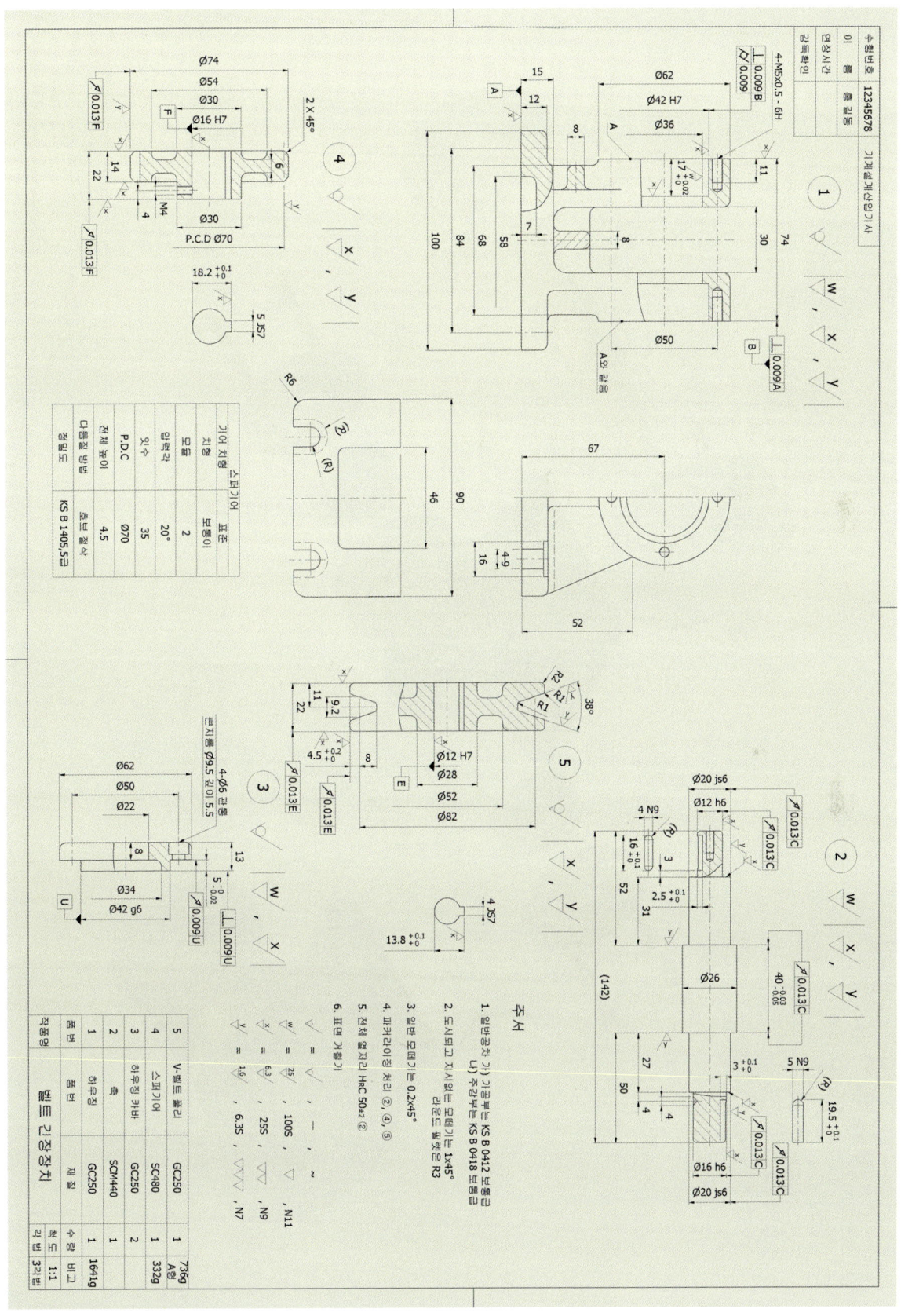

미제출 : 동력변환장치2 3차원 분해전개/조립도

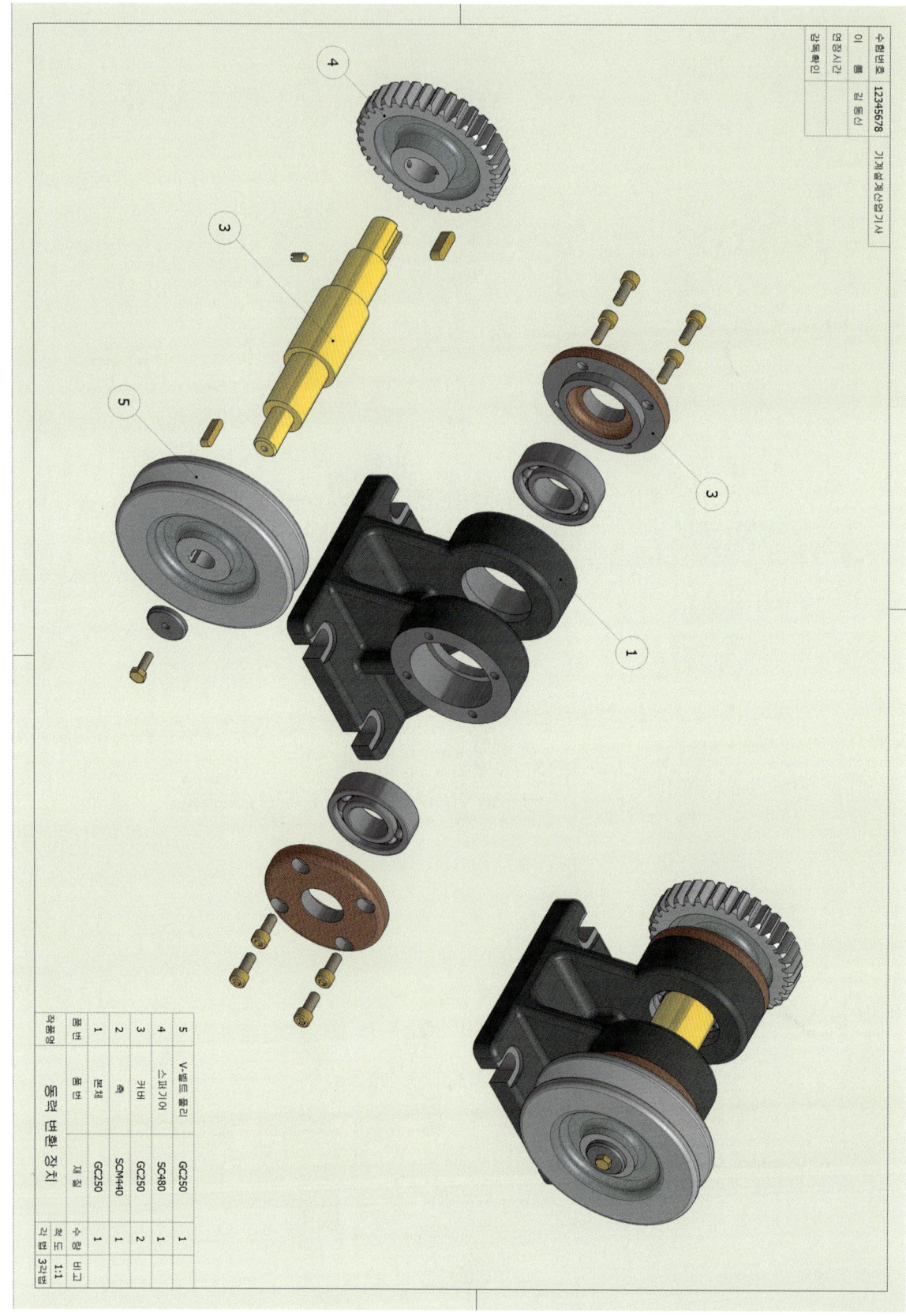

>> 미제출 : 동력변환장치2 3차원 단면 형상

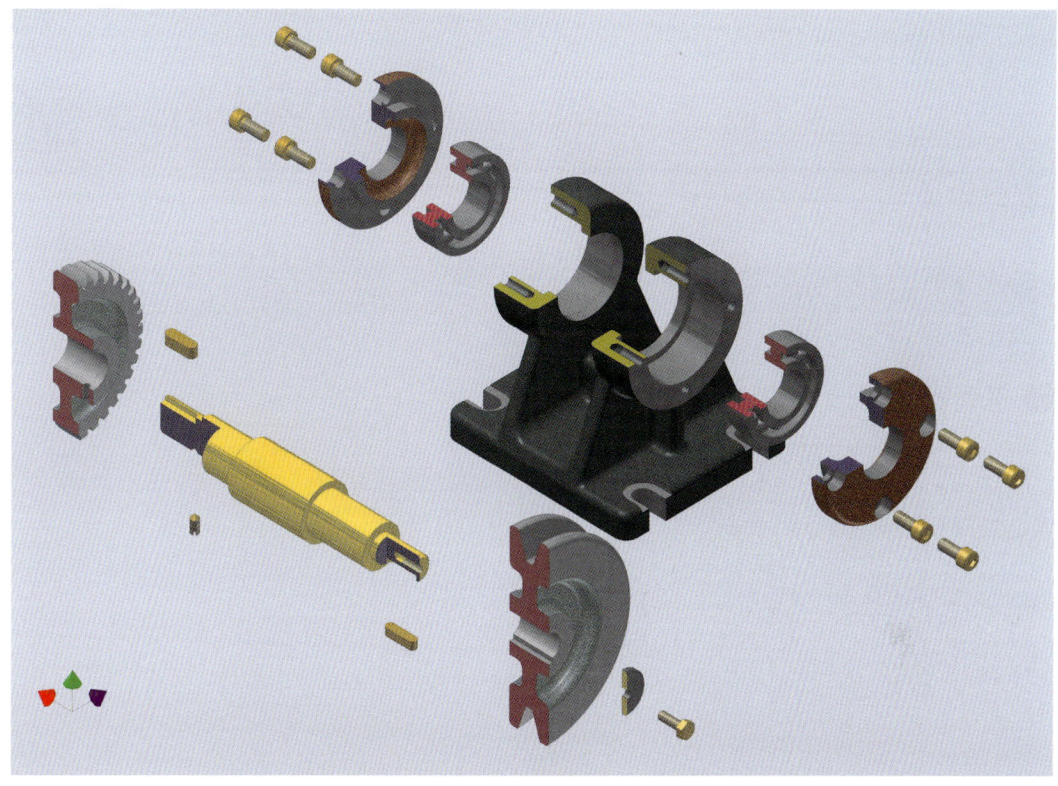

>> 미제출 : 동력변환장치2 3차원 단면 형상

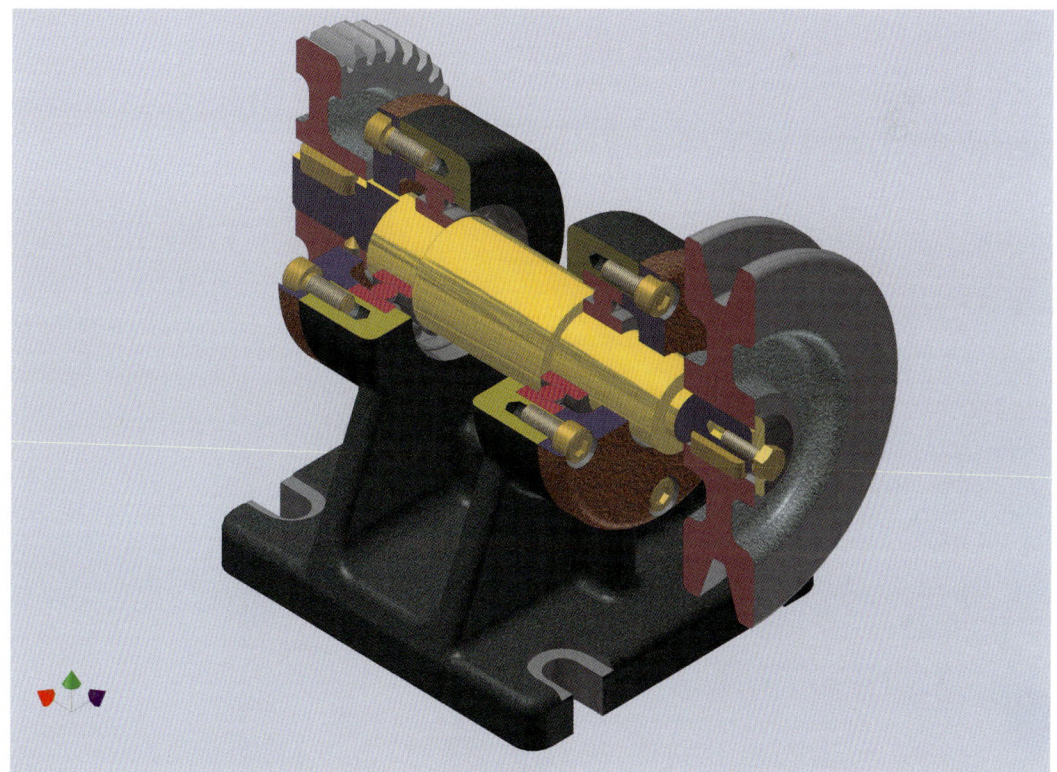

동력변환장치_3

1. 과제 지급도면과 제출도면

▶ 동력변환장치3 과제 지급 도면

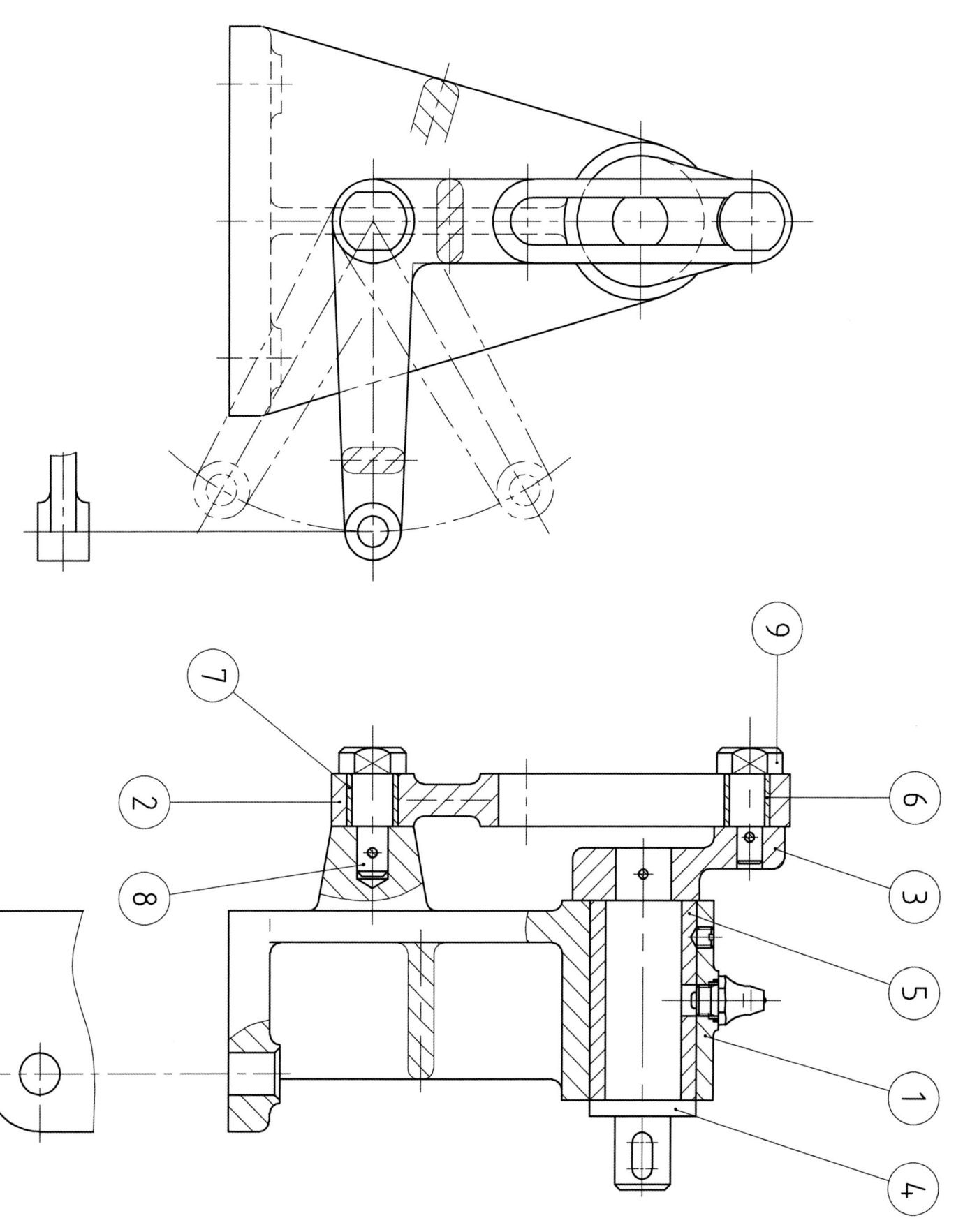

제출1 : 동력변환장치3 3차원 부품도

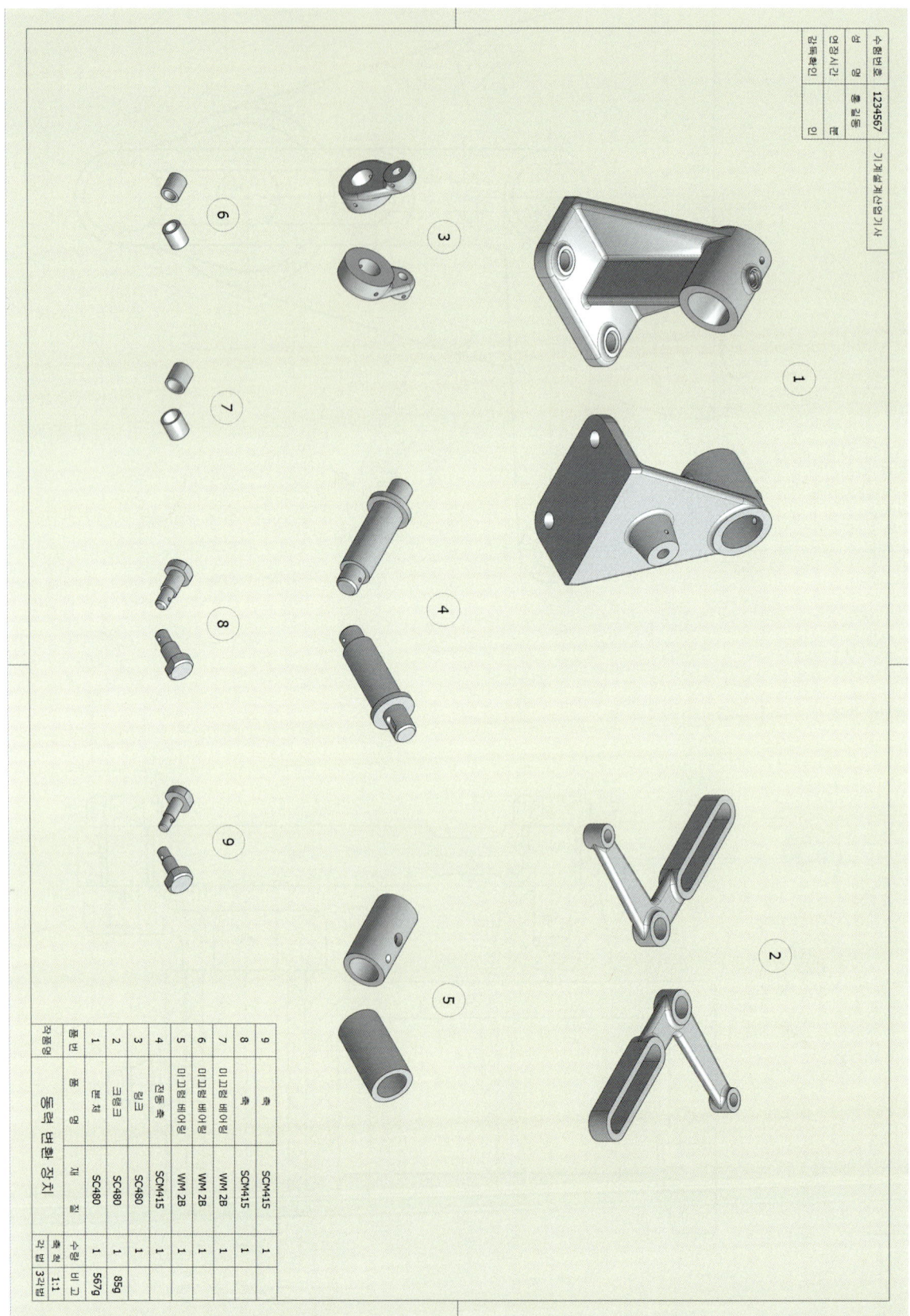

제출2 : 동력변환장치3 2차원 부품도

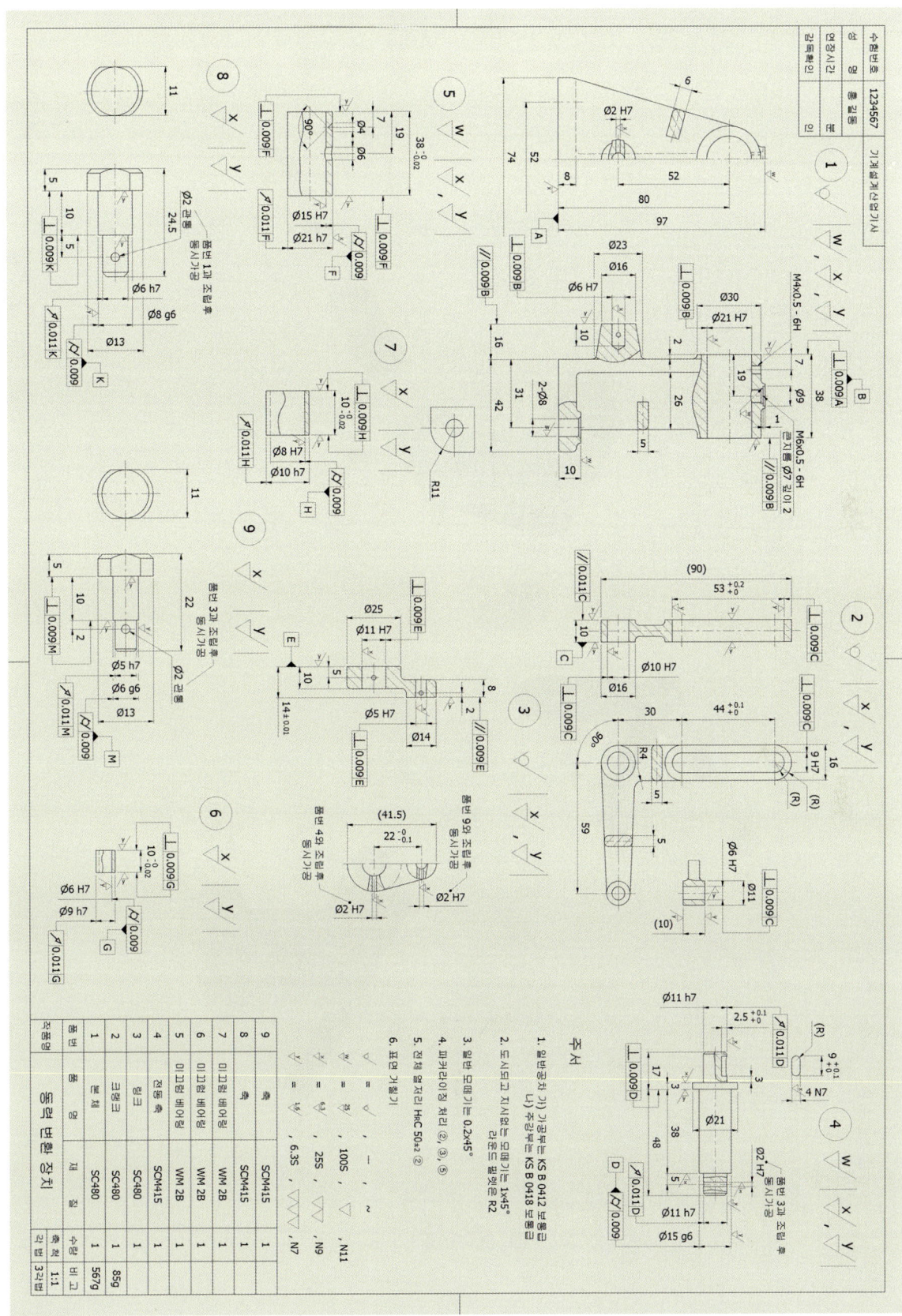

미제출 : 동력변환장치3 3차원 분해전개/조립도

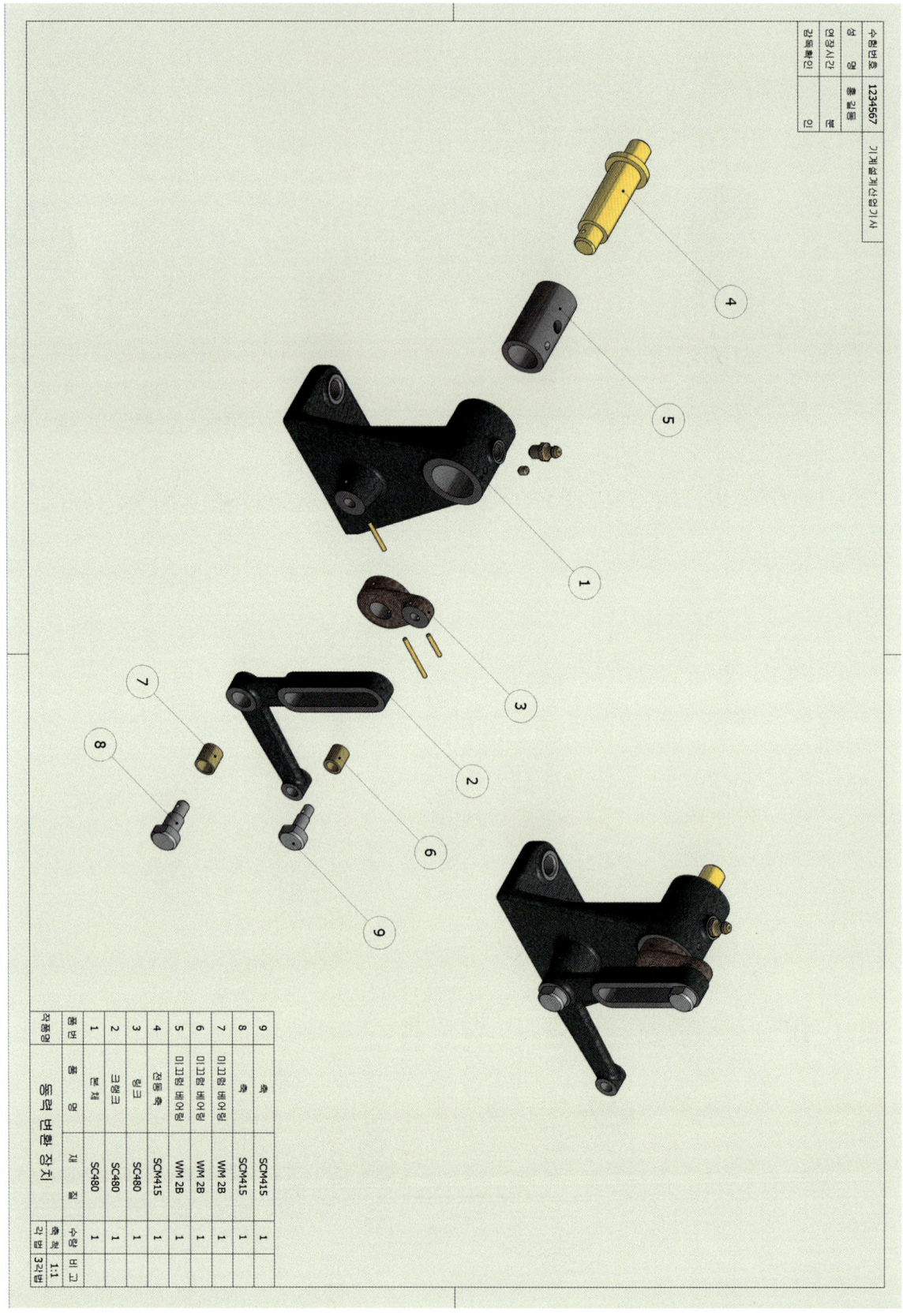

>> 미제출 : 동력변환장치3 3차원 단면 형상

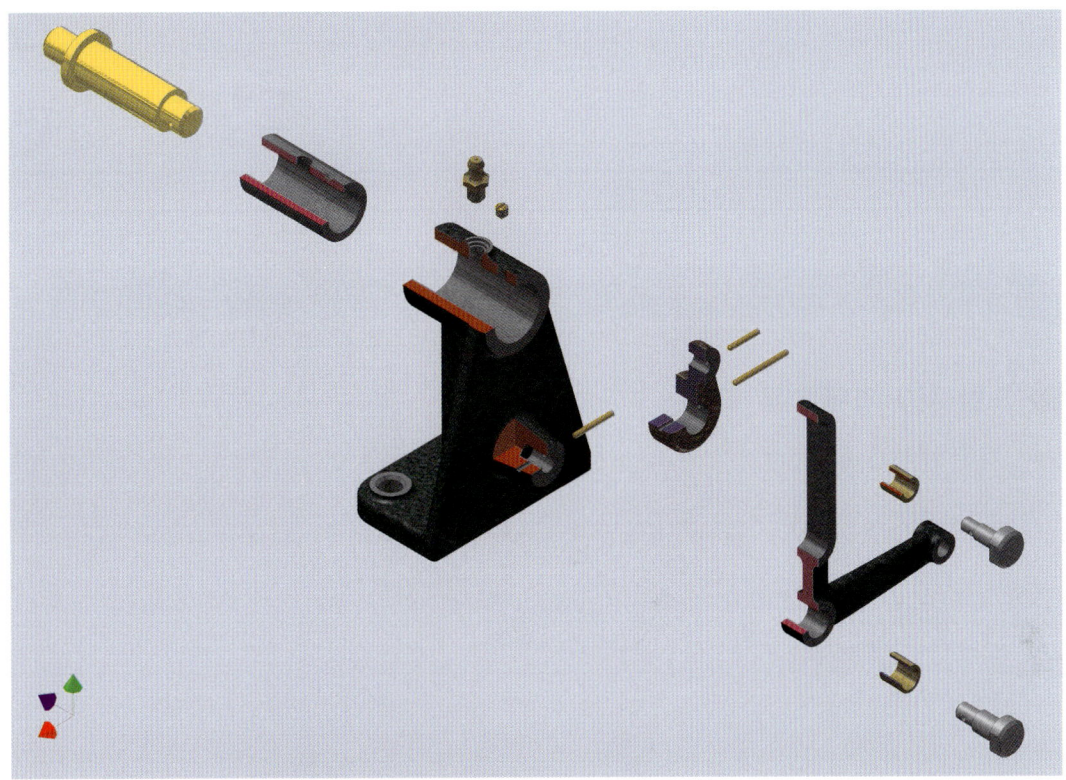

>> 미제출 : 동력변환장치3 3차원 단면 형상

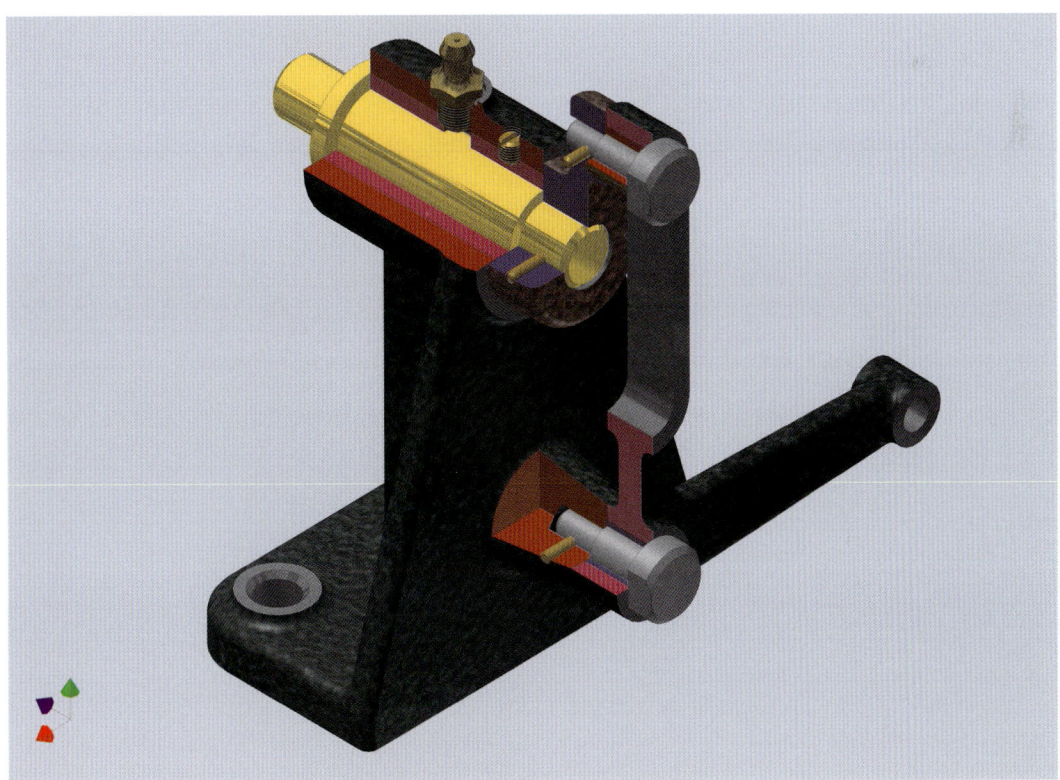

드릴 지그 3

1. 과제 지급도면과 제출도면

▶ 드릴 지그 과제 지급 도면

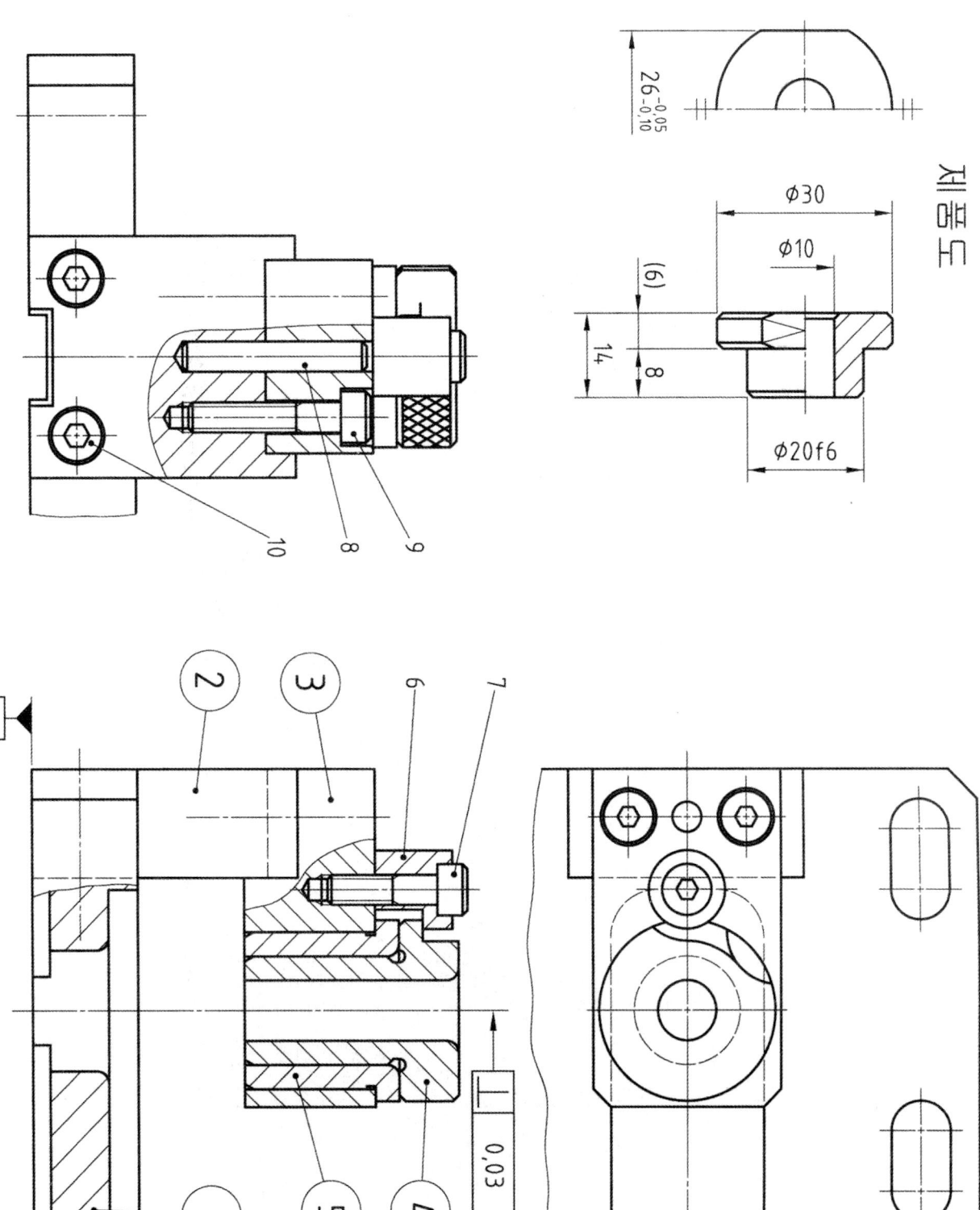

제출1 : 드릴 지그 3차원 부품도

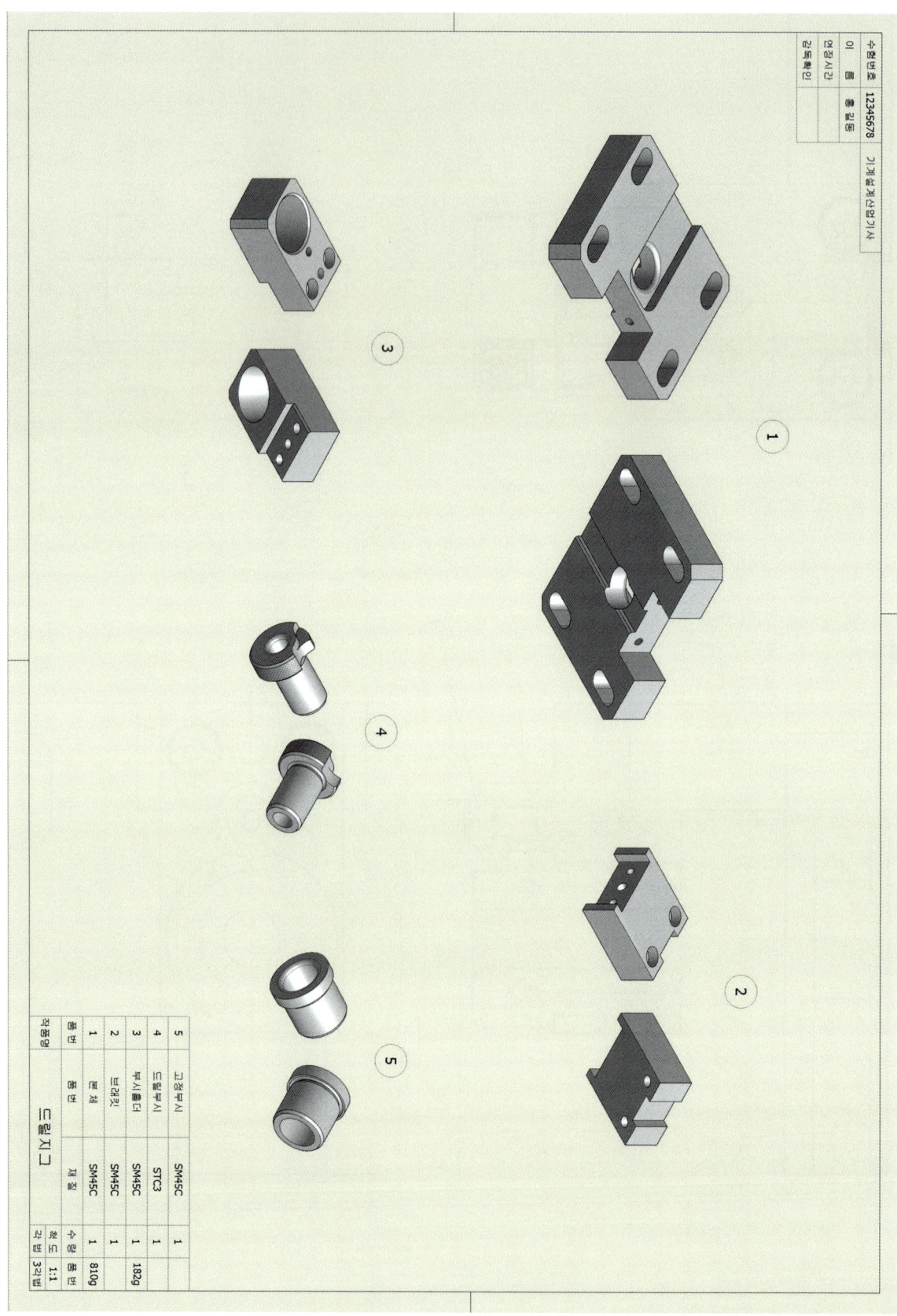

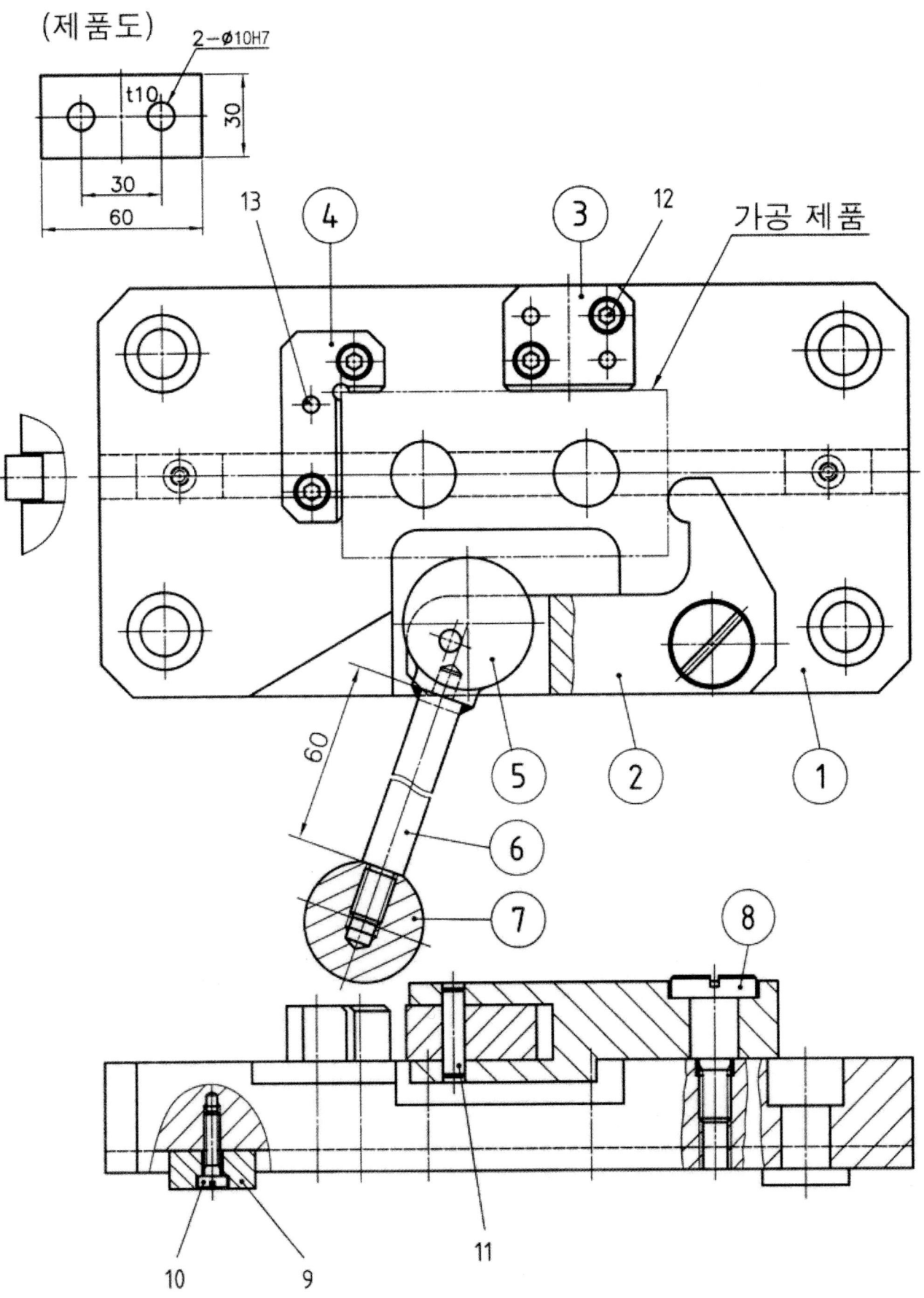

제출1 : 리밍 지그 3차원 부품도

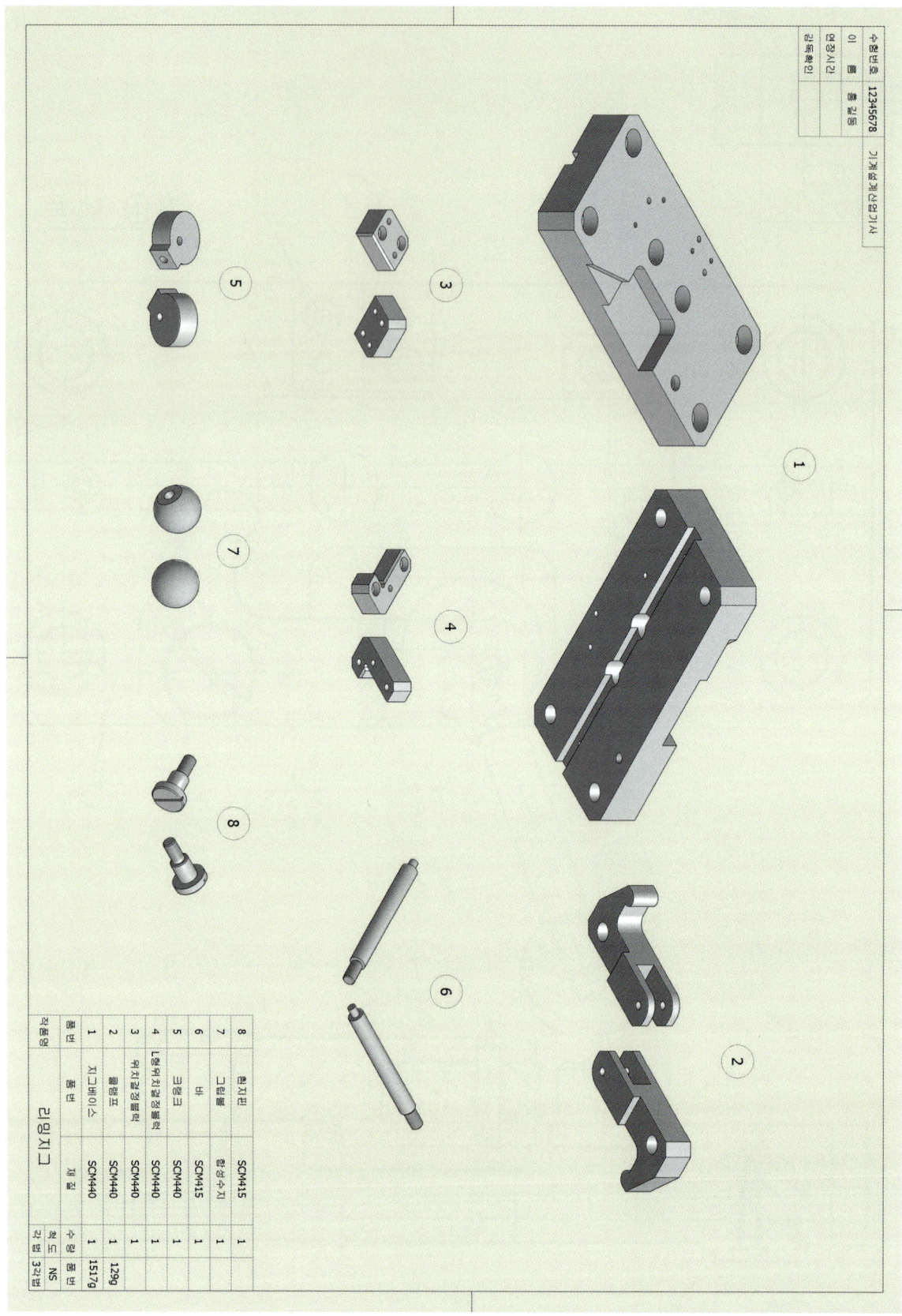

제출2 : 리밍 지그 2차원 부품도

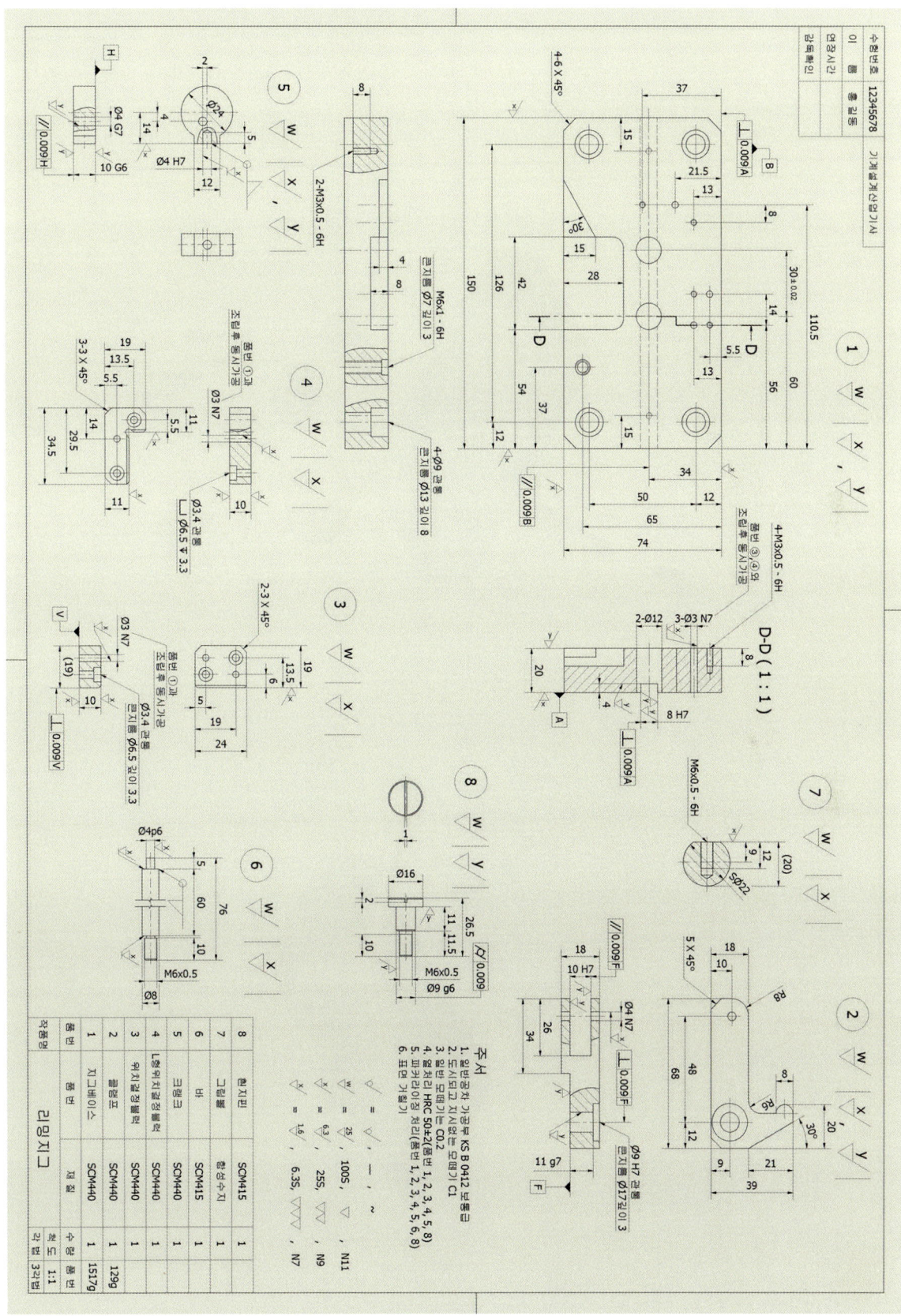

미제출 : 리밍 지그 3차원 분해전개/조립도

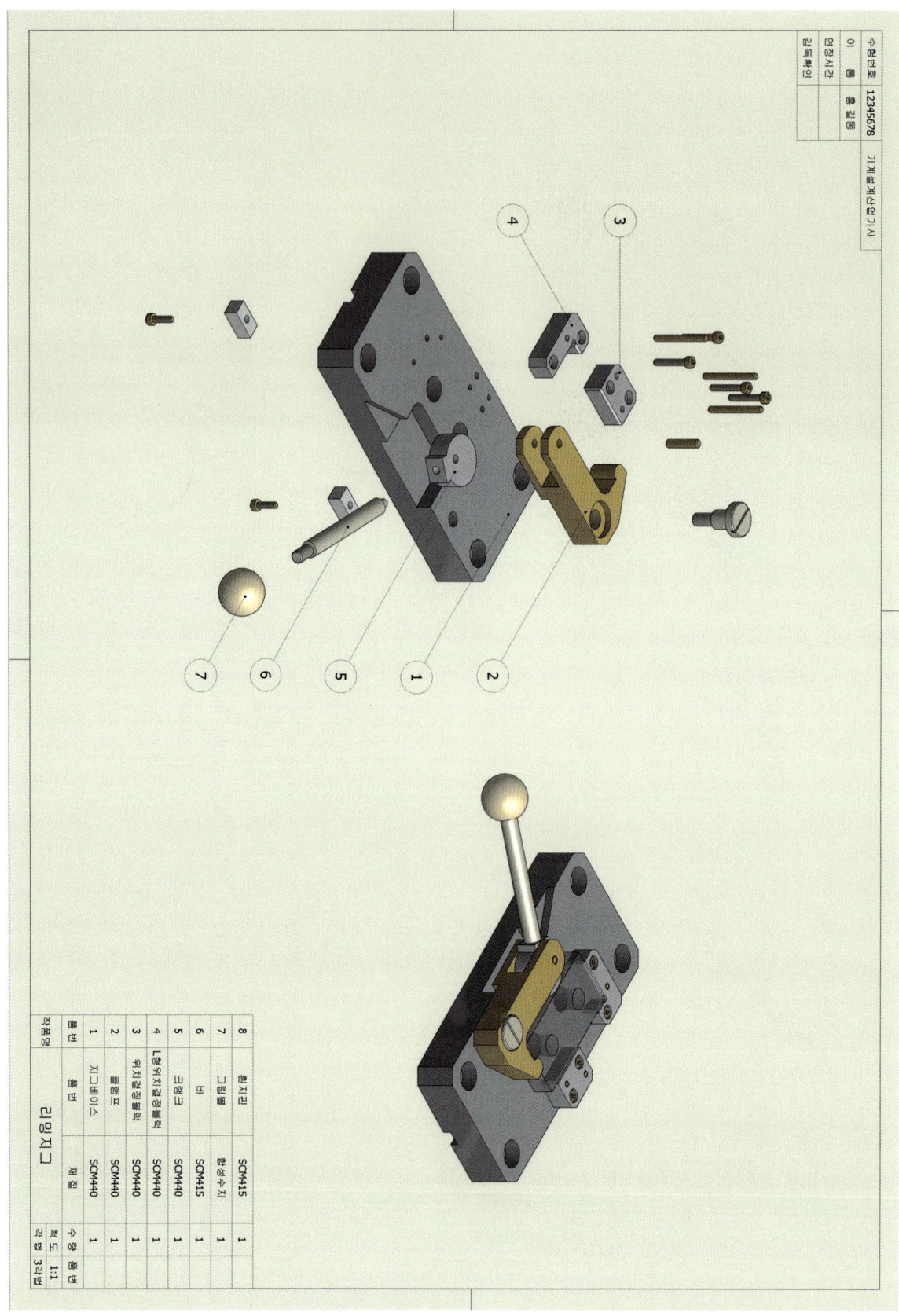

미제출 : 리밍 지그 3차원 단면 형상

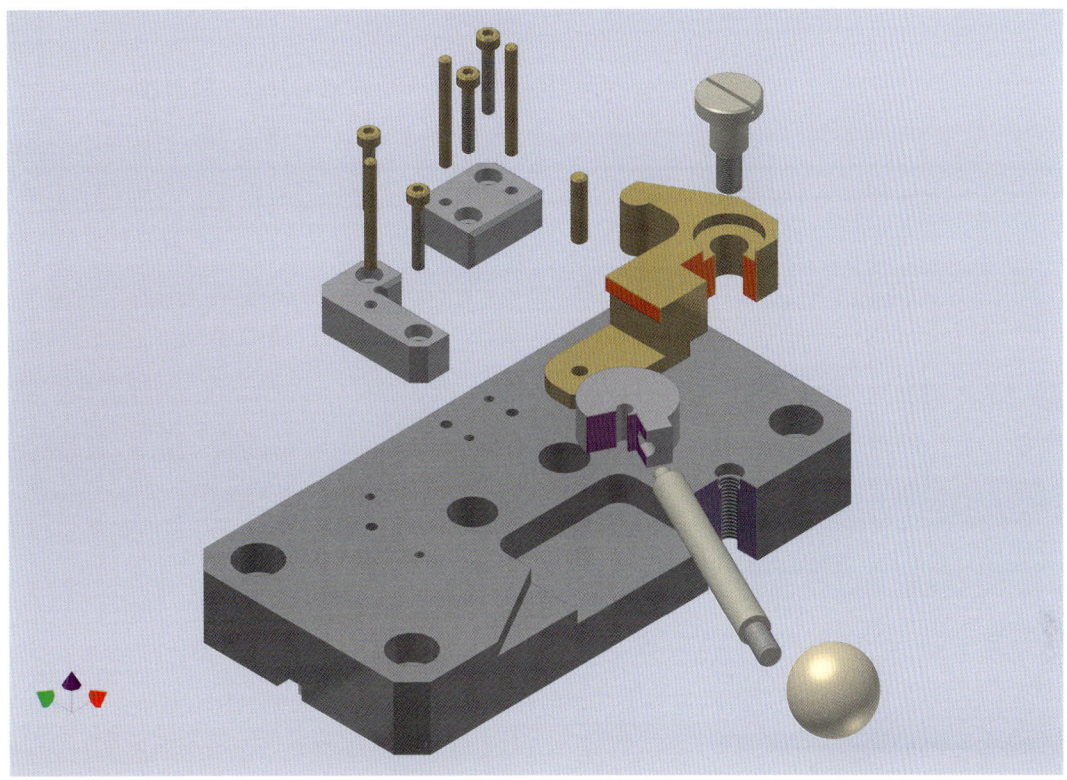

미제출 : 리밍 지그 3차원 단면 형상

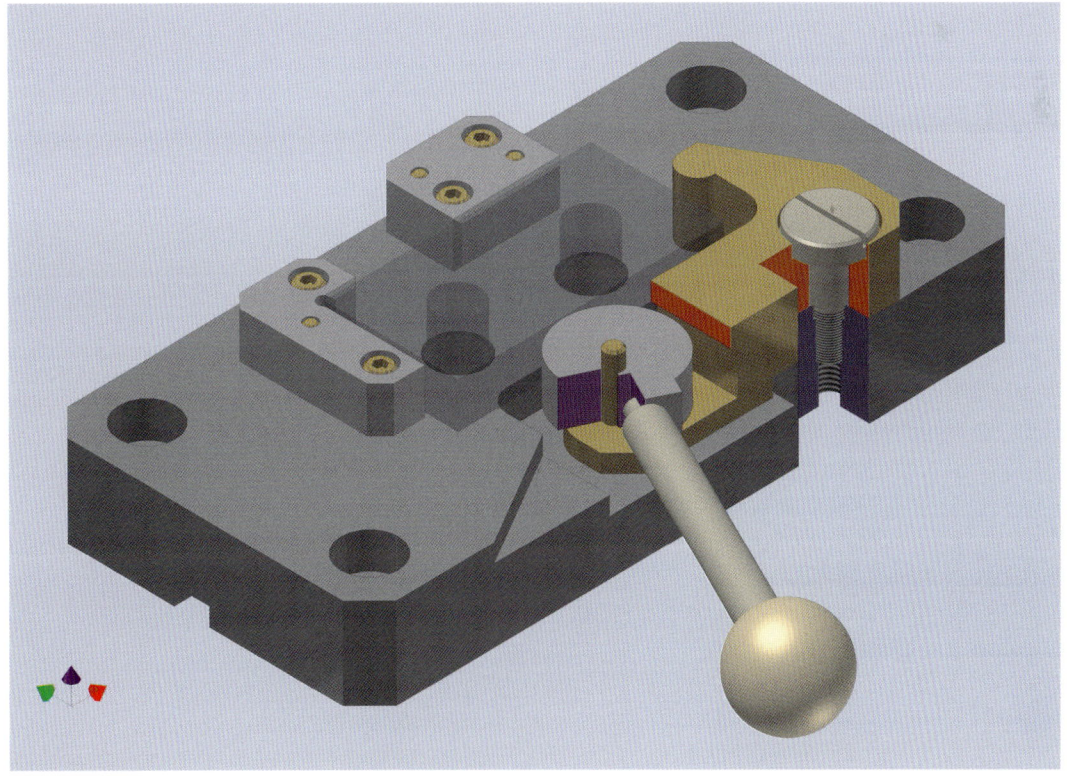

탁상 클램프 5

1. 과제 지급도면과 제출도면

▶ 탁상 클램프 과제 지급 도면

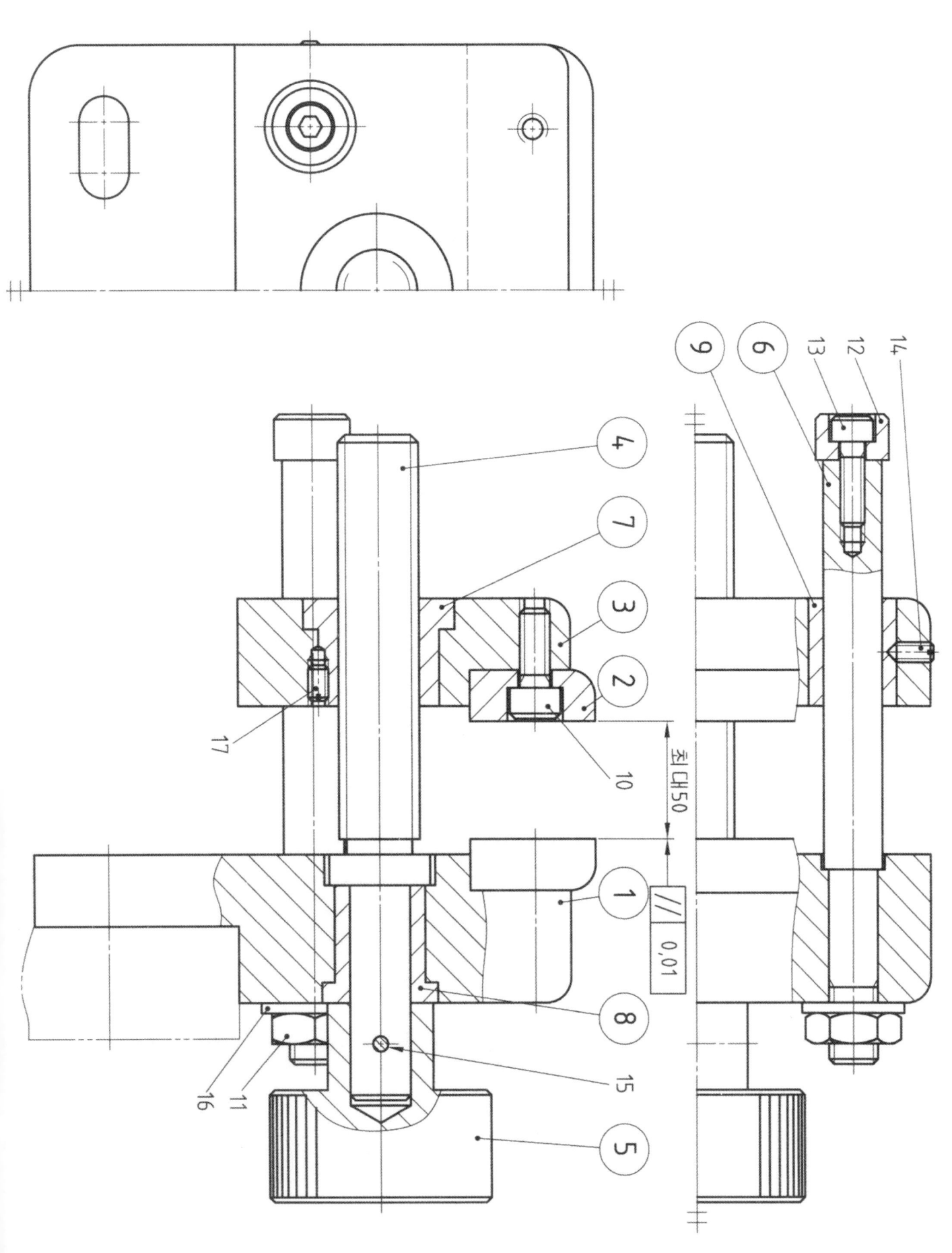

제출1 : 탁상 클램프 3차원 부품도

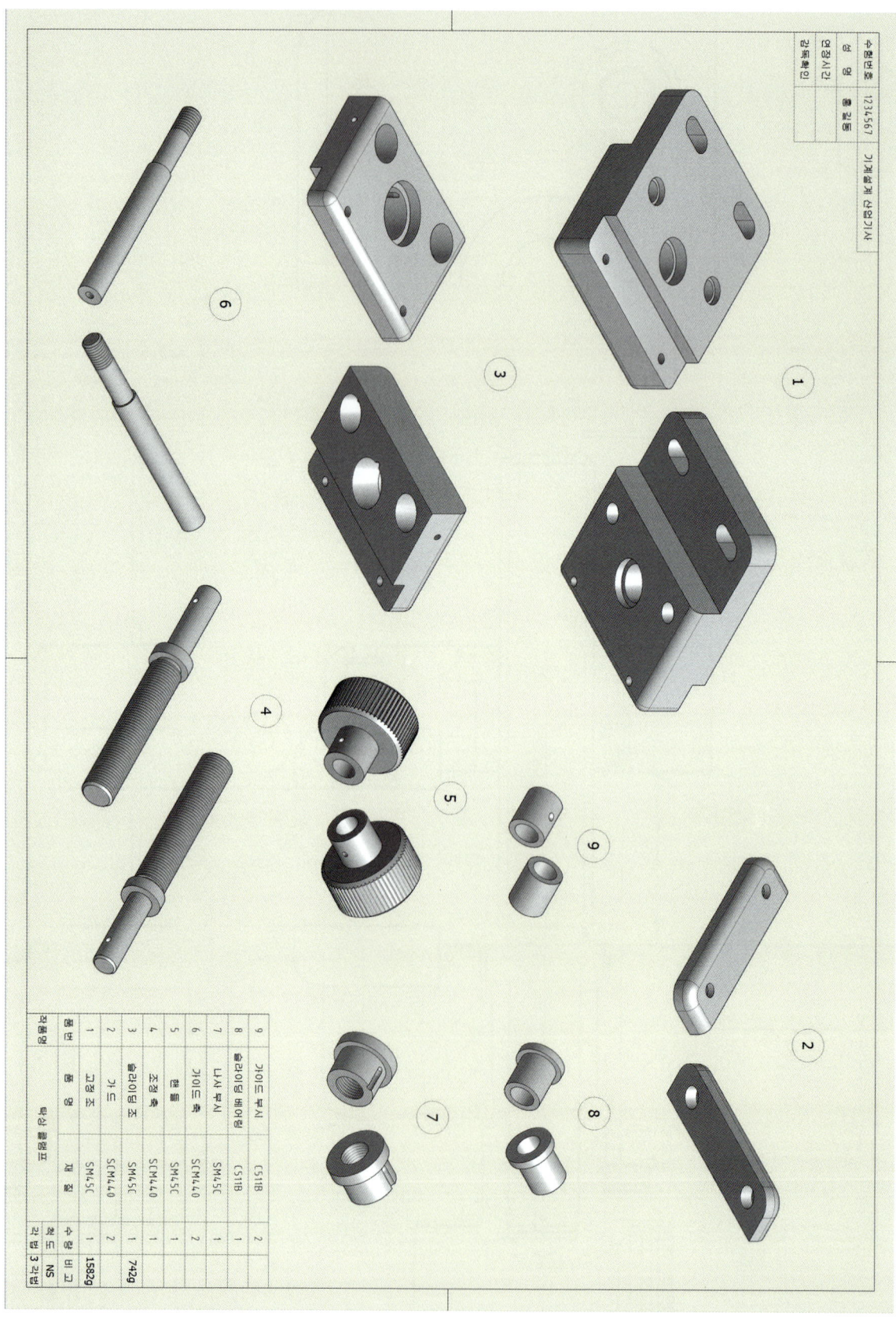

제출2 : 탁상 클램프 2차원 부품도

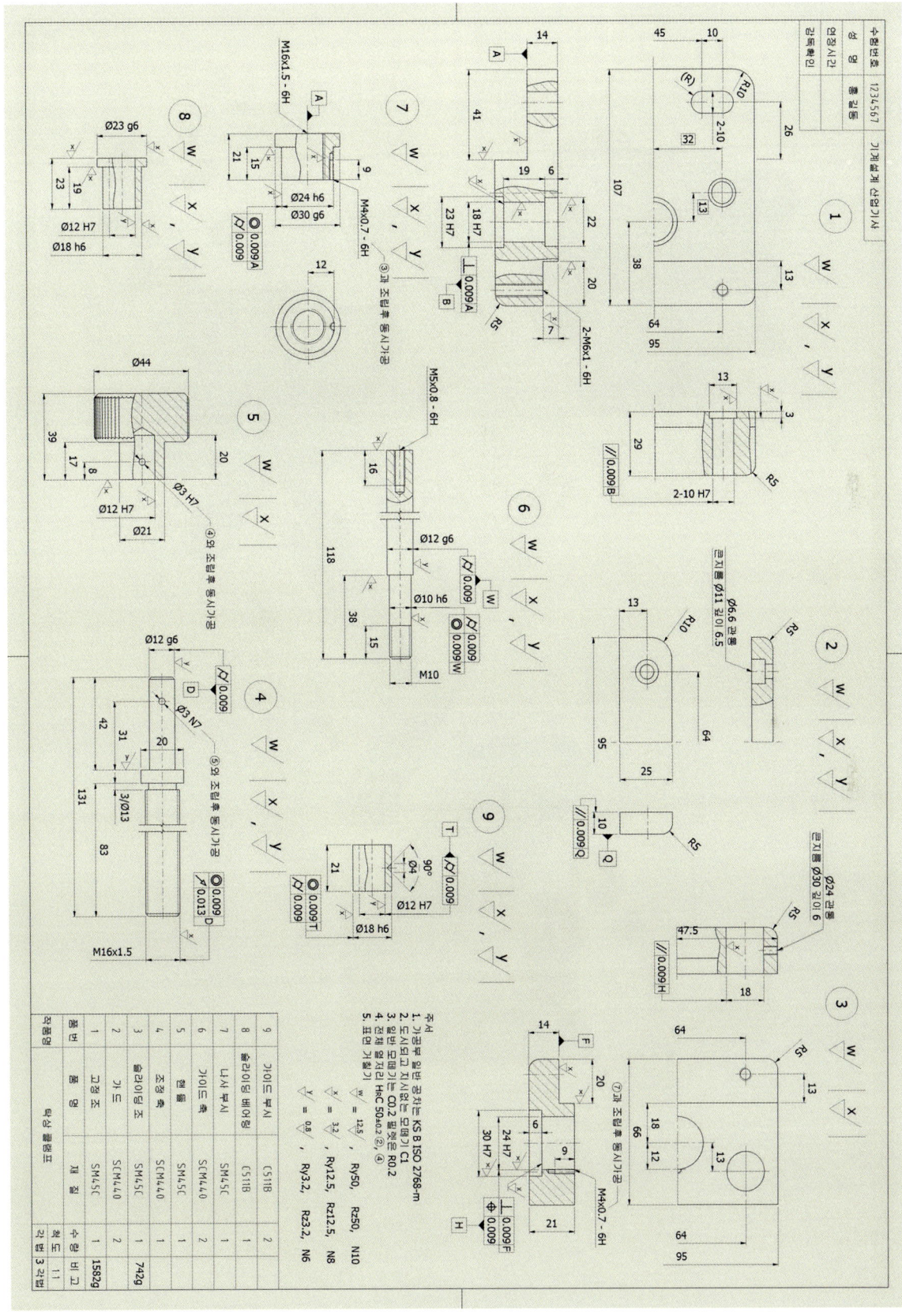

미제출 : 탁상 클램프 3차원 분해전개/조립도

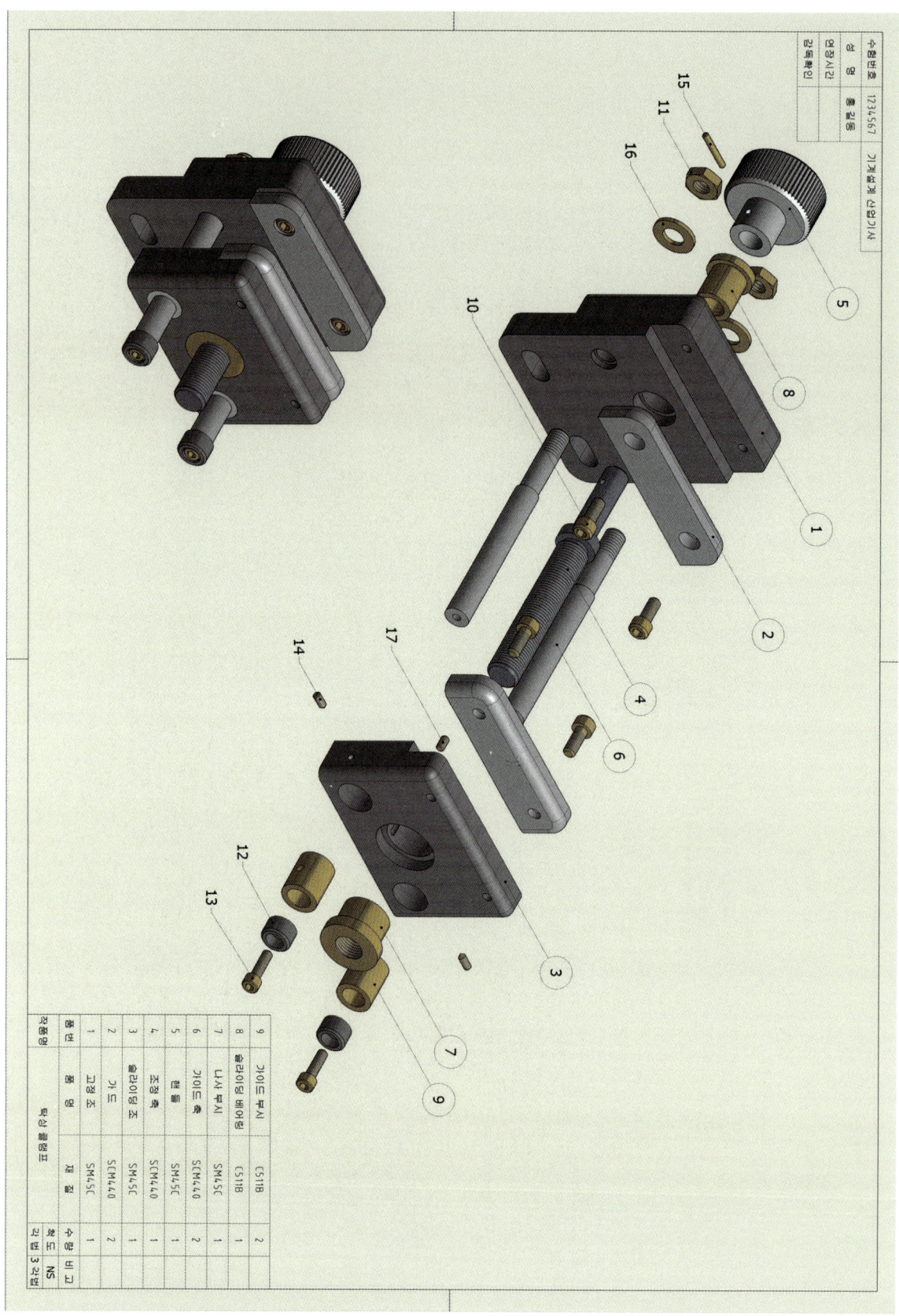

▶ 미제출 : 탁상 클램프 3차원 단면 형상

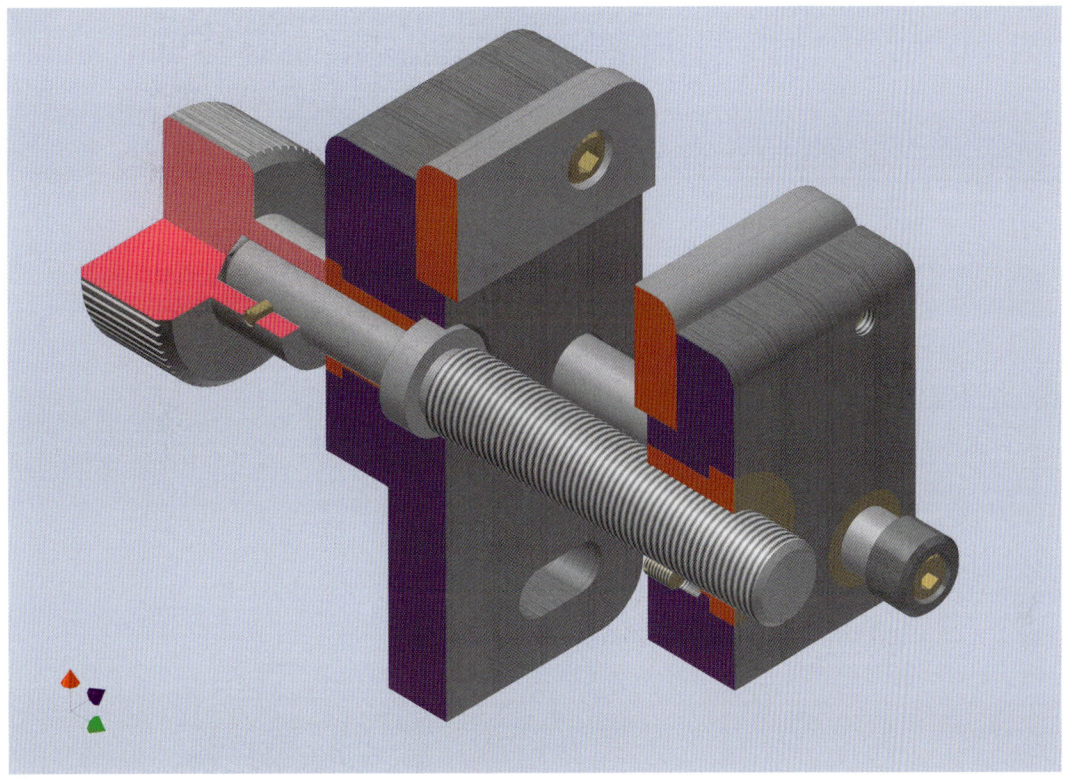

▶ 미제출 : 탁상 클램프 3차원 단면 형상

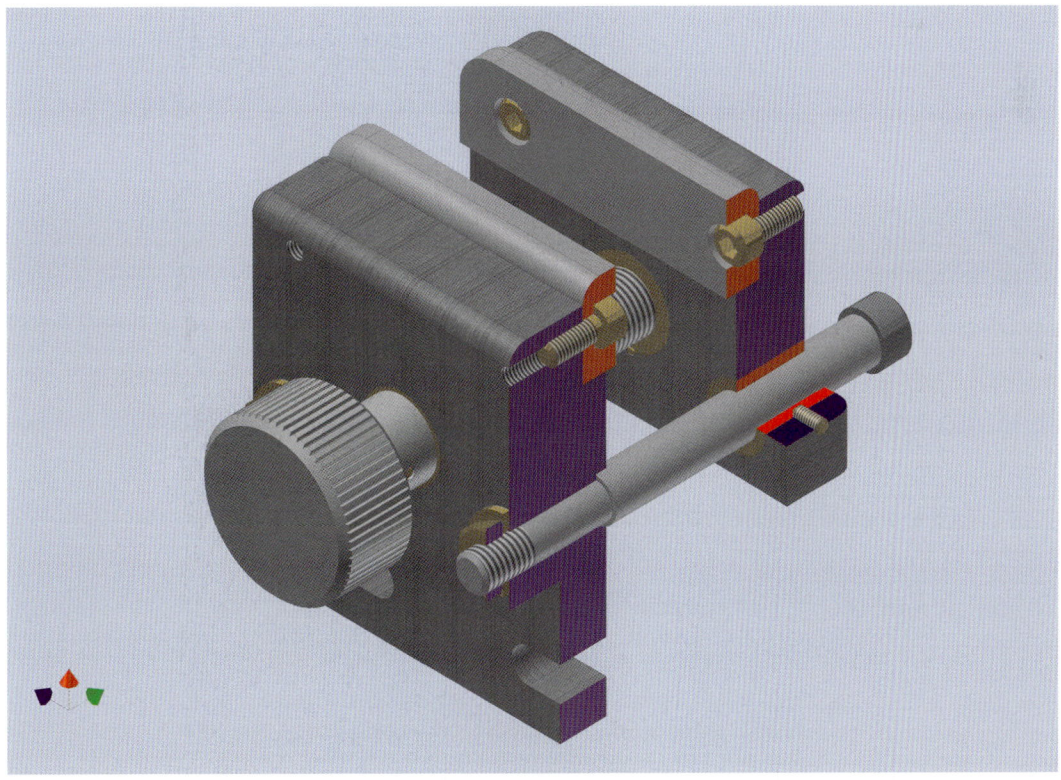

실린더 펌프

1. 과제 지급도면과 제출도면

실린더 펌프 과제 지급 도면

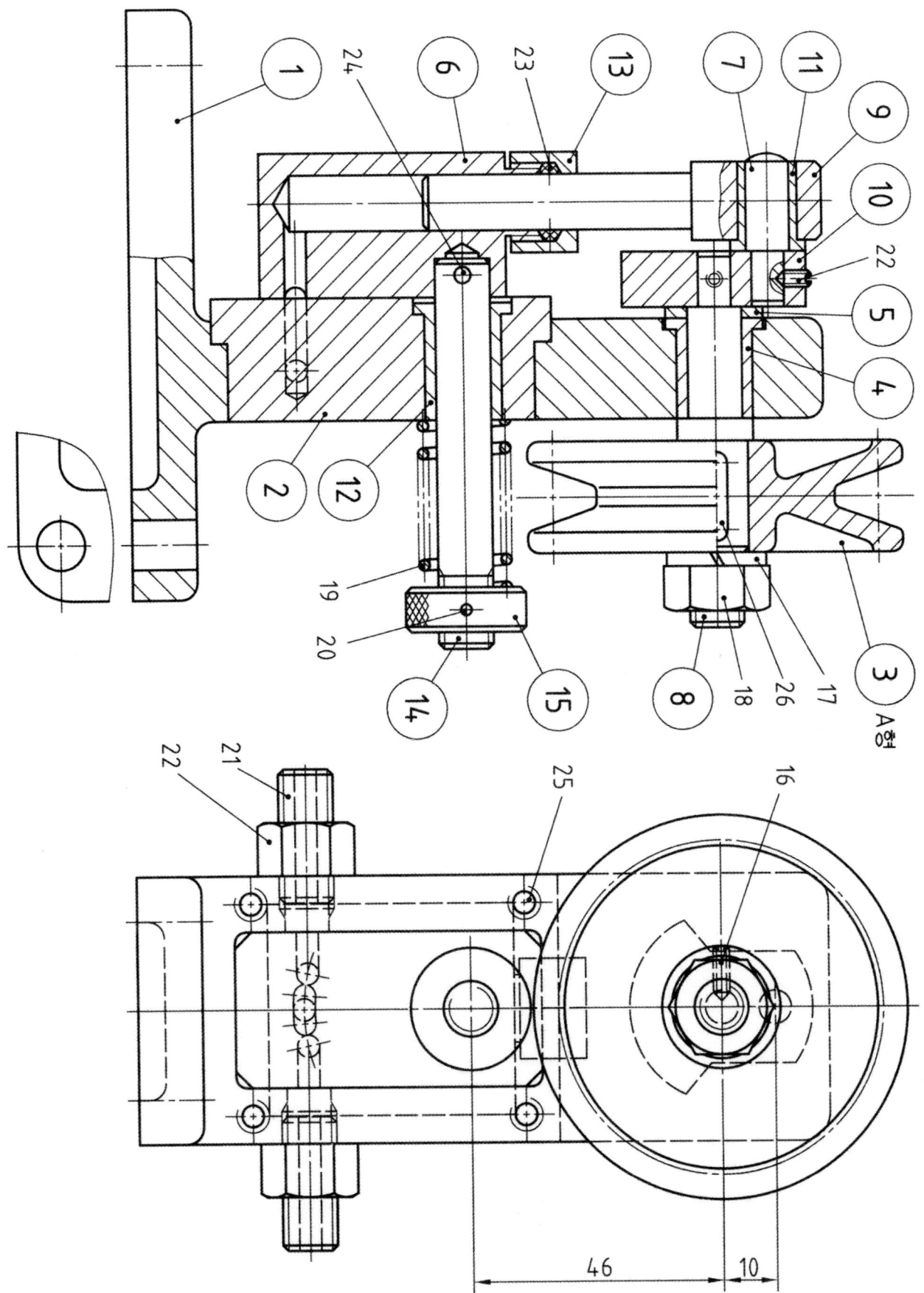

제출1-1 : 실린더 펌프 3차원 부품도

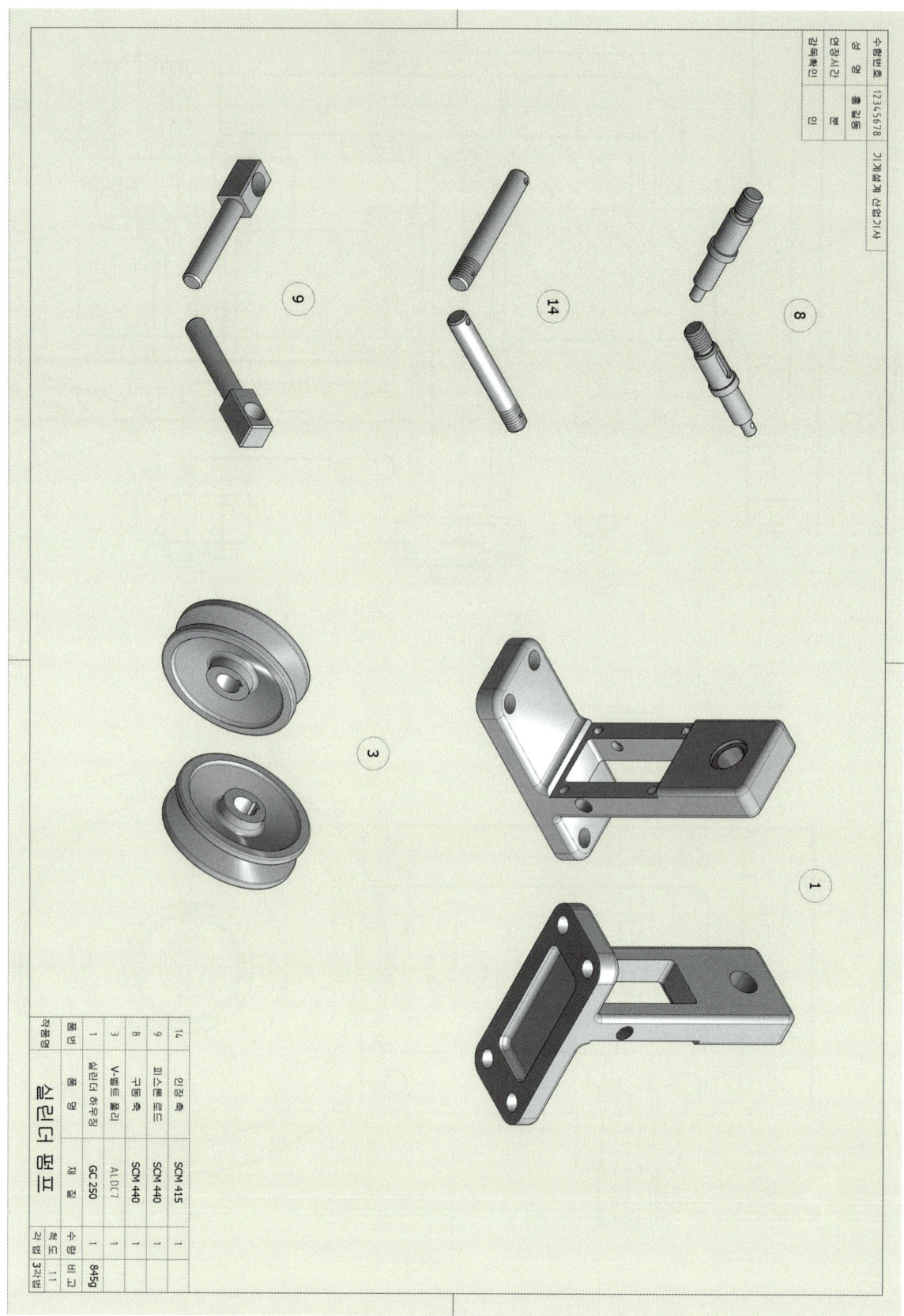

제출1-2 : 실린더 펌프 3차원 부품도

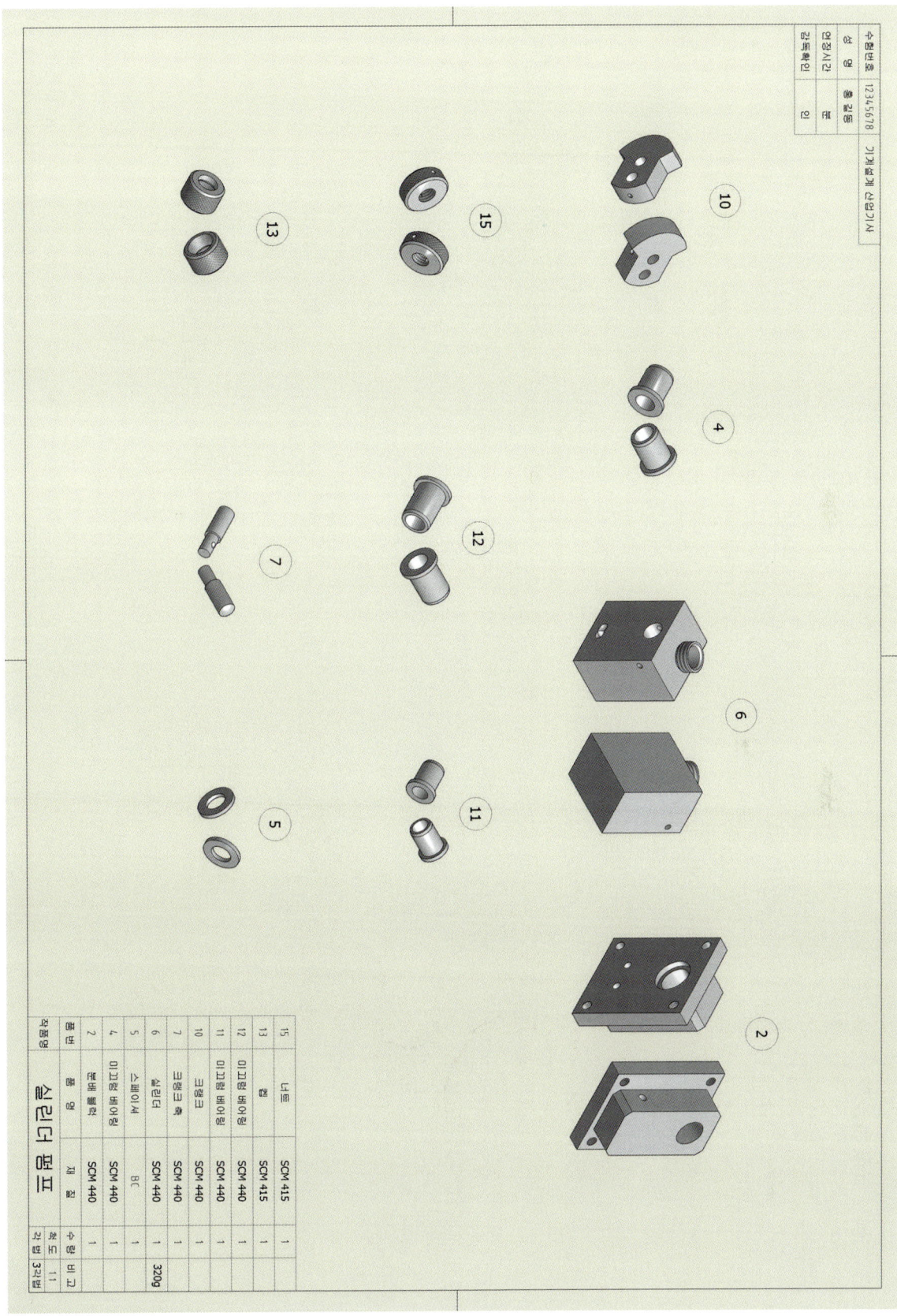

제출2-1 : 실린더 펌프 2차원 부품도

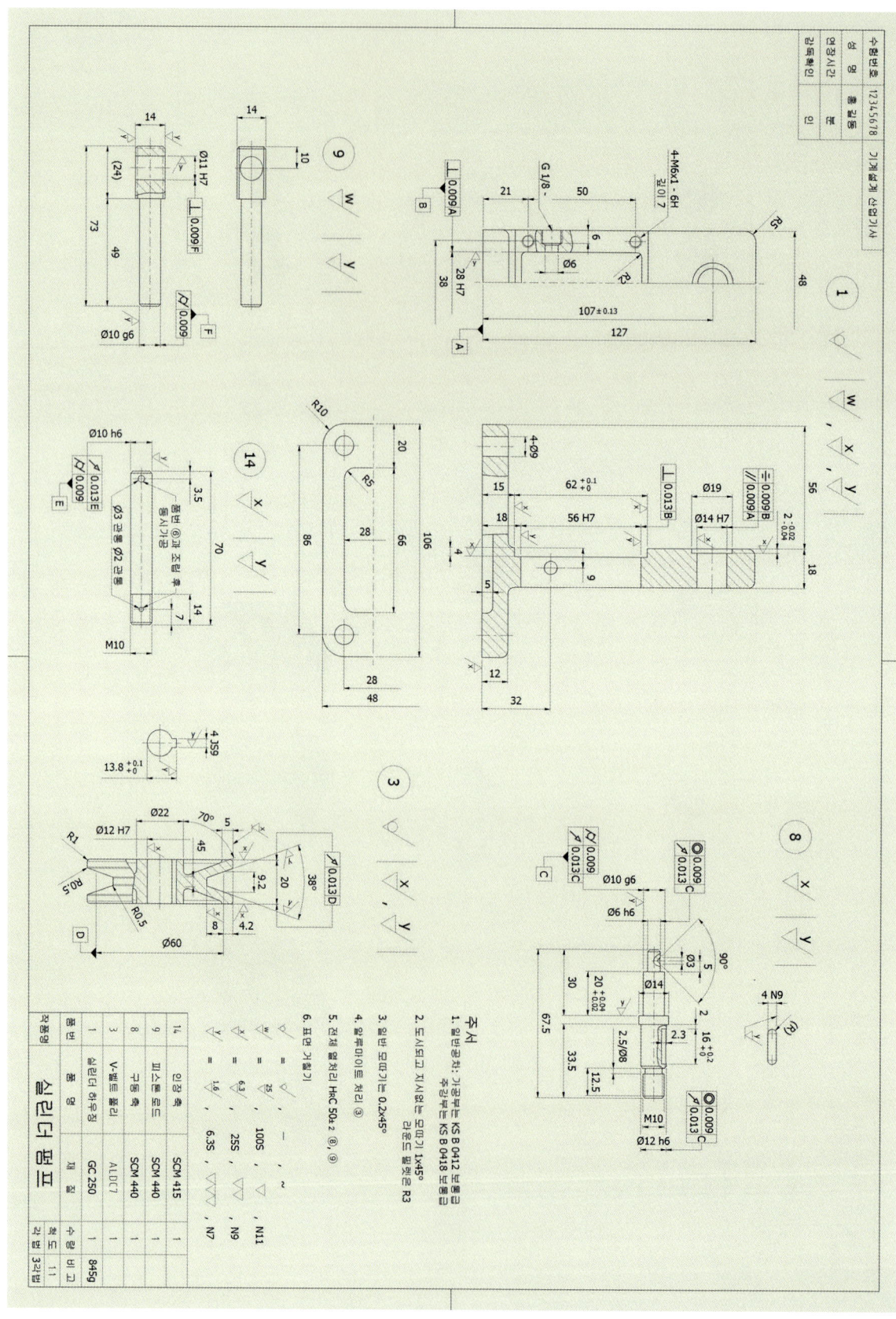

제출2-2 : 실린더 펌프 2차원 부품도

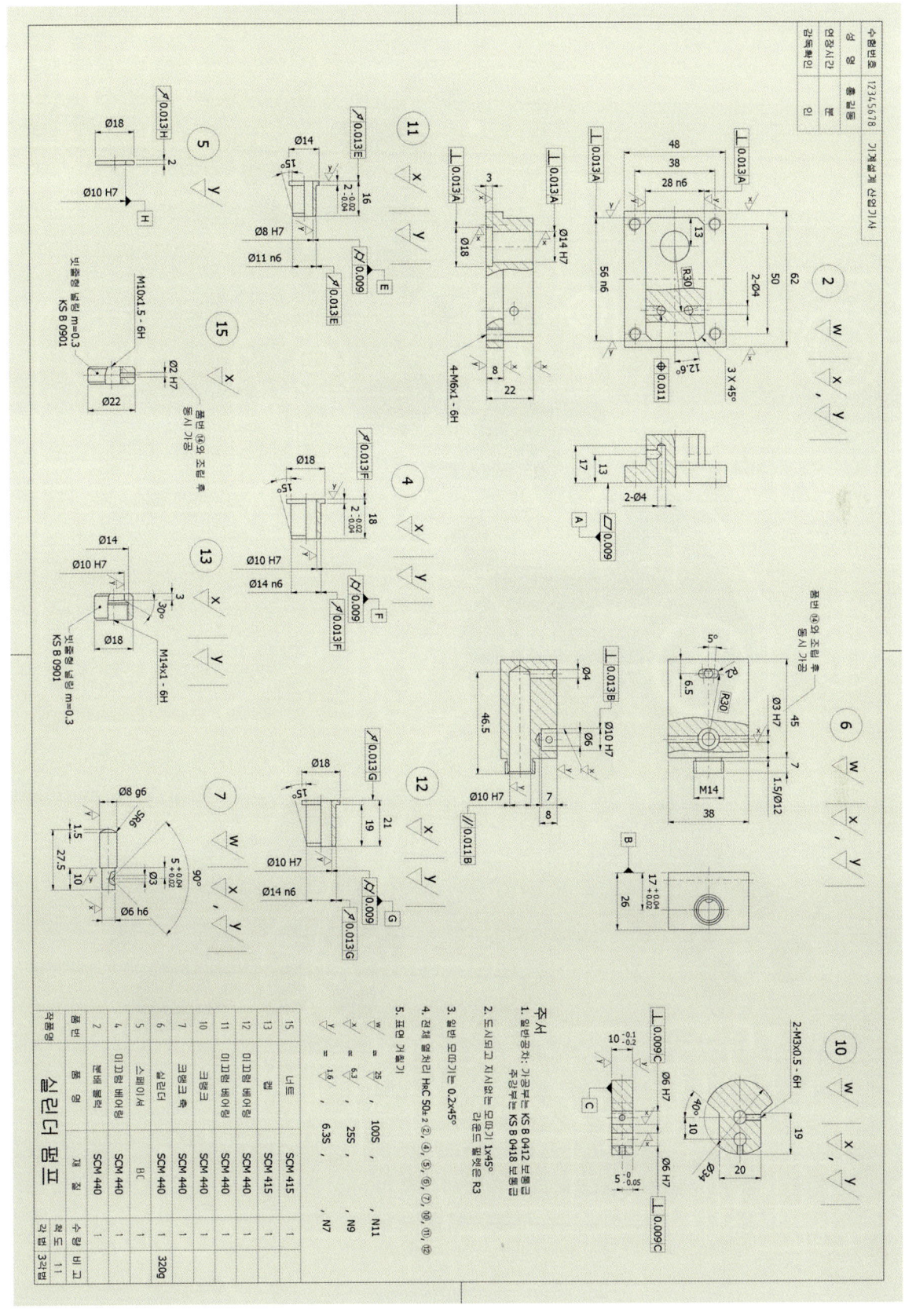

미제출 : 실린더 펌프 3차원 분해전개/조립도

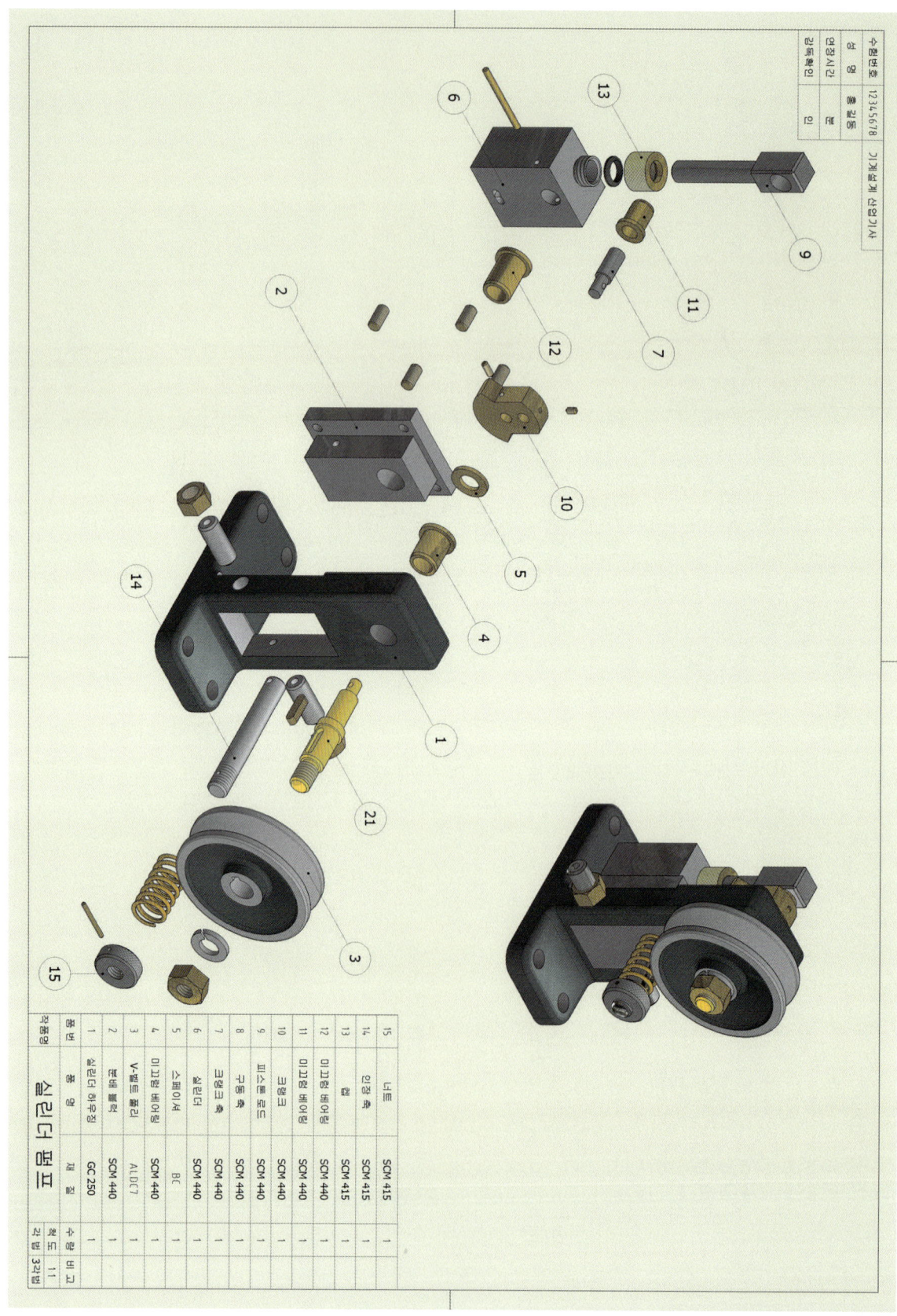

미제출 : 실린더 펌프 3차원 단면 형상

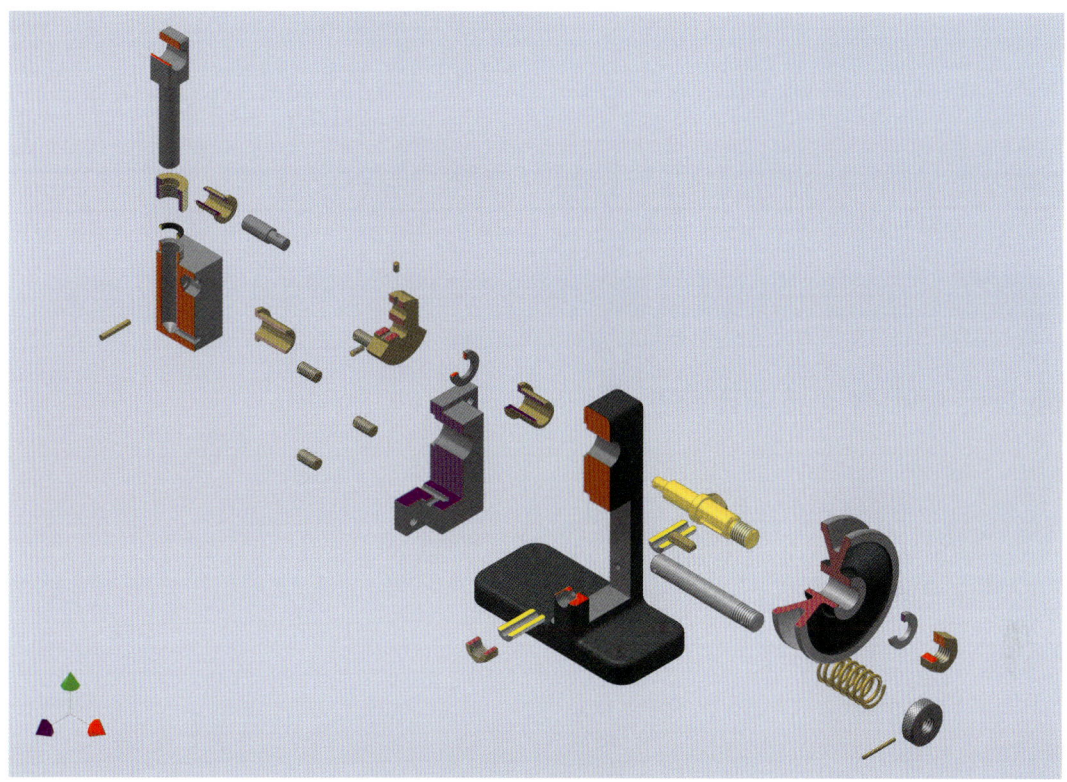

미제출 : 실린더 펌프 3차원 단면 형상

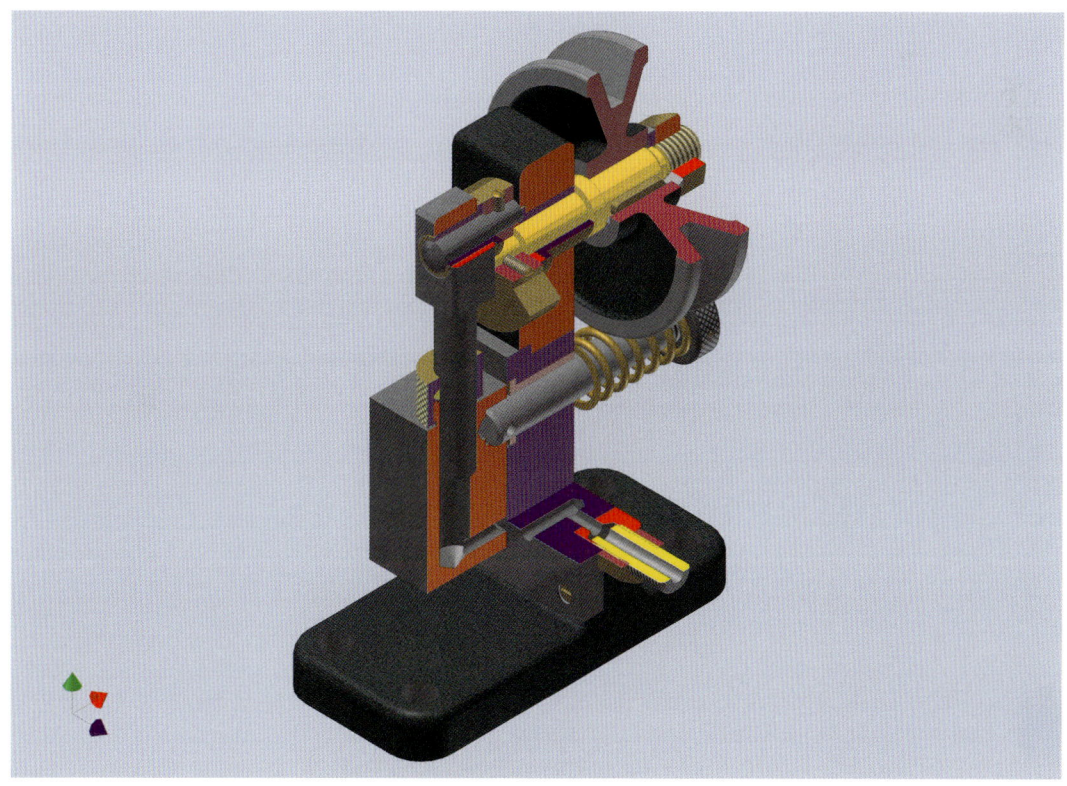

레버 에어 척

1. 과제 지급도면과 제출도면

> 레버 에어 척 과제 지급 도면

미제출 : 레버 에어 척 3차원 단면 형상

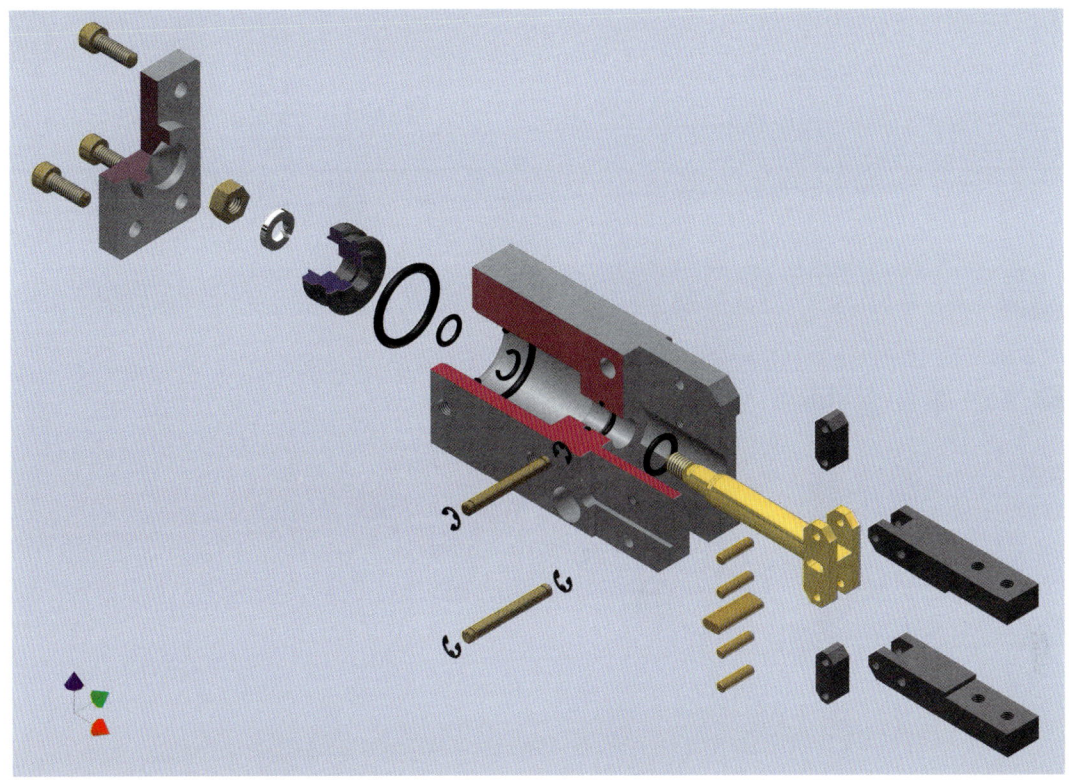

미제출 : 레버 에어 척 3차원 단면 형상

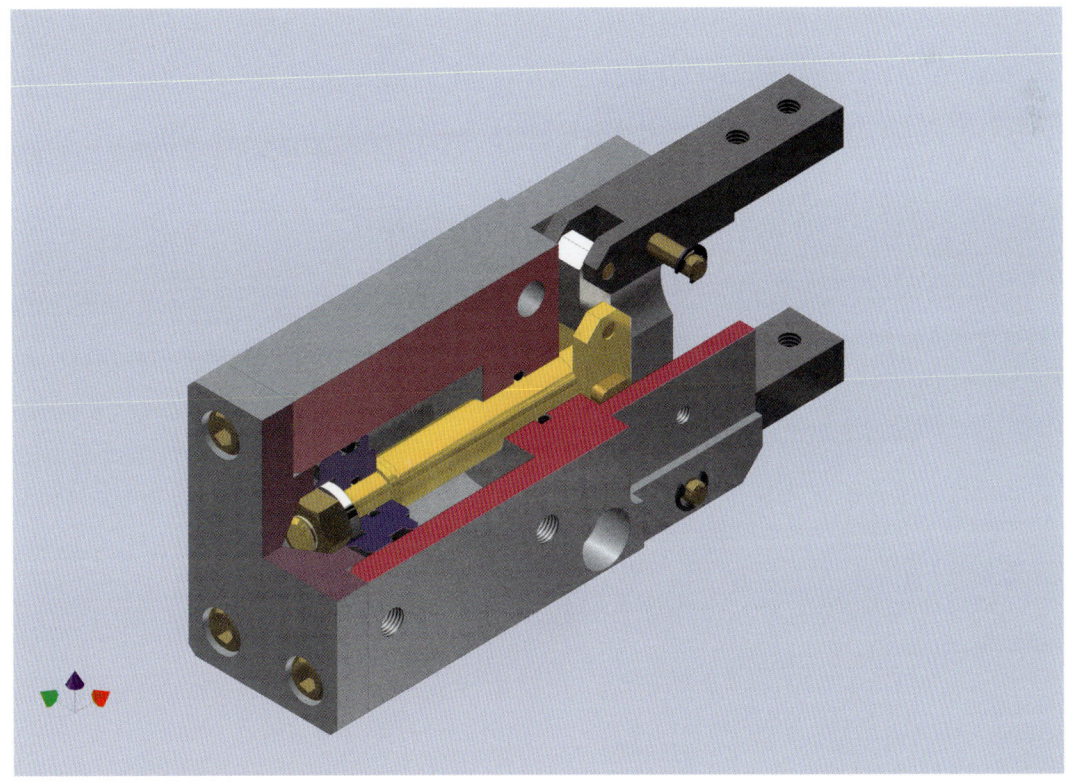

8. 기어 풀리 장치

1. 과제 지급도면과 제출도면

기어 풀리 장치과제 지급 도면

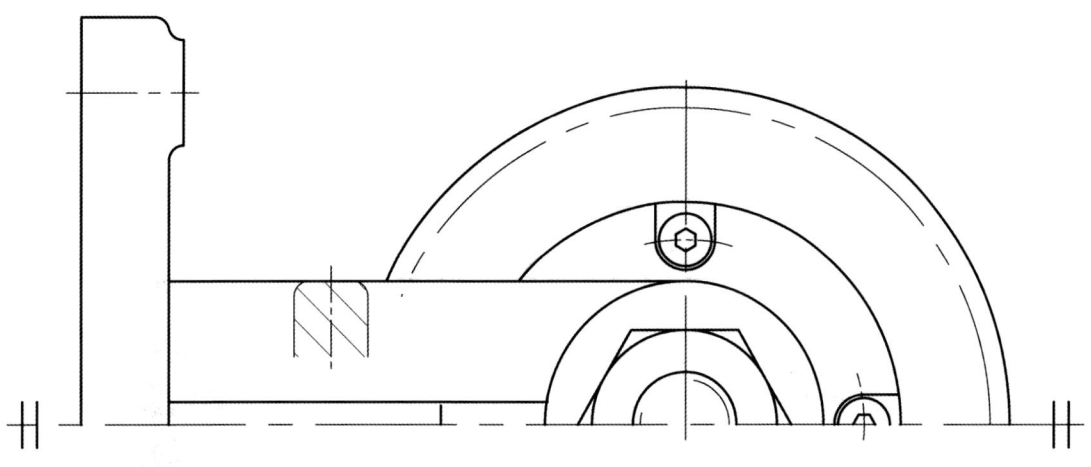

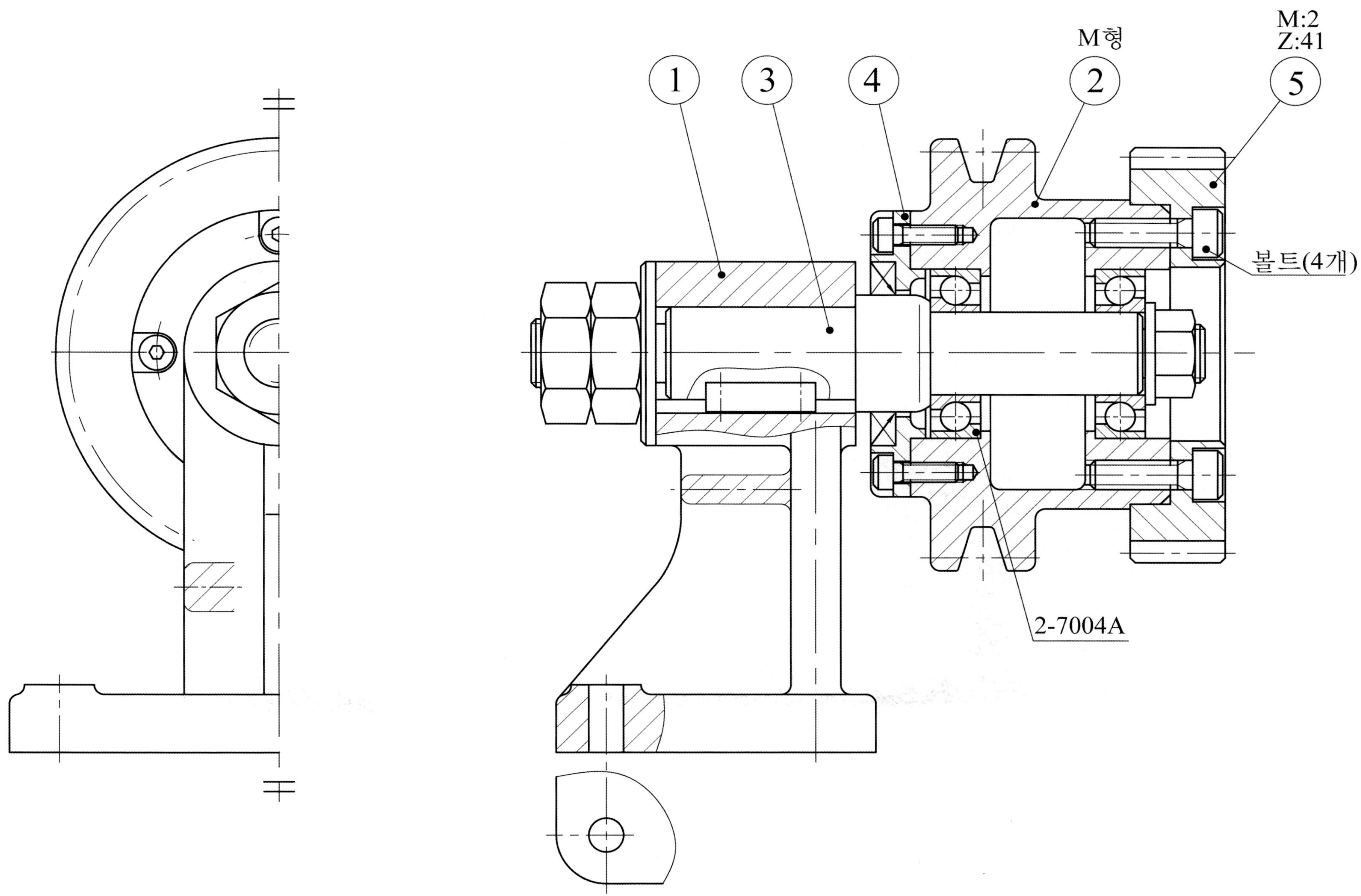

①
③
④
2-7004A
②
M흘
볼트(4개)
⑤
M:2
Z:41

제출1 : 기어 풀리 장치 3차원 부품도

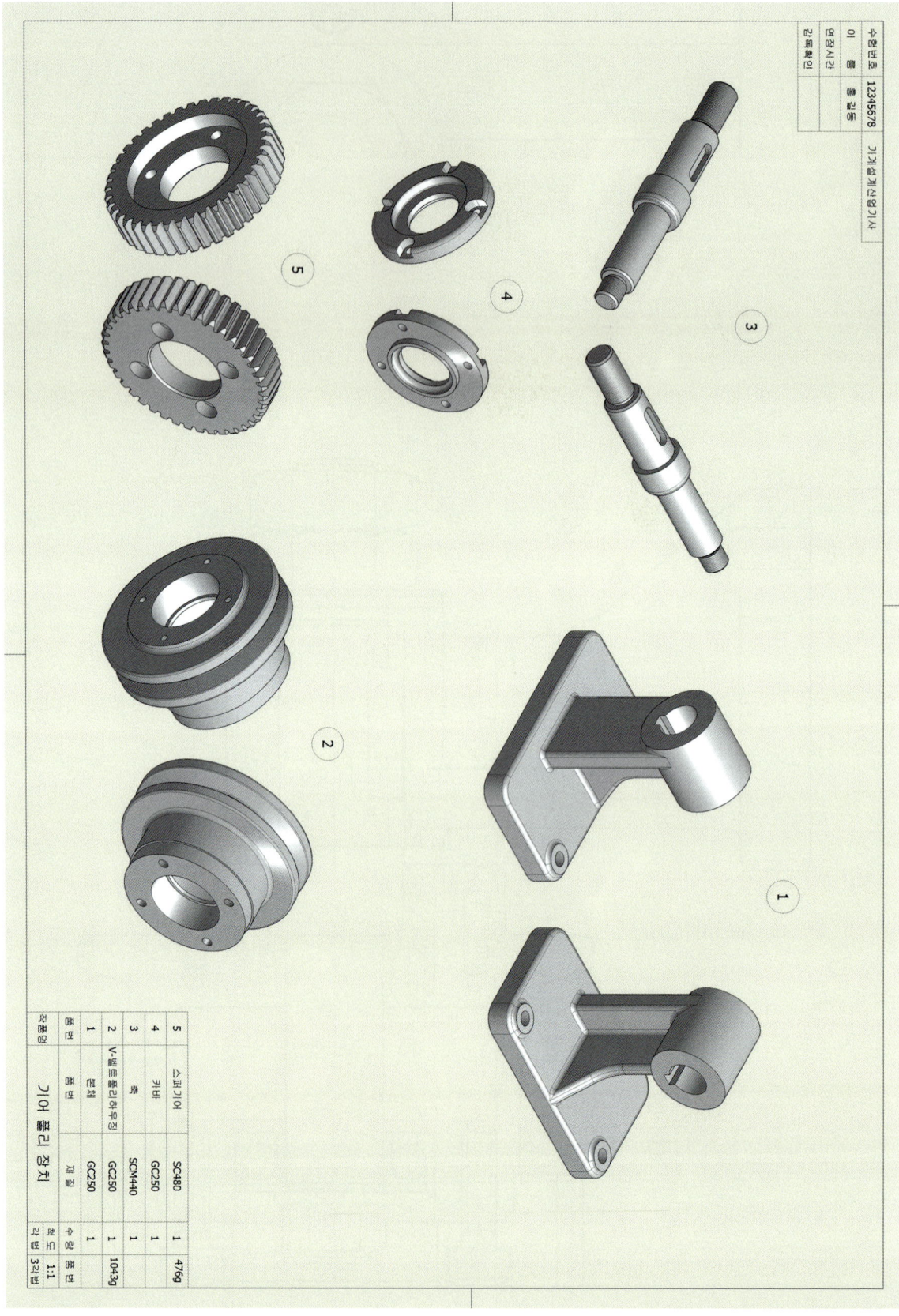

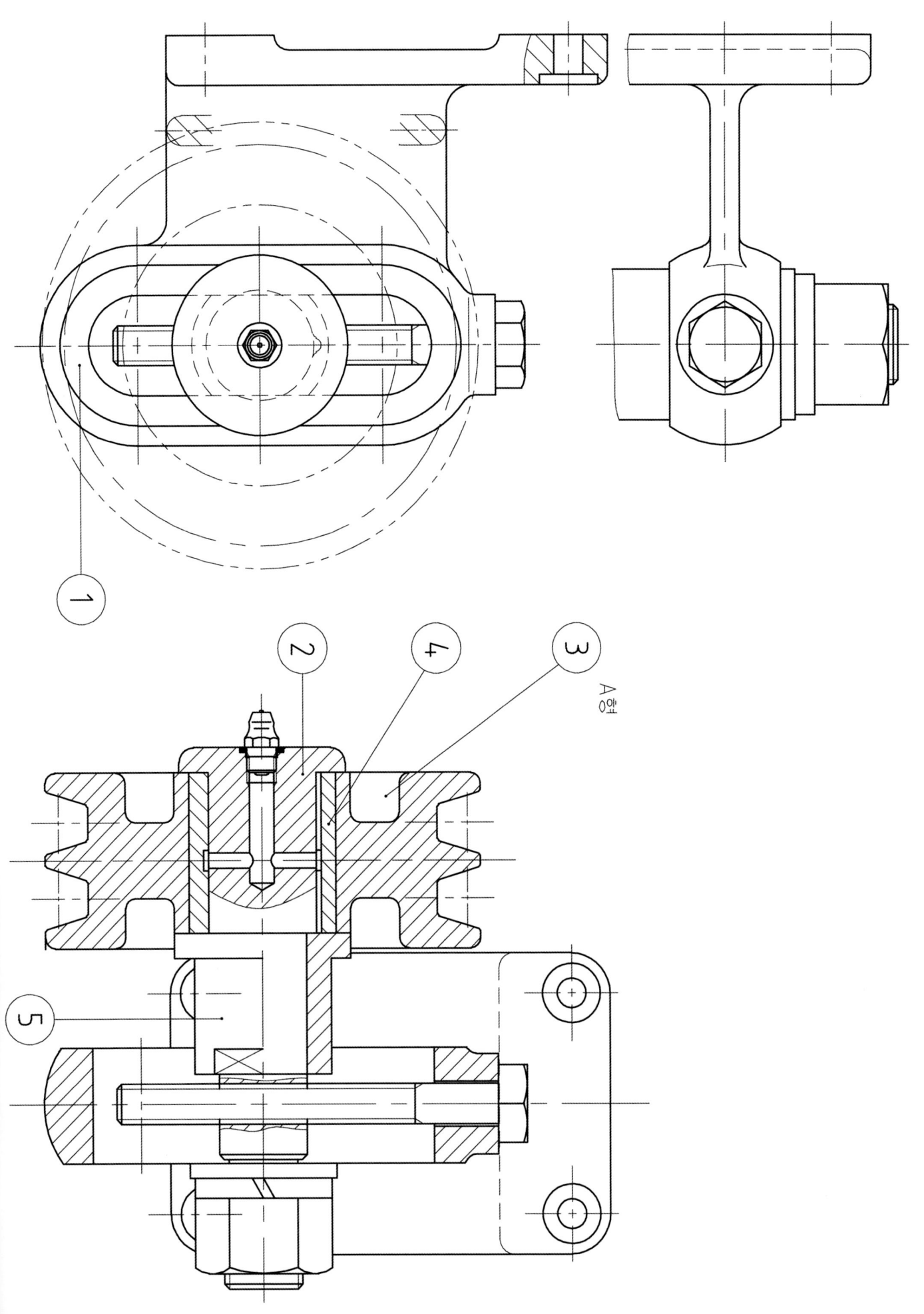

제출1 : 벨트 긴장 장치 3차원 부품도

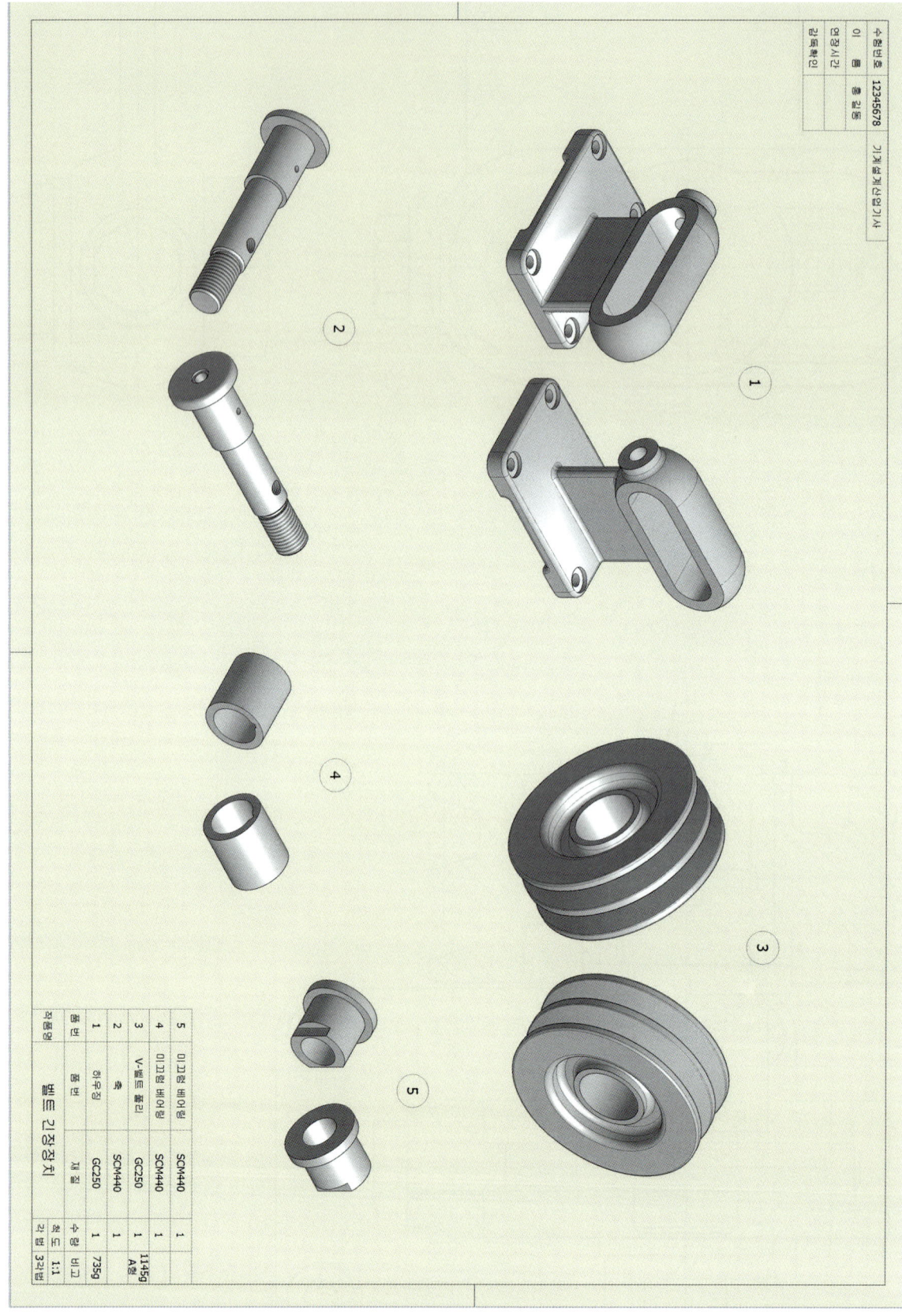

제출2 : 벨트 긴장 장치 2차원 부품도

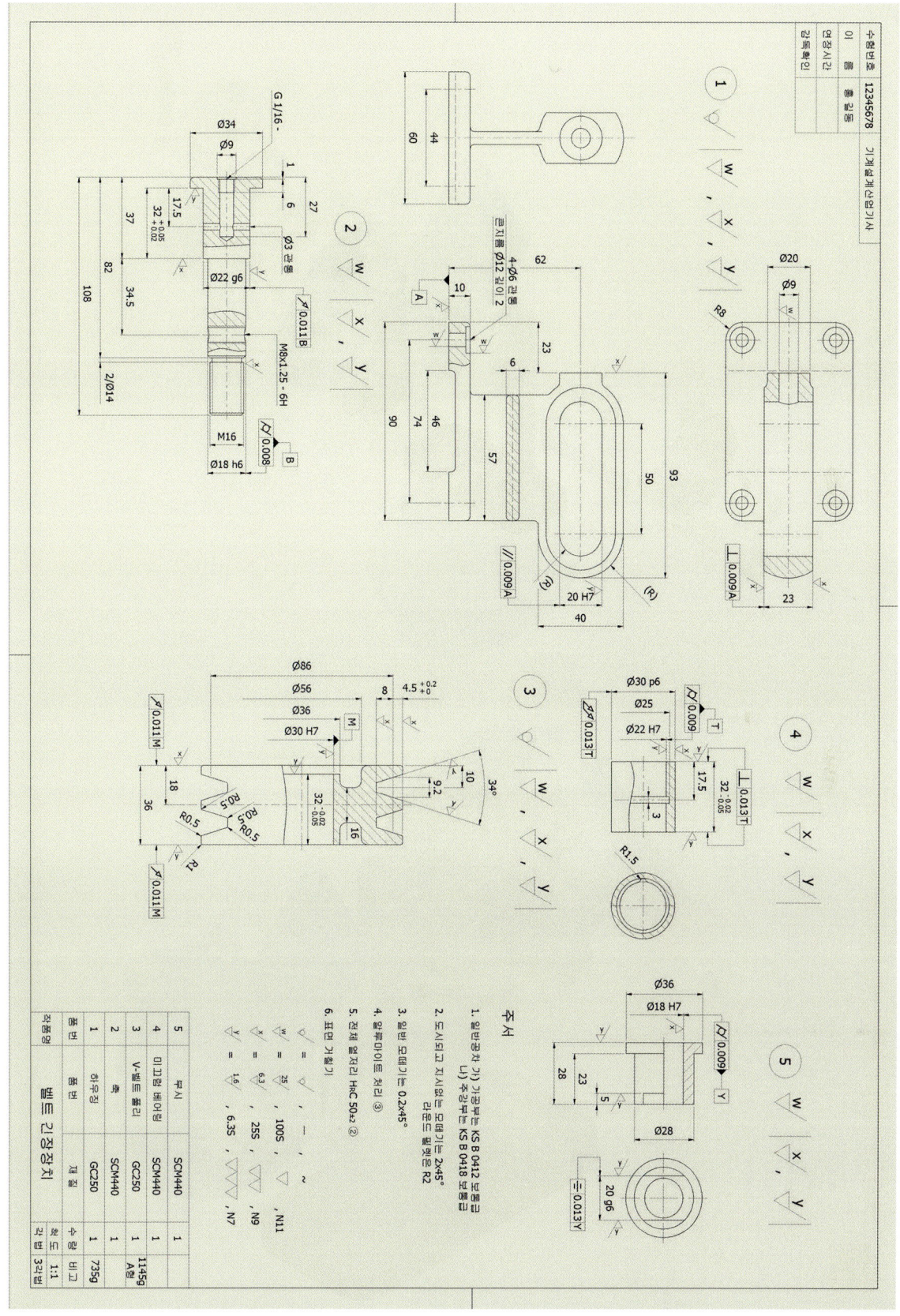

미제출 : 벨트 긴장 장치 3차원 분해전개/조립도

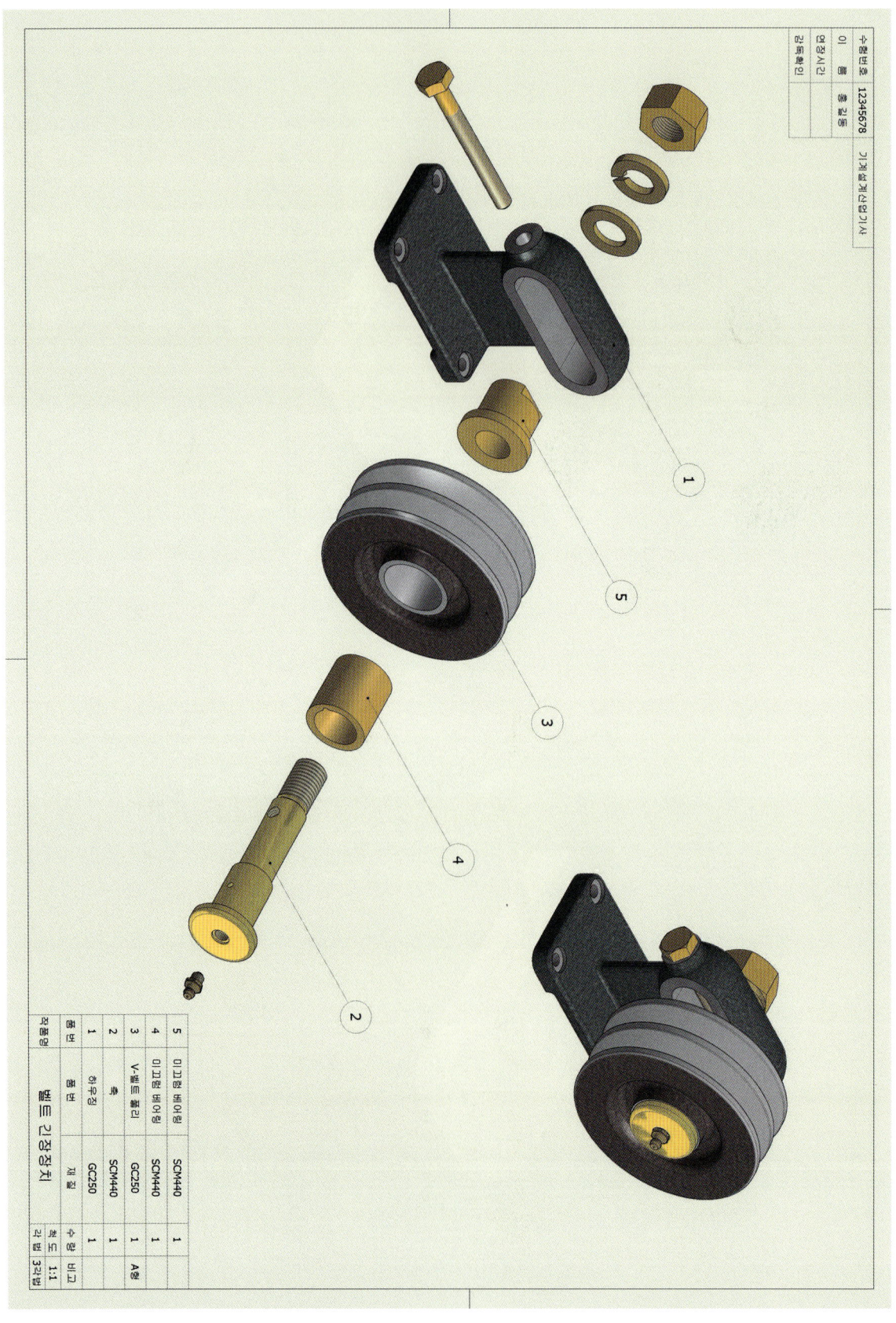

미제출 : 벨트 긴장 장치 3차원 단면 형상

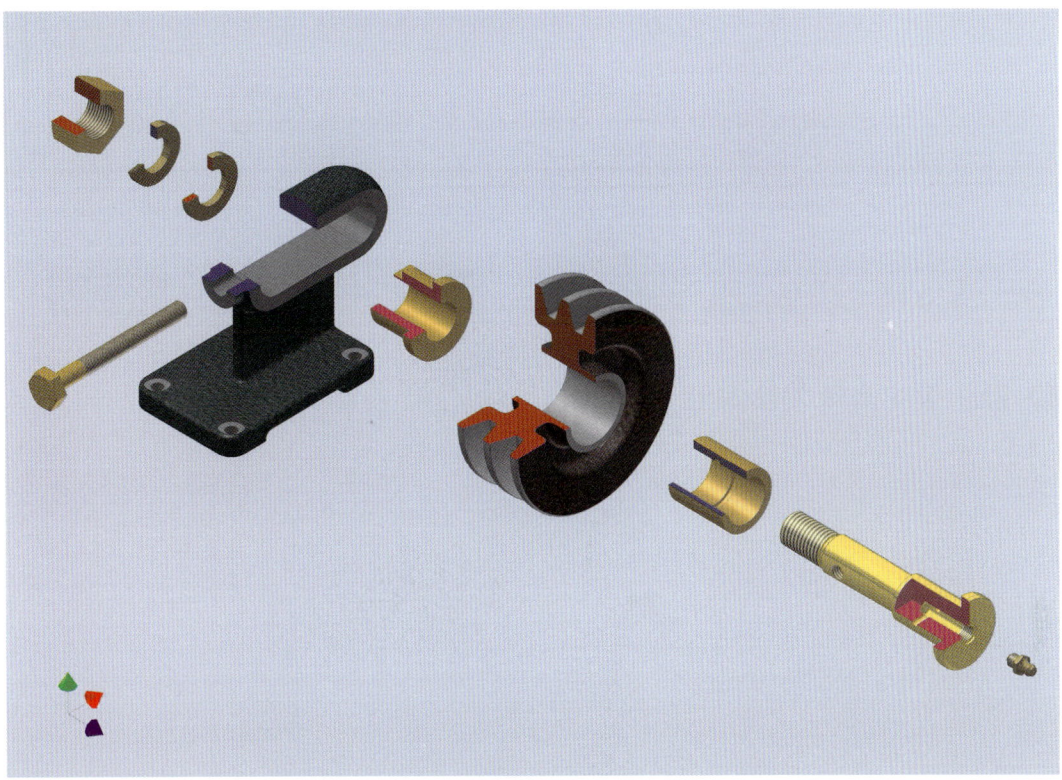

미제출 : 벨트 긴장 장치 3차원 단면 형상

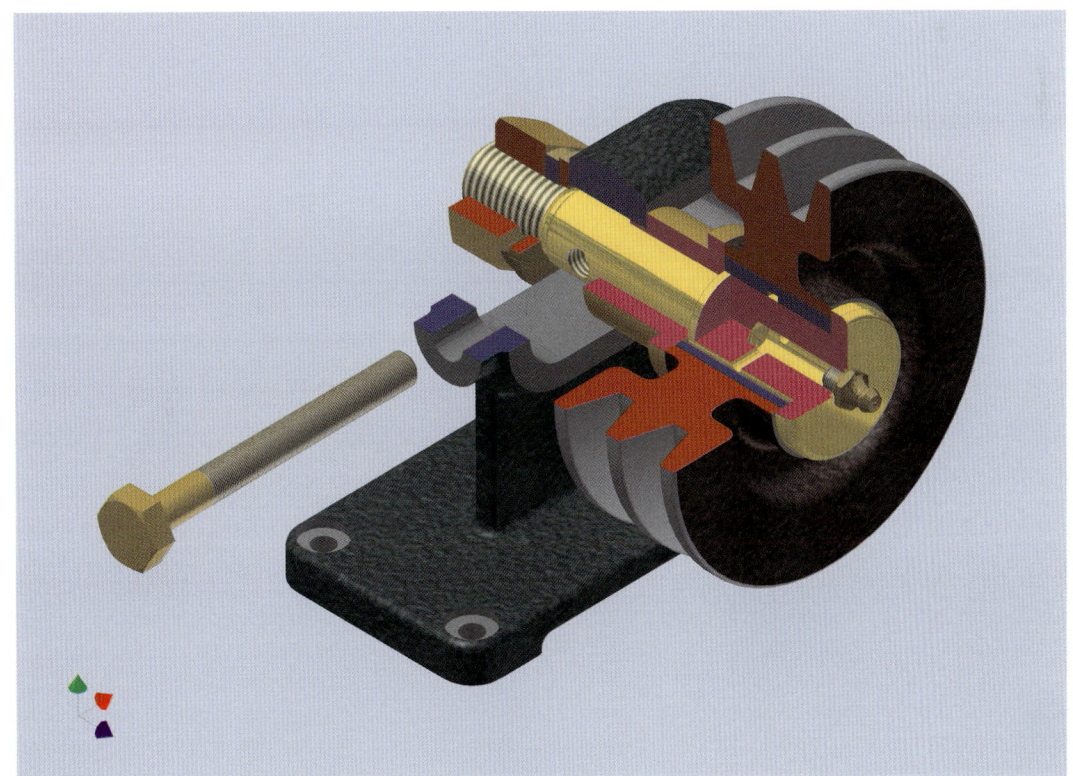

잠김 장치

1. 과제 지급도면과 제출도면

잠김 장치 과제 지급 도면

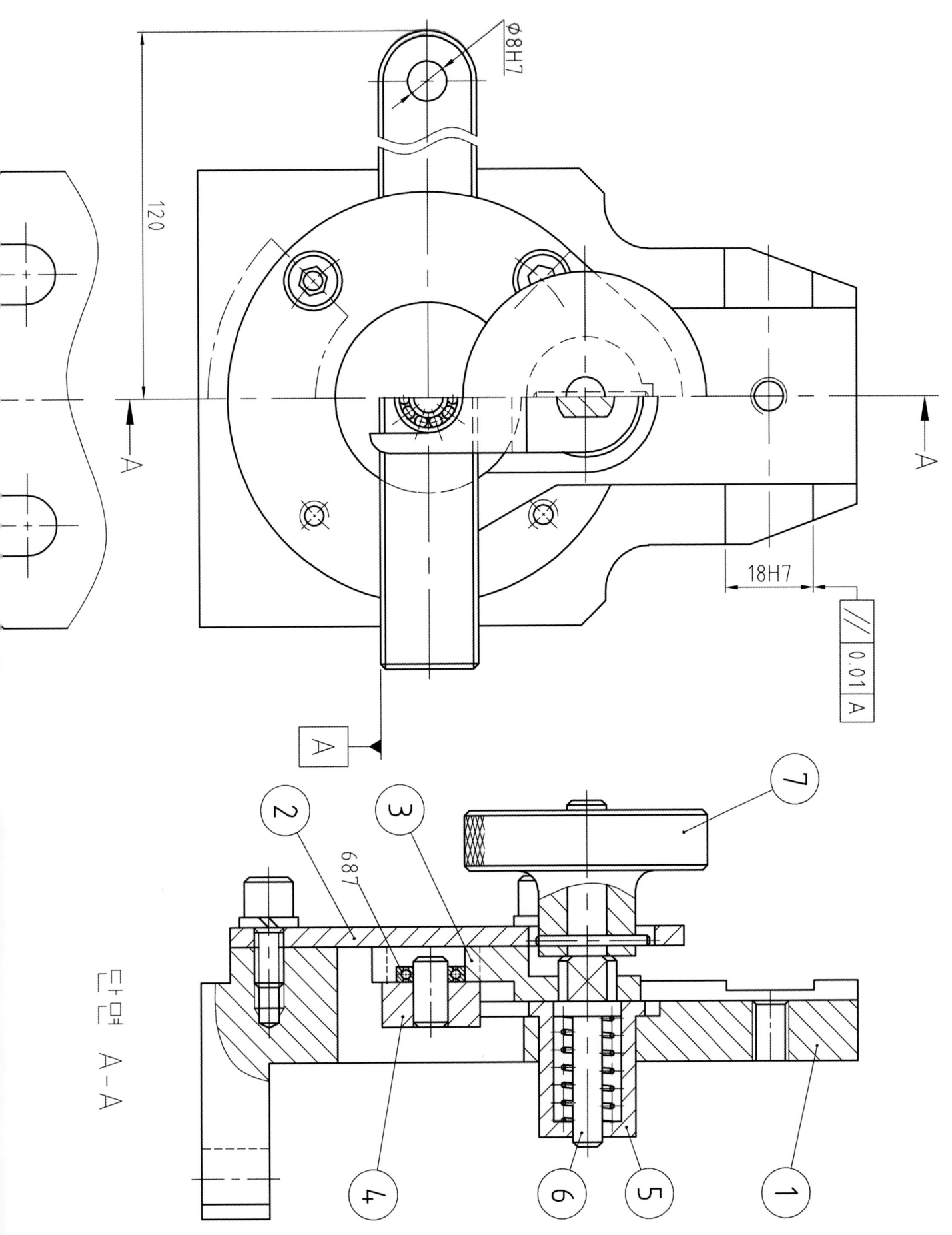

제출1 : 잠김 장치 3차원 부품도

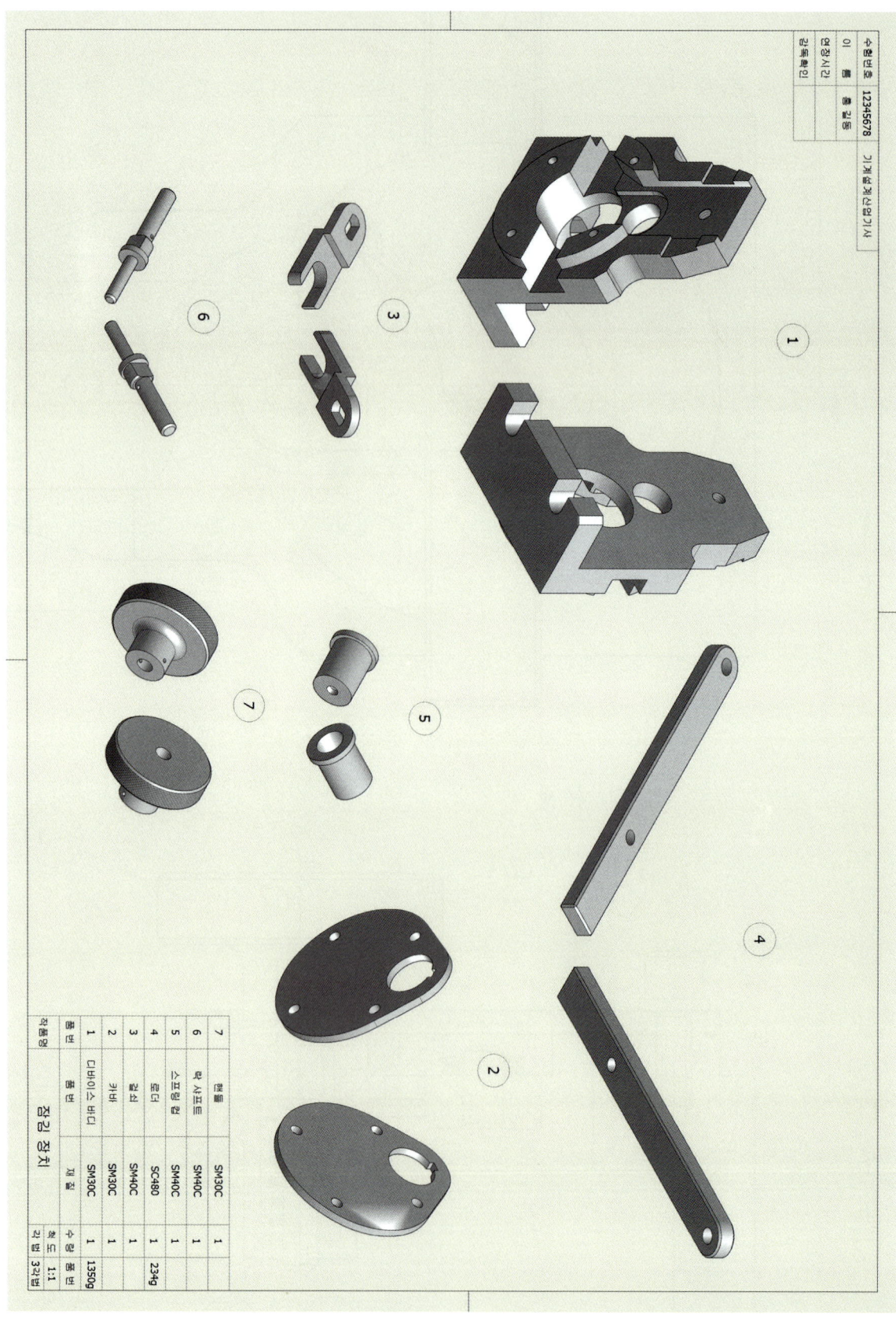

제출2 : 잠김 장치 2차원 부품도

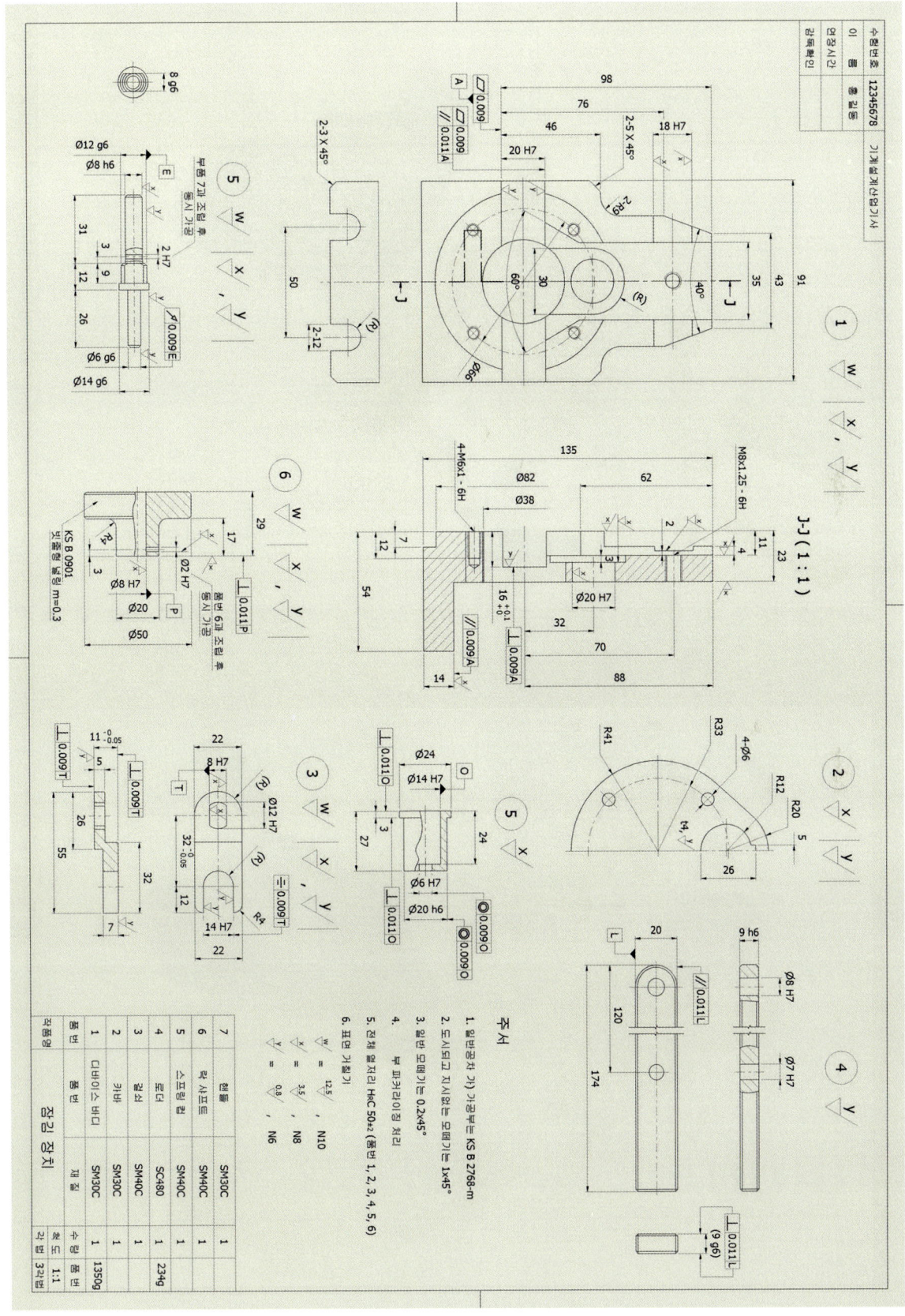

미제출 : 잠김 장치 3차원 분해전개/조립도

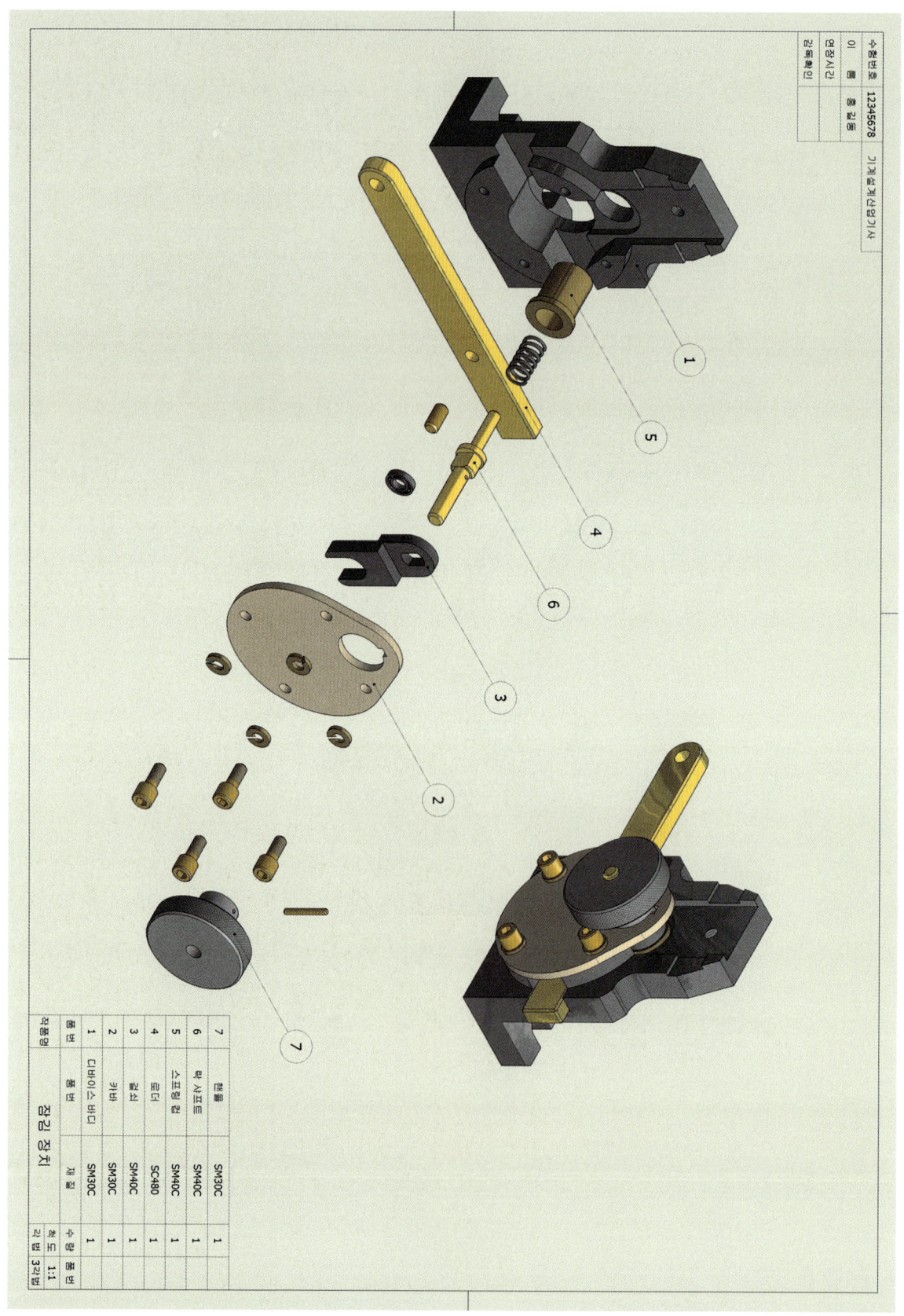

미제출 : 잠김 장치 3차원 단면 형상

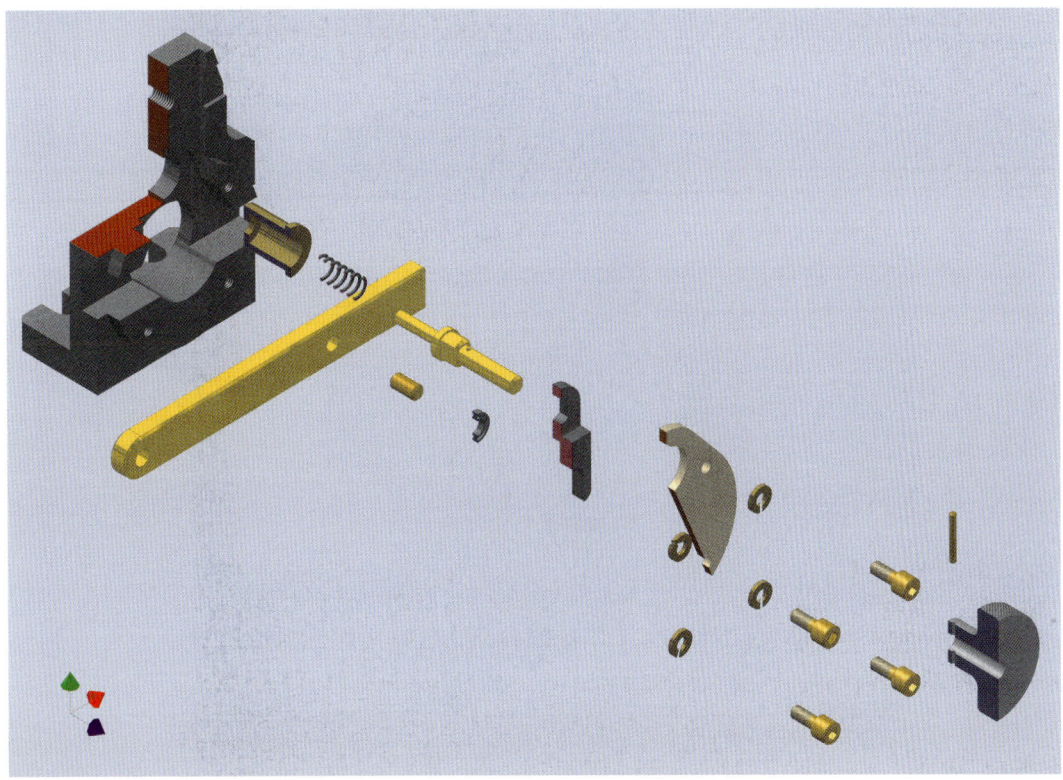

미제출 : 잠김 장치 3차원 단면 형상

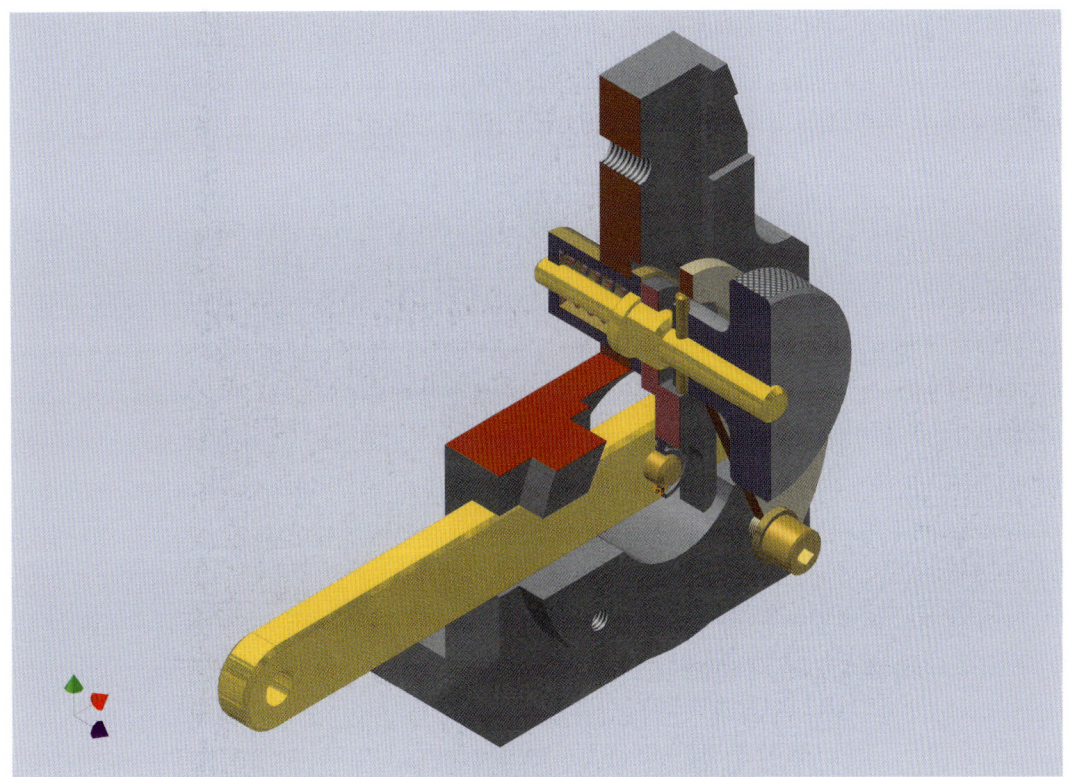

11 누름 장치

1. 과제 지급도면과 제출도면

▶ 누름 장치 과제 지급 도면

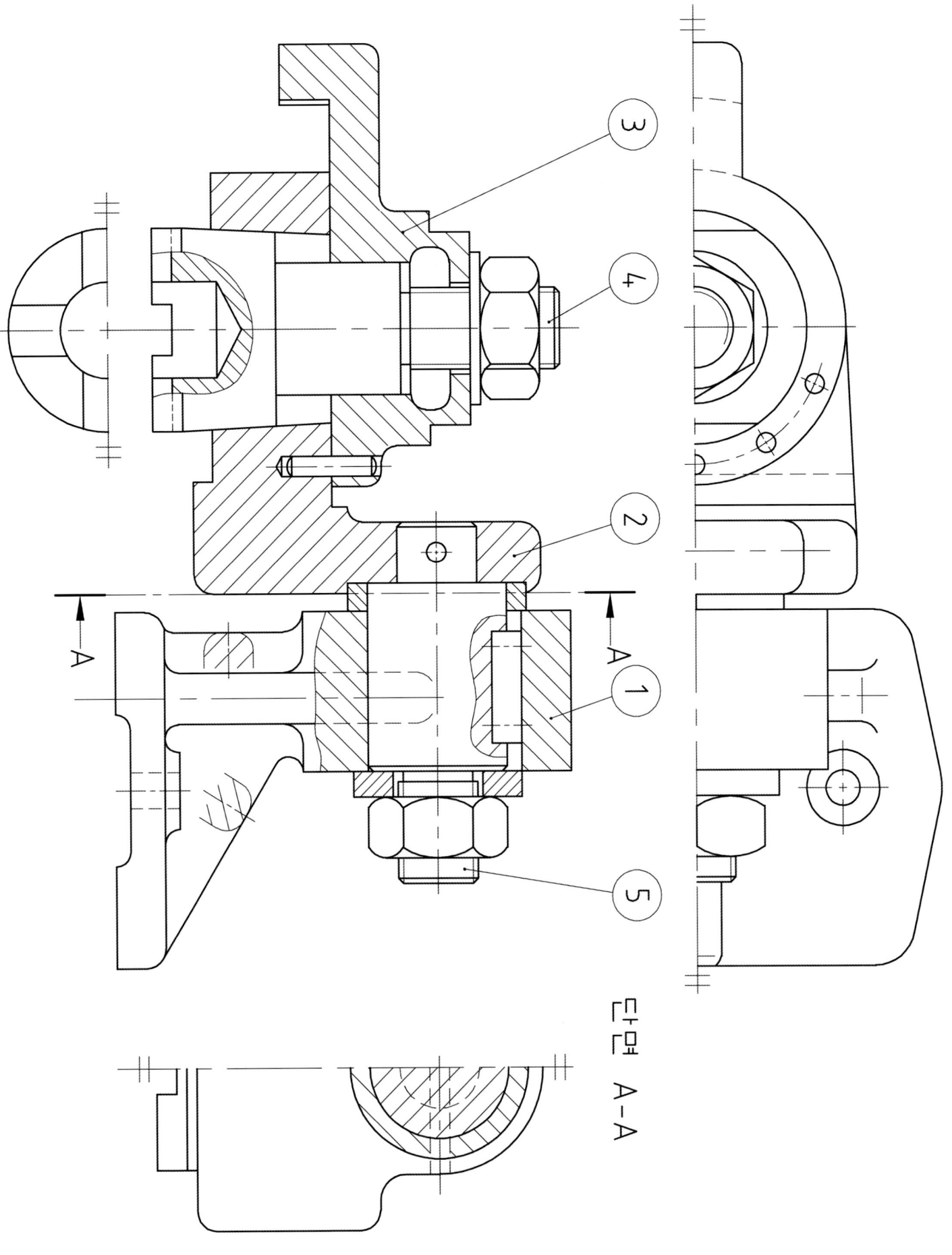

단면 A-A

제출1 : 누름 장치 3차원 부품도

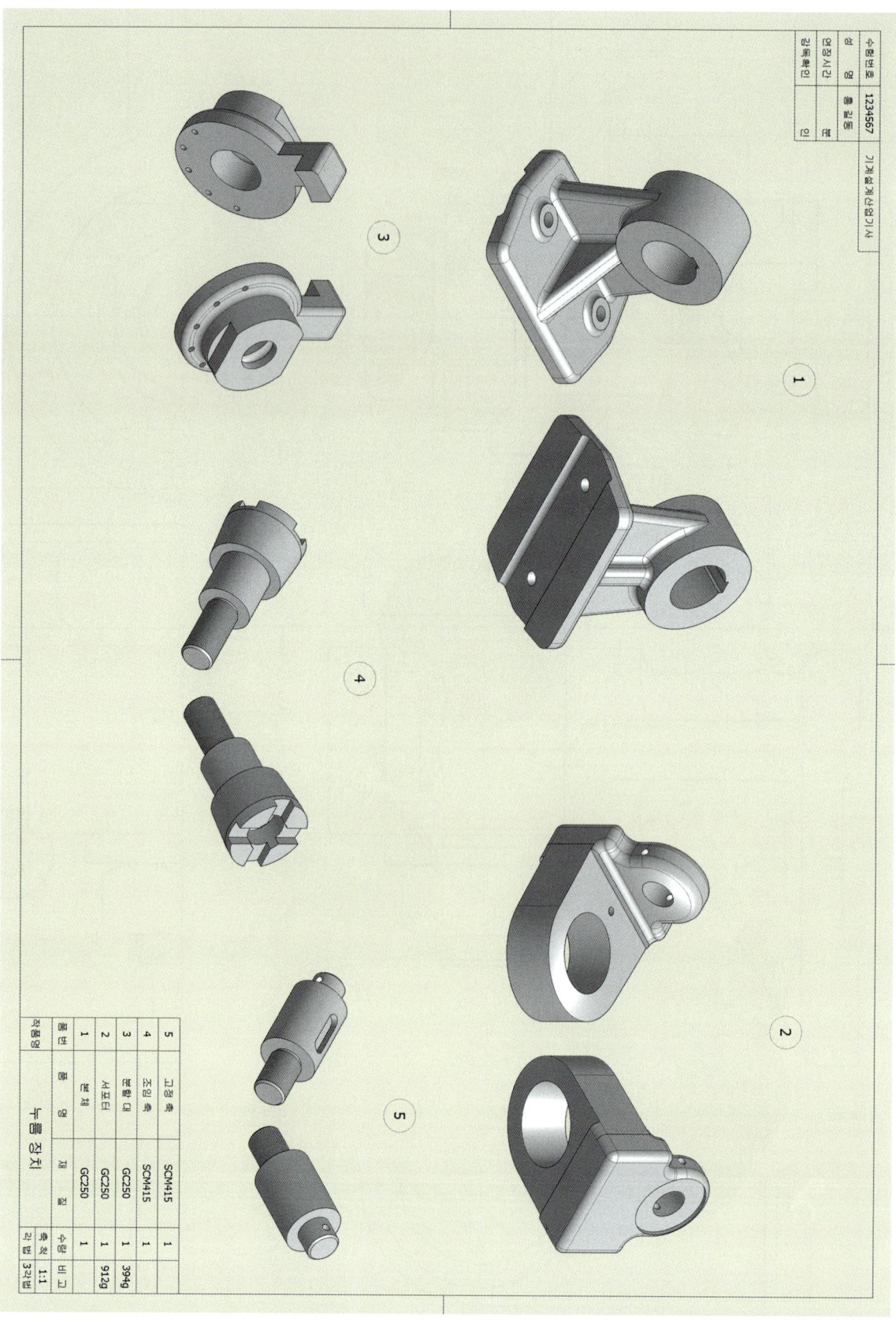

제출2 : 누름 장치 2차원 부품도

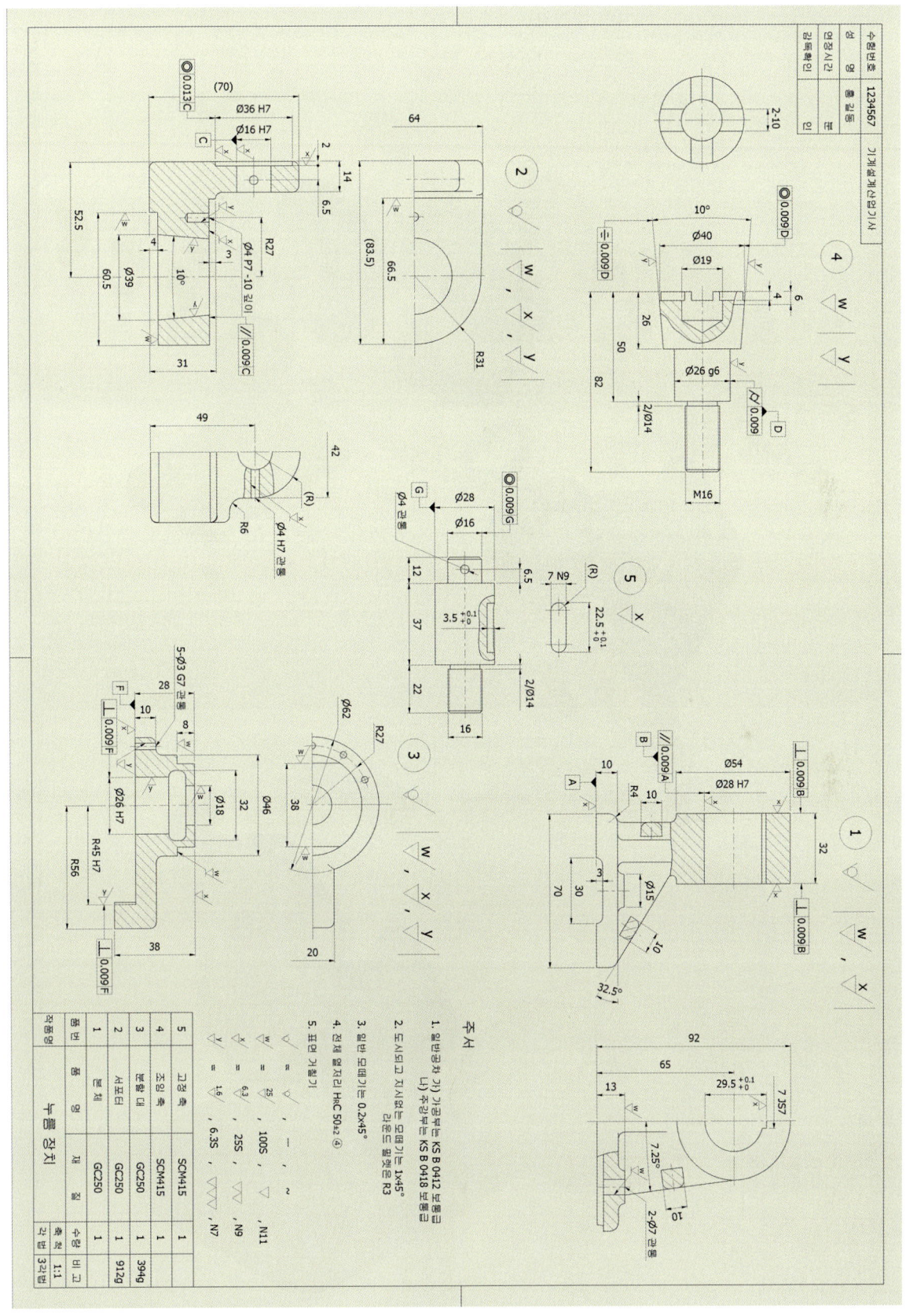

미제출 : 누름 장치 3차원 분해전개/조립도

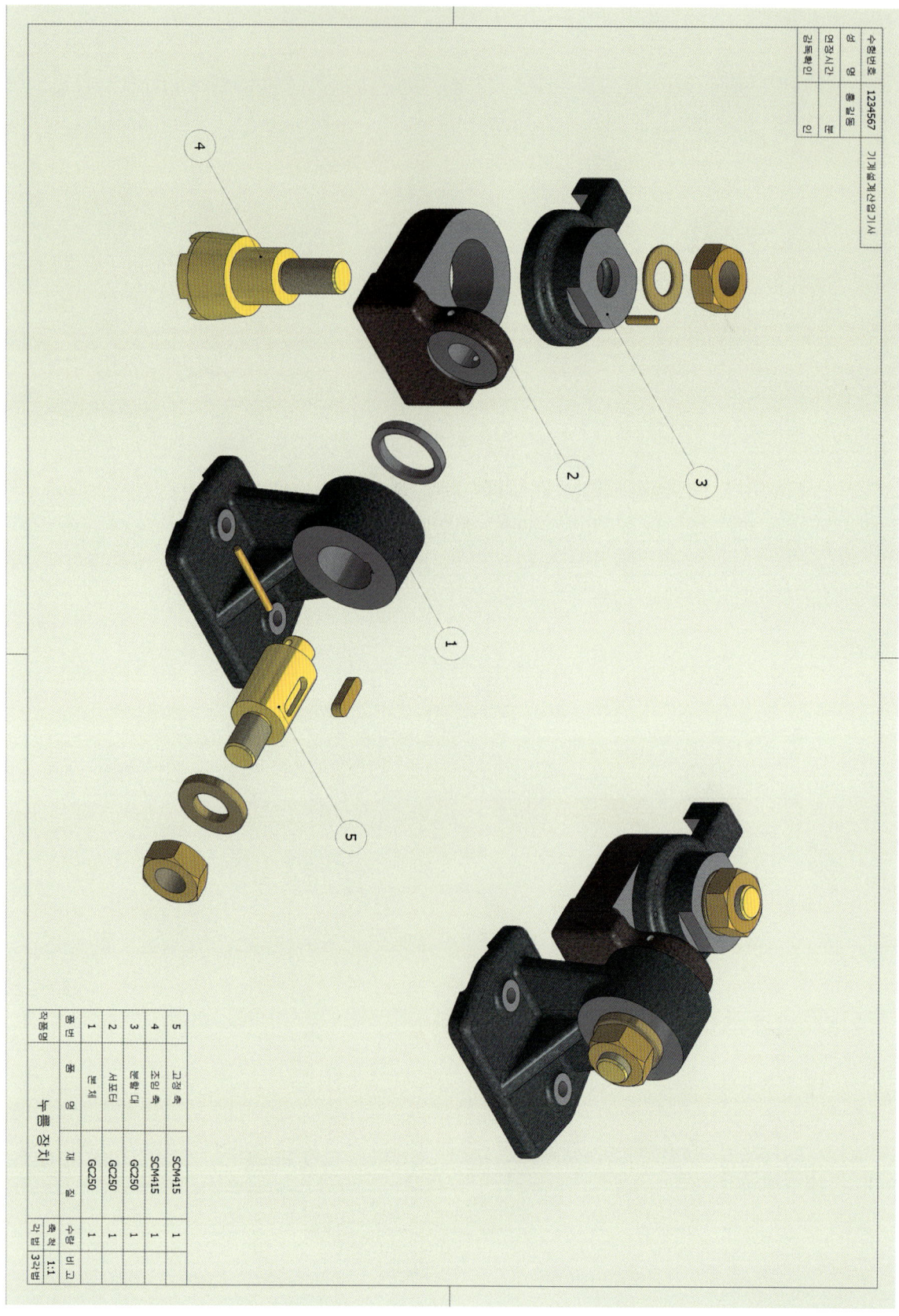

미제출 : 누름 장치 3차원 단면 형상

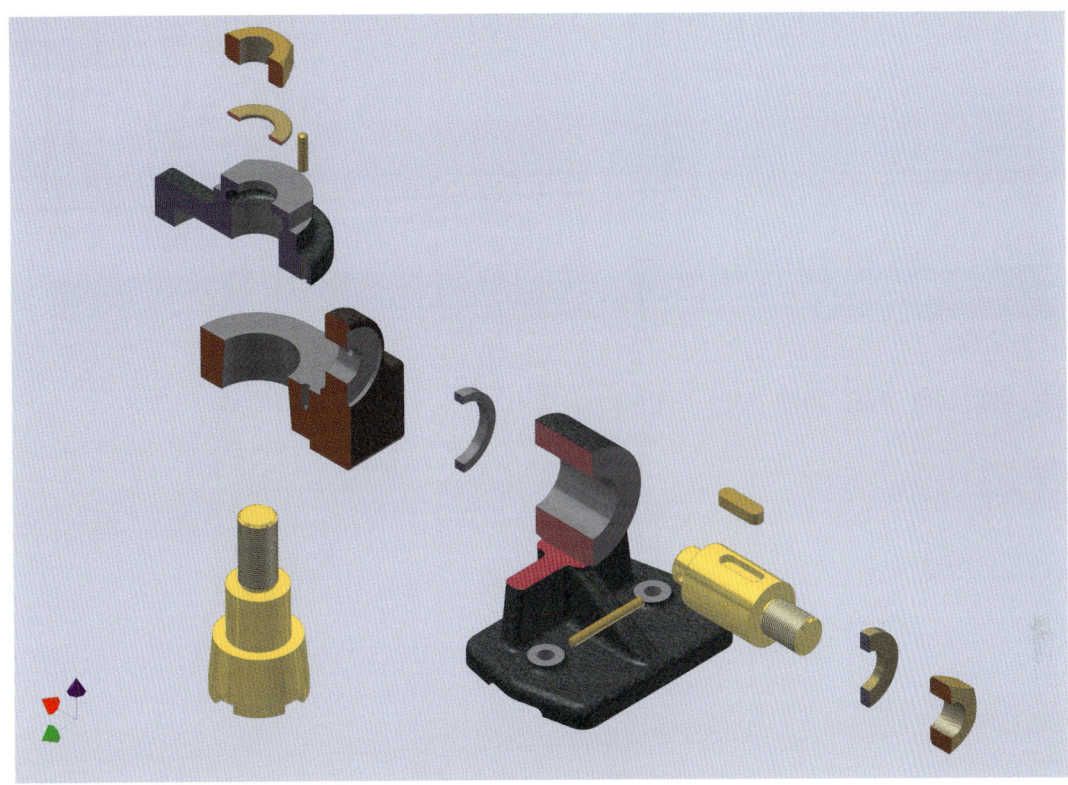

미제출 : 누름 장치 3차원 단면 형상

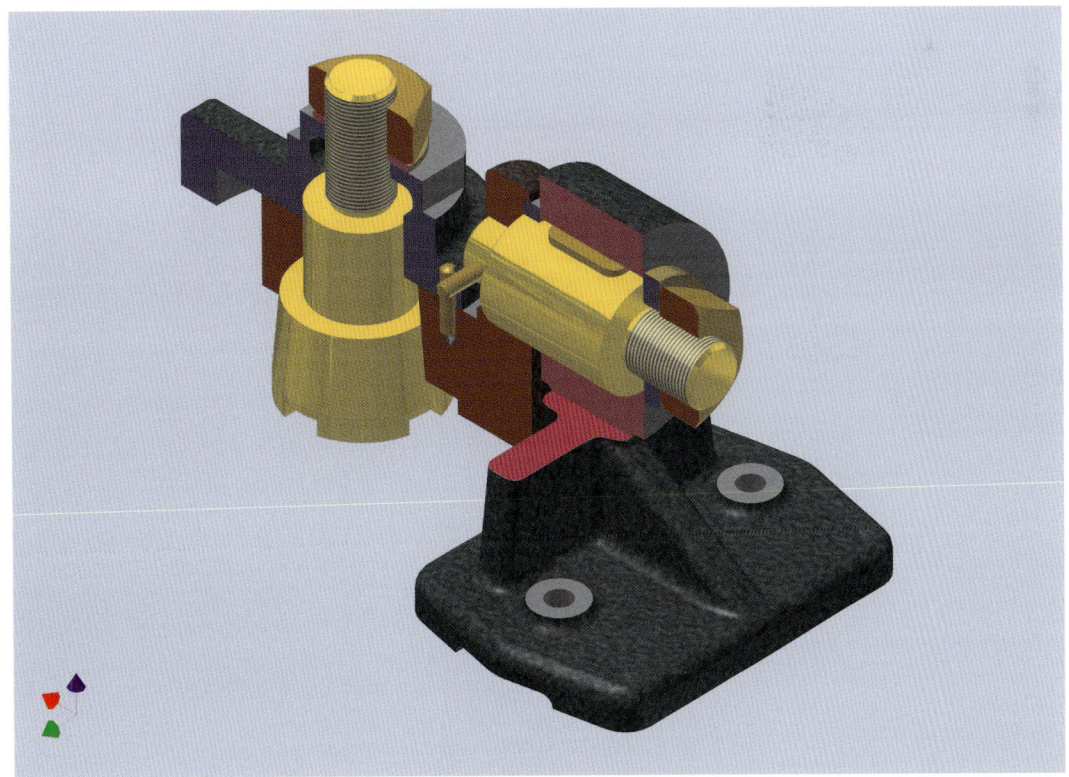

12 위치고정 지그

1. 과제 지급도면과 제출도면

▶ 위치고정 지그 과제 지급 도면

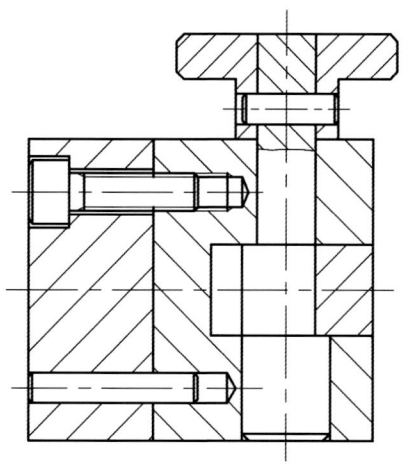
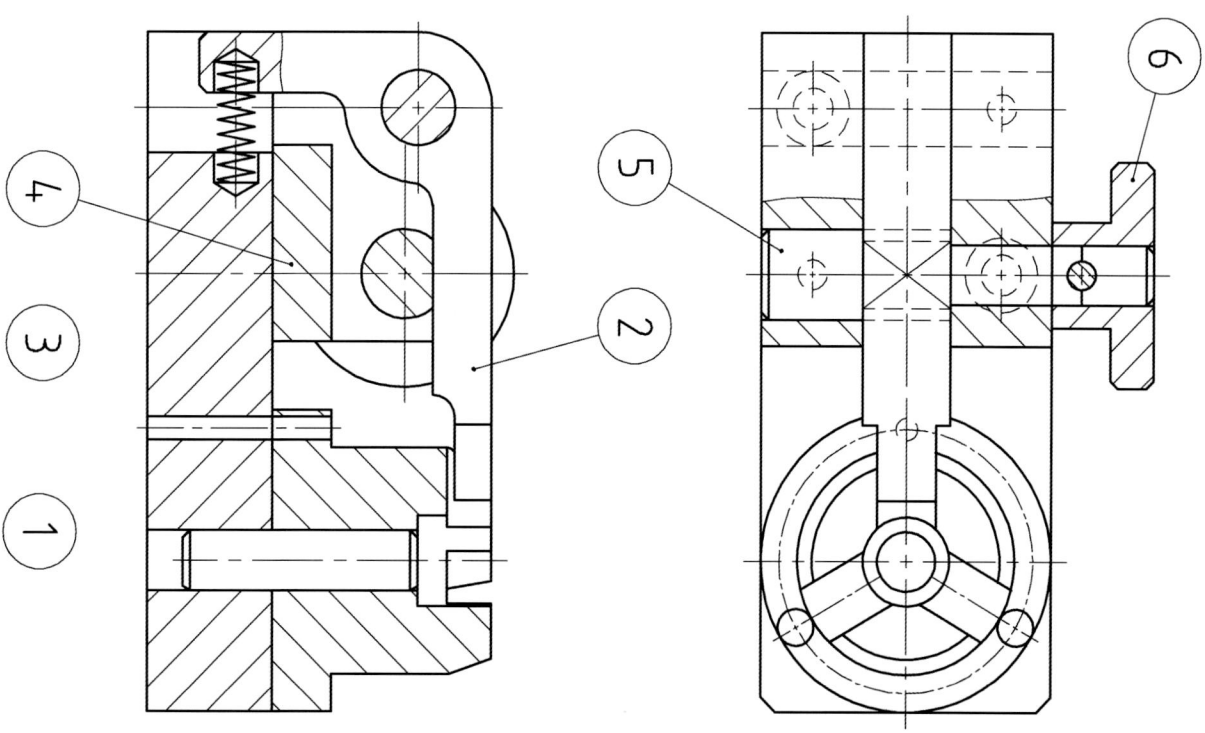
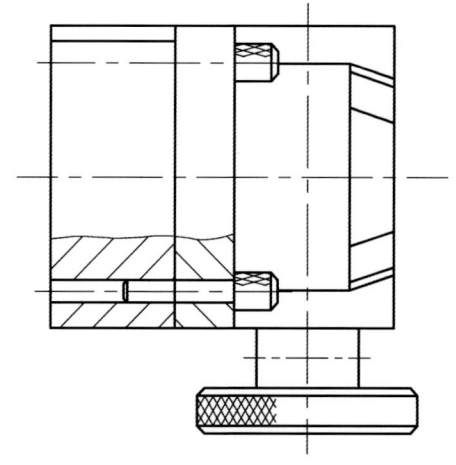

제출1 : 위치고정 지그 3차원 부품도

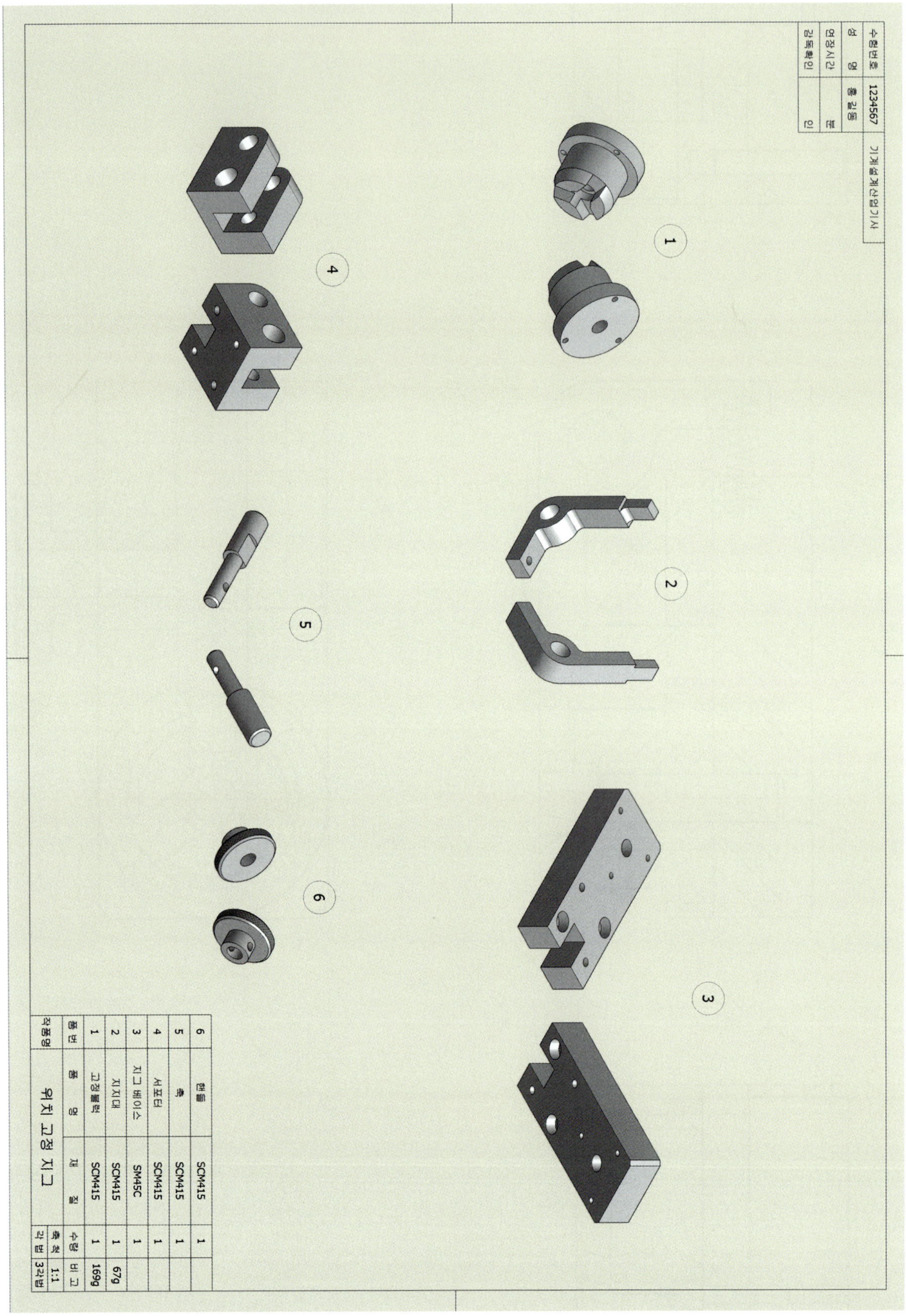

제출2 : 위치고정 지그 2차원 부품도

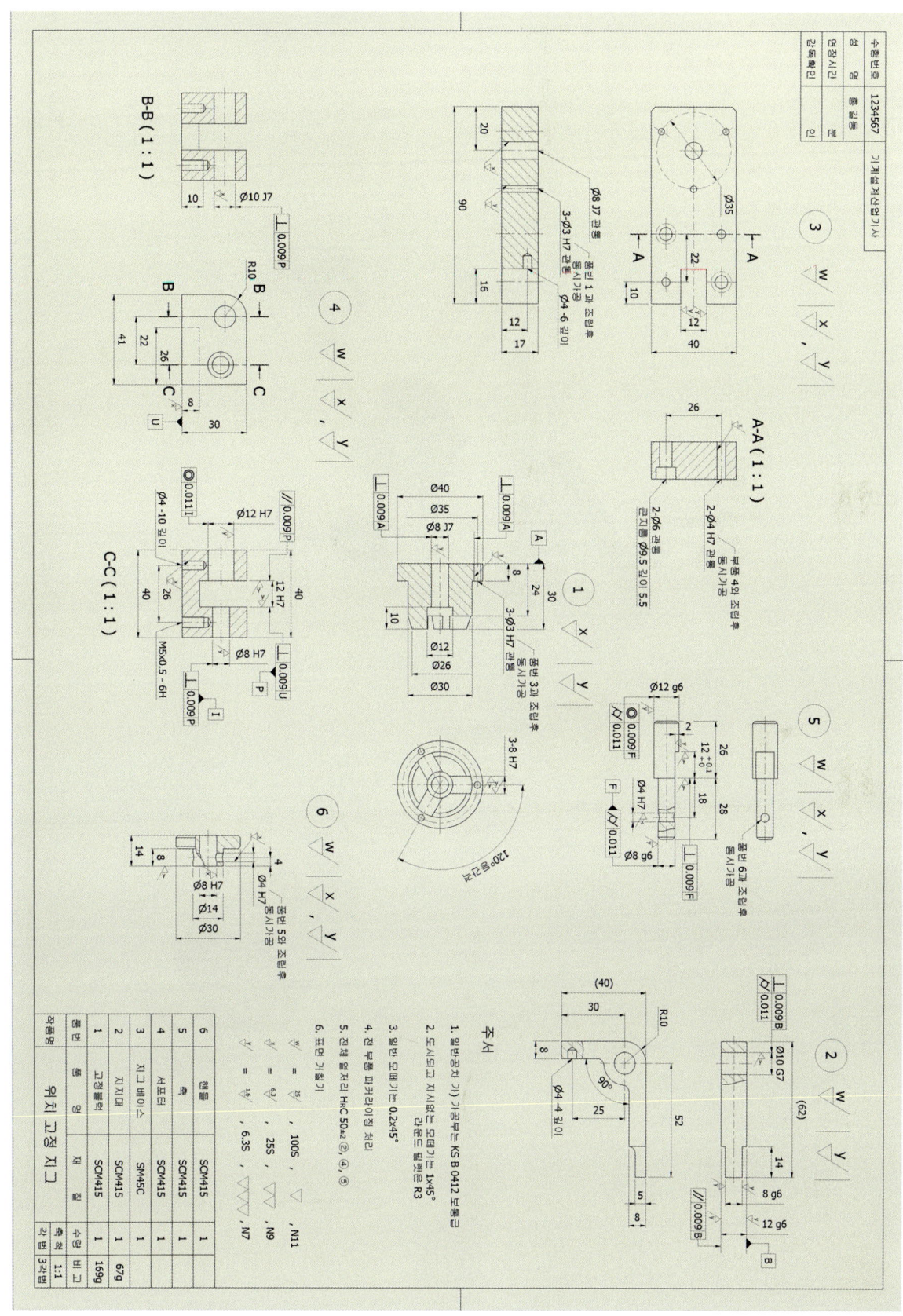

미제출 : 위치고정 지그 3차원 분해전개/조립도

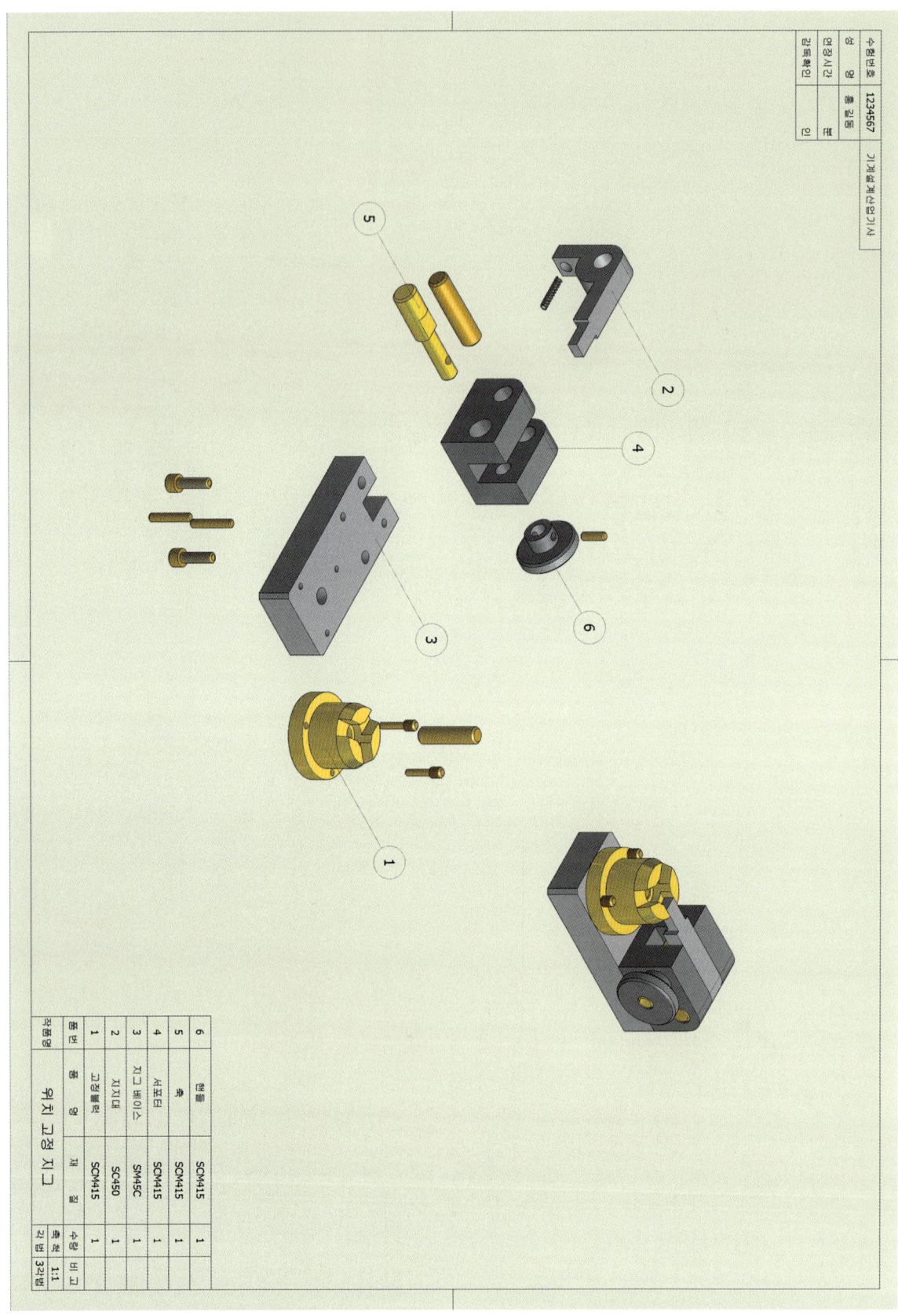

미제출 : 위치고정 지그 3차원 단면 형상

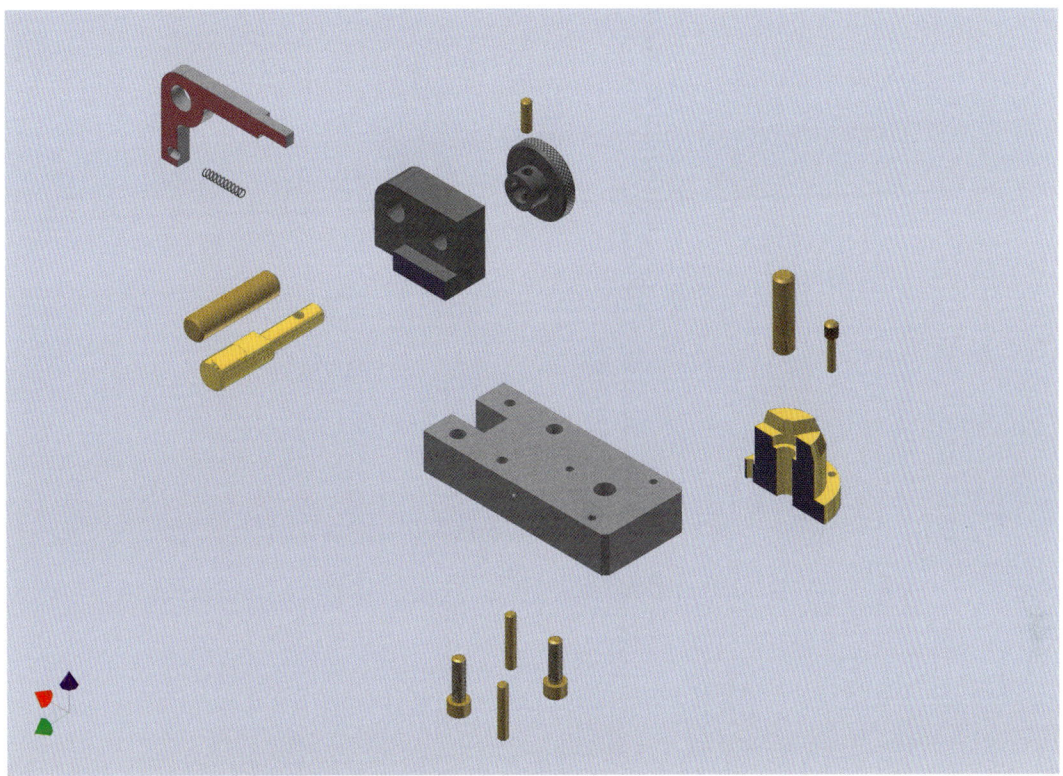

미제출 : 위치고정 지그 3차원 단면 형상

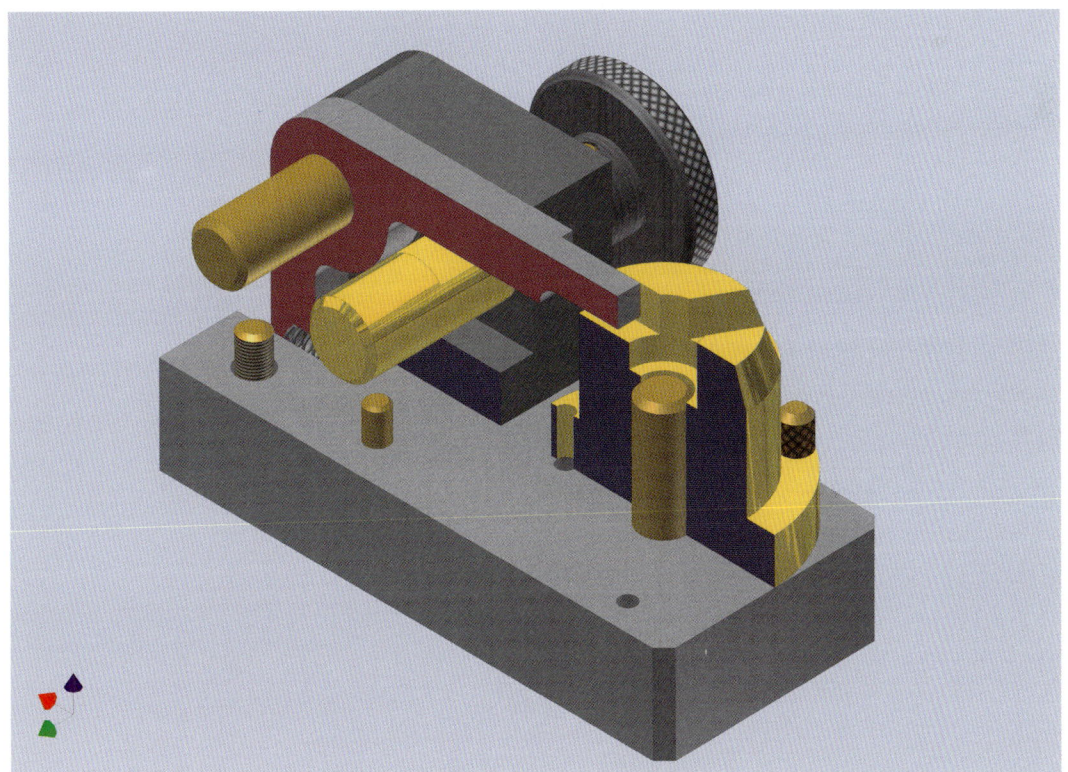

부록

KS기계제도_규격(2013년)

KS 기계제도 규격

1. 표면 거칠기
2. 끼워 맞춤 공차
3. IT공차
4. 중심 거리의 허용차
5. 모떼기 및 둥글기의 값
6. 널링
7. T홈
8. T홈 간격
9. T홈 간격 허용차
10. 미터 보통 나사
11. 미터 가는 나사
12. 미터 사다리꼴 나사
13. 관용 평행 나사
14. 관용 테이퍼 나사
15. 볼트 구멍 지름(2급 기준) 및 카운터 보어 지름의 치수
16. 불완전 나사부 길이
17. 나사의 틈새
18. 뾰족끝 홈붙이 멈춤 스크루
19. 멈춤링
    (1) C형 멈춤링
    (2) E형 멈춤 링
    (3) C형 동심 멈춤 링
20. 생크
21. 평행 키 (키 홈)
22. 반달 키 (키 홈)
23. 깊은 홈 볼 베어링
24. 앵귤러 볼 베어링
25. 자동 조심 볼 베어링
26. 원통 롤러 베어링
27. 테이퍼 롤러 베어링
28. 니들 롤러 베어링
29. 평면 자리형 스러스트 볼 베어링
30. 평면 자리형 스러스트 볼 베어링(복식)
31. 베어링 구석 홈 부 둥글기
32. 베어링의 끼워 맞춤
33. 그리스 니플
34. O링(원통면)
35. O링 부착 부의 예리한 모서리를 제거하는 설계 방법
36. O링(평면)
37. 오일 실
38. 오일 실 부착 관계 (축 및 하우징 구멍의 모떼기와 둥글기)
39. 롤러체인, 스프로킷
40. V 벨트 풀리
41. 가는 나비 V벨트 풀리
42. 지그용 부시 및 그 부속 부품 (고정 라이너)
43. 지그용 부시 및 그 부속 부품 (고정 부시)
44. 삽입 부시
45. 부시와 멈춤쇠 또는 멈춤나사의 중심 거리 및 부착나사의 가공 치수
46. 분할 핀
47. 주서 (예)
48. 양끝 센터(예)
49. 기어 요목표
50. 기계재료 기호(KS D)

1. 표면 거칠기

거칠기 구분치		0.025a	0.05a	0.1a	0.2a	0.4a	0.8a	1.6a	3.2a	6.3a	12.5a	25a	50a
산술 평균 거칠기의 표면 거칠기의 범위 (μmRa)	최소치	0.02	0.04	0.08	0.17	0.33	0.66	1.3	2.7	5.2	10	21	42
	최대치	0.03	0.06	0.11	0.22	0.45	0.90	1.8	3.6	7.1	14	28	56
거칠기 번호 (표준면 번호)		N1	N2	N3	N4	N5	N6	N7	N8	N9	N10	N11	N12

2. 끼워 맞춤 공차

기준 구멍	축의 공차역 클래스								
	헐거운			중간				억지		
H6		g5	h5	js5	k5	m5			
	f6	g6	h6	js6	k6	m6	n6	p6	
H7	f6	g6	h6	js6	k6	m6	n6	p6	r6
	f7		h7	js7					
H8	f7		h7						
	f8		h8						

기준 축	구멍의 공차역 클래스								
	헐거운			중간				억지		
h5			H6	JS6	K6	M6	N6	P6	
h6			H6	JS6	K6	M6	N6	P6	
	F6	G6	H6	JS6	K6	M6	N6	P6	
	F7	G7	H7	JS7	K7	M7	N7	P7	R7
h7	F7		H7						
	F8		H8						
h8	F8		H8						

3. IT 공차   단위 : μm

치수 등급		IT4 4급	IT5 5급	IT6 6급	IT7 7급
초과	이하				
-	3	3	4	6	10
3	6	4	5	8	12
6	10	4	6	9	15
10	18	5	8	11	18
18	30	6	9	13	21
30	50	7	11	16	25
50	80	8	13	19	30
80	120	10	15	22	35
120	180	12	18	25	40
180	250	14	20	29	46
250	315	16	23	32	52
315	400	18	25	36	57
400	500	20	27	40	63

4. 중심 거리의 허용차   단위 : μm

중심 거리 구분		1급	2급
초과	이하		
-	3	±3	±7
3	6	±4	±9
6	10	±5	±11
10	18	±6	±14
18	30	±7	±17
30	50	±8	±20
50	80	±10	±23
80	120	±11	±27
120	180	±13	±32
180	250	±15	±36
250	315	±16	±41

5. 절삭가공부품 모떼기 및 둥글기의 값

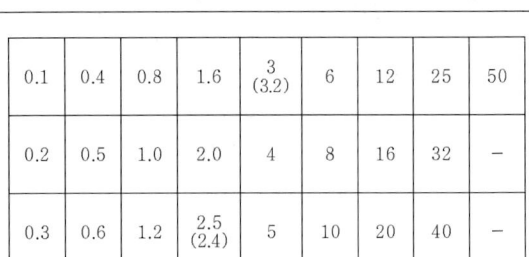

0.1	0.4	0.8	1.6	3 (3.2)	6	12	25	50
0.2	0.5	1.0	2.0	4	8	16	32	-
0.3	0.6	1.2	2.5 (2.4)	5	10	20	40	-

6. 널링

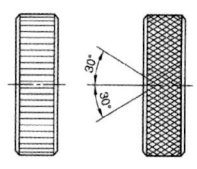

[보 기] : ☞ 바른 줄 m 0.5
☞ 빗   줄 m 0.3

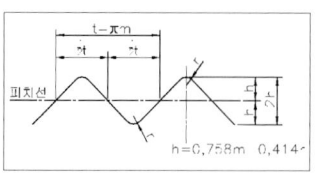

바른 줄 형			
모듈 m	0.2	0.3	0.5
피치 t	0.628	0.942	1.571
r	0.06	0.09	0.16
h	0.15	0.22	0.37

빗 줄 형			
모듈 m	0.5	0.3	0.2
cos 30°	0.577	0.346	0.230

7. T홈

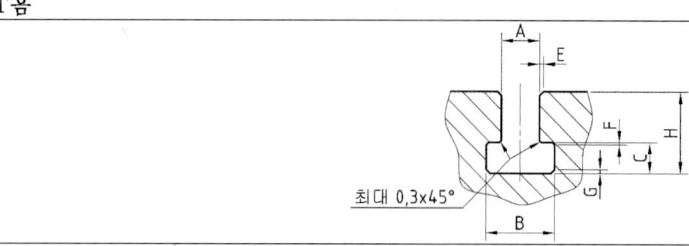

호칭(볼트)치수	기준치수	A 허용차 기준 홈 H8	A 허용차 고정 홈 H12	B 기준 치수 최소	B 기준 치수 최대	C 기준 치수 최소	C 기준 치수 최대	H 최소	H 최대	E 최대 모떼기	F 최대 모떼기	G 최대 모떼기
M4	5	+0.018 / 0	+0.12 / 0	10	11	3.5	4.5	8	10	1	0.6	1
M5	6			11	12.5	5	6	11	13	1	0.6	1
M6	8	+0.022 / 0	+0.15 / 0	14.5	16	7	8	15	18	1	0.6	1
M8	10			16	18	7	8	17	21	1	0.6	1
M10	12	+0.027 / 0	+0.18 / 0	19	21	8	9	20	25	1	0.6	1
M12	14			23	25	9	11	23	28	1.6	0.6	1.6
M16	18			30	32	12	14	30	36	1.6	1	1.6
M20	22	+0.033 / 0	+0.21 / 0	37	40	16	18	38	45	1.6	1	2.5
M24	28			46	50	20	22	48	56	1.6	1	2.5
M30	36	+0.039 / 0	+0.25 / 0	56	60	25	28	61	71	2.5	1	2.5
M36	42			68	72	32	35	74	85	2.5	1.6	4
M42	48			80	85	36	40	84	95	2.5	2	6
M48	54	+0.046 / 0	+0.30 / 0	90	95	40	44	94	106	2.5	2	6

8. T홈 간격

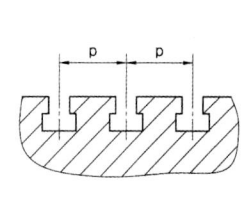

T홈의 폭 A	간격 p
5	20 25 32
6	25 32 40
8	32 40 50
10	40 50 63
12	(40) 50 63 80
14	(50) 63 80 100
18	(63) 80 100 125
22	(80) 100 125 160
28	100 125 160 200
36	125 160 200 250
42	160 200 250 320
48	200 250 320 400
54	250 320 400 500

( )호 치수는 되도록 피한다.

9. T홈 간격 허용차

간격 p	허용차
20~25	±0.2
32~100	±0.3
125~250	±0.5
320~500	±0.8

비 고 모든 T-홈의 간격에 대한 공차는 누적되지 않는다.

10. 미터 보통 나사

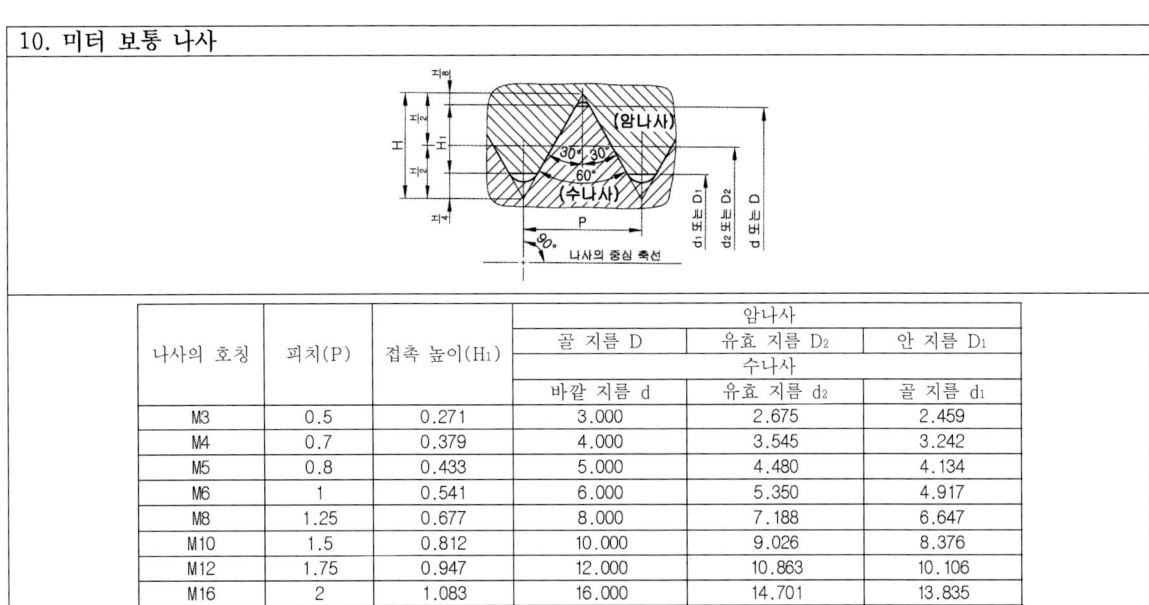

나사의 호칭	피치(P)	접촉 높이(H_1)	암나사 골 지름 D / 수나사 바깥 지름 d	암나사 유효 지름 D_2 / 수나사 유효 지름 d_2	암나사 안 지름 D_1 / 수나사 골 지름 d_1
M3	0.5	0.271	3.000	2.675	2.459
M4	0.7	0.379	4.000	3.545	3.242
M5	0.8	0.433	5.000	4.480	4.134
M6	1	0.541	6.000	5.350	4.917
M8	1.25	0.677	8.000	7.188	6.647
M10	1.5	0.812	10.000	9.026	8.376
M12	1.75	0.947	12.000	10.863	10.106
M16	2	1.083	16.000	14.701	13.835

11. 미터 가는 나사

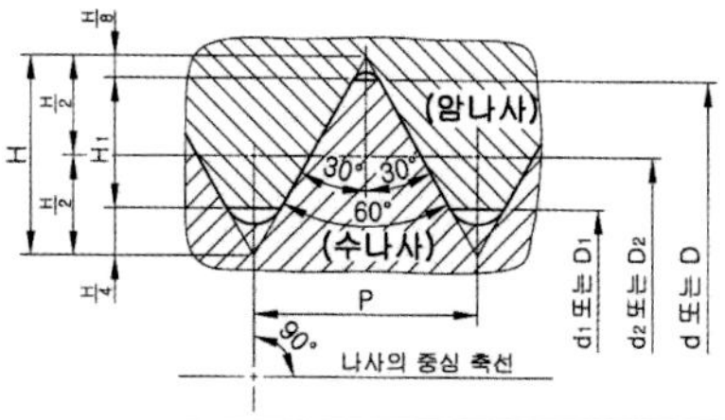

나사의 호칭	접촉 높이(H_1)	암나사 골 지름 D / 수나사 바깥 지름 d	암나사 유효 지름 D_2 / 수나사 유효 지름 d_2	암나사 안 지름 D_1 / 수나사 골 지름 d_1
M 1 × 0.2	0.108	1.000	0.870	0.783
M 1.1 × 0.2	0.108	1.100	0.970	0.883
M 1.2 × 0.2	0.108	1.200	1.070	0.983
M 1.4 × 0.2	0.108	1.400	1.270	1.183
M 1.6 × 0.2	0.108	1.600	1.470	1.383
M 1.8 × 0.2	0.108	1.800	1.670	1.583
M 2 × 0.25	0.135	2.000	1.838	1.729
M 2.2 × 0.25	0.135	2.200	2.038	1.929
M 2.5 × 0.35	0.189	2.500	2.273	2.121
M 3 × 0.35	0.189	3.000	2.773	2.621
M 3.5 × 0.35	0.189	3.500	3.273	3.121
M 4 × 0.5	0.271	4.000	3.675	3.459
M 4.5 × 0.5	0.271	4.500	4.175	3.959
M 5 × 0.5	0.271	5.000	4.675	4.459
M 5.5 × 0.5	0.271	5.500	5.175	4.959
M 6 × 0.75	0.406	6.000	5.513	5.188
M 7 × 0.75	0.406	7.000	6.513	6.188
M 8 × 1	0.541	8.000	7.350	6.917
M 8 × 0.75	0.406	8.000	7.513	7.188
M 9 × 1	0.541	9.000	8.350	7.917
M 9 × 0.75	0.406	9.000	8.513	8.188
M 10 × 1.25	0.677	10.000	9.188	8.647
M 10 × 1	0.541	10.000	9.350	8.917
M 10 × 0.75	0.406	10.000	9.513	9.188
M 11 × 1	0.541	11.000	10.350	9.917
M 11 × 0.75	0.406	11.000	10.513	10.188
M 12 × 1.5	0.812	12.000	11.026	10.376
M 12 × 1.25	0.677	12.000	11.188	10.647
M 12 × 1	0.541	12.000	11.350	10.917
M 14 × 1.5	0.812	14.000	13.026	12.376
M 14 × 1.25	0.677	14.000	13.188	12.647
M 14 × 1	0.541	14.000	13.350	12.917
M 15 × 1.5	0.812	15.000	14.026	13.376
M 15 × 1	0.541	15.000	14.350	13.917
M 16 × 1.5	0.812	16.000	15.026	14.376
M 16 × 1	0.541	16.000	15.350	14.917

12. 미터 사다리꼴 나사

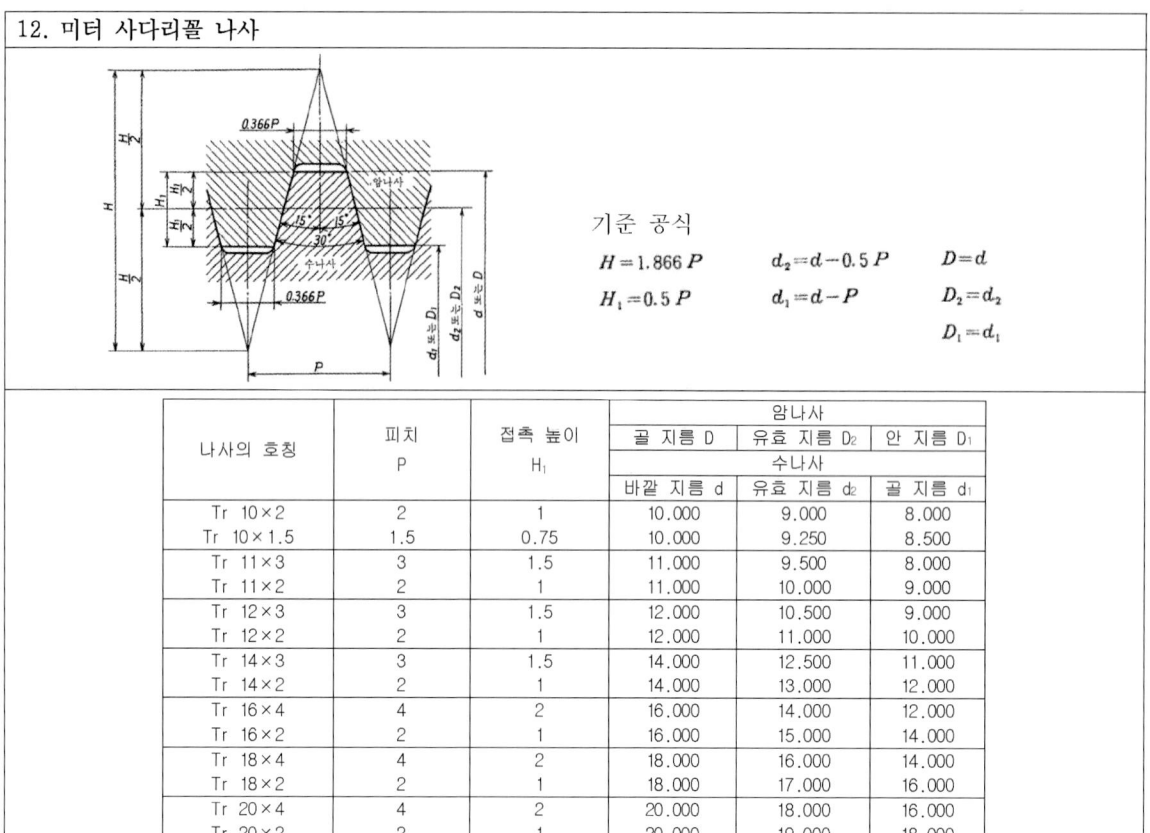

기준 공식

$H = 1.866 P$ $d_2 = d - 0.5 P$ $D = d$
$H_1 = 0.5 P$ $d_1 = d - P$ $D_2 = d_2$
                                  $D_1 = d_1$

나사의 호칭	피치 P	접촉 높이 H_1	암나사 골 지름 D / 수나사 바깥 지름 d	암나사 유효 지름 D_2 / 수나사 유효 지름 d_2	암나사 안 지름 D_1 / 수나사 골 지름 d_1
Tr 10×2	2	1	10.000	9.000	8.000
Tr 10×1.5	1.5	0.75	10.000	9.250	8.500
Tr 11×3	3	1.5	11.000	9.500	8.000
Tr 11×2	2	1	11.000	10.000	9.000
Tr 12×3	3	1.5	12.000	10.500	9.000
Tr 12×2	2	1	12.000	11.000	10.000
Tr 14×3	3	1.5	14.000	12.500	11.000
Tr 14×2	2	1	14.000	13.000	12.000
Tr 16×4	4	2	16.000	14.000	12.000
Tr 16×2	2	1	16.000	15.000	14.000
Tr 18×4	4	2	18.000	16.000	14.000
Tr 18×2	2	1	18.000	17.000	16.000
Tr 20×4	4	2	20.000	18.000	16.000
Tr 20×2	2	1	20.000	19.000	18.000

13. 관용 평행 나사

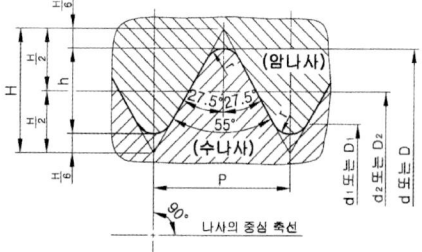

나사의 표시방법 : 수나사의 경우 G 1A, G 1B
암나사의 경우 G1

나사의 호칭	나사 산수 25.4mm 에 대하여 n	피치 P (참고)	나사 산의 높이 h	산의 봉우리 및 골의 둥글기 r	암나사 골 지름 D / 수나사 바깥 지름 d	암나사 유효 지름 D_2 / 수나사 유효 지름 d_2	암나사 안 지름 D_1 / 수나사 골 지름 d_1
G 1/8	28	0.9071	0.581	0.12	9.728	9.147	8.566
G 1/4	19	1.3368	0.856	0.18	13.157	12.301	11.445
G 3/8	19	1.3368	0.856	0.18	16.662	15.806	14.950
G 1/2	14	1.8143	1.162	0.25	20.955	19.793	18.631
G 5/8	14	1.8143	1.162	0.25	22.911	21.749	20.587
G 3/4	14	1.8143	1.162	0.25	26.441	25.279	24.117
G 7/8	14	1.8143	1.162	0.25	30.201	29.039	27.877
G 1	11	2.3091	1.479	0.32	33.249	31.770	30.291
G 1 1/8	11	2.3091	1.479	0.32	37.897	36.418	34.939
G 1 1/4	11	2.3091	1.479	0.32	41.910	40.431	38.952
G 1 1/2	11	2.3091	1.479	0.32	47.803	46.324	44.845
G 1 3/4	11	2.3091	1.479	0.32	53.746	52.267	50.788
G 2	11	2.3091	1.479	0.32	59.614	58.135	56.656
G 2 1/4	11	2.3091	1.479	0.32	65.710	64.231	62.752
G 2 1/2	11	2.3091	1.479	0.32	75.184	73.705	72.226

14. 관용 테이퍼 나사

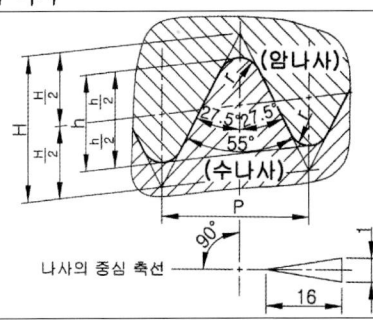

나사의 표시방법 : 수나사의 경우 R 1½
암나사의 경우 Rc 1½

나사의 호칭	나사 산수 25.4mm 에 대하여 n	피 치 P (참 고)	나사 산의 높이 h	둥글기 r 또는 r'	암나사			수나사 기본지름위치		암나사 기본지름 위치
					골 지름 D	유효 지름 D2	안 지름 D1	관 끝으로부터		관 끝부분
					수나사			기본길이 a	축선방향 의 허용차 ±b	축선방향 의 허용차 ±c
					바깥 지름 d	유효 지름 d2	골 지름 d1			
R 1/16	28	0.9071	0.581	0.12	7.723	7.142	6.561	3.97	0.91	1.13
R 1/8	28	0.9071	0.581	0.12	9.728	9.147	8.566	3.97	0.91	1.13
R 1/4	19	1.3368	0.856	0.18	13.157	12.301	11.445	6.01	1.34	1.67
R 3/8	19	1.3368	0.856	0.18	16.662	15.806	14.950	6.35	1.34	1.67
R 1/2	14	1.8143	1.162	0.25	20.955	19.793	18.631	8.16	1.81	2.27
R 3/4	14	1.8143	1.162	0.25	26.441	25.279	24.117	9.53	1.81	2.27
R1	11	2.3091	1.479	0.32	33.249	31.770	30.291	10.39	2.31	2.89
R1 1/4	11	2.3091	1.479	0.32	41.910	40.431	38.952	12.70	2.31	2.89
R1 1/2	11	2.3091	1.479	0.32	47.803	46.324	44.845	12.70	2.31	2.89
R2	11	2.3091	1.479	0.32	59.614	58.135	56.656	15.88	2.31	2.89
R2 1/2	11	2.3091	1.479	0.32	75.184	73.705	72.226	17.46	3.46	3.46
R3	11	2.3091	1.479	0.32	87.884	86.405	84.926	20.64	3.46	3.46
R4	11	2.3091	1.479	0.32	113.030	111.551	110.072	25.40	3.46	3.46
R5	11	2.3091	1.479	0.32	138.430	136.951	135.472	28.58	3.46	3.46
R6	11	2.3091	1.479	0.32	163.830	162.351	160.872	28.58	3.46	3.46

15. 볼트 구멍 지름(2급 기준) 및 카운터 보어 지름의 치수

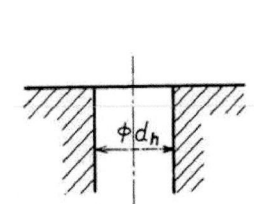 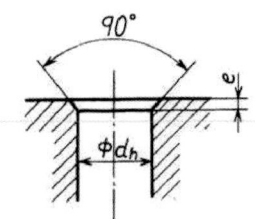 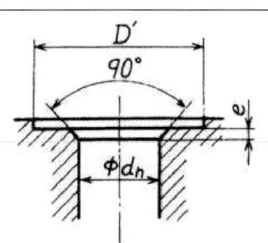

나사 호칭 지름	3	4	5	6	8	10	12	14	16
볼트 구멍 지름 ⌀d_h	3.4	4.5	5.5	6.6	9	11	13.5	15.5	17.5
모떼기 e	0.3	0.4	0.4	0.4	0.6	0.6	1.1	1.1	1.1
카운터보어 지름 D'	9	11	13	15	20	24	28	32	35

16. 불완전 나사부 길이

나사의 절단 끝부에 있어서 불완전 나사부 길이 (x)

절삭 나사의 경우   전조 나사의 경우

(원통부 지름=수나사 바깥지름) (원통부 지름≒수나사 유효지름) (원통부 지름=수나사 바깥지름)

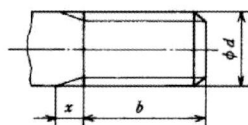 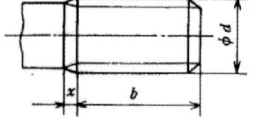 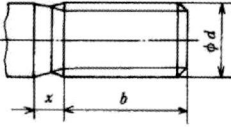

비 고 그림 중의 b는 나사부 길이를 표시한다.

온나사에 있어서 불완전 나사부 길이 (a)

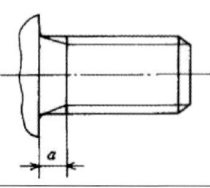 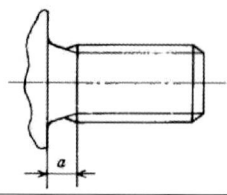

나사의 피치	x (최대)		a (최대)		
	보통 것	짧은 것	보통 것	짧은 것	긴 것
0.5	1.25	0.7	1.5	1	2
0.7	1.75	0.9	2.1	1.4	2.8
0.8	2	1	2.4	1.6	3.2
1	2.5	1.25	3	2	4
1.25	3.2	1.6	4	2.5	5
1.5	3.8	1.9	4.5	3	6
1.75	4.3	2.2	5.3	3.5	7
2	5	2.5	6	4	8

17. 나사의 틈새

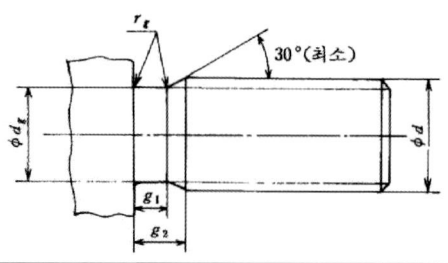

나사의 피치	dg		g_1	g_2	r_g
	기준 치수	허용차	최소	최대	약
0.5	d − 0.8	호칭지름이 3mm 이하는 h12, 호칭지름이 3mm 초과는 h13 적용	0.8	1.5	0.2
0.7	d − 1.1		1.1	2.1	0.4
0.8	d − 1.3		1.3	2.4	0.4
1	d − 1.6		1.6	3	0.6
1.25	d − 2		2	3.75	0.6
1.5	d − 2.3		2.5	4.5	0.8
1.75	d − 2.6		3	5.25	1
2	d − 3		3.4	6	1

18. 뾰족끝 홈붙이 멈춤 스크루

나사의 호칭 d			M 1.2	M 1.6	M 2	M 2.5	M 3	(M 3.5)[a]	M 4	M 5	M 6	M 8	M 10	M 12
P^b			0.25	0.35	0.4	0.45	0.5	0.6	0.7	0.8	1	1.25	1.5	1.75
d_t		≈	나사산의 골지름											
$l^{a,d}$														
기준치수	최소	최대												
2	1.8	2.2												
2.5	2.3	2.7												
3	2.8	3.2												
4	3.7	4.3												
5	4.7	5.3												
6	5.7	6.3												
8	7.7	8.3												
10	9.7	10.3					상용							
12	11.6	12.4					길이							
(14)	13.6	14.4					의							
16	15.6	16.4							범위					
20	19.6	20.4												
25	24.6	25.4												
30	29.6	30.4												

19. 멈춤링

(1) C형 멈춤링

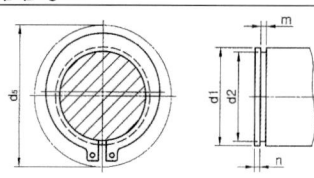

축용 멈춤링

(d_s는 축에 끼울때 바깥 둘레의 최대 지름이다)

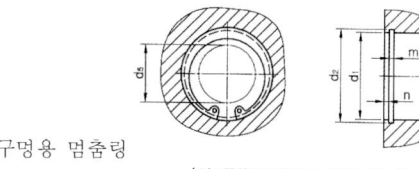

구멍용 멈춤링

(d_s는 구멍에 끼울때 안 둘레의 최소 지름이다)

축 치수 d1	d2 기준치수	d2 허용차	m 기준치수	m 허용차	n 최소	멈춤링 두께 기준치수	멈춤링 두께 허용차
10	9.6	0 / -0.09					
11	10.5						
12	11.5						
13	12.4		1.15			1	±0.05
14	13.4						
15	14.3	0 / -0.11					
16	15.2						
17	16.2						
18	17						
19	18				1.5		
20	19			+0.14 / 0			
21	20		1.35			1.2	
22	21						
24	22.9	0 / -0.21					±0.06
25	23.9						
26	24.9						
28	26.6						
29	27.6						
30	28.6		1.75			1.6	
32	30.3						
34	32.3	0 / -0.25					
35	33						
36	34		1.95		2	1.8	±0.07
38	36						

구멍치수 d1	d2 기준치수	d2 허용차	m 기준치수	m 허용차	n 최소	멈춤링 두께 기준치수	멈춤링 두께 허용차
10	10.4						
11	11.4						
12	12.5						
13	13.6	+0.11 / 0					
14	14.6						
15	15.7						
16	16.8		1.15			1	±0.05
17	17.8						
18	19						
19	20				1.5		
20	21			+0.14 / 0			
21	22	+0.21 / 0					
22	23						
24	25.2						
25	26.2						
26	27.2		1.35			1.2	
28	29.4						±0.06
30	31.4						
32	33.7						
34	35.7	+0.25 / 0					
35	37		1.75		2	1.6	
36	38						
37	39						

(2) E형 멈춤링

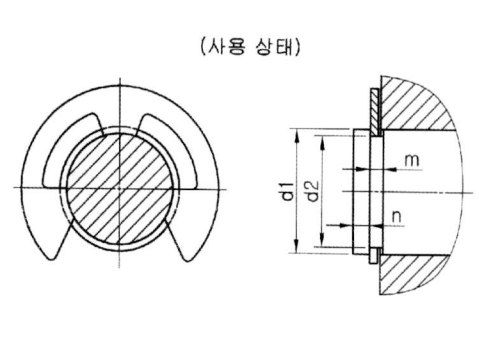

(사용 상태)

축 치수 d1 초과	축 치수 d1 이하	d2 기준치수	d2 허용차	m 기준치수	m 허용차	n 최소	멈춤링 두께 기준치수	멈춤링 두께 허용차
1	1.4	0.8	+0.05 / 0	0.3		0.4	0.2	±0.02
1.4	2	1.2		0.4	+0.05 / 0	0.6	0.3	±0.025
2	2.5	1.5	+0.06 / 0			0.8		
2.5	3.2	2		0.5			0.4	±0.03
3.2	4	2.5				1		
4	5	3						
5	7	4		0.7		0.6		
6	8	5	+0.075 / 0		+0.1 / 0	1.2		±0.04
7	9	6						
8	11	7		0.9		1.5	0.8	
9	12	8	+0.09 / 0			1.8		
10	14	9				2		
11	15	10		1.15		2.5	1.0	±0.05
13	18	12	+0.11 / 0		+0.14 / 0	3		
16	24	15		1.75			1.6	±0.06
20	31	19	+0.13 / 0			3.5		
25	38	24		2.2		4	2.0	±0.07

(3) C형 동심 멈춤 링

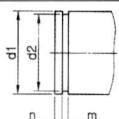

축 치수 d1	d2 기준치수	d2 허용차	m 기준치수	m 허용차	n 최소	멈춤 링 두께 기준치수	멈춤 링 두께 허용차
20	19		1.35			1.2	
22	21	0	1.35			1.2	
25	23.9	−0.21			1.5		±0.07
28	26.6			+0.14			
30	28.6		1.75	0		1.6	
32	30.3						
35	33						
40	38	0					
45	42.5	−0.25	1.9		2	1.75	±0.08
50	47		2.2			2	

구멍 치수 d1	d2 기준치수	d2 허용차	m 기준치수	m 허용차	n 최소	멈춤 링 두께 기준치수	멈춤 링 두께 허용차
20	21		1.15			1	
22	23	+0.21	1.15			1	
25	26.2	0			1.5		±0.07
28	29.4		1.35	+0.14		1.2	
30	31.4			0			
35	37		1.75			1.6	
40	42.5	+0.25	1.9		2	1.75	±0.08
45	47.5	0					
50	53		2.2			2	

20. 생크

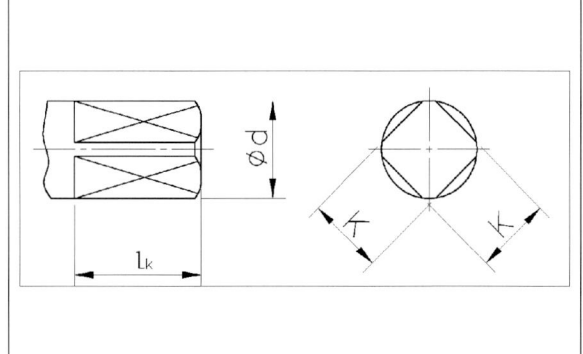

Φd 초과	Φd 이하	K 기준치수	K 허용차(h12)	lk
7.5	8.5	6.3		9
8.5	9.5	7.1	0	10
9.5	10.6	8	−0.15	11
10.6	11.8	9		12
11.8	13.2	10		13
13.2	15	11.2		14
15	17	12.5		16
17	19	14	0	18
19	21.2	16	−0.18	20
21.2	23.6	18		22
23.6	26.5	20		24
26.5	30	22.4	0	26
30	33.5	25	−0.21	28
33.5	37.5	28		31

21. 평행 키 (키 홈)

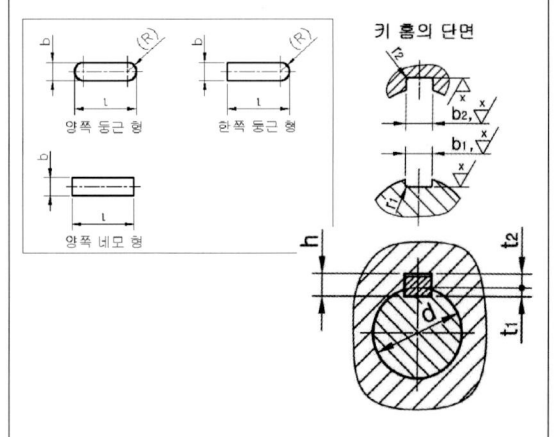

키 홈의 치수								
b_1 및 b_2의 기준치수	활동형		보통형		t_1의 기준치수	t_2의 기준치수	t_1 및 t_2의 허용차	적용하는 축 지름 d (초과~이하)
	b_1 허용차	b_2 허용차	b_1 허용차	b_2 허용차				
2	H9	D10	N9	Js9	1.2	1.0	+0.1 0	6~8
3					1.8	1.4		8~10
4					2.5	1.8		10~12
5					3.0	2.3		12~17
6					3.5	2.8		17~22
7					4.0	3.3	+0.2 0	20~25
8					4.0	3.3		22~30
10					5.0	3.3		30~38

22. 반달 키 (키 홈)

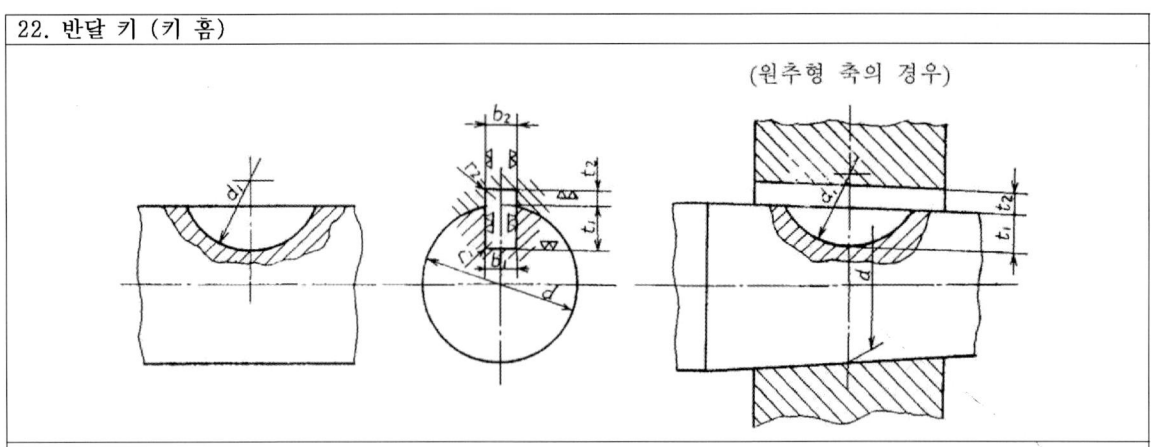
(원추형 축의 경우)

키의 호칭 치수 $b \times d_0$	반달 키 홈의 치수							참 고	
	b_1		b_2		t_1	t_2	t_1, t_2의 허용차	r_1 및 r_2	d_1		해당 축지름 d
	기준 치수	허용차 (N 9)	기준 치수	허용차 (F 9)	기준 치수	기준 치수		기준 치수	기준 치수	허용차	
2.5×10	2.5	−0.004 −0.029	2.5	+0.031 +0.006	2.5	1.4		0.08~0.16	10	+0.2 0	7~12
3×10	3		3		2.5				10		8~14
3×13					3.8				13		9~16
3×16					5.3				16		11~18
4×13	4		4		3.5	1.7			13		11~18
4×16					5				16		12~20
4×19					6				19	+0.3 0	14~22
5×16	5	0 −0.030	5	+0.040 +0.010	4.5	2.2			16	+0.2 0	14~22
5×19					5.5				19		15~24
5×22					7				22		17~26
6×22	6		6		6.6	2.6	+0.1 0		22		19~28
6×25					7.6				25		20~30
6×28					8.6				28		22~32
6×32					10.6				32		24~34
(7×22)	7		7		6.4	2.8		0.16~0.25	22	+0.3 0	20~29
(7×25)					7.4				25		22~32
(7×28)					8.4				28		24~34
(7×32)					10.4				32		26~37
(7×38)					12.4				38		29~41
(7×45)					13.4				45		31~45
8×25	8	0 −0.036	8	+0.049 +0.013	7.2	3			25		24~34
8×28					8.2				28		26~37
8×32					10.2				32		28~40
8×38					12.2				38		30~44
10×32	10		10		9.8	3.4		0.25~0.40	32		31~46
10×45					12.8				45		38~54
10×55					13.8				55		42~60
10×65					15.8				65	+0.5 0	46~65
12×65	12	0 −0.043	12	+0.059 +0.016	15.2	4			65		50~73
12×80					20.2				80		58~82

23. 깊은 홈 볼 베어링

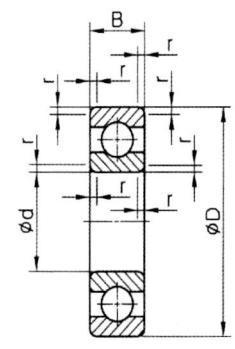

호칭 번호 (68계열)	치수			
	d	D	B	r
6800	10	19	5	0.3
6801	12	21		
6802	15	24		
6803	17	26		
6804	20	32		
6805	25	37		
6806	30	42	7	
6807	35	47		
6808	40	52		
6809	45	58		
6810	50	65		

호칭 번호 (64계열)	치수			
	d	D	B	r
6403	17	62	17	1.1
6404	20	72	19	1.1
6405	25	80	21	1.5
6406	30	90	23	1.5
6407	35	100	25	1.5
6408	40	110	27	2
6409	45	120	29	2
6410	50	130	31	2.1
6411	55	140	33	2.1
6412	60	150	35	2.1
6413	65	160	37	2.1

호칭 번호 (69계열)	치수			
	d	D	B	r
6900	10	22	6	0.3
6901	12	24		
6902	15	28	7	
6903	17	30		
6904	20	37		
6905	25	42	9	
6906	30	47		
6907	35	55	10	0.6
6908	40	62	12	

호칭 번호 (60계열)	치수			
	d	D	B	r
6000	10	26	8	0.3
6001	12	28		
6002	15	32	9	
6003	17	35	10	
6004	20	42	12	0.6
6005	25	47		
6006	30	55	13	
6007	35	62	14	1
6008	40	68	15	

호칭 번호 (62계열)	치수			
	d	D	B	r
6200	10	30	9	0.6
6201	12	32	10	0.6
6202	15	35	11	0.6
6203	17	40	12	0.6
6204	20	47	14	1
6205	25	52	15	1
6206	30	62	16	1
6207	35	72	17	1.1
6208	40	80	18	1.1

호칭 번호 (63계열)	치수			
	d	D	B	r
6300	10	35	11	0.6
6301	12	37	12	1
6302	15	42	13	1
6303	17	47	14	1
6304	20	52	15	1.1
6305	25	62	17	1.1

24. 앵귤러 볼 베어링

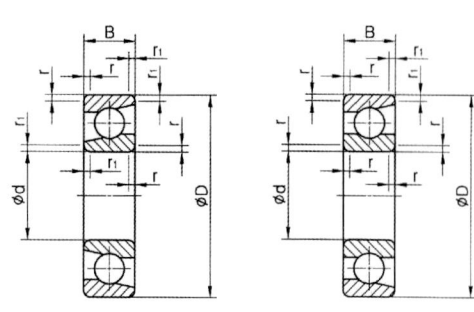

호칭 번호 (70계열)	치수				
	d	D	B	r	r1
7000A	10	26	8	0.3	0.15
7001A	12	28	8	0.3	0.15
7002A	15	32	9	0.3	0.15
7003A	17	35	10	0.3	0.15
7004A	20	42	12	0.6	0.3
7005A	25	47	12	0.6	0.3
7006A	30	55	13	1	0.6
7007A	35	62	14	1	0.6
7008A	40	68	15	1	0.6
7009A	45	75	16	1	0.6

호칭 번호 (72계열)	치수				
	d	D	B	r	r1
7200A	10	30	9	0.6	0.3
7201A	12	32	10	0.6	0.3
7202A	15	35	11	0.6	0.3
7203A	17	40	12	0.6	0.3
7204A	20	47	14	1	0.6
7205A	25	52	15	1	0.6
7206A	30	62	16	1	0.6

호칭 번호 (73계열)	치수				
	d	D	B	r	r1
7300A	10	35	11	0.6	0.3
7301A	12	37	12	1	0.6
7302A	15	42	13	1	0.6
7303A	17	47	14	1	0.6
7304A	20	52	15	1.1	0.6
7305A	25	62	17	1.1	0.6
7306A	30	72	19	1.1	0.6

호칭 번호 (74계열)	치수				
	d	D	B	r	r1
7404A	20	72	19	1.1	0.6
7405A	25	80	21	1.5	1
7406A	30	90	23	1.5	1

25. 자동 조심 볼 베어링

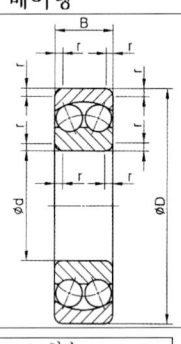

호칭 번호 (22계열)	치수			
	d	D	B	r
2200	10	30	14	0.6
2201	12	32	14	0.6
2202	15	35	14	0.6
2203	17	40	16	0.6
2204	20	47	18	1
2205	25	52	18	1
2206	30	62	20	1

호칭 번호 (12계열)	치수			
	d	D	B	r
1200	10	30	9	0.6
1201	12	32	10	0.6
1202	15	35	11	0.6
1203	17	40	12	0.6
1204	20	47	14	1
1205	25	52	15	1
1206	30	62	16	1

호칭 번호 (13계열)	치수			
	d	D	B	r
1300	10	35	11	0.6
1301	12	37	12	1
1302	15	42	13	1
1303	17	47	14	1
1304	20	52	15	1.1
1305	25	62	17	1.1

호칭 번호 (23계열)	치수			
	d	D	B	r
2300	10	35	17	0.6
2301	12	37	17	1
2302	15	42	17	1
2303	17	47	19	1
2304	20	52	21	1.1
2305	25	62	24	1.1

26. 원통 롤러 베어링

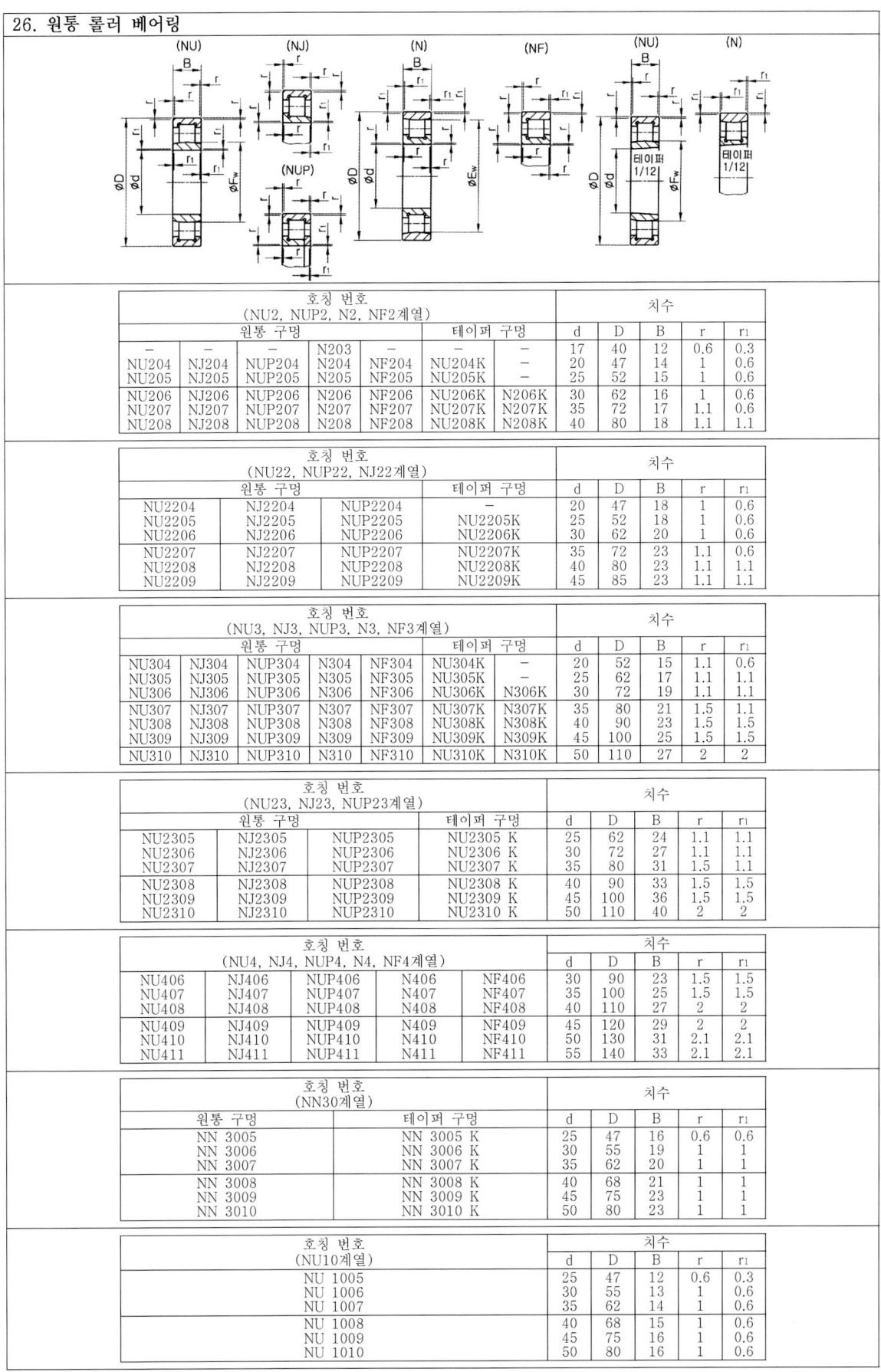

호칭 번호 (NU2, NUP2, N2, NF2계열)							치수				
원통 구명						테이퍼 구명	d	D	B	r	r₁
NU204	–	–	–	N203	–	–	–	17	40	12	0.6	0.3
NU204	NJ204	–	N204	NF204	NU204K	–	20	47	14	1	0.6
NU205	NJ205	NUP205	N205	NF205	NU205K	–	25	52	15	1	0.6
NU206	NJ206	NUP206	N206	NF206	NU206K	N206K	30	62	16	1	0.6
NU207	NJ207	NUP207	N207	NF207	NU207K	N207K	35	72	17	1.1	0.6
NU208	NJ208	NUP208	N208	NF208	NU208K	N208K	40	80	18	1.1	1.1

호칭 번호 (NU22, NUP22, NJ22계열)				치수				
원통 구명			테이퍼 구명	d	D	B	r	r₁
NU2204	NJ2204	NUP2204	–	20	47	18	1	0.6
NU2205	NJ2205	NUP2205	NU2205K	25	52	18	1	0.6
NU2206	NJ2206	NUP2206	NU2206K	30	62	20	1	0.6
NU2207	NJ2207	NUP2207	NU2207K	35	72	23	1.1	0.6
NU2208	NJ2208	NUP2208	NU2208K	40	80	23	1.1	1.1
NU2209	NJ2209	NUP2209	NU2209K	45	85	23	1.1	1.1

호칭 번호 (NU3, NJ3, NUP3, N3, NF3계열)							치수				
원통 구명						테이퍼 구명	d	D	B	r	r₁
NU304	NJ304	NUP304	N304	NF304	NU304K	–	20	52	15	1.1	0.6
NU305	NJ305	NUP305	N305	NF305	NU305K	–	25	62	17	1.1	1.1
NU306	NJ306	NUP306	N306	NF306	NU306K	N306K	30	72	19	1.1	1.1
NU307	NJ307	NUP307	N307	NF307	NU307K	N307K	35	80	21	1.5	1.1
NU308	NJ308	NUP308	N308	NF308	NU308K	N308K	40	90	23	1.5	1.5
NU309	NJ309	NUP309	N309	NF309	NU309K	N309K	45	100	25	1.5	1.5
NU310	NJ310	NUP310	N310	NF310	NU310K	N310K	50	110	27	2	2

호칭 번호 (NU23, NJ23, NUP23계열)				치수				
원통 구명			테이퍼 구명	d	D	B	r	r₁
NU2305	NJ2305	NUP2305	NU2305 K	25	62	24	1.1	1.1
NU2306	NJ2306	NUP2306	NU2306 K	30	72	27	1.1	1.1
NU2307	NJ2307	NUP2307	NU2307 K	35	80	31	1.5	1.1
NU2308	NJ2308	NUP2308	NU2308 K	40	90	33	1.5	1.5
NU2309	NJ2309	NUP2309	NU2309 K	45	100	36	1.5	1.5
NU2310	NJ2310	NUP2310	NU2310 K	50	110	40	2	2

호칭 번호 (NU4, NJ4, NUP4, N4, NF4계열)					치수				
원통 구명						d	D	B	r	r₁
NU406	NJ406	NUP406	N406	NF406	30	90	23	1.5	1.5
NU407	NJ407	NUP407	N407	NF407	35	100	25	1.5	1.5
NU408	NJ408	NUP408	N408	NF408	40	110	27	2	2
NU409	NJ409	NUP409	N409	NF409	45	120	29	2	2
NU410	NJ410	NUP410	N410	NF410	50	130	31	2.1	2.1
NU411	NJ411	NUP411	N411	NF411	55	140	33	2.1	2.1

호칭 번호 (NN30계열)		치수				
원통 구명	테이퍼 구명	d	D	B	r	r₁
NN 3005	NN 3005 K	25	47	16	0.6	0.6
NN 3006	NN 3006 K	30	55	19	1	1
NN 3007	NN 3007 K	35	62	20	1	1
NN 3008	NN 3008 K	40	68	21	1	1
NN 3009	NN 3009 K	45	75	23	1	1
NN 3010	NN 3010 K	50	80	23	1	1

호칭 번호 (NU10계열)	치수				
	d	D	B	r	r₁
NU 1005	25	47	12	0.6	0.3
NU 1006	30	55	13	1	0.6
NU 1007	35	62	14	1	0.6
NU 1008	40	68	15	1	0.6
NU 1009	45	75	16	1	0.6
NU 1010	50	80	16	1	0.6

27. 테이퍼 롤러 베어링

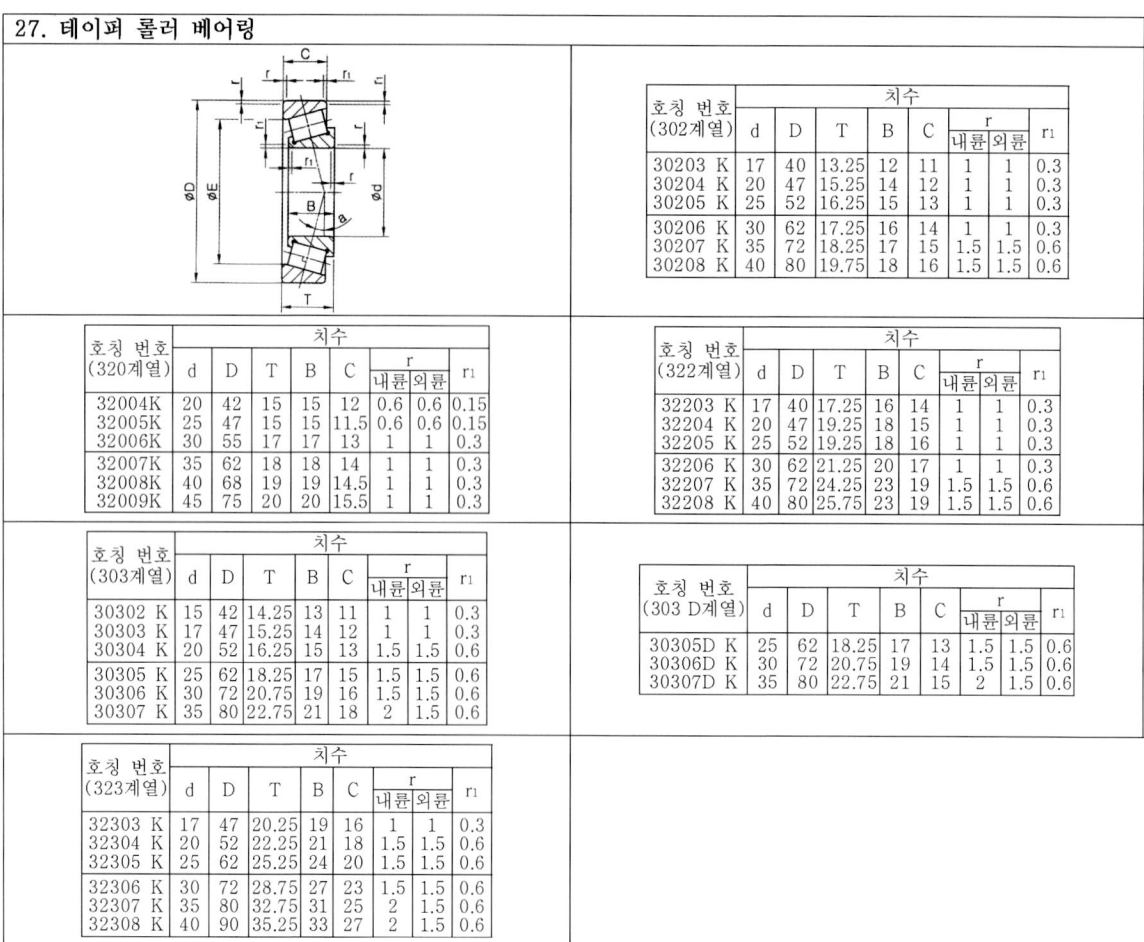

호칭 번호 (302계열)	치수						
	d	D	T	B	C	r 내륜/외륜	r1
30203 K	17	40	13.25	12	11	1 / 1	0.3
30204 K	20	47	15.25	14	12	1 / 1	0.3
30205 K	25	52	16.25	15	13	1 / 1	0.3
30206 K	30	62	17.25	16	14	1 / 1	0.3
30207 K	35	72	18.25	17	15	1.5 / 1.5	0.6
30208 K	40	80	19.75	18	16	1.5 / 1.5	0.6

호칭 번호 (320계열)	치수						
	d	D	T	B	C	r 내륜/외륜	r1
32004K	20	42	15	15	12	0.6 / 0.6	0.15
32005K	25	47	15	15	11.5	0.6 / 0.6	0.15
32006K	30	55	17	17	13	1 / 1	0.3
32007K	35	62	18	18	14	1 / 1	0.3
32008K	40	68	19	19	14.5	1 / 1	0.3
32009K	45	75	20	20	15.5	1 / 1	0.3

호칭 번호 (322계열)	치수						
	d	D	T	B	C	r 내륜/외륜	r1
32203 K	17	40	17.25	16	14	1 / 1	0.3
32204 K	20	47	19.25	18	15	1 / 1	0.3
32205 K	25	52	19.25	18	16	1 / 1	0.3
32206 K	30	62	21.25	20	17	1 / 1	0.3
32207 K	35	72	24.25	23	19	1.5 / 1.5	0.6
32208 K	40	80	25.75	23	19	1.5 / 1.5	0.6

호칭 번호 (303계열)	치수						
	d	D	T	B	C	r 내륜/외륜	r1
30302 K	15	42	14.25	13	11	1 / 1	0.3
30303 K	17	47	15.25	14	12	1 / 1	0.3
30304 K	20	52	16.25	15	13	1.5 / 1.5	0.6
30305 K	25	62	18.25	17	15	1.5 / 1.5	0.6
30306 K	30	72	20.75	19	16	1.5 / 1.5	0.6
30307 K	35	80	22.75	21	18	2 / 1.5	0.6

호칭 번호 (303 D계열)	치수						
	d	D	T	B	C	r 내륜/외륜	r1
30305D K	25	62	18.25	17	13	1.5 / 1.5	0.6
30306D K	30	72	20.75	19	14	1.5 / 1.5	0.6
30307D K	35	80	22.75	21	15	2 / 1.5	0.6

호칭 번호 (323계열)	치수						
	d	D	T	B	C	r 내륜/외륜	r1
32303 K	17	47	20.25	19	16	1 / 1	0.3
32304 K	20	52	22.25	21	18	1.5 / 1.5	0.6
32305 K	25	62	25.25	24	20	1.5 / 1.5	0.6
32306 K	30	72	28.75	27	23	1.5 / 1.5	0.6
32307 K	35	80	32.75	31	25	2 / 1.5	0.6
32308 K	40	90	35.25	33	27	2 / 1.5	0.6

28. 니들 롤러 베어링

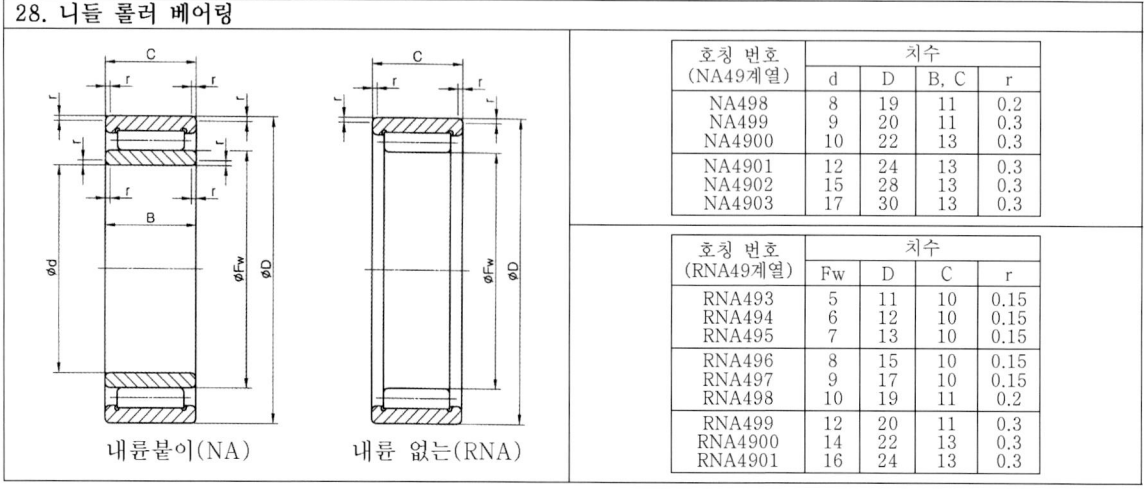

내륜붙이(NA)   내륜 없는(RNA)

호칭 번호 (NA49계열)	치수			
	d	D	B, C	r
NA498	8	19	11	0.2
NA499	9	20	11	0.3
NA4900	10	22	13	0.3
NA4901	12	24	13	0.3
NA4902	15	28	13	0.3
NA4903	17	30	13	0.3

호칭 번호 (RNA49계열)	치수			
	Fw	D	C	r
RNA493	5	11	10	0.15
RNA494	6	12	10	0.15
RNA495	7	13	10	0.15
RNA496	8	15	10	0.15
RNA497	9	17	10	0.15
RNA498	10	19	11	0.2
RNA499	12	20	11	0.3
RNA4900	14	22	13	0.3
RNA4901	16	24	13	0.3

29. 평면 자리형 스러스트 볼 베어링

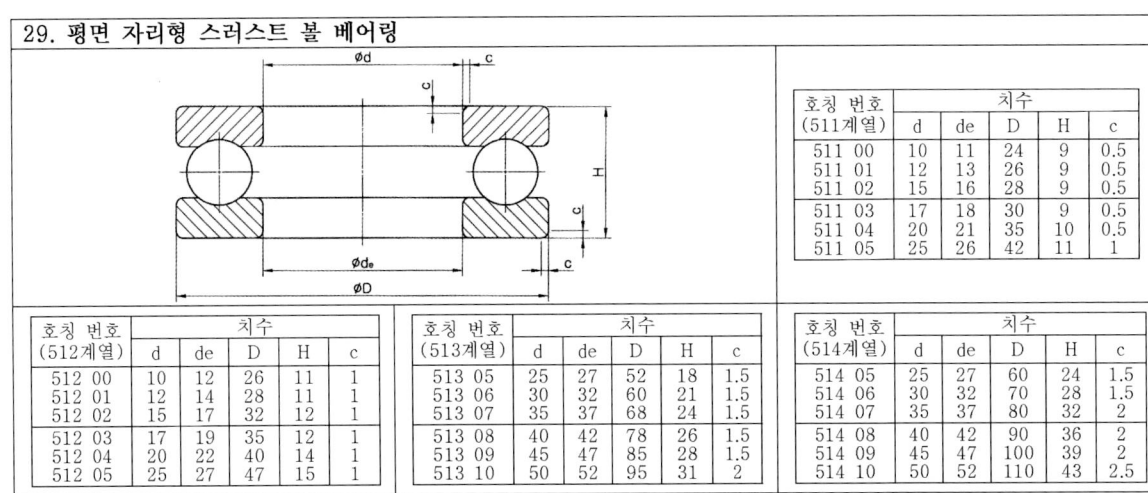

호칭 번호 (511계열)	치수				
	d	de	D	H	c
511 00	10	11	24	9	0.5
511 01	12	13	26	9	0.5
511 02	15	16	28	9	0.5
511 03	17	18	30	9	0.5
511 04	20	21	35	10	0.5
511 05	25	26	42	11	1

호칭 번호 (512계열)	치수				
	d	de	D	H	c
512 00	10	12	26	11	1
512 01	12	14	28	11	1
512 02	15	17	32	12	1
512 03	17	19	35	12	1
512 04	20	22	40	14	1
512 05	25	27	47	15	1

호칭 번호 (513계열)	치수				
	d	de	D	H	c
513 05	25	27	52	18	1.5
513 06	30	32	60	21	1.5
513 07	35	37	68	24	1.5
513 08	40	42	78	26	1.5
513 09	45	47	85	28	1.5
513 10	50	52	95	31	2

호칭 번호 (514계열)	치수				
	d	de	D	H	c
514 05	25	27	60	24	1.5
514 06	30	32	70	28	1.5
514 07	35	37	80	32	2
514 08	40	42	90	36	2
514 09	45	47	100	39	2
514 10	50	52	110	43	2.5

30. 평면 자리형 스러스트 볼 베어링(복식)

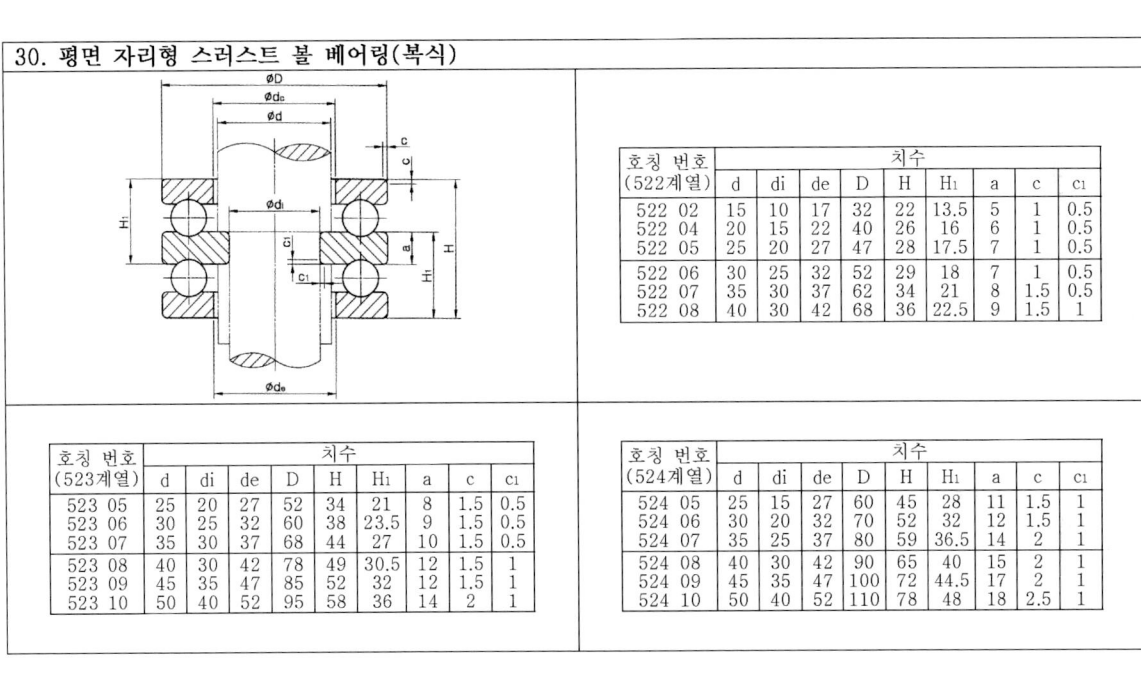

호칭 번호 (522계열)	치수								
	d	di	de	D	H	H_1	a	c	c_1
522 02	15	10	17	32	22	13.5	5	1	0.5
522 04	20	15	22	40	26	16	6	1	0.5
522 05	25	20	27	47	28	17.5	7	1	0.5
522 06	30	25	32	52	29	18	7	1.5	0.5
522 07	35	30	37	62	34	21	8	1.5	0.5
522 08	40	30	42	68	36	22.5	9	1.5	1

호칭 번호 (523계열)	치수								
	d	di	de	D	H	H_1	a	c	c_1
523 05	25	20	27	52	34	21	8	1.5	0.5
523 06	30	25	32	60	38	23.5	9	1.5	0.5
523 07	35	30	37	68	44	27	10	1.5	0.5
523 08	40	30	42	78	49	30.5	12	1.5	1
523 09	45	35	47	85	52	32	12	1.5	1
523 10	50	40	52	95	58	36	14	2	1

호칭 번호 (524계열)	치수								
	d	di	de	D	H	H_1	a	c	c_1
524 05	25	15	27	60	45	28	11	1.5	1
524 06	30	20	32	70	52	32	12	1.5	1
524 07	35	25	37	80	59	36.5	14	2	1
524 08	40	30	42	90	65	40	15	2	1
524 09	45	35	47	100	72	44.5	17	2	1
524 10	50	40	52	110	78	48	18	2.5	1

31. 베어링 구석 홈 부 둥글기

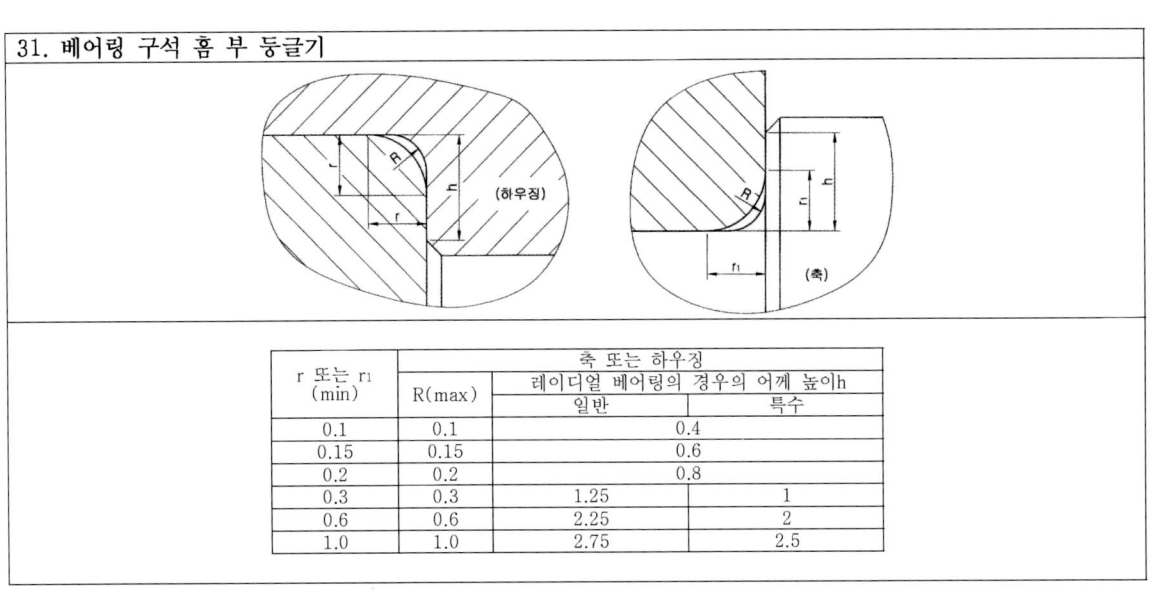

r 또는 r_1 (min)	R(max)	축 또는 하우징	
		레이디얼 베어링의 경우의 어깨 높이 h	
		일반	특수
0.1	0.1	0.4	
0.15	0.15	0.6	
0.2	0.2	0.8	
0.3	0.3	1.25	1
0.6	0.6	2.25	2
1.0	1.0	2.75	2.5

32. 베어링의 끼워 맞춤

내륜회전 하중 또는 방향 부정 하중(보통 하중)

볼 베어링	원통, 테이퍼 롤러 베어링	자동조심 롤러 베어링	허용차 등급
축 지름			
18 이하	–	–	js5
18 초과 100 이하	40 이하	40 이하	k5
100 초과 200 이하	40 초과 100 이하	40 초과 65 이하	m5

내륜정지 하중

볼 베어링	원통, 테이퍼 롤러 베어링	자동조심 롤러 베어링	허용차 등급
축 지름			
내륜이 축 위를 쉽게 움직일 필요가 있다.	전체 축 지름		g6
내륜이 축 위를 쉽게 움직일 필요가 없다.	전체 축 지름		h6

하우징 구멍 공차

외륜 정지 하중	모든 종류의 하중	H7
외륜 회전 하중	보통하중 또는 중하중	N7

스러스트 베어링

		축 지름	
중심 축 하중		전체 축 지름	js5
합성 하중 (스러스트 자동 조심롤러 베어링)	내륜정지하중	전체 축 지름	
	내륜회전하중 또는 방향 부정 하중	200 이하	k6

스러스트 베어링

	중심 축 하중	H8
합성 하중 (스러스트 자동 조심롤러 베어링)	내륜정지하중	H7
	내륜회전하중 또는 방향 부정 하중	K7

33. 그리스 니플

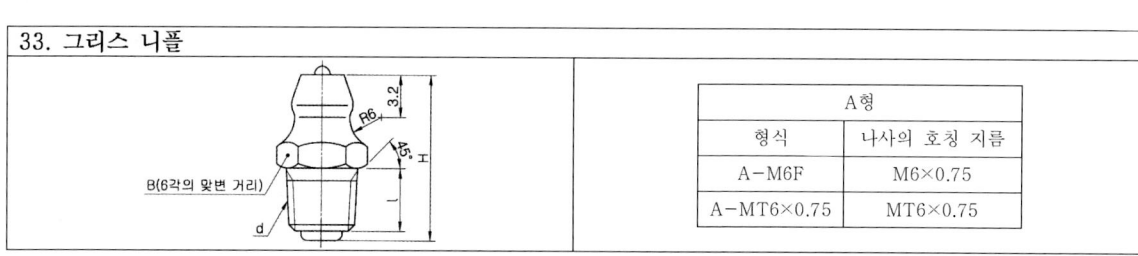

A형	
형식	나사의 호칭 지름
A-M6F	M6×0.75
A-MT6×0.75	MT6×0.75

34. O링 (원통면)

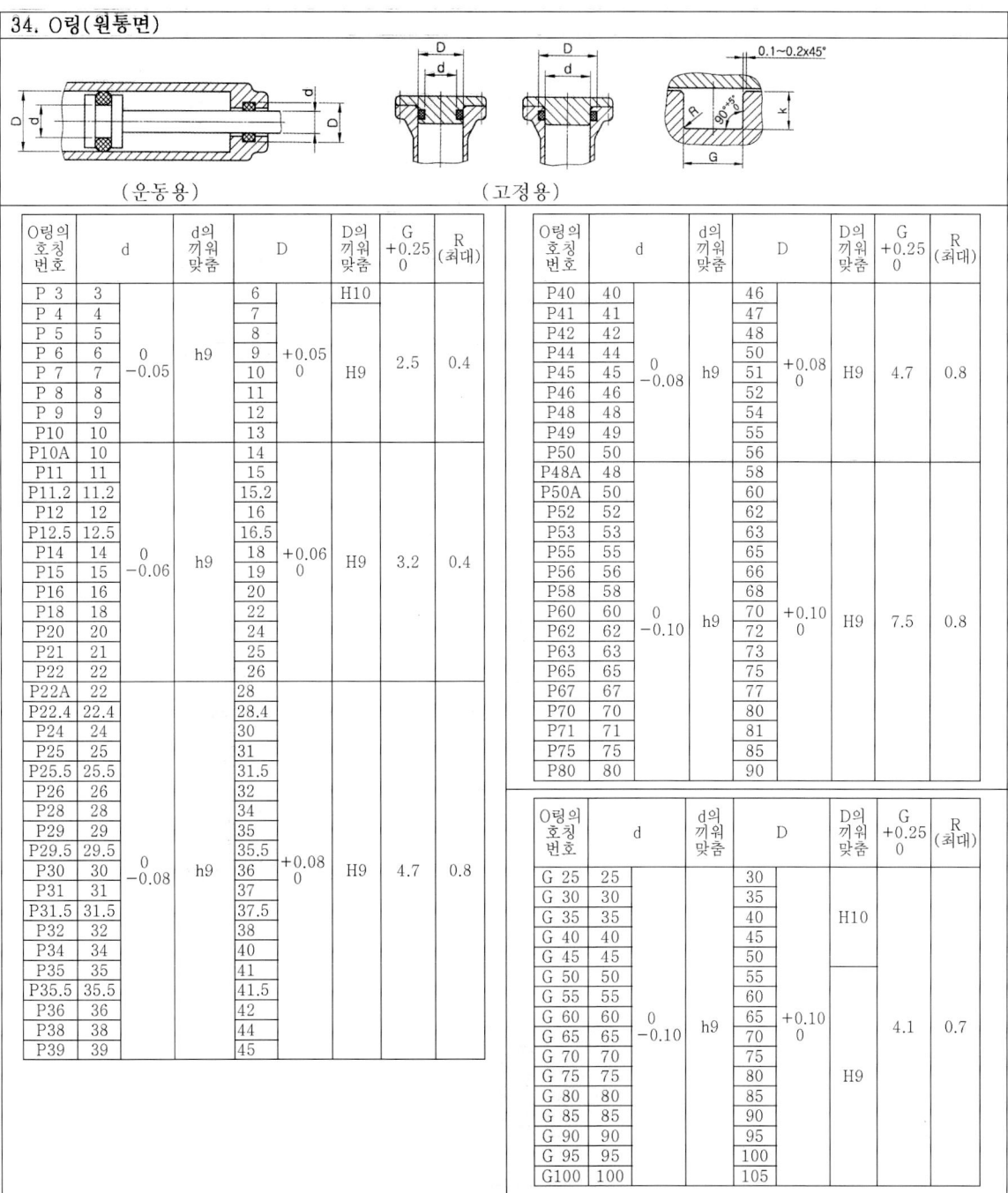

(운동용)　　　　　(고정용)

O링의 호칭 번호	d	d의 끼워 맞춤	D	D의 끼워 맞춤	G +0.25 0	R (최대)
P 3	3		6	H10		
P 4	4		7			
P 5	5	0 -0.05 h9	8	+0.05 0	2.5	0.4
P 6	6		9	H9		
P 7	7		10			
P 8	8		11			
P 9	9		12			
P10	10		13			
P10A	10		14			
P11	11		15			
P11.2	11.2		15.2			
P12	12		16			
P12.5	12.5	0 -0.06 h9	16.5	+0.06 0 H9	3.2	0.4
P14	14		18			
P15	15		19			
P16	16		20			
P18	18		22			
P20	20		24			
P21	21		25			
P22	22		26			
P22A	22		28			
P22.4	22.4		28.4			
P24	24		30			
P25	25		31			
P25.5	25.5		31.5			
P26	26		32			
P28	28		34			
P29	29		35			
P29.5	29.5	0 -0.08 h9	35.5	+0.08 0 H9	4.7	0.8
P30	30		36			
P31	31		37			
P31.5	31.5		37.5			
P32	32		38			
P34	34		40			
P35	35		41			
P35.5	35.5		41.5			
P36	36		42			
P38	38		44			
P39	39		45			

O링의 호칭 번호	d	d의 끼워 맞춤	D	D의 끼워 맞춤	G +0.25 0	R (최대)
P40	40		46			
P41	41		47			
P42	42		48			
P44	44	0 -0.08 h9	50	+0.08 0 H9	4.7	0.8
P45	45		51			
P46	46		52			
P48	48		54			
P49	49		55			
P50	50		56			
P48A	48		58			
P50A	50		60			
P52	52		62			
P53	53		63			
P55	55		65			
P56	56		66			
P58	58		68			
P60	60	0 -0.10 h9	70	+0.10 0 H9	7.5	0.8
P62	62		72			
P63	63		73			
P65	65		75			
P67	67		77			
P70	70		80			
P71	71		81			
P75	75		85			
P80	80		90			

O링의 호칭 번호	d	d의 끼워 맞춤	D	D의 끼워 맞춤	G +0.25 0	R (최대)
G 25	25		30			
G 30	30		35			
G 35	35		40	H10		
G 40	40		45			
G 45	45		50			
G 50	50		55			
G 55	55		60			
G 60	60	0 -0.10 h9	65	+0.10 0	4.1	0.7
G 65	65		70			
G 70	70		75			
G 75	75		80	H9		
G 80	80		85			
G 85	85		90			
G 90	90		95			
G 95	95		100			
G100	100		105			

35. O링 부착 부의 예리한 모서리를 제거하는 설계 방법

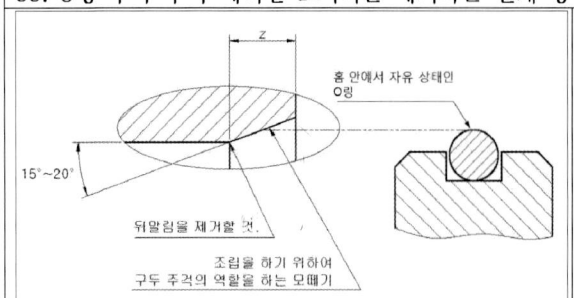

O링의 호칭 번호	O링의 굵기	Z(최소)
P 3 ~ P 10	1.9±0.08	1.2
P 10A ~ P 22	2.4±0.09	1.4
P 22A ~ P 50	3.5±0.10	1.8
P 48A ~ P 150	5.7±0.13	3.0
P 150A~ P 400	8.4±0.15	4.3
G 25 ~ G 145	3.1±0.10	1.7
G150 ~ G 300	5.7±0.13	3.0

36. O링(평면)

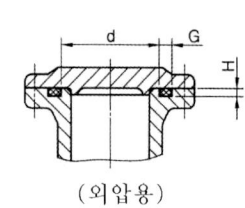
(외압용)

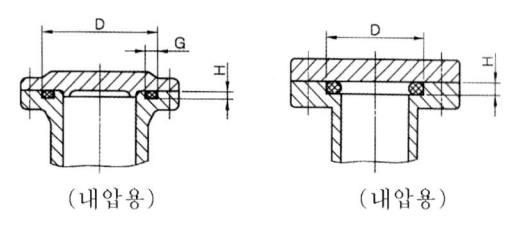
(내압용)   (내압용)

O링의 호칭 번호	d (외압용)	D (내압용)	G +0.25 0	H ±0.05	R (최대)
G25	25	30			
G30	30	35			
G35	35	40			
G40	40	45			
G45	45	50			
G50	50	55			
G55	55	60			
G60	60	65			
G65	65	70			
G70	70	75			
G75	75	80			
G80	80	85			
G85	85	90	4.1	2.4	0.7
G90	90	95			
G95	95	100			
G100	100	105			
G105	105	110			
G110	110	115			
G115	115	120			
G120	120	125			
G125	125	130			
G130	130	135			
G135	135	140			
G140	140	145			
G145	145	150			

O링의 호칭 번호	d (외압용)	D (내압용)	G +0.25 0	H ±0.05	R (최대)
P3	3	6.2			
P4	4	7.2			
P5	5	8.2			
P6	6	9.2			
P7	7	10.2	2.5	1.4	0.4
P8	8	11.2			
P9	9	12.2			
P10	10	13.2			
P10A	10	14			
P11	11	15			
P11.2	11.2	15.2			
P12	12	16			
P12.5	12.5	16.5			
P14	14	18			
P15	15	19	3.2	1.8	0.4
P16	16	20			
P18	18	22			
P20	20	24			
P21	21	25			
P22	22	26			
P22A	22	28			
P22.4	22.4	28.4			
P24	24	30			
P25	25	31			
P25.5	25.5	31.5			
P26	26	32			
P28	28	34			
P29	29	35			
P29.5	29.5	35.5			
P30	30	36			
P31	31	37	4.7	2.7	0.8
P31.5	31.5	37.5			
P32	32	38			
P34	34	40			
P35	35	41			
P35.5	35.5	41.5			
P36	36	42			
P38	38	44			
P39	39	45			
P40	40	46			
P41	41	47			
P42	42	48			

O링의 호칭 번호	d (외압용)	D (내압용)	G +0.25 0	H ±0.05	R (최대)
P44	44	50			
P45	45	51			
P46	46	52	4.7	2.7	0.8
P48	48	54			
P49	49	55			
P50	50	56			
P48A	48	58			
P50A	50	60			
P52	52	62			
P53	53	63			
P55	55	65			
P56	56	66			
P58	58	68			
P60	60	70			
P62	62	72			
P63	63	73			
P65	65	75			
P67	67	77			
P70	70	80			
P71	71	81			
P75	75	85			
P80	80	90			
P85	85	95	7.5	4.6	0.8
P90	90	100			
P95	95	105			
P100	100	110			
P102	102	112			
P105	105	115			
P110	110	120			
P112	112	122			
P115	115	125			
P120	120	130			
P125	125	135			
P130	130	140			
P132	132	142			
P135	135	145			
P140	140	150			
P145	145	155			
P150	150	160			

37. 오일 실

S, SM, SA, D, DM, DA 계열치수

호칭 안지름 d	D	B
7	18	7
7	20	7
8	18	7
8	22	7
9	20	7
9	22	7
10	20	7
10	25	7
11	22	7
11	25	7
12	22	7
12	25	7
*13	25	7
*13	28	7
14	25	7
14	28	7
15	25	7
15	30	7
16	28	7
16	30	7
17	30	8
17	32	8
18	30	8
18	35	8
20	32	8
20	35	8
22	35	8
22	38	8
24	38	8
24	40	8
25	38	8
25	40	8
*26	38	8
*26	42	8
28	40	8
28	45	8
30	42	8
30	45	8
32	52	11
35	55	11

G, GM, GA 계열치수

호칭 안지름 d	D	B
7	18	4
7	20	7
8	18	4
8	22	7
9	20	4
9	22	7
10	20	4
10	25	7
11	22	4
11	25	7
12	22	4
12	25	7
*13	25	4
*13	28	7
14	25	4
14	28	7
15	25	4
15	30	7
16	28	4
16	30	7
17	30	5
17	32	8
18	30	5
18	35	8
20	32	5
20	35	8
22	35	5
22	38	8
24	38	5
24	40	8
25	38	5
25	40	8
*26	38	5
*26	42	8
28	40	5
28	45	8
30	42	5
30	45	8
32	45	5
32	52	11
35	48	5
35	55	11

38. 오일 실 부착 관계 (축 및 하우징 구멍의 모떼기와 둥글기)

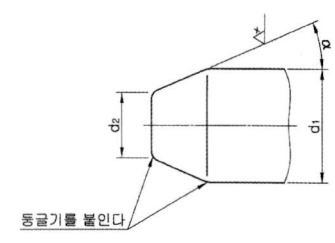
둥글기를 붙인다

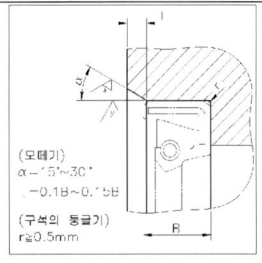
(모떼기) α=15°~30°
ℓ=0.1B~0.15B
(구석의 둥글기) r≥0.5mm

d_1	d_2(최대)	d_1	d_2(최대)	d_1	d_2(최대)
7	5.7	17	14.9	35	32
8	6.6	18	15.8	38	34.9
9	7.5	20	17.7	40	36.8
10	8.4	22	19.6	42	38.7
11	9.3	24	21.5	45	41.6
12	10.2	25	22.5	48	44.5
*13	11.2	*26	23.4	50	46.4
14	12.1	28	25.3		
15	13.1	30	27.3		
16	14	32	29.2		

비고 *을 붙인 것은 KS B 0406에 없다.
- 바깥지름에 대응하는 하우징의 **구멍** 지름의 허용차는 원칙적으로 KS B 0401의 **H8**로 한다.
- **축**의 호칭 지름은 오일시일에 적합한 지름과 같고 그 허용차는 원칙적으로 KS B 0401 **h8**로 한다.

39. 롤러체인, 스프로킷

호칭번호	가로치형							가로피치 c	적용 롤러 체인(참고)		
	모떼기폭 g (약)	모떼기깊이 h (약)	모떼기반지름 Rc (최소)	둥글기 rf (최대)	이나비 t(최대)				피치 p	롤러 바깥지름 d1 (최대)	안쪽 링크 안쪽 나비 b1 (최소)
					단열	2열, 3열	4열 이상				
25	0.8	3.2	6.8	0.3	2.8	2.7	2.4	6.4	6.35	3.30	3.10
35	1.2	4.8	10.1	0.4	4.3	4.1	3.8	10.1	9.525	5.08	4.68
41	1.6	6.4	13.5	0.5	5.8	–	–	–	12.70	7.77	6.25
40	1.6	6.4	13.5	0.5	7.2	7.0	6.5	14.4	12.70	7.95	7.85
50	2.0	7.9	16.9	0.6	8.7	8.4	7.9	18.1	15.875	10.16	9.40
60	2.4	9.5	20.3	0.8	11.7	11.3	10.6	22.8	19.05	11.91	12.57
80	3.2	12.7	27.0	1.0	14.6	14.1	13.3	29.3	25.40	15.88	15.75
100	4.0	15.9	33.8	1.3	17.6	17.0	16.1	35.8	31.75	19.05	18.90
120	4.8	19.0	40.5	1.5	23.5	22.7	21.5	45.4	38.10	22.23	25.22
140	5.6	22.2	47.3	1.8	23.5	22.7	21.5	48.9	44.45	25.40	25.22
160	6.4	25.4	54.0	2.0	29.4	28.4	27.0	58.5	50.80	28.58	31.55
200	7.9	31.8	67.5	2.5	35.3	34.1	32.5	71.6	63.50	39.68	37.85
240	9.5	38.1	81.0	3.0	44.1	42.7	40.7	87.8	76.20	47.63	47.35

< 스프로킷 기준 치수 >

단위 : mm

항 목	계 산 식
피치원 지름(D_p)	$D_p = \dfrac{p}{\sin\dfrac{180°}{N}}$
바깥지름(D_0)	$D_0 = p\left(0.6 + \cot\dfrac{180°}{N}\right)$
이뿌리원 지름(D_B)	$D_B = D_p - d_1$
이뿌리 거리(D_C)	$D_C = D_B$ (짝수 톱니) $D_C = D_p \cos\dfrac{90°}{N} - d_1$ (홀수 톱니) $= p \cdot \dfrac{1}{2\sin\dfrac{180°}{2N}} - d_1$
최대 보스 지름 및 최대 홈지름(D_H)	$D_H = p\left(\cot\dfrac{180°}{N} - 1\right) - 0.76$

여기에서 P : 롤러 체인의 피치
 d_1 : 롤러 체인의 롤러 바깥지름
 N : 잇 수

39. 롤러체인, 스프로킷

호칭번호 25

잇수 N	피치원지름 D_p	바깥지름 D_O	이뿌리원지름 D_B	이뿌리거리 D_C	최대보스지름 D_H
25	50.66	54	47.36	47.27	43
26	52.68	56	49.38	49.38	45
27	54.70	58	51.40	51.30	47
28	56.71	60	53.41	53.41	49
29	58.73	62	55.43	55.35	51
30	60.75	64	57.45	57.45	53
31	62.77	66	59.47	59.39	55
32	64.78	68	61.48	61.48	57
33	66.80	70	63.50	63.43	59
34	68.82	72	65.52	65.52	61
35	70.84	74	67.54	67.47	63
36	72.86	76	69.56	69.56	65
37	74.88	78	71.58	71.51	67
38	76.90	80	73.60	73.60	70
39	78.91	82	75.61	75.55	72
40	80.93	84	77.63	77.63	74
41	82.95	87	79.65	79.59	76
42	84.97	89	81.67	81.67	78
43	86.99	91	83.69	83.63	80
44	89.01	93	85.71	85.71	82
45	91.03	95	87.73	87.68	84
46	93.05	97	89.75	89.75	86
47	95.07	99	91.77	91.72	88
48	97.09	101	93.79	93.79	90
49	99.11	103	95.81	95.76	92
50	101.13	105	97.83	97.83	94
51	103.15	107	99.85	99.80	96
52	105.17	109	101.87	101.87	98
53	107.19	111	103.89	103.84	100
54	109.21	113	105.91	105.91	102
55	111.23	115	107.93	107.88	104
56	113.25	117	109.95	109.95	106
57	115.27	119	111.97	111.93	108
58	117.29	121	113.99	113.99	110
59	119.31	123	116.01	115.97	112
60	121.33	125	118.03	118.03	114
61	123.35	127	120.05	120.01	116
62	125.37	129	122.07	122.07	118
63	127.39	131	124.09	124.05	120
64	129.41	133	126.11	126.11	122
65	131.43	135	128.13	128.10	124

호칭번호 35

잇수 N	피치원지름 D_p	바깥지름 D_O	이뿌리원지름 D_B	이뿌리거리 D_C	최대보스지름 D_H
21	63.91	69	58.83	58.65	53
22	66.93	72	61.85	61.85	56
23	69.95	75	64.87	64.71	59
24	72.97	78	67.89	67.89	62
25	76.00	81	70.92	70.77	65
26	79.02	84	73.94	73.94	68
27	82.05	87	76.97	76.83	71
28	85.07	90	79.99	79.99	74
29	88.10	93	83.02	82.89	77
30	91.12	96	86.04	86.04	80
31	94.15	99	89.07	88.95	83
32	97.18	102	92.10	92.10	86
33	100.20	105	95.12	95.01	89
34	103.23	109	98.15	98.15	93
35	106.26	112	101.18	101.07	96
36	109.29	115	104.21	104.21	99
37	112.31	118	107.23	107.13	102
38	115.34	121	110.26	110.26	105
39	118.37	124	113.29	113.20	108
40	121.40	127	116.32	116.32	111
41	124.43	130	119.35	119.26	114
42	127.46	133	122.38	122.38	117
43	130.49	136	125.41	125.32	120
44	133.52	139	128.44	128.44	123
45	136.55	142	131.47	131.38	126
46	139.58	145	134.50	134.50	129
47	142.61	148	137.53	137.45	132
48	145.64	151	140.56	140.56	135
49	148.67	154	143.59	143.51	138
50	151.70	157	146.62	146.62	141

호칭번호 40

잇수 N	피치원지름 D_p	바깥지름 D_O	이뿌리원지름 D_B	이뿌리거리 D_C	최대보스지름 D_H
16	65.10	71	57.15	57.15	50
17	69.12	76	61.17	60.87	54
18	73.14	80	65.19	65.19	59
19	77.16	84	69.21	68.95	63
20	81.18	88	73.23	73.23	67
21	85.21	92	77.26	77.02	71
22	89.24	96	81.29	81.29	75
23	93.27	100	85.32	85.10	79
24	97.30	104	89.35	89.35	83
25	101.33	108	93.38	93.18	87
26	105.36	112	97.41	97.41	91
27	109.40	116	101.45	101.26	95
28	113.43	120	105.48	105.48	99
29	117.46	124	109.51	109.34	103
30	121.50	128	113.55	113.55	107
31	125.53	133	117.58	117.42	111
32	129.57	137	121.62	121.62	115
33	133.61	141	125.66	125.50	120
34	137.64	145	129.69	129.69	124
35	141.68	149	133.73	133.59	128
36	145.72	153	137.77	137.77	132
37	149.75	157	141.80	141.67	136
38	153.79	161	145.84	145.84	140
39	157.83	165	149.88	149.75	144
40	161.87	169	153.92	153.92	148

호칭번호 41

잇수 N	피치원지름 D_p	바깥지름 D_O	이뿌리원지름 D_B	이뿌리거리 D_C	최대보스지름 D_H
16	65.10	71	57.33	57.33	50
17	69.12	76	61.35	61.05	54
18	73.14	80	65.37	65.37	59
19	77.16	84	69.39	69.13	63
20	81.18	88	73.41	73.41	67
21	85.21	92	77.44	77.20	71
22	89.24	96	81.47	81.47	75
23	93.27	100	85.50	85.28	79
24	97.30	104	89.53	89.53	83
25	101.33	108	93.56	93.36	87
26	105.36	112	97.59	97.59	91
27	109.40	116	101.63	101.44	95
28	113.43	120	105.66	105.66	99
29	117.46	124	109.69	109.52	103
30	121.50	128	113.73	113.73	107
31	125.53	133	117.76	117.60	111
32	129.57	137	121.80	121.80	115
33	133.61	141	125.84	125.68	120
34	137.64	145	129.87	129.87	124
35	141.68	149	133.91	133.77	128
36	145.72	153	137.95	137.95	132
37	149.75	157	141.98	141.85	136
38	153.79	161	146.02	146.02	140
39	157.83	165	150.06	149.93	144
40	161.87	169	154.10	154.10	148

40. V 벨트 풀리

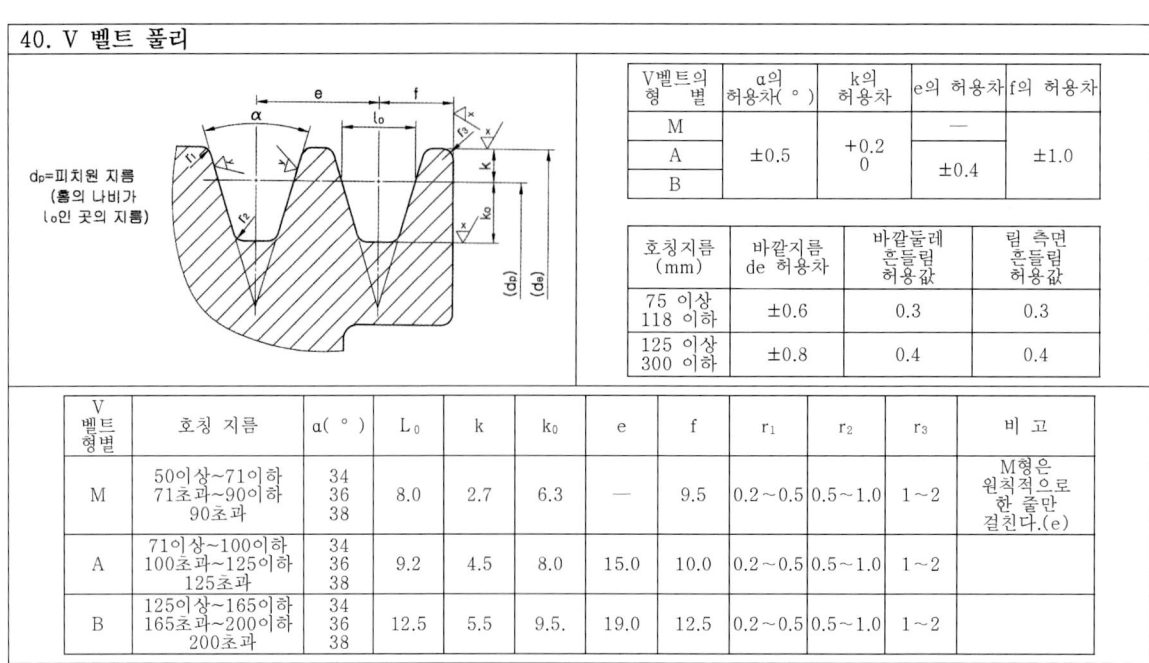

V벨트의 형별	α의 허용차(°)	k의 허용차	e의 허용차	f의 허용차
M	±0.5	+0.2 0	—	±1.0
A			±0.4	
B				

호칭지름 (mm)	바깥지름 de 허용차	바깥둘레 흔들림 허용값	림 측면 흔들림 허용값
75 이상 118 이하	±0.6	0.3	0.3
125 이상 300 이하	±0.8	0.4	0.4

V벨트 형별	호칭 지름	α(°)	L_0	k	k_0	e	f	r_1	r_2	r_3	비 고
M	50이상~71이하 71초과~90이하 90초과	34 36 38	8.0	2.7	6.3	—	9.5	0.2~0.5	0.5~1.0	1~2	M형은 원칙적으로 한 줄만 걸친다.(e)
A	71이상~100이하 100초과~125이하 125초과	34 36 38	9.2	4.5	8.0	15.0	10.0	0.2~0.5	0.5~1.0	1~2	
B	125이상~165이하 165초과~200이하 200초과	34 36 38	12.5	5.5	9.5	19.0	12.5	0.2~0.5	0.5~1.0	1~2	

41. 지그용 부시 및 그 부속 부품 (고정 라이너)

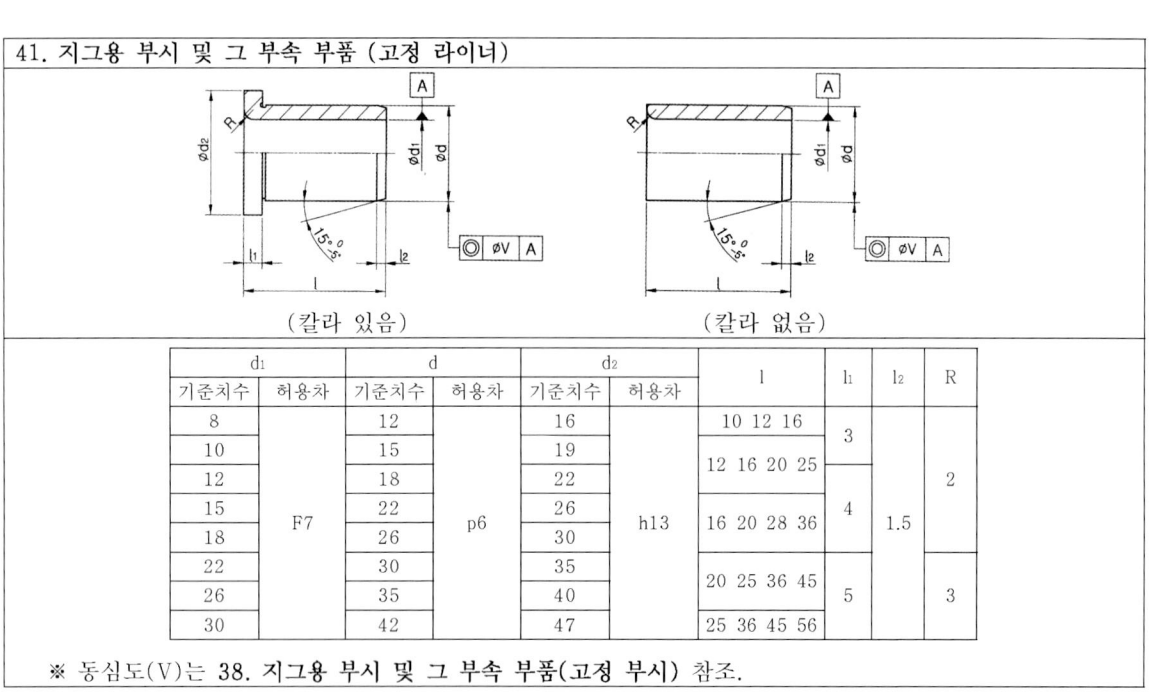

(칼라 있음)　　　(칼라 없음)

d_1		d		d_2		l	l_1	l_2	R
기준치수	허용차	기준치수	허용차	기준치수	허용차				
8	F7	12	p6	16	h13	10 12 16	3	1.5	2
10		15		19		12 16 20 25			
12		18		22					
15		22		26		16 20 28 36	4		
18		26		30					
22		30		35		20 25 36 45	5		3
26		35		40					
30		42		47		25 36 45 56			

※ 동심도(V)는 38. 지그용 부시 및 그 부속 부품(고정 부시) 참조.

42. 지그용 부시 및 그 부속 부품 (고정 부시)

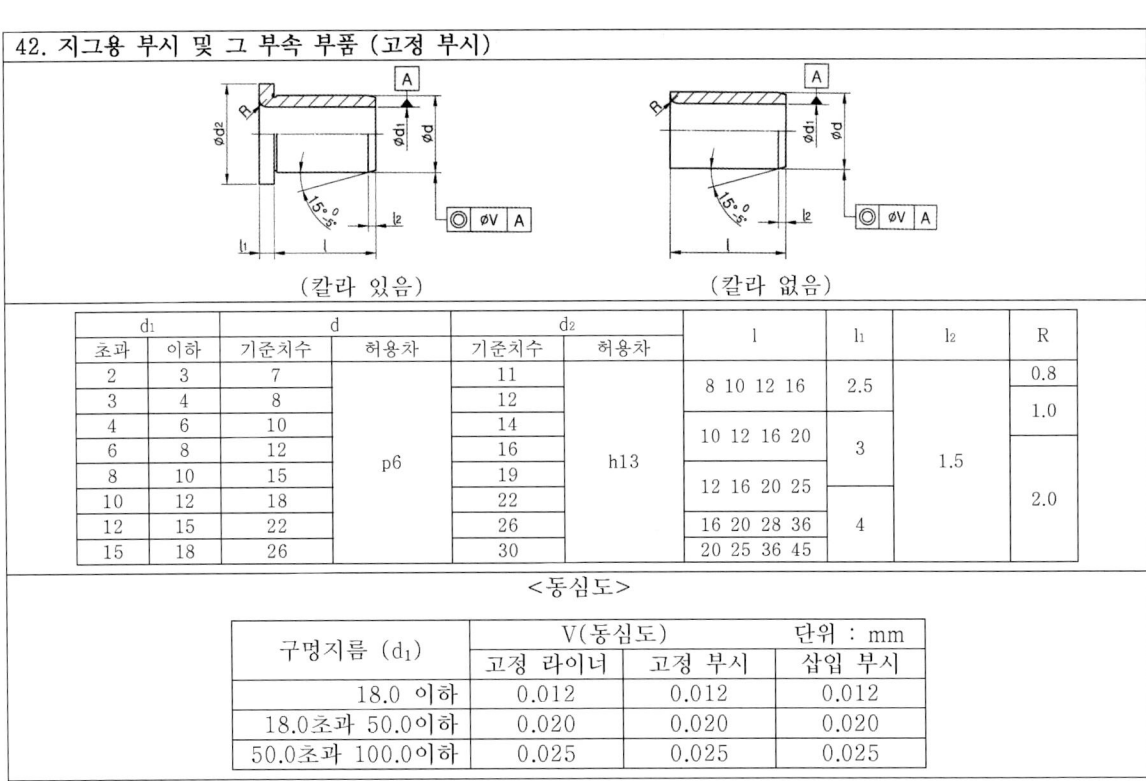

(칼라 있음)　　　　(칼라 없음)

d_1		d		d_2		l	l_1	l_2	R
초과	이하	기준치수	허용차	기준치수	허용차				
2	3	7		11		8 10 12 16	2.5		0.8
3	4	8		12					1.0
4	6	10		14		10 12 16 20	3	1.5	
6	8	12	p6	16	h13				
8	10	15		19		12 16 20 25			2.0
10	12	18		22					
12	15	22		26		16 20 28 36	4		
15	18	26		30		20 25 36 45			

<동심도>

구멍지름 (d_1)	V(동심도)		단위 : mm
	고정 라이너	고정 부시	삽입 부시
18.0 이하	0.012	0.012	0.012
18.0초과 50.0이하	0.020	0.020	0.020
50.0초과 100.0이하	0.025	0.025	0.025

43. 삽입 부시

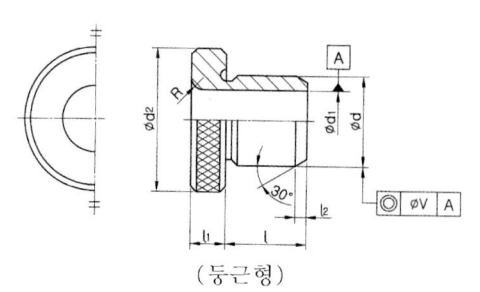

(둥근형)

d₁		d		d₂		l	h₁	l₂	R
초과	이하	기준치수	허용차	기준치수	허용차				
-	4	12	m5	16	h13	10 12 16	8	1.5	2
4	6	15		19		12 16 20 25			
6	8	18		22					
8	10	22		26		16 20 (25) 28 36	10		
10	12	26		30					
12	15	30		35		20 25 (30) 36 45	12		3
15	18	35		40					

*드릴용 구멍 지름 d₁의 허용차는 KS B 0401에 규정하는 G6으로 하고, 리머용 구멍지름 d₁의 허용차는 KS B 0401에 규정하는 F7로 한다.

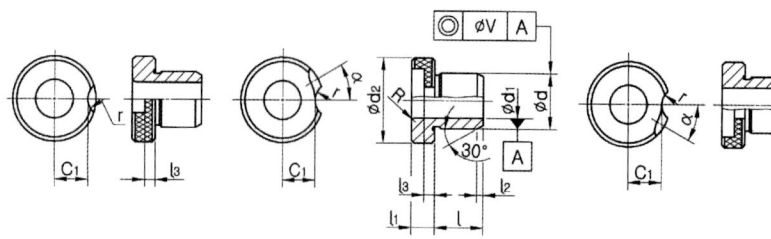

(노치형)　　　(우회전용 노치형)　　　(좌회전용 노치형)

d₁		d		d₂		l	h₁	l₂	R	l₃		C₁	r	a (°)
초과	이하	기준치수	허용차	기준치수	허용차					기준치수	허용차			
	4	8	m6	15	h13	10 12 16	8	1.5	1	3	-0.1 -0.2	4.5	7	65
4	6	10		18		12 16 20 25						6		
6	8	12		22					2	4		7.5	8.5	60
8	10	15		26		16 20 28 36	10					9.5		50
10	12	18		30								11.5		
12	15	22		34		20 25 36 45						13	10.5	35
15	18	26		39								15.5		
18	22	30		46		25 36 45 56	12		3	5.5		19		30
22	26	35		52								22		
26	30	42		59								25.5		
30	35	48		66		30 35 45 56						28.5		
35	42	55		74								32.5		
42	48	62		82		35 45 56 67	16		4	7		36.5	12.5	25
48	55	70		90								40.5		
55	63	78		100		40 56 67 78						45.5		
63	70	85		110								50.5		
70	78	95		120		45 50 67 89						55.5		20
78	85	105		130								60.5		

*드릴용 구멍 지름 d₁의 허용차는 KS B 0401에 규정하는 G6으로 하고, 리머용 구멍지름 d₁의 허용차는 KS B 0401에 규정하는 F7로 한다.

※ 동심도(V)는 38. 지그용 부시 및 그 부속 부품 항목 참조.

44. 부시와 멈춤쇠 또는 멈춤나사의 중심 거리 및 부착 나사의 가공 치수

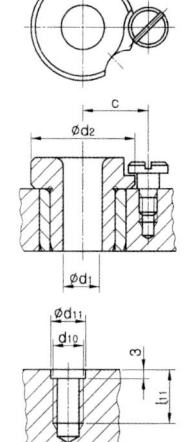

d_1 초과	d_1 이하	d_2	d_{10}	c 기준치수	c 허용차	d_{11}	l_{11}
	4	15		11.5			
4	6	18		13			
6	8	22	M5	16		5.2	11
8	10	26		18			
10	12	30		20			
12	15	34		23.5			
15	18	39	M6	26		6.2	14
18	22	46		29.5			
22	26	52		32.5	±0.2		
26	30	59	M8	36		8.2	16
30	35	66		41			
35	42	74		45			
42	48	82		49			
48	55	90		53			
55	63	100	M10	58		10.2	20
63	70	110		63			
70	78	120		68			
78	85	130		73			

45. 분할 핀

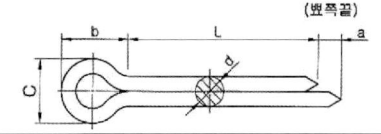 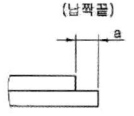

호칭 지름		1	1.2	1.6	2	2.5	3.2	4
d	기준 치수	0.9	1	1.4	1.8	2.3	2.9	3.7
	허용차	$\begin{array}{c}0\\-0.1\end{array}$				$\begin{array}{c}0\\-0.2\end{array}$		
적용하는 볼트	초과	3.5	4.5	5.5	7	9	11	14
	이하	4.5	5.5	7	9	11	14	20

46. 주서 (예)

주서

1. 일반공차-가)가공부:KS B ISO 2768-m
   나)주조부:KS B 0250-CT11
2. 도시되고 지시없는 모떼기는 1x45° 필렛과 라운드는 R3
3. 일반 모떼기는 0.2x45°
4. ▽ 부위 외면 명녹색 도장
   　　　내면 광명단 도장
5. 파커라이징 처리
6. 전체 열처리 H$_R$C 50±2
7. 표면 거칠기 ▽ = ▽
   　　　　　$\frac{w}{▽}$ = $\frac{12.5}{▽}$, N10
   　　　　　$\frac{x}{▽}$ = $\frac{3.2}{▽}$, N8
   　　　　　$\frac{y}{▽}$ = $\frac{0.8}{▽}$, N6
   　　　　　$\frac{z}{▽}$ = $\frac{0.2}{▽}$, N4

47. 센터 구멍

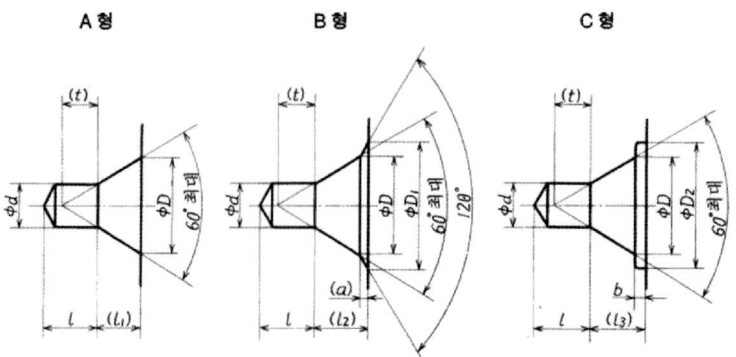

단위 : mm

호칭 지름 d	D	D_1 (최소)	D_2 (최대)	$l(^2)$ (최대)	b (약)	참 고			
						l_1	l_2	l_3	t	a
(0.5)	1.06	1.6	1.6	1	0.2	0.48	0.64	0.68	0.5	0.16
(0.63)	1.32	2	2	1.2	0.3	0.6	0.8	0.9	0.6	0.2
(0.8)	1.7	2.5	2.5	1.5	0.3	0.78	1.01	1.08	0.7	0.23
1	2.12	3.15	3.15	1.9	0.4	0.97	1.27	1.37	0.9	0.3
(1.25)	2.65	4	4	2.2	0.6	1.21	1.6	1.81	1.1	0.39
1.6	3.35	5	5	2.8	0.6	1.52	1.99	2.12	1.4	0.47
2	4.25	6.3	6.3	3.3	0.8	1.95	2.54	2.75	1.8	0.59
2.5	5.3	8	8	4.1	0.9	2.42	3.2	3.32	2.2	0.78
3.15	6.7	10	10	4.9	1	3.07	4.03	4.07	2.8	0.96
4	8.5	12.5	12.5	6.2	1.3	3.9	5.05	5.2	3.5	1.15
(5)	10.6	16	16	7.5	1.6	4.85	6.41	6.45	4.4	1.56
6.3	13.2	18	18	9.2	1.8	5.98	7.36	7.78	5.5	1.38
(8)	17	22.4	22.4	11.5	2	7.79	9.35	9.79	7	1.56
10	21.2	28	28	14.2	2.2	9.7	11.66	11.9	8.7	1.96

R 형

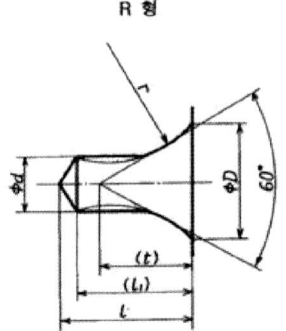

단위 : mm

호칭 지름 d	D	r		$l(^2)$ (최대)	참 고			
		최대	최소		l_1		t	
					r이 최대일 때	r이 최소일 때	r이 최대일 때	r이 최소일 때
1	2.12	3.15	2.5	2.6	2.14	2.27	1.9	1.8
(1.25)	2.65	4	3.15	3.1	2.67	2.73	2.3	2.2
1.6	3.35	5	4	4	3.37	3.45	2.9	2.8
2	4.25	6.3	5	5	4.24	4.34	3.7	3.5
2.5	5.3	8	6.3	6.2	5.33	5.46	4.6	4.4
3.15	6.7	10	8	7.9	6.77	6.92	5.8	5.6
4	8.5	12.5	10	9.9	8.49	8.68	7.3	7
(5)	10.6	16	12.5	12.3	10.52	10.78	9.1	8.8
6.3	13.2	20	16	15.6	13.39	13.73	11.3	11
(8)	17	25	20	19.7	16.98	17.35	14.5	14
10	21.2	31.5	25	24.6	21.18	21.66	18.2	17.5

주(^{2}) l은 t보다 작은 값이 되면 안 된다.
비 고 ( )를 붙인 호칭의 것은 되도록 사용하지 않는다.

48. 센터 구멍의 표시방법

[센터 구멍의 도시 기호와 지시 방법] - 단 규격은 KS A ISO 6411-1 에 따른다.

센터 구멍 필요 여부 (도시된 상태로 다듬질되었을 때)	도시 기호	센터 구멍 규격 번호 및 호칭 방법을 지정하지 않는 경우	센터 구멍의 규격 번호 및 호칭 방법을 지정하는 경우 도시 방법
반드시 남겨둔다	<		규격번호, 호칭방법 / 규격번호, 호칭방법
남아 있어도 좋다			규격번호, 호칭방법
남아있어서는 안된다	K		규격번호, 호칭방법 / 규격번호, 호칭방법

호칭방법 예시) KS A ISO 6411 - B 2.5/8   혹은   KS A ISO 6411-1 - B 2.5/8 로 사용

49. 요목표

스퍼기어 요목표		
기어 치형		표준
공구	모듈	☐
	치형	보통이
	압력각	20°
전체 이 높이		☐
피치원 지름		☐
잇 수		☐
다듬질 방법		호브절삭
정밀도		KS B ISO 1328-1, 4급

베벨 기어 요목표	
기어 치형	글리슨 식
모듈	☐
치형	보통이
압력각	20°
축 각	90°
전체 이 높이	☐
피치원 지름	☐
피치원 추각	☐
잇 수	☐
다듬질 방법	절삭
정밀도	KS B 1412, 4급

헬리컬 기어 요목표		
기어 치형		표준
공구	모듈	☐
	치형	보통이
	압력각	20°
전체 이 높이		☐
치형 기준면		치직각
피치원 지름		☐
잇 수		☐
리 드		☐
방 향		☐
비틀림 각		15°
다듬질 방법		호브절삭
정밀도		KS B ISO 1328-1, 4급

웜과 웜휠 요목표		
품번 / 구분	① (웜)	② (웜휠)
원주 피치	-	☐
리 드	☐	-
피치 원경	☐	☐
잇 수	-	☐
치형 기준 단면	축직각	
줄 수, 방향	☐	
압력각	20°	
진행각	☐	
모 듈	☐	
다듬질 방법	호브절삭	연삭

체인, 스프로킷 요목표		
종류	품번 / 구분	☐
체인	호칭	☐
	원주피치	☐
	롤러외경	☐
스프로킷	잇수	☐
	치형	☐
	피치원경	☐

래크와 피니언 요목표			
품번 / 구분		① (래크)	② (피니언)
기어 치형		표준	
공구	모듈	☐	
	치형	보통이	
	압력각	20°	
전체 이 높이		☐	☐
피치원 지름		-	☐
잇 수		☐	☐
다듬질 방법		호브절삭	
정밀도		KS B ISO 1328-1, 4급	

래칫 휠	
종류 품번 / 구분	
잇 수	☐
원주 피치	☐
이 높이	☐

50. 기계재료 기호 예시 (KS D)
- 본 예시 이외에 해당 부품에 적절한 재료라 판단되면, 다른 재료기호를 사용해도 무방함

명 칭	기 호	명 칭	기 호
회 주철품	GC100, GC150 GC200, GC250	탄소 단강품	SF390A, SF440A SF490A
탄소 주강품	SC360, SC410 SC450, SC480	청동 주물	CAC402
인청동 주물	CAC502A CAC502B	알루미늄 합금주물	AC4C, AC5A
침탄용 기계구조용 탄소강재	SM9CK, SM15CK SM20CK	기계구조용 탄소강재	SM25C, SM30C, SM35C, SM40C, SM45C
탄소공구강 강재	STC85, STC90 STC105, STC120	탄소 공구강	SK3
합금공구강	STS3, STD4	화이트메탈	WM3, WM4
크롬 몰리브덴강	SCM415, SCM430 SCM435	니켈 크롬 몰리브덴강	SNCM415, SNCM431
니켈 크롬강	SNC415, SNC631	스프링강재	SPS6, SPS10
스프링강	SVP9M	스프링용 냉간압연강재	S55C-CSP
피아노선	PW1	일반 구조용 압연강재	SS330, SS440 SS490
알루미늄 합금주물	ALDC6, ALDC7	용접 구조용 주강품	SCW410, SCW450
인청동 봉	C5102B	인청동 선	C5102W

저자 프로필

배장일

수상 및 연구, 활동
- 법무부 직업훈련교사 :
  기계분야 CAD/CAM연구회
- 노동부 교육훈련매체 노동부장관상
- 노동부 교육훈련매체 이사장상
- 풍력발전 기구 에너지에 관한 연구
- 수형자직업훈련 훈련만족도에 관한 연구
- 산업인력공단 심의위원

저서
- 컴퓨터응용가공산업기사필기
- 컴퓨터응용가공산업기사실기
- 기계설계산업기사필기
- 이러닝컨텐츠 - 치공구설계 / 기계제도 /
  오토캐드 / 인벤터

윤양희

수상 및 연구, 활동
- (구)금성사 설계실
- 한국폴리텍대학 교수

저서
- 기계설계 및 가공실무
- AUTOCAD2009 독특한 예제와의 특별한 만남
- PLC활용과 모니터링
- 금속과 표면처리 실무응용

기계설계산업기사 실기(INVENTOR 활용편)

초 판 인쇄 | 2014년 5월 20일
초 판 발행 | 2014년 5월 30일

지은이 | 배장일 · 윤양희
발행인 | 조규백
발행처 | 도서출판 구민사
  (150-034) 서울특별시 영등포구 문래로 187, 604
  (영등포동4가 동서빌딩)
전화 (02) 701-7421(~2)
팩스 (02) 3273-9642
홈페이지 www.kuhminsa.co.kr

등 록 | 제14-29호 (1980년 2월 4일)
ISBN | 978-89-7074-931-0　13550

값 33,000원

※ 낙장 및 파본은 구입하신 서점에서 바꿔드립니다.
※ 본서를 허락없이 부분 또는 전부를 무단복제, 게재행위는 저작권법에 저촉됩니다.